大飞机出版工程

总主编　顾诵芬

结构复合材料

Structural Composite Materials

【美】F. C. 坎贝尔　著
陈秀华　刘沛禹　杨　慧　等　译
蹇锡高　章　骏　李　强　等　校

上海交通大学出版社
SHANGHAI JIAO TONG UNIVERSITY PRESS

内容提要

本书涵盖了先进复合材料的各个方面,包括材料的基本属性、制造方式、设计和分析方法以及材料在服役中的表现。本书涵盖了由热固性和热塑性聚合物、金属和陶瓷基体制成的连续和不连续纤维增强复合材料,重点介绍了连续纤维增强的聚合物基复合材料。本书由浅及深地介绍了复合材料的综合知识和目前最先进的复合材料技术,相比于理论知识,本书更加强调复合材料在实践方面的应用。

本书主要面向希望了解更多有关先进复合材料的技术人员,可作为设计师、结构工程师、材料和工艺工程师、制造工程师以及与复合材料相关的生产研究人员的参考资料。

图书在版编目(CIP)数据

结构复合材料/(美)F.C.坎贝尔著;陈秀华等译.—上海:上海交通大学出版社,2019(2021重印)
大飞机出版工程
ISBN 978-7-313-20558-2

Ⅰ.①结… Ⅱ.①F… ②陈… Ⅲ.①复合材料—研究
Ⅳ.①TB33

中国版本图书馆CIP数据核字(2018)第276168号

结构复合材料

著　　者:【美】F. C. 坎贝尔
译　　者:陈秀华　刘沛禹　杨慧等
出版发行:上海交通大学出版社
地　　址:上海市番禺路951号
邮政编码:200030
电　　话:021-64071208
印　　制:上海万卷印刷股份有限公司
经　　销:全国新华书店
开　　本:710 mm×1000 mm　1/16
印　　张:43.75
字　　数:751千字
版　　次:2019年6月第1版
印　　次:2021年1月第2次印刷
书　　号:ISBN 978-7-313-20558-2
定　　价:368.00元

总 序

国务院在2007年2月底批准了大型飞机研制重大科技专项正式立项，得到全国上下各方面的关注。“大型飞机”工程项目作为创新型国家的标志工程重新燃起我们国家和人民共同承载着“航空报国梦”的巨大热情。对于所有从事航空事业的工作者，这是历史赋予的使命和挑战。

1903年12月17日，美国莱特兄弟制作的世界第一架有动力、可操纵、相对密度大于空气的载人飞行器试飞成功，标志着人类飞行的梦想变成了现实。飞机作为20世纪最重大的科技成果之一，是人类科技创新能力与工业化生产形式相结合的产物，也是现代科学技术的集大成者。军事和民生的需求促进了飞机迅速而不间断的发展和应用，体现了当代科学技术的最新成果；而航空领域的持续探索和不断创新，也为诸多学科的发展和相关技术的突破提供了强劲动力。航空工业已经成为知识密集、技术密集、高附加值、低消耗的产业。

从大型飞机工程项目开始论证到确定为《国家中长期科学和技术发展规划纲要》的十六个重大专项之一，直至立项通过，不仅使全国上下重视我国自主航空事业，而且使我们的人民、政府理解了我国航空事业半个多世纪发展的艰辛和成绩。大型飞机重大专项正式立项和启动使我们的民用航空进入新纪元。经过50多年的风雨历程，当今中国的航空工业已经步入了科学、理性的发展轨道。大型客机项目产业链长、辐射面宽、对国家综合实力带动性强，在国民经济发展和科学技术进步中发挥着重要作用，我国的航空工业迎来了新的发展机遇。

大型飞机的研制承载着中国几代航空人的梦想，在2016年造出与波音公司B737和空客公司A320改进型一样先进的“国产大飞机”已经成为每个航空人心中奋斗的目标。然而，大型飞机覆盖了机械、电子、材料、冶金、仪器仪表、化工等几乎所有工业门类，集成数学、空气动力学、材料学、人机工程学、自动控制学等多种学科，是一个复杂的科技创新系统。为了迎接新形势下理论、技术和工程等方面的严峻挑战，迫切需要引入、借鉴国外的优秀出版物和数据资料，总结、巩固我们的经验和成果，编著一套以“大飞机”为主题的丛书，借以推动服务“大飞机”作为推动服务整个航空科学的切入点，同时对于促进我国航空事业的发展和加快航空紧缺人才的培养，具有十分重要的现实意义和深远的历史意义。

2008年5月，中国商用飞机有限公司成立之初，上海交通大学出版社就开始酝酿“大飞机出版工程”，这是一项非常适合“大飞机”研制工作时宜的事业。新中国第一位飞机设计宗师——徐舜寿同志在领导我们研制中国第一架喷气式歼击教练机——歼教1时，亲自撰写了《飞机性能及算法》，及时编译了第一部《英汉航空工程名词字典》，翻译出版了《飞机构造学》《飞机强度学》，从理论上保证了我们的飞机研制工作。我本人作为航空事业发展50多年的见证人，欣然接受上海交通大学出版社的邀请担任该丛书的主编，希望为我国的“大飞机”研制发展出一份力。出版社同时也邀请了王礼恒院士、金德琨研究员、吴光辉总设计师、陈迎春副总设计师等航空领域专家撰写专著、精选书目，承担翻译、审校等工作，以确保这套“大飞机”丛书具有高品质和重大的社会价值，为我国的大飞机研制以及学科发展提供参考和智力支持。

编著这套丛书，一是总结整理50多年来航空科学技术的重要成果及宝贵经验；二是优化航空专业技术教材体系，为飞机设计技术人员的培养提供一套系统、全面的教科书，满足人才培养对教材的迫切需求；三是为大飞机研制提供有力的技术保障；四是将许多专家、教授、学者广博的学识见解和丰富的实践经验总结继承下来，旨在从系统性、完整性和实用性角度出发，把丰富的实践经验进一步理论化、科学化，形成具有我国特色的“大飞机”理论与实践相结合的知识体系。

“大飞机出版工程”丛书主要涵盖了总体气动、航空发动机、结构强度、航电、制造等专业方向，知识领域覆盖我国国产大飞机的关键技术。图书类别分为译著、专著、教材、工具书等几个模块；其内容既包括领域内专家们最先进的理论方法和技术成果，也包括来自飞机设计第一线的理论和实践成果。如：2009年出版的荷兰原福克飞机公司总师撰写的 *Aerodynamic Design of Transport Aircraft*（《运输类飞机的空气动力设计》）；由美国堪萨斯大学2008年出版的 *Aircraft Propulsion*（《飞机推进》）等国外最新科技的结晶；国内《民用飞机总体设计》等总体阐述之作和《涡量动力学》《民用飞机气动设计》等专业细分的著作；也有《民机设计1 000问》《英汉航空缩略语词典》等工具类图书。

该套图书得到国家出版基金资助，体现了国家对“大型飞机”项目以及“大飞机出版工程”这套丛书的高度重视。这套丛书承担着记载与弘扬科技成就、积累和传播科技知识的使命，凝结了国内外航空领域专业人士的智慧和成果，具有较强的系统性、完整性、实用性和技术前瞻性，既可作为实际工作指导用书，亦可作为相关专业人员的学习参考用书。期望这套丛书能够有益于航空领域里人才的培养，有益于航空工业的发展，有益于大飞机的成功研制。同时，希望能为大飞机工程吸引更多的读者来关心航空、支持航空和热爱航空，并投身于中国航空事业做出一点贡献。

顾诵芬

2009年12月15日

本书翻译人员

（按照姓名笔画排序）

姓　名	单　位	分　工
王祯鑫	中国航发商用航空发动机有限责任公司	第 2 章翻译
白国娟	中国航发商用航空发动机有限责任公司	第 14、15 章翻译
刘兴宇	中国商飞上海飞机设计研究院、中国商飞复合材料中心	第 9 章翻译
刘沛禹	索尔维集团-氰特工程材料(上海)有限公司	第 4、5、10 章翻译
刘衰财	中国商飞上海飞机设计研究院、中国商飞复合材料中心	第 17、19 章翻译
李志强	上海交通大学	第 20 章翻译
李　楠	大连理工大学	第 7 章翻译
杨　慧	中国商飞上海飞机设计研究院、中国商飞复合材料中心	第 12、18、附录、索引翻译
张大旭	上海交通大学	第 21 章翻译
张小耕	索尔维集团-氰特工程材料(上海)有限公司	第 8 章翻译
张　磊	航空工业第一飞机设计研究院	第 6 章翻译
陈秀华	上海交通大学	原版前言、作者介绍、第 1、13、16 章翻译
宗立率	大连理工大学	第 3 章翻译
董　怡	中航通飞华南飞机工业有限公司	第 11 章翻译

本书审校人员

（按照姓名笔画排序）

姓　名	单　　位	分　工
王　进	航空工业沈阳飞机设计研究所	第 9 章审校
王锦艳	大连理工大学	第 3、7 章审校
田爱琴	中车青岛四方机车车辆股份有限公司	第 10、11 章审校
刘小青	南方航空沈阳飞机维修基地	第 4、19 章审校
刘兴宇	中国商飞上海飞机设计研究院、中国商飞复合材料中心	第 12、18 章审校
李　强	中国商飞上海飞机设计研究院	第 16、17 章审校
杨　坤	中国航发商用航空发动机有限责任公司	第 14、15 章审校
杨卫平	航空工业第一飞机设计研究院	第 6 章审校
杨胜春	航空工业中国飞机强度研究所	第 13 章审校
陈秀华	上海交通大学	附录、索引审校
赵　龙	航空工业复材中心	第 5 章审校
郝　勇	中国航发沈阳发动机研究所	第 8 章审校
章　骏	中国商飞上海飞机设计研究院	第 1、2 章审校
蒋劲松	航空工业成都飞机设计研究所	第 20 章审校
焦　健	中国航发北京航空材料研究院	第 21 章审校
戴　棣	航空工业复材中心	第 5 章审校
蹇锡高	大连理工大学	译者序撰写

作 者 简 介

F. C. 坎贝尔先生在波音公司度过了38年的职业生涯，直到2007年退休，在工程部门和制造部门的任职时间大致相等。他曾在工程实验室、制造研究与开发部门、四个飞机型号的工程部和生产操作部门工作。退休前他是结构材料和制造技术领域的高级技术委员，了解大量机身结构材料的性能、制造和装配过程。曾于1995—2000年担任制造工艺改进部门总监，于1987—1995年担任制造研究工程总监。在职业生涯早期，他从事材料和工艺开发工作，负责复合材料相关研究和开发项目。他还参与了F-15、F/A-18、AV-8B和C-17飞机项目，进行复合材料和金属材料的生产制造研究，并担任实验室工程师，负责金属基和有机物基体复合材料的工艺研究。

译 者 序

先进材料和先进装备制造是实现强国的工业基石。从西方主要发达国家的工业化进程来看，各国均把先进复合材料技术作为国家的核心竞争力和发展方向。

近几年，国内复合材料产业发展迅猛，主要源于以航空产业、高铁产业为代表的工业领域对结构轻量化的迫切需求。先进复合材料的用量已经成为评价航空及交通运输工具先进性的主要性能指标。当前，世界经济正在经历产业结构调整，我国产业结构升级也已进入关键时期，新一轮科技革命和产业革命正在进行。从产业结构角度来看，大力发展先进复合材料技术是助推产业升级，发展先进装备制造业的关键。

复合材料先进制造技术是国人自己的研发、制造经验的积累以及各方重要成果的汇总；其发展也得益于关于先进制造技术的国外优秀刊物和资料的引进、消化和吸收。本书对结构中使用的各类先进复合材料做了非常全面细致的阐述，涵盖了基础材料科学、复合材料成型模具及成型技术、加工及装配技术、材料性能、结构分析和试验以及维修等内容。本书指明了复合材料制造领域中的关键技术、制造经验和发展方向，对想了解更多复合材料相关知识的技术人员非常关键，对复合材料结构设计师、材料工程师以及工艺制造工程师和生产人员都会有较大的帮助。非常感谢 F. C. 坎贝尔先生将其毕生的复合材料领域的研究成果和工作经验展现给了全世界的读者。

本书的翻译得到了上海交通大学、大连理工大学、中国商飞上海飞机设计研究院、航空工业第一飞机设计研究院、航空工业成都飞机设计研究所、航空工业沈阳飞机设计研究所、中航通飞华南飞机工业有限公司、中航复合材料有限责任公司、航空工业中国飞机强度研究所、中国航发商用航空发动机有限责任公司、北京航空材料研究院、中国航发沈阳发动机研究所、南方航空沈阳飞机维修基地、中东集团四方股份有限责任公司、索尔维集团-氰特工程材料(上海)有限公司等行业内的材料专家、设计专家、制造专家等的鼎力支持和辛苦付出。他们在复合材料领域都有非常高的造诣和丰富的经验,同时每个人都将长期在工作中积累的科研成果、实践经验等融汇到本书译校中。本书的出版得到了上海交通大学出版社的大力支持,在此向出版社的编辑们表示感谢。

衷心地希望通过将该书翻译出版,可以帮助更多的中国复合材料工程技术人员和学者,培养出更多的复合材料专业人才,也祝愿中国的复合材料行业蒸蒸日上。

中国工程院院士
大连理工大学教授

原 版 前 言

复合材料包括天然复合材料和人造复合材料，其应用遍及世界各地。例如，在本质上，木材是由木质纤维（纤维素）和木质素基体结合在一起组成的复合材料。人类使用复合材料已经有数千年历史，早在公元前4 900年之前的最早的人类文明——苏美尔的美索不达米亚文明中，人类就采用晒干的稻草作为填充增强体加入自然晒干的泥砖中作为建筑材料。然而，随着高强度人造纤维的出现和20世纪高分子化学的巨大进步，在许多情况下，和其他与其竞争的材料相比，复合材料具有更大的优势。这些先进复合材料的优点很多，包括更轻的质量、能够定制复合材料以获得最佳强度和刚度性能、具有更佳的疲劳寿命和耐腐蚀性等；并且通过对复合材料进行良好的设计，可以使用更少的细节部件和紧固件，从而降低装配成本。高强度纤维增强复合材料，特别是碳纤维增强复合材料的比强度（强度/密度）和比刚度（模量/密度）高于广泛使用的金属合金材料，可以获得更佳的减重效果，从而提高性能，增加有效载荷和交通工具的行驶距离，节省燃料。

本书主要面向希望了解更多有关先进复合材料的技术人员；对设计师、结构工程师、材料和工艺工程师、制造工程师以及与复合材料相关的生产研究人员也非常实用。

本书涉及先进复合材料的各个方面：它们是什么、它们用在哪里、它们的制造方式、它们的属性、它们的设计和分析以及它们在服役中的表现如何；涵盖了由聚合物、金属和陶瓷基体制成的连续和不连续纤维增强复合材料，重点介绍了连续纤维增强的聚合物基复合材料；也包含复合材料由浅至深的综合知识。在本书中，相比于理论知识，更加强调实践方面的技能。由于笔者在工业界工作了38年，因此这些知识点涵盖了目前先进复合材料的最新技术。

本书首先对复合材料进行综述性介绍(第1章);阐述了各向异性复合材料与金属等各向同性材料的差异,讨论了复合材料的一些重要优点和缺点;第1章也包含了一些先进复合材料的应用。第2章研究了增强体及其产品形式,重点内容是玻璃纤维、芳纶和碳纤维。第3章涵盖了主要的热固性和热塑性树脂体系。热固性树脂体系基体包括聚酯、乙烯基酯、环氧树脂、双马来酰亚胺、氰酸酯、聚酰亚胺和酚醛树脂;热塑性树脂体系基体包括聚醚醚酮、聚醚酮酮、聚醚酰亚胺和聚丙烯。第3章还介绍了热固性树脂的增韧机理,并介绍了用于表征树脂和层压板材料的物理化学测试方法。

第4～11章描述了复合材料制造工艺技术的进展情况。第4章介绍了固化工装的基础知识。第5章进行了热固性复合材料制造工艺的讨论。重要的热固性复合材料铺设方法包括湿法铺贴、预浸料铺贴、自动铺带、纤维自动铺放、长丝缠绕和拉挤成型。结合热固性材料的加成及缩合固化工艺,还讨论了固化准备过程中的真空袋封技术。热固性液体成型包括预制体成型技术(机织、针织、缝合与编织)和主要的液体成型工艺,即树脂传递模塑成型工艺(RTM)、树脂薄膜渗透成型工艺(RFI)和真空辅助树脂传递模塑成型工艺(VATRM)。

第6章介绍了热塑性复合材料的固化以及不同的热塑性塑料的热成型方法,最后讨论了热塑性复合材料独特的连接工艺。在详细描述了这些加工基础之后,第7章讨论了热固性复合材料和热塑性复合材料一些独特而具体的加工问题;引入了固化模型的概念以及铺层和固化参数、树脂静水压力、化学成分、树脂和预浸料、减压板和挡板的重要性;还介绍了残余固化应力和放热反应,简要介绍了在线固化监测技术。

在第8章和第9章中介绍了胶黏剂、夹层结构和整体共固化结构、胶黏剂胶接的基础以及其优缺点;讨论了连接的设计、表面处理和胶接工艺的重要性,以及蜂窝胶接组件、泡沫胶接组件和整体固化组件。大型整体复合材料机身结构的应用已经证明使用复合材料可以显著降低零件数量和装配成本。

第10章讨论了非连续纤维聚合物基体复合材料的性能和制造技术,重点是喷涂成型、模压成型、结构反应注塑成型和注塑成型。

装配(第11章)的成本在总制造成本中占很大一部分比例,高达总交付成本的50%。本章重点介绍了机械连接,包括用于结构组装的孔的加工工艺和紧固件;也简要讨论了密封和表面处理。

第12～15章涵盖了复合材料的测试方法和性能。重要的非破坏性测试方法(第12章)包括视觉、超声、放射照相和热成像检测方法。机械性能试验方法(第13章)包括复合材料和胶黏剂体系的试验。在第14章中,比较了非连续增强和连续增强复合材料的强度和刚度。第15章涉及影响环境的重要专题,包括吸湿、流体暴露、紫外线辐射和腐蚀、雷击、热氧化行为、热损伤和易燃性。

第16～19章涵盖了复合材料的分析、设计和维修。结构分析(第16章)从单向板或单层板层级的分析开始,然后使用经典层压板理论来介绍更复杂的层压板分析方法;介绍了层间自由边应力的概念;讨论了四种失效准则:最大应力准则、最大应变准则、Azzi-Tsai-Hill最大功理论和Tsai-Wu失效准则。复合连接分析的重要专题,包括螺栓连接和胶接都在第17章中进行了介绍。第18章涉及复合材料的设计和认证考虑,包括材料和工艺选择、设计行业研究、积木式的认证方法、设计许用值和设计指南;还讨论了处理损伤容限和环境问题时的考虑因素。复合材料的修理(第19章)包括填充修理、注射修理、螺栓连接修理和胶接修理。

金属基复合材料(第20章)与其基底金属相比具有许多优点,例如具有较高的比强度和比刚度、较好的耐高温性、较低的热膨胀系数以及在某些情况下具有更好的耐磨性;缺点是它们比原金属更贵、韧性更低。由于成本高,因此金属基复合材料的商业应用受到一定限制。与金属基复合材料相比,陶瓷基复合材料的商业应用(第21章)也很少,因为它们的成本也非常高,并且也有基于对可靠性的考虑。碳-碳复合材料已应用于航天结构的热防护系统。当然,金属基和陶瓷基复合材料仍然是重要的材料类别,因为它们被认为是未来超声速飞行器的关键材料。

请注意,本书中提供的数据不是设计许用值,读者应查阅经批准的设计手册并通过统计学分析以获得设计许用值。

我要感谢安·布雷顿、艾琳·德·吉尔、史蒂夫·兰帕曼、马德里·特兰布尔、ASM(美国材料协会)国际组织以及ASM的工作人员对本书所做的重要贡献,感谢他们的帮助和指导。我还要感谢我的妻子贝蒂对我一如既往的支持。

F. C. 坎贝尔
美国圣路易斯密苏里州
2010年7月

目　　录

1 复合材料绪论

复合材料由两种(增强体和基体)或更多种材料组合而成,具有比单组分材料更好的属性。与金属合金相反,复合材料中的每种材料均保持其独立的化学、物理和机械性能。与单组分材料相比,复合材料的主要优点是具有高强度和刚度,并且密度相对较低,可以减轻最终构件重量。

增强体提供强度和刚度,在大多数情况下,增强体的硬度、强度、刚度比基体的更大。增强体通常是纤维或颗粒,颗粒复合材料的尺寸在所有方向上大致相同,它们可以是球形、片状或任何其他规则或不规则的几何形状。颗粒状复合材料往往比连续纤维增强复合材料的强度和刚度低得多,但通常要便宜得多。由于加工困难和材料具有脆性,因此颗粒增强复合材料使用的增强体较少(最高40%～50%的体积含量)。

纤维的长度远大于其直径。长径比(l/d)也称纵横比,可以变化很大。连续纤维具有大的纵横比,而不连续纤维具有小的纵横比。连续纤维复合材料通常具有优选的方向,而不连续纤维通常是方向随机的。连续增强体材料包括单向带、织物和粗纱[见图 1.1(a)],而不连续增强体的例子包括短切纤维和毛毡[见图 1.1(b)]。连续纤维增强复合材料通常以不同方向堆叠单张连续纤维板而制成层压板,以获得期望的强度和刚度特性,通常纤维体积含量高达 60%～70%。纤维由于其直径小而适合生产高强度复合材料,与整块生产的材料相比,它们具有较少的缺陷(常为表面缺陷)。通常,纤维的直径越小,其强度越高,但制造成本也越高;此外,较小直径的高强度纤维具有更大的灵活性,并且更适合于制造工艺,例如编织或曲面成型。典型的纤维包括玻璃纤维、芳纶和碳纤维,可以是连续的纤维或不连续的纤维。

基体通常为连续相,可以是聚合物、金属或陶瓷。聚合物具有较低的强度和刚度;金属具有中等强度和刚度,但具有高延展性;陶瓷具有高强度和刚度,但是比较脆。基体(连续相)担负了几个关键功能,包括维持纤维的正确方向和间距,

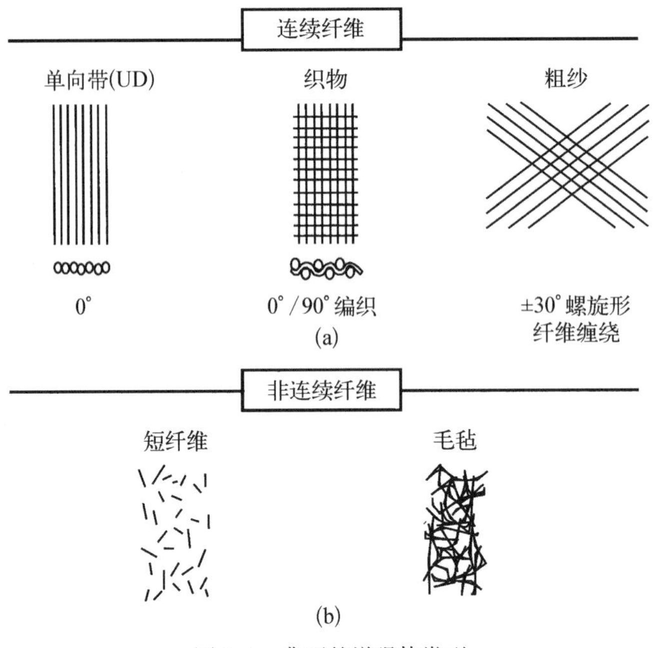

图 1.1 典型的增强体类型

并保护它们免受磨损和环境的影响。在聚合物和金属基复合材料中，在纤维和基体之间会形成较强的界面结合，基体通过界面剪切载荷将载荷从基体传递到纤维。对于陶瓷基复合材料，使用目的是增加其韧性而不是强度和刚度，因此，通常期望具有较低的界面结合强度。

增强体的种类和数量决定了复合材料的最终性能。图 1.2 显示了增强体类型和含量对复合材料性能的影响。实际工程中复合材料的增强体体积含量理论上最大可以达到 70%。如果增强体体积含量较高，那么有效支撑纤维的基体含量就会降低。非连续纤维增强复合材料的理论强度可以接近连续纤维增强复合材料，只要纵横比足够大并且排布整齐，但实际工程中是难以控制非连续纤维的排布方向的。非连续纤维增强复合材料通常在排布方向上有些随机，这显著降低了它们的强度和模量。然而，非连续纤维增强复合材料比连续纤维增强复合材料成本要低得多。因此，在需要较高强度和刚度(但成本较高)的情况下使用连续纤维增强复合材料；而当成本因素很突出，对刚度和强度要求不太严格的情况下，可以使用非连续纤维增强复合材料。

增强体的类型和基体都会影响加工工艺。聚合物基复合材料的主要加工路线如图 1.3 所示，给出了两种类型的聚合物基体：热固性材料和热塑性材料的

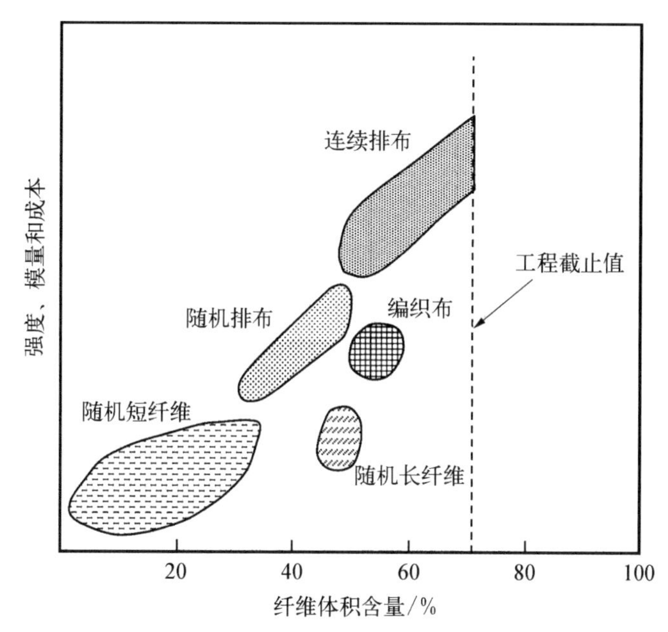

图 1.2　增强体类型和含量对复合材料性能的影响

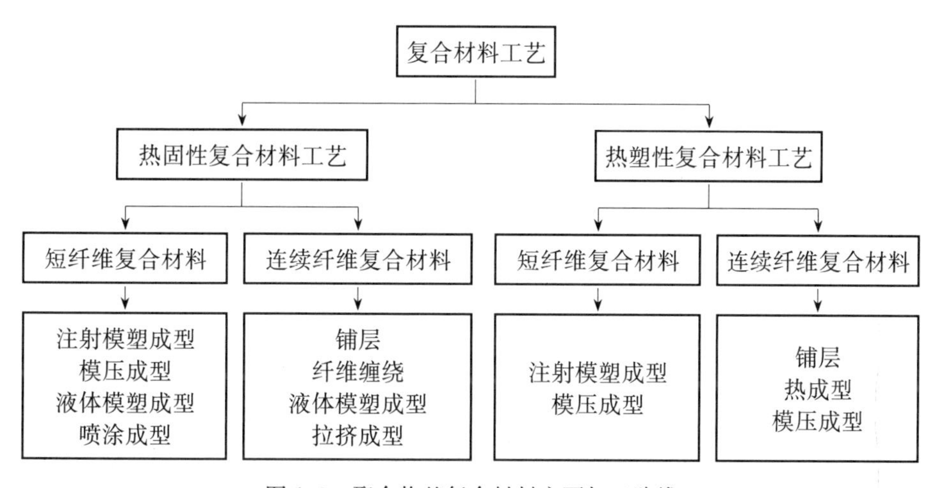

图 1.3　聚合物基复合材料主要加工路线

加工路线。热固性材料是由低黏度树脂在加工过程中反应和固化形成的稳定固体；热塑性树脂是通过将其加热到高于其熔融温度而再加工成型的高黏度树脂。由于热固性树脂在加工过程中进行了反应和固化，因此不能通过加热进行再加工；相比之下，热塑性材料可以在其熔融温度之上再加热以进行再加工处理。对于两种类型的树脂来说，非连续纤维增强复合材料和连续纤维增强复合材料的制备均有相对成熟的加工工艺。由于金属基和陶瓷基复合材料的工艺过程需要非常高的温度和较高的压力，因此它们通常比聚合物基复合材料贵得多。然而，它们具有更好的热稳定性，更易满足暴露于高温环境下的应用需求。

本书将介绍连续纤维增强的和非连续纤维增强的聚合物基、金属基和陶瓷基复合材料，重点是连续纤维增强的高性能聚合物基复合材料。

1.1　各向同性、各向异性、正交各向异性材料

材料可分为各向同性或各向异性。各向同性材料在所有方向上均具有相同的材料性能，拉压载荷仅产生正应变。相比之下，各向异性材料在单元体的一个点处的所有方向上均具有不同的材料性质；其没有物理对称面，拉压载荷可以产生正应变和剪应变。如果材料的属性与材料的方向无关，则材料是各向同性的。

如图 1.4 所示为各向同性材料单元的应力。如果材料沿其 0°、45°和 90°方向加载，则弹性模量 E 在每个方向上都 ($E_{0^\circ}=E_{45^\circ}=E_{90^\circ}$) 是相同的；如果材料是各向异性的(如图 1.5 所示的复合材料单层单元的应力)，则其具有随材料方向变化的属性，即模量在每个方向上不同 ($E_{0^\circ}\neq E_{45^\circ}\neq E_{90^\circ}$)。虽然在例中考察了弹性模量，但对于其他材料属性，如极限强度、泊松比和热膨胀系数，均可能会根据方向变化而变化。

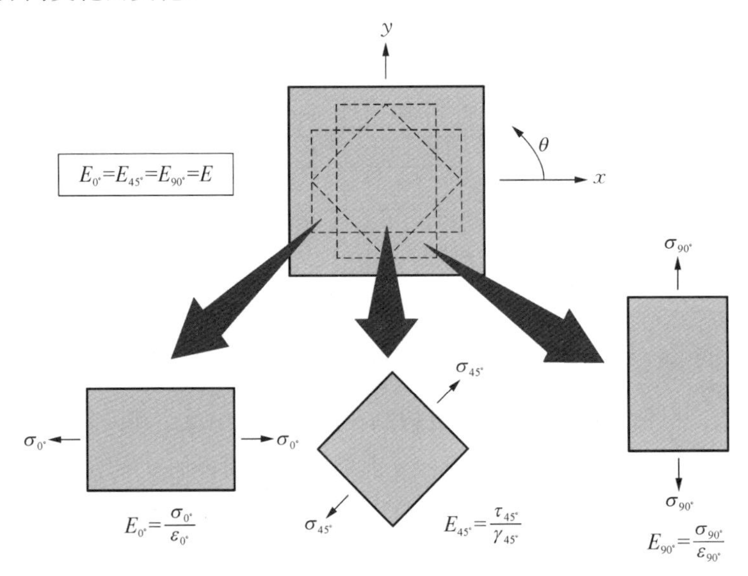

图 1.4　各向同性材料单元的应力

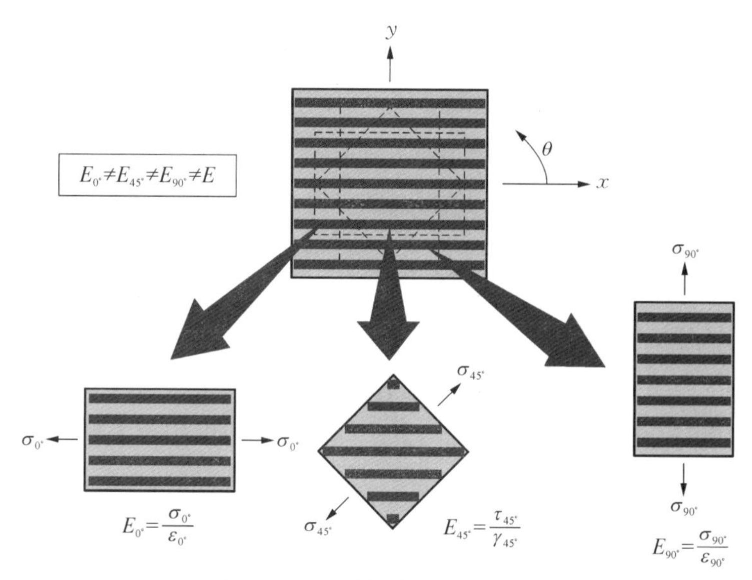

图 1.5　复合材料单层单元的应力

通常认为整体材料，如金属和聚合物，是各向同性材料，而认为复合材料是各向异性材料。然而，如果对金属材料进行高度冷加工，使金属晶粒取向在某一方向上产生定向排布，则诸如金属类的整体材料也可以变成各向异性的。

图 1.6 所示为单向纤维增强复合材料单层（也称为单层板）的角度定义。用于描述单层的坐标系标记为 1－2－3，在这种情况下，1 轴定义为平行于纤维方向（0°）；2 轴定义为位于板的平面内且垂直于纤维方向（90°）；3 轴定义为垂直于板的平面方向。1－2－3 坐标系称为主材料坐标系，如果板平行于纤维（1 轴方向或 0°方向）加载，则弹性模量 E_{11} 接近纤维的弹性模量；如果板在 2 轴方向或 90°方向上垂直于纤维方向加载，则 E_{22} 的模量要低得多，接近相对不那么刚性的基体。由于 $E_{11} \gg E_{22}$ 且模量随材料内的方向而变化，因此材料是各向异性的。

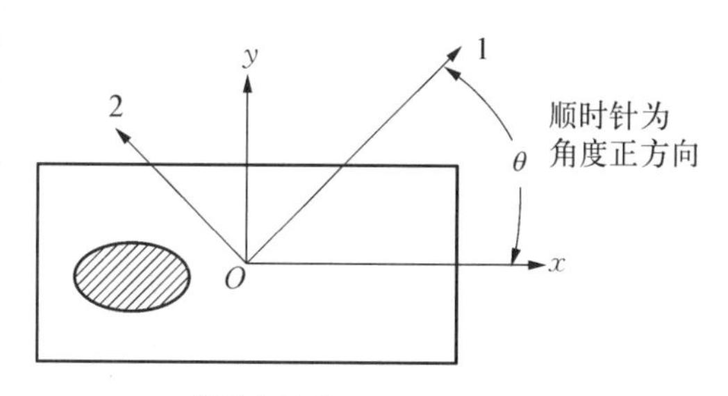

单层坐标系：
1 轴—平行于纤维方向；
2 轴—面内垂直于纤维方向；
3 轴—单层平面的法线方向。

图 1.6　单层板角度定义

复合材料在各向异性材料中属于子类别正交各向异性材料。正交各向异性材料在三个相互垂直的方向上具有不同的属性，它们具有三个相互垂直的对称轴,并且平行于这些轴施加的载荷仅产生正应变;不平行于这些轴的载荷产生正应变和剪应变。因此,正交各向异性材料的力学性能是方向的函数。

如图 1.7 上部所示的单向复合材料,其中单向纤维相对于 x 轴以 45°的角度排布。在应变片区域取一个很小的正方形单元,由于单元最初是正方形的(在本示例中),所以纤维平行于单元的对角线 AD。纤维垂直于对角线 BC,这意味着单元沿对角线 AD 的刚度比沿对角线 BC 的刚度更大。当施加拉伸应力时,正方形单元变形。因为对角线 AD 的刚度比对角线 BC 大,而对角线 AD 的长度相对于对角线 BC 的长度增量要小,因此最初的正方形单元变形为平行四边形。由于单元已经变形成平行四边形,所以由轴向应变 ε_{xx} 和 ε_{yy} 的耦合而产生剪切应变 γ_{xy}。

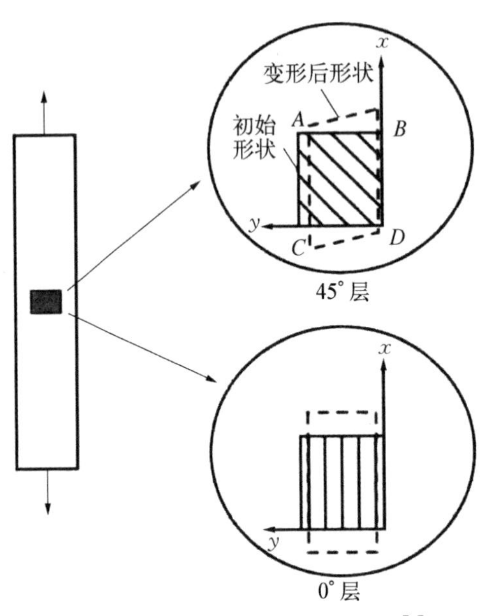

图 1.7 45°铺层的剪切耦合效应[1]

如果纤维的排布方向平行于应力方向,如图 1.7 下部分所示,则不会发生轴向应变 ε_{xx} 和 ε_{yy} 的耦合。在这种情况下,在拉伸应力作用下单元在 x 方向产生拉伸变形,在 y 方向产生收缩变形,单元变形为长方形。因此,仅当应力和应变作用于非主材料坐标系时,才会出现复合材料所呈现的耦合效应。当纤维与施加的应力方向平行(0°)或垂直(90°)时,该层称为特殊正交各向异性层($\theta=0°$或 90°);不平行且不垂直于施加应力方向的层称为一般正交各向异性层($\theta\neq0°$且 $\theta\neq90°$)。

1.2 层压板

当只有单层或所有铺层以相同的方向铺贴时,铺层称为单向板。当铺层以各种角度铺贴时,叠层称为层压板。连续纤维复合材料通常是层压板材料(见图 1.8),其中单个层或单向板在材料的主承力方向上铺贴会起到很好的增强作用。单向板(0°)在 0°方向上强度和刚度都非常大;然而,它们在 90°方向上非常弱,因为载荷必须由较弱的聚合物基体承担。虽然高强度纤维的拉伸强度可以达到 500 ksi(3 500 MPa)以上,但典型的聚合物基体的拉伸强度通常只有 5~

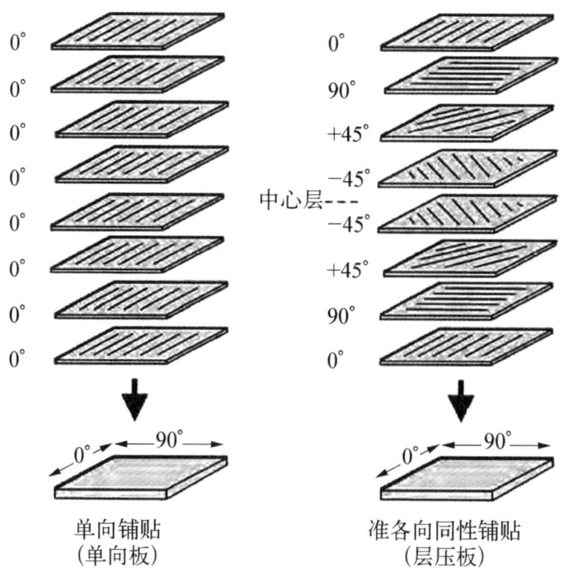

图 1.8　单向板和层压板的铺层

10 ksi(35～70 MPa)(见图 1.9)。纵向拉伸和压缩载荷由纤维承担,而基体在拉伸时分散承担了纤维间的载荷,在压缩载荷状态下使纤维保持稳定并防止它们在压缩过程中弯曲。基体也是层间剪切和横向(90°)拉伸的主要承担载体。表 1.1 总结了纤维和基体在确定力学性能方面承担的作用。

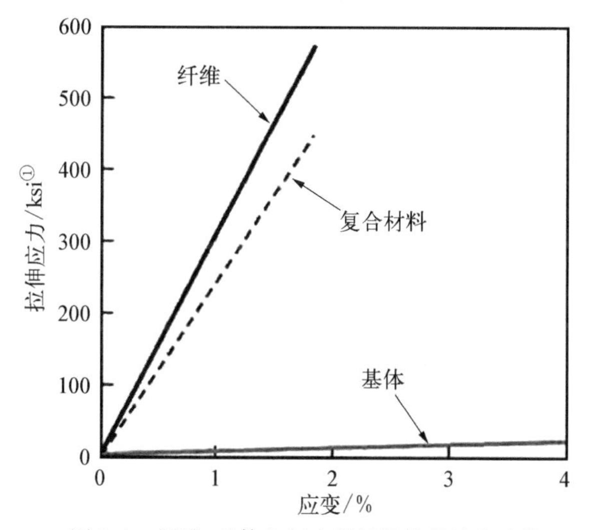

图 1.9　纤维、基体和复合材料的拉伸性能比较

① ksi：1 000 磅力/平方英寸,1 ksi=6.89 MPa。——编注

表 1.1 纤维和基体对力学性能的影响

力学性能	主要的复合材料组分	
	纤维	基体
单向板:		
0°拉伸	√	—
0°压缩	√	√
剪切	—	√
90°拉伸	—	√
层压板:		
拉伸	√	—
压缩	√	√
面内剪切	√	√
层间剪切	—	√

由于纤维取向直接影响力学性能,因此沿着主承载方向尽可能多地铺贴 0°层是合理的。虽然这种方法可能适用于某些结构,但通常还是需要在多个不同方向(如 0°、+45°、−45°和 90°方向)平衡负载能力。图 1.10 展示了交叉铺贴的连续碳纤维/环氧树脂层压板的显微照片。在 0°、+45°、−45°和 90°方向上具有相等层数的平衡层压板被称为准各向同性层压板,因为它在所有四个方向上承载相等的载荷。

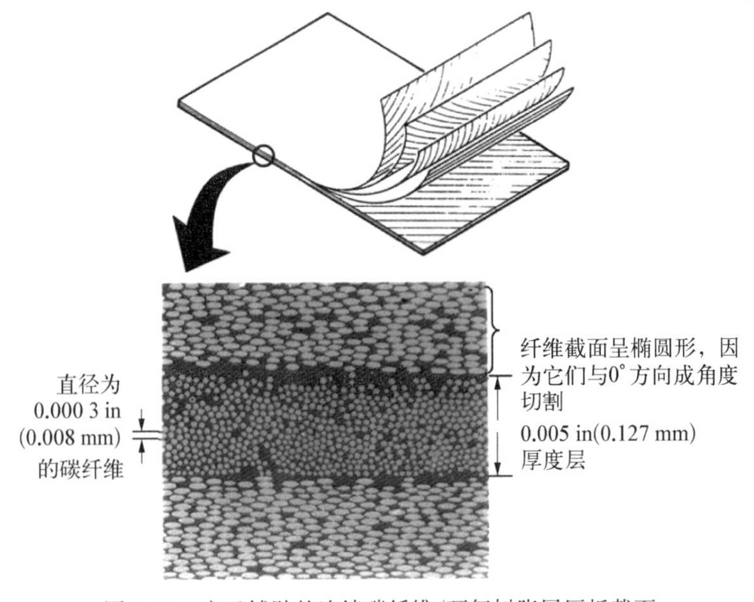

图 1.10 交叉铺贴的连续碳纤维/环氧树脂层压板截面

1.3　基本性能公式

当单向连续纤维层或层压板(见图 1.11)沿平行于其纤维(0°或 11 方向)方向加载时,纵向模量 E_{11} 可以通过使用所谓的混合定律计算。

$$E_{11}=E_{f}V_{f}+E_{m}V_{m} \qquad (式 1.1)$$

式中:E_{f} 为纤维的模量;V_{f} 为纤维体积含量;E_{m} 为基体的模量;V_{m} 为基体的体积含量。

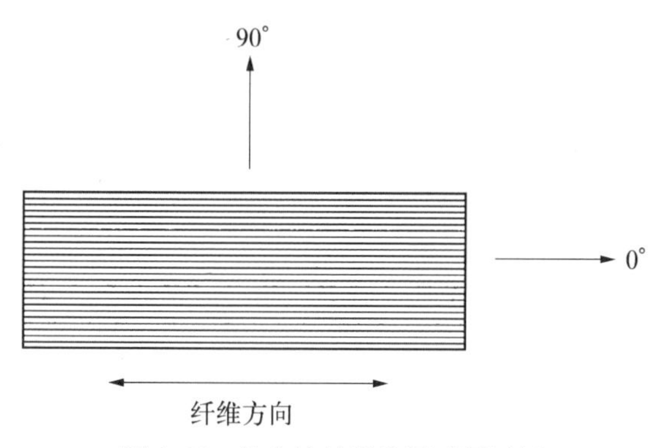

图 1.11　单向连续纤维层或层压板

纵向拉伸强度 σ_{11} 也可以采用混合定律估算。

$$\sigma_{11}=\sigma_{f}V_{f}+\sigma_{m}V_{m} \qquad (式 1.2)$$

式中:σ_{f} 和 σ_{m} 分别为纤维和基体的极限强度。因为纤维的性能主导了所有不同百分比的实际应用材料,基体的贡献可以忽略,因此有以下近似表达式:

$$E_{11}\approx E_{f}V_{f} \qquad (式 1.3)$$

$$\sigma_{11}\approx \sigma_{f}V_{f} \qquad (式 1.4)$$

图 1.12 显示了铺层角度对强度和刚度的影响。当载荷平行于纤维(0°方向)时,与载荷横贯于(90°方向)纤维相比,该层强度和刚度更大。即便只偏离 0°方向几度,单层板的强度和刚度就有显著的下降。

当图 1.11 中所示的层板加载方向为横向(90°或 22 方向)时,纤维和基体成串联形式,两者承担相同的载荷。横向弹性模量 E_{22} 由以下式给出:

$$1/E_{22}=V_{f}/E_{f}+V_{m}/E_{m} \qquad (式 1.5)$$

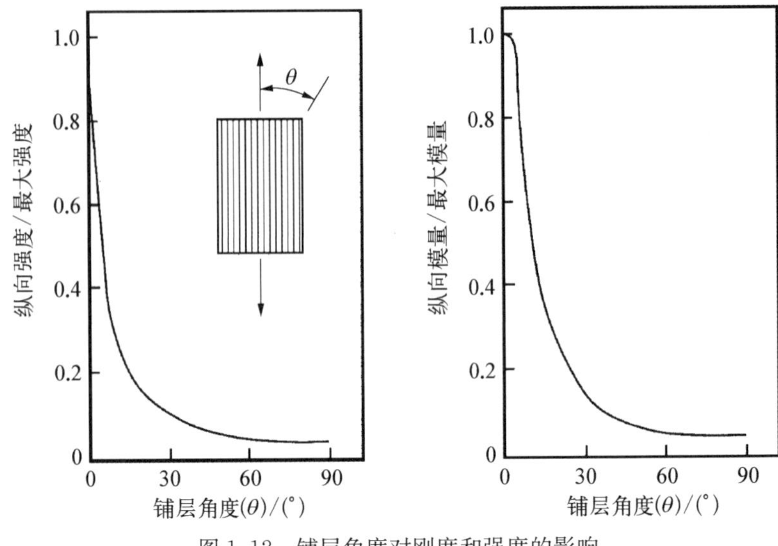

图 1.12 铺层角度对刚度和强度的影响

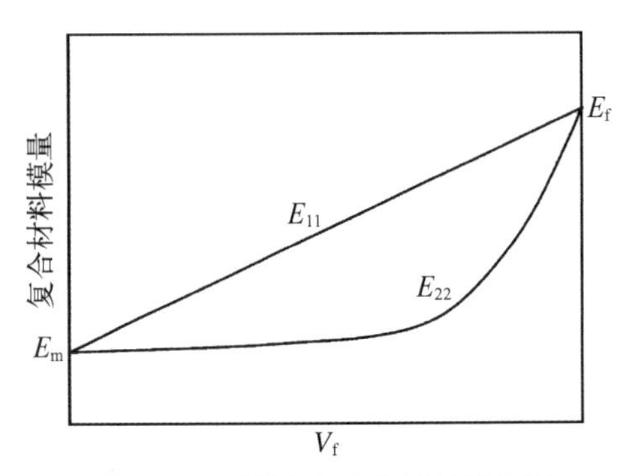

图 1.13 0°单向板复合材料模量随纤维体积含量的变化

图 1.13 显示了纤维体积含量对模量变化的影响。当纤维含量为零时,模量为聚合物基体的模量;当其增加到高达 100%时,模量为纤维的模量。当纤维体积含量为所有其他数值时,E_{22} 或 90°方向的模量低于 E_{11} 或 0°方向的模量,因为它是由较弱的基体决定的。

其他单层板属性的混合表达包括泊松比 ν_{12} 和剪切模量 G_{12},如下式所示:

$$\nu_{12} = \nu_f V_f + \nu_m V_m \quad \text{(式 1.6)}$$

$$1/G_{12} = V_f/G_f + V_m/G_m \quad \text{(式 1.7)}$$

由于泊松比(ν_f)和纤维的剪切弹性模量(G_f)通常不容易获得,因此这些表达式与先前的表达式相比实用性不大。

物理性质,如密度 ρ,也可以用混合公式表示为

$$\rho = \rho_f V_f + \rho_m V_m \quad \text{(式 1.8)}$$

虽然这些细观力学公式对于没有数据可用时估算单层板的性能是有用的，但是如果用于设计，则它们通常不够精确。为了设计计算，应使用实际的力学性能试验测试来确定基本层板和层压板的性能。

1.4　复合材料与金属的比较

如前所述，复合材料和金属的物理特性有着明显的不同。表 1.2 比较了复合材料和金属的一些性能。因为复合材料是高度各向异性的，所以它们的面内强度和刚度通常较高，且取决于增强纤维的取向，随方向变化。不受益于这种增强性能（至少对于聚合物基复合材料）的材料的强度和刚度则相对较低，例如厚度方向的拉伸强度主要由相对较弱的基体而不是高强度的纤维承载。图 1.14 显示了与铝合金板相比，典型的复合层压板在厚度方向上的强度较低。

表 1.2　复合材料和金属的比较[2]

条　件	与金属相比的特性
载荷-应变关系	更加线性直到失效
孔敏感性：	
静载条件	更加敏感
疲劳条件	不太敏感
横向属性	较弱
力学性能变异性	更高
疲劳强度	更高
对湿热环境的敏感性	更大
腐蚀敏感性	较小
损伤扩展特性	面内的分层替代了贯穿厚度方向的裂纹

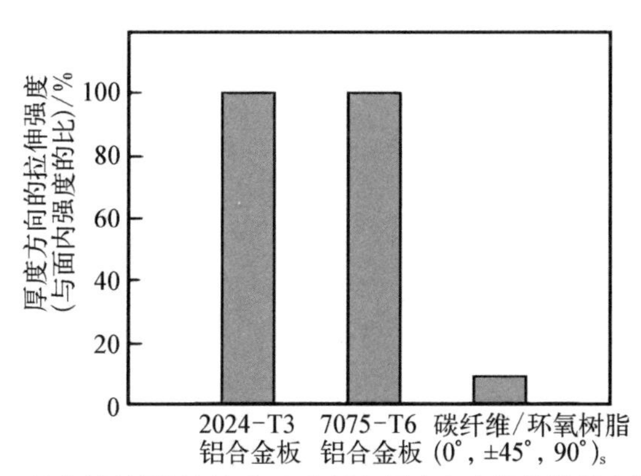

图 1.14　复合材料层压板与铝合金板在厚度方向的拉伸强度的比较[3]

金属通常具有较好的延展性，当它们达到一定的载荷（超过屈服）而不增加载荷并且没有失效时会继续伸长或压缩。这种韧性屈服的两个重要优点是：①它通过向相邻的材料或结构分配过量的载荷来减轻局部承载，因此当处于静态载荷时，韧性金属具有很大的释放应力集中的能力；②它提供了很大的能量吸收能力（由应力-应变曲线下的面积表示）。当受到冲击时，金属结构通常会变形，但实际上不会断裂。相比之下，复合材料有较大的脆性。图1.15显示了两种材料的典型拉伸应力-应变曲线的比较。复合材料的脆性反映在其承受应力集中的能力差这方面（见图1.16），与铝合金板材相比，由于复合材料层压板的脆性，其承受应力集中的能力较差。脆性复合材料的特征是在没有大量的内部基体开裂的情况下具有较差的抵抗冲击损伤的能力。

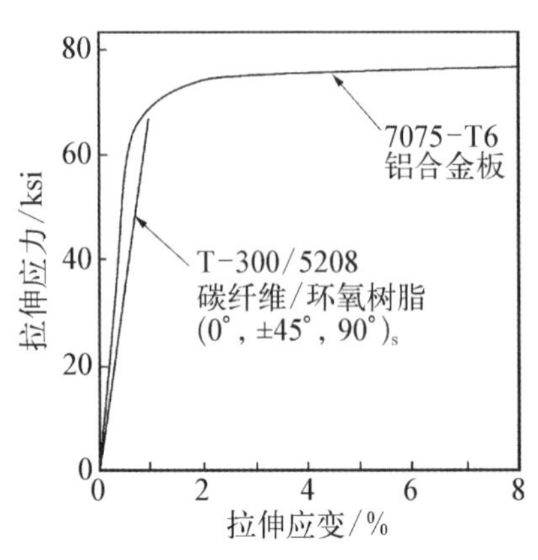

图1.15 复合材料与铝合金板的典型拉伸应力-应变曲线比较[3]

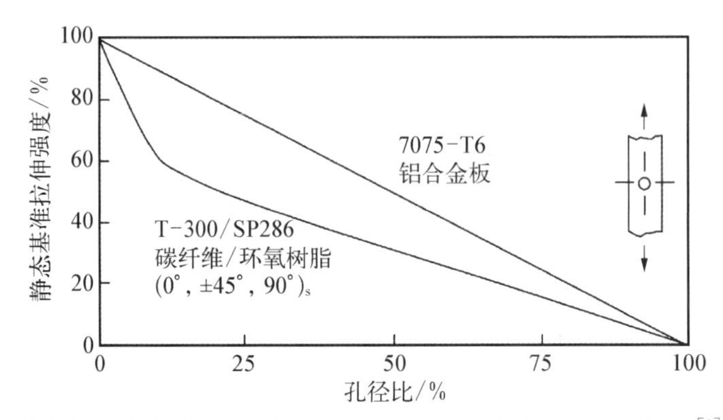

图1.16 复合材料与铝合金板的静态基准拉伸强度-孔径比比较[3]

带损伤的复合材料对循环载荷的响应也与金属有着显著不同。与复合材料具有损伤或缺陷后的静强度降低相反，复合材料承受循环载荷的能力远远优于金属。图1.17显示了普通7075－T6飞机铝合金金属与碳纤维/环氧树脂层压板的归一化缺口试样疲劳特性的比较，复合材料的疲劳强度相对于其静态或剩余强度要高得多。结构的静强度或剩余强度要求通常远高于疲劳要求，由于复合材料的疲劳阈值占其静态或损伤剩余强度的比例较高，因此复合材料疲劳通

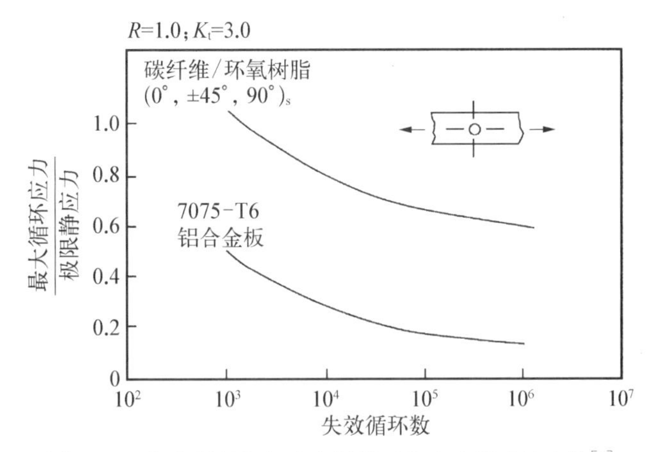

图 1.17　复合材料与铝合金板材开孔疲劳强度的比较[3]

常不是关键问题；而在金属结构中，疲劳通常是关键的设计考虑因素。

1.5　复合材料的优缺点

复合材料的优点很多，包括重量轻、能够通过定制达到最佳的强度和刚度、提高疲劳寿命、耐腐蚀等，并且在良好的设计实践中，采用更少的细节零件和紧固件数量可以降低装配成本。

高强度纤维（特别是碳纤维）的比强度（强度/密度）和比刚度（模量/密度）高于其他可参照的航空航天金属合金（见图 1.18）。这意味着结构可以获得更佳的减重效果，从而提高性能，增加有效载荷和交通工具的航程，节省燃料。图 1.19 比较了碳纤维/环氧树脂、Ti－6Al－4V 和 7075－T6 铝合金的相对结构效率。

美国海军飞机结构总工程师曾经告诉作者说他喜欢复合材料，因为它们不会腐烂（腐蚀），也不会疲倦（疲劳）。对商用和军用飞机来说，铝合金的腐蚀造成了主要的成本并会带来持续的维护问题。复合材料的耐腐蚀性可以大大节省成本。如果碳纤维复合材料与铝合金金属表面直接接触，则会引起电化腐蚀问题，但是如果在接触铝的所有界面上粘贴玻璃纤维电绝缘层则可消除此问题。复合材料与高强度金属的疲劳性能如图 1.20 所示，只要在设计中控制使用合理的应变水平，碳纤维复合材料的疲劳就基本没有问题。

装配成本可以占到机身成本的 50%，使用复合材料可以显著减少装配量和所需紧固件的数量。在初始固化期间或通过二次胶接，可以将细小部件组合成单个整体固化的组件。

复合材料的缺点包括原材料成本高，制造和装配成本通常较高；温度和湿度

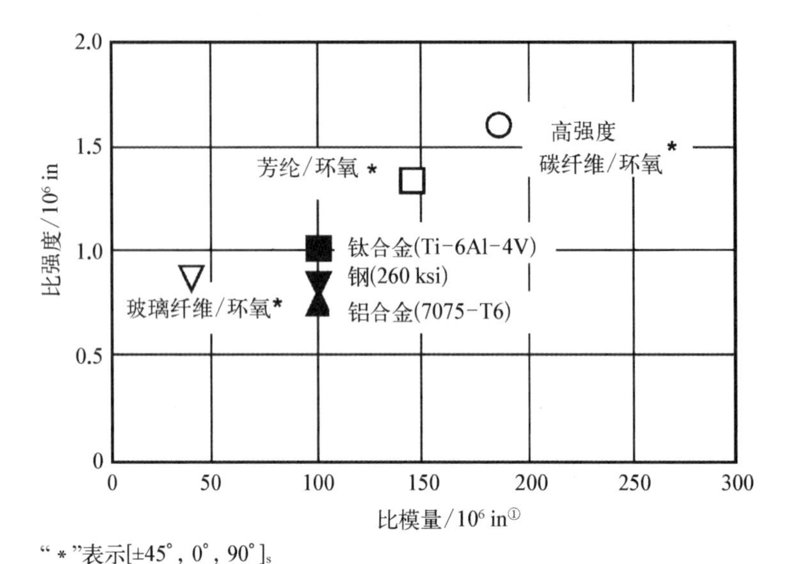

图 1.18　高强度纤维和航空航天铝合金材料的比强度和比刚度的比较

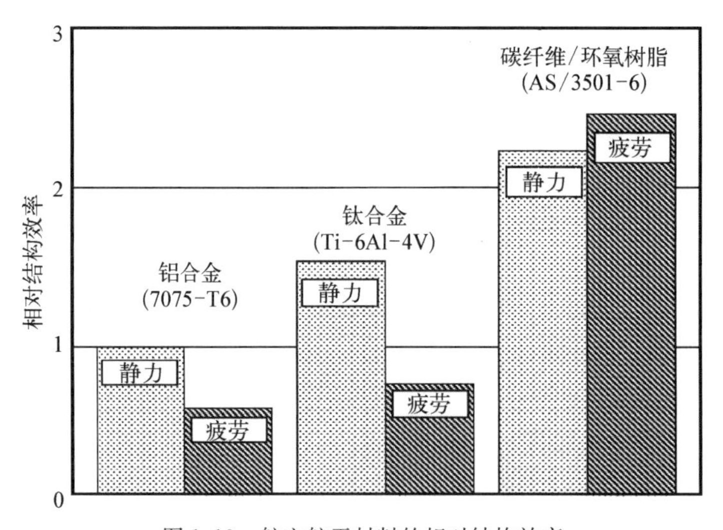

图 1.19　航空航天材料的相对结构效率

也会产生不利影响；基体承受主要的面外方向的载荷，因此面外强度较差(在传力路径复杂的情况下不应使用，如耳片和接头)；易受冲击破坏，易于分层或层板分离；与金属结构相比更难修复。

使用常规手工铺层的复合材料部件的主要成本要素是铺贴或整理铺层的花

① in：英寸，长度单位，1 in=25.4 mm。——编注

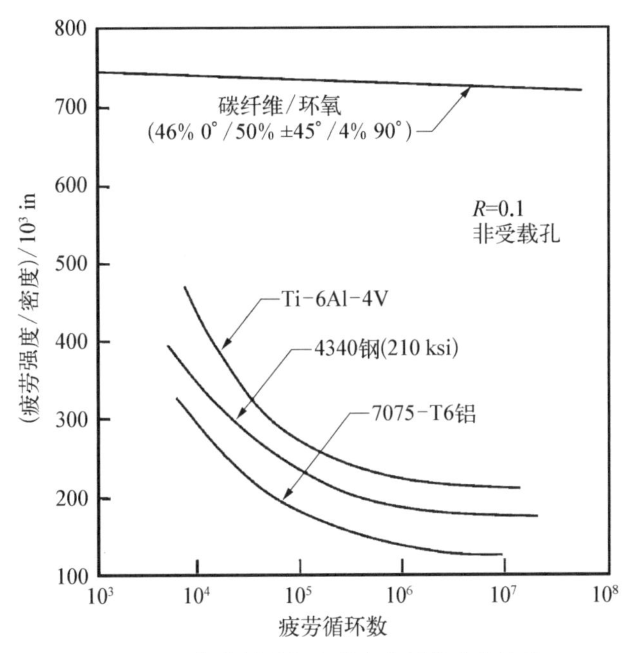

图 1.20　复合材料与高强度金属的疲劳性能

销。这一成本通常为制造成本的 40%～60%，这取决于零件的复杂性(见图 1.21)。装配成本是另一个主要的成本要素，约占结构成本的 50%。如前所述，复合材料的潜在优点之一是能够将多个细节部件固化或粘接在一起以降低装配成本和所需紧固件的数量。

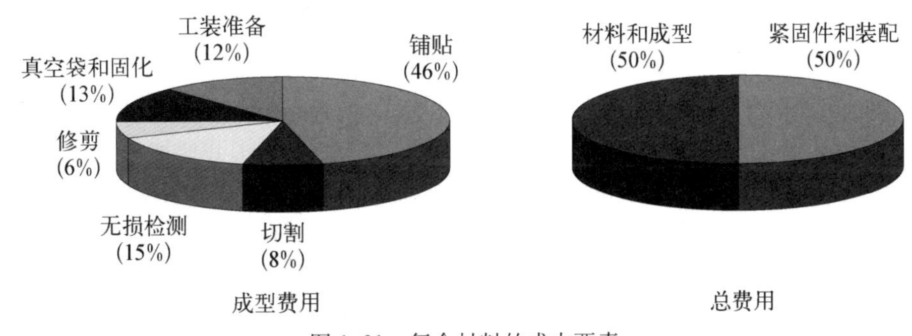

图 1.21　复合材料的成本要素

温度对复合材料的力学性能也有影响。通常，基体主导的力学性能随着温度的升高而降低；纤维主导的力学性能在一定程度上受低温的影响，但影响效果并不如基于基体主导的力学性能随温度升高那么严重。碳纤维/环氧树脂的设计参数是低温干态拉伸和高温湿态压缩(见图 1.22)。

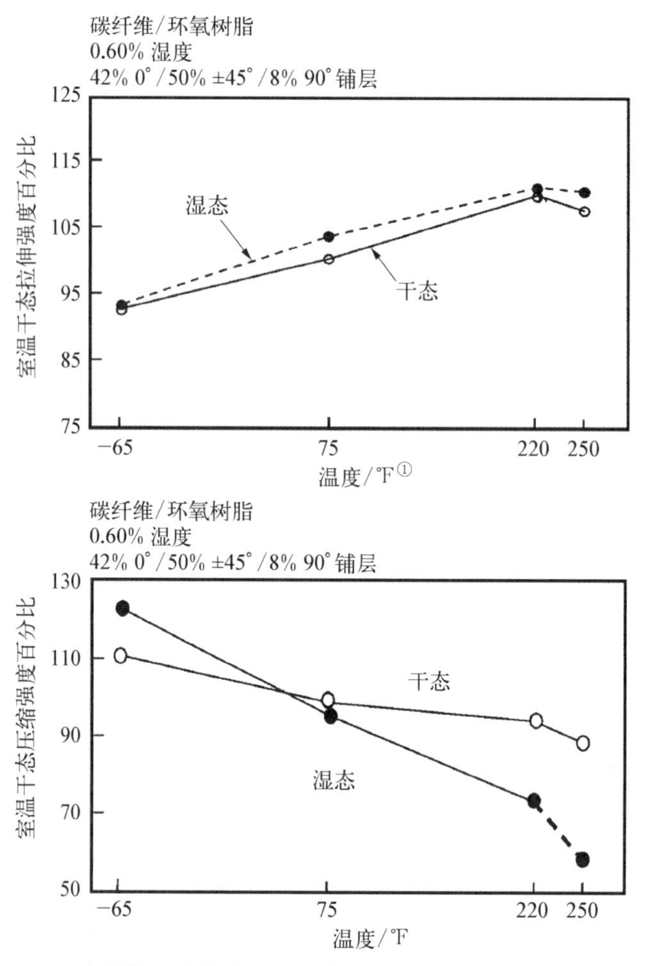

图 1.22　碳纤维/环氧树脂在室温条件下的温度和湿度对强度的影响

用于高温环境的树脂基体选择的重要设计因素是固化的玻璃化转变温度。聚合材料的固化玻璃化转变温度(T_g)是其从刚性的玻璃状固体转变成更柔软的半弹性材料的温度。此时,聚合物结构仍然完整,但交联不再锁定在固定的位置。因此,T_g 决定了复合材料或胶黏剂的使用温度上限,高于该温度的材料力学性能会明显降低。由于大多数热固性聚合物吸湿后 T_g 会严重降低,所以实际使用温度应比湿态或饱和态的 T_g 低约 50℉(30℃)。

$$\text{最高使用温度} = \text{湿态 } T_g - 50℉ \qquad (\text{式 } 1.9)$$

① ℉:华氏度,温度单位,t℉$=1.8t$℃$+32$。——编注

一般来说，热固性树脂相比热塑性树脂会吸收更多的水分。

固化的玻璃化转变温度（T_g）可以通过第3章“基体树脂体系”中概述的几种方法来确定。

吸湿量（见图1.23）取决于基体材料和相对湿度。升高温度会增加吸湿率。吸收的水分降低了基体主导的力学性能，并导致基体膨胀，这减轻了高温固化过程中固有的残余热应变。这些应变可能很大，边缘固定的大型面板可能由于膨胀引起的应变而屈曲变形。在冷冻-融化循环过程中，吸收的水分会在冷冻过程中膨胀，从而使基体产生裂纹，并可能在温度峰值期间变成水蒸气。当内部蒸汽压力超过复合材料的平板拉伸（面外厚度方向）强度时，层压板将产生分层现象。

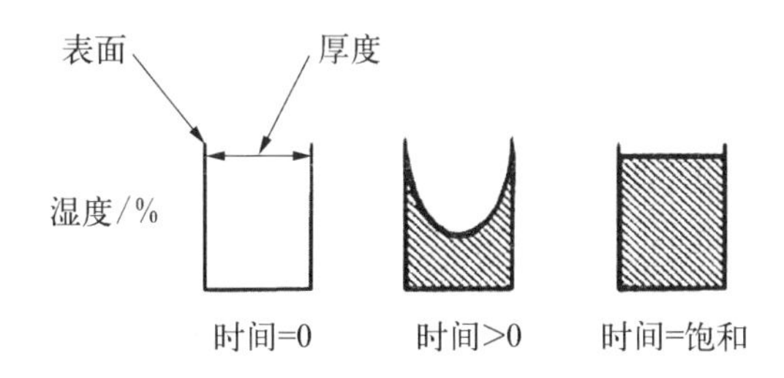

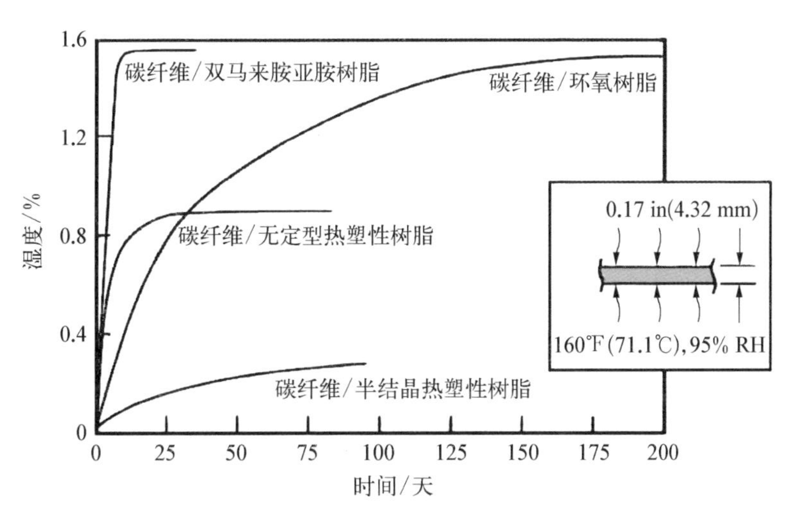

图1.23 树脂基复合材料的吸湿情况

RH—相对湿度

复合材料在制造、装配和使用过程中容易分层（层间分离）。在制造过程中，诸如预浸料衬纸之类的异物可能不小心留在叠层中。在装配过程中，部件搬运不正确或紧固件安装不正确会导致分层。在使用过程中，落到飞机上的落锤或叉车造成的低速冲击损伤可能会造成材料损坏。损伤从表面上看可能只是一个

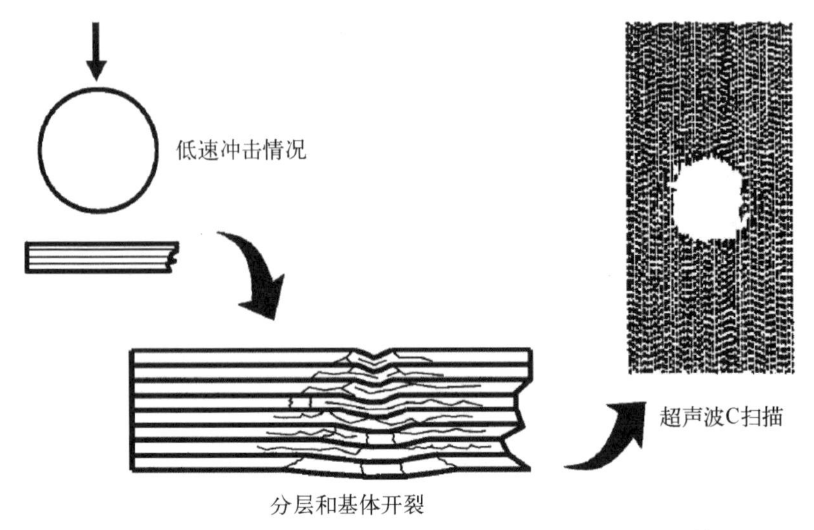

图 1.24 聚合物基复合材料在冲击损伤情况下形成的分层和基体裂纹

小凹坑，但是它可能扩散至整个层压板，形成复杂的分层和基体裂纹，如图 1.24 所示。根据分层的大小，可能降低静态和疲劳强度以及压缩屈曲强度。如果损伤足够大，则它可能在疲劳载荷下扩展。

通常，损伤容限是以树脂主导的特性，选择增韧树脂可以显著提高抗冲击损伤的能力；此外，S-2 玻璃纤维和芳纶具有很强的韧性且非常耐损伤。在设计阶段，重要的是要意识到出现分层的可能性，并使用足够保守的设计应变，以便修复损坏的结构。

1.6 复合材料的应用

复合材料广泛应用于航空航天领域、交通运输领域、建筑领域、船舶海运领域、体育用品和最近建造的一些基础设施，其中建筑和交通运输领域应用规模最大。通常在需要高强度和刚度以及对减重有需求的结构中使用高性能，但成本较高的连续增强碳纤维复合材料；在重量要求较低的结构中使用低成本的玻璃纤维增强复合材料。

在军用飞机上，为了提高性能和有效载荷，尽量使用轻的结构材料，复合材料通常占机体重量的 20%～40%(见图 1.25)。几十年来，直升机已经采用了玻璃纤维增强的转子叶片，以提高耐疲劳性能，近年来的直升机机身主要由碳纤维复合材料制成。军用飞机首次在飞机上使用高性能连续碳纤维增强复合材料，其技术开发为其他行业正在使用的复合材料提供了大部分技术储备。小型和大型商用飞机也可依靠复合材料来减重并提高燃油性能，最引人注目的例子是新型波音 787 飞机，其复合材料用量占到机体的 50%(见图 1.26)，未来所有的空

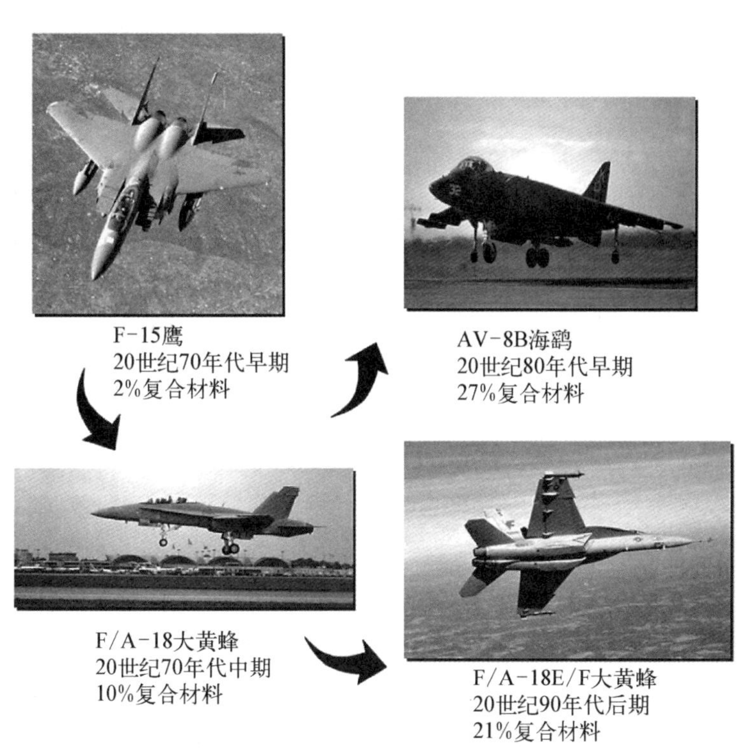

图 1.25 复合材料在典型的战斗机中的应用(图片来源：波音公司)

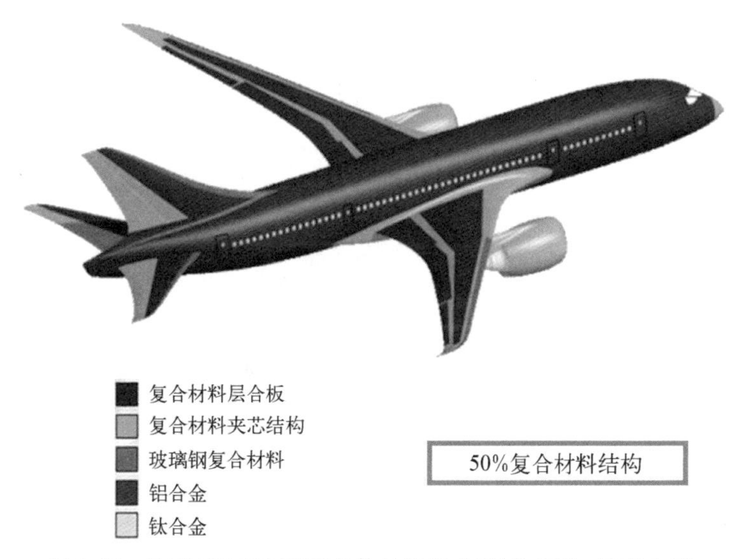

图 1.26 波音 787 梦想客机机体材料组成(图片来源：波音公司)

客和波音飞机都将使用大量的高性能复合材料。复合材料也广泛用于对重量要求苛刻的、可重复使用和一次性使用的运载火箭和航天飞机结构(见图 1.27)。在航空航天应用中由于使用复合材料而节省的重量通常在 15%～25%之间。

图 1.27　运载火箭和航天飞机结构

越来越多的主要汽车制造商(见图 1.28)转向复合材料,以帮助他们满足性能和重量的要求,从而提高燃油效率。成本是商业运输的主要驱动力,复合材料

复合材料应用于卡车和汽车来减少重量,提高燃油效率

休闲运动车辆长期使用玻璃纤维复合材料,主要是因为其耐久性较好,且相比用金属材料可减少重量

图 1.28　复合材料在交通运输领域的应用

具有较轻的重量和较低的维护成本。典型的材料是由液体成型或模压成型制成的玻璃纤维/聚氨酯和通过模压成型制成的玻璃纤维/聚酯复合材料。休闲旅行车辆长期以来一直使用玻璃纤维，主要是因为其具有更佳的耐用性，且可以减轻重量，产品形式通常是通过模压成型制成的玻璃纤维板模塑混合结构。对于高性能F1赛车，成本不是最需考虑的因素，因此大部分底盘，包括硬壳车身、悬架、翼板和发动机罩都是由碳纤维复合材料制成的。

腐蚀问题是海洋工业面对的主要问题，会导致巨大的费用支出。复合材料有助于最大限度地减少这些问题，主要是因为它们不像金属容易腐蚀或像木头容易腐烂。从小渔船到大型赛艇、游艇(见图 1.29)都通常由玻璃纤维和聚酯或

图 1.29　复合材料在海洋工程中的应用

乙烯基酯树脂制成，桅杆通常由碳纤维复合材料制成；玻璃纤维丝缠绕水下呼吸器容器是改进海洋工业复合材料的另一个例子，更轻的箱体可以容纳更多的空气，且需要的维护比金属更少。喷气滑雪板和拖船通常包含玻璃纤维增强复合材料，从而帮助减轻重量并减少腐蚀。最近的许多海军舰艇的上部结构都是由复合材料制成的。

使用复合材料改善道路和桥梁等基础设施(见图 1.30)是一个相对较新的、令人兴奋的应用。世界上许多道路和桥梁遭受严重腐蚀，需要不断地维护或更换。仅在美国，估计就有超过 25 万栋建筑物需要维修、改造或更换。复合材料的耐腐蚀性可提供更长的使用寿命并减少所需的维护。典型的工艺/材料包括湿法铺贴修复和耐腐蚀玻璃纤维拉挤成型产品。

由于其耐腐蚀性，复合材料的使用寿命更长，所需维护更少

世界上许多道路和桥梁都面临严重的腐蚀问题，需要不断地维修或更换

修理、升级和改造桥梁、建筑物和停车平台

图 1.30 复合材料在基础设施中的应用

在结构施工中(见图 1.31),拉挤成型的玻璃纤维钢筋可用于加固混凝土,玻璃纤维也可用于某些铺筑装修材料。随着成熟的高大树木数量的减少,电线塔和灯杆的复合材料的使用量大大增加,通常使用的是拉挤成型或长丝缠绕的玻璃纤维复合材料。

耐腐蚀性也为建筑业提供了优势，如图所示为拉挤成型的玻璃纤维筋用于加固混凝土；玻璃纤维也用在一些墙面板材料中

随着成熟的高大树木数量的减少，用于电塔和灯杆的复合材料的用量大大增加

图 1.31　复合材料在结构施工中的应用

风力发电是世界上发展最快的供能方式。大型风力发电机叶片(见图 1.32)通常由复合材料制成,以提高发电效率。这些叶片长可达 120 ft (37 m),重达 11 500 lb(5 200 kg)。2007 年,交付了 17 000 台燃气轮机的近 50 000 台转子叶片,约合 4×10^9 lb(约 1.8×10^9 kg)的复合材料。主要材料是通过铺层或树脂注射成型制造的连续玻璃纤维增强复合材料。

网球拍(见图 1.33)已经用玻璃纤维复合材料制造多年,许多高尔夫球杆也是由碳纤维复合材料制成的。网球拍的工艺采用模压,高尔夫球杆的工艺采用带状缠绕或长丝缠绕。轻便、结实的滑雪板和冲浪板也可以使用复合材料制成,

复合材料应用于风机叶片，以提高
发电效率以及减少腐蚀问题

图 1.32　复合材料在风力发电中的应用

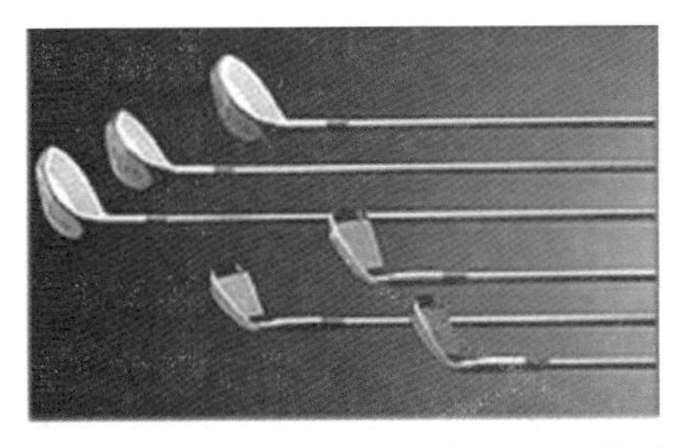

复合材料提升运动器材的性能

图 1.33　复合材料在运动器材中的应用

经受不断拍打而持续保持性能的滑雪板通常使用夹层结构（具有蜂窝芯和复合材料蒙皮）以获得最大的比刚度。

虽然金属基和陶瓷基复合材料通常非常昂贵，但是它们已经在诸如图 1.34 所示的特殊结构中获得应用。通常它们用于需要耐高温的对象；然而，制造金属基和陶瓷基复合材料所需的非常高的温度和压力导致了非常高的成本，这严重限制了其应用。

采用复合材料并不总是最好的解决方案，如图 1.35 所示为先进战斗机的航

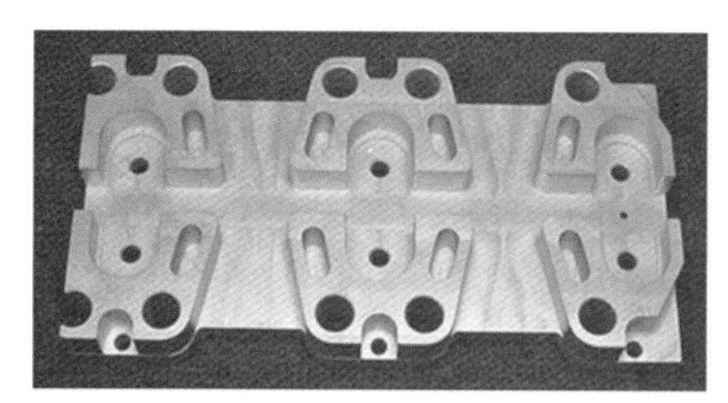

金属基复合材料
电子元器件

金属基复合材料
结构组件

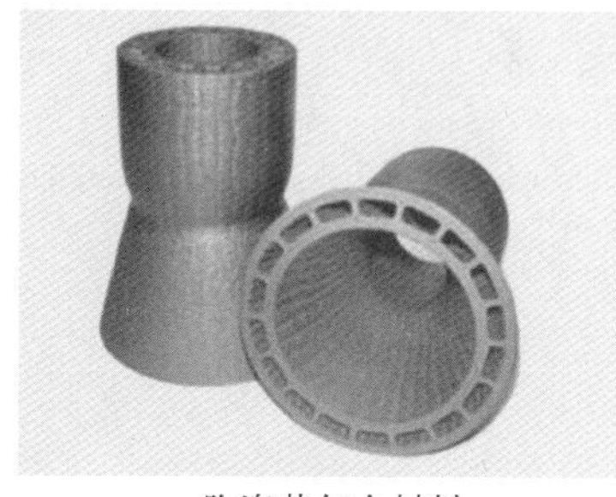

陶瓷基复合材料
喷嘴

碳-碳 刹车片

图 1.34　金属基和陶瓷基复合材料的应用

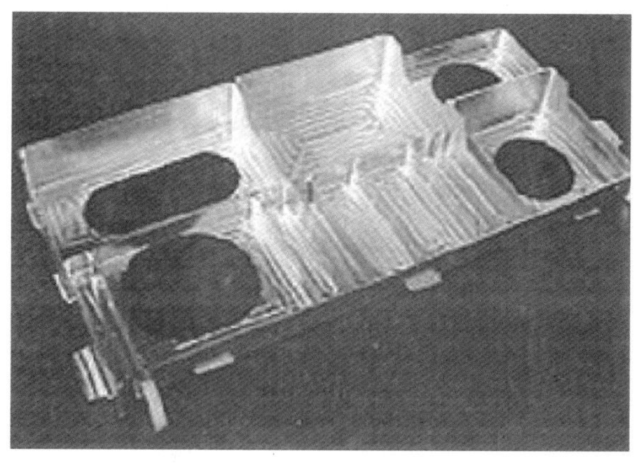

零件数量 6；　　工具数量 5；
设计和制造工时(工具)30；　　制造工时 8.6；
人工装配工时 5.3；　　重量(lb)8.56

图 1.35　铝合金航空电子架结构(图片来源：波音公司)

空电子设备，该部件用了约 8.5 h 将整块铝进行加工，并在 5 h 内组装成最终部件，如果用复合材料制造该零件则可能不具有成本竞争力。

先进复合材料是一个多元化和不断发展的行业，因为它们具有优于金属材料的独特优势，包括更轻、性能更好、耐腐蚀性好。复合材料的主要缺点是成本高，然而，正确地选择材料（纤维和基体）、产品形式和工艺可能会对产品的成本产生重大影响。

参考文献

[1] Tuttle M E. Structural Analysis of Polymeric Composite Materials[M]. Marcel Dekker, 2005.

[2] Niu M C Y. Composite Airframe Structures, 2nd ed. [M]. Hong Kong Conmilit Press Limited, 2000.

[3] Horton R E, McCarty J E. Damage Tolerance of Composites, Engineered Materials Handbook, Vol 1, Composites[M]. ASM International, 1987.

精选参考文献

[1] High-Performance Composites Sourcebook 2009[M]. Gardner Publications Inc, 2009.

[2] Mazumdar S K. Composites Manufacturing: Materials, Product, and Process Engineering[M]. CRC Press, 2002.

2 纤维及增强体

复合材料增强体可以是颗粒、晶须或纤维。颗粒没有最优取向，对力学性能的改善最小，经常用作填料以降低材料成本。晶须是强度极高的单晶，但难以均匀地分散到基体中，相比纤维，其长度和直径都很小。

相比颗粒和晶须，纤维在轴向上很长，其截面通常为圆形或者接近圆形，并且由于纤维在制造过程中通常会经历拉拔而使分子取向，因此纤维长度方向上的性能显著高于其他方向上的性能。当纤维再次受到拉伸载荷时，受拉对象更多的是分子链本身，而非纠缠在一起的分子链团。纤维在强度和刚度上的优势使其成为先进复合材料使用的主流增强体。纤维有连续和非连续的，取决于其应用和制造过程。

本章涵盖了应用于有机基体复合材料的纤维，重点介绍了连续纤维。金属基和陶瓷基复合材料中使用的纤维将分别在第 20 章“金属基复合材料”和第 21 章“陶瓷基复合材料”中进行讨论。

2.1 纤维术语

在对用作复合材料增强体的各种纤维进行讨论之前，先重温一下用于纤维技术领域的主要术语。纤维以多种形式产销。

纤维(fiber)——通常将长度比直径大很多倍的物质统称为纤维。术语“长径比”(纤维的长度除以直径 l/d)经常用来描述短纤维的长度，纤维长径比一般大于 100。

单丝(filament)——纤维状材料的最小单元。对于纺制的纤维，这一基本单元在纺丝过程中通过单个纺丝孔形成，与纤维同义。

股(end)——主要用于玻璃纤维的术语，指长度方向上平行的一组长单丝。

原丝(strand)——另外一个与玻璃纤维有关的术语，指一束或一组未加捻的单丝。连续原丝组成的无捻粗纱有很好的综合工艺性，如浸润(树脂浸润原丝)速度快,加工过程中受拉均匀且耐磨损等。采用模压成型时,可被清洁切割并均匀分布到基体树脂之中。

丝束(tow)——类似于玻璃纤维的原丝,该术语用于碳纤维和石墨纤维,描述同时生产的无捻单丝数量。丝束大小经常用 x k 表示,例如 12 k 丝束含有 12 000 根单丝。

无捻粗纱(roving)——一定数量的股或丝束集合成平行的无捻纤维集束。无捻粗纱可制成短切纤维,用于片状模塑料(SMC)、团状模塑料(BMC)或注射成型。

加捻纱(yarn)——一定数量的原丝或丝束集合而成的平行的加捻纤维集束。加捻改进了可操作性并使加工(如纺织)更为容易,但加捻也降低了强度。

带(band)——由多条无捻粗纱、加捻纱或丝束组成,作为往芯模或其他模具上进行铺放的材料形式,以其厚度或宽度作为表征对象,是纤维缠绕工艺的常用术语。

单向预浸带(tape)——将大量平行的单丝(如丝束)用有机基体材料(如环氧)结合在一起的一种复合材料产品形式,通常称作预浸料(prepreg,预先浸润了树脂)。单向预浸带沿其纤维方向的尺寸为长度,远大于其宽度,而宽度远大于厚度。常见单向预浸带的长度可达百米以上,宽度为 15 cm~1.5 m,厚度为 125~255 μm。

机织布(woven cloth)——将加捻纱或丝束以各种形式机织而成的另一种复合材料产品形式,可实现两个方向的增强(一般为 0°和 90°方向)。常见的二维机织布的长度可达百米以上,宽度为 60 cm~1.5 m,厚度为 255~380 μm。机织布通常以两种形式提供:未浸润树脂的形式(干态)或浸润了树脂的预浸料形式。

下面在讨论不同纤维类型、工艺和产品形式时,还会对其他一些纤维和纺织术语加以介绍。

表 2.1 给出了一些在市场上占有重要位置的纤维产品的物理和力学性能,图 2.1 给出了产品比强度与比模量的关系图。多种类型的纤维可用于聚合物复合材料,其中玻璃纤维、芳纶(如 Kevlar)和碳纤维是最常见的。在碳纤维开发出来前,硼纤维是最初的高性能纤维。硼纤维是一种大直径纤维,通过拉一根细钨丝穿过一个细长的反应器,并用化学气相沉积法涂上硼涂层制成。硼纤维非常昂贵,因为一次只能制一根纤维而不是同时制上千根纤维。其优点是具有大直

径和高模量，因此具有很好的压缩性能；而缺点是它不适合于复杂的形状，并且很难加工。其他的高温陶瓷纤维，如碳化硅纤维（Nicalon）、氧化铝纤维、氧化铝-氧化硼-氧化硅纤维（Nextel），经常用于陶瓷基复合材料，但很少用于聚合物基复合材料。图 2.2 中的应力-应变曲线表明高强度纤维在失效点前通常是线弹性的。图 2.3 显示了一些相关纤维的成本与性能数据。从图中可以看出，碳纤维和石墨纤维是最昂贵的，其次是芳纶、S-2 玻璃纤维和 E-型玻璃纤维。由于 E-型玻璃纤维是一种非常经济实惠的高性能纤维，因此其在商用复合材料领域的应用最为广泛。

表 2.1　一些在市场上占有重要位置的高强度纤维性能

纤维类型	拉伸强度/ksi	拉伸模量/msi①	断裂伸长率/%	密度/(g/cm^2)	热膨胀系数/10^{-6}℃	纤维直径/μm
玻璃纤维						
E-型玻璃纤维	500	10.0	4.7	2.58	4.9～6.0	5～20
S-2 玻璃纤维	650	12.6	5.6	2.48	2.9	5～10
石英	490	10.0	5.0	2.15	0.5	9
有机纤维						
Kevlar 29	525	12.0	4.0	1.44	−2.0	12
Kevlar 49	550	19.0	2.8	1.44	−2.0	12
Kevlar 149	500	27.0	2.0	1.47	−2.0	12
Spectra 1000	450	25.0	0.7	0.97	—	27
PAN 基碳纤维						
标准模量	500～700	32～35	1.5～2.2	1.80	−0.4	6～8
中等模量	600～900	40～43	1.3～2.0	1.80	−0.6	5～6
高模量	600～800	50～65	0.7～1.0	1.90	−0.75	5～8
沥青基碳纤维						
低模量	200～450	25～35	0.9	1.9	—	11
高模量	275～400	55～90	0.5	2.0	−0.9	11
超高模量	350	100～140	0.3	2.2	−1.6	10

说明：表中展示仅为性能典型数据，特殊性能请联系纤维制造商；PAN 为聚丙烯腈。

① msi：压强单位，1 msi=6.895×10^9 Pa。——编注

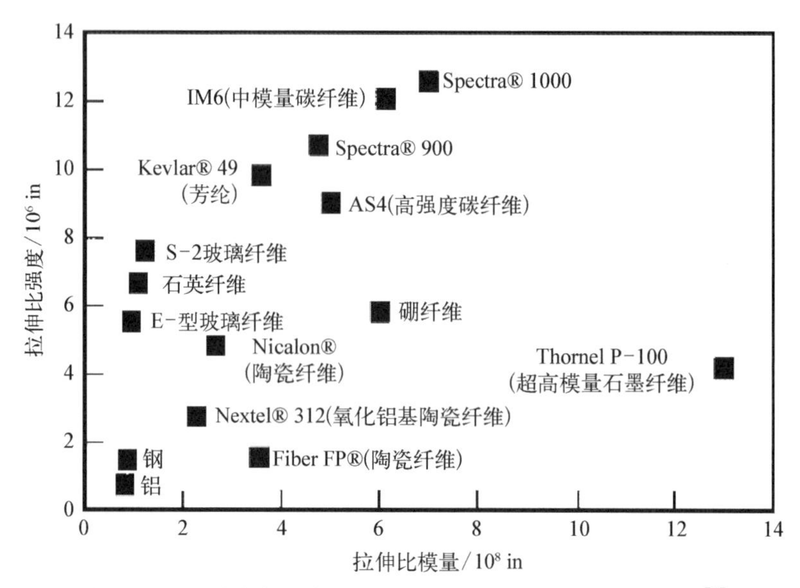

图 2.1 一些在市场上占有重要位置的纤维的比强度和比模量[1]

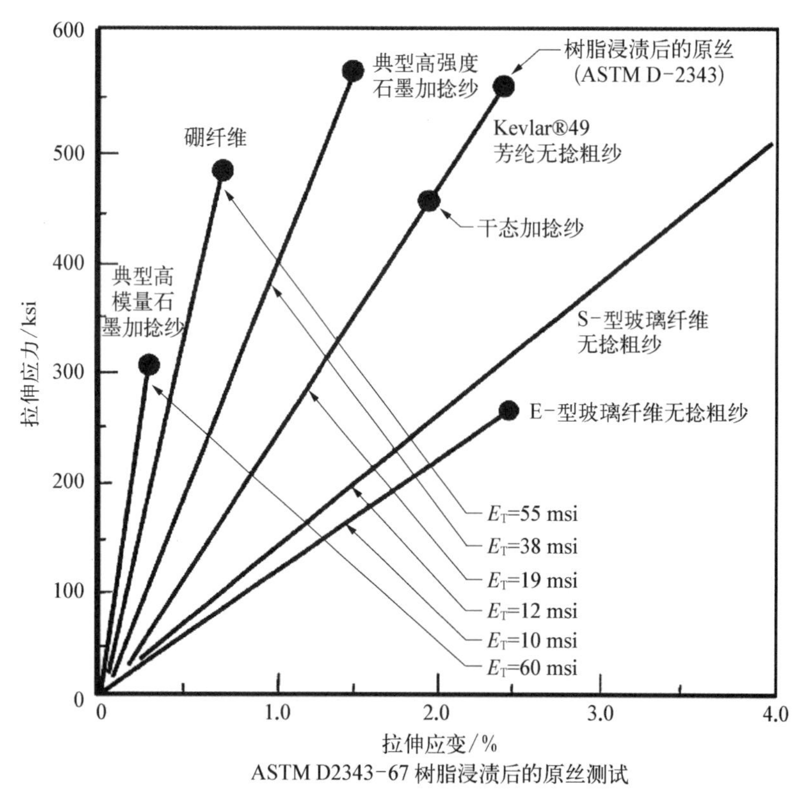

图 2.2 高强度纤维的应力-应变曲线比较[1]

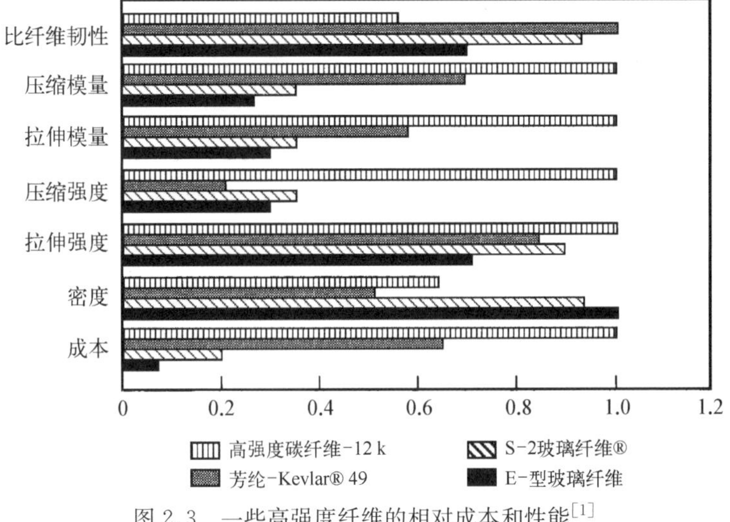

图 2.3 一些高强度纤维的相对成本和性能[1]

2.2 纤维的强度

纤维通常表现出比同样材料制成的块体形式高得多的强度。每单位长度试样出现缺陷的概率是材料体积的倒数。一方面，由于纤维每单位长度的体积很小，因此相比每单位长度体积较大的块体材料，其平均强度要高得多；另一方面，由于块体材料有更多材料来削弱缺陷的影响，所以表现出较低的强度分散性。纤维直径越小、长度越短，其平均强度和最大强度越高，但分散性也越大。纤维直径对玻璃纤维强度的影响如图 2.4 所示。因此，纤维比与其对应的块体材料

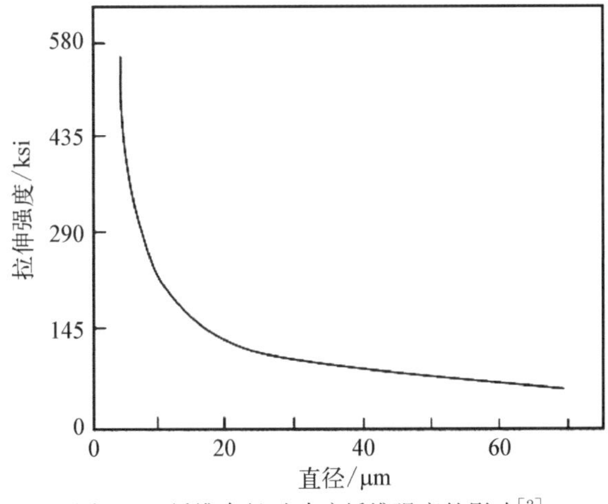

图 2.4 纤维直径对玻璃纤维强度的影响[2]

的强度大，但其强度分散性也更大。纤维强度分散性是纤维所含缺陷，特别是纤维表面的缺陷的函数。可以通过细致的制造工艺以及应用涂层保护纤维免受机械和环境损伤，从而尽量避免纤维产生缺陷。制造纤维的原料必须纯度高，并且不含杂质。

许多纤维的制造工艺都涉及牵伸或纺丝操作，这些操作沿纤维轴向施加了非常高的取向度，从而在晶体或原子结构中产生更有利的取向。另外，一些工艺涉及通过非常高的冷却速率产生超细晶粒结构，这在大多数块体材料中是无法实现的。

2.3 玻璃纤维

由于成本低、拉伸强度高、耐冲击性能及耐化学性能好，因此玻璃纤维广泛应用于商用复合材料制品，但是，其性能仍无法与高性能复合材料所用的碳纤维匹敌。与碳纤维相比，玻璃纤维模量较低，疲劳性能较弱。玻璃纤维种类很多，E-型玻璃纤维、S-2玻璃纤维和石英纤维这三种玻璃纤维最常用于复合材料。E-型玻璃纤维最普通和便宜，既有较好的拉伸强度[500 ksi(3.5 GPa)]又有较好的模量[10.0 msi(70 GPa)]。S-2玻璃纤维的拉伸强度为650 ksi(4.5 GPa)，模量为12.6 msi(87 GPa)，价格较贵，但其在高温下强度比E-型玻璃纤维高40%，并有更高的强度保持率。石英纤维由高纯二氧化硅构成，价格相当昂贵，是一种低介电纤维，主要用于对材料要求严苛的电气领域。

高强度玻璃纤维最早在20世纪30年代发展起来，如今全球结构用复合增强材料的使用量日益增加。玻璃是一种无定型材料，是以二氧化硅为主要成分，与不同氧化物组成的具有特定成分和性能的化合物。玻璃纤维由二氧化硅砂、石灰岩、硼酸及其他微量成分如黏土、煤和萤石制成。二氧化硅在3 128℉(1 720℃)时熔化，也是天然石英的基本成分，石英具有刚性、高度有序的原子结构，并且99%以上成分是二氧化硅。如果二氧化硅加热到其熔化温度以上并缓慢冷却，则将结晶并变成石英。玻璃通过改变温度和冷却率产生，如果将纯二氧化硅加热至3 128℉(1 720℃)以上，然后快速冷却，则可以防止结晶，并且产生具有无定形或原子结构无序排列的玻璃。虽然这个工艺不断完善和改进，但如今玻璃纤维制造商仍在使用这种高热/快冷与其他步骤组合的工艺，与20世纪30年代的工艺基本相同。

高强度玻璃纤维通过将原料混合，在三级熔炉中熔化，通过前炉底部的衬套挤出熔融玻璃，用水冷却单丝并涂覆上浆剂等步骤制造，最后收集单丝并卷绕包装。生产过程可以分为五个基本步骤：配料、熔化、拉丝、上浆、烘干/卷装。

1）配料

尽管商用的玻璃纤维可以仅由二氧化硅制成，但为降低制造温度并针对特定应用对象增加其他特性，需要添加其他成分。例如，针对最初电气领域的应用，开发了具有包括二氧化硅、氧化铝（Al_2O_3）、氧化钙（CaO）和氧化镁（MgO）组合物的E-型玻璃纤维作为一个更耐碱的替代品，代替原来的碱石灰玻璃。之后，加入氧化硼（B_2O_3）以增加E-型玻璃纤维熔化后形成结晶结构的温度差，防止在拉丝过程中堵塞喷嘴。为获得更高强度而研发的S-型玻璃纤维基于二氧化硅-氧化铝-氧化镁配方，为了应用于拉伸强度主导的领域，其包含了更高百分比的二氧化硅。玻璃纤维的最高使用温度从E-型玻璃纤维的930℉（500℃）到石英纤维的1 920℉（1 050℃）。

配料过程包括准确称量原料并彻底混合原料。使用计算机化的称重装置和封闭的物料输送系统来自动进行配料。每种成分由气力输送机运送到指定的多层储料仓（料仓），该料仓能够容纳70～260 ft^3（2～7.5 m^3）的材料。在每个储料仓的下方有一个自动称重和进料系统，可以将精确称重的各种配料输送到配料间的气动搅拌器中。

2）熔化

另一台气力输送机将混合物从配料间送至接近2 550℉（1 400℃）高温的天然气窑炉中进行熔化。窑炉通常分成三个部分的通道，有利于玻璃流动。第一部分接收配料，进行熔化并且增加其均匀性，包括去除气泡；然后熔融的玻璃流入温度降低到2 500℉（1 370℃）的精炼部分（第二部分）；第三部分是供料道，其下方有一系列漏板（4～7个），用来将熔融的玻璃挤压成纤维。大型窑炉有几个通道，每个通道都有单独的料道。在此过程中氧气流量的控制至关重要，因为采用最新技术的窑炉燃烧的是纯氧而不是空气。纯氧使天然气燃烧更环保，并可提供更高的温度，能更有效地熔化玻璃，还可以减少能源的使用来降低运营成本，并将氮氧化物（NO_x）排放量减少75%，二氧化碳（CO_2）排放量减少40%。

有两种用于制造高强度玻璃纤维的工艺：坩埚法工艺（marble process）和池窑法工艺（direct melt process）。在坩埚法工艺中，先把玻璃配料熔制成小球，经质量筛选后重新熔制成原丝；在池窑法工艺中，玻璃配料直接熔制成原丝。在坩埚法工艺中，将熔融玻璃剪切并滚圆成直径大约0.6 in（15.24 mm）的小球，将其冷却、包装并输送到纤维制造厂，在那里重熔以进行拉丝。需要对玻璃小球进行目视的杂质检查，以保证产品的一致性。池窑法工艺将窑炉中的熔融玻璃直接输送到拉丝设备中。由于池窑法工艺消除了中间步骤和熔制小球的成本，因此已成为应用更为广泛的方法。

3）拉丝

玻璃纤维成型（或称拉丝）涉及挤压和细化的工作。当加热到约 2 200°F（1 200℃）时，熔融玻璃从供料道流过或通过底部含有大量（200～8 000）纺丝孔的电加热铂铑合金漏板或喷丝头挤压形成单丝，采用水或喷射空气对原丝进行迅速冷却以得到无定形结构（见图 2.5）。漏板采用电加热，并精确控制温度以保持玻璃黏度恒定。细化是将挤出的熔融玻璃液流机械地拉长成纤维状元件（单丝）的过程。高速络纱机用来捕获熔融液流，并且由于其以大约 2 mi/min（3.2 km/min）的圆周速度进行旋转（比熔融玻璃落下漏板的速度快得多），因此会对熔融玻璃施加张力，将其拉成细丝。喷嘴直径决定了单丝直径，喷嘴数量与股数一致。单丝直径（通常约 5～20 μm）由拉丝孔大小、拉丝速度、温度、熔体黏度和冷却速度控制。在常见的玻璃纤维术语中，无捻粗纱通常由多条原丝（或股）集合而成，对于后续工艺，这是一种便利的材料形式。许多纤维增强体都倾向于使用无捻粗纱，因为相比于有捻纱，无捻粗纱的力学性能更好。无捻粗纱被缠于单独的线轴上（见图 2.6），每个线轴可缠 20～50 lb（9～23 kg）无捻粗纱。如果玻璃纤维用于机织，则通常会对其加捻形成有捻纱，以使纱线在机织操作中保持完整性。原丝用其长度（yd/lb）或旦尼尔（denier，9 000 m 纤维的质量克数）表示；另一个经常使用的纺织术语是“支”（tex），指 1 000 m 纤维的质量克数。

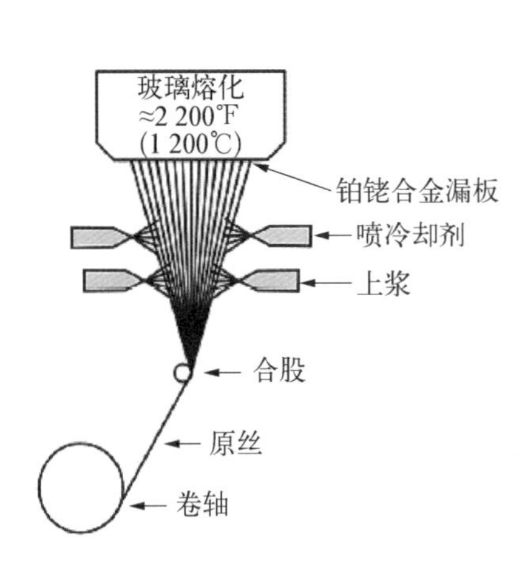

图 2.5 玻璃纤维制造过程

玻璃无捻粗纱

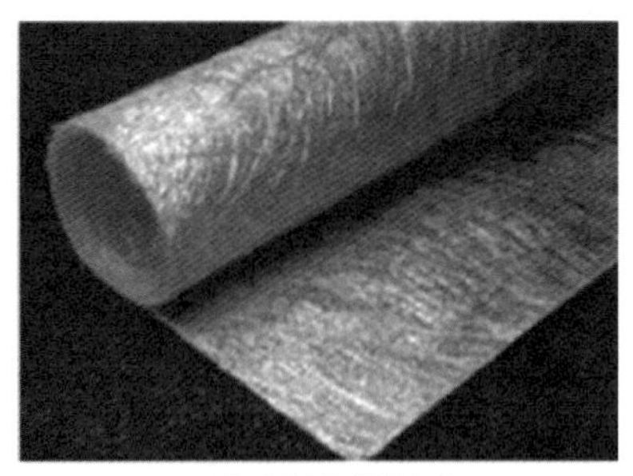
玻璃纤维增强毡

短切玻璃纤维

图 2.6 典型玻璃纤维制品形式

4) 上浆

玻璃纤维是整体式的线弹性脆性材料,其高强度取决于没有瑕疵和缺陷。缺陷是纳米尺度的亚微观夹杂和裂纹。拉伸强度取决于材料表面的内应力,由于凝固时冷却速度非常高,因此表面应力不同于内部应力。虽然这个表面层只有大约 1 nm 厚,但是它与缺陷尺寸相当,决定了玻璃纤维的强度。原始玻璃单丝非常容易因暴露于空气及机械磨损而降低强度。在普通大气环境下的拉丝过程中,由于微观缺陷吸收了大气中的水分,因此初制纤维的拉伸强度会降低 20%以上,这降低了玻璃纤维的断裂能。因此,制造完毕后应立即涂覆上浆剂,以防止纤维在卷绕过程中表面形成划痕,以及在机织、编织和其他纺织过程中产生机械损伤。上浆剂是极薄的涂层,仅占重量的 1%~2%,在完成所有机械操作之后,上浆剂(通常是浆状的润滑剂)可通过溶剂或热冲刷法去除。

在上浆剂被去除后,会代之以表面处理剂。表面处理剂可以大大改善纤维-基体之间的结合作用。例如有机硅烷偶联剂有一端官能团能与玻璃中的硅烷结构结合,另一端官能团则能与有机基体结合。在水中水合的硅烷分子可由以下简化公式表示：

$$R\cdots Si(OH)_3$$

硅烷与无机玻璃纤维表面的氧化膜结合，而有机官能团 R 在固化过程中与有机基体结合。偶联剂对玻璃纤维增强复合材料的性能改善至关重要。在复合材料的拉伸、弯曲和压缩强度方面，偶联剂促成的改善程度可达 100%以上。偶联剂也有助于保护玻璃纤维不受水分影响。一些上浆剂也可以起到偶联剂的作用，因而在整个制造过程中保留在纤维上。有机官能团 R 必须是与基体树脂化学相容的基团，例如，对于环氧树脂基体，可以用环氧硅烷。许多不同类型的上浆剂/偶联剂均可供选择，重要的是所选上浆剂/偶联剂与纤维和基体均能相容。一些可用于各种树脂的偶联剂包括：用于聚酯树脂的乙烯基硅烷（甲基丙烯酸酯硅烷），用于聚酯树脂和环氧树脂的沃兰（甲基丙烯酸氯化铬），用于环氧树脂、酚醛树脂和三聚氰胺树脂的氨基硅烷，用于环氧树脂和酚醛树脂的环氧硅烷。

抗静电剂和润滑剂也能用来提高与操作和加工相关的特性，例如硬度或柔软度。如果玻璃纤维要短切用于喷射成形，则硬度是需要关注的性能，因为这与短切的可行性相关。另一方面，纤维如需被用于铺叠操作，则纤维的可铺覆性和随形性就非常重要，此时会要求纤维具有柔软性。

5）烘干/卷装

将拉丝、上浆后的单丝收集成束，形成由 51～1 624 根单丝组成的玻璃原丝，原丝在滚筒上缠绕成形并包装。水冷和上浆工序导致仍是潮湿的成形包装需要在烤箱中烘干，之后可以准备装运或进一步加工成短切纤维、无捻粗纱或加捻纱。无捻粗纱是一系列不加捻或少量加捻的原丝的集合，例如成品无捻粗纱可以由 10～15 根原丝缠绕成多股无捻粗纱卷装；有捻纱是由一根或多根原丝加捻制成，可以在后续加工操作（如机织）中保证其完整性。

虽然玻璃纤维具有与某些高强度碳纤维相当的拉伸强度，但其模量和疲劳性能不如碳纤维。另外，玻璃纤维容易受静疲劳的影响，在静态拉伸载荷下其强度会随时间增加而降低。虽然玻璃纤维不吸收水分，但是水分子会附着在其表面上，形成非常薄的软化层。由于水和其他表面活性物质会导致表面微裂纹出现，因此这种吸附层会对纤维强度产生重要影响。潮湿的环境会降低玻璃纤维在持续负荷下的强度，这是由于吸附在缺陷表面上的水分降低了表面能，因而促进了慢速裂纹扩大至临界尺寸。

2.4　芳纶

芳纶是刚度和强度介于玻璃纤维和碳纤维之间的有机纤维。杜邦公司的Kevlar纤维是最常用的芳纶产品，此类芳香族聚酰胺属于尼龙一族。芳纶是基于羧酸和氨基之间的反应形成的酰胺键制备的。当直链饱和分子之间发生键合时，形成了商业上称为尼龙的脂肪族酰胺；当不饱和苯环之间发生键合时，形成了称为芳纶的芳香族酰胺（见图2.7）。芳香环结构提供了高温稳定性，而对位结构产生刚性分子，从而提供高强度和高模量。

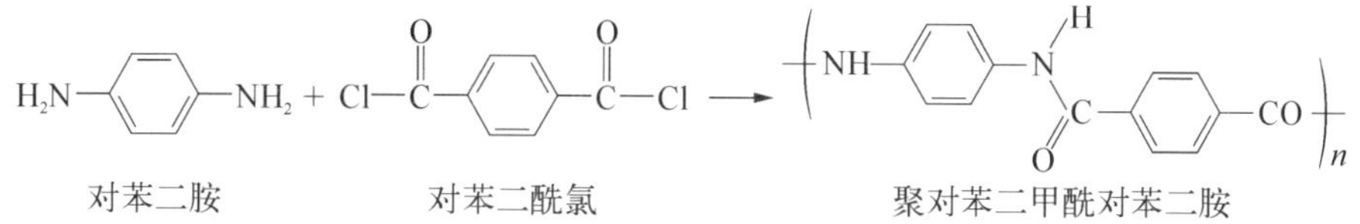

$$H_2N-C_6H_4-NH_2 + Cl-\overset{O}{\overset{\|}{C}}-C_6H_4-\overset{O}{\overset{\|}{C}}-Cl \longrightarrow \left[NH-C_6H_4-N(H)-\underset{O}{\underset{\|}{C}}-C_6H_4-CO\right]_n$$

对苯二胺　　对苯二酰氯　　聚对苯二甲酰对苯二胺

图2.7　对位芳纶的化学结构[3]

Kevlar由对苯二胺与对苯二酰氯在有机溶剂中反应制得，所形成的产物为聚对苯二甲酰对苯二胺（芳香族聚酰胺）。上述反应为缩合反应，所合成的聚合物在后续工序中还会受到挤压和拉伸。这些聚合物经清洗后溶于硫酸，形成部分取向的液晶，聚合物溶液随后穿过小孔（纺丝孔）被挤出成丝。纤维在溶液中通过纺拉及穿过纺丝孔而被取向。制成的纤维经洗涤、烘干后卷绕存放。

芳纶的结构（见图2.8）由高度结晶、排列整齐的聚合物链组成，分为不同的区域或原纤维。芳香环提供热稳定性，并产生由强共价键结合在一起的刚性棒状晶体结构。然而，分子链之间通过相对较弱的氢键来结合，这导致了拉伸时纤维分离失效和压缩时形成折带（见图2.9）。芳纶的压缩失效应变只有拉伸失效

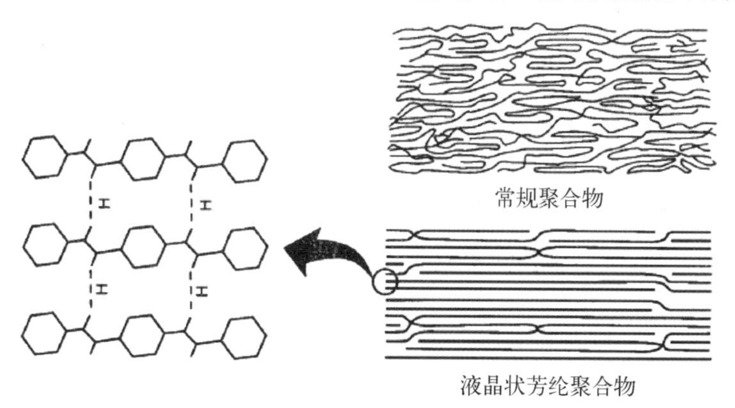

图2.8　常规聚合物和液晶状芳纶聚合物[3]

应变的25%左右，由于这种压缩特性，因此芳纶在高应变压缩或弯曲载荷下的应用受到了限制。然而，芳纶的压缩屈曲特性已被用于防撞结构的开发，这种结构利用了芳纶在持续高压缩载荷下对故障安全(fail-safe)的响应。

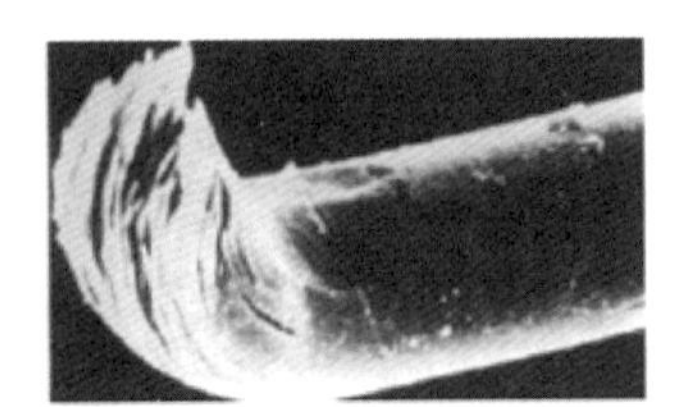

环圈破坏

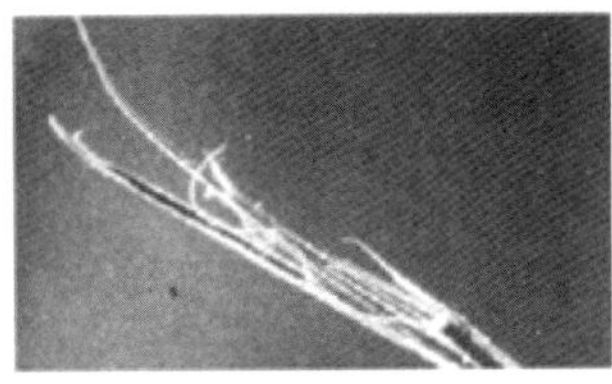

拉伸失效

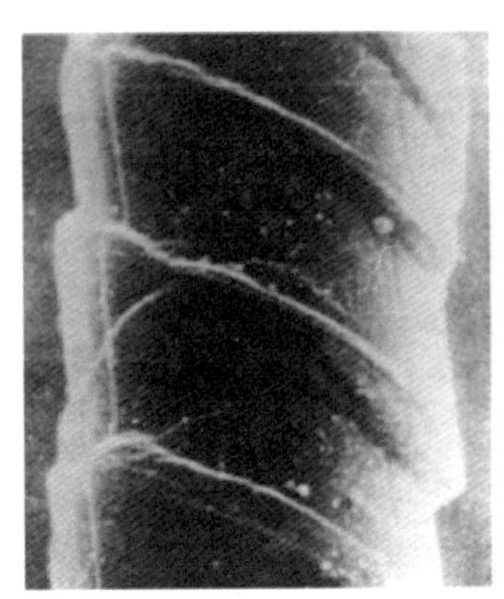

压缩折带失效

图2.9　芳纶失效模式[3]

由于具有出色的韧性，因此芳纶常用于防弹保护。芳纶的一个主要优点是其在破坏过程中能吸收大量能量，这是由于其具有高的破坏应变、在压缩过程中塑性变形的能力和在拉伸断裂过程中纤维分离的能力。与玻璃纤维和碳纤维相反，Kevlar的纤维结构和压缩特性使芳纶的缺口敏感性较低，并且可以产生延展性破坏、非脆性破坏或非灾难性破坏。

不同于玻璃纤维和碳纤维或石墨纤维，不对芳纶做表面处理是因为至今没有开发出得到认可的芳纶表面处理剂。上浆剂在对纤维进行机织、制绳或生产防弹保护制品时应用。芳纶重量轻，具有良好的拉伸强度和模量、优异的韧性及出色的防弹和抗冲击性能。但是，由于与基体的黏结状态较差，因此其横向拉伸、纵向压缩、层间剪切强度较差。类似于碳纤维和石墨纤维，芳纶的热膨胀系数也是负值。

三种最常用的芳纶是Kevlar 29(低模量、高韧性)、Kevlar 49(中等模量)和Kevlar 149(高模量)。不同品级的Kevlar的性能差异由制造工艺条件的变化造成，这些制造工艺条件提高了中模量和高模量纤维的附加结晶度。Kevlar纤维的拉伸模量是分子取向的函数。Kevlar 29的弹性模量为12 msi(83 GPa)，略高于E-型玻璃纤维的10 msi(70 GPa)；Kevlar 49通过拉伸状态下的热处理增加了其结晶取向，具有19 msi(130 GPa)的模量；Kevlar 149具有更高的模量，约

27 msi(185 GPa),并可特别订购。通常每丝束含 134～10 000 根单丝。

与碳纤维的情况相似,芳纶也以不同重量的丝束和有捻纱的形式提供,这些产品也可进一步加工成机织布和短切纤维毡。然而由于芳纶韧性极高,因此对其切割十分困难,从而带来一些操作问题。由于芳纶有捻纱和无捻粗纱相对柔韧、不易碎,因此可以进行大多数常规纺织加工,如加捻、机织、针织、梳理和毡制。有捻纱和粗纱常用于纤维缠绕、预浸带制备和拉挤工艺。芳纶的应用领域包括导弹壳、压力容器、体育用品、电缆和拉力构件。用于蜂窝夹层结构的芳纶纸由 Nomex 芳纶制成。Nomex 与 Kevlar 化学上相关,但其强度和模量相当低,更像传统的纺织纤维。

芳纶的芳香族化学结构具有高热稳定性,其在 800℉(425℃)的空气中分解,本身具有阻燃性,限氧指数为 0.29。芳纶可以在－330～390℉(－200～200℃)的温度范围内使用,但是由于其会氧化,因此通常不宜在高于 300℉(150℃)的温度下长时间使用。芳纶除了强酸和强碱之外,对大多数溶剂都有抵抗力,并极易吸湿。在 60%的相对湿度下,Kevlar 49 会吸湿约 4%,Kevlar 149 由于具有较高的结晶度而吸湿约 1.5%。在室温下,湿度对芳纶拉伸强度的影响不显著。即使在合适的温度下,芳纶也容易出现明显的短期蠕变,但长期蠕变可以忽略不计。芳纶在长时间的静态载荷下容易发生应力破坏,但与玻璃纤维相比,其对这种失效模式的敏感性要低得多。芳纶长时间暴露在紫外线下会导致强度降低,虽然这对于纤维暴露在外的电缆来说是一个严重的问题,但是这对芳纶复合材料来说并不是一个重要的问题,因为芳纶会受到树脂基体的保护。

2.5　超高分子质量聚乙烯(UHMWPE)纤维

冻胶纺丝聚乙烯纤维是基于标准聚乙烯分子制备的超强高模量纤维,由具有超高相对分子质量的聚乙烯(UHMWPE)制成。该材料与普通的高密度聚乙烯化学性质相同,但相对分子质量高于常用聚乙烯的级别。聚乙烯的化学性质保留在冻胶纺丝纤维中,这既是优点也是限制——这使得材料耐磨损且弯曲寿命非常高,但是熔点有时太低而不适用于许多应用领域。

超高相对分子质量聚乙烯纤维在荷兰和日本以 Dyneema 为商品名、在美国以 Spectra 为商品名进行商业生产。在冻胶纺丝过程中,分子溶解在溶剂中并通过喷丝头纺丝。在溶液中,分子处于解缠状态,并在纺丝、冷却形成单丝后保持该状态。由于其缠结程度低,因此冻胶纺丝材料可以被拉伸至非常高的程度

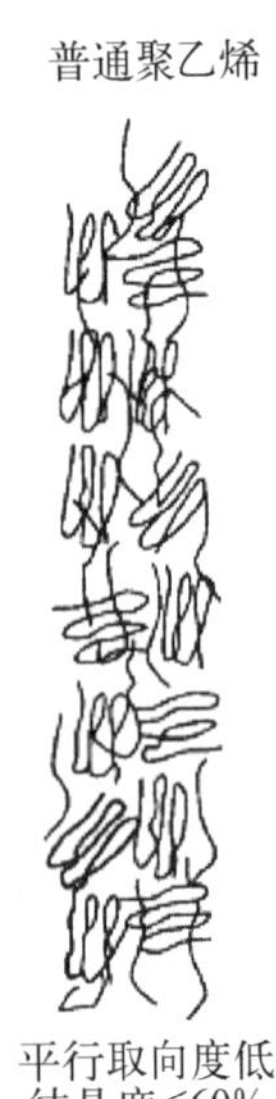

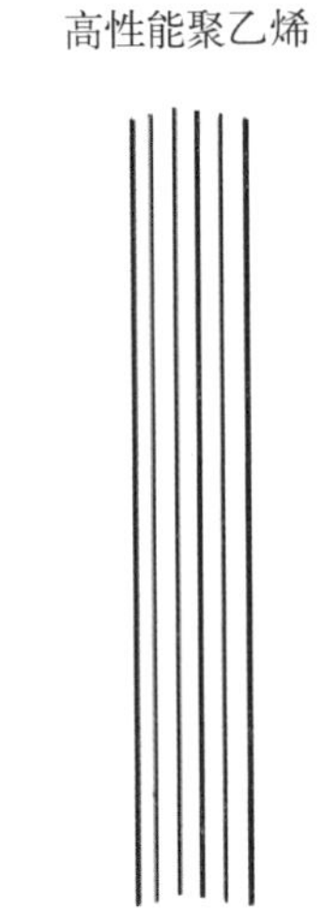

图 2.10 超高相对分子质量聚乙烯(UHMWPE)和普通聚乙烯(PE)的大分子取向[4]

(超倍拉伸)。纤维是超倍拉伸的,可以使大分子充分取向(见图 2.10),最终获得具有非常高的强度和模量的纤维。冻胶纺丝纤维的特征在于高度的链延伸,平行取向度大于95%,并且高度结晶(高达 85%)。

由于超高相对分子质量聚乙烯纤维的低密度及良好的力学性能,因此其在单位重量上的性能非常好。超高相对分子质量聚乙烯纤维密度为 0.97 g/cm^3,比芳纶还要轻,甚至可以浮于水中。超高相对分子质量聚乙烯纤维具有很高的抗冲击性和优良的电学性能(如低介电常数和低损耗角正切),并且具有优异的化学抗性和低吸湿特性。

由于聚乙烯熔点相对较低,例如,Spectra 纤维在约 300℉(150℃)的温度下熔化,因此超高相对分子质量聚乙烯纤维的最高使用温度限制在 200℉(95℃)。具体而言,聚乙烯纤维具有超过大多数其他纤维(包括芳纶)的拉伸性能。像芳纶一样,聚乙烯纤维表现出较低的压缩强度,在压缩下会发生折带失效。同样,聚乙烯纤维与基体不会形成很强的结合,这就导致其横向拉伸和压缩强度都较差。

聚乙烯纤维是热塑性塑料,即使处于适中的温度,也会在持续载荷下发生蠕变,这限制了其在长期高静载作用下的应用。产生蠕变的部分原因是纤维在商用生产中不能被拉伸至全部伸长量;此外,由弱链间键合所导致的聚合物链的滑动也是重要原因。

2.6 碳纤维和石墨纤维

碳纤维和石墨纤维是用于高性能复合材料结构的最普遍的纤维形式。制造出的碳纤维和石墨纤维的性能范围可以十分宽广,通常表现为优异的拉伸强度和抗压强度、高模量、出色的疲劳性能,并且不易腐蚀。虽然碳纤维和石墨纤维这两个术语通常可以互换使用,但是石墨纤维经过高于 3 000℉(1 650℃)的热处理,其原子呈三维有序排列,碳含量大于 99%,弹性模量 E 大于 50 msi (345 GPa);而碳纤维的碳含量较低(93%~95%),并在较低的温度下进行热处理。

石墨晶体由碳原子排列成六边形层状结构(见图 2.11)。沿着基面(在这种情况下是 ABABAB 堆叠顺序)的强共价键(≈525 kJ/mol)使碳纤维和石墨纤维具有高强度和高模量。碳纤维实际上由石墨和非石墨质碳质材料组成。石墨相呈现为尺寸不连续的微晶形式,并可以以彼此不同的方式取向,其中高刚度碳纤维中的大部分石墨沿纤维方向排列。随着石墨化热处理温度升高,基面变得更平行于纤维轴向。碳纤维和石墨纤维是极具各向异性的。由于共价键基面通过较弱的范德华力(≈10 kJ/mol)结合在一起,因此纤维的横向强度和模量远小于纵向值。例如,纤维纵向模量可以高达 145 msi(1 000 GPa),而其横向模量可能只有大约 5 msi(35 GPa)。

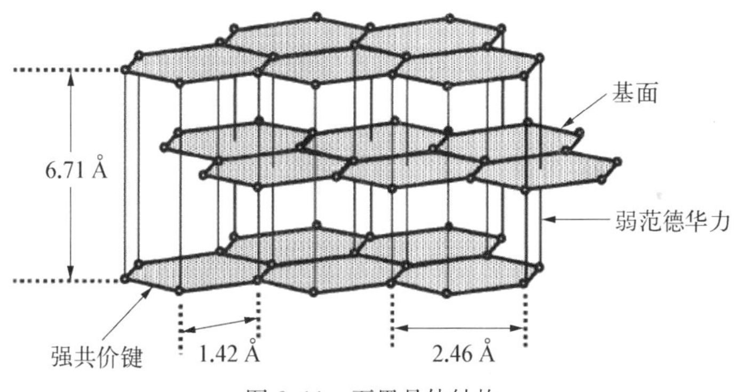

图 2.11 石墨晶体结构

碳纤维和石墨纤维可由人造丝、聚丙烯腈(PAN)和石油沥青原丝制成。尽管 PAN 原丝比人造丝更昂贵,但由于其残炭率几乎是人造丝的两倍,因此 PAN 原丝广泛用于结构碳纤维的制造。采用沥青工艺生产的纤维比通过 PAN 工艺生产的纤维强度低,但能生产出模量为 50～145 msi(345～1 000 GPa)的高模量纤维。图 2.12 显示了 PAN 基和沥青基碳纤维的制造工艺流程。

1) 人造丝基碳纤维

人造丝基碳纤维来源于木浆,其中的纤维素被提取并通过湿纺形成丝束。然后将纤维在 400～800℉(205～410℃)的温度下进行热处理,转化成碳。与 PAN 基和沥青基纤维不同,人造丝基碳纤维在碳化之前不需要延伸和热定型工艺,因此可以不熔化就已碳化。在碳化和石墨化过程中,纤维结构逐渐有序化。然而,相比于 PAN 基和沥青基纤维,人造丝基碳纤维的取向仍是比较差的。为提高人造丝基碳纤维的强度和模量,有必要在 5 000～5 500℉(2 760～3 040℃)

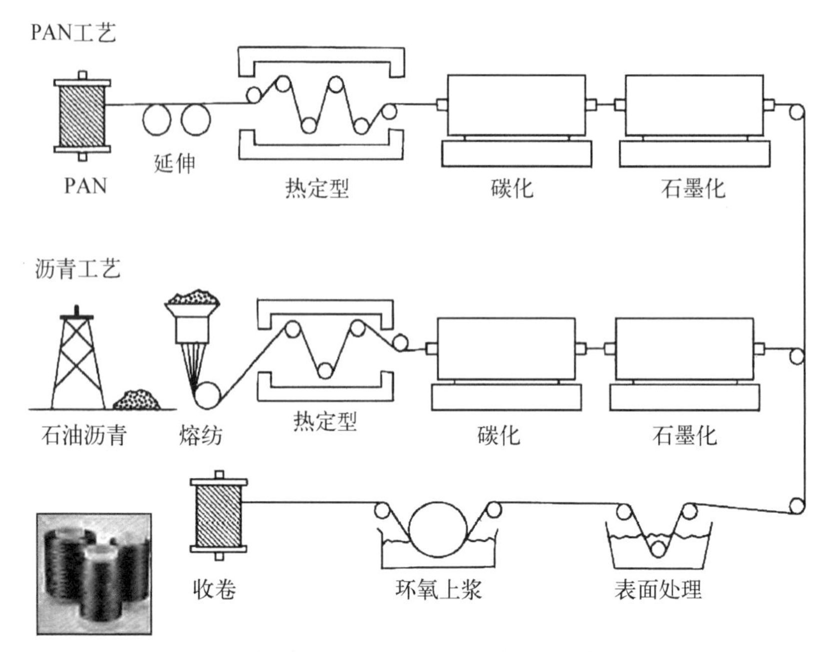

图 2.12 聚丙烯腈(PAN)基和沥青基碳纤维的制造工艺流程

的温度下将石墨化纤维进行热拉伸至 50%,这样就提高了基面的取向,使其朝纤维轴向旋转,并且降低了纤维内的孔隙率。人造丝基碳纤维的缺点有:① 降低了合适的人造丝前驱体的可用性;② 产量低,只有 15%~30%;③ 在循环结束时热拉伸纤维的问题。然而,由于以低模量生产的纤维可使在制造期间产生的基体微裂纹最小化,因此人造丝基碳纤维在碳-碳和碳-酚醛复合材料中有良好的应用。

2) PAN 基碳纤维

聚丙烯腈基碳纤维的原料前驱体具有高度取向,因此其比人造丝基碳纤维有更高的产率(约 50%)。PAN 基碳纤维的生产工艺可分为五个步骤:

(1) 纺丝和延伸 PAN 共聚物以形成纤维。

(2) 在张力作用下,在 390~570℉(200~300℃)温度的空气中进行稳定和预氧化。

(3) 在 1 800~2 900℉(980~1 595℃)的惰性气体中碳化。

(4) 在 3 600~5 500℉(1 980~3 040℃)的惰性气体中石墨化。

(5) 表面处理和上浆。

聚丙烯腈通过丙烯腈单体的聚合形成,而丙烯腈单体是由腈基取代氢而衍生的烯烃。由于 PAN 会在熔化前分解,因此需要使用二甲基甲酰胺等溶剂制成溶液,才能将其纺成纤维。纺丝操作既有干法纺丝,即溶剂在纺丝甬道中蒸发;也有湿法纺丝,即将纤维置于凝固浴溶液。在干法纺丝中,溶剂的去除速率大于其在纤维中的扩散速率,单丝表面比内部硬化得更快,从而导致其塌陷成狗骨形横截面。在湿法纺丝中,纤维均匀干燥,横截面为圆形。在这两种工艺中,目前只有湿纺 PAN 用于制备碳纤维原丝。如果纤维在进行凝固浴时或随后在沸水中时被牵引拉伸,则纺丝纤维将由纤维状、带状或网状结构组成,从而获得平行于纤维轴向的优选取向。牵引延伸会使纤维产生 500%～1 300%的伸长率,是获得高强度纤维的重要步骤。

通过热定型或预氧化使 PAN 交联并使其结构稳定,防止 PAN 在碳化过程中熔化。热定型处理将热塑性的 PAN 转化为非塑性的环状或梯状化合物,以耐受碳化处理中的高温。将 PAN 纤维在空气中加热至 390～570℉(200～300℃),并维持 1～2 h,同时纤维处于延伸状态。足够产生 300%～500%伸长率的张力使紧密折叠的链分子展开。氧化环境使得展开的链与氧分子交联,取代相邻链上的氢分子。氢气与多余的氧气结合,形成水蒸气。氧化引起 C═C 键的形成并在结构中引入羟基(—OH)和羰基(—CO)基团,这促进了交联作用,提升了热稳定性。这个阶段的产物通常称为氧化聚丙烯腈(oxy-PAN)。

碳化是在 1 800～2 900℉(980～1 595℃)的氮气中将 PAN 转化为碳的过程。在碳化过程中,纤维直径缩小并损失大约 50%的自身重量。当 PAN 被缓慢加热[大约 40℉/min(22℃/min)]到碳化温度时,会释放出大量的挥发性副产物,包括水、二氧化碳、一氧化碳、氨(NH_3)、氰化氢(HCN)、甲烷(CH_4)和其他碳氢化合物,残炭率是 50%～55%。纤维的圆形形态得以保持,最终直径在 5～8 mm 范围内变化,这大约是 PAN 纤维前驱体的一半。氮的析出是在一定温度范围内逐渐发生的:氮在 1 110℉(600℃)时开始析出,在 1 650℉(900℃)时析出达到最大值,在 1 830℉(1 000℃)时余留氮约 6%,在 2 380℉(1 305℃)时只有 0.3%的氮余留。碳化形成的六角形带状的碳网络,称为乱层石墨(turbo-static graphite),其倾向于平行于纤维轴向排列(见图 2.13)。晶体结构非常小,以实现其高强度。

如果要得到真正意义上的石墨纤维,则纤维需在 3 600～5 500℉(1 980～3 040℃)温度下石墨化,以获得更多的晶体结构和更高的弹性模量,最终的碳含量大于 99%。这种处理完成了剩余含碳材料向石墨的转化。石墨趋于沿纤维方向排列基面,然而在此过程中,晶粒尺寸将会增大。石墨含量的增加会引起刚

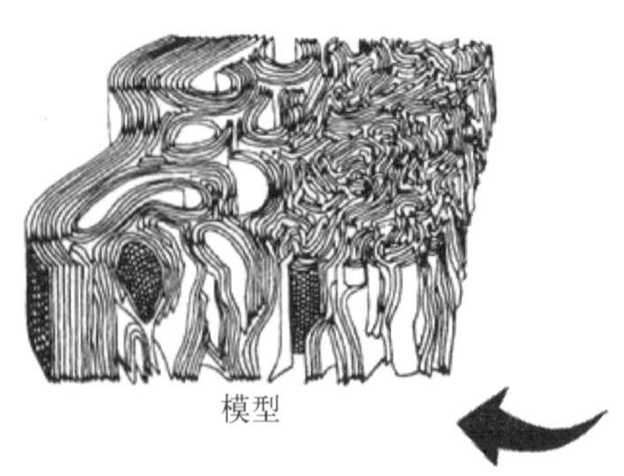

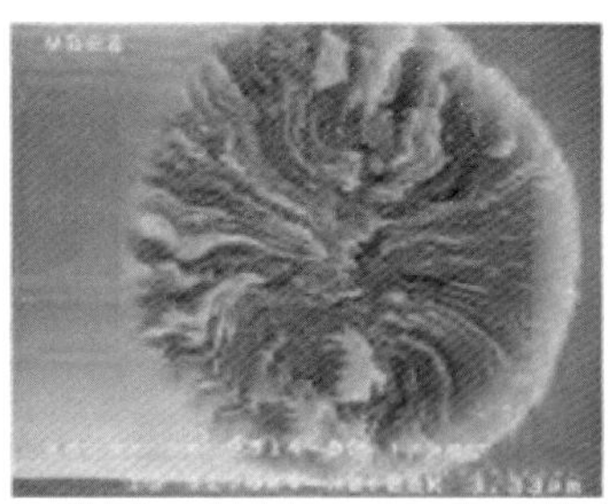

图 2.13 碳纤维的结构[5]

度的增加,而晶粒尺寸的增加则会降低强度。

碳纤维的成本与热处理的成本息息相关(见图 2.14)。更高模量的纤维需要更高的热处理温度,以产生更多的整列石墨。石墨化改善了沿纤维轴向的条带之间的对齐程度。随着最终石墨化温度的升高,纤维的弹性模量也会增加;而当强度增大到最大值之后,则会以图 2.15 所示的方式减小。

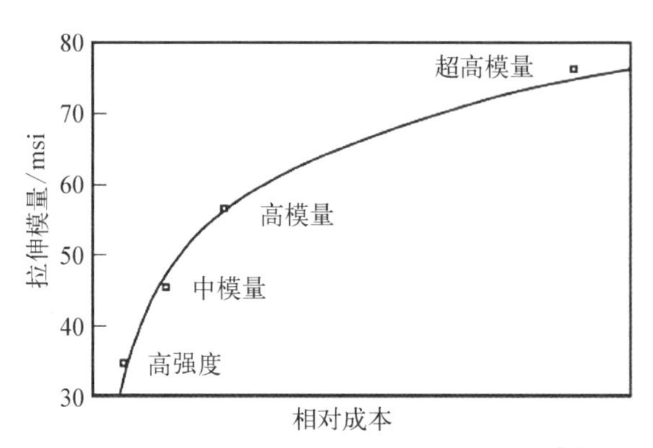

图 2.14 碳纤维成本与热处理成本的关系[1]

当 20 世纪 60 年代碳纤维首次出现时,人们很快意识到,制造的碳纤维与环氧树脂并没有很好结合。图 2.16 显示了适当的表面处理会对纤维与基体黏合产生重要影响,从图中可以看出,未经处理的碳纤维对环氧树脂基体几乎没有粘附性。尽管粘附性差不会影响 0°拉伸强度,但会对与基体相关的性能(如 90°拉伸强度、0°抗压强度以及层间和面内剪切强度)产生不利影响。因此在倒数第二个生产步骤中,碳纤维需经电解氧化处理,以去除弱表面层,蚀刻纤维,并产生反应性或极性基团。表面处理操作在纤维表面添加了能够与聚合物基体粘接的羧基、羰基和羟基。

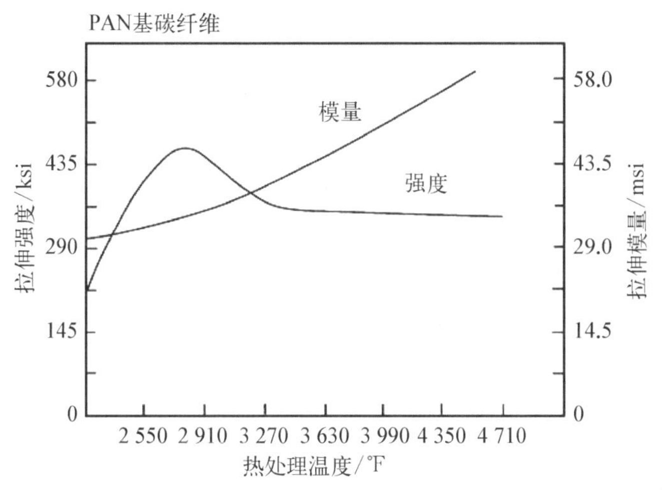

图 2.15　热处理温度对聚丙烯腈(PAN)基碳纤维强度和模量的影响[6]

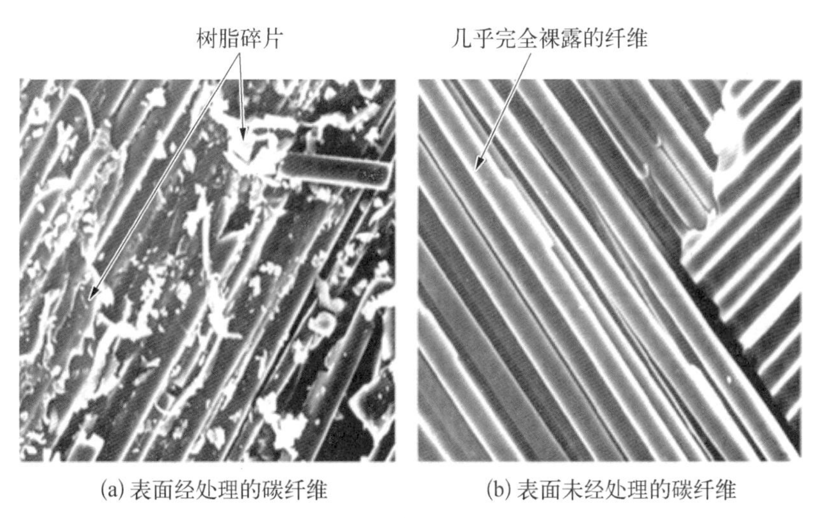

(a) 表面经处理的碳纤维　(b) 表面未经处理的碳纤维

图 2.16　表面处理对纤维-基体结合的影响

(a) 良好的结合　(b) 不良的结合[7]

纤维从热处理窑炉中出来后,经过带正电荷的滚轴(阳极),进入含水电解池。各种电解液,如氢氧化钠(NaOH),用来传导电流并生成表面基团。纤维在上浆之前先进行清洗和干燥。该表面处理操作大大提高了纤维表面与热固性树脂及一些热塑性树脂的黏合力。

最后一步是在碳纤维上涂覆被称为上浆剂的保护材料。如果纤维要用于机织,则在纤维上涂覆上浆剂(通常为未加催化剂的环氧树脂),以保护纤维表面不受机械磨损。上浆剂(又称表面剂)是涂覆于碳纤维上,使其更容易处理的涂层。上浆剂将单丝结合在一起并减小摩擦,以保护其免受损伤。上浆剂的用量很少,一般为0.5%~1.5%。值得注意的是,碳纤维的上浆剂不是偶联剂,而是如同玻璃纤维使用的硅烷化合物。

3) 沥青基碳纤维

沥青基碳纤维和石墨纤维是通过在800℉(425℃)下加热煤焦油沥青达40 h,形成的一种分子高度定向的,称为中间相的高黏度液体。中间相在纺丝过程中被牵引,通过一个小孔,使其分子方向平行于纤维轴向。随后的基本制造工序与PAN基纤维一致,同为通过碳化、石墨化和表面处理来处理沥青基纤维。

沥青是煤、原油和柏油蒸馏的副产品。其残炭率可超过60%,明显高于PAN约50%的残炭率。沥青的组成包括四种不同比例的组分:① 饱和物,它是具有与蜡相似的低分子质量的脂肪族化合物;② 具有饱和环的低分子质量芳香族化合物;③ 具有一些杂环分子的中等分子质量的极性芳香族化合物;④ 具有高分子质量和高芳香度的沥青质,沥青质比例越高,软化点越高,热稳定性越好,残炭率越高。

沥青基纤维可分为两类:具有低机械性能但成本相对较低的各向同性沥青纤维和具有非常高的模量但更昂贵的中间相沥青纤维。低成本碳纤维由低软化点的各向同性沥青制成。将前驱体熔纺,在较低温度下热固化并碳化,这样制成的纤维一般强度和模量较低。中间相沥青碳纤维具有中等强度和高模量,其加工与PAN纤维的加工类似,不同之处在于其热处理期间的延伸步骤不是必要的。加工步骤总结如下:

(1) 聚合各向同性沥青制成中间相沥青。

(2) 对中间相沥青进行纺丝,获得原丝。

(3) 热固化原丝。

(4) 通过碳化和石墨化获得高模量碳纤维或石墨纤维。

沥青加热至约750℉(400℃)时,由各向同性转变成中间相或液晶结构,结构由具有取向层的大型聚芳烃分子平行堆叠而成。将中间相沥青在加热到570~850℉(300~455℃)的单丝或多丝喷丝板中熔纺并用惰性气体加压。纤维被以大于400 ft/min(122 m/min)的拉伸速度和1 000∶1左右的拉伸倍数,拉伸到直径为10~15 mm(0.4~0.6 mil)。拉伸倍数是控制纤维结构取向的重要因素,拉伸倍数越高,纤维取向性和均匀性就越好。在此阶段纤维是热塑性的,需要进行热固化处理以避免结构松弛及单丝熔合在一起。该热固化处理在氧气或约 570℉(300℃)的氧化液中进行,以使单丝氧化交联并稳定。在热固化步骤中,控制温度至关重要,温度过高会使材料松弛并消除其定向结构。之后将热固化后的纤维在高达 1 830℉(1 000℃)的温度下碳化,此步骤需要缓慢加热,以防止气体快速逸出及形成气泡和其他缺陷。在碳化之后进行 5 000～5 500℉(2 760～3 040℃)的高温石墨化。

沥青基石墨纤维比 PAN 基碳纤维的模量高且强度低。沥青基纤维易产生更多的缺陷,例如凹坑、划痕、条纹和凹槽,这些缺陷对纤维拉伸性能是不利的,但不一定影响其模量和热导率。与 PAN 基纤维一样,随着碳化/石墨化过程中热处理温度的升高,沥青基纤维强度将增加到最大值,然后下降,但模量将持续增加。石墨纤维在石墨化过程中使用的温度越高,则越多石墨晶体的取向将平行于纤维轴向。微晶的排列越好,纤维的模量就越高。然而,高结晶度也会导致纤维受剪切时较弱,导致其压缩强度较低。因此,高结晶的石墨纤维不具有平衡的拉伸和压缩性能。在高刚度要求的空间结构中经常使用模量在 50～145 msi(345～1 000 GPa)之间的沥青基高模量石墨纤维。

沥青基石墨纤维除具有高模量和低热膨胀系数外,还具有较高的热导率(900～1 000 W/mK),而 PAN 基碳纤维的热导率仅为 10～20 W/mK。石墨纤维中的大晶粒在结构上接近完美的石墨晶体,并沿着纤维轴向很好地排列,提供了很少的声子散射位置,这意味着这些纤维具有沿着纤维轴线的高热导率。取向度最高的纤维(如沥青基纤维),其热导率也最高,沿着纤维轴向的热导率甚至比最好的金属导体的热导率更高。PAN 基纤维由于其更明显的各向同性结构而具有低得多的热导率。这些高热导率材料用来消除和消散航天结构中的热量。高模量石墨纤维也可以使用 PAN 基纤维的工艺制造,但其最高模量为 85 msi(585 GPa)左右。

碳纤维和石墨纤维的强度取决于所用原丝的类型、制造过程中的工艺条件(如纤维张力和温度),以及纤维存在的瑕疵和缺陷。碳纤维微观结构中的瑕疵包括内部凹陷和杂质、外部沟槽、划痕和粘附残丝,以及诸如条纹和凹槽等不希望有的特征。这些瑕疵会对纤维拉伸强度产生相当大的影响,但对模量、热导率和热膨胀几乎没有影响。碳纤维和石墨纤维通常有很小的负热膨胀系数,随着弹性模量的增加,其负热膨胀系数也会变大。使用高模量和超高模量碳纤维会导致的一个不利后果是:由于纤维和基体之间的热膨胀系数存在较大的不匹配性,因此制造过程中或暴露于外部环境时产生基体微裂纹的可能性会增大。

碳纤维可从许多不同的国内外生产商处购得,其强度和模量的选择范围很大。商业化销售的PAN基碳纤维的强度范围为500～1 000 ksi(3.5～7 GPa)，模量范围为30～45 msi(205～310 GPa)，伸长率最高达2%。标准模量PAN基纤维具有良好的性能和较低的成本，而较高模量的PAN基纤维所需制造温度较高，因此成本也较高。加热到1 800℉(980℃)的PAN基纤维含94%的碳和6%的氮；而加热到2 300℉(1 260℃)后，氮成分被去除，并可提升碳含量至约99.7%。较高的处理温度改善了晶体结构和结构的三维性质，从而增加了拉伸模量。碳纤维直径通常在0.3～0.4 mil(7.6～10 mm)的范围内。

碳纤维以称为"丝束"的无捻纤维束形式提供。丝束所含纤维数量范围为1 000～200 000。常见的"12 k丝束"这一标号表示该丝束中含有12 000根纤维。通常随着丝束减少，其强度和成本增加。出于成本原因，通常不使用1 k丝束，除非性能优势超过成本劣势。对于航空航天领域的结构，常见的丝束大小是3 k、6 k和12 k，其中3 k和6 k主要用于机织物，而12 k用于单向带。值得注意的是，一些非常大的丝束(>200 k)主要用于商用，并且为便于后续操作，此类丝束在制造完毕后会再分为较小的丝束(如48 k)。碳纤维的成本取决于制造工艺、所用原丝的类型、最终力学性能和丝束大小。成本可从低于10美元每磅(大丝束商用纤维)到几百甚至几千美元每磅(小丝束、超高模量、沥青基纤维)。碳纤维和石墨纤维在氧化环境中的最高使用温度为930℉(500℃)。

理想的工程材料应该具有强度高、刚度高、韧性高、重量轻的特点。碳纤维增强聚合物基复合材料比其他任何材料都更有可能符合这些要求。碳纤维在常温下会经历弹性破坏，耐蠕变并且对失效不敏感。除非在强氧化环境中或与某些熔融金属接触，否则碳纤维将呈现出化学惰性，并有优良的阻尼特性。碳纤维的缺点是脆性较大及抗冲击性能低、破坏应变低、压缩强度低于拉伸强度，并且制造成本高于玻璃纤维。

2.7 机织物

市场提供的二维机织物产品(见图2.17)通常为0°和90°结构。然而，偏轴铺层(45°,45°)可通过偏转基本的0°、90°机织物得到。机织物是在织机上通过交织两股正交(相互垂直)的有捻纱(经纱和纬纱)制成的。经纱方向与织物卷的展开长度方向平行，而纬纱方向则与织物卷的展开长度方向垂直。纺织机(见图2.18)通过分开经纱并引入纬纱来生产机织物。大多数机织物在经向和纬向上所含纤维数量相近，使用的材料也相同；但也可以生产如由碳纤维和玻璃纤维构成的混合机织物(见图2.19)，以及以经纱为主的机织物。制造这些混合机织

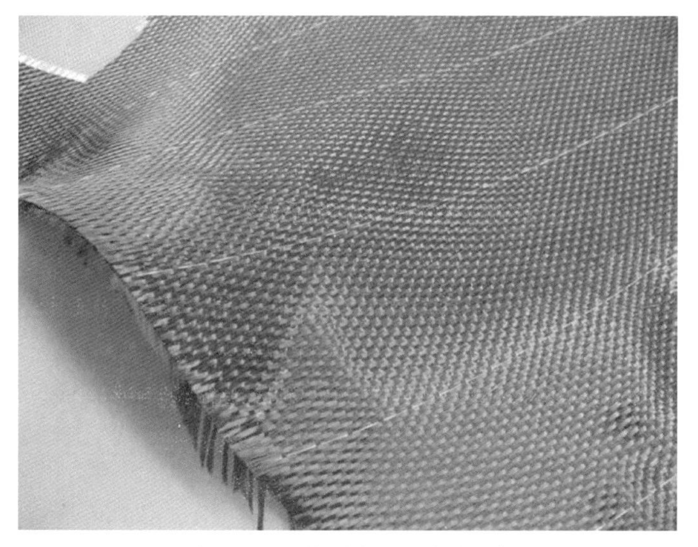

图 2.17 二维干态机织碳纤维布

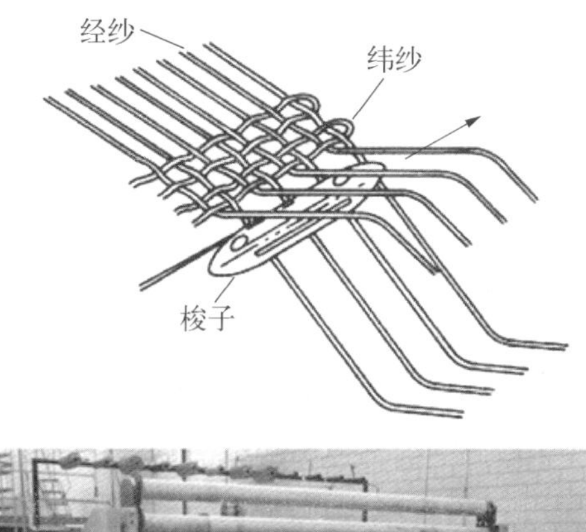

图 2.18 在纺织机上机织玻璃纤维布

物是为了获得特定性能，例如为发挥芳纶的韧性优势，将碳纤维与芳纶混织；或者为了降低成本，将玻璃纤维与碳纤维混织。可购买到的宽幅机织物包括干纤维预制体，也包括预浸B阶树脂的预浸料。在大多数应用中，多层二维机织物层压在一起。与单向带层压板一样，织物铺层取向也是为了调整强度和刚度。

图 2.19 混合机织物样本

如图 2.20 所示，机织物可以按照交织模式进行分类。用于高性能复合材料的两种最普遍的机织物可能是平纹和缎纹机织物，两者的性能在图 2.21 中进行了比较。最简单的模式是平纹织法，其中每根经纱和纬纱分别从下一根经纱和纬纱上方或下方交替穿过。平纹机织物每单位面积的织物比任何其他织物类型都要多，因此是最基本的织物形式，并且是最能抵抗面内剪切变形的织物形式。平纹机织物在操作过程中不易变形，但在复杂的型面上难以随形铺敷，在浸胶过程中也较难浸润，这是一个缺点。平纹机织物的另一个缺点是每根纱线从上到下频繁交换位置，纱线的这种波浪形或卷曲状态降低了复合材料的强度和刚度。

方平机织物是平纹机织物的一种变体，由两根（或更多）经纱和两根（或更多）纬纱交织在一起。两根经纱跨过两根纬纱的排列方式被称为 2×2 的方平形式，但纤维的排列不必是对称的，如可以有 8×2、5×4 及其他变化。方平机织物和平纹机织物相比减少了纤维弯曲，因此强度有一定提高。

缎纹机织物的特征是交织度最小，因此其纤维容易发生面内剪切运动，但有最好的铺敷性。平纹机织物通常用于曲率小的制件，而缎纹机织物常用于型面复杂的制件。四枚缎纹机织物中，经纱跳过三根纬纱，然后被压在一根纬纱下面；五枚缎纹机织物中，经纱跳过四根纬纱，然后被压在一根纬纱下面；八枚缎纹机织物中，经纱跳过七根纬纱，然后被压在一根纬纱下面。由于纤维弯曲较少，

图 2.20 普通二维机织物类型[8]

因此缎纹机织物比平纹机织物强度高，能以最小的单层厚度形成光滑的制件表面。在缎纹机织物中，八枚缎纹机织物的可铺敷性最好；但五枚缎纹机织物通常使用 6 k 碳纤维丝束，比用于八枚缎纹机织物的 3 k 碳纤维丝束便宜。工业上趋于越来越多地采用更便宜的五枚缎纹机织物。

斜纹机织物具有比平纹机织物更好的铺敷性，因此会在一些场合得到应用，

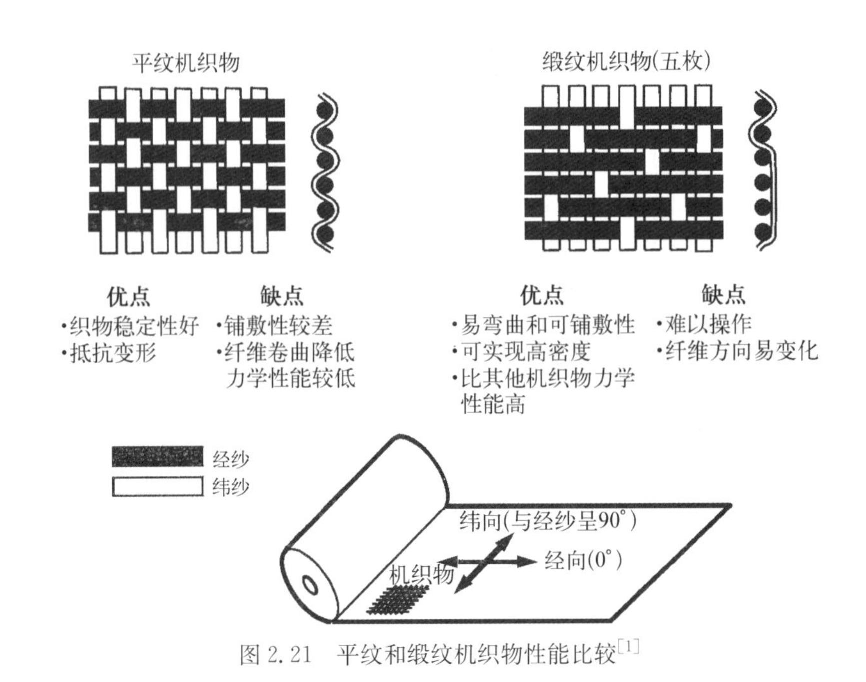

图 2.21 平纹和缎纹机织物性能比较[1]

并且其在浸胶过程中有极好的浸润性。在这种机织物中,一根或多根经纱以规则的重复方式从两根或多根纬纱的上方或下方交替穿过,使机织物产生直或断"肋"的视觉效果。

纱罗机织物和充纱罗机织物很少用于结构复合材料。纱罗机织物也是平纹机织物的一种形式,其中相邻的经纱逐一围绕各根纬纱进行绞合,以形成螺旋对,从而有效地将纬纱锁定到位。这种织法能够形成一种极稀疏的低纤维含量织物形式。纱罗机织物常用于干态织物的边缘捆扎,以免织物在处理过程中散开。充纱罗机织物(也是平纹机织物的一种形式)中每隔数根经纱就会有一根经纱背离与纬纱逐一上下交织的常规模式,而与两根或更多纬纱交织。这种方式在纬向上也以相似频率发生,并且产生的整体效果是织物厚度增大,制件表面更为粗糙,孔隙率更高。

机织物通常含有示踪纱,例如,通常沿经向在碳布上每 2 in(50 mm)织入黄色芳纶示踪纱,以帮助制造商在复合材料制件铺敷过程中识别经向和纬向。

机织物的选择涉及制造因素以及材料最终的力学性能。机织物的类型会影响其在复杂型面上的尺寸稳定性和随形性(可铺敷性),比如,缎纹机织物表现出良好的随形性;然而,良好的随形性和良好的抗剪切变形能力是相互排斥、无法兼得的。因此,虽然机织物通常是复杂几何形状制件的首选材料,但设计师必须意识到,特定的材料取向可能无法在复合曲面和其他复杂形状上保持,即原本正交的纱线在最终产品中可能不保持正交。表2.2列出了高性能复合材料常用的机织物类型。

表2.2　常用于高性能复合材料的机织物类型

机 织 物	纤维类型	结构纱数/in (经向×纬向)	纤维面密度 /(g/m^2)	固化后单层近似厚度[①] /in
120类型	E-型玻璃纤维	60×58	107	0.005
7791类型	E-型玻璃纤维	57×54	303	0.010
120类型	Kevlar 49	34×34	61	0.004
285类型	Kevlar 49	17×17	17	0.010
八枚缎纹	3 k碳纤维	24×23	370	0.014
五枚缎纹	6 k碳纤维	11×11	370	0.014
五枚缎纹	1 k碳纤维	24×24	125	0.005
平纹	3 k碳纤维	11×11	193	0.007

① 实际固化后单层厚度取决于树脂体系、树脂含量和工艺条件

2.8　增强毡

增强毡(见图2.6)由短切原丝或卷缠状的连续原丝制成。增强毡一般由树脂粘接剂粘接在一起,常用于横截面均匀的中等强度制件。短切和连续原丝增强毡均可购得,重量范围为0.75～4.5 oz/ft^2(240～1 430 g/m^2),并有多种宽度规格。覆面垫是很薄的轻质材料,与增强毡和织物一起使用,以提供良好的表面光洁度,并可以有效遮盖增强毡或织物的纤维织纹。复合毡由一层粗纱织物及与其化学粘连的短切纤维毡组合而成,可从一些玻璃纤维制品生产商处购得。这些产品将双向增强的粗纱织物与多向取向的短切原丝毡相结合,形成了一种可铺敷的增强材料。这样可以在手糊工艺中节省时间,因为在一次操作中可以在模具中放两层。除多层增强体之外,改善制品表面光洁度的复合毡也可购得。

2.9　短切纤维

短切纤维(见图2.6)可用于模压和注射成型的制件,以提高制件强度。可购得的短切纤维的长度通常在0.125～2 in(3.2～50 mm)之间,但更短的磨碎纤维和更长的短切纤维也有售。短切纤维与树脂及其他添加剂混合成模塑料,用

于模压成型或注射成型、封装和其他工艺。市售的含不同表面处理剂的短切玻璃纤维增强体可确保与大多数热固性和热塑性树脂体系达到最佳匹配。较短的短切纤维适合与热塑性树脂体系混合，用于注射成型；较长的短切纤维则适合与热固性树脂混合，用于模压成型和树脂转移成型。磨碎纤维兼具增强性能和易于加工的特性，用于封装工艺或注射成型。磨碎纤维是长度为 0.031 25～0.125 in(0.8～3.2 mm)的玻璃纤维，用于强度要求低或适中的热塑性制件及胶黏用填料的增强。

2.10 预浸料制造

预浸料是一种重要的产品形式，由单向纤维或机织布以受控的树脂量浸胶制成。预浸料中的树脂被分阶反应(B 阶化)至黏性半固体状态，以便于铺敷并形成可固化的层压体。树脂在制造过程中会经过几个阶段。树脂一般为批量生产，在批量生产过程中，各组分放置在混合器(见图 2.22)中，并缓慢加热到 A 阶或初始混合状态，此时树脂黏度非常低，可以流动并浸透纤维。由于复合基体中

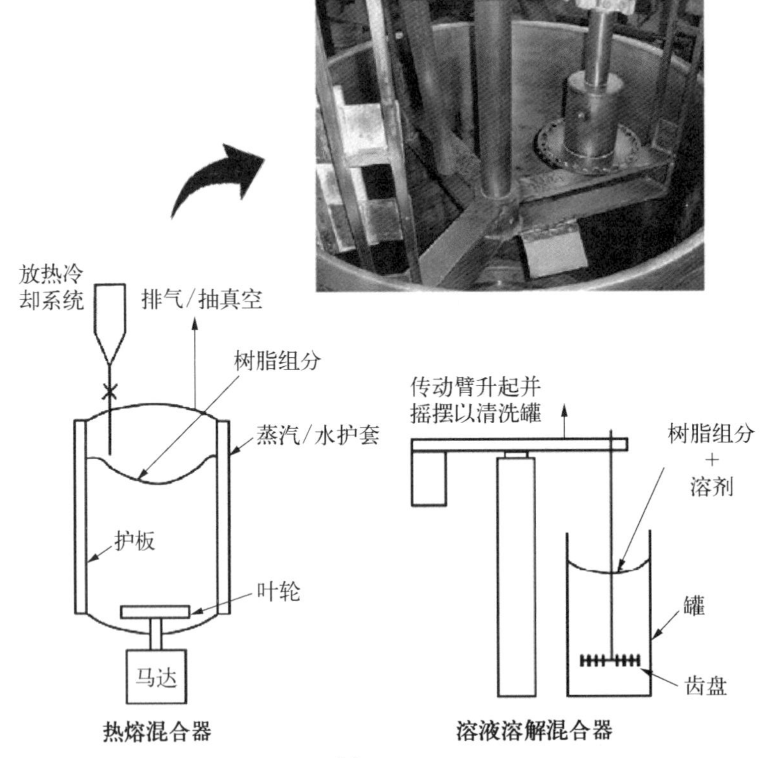

图 2.22 树脂混合器[9](照片来源：Cytec 工程材料)

使用的树脂和固化剂可能具有很高的反应活性,因此在混合过程中需仔细控制温度,防止反应过热而造成爆炸或火灾。某些组分在添加到主混合体之前,可能需要预混合。树脂混合后,一般放入塑料袋中冷冻储存,需要时取出以供预浸工序使用,或发送至诸如湿法纤维缠绕、液体成型或拉挤成型等工序现场。

预浸料是先进复合材料制造中最常见的原材料形式,一般由埋入B阶树脂的单层纤维组成(见图2.23)。在预浸过程中,树脂会变为B阶状态,即在室温下是半固态的,并在固化过程中再熔化和流动。B阶树脂一般具有黏性,以使预浸料在铺叠操作时可以自身相互粘贴或与模具零件粘贴。树脂处于持续变化(如化学反应)状态,若不保存于冷库中,则其反应程度及黏性和流动特性均会发生改变。

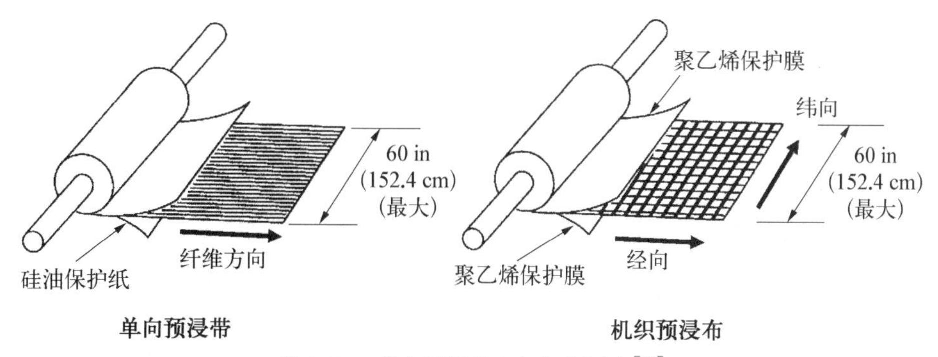

图2.23 单向预浸带和机织预浸布[10]

预浸料的主要参数是纤维类型、纤维形式(如单向纤维或机织物)、树脂类型、纤维面密度(FAW)、树脂含量和固化后单层厚度。纤维面密度为单位面积上的纤维重量,一般以 g/m^2 为单位。预浸料树脂含量为预浸料中的树脂重量百分比,其不一定是固化后制件的树脂含量。一些预浸料的树脂含量(如42%)大于实际需要,在固化过程中多余树脂将被排出(吸除),最终固化后的树脂重量含量为28%~30%。另一些预浸料称为零吸胶预浸料,其所含的树脂量与固化后最终制件的树脂含量基本相同,因此此类产品形式不需要吸除多余树脂。固化后单层厚度定义为单个铺层的厚度。值得注意的是,最终固化后的单层厚度取决于制件外形(特别是制件的厚度)和用户所用的工艺条件。

预浸料通常以窄单向带、粗纱(或预浸丝束)、宽单向带和称为宽幅预浸布(broadgood)的织物布的形式提供(见图2.24)。预浸粗纱或预浸丝束是主要用于纤维缠绕或纤维铺放的纤维束,顾名思义,单条纤维束在浸胶过程中被树脂浸渍。预浸粗纱或预浸丝束的横截面均为扁平矩形,其宽度在0.1~0.25 in

(2.5～6.4 mm)之间。该材料以卷的形式提供,单卷长度可达 20 000 ft (6 100 m)。单向预浸带由多束浸渍了树脂的丝束平行排列组成,一般纤维面密度为 30～300 g/m^2,常见的为 95 g/m^2、145 g/m^2 和 190 g/m^2,其对应固化后单层厚度为 0.003 5 in、0.005 in 和 0.007 5 in(0.09 mm、0.13 mm 和 0.19 mm),宽度为 6～60 in(15 cm～1.5 m)。自动铺带机通常使用 6 in 或 12 in(15 cm 或 30 cm)宽的单向带材料,而较宽的 48～60 in(1 219～1 524 mm)宽幅预浸带则由机器切割成铺层形状后用于手工铺叠。预浸布为浸渍了树脂的机织布。由于预浸布主要用于手工铺叠,所以通常以宽达 60 in(1.5 m)的宽卷形式提供,以最大限度地减少制件内部的铺层拼接数量。预浸布一般比单向带纤维面密度更高,并且固化后单层厚度更厚,如每层厚 0.014 in(0.36 mm)。预浸料一般在铺叠和热压罐固化后获得最高的层压强度。一些碳纤维/环氧树脂单向预浸带固化后的典型性能如表 2.3 所示,表 2.4 给出了层压机织布的力学性能。

单向预浸带

单向预浸丝束

48 in(121.9 cm)宽的单向宽幅预浸布

图 2.24　单向预浸带、预浸丝束和宽幅预浸布(单向带和机织布)(图片来源:波音公司)

表 2.3　0°碳纤维/环氧树脂单向层合板典型性能[11]

性　能	纤　维　类　型			
	AS-4	AS-4	IM-6	AS-4
	树　脂　类　型			
	3502	3501-6	3501-6	8552
0°拉伸强度/ksi	275	310	350	330
0°拉伸模量/msi	20.3	20.5	23.0	20.4
0°压缩强度/ksi	240	240	240	221
层间剪切强度/ksi	18.5	17.5	18.0	18.6
冲击后压缩/ksi	22	22	22	33

表 2.4　碳纤维/环氧树脂机织布层压板典型性能[11]

机织物结构	A193-P 平纹	A280-5H 五枚缎纹	A370-5H 五枚缎纹	A280-5H 八枚缎纹	1360-5H 五枚缎纹
纤维类型	AS-4	AS-4	AS-4	AS-4	IM-6
丝束规格	3 k	3 k	6 k	3 k	12 k
面密度/(g/m^2)	193	280	370	370	360
拉伸强度/ksi	100	100	100	100	146
拉伸模量/msi	10.0	10.5	10.5	10.0	14.0
层间剪切/ksi	9.5	10.0	10.0	10.0	10.2
固化后单层厚度/mil①	6.9	10.0	13.2	13.2	12.8

预浸可以通过热熔浸胶法、树脂膜法和溶剂浸胶法完成。在最初的热熔浸胶工艺(见图 2.25)中,将纤维从纱架上引出、校直,再浸渍熔融的树脂,并快速冷却后收卷。较新的树脂膜工艺由两个操作工序组成,将树脂按要求的厚度成膜于背衬纸上,如图 2.26 所示;收卷的树脂膜可直接送至预浸操作工序,也可冷藏备用。因为树脂膜法可以更好地控制树脂含量和纤维面密度,所以目前大部分预浸料采用树脂膜工艺制造。典型的树脂膜重量在 0.06～0.25 oz/ft^2(20～80 g/m^2)的范围内,制膜速度可达 40 ft/min(12 m/min)。

树脂膜准备好浸渍后送至一个独立的加工设备(见图 2.27),在此设备上,纤维的上、下表面均被带树脂膜的背衬纸覆盖。当纤维、树脂膜和上下背衬纸被

① mil:密耳,长度单位,1 mil=2.54×10^{-5} m。——编注

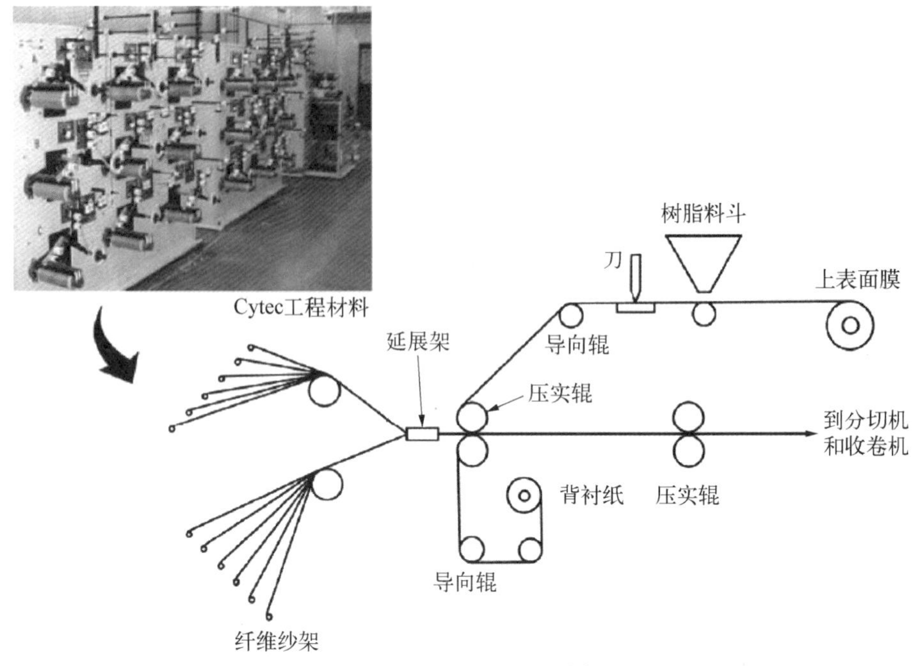

图 2.25 热熔浸胶工艺[9]

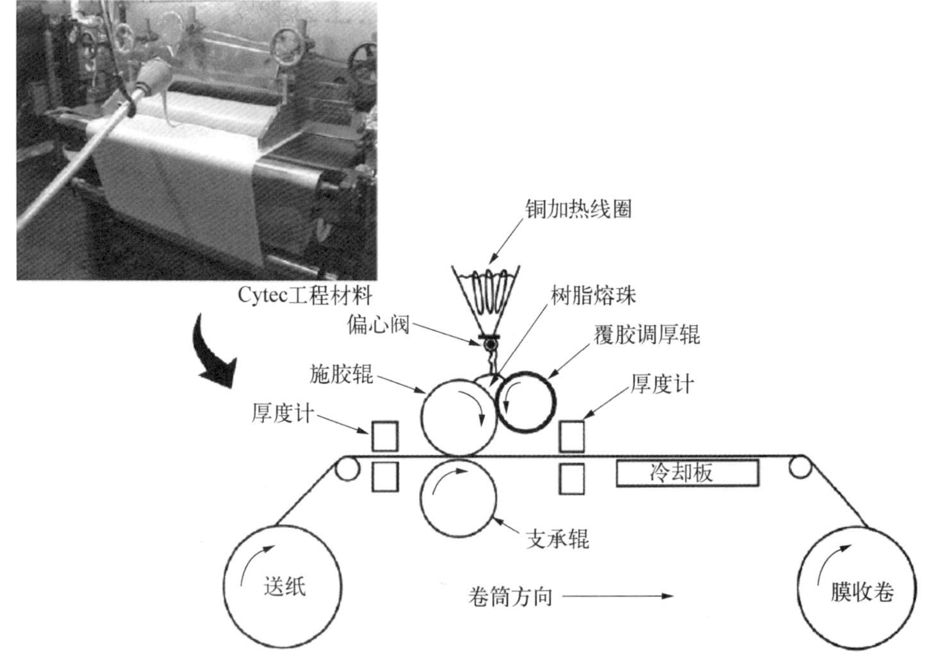

图 2.26 树脂膜工艺[9]

牵引过生产线时,通过加热和夹辊施加压力进行浸渍。物料通过第二组轧辊后立即冷却,以提高树脂黏度并生成半固态预浸料。在设备出口处,预浸料上方的背衬纸移除丢弃,边缘用分切机刀片修直,成品预浸料收卷到卷轴上。预浸工艺的行进速度约为 8～20 ft/min(2.5～6 m/min),预浸料宽度可达 60 in(1.5 m)。

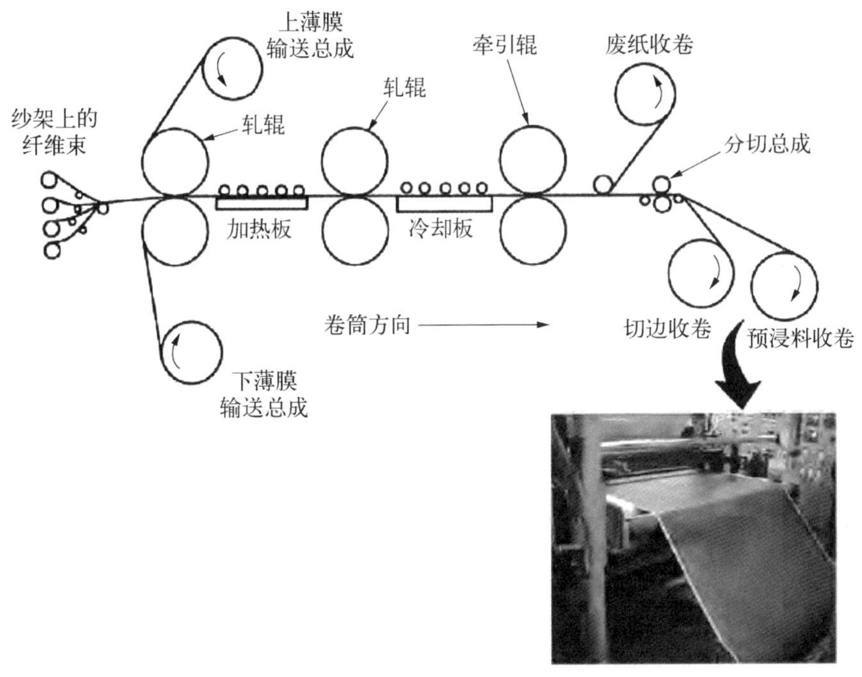

图 2.27 树脂膜的热熔融带生产工艺[9]

溶剂浸胶法(见图 2.28)基本只用于丝束预浸料和机织物,不适于热熔浸胶且必须溶解在溶剂中的高温树脂(如聚酰亚胺)。该方法的缺点是残余溶剂会留在预浸料中,从而引起固化过程中的挥发问题。因此,使用热熔浸胶或树脂膜法制造单向预浸带和预浸织物近年来已成为趋势。溶剂浸胶法通过一条处理流水线进行作业。纤维先从卷轴上被拉入装有树脂溶液(环氧树脂常用丙酮作为溶剂)的浸胶槽,然后再被牵引通过一组受控的轧辊以控制树脂的含量。

对于 60 in(1.5 m)宽的材料,典型的行进速度为 10～15 ft/min(3～4.5 m/min)。之后纤维进入热空气烘箱,烘箱用于蒸发大部分的溶剂并通过树脂反应以控制黏度。在烘箱的末端,预浸料的一侧覆以起隔离作用的塑料膜并收卷。有些产品在这个阶段需要压实,以使织物更为致密;而另有一些产品在通过处理流水线后可能会产生变形,需要在拉幅机上重新加工,拉幅机拉伸并校直

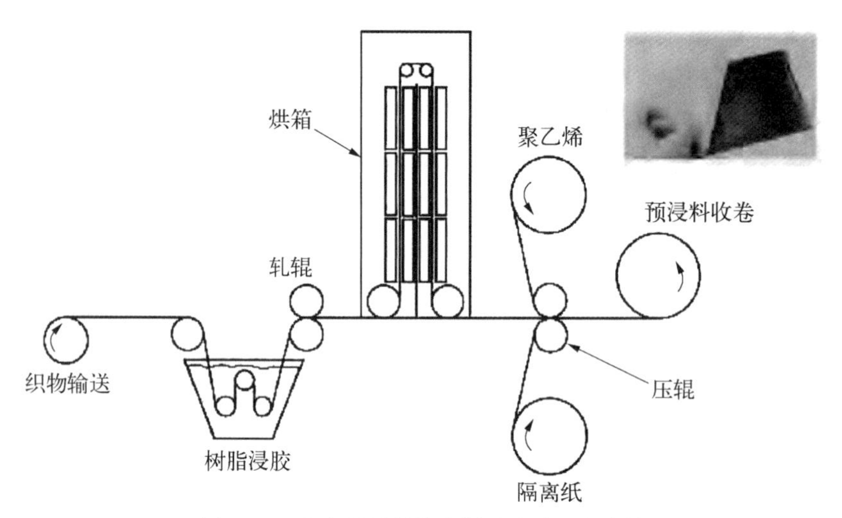

图 2.28 生产预浸料的溶剂浸胶处理流水线

织物，使其恢复平直。

参考文献

[1] Bohlmann R, Renieri M, Renieri G, et al. Advanced materials and design for integrated topside structures [R]. Training course notes given to Thales in the Netherlands, 2002.

[2] Metcalf A G, Schmitz K G. Effect of length on the strength of glass fibers[J]. Proc. ASTM, 1964, 64(8): 1075.

[3] D B Miracle, Donaldson S L. ASM Handbook, Vol 21, Composites[M]//Chang K K. Aramid Fibers. ASM International, 2001.

[4] Hearle J W S. High-Performance Fibres[M]// Van Dingenen J L J. Gel-Spun High-Performance Polyethylene Fibres. CRC Press, 2000.

[5] Bennett S C, Johnson D J. Structural heterogeneity in carbon fibers[C]. Proceedings of the 5th Carbon and Graphite Conference, Vol 1, Society for Chemical Industries, 1978.

[6] Watt W. Production and properties of high modulus carbon fibres[J]. Proceedings of the Royal Society A, 1970, 319(1536): 5 - 15.

[7] D B Miracle, Donaldson S L. ASM Handbook, Vol 21, Composites[M]// Drzal L T. ASM International, 2001.

[8] Structural Polymer Systems Ltd. Guide to Composites[G].

[9] Smith C, Gray M. ICI fiberite impregnated materials and processes — An overview, unpublished white paper[G].

[10] Hexcel Product Literature. Prepreg technology[G]. 1997.
[11] Hexcel Product Literature. Graphite fibers and prepregs[G]. 1988.

精选参考文献

[1] Bever M B, Duke C B. Encyclopedia of Materials Science and Engineering[M]// Backer S. Textiles: Structures and Processes. Pergamon Press, 1986.
[2] Chawla K K. Fibrous Materials[M]. Cambridge University Press, 1998.
[3] D B Miracle, Donaldson S L. ASM Handbook, Vol 21, Composites[M]//Fabrics and Preforms. ASM International, 2001.
[4] Gutowski T G P. Advanced composites manufacturing[M]//Cost, Automation, and Design. John Wiley & Sons, Inc., 1987.
[5] Morgan P. Carbon Fibers and Their Composites[M]. Taylor & Francis, 2005.
[6] Price T L, Dalley G, McCullough P C, et al. Handbook: manufacturing advanced composite components for airframes[R]. Report Dot/FAA/AR - 96/75, Office of Aviation Research, 1997.
[7] Rebouillat S. High-Performance Fibres[M]// Aramids, CRC Press, 2000.
[8] Schulz D A. Advances in UHM carbon fibers-production, properties and applications [J]. SAMPE J., 1987: 23.
[9] Strong A B. Fundamentals of Composite Manufacturing: Materials, Methods, and Applications[M]. SME, 1989.
[10] Tsai J S. Carbonizing furnace effects on carbon fiber properties[J]. *SAMPE* J., 1994.
[11] D B Miracle, Donaldson S L. ASM Handbook, Vol 21, Composites[M]//Walsh P J. Carbon Fibers. ASM International, 2001.

3　基体树脂体系

基体的作用是使有序排列的纤维绑定在一起，并保护纤维免受环境破坏。基体将载荷传递给纤维，对于避免由于纤维的微观屈曲而造成的提前失效起着至关重要的作用。同时，基体赋予了复合材料硬度、损伤容限、冲击强度和抗磨损的性能。基体的性能还决定了材料的最高使用温度、抗潮湿和液体侵蚀的性能、耐热性能和热氧化稳定性。

先进复合材料的聚合物基体可分为热固性树脂和热塑性树脂。热固性树脂相对分子质量低，由低黏度单体（≈2 000 cP①）固化形成不溶且不熔的三维交联结构。化学反应引起的交联固化，一方面可由化学反应自身驱动，如反应放热；另一方面还可由外界提供热源加热（见图 3.1）。随着固化反应的进行，反应加速，利于分子排列的有效体积减小，从而造成分子流动性降低和黏度上升，此过程如图 3.2 所示。由于固化是一个有化学反应参与的热驱动过程，因此热固性树脂通常具有加工时间长的特点。相比之下，热塑性树脂不需要在热驱动下发生化学交联，因此也不需要长时间的固化过程。他们通常是具有高相对分子质量的聚合物，其加工过程包括熔融、硬化以及冷却。由于热塑性树脂不发生交联，

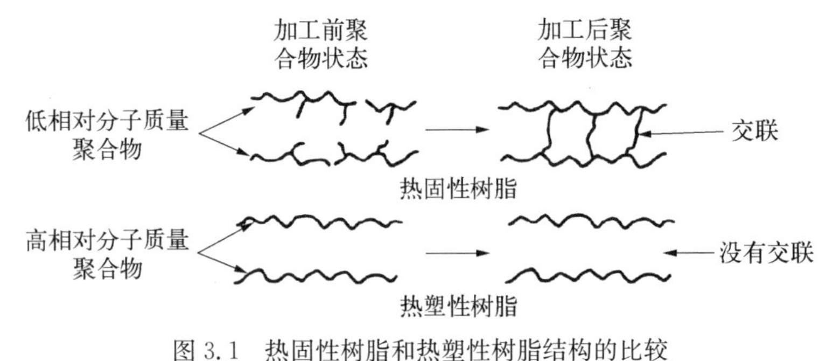

图 3.1　热固性树脂和热塑性树脂结构的比较

① cP：厘泊，动力黏度的最小单位，1 cP=10^{-3} Pa·s。——编注

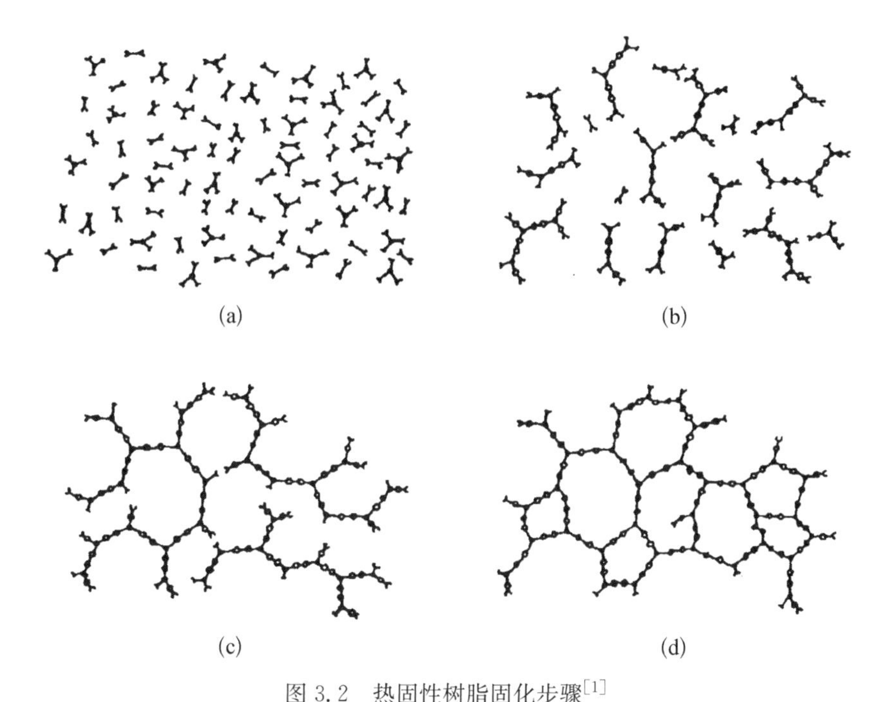

图 3.2 热固性树脂固化步骤[1]

(a) 反应前的聚合物和固化剂 (b) 初始固化阶段分子尺寸增大
(c) 凝胶阶段完整网络形成 (d) 完全固化和交联

因此可进行反复热加工成型或连接等操作。然而，由于它们具有高黏度和高熔点，因此在加工过程中必须采用高温高压的条件。

3.1 热固性树脂

热固性树脂基复合材料的基体包括不饱和聚酯树脂、乙烯基酯树脂、环氧树脂、双马来酰亚胺树脂、氰酸酯树脂、聚酰亚胺树脂和酚醛树脂(见表 3.1)。在低温和中温温度范围内[上至 275℉(135℃)]应用最广泛的基体树脂是环氧树脂，275～350℉(135～175℃)温度范围内应用最广泛的基体树脂是双马来酰亚胺树脂。对于在极高温[上至 550～600℉(290～315℃)]条件下使用的材料来说，聚酰亚胺树脂是典型的材料。不饱和聚酯树脂和乙烯基酯树脂的使用温度几乎与环氧树脂相同，然而其较低的机械性能和较差的环境稳定性使之较少作为高性能复合材料的基体。氰酸酯树脂是一种性能与环氧树脂和双马来酰亚胺树脂匹敌的新型基体树脂，具有较低的吸湿率和良好的电性能，但是其价格较高。酚醛树脂具有突出的低烟和防火性能，常用作飞机内衬材料；由于具有高残炭率,因此这类树脂也被用作阻燃剂和碳—碳(C—C)材料的前驱体。不饱和聚酯树脂、环氧树脂、双马来酰亚胺树脂以及氰酸酯树脂都被称作加成固化树脂,而聚酰亚胺树脂和酚醛树脂属于缩合固化树脂。这两种反应最明显的区别在于缩合固化反应会释放水或者醇类小分子,而加成固化反应不会有副产物生成。图 3.3 通过比较发生加成固化反应的环氧树脂和缩合固化反应的酚醛树脂,说明了这两种固化反应的区别。固化过程中水和/或者醇类小分子的产生带来了挥发物处理的问题,如果这些小分子产物没有在树脂凝胶化或结构形成之前消除,则会导致固化后的基体产生空洞和孔隙。因此,较加成固化体系而言,缩合固化体系具有更大的加工难度。

表 3.1 热固性树脂基体的性能特征

不饱和聚酯树脂	商业应用广泛,价格相对低,加工流动性好,应用于连续或非连续纤维增强复合材料
乙烯基酯树脂	与不饱和聚酯树脂相似,但具有相对较好的韧性和吸湿稳定性
环氧树脂	用作连续纤维增强复合材料的高性能基体,可在 250~275℉(121~135℃)范围内使用,耐高温性能优于不饱和聚酯树脂和乙烯基酯树脂
双马来酰亚胺树脂	在 275~350℉(135~175℃)温度范围内使用的耐高温树脂基体,加工方式与环氧树脂类似,需要在高温下进行后固化处理
氰酸酯树脂	在 275~350℉(135~175℃)温度范围内使用的耐高温树脂基体,加工方式与环氧树脂类似,需要在高温下进行后固化处理
聚酰亚胺树脂	在 550~600℉(290~315℃)温度范围内使用的耐高温树脂,非常难加工
酚醛树脂	具有良好的阻烟和阻燃性能的耐高温树脂,广泛用作飞机内衬材料,难加工

3.1.1 不饱和聚酯树脂和乙烯基酯树脂

不饱和聚酯树脂和乙烯基酯树脂的商业应用范围广泛,但是其在高性能复合材料中的应用却受限。尽管其价格低于环氧树脂,但其耐温能力低、机械性能以及耐候性差,且在固化过程中收缩性也较大。不饱和聚酯树脂以碳-碳双键(C=C)作为交联点发生加成固化反应。典型的不饱和聚酯树脂包含至少三种成分:不饱和聚酯聚合物;交联剂,如苯乙烯;引发剂,通常是一种过氧化物,如过氧化甲乙酮或者过氧化苯甲酰。苯乙烯作为交联剂可以降低树脂体系的黏度,提高加工性能。苯乙烯不是唯一的交联剂(固化剂),具有低黏度的乙烯基甲苯、氯苯乙烯(可赋予其阻燃性)、甲基丙烯酸甲酯(具有良好的耐候性)和二烯丙

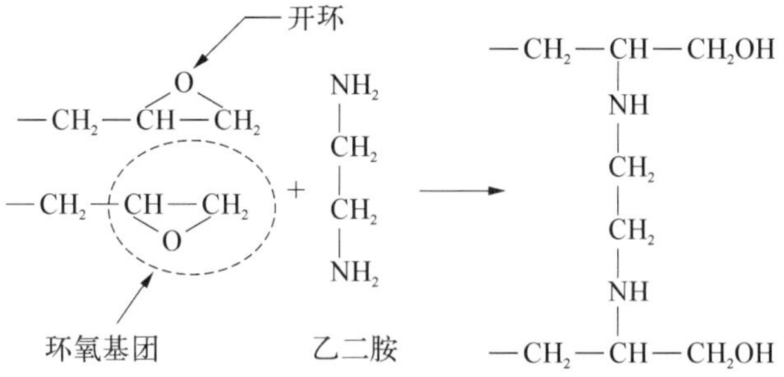

(a) 加成固化反应

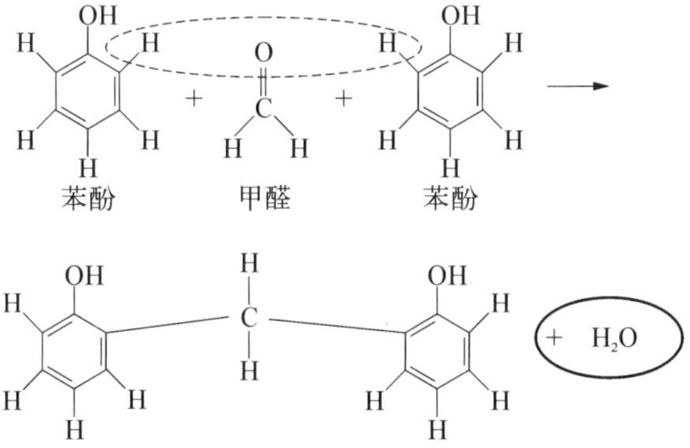

(b) 缩合固化反应

图 3.3　加成固化反应和缩合固化反应的比较

基邻苯二甲酸也常用于预浸料的制备。不饱和聚酯树脂成品的性能很大程度上取决于所用的交联剂。不饱和聚酯树脂的主要优点之一是在常温或者高温条件下均可被固化，实现了加工的多样性。

典型不饱和聚酯树脂的基本化学结构包括酯基和不饱和键或者双键活性基团(C=C)，如图 3.4 所示。不饱和聚酯树脂通常是由线形聚酯聚合物溶解在活性溶剂中(通常是苯乙烯)形成的具有一定黏度的溶液。含量占 50%的苯乙烯降低了溶液的黏度，改善了加工性能，并与聚酯分子链发生反应形成了刚性的交联结构。由于聚酯的储存寿命有限，长期在室温的条件下容易凝胶化，因此可以加入少量阻聚剂，如对苯二酚，降低反应速率，延长贮存时间。聚酯/纯苯乙烯溶液聚合速率低，通常加入少量的加速剂或催化剂以提高反应速率。其中，催化剂只起激活固化反应的作用，不参与交联固化反应。加速剂，如环烷酸钴、二苯胺和二甲基苯胺，也常被用于加速固化反应。不同的单体和固化剂会为产品带来不同的物理和机械性能，比如，大体积的苯环可以提高产品的刚性和热稳定性。

乙烯基酯树脂结构与不饱和聚酯树脂非常相似，只是在分子链末端接有活性基团(见图 3.4)，这种结构使其交联程度降低，因此乙烯基酯树脂通常比高交联度的不饱和聚酯树脂具有更好的韧性。此外，由于酯基容易发生水解，而乙烯基酯的酯基少于不饱和聚酯，因此其具有良好的耐水性和耐潮湿性。

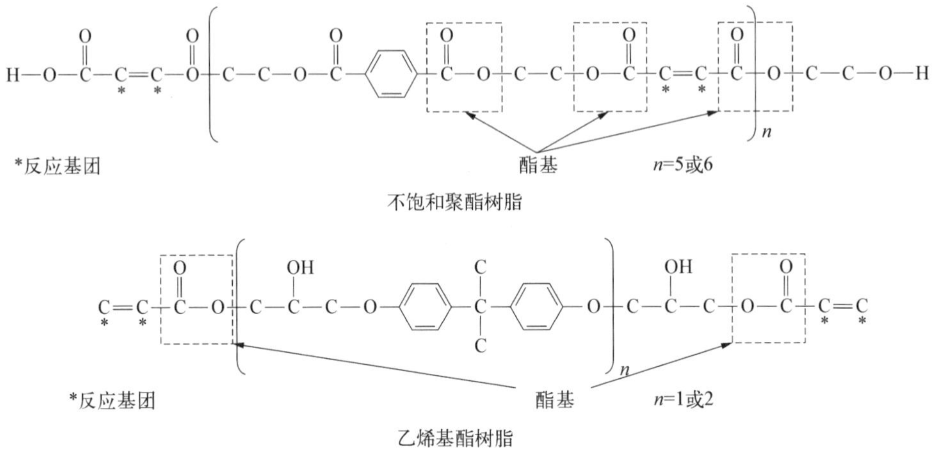

*反应基团 酯基 n=5或6

不饱和聚酯树脂

*反应基团 酯基 n=1或2

乙烯基酯树脂

图 3.4 不饱和聚酯树脂和乙烯基酯树脂的典型结构[2]

3.1.2 环氧树脂

环氧树脂是一种广泛应用在高性能复合材料和胶黏剂中的基体树脂，具有优异的强度和附着力，且收缩率低，可以实现加工多样性。商品化的环氧树脂基体和胶黏剂通常由一种主要环氧树脂、另外一到三种次要环氧树脂以及一到两种固化剂组成，有的甚至仅仅由一种环氧树脂和一种固化剂组成。次要环氧树脂的主要作用是改善其黏度，提高耐热性能，降低吸水性以及提高韧性。在航空航天领域中应用的环氧树脂主要有两种，一种是双酚 A 环氧甘油醚(DGEBA)，广泛应用于纤维缠绕、拉挤成型以及一些胶黏剂；另一种是四缩水甘油基二氨基二苯甲烷环氧树脂(TGMDA)，也就是为人熟知的 4,4′-二氨基二苯甲烷环氧树脂(TGGDM)，是商用环氧树脂基复合材料的主要成分。

环氧基团是交联点：

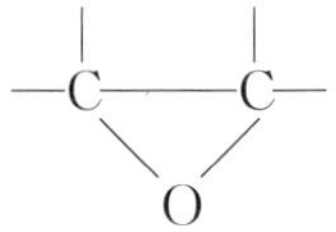

环氧树脂的固化机理是环氧基团开环，与交联点固化交联。环氧基团的键

角不稳定，能与许多物质发生化学反应形成高交联的物质。交联反应主要通过环氧基团发生，最终得到羟基基团。三元环氧基团通常由一种缩水甘油醚或一种缩水甘油胺或一种脂肪环族构成。缩水甘油醚、缩水甘油胺通常应用在复合材料领域，而脂肪环族则广泛地应用于电气领域或者作为一种微组分应用于树脂基复合材料领域。在氨基固化剂的作用下，每个活泼羟基都可以进攻环氧基，形成一个共价键(见图 3.5)。当氨基上的氮有两个活泼氢时，每个活泼氢都可以跟不同的环氧基反应，环氧基和氨基之间反应形成一个 C—N 键。值得强调的是，固化后的环氧树脂的性能很大程度上取决于所选用的固化剂，与聚酯类似，既可以在室温下固化也可以升温固化。

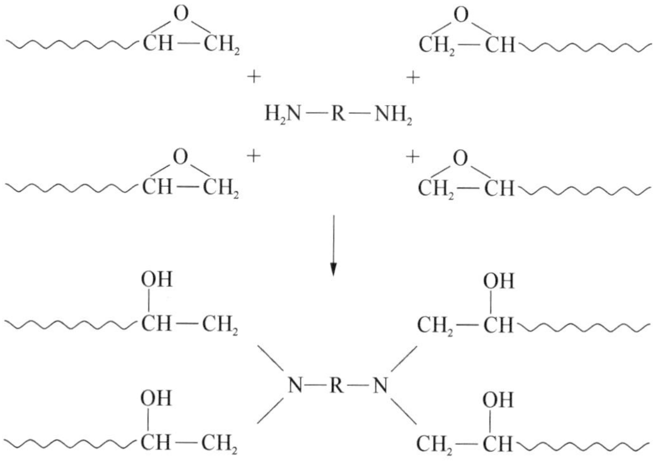

图 3.5　氨基与环氧树脂交联反应

DGEBA(见图 3.6)是一种应用广泛的双官能度环氧树脂(两个环氧端基)，既可以是液态的也可以是固态的；并且可以作为具有一定黏度的液体应用于纤维缠绕成型和拉挤成型。如果重复单元 n 在 0.1～0.2 之间，则其为黏度在 6 000～16 000 cP 之间的液体。

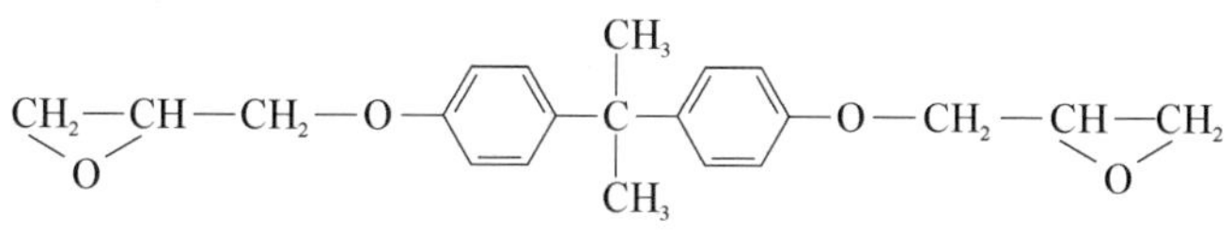

图 3.6　双酚 A 环氧甘油醚(DGEBA)

表 3.2 所示为重复单元数 n 对环氧当量和黏度或熔点的影响。当 n 接近于 2 时，树脂变为固态；当 n 值大于 2 时，由于交联密度太低而不能作为基体材料使用。

表 3.2　DGEBA 树脂重复单元数对环氧当量(WPE)和黏度或熔点的影响

重复单元 n	环氧当量①	黏度或熔点
0	170～178	4～6 000 cP
0.07	180～190	7～10 000 cP
0.14	190～200	10～16 000 cP
2.3	450～550	65～80℃
4.8	850～1 000	95～105℃
9.4	1 500～2 500	115～130℃
11.5	1 800～4 000	140～155℃
30	4 000～6 000	115～165℃

① 环氧预聚物通过环氧当量或环氧基的含量进行表征，即含有 1 mol 环氧基的环氧树脂质量

缩水甘油胺是芳香族胺，具有更多的功能基团(如有三到四个活泼环氧端基)。TGMDA 是最重要的缩水甘油胺(见图 3.7)，主要用于环氧树脂基复合材料。其较多的功能基团(四个活泼端基)提供了较高的交联结构，因而表现出高强度、刚性和耐高温性能。在一些胶黏剂体系里，韧性(如剥离强度)是一个重要的性能，供应商混合了双官能度的 DGEBA 和四官能度的 TGMDA 来提高固化后胶黏剂的韧性。如果想获得低交联密度的环氧树脂，则可以采用三交联度的环氧树脂，例如三缩水甘油基对氨基苯酚(TGAP)，如图 3.8 所示。

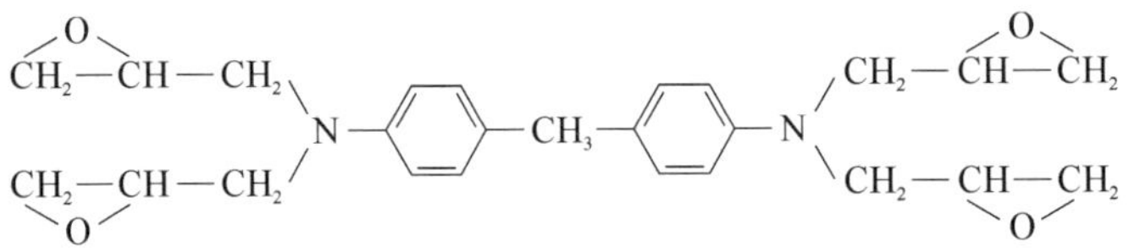

图 3.7　四缩水甘油基二氨基二苯甲烷(TGMDA)

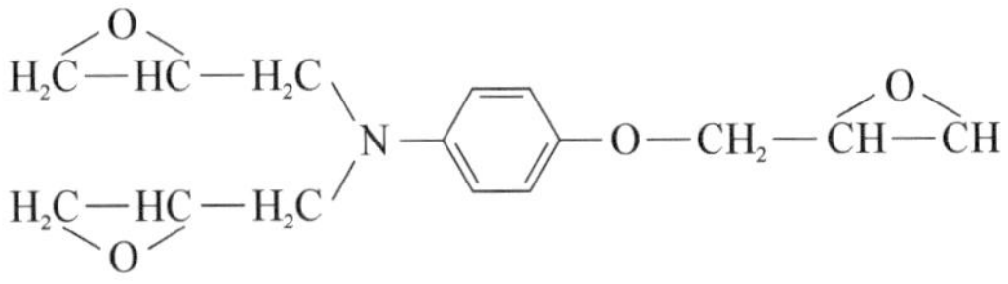

图 3.8　三缩水甘油基对氨基苯酚(TGAP)

环氧树脂体系中，加入小剂量环氧树脂可以改善体系的加工黏度，提供固化后树脂的耐高温性能以及其他性能。典型的小剂量环氧树脂有氨基酚、线型酚醛树脂以及环脂等。

典型的环氧树脂体系组成如表 3.3 所示。

表 3.3　典型的环氧树脂体系组成

环氧树脂体系组成	质量分数/%
四缩水甘油基二氨基二苯甲烷(TGMDA)	56.4
脂肪酸环氧树脂	9.0
酚醛环氧树脂	8.5
4,4′-二氨基二苯砜(DDS)	25.0
三氟化硼胺化合物(BF_3)	1.1

在上述配方中,TGMDA 是主要的环氧组分,脂肪酸环氧树脂和酚醛环氧树脂是两个小剂量环氧组分,DDS 是固化剂,BF_3 是催化剂。

有时,向环氧树脂体系中加入稀释剂,可以降低体系黏度,提高储存时间和使用寿命,减少放热和收缩。这一组分的用量通常很少(3%～5%),因为浓度过高会降低固化体系的机械性能和耐热性能。典型的稀释剂有丁基缩水甘油醚、甲苯基缩水甘油醚、苯基缩水甘油醚、脂肪族醇缩水甘油醚。

很多种固化剂可以与环氧树脂发生固化作用,最常见的固化剂有脂肪族胺、芳香族胺、杂化催化固化剂和酸酐。图 3.9 列举了一系列的固化剂。

脂肪族胺非常活泼,在室温或者略微加热条件下即可发生固化反应,反应时大量放热,脂肪族胺与环氧树脂大量混合放出的热量足够引起着火。但这种室温固化的树脂体系的耐热性能低于芳香族胺作为固化剂的高温固化树脂体系。脂肪族胺常被用于室温固化的胶黏剂体系。如果脂肪族胺在室温固化环氧树脂后,再进行升温固化,则可以提高交联密度,进而提高固化后树脂的耐热性能。

芳香族胺通常需要升温到 250～350℉(120～175℃)才可以完全固化。这些体系经常用作预浸料的基体树脂、纤维缠绕树脂以及耐高温胶黏剂。芳香族胺产品结构强度大,不易收缩,且热容性较好,但是韧性比脂肪族胺低。芳香族胺固化剂在室温下通常是固态,因而进行固化反应时必须先使其熔融,但是也存在低熔点的共晶液体。4,4′-二氨基二苯砜是目前环氧树脂基复合材料中最常用的固化剂,也是耐高温胶黏剂较常用的固化剂。亚甲基二苯胺是一种疑似容易通过皮肤吸入或吸收的致癌物质,它是在高温聚酰亚胺 PMR-15 中使用的固化剂,偶尔也用于环氧树脂。

杂化催化固化剂,例如 BF_3,可以促进环氧基与环氧基、环氧基与羟基之间的反应。它虽然不作为交联剂使用,但能产生结实的交联结构,且具有很长的保质期。

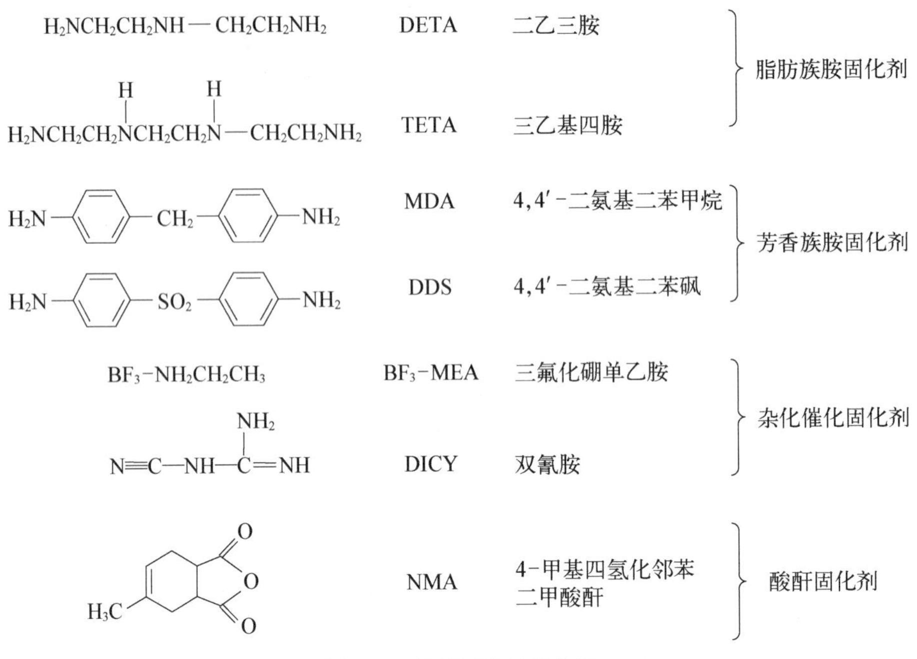

图 3.9 环氧树脂的固化剂

典型的杂化催化固化剂是一种叫作三氟化硼单乙胺(B_3F-MEA)的路易斯酸。它通常与另一种固化剂(如 DDS)一起使用,以降低流动性并提高复合材料基体的可加工性,这时候它的添加量比较少(1～5 份)。它是一种具有长活化期的潜伏型固化剂,需要达到 200℉(95℃)或更高温度才能开始固化。固化反应一旦发生,则固化速率非常快。双氰胺(DICY)是一种很重要的潜伏型固化剂,通常用于预浸材料和胶黏剂。因为它是一种固体粉末,所以必须与树脂完全混合才能发挥固化作用。

酸酐固化剂需要高温和长时间固化才能达到完全固化,其特点是活化时间长,放热量低,具有良好的耐高温性能、耐化学性能和电性能。酸酐固化剂与环氧树脂混合后可降低树脂的黏度。在固化过程中一般加入催化剂以加快反应速度。在固化反应中,一个酸酐基团与一个环氧基团反应,但酸酐基团易吸潮,从而阻碍固化反应的发生。三苯六甲酸酐是最常用的一种酸酐固化剂。

在环氧树脂固化体系中,低相对分子质量的树脂和固化剂在加热条件或室温下反应,生成高交联结构。需要记住的要点是:

(1) 商业树脂或胶黏剂是两种或更多种的环氧树脂与一种或两种固化剂的

混合物。耐高温环氧树脂体系大多数以 TGMDA 为主要环氧组分，通常再少量地加入两种或三种其他类型的环氧树脂以便控制树脂体系的黏度或改善固化物性能，比如提高模量或韧性。主要的固化剂是 DDS，辅以杂化催化固化剂来降低流动性，加快反应速度。无论是复合材料的环氧树脂基体，还是胶黏剂的环氧树脂基体，均须兼顾加工工艺性和固化物的最终性能。

(2) 高固化温度和长固化时间能够提高固化物的玻璃化转变温度 T_g。例如，四官能度的环氧树脂在高温、长时间固化后能够获得高的交联密度，从而赋予固化物高强度和高模量，但也使之较脆。这种环氧树脂通常采用很多方法对其进行增韧改性，但也降低了其使用温度。在环氧树脂或固化剂的结构中采用柔性结构单元会提高伸长率和冲击强度，但会降低 T_g、拉伸强度、压缩强度和模量。不过，最近环氧树脂在化学性能和配方上的发展已使得在获得高韧性环氧树脂的同时兼顾其使用温度达到可接受的范围成为可能。

(3) 环氧树脂——实际上所有的热固性树脂——都易吸湿，导致高温下的使用性能下降(见图 3.10)。但这种问题可以通过设计合理的分子结构避免。树脂的吸湿性对复合材料性能的影响将在 15 章中论述。

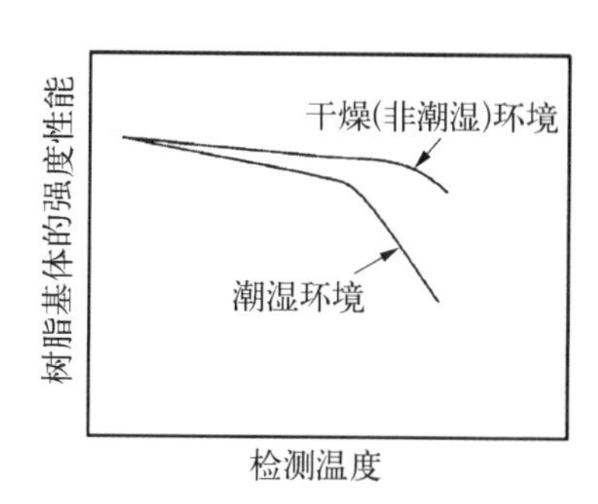

图 3.10 树脂的吸湿性对湿热环境下基体力学性能的影响

3.1.3 双马来酰亚胺树脂

开发双马来酰亚胺树脂(BMI)是为了填补环氧树脂和聚酰亚胺树脂之间的使用温度断层。其干态 T_g 在 430～600℉(220～315℃)之间，使用温度在 300～450℉(150～230℃)之间。双马来酰亚胺树脂的工艺性能与环氧树脂类似，在 350～375℉(175～190℃)发生加成固化反应。为了得到高温性能，可在 450～475℉(230～245℃)的温度范围内进行后固化以提高反应程度。双马来酰亚胺树脂基复合材料可采用高压釜、纤维缠绕、树脂传递模塑等方式成型。由于反应物为液体组分，因此绝大部分 BMI 树脂黏性和悬挂性相当好。BMI 与环氧树脂的加工温度[如 350℉(175℃)]和压力(100 lbf/in²①)相同，传统的尼龙袋薄膜、分压器和透气材料以及其他消耗品均可使用。相比之下，传统的耐高温聚酰亚胺材料需要在更高的温度[600～700℉(315°～370℃)]和压力(200 lbf/in² 或更高)条件下进行固化，因此需要更加昂贵和操作更加困难的工具以及套袋材料。

① lbf/in²：磅力每平方英寸，压力单位，1 lbf/in² = 6.895×10³ Pa。——编注

双马来酰亚胺的化学性质具有多样性,因此其在作为基体材料方面具有许多潜力。如图 3.11 所示,BMI 和聚酰亚胺均具有酰亚胺结构。双马来酰亚胺单体是由二胺和马来酸酐合成的。最常见的用来作为基体的单体是 4,4′-双马来酰亚氨基二苯基甲烷。商业化的 BMI 通常分为五类:① BMI 或者不同 BMI 的混合物;② BMI 和 BMI-二胺的混合物;③ BMI 和烯类单体或者齐聚物的混合物;④ BMI 和环氧的混合物;⑤ BMI 和 o,o′-氰基双酚 A 的混合物。虽然早期的 BMI 材料被认为是难以加工的(低黏性、贮存时间短),而且脆性较大,但是现如今具有更好的黏性和长贮存期的 BMI 材料也已经生产出来,而且一些 BMI(如 Cytec 5250-4)的韧性已经与增韧的环氧树脂相当。双马来酰亚胺树脂即将实现通过液态成型如注入树脂传递成型(RTM)的方法对其进行加工。

图 3.11 双马来酰亚胺化学结构

BMI 以及其他端基为酰亚胺的聚合物存在着一个潜在的使用方面的问题,称为酰亚胺腐蚀。这是水解的一种方式,会导致聚合物自身发生降解。该现象最开始在航空工业中发现,在液池环境(静止的盐水和喷气燃料的混合物)中碳纤维/BMI 复合材料会与铝发生电耦合作用。如果铝被腐蚀,便会通过碳纤维与铝发生电耦合,则复合材料将变成负极。在负极有氧存在的情况下会与水发生反应,产生的氢氧根离子会进攻 BMI 上的酰亚胺-羰基键,相关机理如图 3.12 所示。非导电纤维,如玻璃纤维和芳纶则不会发生腐蚀,与碳相似的金属如钛或者不锈钢产生电耦合后也不会发生腐蚀。研究表明,温度升高和裸露在外的碳的边缘会加速材料退化。通过将玻璃纤维固化在复合材料结合面上,且用聚硫密封胶封住边缘,可将碳和铝电绝缘化,从而避免此问题。

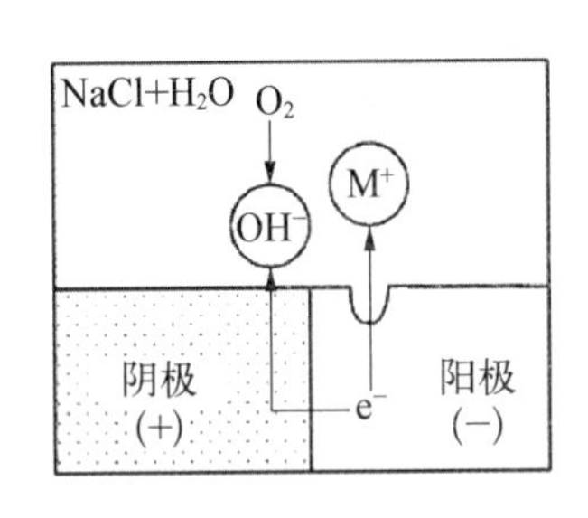

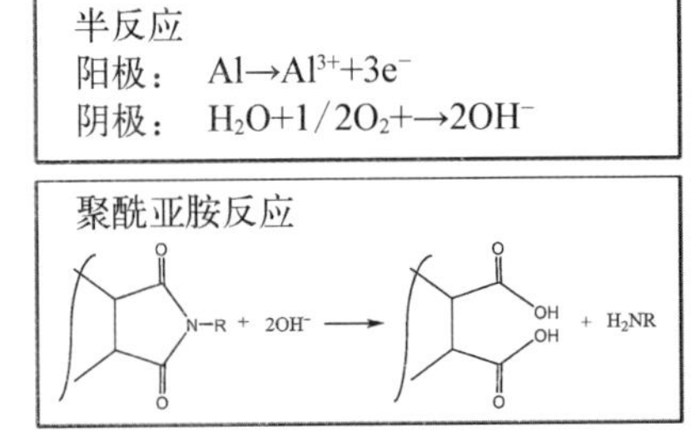

图 3.12 酰亚胺键电耦合腐蚀机理

3.1.4 氰酸酯树脂

氰酸酯通常用在要求材料具有低介电损耗的领域里,比如天线和天线罩。

其干态 T_g 在 375～550℉(190～290℃)之间，可用作环氧树脂和 BMI 的潜在替代物。然而，由于市场应用领域有限且单体价格十分昂贵，因此称其为昂贵材料。预浸料溶液在固化中会受到吸湿量的影响从而产生二氧化碳，它们的黏结性或可焊性不如环氧树脂，固化后的层压板吸湿率低于环氧树脂或 BMI，同时具有固有阻燃性。

氰酸酯是一类含有环状氰酸官能团的双酚衍生物。这一类衍生物的热固性树脂单体和预聚体均是由双酚类化合物和氰酸在加热的条件下环化形成的具有三嗪环的酯类物质(见图 3.13)，在固化过程中，加成反应促成了氧连接的均三嗪环的三维网络和双酚单元发生交联。氰酸酯树脂是具有高含量的三嗪环和苯环的芳香结构，使其具有高 T_g。单原子氧键在一定程度上像球铰一样消散了局部应力，适当的交联密度保证了韧性；此外，橡胶和热塑性树脂的增韧机理均可用于提高氰酸酯的韧性。

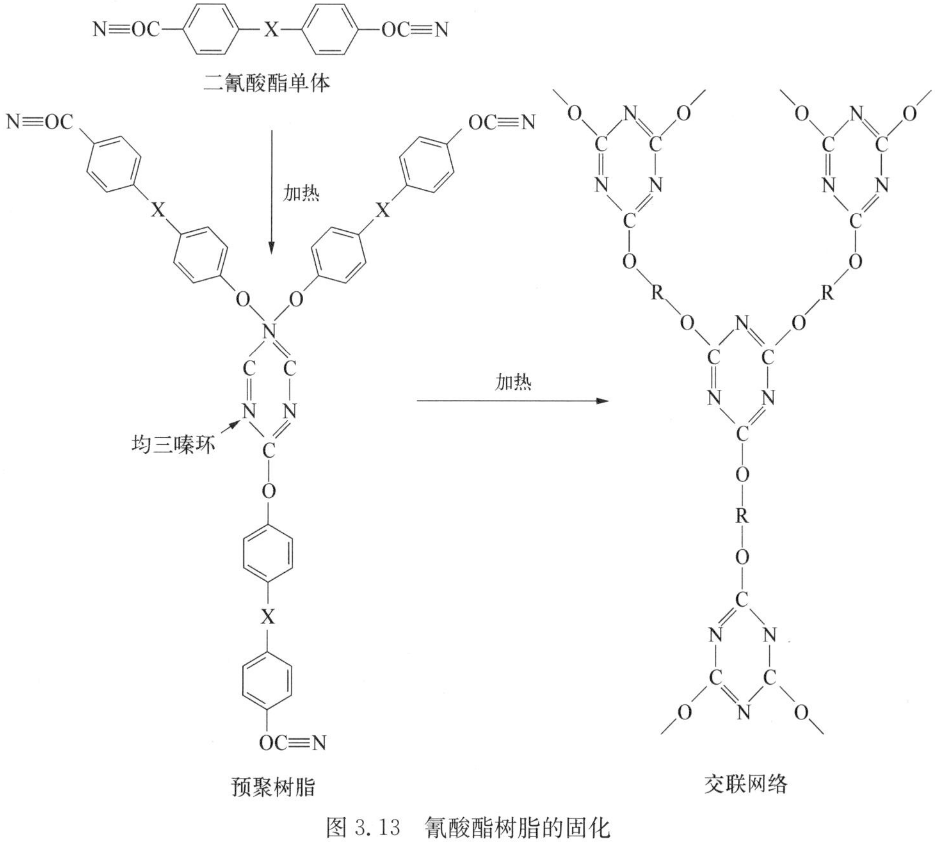

图 3.13　氰酸酯树脂的固化

氰酸酯树脂具有的优越电性能、低介电常数和耗散因子，均由于平衡偶极子以及强氢键的缺失造成。低极性和对称的均三嗪环结构使氰酸酯树脂具有比环氧树脂和 BMI 更好的抗吸湿性。低吸湿率(0.6%～2.5%)可减少放气，这对于空间结构的尺寸稳定性至关重要。

3.1.5 聚酰亚胺树脂

聚酰亚胺是一类高温树脂基体材料，其使用温度可高达 500～600℉(260～315℃)。聚酰亚胺树脂可以是热塑性树脂或热固性树脂，它们通常属于缩合固化体系。缩合过程中会释放水或者水和乙醇，造成严重的挥发物处理问题。如果这些挥发物不在树脂凝胶化之前除去，则会造成空洞和孔隙，从而降低了与基体相关的机械性能。此外，聚酰亚胺树脂通常使用高沸点溶剂制备，如二甲基甲酰胺(DMF)、二甲基乙酰胺(DMAC)、N-甲基吡咯烷酮(NMP)或者二甲基亚砜(DMSO)，这些溶剂也需要在固化之前或固化过程中除去。

聚酰亚胺树脂比环氧树脂和 BMI 更难加工，它们需要高的加工温度[如 600～700℉(315～370℃)]、长固化周期以及更高的压力(如 200 lbf/in^2)。挥发物和孔隙是加工聚酰亚胺树脂时经常会出现的问题。由于低相对分子质量的单体总是在制备过程中溶于溶剂，所以即使是被称为加成固化的体系也会产生挥发物的问题。

最著名的加成固化聚酰亚胺树脂要属 PMR-15，它是一种相对分子质量为 15 000 的聚合单体反应物。在 PMR-15 中，三种单体混合在溶剂中，溶剂通常是甲醇或者乙醇(见图 3.14)。然而，其中一种单体，4,4′-二氨基二苯甲烷

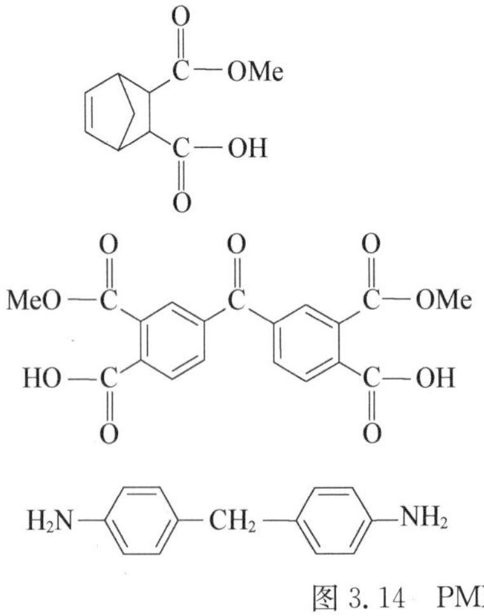

5-降冰片烯-2,3-二羧基单甲酯

3,3′,4,4′-苯甲酮-四羧基二甲酯

4,4′-二氨基二苯甲烷

图 3.14 PMR-15 的成分

(MDA)是一种疑似致癌物质，以喷雾状使用时可通过皮肤或者呼吸被人体吸收。几种不含 MDA 的聚酰亚胺树脂已经制备出来并出售，但是它们的高温性能相比之前有所下降。即使 PMR－15 被认为是加成固化反应，在早期的固化过程中也会在亚胺化反应阶段发生缩合反应，从而产生挥发物的处理问题。注入的溶剂也需要在树脂凝胶化之前除去。根据不同使用温度情况，PMR－15 的使用温度可以在 550～600℉(290～315℃)，并持续 1 000～10 000 h。PMR－15 的主要缺点是会产生孔隙、发黏和皱褶；在制备厚的和复杂的结构时树脂流动不充分，从而形成微裂纹；以及由 MDA 带来的有关健康和安全的隐患。

近 25 年来，大量的工作集中在开发在 500～600℉(260～315℃)范围内具有良好热氧稳定性和容易加工的耐高温聚合物。该方面的工作主要由美国国家航空航天局(NASA)引导和资助，最近 NASA 致力于一项曾于 20 世纪 90 年代中期执行过的高速民用运输机计划，其目的在于开发一种在 350℉(175℃)条件下保持 60 000 h 稳定的树脂体系。在筛选了各种已商品化的树脂材料以后，最理想的树脂是一种苯乙炔基封端的酰亚胺 PETI－5。该项目开发出了 PETI－5 基体树脂、胶黏剂、RTM 树脂以及树脂膜等。其他耐高温树脂体系，需要采用高沸点溶剂，如 N－甲基吡咯烷酮(NMP)，制作预浸带，固化过程中如何去除挥发物是主要考虑的问题。目前采用这些树脂体系均已成功制造出产品制件。

3.1.6　酚醛树脂

酚醛树脂通常具有较大的脆性，而且在固化过程中体积收缩率大，但良好的低烟性和低可燃性使其常用作飞机内部结构材料。酚醛树脂具有优异的耐烧蚀性能，因此常用于热防护材料，其高残炭率又使其常被用于制备 C—C 复合材料的原材料。

酚醛树脂是由苯酚和甲醛发生脱水缩合反应后得到的。典型的酚醛缩合反应如图 3.15 所示。酚醛树脂通常被分为热固性或线型酚醛树脂。在碱催化和

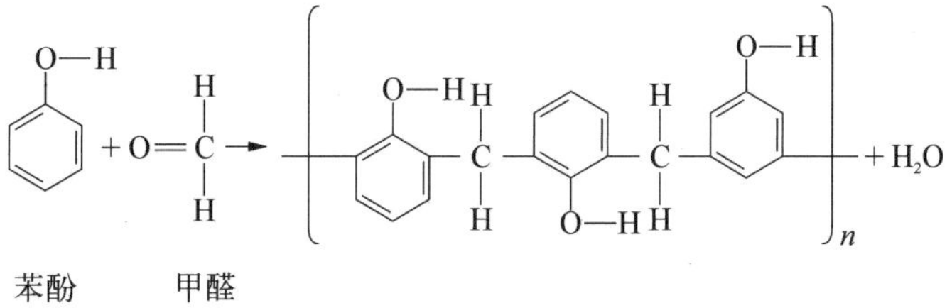

图 3.15　典型的酚醛缩合反应

甲醛过量的条件下,苯酚和甲醛反应产生低分子质量的液体热固性酚醛树脂;在酸催化和苯酚过量的条件下,则产生固态的线型酚醛树脂。线型酚醛树脂通常用作酚醛预浸料的树脂基体。

酚醛树脂通过烧蚀成碳或者热解产生耐高温 C—C 复合材料的碳基体。由于在烧蚀过程中酚醛树脂中的有机物挥发会形成多孔结构,因此,需要多次浸润酚醛树脂,再烧蚀,重复此过程。在随后的每一次热解前,多孔结构都要被沥青、酚醛树脂或者直接被化学气相沉积法产生的碳填满。这是一个较慢的过程,每次必须小心操作以防止分层和严重的基体开裂,其中常用的方法是采用三维增强来防止分层。碳-碳复合材料也可以直接通过化学气相沉积法制备,即将碳纤维预制体浸渍于沼气中。由于沉积碳可能会封闭内部孔隙和空洞,所以需要进行间歇机械加工操作以消除表面层,从而有利于碳沉积进入内部结构。更多关于碳-碳复合材料的细节见第 21 章“陶瓷基复合材料”。

3.1.7 增韧热固性树脂

热固性树脂韧性受其固化后形成的刚性链段结构和交联网络共同影响。分子链内的刚性结构既赋予其优点也带来了固有的缺点。主要的优点是热固性树脂固化后具有优异的耐高温性能,且在模压加工过程中刚性基体可以确保增强纤维的稳定性。而刚性结构最明显的不利影响是材料受冲击时易分层,并且此类材料受到低速冲击造成的内部分层不易被肉眼观察到。

从 20 世纪 80 年代初期开始,科学家进行了大量的高韧性、高耐冲击树脂体系研究工作。在 20 世纪 80 年代中期,两类树脂体系应运而生:耐损伤型热塑性树脂和增韧热固性树脂。虽然这些树脂体系的化学结构存在根本性差异,但是它们的最终性能仍具有相似性。两种体系都提高了材料低速冲击损伤容限,从而使材料受到冲击后仍表现出较好的承载能力。另外,相比于本征刚性结构的热固性树脂体系来说,这两类体系均具有较低的模量和压缩强度。增韧后的树脂体系的耐热性能也有所降低。

由于这些非均相的本质特征会导致材料存在各向异性,因此复合材料韧性要比各向同性的金属材料更加复杂。从复合材料结构方面来讨论,面内载荷主要由增强纤维承担,面外载荷主要由树脂体系性能所决定。因此,复合材料结构需要被有意地设计成能够保证荷载路径固定,且主要形式都是面内载荷。当然,无论如何面外载荷也会同时存在。面外载荷变大的主要原因是面内载荷弯曲,但更重要的是不同的结构设计能在不同程度上导致面外载荷的产生。图 3.16 介绍了能引起面外载荷的五种常规结构设计。即使在正常面内载荷条件下，层间剪切和法向应力也都会在这些位置产生。这些间接负载既可以单独作用又可以与燃油压力或气压等面外接触载荷同时作用。如果面外载荷变得足够大，则材料内部层间剥离将会形成和传递。不过，现行的设计标准能够保证生产过程和使用过程中出现的轻微层间剥离不会向外传递。

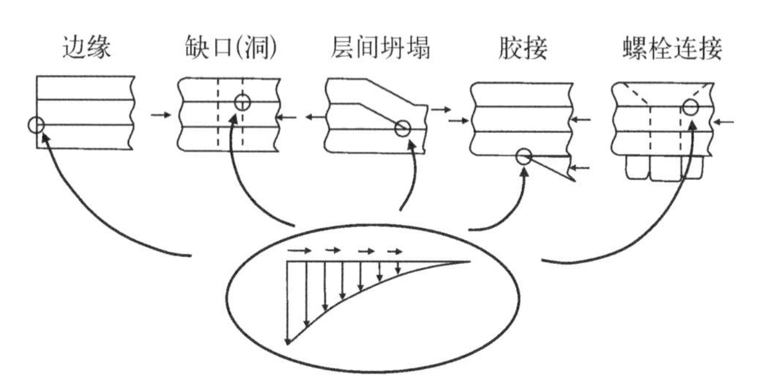

图 3.16 五种可以引起面外载荷的常规结构设计

两个及以上的聚合物分子链通过化学连接后形成交联结构，赋予固化后的聚合物强度、硬度和耐热性能。如图 3.17 所示，交联密度(单位体积内交联点数目)越高，相邻交联点间分子链长度越短，链段运动受到的阻力越大，聚合物硬度和耐热性越优异。增加分子主链上刚性结构的含量会进一步增加聚合物硬度，然而，硬度的增加会导致大的脆性、低断裂伸长率和低冲击性能。由于聚合物链段运动受到交联点的限制，因此高交联聚合物常表现出优异的热稳定性。因为交联化学键都是共价键，所以高温下材料力学性能仍能保持得较好。交联密度越大，键长越短，升温至接近树脂的 T_g 时，聚合物仍能有效保持力学性能。超过 T_g 后，聚合物链段开始运动，材料从玻璃态转变为橡胶态。所以，高交联聚合物拥有高强度、高硬度和优异的耐热性能。然而，随之带来的还有较大的脆性和较弱的抗冲击性能。

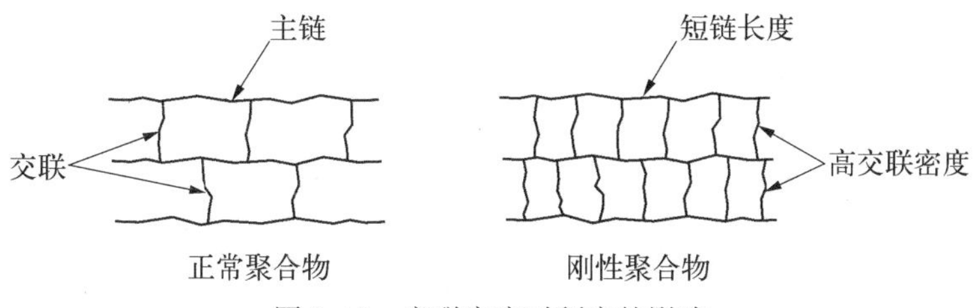

图 3.17 交联密度对硬度的影响

热固性树脂的分子结构决定了其加工和最终使用性能。热固性树脂性能主要由 T_g、吸水率、强度、模量、断裂伸长率和韧性等指标评价。通过调控分子链组成可以控制材料性能。调控分子链组成的方法有两种：主链结构(重复单元结构)和交联网络结构(交联密度和交联类型)。重复单元的化学结构主要决定主链结构,在一定程度上也能影响交联结构。交联结构也会受到固化剂或固化反应中使用的硬化剂影响。现在已经研发设计出一系列具有新型分子结构的增韧树脂体系。

增韧体系的冲击后压缩强度是材料受冲击后承受损伤的结果。如图 3.18 所示,Hexcel IM－7/8551－7 增韧树脂体系受到冲击后只产生了少量的内部损伤。因此试样样条失效后,没有损伤区域的部分会有一个更大的受力面积用以支撑压缩负荷。

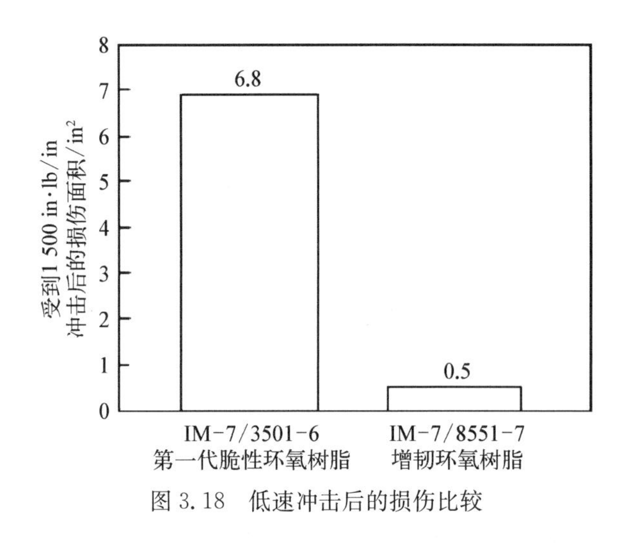

图 3.18　低速冲击后的损伤比较

现在有很多方法可以增加热固性聚合物的韧性。一些是通过分子结构设计实现自增韧,另外一些需要其他增韧方法。这里介绍四种增韧方法：① 设计交联网络结构；② 橡胶弹性体第二相增韧；③ 热塑性弹性体增韧；④ 层间增韧。

1) 设计交联网络结构

热固性树脂高交联密度是其产生脆性的直接原因,所以一种增强韧性的方法就是降低热固性聚合物的交联密度。极限条件下,如果没有交联出现,则转化为热塑性聚合物。如果无定型态的热塑性聚合物本身就具有韧性,那么交联密度越低,材料韧性越好。然而,交联密度降低的同时也会导致 T_g 和树脂模量的降低。

如图 3.19 所示,有三种通用的方法可以降低热固性树脂的交联密度。第一种方法是引入长链单体重新设计聚合物主链,从而增加交联点之间的相对分子质量,降低交联密度。为了保证 T_g 不降低,可以在主链上引入苯环等刚性侧基。引入刚性结构后,分子主链活动能力下降,T_g 上升;交联密度降低后,T_g 减小;两种影响因素共同作用,相互抵消。

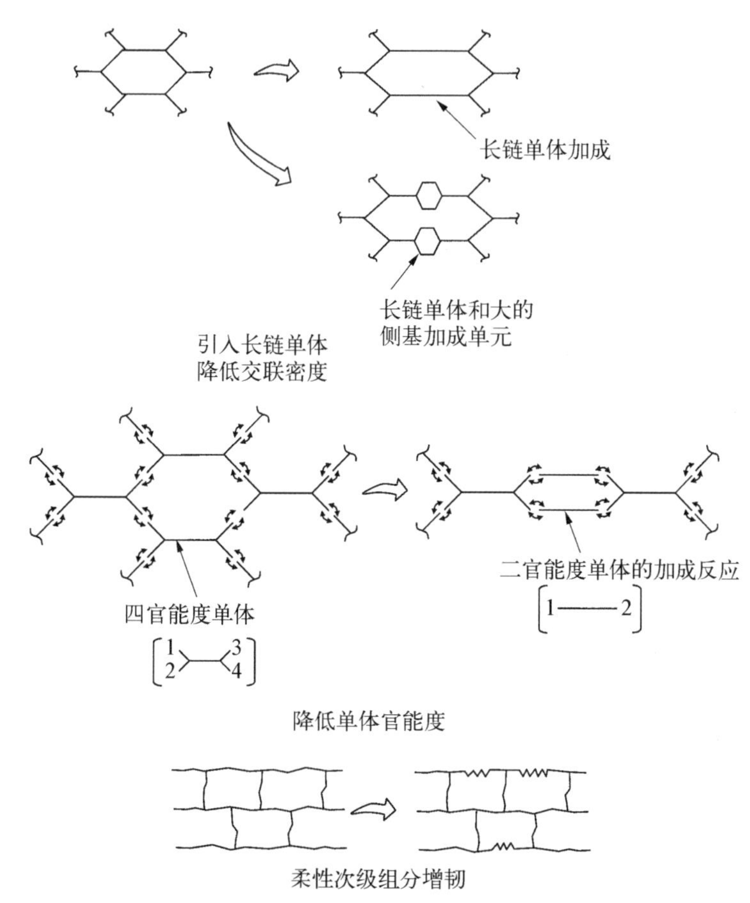

图 3.19　设计交联网络结构的增韧机理

第二种方法是降低单体的官能度。很多高交联密度的热固性聚合物具有四个官能团,这意味着每个分子链都有四个可以发生交联反应的末端基团。如果一部分聚合物分子链只有两个官能团,那么活性位点数目就相应减小,从而固化后交联密度降低,材料韧性升高。然而,聚合物的耐热性能也会受影响,有证据证明,二官能度体系聚合物的 T_g 会降低。

第三种方法是通过在分子链中引入柔性基团或者使用含柔性链结构的固化

剂。在图 3.19 中这些柔性基团用弹簧来表示，但是实际上，设计分子链时常优先考虑使用脂肪族柔性链，而不是刚性的芳香链。与上文描述的相似，设计分子链时也会权衡 T_g 的变化。

2) 橡胶弹性体第二相增韧

一旦脆性材料内部开始出现裂纹，裂纹就会很容易变大。在纤维增强复合材料内部，纤维会阻止平面裂纹扩展。然而，当裂纹出现在纤维层间或粘接界面处时，纤维就不会再对裂纹扩展起阻碍作用。一种阻止纤维扩展的方法是使用第二相弹性体增韧。如图 3.20 所示，橡胶粒子通过促进裂纹尖端处的塑性流动来减缓裂纹扩展。

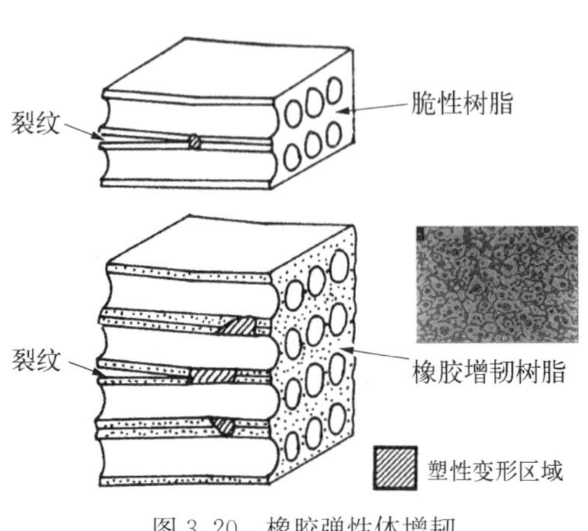

图 3.20 橡胶弹性体增韧

橡胶相的尺寸是决定材料韧性的重要因素。橡胶粒子通常的直径为 100～1 000Å，大小为 10 000～20 000Å 的区域开始产生银纹时，材料就会出现剪切屈服现象。材料内部较小尺寸粒子的主要作用是增强材料剪切变形加工的能力。然而，如果在交联网络中掺杂双分布的弹性体微粒(大尺寸弹性体和小尺寸弹性体共混)，则材料有可能同时出现银纹和剪切变形现象。这些现象同时出现，且增韧机理相得益彰，使最终材料的增韧表现出叠加效果。

富橡胶弹性体相在树脂基体中良好分散可以通过两种方法获得：溶液分散法和固相共混法。溶液分散法是指先将橡胶弹性体溶解于液态树脂中均匀分散，再于固化反应过程中进行相分离(如沉淀)。固相共混法更具有优势，因为预制成的粒子可以用作添加剂或填料。此外，与相分离过程中形成的橡胶相的尺寸相比，预制橡胶填料的粒径大小更易于控制。然而市售的橡胶粒子仅仅适用于低温使用的热固性树脂增韧。在溶液分散法中，橡胶弹性体粒子需在树脂固化反应中沉淀而形成相分离，生成理想尺寸的橡胶粒子以增韧树脂，所以溶液共混使用的弹性体必须具有适度的溶解性。一方面，溶解性太好的弹性体将在树脂发生凝胶化时仍留在溶液中，不进入固化体系，而残留的弹性体会作为塑化剂降低树脂的 T_g 和湿热性能；另一方面，如果弹性体粒子溶解性不好，则不能获得良好分散性的弹性体-树脂混合溶液。添加适量的相容剂可以使弹性体粒子稳定存在于树脂溶液中，固化反应后弹性体小颗粒将会均匀地沉淀在树脂体系中。初期相分离和相分离结束的状态均对树脂获得较好湿热性能非常重要。

在环氧树脂基复合材料和胶黏剂材料中，具有反应活性的液态聚合物，比如羧基封端的丁腈橡胶（CTBN）常用于提供理想的溶解性和相容性。羧基官能团常先与环氧单体反应得到溶解性的单体；羧基和环氧单体反应会轻度交联，进而增加弹性体相区的内聚强度。弹性体相区和树脂连续相之间的结合性能良好是十分重要的。如果弹性体相和树脂相结合性能差，则两相之间将会在冷却过程中失去结合力而使材料形成孔隙缺陷。

弹性体自身必须要具有良好的韧性。弹性体相必须拥有低于－100℉（－75℃）的 T_g，目的是当裂缝在材料中快速传递时，弹性体相仍然起作用。如果弹性体的 T_g 过高（在这里指接近室温），则高变形速率下将会表现为玻璃态，不会获得预想的增韧效果。另一个必要条件是弹性体必须具有热稳定性和热氧稳定性。如果使用了不稳定的橡胶，那么经过热氧处理后，橡胶将会交联或者降解，导致弹性体相变脆。

橡胶弹性体增韧也不一定都有效果。如果热固性树脂高度交联，那么树脂将会缺少局部变形能力，这时加入橡胶弹性体增韧也不会产生效果。如果热固性树脂交联密度降低，则橡胶弹性体增韧效果将大幅度增加。在环氧树脂体系中，通过单体刚性和链长度的设计或变更交联结构只能获得较小的增韧效果，但进一步采用橡胶弹性体第二相增韧可以放大效果。

3）*热塑性弹性体增韧*

大量商业化的热固性增韧树脂复合材料体系都是基于热塑性弹性体进行增韧的。在固化后的热固性树脂复合材料中，热塑性弹性体表现出四种特征的形态结构：① 均一结构（各向同性单一相）；② 海岛结构（热塑性树脂分布在热固性树脂连续相中）；③ 双连续结构（热塑性树脂和热固性树脂都为连续相）；④ 相反转结构（热塑性树脂为连续相，热固性树脂为非连续相）。双连续结构可以获得最大限度的增韧效果，聚醚酰亚胺、聚醚砜、聚砜类聚合物都已被证实符合上述原理。

在双连续结构中，热塑性弹性体提供韧性，交联的热固性树脂则起到保持高 T_g 和良好湿热性能的作用。具有高 T_g 的热塑性弹性体有利于保持热固性树脂复合材料的 T_g，因为复合材料 T_g 至少是两相 T_g 的平均值。选择最优的热塑性组分取决于其相容性、耐热性和热稳定性。与热固性树脂化学相容性好的热塑性树脂能一直保留在热固性树脂连续相里（而不是发生相分离），直到交联网络凝胶化。未凝胶化的树脂的黏度需足够低，在固化过程中才更有利于浸润纤维和层间粘合。热塑性组分必须具有良好的耐热性和热稳定性，以保证增韧后的复合材料具有良好的湿热性能。

功能化的热塑性芳香族增韧剂会在热固性树脂基体固化过程中与其形成共价键。低含量(如 10 phr①)的氨基功能化聚醚砜(见图 3.21)可以有效地提升环氧树脂的韧性。

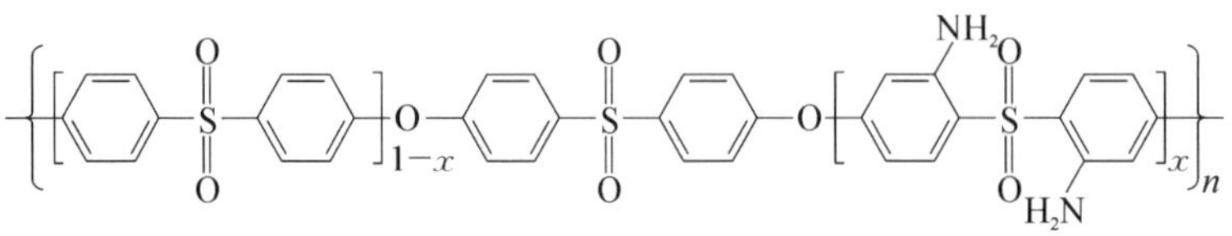

图 3.21　氨基功能化聚醚砜

4) *层间增韧*

层间增韧是一种机械性或工程性增韧手段，主要通过在每层预浸带的层间嵌入一层有韧性的树脂薄膜层进行增韧。如图 3.22 所示，夹层通常很薄(0.025 mm 甚至更薄)，而且必须在复合材料固化时维持分立的状态。这种方法的基本原理如下：刚性热固性树脂在压力下支撑碳纤维，维持较高的湿热性能；韧性夹层为复合材料提供抗低速冲击的能力。韧性夹层具有高断裂应变性能，有利于减少因层间剪切力和法向力而导致的层间分层现象。

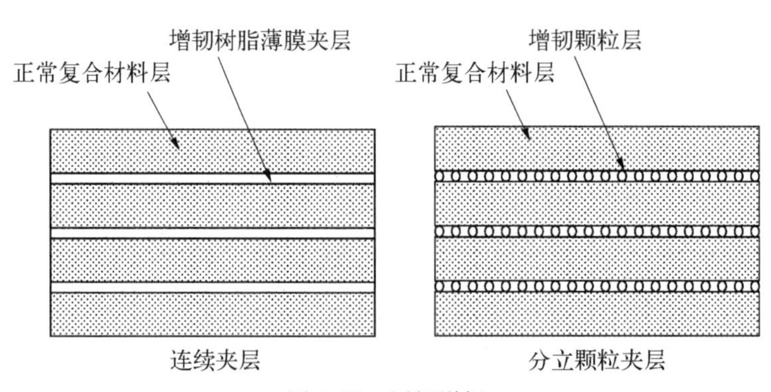

图 3.22　层间增韧

初始的层间增韧研究是在铺叠成型过程中将具有韧性的薄膜简单放在预浸片之间。在预浸过程中加入离散的热塑性增韧颗粒，因韧性粒径比纤维直径大，

① phr：每百份增韧剂含量，表示每 100 份(以质量计)热固性树脂中添加增韧剂的百分含量。——编注

因此在预浸和固化过程中均能继续留在夹层表面。层间增韧既可以用于韧性树脂体系又可以用于脆性树脂体系。虽然使用层间增韧的树脂体系将会有更好的抗冲击性能，但与未增韧的树脂体系相比，其湿热压缩强度会有所降低。

3.2　热塑性树脂

从 20 世纪 80 年代到 20 世纪 90 年代初期，政府机构、航空航天产业和材料供应商投入大量财力用于发展热塑性树脂基复合材料来取代热固性树脂基复合材料。尽管这样，无论在商业领域还是军工领域，连续碳纤维增强热塑性树脂基复合材料仍仅占产品应用的少数。在此节我们将会讨论热塑性树脂基复合材料的潜在优势以及它不能在航空领域代替热固性树脂的原因。

在考虑热塑性树脂基复合材料的潜在优势之前，有必要讲一下热塑性材料和热固性材料之间的区别。如图 3.1 所示，热固性树脂固化交联之后会形成硬度高、难降解的固体。在固化前，树脂是低分子质量的半固态预聚物，固化开始时预聚物开始熔化、流动，随着固化反应进行树脂的相对分子质量逐渐增加，体系黏度逐渐增加，直到树脂凝胶化和交联为止。高性能热固性树脂体系具有高的交联密度，所以固化后的树脂质脆，需进行增韧改性处理。热塑性树脂是高分子质量的材料，高温加工时熔化、流动，但不会发生交联反应。热塑性树脂的分子主链通过较弱的次级键相互作用，树脂体系黏度比热固性树脂体系高几个数量级(如热塑性树脂黏度为 $10^4 \sim 10^7$ P①，而热固性树脂为 10 P)。热塑性树脂可以被反复加工，而热固性树脂因其交联结构故不能被再次热成型加工，如果加热温度过高，则树脂将会分解甚至碳化，但热塑性树脂的再次加工次数也受到一定限制。因为树脂的成型温度十分接近其分解温度，因此多次加工会导致树脂分解，一些情况下还会发生交联。

从热固性树脂和热塑性树脂之间的结构差异可以看出热塑性树脂存在的潜在优势。热塑性树脂具有本征韧性，比 20 世纪 80 年代中期使用的未增韧的热固性树脂具有更高的抗损伤容限和抗低速冲击性能。然而，由于目前热固性树脂增韧方法的改进，因此热固性树脂的韧性在一定程度上可以与热塑性树脂相当。

理论上，高分子质量的热塑性树脂的热成型加工过程十分简单和迅速。例如，热塑性复合材料可以在数分钟(甚至数秒)内热成型，而热固性复合材料则需

① P：泊，动力黏度单位，1 P=0.1 Pa·s。——编注

通过较长时间(数小时)的固化反应实现相对分子质量增长,形成交联结构。将树脂的加工温度进行对比,热固性环氧树脂的加工温度窗口是 250～350℉(120～175℃),而高性能热塑性树脂则需要 500～800℉(260～425℃)。这让加工过程变得十分复杂,不仅需要高温反应釜,还需要高温压机、耐高温包装材料等。热塑性树脂基复合材料还有安全和环境污染少的优势。因为热塑性树脂都已经充分反应,所以不会在加工时释放低分子质量的物质危害加工人员的人身安全。另外,热塑性复合材料预浸片储存周期长,不像热固性材料那样需要低温储存,但在加工前需要干燥除湿。

与热固性树脂复合材料相比,热塑性树脂复合材料具有低的吸湿率。固化后的热固性复合材料会吸收空气中的水分,进而降低了复合材料高温湿热性能。热固性树脂具有高度交联网络结构,在使用过程中耐大多数液体和溶剂。一些无定型热塑性材料却对溶剂十分敏感,甚至可以溶解在二氯甲烷等常用的油漆脱除剂中;有一定结晶性的热塑性树脂则表现出很强的耐溶剂性能。

因为热塑性树脂可以通过加热至加工温度实现二次加工,所以它们在成型和连接应用上表现出了巨大优势。例如,大面积热塑性树脂基复合材料平板可以用热压罐或模压制得,然后裁剪成小板,热成型加工成结构件,可惜实际操作过程比理论预期的要复杂很多。热压成型工艺受到连续碳纤维不能伸展变形的限制,不能制得具有复杂外形的结构件。如果复合材料内部发现缺陷(如未粘接),则可以通过热成型加工来修补缺陷,但是实际上这种修复方式几乎没有实用性,因为碳纤维不能保证不变形,导致相应结构的性能会下降。热塑性树脂的可熔融特性提供了极具吸引力的连接性能,比如热熔焊、电阻焊接、超声波焊接和感应焊接,除此之外还有传统的胶黏剂粘接和机械连接。

3.2.1 热塑性复合材料基体树脂

在 20 世纪 80 年代,几十种热塑性树脂及其产品实现了工业化。图 3.23 中列举了五种重要的热塑性树脂。聚醚醚酮(PEEK)、聚醚酮酮(PEKK)、聚苯硫醚(PPS)和聚丙烯(PP)是半结晶的热塑性材料,聚醚酰亚胺(PEI)是无定形聚合物。PEEK、PEKK、PPS、PEI 通常都使用连续性碳纤维增强,而 PP 使用温度不高,在汽车工业中广泛使用短切玻璃纤维增强,或玻璃毡增强制备抗冲压片产品。PEEK、PEKK、PPS 和 PEI 的分子链里含有苯环(实际上是亚苯环),比通用热塑性树脂具有更高的 T_g 和更优异的机械性能,但造价也更高。高性能热塑性树脂的分子链内重复单元数 n 越大,冷却结晶时分子链的定向排列能力更强,更容易结晶。芳香基团的含量越高，热塑性树脂的阻燃性能越好，这是因为在高温下树脂易碳化形成表面防护层。

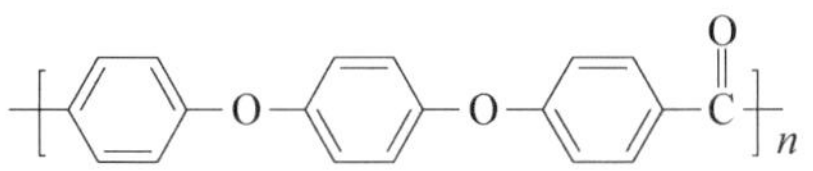

聚醚醚酮 (PEEK)

T_m=653℉(345℃)　T_g=290℉(143℃)

加工温度=680～750℉(360～399℃)

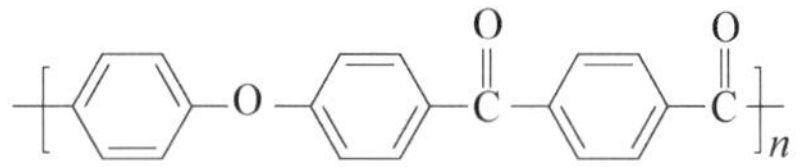

聚醚酮酮(PEKK)

T_m=590℉(310℃)　T_g=323℉(162℃)

加工温度=620～680℉(327～360℃)

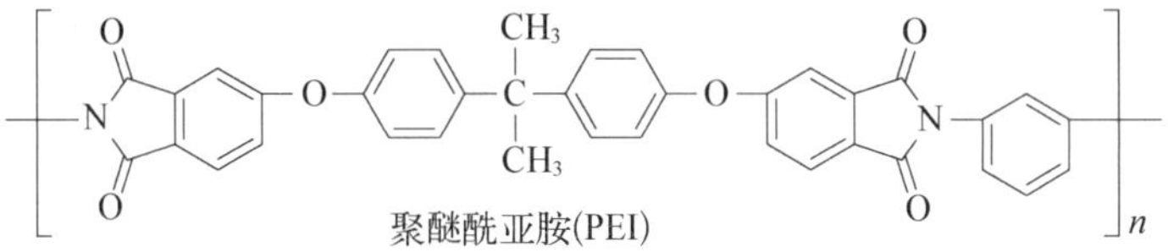

聚醚酰亚胺(PEI)

没有T_m，无定形结构　T_g=424℉(218℃)

加工温度=600～680℉(316～360℃)

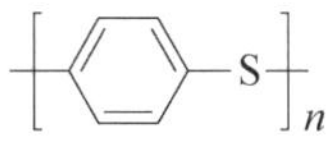

聚苯硫醚(PPS)

T_m=545℉(285℃)　T_g=190℉(88℃)

加工温度=625～650℉(329～343℃)

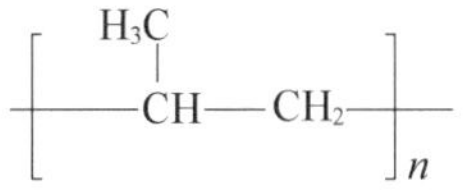

聚丙烯(PP)

T_m=338℉(170℃)　T_g=25℉(−4℃)

加工温度=375～435℉(191～224℃)

图 3.23　五种热塑性树脂的化学结构

无定形和半结晶型热塑性树脂的不同点如图 3.24 所示。无定形树脂里包含大量随机缠绕的分子链，分子链的基团之间通过强共价键连接在一起，而分子

无定形结构　　半结晶结构

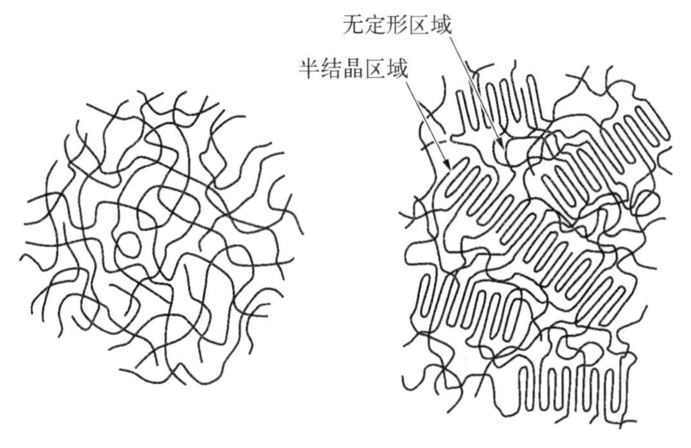

图 3.24　无定形热塑性树脂和半结晶型热塑性树脂结构对比

链之间靠较弱的次级化学键连接。当材料被加热到加工温度时，较弱的次级化学键断裂，分子链开始移动，彼此相互滑动。无定形热塑性树脂具有高的断裂伸长率、高韧性和抗冲击性能。其分子链越长，相对分子质量越大，熔融后熔点越高，黏度越大，分子链缠绕越紧密，材料强度越高。

半结晶型热塑性树脂包含紧密折叠链区域(微晶)，这些微晶区域与无定形区域相互穿插，同时存在。如图 3.25 所示，无定形热塑性树脂在加热过程中逐渐软化，而半结晶型树脂常拥有较窄的熔点范围，此时内部微晶区开始熔融。当加工温度接近聚合物熔点时，晶格开始被破坏。分子链开始自由旋转和转化，而非晶态的无定形热塑性树脂从固态变为液态表现为渐进的转变。总之，熔点随着链长度、分子链间吸引力、链刚性和结晶度的增加而增加。分子链自由体积越小，分子链间吸引力越大，分子链移动能力越小，分子链刚性越大，热塑性树脂的 T_g 越大；而对热固性树脂而言，增加交联密度有助于增大 T_g。分子链结晶对热塑性树脂有以下提升：

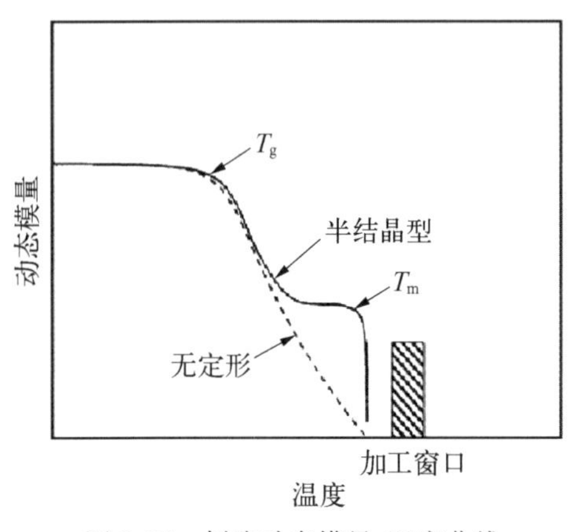

图 3.25　树脂动态模量-温度曲线

(1) 晶区与非晶区相互穿插，同时存在。高聚物最大结晶度约为 98%，而通常金属材料结晶度为 100%，存在更多有序结构。

(2) 结晶会增加材料密度。密度增加有利于半结晶材料耐溶剂性能的提升，分子链有序程度的提升使得溶剂更难渗透到晶区内部。

(3) 结晶增加了材料强度、硬度、抗蠕变性、耐热性，但是通常会导致韧性降低。微晶结构，如同热固性树脂的交联网络，会降低或阻碍分子链的移动能力。

(4) 结晶聚合物通常是不透明或半透明的，而无定形聚合物通常是透明的。

(5) 机械拉伸可以增加结晶度。

(6) 结晶是一个放热过程，通过将热量散发出去得到最低能量态。

一般复合材料的热塑性基体树脂的结晶度约为 20%～35%。所有的热固性树脂均是无定形态，体系交联网络结构提供强度、硬度和耐热性。作为聚合物的重要类别，热塑性树脂比热固性树脂应用更加广泛，现阶段生产的聚合物 80%都是热塑性的。

如图 3.26 所示，聚合物熔体降温结晶形成球晶的过程受成核现象和球晶生长两个过程决定。球晶从单一的成核点处开始生长。如果有碳纤维存在，那么球晶将会在碳纤维表面成核并向外生长，直到两个相邻球晶相互接触为止。结晶度取决于降温速率，如图 3.27 所示，快速降温可使半结晶热塑性树脂的结晶尺寸变小或终止结晶，从而形成无定形结构；缓慢降温可以为成核和球晶生长提供充足的时间。PEEK 的最佳冷却速率范围是 0.2～20℉/min（0.1～11℃/min），最终 PEEK 的结晶度约在 25％～35％之间；在 430～520℉（220～270℃）范围内处理 1 min 可获得合适的结晶程度。结晶速率也同样取决于特定的退火温度，如图 3.28 所示，最大结晶速率大约是玻璃化转变温度和熔点的中点温度处的速率。图 3.29 的比体积-温度曲线表明了结晶过程中的自由体积收缩。由于无定形热塑性树脂的密度没有突变，因此材料在骤冷过程中没有扭曲变形的趋势，这也得益于材料内部基本不存在残余应力。

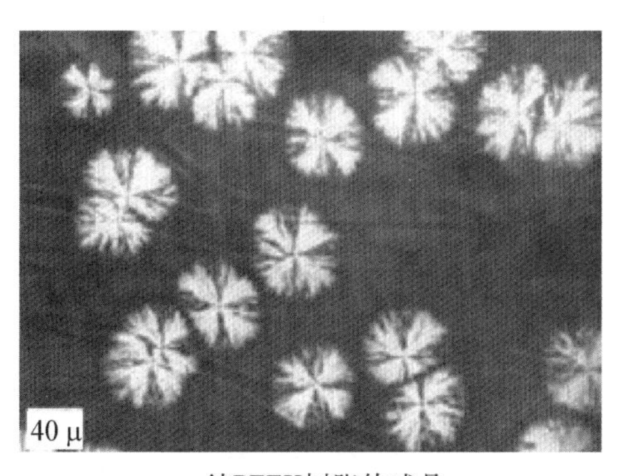

40 μ

纯PEEK树脂的球晶　　　　碳纤维表面的球晶

图 3.26　PEEK 球晶成核和生长过程

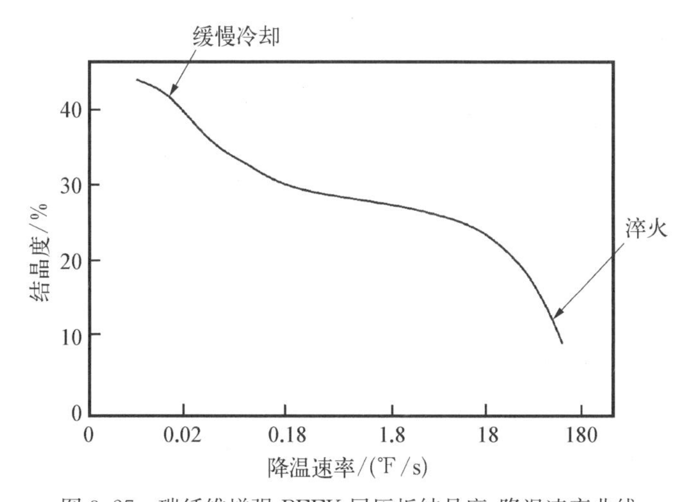

图 3.27　碳纤维增强 PEEK 层压板结晶度-降温速率曲线

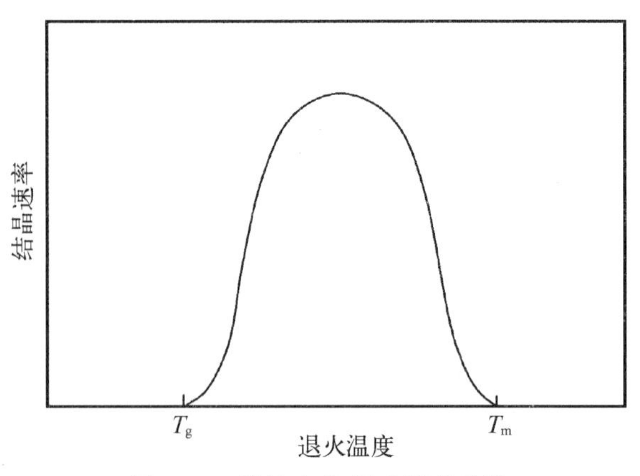

图 3.28 结晶速率-退火温度曲线

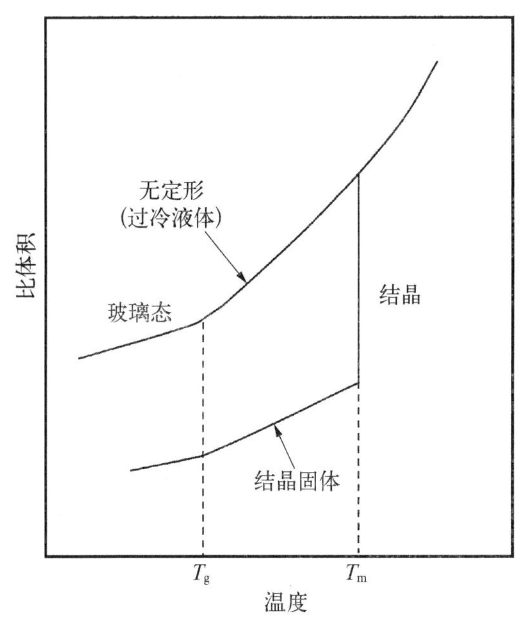

图 3.29 无定型态和半结晶热塑性聚合物比体积-温度曲线

需要指明的是，很多缩聚聚酰亚胺同样是热塑性材料，例如，Avimid K-Ⅲ型树脂常称作伪热塑性树脂，因为它在加工过程中会轻度交联。这些材料可制成高相对分子质量产品和低相对分子质量产品出售。当为低相对分子质量时，它们的加工过程就和热固性树脂预浸片相似，即需要较长的加工周期以支持分子链增长。低相对分子质量的热塑性聚酰亚胺常使用传统热固性树脂预浸片的加工设备进行加工，单向产品和织物产品都已经工业化。然而由于一些树脂成分具有化学惰性，所以常需要将树脂溶解在高沸点溶剂中(如N-甲基吡咯烷酮)制造预浸片。虽然一些溶剂在后续的干燥过程中除去，但还是会有一部分(大约12%～18%)仍残留在树脂中。残余的溶剂会在升温过程中挥发，导致空洞等结构缺陷的产生。另外，缩合反应还会生成小分子水和乙醇，这更加剧了空洞缺陷的产生。使用真空设备可以帮助减少缺陷出现。虽然这些材料确实拥有黏性和悬垂性，但是它们的加工性能仍然劣于工业级的碳纤维/环氧树脂预浸片。将预浸料制成复杂外形时,需要使用高温热枪和防毒面具。高分子质量的产品更容易加工;然而由于高温加成反应可能会产生二氧化碳,所以材料内部仍有可能形成空洞。

低相对分子质量的热塑性聚酰亚胺预浸料的加工成型与热固性聚酰亚胺的成型方法类似,但其成型温度与压力略高,热塑性聚酰亚胺预浸料可以用铺层、真空袋和热压罐工艺成型。其成型周期较长,成型温度较高,需要在650~700℉(345~370℃)进一步提高相对分子质量,除去挥发性物质。其成型过程伴随着水、乙醇和溶剂的挥发,挥发物会使层压板形成孔隙,因此该类复合材料成型难度较大。此类材料固化后需要二次成型,但此时体系黏度很大,简单的结构件就需要较大的制作压力。K-Polymers(如 Avamid K-Ⅲ)是一类可在黏流态之前除去挥发物的粉状预聚物,属于聚酰胺酰亚胺类聚合物。但是此类聚合物会有轻度交联(约10%~15%),其成型能力要低于严格意义上的热塑性聚酰亚胺。此外,该类聚合物并非绝对的线性结构,轻度的交联会影响二次成型,但也能改善聚酰亚胺的耐溶剂腐蚀性能。

3.2.2 热塑性复合材料产品形式

热塑性复合材料的产品形式多种多样,图3.30中列出了几种。单向带、丝束、编织布的预浸料粗硬且无黏性。如果树脂是无定形聚合物(如 PEI),则可以采用与热固性树脂相似的溶液浸渍。这种方法的缺点是必须在层压固结之前除去溶剂。即使是痕量溶剂也会因其塑化作用导致层压板 T_g 和复合材料的性能下降。有学者报道,当溶剂残留量从0%增加到3.7%时,复合材料的 T_g 从400℉降到250℉(即从205℃降到120℃)。

热塑性聚合物的熔融浸渍难度远高于热固性聚合物,然而,结晶热塑性聚合物溶解性差,只能采取熔融浸渍。高分子质量的热塑性树脂基体需要较高的温度熔融,而且熔融黏度要比热固性树脂高几个数量级,因此,达到稳定、均一的浸渍工艺非常难,掌握该项技术的人也一直将其作为行业机密。据文献报道,让树脂流过连有轧辊的多孔加热板后浸渍纤维束,然后经过热的挤压模具,此时,模具会产生巨大的剪切应力,诱发剪切变稀,可以使树脂黏度降低几个数量级。高黏度聚合物的熔融浸渍需要较大的压力、较低的浸渍速率和薄纤维层。质量良好的熔融浸渍带表面通常有富胶层。

粉末涂覆是浸渍碳纤维丝束的另一种技术。树脂粉末通过流化床涂覆到纤维表面,然后在高温下熔融,在纤维表面成膜。纤维丝束被分散并接地以便能吸

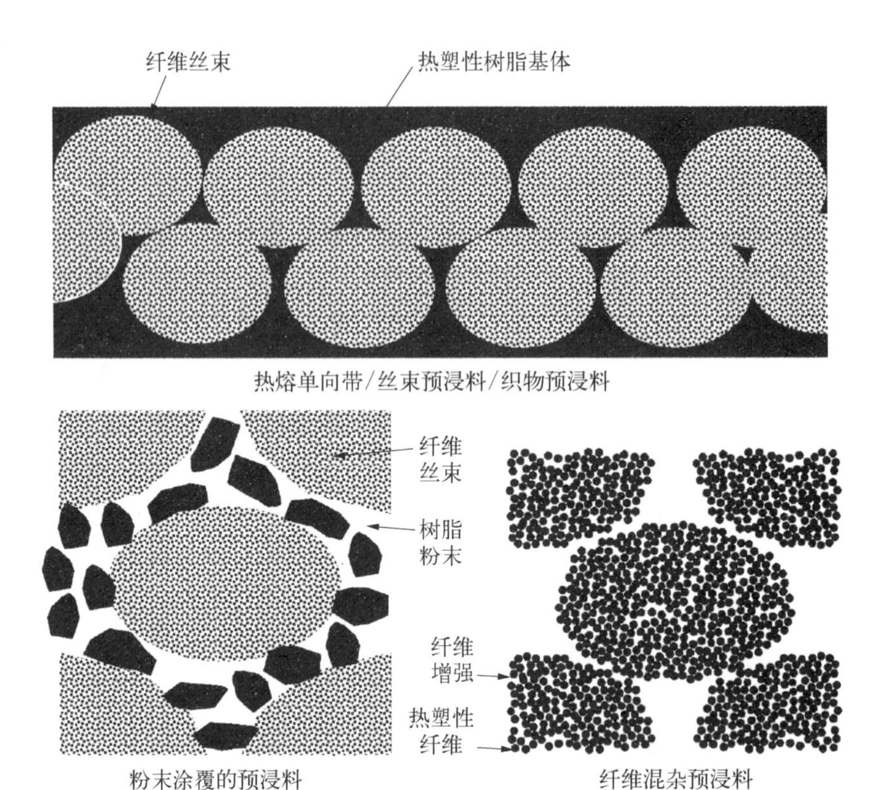

图 3.30　热塑性复合材料预浸料的形式

附流化的带电树脂粉末。其他的粉末涂覆方法，包括静电粉末涂覆和水性粉末涂覆正在研究中。

纤维混杂预浸料是制备织物预浸料产品的另一种方法。热塑性树脂被挤出制成纤维后与碳纤维丝束混合。粉末涂覆的碳纤维和纤维混杂丝束通常均被编织成无黏性的织物产品形式。需要指出的是，在预浸工艺中，上述两种方法很难实现增强纤维的均匀分布，因此在固结过程中控制层压板的纤维体积含量稳定就非常难了。此外，有大量块状颗粒残留在制品中，在材料铺设和固结过程中，织物上的块状颗粒会导致纤维产生褶皱和屈曲。

热塑性树脂的固结是一个自粘接过程，如图 3.31 所示。每个预浸片界面需紧密接触，促使聚合物分子链沿着两相界面相互扩散并达到充分的固结。由于热塑性预浸料流动性低和纤维丝束高度不均匀，因此需要一定的温度和压力使预浸料表面变形，迫使预浸片的界面相互紧密接触，使树脂的分子链在两相界面处自由迁移。为了实现紧密接触完成自粘接固结过程，无定形聚合物的加工温

度要高于其 T_g,而结晶聚合物的加工温度要高于其 T_m。通常来讲,高温高压能缩短固结的时间。

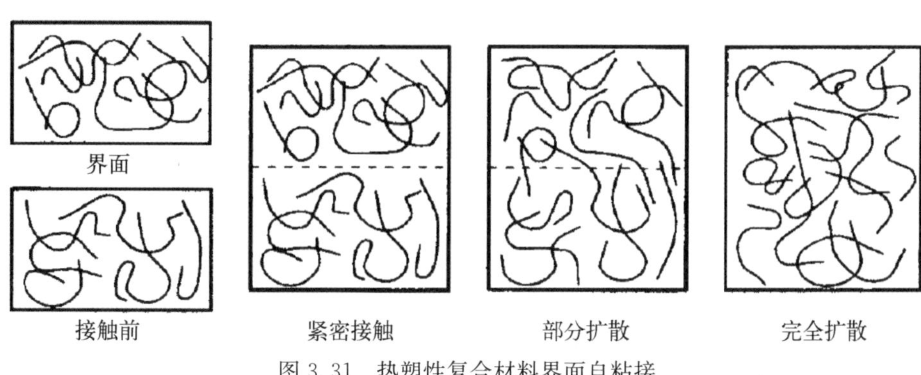

图 3.31 热塑性复合材料界面自粘接

自粘接是一个控制扩散过程,聚合物分子链跨过接触界面与邻近分子链相互缠结。随着接触时间的增加,聚合物分子链间的缠结度增大,在预浸料层与层之间产生了很强的结合力。由于无定形聚合物不熔融,在加工温度下依然保持较高的黏度,因此无定形聚合物固结需要较长的时间。增加压力可以缩短时间,自粘接过程需要的时间和聚合物的黏度成正比。因此在自粘接开始之前,在界面区应该有大量的本体开始固结。固结得益于树脂的流动,施加的压力促使层与层之间相互接触,最终达到 100%的自粘接。当施加在纤维床上的压力和外压相当时,标志这一过程结束。

热塑性复合材料与热固性复合材料相比有一定的优势;然而,尽管在过去的 25 年有大量的研发投入,但只有有限的热塑性复合材料实现商业化并投入应用。与热固性复合材料相比,热塑性复合材料能缩短加工周期,但是热塑性复合材料的自身特点限制了它在航空领域替代热固性复合材料的可能性。

(1) 较高的加工温度[500～800℉(260～425℃)]增加了预浸料的成本,对成型设备提出较高要求。

(2) 预浸料缺乏自粘性,操作上有难度。

(3) 连续纤维增强热塑性复合材料的热成型比预想的困难,在成型过程中,如果不维持张力,则纤维会产生褶皱和弯曲。

(4) 随着高韧性热固性树脂的开发,热塑性复合材料的高韧性和损伤容限的优势变得不明显。

(5) 溶剂挥发和熔体流动性限制了无定形热塑性复合材料的推广和应用。

就作者看来,要发挥热塑性复合材料的优点则必须实现以下两点: ① 必须有足够的需求;② 必须实现自动化生产,替代手工操作。遗憾的是,在航空工业中,以上两点均未实现。航空工业需要很多小尺寸且产量小的结构,不值得投资高度复杂的自动化设备。然而,玻璃纤维增强热塑性复合材料已经在汽车领域大规模应用,这是因为汽车用玻璃钢复合材料需求量大,而且实现了自动化生产。

3.3 质量控制方法

与金属材料不同,复合材料的性能依赖于制备过程的化学反应。从制件的交联固化反应开始,必须控制制造过程,且必须对起始物料的物理、化学和热性能开展研究,而不是仅仅研究最终的复合材料制件的性能。复合材料制品的质量控制可以对试验件进行"跟踪"测试,也可以对样条进行"过程控制"测试,这些样条需采用与产品相同材料、相同制造条件和工艺抑或是合适的原材料和正确的加工工艺制备得到。在将新材料转化为产品的早期,这两种方法均适用。在运送材料之前,供应商会进行一系列的物理、化学和机械性能测试。当制造商收到材料后,一般会重复供应商的测试。在零部件制造过程中,即便是采用相同材料制备的零部件,依然要做试验件(或者是过程控制样条)。制造完成后,要对试验件或者过程控制样条进行无损试验。出于对材料和成型工艺的信心,批生产时一般不进行昂贵的无损测试。通常,供应商会对原材料的所有测试负责,并向用户出具证明材料。随着制造商经验和信心的增加,实际生产中会减少零部件过程控制样条的数量。理化实验针对未固化的树脂和固化后的复合材料进行一系列的化学、流变学和热性能测试。这些实验对研究新树脂,开发新工艺,确保引进材料的质量具有重要意义。为了确保树脂质量的均一性,必须考虑树脂的组分类型和纯度、组分的浓度以及树脂混合物的均质性和先进性等主要因素。

3.3.1 化学测试

色谱分析法可以检测树脂组成比例是否与规定比例吻合,这些方法将树脂溶液中的组分与流动液(或称流动相)和固定相相互作用,实现树脂混合物的分离。色谱分析法通常与光谱方法连用,使特定组分在树脂中的含量更为精确。

高效液相色谱(HPLC)采用一个流动相和一个固定相。树脂样品溶解于合适的有机溶剂，注入色谱仪，通过装有合适固体颗粒的色谱柱。检测器能检测出每种分子的组分，并监控分离组分的浓度。检测器采集的信号是时间的函数，可以提供树脂的化学组成指纹信息。如果组分已知，并能充分溶解，且标准可用，则可以获得样品的定量信息。3501-6 环氧树脂体系的液相色谱如图 3.32 所示，出峰的位置对应单一组分的化学结构，对应的峰面积是组分的含量。凝胶渗透色谱(GPC)是 HPLC 的一种，其原理是体积排阻法，即依据分子尺寸的大小，在孔状凝胶柱中实现多组分的分离。

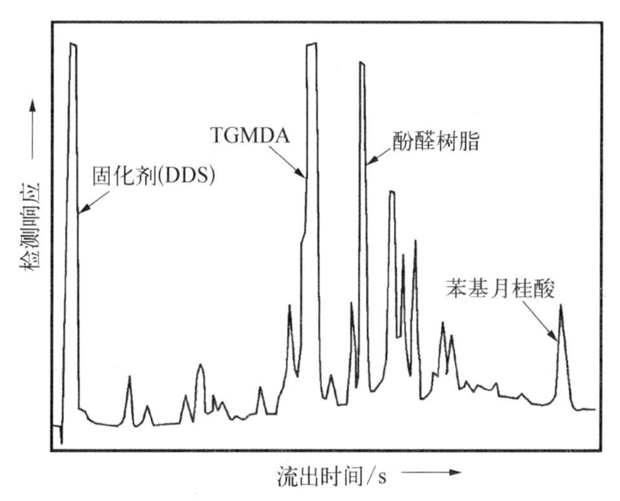

图 3.32 3501-6 环氧树脂的 HPLC 图[6]

注：DDS，二氨基二苯砜；TGMDA，四缩水甘油基二氨基二苯甲烷；苯基月桂酸是溶剂

红外光谱是基于分子振动原理的检测方法。当一束具有连续波长的红外光透过或反射到样品表面时，单个分子键或键群在特征的频率下振动，并在匹配的频率下选择性地吸收红外光。红外光吸收或透过的总量与样品的化学组成有关，得到的结果曲线就是红外光谱，图 3.33 是 3501-6 环氧树脂的红外光谱，可以用于其中 DDS 固化剂的鉴定。红外光谱还可以通过与计算图谱比较，识别特定的成分。常见材料的计算机光谱库可以用来直接比较和识别树脂成分。红外光谱对分子基团振动的偶极矩变化十分敏感，由此，可以收集关于树脂组成结构的指纹信息。傅里叶变换红外光谱(FTIR)通过计算机对红外光谱进行傅里叶变换以增加其信噪比，是改进的红外光谱。对金属催化剂，例如 BF_3，原子吸收光谱是一个有用的测试手段。

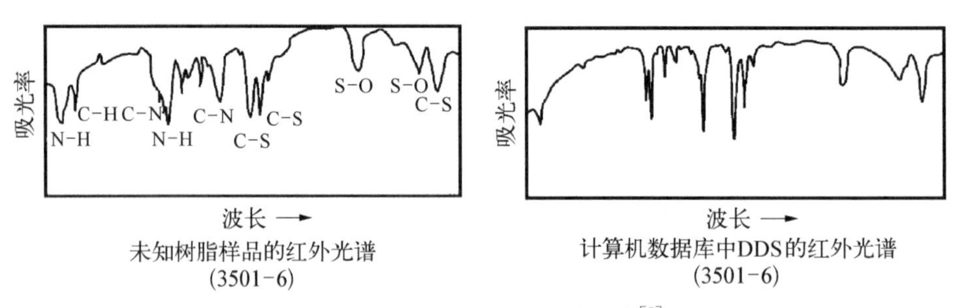

图 3.33 DDS 固化剂的红外鉴定[7]

通过环氧当量或者环氧基团重量百分比能计算交联官能团的数量。已知环氧当量可以计算树脂完全交联所需要的固化剂量。环氧当量通过滴定反应确定,用已知浓度的一种底物与未知浓度的样品反应,检测未知样品的浓度。

3.3.2 流变学测试

流变学测试可以用来研究树脂的形变和流动性,特别是未固化树脂的流动性(黏度变化)。未固化树脂样品的黏度用平行板流变仪测试,少量的样品放在两个震荡的平行板之间,然后加热。在固化过程中,树脂从未交联的液体或半固体转变为刚性交联固体。如图 3.34 中的黏度曲线所示,加热后,半固态树脂熔化并流动。在固化过程中,有两个竞争因素:① 随着温度的增加,树脂熔化,分子的流动性增加,黏度下降;② 随着温度的增加,分子开始反应,分子链增长,黏度增加。进一步加热,交联反应导致黏度迅速上升,最终使树脂凝胶化,从液态转变为高弹态。凝胶化表示树脂固化过程中分子变得足够大而不能流动的点。凝胶化时树脂的交联度为 58%~62%。凝胶点是黏性液体变成弹性凝胶,且产生一个无限长的交联网络结构的起始点。流动行为会影响树脂的加工,凝胶化标志流动的结束。凝胶点往往被武断地定义为树脂的黏度达到 1 000 P 时的点。树脂在固化温度[250~350℉(120~175℃)]下恒温反应,直到交联反应完全,树脂完全固化。进一步加热到 480℉(250℃)会导致树脂(典型的如环氧树脂)降解。

利用流变学可以表征新树脂和确定新固化工艺。例如,如图 3.34 所示,如果对相同的树脂使用不同速率加热,以最快速率[7.2℉/min(4℃/min)]加热的样品具有最低的黏度,在最短的时间内凝胶化;以最慢的速率[1.8℉/min(1℃/min)]加热的样品则具有最小黏度,并且需要最长的时间凝胶化,由此,树脂样品需在低黏度下保持足够的时间以利于凝胶化。为了量化黏度行为,黏度曲线上黏度

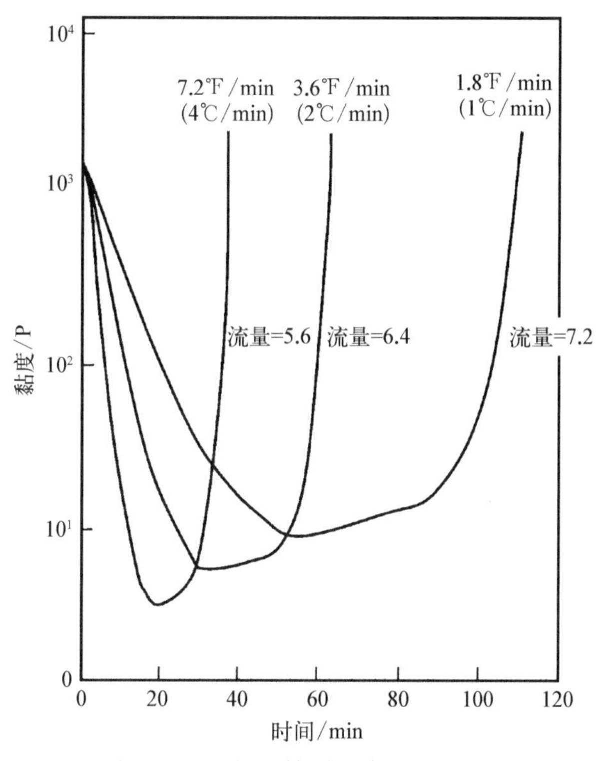

图 3.34 三种不同加热速率的黏度曲线

(η)的倒数被定义为流数,流数是时间的函数,时间从起始时间(t_0)到凝胶时间(t_{gel}):

$$流数=\int_{t_0}^{t_{gel}}\frac{dt}{\eta} \qquad (式 3.1)$$

缓慢加热的样品流动性好,比快速加热的样品具有更长的流动和溢出时间。

树脂的化学组成也会影响黏度。三种不同环氧树脂的黏度曲线如图 3.35 所示,三种树脂均含有四缩水甘油基二氨基二苯甲烷环氧树脂(TGMDA)和 DDS 固化剂。含有三氟化硼(BF_3)催化剂的树脂反应速率高于未经 BF_3 催化剂改性的树脂,树脂黏度最小值较高,流量较小。向树脂中加入增韧剂,通常会使黏度增加。然而,几乎所有的新系统都是纯树脂的预浸料,所以要求较少的树脂流动,固化过程中没有大量树脂溢出。

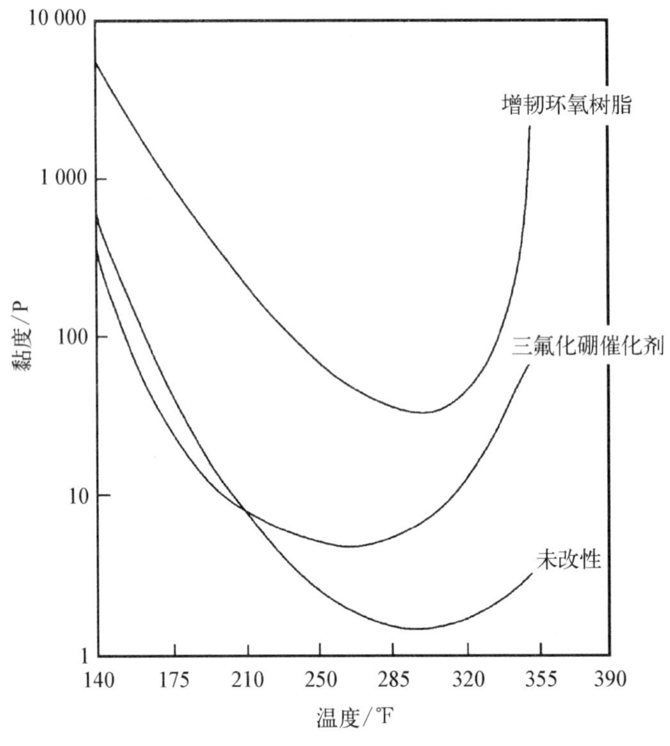

图 3.35 三种不同环氧树脂黏度曲线

3.3.3 热分析

热分析是一个术语,泛指在加热或冷却时测试材料性能的一系列分析技术。采用示差量热扫描法(DSC)、热机械分析(TMA)、热重分析(TGA)等技术来确定固化程度、固化速率、反应热、热塑性塑料的熔点和热稳定性。

示差量热扫描法(DSC)是研究固化程度和反应速率的常用方法。该法测试维持树脂样品与参比物热平衡的差分电压,差分电压在量热计中转换成热流量以维持树脂样品与参比物之间的热平衡。一个小的树脂样品放在一个密封的包里,与标准材料一起放入配有量热计的加热室内。随着温度升高,可以确定与标准样品相比,是吸热还是放热。用于运行 DSC 的加热模式可以是等温的,也可以是动态的。在等温过程中,它测量的热变化是恒定温度下时间的函数;在动态模式下,它测量的热变化是恒定升温速率下热量随温度变化的函数。图 3.36 是两种环氧树脂的典型 DSC 扫描曲线,即未处理的环氧树脂(TGMDA+DDS)和 BF_3 催化的环氧树脂(TGMDA + DDS + BF_3)的 DSC 扫描曲线,其黏度如图 3.35 所示。TGMDA 环氧树脂体系添加 1.1%的 BF_3 催化剂,与环氧树脂初

始反应的峰为 T_i，与黏度曲线显示的结果类似，催化剂的添加使树脂反应更快，在较低温度下即可达到峰值温度[414℉(215℃)]或更低。

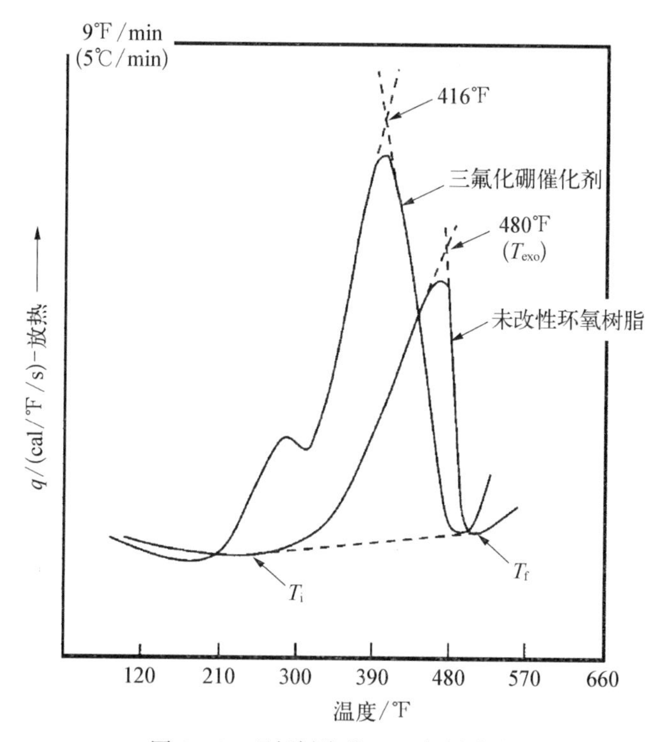

图 3.36　环氧树脂的 DSC 扫描曲线

T_i—聚合反应初始温度；T_{exo}—最大放热峰值温度；T_f—终点温度

曲线的临界点是：

(1) T_i，反应的初始温度，标志着聚合的开始。

(2) T_{exo}，最大放热峰值温度。

(3) T_f，终点温度，标志放热反应的结束和固化反应的完成。

当树脂固化时，T_g 逐渐增加直至不变。在任何给定时间内交联的程度被定义为固化度 α。因为热固性树脂的固化是一个放热过程，所以固化度 α 与固化过程中释放的热量有关。

$$\alpha = \frac{\Delta H_t}{\Delta H_R} \quad (式 3.2)$$

式中：ΔH_t 为时间 t 时的反应热；ΔH_R 为总反应热。

对于 100%交联的反应，固化度为 1。一个典型的固化循环中的固化度如

图 3.37 所示。在这个循环的最初部分,树脂开始熔化,黏度最小,固化速率很低,但是随着树脂凝胶化和交联开始,固化速率增加。固化速率最终会随着时间的延长而减慢,固化度增幅不大。复合材料体系通常能达到 90%～95%的固化度,较高的固化度会需要较长时间达到,且导致树脂脆性变大。

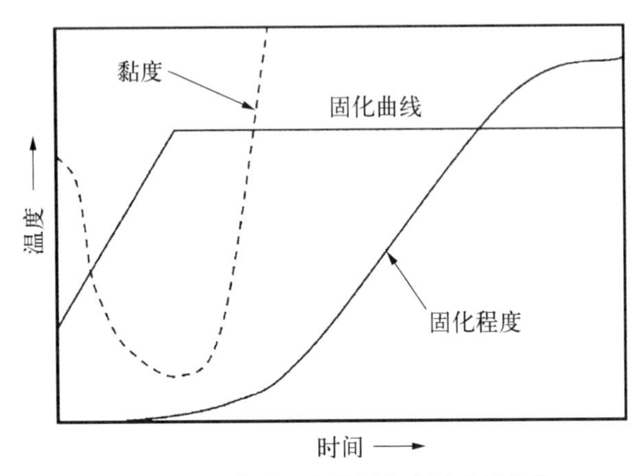

图 3.37 固化过程中的固化度随时间变化

如前所述,DSC 可以进行等温或动态模式。通常有两种方法用于等温的 DSC 测量。在第一种方法中,将树脂样品放置在预热的或未加热的量热计中,温度以最快速度升高到固化温度;在第二种方法中,树脂样品多次固化直到固化反应不再进行,然后以 2～20℃的加热速度对样品进行扫描以测量剩余反应热(ΔH_{res})。固化度可以由下式计算

$$\alpha = \frac{\Delta H_R - \Delta H_{res}}{\Delta H_R} \quad (式 3.3)$$

DSC 也可以测试热塑性树脂的熔程,确定半晶热塑性树脂是处于非晶态还是半晶态。无定形和晶态之间的 C/PEEK 层压板 DSC 扫描曲线如图 3.38 所示。

热重分析(TGA)测量的是物质的重量或损失随温度变化的函数,可以是等温加热或动态加热。TGA 测量仪由一个敏感的微天平和精准控温的加热炉构成。当材料被加热时,重量的各种变化被记录为一个重量随温度(等温加热)或时间(动态加热)变化的函数。热重分析用于测量在 212℉(100℃)下的水分含量、样品的总挥发量以及热分解的温度和速率。它经常与质谱联用,可以收集样品分解产生的气体并分析它们的组分。TGA 最重要的用途之一是确定复合材料高温环境下的热降解行为。

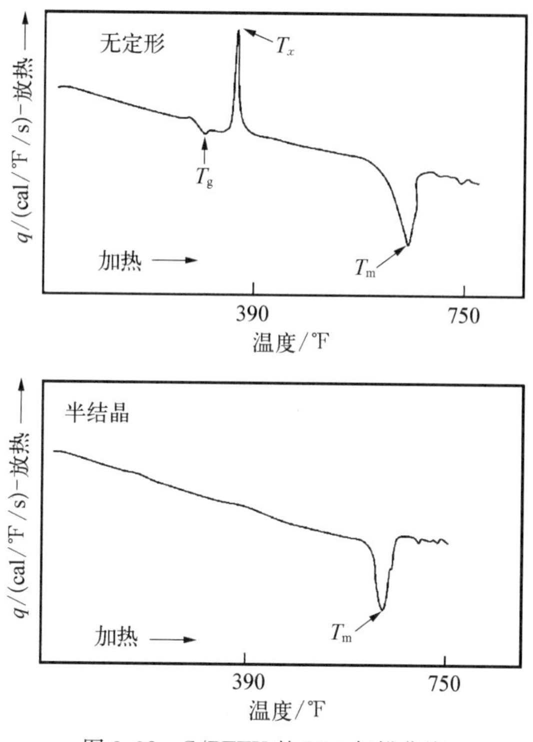

图 3.38 C/PEEK 的 DSC 扫描曲线

3.3.4 玻璃化转变温度

正如第 1 章中所介绍的那样，固化物的玻璃化转变温度 T_g 是它从坚硬的玻璃态转变为柔软的高弹态的温度。在这一温度下，聚合物结构仍然是完整的，但是交联点不再固定在特定位置上。T_g 决定了复合材料或胶黏剂的使用温度上限，高于 T_g 时材料的机械性能显著下降。由于大多数热固性聚合物会吸潮，严重降低 T_g，因此材料实际的服役温度应该比 T_g 低大约 50°F(30℃)。固化物的玻璃化转变温度可以由几个方法测定，如 TMA、DSC 和动态机械热分析(DMA)，所有方法的测试结果并不一致，因为每种表征手段测试的都是树脂的不同属性。图 3.39 显示了这三种方法的理想测试结果。

热机械分析(TMA)用来测试随着温度升高样品的热膨胀速率。在 T_g 处，由于热膨胀系数突变，因此热膨胀-温度曲线的斜率会发生变化。材料在 T_g 以下的膨胀速率低于在 T_g 以上的膨胀速率，材料的运动性越好，分子移动速率越快，材料的膨胀速率显著增加。热固性树脂的 TMA 曲线通常有两个线性区域。第一个与玻璃态相关，在 T_g 处发生变化，进入与高弹态相关的第二个线性区域。

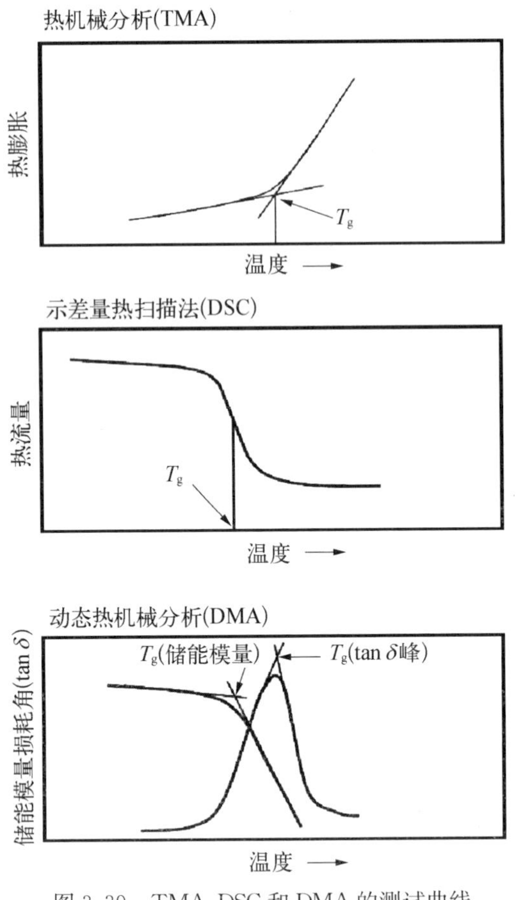

图 3.39 TMA、DSC 和 DMA 的测试曲线

T_g 也可以用 DSC 来测量,因为玻璃化转换是一个放热过程。尽管 DSC 是测试 T_g 的一种公认的方法,但有时很难准确地通过 DSC 曲线确定 T_g,特别是对于高交联的树脂系统。DSC 测试 T_g 的优点是样品用量少,一般为 25 mg。

动态热机械分析(DMA)可以测量材料在变形时储存和耗散机械能的能力。因此,DMA 是一种测试 T_g 的机械方法,测试固化后的样品在交变应力下的位移。在 T_g 处,材料的储能模量或者刚度会下降几个数量级。损耗模量与材料的粘弹性有关,测试过程中,样品可以扭转或弯曲。在一个典型的 DMA 测试中,复合材料样条在加热过程中扭转或弯曲。DMA 反应材料通常具有两种性能：扭转(G')或弯曲(E')过程中的储能模量和损耗角正切($\tan\delta$)。当材料接近其 T_g 时,它失去了刚度,G'(或 E')随着温度的升高迅速下降,如图 3.39 所示。损耗角正切是一种衡量聚合物结构中能量储存的方法,可以反映材料的粘弹性行为。储存的能量上升到一个尖锐的峰值后迅速下降。损耗角正切曲线上的峰值通常被认为是玻璃化转变温度，但实测值偏高。一个更真实的 T_g 是储能模量曲线上两条切线的交点，因为在这个点上，复合材料的力学刚度开始明显下降。复合模量(G^*)、储能模量(G')、损失模量(G'')、损失角正切($\tan\delta$)在数学上有下列关系：

$$G^* = G' + G''$$

$$\tan\delta = G''/G' \quad \text{(式 3.4)}$$

3.4 结论

一般来说，特定树脂的化学成分和应用配方被材料供应商视为商业秘密。然而，这些供应商会与他们的客户合作，根据应用需求共同筛选正确的材料体系，开发复合材料的表征方法和加工技术。在开发新材料时尽早寻求供应商的帮助和支持至关重要。由于未固化的树脂系统含有对工人健康和安全有潜在危险的物质，因此与材料供应商紧密协作，对建立新材料的材料安全数据表是十分必要的。

参考文献

[1] Prime R B. Conversion Table: Thermal Characterization of Polymeric Materials[M]. Academic Press, 1981.
[2] Structural Polymer Systems Ltd. Guide to Composites[G].
[3] Rommel M I, Postyn A S, Dyer T A. Accelerating factors in galvanically induced polyimide degradation[J]. SAMPE J., 1994, 30(2): 10-15.
[4] Pasquale G D, Motto O, Rocca A, et al. New high-performance thermoplastic toughened epoxy thermosets[J]. Polymer, 1997, 38(17): 4345-4348.
[5] Astrom B T. Manufacturing of Polymer Composites[M]. Chapman & Hall, 1997.
[6] Browning C E. Composite Materials: Quality Assurance and Processing[M]// Sewell T A. Quality assurance of graphite/epoxy by high-performance liquid chromatography. ASTM STP 797, 1983.
[7] Carpenter J F. Assessment of Composite starting materials: physiochemical quality control of prepregs[C]. AIAA/ASME Symposium on Aircraft Composites: The Emerging Methodology for Structural Assurance, San Diego, 1977.
[8] Cogswell F N. Thermoplastic aromatic polymer composites: a study of the structure, processing, and properties of carbon fibre reinforced polyetheretherketone and related

materials[M]. Butterworth-Heinemann, 1992.

精选参考文献

[1] Almen G R, Byrens R M, MacKenzie P D, et al. 977 — A family of new toughened epoxy matrices[C]. 34th International SAMPE Symposium, 1989.

[2] Bottcher A, Pilato L A. Phenolic resins for FRP systems[J]. SAMPE J., 1997, 33(3): 35-40.

[3] Raju S D, Alfred C L. Processing of Composites[M]//CaladoV M A, Advani S G. Thermoset Resin Cure Kinetics and Rheology. Hanser, 2001.

[4] Carpenter J F. Physiochemical testing of altered composition 3501-6 epoxy resin[C]. 24th National SAMPE Symposium, 1979.

[5] Carpenter J F. Processing science for AS/3501-6 carbon/epoxy composites[R]. Technical Report N00019-81-C-0184, Naval Air Systems Command, 1983.

[6] Criss J M, Arendt C P, Connell J W, et al. Resin transfer molding and resin infusion fabrication of high-temperature composites[J]. SAMPE J., 2000, 36(3): 31-41.

[7] Gibbs H H. Processing studies on K-polymer composite materials[C]. 30th National SAMPE Symposium, 1985.

[8] ASM International Handbook Committee. Engineered materials handbook, Vol 2: Engineering plastics[M]//Harrington H J. Phenolics. ASM International Inc., 1988.

[9] Hergenrother P M. Development of composites, adhesives and sealants for high-speed commercial airplanes[J]. SAMPE J., 2000, 36 (1): 30-41.

[10] Huang M L, Williams J G. Mechanisms of solidification of epoxy-amine resins during cure[J]. Macromolecules, 1994, 27: 7423-7428.

[11] Jang B Z. Advanced Polymer Composites: Principles and Applications[M]// Fibers and Matrix Resins. ASM International Inc., 1994.

[12] Leach D C, Cogswell F N, Nield E. High temperature performance of thermoplastic aromatic polymer composites[C]. 31st National SAMPE Symposium, 1986.

[13] Lesser D, Banister B. Amorphous thermoplastic matrix composites for new applications[C]. 21st SAMPE Technical Conference, 1989.

[14] McConnell V P. Tough promises from cyanate esters[J]. Adv. Compos., 1992: 28-37.

[15] Gutowski T G P. Advanced Composites Manufacturing[M]//Muzzy J D, Colton J S. The processing science of thermoplastic composite. John Wiley & Sons, Inc., 1997.

[16] Muzzy J, Norpoth L, Varughese B. Characterization of thermoplastic composites for processing[J]. Sampe Journal, 1989, 25(1): 23-29.

[17] Raju S D, Alfred C L. Processing of Composites[M]// Park J W, Kim S C. Phase separation and morphology development during cure of toughened thermosets. Hanser, 2001.

[18] Pater R H. Thermosetting polyimides: A review[J]. Sampe Journal, 1994, 30(5): 29 - 38.
[19] D B Miracle, Donaldson S L. ASM Handbook, Vol 21, Composites[M]//Robitaile S. Cyanate ester resins. ASM International, 2001.
[20] Rosen S L. Fundamental Principles of Polymeric Materials[M]. John Wiley & Sons, 1971.
[21] D B Miracle, Donaldson S L. ASM Handbook, Vol 21, Composites[M]//Scola D A. Polyimide resins. ASM International, 2001.
[22] Bader M G. Processing and Fabrication Technology, Vol. 3: Delaware Composites Design Encyclopedia[M]//Smith W. Chapter 3, Resin systems, processing and fabrication technology. Technomic Publishing Company, Inc., 1990.
[23] D B Miracle, Donaldson S L. ASM Handbook, Vol 21, Composites[M]// Stenzenberger H. Bismaleimide resins. ASM International, 2001.
[24] Strong A B. Fundamentals of Composite Manufacturing: Materials, Methods, and Applications[M]. Society of Manufacturing Engineers, 1989.
[25] Strong A B. High Performance and Engineering Thermoplastic Composites[M]. Technomic Publishing Co., Inc., 1993.

4 复合材料成型工装

复合材料加工模具主要是先期一次性成本投入，对于一个大型成型模具来讲其费用需要在 50 000～1 000 000 美元之间。遗憾的是，如果复合材料模具设计和制造不合理，则模具可能反复出现问题，需要持续地维护和修改，甚至有可能需要重新制造。本章将介绍模具的一些基本知识。对于复合材料而言，主要是热压罐成型工艺，其他复合材料制造工艺在后续章节中介绍。同时将提出模具制造过程的额外信息。

以复合材料自身固有的特性和复合材料发展多年的经验来看，复合材料成型模具是非常复杂的。并没有一种正确的方法来加工零件，通常有几种不同的工作方法，方法的选择主要考虑过去有没有实践过的经验。复合材料成型工装的目的是通过热压罐的加热和加压生产尺寸精确的零件，而且在过程中会有许多替代品。本章节介绍了复合材料成型模具，感兴趣的读者可以从参考文献[1]中获得更全面的介绍。参考文献[1]的关键要领可以在参考文献[2]～[4]中找到。

4.1 整体描述

对于工装设计者需要考虑的因素很多，如工装材料的选择以及选用的制造工艺，然而，要制造的模具零件数量和零件成型工艺往往是选择过程中的首要考虑因素。例如，构建了一个廉价的原型模具，当工艺需要长时间生产运行时，却只能持续制造几个零件，则其经济性不佳。零件构造或复杂性也将推动模具决策过程，例如，大型机翼蒙皮通常通过钢焊接制造，由于具有较高的制造成本和复杂度，因此曲率较大的机身部分使用钢材是不经济的。首先需要确定零件是选择阴模还是阳模，内表面还是外表面，如图 4.1 所示。模具的表面提供了零件需要的光洁度；然而，如果零件将被组装成子结构，例如使用机械紧固件，则对内部或内部模具表面(IML)的加工将提供更好的配合，对间隙或垫片的使用要求更低。如图4.1所示的机翼蒙皮，它加工到内表面，以确保在组装过程中最好地配合子结构。零件固化是指在真空袋内使用挡条以提供可接受的模具外表面(OML)光洁度。图4.1中所示内表面包括很大的厚度变化，如果该零件的厚度不变或厚度变化很小，那么将其加工到OML可能是更为理想的选择。易于零件的制造是模具设计者需要关注的另一个问题。根据零件的几何形状，在特定的模具表面铺叠可能更方便。通常在阳模上铺叠比在阴模上铺叠更容易。

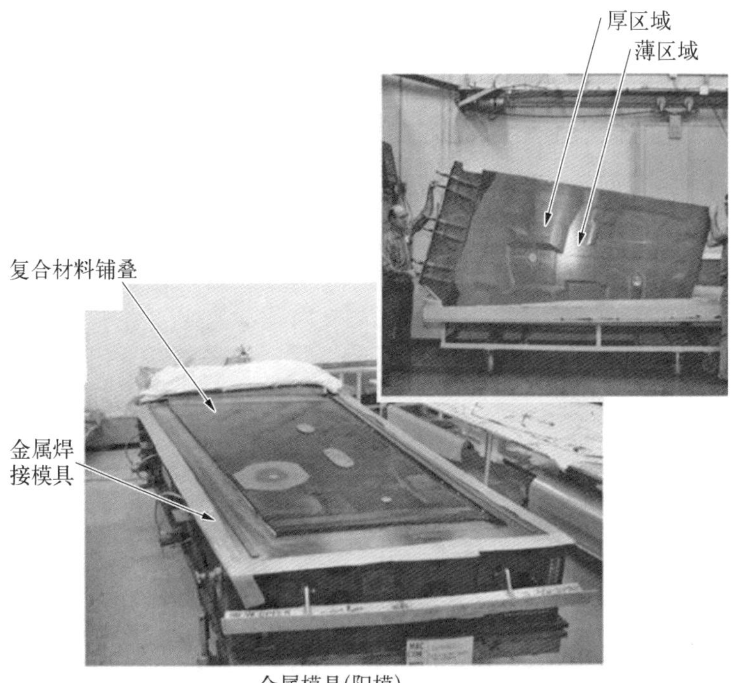

金属模具(阳模)

复合材料模具架(碳纤维/环氧树脂阴模)

图4.1　阳模和阴模模具(图片来源：波音公司)

材料的选择是模具制造需要考虑的另一个重要因素，典型模具材料的关键特性如表 4.1 所示。通常，增强聚合物可用于低至中等温度，金属用于低温至较高温度，单片石墨或陶瓷用于更高的温度。热压罐通常由铝或钢制成。电铸镍在 20 世纪 80 年代初流行起来；随后在 20 世纪 80 年代中期引进了碳纤维/环氧树脂和碳纤维/双马来酰亚胺树脂模具；最后在 20 世纪 90 年代初期，一系列低膨胀系数的铁-镍合金出现，命名为 Invar 和 Nilo。

表 4.1 典型模具材料的关键特性

材　　料	最高使用温度/°F	热膨胀系数/($\times10^{-6}$/°F)	密度/(lb/in^3)①	导热系数/[$Btu/(h\cdot ft^2\cdot °F)$]②
钢	1 500	6.3～7.3	0.29	30
铝	500	12.5～13.5	0.1	104～116
电铸镍	550	7.4～7.5	0.32	42～45
Invar/Nilo	1 500	0.8～2.9	0.29	6～9
碳/环氧 RT/350°F	350	2.0～5.0	0.058	2～3.5
玻璃钢/环氧 RT/350°F	350	8.0～11.0	0.067	1.8～2.5
单片石墨	800	1.0～2.0	0.06	13～18
陶瓷铸造	1 650	0.4～0.45	0.093	0.5
硅	550	45～200	0.046	0.1
异丁橡胶	350	≈90	0.04	0.1
氟橡胶	450	≈80～90	0.065	0.1

注：仅供参考，与材料供应商核对准确值

钢是一种非常便宜且耐久性好的材料，它可以用于铸造和焊接制造，完成 1 500 次的热压罐成型周期仍然可以制造出良好的零件。然而，钢模具的重量较大，相比在该模具上成型的碳纤维/环氧树脂体系零件，其具有较高的热膨胀系数(CTE)，并且对于大型模具，其在热压罐中的升温和降温速率较慢。钢模具不能应用于生产的原因通常是焊缝的开裂。

相比之下，铝材料模具具有轻便、更大的热传导系数和更高的热膨胀系数的优点，它比钢更容易加工，但更难制造出更致密的铸件和焊接件。铝材料的两个

① lb/in^3：磅每立方英寸，密度单位，$1\ lb/in^3=2.77\times10^4\ kg/m^3$。——编注

② Btu：英热，热量单位，$1\ Btu=1.06\times10^3\ J$；$1\ Btu/(h\cdot ft^2\cdot °F)=5.67\times10^{-4}\ W/(cm^2\cdot ℃)$。——编注

最大缺点是：① 铝材料硬度相对较小，因此表面更容易产生划痕、裂纹或凹痕；② 铝材料模具有更高的热线性膨胀系数。铝材料模具通常采用硬质阳极化处理以提高模具的耐久性，然而随着模具的多次热循环，硬质阳极化涂层更容易脱落，由于其重量轻且易于加工，因此铝材料通常用于所谓的铺叠模具。如图 4.2 所示，可以在大型铝合金平板上放置多块铝材料铺叠模具，然后将该平板用单个真空袋封装进行固化，与每个单独零件相比，可以节省相当多的成本。铝模具的另一个应用是匹配模具，其中所有表面都被加工，如图 4.3 中的翼梁所示。铝合金对于匹配模具的一个优点是铝在冷却过程中会收缩，从而使零件更容易脱模。

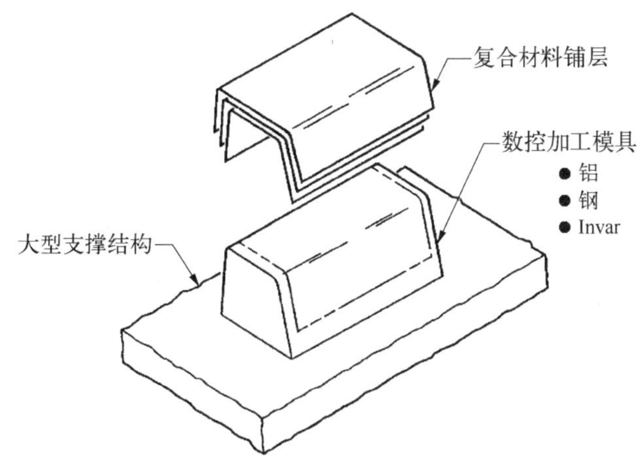

图 4.2 典型复合材料模具

电铸镍的优点是它不需要一个厚的面板即可以制成复杂的轮廓，在一个金属框架的支撑下，这种模具在热压罐中具有优良的升温速率。然而使用电铸镍制造模具必须将支撑框架制造成精确的轮廓，然后将模具放在镀液中用于电镀操作。

在模具制造过程中，碳纤维/环氧树脂或玻璃纤维/环氧树脂模具（见图 4.1）需要一个母模进行铺叠。碳纤维/环氧树脂模具的一个显著优点是它们的热膨胀系数可以制成与其制造的碳纤维/环氧树脂零件相匹配；此外，复合材料模具相对较轻，并且在热压罐固化期间表现出良好的加热速率，可以使用单个母模来制造重复的模具。碳纤维/环氧树脂模具的缺点是复合材料模具在350℉（175℃）的条件下，热压罐固化周期中存在很多问题：基体有产生裂纹的倾向，并且经过反复热循环模具可能会产生真空泄漏；另一个需要考虑的因素是

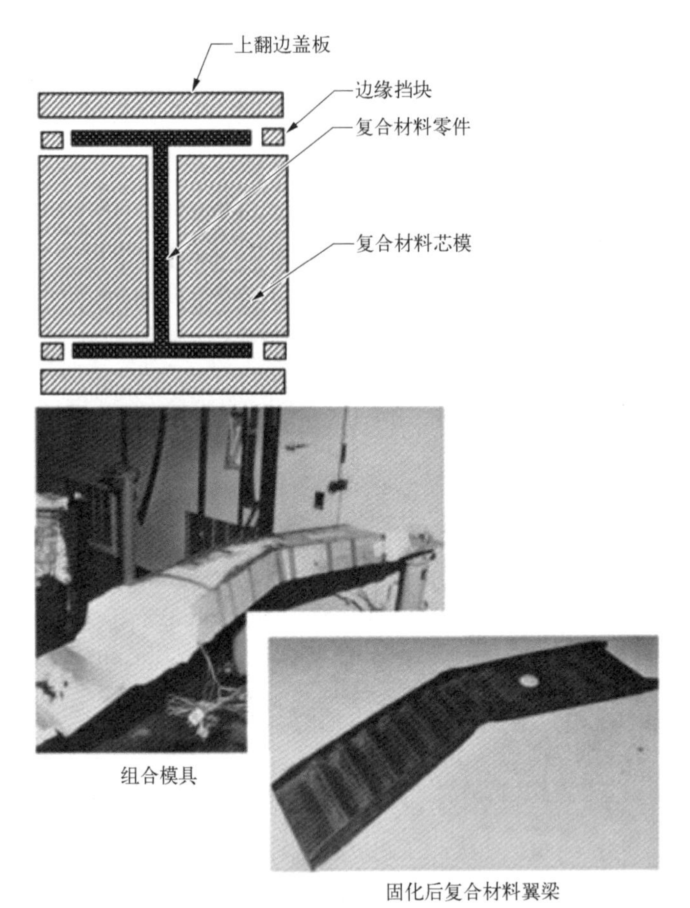

图 4.3 铝匹配模具示例(图片来源：波音公司)

复合材料模具表面树脂层容易划伤。如果想在复合材料模具表面直接切割预浸料,则需要在预浸料和模具之间放置一层金属垫片,防止模具表面被划伤。一般来说,这是一个不可取的做法,因为它增加了在固化过程中垫片残留的可能,可能使材料需要修复或报废。此外,仍需要考虑复合材料在不连续使用时容易吸收水分,复合材料模具在长时间不使用时需要在烘箱中烘干模具,以使水分挥发。吸湿的复合材料模具如果直接放置在热压罐中,则加热到 350℉(177℃)时,内部很容易产生气泡或分层。

Invar 和 Nilo 系列钢材料出现于 20 世纪 90 年代初期,是复合材料成型模具最好的材料。作为低热膨胀合金,它们与碳纤维/环氧树脂体系零件的热膨胀系数非常匹配。它们最大的缺点是制造成本较高和升温速率较慢。这种材料比较昂贵且加工性能较差。该材料可以用于铸造、机械加工和焊接。该材料模具可以应用于要求较高的零件,如机翼的壁板。

4.2 热系统管理

现如今常用的模具材料,如铝和钢,其热膨胀系数远大于利用该模具共固化的碳纤维/环氧树脂体系材料,使用时需要校正它们的尺寸或补偿热膨胀的差异。模具在加热固化过程中,模具的膨胀大于其复合材料层板;在降温过程中,模具比固化后的复合材料层板收缩得更多,如果处理不当,则这两个条件都会导致问题的产生、零件几何尺寸的错误,甚至复合材料零件的破裂或损伤。热膨胀通常是通过使用图 4.4 中的计算方法在室温下收缩模具来处理的。例如,假设在 350℉(177℃)的条件下固化,选用铝制模具生产 120 in(3.05 m)长的模具或胎线,其实际长度可能为 119.7 in(3.04 m)。

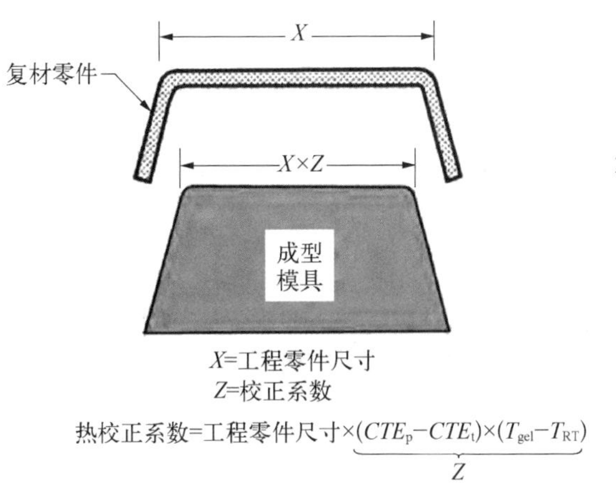

图 4.4 模具热膨胀校正示意

注: CTE_p 为零件热膨胀系数; CTE_t 为成型模具热膨胀系数; T_{gel} 为树脂凝胶化温度; T_{RT} 为室温

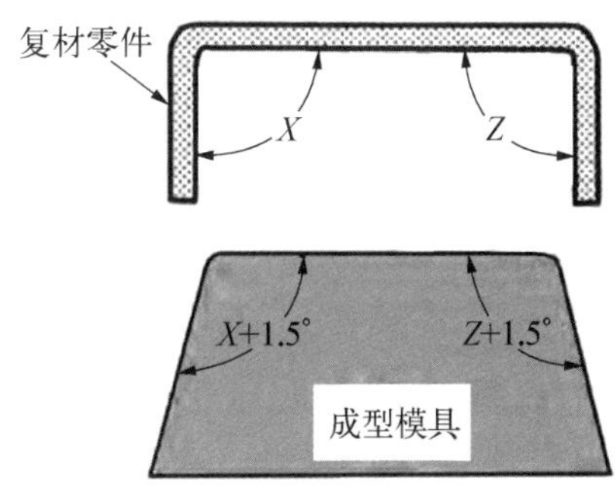

图 4.5 回弹校正系数

注: 图示为 1.5°,典型的角度变化为 0~5°,取决于模具的材料

复杂几何形状零件的模具所需的另一种校正是回弹校正,当钣金件在室温条件下成型时,它通常会在成型后弹回或略微张开,为校正回弹变形,制造时采用过度成型。复合材料零件的制造则正好相反,它们往往在固化过程中收紧,因此,有必要对有角度的零件进行补偿,如图 4.5 所示,所需的补偿角度与实际铺层方向和厚度有关。用有限元法计算回弹角已经取得了很大的进展,但通常还需要一些实验数据来确定特定的材料体系、固化条件、铺叠角度和厚度,从而建立模具的设计准则。

在固化过程中冷却也会引起问题，因为存在模具收缩或收缩速度比零件快的问题。一些潜在的热收缩问题如图 4.6 所示。对于一个热膨胀系数较大的模具材料，例如铝，模具会约束零件，导致零件出现劈裂或分层。对于蒙皮或其他类型的

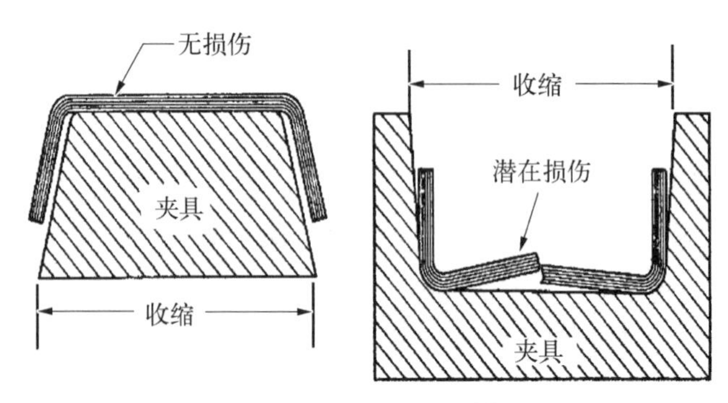

模具收缩对零件潜在的影响

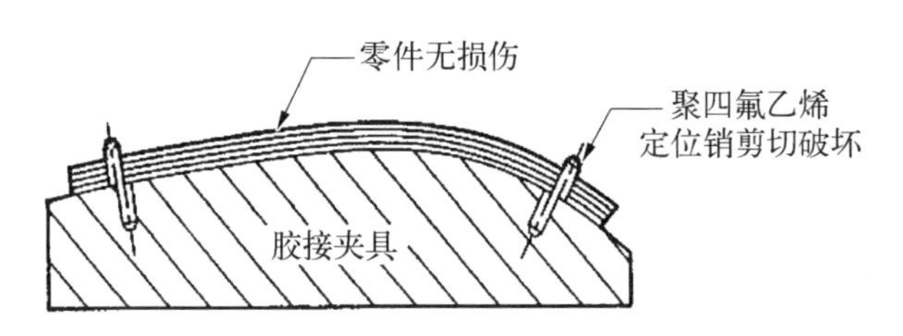

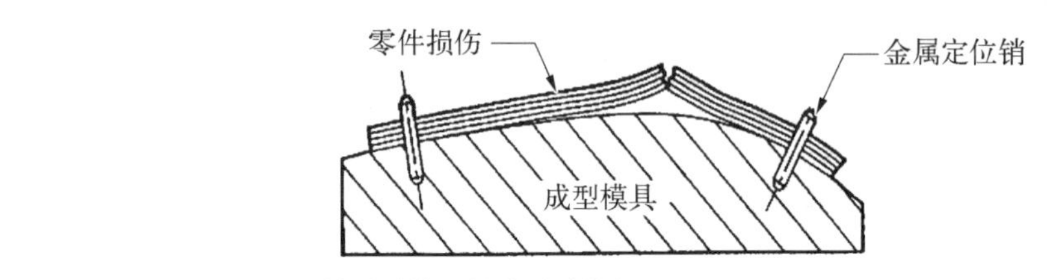

剪切定位销消除模具收缩对零件损伤

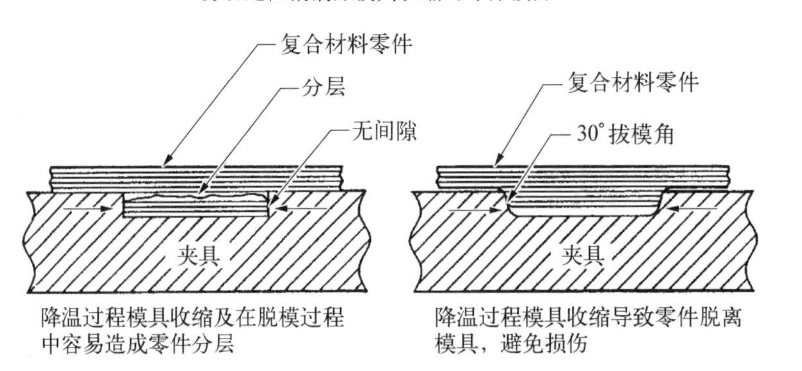

降温过程模具收缩及在脱模过程中容易造成零件分层

降温过程模具收缩导致零件脱离模具，避免损伤

图示说明模具带有拔模斜度避免模具收缩对零件造成损伤

图 4.6　潜在的热收缩问题

零件，经常使用特氟龙剪切销消除零件的损伤。可以在模具的边缘线外固定定位销，但必须在冷却时使其自由地与模具分开。此外，在模具的凹槽处铺叠预浸料，使零件在冷却过程中从凹槽中推出，避免了层裂的可能性。

除非是一个可以放置在平板上的模具，否则它通常需要一个底座来支撑面板。两个例子如图 4.7 所示。模具支撑结构的设计非常重要，它可以影响在热压罐固化过程中的气体流动。一般情况下，支撑结构孔格越大，气体流动性越好，升温速率越大。在一项研究中[5]，比较了三种不同的模具设计在热压罐固化过程中的升温速率。如图 4.8 所示的设计包括一个焊接格片结构钢面板、放在

蛋壳式金属成型模具

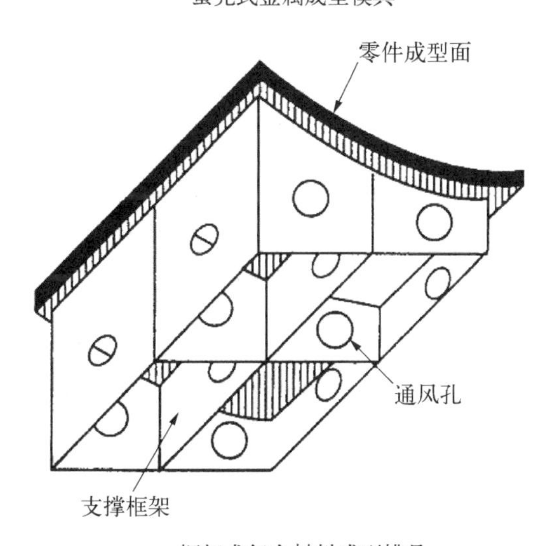

框架式复合材料成型模具

图 4.7　蛋箱式支撑结构（图片来源：波音公司）

一个铝工板上的数控(NC)加工铝形块的工具和一个开放的管状结构电铸镍的模具。

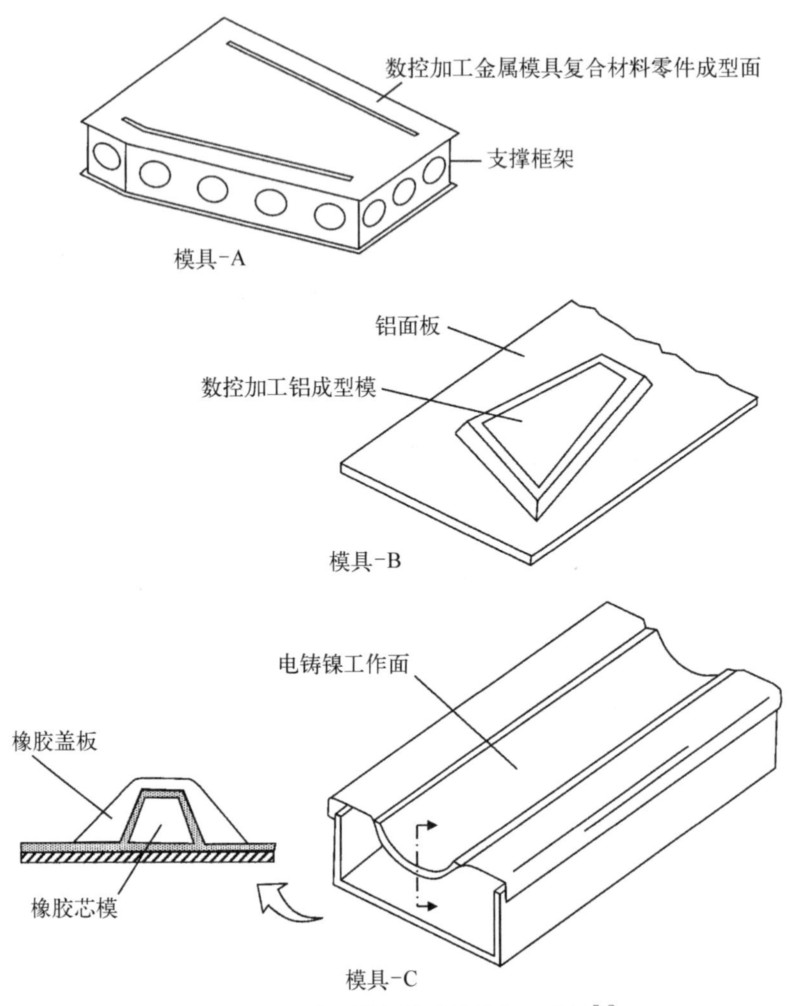

图 4.8　用于热压罐固化的数控加工模具[5]

材料为钢和铝的模具通常用于制造相同的构件——机翼壁板，而电铸镍材料模具用于制造内表面带有长桁结构的机身壁板。钢材料模具的面板厚度一般为 0.45～0.55 in(11.4～14 mm)。焊接的支撑框架包括改善热压罐中气体流动的圆形开孔，该模具被定义为“模具 A”，采用数控加工的铝板模具定位为“模具 B”。虽然它与 A 模具用于制造相同类型的飞机结构，但设计理念截然不同。模具 B 包括 2.2～2.3 in(56～58 mm)的厚铝板，在一个支撑平板上数控加工带有型面的模具。在热压罐固化期间，放置在一个标准铝平板上，厚度为 1.0 in (25.4 mm)，通常这些类型的模具放置在一个平板上。电铸镍焊接框架模具定义为“模具 C”，由开放结构支撑，壁厚为 0.25～0.38 in(6.4～9.7 mm)。橡胶芯模和辅助加压定位可用于帽型加筋壁板固化。

通过改变每个批次模具的位置，三个批次模具放置在不同的位置上（在热压罐中），且使用相同的热压罐，模具在真空袋封装和检漏完成后放置在如图 4.9～图 4.11 所示的热压罐中。然后在模具的表面放置热电偶用于测量热压罐中空气的温度。热压罐每次运行加压 85～100 lbf/in^2。模具通过典型的固化曲线加热至 350℉(175℃)，同时在加热和冷却期间热电偶记录数据。

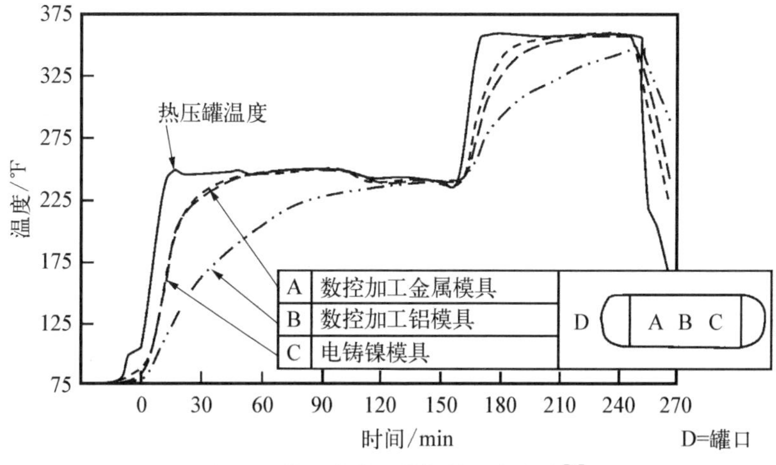

图 4.9 第一次热压罐加热速率实验[5]

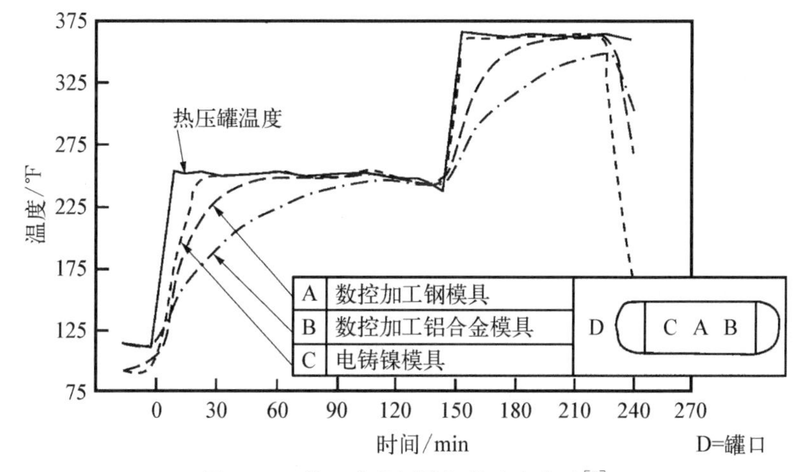

图 4.10 第二次热压罐加热速率实验[5]

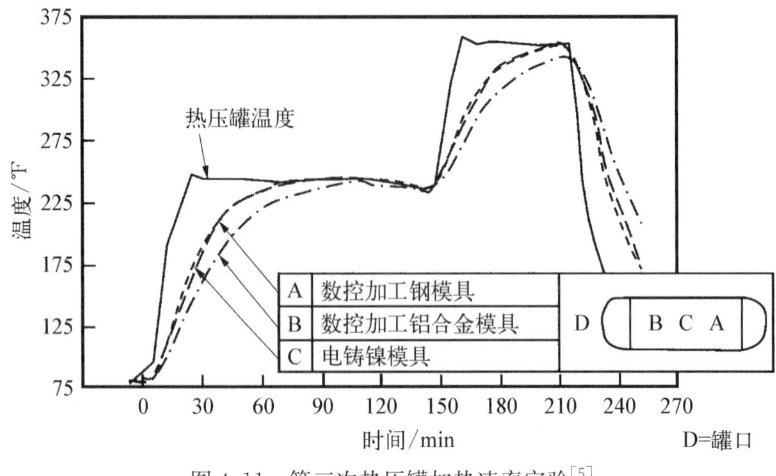

图 4.11 第三次热压罐加热速率实验[5]

热压罐测试表征展示了三个重要的结果：

(1) 使用铝平板的模具(模具 B)升温速率相对钢模具(模具 A)或电铸镍模具(模具 C)较低，其原因是铝模具厚，且有较大的热容量。然而当铝制模具放置在热压罐前部时(见图 4.11)，铝制模具升温速率提高，主要是热压罐罐口空气流动速率较高，模具与热压罐内气体热交换速率提高。

(2) 电铸镍模具(模具 C)展示出较快的热响应，然而共固化帽型加筋壁板的橡胶芯模散热和绝缘使其局部升温速率较低。

(3) 无论放置在热压罐的前部、中部还是后部，钢制模具(模具 A)的升温速率大致相同，一种可能的解释为：支撑结构的壁板较厚，作为空气的阻流器，最大限度地减少了热压罐中空气速度差异的影响。

4.3 模具制造

大型的钢制模具制造流程如图 4.12 所示，在模具开始制造前，模具的面板部分成型，滚压或加工成设计的轮廓，下面的支撑结构由钢板焊接而成(支撑框架焊接完成后需要去除应力，避免厚度对面板尺寸精度的影响)，然后将面板部分焊接到支撑框架上，面板的轮廓由数控加工制成。如果模具的尺寸非常大，如图 4.12 所示，则将面板部分焊接在一起。所有焊缝均匀打磨，面板加工完成，表面光整，模具进行真空泄漏检查。通常，该类型的模具设计有整体真空管路，其分布在模具的外围，具有多条管路用于动态真空和静态真空读数。一般至少需要两个真空接口，一个用于动态真空，一个用于静态测量，根据经验，两个真空接

金属面板框架式结构

面板焊接

数控加工金属面板

复合材料成型模具

图 4.12 数控加工大型钢模具制造流程(图片来源：波音公司)

口的距离不能大于 6～10 ft(1.8～3 m)。为了简化生产流程，大部分真空和静态接口都配有快速拆装接头，热电偶的位置通常在模具的背面。模具通常配有轮子和牵引杆便于模具的移动。Invar 类型的模具制造方法类似于钢模具，除非使用了较多的铸形并将其焊接到最终轮廓上。如果模具轮廓相对简单，则可以将模具的面板直接滚压到框架上并焊接在一起。对于具有薄面板的模具，通常的做法是使用螺纹连接器，以便可以对面板轮廓进行调整。电铸镍材料和复合材料模具需要在制造模具之前制造母模，也就是说，它需要一个模具来制作一个模具。母模必须具有正确的几何外形和较高的表面光洁度，能够承受模具固化加工的温度，无真空泄漏，表面密封，并在使用前将其脱模。母模的制造方法分很多种，然而，随着计算机辅助设计/制造模块的优势，母模通常可以直接在环氧树脂、泡沫、石膏、木材和层压聚氨酯模具板等材料的毛料上进行数控加工，如图 4.13 所示。当母模加工完成后，塑料表面层(PFP)通常脱离主体。表面层可以由纯石膏制成，环氧树脂面或织物加强面由石膏支撑。高温的中间体或模具可以由毛料或 PFP 制得，但这最终取决于模具的加工温度。复合材料成型工装的制造步骤很多，如表 4.2 所示，取决于阳模还是阴模作为贴膜面以及所选择的材料。值得注意的是母模被重复利用其精度会下降，主要的原因是材料每次固化都会收缩。

图 4.13 数控加工母模(图片来源：波音公司)

表 4.2 复合材料模具制造步骤[5]

精度	步骤	母模形式	转移模	中间或制造模具		
高精度	1		RT/HT 预浸料制模具			
↕	2		PFP	200℉(93℃) 预浸料制模具		
	3		PFP	过渡模具	250℉或350℉ (121℃或177℃) 预浸料制模具	
	3		喷涂	PFP	200℉(93℃) 预浸料制模具	
最低精度	4		喷涂	PFP	RT/HT 过渡模具	250℉或350℉ (121℃或177℃) 预浸料制模具

PFP，塑料表面层；RT/HT，室温/高温

使用 PFP 制造电铸镍模具的工艺流程如图 4.14 所示。可以使用 PFP 或石膏喷涂制造一个层压结构板电铸芯模，材料通常选用玻璃钢/聚酯树脂，厚度为 0.4～0.5 in(10.2～12.7 mm)，然后再薄薄涂覆一层银，以便将其放置在电铸槽时可以导电，重要的是在电铸过程中使电铸芯模保持稳定。如果电铸芯模的尺寸较大，则通常使用一个支撑框架以维持电铸芯模的稳定性。电铸芯模的表面光洁度需要与最终使用的模具表面光洁度一致，因为最终使用的模具表面取决于电铸芯模的表面光洁度。电铸过程通常需要几周才能建立所需的面板厚度，通常为 0.2～0.4 in(5.1～10.2 mm)。电铸槽的温度通常为 49℃，电镀完成后在将电铸芯模去除前需要将面板连接到支撑框架结构上。使用电铸方法可以制造较大尺寸的模具，但受限于电铸槽的尺寸。过去一段时间已经制造了具有表面积超过 200 ft^2(18.6 m^2)的模具。模具上带有尖角或凹陷的部位的电镀层厚度不均匀，在这些区域容易产生电镀沉积。在电镀操作期间可以嵌入配件、模具定位销、真空接头和用于连接支撑框架的螺栓，以保证连接部位在真空和热压罐压力条件下的气密性。通常电铸镍模具比铝材料或复合材料模具具有更好的损伤容限以及抗划伤等特性。电铸镍模具可以通过焊接或钎焊进行修复；然而，这通常比钢或 Invar 材料模具的焊接修复更困难。一些维修用焊料的铅可以与镍反应，从而会导致焊缝开裂和泄漏。如果需要更高的表面硬度，则可以在模具表面镀铬。电镀完成后可以对模具表面进行抛光以得到光洁度更高的表面。

对于复合材料模具的制造，使用 PFP 来铺设和固化碳或玻璃层压板。对于

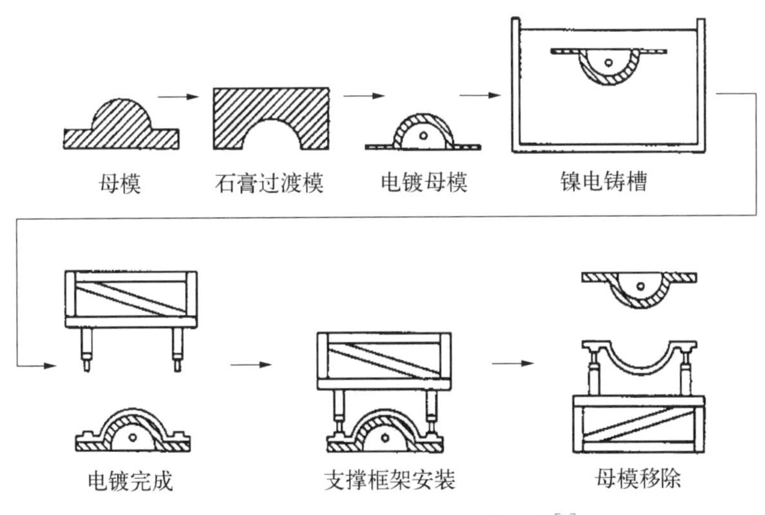

图 4.14　电铸镍模具制造工艺流程[7]

航空航天结构件使用的模具，通常使用环氧树脂基体，聚酯树脂和乙烯基酯树脂也常在民用的领域应用。常用的增强体材料有斜纹、平纹或缎纹的碳纤维或玻璃纤维织物。模具铺层一般会采用均衡的准各向同性设计，可以通过自动下料机或手工裁剪成规定的几何形状，采用搭接的方式进行铺叠。复合材料模具表面层可以选树脂含量相对较高且较薄的平纹织物以提高模具表面的光洁度，而中间层可以采用较厚的缎纹织物材料以减少铺叠时间。对于采用真空袋封装固化的模具，使用表面胶衣有利于提高表面的光洁度，而采用热压罐固化的模具通常采用预浸料和表面胶衣层。每铺叠一定层数的预浸料后通常需要进行真空压实，有利于提高模具的质量。复合材料模具的制造采用以下几种不同的材料体系。

(1) 湿法铺叠：使用低黏度树脂浸润干增强体，即一层增强体一层树脂的方法，在室温或高温条件下固化。

(2) 高温/高温预浸料(HT/HT)：采用高温固化预浸料逐层铺叠，完成后在高温 350℉(177℃)条件下固化以及后处理。

(3) 低温/高温预浸料(LT/HT)：模具预浸料铺叠完成后，在低温条件下，如 150℉(65℃)真空加压固化，然后可以在高温条件下，如 350℉(177℃)温度下进行后处理，在高温条件下固化可以在加温箱或热压罐内完成，热压罐条件可以制造更高质量的模具。

高质量的复合材料模具通常采用 HT/HT 或 LT/HT 预浸料在热压罐固化条件下完成，可以保证层间压实和较低的孔隙率。在模具面板中需要尽可能地避免孔隙出现，因为它们可以作为微裂纹的起始点，从而产生潜在的真空泄漏点。LT/HT 材料体系的最大优势是其最初可以在低温条件下的 PFP 上固化，然后从 PFP 上移除进行高温后处理。相比之下，HT/HT 材料体系则需要一个比 PFP 模具更耐温的中间过渡模。为了避免在后处理过程中型面变形，通常在面板进行固化前与支撑结构连接。典型的框架支撑结构如图 4.7 所示，支撑结构可以由蜂窝夹芯层压板或碳纤维/环氧树脂模具板制成，或由碳纤维/环氧树脂预制管构成；其他的支撑结构还可以在模具面板的背面形成加强筋或是管状支撑结构等。为了保护模具面板在搬运过程中不受损伤，边缘应该采用平整过渡、凹进或卷边的形式。标准的复合材料模具面板厚度约为 0.25 in(6.35 mm)，作者认为这导致了工作过程中的一个主要问题——真空泄漏，作者认为增加面板厚度可以减小真空泄漏的可能性。在面板上的真空接头和导气通道也可能导致真空泄漏问题。虽然在面板固化前安装嵌件要优于固化后，但最好的做法是不在复合材料模具面板上开任何孔，而是通过真空袋上的接头抽真空和读取数据。

对于较厚的复合材料面板，在使用过程中具有更好的抗损伤和热循环以及承载能力。如果复合材料模具发生泄漏，则它的修理是非常困难的，泄漏点一般会开始于边缘或表面，并以弯曲扩展的方式传递并穿过层间，泄漏点甚至可以离起始点数米之远。

如果零件需要更高的成型温度，例如 500～700℉(260～370℃)，则高温聚酰亚胺或热塑性复合材料可以选用钢或 Invar42 材料模具，单体石墨和陶瓷铸造结构也可以作为备选项。多个石墨块粘接到一起形成需要的毛料，然后数控加工出模具的型面；对于陶瓷铸造，通过将原料混合、铸造和固化来制造模具，这两种材料都具有很好的耐温性能以及较低的热膨胀系数。单体石墨结构质轻，容易加工(但污染环境)，具有很好的导热系数，可以在 800℉(425℃)的空气环境中使用，陶瓷同样质轻，但其导热性较差，并且在使用之前表面需要进行密封处理。陶瓷模具比单体的石墨模具更难制造，因其固化速率缓慢且固化过程中容易产生裂纹。通常在铸造时加入筋条或格栅来增加强度。单体石墨和铸造陶瓷的最大缺点都是材料非常脆且容易断裂，或在使用中损伤。

橡胶模具常用的材料，如硅橡胶、丁基橡胶和氟橡胶，经常用于匀压板和膨胀模。橡胶模具在制件固化过程中起到增加压力或调节压力分布的作用。它们经常用于那些很难与真空袋贴合的部位，并且有袋架桥的危险，例如在制件的拐角处。橡胶模具通常有两种使用方式，如图 4.15 所示。

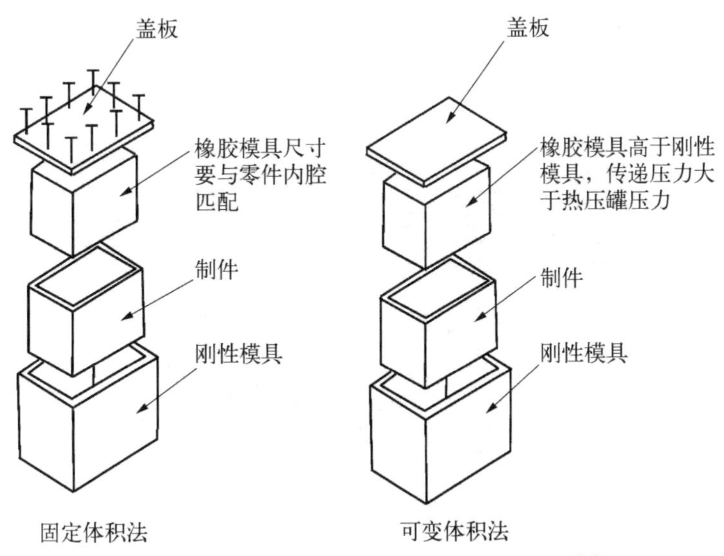

图 4.15　橡胶模具固定体积法和可变体积法[7]

(1) 固定体积法：橡胶模具的周围被刚性的模具包围，在加热过程中有橡胶膨胀所产生的压力从而对零件施加压力。

(2) 可变体积法：允许橡胶模具的体积发生改变，所传递的压力不高于热压罐压力 0.586～0.689 MPa。

固定体积法的问题在于需要精确地计算所需橡胶体积，否则会导致压力过大或过小，计算所需要橡胶体积的方法参见文献[7]。

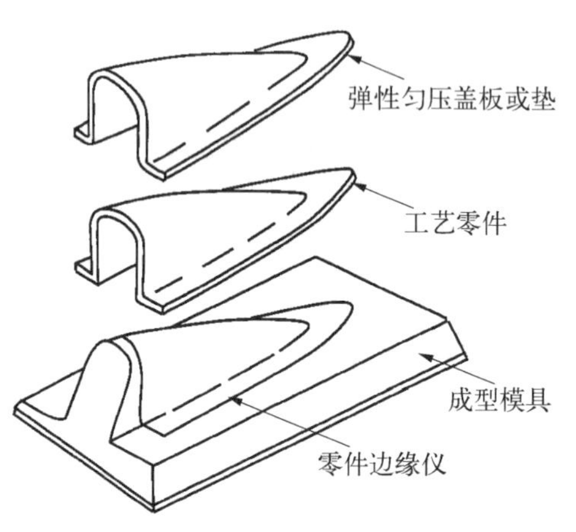

图 4.16 匀压板的制造工艺流程

典型的匀压板的制造工艺如图 4.16 所示，在该制造工艺中，匀压板由未硫化的橡胶片材叠加而成，坯料放置在工艺零件上并在零件实际成型的模具上进行硫化。工艺零件在成型模具上且不利用匀压板的条件制造，工艺零件固化后表面的褶皱以及其他缺陷可以通过打磨或刮腻子的方法进行修整，然后用该工艺零件制造匀压板。如果没有工艺零件，则可以在成型模具上通过层层堆积特殊的蜡模具垫出零件厚度。橡胶模具的材料一般是未硫化的片材，或是可以在模具中灌注成型并在室温下硫化或固化的液体材料。一个带有匀压板的复合材料模具如图 4.17 所示。在这种

图 4.17 橡胶匀压板阴模 IML，阳模 OML(图片来源：波音公司)

应用中橡胶匀压板覆盖了长桁及蒙皮结构。

橡胶弹性体模具的使用寿命是有限的，通常小于30次的热压罐固化循环。固化过程中溢出的树脂会腐蚀橡胶，持续的热循环会使材料收缩和变脆，导致橡胶产生裂纹或撕裂。在橡胶匀压板中通常会放置一些碳布预浸料进行增强并提高耐久性，橡胶弹性体的热传导系数较低，如果在局部使用较大的橡胶模具，则会导致局部温度不均匀，橡胶模具会吸收热量。

对于平板或曲率相对较小的零件，通常会在零件的非贴膜面（与真空袋接触的表面）使用盖板或匀压板来改善零件的表面质量。匀压板通常采用金属、玻璃纤维增强体、碳纤维增强体复合材料或橡胶材料制造，非常重要的一点是匀压板需要具备一定的柔性以避免局部出现架桥的现象，有的时候会在匀压板上开出一定数量的孔，在固化过程中可以排除多余的气体，并且在一些情况下可以使多余的树脂排出。

参考文献

[1] Morena J J. Advanced Composite Mold Making [M]. Van Nostrand Reinhold Company, 1984.

[2] Morena J J. Mold engineering and materials — part I[J]. SAMPE J., 1995, 31(2): 35-40.

[3] Morena J J. Advanced composite mold fabrication: engineering, materials, and processes — part II[J]. SAMPE J., 1995, 31(3): 83-87.

[4] Morena J J. Advanced composite mold fabrication: engineering, materials, and processes — part III[J]. SAMPE J., 1995, 31(6): 24-28.

[5] Griffith J M, Campbell F C, Mallow A R. Effect of tool design on autoclave heat-up rates [C]. SME Composites in Manufacturing, Composites in Manufacturing 7 Conference and Exposition, 1987.

[6] Morena J J. Advanced Composite Mold Making [M]. Van Nostrand Reinhold Company, 1988.

[7] Reinhart, Theordore J. Engineering materials handbook, Vol. 1: Composites [M]. ASM International, 1987.

精选参考文献

[1] D B Miracle, Donaldson S L. ASM Handbook, Vol 21, Composites [M]. ASM International, 2001.

[2] The Nilo nickel-iron alloys for composite tooling[G]. Inco Alloys International，1994.
[3] Black S. Epoxy-based pastes provide another choice for fabricating large parts[G]. High-Perform. Comp.，2001.
[4] Niu M C Y. Composite Airframe Structures：Practical Design Information and Data [M]. Conmilit Press，1992.

5 热固性复合材料制造工艺

本章重点描述了热固性连续纤维复合材料制造工艺，包括复合材料铺叠、真空袋以及固化。讨论了三种铺叠工艺：湿法铺叠、预浸料铺叠和低温/真空袋预浸料固化成型。湿法铺叠工艺广泛应用于商业制造领域，用来制造玻璃纤维/聚酯树脂类零件；预浸料铺叠和热压罐固化成型主要应用于航空航天工业制造领域的碳纤维/环氧树脂基体零件成型工艺；低温/真空袋预浸料固化成型工艺最初是为制造碳纤维/环氧树脂模具而开发的，然而由于材料和成型工艺的改进，当零件的数量少和热压罐成型工艺成本太高时，其可以作为热压罐成型的替代方案。

缠绕和拉挤成型是另外两种工艺，该成型工艺在商业领域得到广泛的应用。可以使用液体树脂和预浸料长纤维缠绕，到目前为止大多数的零件还是采用湿法树脂液体缠绕工艺。拉挤成型工艺是一种高速、商业化的成型工艺，主要用于制造长玻璃纤维/聚酯树脂体系固定截面的零件。

液体成型工艺包括树脂转移成型、真空辅助树脂转移成型和树脂膜渗透成型。上述成型工艺铺放干纤维或纤维预制体，然后注入液体树脂完成零件成型。预制体制造可以通过各类工艺实现，例如编织、缝合、缝纫和编纺织等，虽然结构是树脂注射制造连续纤维零件，但是该成型工艺经常用于制造非连续纤维部件制造，因此在第10章“不连续纤维复合材料”中介绍。

铺叠成型工艺非常适合于制造小批量、中等到较大尺寸的零件。然而手工铺叠成型是劳动密集型的工艺，零件的质量非常依赖于工人的技能。

5.1 湿法铺叠

湿法铺叠能够以最小的模具成本制造非常大的零件，例如湿法铺叠可以用于制造游艇的壳体。湿法铺叠工艺如图5.1所示，将干的增强体，通常是玻璃纤维布手工放置到模具上，然后通过浇注、刷胶或喷涂的方式将低黏度树脂敷合到

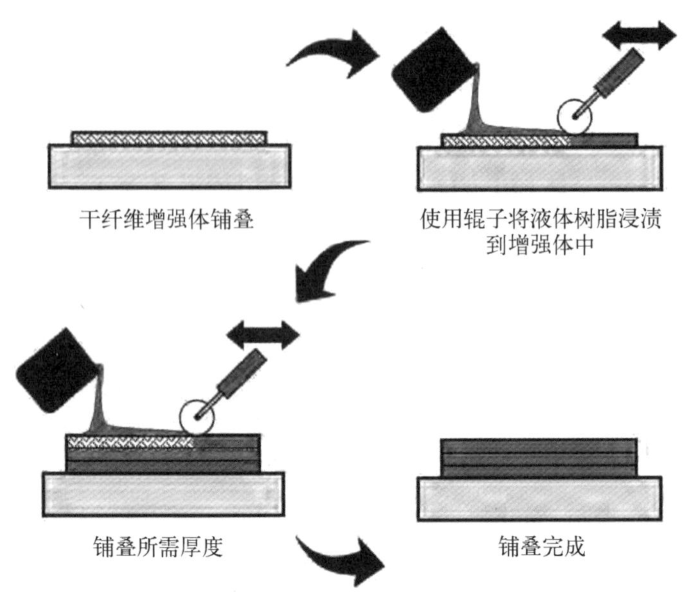

图 5.1 典型湿法铺叠工艺

增强体上。使用刮板或辊子使层间压实，使树脂与增强体完全浸润并去除多余的树脂以及夹杂的气体。层压板逐层叠加直到达到所需的厚度或层数。E-型玻璃纤维是最常用的材料，S-2 玻璃纤维、碳纤维或芳纶同样可以使用，虽然可以提高制件的性能，但成本也会相对较高。可以使用单层厚度较厚的玻璃纤维粗纱(500 g/m^2)快速制造预设厚度以降低人工成本，制件玻璃纤维增强体的比例可以接近 40%。虽然使用单层厚度较厚的玻璃纤维可以减少铺叠时间，但这些玻璃纤维增强体相比较薄的玻璃纤维布更难浸润，在不需要很高强度的场合可以不使用纤维粗纱或玻璃布，而是使用玻璃纤维毡来降低成本。玻璃纤维毡可以是连续毡，即连续的玻璃纤维毡盘绕到移动的载体上，然后用胶黏剂粘合；也可以是短切毡，长度大约为 1～2 in(25.4～50.8 mm)的短切毡纤维喷涂到移动载体上，使用液态、喷雾状、粉末状胶黏剂加热使其粘合。通常为了降低结构件重量和人工成本，会采用蜂窝夹芯、轻质木或泡沫制造夹芯结构，这种船体的壳体结构可以帮助提高浮力。通常泡沫夹芯在铺叠之前应该采取密封措施以减少树脂的吸收，由于浸润是手动完成的，因此空隙、富树脂和贫胶是比较常见的问题。通过增强体在放置到模具之前预先浸润可以改进增强体的浸润性能。可以使用聚对苯二甲酸乙二醇酯双层薄膜(boPET：聚对苯二甲酸乙二醇酯制造的透明薄膜)放置在平整的工作平台上，将一层干的增强体材料覆盖在薄膜上，均匀施加定量的树脂，覆盖上另一层薄膜后使用滚轴使树脂均匀浸润到增强体中。boPET 有几个商品名称，最常用的是 DuPont 的 Mylar。然后可以将 boPET 片材作为预浸层，铺敷到叠层结构中。一些制造商通过建造自己的预浸设备来提高制件质量和生产效率，图 5.2 给出了一个简单的例子——通过带有液体树脂的辊子来浸润干的增强体。

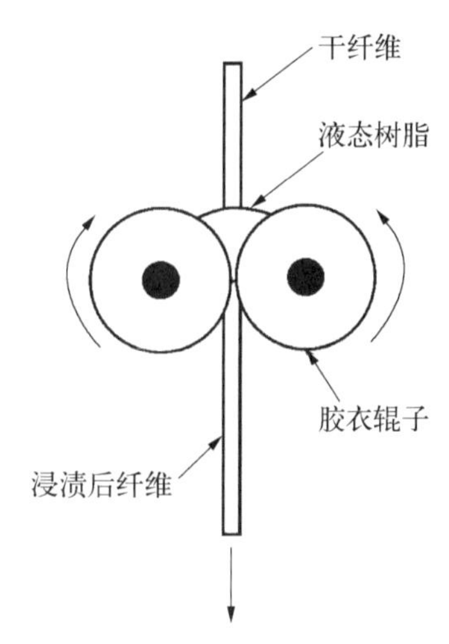

图 5.2 简单浸润过程实例

聚酯树脂和乙烯基酯树脂是主要用于湿法铺叠玻璃纤维增强体的树脂。事实上，聚酯树脂是商业上复合材料零件最常用的热固性树脂。这些树脂具有良好的机械和化学性能及稳定的尺寸，且易于处理，成本较低。它们可以在低温或高温条件下制造，可以在室温或高温条件下固化，可以用于制造柔性或刚性的产品。加入添加剂可以提供阻燃性、优异的表面光洁度、着色性、低收缩率、耐环境性能。乙烯基酯树脂虽然比常规的聚酯树脂成本略高些，但在韧性和耐环境性能（如较低的吸湿）方面提供了一些优势。乙烯基酯树脂具有更高的耐温性能。

聚酯树脂通常以液体的形式供应，作为树脂和液体单体（苯乙烯）的混合物。单体的量是树脂黏度的主要决定因素，加入催化剂及后续的活化（通常通过加热）诱发交联反应。固化反应的完成取决于固化剂和固化周期，在室温固化体系中，可以使用催化剂完成催化反应，还可以加入抑制剂提供较慢的固化反应和更长的使用寿命（如贮存期），这是铺叠较大制件时需要考虑的因素。在固化过程中由于聚酯树脂比环氧树脂更容易发热，因此必须适当地控制固化温度。

聚酯树脂具有特殊的加工特性：

(1) 在温度较高的情况下，热的部件可以完成脱模而不会影响尺寸稳定性和几何形状。

(2) 对于较厚的层压板，采用低放热条件，在固化过程中放出较少的热量，对于制造较厚层压板类零件是需要考虑的重要因素。

(3) 对于大型、复杂类零件，较长的工艺周期、在铺叠和固化过程中树脂流动是必要的。

(4) 干燥空气提供了无黏性的室温固化条件，当制造大型零件，如船体结构和游泳池内衬面时是非常有用的。

(5) 触变性是树脂在垂直表面抵抗流动性或下垂性的性能，这对制造大型船体或游泳池内衬面是非常重要的。

(6) 对于特殊的最终使用要求，可以向树脂中加入添加剂，以使制件具有最终使用要求所规定的特殊性能，如下所示：

a. 染料可以为最终制品提供任何想要的颜色和色调，也可以添加到表面胶衣层中。

b. 填料通常为无机或惰性材料，可以改善制品的表面外观、加工性能和机械性能，且能降低成本。

c. 当制造内饰零件时，通常会添加阻燃剂以及考虑燃烧时是否会产生有毒的烟雾。

d. 紫外线吸收剂可以添加到树脂中以提高抗阳光照射能力。

e. 脱模剂可以添加到模具中或混合到树脂中，更利于零件脱模。

f. 低收缩添加剂，通常为热塑性树脂，可以为零件固化表面提供最小波纹和低的收缩。

环氧树脂比聚酯树脂表现出更好的耐温性，与聚酯树脂相比，它具有优异的机械强度、相对密度量和更好的尺寸稳定性。环氧树脂是高温下使用的理想选择。然而，环氧树脂的成本比聚酯树脂高，但其扩展的性能范围可以使它们在某些应用中具有成本优势。阻燃剂、染料和其他的添加剂也可以添加到环氧树脂中。环氧树脂可以在室温条件下固化，但如果需要提高机械性能，则更常用的是在加热条件下固化。

如果需要更高的机械性能，则可以使用下述方法减少空洞和孔隙并保证增强体含量。

(1) 真空袋：柔性薄膜(如尼龙)放置在铺叠或喷涂完成的预制体上，使用密封胶条密封，并抽真空。吸胶层和透气层可以用于吸出多余的树脂和促进排出气体，真空袋外压有助于减少层压板中的空洞，并促使多余的树脂和空气从层压板中排出。提高外压可以提高增强体的体积含量和更高的层间性能。

(2) 压力袋：一个定制的橡胶袋，放置在完成的铺层上，在橡胶袋和压力板之间施加空气压力。外部加热加速树脂固化，压力减少了孔隙并将多余的树脂和气体从层压材料中排出，从而提高层间致密度和改善表面光洁度。

(3) 热压罐：通过热压罐额外提供的热和压力，进一步改善真空袋或压力袋，提高层压板质量。这些工艺方法通常使用环氧树脂体系材料，应用于航空和航天高性能层压板结构，然而使用压力袋或热压罐通常会大大增加成本，抵消了湿法成型工艺的很多成本优势。

湿法铺叠成型工艺主要的优势是成本低及成型工艺简单，能够制造各种尺寸的零件。虽然设备投入较少，但是熟练的操作技能是保证生产质量稳定的条件，且制造环境相对较差，劳动较密集。在成型工艺中使用带有苯乙烯的聚酯，对环境和操作人员身体健康具有较大的影响。

5.2　预浸料铺叠

使用自动下料机切割预浸料，采用手工叠层或铺叠并在热压罐中固化是航空航天领域应用最广泛的制造高端复合材料部件的工艺。虽然手工叠层成本较高，但是这种成型工艺能够生产复杂的高端复合材料零件。由于制造成本已成为主要的驱动因素，因此某些类别的零件采用其他类型工艺，例如自动铺叠、缠绕和纤维铺放。其他低成本成型工艺，例如液体成型和拉挤工艺，应用于小批量生产或新兴的制造过程。夹芯结构和共固化成型类零件制造使通过很多小零件制造大型结构成为可能，可以降低很多后续的装配成本。

预浸料切割、手工铺叠和辅助材料是复合材料零件制造的主要成本，通常取决于零件的尺寸和复杂程度，它们占制造成本的40%～60%。铺叠可以通过手工、自动或纤维铺放技术实现。手工铺叠是劳动最密集的方法，但如果零件数量较少，零件尺寸较小或零件结构比较复杂无法使用自动铺叠，则手工铺叠是最经济的方法。

5.2.1　手工铺叠

手工铺叠采用预浸料[最大幅宽为24 in(0.6 m)]或宽幅预浸料[最大幅宽60 in(1.5 m)]。在实际铺叠之前，预浸料通常需要进行切割和按零件铺层顺序叠放。预浸料切割一般采用自动化完成，除非零件的数量不能满足自动化编程的成本要求，如果采用手工切割，则一般会制造切割外形样板。另外手工切割样板需要包括任何零件料片的几何外形。

采用自动下料机切割的预浸料幅宽通常为48～60 in(1.2～1.5 m)，这是目前最常用的加工方法。复合材料领域预浸料切割采用往复式刀具切割或超声波刀具切割两种方法。往复式刀具切割方法起源于服装领域，在这个过程中硬质合金刀片上下往复运动，类似锯子的工作原理，而横向移动由计算机控制的主轴进行驱动。预浸料的支撑平台一般是尼龙材料，便于切割过程中可以切透预浸料，往复式刀具切割一般可以同时完成1～5层料片的切割。

超声波刀具切割类似于传统切割方式，然而这种方式更像是切碎而不是切割。超声波刀具切割使用硬质塑料平台代替刀具穿透支撑平台，典型的超声波预浸料切割机器如图5.3所示，切割速度可以达到2 400 fpm(730 m/min)，切割精度可以达到±0.003 in(0.08 mm)。超声波刀具切割最大的优势是可以采用离线编程的方式，并且可以采用套料的方式使材料利用率最大化。另外这些系统可以自动在预浸料背衬纸上按程序进行标识，预浸料片材典型的标识包括零件图号和片材的编号。这种方式切割后料片的排序和配套操作更为简单。现代自动化预浸料下料机生产效率更高，且片材的加工质量更好。

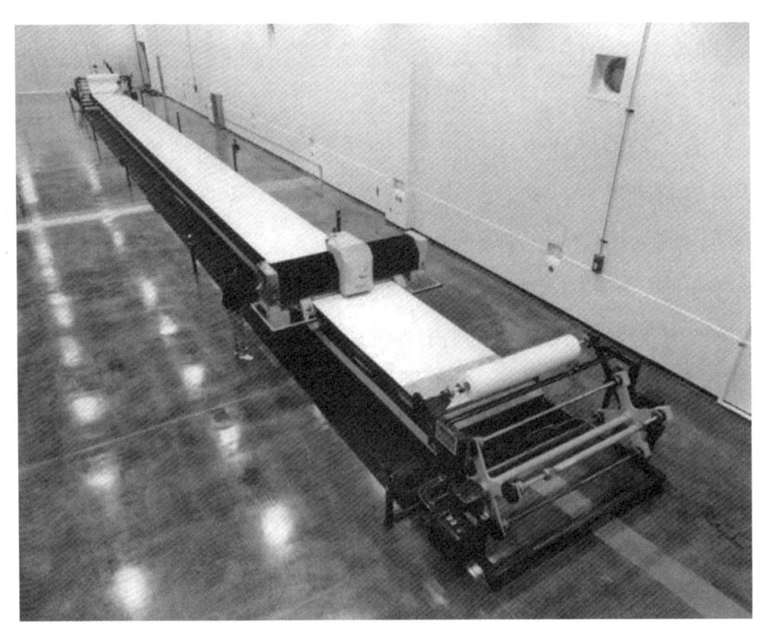

图5.3 大型超声波预浸料切割机(图片来源：波音公司)

在铺叠开始之前，铺叠模具表面应该用液体的脱模剂或脱模层覆盖，如果在固化完成后表面需要喷漆或胶接，则一些铺层需要在模具表面放置可拨层。可拨层通常为尼龙、聚酯或玻璃纤维织物。一些情况需要涂脱模剂，一些情况不需要。任何属性材料的可拨层都应粘附在复合材料表面，除非后续操作中零件表面需要胶黏剂进行二次胶接。

预浸料片材按工程图纸或生产工厂的制造大纲及铺层定位和方向要求铺叠到模具上。在铺叠每层之前，操作者都需要将片材的背衬纸和保护膜移除，且保证表面没有任何其他的异物。大的透明聚酯薄膜样板通常用于定位铺叠方向，然而这些方法操作相对困难且效率较低，逐渐被激光投影装置替代。如图 5.4 所示，使用激光投影装置将铺叠轮廓投到模具及铺层表面，可以利用计算机辅助系统进行离线编程，并且利用专用软件在平面或曲面上设置每层的轮廓。根据投影的距离，轮廓的精度通常可以达到±0.015～0.04 in(0.4～1 mm)。投影轮廓的精度通常在工程图纸或适用的工艺规范中规定。对于单向带预浸料，料片之间的间隙通常控制在 0.03 in(0.8 mm)以内，并且不允许搭接和纤维方向对接。对于织物预浸料，搭接通常是允许的，但是搭接宽度通常为 0.5～1 in(12.7～25.4 mm)。一般工程图纸会规定在搭接位置处交错层数。

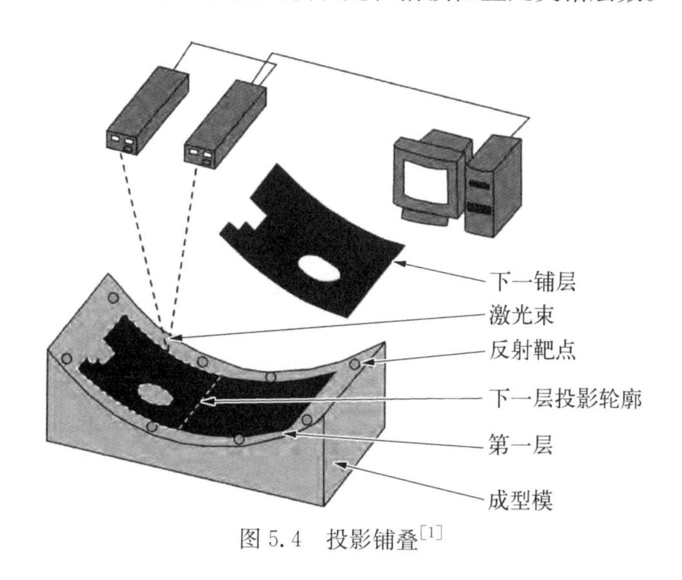

图 5.4 投影铺叠[1]

如果铺层的形状相对复杂，则一般每铺叠 3～5 层就需要进行真空压实处理。真空压实处理包括在铺叠层表面放置一层隔离膜材料，需要基层透气材料、真空袋以及真空压实几分钟时间，这有利于层压板压实及排除夹杂在层间的气体。对于一些复杂的零件，在真空加温箱或热压罐中加压热压实，温度一般为 150～200℉(65～95℃)，可以达到更好的效果。有的时候需要加吸胶层去除多余的树脂，在热真空的条件下是没有树脂溢出的。

5.2.2 平面铺叠和真空成型

为了降低复合材料铺叠的成本，将铺叠完成的预制体按轮廓直接放置于模具表面，这种平面铺叠的方法最早开始于 20 世纪 80 年代。这种工艺方法如图 5.5 所示，包括平面手工铺叠层压板并借助真空在模具上辅助成型。如果铺叠的预制体很厚则必须经过几个步骤完成,避免出现褶皱和扭曲;如果零件曲率变化较大则可以借助加热[<150℉(65℃)]的方式使树脂黏度降低从而成型。

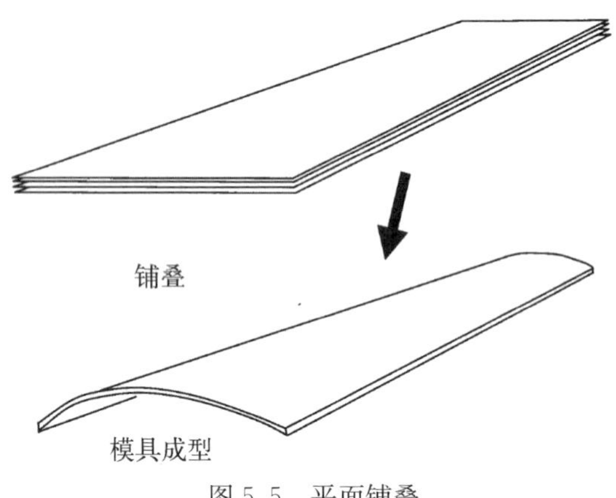

图 5.5 平面铺叠

这种成型工艺已经成功地应用于子结构零件制造,例如C形梁。通常情况下织物预浸料将零件平整地铺叠,然后放置在涂刷脱模剂的成型模具上,用硅橡胶垫形成真空袋。在成型过程中要使纤维保持一定的张力,如果纤维没有张力成型,则会出现褶皱和扭曲的现象。为了在成型过程中保证纤维的张力,采用双膜成型技术,将叠层放置在两层薄且柔软的薄膜中同时施加真空。加热使树脂软化有助于成型,这种应用是很常见的。固化完成后,这些较长的零件可以切割成较小的零件,以节省每个零件都需要成型模具的成本。

5.2.3 卷制成型

小直径且中间镂空的零件,例如高尔夫球杆和钓鱼竿,均通过卷制成型的方法制造。切割成矩形或三角形的预浸料片材,以不同角度卷制到涂有脱模剂的钢模具上。专用的卷制工作台用于自动化操作,并改进了铺叠质量。用自收缩真空袋包裹在铺层表面并悬挂在烘箱中固化。在固化过程中,收缩袋可以为铺层提供一定的压力。芯模一般是锥形的,便于零件固化后脱模。由于收缩袋制造的零件表面比较粗糙,所以零件固化后是圆柱形的。

5.2.4 自动工艺

已经开发了许多自动铺叠工艺,主要有自动铺带和自动铺丝工艺,以减少复合材料制造成本。自动铺带工艺的优势是可以铺叠平面或曲率较小的蒙皮结构,例如尺寸较大且厚的机翼蒙皮。自动铺丝是一种混合制造工艺,这类工艺具有自动铺放和缠绕的特点。它的开发使大型零件自动化制造不仅限于铺叠或缠绕成型。

1) 自动铺带(ATL)

自动铺带工艺非常适用于大的平面类零件，例如机翼蒙皮。预浸带通常为幅宽 3 in、6 in 或 12 in(7.6 cm、15.2 cm 或 30.5 cm)的单向带结构，主要应用于平面结构或曲率较小的结构类零件。自动铺带设备通常为框架式结构，如图 5.6 所示，能够实现十轴同时联动。通常情况下，五轴移动通过框架结构完成，其他五轴传动通过主轴头完成。典型的自动铺带机包括地面导轨的龙门框架式结构，在地面导轨上做横向的精确移动，Z 轴方向铺叠头可以上下移动，铺叠头在 Z 轴的下方。商业化的自动铺带机可以铺叠平面或曲率较小的零件，平面铺带设备(FTLM)可以是固定台面式或开放的龙门框架式，轮廓铺带设备(CTLM)通常是开放的龙门框架结构。模具移动到自动铺带机的安全工作范围内，铺叠头与模具进行校准。

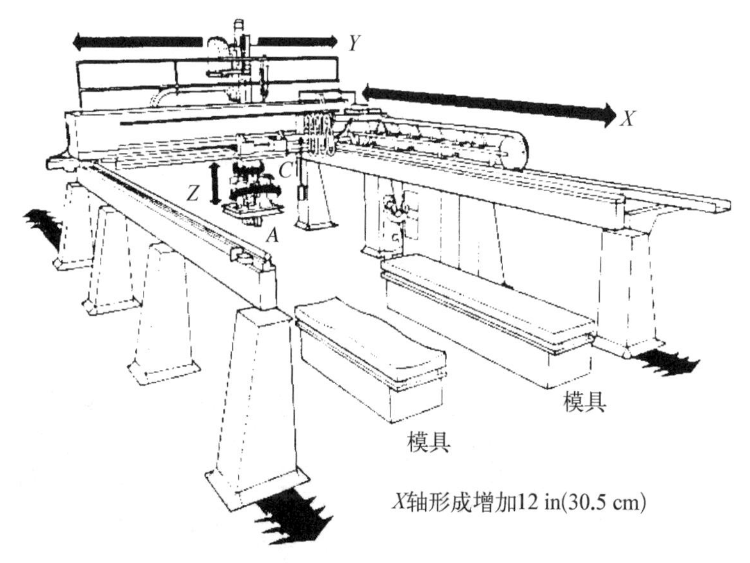

图 5.6 典型龙门式自动铺带机[2]

注：X\Y\Z\A\C 五轴联动机床

FTLM 和 CTLM 的主轴头形式基本是相同的，如图 5.7 所示，可以使用 3 in、6 in 或 12 in(7.6 cm、15.2 cm 或 30.5 cm)宽度的单向带预浸料。为便于预浸料的铺叠，对单向带预浸料的宽度和黏度需要严格控制。自动铺带机通常使用 6 in 或 12 in(15.2 cm 或 30.5 cm)带宽预浸料，最大限度地提高了铺叠效率；而自动铺丝机严格限制预浸料带宽为 3 in 或 6 in(7.6 cm 或 15.2 cm)，尽量减小铺叠错误(铺叠间隙和预浸料搭接)。CTLM 的铺叠过程适用于曲率平缓,角度上升和下降达 20%的曲面。更多大曲率的零件通常采用手工铺叠、缠绕成型或自动铺丝工艺,具体选用哪种工艺取决于零件的几何形状和复杂程度。自动铺带的材料通常是大直径的卷轴,可以连续提高近 3 000 in(900 m)长。料带带有背衬保护纸,在铺叠过程中必须移除。

预浸料卷装到输送头的卷轴上[料卷直径通常为 25 in(0.64 m)],并穿过上

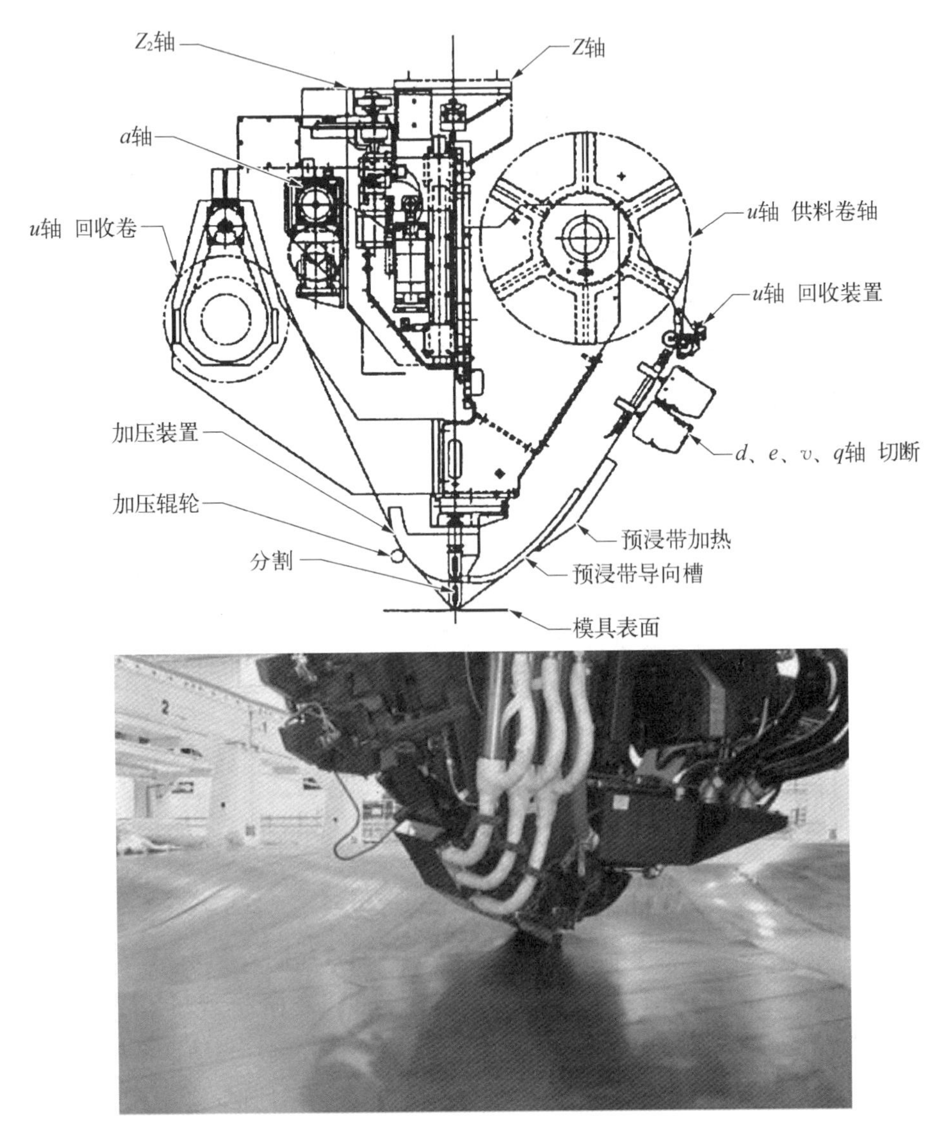

图 5.7 自动铺带设备主轴(图片来源:波音公司)

带导向板滑槽和切割器。然后材料通过下压带引导至压实滚轴的下方，并且背衬纸收卷在卷轴上。将背衬纸与预浸料分离并卷绕在回收轴上。压实滚轴与模具的表面接触且带有一定压力，并将预浸料铺叠在模具表面。为保证一致的压实压力，压实滚轴采用分段式，使其按铺层的轮廓压实。分段压实轴采用一系列的板使铺叠表面加压，排出空气并保持压实压力的均匀性。设备的铺层根据预先设置好的数控加工程序，并以正确的长度和角度对预浸料进行切割，当一个铺层铺叠完成后抬起主轴头，主轴移动至程序原点并开始下一个铺层。

现代的铺带机主轴头带有光学传感器，可以检测出预浸料在铺叠过程中的缺陷并向操作者发出信号。另外，现在设备供应商可以提供一个带有边界跟踪功能的激光器，其中一个铺层的边界可以有操作人员跟踪，以验证铺叠位置的正确性。现代的设备铺带头还包括一个热风加热系统，预浸料带可以在铺叠前加热到 80～110°F(25～45℃)，以改善预浸料的黏性。计算机的控制系统可以保证铺叠过程的比温度(速度和温度调节)，即如果主轴头停止运动则加热系统将停止工作，防止预浸料局部过热。

在过去的 10 年中，软件系统的大大改善推动了铺层编辑。所有现代化的设备都采用离线编程系统，可以自动计算预浸料铺叠在轮廓曲面上的“自然路径”。随着每一铺层的完成，软件自动更新铺设面的几何尺寸，消除了编程人员为每层新层重新定义的烦琐步骤。该软件还可以显示铺叠过程中的一些细节信息，如每层的纤维方向以及相邻铺层之间的预设间隙。一旦零件编程结束，系统将自动生成数控程序，并优化复合材料每小时的最大铺叠预浸料数量。

零件的尺寸和设计是影响复合材料铺层效率的关键因素，作为一般规则，零件尺寸大和铺层设计简单的铺叠效率较高。如图 5.8 所示的 FTLM 说明如果设计的子叠层较多或零件的尺寸较小，则设备将花费大量的时间减速、切割，然后再加速到预设速度。

2）纤维铺叠

纤维铺叠的过程如图 5.9 所示，是介于纤维缠绕和铺带之间的混杂形式，纤维铺叠或牵引铺放，设备铺叠头允许预浸料丝束具有独立的张力，单丝束张力通常为 0～2 lb(0.9 kg)。因此，实现真正的 0°(纵向)铺层是没有任何问题的。典型的纤维铺叠设备(见图 5.10)包括 12 根、24 根或 32 根独立的丝束，可以单独切割，然后在铺叠过程中重新加入。由于丝束宽度通常在 0.125～0.182 in (3.2～4.6 mm)之间，因此可根据使用 12 或 32 丝束应用宽在 1.50～5.824 in (38.1～148.0 mm)之间的条带头。在此过程中采用的可调张力也允许设备将

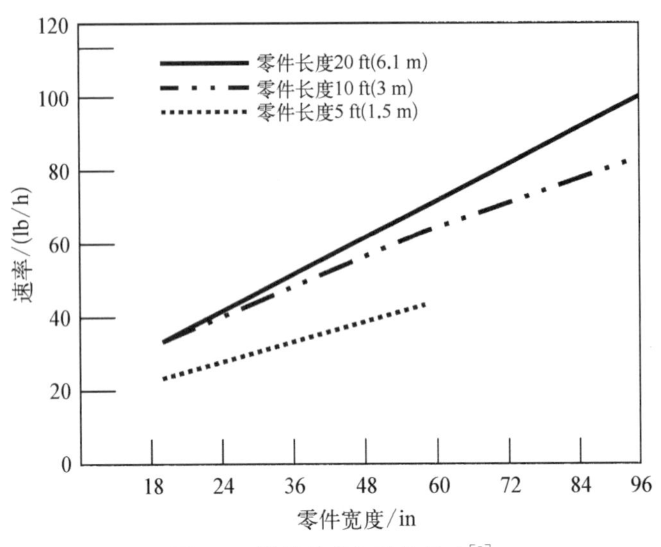

图 5.8　铺叠效率与零件尺寸[3]

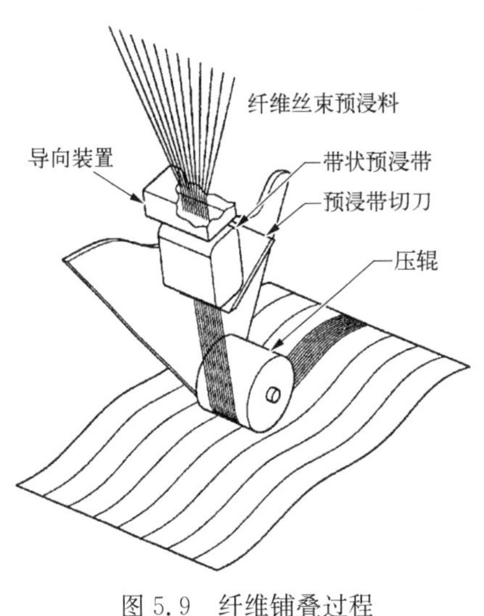

图 5.9　纤维铺叠过程

丝束放置成凹形轮廓，仅由滚子机构的直径限制。这些复杂的铺层结构可以通过手工铺叠来实现。另外，主轴头带有压实滚轴，在铺叠过程中可以对铺层施加 10～400 lb(4.5～180 kg)的压力，铺叠过程有效地压实层压板。先进的铺丝设备主轴头带有加热和冷却功能，在夹紧、切割和重新启动时冷却功能可以降低预浸料的黏性，在铺叠过程中加热功能可以增加预浸料的黏性和层间的压实，对于当今一代的铺丝设备的主轴头，可获得约 0.124 in(3.1 mm)的最小凸半径和 2 in(5.1 cm)的最小凹半径。纤维铺放过程的限制之一是其具有最小行程(或层)长度，通常约为 4 in(10.2 cm)，这是切换添加过程导致的。切割或加入的纤维必须经过辊子下方，产生取决于辊轴直径的最小周长。

纤维铺叠零件通常是采用碳纤维/环氧树脂，钢或低热膨胀系数的 Invar 模具，通过热压罐固化得到的尺寸精确的零件。纤维铺叠的典型应用是发动机罩、进气管道、机身部分、压力容器、锥形喷嘴、锥形管道、风扇叶片和 C 形梁的制

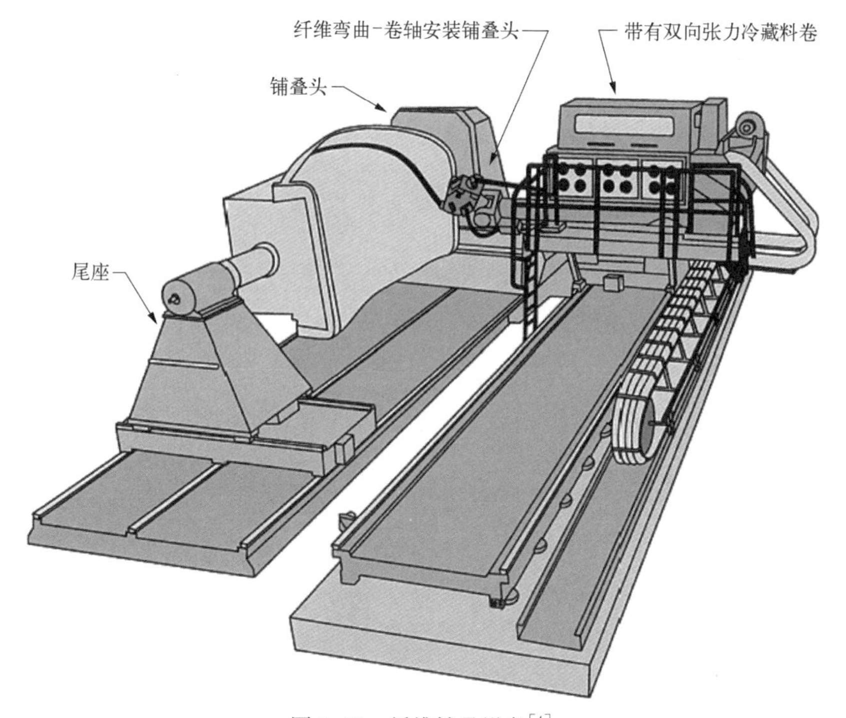

图 5.10 纤维铺叠设备[4]

备。V-22 机身尾部蒙皮采用纤维铺叠，通过长桁共固化成型，如图 5.11 所示。

大量的测试可以说明纤维铺叠零件的机械性能等同于手工铺叠零件。与手工铺叠的零件一样，铺叠间隙和纤维搭接可以控制在 0.03 in(0.8 mm)或更小。纤维铺叠和手工铺叠的一个重要区别是纤维垂直于铺叠面方向切割，纤维铺叠为楼梯型阶梯，这种铺叠形式与手工铺叠光滑过渡的机械性能是相当的。事实上一些零件设计成可以选择采用手工铺叠还是纤维铺叠的方式。由于纤维铺叠过程中纤维可以加入或移除，因此其材料利用率相对较高。纤维铺叠的材料浪费率为 2%～5%；另外，主轴头能“转向”纤维丝束，因此可以设计出更高效的承载结构。

编程和操作纤维铺叠设备所需要的软件要比自动铺带机或现代的缠绕设备复杂得多，软件将 CAD 模型和模具数据转换为五轴指令，在将开发程序选择的途径应用拖到零件的曲面和几何特征上的同时，保持滚轴表面的法线不变。模拟模块用三维动画验证零件的程序，而 NC 程序的集成防撞后处理可以自动检测干扰。

现代的纤维铺叠设备是非常复杂并且大型的设备。大部分设备包括七个运动轴(交叉进给、横向运动轴、悬臂梁、旋转芯轴、关节轴、上下运行轴、旋转轴)。

图 5.11　V－22 机身(图片来源：波音公司)

这种较大的设备能够铺叠直径达 20 ft(6 m)，长达 70 ft(20 m)的零件，芯轴抬起重量可达 80 000 lb(36.3 t)。设备通常包含用于丝束卷轴的冷藏纱架、纤维丝束输送系统、减小丝束捻度的重定向机构，并配备丝束铺放传感器，检测纤维铺叠过程中丝束的存在和缺失情况。

尽管纤维铺叠设备可以制造几何形状和铺层复杂的零件，但最大的缺点是现有的纤维铺叠设备都非常昂贵和复杂，同时与传统的缠绕设备相比，其铺叠效率相对较低。

5.2.5　真空袋封装

一般预浸料铺叠完成后，其坯料需要使用真空袋封装后固化。典型封装形式如图 5.12 所示。为防止树脂从坯料的边缘流失，在铺叠好的坯料边缘放置挡条。挡条材料通常为软木、硅橡胶或等厚度的金属。挡条应紧贴坯料的边缘，防止在坯料和挡条之间产生树脂堆积。通常采用双面胶带或聚四氟乙烯销固定挡条。

如果制件固化后表面需要进行胶接或喷漆处理，则一般可以直接在该表面

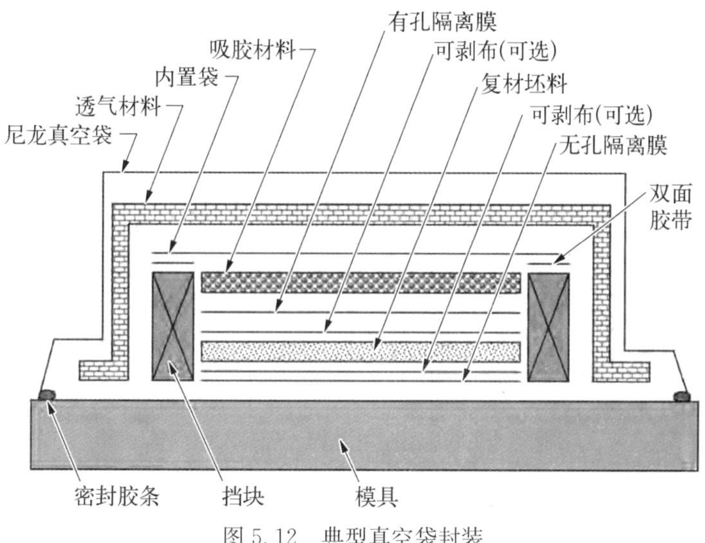

图 5.12 典型真空袋封装

铺叠一层可剥层，然后再放置一层有孔隔离膜，隔离膜通常是涂覆聚四氟乙烯的有孔玻璃布。这种可剥层可以使树脂和气体通过，但又不会使可剥层与制件表面粘接。吸胶层材料可以是合成材料(如聚酯纤维)，也可以是干玻璃纤维布，如120 或 7781 玻璃布。吸胶材料的用量取决于叠层的厚度和需要吸出树脂的量。对于新型的零吸胶预浸料，吸胶层通常就不再需要了，因为不需要吸出多余的树脂。

吸胶材料放置在叠层上之后，在表面放置隔离薄膜，材料为聚对苯二甲酸乙二醇酯制造的透明薄膜(如聚酯、Mylar)、聚乙烯(Tedlar)或聚四氟乙烯(Teflon)，放置隔离膜的目的是：可以在排除气体的同时将吸出的树脂预留在吸胶层中。使用双面胶带将隔离膜固定在边缘的挡条上，隔离膜上的透气孔可以使气体与透气材料连通。透气材料与吸胶材料非常类似，一般选用聚酯纤维材料或干玻璃纤维布。如果使用干玻璃纤维布，则与真空袋相邻的一层粗糙度不应超过 7781 型。粗纹的玻璃纤维布，如 1000 型，在固化过程中通常会导致真空袋破裂。由于热压罐的压力，因此真空袋会进入粗纹的玻璃丝束导致破裂。透气层的目的是在固化过程中使气体和挥发分排出。透气层应放置在整个坯料上并延伸至真空端口，这一点至关重要。

在热压罐内固化过程中，真空袋作为外裹薄膜提供压力传递的功能，通常为0.1～0.2 in(3～5 mm)厚的尼龙 6 或尼龙 66。真空袋与模具之间通过丁基橡胶或铬酸盐橡胶密封。尼龙真空袋通常可以在 375℉(190℃)下使用。如果固化温度大于 357°F(190℃),则可以使用聚酰亚胺材料(如杜邦公司的 Kapton 膜),使用温度接近 650°F(345℃),相应的密封胶条可以选用硅橡胶材料。有更高使用温度要求时,通常选择金属袋(如铝箔)并且采用机械密封的方法。值得注意的是聚酰亚胺真空袋薄膜相比尼龙薄膜更脆和硬,操作相对困难。一些制造商为降低成本和减少固化过程中的泄漏或破袋等因素,选择可以重复使用的硅橡胶真空袋。这些真空袋通常需要进行某些类型的机械密封。如果零件的尺寸很大,则可重复使用的橡胶真空袋会显得沉重和难以操作,因此需要一个机械操作装置用于安装和移除。有供应商出售两种材料制成的硅橡胶真空袋或提供一个完整的真空袋和密封系统。

在真空袋一侧的非贴模面通常会采用匀压板或压力板与制件接触,可以改善制件的表面光洁度。匀压板通常用铝板、钢板、玻璃纤维板或纤维增强硅橡胶制造,表面涂覆脱模剂。匀压板的厚度通常在 0.06 in(1.5 mm)至 0.125 in(3.2 mm)之间。设计匀压板和在铺层上定位是非常重要的,同时又要考虑期望获得的匀压板的表面质量。匀压板通常放置在导气层之上或之下,但制件与匀压板接触的一面通常使表面更加光滑平整。然而在匀压板上要开一系列的小孔[直径为 0.06~0.09 in(1.5~2.3 mm)],允许树脂或挥发分通过匀压板小孔进入上部的导气层。值得注意的是,带有导气孔的匀压板应尽量避免与制件表面接触,否则零件固化后会在制件表面留下痕迹。通常情况下,匀压板与坯料之间放置的中间辅助材料越多,则其制件的表面效果会因中间辅助材料的效果降低越多。

当今复合材料产业发展的趋势是使用零吸胶或接近零吸胶的材料体系(32%~35%树脂质量分数),相比传统树脂含量在 40%~42%之间的材料体系,只需要进行少量的吸胶处理或无须进行吸胶处理。这种趋势简化了真空袋封装工作,其吸胶材料和人工成本均可以降低。然而使用零吸胶材料体系,正确的封装方式是非常重要的,可以防止在固化过程中树脂流失,导致制件贫胶的发生。铺叠完成后坯料边缘是非常重要的部位,如果该处与挡条之间留有较大的间隙,则会导致大量的树脂流失并且零件边缘的厚度会低于理论值。除了无须吸胶,零吸胶预浸料所制造的制件厚度和树脂含量更为均匀。传统树脂含量为 40%~42%的预浸料存在的问题是层压板变厚(铺叠层数增加),其树脂析出的能力随着厚度增加而降低。因此需要较多的吸胶材料,在贴袋面的表面由于与吸胶材料接触导致吸胶过度而贫胶,而中间或贴模面的制件会存在吸胶不充分的现象。

5.2.6 固化

在航空航天领域,利用热压罐固化工艺是制造高质量复合材料层压板最为常用的方法。热压罐的工作原理利用了气压差,如图 5.13 所示,将真空袋抽真空,移除袋内的气体,同时热压罐内为零件提供气体压力。热压罐是一个非常复杂的设备。由于气体压力同步施加到零件上,因此任何形状的零件都可以在热压罐内完成固化;不足之处是热压罐的尺寸和购买和安装热压罐需要大量的资金。一个典型的热压罐系统如图 5.14 所示,包括压力容器、控制系统、电气系统、压缩空气制备系统和真空系统。热压罐在制造过程中功能性非常多,可以单次固化一个大型的复合材料零件,如大型机翼壁板,或在热压罐内完成一个批次的多个小尺寸零件固化。虽然热压罐制造工艺不是提高制造成本的唯一因素,但却是固化之前所有操作中最重要工序,因为零件最终的质量(取决于单层厚度、固化度、空洞和孔隙的含量)通常由此道工序决定。

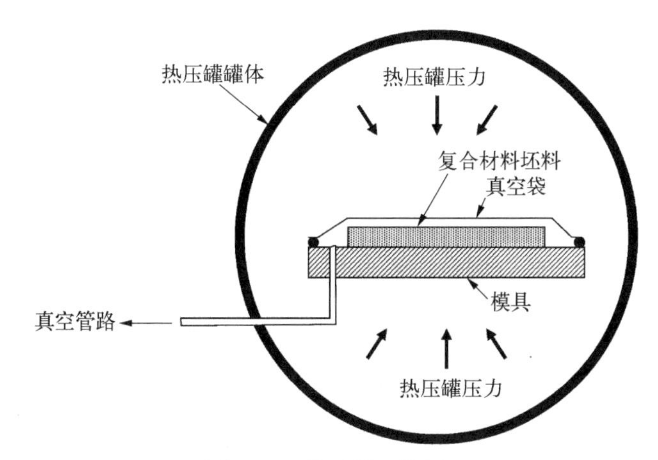

图 5.13 热压罐工作原理

热压罐内的压缩空气一般采用惰性气体,通常为氮气或二氧化碳气体。也可以使用空气,但会增加热压罐在加热和固化周期内失火的风险。气体在热压罐体内后部一个大型风扇中循环并沿着加热器组(通常为电加热)传递,热气体通过热压罐内壁的空腔,内壁空腔中的气体在热压罐门处汇合并反吹到热压罐内完成对零件的加热。在罐门附近气体形成比较大的湍流,气体在罐内流向稳定且有较高的速度,因此在罐门附近升温速率较快。然而气体流场本身取决于热压罐的具体设计和气体流动的特性。另外一个问题是气流受到阻碍,零件较大会阻碍气流流到放置在后面的较小零件。制造人员会使用大型的架子来装载

图 5.14 典型热压罐系统

零件,确保温度的均匀性,同时尽可能地使一次进热压罐固化的零件数量最大化。

复合材料零件可以使用热压机或加温箱固化。热压机主要的优点是可以提供非常高的压力,如 500～1 000 psi(3 400～6 900 kPa),完成零件的制造,从而可以抑制空洞的形成和扩大。聚酰亚胺材料使用热压机完成制造,因为该材料在固化过程中会释放出水、乙醇或高沸点的溶剂,如 N-甲基吡咯烷酮;热压机通常需要零件外形匹配的金属对合模具,并且受到压机台面尺寸的限制,一次可以制造的零件数量有限。加温箱通常也可以用于复合材料零件固化,利用加热的对流气体,可以使挥发分和气体排出。然而,所施加的压力仅仅为一个真空大气压,真空袋压力≤14.7 psi(101 kPa),零件固化后的空洞含量(5%～10%)会明显高于热压罐固化零件(<1%)。

1) 热固性复合材料固化

一个典型的 350℉(177℃)热固性环氧树脂体系零件固化周期如图 5.15 所示,包括两个升温阶段和两个保温阶段。第一个升温和保温阶段通常是在 240～280℉(115～135℃),主要是树脂流动和挥发分逸出。图中的黏度曲线表明,未凝胶化的玻璃态树脂在加热过程中熔融,其黏度显著下降。第二个升温和保温阶段对应固化过程中树脂开始发生交联反应,在此阶段树脂黏度开始急剧上升。在第二阶段保温区,对环氧树脂体系,通常在 340～370℉(170～185℃)范围内,树脂凝胶化为固态并继续发生交联反应。树脂体系通常在该固化温度下保持 4～6 h,以保证树脂交联充分完成。需要说明的是,随着复合材料行业越来越多地采用零吸胶材料体系,许多制造者取消了第一阶段的保温区,因此升温阶段直接过渡至固化温度阶段。

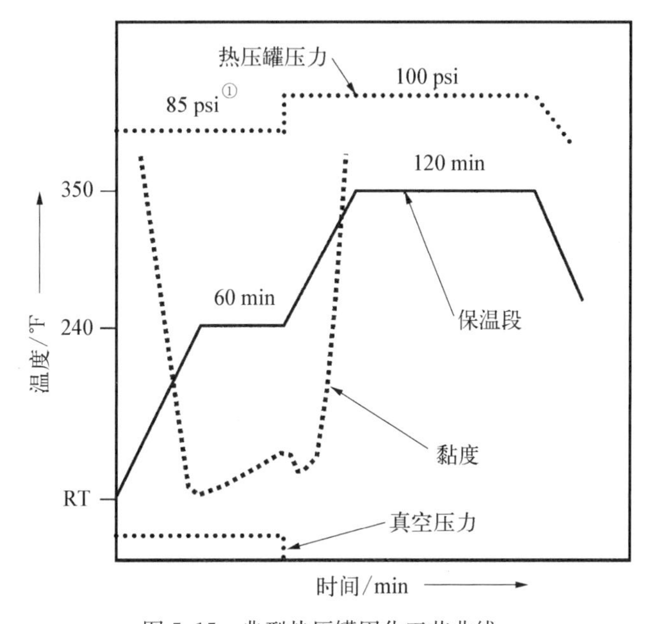

图 5.15 典型热压罐固化工艺曲线

注:传统的黏度曲线,树脂初始熔融、流动、凝胶化的固化过程

热压罐固化过程中一般压力较高 100 psi(690 kPa),以使复合材料制件层间密实及抑制空洞的形成,对于热固性材料固化,孔隙和空洞的问题会一直存在。第 7 章详细讨论了空洞和孔隙形成的原因。

2) 缩合反应固化体系

热固性树脂体系的化学成分能显著影响挥发分的演变状况、树脂的流动性和树脂的固化反应等。通过加成反应形成固化的聚合物在交联过程中无副产物生成,与可能生成大量水或醇类副产物的缩合反应树脂体系相比,固化工艺相对简单。对于酚醛树脂和聚酰亚胺树脂等缩合反应树脂体系,其固化工艺很难避

① psi,磅力每平方英寸,压强单位,1 psi=6.895×10^3 Pa。——编注

免产生空洞和孔隙。

缩合反应固化体系，如聚酰亚胺和酚醛类，在发生化学交联反应时会释放出水和醇类挥发分。为了允许预浸，聚合物反应物通常溶解在高温、高沸点的溶剂中，如二甲基甲酰胺、二甲基乙酰胺、N-甲基吡咯烷酮或二甲基亚砜，加成固化聚酰亚胺 PMR-15 甚至使用甲醇作为预浸料的溶剂。这些溶剂在固化过程中最终会演变产生主要的挥发分，这可能导致固化制件部分空洞率和孔隙率偏高。除非使用热压机或有极高的压力，例如 1 000 psi(6 900 kPa)将挥发物保持在溶液中直至凝胶化，否则当树脂黏度低时，在固化加热时必须去除。此外，由于这些材料在加热期间的不同温度条件下会熔融或聚合，因此在过程中需要知道不同工艺类别的进程。

对挥发分的控制有以下三种方法：

(1) 使用热压机压力或水静压力，其施加的静压力大于挥发分的蒸汽压力，从而使挥发分保持在黏流态的树脂中，在树脂凝胶化前不逸出。

(2) 在铺叠时每次铺叠少量的预浸料并且在真空袋的压力下完成一次热压实处理，压实温度高于挥发分的沸点。

(3) 在固化过程中，在真空压力条件下降低升温速率，利用中间保温阶段，在树脂开始凝胶化前排出挥发分。

上述方法可以同时使用。在第一种方法中，热压机工艺的优点是可以提供非常高的压力从而抑制挥发分的逸出，但是模具设计必须能够承受高压力，且包括挡胶系统，防止过多的树脂逸出。第二种方法增加了中间热压实工序，虽然可以减少挥发分，但会增加成本，使工作更加烦琐，因为每铺叠几层预浸料其工序就会中断，将铺叠好的预浸料封装真空袋在加温箱中抽真空热预压实、然后从加温箱中移出冷却，再继续铺叠。第三种方法是如图 5.16 所示的 PMR-15 材料典型热压罐固化工艺，在升温过程中设置了多个真空压力条件下的保温台阶，以此排出不同沸点条件下的挥发分。往往在固化的早期阶段就使用部分真空，后续固化阶段采用全真空。在所有的挥发分全部都被排出后，热压罐施加全部压力。虽然 PMR-15 固化最终发生的是加成反应，但是在酰亚胺化阶段，在固化循环的早期就会发生缩合反应，从而产生了挥发分的控制问题。这种方法的难点是确定保温阶段的最佳时间和温度以及选择升温速率。理化测试的方法可以帮助确定固化参数。为使树脂交联完全，聚酰亚胺通常需要进行后固化处理。需要注意的是，即便是后固化升温过程也包括多个保温阶段，以此使残余应力降到最小，从而降低产生基体裂纹的可能性。

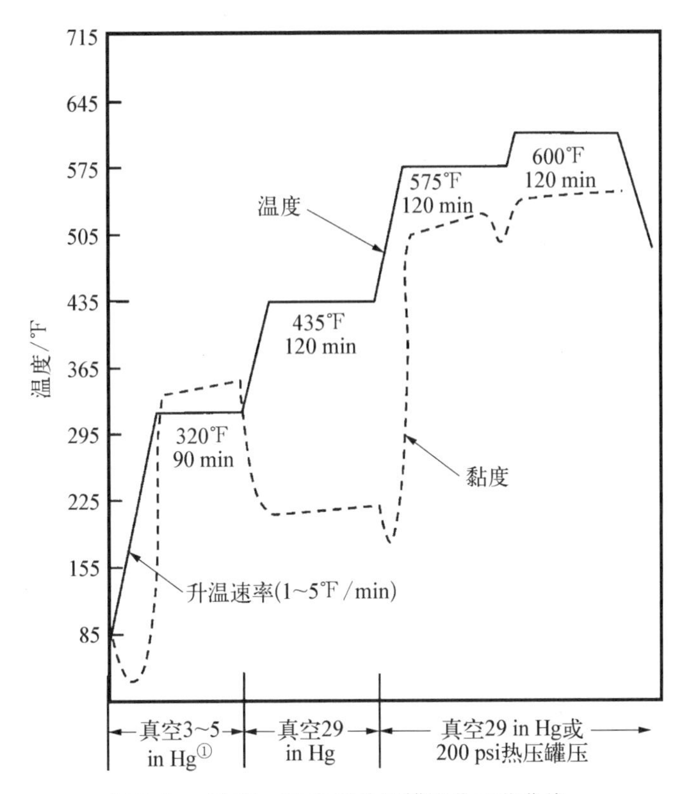

图 5.16 PMR-15 典型热压罐固化工艺曲线

注：传统的黏度曲线，树脂初始熔融、流动、凝胶化的固化过程

5.3 低温/真空袋预浸料固化成型

低温/真空袋预浸料固化成型(LTVB)最初是为复合材料模具开发的，然而在过去 15 年中，已经开发出能够制造复合材料结构件的能力。它们以碳纤维织物/低温固化环氧树脂作为体系预浸料，其他增强体材料，甚至包括单向带也是可用的。这些材料相比湿法铺叠有几个优点：

(1) 因为是预浸料形式，因此树脂含量受到严格的控制。

(2) 不会发生液体树脂体系中易出现的混合组分出错的问题。

(3) 可以获得更高的纤维体积含量(这种形式下可达 55%～60%，典型湿法铺叠只有 30%～50%)。

(4) 因为这些材料是零吸胶预浸料，因此在固化过程中不需要吸胶材料吸

① in Hg，英寸汞柱，压力单位，1 in Hg=3.39 kPa。——编注

出过多的树脂。

(5) 它们可以以单向带和织物的产品形式存在。

但它们的缺点是成本相当于传统 250～350°F(120～177℃)条件下制得的固化预浸料;然而大量的额外材料成本及人工成本,包括湿法铺叠的树脂混合、浸渍干纤维布以及排除气体和多余的树脂的成本将抵消预浸料制造成本。对于湿法铺叠,最大的驱动因素是使用 LTVB 材料可以减少成型模具的投入的同时制造较大的零件。这些预浸料已经成功应用于部分低速运营的航空项目。

由于这些材料最初的固化温度在 100～200°F(34～95℃)范围内,因此它们包含活性很高的固化剂并且性能寿命通常会比常规预浸料短。一般来说,固化温度越低,其工艺活性期越短。例如,材料最低起始固化温度为 100°F(35℃),需要在真空袋压力条件下固化 14 h,但材料室温寿命仅有 2～3 天时间。然而,如果模具的使用温度可以达到 150°F(65℃)且持续 12 h,则材料室温寿命可以增加 5～7 天时间。典型的固化和后固化曲线如图 5.17 所示。制造在低成本成型模具上进行,零件在初始固化温度为 175～200°F(80～95℃)且真空压力下固化 4～6 h。低成本成型模具可以是代木板、石膏、工程芯材、模具面材或其他材料。可以将零件放置在加温箱或在零件周围包裹低成本夹芯结构,通过热风对零件加热固化。初始低温固化生产零件时其固化度可接近 40%～50%。初始低温固化完成后,将零件从模具上取下并在 350°F(177℃)条件下完成后固化以优化零件机械性能和耐温性能。如果零件的使用温度低,则可以在较低的温度

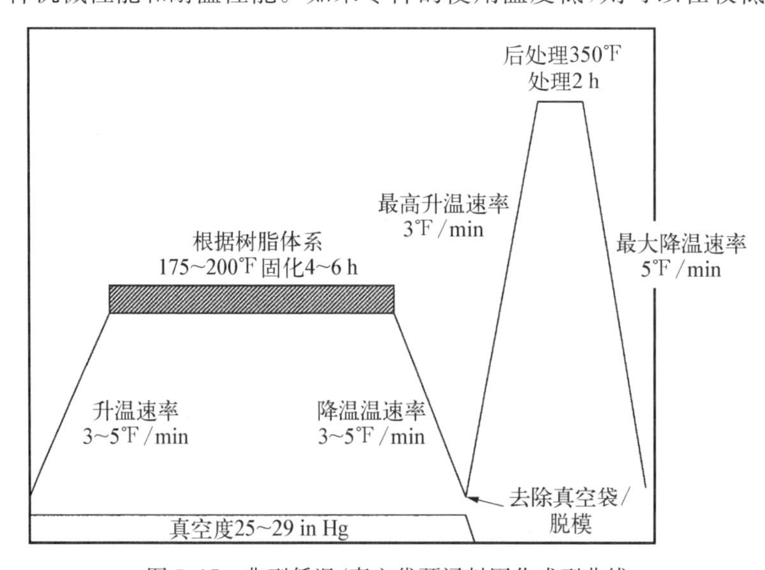

图 5.17 典型低温/真空袋预浸料固化成型曲线

下进行后固化处理。在初始固化期间，零件必须达到足够的强度以阻止在后固化时下垂或翘曲。当零件加热到后固化温度时，其先到达玻璃化转变温度 T_g 以阻止零件变形。由于初始固化温度低于 212°F(100℃)，因此水和挥发分的蒸气压应该不是问题，它们在 250～350°F(120～177℃)的固化体系中才会出现。

当 LTVB 材料首次开发应用于航空航天原型装置时，过多的孔隙是一个问题，根据材料(例如织物形式)和铺叠方向，偶尔也会遇到高达 3%～5%的孔隙率。这种情况并不奇怪，因为固化期间唯一的压力是小于 15 pis(103 kPa)的真空袋压力。需要明确的是，在一个真空压力的条件下固化 350°F(177℃)传统预浸料，由于夹杂的气体、挥发分以及固化时逸出的挥发物导致孔隙率达到 5%甚至更高。然而，在铺叠过程中夹杂的空气可能是低温固化材料主要的问题。尝试通过降低树脂的黏度来降低孔隙率，虽然这种方法有些效果，但孔隙仍然是一个问题，因为随着铺叠过程中材料的老化，树脂黏度也在不断变化。为了消除孔隙问题，制造商开发了三种方法，在初始的固化阶段将气体排出。第一种方法是使用部分浸渍的预浸料，起初为 350°F(177℃)固化预浸料开发，以消除孔隙。在部分浸渍的预浸料中，将树脂放置在预浸料的表面上，并在中间加入一些"干纤维"，以提供空气逸出的通道。在初始固化期间进一步加热时，树脂在排除气体之后流动，以完全浸渍纤维层。使用这种制造技术的碳纤维/环氧树脂层压板的显微照片(见图 5.18)基本上没有显示出明显的孔隙。第二种方法是用树脂涂覆预浸料坯的一个表面，该方法允许夹杂的空气从未涂覆的表面排出，然后树脂再依次浸润纤维层。第三种方法是加入窄的、未浸渍纤维的宽 0.5～1.5 in

图 5.18 碳纤维/环氧树脂层压板[5]

(12.7～38.1 mm)的带,以允许空气排出。这些方法已经成功地将孔隙率降低到1%以下,基本上等同于热压罐制造的零件。

使用这些材料能制造出优质的零件主要是因为在初始排气和固化阶段提供了气体疏通通道,因此在铺叠和制袋过程中还要采取很多预防措施。在铺叠时非常重要的工作是尽可能地排出气体。在铺叠很多层时,先铺叠中间部分然后再向边缘铺叠。需要非常注意的是要保证铺叠不产生"架桥"或"间隙",特别是在加强筋的内侧R角处。在铺叠期间尽可能地减少真空预压实操作,因为该操作可以使边缘密封,使气体很难排出。如果压实工序是必要的,则边缘的导气材料应放置在零件周围,真空袋不要在边缘压紧。推荐一种真空袋封装压实和固化的方法,如图5.19所示,说明了边缘导气和避免真空袋在压实过程中夹紧边缘的重要性。由于在固化过程中唯一的压力来源是真空,因此在固化期间保证真空袋没有泄露且保持较高的真空度十分重要。最小的真空度要求是25 in Hg (84.7 kPa)或更高。许多制造商建议,最终零件成型的真空袋经确认后,零件需要在真空压力下保持4～8 h以保证气体排出。在固化期间,不能超过制造商推荐的升温速率。这些树脂包含活性很高的固化剂,如果升温速率过高则会导致放热反应的产生。

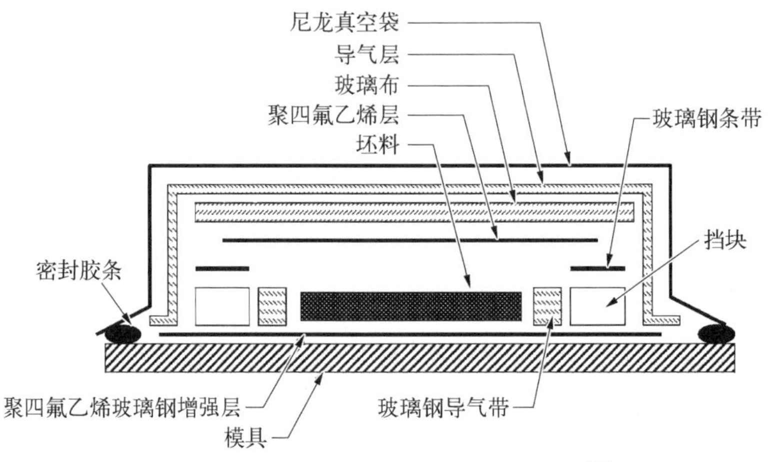

图5.19 低温/真空袋预浸料固化封装示意[5]

需要指出的是,这些材料可以在热压罐中成型。由于初始固化温度低,因此许多低成本制造仍然是可以应用的,然而模具必须能够承受热压罐50～100 psi (345～600 kPa)的压力。虽然很多情况下热压罐不一定可用,但却可以提供正压力,相比真空袋压力更利于复杂结构的零件制造。

如图 5.20 所示，当零件的数量较多时，模具的成本摊销相比是较小的；然而如果仅仅只有几个零件需要制造，则使用传统的热压罐成型模具制造，模具的费用可以占到整个项目成本的 40%左右。可以采用湿法铺叠成型和低温固化/真空袋预浸料成型的工艺。

低成本成型模具可以通过几种方式制造，如图 5.21 所示。如果可以使用母

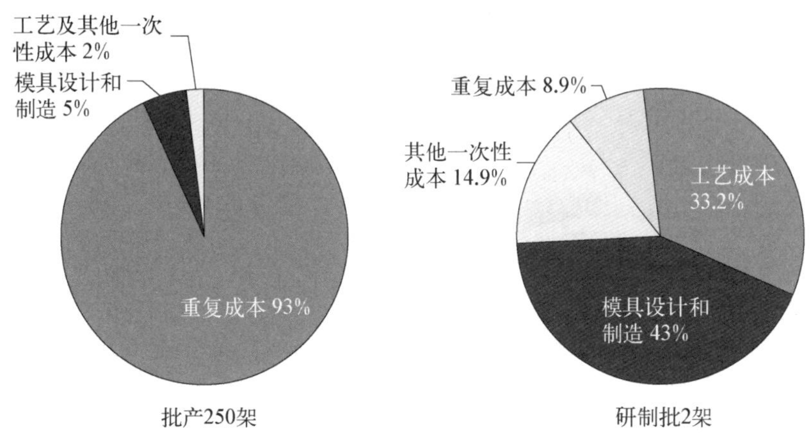

图 5.20 模具成本对比——量产与小批生产

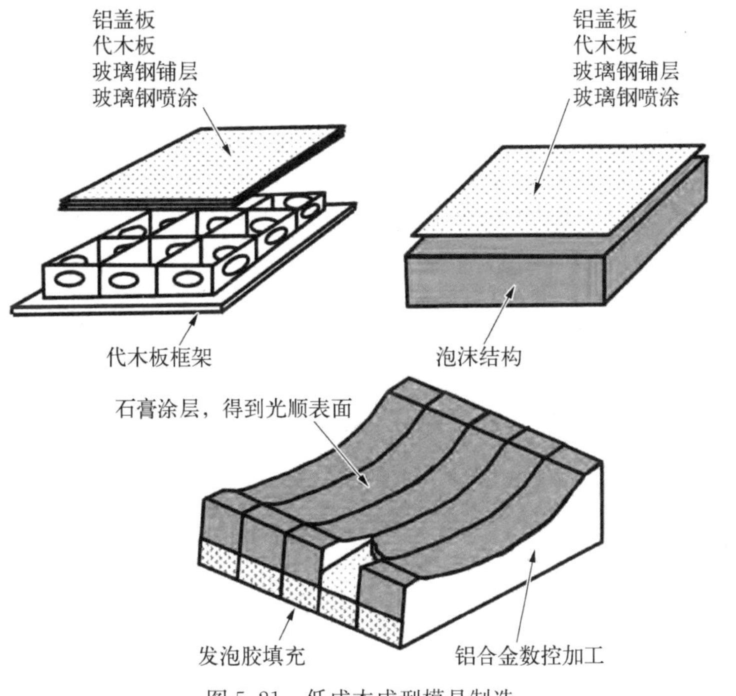

图 5.21 低成本成型模具制造

模，则许多面板材料可以与底层框架结构一起使用，包括薄铝板、代木板，湿法铺叠或喷涂玻璃纤维。许多零件可以直接由石膏、数控加工聚氨酯或复合泡沫的结构制造。如果由计算机辅助设计(CAD)得到的模型不可用，则可以应用简单的铝接头。对于尺寸非常大的零件，模具可以分部分制造然后粘接到一个整体结构上，如图 5.22 所示，保证连接处光滑过渡和表面密封。

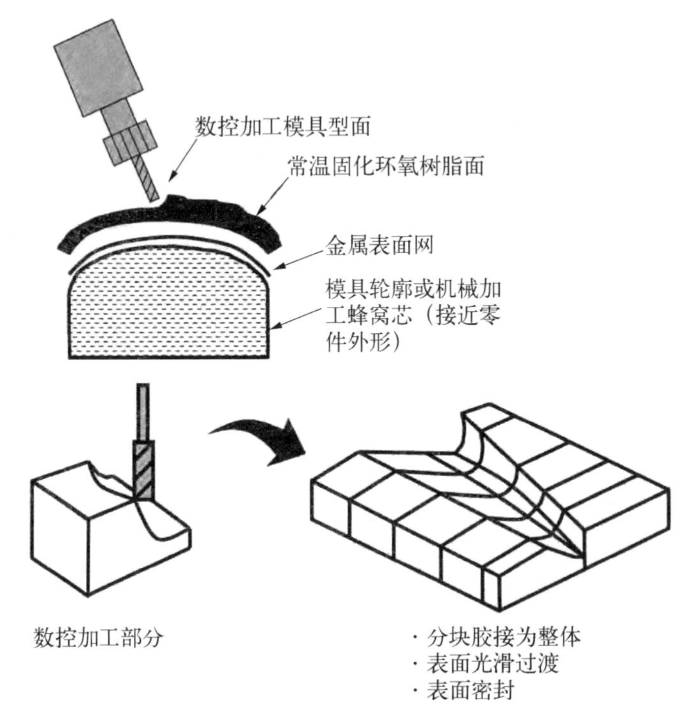

图 5.22 大尺寸原型铺叠模具制造

5.4 纤维缠绕成型

纤维缠绕成型是一种生产效率很高的工艺，该工艺是将连续纤维缠绕到旋转的芯模上。铺叠效率通常可达 100～400 lb/h(45～180 kg/h)。纤维缠绕成型工艺具有很高的重复性，可用于制造大型厚壁结构类零件。该制造工艺比较成熟，在 20 世纪 40 年代中期开始应用。该工艺可以制造几乎所有的旋转体类零件，例如圆柱体、轴、球体、椎体等。纤维缠绕成型工艺生产的零件尺寸范围也十分广，零件直径可以为 1 in(25.4 mm)以下(如高尔夫球杆)，也可以达到 20 ft (6 m)。在零件形状上，该成型工艺的局限性是无法缠绕凹形曲面，因为纤维在缠绕时受到张力的作用，通过凹面区域会产生架桥。纤维缠绕成型的应用对象包括筒状类构件、压力容器、火箭的发动机壳体和发动机整流罩。制件的端部连接配件常会被缠绕在结构内部，以得到高强度和高效的接头。

典型的纤维缠绕成型工艺如图 5.23 所示。干纤维丝束在张力的作用下通过液体树脂槽，平行排列成带状，然后缠绕到旋转的芯轴上。为了将纤维在一定的张力条件下从材料卷轴传输到零件上，料带必须通过一系列的导向轴、二次定位和扩展轴。在整个传输过程中，丝束的最小张力为 1 lb(0.5 kg)或更小。较小的张力有助于减小纤维的磨损，减小纤维断裂的可能性，并且有助于条带通过扩展轴。许多现代的纤维缠绕设备配有张力检测装置，在设备工作期间有助于控制纤维的张力。

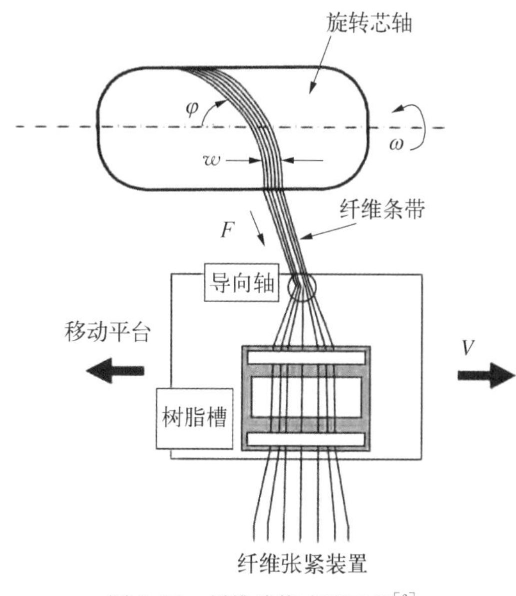

图 5.23　纤维缠绕成型工艺[6]

纤维缠绕设备的成本分为低、中、高三个等级，主要取决于零件的尺寸、缠绕设备类型和控制系统(机械或自动控制)。对于大批量生产的应用，许多缠绕设备设计成多个供料系统和多个芯轴，从而可以同时制造多个零件。缠绕成型零件通常是在加温箱而非热压罐中固化，而固化压力来源主要是芯模的膨胀和铺叠时纤维的张力。收缩袋环向缠绕在零件上，匀压板也可以在固化过程中为零件提供压力。强对流加温箱是最常用的纤维缠绕设备，其他一些设备可提供更快的固化速度(如微波固化加温箱)，但设备成本也相应增加。

芯轴的成本有中到高之分，取决于零件尺寸和复杂程度。芯轴必须能够从零件上取下，通常利用热胀冷缩实现；也可使芯模略微带拔模角；采用水溶性芯模、可以粉碎的石膏芯模、可充气芯模等。对复杂零件还可以采用可分块芯模，可以从零件中分块取出芯模。内型面(贴模面)通常是光滑的，但外形面相对比较粗糙。出现这些问题时，可以在外面铺叠牺牲层，然后固化完成后加工或打磨外形面至光滑。

在某些纤维缠绕成型制件的设计上，纤维的缠绕方向可能会是一个问题。考虑到纤维在芯模端部可能会产生滑移，因此纤维的最小缠绕角一般需要控制在 10°～15°以下。然而，仍有一些方法用于限制纤维角度，例如缠绕时在芯模端部插入销钉。

螺旋缠绕、纵向缠绕和环向缠绕是纤维缠绕的三种主要成型方式，如图 5.24 所示。螺旋缠绕是通用的工艺，该工艺几乎可以制造任何长度和直径的零件。进行螺旋缠绕时芯轴旋转，而提供纤维的装置根据制造需要的螺旋角和速度往复运动。纤维带缠绕时，每一圈缠绕路径并非与上一层相邻，在第一层被覆盖之前需增加或调整缠绕。纤维缠绕会沿着零件周期性地交叉，这可以由新型的计算机辅助系统控制。这种铺叠交叉在某一区域会有两层叠加。如果端部尺寸相同，则可采用测地线模式，在此模式下，制件任意两点间的纤维路径最短，纤维所受张力是均匀的。测地线模式还可以满足“无滑移”的要求，即纤维带在芯轴表面不会产生滑移。

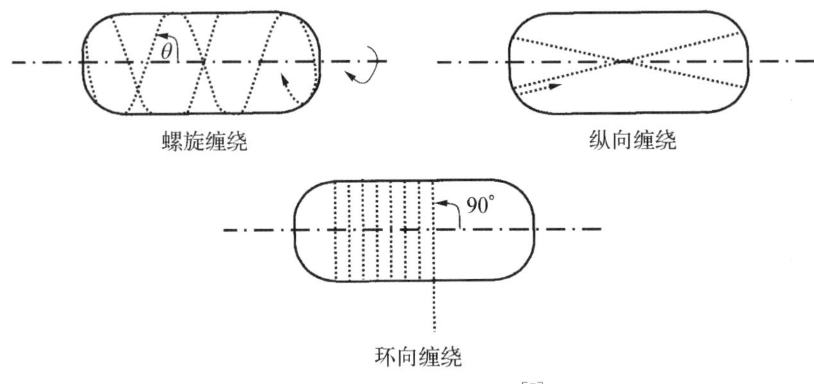

图 5.24　纤维缠绕分类[7]

纵向缠绕比螺旋缠绕相对简单，可以使用恒定的纤维缠绕速度，纤维装载装置不需要做往复运动且缠绕时纤维按带宽布置。对于球形制件，这种制造方法非常适合。在缠绕过程中，纤维沿制件表面铺放，到制件端部开口处反向铺叠，再继续缠绕至制件的另一端。每次循环中，缠绕机械臂做大直径的圆周运动，所布置的纤维带轨迹为平面，各循环相邻排列。简单的纵向缠绕设备只受两个轴向运动控制，分别是芯轴和缠绕臂。与螺旋缠绕设备相比，纵向缠绕设备一般较大且更为简单，但其制造能力也受到限制，制件的长径比需小于 2.0。纵向缠绕设备常以连续步进的方式用于缠绕球形零件，此设备的一个变异形式是滚转缠绕设备。该设备中，芯模被安装在斜轴上并围绕设备纵轴进行滚转，而提供纤维的伸臂则保持静止。滚转缠绕设备对球形类零件生产效率很高，但制件直径通常在 20 in(0.5 m)以下。

环向缠绕又称周向缠绕，在所有缠绕成型工艺中最为简单。这种缠绕原理类似于车床，芯轴的转动速度远大于供料装置的运动速度。芯轴每转动一周，其供料装置向前移动一个带宽，纤维因此也彼此相邻。零件制造期间，环向缠绕通常与螺旋缠绕或纵向缠绕组合使用，以使制件获得较高的强度和刚度。环向缠绕通常应用于圆柱部分，而螺旋缠绕或纵向缠绕则可同时应用于制件的圆柱和端头部分。需要再次明确的是，纵向缠绕的最小缠绕角一般应控制在10°～15°，以防止纤维带在芯轴端头发生滑移。

纤维缠绕工艺主要有三种：

(1) 湿法缠绕，干态增强体纤维浸渍液态树脂后直接进行缠绕。

(2) 湿法预浸料缠绕，干态纤维浸渍液态树脂后缠绕到材料卷轴上，以供缠绕时使用。

(3) 预浸丝束缠绕，缠绕采用预浸丝束，预浸丝束可以在材料供应商处购买。

对于湿法缠绕和湿卷的预浸料缠绕，大多数制造商采用各自的树脂体系。如果指定了预浸料产品，则一般会向主要的预浸料供应商购买预浸丝束。黏度和工艺性能周期是选择湿法缠绕材料的两个主要因素。该方法一般要求树脂黏度在2 000 cP左右，这有利于浸润纤维和将丝束扩展，并且在缠绕时减小导向系统的摩擦。影响材料的工艺性能周期的主要因素是零件制造所需要的时间，相比尺寸小和薄的零件，较大尺寸和壁厚较厚的零件需要较长工艺周期。还可以从材料供应商处购买预先配制的湿法缠绕树脂体系。虽然预浸丝束相比湿法缠绕材料成本更高，但有几点非常重要的优势：① 所有纤维和树脂体系都鉴定合格后才预浸到丝束；② 可使树脂含量得到最佳控制；③ 缠绕的速度可以更快，因为缠绕过程中不会有树脂甩出；④ 可以调整丝束的黏度，减小在小角度缠绕时纤维丝束的滑移。

湿法缠绕可以通过两种方式实现，带有张力的干纤维丝束通过树脂槽；使其直接经过带有定量树脂的辊子表面，树脂含量由刮刀控制。湿法缠绕的树脂含量很难控制，受树脂反应特性、树脂黏度、滚轴张力、芯轴截面处的压力和芯轴直径的影响。例如黏度过低的树脂，树脂虽然能够完全浸润纤维丝束，但在缠绕压力下会被挤出，从而导致零件纤维含量过高。树脂黏度过高不能充分地浸润纤维丝束，因此固化后制件中孔隙率过高。由于湿法缠绕所选用的树脂黏度一般都较低，因此制件纤维体积含量(70%或更高)相比树脂黏度较大的制件纤维体积含量(接近60%体积含量)高。

为了避免直接湿法缠绕在工艺控制上的一些问题，有时会制备湿法预浸料，然后在卷轴上进行回收。该方法主要有两个优势：① 制造商可以在缠绕前离线控制湿式预浸料质量和测试；② 在室温条件下存储能够控制材料树脂的黏度和黏性。材料在室温条件下或稍高于室温条件下存储通常叫作B阶段处理。主要的目的是使树脂的状态发生改变，从而改善树脂的黏度和黏性。不利的因素是，湿法预浸料如果不立即使用则需要加包装存放于冷库中。

商业化提供的预浸料会很好地控制树脂含量、均匀性和带宽，但是昂贵的原材料通常为湿法缠绕所有材料成本的1.5～2倍。预浸料丝束是缠绕工艺使用最多的类型，但一些航空航天制造商在制造飞行器关键部件时会采用较窄的预浸带，在缠绕成型过程中保证带宽和控制间隙。用于缠绕成型的预浸丝束具有以下特点：

(1) 具有较长工艺性能周期。

(2) 允许较高的铺叠速度，因为在缠绕过程中仅有少量树脂甩出。

(3) 允许缠绕角度更接近0°，因为相比大多数湿法缠绕树脂，其具有较高的树脂黏性，纤维在端头的滑移会较小。

芯轴材料的选择和设计方案在很大程度上取决于产品的设计方案和尺寸。很多种材料可以用于芯轴的制造。水溶性芯轴通常用于小开口的零件，这种类型的芯轴包括水溶砂、水溶性或可粉碎石膏、低温共晶盐，偶尔也会选择低熔点的金属。产品固化后，这种一次性芯轴可以使用热水溶解、加热融化或粉碎后小块取出。这种芯轴的替代方法是使用可充气芯轴，芯轴作为产品的内胆留在里面或从产品的开口处取出。可重复使用的芯轴可以分块或利用整体形势。当固化后的零件几何形状使其无法简单地从产品中取出时，采用分块的芯轴。分块芯轴的制造和使用通常比整体芯轴成本更高。整体芯轴一般会带有略微的拔模斜度或锥度，方便零件固化后脱模。

在缠绕成型操作完成后，湿法缠绕零件需要在最终固化前经过B阶段处理来排除多余的树脂，处理过程在略高于室温条件但低于树脂凝胶化温度的条件下进行。大多数情况下产品的加热多使用加热灯实现，同时产品旋转以排除多余的树脂。大多数缠绕制件在加温箱中(电加热、燃气加热或微波加热)固化，固化过程中不使用真空袋或其他提供压力的方法。当零件加热到固化温度时，芯轴开始膨胀，受产品中纤维的约束对制件形成一定的压力，产生的压力有助于减少层压板空洞率和孔隙率。正因如此，缠绕成型零件在加温箱而非热压罐中固化，纤维缠绕工艺能够制造很大尺寸的零件，主要受限制于缠绕设备和固化的加温箱尺寸。

热压罐固化可以进一步降低孔隙率;然而热压罐所施加的压力可以使产品中的纤维弯曲甚至产生褶皱。在制件的表面使用薄的匀压板有助于减少圆柱形制件表面的褶皱,但使用后在制件表面会留下压痕。有一些在加温箱中固化的制件采用外加环向缠绕匀压板,以此改善压实状况和获得更光滑的表面。有时候也会在制件的表面缠绕收缩袋来提高压力,对于制造单纤维高尔夫球杆是常用的方法。

5.5　液体成型

液体成型是能够制造非常复杂和尺寸精度高的复合材料零件成型工艺。液体成型的一个非常重要的优点是能够减少零件的数量,通常采用的方法是单独制造零件,通过标准件铆接或粘接的方式使多个零件变成一个整体结构。液体成型的另外一个优点是可以植入嵌件并完成零件的制造,例如在液体成型的产品内部嵌入夹芯结构。树脂转移成型(RTM)是应用非常广泛的液体成型工艺,这种采用对合模具的工艺非常适合制造在不同表面均有严格尺寸要求的三维结构。只要模具的表面粗糙度非常低,制件表面的光洁度就可以达到与模具相同的水平。RTM 成型主要的局限性是模具的一次性成本投入非常高,通常需要较大的零件数量,一般在 100～5 000 的范围内。表 5.1 中概述了 RTM 成型的优点和缺点。

表 5.1　RTM 成型工艺的优缺点[8]

优　点	缺　点
严格的容差控制——模具尺寸精度控制严格	零件的质量受模具设计影响
模具表面光洁度要达到 A 级	批量生产时模具成本很高
模具表面增加一层表面胶衣,改善模具的表面质量	操作时树脂注入渗透率的数据十分有限
工艺周期短	树脂注入分析软件仍处于研发阶段
模塑成型时可以在产品内部植入嵌件、配件、肋、衬套、增强材料	对预制体和增强材料在模具中分布方式的要求非常严格
可低压操作(一般小于 100 psi)	典型生产数量在 100～5 000 的范围内
母模制造成本低	需要组合模具且无渗漏
挥发分(如苯乙烯)排出受闭合模具限制	

(续表)

优　点	缺　点
工作量和技术水平要求较低	
考虑设计的灵活性：增强材料、铺叠顺序、夹层芯材、混合材料	
力学性能与热压罐工艺相接近(孔隙率<1%)	
RTM工艺适用的零件尺寸范围和零件复杂程度较广	
模具内型面表面光洁度要求较高	
零件净尺寸成型	

RTM工艺成型工序包括将干的预制体放置到闭合模具中，树脂注入浸润纤维，在模具内完成固化。基本RTM成型工序如图5.25所示，主要工序如下：

(1) 制造干纤维预制体。

(2) 将预制体放置于闭合的模具中。

(3) 在压力条件下注射低黏度树脂。

(4) 在一定的温度和压力条件下，产品在密闭的模具中固化。

(5) 零件固化完成后脱模并清理。

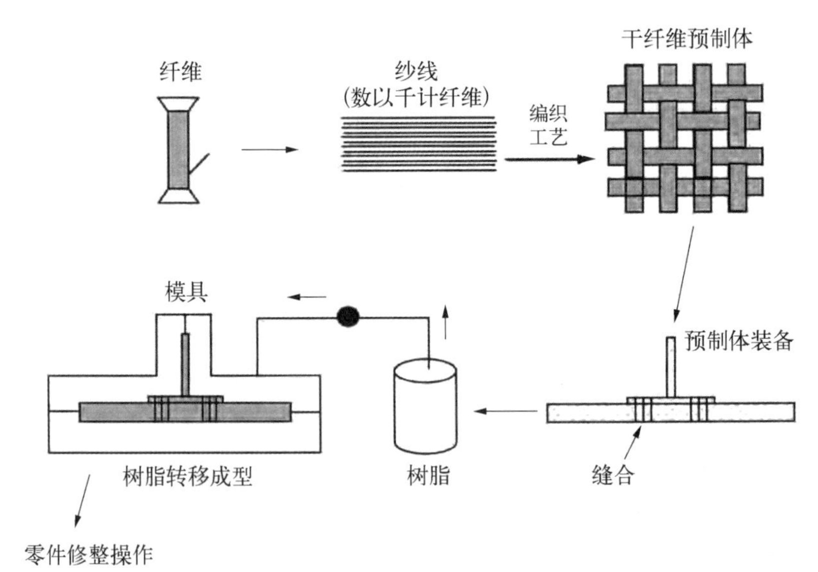

图5.25　树脂转移成型工艺(RTM)流程[9]

在过去的几年中，衍生出了许多树脂转移成型工艺并得到发展，包括树脂膜浸润(RFI)成型工艺和真空辅助树脂转移(VARTM)成型工艺。所有这些成型工艺的目标都是在较低的成本下制造出接近无余量的复合材料零件。本章主要针对 RTM 基本成型工艺以及过去几年由此发展衍生而来的主要成型技术做介绍。三种液体成型工艺的对比如表 5.2 所示，然而这些成型技术同时又在进一步开发和使用。

表 5.2 主要液体成型工艺对比[8]

工艺名称	工 艺 特 点
树脂转移成型(RTM)	树脂在压力条件下注入模具
	可以选择是否使用真空辅助措施
	产品表面光洁度非常高
	可以获得较高的纤维体积含量(59%～60%)
	模具成本很高
真空辅助 RTM(VARTM)	通常使用单面模具
	在真空条件下液体树脂渗入预制体中(不施加外压)
	树脂渗透分布有助于预制体浸润
	树脂黏度很低
	贴模面零件表面质量很好
	成本低于 RTM 成型模具
	纤维体积含量相对较低(50%～55%)
树脂膜浸润成型(RFI)	树脂膜放置于模具与预制体接合处，通过热压罐加热和压力条件将熔融树脂浸润到预制体
	一般较复杂零件需要采用组合模具
	可以在预制体中间放置树脂膜
	可以制造高质量的零件，但取决于模具的状态

5.5.1 预制体制造技术

液体成型工艺中最重要的预制体制造类型为：编织、经向编织、缝合、编织工艺、纤维毡。在很多情况下，对传统的纺织设备进行改造，以满足对结构应用所需要的高模量纤维进行处理，同时又可以通过自动化技术降低成本。此外，为了满足三维增强预制体持续增长的需求，制造商还开发出各种先进的编织设备和编织形式,如图 5.26 所示。

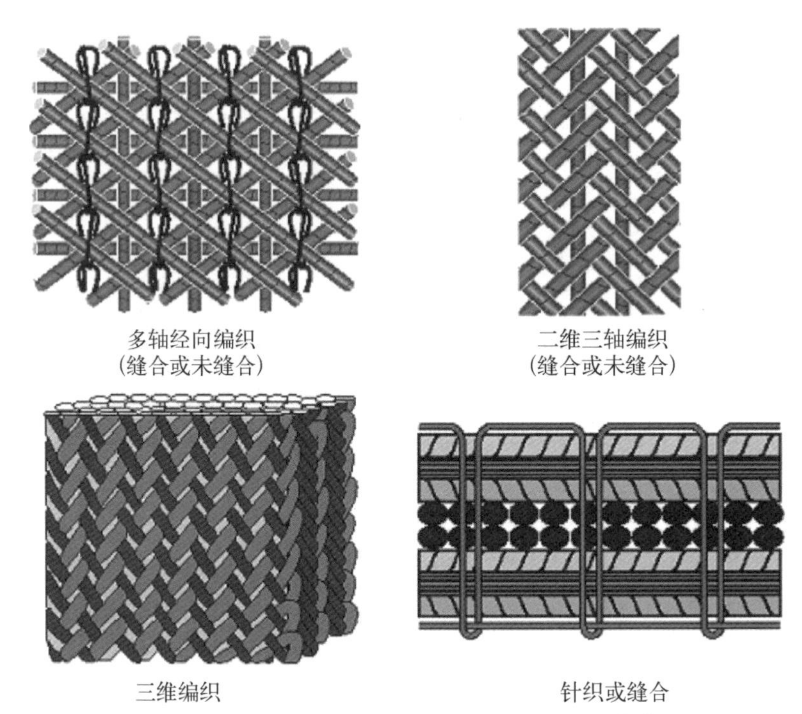

图 5.26 先进材料编织形式-二维和三维编织[10]

1) 纤维

现代的纺织设备能够应用于纤维加工的大多数复合材料结构,包括玻璃纤维、石英纤维、芳纶和碳纤维。主要的限制因素是大多数编织工艺会导致纤维弯曲和磨损。尽管编织设备进行了改良可以减少纤维的损伤,但在许多情况下,一些脆性或刚性很高的纤维的强度仍然会在加工过程中大幅下降。一般情况下,纤维模量越高,在加工难度增加的同时纤维损伤的可能性越大。测试性能类别和制造预制体所用的纺织工艺不同,强度损失的程度也会有变化。在纤维表面涂覆聚合物上浆剂用来改善其编织性能,减少加工过程中强度的损失。聚合物可以在编织结束后去除,也可以保留在纤维上以满足铺叠工序的需要。如果聚合物涂层保留在纤维上,则与树脂的相容性很重要。经常采用对纤维表面进行处理的方式改善纤维与树脂基体的界面性能。

传统的编织工艺中,纤维通常需要进行加捻处理来改善其加工性、结构完整性和纤维的维形能力。然而加捻会降低纤维轴向强度和刚度,这在结构应用中是至关重要的。因此尽量选择少加捻或不加捻的纤维(纤维股或丝束)。不同的加工工艺和编织方法对纤维的股和丝束尺寸有不同的要求，通常每单位重量纤维丝束越少其材料成本越高，同样适用于碳纤维。

2）机编织物

机编织物有二维增强体(x 和 y 向)或单位增强体(x、y 和 z 向)形式。二维机织增强体应用于对面内刚度和强度有较高要求的条件。各种类型的纤维编织在第 2 章中描述，已对不同类型的二维机织物做了介绍。然而需要指出的是二维机织产品可以是预浸料，也可以是干态纤维，用于手工铺叠、预制体或修理的应用。二维机织物有以下优点：① 可以采用自动化铺叠切割设备进行精确切割；② 可以实现复杂的递减铺层设计；③ 纤维、丝束尺寸和织物的类型繁多，并已商业化；④ 对于薄壁结构，二维机织物比三维机织物具有更好的适用性。

三维增强纤维通常用于：① 提高预制体的可操作性；② 提高复合材料结构的抗分层能力；③ 在复合材料结构中承受较大的面外载荷，例如复合材料零件受制于复杂载荷路径和面外载荷。如果改善后续工艺可操作性，则 z 向纤维体积含量通常保持在 1%～2%的较低水平。要使复合材料结构的抗分层能力有明显改善，则 z 向纤维体积含量一般要达到 3%～5%；然而 z 向纤维体积含量继续提高，抗分层和损伤容限也会继续提高。如果应用对象需要承受主要面外载荷，则 z 向纤维体积含量需要达到 33%，此时纤维沿着笛卡尔坐标系三轴方向具有大致相同的载荷能力。

3）三维机织

从历史上看复合材料结构设计受限于面内载荷，例如飞机机身或机翼蒙皮。一个重要的原因是复合材料结构在复杂结构上使用数量非常少，例如框类结构或一些配件，主要是因为二维复合材料对于复杂的面外载荷很难承受。复合材料对平面内载荷的承载能力取决于承载纤维的性能，要求载荷方向清楚明确。遗憾的是，面内载荷最终需要通过某个三维连接件传递至相邻的结构(如蒙皮与框连接)。这些三维连接件会承载很高的剪切力、面外拉伸和面外弯曲载荷，传统的复合材料结构设计方案中所有载荷主要是由基体承载。在实践中得知让基体承载较高的载荷是不可行的，因此复合材料结构必须使用金属接头和紧固件来与金属框连接。随着三维编织纤维性能的大幅提高，包括机织和编织的出现，复合材料面临的这一障碍将被消除。其他设计的益处包括复合材料整体加筋壁板结构，其中加强筋与蒙皮结构编织为一个整体，因此不需机械连接或胶接蒙皮与加强筋，从而减少了零件数量和装配的成本。

三维机织物通常在复杂的多径编织机上生产，如图 5.27 所示。常规的二维机织机丝束交替往复运动，上下移动进行编织。而多径编织机单独的丝束分别将不同组的丝束带至不同高度，一部分编织为织物层，另一部分则将织物层编织为制件的预制体形状。三维机织物中包括多个平面，每个平面都由经向和纬向组成，各个面的叠合连接由经纱编织完成，以此形成整体结构。最常见的类型如图 5.28 所示，在每一种类型中都有几个可以变换的参数。角度互锁织物可以通过经纱织线所穿过的层数划分。经向纱线穿过全厚度的互锁织物如图 5.28(a)所示；图 5.28(b)和(c)展示了层间互锁图形，其中给定的织线仅将两层纬纱连接起来，而全厚度的连接是通过所有织线完成的。通过对织线所穿过层数的规定生成各种类型的中间组合。正交互锁编织物中，经向纱线穿过厚度的方向和面内法向垂直，如图 5.28(d)所示。联锁织物的制造有时会不采用经纱，

图 5.27　三维机织设备

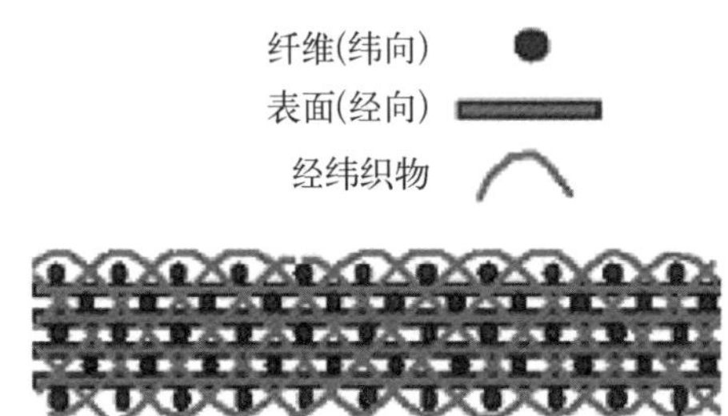

(a) 穿过全厚度的角度互锁织物

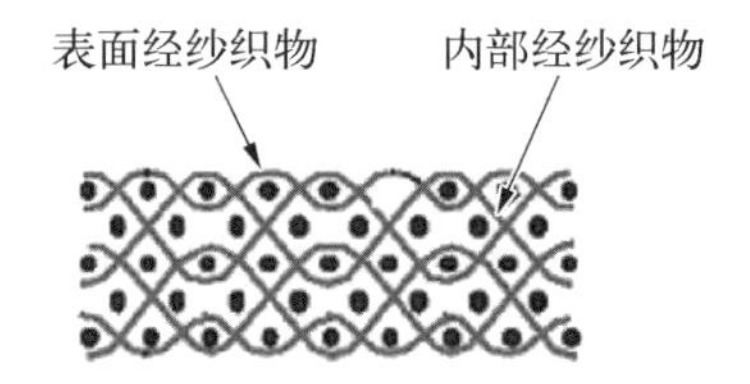

(b) 层间角度互锁；直线交织互锁

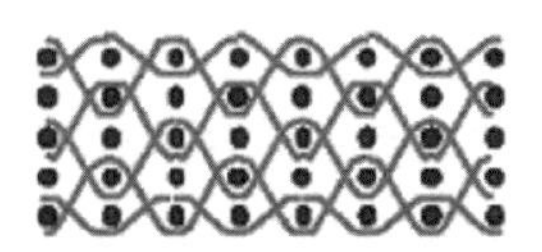

(c) 层间角度互锁；波纹交织互锁

(d) 正交互锁

图 5.28　三维机织物示意[9]

以此生产在某一个方向上增强的复合材料。联锁织物还可以通过纬纱而非经纱制造。三维机织物的主要局限性是很难引入斜向纤维丝束来实现面内准各向同性。一种解决方案是将织物预制体与附加的±45°向其他二维机织物层进行缝合，三维机织能够生产各种类型的结构产品，几个典型的例子如图 5.29 所示。

T-加强筋和Pi加强筋壁板

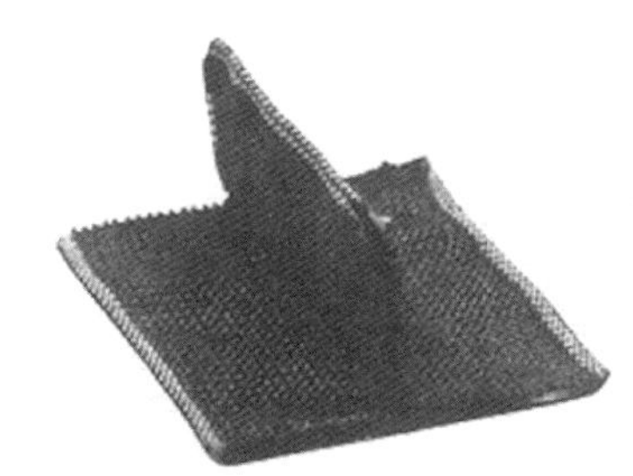

三维机织T和Pi加强筋预制体

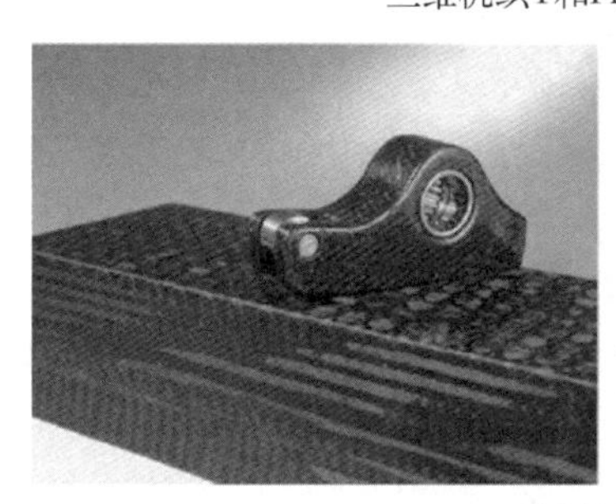

较厚且复杂结构

图 5.29 三维机织预制体

虽然三维机织可以制造几何形状复杂和无余量的预制体结构，但生产准备时间较长以及编织进展缓慢。另外在一些情况下必须采用高成本的小尺寸丝束获得较高的纤维体积含量，同时消除固化期间或使用时产生的微裂纹高树脂含量堆积区域。

4）多轴经向针编织

传统的针编织物，例如纬向编织和经向编织，是柔性较高和适应性较强的织物，但是内部纤维在很大程度上极限弯曲导致结构性能降低。然而，针编织物可有效地应用于生产多轴经向编织物（MWK），也称为缝合，其结合了单向带的机械性能的优点与织物易操作和制造成本低的优点。多轴经向编织如图 5.30 所示，由高强度和高刚度的单向纤维丝束与玻璃纤维或聚酯细纱编织在一起，玻璃纤维和聚酯细纱的含量通常仅占总重量的 2%。主要在后续各种成型操作中用于绑定单向纤维丝束。该工艺的主要优点是在 x 和 y 两个方向上的纤维能保持直线状态，不会在编织过程中弯曲，也不会受到编织材料强度降低的影响。

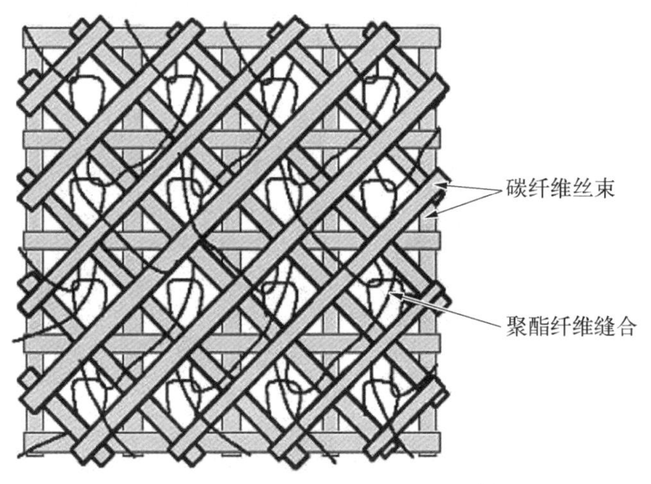

图 5.30 多轴经向编织结构示意[9]

MWK 工艺将单向纤维丝束用于 0°、$\pm\theta$°和 90°方向叠层在一起（θ 方向为离轴方向）。在编织过程中，聚酯细纱贯穿且围绕于主丝束之间并相互锁成环。通过调整各方向丝束的百分比，可以调整编织叠层的机械力学性能。MWK 的叠层厚度可在 2～9 层之间，可将其叠层及层压的方式制成任何所需构件的厚度，如图 5.31 所示。多层 MWK 可以通过二次操作铺叠以达到结构所预期的厚度，并且可以通过铺叠、折叠和缝合方法来得到所需结构形状。缝合工艺可以改善固化后复合材料的耐久性和损伤容限。多轴经向编织具有非常低的成本和产品厚度均匀等优点，并且可以预先完成预制体的制造，适合易于控制形状和无余量的零件，如大型蒙皮。MWK 材料由德国的 Saertex 公司提供，Saertex 材料通常厚度为 7 层或 9 层，典型铺叠方向为 0°、±45°和 90°。这种材料在 Libra 经纬编织机上(见图 5.32)制成,使用 72 旦尼尔尼龙丝束使叠层绑定叠加在一起。

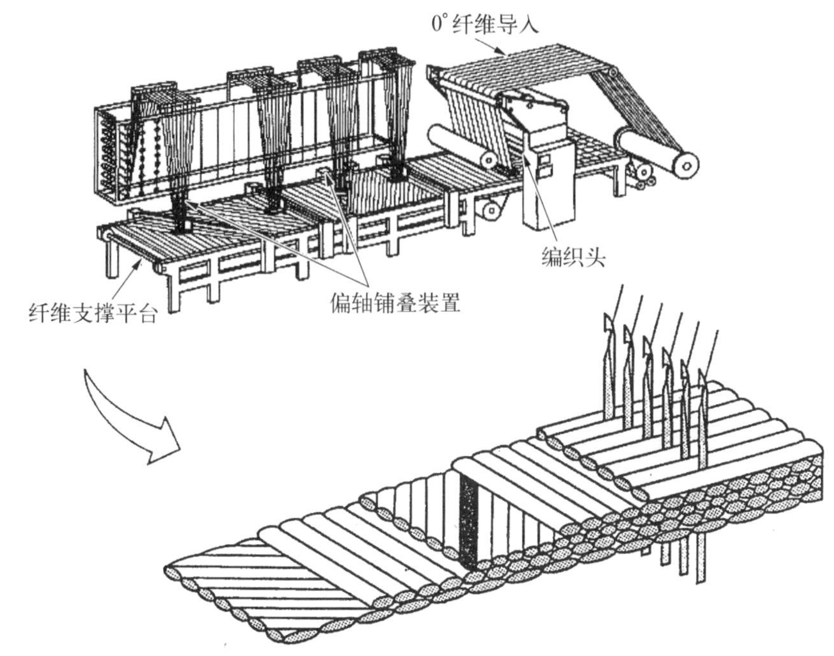

图 5.31　Libra 多轴经向编织和典型产品示意[11]

图 5.32　Libra 经纬编织机

5)缝合

缝合技术已经有 20 多年的历史,缝合可以对复合材料结构进行厚度方向的增强,主要应用于改善损伤容限。近几年来,液体成型技术的引入进一步提高了复合材料制造技术，该工艺允许干态纤维缝合成预制体而非预浸料。这种工艺提升了制造效率，允许缝合较厚的预制体并大大降低了对内部纤维的损伤。此外缝合工艺不仅提高了损伤容限，而且对整个制造过程也是有益的。许多纺织工艺可以制造预制体但不能直接制造最终的零件，然而缝合技术可以通过连接的方式使无树脂的预制体连接在一起，可以使缝合后的预制体在后续操作中不发生纤维滑移和损伤。另外，缝合技术可以使纤维预制体更致密，从而更加接近零件固化后所期望的厚度。因此，预制体装入模具所要求的压实压力会相对较低。

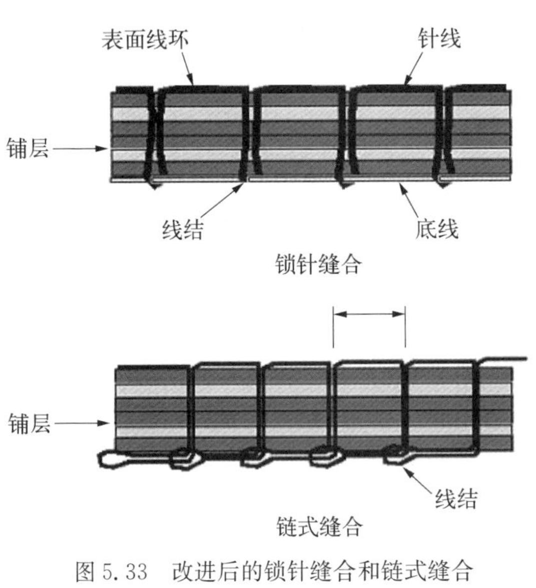

图 5.33　改进后的锁针缝合和链式缝合完成预制体缝合[9]

通常在结构应用上采用两种缝合方式：改进后的锁针缝合方式和链式缝合方式，如图 5.33 所示。链式缝合使用一根缝合线，而锁针缝合则需要分别使用底线和针线。改进后的锁针缝合，可以通过调整缝合线的张力使线结在叠层表面而非叠层的内部，有助于减小叠层的扭曲变形。重要的缝合参数包括针距、缝合平行线之间的距离、缝合材料和缝线的重量。利用三维机器缝合设备，该设备可以锁针缝合或 tuft。Tufting，从制件的一侧表面插入一个缝线环到另一侧，以固定增强体。

各种缝合材料已经成功应用，包括碳纤维、玻璃纤维和芳纶，凯夫拉 29（芳纶）的应用最为广泛。已经使用的凯夫拉纤维重量在 800～2 000 旦尼尔之间。通常认为当缝线占织物纤维面密度重量的 3%～5%时，可以得到较好的损伤容限（如冲击后压缩强度）。然而芳纶的一个重要缺陷是其会吸湿并且在表面缝制处会出现渗漏的问题。

6）编织工艺

编织工艺作为一种商业纺织技术，其起源可以追溯到 19 世纪。在编织过程中，芯轴在机器中央以均匀的速度进给，纤维丝束通过机器不断运转的导向器在芯轴上以一定的速率进行编织。导向器成对地工作以完成上下编织工序，如图 5.34 所示。两个或多个丝束系统在斜向上相缠形成一个完整的结构。编织中涉及的重要参数包括丝束张力、芯轴进给速率、编织旋转速度、导向器数量、丝束宽度、编织周长以及反向环尺寸。

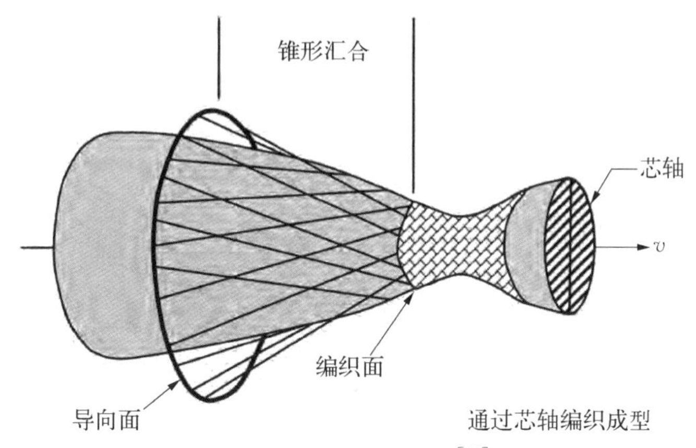

图 5.34 编织工艺原理[12]

编织工艺所制造的预制体具有较高水平的一致性、扭转稳定性和抗损伤能力。无论是干纤维丝束还是预浸丝束均可以进行编织。典型的纤维丝束包括玻璃纤维、芳纶和碳纤维。编织工艺所制造的零件与缠绕成型工艺相比通常比纤维体积含量低，但复杂的形状比缠绕工艺更具有灵活性。导向器的转速与芯轴的移动速度共同对丝束的方向进行控制。芯轴的截面是变化的，而编织物能与芯轴保持一致。典型的编织设备包括 3～144 个导向器，图 5.35 给出了在实际操作中配有 144 个导向器的大型设备。现代的编织设备可以完全控制所有的编织参数，包括芯轴的选择和移动速度，在编织过程中用于可见的系统检测，激光投影系统可以检测编织的精度，在一些情况下集成纤维圆周缠绕。

对于给定周长的零件，丝束宽度和导向器数量决定了编织角近似值，对应关系如下。

$$\sin\theta = WN/2P \qquad \text{（式 5.1）}$$

式中：θ 为编织角度；W 为丝束宽度；N 为导向器数量；P 为零件周长。

如果控制编织的速度和导向器的数量，则可以控制编织零件的丝束角度和直径。编织件的厚度可以通过重复编织来控制，因此编织芯轴在编织设备中多

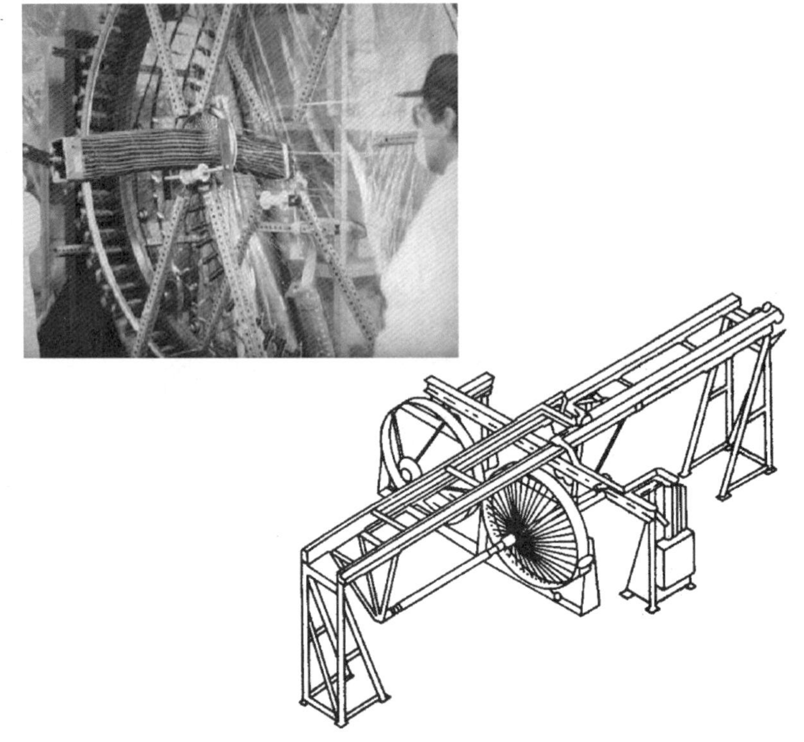

图 5.35 配有 144 个导向器的卧式编织机[11-12]

次移动，形成几乎一样的编织层，类似于铺层结构。可能的纤维丝束角度包括 $\pm\theta$ 或 $0^\circ/\pm\theta$，没有 90° 方向，除非编织设备配有缠绕的功能。

图 5.36 给出了部分编织预制体成型件。编织制件所固有的材料一致性特点使其可以从编织的芯轴上脱模并在不同的模具上固化成型。在另一种情况下，编织后的零件可以直接在芯轴上完成固化。两种情况都可以选择永久性和水溶性或易碎的芯模，在可以编织设备导向器运行轨迹中加入固定直线（0°）的纤维丝束。纤维丝束将轴向丝束锁入织物形成三维的编织体，该编织体在面内三个方向上得到增强。从圆柱芯轴上的编织体取下并切开展平，可以得到编织而成的平面结构。

三维编织可以制造具有厚的净截面，且与零件形状要求一致的预制体。三维编织可以制造适用于连接件和加强件的预制体。由于编织工艺自身的特点，斜向或 45° 方向纤维是编织预制体固有的角度，因此理论上可以承载较高的剪切载荷，而不需要额外手工铺叠 45° 方向包裹层。可以设置三维编织设备编织预制体接近与零件最终要求的编织体，例如可以通过三维编织设备来实现复杂纤维

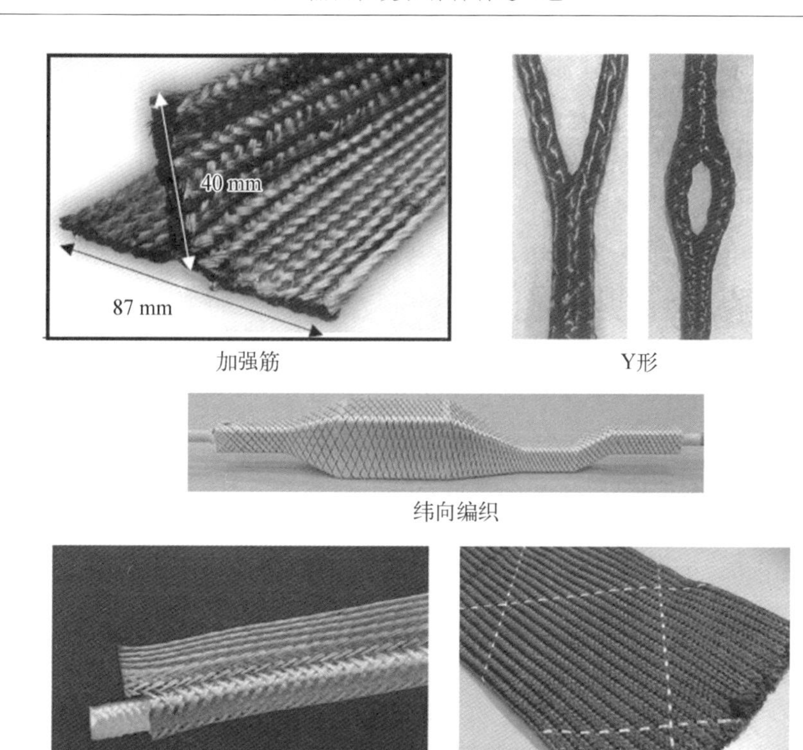

图 5.36 编织预制体成型件

结构，如图 5.37 所示。三维编织的缺点与三维机织类似，即复杂的设置和较低的生产效率。此外，为了能够使最大纤维体积含量为 45%～50%，树脂基体的微裂纹也是需要考虑的问题。

7）纤维毡

许多民营产品的预制体并不需要很高的机械性能，可以采用不连续的短切纤维或卷曲纤维毡制成。该成型技术是一种非常经济的方法，可以制造形状非常复杂的产品。由于纤维的体积含量最高也就在 40%左

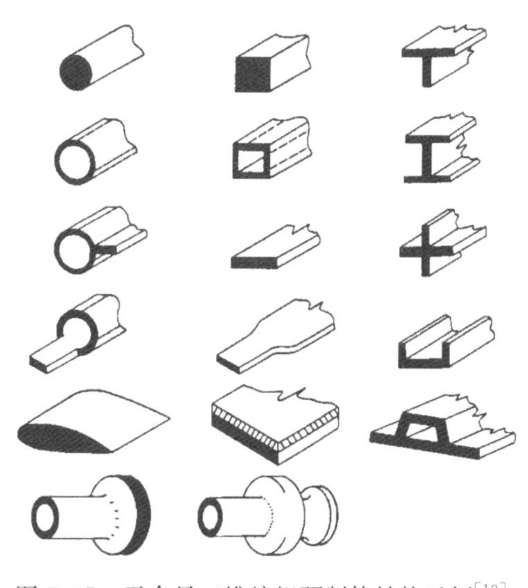

图 5.37 无余量三维编织预制体结构示例[13]

右，因此采用液体成型工艺其纤维毡很容易被浸润。

8）预制体的优点和缺点

纤维织物预制体在复合材料行业中发挥着非常重要的作用，因为其可以改善抗损伤容限能力和降低复合材料制造成本的潜力。

（1）与单向带形式的预制体相比，其具有很好的后续工艺可操作性。预制体制造可以由干纤维相互结合，不需要聚合物材料或树脂基体类材料加入。纺织预制体可以运输、存储、铺叠（在一定条件下取决于纤维的类型）和装入成型模具。最终的产品可在模具中通过液体成型的工艺完成固化。

（2）对最终产品的接头载荷要求不是很高的情况下，不同的预制体可以采用共固化的方法相互连接。如果对接头的载荷要求较高，则可以采用缝合的方法实现。纺织产品的多样性可以使设计人员突破传统的复合材料层压板概念。例如，采用传统的铺叠方式，为防止层压板类蒙皮变形需要增加加强筋条，加强筋条为单独的零件，需要通过共固化、二次胶接或机械连接等方式与蒙皮连接。编织预制体和液体成型工艺使制造无余量的零件成为可能。蒙皮和加强筋条可以制造为一体结构。整体化无余量制造相比于预浸料铺叠可以降低复合材料制造成本，因为通过手工铺叠制造复杂形状和整体结构的零件是困难的，整体结构消除了连接工序。整体结构在性能上也是有优势的，如果设计正确则可以消除零件分层等失效模式。

（3）通过预制体，可以将 RTM 成型过程中与昂贵金属模具相关的工序减少，但是装模、固化、脱模仍然存在。一般在实际操作中利用低成本的预成型模具进行预制体的铺叠和加热定型。

对于预制体产品，可以改善损伤容限和降低制造成本，但与单向带增强体所制造的产品相比，其机械性能相对较低。较低的性能是由多种因素组合共同产生的结果：

（1）在任何情况下高强度纤维经处理或弯曲后，尤其是碳纤维，机械性能会有所降低。在上述的纺织工艺中，纤维丝束或纱线在很大程度上会产生机械磨损和弯曲。

（2）机织和编织中，纤维排布方式的联锁特征会导致纤维弯曲，而由单向带增强体制成的层压板中则无此现象。在机织物中纤维交叉处，纤维会受到较大的挤压，而经向编织或缝合的单向预制体性能通常与单向带产品相接近。

（3）当一个平面的机织预制体铺叠在大型复杂型面的模具上成型时，纤维的铺叠方向会发生改变，原有的正交结构会发生变化。在编织产品中，芯轴直径的变化会导致纤维角度发生变化。对于三维机织产品，在压实过程中，z 向纤维会因受到挤压而失去其直线度。

（4）一般来说，预制体的结构越复杂（如三维机织预制体），复合材料制件在固化后的纤维体积含量越难达到使用单向带预浸料铺叠所制造的复合材料制件的含量。例如，通常单向带预浸料铺叠的层压板结构的纤维体积含量可以达到60%左右，而三维编织预制体产品的纤维体积含量通常在50%～55%的范围内。这一缺陷会导致富树脂区域出现，该区域在固化的冷却过程中很容易产生微裂纹缺陷。

不同纺织结构工艺所制造的预制体主要优缺点在表5.3中概括列出。

表5.3　各种纺织工艺的优缺点

纺织工艺	优　点	缺　点
二维机织物	优异的面内机械性能 优异的铺叠性能 预制体高度自动化制造 可以制造完整的零件形状 适用于大尺寸制件 大量的数据积累	偏轴性可设计性受限 面外机械性能低
三维机织物	具有适中的面内和面外性能 预制体可通过自动化工艺制造 织物的形状范围实现受到限制	偏轴性可设计性受限 铺叠性较差
二维编织预制体	具有较好的偏轴性能 预制体可通过自动化工艺制造 适合于复杂结构的零件 良好的铺叠性能	由于设备原因，其制造尺寸受限制 较低的面外性能
三维编织预制体	具有较好的面内和面外性能 预制体可通过自动化工艺制造 适合于复杂结构的零件	制造效率低且比较昂贵 由于设备原因，其制造尺寸受限制
多轴经向编织物	良好的面内性能 预制体可通过自动化工艺制造 适用于多层结构零件制造	除非采用缝合，否则面外性能较低 设计灵活程度低 铺叠性能差
缝合	良好的面内性能 可通过自动化工艺制造，且具有良好的损伤容限和面外性能 装配工艺优异	面内性能略下降 不适合应用于复杂曲面零件

9）预制体铺叠

由于聚合物复合材料结构的刚度和强度主要由纤维增强体决定，因此在所有制造工序中保证纤维的精确定位是非常重要的。对预制体的不当操作和加工会破坏纤维的均匀性。在进行材料处理时，材料在曲面模具上的铺叠、预压实和真空袋封装可能会导致纤维的扩散或扭曲。应通过检查工艺验证件来确认是否满足纤维体积含量的下限要求，尤其对于结构等细节部位加以关注。当织物铺叠发生变形时，保证设计所要求的纤维体积含量是最有挑战性的问题。织物在单曲面上的可铺叠性是织物的剪切柔性的直接函数。缎纹织物纤维丝束相比平纹织物交汇点较少，剪切刚度较低，因此铺叠更为容易。织物在复杂结构型面上的铺叠性还取决于其面内的可延展性和压缩性。对于大多数产品，或多或少含有面内接近准直状态的纤维织物，在复杂型面上铺叠时存在较大困难。对于该类材料，只有较小的双曲率型面具有铺叠适应性而不发生纤维排列的破坏。然而，复杂型面的制件可以通过其他一些无余量工艺实现，例如在芯轴上进行编织，从而避免铺叠性的问题。

预制体工艺一般先于液体注射工艺进行的原因主要有以下两个方面。

(1) 预制体无需昂贵的模具。该模具可用于制件的固化，而预制体成型操作可提前或分步进行。

(2) 良好的预制体(见图 5.38)应具备一定的刚度和形状稳定性，而直接将松散的织物放入模具中是无法实现的。

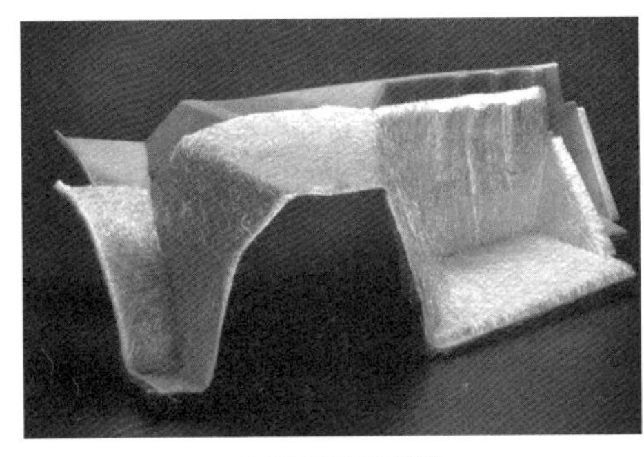

玻璃纤维预制体

液体成型零件

图 5.38　预制体和液体成型零件实例

因此，预制体工艺可以改善最终产品内部的纤维分布情况，提高产品批次的稳定性。

平面织物预制体可以通过缝合或定型剂连接在一起。定型剂通常为未经催化的热固性树脂的薄膜、溶剂或粉末。薄膜可以存在于相邻的织物层之间，然后通过叠层加热和加压的方式制成预制体。定型剂可以使用溶剂进行稀释然后喷射到织物层上。也可以将粉末加到织物表面，然后通过加热的方法使粉末定型剂熔化渗透入织物层。带有定型剂的织物通常被定义为较低树脂含量的预浸料(通常在4%～6%范围内)，可以使用常规幅宽的自动切割设备制成叠层制件。重要的是要尽可能保持定型剂含量低，因为它降低预制体的渗透性且使树脂注入更加困难，因此要尽量选择相同的树脂体系定型剂。一旦将定型剂加到织物层表面，就将在低成本预成型模具上制成需要的零件形状，然后通过加热至200℉(95℃)维持30～60 s进行加热定型。

预制体的压实工艺取决于制造预制体所采用的工艺、增强体类型、定型剂的选择、压实压力和压实温度。压实压力和温度的影响如图5.39所示。定型剂可以扮演润滑剂的角色增加层间致密性，但这会降低预制体的渗透性且使树脂注入更加困难。对任何预制体结构，在树脂注入前都要对预制体进行干燥处理，以尽可能地除去凝结在纤维表面空气中的水分。

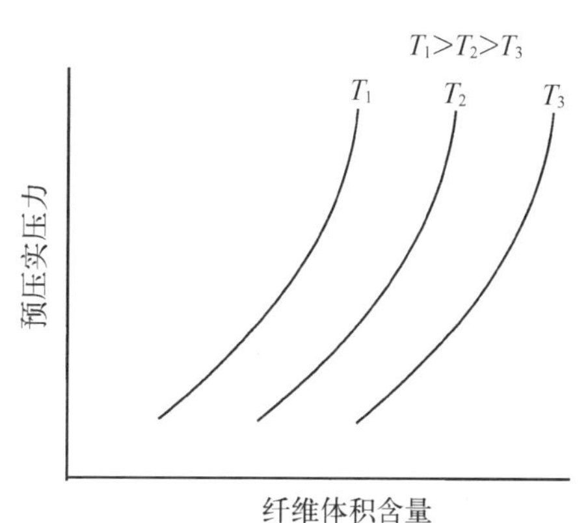

图5.39 压实压力和温度对预制体纤维体积含量的影响[14]

5.5.2 树脂注入成型

树脂注入成型遵循达西定律(树脂流动通过多孔介质)。根据该定律，单位面积树脂流动速率(Q/A)与预制体的渗透率 k 和压力梯度($\Delta P/L$)成正比，与树脂的黏度 η 和流道长度 L 成反比。

$$\frac{Q}{A}=\frac{k\Delta P}{\eta L} \qquad (式5.2)$$

因此，在短时间内完成树脂注入(高 Q/A)，需要预制体有较高的渗透率 k 和注射压力 ΔP、较低的树脂黏度 η 和较短的树脂流道长度 L。式5.2为RTM工艺提供了有用的指导：① 采用低黏度树脂；② 采用较高的注射压力，提高注射速率；③ 采用多个注射孔和排气孔提高注入速率。

用于RTM成型工艺的理想树脂体系应具备以下条件：① 低黏度，以使树脂能够通过模具并完全浸润纤维预制体；② 足够的工艺活性期，在该阶段树脂能够保持足够低的黏度，在合理的压力下完成树脂注入；③ 低挥发分含量，以减少制品空洞和孔隙的产生；④ 合理的固化时间和温度，以使产品能够得到完全的固化。影响 RTM 成型工艺的因素如表 5.4 所示。

表 5.4 树脂转移成型(RTM)的工艺因素及其影响[8]

RTM 工艺因素	对工艺和结构潜在的影响因素
树脂黏度	100～1 000 cP 是典型的流动工艺操作区间 在高温处理条件下，10～100 cP 的区间也是典型的区间 黏度过高，预制体无法被浸润 黏度过低，快速浸润可能会导致干斑和孔隙
树脂工艺活性期	活性期过短，树脂无法完全浸润预制体 活性期过长，工艺周期会产生不必要的延长
树脂注入压力	驱使树脂进入模具和浸润预制体 太快或太高，会导致预制体在模具内移位 压力过高，会导致模具损坏、密封处破裂或渗漏 压力过低，工艺周期延长，在树脂注入过程中会导致树脂凝胶化
树脂注入真空度水平	10～28 in Hg 为典型工艺操作范围 驱动树脂通过模具和预制体 有利于降低制品孔隙率 使模具处于闭合状态 有利于排除水分和挥发分
多孔注入	通常可以保证预制体浸润充分 有时可以应用于超长的零件
内部橡胶/弹性模具	嵌入橡胶有助于提高压力 可以获得较高的纤维含量(>65%) 一般可以降低孔隙率到很低水平 模具必须有足够的强度以承受较高的压力
合模压力	树脂完全浸润后压力升至 100～200 psi 压缩气泡以减少微小孔隙
纤维上浆剂或定型剂	上浆剂的属性必须与树脂特性相匹配 上浆剂含量的增高会导致树脂的流动性降低(渗透率下降)
纤维体积含量	树脂流动渗透率与纤维含量成反比 高纤维体积含量(>60%)的树脂进入更多的浸润工作量 民用产品中纤维体积含量通常为 25%～55% 航空航天产品纤维体积含量通常为 50%～70%
成型加工嵌件或接头	使用 RTM 工艺更容易实现 树脂在接头周围流动可能会造成干斑或孔隙

选择 RTM 成型工艺的树脂时，其黏度是需要重要考虑的因素。低黏度的

树脂体系是理想的，树脂黏度范围在 100～300 cP 内最佳，500 cP 为黏度上限。虽然有较高黏度树脂成功注入的案例，但需要较高的注射压力和温度，这将需要刚度更大的模具以防止其发生变形。通常树脂在注入模具前进行混合和催化。如果树脂在室温条件下是固态的，且存在固化剂，则必须通过加热使之熔融。在注入罐中对树脂进行真空脱气（见图 5.40）是去除树脂混合所裹入的气体以及低沸点的挥发分的好方法。环氧树脂体系和双马来酰亚胺树脂均适用于 RTM 成型工艺，预先配制好的树脂可以从众多的供应商处获得。与预浸料树脂体系相似，需要掌握应用于 RTM 工艺的树脂的黏度和固化动力学。

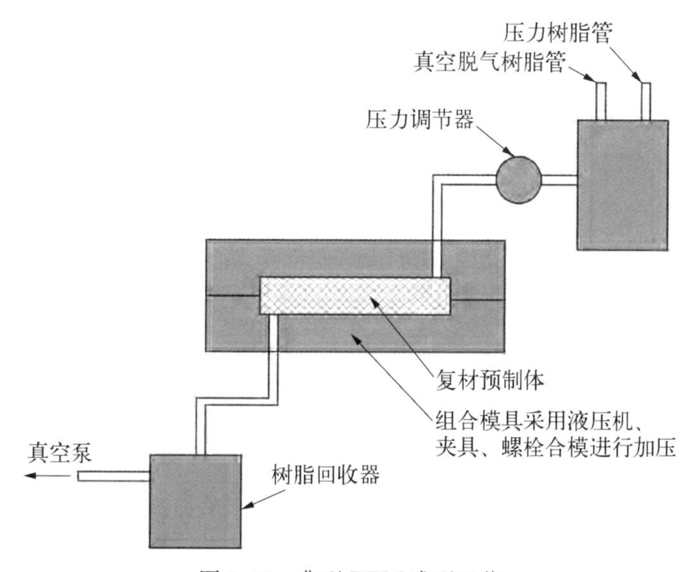

图 5.40　典型 RTM 成型工艺

尽管树脂注射成型的注入压力范围可从仅为真空压力到 400～500 psi（2 800～3 400 kPa），但一般情况下选择的压力在 100 psi（690 kPa）或更低。虽然经常需要较高的压力对预制体进行充分浸润，但注射压力越高，预制体在模具内移位的可能性越大，也就是说，注入树脂的前端压力可以将干态的预制体推移出理想的位置。在一般情况下，注入成型模具的设计应保证其有足够的刚度来抵抗注入树脂压力，或将其放置于平面的模压机中，利用压力抵抗注入压力，根据经验，注入压力越高，模具的成本越高。在树脂注入前或注入过程中对树脂或模具进行加热来降低树脂黏度，不过这样会缩短树脂操作的工艺活性期。在树脂注入前通常需要对树脂进行真空处理，尽可能地排除挥发分，降低固化后制品出现孔隙的可能。在树脂注入过程中经常采用抽真空的方法排除预制体和模具空腔中的气体。真空负压还有助于将树脂吸入模具和浸润预制体内部,有助于排除水分和挥发分,降低孔隙率。据报道,树脂注入成型在真空条件下应用可以提高产品质量,降低孔隙率和空洞率。

树脂填充模具所需要的时间取决于树脂黏度、纤维预制体的渗透率、注射压力、注胶口的数量和位置以及制件的尺寸。注射工艺的方法一般包括如图 5.41 所示的三种主要方法:点注入、边缘注入和外围注入。点注入通常是在制件的中心处注入树脂,并在制件的周围抽真空,使树脂快速地浸润纤维增强体。边缘注入是在制件的一端注入树脂,在另一端辅助抽真空,使树脂单向地流过制件全长。外围注入是将树脂注入预制体周围的流胶槽内,并在制件中心处抽真空,使树脂快速地从周围向中心移动。一般而言,外围注入工艺为三者中最快,但在同一制件上使用一种以上的方法也很常见。另外,要有效地完成树脂填充,避免其他裹入和未完全浸润的干斑,则对注胶口和排气口的位置要经过严格的考虑。尽管有多种方法可以减少填充模具所需要的时间,例如采用黏度更低的树脂或更高的注射压力,但最有效的方式是设计最小树脂流动距离和排气系统。在注入和排气口的系统设计中,最重要的考虑因素是能够将裹入气体的可能性降至最低,因为裹入的气体会导致零件固化后出现干斑。在外围注入过程中,有可能会出现所谓“跑道”的现象,树脂经过外围的流胶槽向内流动裹入气体,导致干斑出现。一般情况下可以通过选择注胶口和排气口的位置和数量来避免。

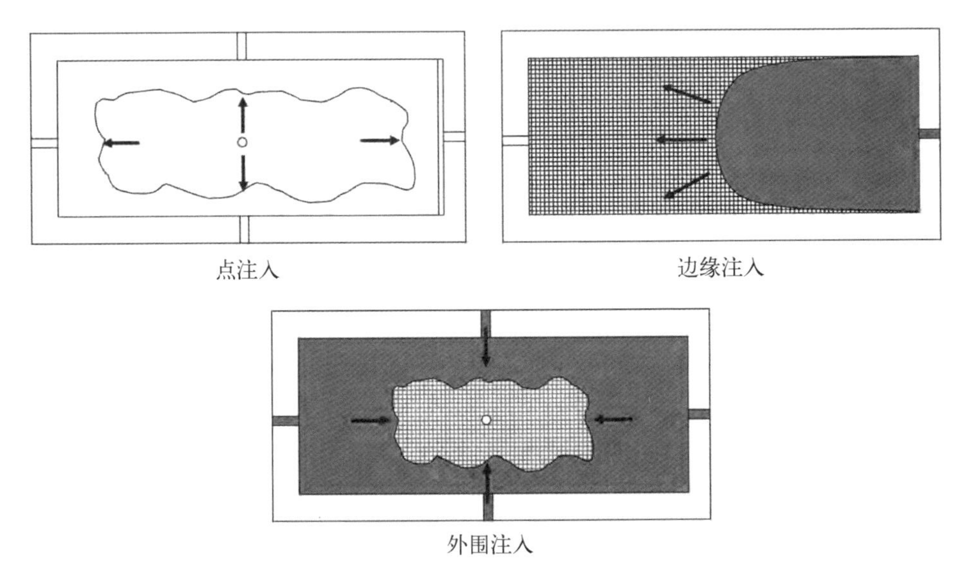

图 5.41 树脂注射方式

树脂注入过程中，其真空辅助措施有助于降低空洞率。然而，如果确定使用真空辅助方法，则要保证模具的密封性良好。如果模具发生渗漏，则空气会随之进入模具中，使空洞率增加。除了预制体和模具中所裹入的气体外，树脂自身裹入的气体、水分和挥发分也是产生空洞和孔隙的重要原因。常用解决方式是在树脂注射前，在常温或稍微加热的条件下对树脂混合物进行彻底的真空脱气处理，在树脂注入前排出这些气体。在树脂注入过程中，当模具内的树脂被填充满时，树脂会从排气口溢出。如果溢出的树脂中存在气泡，则需要继续注入树脂直到从排气口溢出的树脂不含任何气泡为止。为了进一步降低空洞和孔隙产生的可能性，一旦树脂注入工序完成就需要将各排气口封闭，同时继续抽真空来加强模具内树脂压力。

5.5.3　预制体工艺

用于 RTM 成型工艺的预制体采用三维编织工艺提供更高的刚度和损伤容限；对于 RTM 成型零件，采用增韧的而不是脆且未改性的环氧树脂更为理想。然而，如图 5.42 所示的增韧树脂体系黏度较高，无法在正常的压力条件下完全浸润预制体。在这种对比条件下，977 - 2 树脂通过热塑性材料改性增韧，用于预浸料树脂体系。977 - 20 树脂体系是完全相同的，除了热塑性增韧剂已经被去除，为获得更好的 RTM 成型工艺零件，树脂黏度必须控制在所需的范围内。

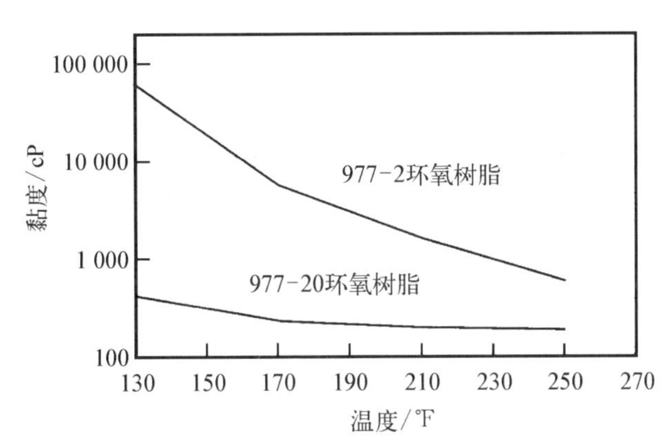

图 5.42　增韧和非增韧环氧树脂的黏度对比(图片来源：Cytec 工程材料)

为了克服增韧树脂黏度的问题，Cytec 工程材料从 977 - 2 树脂开始移除热塑性增韧剂，然后将其纺成纤维并编织成碳纤维织物预制体，产品形式和工艺以 Priform^{TM} 命名。因此，将较低黏度且未增韧的树脂注入预制体中，零件加热固化时，热塑性纤维熔融并且混合到树脂中以形成完全的增韧树脂基体。热塑性纤维熔融所需要的温度是时间的函数，如图 5.43 所示。在加热至 350℉(177℃)固化温度时，在 250～285℉(120～140℃)设置一个保温台阶，以使热塑性纤维有足够的时间熔融并与树脂混合。这种工艺的优势是可以获得具有一定刚度和耐损伤容限矩阵的 RTM 零件；而缺点是需要额外付出热塑性纤维编织费用，然后将它们整体编织到预制体中。如图 5.44 所示为使用 Priform 工艺制成的预制体和飞机扰流板铰链成品。由于这是体现在面外载荷的铰链，所以预制体通过缝合在一起提供 Z 向加强。

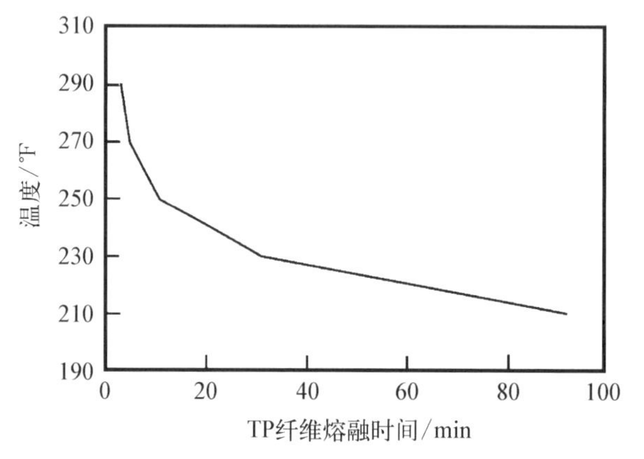

图 5.43 热塑性纤维熔融所需温度(图片来源：Cytec 工程材料)

缝合预制体　　最终零件

图 5.44 使用 Priform 工艺制成的扰流板铰链(图片来源：Cytec 工程材料)

5.5.4 RTM 固化工艺

RTM 固化方式可以采用以下几种方法实现：

(1) 组合模具整体加热板——电加热，热水或油加热。

(2) 组合模具在加温箱中加热。

(3) 组合模具放置于热压机的加热板之间，热压机为模具提供热源和合模压力。

(4) 对于仅用抽真空方式进行树脂注入的液体成型工艺，例如真空辅助树脂转移成型(VARTM)，使用单面模具(仅使用真空袋)加压的方式，在这种情况下，如果使用低温固化树脂体系，则可以使用整体式加热器、加温箱或烤灯完成加热。

与热压罐固化相比，操作者可以对时间、温度和压力进行控制，在 RTM 成型工艺中，压力参数通常在树脂注入前预先设置好；在 VARTM 工艺过程中则受限于真空所能提供的压力小于或等于 14.7 psi(101 kPa)。在许多组合模具应用中，排气口可以被密封，通过抽真空来保持压力。为了提高生产效率，RTM 成型工艺类零件通常在模具内固化、脱模，然后在加温箱中完成后处理工序。一些制造完成的 RTM 零件如图 5.45 所示。

图 5.45 RTM 工艺制造的碳纤维复合材料零件(图片来源：GKN)

5.5.5 RTM 模具工艺

模具可能是 RTM 成型工艺最重要的影响因素。保证合理的设计和模具的高精度通常会制造良好的零件，模具设计和制造不当则会制造出有缺陷的零件。设计 RTM 模具时，需要重点考虑以下因素：

(1) 当预制体装入模具时一定要保证模具有足够的刚度且不会发生变形，并且在树脂注入过程中必须能够承受注入压力。如果模具独立使用而非在模压机中使用，则需要在其外部增加模具刚度，防止在树脂注入过程中模具发生变形。

(2) 当树脂注入工序中采用真空辅助措施时，模具必须要保证密封，防止气体被吸入模具中。几种不同的解决方法已经得到应用，通常使用一些橡胶 O 形圈安装在模具周边的密封槽中，如图 5.46 所示。如果可能，则最好将密封保留在单个平面上，因为沿曲面来进行有效密封的难度相对较大。

(3) 在预制体压缩和树脂注入过程中，模具的锁紧系统必须能够充分保证模具一直处于闭合状态。虽然在大批量生产中采用液压系统，但大型的螺栓仍然经常使用。需要指出的是，注入压力会对模具施加较大的分离力。例如对面积为 20 ft^2 (2 m^2) 的模具施加 60 psi(415 kPa) 的注入压力时，施加到模具上的力可达 80 t。

(4) 模具需要自身具备加热系统，放置于加温箱或模压机中进行固化。

(5) 模具必须有注胶口和排气口，系统能够保证树脂注入过程中预制体被完全浸润，模具被树脂完全注满。注胶口和排气口的数量和位置很难通过理论获得，通常通过经验、尝试和错误确定。

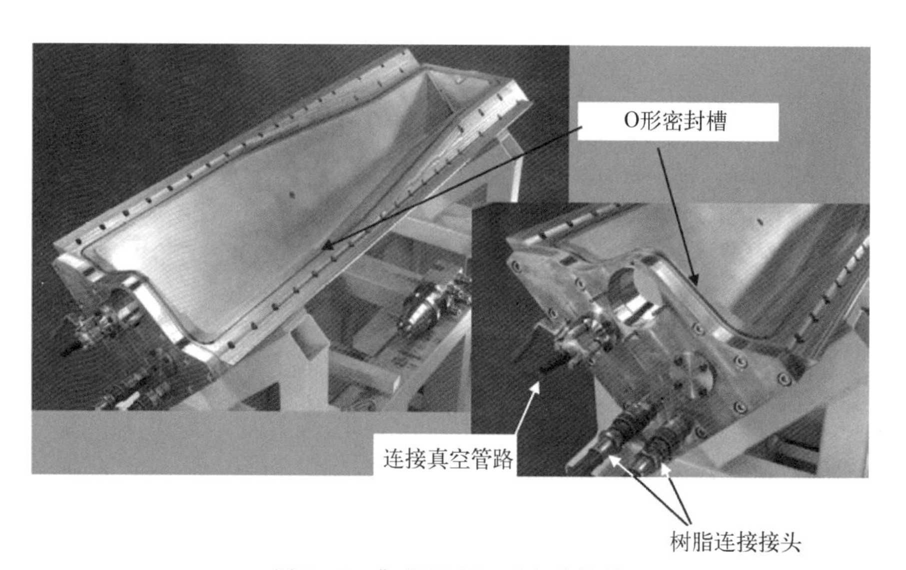

图 5.46 典型 RTM 工艺组合模具

传统的 RTM 成型模具由组合模具组成，通常采用工具钢加工而成。如果零件非常复杂，那么即使小模具也包括许多需要精确配合的小零件，如图 5.47 所示。钢组合模具在批量生产过程中具有寿命长并且在操作过程中可以避免损坏的优点。模具的贴模面通常需要抛光到很高的光洁度，这将为最终 RTM 零件提供良好的表面质量。许多组合的金属模具具有足够的刚度，在树脂注入和固化过程中不需要将模具放置在模压机中以抵抗树脂注入压力。为了满足相应条件，这些模具必然会十分沉重，因此在模具中增加吊环装置用以吊车搬运。这些模具通过一系列较大的螺栓锁紧在一起，并且需要配备内部端口用于热水或油加热。热水加热器通常可以加热到 280℉(135℃)，超过该温度时必须使用油加热。电加热系统可以安装在模具内部，但如果加热元件损坏则很难更换或维修，因此可靠性不及一般的油加热。RTM 成型模具还可以放置在加温箱中加热，但对于大型模具而言其加热速率非常缓慢。

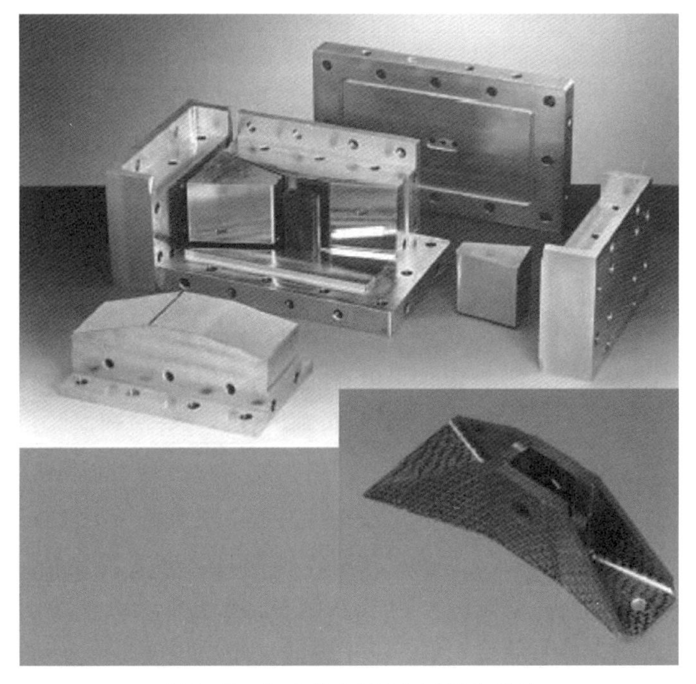

图 5.47 复杂的 RTM 金属组合模具

金属组合模具有两个方面的缺点：① 模具非常昂贵；② 升温和降温速率缓慢。金属组合模具可以用 Invar42 材料制造，该模具材料与碳纤维复合材料的热膨胀系数相近。铝合金材料也可以用于模具制造，因为其易于加工(加工成本低)且热膨胀系数较高，所以适合于某些特定场合。然而，相比钢或 Invar 材料，铝材料模具更容易磨损。对于原型件和小批量制件，组合模具可以采用耐高温的树脂制造，通常加入玻璃纤维或碳纤维增强。如果树脂注射压力不高，则原型模具可以直接通过铸件数控加工而成，也可以在母模上铺叠而成，或在母模上铺叠固化后再通过数控加工设备进行表面抛光。

树脂注入和固化过程中仅适用真空辅助压力(如VARTM)的一个显著优势是其模具更为简单。VARTM工艺较低的压力使模具更轻、成本更低。事实上,这些工艺方法大多数采用单面模具,另一面是真空袋。对于VARTM成型工艺,在纤维预制体上需要放置一层导气材料,以辅助树脂注入过程中树脂的填充。

5.5.6 RTM工艺缺陷

如果制件的半径设计得太小,则通常会在制件的R角处出现架桥现象,经常会在外R角区域出现富树脂区,如图5.48所示。由于这些富树脂区并不会增强纤维,因此经常会出现裂纹或脱落。如果R角处的架桥非常严重,则铺叠无法压实并出现分层的问题。通常情况下,零件的R角区直径需要比零件的厚度大3倍以上。R角区直径过小可能会带来其他的问题,包括:① 会阻碍树脂流动和浸润预制体;② 将预制体装入模具会变得更为困难;③ 在模具合模过程中可能会造成纤维损伤;④ 如果模具的材料采用层压的复合材料甚至更软的材料,则模具自身会遭到损坏。

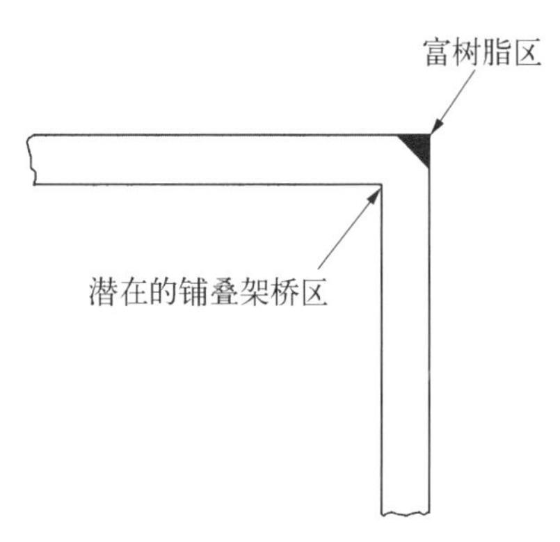

图5.48 预制体与模具之间形成的富树脂区

在树脂注入过程中,树脂具有很高的流动性并且沿最小阻力路径浸润预制体。如果在预制体和模具之间或预制体内部存在间隙,则此处的渗透率会高于平均水平,树脂可能局部快速流动至前沿而且在预制体内部产生其他滞留区,从而产生纤维干斑或未浸润区域。这种“跑道”现象如图5.49所示。重要的是预制体要紧密地与模具边缘吻合,否则需要在预制体边

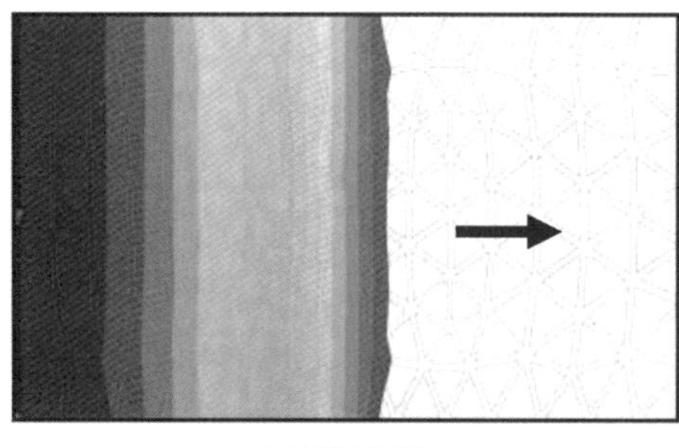

无浸润通道

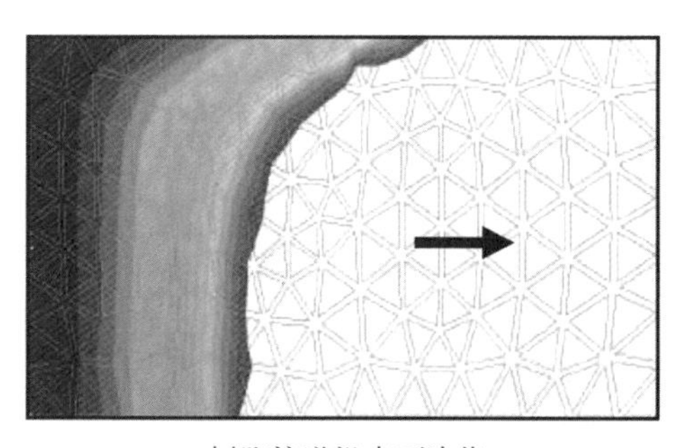

树脂流道沿表面边缘

图5.49 注入过程中树脂的“跑道”现象

缘和模具之间放置额外的密封材料，如图 5.50 所示。合理设计注胶口和排气口非常重要，可以防止出现类似的“跑道”现象。在外围注入系统中这种现象相比点注入或边缘注入更为普遍。与此类似的现象还会发生在夹层结构中，其中一侧蒙皮预制体的树脂流动快于另一侧，导致蒙皮厚度不均匀。事实上夹芯会被树脂流动推向蒙皮较薄的一侧。为解决夹芯材料存在的问题，制造商在所提供的芯材表面上加工出纵横交错的沟槽为树脂注入路径，甚至在泡沫芯材上钻孔，允许树脂通过而保证两侧压力平衡。这种方法经常用于 VARTM 工艺来减少树脂注入时间和改善零件质量。

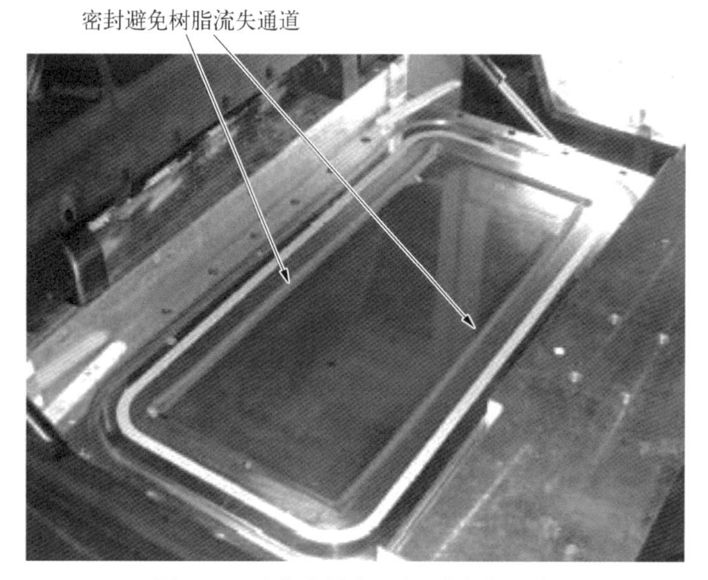

图 5.50 边缘密封防止出现“跑道”现象

如果树脂注入压力过高，则快速流入前端的树脂可使部分预制体发生位移，导致纤维不规则。对于纤维体积含量较低的零件，这种现象更容易出现。随着纤维体积含量提高，通常会受到模具合模所提供的更高压实力，这可对纤维所受的冲击力进行制衡。然而，较高的压实力会降低预制体的渗透率，导致树脂注入更为困难。

RTM 成型工艺的零件孔隙问题通常与传统的热压罐固化工艺相比并不是很突出。然而若在树脂注入工艺过程中采用真空辅助措施排除模具内气体，则孔隙仍然有可能会产生。这种问题的出现往往是由于模具的密封系统出现渗漏，使得抽真空操作实际上又将外部空气吸入到模具内。可以采取如下工序来减少孔隙：

(1) 保证模具的密封性良好，尤其是在树脂注入过程中抽真空的场合。

(2) 树脂注入前，在树脂反应釜中进行树脂真空脱气，排除挥发分和夹杂的气体。

(3) 使树脂在排气口不断地流出，直到排出的树脂无气泡存在。

(4) 在模具排气口封闭后继续施加压力，以确保树脂在固化过程中维持足够的压力。

所有的液体成型工艺，包括 RTM 工艺都受益于建立预制体和树脂注入数学模型。利用产品的几何形状，可以使用有限元模型分析来预测成型过程中纤维的位移和变形，以及在注入过程中树脂进入模具和预制体的位移趋势。这些先进分析模型的使用可以大大降低新产品结构开发所耗费的时间和成本。对分析模型的合理应用还可有效地模拟模具设计中注胶口和排气口的合理布置。

5.5.7 真空辅助树脂转移成型

由于真空辅助树脂转移成型(VARTM)工艺仅使用真空压力树脂注入和固化，因此 VARTM 工艺最大的优势是模具的成本低和模具的设计复杂性相比传统的 RTM 工艺大大降低。此外，由于不需要采用热压罐进行固化，因此可以采用 VARTM 工艺制造大型复合材料结构，如图 5.51 所示为大型的船体结构。由于 VARTM 成型工艺的压力很低，因此便于在铺叠过程中加入轻质泡沫芯材。VARTM 成型工艺已经应用于制造玻璃纤维船体多年，直到近几年才引起航空航天工业的关注。

一种典型的 VARTM 成型工艺如图 5.52 所示，包括单面模具和真空袋。VARTM 工艺通常在预制体表面放置多孔的导流材料，协助树脂在预制体中流动和对预制体充分浸润。这种多孔介质导流材料应具备较高的渗透率，允许树脂顺利通过。当使用多孔介质导流材料时，树脂一般均匀通过介质材料而流入预制体。典型的导流材料包括尼龙网和聚丙烯织物。由于树脂沿厚度方向渗入，因此树脂的“跑道”现象和预制体周边的树脂渗漏可有效地避免。

由于 VARTM 成型工艺仅采用真空压力实现树脂注入和固化，因此无需热压罐工艺就能够制造尺寸非常大的零件。通常应用加温箱和自身带整体加热功能的模具，因为压力低，在这种情况下小于或等于 14.7 psi(101.4 kPa)，因此低成本、轻质的模具即可满足对应要求。一些制造商采取双层真空袋降低压实压力变化并防止第一级真空袋发生渗漏。在两层真空袋之间放置一层透气材料有

图 5.51 真空辅助树脂转移(VARTM)工艺制造大型船体

注：注胶口位置利用多点注入方式

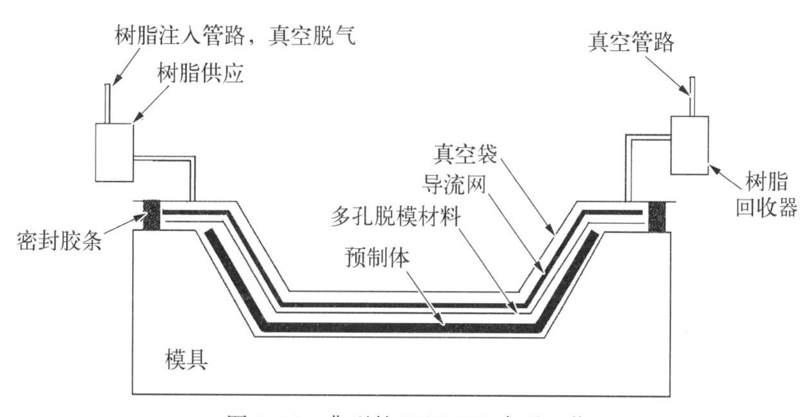

图 5.52 典型的 VARTM 成型工艺

助于排除渗漏处的气体。可重复利用的真空袋可以降低制造复杂形状零件的成本。在整个过程中保持很好的真空度(大于 27 in Hg)是 VARTM 制造工艺成功的关键因素之一。

用于 VARTM 成型工艺的树脂黏度通常需要低于传统 RTM 工艺所用树脂。期望的树脂黏度应小于 100 cP,即使树脂仅在真空压力条件下浸润预制体所需要的流动度。在树脂注入前通常需要进行真空脱气处理，帮助排除树脂混合时所夹杂的气体。一些树脂可以在室温条件下浸润，而其他树脂需要进行加热。应该确保树脂和真空脱气系统远离被加热的模具，这样可以更容易地控制源头树脂温度以及避免树脂在收集器内发生发热反应。对于大尺寸零件，需要较多的注胶口和排气口。根据经验，树脂供给管道和真空源的安置应保持 18 in (45 cm)左右的距离。对于较厚的预制体，获得较高纤维体积含量的难度会增大。由于纤维束堆叠无法达到完美的紧密结合，因此每增加一层铺层预制体，内部的空隙就会随之增长，这导致了大厚度制件纤维体积含量较低的现象。

由于所用的压力远远小于常规的 RTM 或热压罐成型工艺，因此要获得与高压制造工艺产品相当的纤维体积含量，面临的困难就非常大。这种工艺的缺点可以通过制造接近无余量的预制体克服。VARTM 工艺无法达到常规 RTM 工艺制件的尺寸精度，真空袋一侧零件表面质量无法与贴模面相比。厚度控制通常取决于预制体的铺叠和层数、纤维体积含量和在工艺过程中的真空度。

5.6 树脂膜浸润成型

树脂膜浸润(RFI)成型工艺最初是由美国国家航空航天局(NASA)和麦道公司(现已经被波音收购)共同开发的一种工艺技术。有两个驱动因素开发此工艺。

(1) 希望采用三维增强体结构制造可以提高损伤容限的民用飞机的机翼。

(2) 希望采用已经取证的预浸料树脂体系作为基体材料。

将预浸料树脂体系用于常规的 RTM 工艺存在的问题是：最小树脂黏度(远远大于 500 cP)太高，在注入过程中树脂很难注入和填充缝合预制体。这种成型工艺由 NASA 和波音公司开发，如图 5.53 所示，包括在室温条件下将一定量的固态树脂基体(Hexcel's 3501-6)放置于模具底部。再将缝合的预制体放入模具内，放置于树脂片层上部。在热压罐内固化过程中树脂熔融，在真空和热压罐压力条件下，液体树脂由下而上在模具内浸润预制体。当浸润完成后，将温度升至固化温度，零件在热压罐内加热和压力的条件下完成固化。RFI 成型工艺的关键是需要掌握预制体的压实情况和渗透率，以及树脂黏度和动态曲线。例如，对于浸润较大尺寸的预制体，其树脂黏度在 250℉(120℃)条件下需要低于 250 cP 并且能够保持 1～2 h。此外，预制体的设计、在模具内铺叠、模具的设计和尺寸精度控制对此工艺也非常重要。需要设计专用的固化工艺规范来确定预制体被充分浸润的时间-温度-黏度曲线。

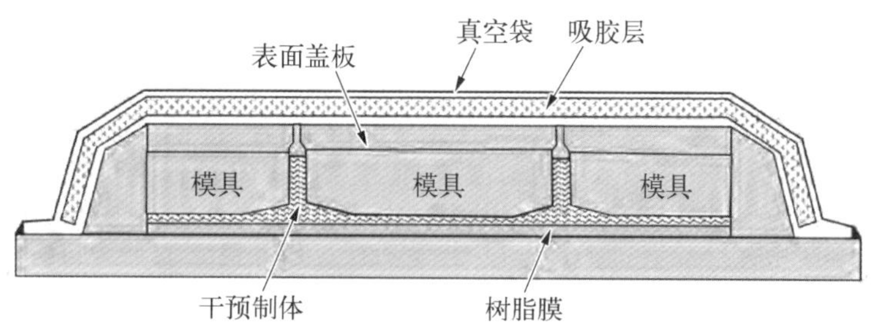

图 5.53　树脂膜浸润成型工艺(RFI)[15]

在 NASA 复合材料机翼项目中，波音长滩分部应用 RFI 成型工艺成功设计、制造、装配和测试了 42 ft(13 m)长，8 ft(2.4 m)宽的复合材料机翼。该项目采用 3501－6 树脂基体和德国 Saertex 公司提供的缝合预制体。一个完整的缝合、浸润和固化机翼壁板如图 5.54 所示。Saertex 公司所提供的材料一般为 7 层或 9 层厚，包括典型的 0°、±45°和 90°铺层。

图 5.54　采用 RFI 工艺制造的整体机翼壁板[16]

缝合工艺应用如图 5.55 所示。蒙皮、长桁和肋结构进行独立缝合，然后再将三者缝合在一起。Saertex 公司的叠层采用 1 600 旦尼尔的凯夫拉纤维缝合在一起(在这个例子中，采用杜邦凯夫拉 29 纤维)。典型的缝合操作如图 5.56 所示，叠层的缝合形式为改良的锁针缝合，缝合行距为 0.2 in(5.1 mm)，针距为 8 针/in。大型机翼壁板通常由 5～11 个 Saertex 材料叠层组成，加强区可达 17 个叠层，厚度为 0.94 in(24 mm)。

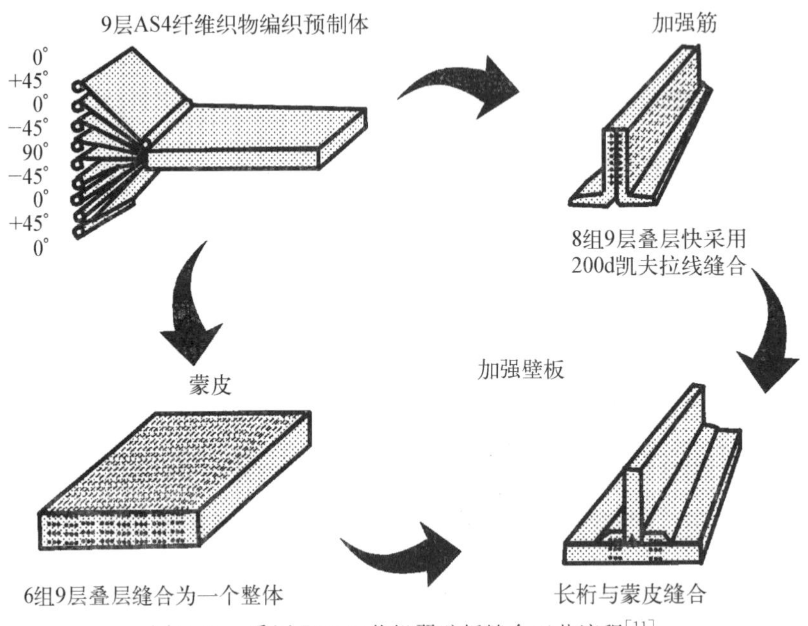

图 5.55 采用 RFI 工艺机翼壁板缝合工艺流程[11]

为延长树脂维持低黏度的时间，采用降低催化剂含量的 3501-6 改性树脂，其可以持续维持低黏度状态(100～300 cP)达 2 h，从而有足够的时间使树脂在模具内流动和浸润预制体。从开始加热到 250°F(121℃)，在该温度下需要有足够的时间使树脂熔融并充分浸润预制体。此外，树脂通过真空脱气处理可以减少制件内部孔隙和表面气泡的形成。

RFI 的衍生工艺的一种类型采用置于干预制体层间的薄树脂膜代替置于模具底部的块状树脂，如图 5.57 所示。该工艺的优势是，树脂不需要流动很远的路径就可以浸润每一层，这一衍生工艺被称为 SPRINT，真空袋压力足以保证充分浸润预制体。然而对于较厚的叠层，铺叠工作量大也是一个问题。

图 5.56　将肋缝合到机翼壁板上[16]

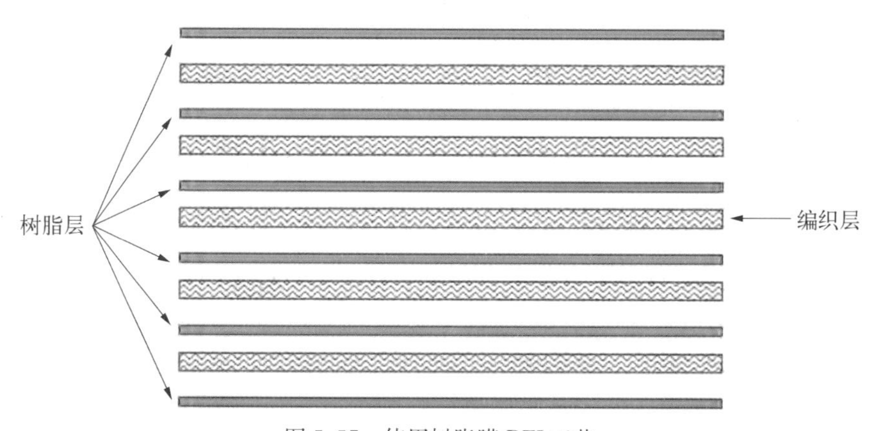

图 5.57　使用树脂膜 RFI 工艺

5.7　拉挤成型

拉挤成型是一种成熟的工艺，在 20 世纪 50 年代就开始应用于商业领域。拉挤成型过程中，连续的增强纤维通过树脂基体浸润并连续不断地固化成复合材料制品。虽然拉挤成型工艺有不同程度的演变，但针对热固性复合材料的工艺如图 5.58 所示。增强纤维通常为玻璃纤维粗纱，从纱架上的线轴上被拉出并逐渐合并为一股，再通过液态树脂槽浸润树脂。浸润后的增强纤维被引入与产品形状相同的预成型模具，然后再到加热的恒定截面模具，穿过该模具后制件即完成固化工序。产品固化由外部向内部发生，虽然开始由模具加热材料，但树脂固化过程中的放热反应也为固化提供了重要的热源。由放热反应所引起的温度峰值发生在模具约束范围内。模具出口处复合材料开始收缩，零件脱模后复合材料制件即完成固化，在牵引装置处继续冷却。最后零件根据长度的需求用切割锯切断。

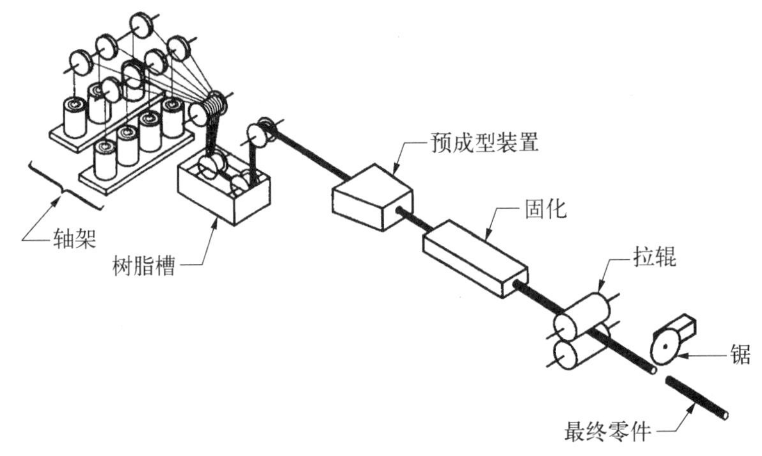

图 5.58 拉挤成型工艺[7]

拉挤工艺的优势是以非常低的成本制造等截面且尺寸长的复合材料零件，但这种工艺适合于大批量生产，因为生产设备的成本、安装和运行费用很昂贵。此外，该工艺方法要求产品必须为等截面，增强纤维的方向也受到一定的限制。拉挤成型可以制造的零件界面形状较为灵活，如图 5.59 所示，包括采用芯轴结构的中空形状。虽然玻璃纤维/聚酯树脂材料在拉挤产品市场占有一定的份额，但技术人员开始开展大量工作将此工艺应用于碳纤维/环氧树脂材料。民用飞机的地板梁是一个潜在的应用对象。

拉挤成型工艺的主要优点是：

(1) 工艺的连续性使其生产成本较低。

(2) 有着较低的原材料价格和高的材料利用率。

(3) 生产设备相对简单。

(4) 自动化程度高。

然而其缺点是：

图 5.59 拉挤成型零件

(1) 工艺局限于制造等截面制件。

(2) 工艺准备和生产启动过程劳动量很大。

(3) 制件的孔隙率可能超出某些结构应用的允许范围。

(4) 大部分增强纤维的方向为制件的轴向。

(5) 使用树脂的黏度低并且有较长工艺适用期。

(6) 在使用聚酯的情况下,苯乙烯的挥发会对操作工人身体造成伤害。

关键的工艺影响因素包括模具的设计、树脂的配方、材料浸润前后的引导以及模具温度的控制。

由于拉挤成型工艺属性必须使用连续增强体,因此材料的形式可以为玻璃纤维粗纱或卷轴的织物,然而也包括非连续纤维毡和表面毡。为了便于工艺操作,纱架经常安装于轴承之上,因此大部分准备工作可离线进行,从而减少设备的停车时间。如果采用预浸设备的牵引装置,则需要考虑的是增强材料通常都比较脆,一般情况下选用的玻璃纤维和碳纤维,很容易受到磨损。未浸润的干玻璃纤维粗纱通常采用陶瓷的圆环进行引导。织物、纤维毡和表面毡的牵引可利用带有孔槽的塑料片材或钢板进行引导。常用的短切纤维毡面密度一般为 1.5 oz/yd^2(51 g/m^2),成卷包装,长度一般为 300 ft(91.4 m),最小宽度为 4 in (10 cm)。在浸润之前,增强体材料逐渐排列成所需制件形状,可能需要采用多套牵引装置。在一种被称为拉挤-缠绕的工艺中,可移动的纤维缠绕单元对单向增强纤维主体进行包裹,从而提供额外的扭转刚度。

浸润过程可以采用几种不同的方法。第一种,也是最常用的方法是将增强纤维直接牵引进入敞开的树脂槽中。纤维上下移动经过液体树脂内的多个导向槽,浸润过程通过细微的间隙实现。这种方法可以提供很好的浸润性并且操作简单;然而这种方法采用聚酯树脂,苯乙烯挥发分会影响健康。为解决该问题,第二种方法采用封闭的树脂槽。增强纤维在水平方向上移动,并通过槽端的切缝进出树脂槽。这种方法的优点是增强纤维不会发生弯曲,同时苯乙烯的挥发分也得到一定的控制。通常在树脂槽上安装排风系统,用来排除苯乙烯等挥发分。第三种方法称为注射拉挤或反应注射拉挤,如图 5.60 所示,该方法在增强体进入模具后将树脂在压力条件下注入。虽然该方法在本质上可以消除苯乙烯挥发的问题,但注入点处的模具温度必须严格控制,以防止树脂过早地凝胶化。需要指出的是,这种方法显著增加了模具设计的复杂程度。与普通模具相比,该方法所用模具通常更长、更复杂、成本更高。第四种方法到目前为止很少使用,即使用预浸过的增强体。虽然比在线浸润的方法昂贵很多,但是预浸的增强体可以更好地控制树脂含量和纤维面密度。

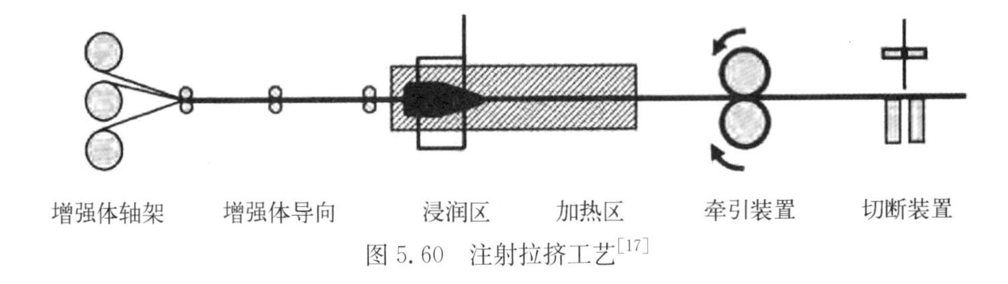

图 5.60 注射拉挤工艺[17]

对于开放式树脂槽浸润工艺,树脂必须具备很低的黏度(约 10 cP)和较长的工艺适用期,只有在这种条件下纤维才能充分浸润,且在树脂槽内不会发生凝胶化。树脂槽的长度通常为 3~6 ft(0.9~1.8 m)。加热树脂可以降低黏度,但通常也会降低树脂适用期。对于注射拉挤成型工艺,可以采用反应活性较高、适用期较短的树脂。制件在离开模具之前,树脂在厚度方向上应完成交联反应。控制反应放热以减小残余热应力和防止树脂产生裂纹,树脂交联反应越快其生产效率就越高。然而对于不像聚酯树脂和乙烯基酯树脂那样可快速固化的环氧树脂,拉挤完成后可能需要在加温箱中后固化,使固化度提高。增强纤维浸润后通过另一套牵引装置来使其排列形状进一步接近制件,然后再进入模具内。这些引导装置有助于在固化前使增强纤维的排列逐渐趋于所要求的截面形状。

拉挤成型模具通常可以采用钢材料加工，典型长度为 24～60 in(0.6～1.5 m)。除处理模具端口处有一定的锥度外，其他区域的截面都是恒定不变的。模具的表面应是非常光滑的，并且镀铬以增加耐久性和减小摩擦。几乎所有的模具都是组装而成，便于拆装检查和清洗。拉挤成型模具一般有多个加热区，在模具长度方向变化分布。对于聚酯等高放热反应的树脂体系，模具出口可能会设置冷却区域以保持对温度的控制。

产品在模具中固化后，还需要夹持并保持一定的距离来使零件得到充分的冷却，再按要求的长度进行切割。在工业领域采用多种不同的牵引装置，最简单的方法是采用一系列的橡胶滚轮夹持制件并对其进行牵引。虽然这种方法简单且经济，但仅适用于简单截面和对牵引力要求较低的制件。传统的方法是采用皮带牵引装置，皮带上安装有连续的橡胶垫。而最为常用的牵引方式是液压夹层牵引装置，牵引运用可以分为间歇的或连续的。值得注意的是橡胶垫需要剪裁至与零件形状相同，否则零件会受到过大的侧压力。典型的牵引装置的牵引力为 5～10t，有更大的设备，其牵引力可达数百吨。一般采用带水冷的磨料切割锯切割至要求的长度，该切割锯安装在拉挤设备上，并随着牵引装置移动。根据被切割材料的特性，切割操作可以采用干态切割或水冷切割，为了减少粉尘，一般采用金刚砂或硬质合金刀具进行切割。

玻璃纤维/聚酯树脂是拉挤成型的主要材料。其他材料包括乙烯基酯树脂、丙烯酸酯树脂、酚醛树脂和环氧树脂。聚酯树脂和乙烯基酯树脂的工艺优点是具有较高的固化收缩率(一般为 7%～9%)。这一优点有助于制件在模具中收缩，从而降低摩擦力和所需的牵引力。与之相比，环氧树脂的固化收缩率一般为 1%～4%，对应的摩擦力和牵引力会非常高。总体来说，环氧树脂很难制造出具有良好表面光洁度的制件，且工艺过程必须在较高的温度和较慢的速度下进行。聚酯树脂典型加工速度为 24～48 in/min(0.6～1.2 m/min)，然而在特定的条件下，速度也可以达到 200 in/min(5 m/min)。随着牵引速度提升，牵引力也随之增加。过大的牵引速度可能会导致制件在离开模具后才达到放热峰，从而表面会产生波纹和裂纹、孔隙和内部裂纹、翘曲和变色等缺陷。尽管较长的模具可以保证放热峰发生在模具内，但需要更高的牵引力。事实上，拉挤成型中所需要的牵引力通常被视为评判工艺设置是否合理的指标。如果牵引力一旦增长至要求水平以上，则表明该过程可能失去了控制。

连续的玻璃粗纱纤维是最常用的增强体材料，但可以在其中加入短切纤维或连续纤维毡增强横向的性能，或在表面加入纤维毡或无纺布用以改进表面光洁度。对于需要较高的横向强度或扭转刚度的场合，可以使用编织和缝合的织物。

参考文献

[1] Virtek LaserEdge product literature[G].

[2] D B Miracle, Donaldson S L. ASM Handbook, Vol 21, Composites[M]// Grimshaw M N. Automated tape laying. ASM International, 2001.

[3] Grimshaw M N, Grant C G, Diaz J M L. Advanced technology tape laying for affordable manufacturing of large composite structures[C]. 46th International SAMPE Symposium, 2001.

[4] D B Miracle, Donaldson S L. ASM Handbook, Vol 21, Composites[M]// Evans D O. Fiber placement. ASM International, 2001.

[5] Repecka L, Boyd J. Vacuum-bag only-curable prepregs that produce void free parts [C]. 47th International SAMPE Symposium and Exhibition, 2002.

[6] Mantel S C, Cohen D. Filament Winding, Processing of Composites [M]. Hanser, 2000.

[7] Grover M K. Fundamentals of Modern Manufacturing: Materials, Processes, and Systems[M]. Prentice Hall Inc., 1996.

[8] Beckwith S W, Hyland C R. Resin transfer molding: A decade of technology advances [J]. SAMPE J., 1998, 34 (6): 7 - 19.

[9] Ardolino J B, Fegelman T M. Fiber placement implementation for the F/A - 18 E/F aircraft[C]. 39th International SAMPE Symposium, 1994, p 1602 - 1616

[10] Dobrowolski A, White N. Re - useable customized vacuum bags[C]. 33rd International SAMPE Technical Conference, 2001.

[11] B D M, Benson D H. Development of stitched, braided and woven composite structures in the ACT program and at Langley Research Center (1985 to 1997) - summary and bibliography[J]. 1997.

[12] Gauthier M M. Engineered materials handbook,, Vol 1, Composites [M]// Ko F K. Braiding. ASM International, 1987.

[13] Gutowski T G P. Advanced Composites Manufacturing[M]// Cost, automation, and design, advanced composites manufacturing. John Wiley & Sons, Inc., 1997.

[14] Dexter H, Raju I, C. Poe J, et al. A review of the NASA textile composites research [C]// Structures, Structural Dynamics, and Materials Conference. 2013.

[15] Gebart B R, Strömbeck L A. Principles of Liquid Composite Molding [M]// Processing of composites. Hanser, 2000.

[16] Palmer R. Techno-economic requirements for composite aircraft components [C]. Fiber-Tex 1992 Conference, NASA Conference Publication 3211, 1992.

[17] Michael K. AST composite wing program — executive summary[J]. Nasa Cr, 2001: 2001 - 210650.

精选参考文献

[1] Ardolino J B, Fegelman T M. Fiber placement implementation for the F/A - 18 E/F aircraft[C]. 39th International SAMPE Symposium, 1994.

[2] Braley M, Dingeldein M. Advancements in braided materials technology[C]. 46th International SAMPE Symposium, 2001.

[3] Dickinson L, Salama M, Stobbe D. Design approach for 3D woven composites: Cost vs. performance[C]. 46th International SAMPE Symposium, 2001.

[4] Gutowski T G P. Advanced Composites Manufacturing[M]//Dillon G, Mallon P, Monaghan M. the autoclave processing of composites. John Wiley & Sons, Inc. , 1997.

[5] Hayward J S, Harris B. Effect of process variables on the quality of RTM mouldings [J]. Sampe Journal, 1990, 26(3): 39 - 46.

[6] Hinrichs S, Palmer R, Ghumman A. Mechanical property evaluation of stitched/ RFI composites[C]. 5th NASA/DoD Advanced Composites Technical Conference, 1995.

[7] Jackson K. Low temperature curing materials: The next generation [C]. 43rd International SAMPE Symposium, 1998.

[8] Kittleson J L, Hackett S C. Tackifier/ resin compatibility is essential for aerospace grade resin transfer molding[C]. 39th International SAMPE Symposium, 1994.

[9] Gutowski T G P. Advanced Composites Manufacturing[M]//Ko F K, Du G W. Processing of textile preforms. John Wiley & Sons, Inc. , 1997.

[10] Loos A C, Sayre J, McGrane R, et al. VARTM process model development[C]. 46th International SAMPE Symposium, 2001.

[11] Gauthier M M. Engineered Materials Handbook, Vol 1, Composites [M]//Mace W C. Curing polyimide composites. ASM International, 1987.

[12] Mallick P K. Fiber-reinforced composites: materials, manufacturing, and design [J]. 1993.

[13] Palmer R. Manufacture of multi-axial stitched bonded non-crimp fabrics[C]. 46th International SAMPE Symposium, 2001.

[14] Peters S T, Humphrey W D, Foral R F. Filament Winding Composite Structure Fabrication[M]. 1995.

[15] Price T L, Dalley G, McCullough P C, et al. Handbook: manufacturing advanced composite components for airframes[R]. 1997.

[16] Ridgard C. Low temperature moulding (LTM) tooling prepreg with high temperature performance characteristics[J]. Reinforced Plastics, 1990, 34(3): 28 - 33.

[17] Ridgard C. Affordable production of composite parts using low temperature curing

prepregs[C]. 42nd International SAMPE Symposium, 1997.

[18] Ridgard C. Advances in low temperature curing prepregs for aerospace structures[C]. 45th International SAMPE Symposium, 2000.

[19] Sanders L R. Braiding—a mechanical means of composite fabrication[C]. 8th National SAMPE Conference, 1976.

[20] Shim S B, Ahn K, Seferis J C, et al. Cracks and microcracks in stitched structural composites manufactured with resin film infusion process[J]. Journal of Advanced Materials, 1995: 48-62.

[21] Simacek P, Lawrence J, Advani S. Numerical mold filling simulations of liquid composite molding processes—applications and current issues[C]. 2002 European SAMPE, 2002.

[22] Fundamentals of Composite Manufacturing: Materials, Methods, and Applications [M]. Society of Manufacturing Engineers, 1985.

[23] Lee S M. International Encyclopedia of Composites [M]// Strong A B. Manufacturing. VCH Publishers, 1991.

[24] Wittig J. Robotic Three-dimensional stitching technology [C]. 46th International SAMPE Symposium, 2001.

[25] Xu G F, Repecka L, Boyd J. Cycom X5215—An epoxy prepreg that cures void free out of autoclave at low temperature[C]. 43rd International SAMPE Symposium, 1998.

6　热塑性复合材料制造工艺

本章将着重讨论热塑性复合材料制造工艺，主要涉及三个方面：固结、热压成型以及连接。热塑性复合材料的基础部分详见第 3 章“基体树脂体系”。

6.1　热塑性材料固结工艺

如图 6.1 所示，可熔融热塑性复合材料的固结工艺包括加热、固结以及冷却三个阶段。与热固性复合材料类似，其主要的工艺参数包括时间 t、温度 T 与压力 P。

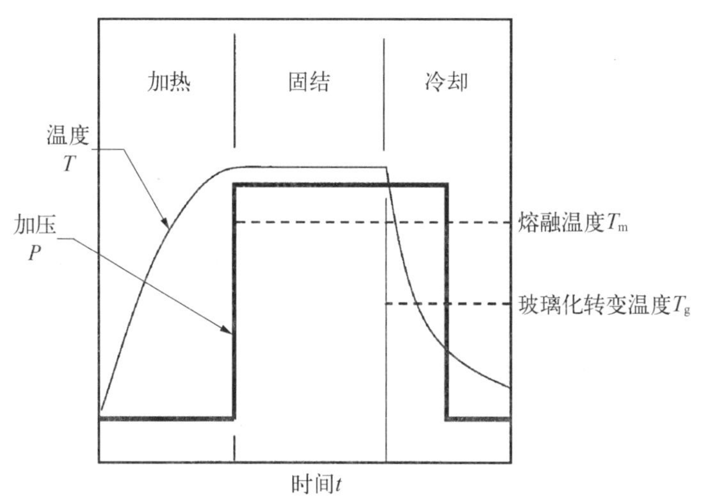

图 6.1　典型热塑性复合材料加工制造[1]

加热过程可由红外加热仪、对流加热炉、热压机或者热压罐实现。由于不需要化学反应，因此达到固结温度的时间仅与加热方式和模具质量相关。虽然热塑性树脂的固结温度因其种类而异，但是仍远高于非晶体树脂的玻璃化转变温度 T_g 或高于半晶体材料的熔融温度 T_m。

通常来说，非晶体热塑性复合材料的加工温度比其玻璃化转变温度高400℉(205℃)；半晶体则要比其熔融温度高200℉(95℃)左右。但是，当温度超过800℉(425℃)时，大部分热塑性材料会发生热降解。固结过程的用时主要与原材料的形式有关。例如，完好固结的热熔浸渍单向带可在非常短的时间内(几秒或几分钟)成功固结，而如果原材料采用粉末涂层织物或纤维混杂预浸料，则为了实现树脂充分流动与纤维充分浸渍，其固结过程需要更长的时间。

此外，还有一种较少采用的工艺叫作薄膜层叠(film stacking)，热塑性树脂薄膜与编织布交替层叠并固结。高黏度树脂需要流动更长的距离，成功固结所需时间因此也更长。如要达到纤维完全浸湿且材料完全固结，则在150 psi(1 035 kPa)的外加压力下，该项工艺的周期可能长达1 h。

与加热速率类似，冷却工艺与模具质量决定了固结之后系统的冷却速率。对于冷却过程，需要注意的是，半晶体热塑性材料不应快速或急速冷却，以免无法形成所期望的半晶体结构。半晶体结构可以使热塑性复合材料具有最优的高温性能与耐溶剂性。应保持系统压力，直到温度远低于材料的玻璃化转变温度，这样可以限制空洞形成，抑制纤维床的弹性恢复，并有助于保持零件的尺寸规格。冷却过程中系统压力还会促进层与层之间的完好接触和相互渗透，从而进一步改善纤维床的树脂浸渍状态。热熔浸渍预浸料在热熔浸渍工艺过程中形成了超强的基体-纤维界面。因此，从最终制备的热塑性复合材料层压板的性能上看，热熔浸渍预浸料要优于其他方法制备的预浸料，如溶液浸渍、粉末涂层、纤维混杂以及薄膜层叠等。

热塑性复合材料可采用多种固结工艺。平整的薄板料可预先固结，之后再置于平压机中完成后续成型操作。薄板料的制备主要有两种方法，如图6.2所示。第一种为平压法，即先将预整理好的铺层包置于炉中预加热。之后，迅速转移到加压固结区，如果该过程需要一段时间实现树脂流动并完全固结，或是需要结晶度控制，那么此过程就需要加热；而如果使用的原材料是已经固结完好的预浸料，则只需在冷压过程中快速冷却就足够了。这种方法通常采用手工铺放的方式进行铺层的预整理。因为材料本身没有黏性，所以为避免滑移，需要频繁借助高温烙铁，将边缘上的材料加热到800～1 200℉(425～650℃)并黏合起来，手持超声枪也是可选的加热方式。第二种为双带压法，这是一种连续固结工艺，包含加压加热与加压冷却两个区域，广泛用于自动化工业中制备玻璃毡热塑性预浸料，即玻璃纤维增强聚丙烯树脂。

若零件外形较为复杂，则热压罐固结工艺也是零件固结成型的一个备选方

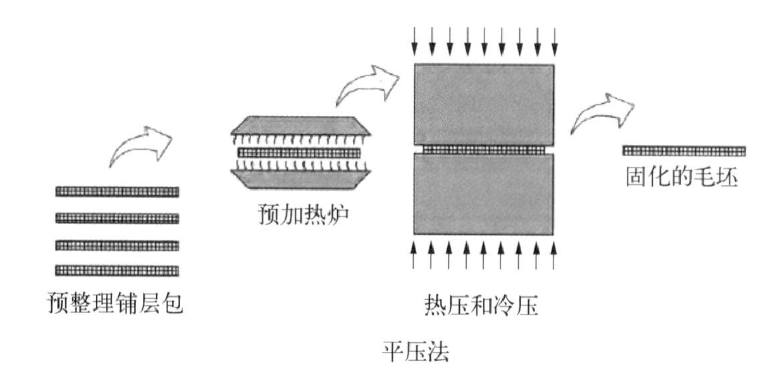

平压法

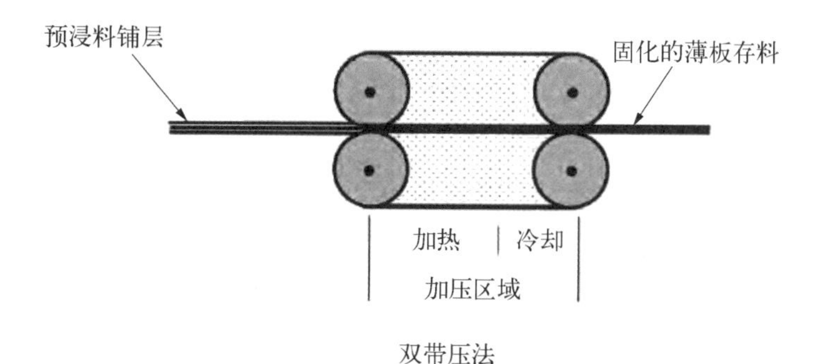

双带压法

图 6.2 薄板料的制备工艺

案。但是,该技术有几个缺点。第一,对于一些先进热塑性复合材料,固结成型需要 650～750℉(345～400℃)的温度和 100～200 psi(690～1 380 kPa)的压力,寻找满足此条件的热压罐比较困难。第二,在这么高的温度范围内,所需模具非常昂贵且庞大,意味着加热与冷却速率较低。第三,由于所需加工温度很高,因此模具与零件热膨胀系数的匹配性异常关键,碳纤维增强热塑性复合材料常用的模具材料有单块石墨、石膏陶瓷、普通钢以及 Invar42。第四,制袋材料必须能够承受高温高压,在典型的真空袋成型工艺中(见图 6.3),所需的材料包括高温聚酰亚胺、玻璃吸胶布以及硅密封胶。聚酰亚胺制袋材料(如杜邦的 Kapton 或宇部兴产的 Upilex)比尼龙材料更容易损坏且难以处理,后者常用于热固性复合材料在 250～350℉(120～175℃)下的固化。此外,高温硅密封胶只有极小的黏着力,在室温下不能非常有效地起到密封作用。为了辅助密封,常需要沿着外边缘布置板夹。随着温度升高,压力作用下的密封胶黏着性逐渐增强,密封才会更加有效。对于碳纤维/PEEK 预浸料,在 650～750℉(345～400℃)与 50～100 psi(345～690 kPa)的条件下,典型的热压罐固结工艺周期为 5～30 min,但加热以及冷却大型模具所需的实际时间长达 5～15 h。尽管热压罐固结成型技术有种种缺点，但是其仍然在热塑性复合材料零件的制造成型中占有一席之地，尤其是采用其他工艺制造太过复杂的时候。

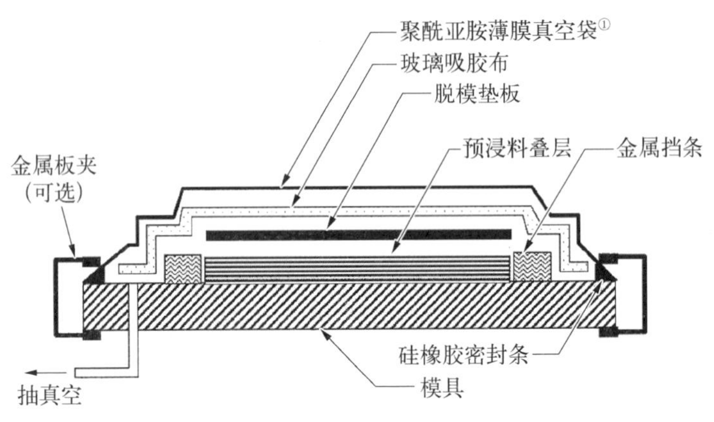

图 6.3 典型的真空袋成型工艺

① 若工艺温度较高，则可能需要双真空袋

自动固结工艺，也叫作可熔融热塑性材料原位铺放技术，是一系列工艺的总称，包括热带铺放、纤维缠绕以及纤维铺放。在自动固结工艺中，只将需要即刻固结的区域加热到熔融温度以上，其他区域则保持在远低于熔融温度的范围内。图 6.4 中列出了两种典型的自动固结工艺。一种是热带铺放工艺，主要依靠热靴(hot shoes)进行传导加热和冷却；另一种是热纤维铺放工艺，使用聚焦的激光束加热起轧点，可替代的加热方式有热气焊枪、石英灯或红外线加热仪。在采用自动固结工艺时，很多热塑性树脂在正常的加工温度下，其接触时间非常短。如果层间界面处有充分的接触压力，则自动固结只需不到半分钟。

自动固结工艺可能存在的问题是扩散时间不足导致固结不充分。如果使用完好浸渍的预浸料，则只有层间界面需要固结。若层间存在孔隙缺陷，且加工时间非常短而不能够修复这些缺陷，那么就需要进行后处理使其达到完好固结的状态。先前的研究已经表明 1%的孔隙率最多会使复合材料层间剪切强度降低 4%。孔隙率控制在小于 0.5%的范围内较为合理。据报道，热带铺放工艺的固结程度通常只有 80%～90%，必须进行二次加工。但是，像热带铺放这种新型的制造工艺，与传统的手工铺放方式相比，生产效率可以提高 2～3 倍。

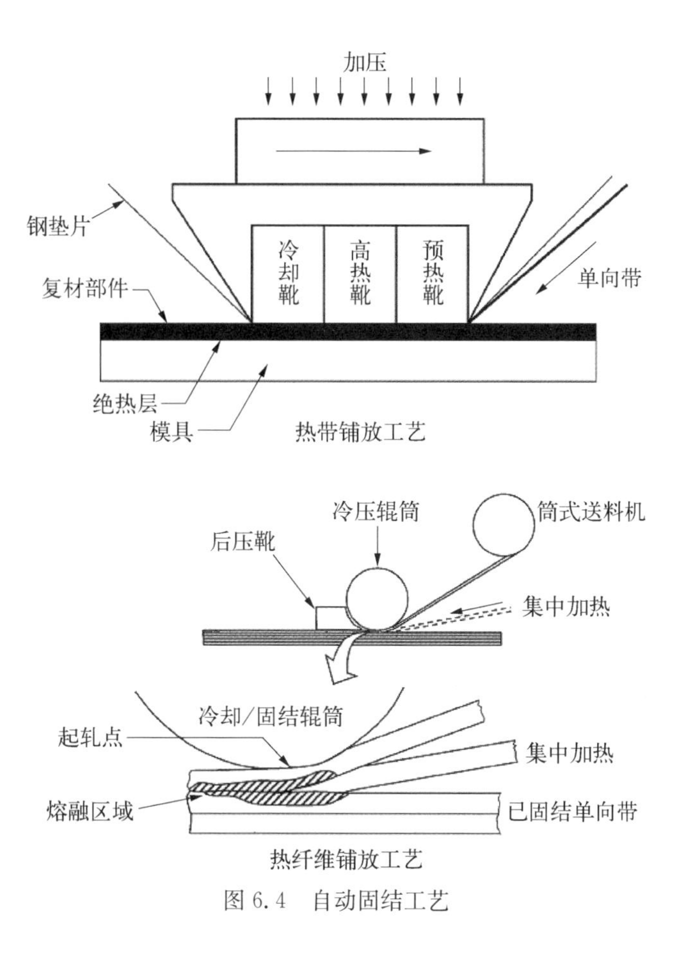

图 6.4　自动固结工艺

6.2　热压成型

热塑性复合材料的一个主要优势是可由热压成型工艺快速加工成特定的结构形状。虽然“热压成型”这个术语包含了极其广泛的制造工艺种类，但是其本质都是通过加热、加压将一块平板或层合板加工成某种结构形式。图 6.5 是一种典型的热压成型工艺流程。通常需要预先整理铺层包，之后再将其预固结为多层板。未固结的铺层包也可用于该过程，而其主要争议在于预固结过的毛坯是否要比松散的、未固结的铺层包好。尽管预固结毛坯没有孔隙，但是也无法像未固结的铺层包那样可在成型过程中滑移。将层合板或未固结的铺层包置于加热设备中，如图 6.5 中的红外加热炉，在达到成型温度之后，快速转移到热压成型机中加工成型。为了避免引发残余变形和结构翘曲，这一步中要一直保持压力，直到冷却到玻璃化转变温度之下。

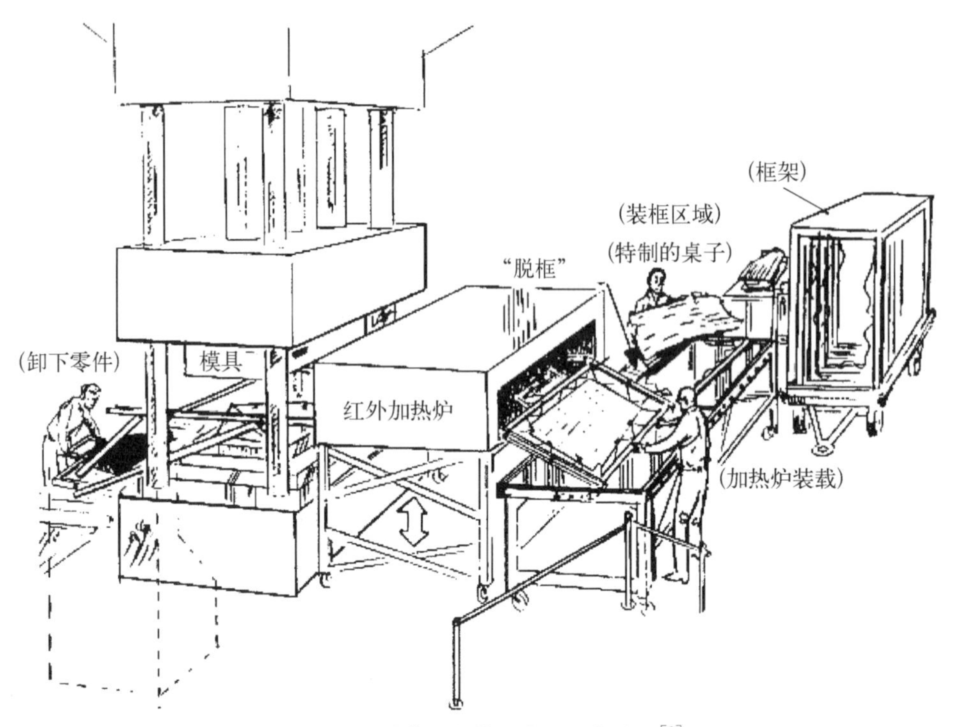

图 6.5 一种典型的热压成型工艺流程[2]

用于热压成型工艺的预加热方法主要有红外加热炉、对流加热烤箱以及热平板压机。在红外加热炉中,加热时间非常短,一般只需 1～2 min,在较厚的铺层中会产生温度梯度。此外,由于表面升温速率远大于内部升温速率,因此除非对温度进行精确控制,否则会有过加热的危险。对于复杂的外形很难获得均匀的温度场,尽管如此,红外加热对于外形正常且较薄的预固结坯料仍然是一个较好的选择。相对而言,对流加热烤箱所需的加热时间更长,大约需要 5～10 min,但是在厚度方向上温度场通常是比较均匀的,对于外形复杂的未固结坯料这是一种更好的方法。冲击加热是对流加热的一个变种,采用大量的高温、高速气流喷嘴冲击材料表面,从而极大地加快热流动、减少加热时间。

在所有热压成型工艺中,从加热设备到压机的转移时间极其关键。零件必须在冷却到特定温度之前实现转移或运输。对于非晶体树脂,必须始终高于玻璃化转变温度,半晶体树脂则需高于熔融温度 T_m。这意味着转移时间只有 15 s 甚至更少。为了得到最优结果,所选压机要能够快速闭合,比如闭合速度为 200～500 in/min(5.1～12.7 m/min),且要能产生 200～500 psi(1 380～3 445 kPa)的压力。

尽管对合金属模具能用于热压成型工艺，但是价格非常昂贵且容错率较低。如果模具不能精确制备或对合，则会存在高压与低压点，使制备的零件存在缺陷。为改善这种情况，模具可以具有内部加热或冷却的能力，在一半模具的表面上加一块热阻橡胶，比如最典型的硅胶，可以改善压力分布，使其均匀化；其中一半模具也可以是平板状或带有零件外形的整块橡胶（见图 6.6）。尽管平板橡胶模具制造起来更加简单、廉价，但带有零件外形的橡胶模具可以提供更加均匀的压力分布和更便捷的结构外形定义。常用的硅胶肖氏硬度在 60～70 之间。图 6.7 所示是一台用于热压成型工艺的压机和不同几何外形的零件。在成型过程中，还有一种加压的方法是液压成型，下半模具采用的是液体加压。一般热压成型的压力为 100～500 psi（690～3 445 kPa），而液压成型压机具有高达 10 000 psi（68 945 kPa）的加压能力。

这些工艺方法看起来非常简单、直接，实际上由于连续纤维增强体不能延展，因此实施起来非常复杂。在热塑性复合材料零件固结成型过程中，需要处理

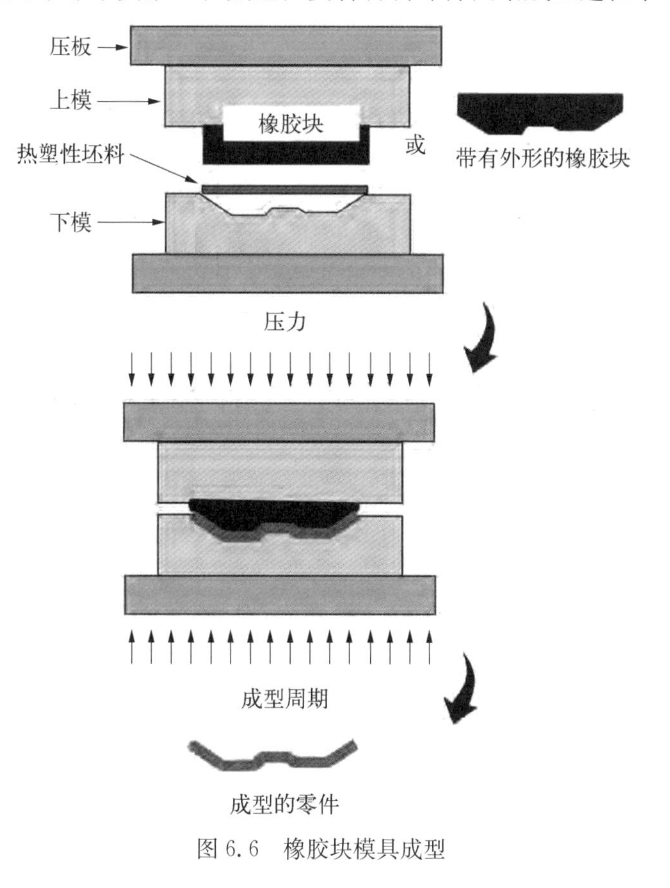

图 6.6　橡胶块模具成型

图 6.7 热压成型压机与已成型的复合材料零件

以下四种典型的树脂流动模式：树脂渗透、横向挤压流动、层间滑移和层内滑移，如图 6.8 所示。树脂渗透与横向挤压流动通常出现在固结工艺中，热压成型也可以考虑。树脂渗透是黏性树脂穿过或沿着纤维床进行的流动，使层与层结

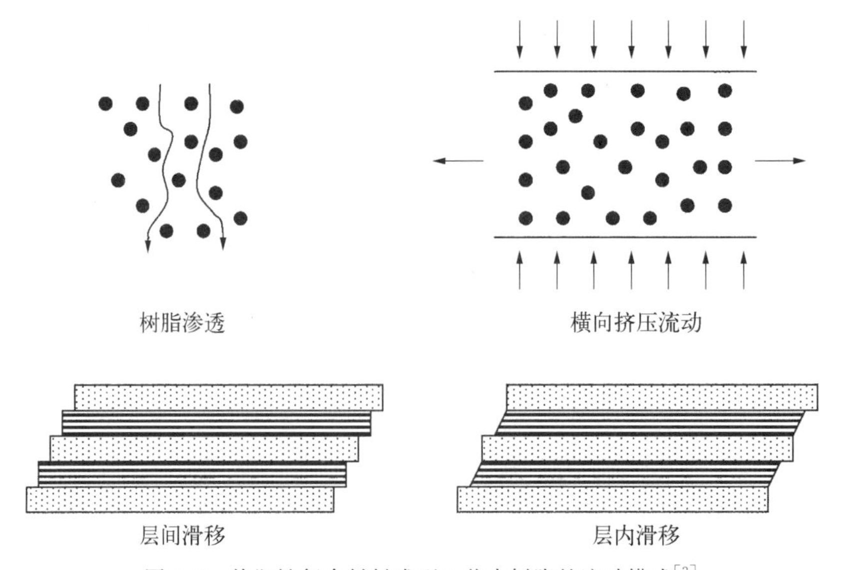

图 6.8 热塑性复合材料成型工艺中树脂的流动模式[3]

合在一起，而横向挤压流动则是通过预浸料层在承受压力下的侧向延展，来抵消预浸料厚度轻微的改变。树脂基的流动通常趋向于与纤维轴平行的方向，而穿过纤维床的流动非常困难。当树脂偏离纤维方向流动时，纤维会随树脂一起移动。富树脂层间界面处的层间滑移、层内横向与轴向剪切变形引起的层内滑移，是热压成型工艺中通常会遇到的问题。如果这些滑移在成型过程中不发生，则用于增强的纤维就会断裂或屈曲，并导致零件成型失败。

图 6.9 呈现了看待这些流动机理的另一个视角。为了成型，双波形零件需要实现所有的流动模式，单曲率的零件则需要三种。平板或只有轻微波状外形的蒙皮仅需要实现树脂渗透与横向挤压流动。图 6.10 与图 6.11 所示为用来解释这些树脂流动机制的一些实例。在图 6.10 中，单曲率零件中树脂的横向流动常常引起单层厚度减小或增加，特别是在位于或靠近圆角区的位置这种现象更为明显。在图 6.11 中，层间滑移避免了圆角区的铺层屈曲或起皱。

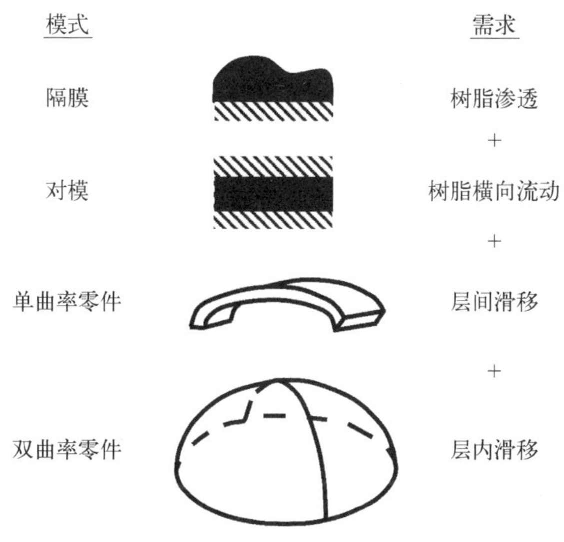

图 6.9 固结与成型过程中的变形过程

碳纤维在半流体或近流体的热塑性树脂中仍然具有极高的拉伸强度，但是当置于压缩载荷下时，会逐步屈曲或起皱。因此，不论零件外形还是模具都要经过特殊的设计，使整个热压成型工艺过程中纤维始终保持在拉伸状态，同时还要能够通过滑移进行移动。如果不论是零件外形还是模具设计都无法避免纤维的压缩屈曲，则需要在成型过程中使用一个特殊的夹持固定装置。这些装置（见图 6.12）可以很简单，如在边缘安装夹具，以便材料在成型过程中根据需要进行

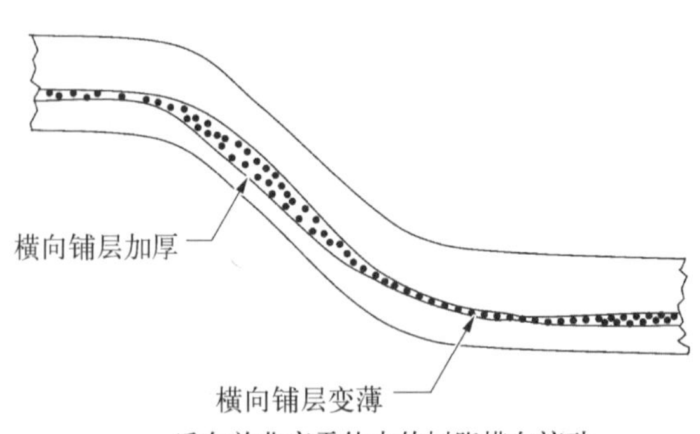

反向单曲率零件中的树脂横向流动

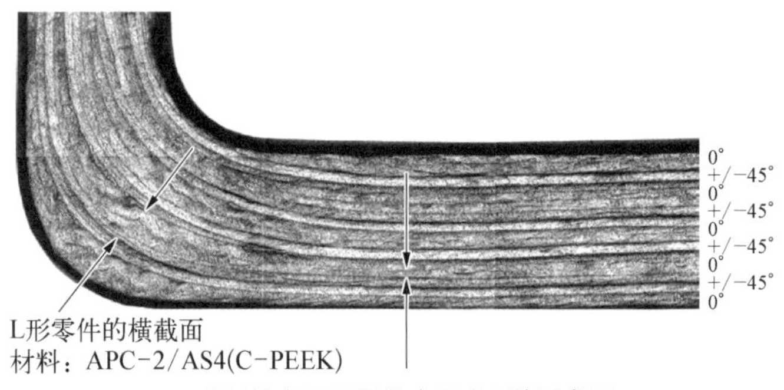

碳纤维/PEEK零件中已成型的圆角区

图 6.10　树脂横向流动影响单层厚度[4]

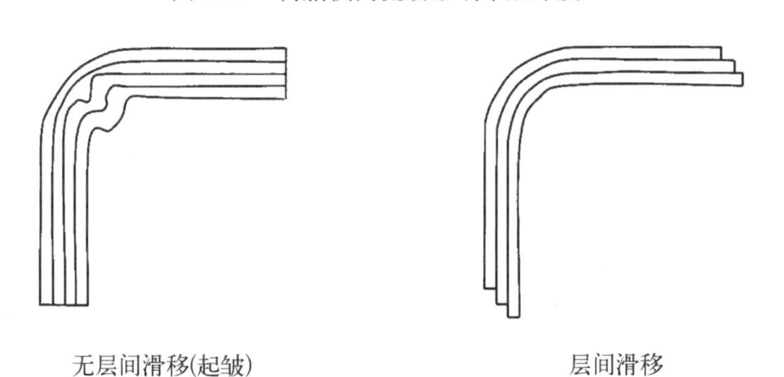

图 6.11　成型过程中层间滑移的重要性

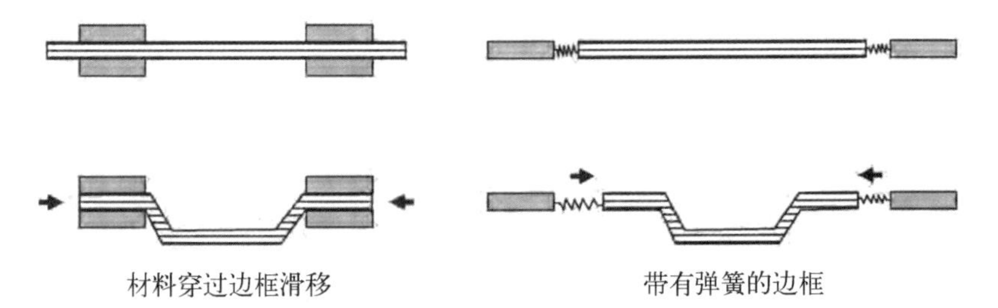

图 6.12　两种典型的夹持固定装置

滑移；也可以采用比较复杂的设计，比如在零件周围的关键位置布置弹簧，从而提供可变的拉力。通过合理设计，这些弹簧允许零件面外旋转，从而提高拉力使纤维方向排列整齐，还可以在深度上有更大的调整。这种夹持固定装置以及弹簧的位置通常是通过先前积累的经验以及反复实验来确定的。较低的成型速度也可以降低起皱与屈曲。研究显示，纤维屈曲与弯曲会降低零件强度，最高可达50％。通常情况下，40～100 psi（275～690 kPa）的张紧力已足够抑制纤维的屈曲。

隔膜成型是一种独特的成型工艺，相对压制成型而言，可制备外形种类更多、更复杂的零件。图6.13给出了PEEK热塑性零件的一个具有代表性的隔膜成型过程，隔膜成型在压机或热压罐中均可实现。在这种工艺中，将滑移能力较强的未固结的铺层包放置于两层弹性隔膜之间；通过抽真空移除空气并给铺层提供张力；之后，将零件放置在压机中并加热到熔融温度之上；加气压使铺层下移并覆盖在模具表面。在成型过程中，各铺层只在隔膜内部进行滑移，同时产生张应力降低起皱的可能性。气压作用下可将零件按照模具的外形成型并固结，

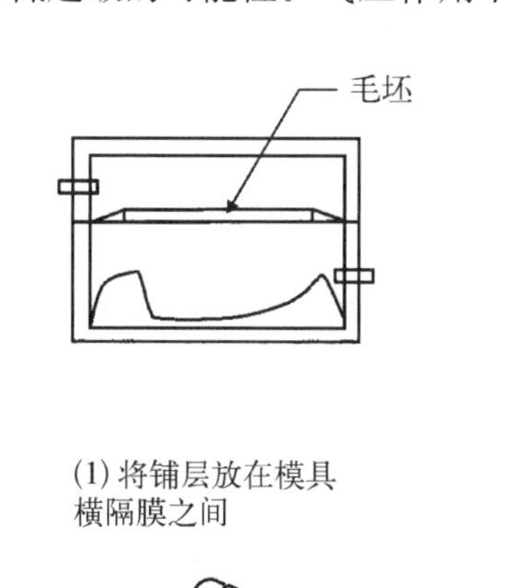

(1) 将铺层放在模具
横隔膜之间

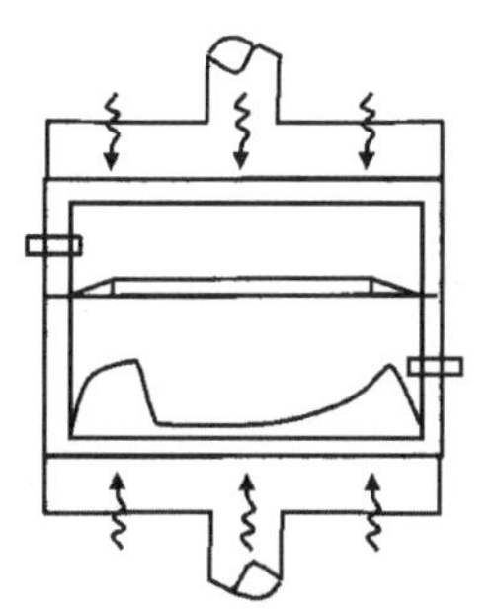

(2) 将模具放在压机上，
并加热到750℉(400℃)

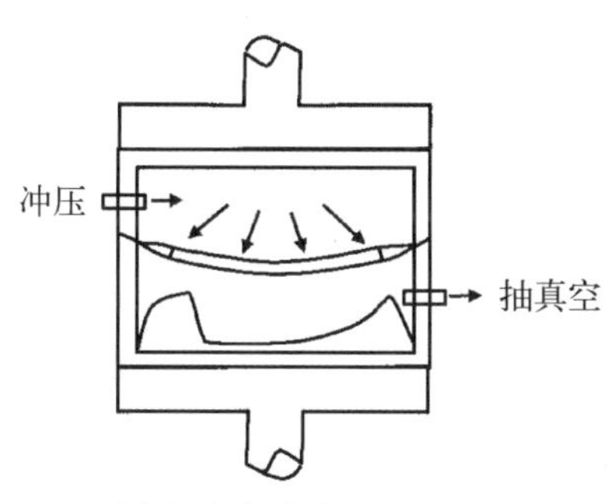

(3) 抽真空并缓慢冲压
使坯料与模具贴合

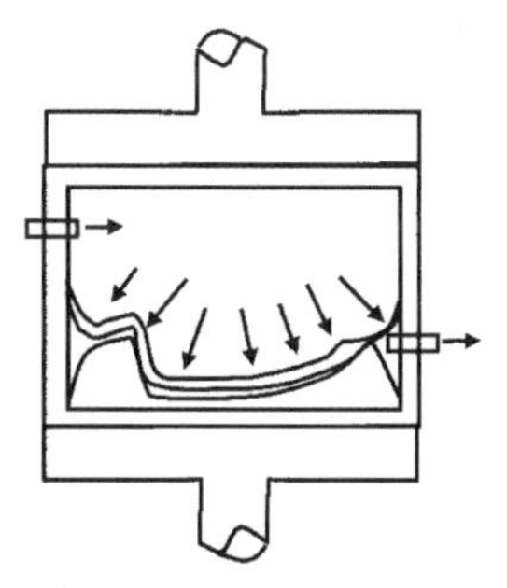

(4) 施加50~100 psi(345~
1 035 kPa)的全压力，成型
后冷却模具，移下零件

图6.13　碳纤维增强PEEK零件的隔膜成型过程

成型周期为20～100 min，成型压力通常为50～150 psi(345～1 035 kPa)。然而，对于大型模具，4～6 h的成型周期是很常见的。为了避免面外屈曲，推荐采用较为缓慢的加压速率。隔膜所用材料包括Supral超塑性铝和耐高温的聚酰亚胺薄膜(Upilex - R、Upilex - S)。Supral铝片比聚酰亚胺薄膜的延展性更好，在成型周期中不易破裂。因此，聚酰亚胺薄膜适用于较薄的零件，而Supral铝片则更适用于具有复杂几何外形的较厚的零件。Supral超塑性铝的隔膜成型工艺温度通常为400℃，聚酰亚胺薄膜为570～750℉(300～400℃)。这种成型工艺的不足之处在于成型材料必须依照可用隔膜材料的成型温度来选择；隔膜材料极其昂贵，特别是Supral，且只能使用一次。

人们对其他多种成型工艺在热塑性复合材料制造中的适用性进行了评估，包括连续固结、辊压成型以及挤压成型。连续固结工艺与辊压成型工艺分别如图6.14和图6.15所示。这两种成型工艺的关键是：在整个加热、成型以及冷却过程中，保持零件各部分的压力均匀分布。如果不能够在熔融部分保持一致的压力，则由于纤维床的松弛会出现去固结现象。在热塑性复合材料上，已经成功实现了挤压成型，但是由于熔融温度太高与黏性太大，因此这项工艺在热塑性复合材料上的应用比热固性复合材料困难、昂贵得多。

6.3 热塑性连接工艺

热塑性复合材料另一个独特的优势是具有较多可选的连接方式。热固性复合材料的连接方式仅限于共固化、胶接以及机械连接，与之相比，热塑性复合材料除了传统的胶接与机械连接之外，还可以采用熔融连接、双树脂胶接、电阻焊接、超声波焊接或感应焊接。

1) 胶接

对于常见结构的连接，使用热固性树脂胶接剂(如环氧树脂)进行胶接，在热塑性复合材料中产生的黏合强度要低于热固性复合材料。主要是由于热固性与热塑性两种树脂表面的化学特性不同。热塑性树脂表面呈惰性且无极性，阻碍了胶体的浸湿。人们对多种表面处理方法进行了评估，包括氢氧化钠蚀刻、喷砂、酸蚀、等离子体处理、添加硅烷偶联剂、电晕放电以及凯夫拉脱层等。尽管表面处理后黏合强度是可接受的，但是热塑性复合材料胶接连接的长期服役耐久性尚未得到证实。

2) 机械连接

热塑性复合材料可以完全按照热固性复合材料的方式进行机械连接。最初

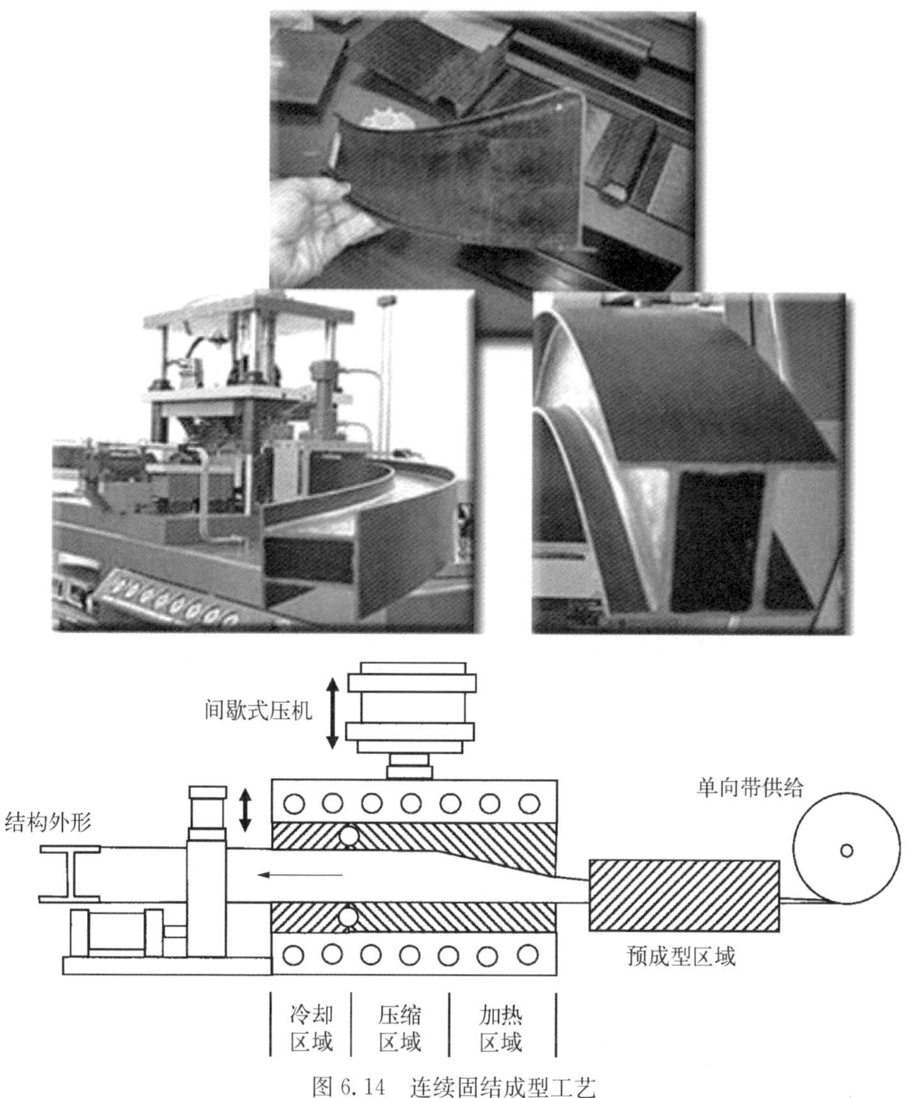

图 6.14 连续固结成型工艺

人们担心热塑性树脂会过分蠕变，从而降低紧固件的预紧力，继而降低连接强度。大规模的试验显示这些担忧是毫无根据的，热塑性复合材料机械连接强度与热固性复合材料十分相近。

3）熔融连接

因为热塑性树脂可通过加热到玻璃化转变温度或熔融温度之上进行多次成型，且极少降解，所以熔融连接的强度本质上与原树脂相当。可在连接层上额外放置一层纯树脂（不含纤维），用于填充间隙并确保有足够的树脂以形成良好的

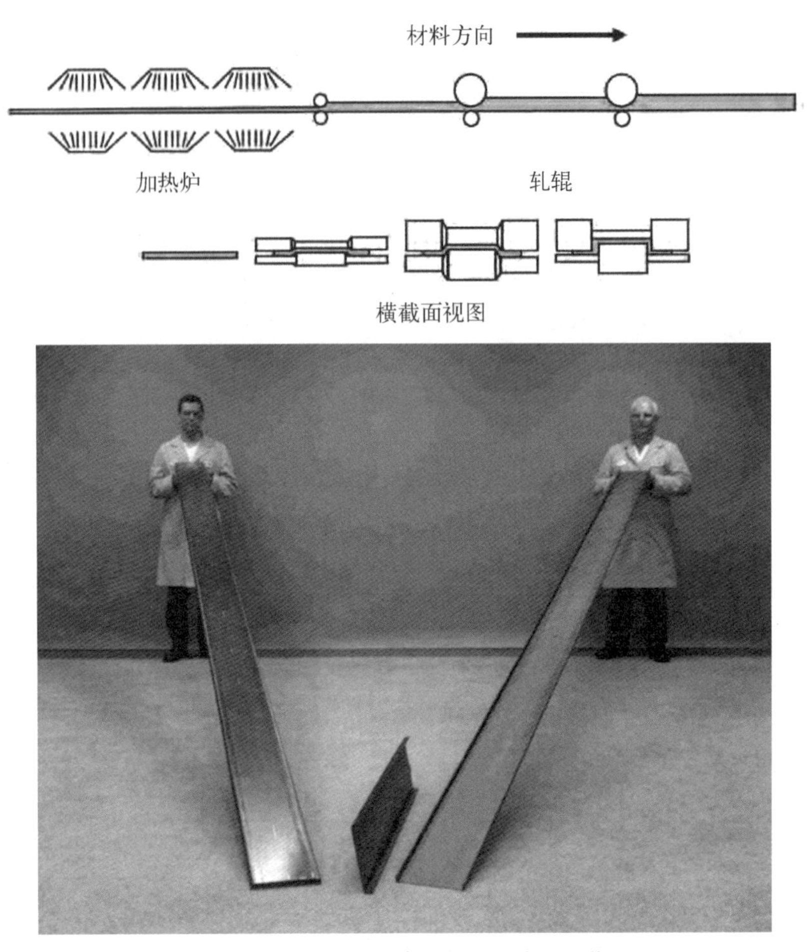

图 6.15　热塑性复合材料滚压成型工艺

连接关系。如果仅仅对局部区域进行连接，则必须在热影响区提供足够的压力，防止纤维床的弹性变形引起的界面分层。

4）双树脂胶接

此种方式通常需要在连接界面处放置熔融温度较低的热塑性薄膜。如图 6.16 所示，在“非晶体连接”或“热连接”工艺中，两块 PEEK 复合材料层合板被一层 PEI 树脂连接在一起。为了增强树脂的调和性，在进行正式连接之前，预先在两块 PEEK 层合板的表面熔融 PEI 树脂。此外，为填充层间间隙，可能额外需要一层树脂膜。PEI 的加工温度低于 PEEK 层合板的熔融温度，这样可避免 PEEK 层合板的分层。与熔融连接类似，双树脂胶接工艺通常用于大型零件的连接，比如长桁与蒙皮的连接。

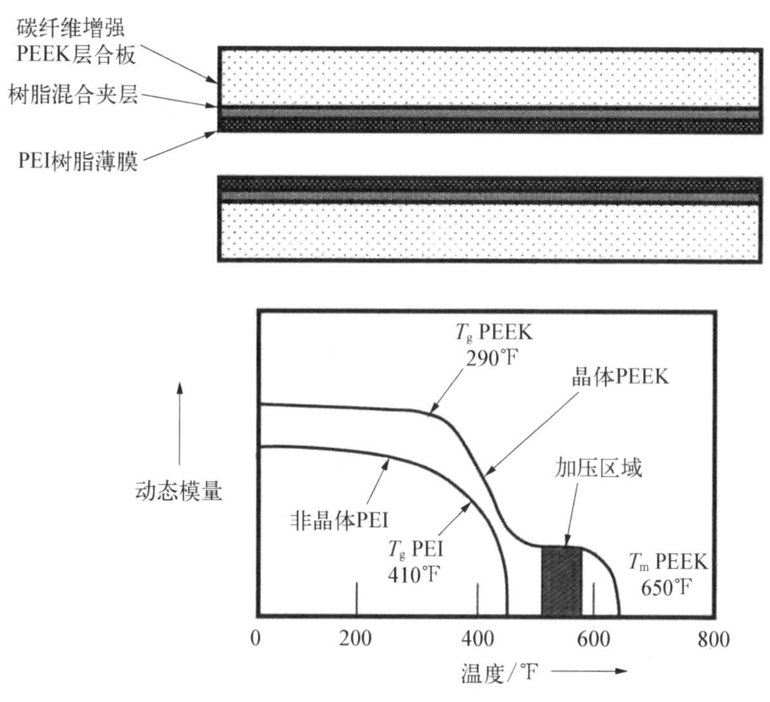

图 6.16 非晶体或双树脂胶接

注：PEEK 为聚醚醚酮；PEI 为聚醚酰亚胺

5）电阻焊接

在电阻焊接工艺中，金属发热元件需预埋在热塑性薄膜里，并将其放置于连接层上，如图 6.17 所示。A380 机翼前缘隔板与蒙皮的连接就是采用此种工艺。在所有操作中，都必须保证加热到熔融温度以上的区域具有足够的外加压力。同样地，如果熔融区域的压力不够，则由于纤维床的松弛会出现反固结现象。压力必须保持直到零件被冷却到玻璃化转变温度 T_g 之下。电阻焊接通常采用 100～200 psi(690～1 380 kPa)的压力，该压力下的典型工艺周期通常为 30 s～5 min。

6）超声波焊接

超声波焊接在工业化生产中得到了广泛应用，主要用于低温、未增强的热塑性树脂连接，也可用于先进的热塑性复合材料。利用超声变幅杆，也叫作超声波发生器，在复合材料界面上产生超声能量，将电能转化为机械能。超声发生器与被焊接的部件之一接触，通过使其振动与另一个静止放置的部件在连接界面产生摩擦热。一般使用的超声频率为 20～40 kHz。如果其中一个表面比较粗糙

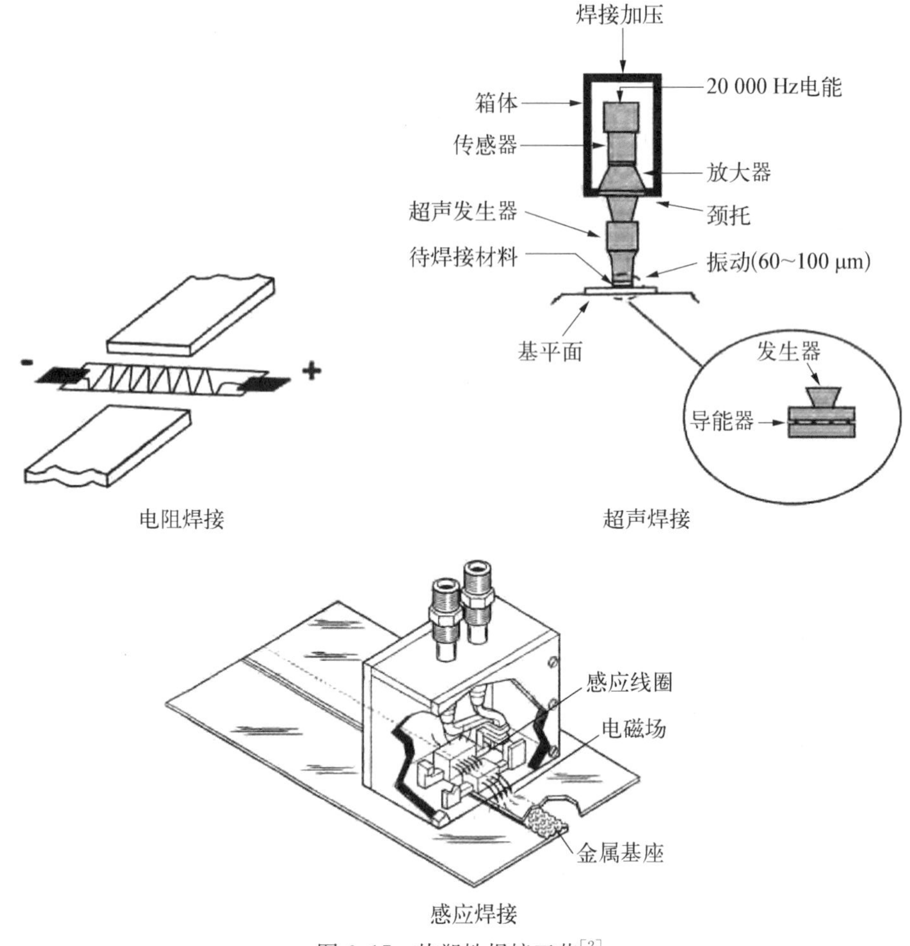

图 6.17　热塑性焊接工艺[2]

且含有小的凸起，能够扮演导能器或增强器的作用，则可使超声波焊接的连接效果最大化。这些凸起含有较高的比能量，并且可以先于周围材料熔融。连接的质量随着时间、压力、超声振幅的增加而提升。同样地，为填充间隙增加一层纯树脂也是很常见的。电阻焊通常采用的压力为 70～200 psi（480～1 380 kPa），该压力范围下典型工艺周期少于 10 s。这项工艺有些类似于金属的点焊。

7）感应焊接

经过不断发展，在感应焊接工艺中连接面处的金属基座是可选的。但是，广泛认为使用金属基座可以产生超强的连接。典型的感应焊接技术方案为利用感应线圈产生电磁场，感应涡电流在金属基座中传导和（或）金属基座中的磁滞损耗产生热量。人们对多种基座材料进行了评估，包括铁、镍、碳纤维以及铜网。

感应焊接通常采用的压力为 50～200 psi（345～1 380 kPa），该压力范围下典型工艺周期为 5～30 min。

采用上述各种连接工艺进行热塑性复合材料的单搭接连接的强度比较，图 6.18 给出了不同工艺的连接强度对比值。可以看到，胶接的连接强度低于熔融连接强度，并且非常依赖于表面处理工艺。热压罐-共固结（熔融连接）的连接强度接近原始热压罐成型的强度。电阻焊接与感应焊接的连接强度表现相当，均优于超声波焊接。

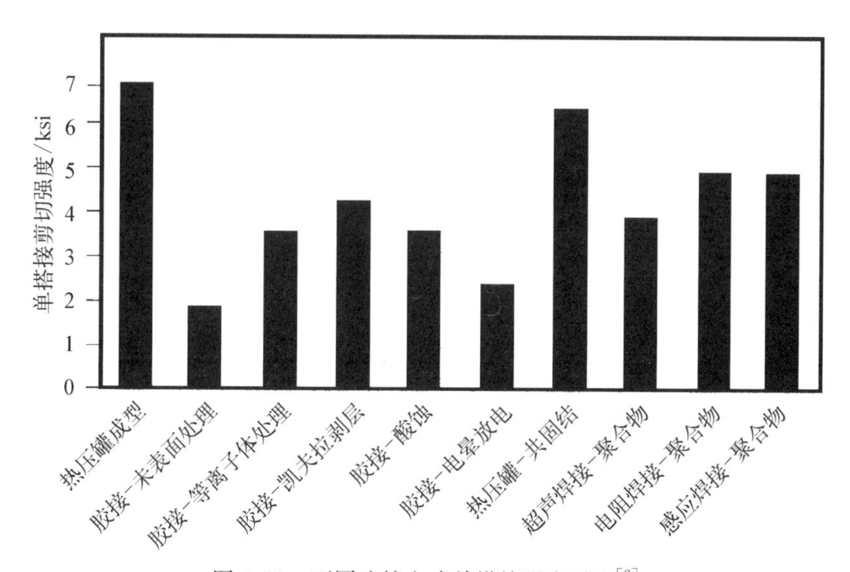

图 6.18 不同连接方式单搭接强度对比[2]

参考文献

[1] Muzzy J, Norpoth L, Varughese B. Characterization of thermoplastic composites for processing[J]. Sampe Journal, 1989, 25(1): 23-29.

[2] D B Miracle, Donaldson S L. ASM Handbook, Vol 21, Composites[M]// McCarville D A, Schaefer H A. Processing and joining of thermoplastic composites. ASM International, 2001.

[3] Cogswell F N. Thermoplastic Aromatic Polymer Composites: A Study of the Structure, Processing, and Properties of Carbon Fibre Reinforced Polyetheretherketone and Related Materials[M]. Butterworth-Heinemann, 1992.

[4] Leach D C, Cogswell F N, Nield E. High temperature performance of thermoplastic aromatic polymer composites[C]. 31st National SAMPE Symposium, 1986.

精选参考文献

[1] CogswellF N, Leach D C. Processing science of continuous fibre reinforced thermoplastic composites[J]. SAMPE J., 1988: 11-14.

[2] Harper R C. Thermoforming of thermoplastic matrix composites. part I[J]. Sampe Journal, 1992, 28(2): 9-17.

[3] Harper R C. Thermoforming of thermoplastic matrix composites. part II [J]. Sampe Journal, 1992, 28(3): 9-17.

[4] Raju S D, Alfred C L. Processing of Composites[M]// Loos A C, Li, M-C. Consolidation during thermoplastic composite processing, processing of composites. Hanser, 2001.

[5] Gutowski T G P. Advanced Composites Manufacturing[M]// Muzzy J D, Colton J S. The processing science of thermoplastic composites. John Wiley & Sons, Inc., 1997.

[6] Okine R K. Analysis of forming parts from advanced thermoplastic sheet materials[J]. SAMPE J., 1989, 25(3): 9-19.

[7] Soll W, Gutowski T G P. Forming thermoplastic composite parts[J]. SAMPE J., 1988: 15-19.

[8] Strong A B. High Performance and Engineering Thermoplastic Composites[M]. Technomic Pub. Co. 1993.

7 聚合物基复合材料的加工科学

新型复合材料的加工在20世纪60年代到70年代间一般依靠以往积累的经验指导实验。到了20世纪80年代,为了减少测试量和加强理论研究基础,复合材料加工科学的观念逐渐演化、成熟。尽管仍需要大量的测试和工序开发,但复合材料加工科学的可设计性、可执行性及可预知性变得更强;并且随着研究的深入,可在加工失控时,为解决其故障提供有效指导。加工科学包括固化过程的数学建模、加工过程中固化反应监测以及材料固化过程中模型与理论的实验验证。

现今,已经建立了大量固化数学模型,可以相当准确地预测树脂的动力学、树脂黏度、树脂流动、传热、空洞形成和残余应力。这些模型可替代过程中的固化监控,成为表征新材料和优化固化循环曲线的重要工具,同时也可辅助升温、冷却速率建模设计。目前已经开发的模型适用于诸如热固性树脂固化、热塑性树脂固结、长丝缠绕、拉挤成型和液态成型等工艺。多年来,该类模型在注塑和压缩成型方面得到了广泛应用。

热固性树脂的简化加成固化模型如图7.1所示。动力学子模型可实现加工过程中树脂转化率或固化程度的准确预测。黏度子模型可预测树脂在固化中最初熔融、流动及凝胶化时的黏度。热传递子模型可预测体系在固化期间的热量传递,其输出子模型可用于驱动动力学和黏度模型。最复杂的子模型是流动子模型,它可预测固化期间树脂在纤维床上的水平和垂直流动。空隙子模型可预测加工条件对固化物中存在的空洞率和孔隙率的影响。残余应力子模型可预测在固化和冷却期间残余应力的累加。以上模型均高度相互依存,例如,树脂流动子模型取决于黏度子模型所预测的黏度,黏度子模型则依赖于树脂动力学(动力学模型),而动力学又依赖于热(热传递子模型)。不论使用何种模型,都必须理解构成模型的数学方程、模型公式中的所有假设、模型边界条件和模型求解方法。

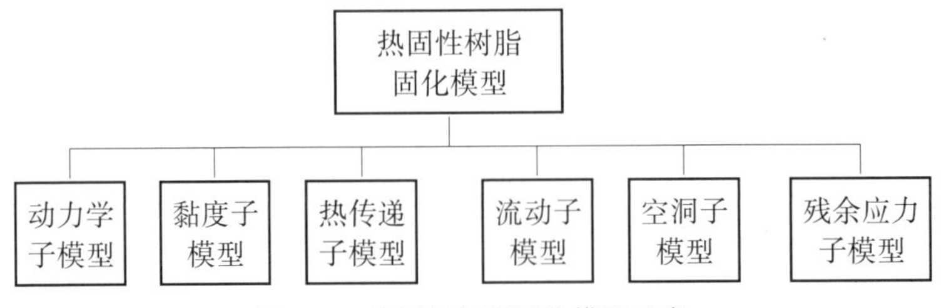

图 7.1 热固性树脂固化模型示意

7.1 动力学

商业树脂一般由几种不同的环氧树脂和一种或多种固化剂组成，体系复杂。由于反应条件非等温，因此在动态加热条件下，动力学和黏度子模型通常只能采用经验值。就动力学而言，经常采用差示扫描量热法(DSC)表征等温和动态加热模式下的树脂固化行为。环氧树脂的典型等温和动态扫描曲线如图 7.2 所示。

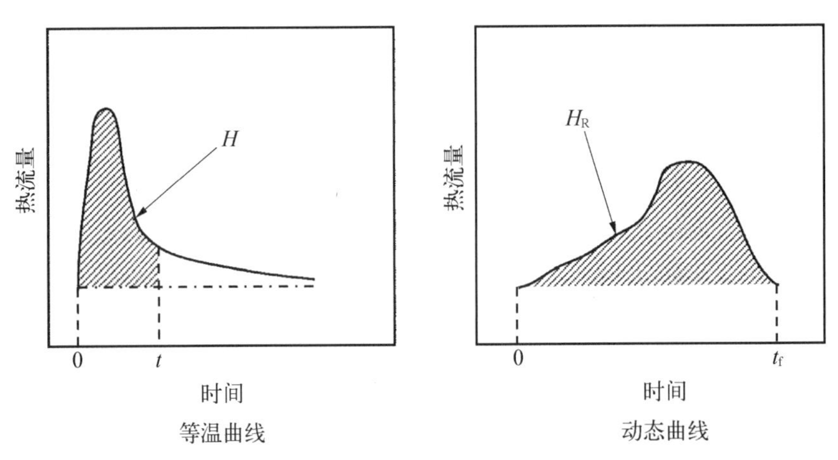

图 7.2 环氧树脂的典型 DSC 曲线

固化反应的总反应热量等于动态加热模式下 DSC 曲线下方的积分面积。

$$H_R = \int_0^{t_f} \left(\frac{dQ}{dt}\right)_d dt \tag{式 7.1}$$

式中：H_R 为反应热；$(dQ/dt)_d$ 为动态检测的热焓变；t_f 为反应终止时间。

在恒温条件下，t 时刻释放的热量由等温实验测定。t 时刻放出的总热量可由下式计算。

$$H=\int_0^t\left(\frac{\mathrm{d}Q}{\mathrm{d}t}\right)_{\mathrm{i}}\mathrm{d}t \qquad (式 7.2)$$

式中：H 为 t 时间内的放热量；$(\mathrm{d}Q/\mathrm{d}t)_{\mathrm{i}}$ 为 t 温度下，等温检测的热焓变。

t 时刻体系的固化程度 α 可由下式计算。

$$\alpha=\frac{H}{H_{\mathrm{R}}} \qquad (式 7.3)$$

如图 7.3 所示，在较高温度下反应速率$(\mathrm{d}\alpha/\mathrm{d}t)$更快，高固化程度需要足够高的温度才能获得。在最高温度 T_{c} 下，在一定时间范围内可获得反应速率和固化程度。然而，对于较低的温度 T_{a} 和 T_{b}，转化速率慢得多，在一定时间范围内无法获得高固化度固化物。

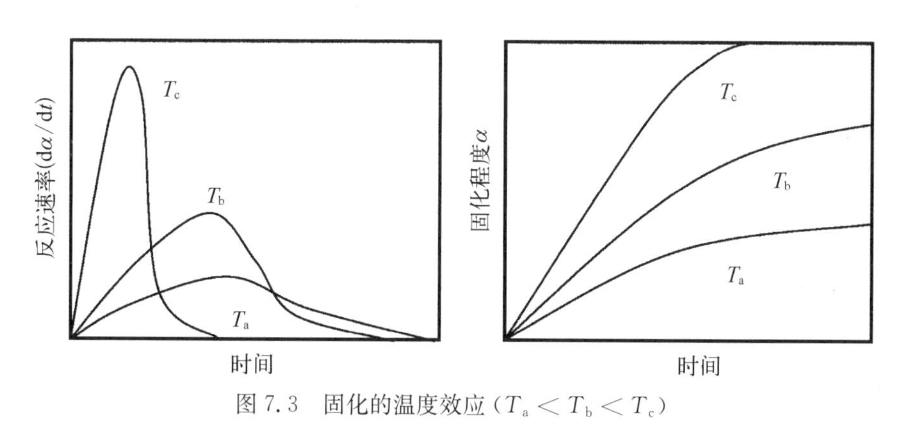

图 7.3　固化的温度效应（$T_{\mathrm{a}}<T_{\mathrm{b}}<T_{\mathrm{c}}$）

通常情况下，凝胶化之前的树脂流动性是处理碳纤维/环氧树脂层压材料的关键变量。流动性强可能导致层压板贫胶，孔隙率大；而流动性差会导致层压板富含树脂，过厚无法装配。经常用催化剂来控制或改变基础树脂体系的流动行为。由于催化剂提高了反应速率，因此树脂的流动性比非催化体系表现得要差；然而，加入催化剂也会影响树脂体系的动力学。添加催化剂的效果可以在图 7.4 所示的三种不同环氧树脂的动态差示扫描量热(DSC)曲线中看出。除了催化剂三氟化硼(BF_3)添加量不同，三种环氧体系的化学成分全部相同。没有催化剂的树脂体系仅显示出一个大的放热峰(如 Hexcel 3502 和 Cytec 5208)。该体系的总反应热也高得多。由于催化剂引导固化反应在低温下迅速反应，因此反应的总热量随之降低。添加 1.1%BF_3 的环氧树脂体系呈现两个不同的放热峰(如 Hexcel 3501－6)，第一个峰或小峰是 BF_3 催化的直接结果。对于添加 2 倍催化剂含量(2.2%BF_3)的体系，第一个放热峰(通常是小的)反而大于第二个峰。

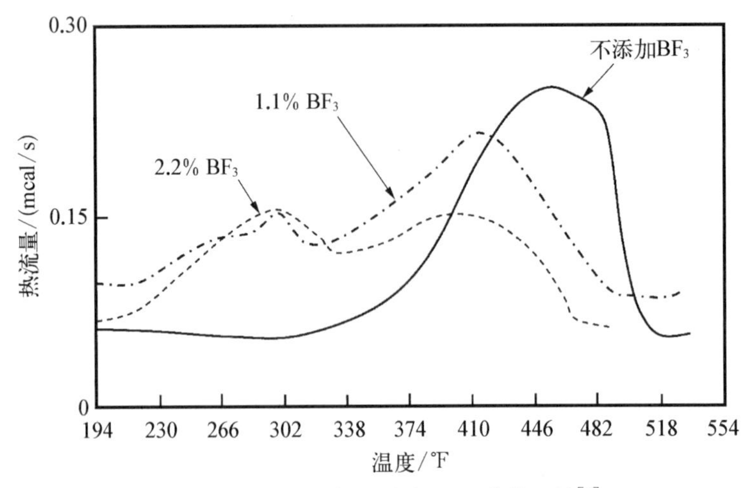

图 7.4 不同环氧树脂动态 DSC 曲线比较[1]

伯胺催化固化的环氧树脂体系的反应活性顺序如图 7.5 所示。一般来说，反应速率常数 K_3 远远小于 K_1 和 K_2。对于许多体系，伯胺和仲胺的反应活性相似。由于体系中的羟基和其他供质子基团在固化反应中作为催化位点，所以

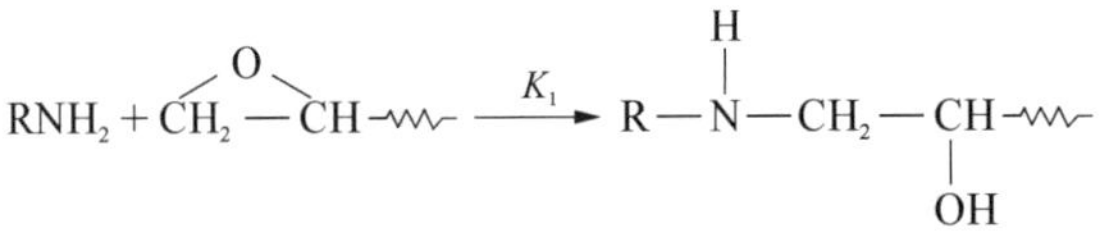

$$\mathrm{RNH_2} + \overset{\diagup\mathrm{O}\diagdown}{\mathrm{CH_2}—\mathrm{CH}}\text{-}\!\sim\!\sim \xrightarrow{K_1} \mathrm{R}—\underset{}{\overset{\mathrm{H}\atop|}{\mathrm{N}}}—\mathrm{CH_2}—\underset{|\atop \mathrm{OH}}{\mathrm{CH}}\text{-}\!\sim\!\sim$$

(a) 伯胺与环氧反应生成仲胺

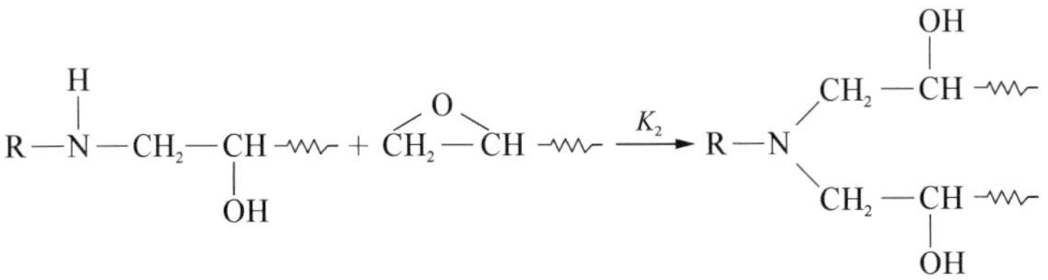

$$\mathrm{R}—\overset{\mathrm{H}\atop|}{\mathrm{N}}—\mathrm{CH_2}—\underset{|\atop \mathrm{OH}}{\mathrm{CH}}\text{-}\!\sim\!\sim + \overset{\diagup\mathrm{O}\diagdown}{\mathrm{CH_2}—\mathrm{CH}}\text{-}\!\sim\!\sim \xrightarrow{K_2} \mathrm{R}—\mathrm{N}\begin{matrix}\diagup\mathrm{CH_2}—\overset{\mathrm{OH}\atop|}{\mathrm{CH}}\text{-}\!\sim\!\sim \\ \diagdown\mathrm{CH_2}—\underset{|\atop \mathrm{OH}}{\mathrm{CH}}\text{-}\!\sim\!\sim\end{matrix}$$

(b) 再与另一单元环氧反应生成季胺

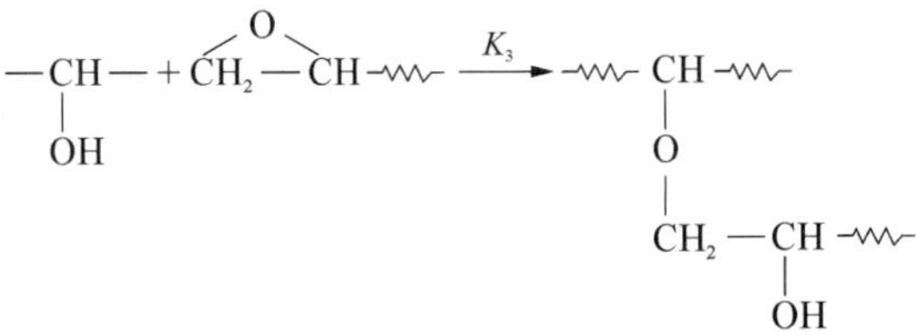

$$—\underset{|\atop \mathrm{OH}}{\mathrm{CH}}— + \overset{\diagup\mathrm{O}\diagdown}{\mathrm{CH_2}—\mathrm{CH}}\text{-}\!\sim\!\sim \xrightarrow{K_3} \sim\!\sim\text{-}\,\underset{\begin{matrix}|\\ \mathrm{O}\\ |\\ \mathrm{CH_2}—\underset{|\atop \mathrm{OH}}{\mathrm{CH}}\text{-}\!\sim\!\sim\end{matrix}}{\mathrm{CH}}\text{-}\!\sim\!\sim$$

(c) 一分子环氧基团与一分子羟基反应(醚化反应)

图 7.5 环氧树脂/伯胺体系的可能反应路线[2]

反应的总体动力学方程可以用环氧化物的转化率表示。

$$\frac{\mathrm{d}\alpha}{\mathrm{d}t}=(K_1+K_2\alpha)(1-\alpha)(B-\alpha) \tag{式 7.4}$$

式中：K_1 和 K_2 为速率常数；B 为二胺与环氧化物的初始当量比。

在某些环氧树脂体系中，尤其是路易斯酸催化的环氧树脂体系（如 Hexcel 3501－6/BF_3 体系），可观测到重叠的多重放热峰。

$$当\ \alpha\leqslant 0.3\ 时，\frac{\mathrm{d}\alpha}{\mathrm{d}t}=(K_1+K_2\alpha)(1-\alpha)(B-\alpha) \tag{式 7.5}$$

$$当\ \alpha>0.3\ 时，\frac{\mathrm{d}\alpha}{\mathrm{d}t}=K_3(1-\alpha) \tag{式 7.6}$$

式中：K_1、K_2、K_3 和 B 均由曲线拟合得到。

当热固性树脂固化时，化学反应会放出热量。采用热压罐制备复合材料层压板时，热量传导不及时会导致加热温度升高过快，层压板中温度显著升高，对于较厚的层压板表现尤为明显，如图 7.6 所示。这可能导致层压板因过热而引起分解或厚度不均匀。在最坏的情况下，放热的可能性非常大，以至于层压板和真空袋材料着火或烧焦。

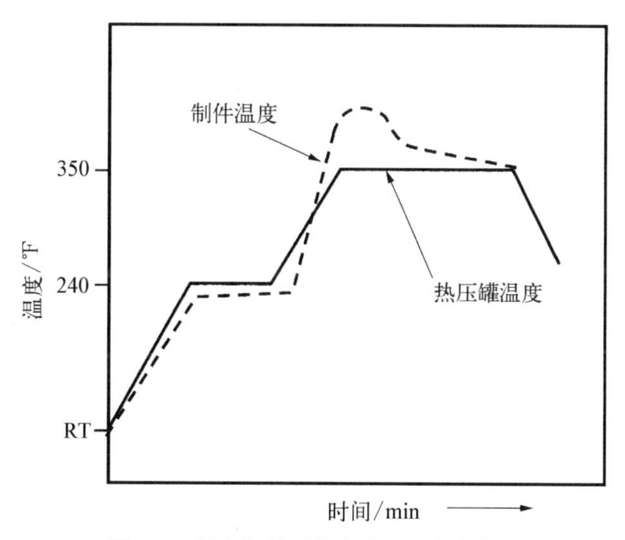

图 7.6 复合材料固化中的理论放热曲线

这种情况在环氧树脂的生产过程中很少发生，一方面由于厚层压板配合较厚的工具作用，显示出非常缓慢的升温速率；另一方面较厚的层压板通常用相匹配的厚重金属工具制成，可有效延缓升温速率。为了使铺层能够适应这些工具，对于净树脂含量的预浸料，铺层必须被热压平整；对于树脂含量过量的预浸料，树脂应通过热压除去。在工业上，正是由于这两个因素，即大型厚重金属模具缓慢的温度响应性及净树脂含量层的预脱除多余树脂的操作，才使反应放热失控的现象几乎不曾发生。如果一部分层压板由于放热反应而发生过度升温，则可能需要使用净树脂含量的预浸料，以降低升温速率，甚至可以加入控温中间体以允许热压罐和部件在相同的温度下保持稳定。如果放热仍难以控制，则需要更换反应活性较低的固化剂体系。还可采用在层压板内嵌入热电偶的策略来监测其在固化期间的温度，以实现对厚层压板放热现象的直观监控。

在热塑性复合材料中，可通过树脂的自粘性实现层间粘合，如第 6 章所述。在自粘合过程中，长聚合物链的链段通过跨越界面层的迁移来获得良好的层间键合。聚合物在纤维中的运动通过分子运动吸收理论建模，其中自粘性 D_{au} 定义如下所示。

$$D_{au}=\frac{S}{S_{\infty}} \qquad (式 7.7)$$

式中：S 为 t 时刻的粘合强度；S_{∞} 为 t_{∞} 时刻的最终粘合强度。

自粘程度一般遵循下式。

$$D_{au}=\chi t_{a}^{1/4} \qquad (式 7.8)$$

$$\chi=\chi_{0}\exp(-E/RT) \qquad (式 7.9)$$

式中：χ 为阿伦尼乌斯，温度相关常数；χ_0 为常量；E 为反应活化能；R 为摩尔气体常数；T 为开尔文温度。

实验表明自粘作用发生非常迅速，在热压罐或层压固结等相对缓慢的加工工艺中，并不关注自粘作用。它只适用于加工时间非常短的自动固结工艺，例如热带铺设或热丝缠绕等。

虽然热塑性塑料在加工过程中不经历固化，但控制结晶度对于半结晶热塑性塑料尤其重要。与测定固化程度方式类似，可采用差示扫描量热仪表征热塑性塑料的结晶度。

$$c_{\max}=\frac{H_{T}}{H_{\mathrm{Ult}}}c_{\mathrm{r}} \qquad (式 7.10)$$

式中：$c_{\max}$ 为最大理论结晶度；H_T 为 T 温度下的反应热焓；H_{Ult} 为理论总反应热焓；c_r 为聚合物的质量结晶度(%)。

更多关于热塑性塑料结晶度的信息参见本书第 3 章。

7.2　黏度

流体的黏度是衡量其在剪切应力下的抗流动性的物理量。如图 7.7 所示，当固态的 B 阶树脂被加热时，它将熔化并流动。当聚合开始时，随着反应进行，黏度不断增加，最后发生交联，树脂变成固体凝胶。凝胶化之前的树脂黏度影响层压板中树脂的流动，同时影响所得到层压板的最终树脂含量和厚度。如同动力学一样，对于特定树脂体系，凭经验确定其黏度。

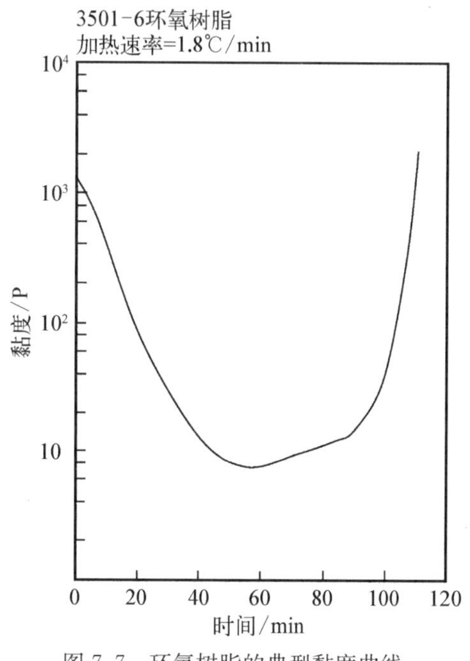

图 7.7　环氧树脂的典型黏度曲线

化学成分也会影响黏度。在图 7.8 所示的黏度曲线中，BF_3 催化剂的效果显而易见。在黏度-时间曲线上，流数可以用下式计算：

$$流数=\int_{t_0}^{t_{\text{gel}}}\frac{\mathrm{d}t}{\eta}\quad(式 7.11)$$

将起始时间 t_0 和凝胶化时间 t_{gel} 之间的函数积分时，流数是黏度 η 的倒数。

催化剂含量高的树脂(2.2%BF_3)的流数约为催化剂含量低(1.1%BF_3)的树脂的一半，比不含催化剂的树脂的流数低一个数量级。不含催化剂的树脂的最小黏度远低于添加有 2.2%BF_3 催化剂的树脂的最小黏度。凝胶化温度也显示了催化剂含量不同所带来的效果。与催化剂含量低的数脂相比，催化剂含量高的树脂会在更低的温度下凝胶化，而不含催化剂的树脂需要在更高的温度下才能凝胶化，达到最小黏度的温度也显著升高。例如，BF_3 催化剂使环氧树脂的固化反应在相对低的温度下加速反应，从而产生更高的反应速率、更低的总流数、更大的最小黏度和更低的凝胶化温度。当不添加催化剂时，引发化学反应需要更高的温度，从而需要更长的总流动时间和更高的凝胶化温度。动力学对树脂黏度的影响通常用以下模型描述。

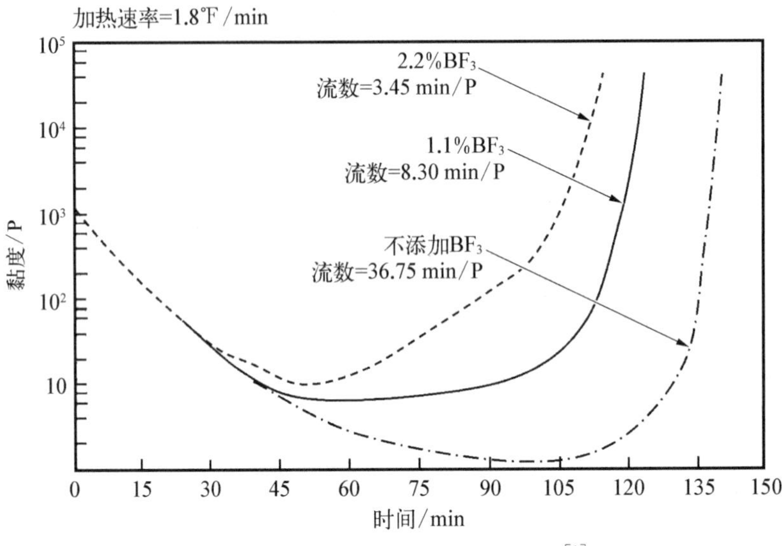

图 7.8　固化剂含量对于黏度的影响[1]

$$\eta = \eta_{\infty} \exp\left(\frac{E}{RT} + k\alpha\right) \quad （式 7.12）$$

式中：η 为黏度；η_{∞} 为常数；E 为黏流的活化能；k 为与温度无关的常数；R 为气体常数；T 表示开尔文温度。

7.3　热传递

热压罐通常用惰性气体(通常为氮气或二氧化碳)加压，也可使用空气代替，但是在加热固化周期内会增加火灾隐患。典型热压罐门附近的气体流动如图 7.9 所

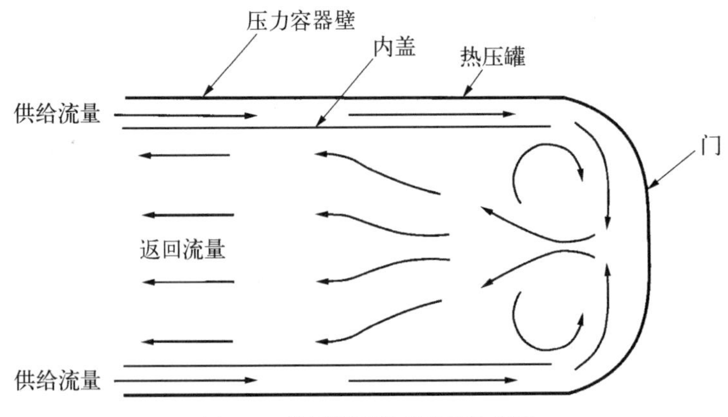

图 7.9　热压罐门附近的气体流动

示。气体由装在容器后部的大风扇循环，并沿着包含加热器组的护罩（通常是电加热器）旁边的墙壁向下流动。通常采用电热器，也可采用蒸汽加热。加热的气体到达前门后，从容器的中心向下流动，以加热该部件。在门附近位置通常存在相当大的湍流，起到加速气体的作用，与气流同时保持稳定，流向尾部。该流场的实际效果是：安置于门附近的部件经常处于较高的加热速率下；然而，流场取决于热压罐的设计和气体流动特性，可以通过优化设计达到合理的流速与加热效果。可能遇到的另一个问题是堵塞，其中大的部件可以阻止气体流到后面的小部件，起到热屏蔽效果。制造商通常使用大型机架来确保热量的均匀流动，并最大限度地增加用于固化的部件数量。

已知至少三个与设备无关的变量可影响热压罐中的对流热传递：气体压力、气体流速和气体流动湍流。这三个因素的增强均可改善对流传热。在一项研究中，使用长度为 40 ft（12.2 m）和直径为 12 ft（3.7 m），加热能力为 650°F（345℃），最大压力为 150 psi（1 035 kPa）的标准热压罐。用 600 r/min 转速的风扇循环氮气加压，可产生 60 000 cfm① 的气流。结果表明：

（1）最高速度产生于热压罐前部和中心线附近，在外部径向处产生低速或零速度区域，分析表明该区域发生再循环。高速区域由气流撞击热压罐门的边缘后，继续向后移动的同时向中心移动，形成高速羽流引起。随着气体向后移动，羽流消散，流动变得更慢、更均匀。在热压罐中间的设备处速度下降，导致其对流系数低于门附近部件的对流系数。

（2）热压罐顶部的速度明显高于侧面。

（3）平均轴向速度为 10～16 fps②；然而，在门附近发生的速度高达 44 fps。

（4）速度的轴向变化从门（入口）开始下降，约在离门 13 ft（4 m）处向下游变得越来越均匀。

（5）在门区域的湍流强度非常高，通常为 13%～15%。径向方向速度分布更加均匀，朝向热压罐后部气流速率逐渐减小，强度同时减弱。

装备设计也可以极大地影响部件的加热速度。通过以上分析，行业对于单个部件的设计建议是非常容易理解的：薄型设备的加热速度比厚实的设备要快；具有较高导热性的材料比热导率较低的材料快；设计气体流动路径良好的设备比流动路径设计不良的设备加热得更快。例如，具有开放蛋壳支撑结构的设

① cfm：立方英尺每分钟，气体流量单位，1 cfm＝1.73 m^3/h。——编注

② fps：英尺每秒，速度单位，1 fps＝0.305 m/s。——编注

备比没有开放支撑结构的设备加热更快。通常用于复杂零件和大型组合结构的模具设备,都有自己的特殊问题。设备尺寸和匹配度尤为重要。如果设备尺寸不正确,则无法获得优质产品。装备不匹配和尺寸不正确将在固化过程中形成高压区和低压区,导致过薄、空洞和孔隙。

虽然对流传热也相当重要,但热传递通常模拟为厚度方向上层间的热传导。

$$\frac{\partial(\rho C_V T)}{\partial t}=\frac{\partial}{\partial x}\left(K_x\frac{\partial T}{\partial x}\right)+\frac{\partial}{\partial y}\left(K_y\frac{\partial P}{\partial y}\right)+\frac{\partial}{\partial z}\left(K_z\frac{\partial P}{\partial z}\right)+\frac{\mathrm{d}H}{\mathrm{d}t}$$

(式 7.13)

式中：ρ 和 C_V 为复合材料的密度和定容比热容;K_x、K_y 和 K_z 分别为 x、y 和 z 方向的热导率;T 为温度。

通过化学反应产生的升温速率 $\mathrm{d}H/\mathrm{d}t$ 定义如下所示。

$$\frac{\mathrm{d}H}{\mathrm{d}t}=\frac{\mathrm{d}\alpha}{\mathrm{d}t}H_{\mathrm{R}} \qquad (式 7.14)$$

式中：H_R 为反应的总热量;α 为由动力学模型预测的固化程度。

除了支撑动力学和黏度子模型之外,传热子模型对模具的初始设计阶段是有用的,它们可用于预测和比较已经设计完成的设备的加热速率。

7.4 树脂流动

在固化周期内施加的热和压力的影响下,预浸料树脂在垂直和水平方向上流动(见图 7.10)。位于顶层的预渍片树脂渗出,相互靠在一起并变得紧密。这同时也使得中间和底层的预渍片难以渗出树脂,难以排出气体并被压实。值得注意的是,随着树脂渗出,上层的纤维体积含量增加,厚度方向上的渗透性降低

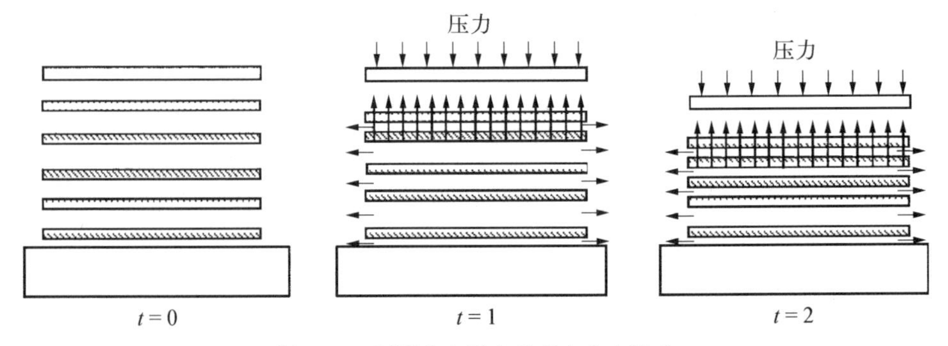

图 7.10 树脂在水平和垂直方向上流动

(见图 7.11),使下层树脂难以有效流出。这通常会导致层压板树脂含量高和厚度方向树脂的梯度分布,树脂含量如图 7.12 所示。分别在 25 psi、50 psi 和 100 psi(175 kPa、345 kPa 和 690 kPa)压力下,固化制备了三种不同厚度的层压板(10 层、25 层和 60 层)。固化前的预浸料树脂质量分数标定为 42%。只有最薄的层压板(10 层)厚度方向上树脂含量相当均匀。25 层和 60 层厚的层压板在中间和近模具侧都表现出更高的树脂含量,表明大部分垂直渗出发生在顶端表面。

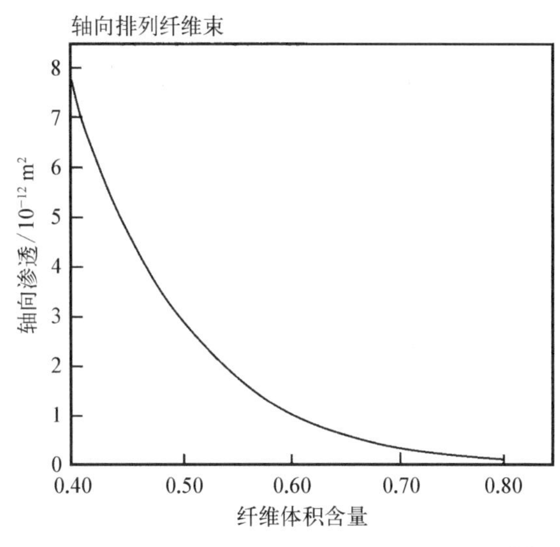

图 7.11　纤维体积含量对树脂渗透效果的影响[3]

树脂含量为42%的碳纤维/环氧树脂预浸带

	热压罐固化压力/psi		
层数	25	50	100
10	袋子 A: 29.0　B: 28.5 模具	袋子 A: 27.4　B: 26.3 模具	袋子 A: 26.6　B: 26.7 模具
25(1)	袋子 A: 29.4 / 30.7　B: 28.6 / 30.8 模具	袋子 A: 29.5 / 30.1　B: 28.6 / 30.8 模具	袋子 A: 27.5 / 29.9　B: 26.5 / 30.6 模具
60(2)	袋子 A: 33.7 / 38.7 / 39.6　B: 33.2 / 38.4 / 39.3 模具	袋子 A: 30.4 / 38.7 / 39.7　B: 30.8 / 39.2 / 40.1 模具	袋子 A: 28.5 / 37.1 / 39.6　B: 29.6 / 38.2 / 38.9 模具

图 7.12　厚度方向上的树脂含量测定结果

注: A 为层压板中间;B 为层压板边缘

然而，与传统的40%～42%的树脂体系相比，复合材料行业目前的趋势是要求很少或没有渗出的净或近净树脂体系(质量分数为32%～35%的树脂)。这简化了袋装系统，因为消除了渗出材料的劳动和成本。然而，当使用这种类型的材料时，更重要的是密封内袋以防止树脂在固化过程中流失；否则可能导致层压板贫胶。边缘是一个特别关键的区域，因为模具间过大的间隙会导致树脂损失过多或泄漏，最终导致层压板的边缘比所需的薄。除了不需要渗出袋之外，净树脂含量预浸料生产的层压板具有更均匀的厚度和树脂含量。传统的40%～42%树脂含量预浸料的问题在于，随着层压板越来越厚和预浸布的数量增加，树脂渗透厚度的能力降低。随着越来越多的渗出材料的加入，最靠近表面层的树脂渗出增多，而层压板的中间和模具侧的部分则渗出不足。

为了更好地了解树脂流动过程中的相互作用，图7.13给出了机理模拟示意。在这个类比中，将正在固化的层压板模拟为活塞-弹簧-阀门装置。弹簧代

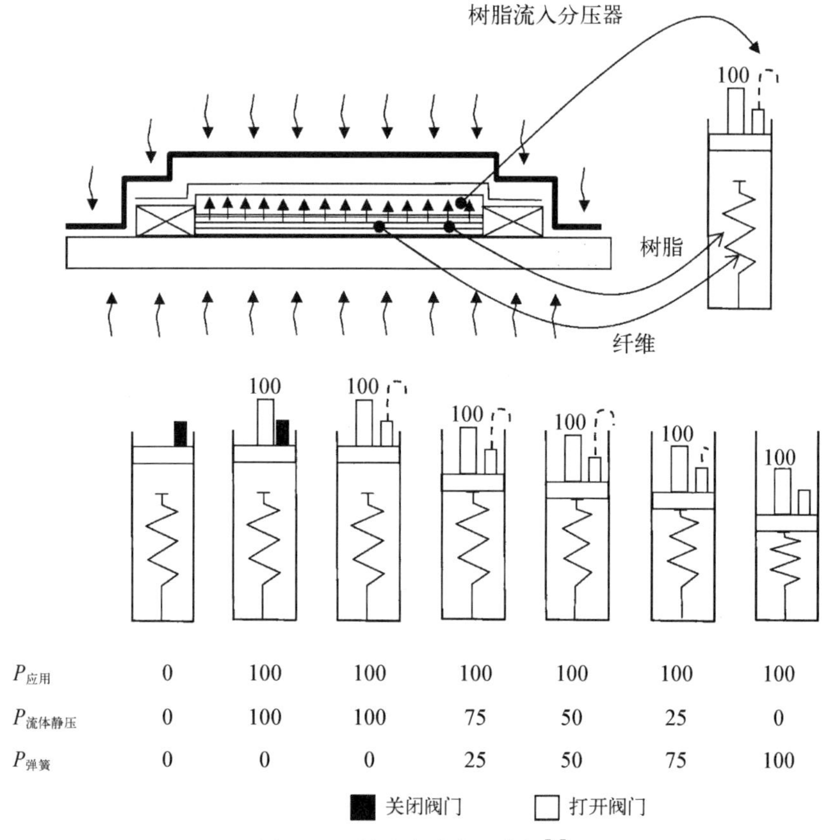

图7.13 树脂流动类比分析[4]

表纤维床,假定具有一定承载能力。就像一个弹簧,纤维床将承受巨大的负载,因为它经受了压缩。包含在活塞中的液体代表未凝胶化的液态树脂。阀门是液体树脂离开系统的必经路径;也就是说,它可能代表渗出材料,一种不良的被堵塞部件或任何其他渗漏系统。

此简化模型中的每个步骤描述如下:

(1) 最初,系统没有负载。液体静水压力和纤维床承载的载荷为零。

(2) 对系统施加 100 lb(45 kg)的载荷,但液体没有渗出(关闭阀门)。液体承载整个载荷,纤维床上的载荷为零。请注意,向下的力(在这种情况下为 100 lb)等于向上的力。该向上的力是液体(100 lb)和弹簧状纤维床(0 lb)承载的载荷总和。

(3) 阀门现在打开,允许树脂渗出。然而,此时树脂仍然承载着整个 100 lb 的载荷。

(4) 液体继续渗出,但是速度减慢,因为一部分负载现在由 25 lb(11.3 kg)的弹簧承载。这类似于快速发生在层压板中的渗出行为,直到纤维床开始支撑一部分施加的热压罐压力。

(5) 液体继续渗出,但是速度不断减小,这是因为弹簧承受了大部分负载。在实际层压板中,通过纤维床承载能力的提高以及纤维床在压实时的渗透性降低,渗出速率将会延迟。

(6) 不再有渗出行为发生,因为树脂上的压力现在已经下降到零,并且整个载荷(100 lb)由弹簧承载。如果在树脂凝胶化(凝固)之前的实际热压罐处理中发生这种情况,则溶解的挥发物将很容易从溶液中蒸发并形成空洞。

虽然这个类比大大简化了复合组分流动过程,但它阐述了几个关键点。在固化循环的早期阶段,静态的树脂压力应等于热压罐施加的压力。当发生树脂流动时,树脂压力下降。如果层压板中树脂渗出过多,则树脂压力可能下降至足够低的水平从而形成空洞;因此,静液树脂压力直接取决于树脂的渗出量。随着渗出量的增加,纤维体积增加,导致纤维床承载能力增加(见图 7.14)。树脂流动和渗出可自发进行,也可进行设计。设计渗出是由在固化期间的渗出布实现的,可从预浸料中除去多余树脂。自发渗出的例子是模具和层压板之间间隙过大,内袋材料撕裂,允许树脂流入通气;此外,上、下模具间不匹配,为液体树脂的排出提供了路径。随着树脂渗出的增加,静液树脂的压力降低。

层压板一经整理,就必须装袋以进行热压罐固化。包装操作包括若干变量,可影响组分质量,其中一些变量如图 7.15 所示。如果使用过多的泄放器,则可

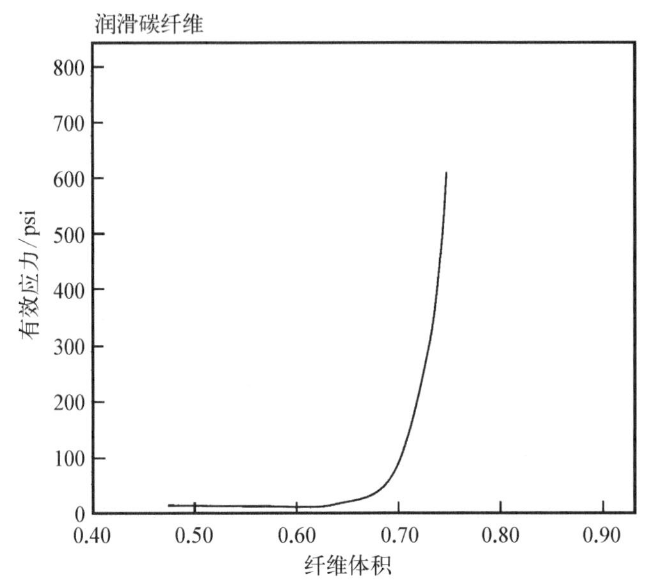

图 7.14 纤维体积对体积压实力的影响[3]

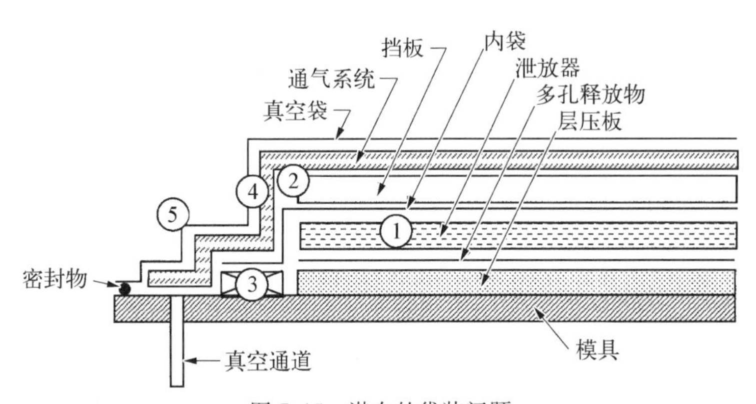

图 7.15 潜在的袋装问题

注：① 过量泄放器的使用导致层压板树脂渗出过量；② 挡板切断了内袋，使树脂从通气系统中渗出；③ 密封性不好的模具使树脂进入通气系统中；④ 模具上部的挡板桥接引起的低压区域；⑤ 真空袋在尖角或桥接处破裂，导致压力消散

能会发生过度渗出，导致静液树脂压力大幅下降，必将导致孔隙和空洞形成。如果在这种情况下树脂具有低黏度和高流动性，则出现渗出的可能性更大。即使使用了正确数量的泄放器，密封不良的内袋系统也可能使树脂逸出到通气系统中。例如，如果挡板切断内袋或模具未被正确密封，则树脂将渗出，静液树脂压力可能降至低于挥发蒸气压，导致空洞和孔隙形成。偶尔引起问题的另一个变量是，如果挡板在模具顶部被错误配置或滑动和桥接，则可能在沿层压板边缘的

局部产生低压区域，其将导致空洞甚至产生较大分层。最后，如果外部真空袋(通常为尼龙膜)在热压罐热压期间桥接和破裂，则可能导致压实力部分或全部消失。如果树脂在固化过程中尚未达到凝胶点，则可能形成大量的空洞和孔隙。

7.4.1　静液树脂压力研究

用于研究层压板真实流动行为的实验设备如图 7.16 所示。为了测量静液树脂压力，将传感器埋藏于模具表面，并用未被催化固化的液体树脂填充。为了确保层压板在压力下不会变形并接触到传感器，将钢丝网屏放置在传感器凹部上方。评估两种不同的层压板厚度：10 层和 40 层。在两种情况下，均使用 Hexcel 的 3501－6 碳纤维/环氧树脂预浸料，并且将层压板交错铺叠，包含 0°，90°和±45°层。两种测试均使用标准固化循环。

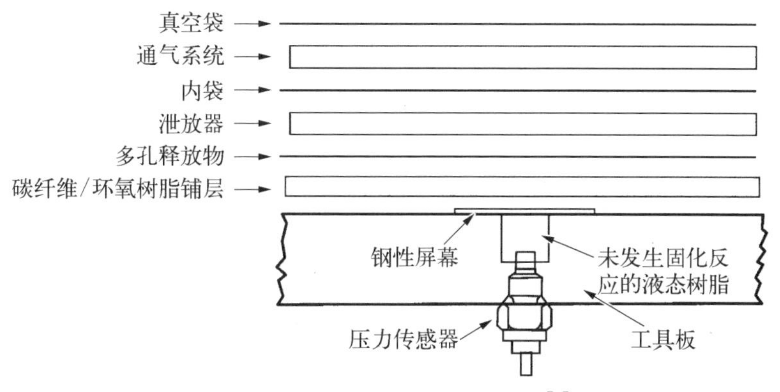

图 7.16　静液树脂压力测量装置[4]

薄(10 层)和厚(40 层)层压板的树脂压力测量结果如图 7.17 所示。结果表明，较厚层压板的树脂压力基本上等于热压罐施加压力。然而，由于在模具表面测量树脂压力，所以无法得知较厚层压板中是否存在厚度方向上的压力梯度。对于 40 层层压板而言，其显示出较高的树脂压力，可能是由于树脂不能及时排出层压板所致。从 0.5 in(12.7 mm)厚的层压板中取出的材料切片来看，这种表面层似乎是贫胶的，即每层厚度较薄，并且在这种情况下，中心和模具侧边似乎是富胶的，即每层厚度较厚。

为了研究在固化期间可能存在于层压板内的潜在压力梯度，将能够测量静液树脂压力的微型压力传感器嵌入层压板内的多个位置，以研究垂直和水平压力梯度所产生的效果。因为先前的厚层压板测试(40 层)在模具表面几乎没有

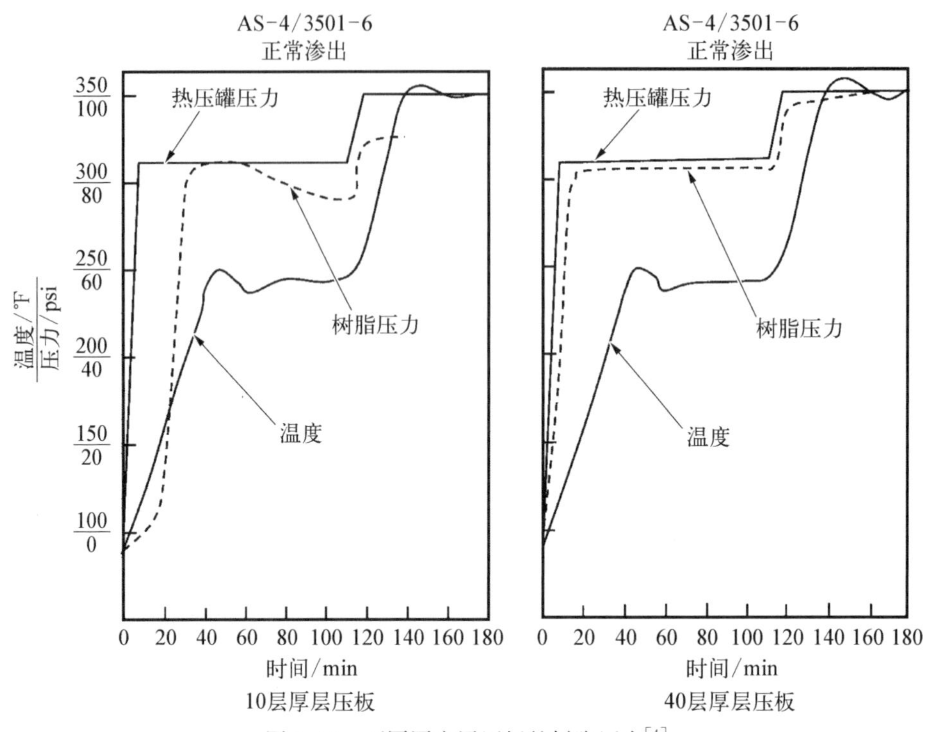

图 7.17　不同厚度层压板的树脂压力[4]

显示出压力降低，所以将 60 层层压板与嵌入层压板和排气管内的多个位置微型压力传感器进行整理。还使用三个传感器来监测沿着模具表面几个位置处的树脂压力。垂直流动测试可获得压力曲线，该曲线(见图 7.18)证实层压板内存在着明显的压力梯度。同样，模具表面的树脂压力基本上等于热压罐施加的压力。这些结果也阐明了垂直压实过程：最初，整个层压板内的树脂压力接近热压罐施加的压力；当树脂发生渗出时，层压板顶部的静液树脂压力下降(传感器 3)，此时，树脂开始从层压板的中部朝顶部渗出，并且压力也在此时降低(传感器 2)，但是它仍然高于顶部的压力；相反的过程发生在泄放器中，当树脂填充泄放器时，泄放器中的压力升高。树脂含量和显微照片可用于确认树脂压力的检测结果。将一种树脂含量的样品分成三块，每块从顶层、中层和底层各分出 20 层。顶部树脂含量为 24.6%，中层为 31.0%，底部树脂含量为 33.0%，确认了树脂的压力与树脂含量一致。显微照片显示相同的结果：层压板顶层的部分比在模具表面和附近的部分压实度大得多。

由于已经证实厚层压板在垂直方向上存在压力梯度，因此也应该假设水平

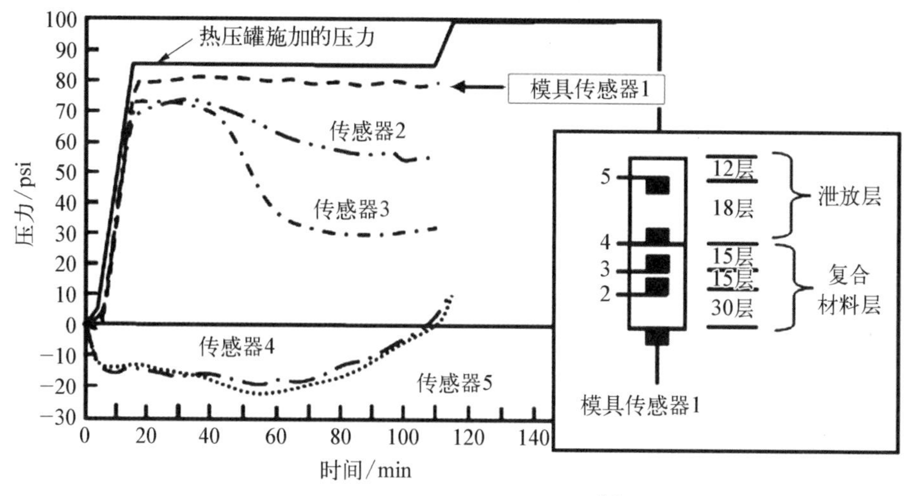

图 7.18 层压板垂直流动测试[4]

方向上也存在压力梯度。以前，所有的测量都在层压板的中心进行。使用两种层压板以研究水平压力梯度问题，第一种有软木塞的模具尽可能靠近层压板边缘；而第二种在层压板边缘和模具之间有 0.5 in(13 mm)的较大间隙。这两种层压板(见图 7.19)都包含了无孔的顶部表面膜，以防止树脂垂直流动。两种层压板的压力曲线(见图 7.20)显示了水平压力梯度的存在，并表明梯度的大小取决于水平流量，也就是说，层压板边缘和模具之间较大的间隙可引起更多的水平流动。压力曲线还阐释了水平流动过程：最初，树脂压力接近热压罐施加的压力，随着树脂的渗出而降低。相反的情况发生在泄放器处，最初，测量系统的真空度，并且当树脂开始填充泄放器时，压力增加。值得注意的是，对于大多数层压板而言，水平压力梯度非常小，但在边缘附近增大。树脂含量结果证实了树脂压力的结果，表明在层压板的边缘处存在大的树脂含量梯度(见图 7.19)。图 7.19 还显示，当层压板边缘与模具之间的间隙继续增大时，树脂进一步流入泄放器。

7.4.2 树脂流动建模

层压板中树脂的流动通常根据达西定律(在多孔介质中流动)进行建模，这需要确定纤维床的渗透率 k 和流动树脂的黏度 η。

$$q=\frac{k}{\eta}\frac{\mathrm{d}P}{\mathrm{d}x} \quad (式 7.15)$$

式中：q 为在 x 方向上每单元区域内的体积流速；k 为渗透率；η 为黏度；$\mathrm{d}P/\mathrm{d}x$

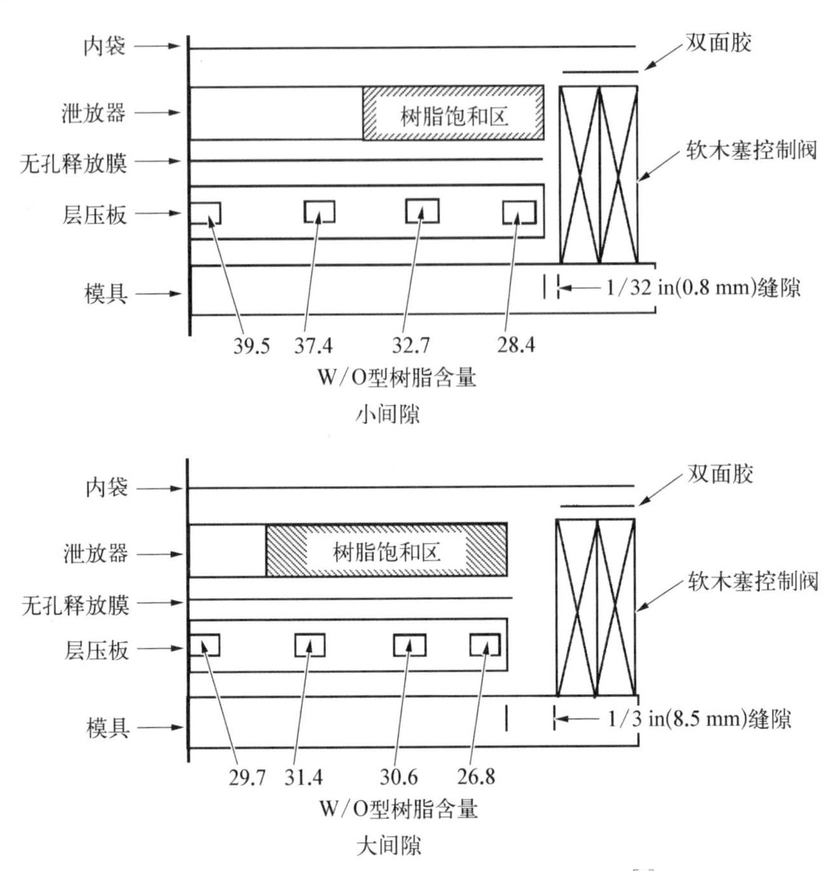

图 7.19 研究水平压力梯度所用两种层压板[4]

为压力梯度，与 x 方向上的流动成反比。

渗透率由 Kozeny - Garman 方程定义为水平流动或沿着纤维方向上的流动。

$$k_x = \frac{r_f^2}{4k} \frac{(1-V_f)^3}{V_f^2} \quad \text{（式 7.16）}$$

式中：r_f 为纤维半径；k 为 Kozeny 常数，取决于纤维床的几何形状（k_x 为水平方向上的 Kozeny 常数）；V_f 为纤维体积分数。

对于垂直流动或者与纤维方向垂直的流动，（式 7.16）可被修改成如下形式，以考虑垂直流动随着树脂含量的增加而降低。

$$k_z = -\frac{r_f^2}{4k'} \frac{(\sqrt{V'_a/V_f} - 1)^3}{(V'_a/V_f + 1)} \quad \text{（式 7.17）}$$

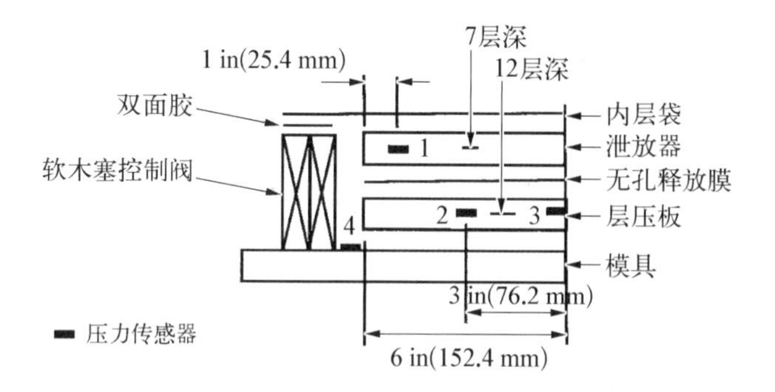

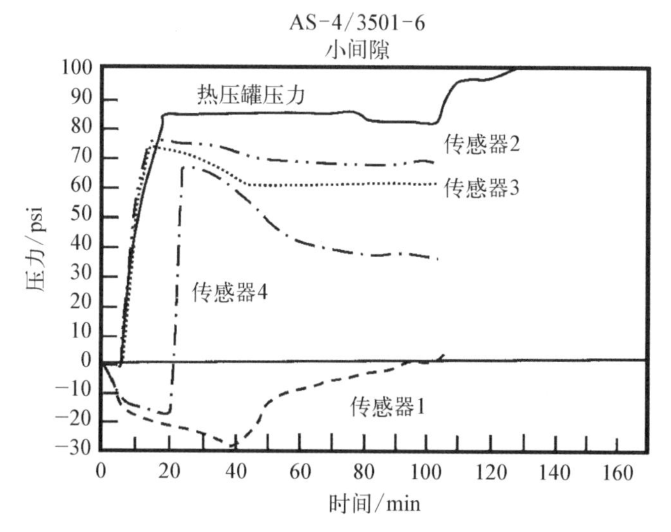

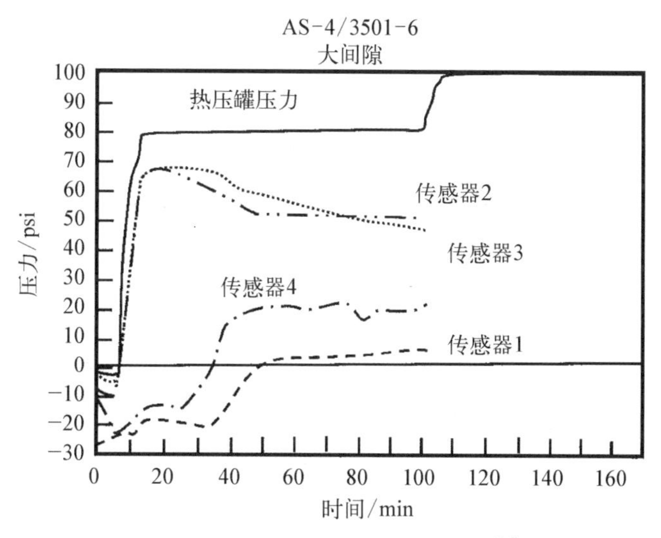

图 7.20 层压板水平流动压力曲线[4]

式中：V'_a 为可利用的纤维体积分数；k_z 是垂直流动的 Kozeny 常数，此时垂直流动停止。

使用这些输入，定义树脂流动的方程如下所示。

$$\frac{\partial P}{\partial t}=\frac{1}{\eta m_V}\left[\frac{\partial}{\partial x}\left(k_x\frac{\partial P}{\partial x}\right)+\frac{\partial}{\partial y}\left(k_y\frac{\partial P}{\partial y}\right)+\frac{\partial}{\partial z}\left(k_z\frac{\partial P}{\partial z}\right)\right] \quad (式 7.18)$$

式中：k_x、k_y、k_z 分别为 x、y、z 方向上的分渗透率；P 为静液树脂的压力；t 为时间；m_V 表示体积变化率。

7.5 空洞与孔隙

空洞和孔隙是复合材料部件制造中的主要问题之一。如图 7.21 所示，空洞和孔隙可能发生在层间界面（层间）或单层（层内）内。术语“空洞”和“孔隙”在工业中通常是可互换的；然而，空洞通常意味着一个大的孔，而孔隙意味着一系列的小孔。复合层压板的空洞和孔隙的形成有两个主要原因：叠层时夹带的空气和当树脂流体静压力不足时，残余的水分或溶解在液体树脂中的挥发物在凝胶化后留在了树脂中。

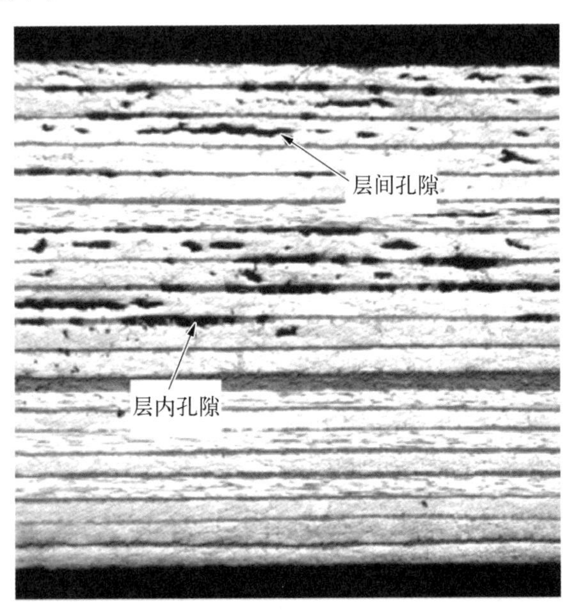

图 7.21 层内和层间孔隙

热压罐加工过程中通常使用高压，如 100 psi（690 kPa），以提供压实力并抑制空洞形成。由于热压罐环境和真空袋内部存在压力差，因此热压罐气体压力被传递到层压板上。将热压罐压力转换到树脂取决于几个因素：纤维含量、层压板结构和使用的泄放器的量。尽管在固化循环期间可以使用相对高的热压罐压力，如 100 psi(690 kPa)，但静液树脂压力或树脂上的实际压力可能非常小。

在铺层或层叠期间，空气可能会被夹在预浸料的层与层之间。空气的夹杂量取决于许多因素：预浸料粘合性，室温下的树脂黏度，预浸料的浸渍程度，表面平滑度，在铺叠过程中层间压实次数以及丢层、半径尺寸等。夹带空气容易形成气穴的非常明显的位置之一是在预浸料丢层形成的空洞缺陷处。此外，在混合和预浸操作过程中，空气也可能被夹带入树脂中。

已有的经验表明，预浸料的物理质量可以极大地影响最终的层压板质量(见图 7.22)。20 世纪 70 年代，最初供应给航空航天工业的碳纤维/环氧树脂预浸料由热熔浸渍工艺制成。它们具有相当粗糙的表面(由于预浸料表面裸露大量纤维)——有时被称为灯芯绒纹理——这种表面通常有利于制成无孔隙部件。当时还不知道，稍微粗糙的纹理为固化过程初段空气的逸出提供了疏散路径。后来，当树脂熔膜浸渍成为预浸料生产的主要方法时，预浸料表面是非常漂亮和光滑的，但是却产生了大量多孔部件。几年后，才发现整洁、光滑的表面配合密封工艺，导致内部空气无法排出；空气被夹在层压板中，形成孔隙。为了在保持树脂成膜工艺质量优势的同时避免这个问题，制造商开始故意只浸渍部分预浸料，部分浸渍的预浸料具有与完全浸渍的预浸料相同的树脂含量和纤维面积含量，唯一的区别是树脂相对于纤维的空间位置不同。由于层中心的纤维相当干燥，因此可为空气提供逸散路径。当抽真空后，树脂熔化，流入干纤维区域并浸渍。

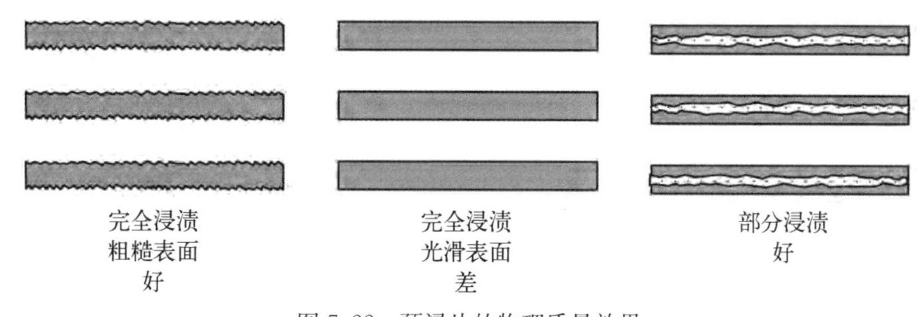

图 7.22 预浸片的物理质量效果

预浸料黏性也可影响层压板的最终质量。预浸料黏性是预浸料层的黏性或自粘性的量度。通常，具有高黏性水平的预浸料会导致层压板具有大量空洞和孔隙。可能是由于在对黏性预浸料进行铺层期间，高黏度导致去除夹带的气泡尤为困难。水分可以是一个因素：研究发现，含水率高的预浸料比含水率低的预浸料更具有黏性。先前的工作表明预浸料黏度和树脂黏度之间可能存在相关性;也就是说,黏性大的预浸料同时具有较高的初始树脂黏度。

树脂混合和预浸工艺也可以影响预浸料的最终加工性能。在正常混合操作中,空气很容易混入树脂。夹带的空气随后可以作为空洞和孔隙的成核位置。然而,一些混合容器配备有适用在混合操作期间允许真空脱气的密封装置,这被认为可有效地去除夹带的空气,并且将有利于生产优质的层压材料。

在加成-固化复合材料层压板的过程中,空洞形成和生长也可能归因于夹带的挥发物,主要是预浸料吸收的水分以及来自树脂混合或预浸过程中残留的溶剂。较高的温度导致挥发气压较高。当树脂是液体时(见图 7.23),如果空洞压力或挥发蒸气压力超过了施加在树脂上的静液压力,则空洞会产生并生长。

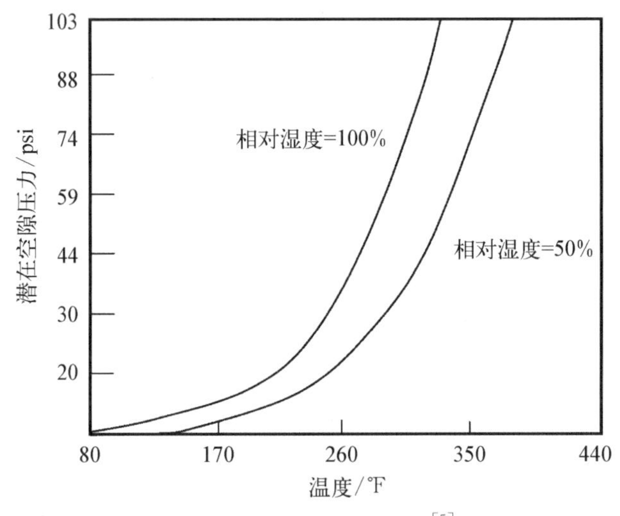

图 7.23 空洞形成势能图[5]

当液体树脂黏度显著增加或胶凝化时,空洞被锁定在树脂基体中。需要说明的是,层压板上施加的压力不是关键因素,即使热压罐施加的压力较高,静液树脂压力依然很低,还会导致空洞形成和生长。

如同大多数有机材料,复合材料预浸料吸收大气中的水分。吸收水分的量取决于周围环境的相对湿度,而吸湿率取决于相关环境的温度。碳纤维本身吸水率很低,但环氧树脂容易吸水。因此,最终预浸料的水分含量是相对湿度、环境温度和预浸料树脂含量的函数。

由于水分通常是热熔加成反应固化预浸料过程中最主要的挥发性物质,因此预浸料中吸收的水分量决定了在固化循环期间产生挥发物的蒸气压。

图 7.23 的测试结果解释了为什么复合材料制造商需要控制铺设房间的环境；也就是说，较高的水分含量会导致较高的蒸气压，增加了空洞形成和生长的倾向。尽管水分含量仅有百分之一，它们在加热时仍可产生较大的气体体积和压力。还应指出的是，其他类型的挥发物，例如在溶剂浸渍过程中使用的溶剂或由缩合反应产生的挥发物，可能使这个问题大大复杂化，导致更高的蒸气压和更大的空洞形成倾向。由于复合材料中纤维床具有承载能力，因此用于抑制空洞形成和生长的静液树脂压力可以仅是热压罐施加压力的一部分。静液树脂压力十分重要，因为这种压力有助于保持挥发物溶解在溶液中。如果树脂压力低于挥发性蒸气压力，则挥发物将从溶液中排出并形成空洞。

参考图 7.24 所示的固化周期，从空洞成核和生长观点来看，该循环的第二斜坡（升温）部分至关重要。在该升温部分，树脂仍然是液体，温度高，树脂压力接近于最小值，挥发性和蒸气压高，并随着温度的升高而升高。这些是空洞形成和生长的理想条件。

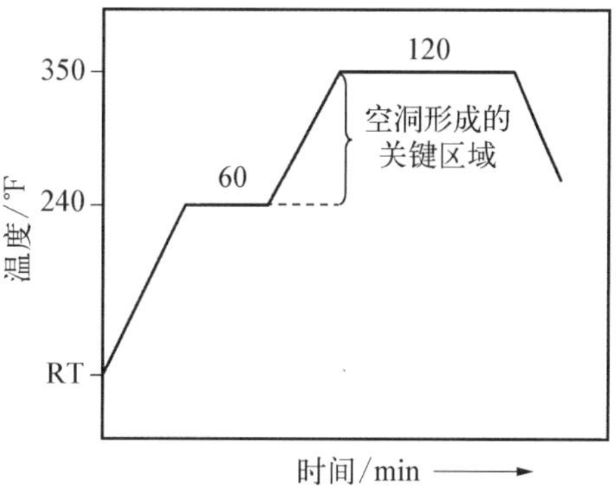

图 7.24　典型的环氧树脂固化周期

制造了更多的层压板，使用图 7.16 所示的相同测试装置来进一步评价树脂压力。这些结果表明：

(1) 与低流动树脂系统相比，高流动树脂系统的压降更大。3501－6 和 3502 的树脂流动比较（见图 7.25）表明，较高流动的 3502 树脂系统经历了比低流动 3501－6 系统更大的压降。3501－6 系统是一种较低流动的系统，因为它含有可显著改变固化行为的三氟化硼（BF_3）催化剂，从而建立起一种在较低温度下凝胶化的较低流动系统。由于高流动树脂系统更容易渗出树脂，因此在加工或装袋时必须特别小心。高流动层压板应紧密包装并密封，以消除树脂泄放路径。由于高流动性树脂体系通常也具有较高的凝胶化温度，所以必须注意确保在树脂凝胶化之前，空洞压力不能超过静液树脂压力。

(2) 层压板过量渗出树脂导致树脂压力大幅下降。正常渗出与过量渗出的比较如图 7.26 所示。通过使用正常量 3 倍的玻璃泄放器和通过去除内袋而产生自由渗出情况来实现过量渗出。虽然这通常不会在复合材料部件制造中进行，但过量渗出确实有可能发生，可能主要由泄漏的模具系统或泄漏的匹配冲模导致。这些固化层压板的分析包括无损检测（NDT）、厚度测量、树脂含量测定

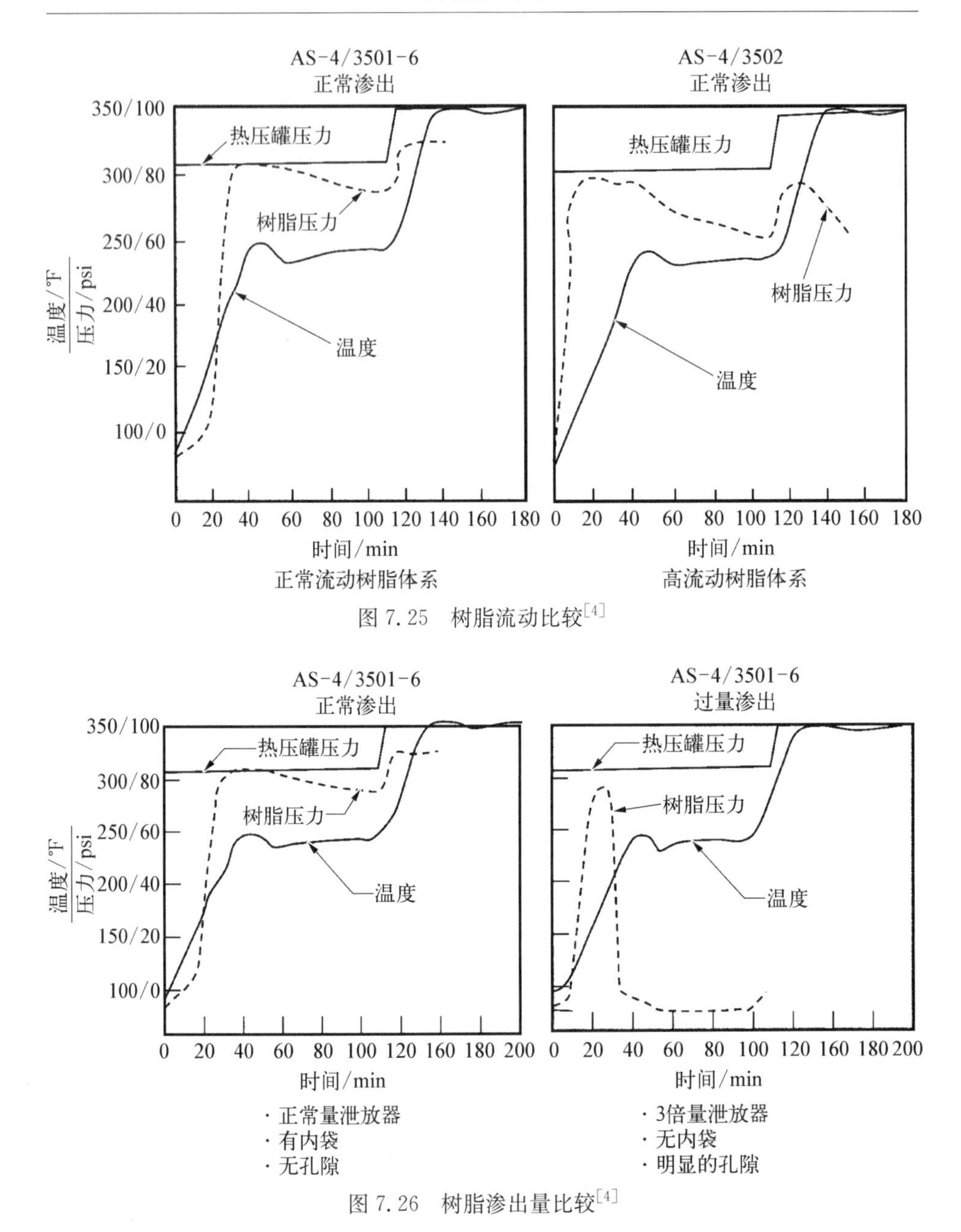

图 7.25 树脂流动比较[4]

图 7.26 树脂渗出量比较[4]

和材料横截面的图像。树脂含量测定和厚度测量结果均可体现过量渗出的效果。过高的层压板树脂含量和厚度值明显低于标准渗出层压板。由于真空将袋子吸附在下方，因此树脂压力实际上已经降到零以下，几乎不能抑制空洞增长。如预期的那样，超声波 NDT 结果和材料横截面图像显示了粗糙的层压板中的粗大空洞和孔隙。

(3) 内袋压力可用于保持静液树脂压力，减少树脂流动。内部加压袋(IPB)固化最初是在文献[6]的程序中开发的。在这个过程中，使用两个独立的压力源：① 一个正常的由热压罐外部施加的压力，提供将铺层压实的力；② 较小的内袋压力，其将流体静压力直接施加到液体树脂上，以保持挥发物溶解在溶液中，从而防止空洞的成核和生长。用于 IPB 固化的热压罐装置如图 7.27 所示。在该实验的固化循环(见图 7.28)中，热压罐外部施加的压力为 100 psi(690 kPa)，内部袋的压力为 70 psi(480 kPa)。这使得施加在铺层上的压缩或膜压力为 30 psi(205 kPa)(热压罐施加的压力－内部袋压力＝100 psi－70 psi)，并且树脂上的最小流体静压力为 70 psi(480 kPa)。如果需要，则可通过热压罐将施加的压力简单地增加到 170 psi(1 170 kPa)，可以将压实压力再次提高到 100 psi(690 kPa)。唯一的限制是热压罐所施加的压力必须大于内袋压力，以防止将袋子从模具中吹出。当然，内袋压力需要足够高以使挥发物溶解在溶液中，以防止空洞的成核和生长。为了测试最坏情况，以与先前提到过的树脂压力降至零的过量渗出层压板相同的方式，将 IPB 层压体进行袋装。即使这种装袋过程在以前的测试中曾导致严重的过量渗出且层压板产生孔隙，加入内部袋压力仍可以防止过量渗出和孔隙。未发生过量渗出主要是由于膜压力较低[IPB 固化时为 30 psi(205 kPa)，正常固化时为 100 psi(690 kPa)]造成的。

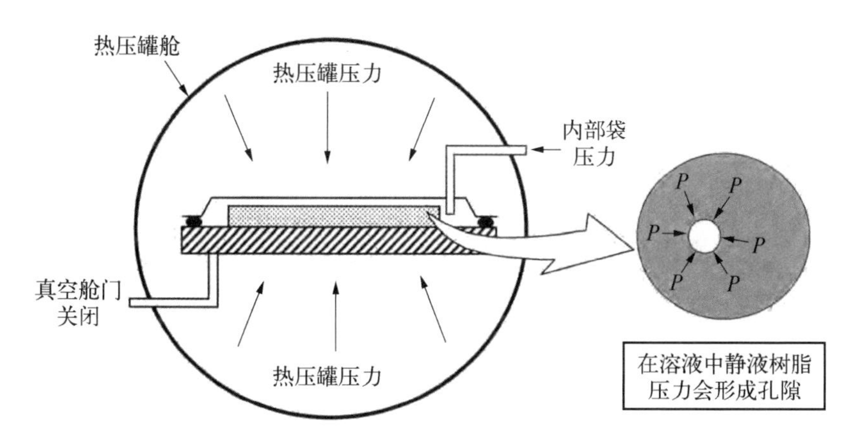

图 7.27 用于 IPB 固化的热压罐装置

通常不使用内部加压袋固化，因为当使用内袋可以形成适当的液压时，没有必要使用内部加压袋。图 7.29 所示的波浪形复合材料是应用之一。在这种情况下，铝匹配的金属模具在重复使用时磨损，产生缝隙，可允许过量的树脂在固

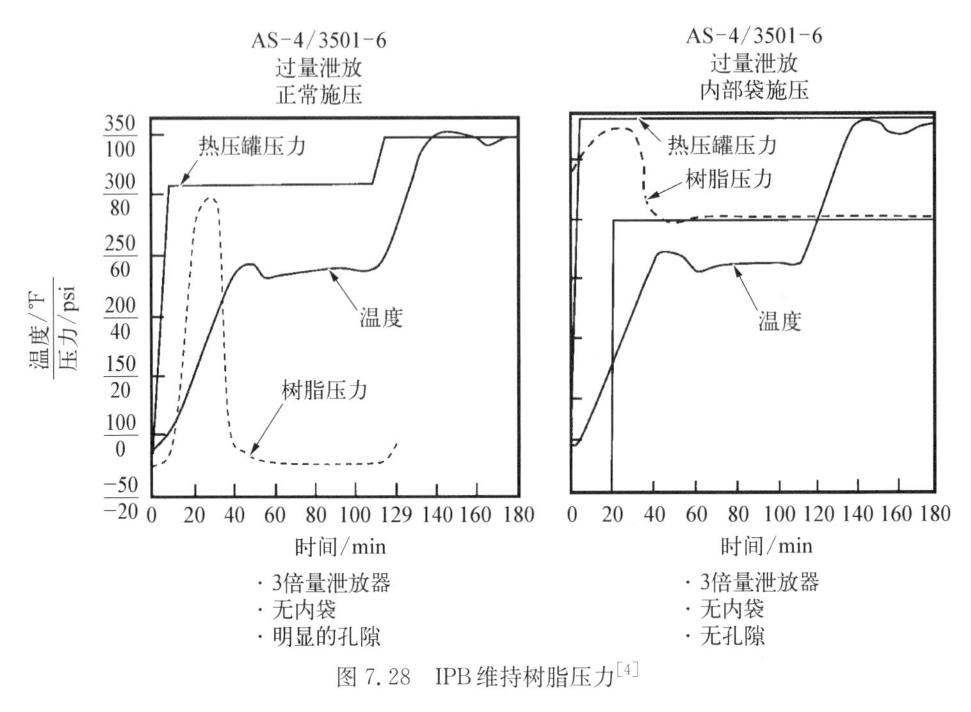

图 7.28 IPB维持树脂压力[4]

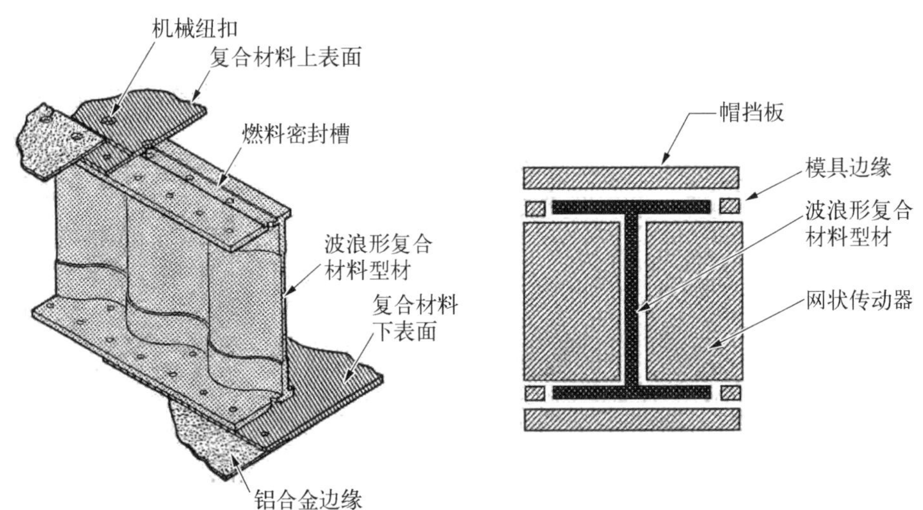

图 7.29 波浪形复合材料型材

化期间从模具中逸出，导致总孔隙率较高，特别是在相对薄的幅材中体现尤为明显。采取三个措施来解决孔隙问题：① 将固化类型转化为IPB型固化，以减少树脂损失并保持施加于树脂上的静液压力；② 采用热熔法浸渍的织布，代替溶剂法，以消除残留溶剂所导致的一切问题；③ 将一层薄膜粘合剂贴于幅材的两个表面，以提供更多的树脂帮助密封表面。

化学成分的变化也会影响加工性。在图 7.30 所示的共固化肋状物的早期开发工作中，积攒了很多化学成分对流动影响的实际例子。由于其具有复杂的几何形状，因此这种肋状物是在匹配模具中制造的。树脂体系是新型增韧环氧树脂，在加工条件下具有高黏度，树脂流动性很差。结果是树脂流动不足，无法充分填充模具。这使表面产生包含许多贫胶的干燥区域，并且边缘粗糙、浸渍不良的产品，无法满足工艺性要求。同时，超声波检查显示出产品内部有许多孔隙和空洞。最终采用的解决方案是材料供应商重新匹配树脂，使其具有较低的黏度。当然，如果黏度太低，则会造成过多树脂从模具中泄漏的问题。由于在铺设过程中匹配模具通常需要将多个模具装配在一起，详细优化设计完成，这包含了多个泄放路径，因此经常导致极低黏度的树脂在固化周期中溢出。因此，复杂的零件加工不仅需要可调节的树脂系统，以适应模具要求，而且需要设计良好的模具。

图 7.30 复杂的共固化脊状复合材料

作为其化学交联反应的一部分，缩合固化体系，如聚酰亚胺和酚类反应，可以产生水和醇。此外，反应物通常可溶解在高沸点溶剂如二甲基甲酰胺、二甲基乳酰胺、N-甲基吡咯烷酮(NMP)或二甲基亚砜中，以允许溶液预浸。即使加成固化的聚酰亚胺 PMR-15 也可使用甲醇作为预浸溶剂。这些挥发物在固化过程中会产生巨大的隐患，导致固化产品的空洞率和孔隙率升高。除非使用加热板施加极高的压力，例如，使用 1 000 psi(6 900 kPa)的压力将挥发物保持在溶液中直到凝胶化，否则必须在固化循环之前或固化加热期间将其去除。此外，由于这些材料在加热期间会在不同的温度下沸腾或冷凝，因此在固化过程中，当不同的现象出现时，知道各种物质的物性是非常重要的。一个典型的实例是热塑性聚酰亚胺 K-IIIB 的复杂挥发演变过程，如图 7.31 所示。这里不仅要处理水，还要处理大量乙醇和 NMP 的挥发物。同时，大部分挥发物在固化周期内不断发展和演变，情况十分复杂。

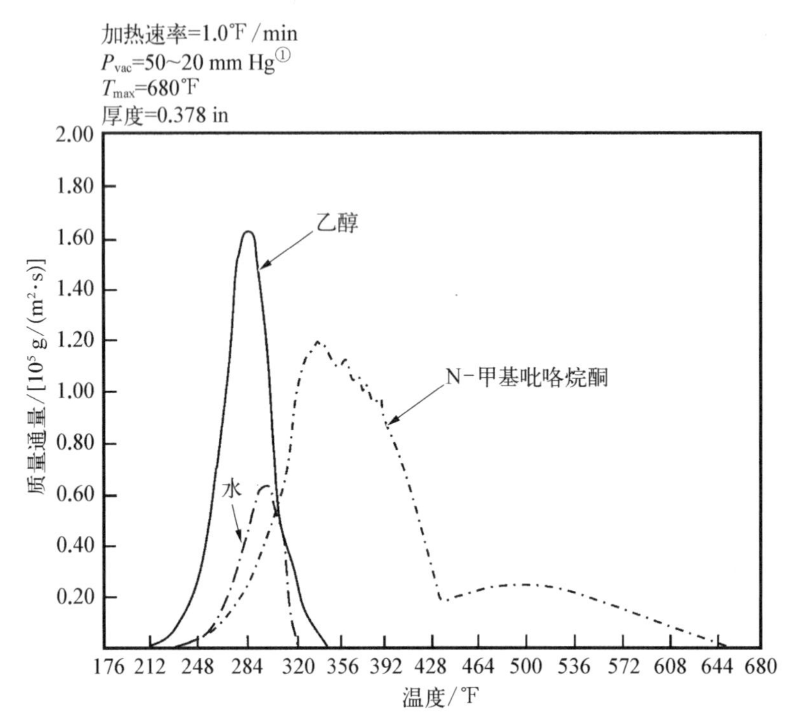

图 7.31 K-IIIB 树脂的挥发演变

7.6 残余应力

复合材料部件在高温固化过程中会产生残余应力。它们可能在固化后立即或在使用期间造成复合材料物理翘曲、变形(特别是薄部分)或基体微裂纹。复合材料零件比金属零件更麻烦,更容易扭曲和翘曲,为装配带来麻烦。薄板金属零件在组装过程中如果变形,则可被拉出更换或修理,但复合材料零件在组装过程中如果受力过大,则会发生开裂的危险,甚至会产生分层。已知微裂纹会导致层压板的机械性能降低,包括模量、泊松比和热膨胀系数(CTE)。微裂纹(见图 7.32)也可以引起次级形式的损伤,如分层、纤维断裂以及水分或其他流体流入通道。这种损伤模式已知会导致层压板过早地失效。

复合材料部件的残余应力产生的主要原因是纤维与树脂基体之间的热匹配不佳。简单约束条件下的残余应力如下所示。

$$\sigma = \alpha E \Delta T \quad (式 7.19)$$

① mm Hg:毫米汞柱,压强单位,1 mm Hg=133 Pa。——编注

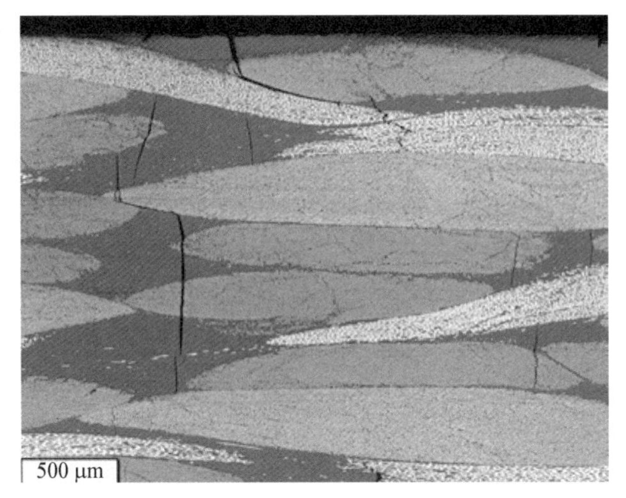

图 7.32 树脂的微裂纹

式中：σ 为残余应力；α 为热膨胀系数；E 为弹性模量；ΔT 为温度变化。

对于复合材料零件来说，纤维与树脂之间的 CTE 差异很大(碳纤维大约为零，而热固性树脂大约为 $20\sim35\times10^{-6}/°F$)。纤维与树脂之间的模量差异也很大(纤维约为 30～140 msi，树脂约为 0.5 msi)。温度差 ΔT 是固化时树脂变成固体凝胶时的温度与热压罐施加温度之差。随着交联结构增多，树脂的强度和刚性逐渐增大，所谓的无应力温度处于凝胶化温度和最终固化温度之间。环氧复合材料的施加温度通常在－67～250℉(－55～120℃)范围内。

我们可以从这个简化的类比中得出几点结论。高模量碳纤维、石墨纤维和芳族聚酰胺纤维均具有负的 CTE，通常，纤维模量越高，CTE 变得越负，导致残余应力增加，这有助于解释为什么使用高模量石墨纤维可引入比使用高强度碳纤维更多的基体微裂纹。碳纤维/环氧树脂体系通常在 250℉或 350℉(120℃或 175℃)下固化。由于对于在 250℉(120℃)下固化的体系(见图 7.33)，ΔT 会较小，因此在 350℉(175℃)下固化的体系微裂纹应该较少。在 600～700℉(315～370℃)温度下固化或加工的超高温聚酰亚胺及许多热塑性塑料会产生非常高的残余应力，并易受到微裂纹的影响。大多数热塑性塑料足以抵抗微裂纹；然而，内部残余应力仍然很高。当施加温度降低时，ΔT 差值变大，例如对于 30 000～40 000 ft(9.1～12.2 km)的巡航客机，当温度为－40～－67℉(－40～－55℃)时，暴露在低温条件后，通常可观察到比在高温暴露后更多的微裂纹。上述类比大大简化了复合材料结构中的残余应力问题。事实上，复合材料残余应力的分析可能是分析人员试图解决的最复杂问题之一，文献中关于残余应力的各种分析存在相当多的矛盾，其中也包含材料、铺层、模具和加工参数对残余应力的影响等。

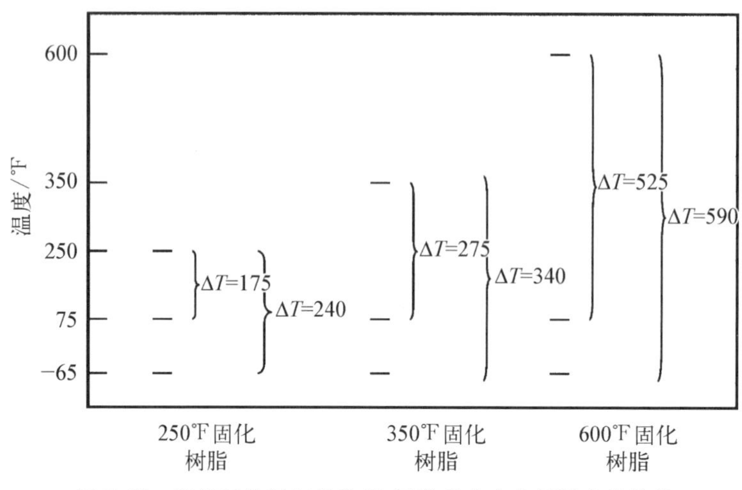

图 7.33　随着固化温度的升高，固化残余应力呈增大的趋势

复合材料的特点是各向异性，残余应力由于层的取向不同而产生。例如，如图 7.34 所示，0°层在固化过程中膨胀非常小，因为它具有非常低的 CTE；而 90°层则膨胀非常明显，因为它主要是由基体树脂的热膨胀引起的。在具有不同取向的所有层界面（如在+45°和−45°层间界面处）均产生类似的残余应力。如果层压板不平衡或不对称，则在冷却过程中绝对会发生微卷曲。一个平衡的层压板具有以下特征：对于每个$+\theta$层叠层，都有一个$-\theta$层叠层与之等效。平衡层压板的典型例子是 0°、+45°、−45°、90°、−45°、+45°、0°，而不平衡层压板则为 0°、+45°、−45°、90°、−45°、+45°、90°。对称层压板是其铺层在中心线处平衡并

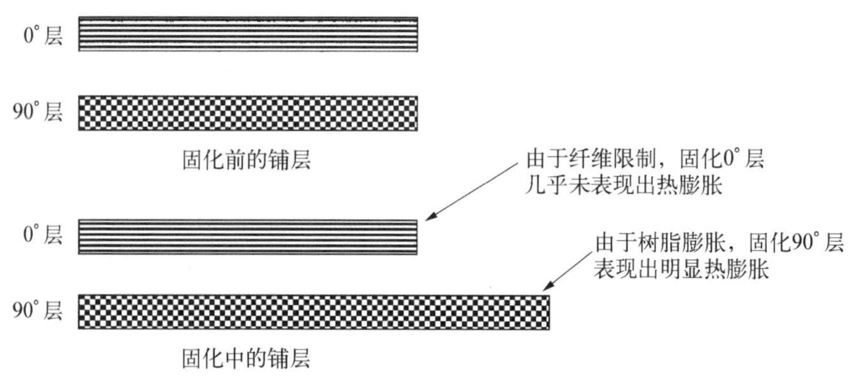

图 7.34　固化中铺层方式引起热膨胀的差异化

在中心线两侧形成镜像的层压板。例如，平衡和对称的层压板将为 0°、+45°、−45°、−45°、+45°、0°，而非对称层压板为 0°、+45°、−45°、+45°、−45°、0°。为了进一步使情况复杂化，在对准铺层时如果存在微小偏差(甚至几度)，则可能在薄层压板中产生翘曲。虽然翘曲可能不会出现在较厚的层压板中，但仍然存在残余应力，残余应力受到层压板厚度的限制而未表现出翘曲。

在本节开头的简化类比中，介绍了 ΔT 和无应力温度的概念。究竟是凝胶化温度还是固化温度应被视为无应力温度，文献中存在相当大的争议。实际上，无应力温度很大程度上取决于所用的固化周期。例如，可以使用相当高的加热速率将许多碳纤维/环氧树脂体系加热至其固化温度，树脂可能在达到 350℉(175℃)的固化温度之前，不发生凝胶化。另一方面，可以使用 1～2℉/min(0.6～1.2℃)的缓慢加热速率，并在比最终固化温度 350℉(175℃)低 15～30℃(25～50℉)的温度下使树脂凝胶化。

层压板在厚度方向上存在树脂分布梯度，已经有实验表明该梯度可影响对称平面和复杂形状的形变。由于层压过程中经常从侧袋排出多余树脂，所以在厚层压板中，层压板最靠近袋子的一侧通常具有比最靠近模具的一侧更低的树脂含量。泄放材料导致层压板的袋侧是贫胶的，而中心和模具侧可能具有过高的树脂含量。在袋和模具一侧观察到纤维体积含量分别为 52%和 59%，而中间处纤维体积含量为 57%。树脂的高 CTE 和由交联而引起的化学收缩导致在富树脂区产生不对称的层压状态，它们具有高的收缩率。高 CTE 树脂及固化时发生的化学收缩一起导致层压板的底部比顶部收缩更加严重，主要是因为层压板底部具有更高的树脂含量，最终引起曲率凸起和形变。

一般来说，形状越复杂，残余应力状态越复杂。在简单的 90°角度部件中固化期间发生的形变如图 7.35 所示。这有点类似于在钣金制作中观察到的回弹现象，尽管原因完全不同。体积收缩通常发生在环氧树脂固化过程中(约减少 1%～4%)。虽然增强纤维倾向于在面内方向上限制这种效果，但厚度方向的收缩在很大程度上是不受限制的。增强纤维对对称层压平板几乎没有影响，但它会导致弯曲部件的形变。这种效果可以通过考察层压板的弯曲性能来衡量，在厚度方向上对层压板施加压缩力，如果在此压缩过程中弯曲角度受到限制，则内层将被拉伸，外层将被压缩。当固化后压力被去除时，发生形变。另一个复杂因素是由于压力增强，外角在半径处变薄是相当普遍的，而内角由于缺乏压力而通常太厚(见图 7.36)。用一个 0°、90°织物的铺层，将其覆盖在物体上，即使是业余观察者，也能发现铺层会发生形变以适应形状。形状越复杂，纤维就需要移动越

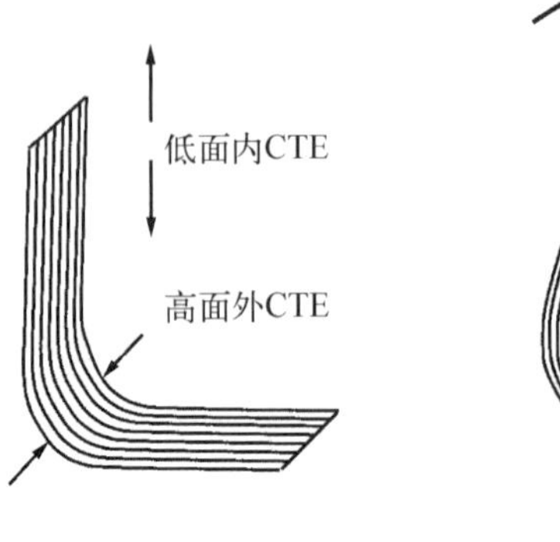

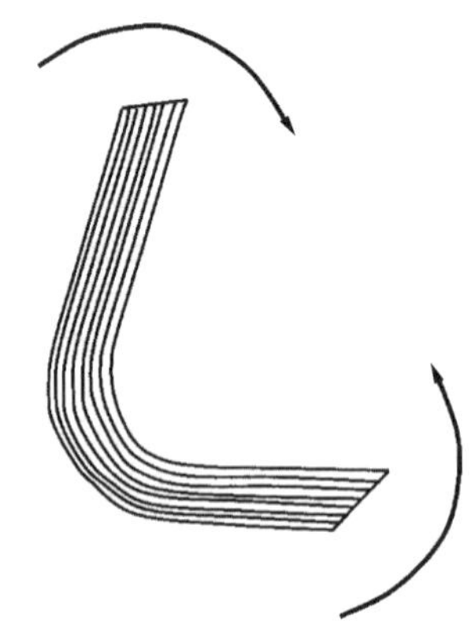

图 7.35 复合材料的形变

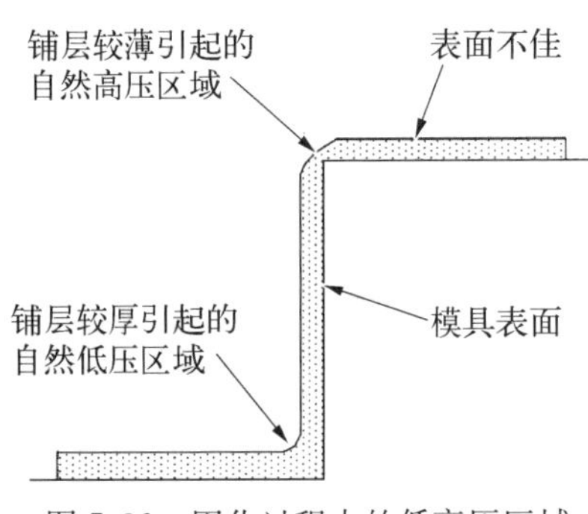

图 7.36 固化过程中的低高压区域

多来适应它。模具尺寸的大小必须考虑到固化期间模具和零件发生的尺寸变化。如第 4 章所讨论的，通常的做法是将模具角度向外调整 1°～3°以适应零件变形。

模具材料和复合材料之间的热膨胀差异也应该在考虑范围内。例如，铝的 CTE 高于复合材料，因此铝模具需要比复合模具更多的补偿。此外，由于模具和复合零件之间的 CTE 差异，因此存在零件-模具相互作用或模具拉伸的可能性(见图 7.37)。虽然一些研究人员发现零件与模具的相互作用取决于模具材料的类型，但是其他研究人员未发现任何显著的影响。根据零件模具相互作用理论，金属模具的 CTE(如 CTE 为 23.6 με/℃的铝)和碳纤维/环氧树脂复合材料(CTE 为 0)的 CTE 差异很大，导致工具加热时零件表面产生剪切应力。由于零件和模具表面之间存在摩擦，因此模具在纤维膨胀时将复合材料表面层上的纤维拉出。若周围树脂在温度升高时固化，则模具表面层中会产生残余拉伸应变状态。在冷却并除去热压罐压力之后，将零件从工具中分离出来，拉伸应变使与模具表面相邻的层收缩，引起零件产生弯曲。然而，测试结果表明，模具的表面粗糙度对形变没有很大的影响，而模具材料如薄铝板、钢板和玻璃与固化后的薄板的厚度、取向和形变的关系如图 7.38 所示。较厚的层压板与薄层压板相比显示出较小的形变。然而，这并不一定意味着厚层压板的残余应力较小。增加层压板的厚度有助于使可视形变减至最小。事实上，一些实验数据表明，较厚的层压板虽然没有显示出很大的形变，但在热固化循环过程中具有较大的产生微裂纹的倾向。

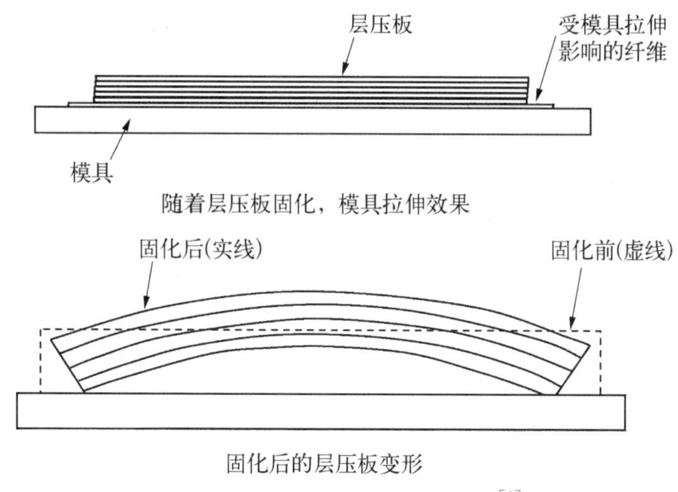

图 7.37 固化过程中的模具拉伸[8]

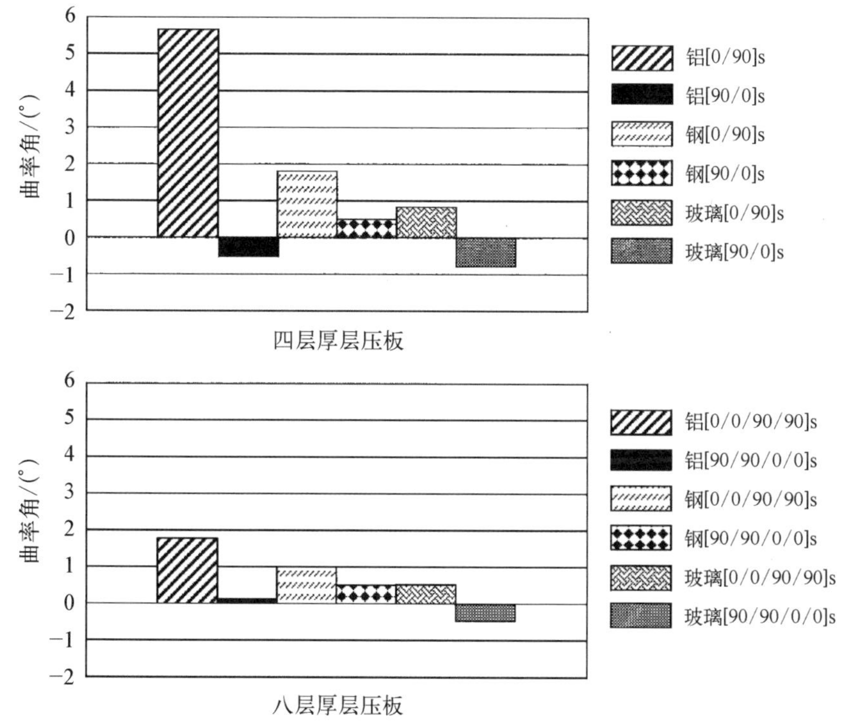

图 7.38 模具材料、取向和厚度对层压板形变的影响[8]

对T300/976碳纤维/环氧树脂层压板的加工温度和铺层效果进行研究发现，当使用较低的固化温度时，复合材料固化度 α 较低，形变程度较低。该研究提出了一个固化循环，其中该部件首先在低温下固化，控制固化度 α 在0.5～0.7，然后进行最终的高温固化。对于这样的固化循环，发生的形变小于在恒定高温下固化的层压材料。该研究还发现，当降温速率减慢时，形变率也随之降低，尽管其他人没有发现这样的现象。其他研究人员还发现，在较高的固化温度下形成的微裂纹，比在较低温度下固化的层压板的微裂纹更加曲折且更宽。因此可得出如下结论：在较高温度下固化的层压板中产生较大的热应力，当在低温(液氮下冷却时)下时，断裂的发生减轻了层压板中的应力，导致分层、更宽的微裂纹和更高的微裂纹密度。同时期的研究发现，向树脂中加入橡胶增韧剂，可有效阻止微裂纹在低温下的形成。

虽然复合材料中的残余应力非常复杂，不同变量对残余应力的影响结果存在相当大的冲突，但是为了使其影响最小化，提供以下准则：

(1) 仅使用平衡和对称的层压板，以尽可能地使铺层错位或失真最小化。

(2) 设计具有补偿因子的模具，以补偿热增长和角度形变。使用低CTE模具有助于减少碳纤维复合材料固化时的残余应力。

(3) 使用较低模量的纤维和韧性较大的树脂系统有助于最大限度地减少残余应力和微裂纹。

(4) 固化过程中放缓升温速率并降低固化温度，可平衡化学树脂收缩率与热膨胀率，有助于最大限度地减少残余应力。还有一些证据表明，减缓冷却速率有助于最大限度地减少残余应力。

7.7 固化监控技术

在过去35年中，对固化过程监控进行了大量研究。最广泛采用的研究方法是电介质监控，将传感器置于其中，放置在层压板上，或将传感器放置在层压板的两个表面上。当树脂在固化周期初始部分熔化和流动时，分子在交变电介质场内波动，相关信号可给出树脂黏度的指示。然后可以使用电介质测量仪读取的读数来指示树脂黏度何时开始升高，何时应施加全额热压罐压力。还有一些证据表明，也可以检测到固化终点，所以人们知道固化何时完成，应在何时开始冷却；然而，随着固化进行，分子活性急剧下降，介电响应变弱。其他方法如声发射、超声波、声学-超声波、荧光技术和机械阻抗分析也可用于监测固化过程。在上述研究方法中，热电偶仍然是行业通用标准，可将其附在模具底部监控固化过程。

过程中固化监控是表征树脂和研究固化循环发展的一个很好的手段，但很少用于生产，主要由于两个原因：① 在铺设过程中埋入传感器增加了整理和装袋成本；② 当多个部件在热压罐中固化时，它们可能会遇到不同的加热速率，难以知道哪个部件应该被控制压力施加。如前所述，对于加成固化系统，最好在固化周期开始时施加压力，从而消除热压罐操作者的人为因素对其产生的影响。然而，对于缩合固化系统，如果需要在所有挥发物从树脂中除去的情况下施加压力，那么在零件生产的早期阶段就可能需要使用固化监控系统。

致谢

美国的C. E. 布朗宁博士于美国空军材料实验室研究期间建立了聚合物基复合材料加工科学。在 19 世纪 80 年代和 90 年代期间，他资助并倡导了一系列加工科学计划，大大扩展了我们对复合材料的理解。

参考文献

[1] Campbell F C, Mallow A R, Carpenter J F. Chemical composition and processing of carbon/epoxy composites[C]. American Society of Composites, Second Technical Conference, 1987.

[2] Raju S D, Alfred C L. Processing of Composites[M]// Lee L J. Liquid composite molding. Hanser, 2001.

[3] Gutowski T G, Cai Z, Bauer S, et al. Consolidation experiments for laminate composites[J]. Journal of Composite Materials, 1987, 21(7): 650 - 669.

[4] Campbell F C, Mallow A R, Browning C E. Porosity in carbon fiber composites: An overview of causes[J]. J. Adv. Mater., 1995, 26(4): 18 - 33.

[5] Raju S D, Alfred C L. Processing of Composites[M]// Kardos J L. Void growth and dissolution. Hanser, 2001.

[6] Brand R A, Brown G G, McKague E L. Processing science of epoxy resin composites [R]. Air Force Contract No. F33615 - 80 - C - 5021, Final Report for Aug 1980 to Dec 1983.

[7] Tsai S W. Composites Design[M]//Think Composites. 1986.

[8] Darrow D A, Smith L V. Evaluating the spring-in phenomena of polymer matrix composites[C]. 33rd International SAMPE Technical Conference, 2001.

精选参考文献

[1] Browning C E, Campbell F C, Mallow A R. Effect of precompaction on carbon/ epoxy laminate quality[C]. AIChE Conference on Emerging Materials, 1987.

[2] Cann M T, Adams D O. Effect of part-tool interaction on cure distortion of flat composite laminates[C]. 46th International SAMPE Symposium, 2001.

[3] Dharia A K, Hays B S, Seferis J C. Evaluation of microcracking in aerospace composites exposed to thermal cycling: Effect of composite lay-up, laminate thickness and thermal ramp rate[C]. 33rd International SAMPE Technical Conference, 2001.

[4] Griffith J M, Campbell F C, Mallow A R. Effect of tool design on autoclave heat-up rates[C]. Society of Manufacturing Engineers, Composites in Manufacturing 7 Conference and Exposition, 1987.

[5] Gutowski T G P. Advanced Composites Manufacturing[M]// Kardos J L. The processing science of reactive polymer composites. John Wiley and Sons, Inc., 1997.

[6] Karkkainen R, Madhukar M, Russell J, et al. Empirical modeling of in-cure volume changes of 3501 - 6 epoxy[C]. 45th International SAMPE Symposium, 2000.

[7] Kim R, Rice B, Crasto A, et al. Influence of process cycle on residual stress development in BMI composites[C]. 45th International SAMPE Symposium, 2000.

[8] Nobelen M, Hayes B S, Seferis J C. Low - temperature microcracking of composites: Effects of toughness modifier concentration[C]. 33rd International SAMPE Technical Conference, 2001.

[9] Sarrazin H, Kim B, Ahn S H, et al. Effects of processing temperature and layup on springback[J]. Journal of Composite Materials, 1995, 29(10): 1278 - 1294.

[10] Kelly A, Ashby M, Zweben C, et al. Comprehensive Composite Materials, Vol 2, Polymer Matrix Composites[M]// Sastry A M. Impregnation and consolidation phenomena. Elsevier Science Ltd., 2000.

[11] Thorfinnson B, Bierrinann T F. Production of void free composite parts without debulking[C]. 31st International SAMPE Symposium and Exposition, 1986.

[12] Timmerman J F, Hayes B S, Seferis J C. Cryogenic cycling of polymeric composite materials: Effects of cure conditions on microcracking[C]. 33rd International SAMPE Technical Conference, 2001.

8 胶 接

胶黏剂胶接是结构连接的一种方式，可以减少部分或全部紧固件，因此既减少了成本，又减轻了重量。胶接工艺是指用高分子胶黏剂连接两个独立的零件——胶接零件和基材。已固化复合材料或金属件和其他已固化复合材料件、蜂窝芯、泡沫芯或金属组件，用胶接的方式连接起来。图 8.1 提供了一些胶接的结构形式。制造大型胶接组件可以大幅度减少装配的成本。除了制造大型胶接组件，结构件的修理也经常使用胶接工艺。

结构胶接可在室温或高温下进行，但必须达到足够的强度让载荷能通过胶接传递。结构胶接胶黏剂有很多种类，但环氧树脂、双马来酰亚胺、氰酸酯和聚酰亚胺是结构胶接中所用最多的种类。

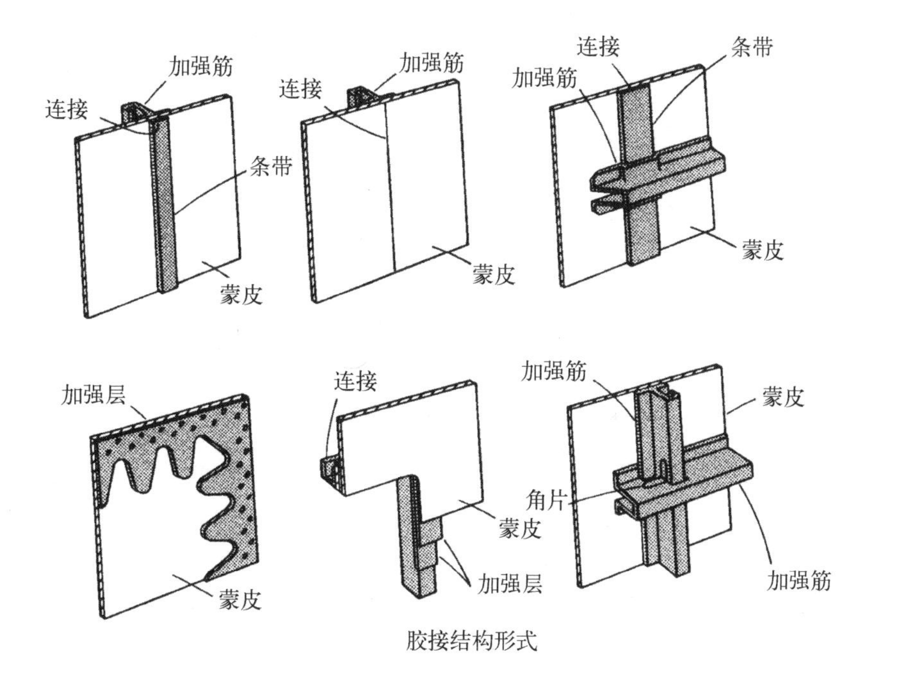

胶接结构形式

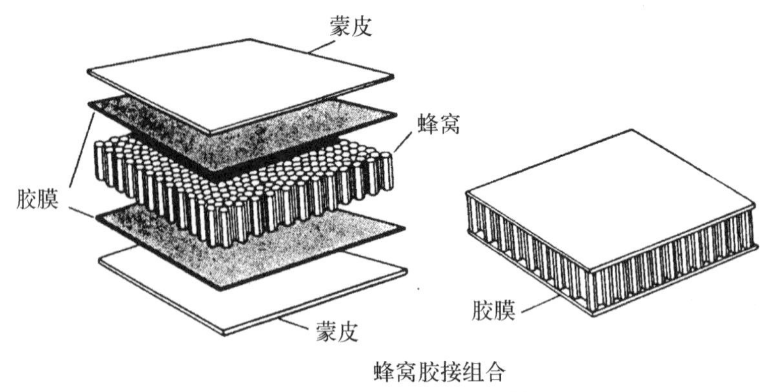

图 8.1 胶接结构形式[1]

本章旨在介绍基本的胶接理论,第 9 章介绍了夹芯结构和整体共固化结构。除此之外,第 17 章介绍了部分胶接组件的设计和分析,胶接也可应用到热塑性材料上。第 6 章介绍了热塑性材料的具体胶接和其他连接方法。

8.1 胶黏剂理论

虽然在胶黏剂胶接中,关于胶黏剂有很多理论,但对于如何达到好的胶接效果是有共识的。表面粗糙度扮演了关键角色。表面越粗糙,就有越大的表面积,因而液态的胶黏剂可以浸润并锁住。当然,要有效地浸润,胶黏剂就必须能浸湿表面,胶接面的清洁度、胶黏剂的黏度以及表面张力都很重要。表面清洁度是胶接成功的基础。

对于金属,由化铣/阳极化或其他处理形成的耦合效应也不可忽视,因为末端化学基团既要与金属粘接面相连,又须与胶黏剂化学组分相容。

因此,要达到最佳粘接效果,必须达成以下条件:表面干净;通过增加机械粗糙度以达到最大表面积;胶黏剂充分流动并浸润表面;表面化学状态对胶接界面有吸引力,使胶黏剂吸附其上。

8.2 表面准备

胶接前进行胶接材料表面处理是胶接的基础。现场长期经验反复证明了结构胶接的耐久性取决于胶接面的稳定性和可粘接性。图 8.2 提供了不同的铝合金表面处理效果。磷酸阳极化和铬酸阳极化都是可接受的铝合金表面处理方式。单纯的吹沙和溶剂除脂则不是,因为在湿热状态下,表面质量会迅速降低。

高强度结构胶接要求在整个胶接过程中都必须非常注意,以保证胶接产品

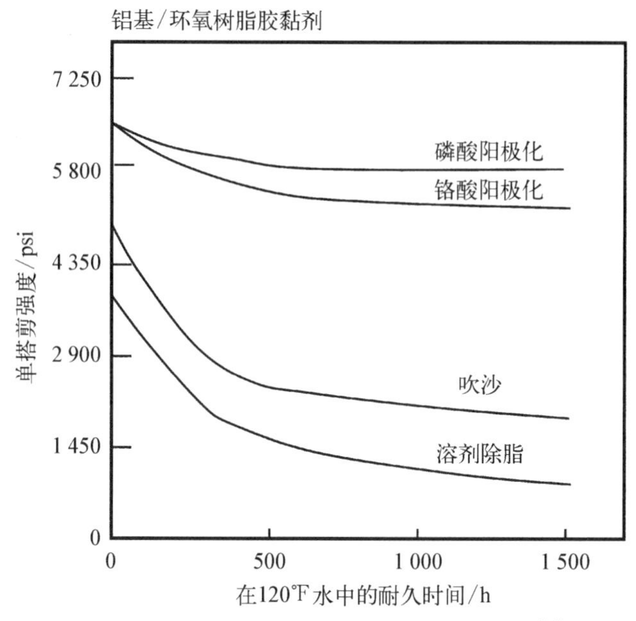

图 8.2　铝合金表面处理对胶接耐久性的影响[2]

的质量。胶黏剂的化学成分控制、表面处理的严格控制、过程工艺参数以及胶黏剂的铺贴控制、产品工装及预装匹配程度以及固化过程都会影响胶接产品的质量。

8.2.1　复合材料表面处理

对于二次胶接产品，层压板的吸湿性是在准备处理复合材料零件时第一需要考虑的因素。复合材料板吸收的湿气在升温过程中可能会扩散到层压板的表面，致使胶接表面或者内部出现孔隙和空洞。在极端的情况下，快速升温可能会使层压板内部产生明确的分层。如果结构中有蜂窝芯，则湿气可能变成蒸汽使芯格裂开。如图 8.3 所示，即使 0.25%的湿气也可能导致整个胶接强度有极大的下降，且剩余室温下的强度不到 20%。

相对较薄的复合材料层压板(3 mm 或更薄)在 250℉的鼓风烘箱中至少干燥 4 h 能有效地去除湿气，更厚的层压板可以依据实际厚度来建立经验烘干时间。烘干以后表面即可准备用作胶接并且应该尽快进行胶接。对于薄型的零件来说，胶接前的热处理，例如校验膜也可以视作有效烘干。此外，将干燥后的零件储存在控温、控湿的净化间也可以延长烘干与固化之间的时间。

在复合材料胶接前有若干种表面处理方法。任何一种成功的技术方法，都

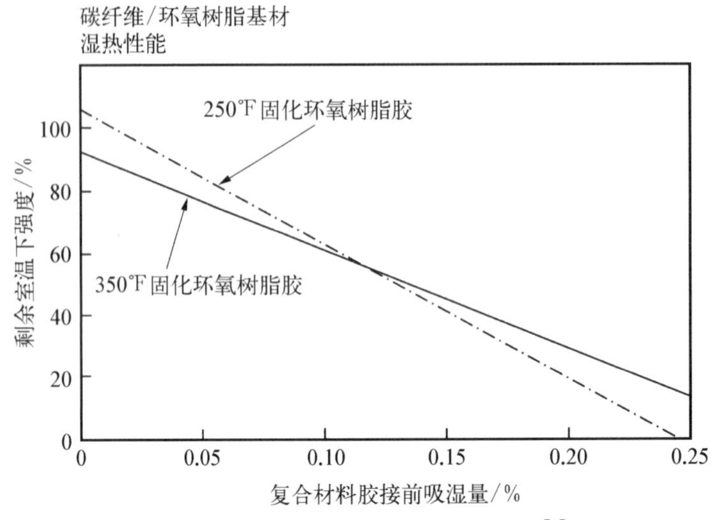

图 8.3 胶接前吸湿对胶接强度的影响[3]

取决于建立复杂的材料、工艺和质量控制规范，并且严格地遵守这些规范。一种得到了广泛认可的方法是使用扒皮布，这种方法是将致密编织的尼龙或聚氨酯织物用在复合材料的最外层，并在胶接或者喷漆前撕去此层。此方法的原理是在撕去或者剥下这层的时候，可将原有的树脂基层撕开并且暴露出一个新鲜、粗糙的表面，以利于后续的胶接。表面粗糙度一定程度上取决于织物的特性，一些制造商声称此方法已经可获得足够的表面粗糙度；同时另一些认为还需要通过额外的手工打磨或者轻微的吹沙来获得足够好的表面。轻微地打磨可以增加零件表面积，并且可以去除残余污染物，但是打磨应非常小心，避免破坏或者撕裂靠近表面的增强纤维。

在复合材料表面使用扒皮布可能会影响结构，因此需要格外注意。需要考虑扒皮布的化学构成是尼龙还是聚氨酯，是否与复合材料树脂基体具有兼容性；有时扒皮布在表面处理时会使用硅，因为硅有助于更容易地撕下扒皮布，但是硅会产生残留并进入胶接组织中；还需要考虑表面准备工作，如手工打磨或轻微吹沙。总之，扒皮布是一种非常有效的措施，可以防止层压板制造以及二次胶接之间的表面污染。

一种典型的清洁顺序是去掉扒皮布，然后用干砂在 20 psi 的压力下吹沙打磨。吹沙打磨后，表面残留可以通过真空吸掉或者用干布擦去。虽然可以用 120～240 目的碳化硅砂纸进行手工打磨，但此方法不如吹沙有效，因为砂纸无法达到扒皮布产生的纹理深处。此外，与吹沙相比，砂纸还有可能去掉过多的树脂以及暴露出更多的碳纤维。

如果不能够在待胶接表面使用扒皮布，则表面可以用溶剂，如丙酮，来去除有机污染物。在没有使用扒皮布的情况下，轻微打磨并用干去除方法，如真空吸的方式，去掉光洁的树脂表面的残留物。不建议在手工打磨或吹沙后使用有机溶剂去除残留物，因为可能带来表面的二次污染。

通常，所有的复合材料表面处理都应本着如下原则：① 表面在打磨前应保持清洁，以防将污染物压进表面；② 应去除树脂基体的光洁面，使其尽可能粗糙，但不能损伤增强纤维，或在树脂基体内部造成裂纹；③ 这种情况下，应使用干方法去除打磨的残留物，不要使用溶剂；④ 准备好的表面应尽快进行胶接。

8.2.2 铝合金表面处理

虽然似乎仅用简单的表面处理方式，如表面打磨，即可获得足够的胶接强度，但若不使用合适的化学表面处理方法，则金属胶接面在长期的使用状态下，其胶接强度可能会受到重大的影响。

铝合金表面的氧化层对长期的耐久性有着很大的影响。关于使用中由于表面处理不当导致的铝合金胶接失效的例子有很多。胶接体系（见图 8.4）包括铝合金表面的适合的氧化膜、耐腐蚀底胶和兼容的胶膜。氧化膜必须足够强，以抵御残留或施加在氧化膜和胶层之间的应力。除此以外，氧化膜还应能抵御湿气的扩张，以保护铝胶接面不被腐蚀。表面处理的第一步是去除油脂，然后去掉已经存在的氧化膜，这样才可代之以优质的氧化膜。

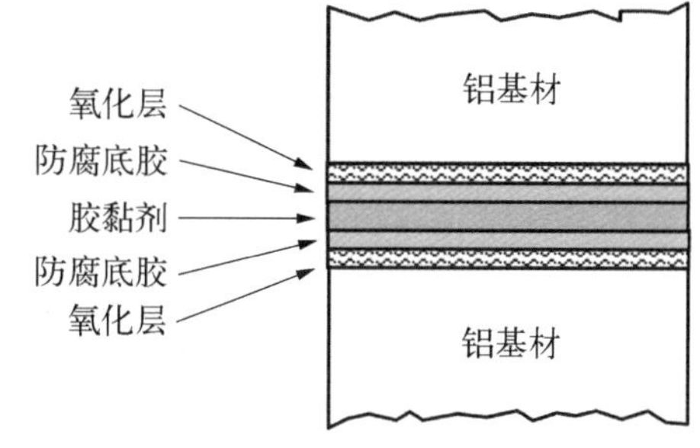

图 8.4　铝合金胶接体系

铝合金胶接面的表面处理包括酸溶液的侵蚀或阳极化。这种技术在胶接面的金相上造成了一定的微观粗糙度，可以提供最好的胶接持久性。三种最流行的铝合金商用处理方式是硫铬酸侵蚀（FPL）、磷酸阳极化（PAA）和铬酸阳极化（CAA）。

Forest 产品实验室采用的侵蚀方法是硫铬酸侵蚀，是最早的现代铝合金表面处理方式。FPL 氧化膜的金相（见图 8.5）包括浅浅的毛细孔以及表面一层向外突起的非结晶 Al_2O_3。微观粗糙度提供了胶黏剂和氧化膜之间的机械嵌合，这对胶接的耐久性非常重要。

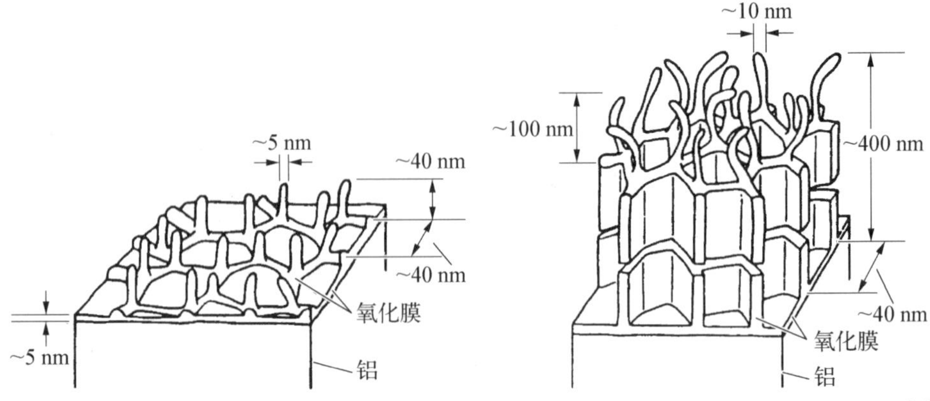

图 8.5 硫铬酸侵蚀(FPL)氧化膜的金相[4]　　图 8.6 磷酸阳极化(PAA)氧化膜的金相[4]

PAA 是波音公司在 20 世纪 60 年代后期到 70 年代初期发明的工艺方法，用以增加胶接结构的耐久性。在潮湿的环境中，用 PAA 处理的胶接面比用 FPL 处理的胶接面更耐久。除此以外，对于工艺变化，如喷淋水的化学成分和喷淋前的时间，FPL 比 PAA 更敏感。PAA 氧化膜的微观粗糙度(见图 8.6)比 FPL 侵蚀有更大角度。氧化膜在最外层完好地堆砌成网格状，并从网格向外延伸絮状突起。总氧化膜的厚度约 400 nm。微观的表面粗糙度能提供比 FPL 更多的机械嵌合，因此可以提升胶接强度和耐久性。但这种提升仅当底胶有足够低的黏度，可以穿透氧化膜时有用。PAA 膜是非结晶的 Al_2O_3，表面有一层磷酸盐。

虽然 CAA 在美国不像 FPL 和 PAA 一样常见，但它广泛用于欧洲市场。PAA 用稳定电压制造，而 CAA 用可变电压制造，电压在工艺过程中在不断增加。CAA 氧化膜是柱状的致密结构(见图 8.7)，外表面非常光滑，在柱状之间有很多的毛细延伸。总氧化膜厚度是 1~2 μm，比其他方式要厚很多。柱子底部的屏蔽层也要比其他方式厚，因为阳极化电压更高。CAA 氧化膜也是 Al_2O_3，顶端是非结晶态的，底端是晶体。虽然更致密的氧化膜比 PAA 少了一些机械嵌合，但底胶可以更容易地渗透通过毛细孔。进行 CAA 之前的预处理也

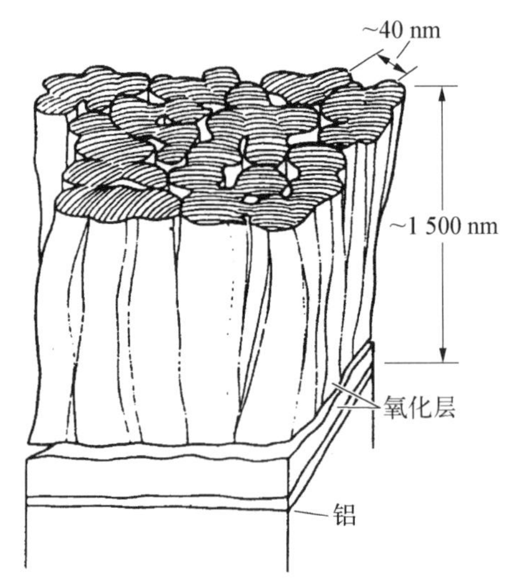

图 8.7 铬酸阳极化(CAA)氧化膜的金相[4]

可能改变最后的表面金相。CAA 的一大好处是氧化膜更结实,不易被损坏。

几乎所有使用耐久性的失效都由湿气引发。裂纹扩展试验(ASTM D3672)如图 8.8 所示,用来评价表面处理技术的耐久性。在试片的一端引发裂纹,记录在湿度环境下的裂纹扩展和时间。失效模式分析可用来评价裂纹扩展的内部。因为水可能在应力作用下侵入裂纹尖端,因此楔形裂纹扩展试验比搭接剪切试验还要苛刻。搭接剪切试验中,湿气通过胶接线从边缘扩散进入中间。当试片暴露在湿气中时,氧化膜从胶膜中吸收水分,进而水合。单层水合正是胶接失败的原因,也就是胶黏剂和氧化膜断裂。

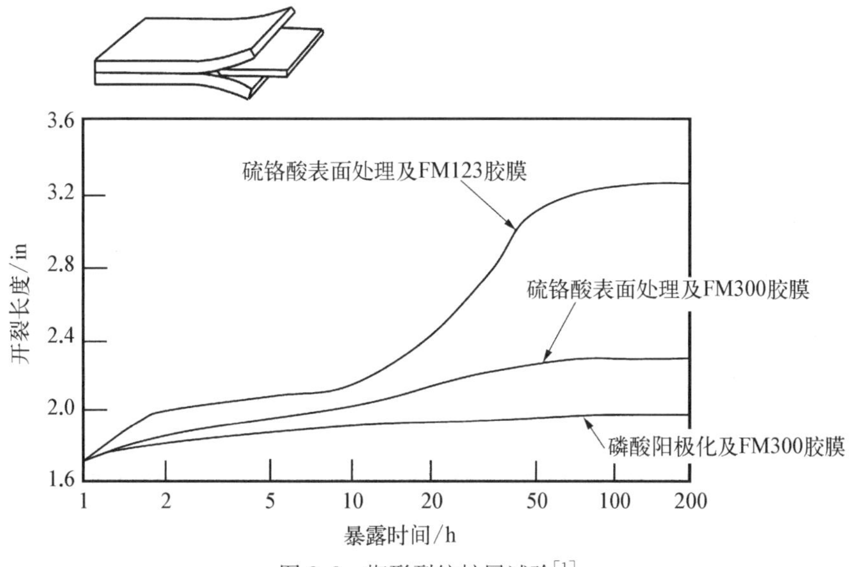

图 8.8　楔形裂纹扩展试验[1]

因为裂纹扩展是水合作用的结果,因此降低水在胶黏剂中或沿胶接线的扩散速率,或者提升氧化膜对水合作用的抵抗力均有助于提高胶接的耐久性。此改善理论如图 8.8 所示。胶接耐久性最差的是 FPL 侵蚀,并使用吸湿的胶黏剂(FM123)。如果使用 FPL 侵蚀,则使用更耐湿的胶黏剂(FM300)会得到更好的结果。胶接耐久性最好的是 PAA 加耐腐蚀底胶(BR127)和 FM300 胶膜。PAA 工艺的胶接总体比 FPL 更耐久,因为 PAA 工艺更抗水合作用,并且有更好的微观粗糙度,形成更多氧化膜和胶黏剂的机械嵌合。CAA 氧化膜一定程度上类似 PAA 氧化膜,因为其有很大的厚度可以保护金属表面。

尽管可以将复合材料和铝合金蜂窝芯胶接在一起,但不要将复合材料和铝合金板胶接在一起,因为它们的热膨胀系数相差过于悬殊,就算胶接在降温过程中没有失效，也会由于太高的残余应力致使胶接件在低温使用时出现胶接失效。

8.2.3 钛合金表面处理

钛合金表面也有多种方法。任何一种钛合金的表面处理方法都应在生产应用前充分论证，并需在生产使用中密切监控。航空业应用的典型工艺包括：

(1) 用溶剂擦拭，去除油脂。

(2) 用 40～50 psi 的压力液体打磨。

(3) 在空气搅拌的 200～212℉(93～100℃)碱溶液中清洗，保持 20～30 min。

(4) 在水龙头下彻底淋洗 3～4 min。

(5) 保持在低于 100℉(38℃)的温度下，在硝酸/氟酸中侵蚀 15～20 min。

(6) 在水龙头下彻底淋洗 3～4 min，然后用去离子水淋洗 2～4 min。

(7) 检查水膜不破。

(8) 在 100～170℉(38～77℃)下烘干 30 min。

(9) 在 8 h 内处理底胶或完成胶接。

液体打磨、碱清洗以及酸侵蚀的共同作用可以打造一个复杂的表面形貌，增加表面积并且能让胶易渗透和黏结。胶接强度取决于机械嵌合以及化学粘接。还会使用到其他化学方法，如干铬酸阳极化。

因为金属的清洗是至关重要的步骤，因此通常要建立特定的工艺生产线，化学成分控制以及定期的搭接剪切工控试片都是必需的，以保证工艺控制。零件在槽与槽之间的转运应使用计算机控制的吊装车，以确保在每个槽中的停留时间不会出错。

8.2.4 铝合金以及钛合金底胶

由于铝合金和钛合金的表面氧化膜会快速成型，因此表面应在清洁后 8 h 内胶接，或者涂上厚度为 0.000 1～0.000 5 in(0.5～12.7 μm)的底胶保护膜。底胶胶膜厚度非常重要，较薄的胶膜比较厚的胶膜有更好的耐久性。生产中经常用色卡来确定底胶的胶膜厚度。对于那些要在严苛的环境中使用的零件，通常建议使用底胶，因为现在的底胶通常都含有抗腐蚀组分(重铬酸盐)以增加耐久性(见图 8.9)。金属胶接腐蚀的两大影响因素是金属表面处理以及底胶的化学成分。有些底胶含有酚醛成分，胶接耐久性显著。一旦底胶固化，则零件可在净化间内存放很长时间，通常可以存放 50 天甚至 50 天以上。

所有清洁好的或喷好底胶的零件在转运或储存过程中均应仔细保护，以防污染。通常，搬运时应戴白纱手套，零件储存时可使用无蜡牛皮纸包裹。用于搬运清洁/已喷底胶零件的手套应不含会造成污染的硅或碳水化合物，也不含会参

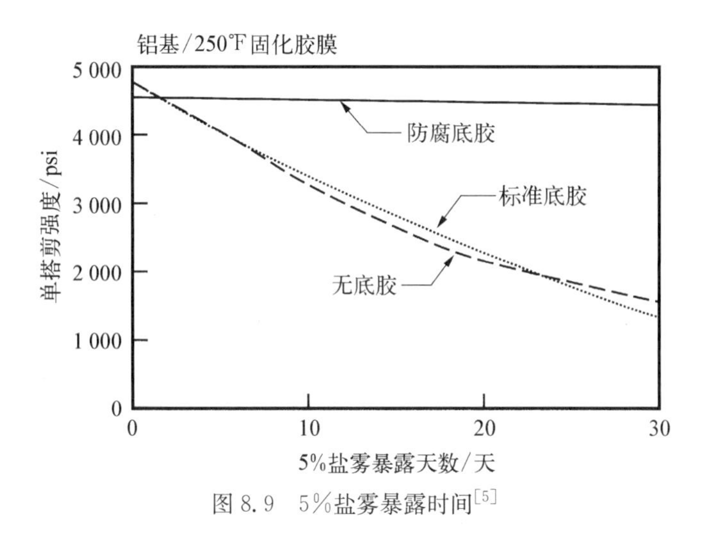

图 8.9 5%盐雾暴露时间[5]

与胶黏剂固化过程的硫。

在胶黏剂固化的任何一个阶段，材料都应避免被硅污染。硅的污染会导致粘接强度显著降低；此外，一旦零件被硅污染，就很难或者无法彻底清除，用溶剂清洁只会把它压在表面上。其他潜在的硅污染的来源有扒皮布（硅使其更容易被去除）、工装脱模剂、压敏胶带、橡胶手套的涂层、胶接时使用的硅橡胶软模垫。所有可能进入胶接间的材料都应检查其成分是否含有硅。

8.3 环氧胶黏剂

通常依据最高使用温度来选择胶黏剂，例如，用高温双马来酰亚胺碳纤维做的零件通常会使用与之匹配的双马来酰亚胺胶黏剂。针对环氧树脂、双马来酰亚胺树脂、氰酸酯树脂、聚酰亚胺树脂都有相应的胶膜。

无论是胶接还是维修飞机组件，环氧树脂都远比其他几种种类使用更为广泛。环氧胶黏剂可在很大的温度范围内提供很高的胶接强度以及长期的耐久性。且环氧配方很容易修改以保证生产商针对不同的使用性能要求提供一系列材料，如密度、韧性、流动度、配比、储存寿命、现场操作性、固化时间/温度以及使用温度。

环氧胶黏剂的优点包括优异的胶接性能、高强度、固化过程中低或者无挥发分、低收缩率和耐化学性。缺点包括费用相对较高、除非改性否则具有脆性、可能造成负面影响的吸湿性以及相对较长的固化时间。有很多单组分或双组分环氧体系。某些体系在室温下固化，另一些在高温下固化。环氧胶黏剂通常以液态或低热熔固态形式提供，反应速率通常通过加入加速剂或提高固化温度来调节。为了提高结构性能，通常提高固化温度，使其接近最高使用温度。环氧树脂体系可用多种助剂进行改性，包括增速剂，增黏剂和其他流动性调节助剂、填料、色素、增韧剂。环氧树脂通常有两种固化形式：室温固化和高温固化。表 8.1 给出了几种增韧和未增韧环氧胶黏剂的性能。增韧环氧胶黏剂一在 250°F(120℃)固化，推荐的最高使用温度是 180°F(80℃)。它具有很高的室温单搭剪强度(6 000 psi)和很高的室温剥离强度(70 pli①)。增韧环氧胶黏剂二具有更高的使用温度[300°F(149℃)]，但是其搭接剪切强度下降到 5 080 psi，剥离强度下降到 29 pli。这是为了获得更高的使用温度不得不牺牲一些强度和抗剥离能力。两个未增韧环氧胶黏剂的搭接剪切强度都更低，为 4 200～4 100 psi，并且由于未增韧，其剥离强度更是低至 3～8 pli。环氧胶黏剂的增韧通常是加入参与固化的液态橡胶成分(如 15%的丁腈橡胶)，这部分内容在第 3 章中进行讨论。如表 8.1 所示，两种增韧环氧胶黏剂的玻璃化转变温度更低，橡胶增韧剂增加了强度和抗剥离能力，但是会降低最高使用温度。图 8.10 给出了三种不同环境条件下的测试结果：室温干态(RTD)、180°F(80℃)高温干态(ETD)和 180°F 高温湿态(ETW)[145°F(63℃)和 85%相对湿度下处理 1 000 h]。强度和模量在高温下都会降低，特别是当暴露在湿气中时。

表 8.1　几种环氧胶黏剂的性能

胶黏剂类型	增韧环氧胶黏剂一	增韧环氧胶黏剂二	未增韧环氧胶黏剂一	未增韧环氧胶黏剂二
固化温度/°F	250	350	350	350
玻璃化转变温度/°F	203	296	345	352
最高使用温度/°F	180	300	350	420
RT 单搭剪强度/psi	6 000	5 080	4 200	4 100
金属-金属剥离/pli①	70	29	3	8
单搭剪强度/psi@服役温度/°F	4 340 @180	2 900 @180	3 100 @180	1 850 @180

① 金属-金属剥离是浮辊剥离

① pli：磅每英寸，英制单位，1 pli=1.8×10^{6} Pa。——编注

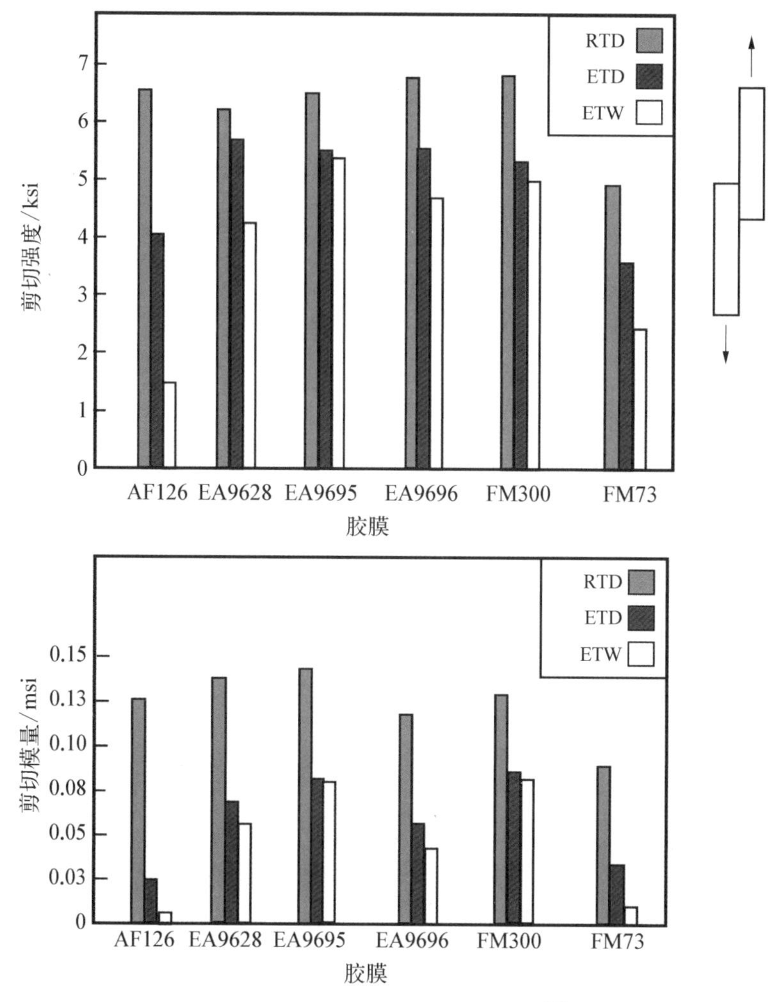

图 8.10　不同环氧胶黏剂的性能[6]

注：RTD 为室温干态；ETD 为高温干态；ETW 为高温湿态

双马来酰亚胺和聚酰亚胺胶黏剂通常使用温度更高，但强度或韧性会低于低温的环氧胶黏剂。但是，双马来酰亚胺和氰酸酯胶黏剂都有热塑增韧的配方，在增韧的同时，最高使用温度下降不多。

表 8.1 所示数据是针对短期高温暴露的。未增韧的胶黏剂二在 420℉(216℃)还具有 2 900 psi 的单搭接剪切强度。但这些数据是在高温下经历非常短的暴露时间取得的，并且没有湿气加入。因为湿气会降低胶黏剂的玻璃化转变温度，也会降低树脂基体的玻璃化转变温度，所以，按零件服役时的真实环境状态模拟来进行试验是至关重要的。事实上，未增韧胶粘剂二的玻璃化转变温

度是 352℉(178℃)，比推荐的最高使用温度 420℉要低。除非高温暴露时间非常短暂，否则不要在高于该胶黏剂 T_g 的温度下使用。

8.3.1 双组分室温固化环氧液态和糊状胶黏剂

环氧树脂胶黏剂是最常用的常温固化胶黏剂。环氧树脂可以是澄清的液体或者是有填充的膏状体，可以从非常低的黏度到非常高的黏度。典型的室温固化时间是 5～7 天，但是在绝大多数情况下，最初的 24 h 之内可获得 70%～75% 的固化度。如有必要，则达到该点之后可撤销压力。通常情况下胶接线在 0.005～0.01 in(0.13～0.25 mm)之间。升温可以加速固化而不必担心放热。典型的加温固化过程是在 180℉(80℃)下固化 1 h。

表 8.2 提供了两种室温固化环氧胶黏剂的比对。一种是低黏度树脂，另一种是加入触变剂的膏体。这两种胶黏剂都有同样的树脂和固化剂，不同的是膏体含有增加黏度的填料。两种胶黏剂在所有测试温度下的性能都较为接近。虽然这两种胶黏剂都是在室温下固化的，但是在升到 300～350℉之间(149～177℃)时，至少是干状态的强度都有所上升。因为这些胶黏剂都是室温固化胶黏剂，因此通常它们都含有脂肪族固化剂，可以放热以固化树脂。

表 8.2 低黏度和糊状环氧胶黏剂的比对

性能	低黏度胶	糊状胶
	单搭剪强度/psi	
−55℉	3 300	3 300
77℉	3 500	4 200
180℉	3 200	2 900
300℉	1 800	1 600
350℉	1 250	1 200
400℉	—	600

注：环氧胶黏剂；2024 - T3 铝基材

双组分系统需要按预定的混合比混合组分 A(树脂和填料部分)和组分 B(固化剂部分)。双组分环氧胶黏剂通常需要按精确的混合比例进行混合，否则固化后性能以及耐环境稳定性会显著降低。混合量应控制在完成工作所需的最低量，混合量越大则通常工作时间越短。工作时间是树脂和固化剂从开始混合到黏度显著上升，胶黏剂无法作用的时间。在工作时间之后作用，胶黏剂黏度过大，导致无法充分流淌浸润表面，进而使胶接强度下降，无法达到预期。

双组分系统经常用于修补损伤的飞机部件。低黏度树脂可以用来浸润干的碳布，或注射进胶接线以及分层区域内部。高黏度的糊状胶黏剂可以用在需要控制流动的区域，粘接补块。例如，如果材料黏度过低，并在很大的压力下固化，那么就很有可能由于过多的流动和挤出而造成贫胶。双组分胶黏剂的黏度通常用加入金属或非金属填料来控制。通常会加入氧化硅来控制其流淌和黏度。

很多胶黏剂都具有相同的树脂及固化剂族类，但依据其使用的不同要求（未填充的、金属或非金属填充的、加入触变剂的、低密度的以及增韧的）生产了很多版本。例如，如果担心胶接处发生电化学腐蚀，则加入非金属填料就优于加入金属填料。对于需要弯曲的薄型结构，增韧的胶黏剂通常更有保障。除了胶接和修补，双组分糊状胶黏剂还可用作装配时的流体垫片。通过满足特殊的流淌、固化时间、压缩强度要求，可以使材料非常适合用于那些匹配不佳的区域。

8.3.2 环氧胶膜

用于航空的结构胶黏剂通常以加背衬的薄膜形式提供，胶膜应储存在冰冻环境中，如 0℉(－18℃)以下。膜状胶黏剂优于液体或糊状胶黏剂，因为它们均匀且无气泡。此外，因为胶膜所含的固化剂需要升温才能固化，因此胶膜通常可以在室温下放 20～30 天。胶膜有高温的芳香胺类固化剂或促进的固化剂，其使用和增韧状况很灵活。橡胶增韧的环氧树脂胶膜在航空工业中使用广泛，上限温度为 250～350℉(121～177℃)，由增韧需求以及树脂和固化剂总体选择决定。通常，增韧会降低材料的使用温度。图 8.11 提供了增韧和未增韧环氧胶膜在不同温度下单搭接剪切强度的比对。推荐使用在该温度下最具韧性的胶黏剂，因为高应变的胶黏剂要比未改性的体系好。虽然两者可能具有相似的搭接剪切强度，但增韧体系能为胶接面提供很大优势，使其能够抵抗一些剥离。

胶膜通常用纤维（粗格布）来支撑以提升固化前的操作性，该纤维可以控制胶黏剂在交接过程中的流动性，辅助控制胶接线的厚度，提供电化学腐蚀的屏障。纤维可以是短纤维无纺布，常用纤维包括聚酯纤维、尼龙和玻璃纤维。含有织物的胶黏剂可能会损失耐环境性能，因为织物可能吸附水气。无纺布在控制胶膜厚度方面不如织物有效，因为无约束的纤维在固化时会移动。有纺织物不移动，因而广泛应用。

表 8.3 提供了典型的增韧环氧胶膜不同厚度对性能的影响。注意单搭接剪切强度比表 8.2 所示双组分液态胶黏剂要高很多。不同厚度胶膜与蜂窝胶接件

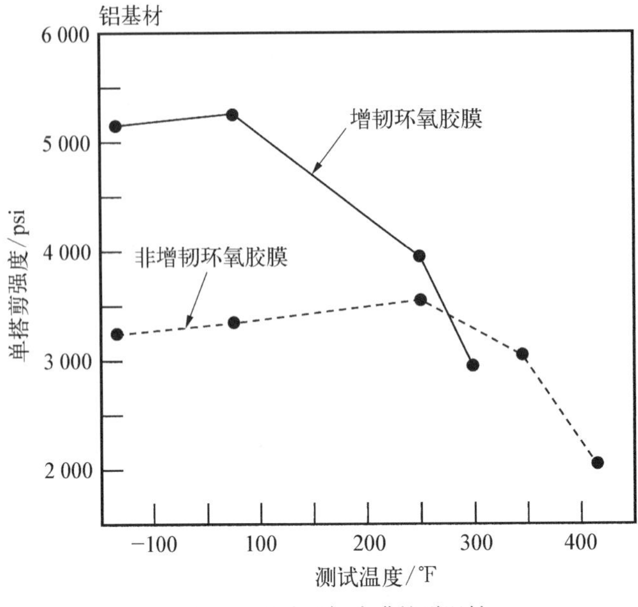

图 8.11　两种环氧胶膜的耐温性

相关。尽管金属-金属搭接剪切性能相似，但对蜂窝组件，更厚胶膜的滚筒剥离和平面拉伸强度都会高很多。滚筒剥离是将金属面板从蜂窝芯上剥离下来的试验，用扭矩(lbf·in①)表征，宽度通常是 3 in(7.62 cm)。平面拉伸试验是将面板从芯格上凭借拉力拉下来的试验，胶膜越厚，越能更好地嵌入芯格，因而有更大的强度。

表 8.3　增韧环氧胶膜厚度对性能的影响

性　能	胶　膜　面　重			
	0.10 pst①	0.08 pst	0.05 pst	0.03 pst
单搭剪强度/psi				
−67℉	4 300	4 500	4 300	4 000
75℉	5 400	5 900	4 900	4 300
180℉	5 200	5 300	5 100	4 800
250℉	3 800	3 700	3 800	3 600
蜂窝滚筒剥离/lbf·in/3 in②				
−67℉	36	34	15	15
75℉	50	45	20	17

① lbf·in：磅力·英寸，扭矩单位，1 lbf·in=0.113 N·m。——编注

(续表)

性　能	胶膜面重			
	0.10 pst	0.08 pst	0.05 pst	0.03 pst
250°F	50	45	20	16
平面拉伸强度/psi③				
−67°F	1 200	1 100	950	610
75°F	1 200	1 100	900	600
180°F	1 000	950	750	500
250°F	700	690	500	450

滚筒剥离

平面拉伸

注：改性环氧胶黏剂；2024-T3胶接件；铝蜂窝芯；① psf：磅力每平方英尺，压强单位，1 psf=47.9 Pa；② 滚筒剥离试验，蒙皮从蜂窝芯上剥下；③ 平面拉伸试验，蜂窝芯从蒙皮上拉下

8.4　胶接过程

表8.4中提供了一些胶接指南。胶接工艺包括以下基础步骤：

(1) 将所有待胶接零件配套。

(2) 确认胶接线匹配度。

(3) 清洁所有零件以保证良好的粘接性能。

(4) 施加胶黏剂。

(5) 零件和胶黏剂组合，变成胶接组件。

(6) 如果需要，则加温的同时加压以优化固化。

(7) 检查胶接组件。

表8.4　胶黏剂胶接的主要考虑因素[7]

当接收时，胶黏剂应进行测试以确保符合材料规范要求，这可能包括物理和化学测试
胶黏剂应保存在推荐的温度下
冷冻保存的胶黏剂应在密封容器中恢复至室温

（续表）

液体混合物应尽可能脱气，以除去夹带的空气
应避免用在固化过程中有挥发物的胶黏剂
对于大多数配方，铺叠间的湿度应低于40%的相对湿度。室内湿度可以被胶黏剂吸收并且在热固化期间稍后释放作为蒸汽，产生多孔胶接线并可能干扰固化
表面处理非常关键，应该小心进行
使用推荐的压力和正确的对准夹具；胶接压力应足够大，确保胶接件在固化时彼此紧密接触
尽可能避免使用抽真空作为施加压力的方法，因为胶黏剂固化时受到真空影响，在固化期间可能会产生孔隙或胶层空洞
总是首选热固系统，因为它们综合了更好的强度且耐湿热
第二次固化时，如维修期间，温度应比首次固化时至少低50℉(10℃)；如果不可能实现，则一定要准确和精确地使用胶接形式来保持所有部件准确对齐，并在第二次固化期间受压
应始终提供随炉件用于测试，随炉件是胶接件材料和设计的拷贝品，其表面和基本胶接面是采用同样的方法同时制作的；随炉件也是用基本胶接面和同批次胶黏剂并经历相同固化周期同时制作的，在理想的情况下，如果有足够的余量，则随炉件应从零件上切割下来
胶接线的外露边缘应使用合适的密封剂来保护，例如弹性体密封剂或涂料

8.4.1 胶接组件预装

很多胶黏剂在室温下的工作寿命有限，而胶接组件，特别是金属胶接组件在暴露于环境中时容易被污染。因此，组装胶接组件是一个常规做法，它使得应用胶黏剂和安装胶接组件到位可以一气呵成，不被中断。组装配套顺序可依据产品和生产速率决定。组件预装还有一个好处，即可以确定可能的不匹配处，如可能的高点和低点。有多个零件的复杂组件预装常常需要预装检查夹具。夹具模拟胶接，把多个零件按其真实的胶接组装关系安放在准确的位置上。预装通常在零件清洁步骤之前，这样一旦发现问题，就可以马上去返修。

8.4.2 预装评估

对于复杂零件，经常需要进行如图8.12所示的校验膜检验。胶接线的厚度可以用聚乙烯膜来模拟，或者加入真实的胶膜，胶膜用塑料膜隔离。组件需经历固化热和压力，然后拆开组件，目视或测量评估聚乙烯膜或胶膜，以确定是否有必要采取纠正措施。纠正措施包括打磨零件，增大间隙；重新成型金属零件，缩小间隙；在局部区域另外增加一层胶膜（在规范许可范围内）。校验膜可能不用在所有零件中，但校验膜可以在生产开始前验证零件的匹配程度，也可以确定为什么某一零件重复出现空洞。一旦验证了零件匹配度，就可以采取必要的纠正措施。在某些情况下，如果能纠正零件尺寸，那么提前采取纠正措施比报废胶接零件，甚至胶接零件在服役过程中失效要经济有效得多。胶接前，所有聚合物材质的基材都应烘干，以防潮气干扰胶接反应，或吸入的潮气在升温过程中沸腾产生孔隙。

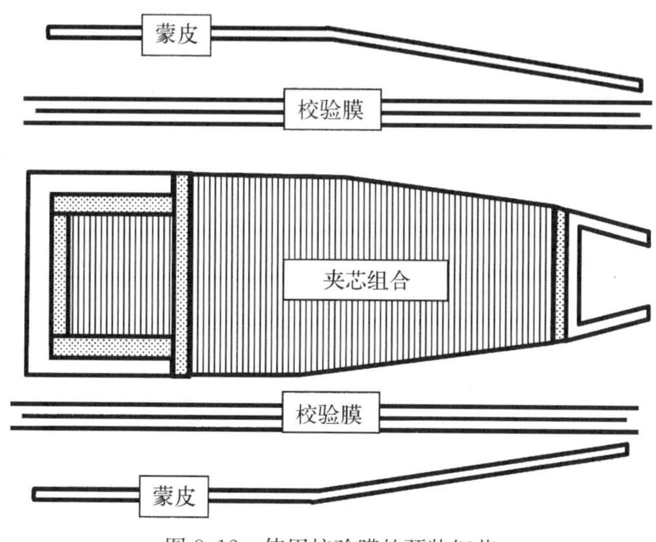

图 8.12 使用校验膜的预装细节

8.4.3 胶黏剂应用

通常，胶黏剂应在生产商推荐的温度下储存。胶膜通常应在 0℉(−18℃)或更低的温度下储存。双组分胶黏剂通常储存在室温或 40℉(4℃)的冰箱里。应该始终遵循生产商推荐的储存温度。当胶膜从冷库中取出时，必须在其恢复至室温后再打开包装，否则冷凝水可能凝聚到胶膜上，影响固化，在升温固化时沸腾造成孔隙。图 8.13 显示了不同程度的潮气在胶接前凝聚在胶膜上，对胶接组件的疲劳寿命造成了非常大的损失。与预浸料一样，胶膜也必须在温度和湿度受控的净化间内使用。

应用胶黏剂时，必须考虑的一个要素是胶黏剂处理和胶接件最终组装之间的时间。这一要素有时被称为操作时间、开包时间、外置时间或工作寿命。这一时间必须匹配生产速率。显然，高速率的使用领域，如汽车和应用工业需要可以快速用于胶接的材料。很多双组分系统在室温下通过化学反应固化，因此其工作寿命有限，材料会迅速变得太黏，进而很难施工。液态胶黏剂可以使用刷子、

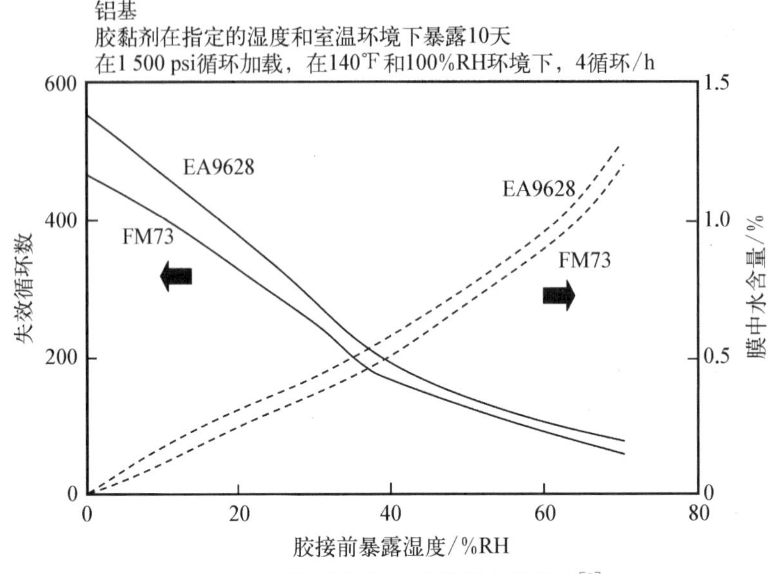

图 8.13 胶接前潮气对疲劳强度的影响[8]

滚轮、手工喷涂或机器自动喷涂来施工。糊状胶黏剂可以用刷子或者用压缩空气将其从罐子中挤出。

胶膜由于其性能高且价格也高，因此更多地用于航空工业。胶膜包括环氧树脂膜、双马来酰亚胺树脂膜、氰酸酯树脂膜、聚氨酯树脂膜以及一层承载织物。承载织物保证最低胶接线厚度，因为承载织物可以防止胶接件直接互相接触。这些胶膜可以用刀手工裁剪，然后铺贴在胶接线内。使用胶膜时要注意勿裹挟空气，以防在胶膜和胶接线之间形成空气鼓包。可以在胶接前用多针的辊子滚过胶黏剂，扎眼儿以防止裹挟空气。

8.4.4 胶接线厚度控制

对于控制胶接强度，控制胶接线厚度是很重要的一个因素。控制胶接线厚度需要计算两个匹配面在胶接状态下（温度和压力），其间隙需要多少胶黏剂填充。对于液态和糊状胶黏剂，常规做法是在胶黏剂中混入尼龙或聚酯纤维以防止胶接线贫胶。在胶接时施加足够压力以减少胶接线厚度。通常希望稍微多加一点，保证填充量；相反，如果某点过高而导致所有的胶都被挤出，则可能发生脱粘。

对于高载荷的胶接和大型结构，使用均匀的、含有一层薄承载织物层的胶膜。织物可以保持粘接线厚度，并且可以防止胶接件直接互相接触。承载织物也可以作为碳蒙皮和铝蜂窝芯之间的腐蚀屏障。最常见的情况是，胶接线厚度在 0.002～0.01 in(0.05～0.3 mm)范围内，富余的胶可填充最大 0.02 in (0.5 mm)的间隙。更大的间隙则必须通过返工零件或加硬垫片使零件能纳入公差范围内。

如果胶接面面积很大，则夹入空气可导致孔隙。有一种方法可有效减少空气的夹入，如图 8.14 所示，对胶黏剂进行阶段固化和辊花。将胶膜放置在平板上，然后用一层聚四氟乙烯(PTFE)膜覆盖。将一段蜂窝芯放置在 PTFE 膜顶部，打上真空袋。然后将真空袋内的胶黏剂在烘箱中进行阶段固化。蜂窝芯格的印记便会留在胶黏剂上。胶黏剂熔化时会流淌填充这些印痕，从而带走空气。阶段固化和辊花工艺也用于粘接修补补丁。

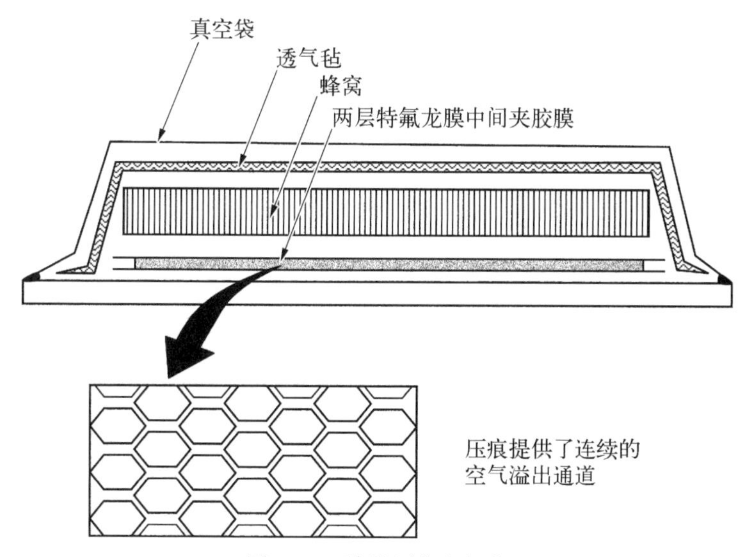

图 8.14　阶段固化和辊花

8.4.5　胶接

理论上，只需要施加压力便可使得胶黏剂流动并润湿表面。实际上，通常需要稍高一点的压力，以便挤出多余的胶黏剂以保证所需的胶接线厚度和/或提供足够的力确保所有接触面在固化期间能紧密接触。

必须在固化期间保持胶接件的位置。胶接件在胶黏剂凝聚前滑动会导致费用昂贵的返工甚至报废整个胶接组件。当使用糊状或液体胶黏剂时，对胶接处施加载荷通常有助于使胶黏剂变形以填充间隙。简单构型下，经常使用 C 型夹、弹簧夹、沙袋和千斤顶螺丝。但如果升温固化，则需要确保这些压力装置不成为吸热装置。

室温固化液态和糊状胶黏剂通常在 24 h 后获得足够强度，然后卸去压力。对于那些需要在 180°F(80℃)中温固化的胶黏剂，可使用灯或烘箱加热。如果加热时使用灯泡，则需要小心确保该零件不会局部过热。如果轮廓很复杂，则需要封袋，并将零件送入热压罐均匀受压。除了在热压罐中使用外加压力，并真空通大气，更常用的是打上真空袋，真空度优于 15 psi。这个工艺的缺点是真空条件可能引起许多胶黏剂释放挥发物，并形成多孔，弱化胶层。

当在高温 250～350°F(120～180℃)范围内固化胶膜时，热压罐压力通常为 15～50 psi(103～345 kPa)，以使胶接件粘在一起，大多数在高温下 1～2 h 内固化。使用固化工装在热压罐内固化的胶接组件和固化工装外形很相似。胶接的封袋程序和复合材料零件的封袋程序也很相似，除了不需要放吸胶毡，因为固化中不需要吸走多余的树脂。直接升温或使用中间平台的固化方式都可以使用。典型的 350°F(180℃)热压罐固化环氧膜胶的步骤如下。

(1) 在组件上施加 20～29 in Hg 真空，并检查泄漏；如果组装件包含蜂窝芯，则要低于 8～10 in Hg 真空。

(2) 热压罐加压，通常压力范围为 15～50 psi(103～345 kPa)。当压力达到 15 psi(103 kPa)时，卸真空通大气。

(3) 以 1～5°F/min(0.5～3℃/min)的速率加热至 350°F(180℃)。可选在 240°F(120℃)保持 30 min，以保证液态树脂流动并彻底润湿胶接件表面。

(4) 在(350±10)°F[(180±5)℃]，15～50 psi(103～345 kPa)的条件下固化 1～2 h。

(5) 冷却至 150°F(65℃)，卸压力开罐。

在固化期间，胶黏剂流动，在胶接线边缘成填角或圆角。在清理时不要清除这些填角，因为测试结果显示存在填角明显改善了胶接的静强度和疲劳强度。

胶黏剂胶接的主要缺点是没有可靠的无损检测方法来检查粘接组件，以确定胶接面的实际强度。无损检测只能确定是否存在脱粘界面，因此，通常的做法是制造随炉件，然后进行破坏试验。随炉件应该和实际零件同时，并用同样的材料制备，也就是说，使用相同的胶黏剂，和胶接组件进行同样的清洗和喷底胶流程，在同一时间、同一个袋子下固化。然而，如第 17 章中所讨论的，随炉件不能代表实际的连接，因为搭接面积比较小，随炉件是胶黏剂失效而不是胶接件失效——这是一个良好连接的设计目标。尽管如此，随炉件，如单搭接剪切试样，可用于检查表面处理是否正确进行，且胶黏剂是否适当地固化。

参考文献

[1] Davis J R. ASM Specially Handbook: Aluminum and Aluminum Alloys [M]// Adhesive bonding. ASM International, 1993.

[2] Petrie E M. Handbook of Adhesives and Sealants[M]. McGraw-Hill, 2000.

[3] Parker B M. The Effect of composite prebond moisture on adhesive-bonded CFRP - CFRP joints[J]. Composites, 1983, 14(3): 226 - 232.

[4] Venables J D, Mcnamara D K, Chen J M, et al. Oxide morphologies on aluminum prepared for adhesive bonding [J]. Applications of Surface Science, 1979, 3 (1): 88 - 98.

[5] Petrie E M. Handbook of Adhesives and Sealants [M]// Primers and adhesion promoters. McGraw-Hill, 2006.

[6] Tomblin J, Seneviratne W, Escobar P, et al. Shear stress-strain data for structural adhesives[J]. 2002.

[7] D B Miracle, Donaldson S L. ASM Handbook, Vol 21, Composites[M]// Campbell F C. Secondary adhesive bonding of polymer-matrix composites. ASM International, 2001.

[8] Thrall E W. Prospects for bonding primary aircraft structures in the 80's[C]. 25th National SAMPE Symposium, 1980.

精选参考文献

[1] Gleich D M, Tooren M J, Beukers A. Structural adhesive bonded joint review[C]. 45th International SAMPE Symposium, 2000.

[2] Hart-Smith L J, Brown D, Wong S. Surface preparations for ensuring that the glue will stick in bonded composite structures[C]. 10th DOD/NASA/FAA Conference on Fibrous Composites in Structural Design, 1993.

[3] Hart-Smith L J, Redmond G, Davis M J. The curse of the Nylon peel ply[C]. 41st SAMPE International Symposium and Exhibition, 1996.

[4] Heslehurst R B, Hart-Smith L J. The Science and art of structural adhesive bonding [J]. SAMPE Journal, 2002, 38(2): 60 - 71.

[5] Hinrichs R J. Vacuum and thermal cycle modifications to improve adhesive bonding quality consistency[C]. 34th International SAMPE Symposium, 1989.

[6] Krieger R B. A chronology of 45 years of corrosion in airframe structural bonds[C]. 42nd International SAMPE Symposium, 1997.

[7] Hexcel Composites. Redux bonding technology[G]. 2001.

[8] Gauthier M M. Engineered Materials Handbook, Vol 1, Composites [M]// Scardino W M. Adhesive specifications. ASM International, 1987.

9 夹层及整体共固化结构

夹层及整体共固化结构与机械连接结构相比，减少了重量和装配成本。夹层结构通常指外侧蒙皮与轻质芯材粘接而成的结构。夹层结构可以先分别固化复合材料结构子零件，再对其进行胶接，从而形成完整组件；也可以采用共固化工艺制造：蒙皮固化的同时与内部芯子进行胶接。整体结构也可以为共固化整体结构，制造方法如下：所有零件(无内部芯子)同时进行固化，从而生产出一件整体零件。在该方法中，结构内部要使用分块模具来支撑结构，固化后再去除这些分块模具。

本章介绍了一些夹层结构和整体共固化结构的主要制造方法，并分别讨论了其优缺点。

9.1 夹层结构

夹层结构凭借其高刚度、高比强度和超低质量广泛用于飞行器和商业产品中。与图 9.1 中 I 形梁类似，对夹层结构而言，面板主要承受弯曲载荷(拉应力和压应力)，夹芯层承受剪应力。夹层结构，尤其是蜂窝夹层结构，结构效率高、刚度高，如图 9.2 所示。芯材高度增加 2 倍，刚度增加 7 倍而重量只增加 3%；芯材高度增加 4 倍，刚度增加 37 倍而重量只增加 6%。因此，夹层结构在结构设

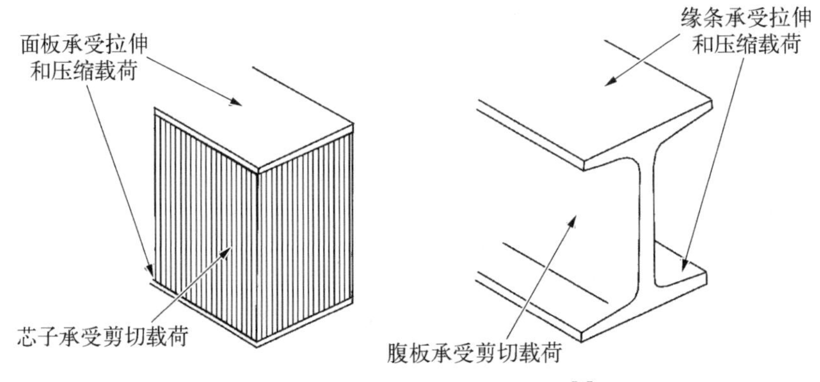

图 9.1 夹层结构和 I 形梁的类比[1]

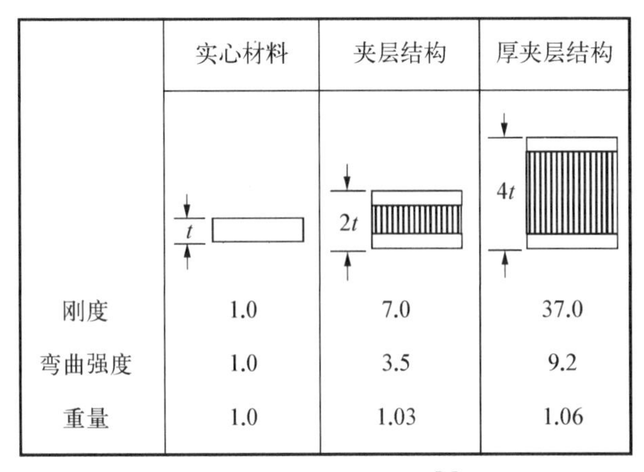

	实心材料	夹层结构	厚夹层结构
	t	$2t$	$4t$
刚度	1.0	7.0	37.0
弯曲强度	1.0	3.5	9.2
重量	1.0	1.03	1.06

图 9.2　夹层结构特性[1]

计中常为首选结构。此外,夹层结构的应用也缘于它的优异结构、导电性、绝缘性和能量吸收等特性。

通常夹层结构的面板相对较薄,在 0.25～0.3 mm 之间;而芯材密度较小,在 16～480 kg/m^3 之间。面板材料通常为铝、玻璃纤维、碳纤维和芳纶;芯材包括金属/非金属蜂窝芯、轻质木、开孔或闭孔泡沫和复合泡沫等。芯材性价比如图 9.3

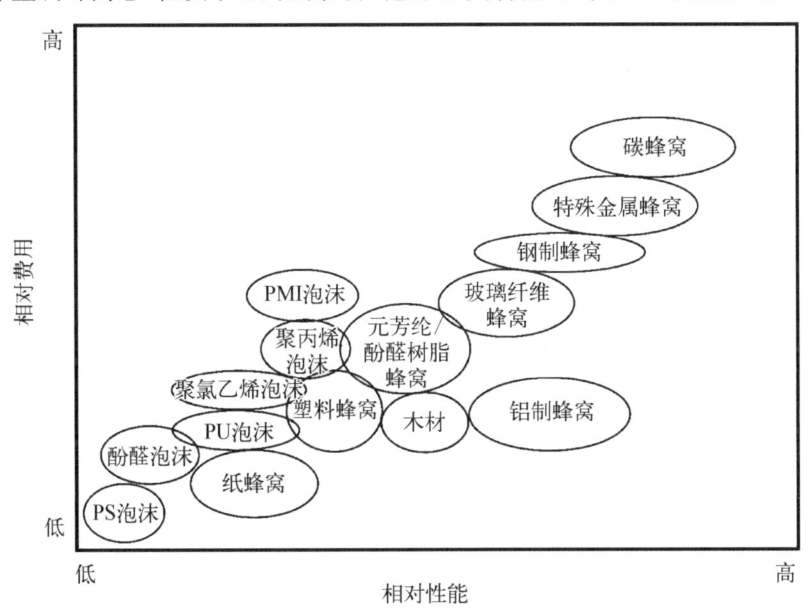

PS-聚苯乙烯
PU-聚氨酯
PMI-聚甲基丙烯酰亚胺

图 9.3　不同芯材性价比[2]

所示，与泡沫芯相比，蜂窝芯有着更优越的性能，价格也更贵。商业上，低成本的泡沫芯更为常用，而在航空领域，性能优越的蜂窝芯应用更广。图 9.4 为不同芯材强度、刚度之间的对比。

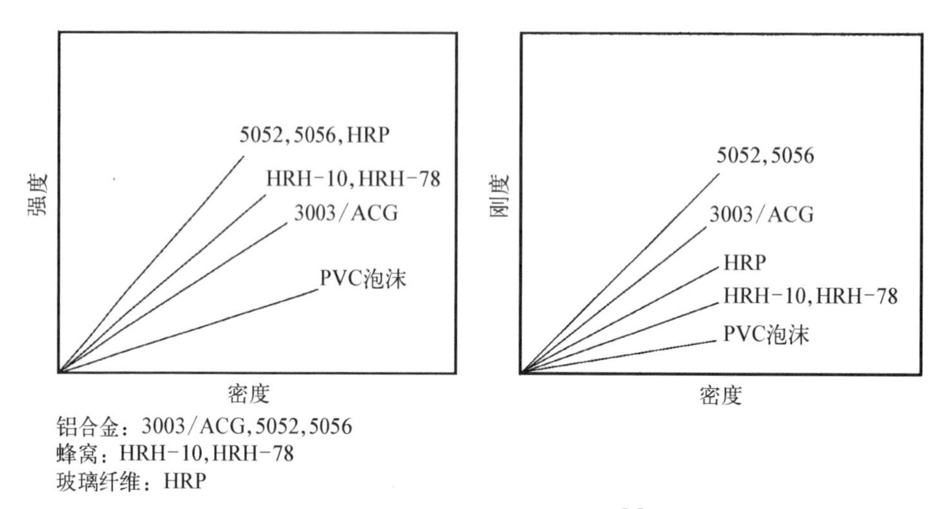

图 9.4　不同芯材的强度和刚度[1]

9.2　蜂窝夹层结构

图 9.5 为蜂窝夹层结构的特征示意图。其面板材料多为铝、玻璃纤维、芳纶和碳纤维，蜂窝芯材料可以为铝、玻璃织物、芳纶纸、芳纶织物或碳织物。胶膜通

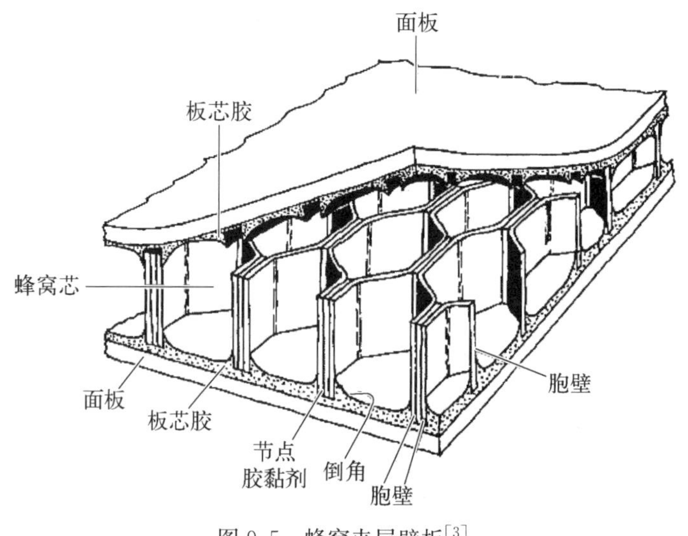

图 9.5　蜂窝夹层壁板[3]

常用于面板和芯材之间的粘接。固化时,胶黏剂能够很好地填充板芯界面很重要。蜂窝芯特征术语如图 9.6 所示,芯格之间用节点胶黏剂粘接,L 方向为芯材的带向,该方向强度高于宽度方向(W 方向),厚度用 t 表示,芯格特征尺寸如图 9.6 所示。

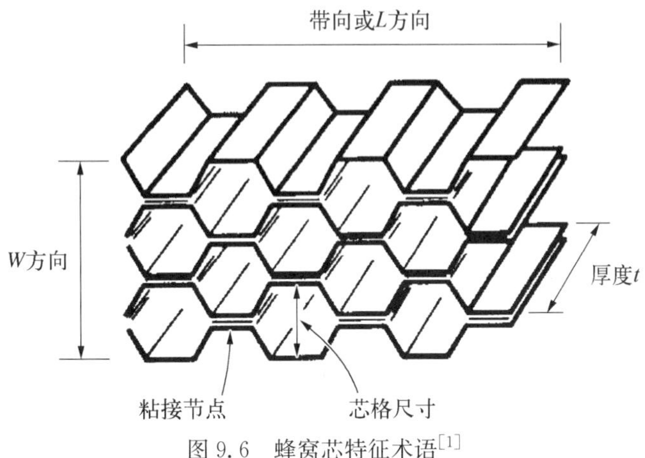

图 9.6 蜂窝芯特征术语[1]

芯格形状多种多样,主要有三种芯格(见图 9.7):六角边芯、柔性芯、过拉伸芯。六角边芯是目前使用最多的芯格形状,可由铝或非金属材料制成。六角边结构更稳固并且可以通过纵向(L 方向)增强来提高结构性能,其最大的缺点是可成型性有限,铝质六角边芯通常采用压制成型,非金属六角边芯主要采用热成型。柔性芯则具有复合轮廓带来更好的成型性,且不会发生胞壁屈曲。但该结构必须在成型完成后拉伸至合理位置,否则当力释放后,结构会回弹至平面状态。过拉伸芯的成型性优于六角边芯,劣于柔性芯,它由六角边结构在 W 方向过拉伸产生,形成长方形芯格,其 W 方向的长度是 L 方向的 2 倍。与六角边芯相比,该芯格外形提高了 W 方向的剪切性能,减小了 L 方向的剪切性能。

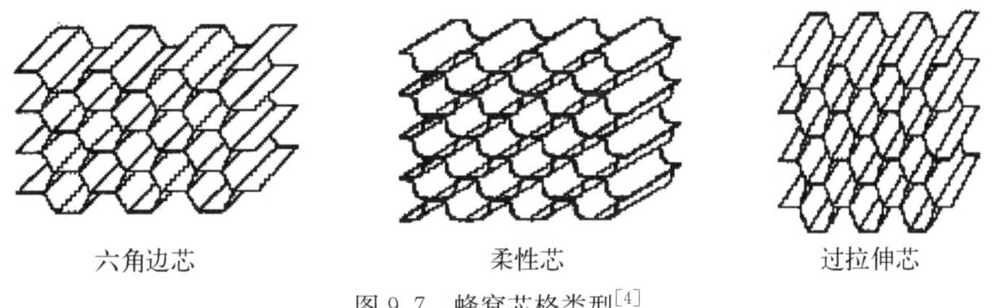

图 9.7 蜂窝芯格类型[4]

蜂窝芯的制作方法主要有两种:胶接拉伸法和波纹法,如图 9.8 所示。胶接拉伸法是制作低密度(≤160 kg/cm^3)蜂窝芯的常用方法。首先清洁铝箔并做防腐蚀处理,涂胶黏层,裁剪、堆叠然后放入热压机中升温加热,使节点胶黏剂固化。固化后,将压缩的蜂窝芯块(称为 HOBE)裁剪成合适尺寸,然后夹紧蜂窝块,并拉拽边缘来实现蜂窝拉伸。对于铝质芯材,拉伸过程达到其屈服点,蜂窝芯保持应有形状;对于非金属芯材,如玻璃或芳纶等,需将拉伸芯材浸泡于树脂中,树脂固化后释放拉伸力使其保持应有形状。虽然蜂窝芯也可采用环氧树脂和聚酯树脂固化,但适合高温使用的酚醛树脂和聚酰亚胺树脂目前应用最广泛。浸泡和固化的过程使产品达到预期的密度要求。由于酚醛树脂和聚酰亚胺树脂在高温固化过程中发生缩聚反应,因此需尽可能让小分子挥发。为避免挥发物未排除而存留在树脂中,压力控制尤其重要。因此,初始固化后,酚醛树脂和聚酰亚胺树脂需进一步升温再固化,以确保反应完全。波纹法适用于胶接拉伸法无法制作的材料或高密度材料(≥160 kg/m^3),其制作成本也更高。例如,耐高温钛合金芯材先采用波纹压制,然后在节点处熔铸以制成完整的芯材截面。

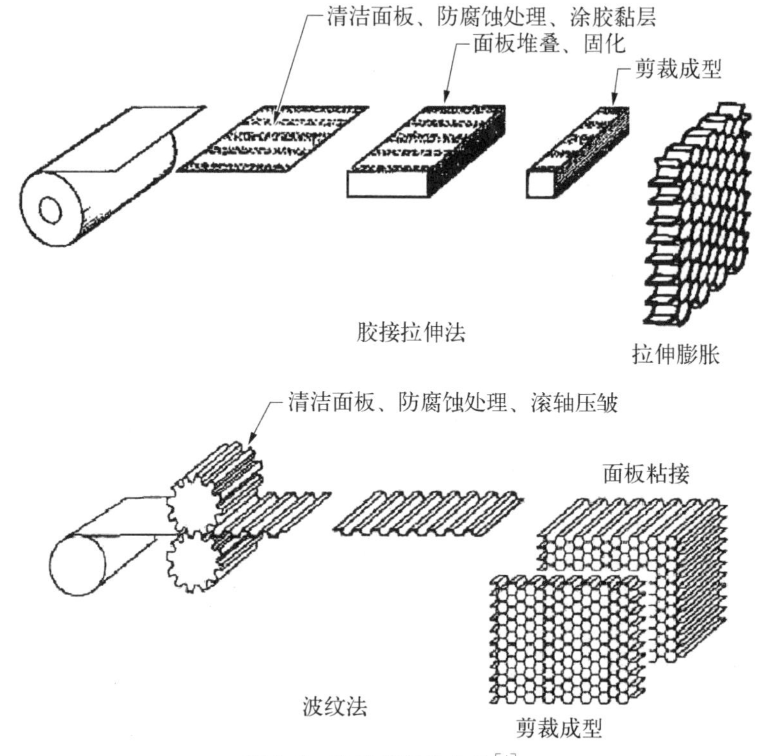

图 9.8 蜂窝芯制作方法[4]

一些常用的商用芯材性能如表 9.1 所示,力学性能如表 9.2 所示。每种材料列出的第一行数据为大芯格、薄胞壁的蜂窝芯的性能值,列出的第二行数据为小芯格、厚胞壁的蜂窝芯的性能值。例如，由薄的 5052 铝箔制成的大芯格薄胞壁蜂窝芯密度为 1.0 pcf①，小芯格厚胞壁蜂窝芯密度为 12.0 pcf。图 9.9 说明了蜂窝芯强度与温度的关系。铝质蜂窝强度和刚度最佳，其中，高性能航空级别为 5052 - H39 和 5056 - H39，商业级别为 3003，而 2024 铝质蜂窝则由于它耐腐蚀性能差很少使用。芯格尺寸一般为 1.5～9.5 mm，其中航空工业应用的尺寸一般为 3～4.8 mm。玻璃织物蜂窝芯一般采用酚醛树脂浸润过的双向织物或斜纹织物(±45°)制成，高温条件则应采用聚酰亚胺树脂。斜纹织物的优点是提高了芯材的剪切模量和损伤容限。芳纶芯材由酚醛树脂或聚酰亚胺树脂浸润芳纶纸制成，由于树脂不能完全浸透蜂窝纸，因此会造成材料过吸水。杜邦公司研发出了一种芳纶蜂窝纸，牌号为 N636，有较好的抗吸湿能力。凯夫拉蜂窝芯材由浸润过树脂的 Kevlar 49 织物制造而成。斜纹碳纤维织物芯材粘接碳纤维增强面板具有刚度高、热稳定等优异的性能，同时价格也更昂贵。

表 9.1　常用蜂窝芯材性能[5]

芯材类型和名称	强度/刚度	最大温度/°F	典型产品规格	密度/pcf
5052 - H39 和 5056 - H39 铝蜂窝	高/高	350	六角边芯	1～12
			柔性芯	2～8
3003 商用级铝六角蜂窝	高/高	350	六角边芯	1.8～7
玻璃纤维增强酚醛	高/高	350	六角边芯	2～12
			柔性芯	2.5～5.5
			OX	3～7
斜纹玻璃织物增强酚醛	高/极高	350	六角边芯	2～8
			OX	4.3
斜纹玻璃织物增强聚酰亚胺	高/高	500	六角边芯	3～8
芳纶纸增强酚醛(Nomex)	高/中	350	六角边芯	1.5～9
			柔性芯	2.5～5.5
			OX	1.8～4
芳纶纸增强聚酰亚胺(Nomex)	高/中	500	六角边芯	1.5～9
			OX	1.8～4
高性能芳纶纸增强酚醛(N636)	高/高	350	六角边芯	2～9
			柔性芯	4.5
芳纶织物增强环氧	高/高	350	六角边芯	2.5
斜纹碳纤维织物增强酚醛	高/高	350	六角边芯	4

① pcf：磅每立方英尺，密度单位，1 pcf＝16 kg/m^3。——编注

表 9.2 常用蜂窝芯材力学性能[4]

芯 材	蜂窝芯密度/pcf	压 缩		平行于带向 L 向剪切		垂直于带向 W 向剪切	
		强度/psi	模量/ksi	强度/psi	模量/ksi	强度/psi	模量/ksi
5052	1.0	55	10	45	12	30	7
铝蜂窝	12.0	2 900	900	1 940	210	1 430	75
5056	1.0	60	15	55	15	35	7
铝蜂窝	8.1	1 900	435	945	143	560	51
2024	2.8	320	40	200	42	120	19
铝蜂窝	9.5	2 500	480	1 150	170	650	64
3003	1.3	70	16	55	14	40	7
铝蜂窝	4.8	630	148	335	63	215	31
0°、90°玻璃纤维织物	2.2	180	13	120	6	60	3
酚醛	12.0	2 520	260	985	48	625	28
±45°玻璃纤维织物	2.0	170	17	115	15	60	5
酚醛	8	1 750	129	580	49	340	24
±45°玻璃纤维织物	3.2	310	27	195	19	95	8
聚酰亚胺	8.0	1 210	126	700	55	420	22
Nomex	1.5	100	6	75	3	40	2
酚醛	9	2 100	90	515	18	300	11
±45°石墨纤维织物	5	950	85	590	94	350	40
酚醛	10	3 060	170	1 060	215	760	90

注：每种材料列出的第一行为大芯格、胞壁薄的蜂窝芯的性能值；第二行为小芯格、胞壁厚的蜂窝芯的性能值

与其他夹层芯材相比，蜂窝芯材具有更高的性能，几种芯材的强度与刚度对比见图 9.4。铝质蜂窝芯材具有最好的性能，其次是非金属蜂窝芯材，再次则是 PVC 泡沫芯材。但是，蜂窝芯材制造成本高，难以制成复杂结构，且在使用过程中很难修理（尤其是铝质蜂窝芯），涉及蜂窝吸水时的修理难度更大。

铝质蜂窝结构存在严重的服役耐久性问题，其中最严重的是结构吸湿导致铝蜂窝腐蚀。图 9.10 展示了严重腐蚀的铝蜂窝结构。为此，蜂窝供应商在蜂窝表面涂置防腐蚀涂层以提高耐久性。最新防腐蚀的方法称为磷酸阳极化处理（PAA），见图 9.11。首先，清洁表面，进行磷酸阳极化，然后涂上防腐蚀底漆再粘接节点。附着在多孔 PAA 氧化层表面的厚底漆提高了铝质蜂窝的防腐蚀性。PAA 处理后的蜂窝芯价格比未处理的高出 20%，同时提高了 3 倍的耐腐蚀

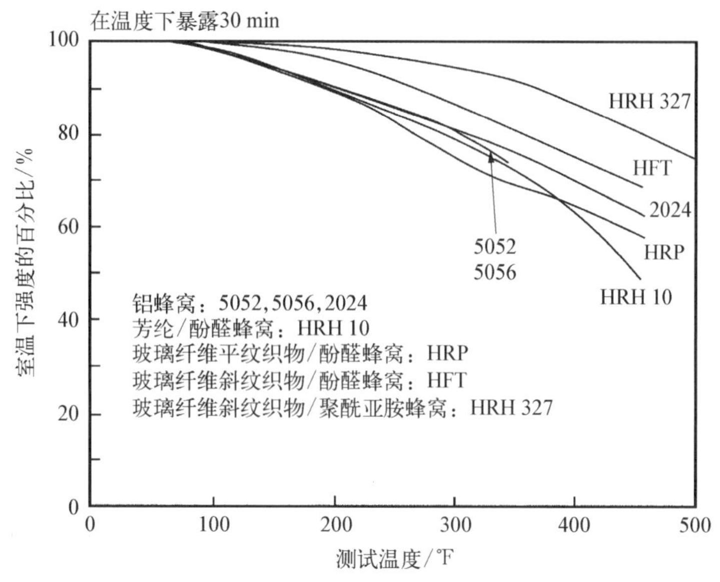

图 9.9 不同温度下蜂窝芯的强度[4]

图 9.10 铝制蜂窝芯腐蚀

性。腐蚀方法只能延缓腐蚀速率而不能阻止腐蚀的发生。

如果有液态水存在于蜂窝芯格中，则在飞机飞行过程中，结冰—融化过程会造成节点粘接失效。高纬度下，蜂窝孔中的水结冰膨胀，导致胞壁受到应力作用。降落后，水融化，胞壁应力释放。多次结冰—融化后，节点粘接失效，损伤发

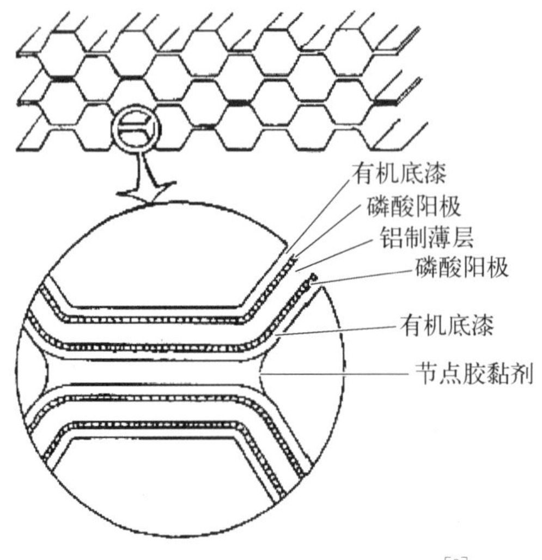

图 9.11 蜂窝芯磷酸阳极化处理[3]

生，这种损伤不仅存在于铝质蜂窝结构中，也存在于非金属蜂窝结构中。蜂窝芯中的水也会引起面板脱粘分层，尤其在使用和维修过程中，温度可能超过水的沸点212℉(100℃)，问题更为严重。

液态水常常通过暴露在空气中的边缘进入蜂窝芯，如壁板边缘、端头、门(窗)槛、连接接头或蒙皮和芯子的任何粘接截止端。主要损伤通常都发生在壁板边缘。粘接性降低会造成面板和蜂窝芯之间粘接强度、倒角区的粘接强度及节点粘接强度降低。节点粘接强度降低会导致芯材的剪切强度降低，从而由于芯子失效导致整个结构过早地失效。此外，夹层结构面板上的任何穿透性损伤都能导致水进入结构。由于某些蜂窝夹层结构的面板极薄，水汽能直接穿过面板在芯子胞壁上形成冷凝水，或通过薄蒙皮蜂窝夹层壁板的微裂纹浸入蜂窝芯，因此与吸湿带来的结构损伤相比，液态水影响更大。许多报告将液态水浸入蜂窝归结于密封性不良，好的密封性固然重要，但水分进入蜂窝结构只不过是时间问题，解决它的核心还是蜂窝的合理设计，避免损伤发生。

9.2.1 蜂窝芯加工制造

典型飞机操纵面的常用结构如图 9.12 所示。胶膜用于蒙皮与芯材、蒙皮与封闭构件(梁、肋、箭形端头)之间的粘接，发泡胶用于封闭构件的粘接。粘接前，蜂窝芯还需要周边裁剪、机械或热成型、拼接、灌封、固化、轮廓机加工和清洁。

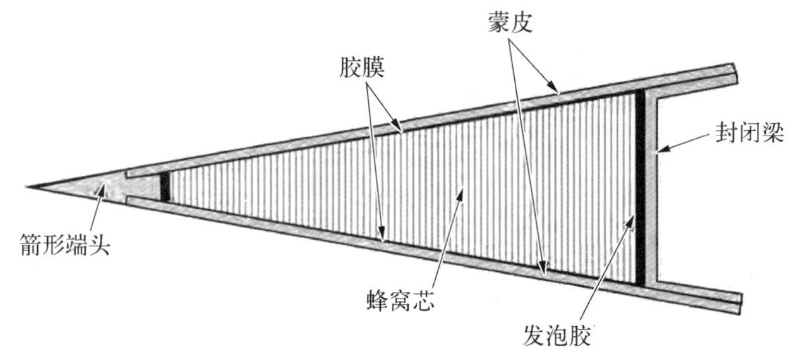

图 9.12 常用蜂窝芯结构

1）裁剪

四种蜂窝芯材的常用裁剪工具为齿刀、剃刀片、带锯、模切刀。齿刀、剃刀片和模切刀用于轻质芯材，带锯则用于高密度和复杂形状的芯材。

2）成型

金属蜂窝可以通过滚或卷成型成弯曲零件。卷制成型法挤压胞壁使之形成致密的芯格。过拉伸蜂窝可以制成圆柱形。柔性蜂窝芯通常制成复杂曲率零件，并约束其位置。非金属蜂窝芯材一般采用热成型方法，芯材短时间（1～2 min）置于高温箱中，如 290℃，加热软化使胞壁易变形，从高温箱中取出后迅速放入成型模具直至冷却。

3）拼接

针对大尺寸芯材或依据强度需求设计不同孔密度的芯材，通常用小芯材拼接或不同密度芯材拼接成最终的零件。拼接多采用发泡胶，如图 9.13 所示。蜂窝拼接胶中通常含有能产生气体（如氮气）的发泡剂，在加热过程中，环氧泡沫膨胀填充蜂窝间的间隙。发泡胶黏层初始厚度为 1～1.5 mm，受热固化后膨胀到初始时的 1.5～3 倍。粘接处胶黏剂过多会导致结构由于过膨胀而破坏，但是，合理的发泡能填充结构间隙并在受阻后停止。工程上通常使用三层发泡胶粘接填充间隙，如果存在大间隙则需要重做。控制压力对发泡胶来讲很重要，不宜采用真空和过膨胀环境。发泡胶自身的多孔性可以为水的迁移提供路径。

4）灌封

灌封多用于有紧固件穿入的蜂窝区，如图 9.14 所示，芯格内填入高黏度胶，在蜂窝芯拼接或者最终胶接时固化。灌封胶通常包括碎玻璃、芳纶、玻璃纤维/酚醛树脂和硅之类的填充物。根据不同的结构使用温度，固化温度可以为室温、120℃或 180℃。

5）机加工

通常情况下，蜂窝芯的厚度需要加工成合适的轮廓。一般用阀杆式刀具对拉伸后的芯子进行机加工。有时也用铣刀加工拉伸前的实体蜂窝块。常用机加工机器包括龙门架、三角式、三维扫描和五轴数控机床。五轴数控机床中，电脑程序控制刀头，几乎能加工成用（x，y，z）坐标系表达的任意轮廓面。数控机床的轮廓公差为±0.1 mm，以 76 m/min 的速度精确切割蜂窝芯材。一般芯材供应商会提供加工完成后的芯材。

6）清洁和干燥

蜂窝芯在粘接之前的所有制造操作过程中都需要保持清洁。铝质芯材可以利用蒸汽除油法进行清洁，一些制造商要求所有铝质芯材在粘接前利用蒸汽或

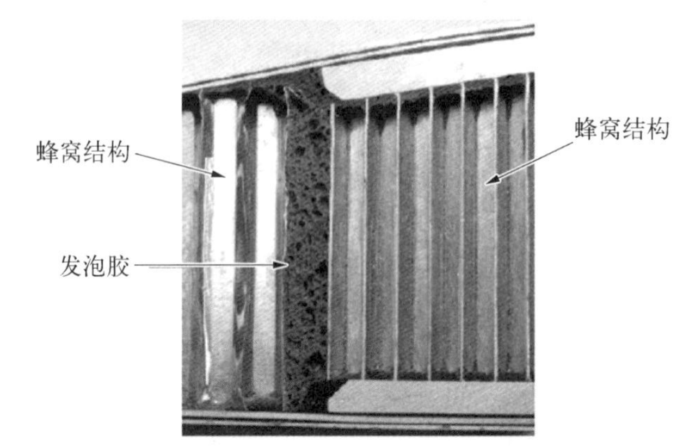

图 9.13 不同蜂窝密度形成的复杂结构(箭头指向泡沫粘接处)
(图片来源：波音公司)

者溶剂除油，但大多数零件制造商直接从蜂窝供应商处采购“B 规格”芯材，从而在胶接前无需对芯材做进一步清洁处理。对非金属芯材来说，如芳纶或 N636 芳纶、玻璃纤维和石墨纤维芯，极易从大气中吸收水分。复合材料蒙皮、非金属芯材在粘接前应彻底干燥。由于胞壁相对较薄并且有较大的表面积，芯材会在干燥后重新吸收水分，因此该材料应该存放在清洁室中，并尽快在干燥后胶接。

7) 蜂窝芯胶接

蜂窝芯胶接与普通胶接相似，但也存在一些特殊考虑。与普通复合材料构件不同，蜂窝结构需要一些封闭处理，如图 9.15 所示。粘接时，空腔和边缘斜面处需添加填充物以防止固化时边缘受压。封闭处同样也是可能进水的区域，需要在设计制造中特别关注。

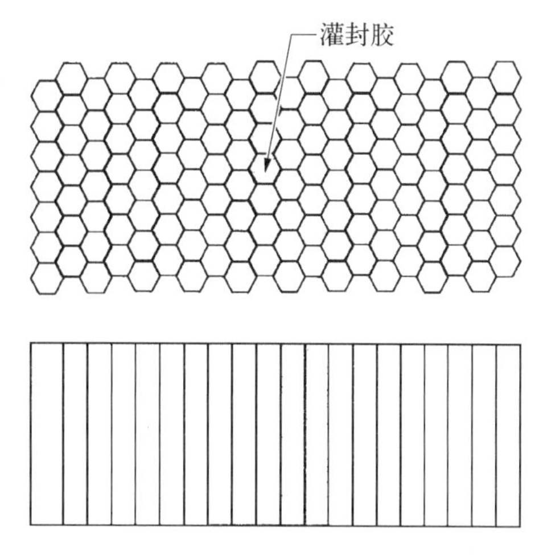

图 9.14 蜂窝芯的灌芯

蜂窝胶接工艺中，压力的选择很重要。压力要大到使各组分贴合，也不能过于大而引起蜂窝塌陷。压力的大小取决于蜂窝密度和几何形状，通常情况下蜂窝粘接压力在 100～360 kPa 范围内。热压罐提供正压，再加一个通气袋，其零件质量控制比真空袋烘箱成型好。压力和胶黏剂的选择对芯材和蒙皮之间粘接处倒角的形成很重要，倒角的填充程度很大程度上决定了结构强度，因此，粘接胶膜的重量至少需 0.08 psf(4 Pa)才能满足填角要求。

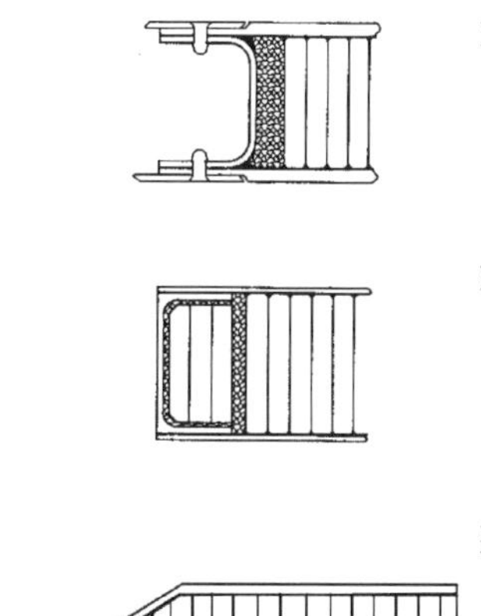

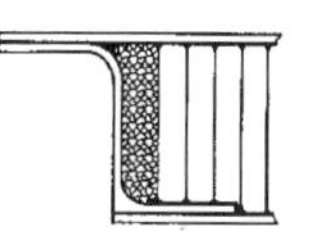

图 9.15 封闭蜂窝结构

施加于芯材边缘的压力很容易压塌芯格，蜂窝芯 L 向强度高于 W 向，宽度 W 向更容易被压塌。在初始真空条件下，真空压力导致芯材移动，芯格被压塌，一般要求真空压力在 8～10 in Hg(27～34 kPa)之间。蜂窝结构的热压工艺对袋泄漏更敏感，如果抽真空过程中出现气体泄漏，则蜂窝结构会出现受压不均的现象。

在一些减重要求较严的情况下，网状分散胶接优于整体粘接，如图 9.16 所示。在粘接过程中，将胶膜置于芯格接触点上，用热风吹胶膜使之熔化，最后在胞壁处凝固。这就使用了较少的胶膜，减少了芯格间的胶膜重量。这种工艺常用于空间应用中的轻载蒙皮，也用于发动机短舱以降低气流产生的噪声。

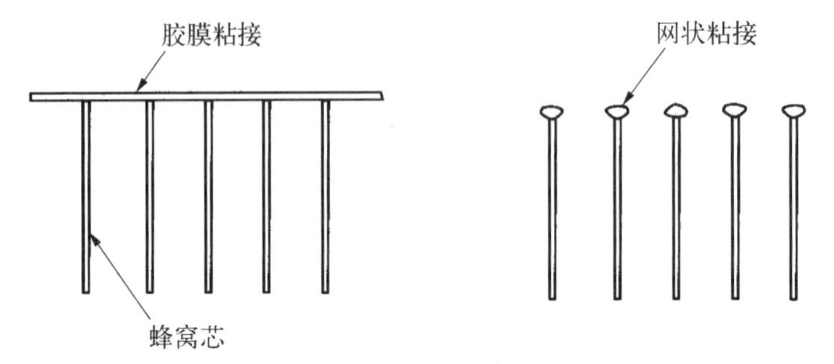

图 9.16 蜂窝芯的胶膜粘接和网状粘接

9.2.2 蜂窝芯材共固化

蜂窝结构可以采用共固化成型，蒙皮固化与芯材粘接同时进行。板芯界面通常采用胶膜粘接，也可以不用胶膜，使用自胶接预浸料。为避免芯格塌陷和移动，成型压力与常规层压板 100 psi(690 kPa)不同，该工艺通常采用 40～50 psi (275～345 kPa)，与常规层压板工艺相比，不仅会给蒙皮带来更多气孔，而且由于蒙皮仅由胞壁支撑，因此也会存在枕形或凹坑缺陷(见图 9.17)。图中放大显示了蒙皮枕状缺陷，该缺陷确实严重影响了力学性能，在某些情况下甚至会使性能退化 30%。该缺陷可以通过选用诸如 0.125 in 和 0.187 5 in(3 mm 和 4.8 mm)的小尺寸芯格避免或减缓。

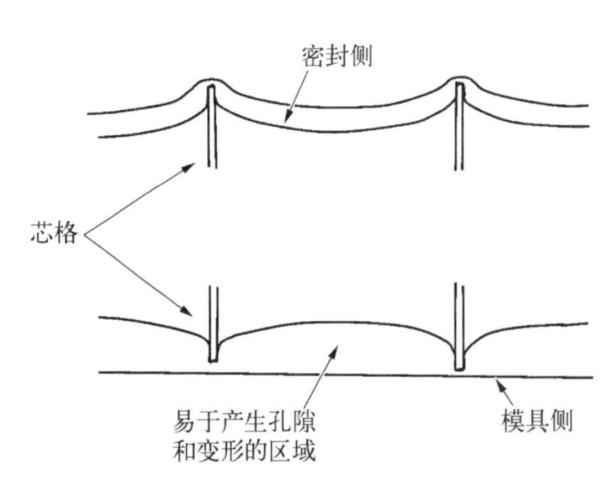

图 9.17 共固化复合材料蒙皮凹坑

在芯材与预先固化完全的复合材料蒙皮胶接过程中，芯材的移动和塌陷可能是个难题，在共固化工艺中更是如此，如图 9.18 所示。为解决这个问题做了大量工作，可行的方法如下：① 减小斜角(要求角度不大于 20°)；② 增加芯材密度；③ 使用夹具、压条限制铺层；④ 灌封斜面处的芯格以增加芯材刚度；⑤ 共固化前用一层胶黏剂包裹芯材;⑥ 芯格胞壁之间粘接玻璃纤维层以提高芯材刚度;⑦ 加热过程中调整温度和压力;⑧ 共固化过程中使用大摩擦预浸料减少铺层移动。以上解决方案的数量也再次表明芯材的移动和塌陷是个大难题,特别是对共固化工艺而言。

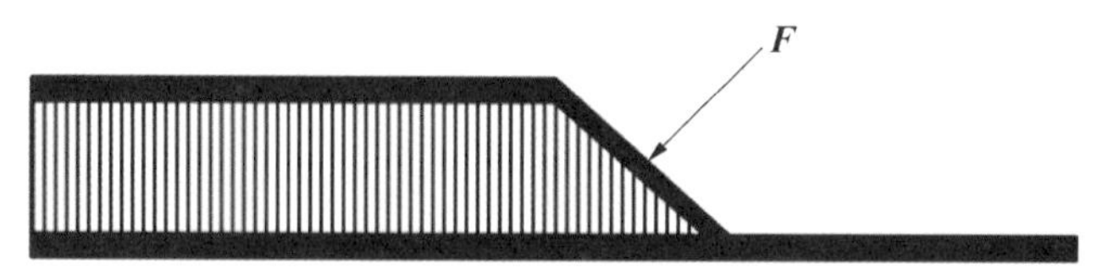

压塌倒角的热压罐压力矢量

芯材移动俯视图

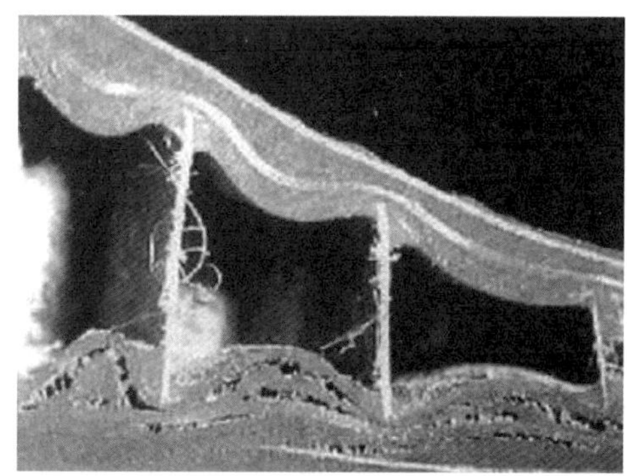

扭曲铺层截面

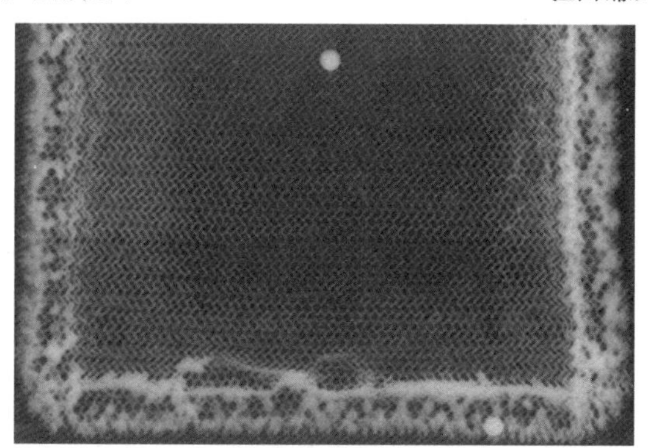

倒角芯格压塌(X射线)

图 9.18 共固化蜂窝壁板的边缘压塌(***F***,力的矢量)[2-3]

生产蜂窝夹层共固化结构主要有三种方法。第一种方法是蒙皮固化与芯材粘接同时进行,此时,热压罐压力限制为 50 psi(345 kPa)以防芯材压塌,同时也使蒙皮孔隙率大于以热压罐满压力固化的蒙皮。这种方法最高效也风险最高。第二种方法是将一块蒙皮先在满压力下预固化,然后将其与芯材粘接,再与另一蒙皮共固化。这种方法制作周期长,但至少能保证一块蒙皮孔隙率低。第三种方法是将一块蒙皮利用热压罐固化,再与芯材粘接,粘接完成后与单独固化的另一块蒙皮胶接,该方法的优势在于与第一块已固化蒙皮粘接时芯材状态稳定,在一定程度上能解决芯材边界移动和压塌的问题,该方法花费时间最长,风险最低。

可能导致脱粘的隐患如图 9.19 所示,虽然两种胶膜固化温度均为 180℃,此温度下,增韧胶膜 FM300 的粘接力较低。如果粘接完成后压力完全释放,热压罐将加速冷却,则芯格内的残余应力和气压会使蒙皮脱离芯材。经对比,未增韧的胶膜 FM400 粘接力更高且不会出现这种问题,对于像 FM300 之类的增韧胶膜来说,最好在温度降到 90℃前保持一定压力。

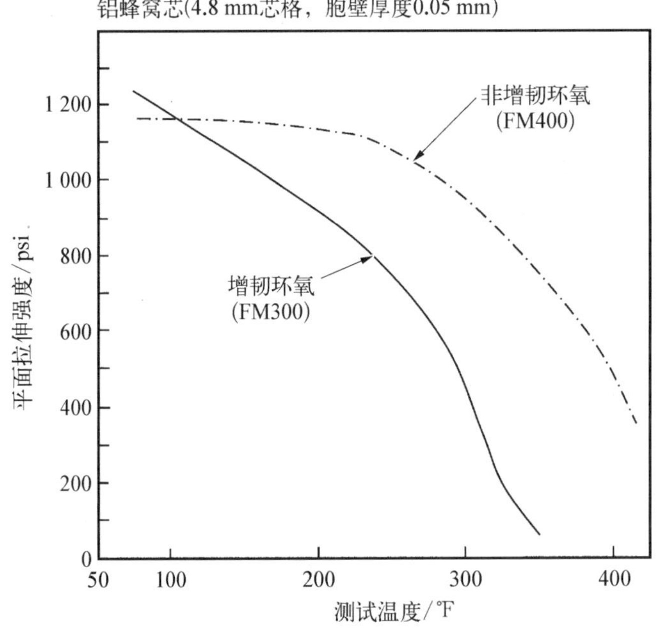

图 9.19　平面拉伸强度和测试温度的关系

胶接操作结束后,胶接界面和胶接结构通常要进行无损检测。一般使用射线法和超声波技术检查胶接界面和蜂窝芯。此外,也会将蜂窝芯短时间浸泡在 180℉(80℃)的热水中检测漏气情况。热水加热使蜂窝芯材中的残余气体排出,如果检测到任何逸出的气泡,则认为固化过程中出现漏气。

9.3　泡沫芯

夹层结构中应用广泛的第二类芯材是泡沫芯。尽管泡沫芯的性能没有蜂窝芯优异，但在船舶、轻型飞行器等商业应用中还是广泛采用泡沫芯。聚合物泡沫和多孔聚合物是典型的气固两相系统的材料，两相中聚合物为连续相，气体单元为分散相。聚合物泡沫的制作方法有很多，包括挤压成型、模压成型、注射成型、反应注射成型等。泡沫芯利用吹制或发泡技术产生多孔结构，其小单元可以是开孔互联体或是闭孔离散体，通常密度越大，闭孔单元越多。几乎所有结构应用的泡沫都可以按泡沫单元分为两类：闭孔单元和开孔单元。闭孔意味着单元离散，而开孔泡沫有着较好的吸声性，开孔泡沫力学性能弱于高密度闭孔泡沫，且吸水性更高。吸水性对两类材料来说都是一个问题。非交联热塑性材料和交联热固性材料都能制成泡沫，热塑性材料更易于制造，但热固性材料制成的泡沫力学性能更优，也更耐高温。几乎所有的聚合物都能利用合适的发泡剂或吹制法制成泡沫材料。

用于制造泡沫材料的发泡剂可以分为物理型和化学型。物理发泡主要是将气体混入树脂，升温使之膨胀；化学发泡通常是加热分散粉末使之产生气体（氮气或二氧化碳）。另外也可以通过采购两部分液体，现场混合后发泡形成泡沫材料。大多数结构用泡沫通过将预制膨胀块粘接在一起形成更大截面的泡沫。各截面利用糊状或膜状胶黏剂粘接，也可以利用与非金属蜂窝类似的热成型方法形成所需轮廓。虽然非交联热塑性泡沫更易热成型，但一些弱交联的热固性泡沫也有较好的成型性。泡沫芯密度通常在 2～40 pcf（32～640 kg/m^3）之间。表 9.3 总结了常用的结构泡沫特性，便于深入理解各类泡沫的化学、物理和力学性能，从而解决吸水和耐久性的问题。由泡沫芯化学性能所限，其使用范围在 150～400℉（70～200℃）之间。

表 9.3 泡沫夹层材料特性

芯材类型	密度/pcf	最高温度/℉	特 性
聚苯乙烯泡沫	1.6～3.5	165	低密度；低成本；闭孔泡沫；可热成型；用于湿、低温铺贴；易受溶剂影响
聚氨酯泡沫	3～29	250～350	密度范围广；闭孔泡沫；可在 425～450℉下热成型；热塑性、热固性泡沫均可；用于共固化或共胶接的平面或复杂曲面夹层结构
聚氯乙烯泡沫	1.8～29	150～275	密度范围广；低密度泡沫可包含开孔单元；高密度泡沫为闭孔单元；热塑性泡沫（成型性好）或热固性泡沫（性能好、耐热性好）均可；用于共固化或共胶接的平面或复杂曲面夹层结构

（续表）

芯材类型	密度/pcf	最高温度/°F	特　　性
聚甲基丙烯酰亚胺泡沫(Rohacell)	2～18.7	250～400	高成本；高性能；闭孔泡沫；可热成型；高温级泡沫(WF)的热压罐固化参数可达到350°F/100 psi；用于高性能航空结构的二次胶接或共固化

聚苯乙烯泡沫质量轻、制作成本低、易打磨，但由于其力学性能差而很少在工程中使用，也不能与聚酯树脂一起使用，因为苯乙烯在树脂中会溶解，因此一般使用环氧树脂。

聚氨酯泡沫既可以是热塑性材料也可以是热固性材料，闭孔单元等级丰富。聚氨酯泡沫以成品块体形式供应，通过现场混合发泡成型。聚氨酯泡沫仅具有中等的力学性能，而板芯界面的胶接层会随时间老化，导致蒙皮分层。聚氨酯泡沫易切割和机加成型，但热切割会产生有毒气体，应尽量避免采用。

聚氯乙烯(PVC)泡沫是夹层结构中应用最广的芯材，泡沫材料可以是非交联的(热塑性)也可以是交联的(热固性)。非交联的热塑性材料易于热成型，韧性好，损伤阻抗强；交联的热固性材料有更好的力学性能、耐溶剂性和耐温度性。交联泡沫比非交联泡沫脆，更难热成型。由于交联程度不像常规热固性胶膜和树脂体系那么高，因此交联泡沫也可以热成型。交联体系也可以增韧，该工艺对常规交联材料的某些力学性能和非交联材料的韧性进行了折中。PVC泡沫通常要进行热稳定性处理以提高几何尺寸的稳定性并减少温度升高引起的气体排放。聚乙烯丙烯腈泡沫与交联PVC泡沫力学性能相似，但具有和非交联PVC泡沫一样的韧性与伸长率。可通过在泡沫表面划出凹槽辅助树脂传递模塑成型中的液体流动。

聚甲基丙烯酰亚胺泡沫是一种力学性能优异的轻微交联闭孔泡沫，耐溶剂性和耐温性好，可热成型，也可和预浸料一起采用热压罐固化成型。但是这类泡沫成本高，通常用于制造高性能航空构件。

复合泡沫芯由空心球体(玻璃或陶瓷微珠)填入基体(如环氧)组合而成，如图9.20所示。复合泡沫可作为胶黏剂用于填充蜂窝芯，或以B阶段可变形板的形式直接作为芯材使用。复合泡沫芯比蜂窝芯密度大，在30～80 pcf(480～1 300 kg/m^3)之间，微珠填充量越高，芯材质量越轻，强度越弱。复合泡沫芯主要用于较薄的次承力复合材料结构，也可用于将蜂窝芯机加工成薄零件成本过高的场合。该材料与已固化的其他子零件固化时，不需要胶黏剂。但是，如果复合泡沫已经固化完成，则需要将其打磨后使用单层胶黏剂固化，与子零件粘接。

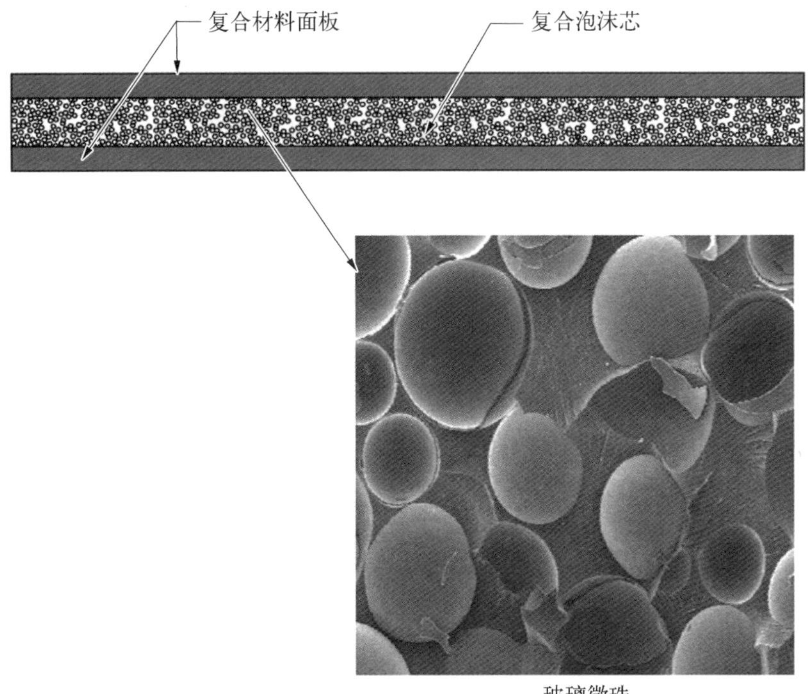

图 9.20 复合泡沫夹层结构

复合泡沫芯中最常用的填充物是玻璃微珠，其尺寸在 0.04～13.78 mil(1～350 μm)之间，常用尺寸为 2～4 mil(50～100 μm)。玻璃微珠的密度是碳酸钙($CaCO_3$)的 1/18 以下。陶瓷微珠与玻璃微珠性能相似，并且更耐高温。聚合物微珠(如酚醛树脂)比玻璃和陶瓷微珠密度低，力学性能也相对较差。增加微珠壁厚可以提高其力学性能。商业应用中，改变微珠尺寸分布以提高聚集密度，聚集密度现已达到 60%～80%。

9.4 整体共固化结构

共固化是指未固化的复合材料铺层与芯材或其他复合材料零件在一个固化周期中完成固化的工艺。制造整体共固化结构是一种能减少复合材料结构零件数量和装配成本的制造方法。图 9.21 所示为一个整体共固化操纵面，在该结构中，肋与下蒙皮共固化，上蒙皮也同时固化，并使用隔离膜以便固化后脱模，便于安装金属铰链接头。

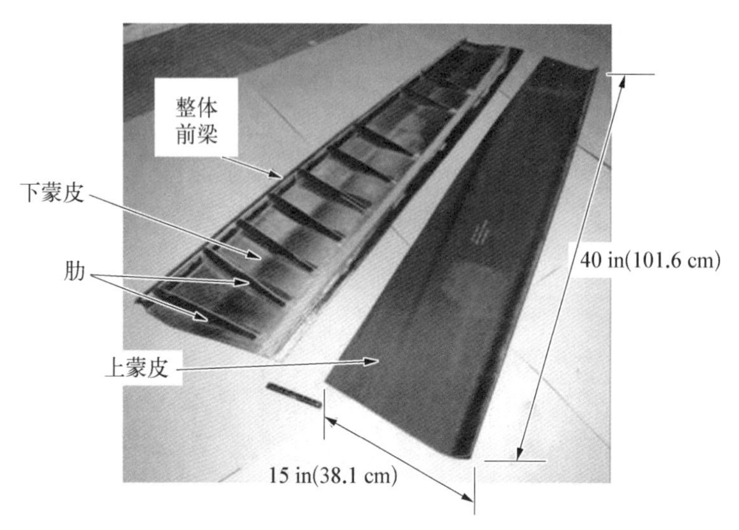

图 9.21　整体共固化操纵面(图片来源：波音公司)

共固化时，压力由热压罐及铝合金子模具膨胀提供，如图 9.22 所示。热压罐将压力施加于蒙皮和肋缘条，铝合金子模具膨胀施加压力于肋腹板。如有需要，则硅橡胶增压装置能补偿铝合金子模具的膨胀。

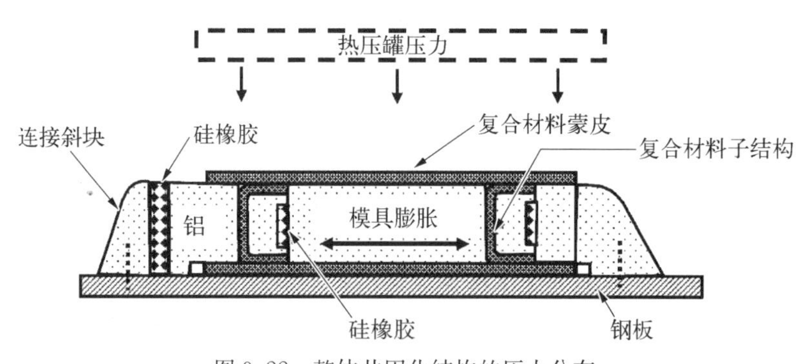

图 9.22　整体共固化结构的压力分布

整体共固化结构的优点明显：零件少、紧固件少、部件组装和装配问题少。主要缺点是成本高昂、模具精度要求高、铺贴复杂、需要高技术劳动力。为便于控制模具精度，常将子模具加工成单个块体，如图 9.23 所示，然后再将其分成独立的子模具。

共固化工艺流程如图 9.24 所示，蒙皮采用预浸料单向带，利用热压实贴合

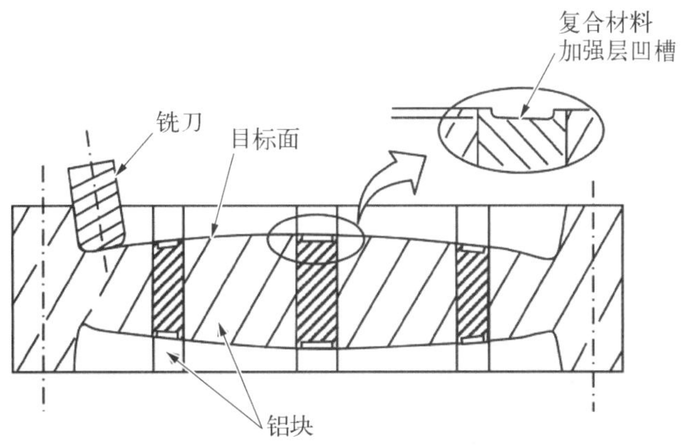

图 9.23 梁的机加子芯模和填充块(图片来源：波音公司)

独立模具。热压实的主要目的是使铺层接近净厚度,便于模具定位。肋板采用预浸料织物,同样铺贴在自身模具上并热压实。肋缘条和下蒙皮间铺贴胶膜以提高连接强度。胶膜切割后分段铺贴。肋和下蒙皮的交叉部位用加捻胶膜填充,如图 9.25 所示,胶膜同样切断、加捻并分段填充。筋条与蒙皮交叉部位需要过度填充以防止固化时铺层扭曲变形。所有部分准备完成后,进行铺层组装(见图 9.26),然后进行热压罐固化。对于大型装配件来说,模具重量是需重点考虑的因素,最好采用图 9.27 中的空心模具。

这类结构的一个重要问题是回弹。固化后,梁缘条和腹板在冷却过程中都出现了回弹现象,如图 9.28 所示。腹板回弹可以通过在另一侧铺设几个铺层支

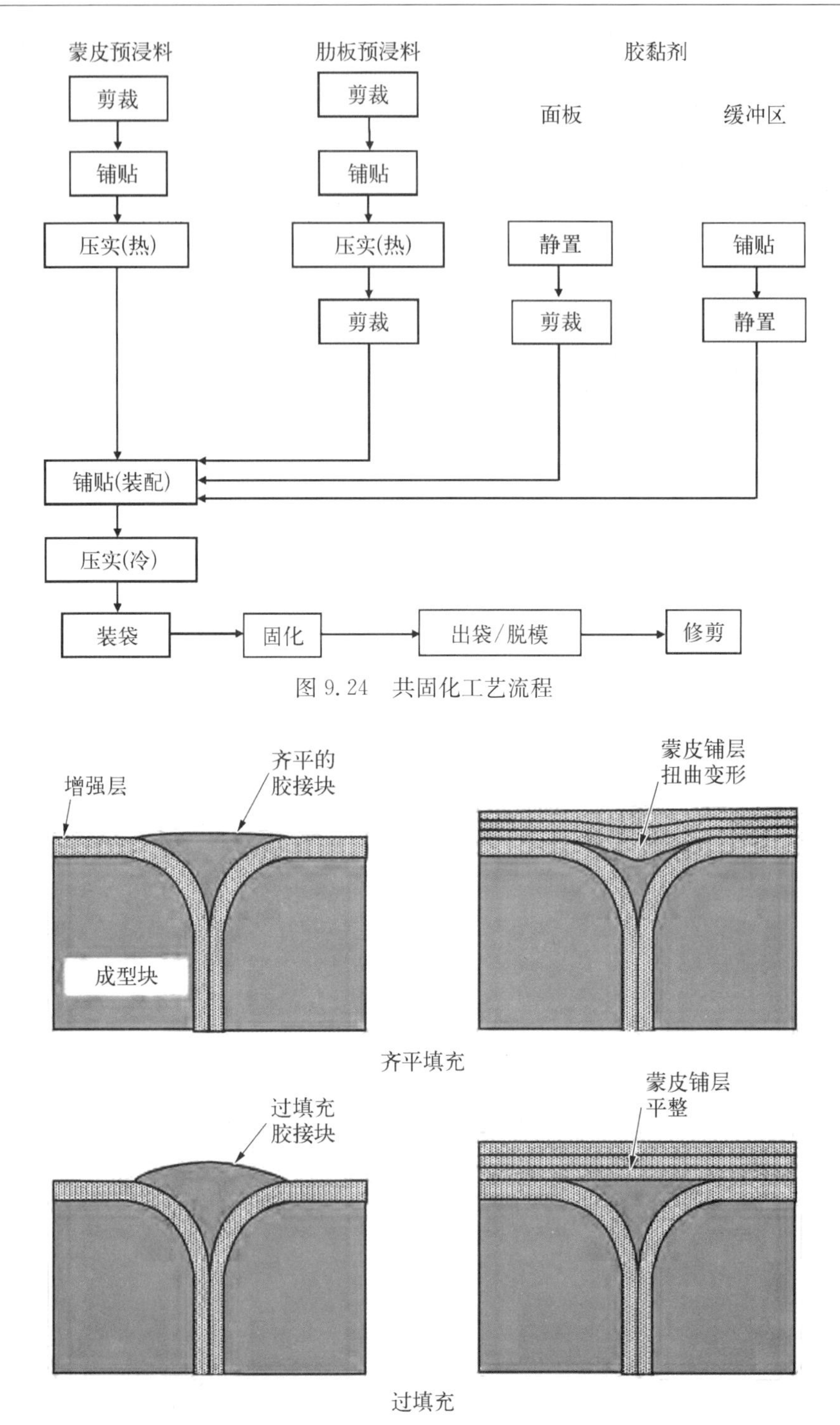

图 9.24 共固化工艺流程

图 9.25 胶接块的应用

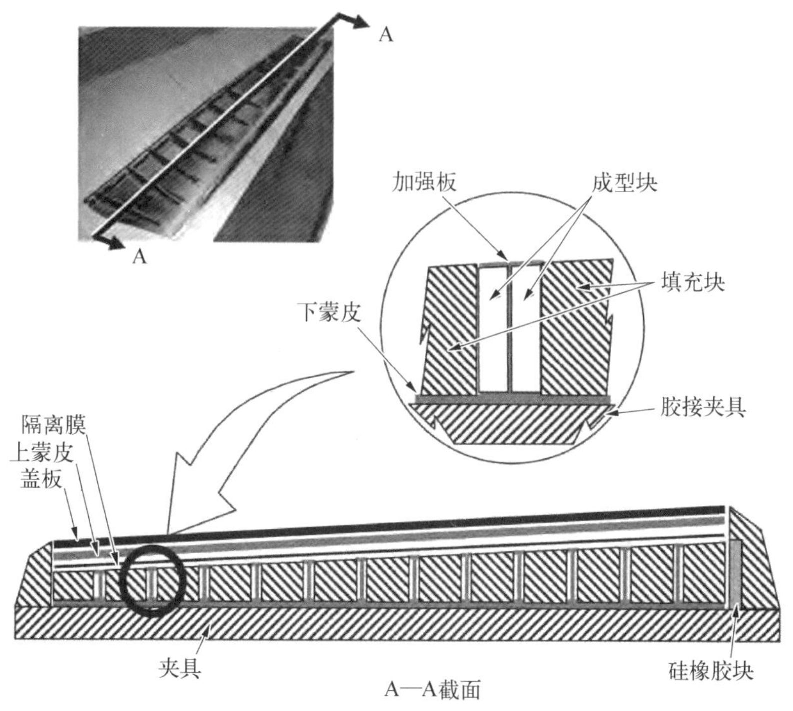

图 9.26 铺层组装(图片来源：波音公司)

图 9.27 减少模具重量的空心模具(图片来源：波音公司)

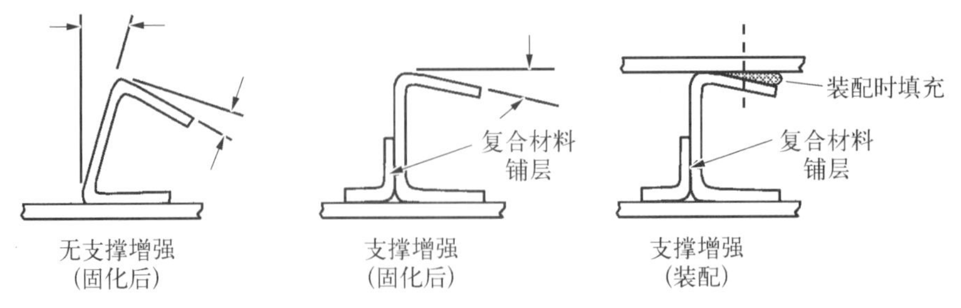

图 9.28 共固化接头的回弹

撑腹板来尽量克服,但是梁缘条却不能通过增加模具角度来抵消回弹,因为此做法会给同时固化的上蒙皮带来压痕,因此,该区域最终组装时需要加垫。

蒙皮与帽形长桁之间常采用共固化工艺,如图 9.29 所示铺贴。虽然这类结构可采用对模,但通常做法是仅在帽形长桁位置布置定位模具。图 9.30 是典型的打袋工序,包括固化时支撑帽形长桁的弹性芯模,弹性模具能使倒角区获得足够压力,采用薄塑料垫片来减少增压装置在蒙皮上造成的压痕。芯模由固体弹性体或碳纤维/玻璃布增强的弹性体制成。在固化后的冷却过程中,保持热压罐压力很重要,如果压力下降过快,则弹性芯模膨胀顶起帽形长桁,使之与蒙皮脱离,造成图 9.31 所示的裂纹。如果长桁需要精确定位,则可以使用如图 9.32 所示的阴模。

图 9.29 帽形长桁共固化机身壁板的铺贴(图片来源:波音公司)

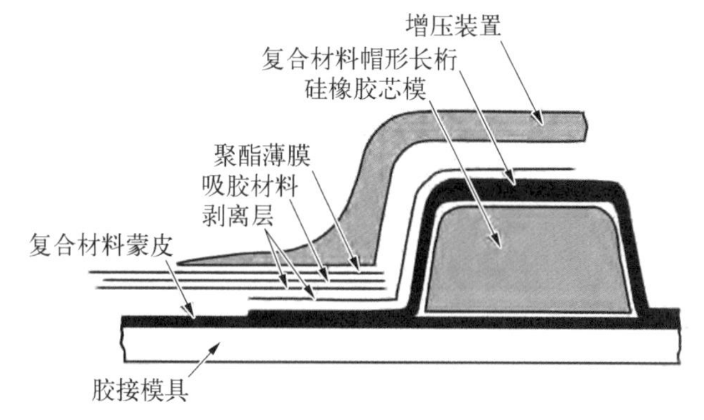

图 9.30　共固化帽形长桁截面打袋工序

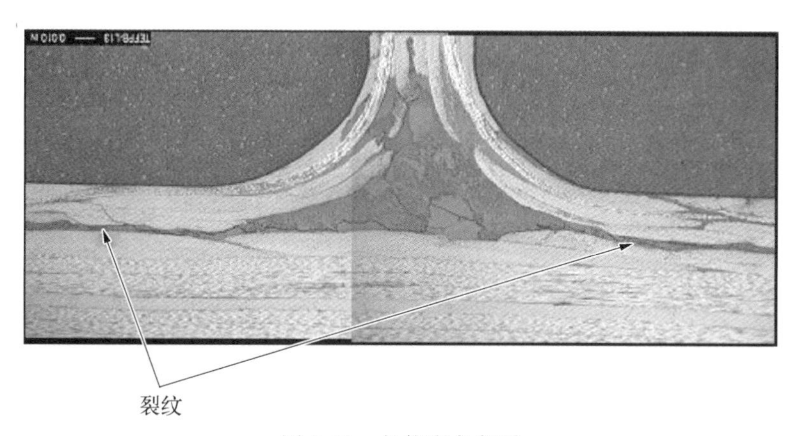

图 9.31　长桁底角断裂

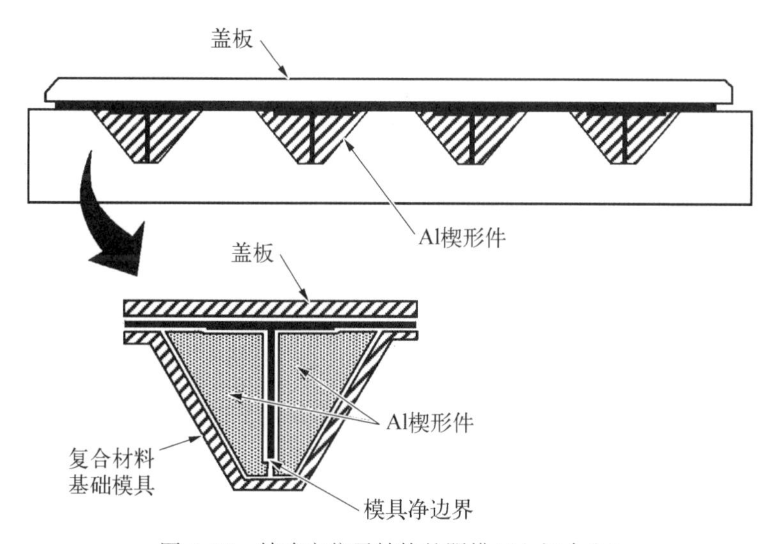

图 9.32　精确定位子结构的阴模(Al,铝合金)

对于共固化长桁，关键设计细节在于长桁的端部。由于长桁与蒙皮用树脂或胶黏剂胶接，因此长桁端头产生的任何剥离力都会引起粘合层拉开并失效。目前解决这个问题最常用的方法是在长桁端部安装紧固件，而帽形长桁在端头会设计得厚一些并斜削，便于减少粘合层的剥离可能性。也可以采用截面 Z 向的缝合和针刺法，对预浸料铺层的缝合制作成本高且会对纤维造成损伤，Z 向针刺的工艺一般在预浸料固化前利用超声枪将小直径预先固化完成的碳“针”打入预浸料铺层，如图 9.33 所示。

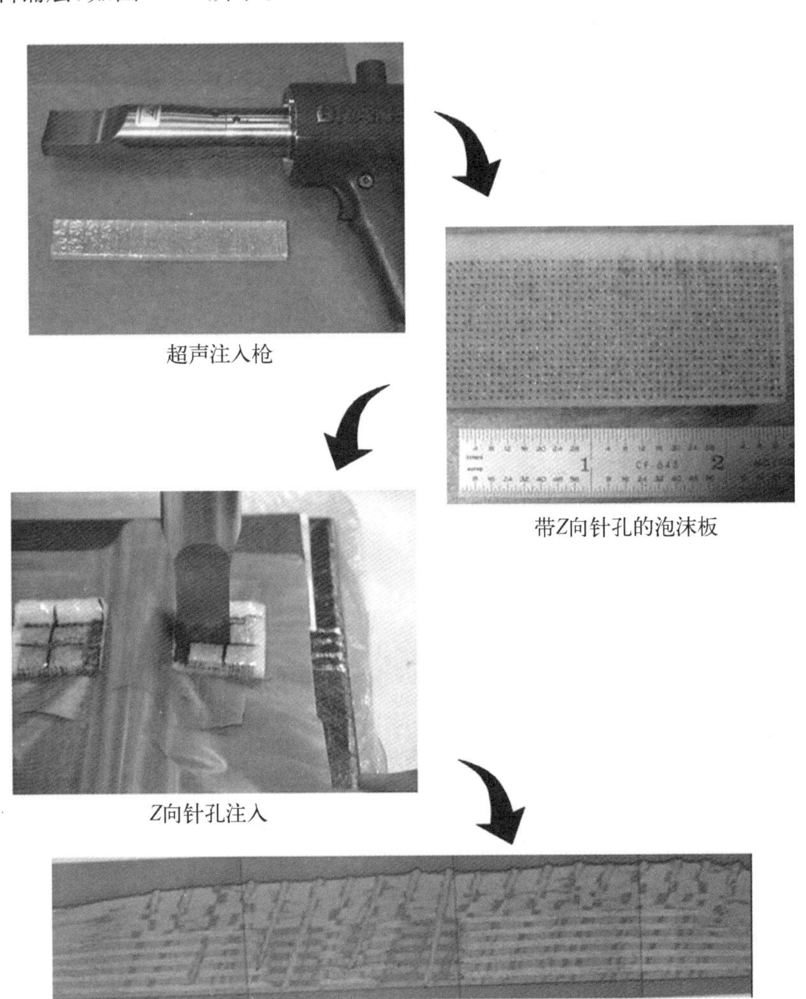

图 9.33　Z 向针刺增强原理

共胶接是共固化和胶接的混合工艺，如图 9.34 所示，一系列已预先固化完成的长桁与蒙皮胶接的同时进行蒙皮固化。已预先固化完成的复合材料零件表面像其他胶接工艺一样，在胶接前必须进行处理。这种方法的优势在于，在特定条件下，固化所需的模具数量大大减少。

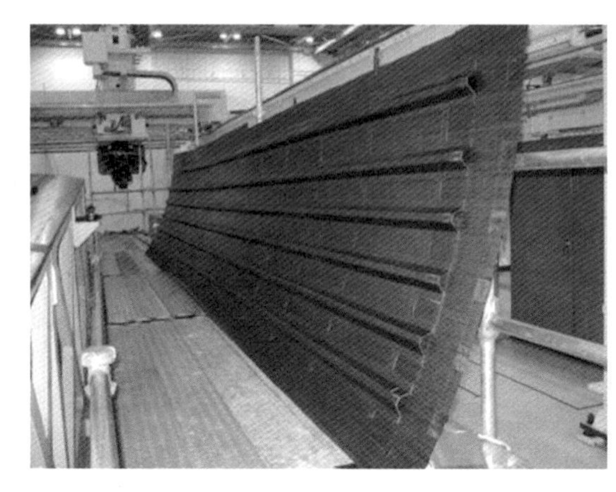

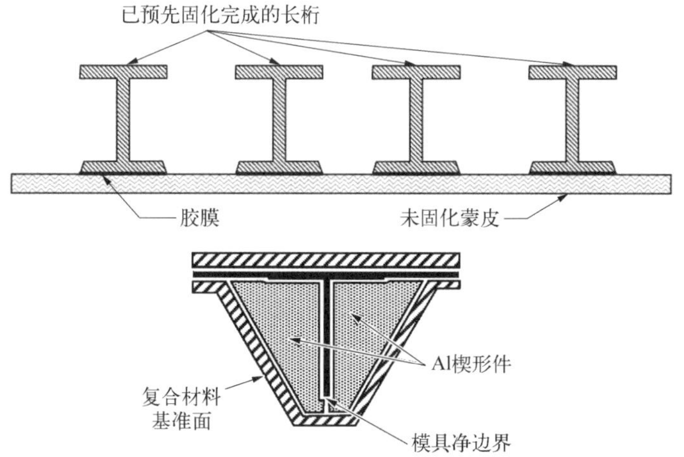

图 9.34 共胶接原理(图片来源：波音公司)

整体共固化结构是一种折中考虑。其优点包括零部件少、紧固件少、装配配合好，但是这些优点必须与其带来的以下问题进行权衡：提高了模具的制造成本、制造时间、铺贴成本、复杂装配对操作人员提出的技能要求，以及需要长时间铺贴带来的材料有效期的问题。

参考文献

[1] Hexcel Composites. HexWeb honeycomb sandwich design technology[G]. 2000.

[2] D B Miracle, Donaldson S L. ASM Handbook, Vol 21, Composites[M]// Kindinger J. Lightweight structural cores. ASM International, 2001.

[3] D B Miracle, Donaldson S L. ASM Handbook, Vol 21, Composites[M]// Campbell F C. Secondary adhesive bonding of polymer-matrix composites. ASM International, 2001.

[4] Bitzer T. Honeycomb Technology—Materials, Design, Manufacturing: Applications and Testing[M]. Chapman & Hall, 1997.

[5] Black S. Improved core materials lighten helicopter airframes[J]. High-Perform. Compos., 2002: 56-60.

[6] Zeng S, Seferis J C, Ahn K J, et al. Model test panel for processing and characterization studies of honeycomb composite structures[J]. J. Adv. Mater., 1994: 9-21.

精选参考文献

[1] Brayden T H, Darrow D C. Effect of cure cycle parameters on 350°F cocured epoxy honeycomb panels[C]. 34th International SAMPE Symposium, 1989.

[2] Gauthier M M. Engineered materials handbook, Vol 1, Composites [M]// Corden J. Honeycomb structures. ASM International, 1987.

[3] Danver D. Advancements in the manufacture of honeycomb cores [C]. 42nd International SAMPE Symposium, 1997.

[4] Gintert L, Singleton M, Powell W. Corrosion control for aluminum honeycomb sandwich structures[C]. 33rd International SAMPE Technical Conference, 2001.

[5] Harmon B, Boyd J, Thai B. Advanced products designed to simplify co-cure over honeycomb core[C]. 33rd International SAMPE Technical Conference, 2001.

[6] Herbeck I L, Kleinberg M, Schoppinger C. Foam cores in RTM structures: Manufacturing aid or high-performance sandwich? [C]. 23rd International Europe Conference of SAMPE, 2002.

[7] Hexcel Composites. HexWeb honeycomb selector guide[G]. 1999.

[8] Hsiao H M, Lee S M, Buyny R A, et al. Development of core crush resistant prepreg for composite sandwich structures [C]. 33rd International SAMPE Technical Conference, 2001.

[9] Moors G F, Arseneau A A, Ashford L W, et al. AV-8B composite horizontal stabilator development [C]. 5th Conference on Fibrous Composites in Structural Design, 1981.

[10] Radtke T C, Charon A, Vodicka R. Hot/wet environmental degradation of honeycomb sandwich structure representative of F/A-18: Flatwise tension strength[R]. Report DSTO-TR-0908, Australian Defence Science & Technology Organization (DSTO).

[11] Renn D J, Tulleau T, Seferis J C, et al. Composite honeycomb core crush in relation

to internal pressure measurement[J]. J. Adv. Mater. , 1995: 31 - 40.

[12] Shafizadeh J E, Seferis J C. The cost of water ingression on honeycomb repair and utilization[C]. 45th International SAMPE Symposium, 2000.

[13] Stankunas T P, Mazenko D M, Jensen G A. Cocure investigation of a honeycomb reinforced spacecraft structure [C]. 21st International SAMPE Technical Conference, 1989.

[14] Watson J C, Ostrodka D L. AV - 8B forward fuselage development[C]. 5th Conference on Fibrous Composites in Structural Design, 1981.

[15] Weiser E, Baillif F, Grimsley B W, et al. High temperature structural foam[C]. 43rd International SAMPE Symposium, 1998.

[16] Whitehead S, McDonald M, Bartholomeusz R A. Loading, degradation and repair of F - 111 bonded honeycomb sandwich panels — A Preliminary Study [R]. Report DSTO - TR - 1041, Australian Defence Science & Technology Organization (DSTO).

10　不连续纤维复合材料

与连续纤维复合材料相比，不连续纤维复合材料适用于对强度和刚度要求相对较低的情况，其价格也更加低廉。不连续纤维复合材料的制造工艺包括喷射成型、模压和转移成型、反应注射成型和注射成型等，可显著降低生产成本。其中部分工艺产量极高，每年可生产出数百万零件，而部分工艺的产量较低。

纤维的长度和取向是决定复合材料强度和刚度的两个主要因素。理论上，如具备足够的纤维长度且纤维取向为理想状态，则不连续纤维复合材料的强度和刚度将与连续纤维复合材料趋于一致。事实上，不连续纤维复合材料中纤维的取向是极难控制的。在加工制造过程中，树脂流动的前沿将向四周推动纤维，使其出现不规则取向。此外，部分成型工艺（如注射成型）会对纤维造成机械损伤，使纤维长度降低。因此，不连续或短纤维复合材料不能获得连续纤维复合材料的强度和刚度特性。然而，它们可用于显著改善未增强聚合物的强度和刚度，如表 10.1 中所示的环氧树脂和尼龙基体。

表 10.1　玻璃纤维增强的环氧树脂和尼龙的强度和刚度

属　性	环氧树脂	玻璃纤维环氧树脂 35%	尼龙基体	玻璃纤维尼龙基体 35%	玻璃纤维尼龙基体 60%
密度/(g/mL)	1.25	1.9	1.15	1.62	1.95
拉伸强度/ksi	10.0	43.5	11.9	29.0	42.0
拉伸模量/msi	0.5	3.63	0.42	2.1	3.16
比拉伸强度 σ/ρ	0.055	0.16	0.082	0.16	0.149
比拉伸模量 E/ρ	2.8	8.26	2.52	8.26	11.18

10.1　纤维长度和取向

如图 10.1 所示，对于嵌入基体中的单根纤维，作用于基体的应力通过界面的剪切应力传递至纤维。由于基体与纤维之间模量有差别，因此拉应变会有所不同。在纤维末端附近的区域，纤维的应变将小于基体的应变。就是由于该区域有应变差别，因此会沿纤维轴向产生剪切应力，进而导致纤维受到拉应力。

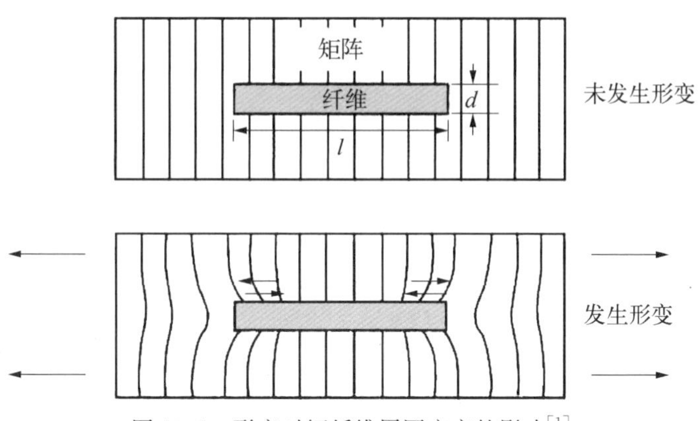

图 10.1 形变对短纤维周围应变的影响[1]

图 10.2 为平行于基体加载方向的纤维应力分析图。纤维末端的拉应力为 0，纤维的中点处拉应力为最大值。相反，纤维末端的剪切应力最大，而且对于足够长的纤维而言，其中点处的剪切应力将减小为 0。这是由于剪切应力的变化所导致的拉伸应力变化。

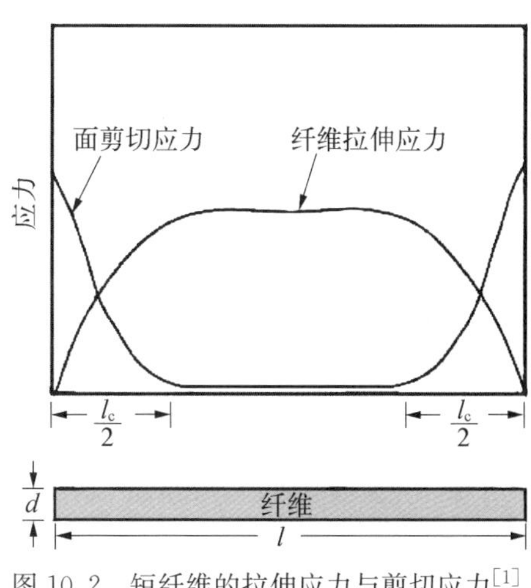

图 10.2 短纤维的拉伸应力与剪切应力[1]

为达到理想的增强效果，需要较高的界面结合强度。如想要使纤维受到的应力达到最大值，则纤维的长度至少要达到临界纤维长度 l_c。临界纤维长度是指一定直径的纤维只发生拉伸破坏，而不发生界面或基体剪切破坏时的最小纤维长度。在纤维拉伸强度为 σ_{tu}、直径为 d_f，纤维与基体间结合的剪切强度为 τ_i 时，临界纤维长度 l_c 可以通过下式计算。

$$l_c = \frac{\sigma_{tu}}{2\tau_i} d_f \tag{式 10.1}$$

随着界面结合强度 τ_i 的增加，临界纤维长度 l_c 会降低。

纤维长度对破坏应力的影响如图 10.3 所示。如 $l_f < l_c$，则在纤维达到极限强度之前，破坏就会发生在纤维与基体的界面结合处或者基体内部；如

$l_f > l_c$，则纤维长度方向上的大部分区域都将达到最大强度值，且在基体破坏之前，纤维就会发生破坏。然而，在距离纤维端头 $l_c/2$ 以下的位置，纤维将无法达到其极限强度。为使纤维增强达到理想效果（复合材料内所有纤维达到最大潜在强度），纤维的长度必须远大于临界纤维长度 l_c。尽管不连续纤维复合材料不如连续纤维复合材料坚固，但只要 $l_f > 5l_c$，且纤维取向为理想状态，不连续纤维复合材料的强度就能达到连续纤维复合材料的 90% 以上，如图 10.4 所示。

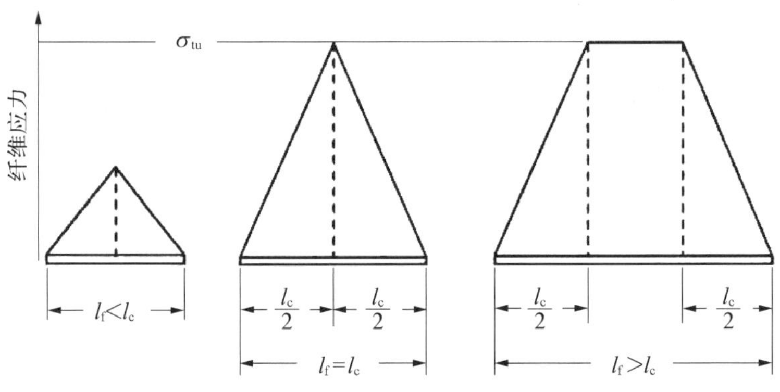

图 10.3 不连续纤维的纤维长度对破坏应力的影响

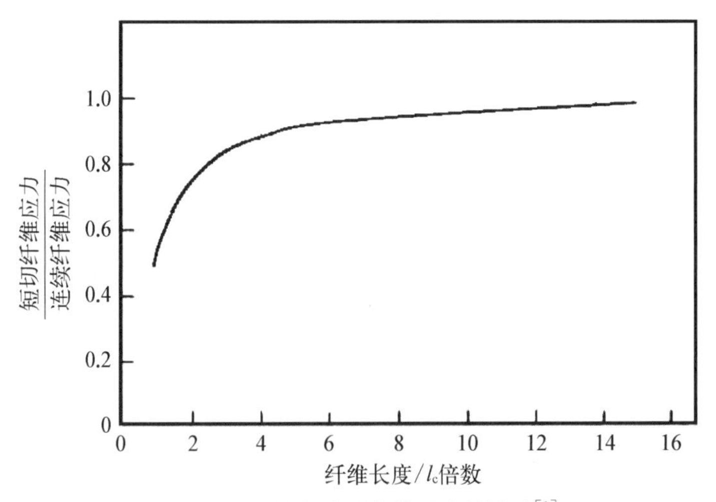

图 10.4 纤维长度对拉伸强度的影响[1]

不连续纤维复合材料中的纤维长度与取向取决于所选用的原材料以及制造零件所采用的工艺。对于大多数工艺而言，纤维的取向均为随机的，而且很难预测或控制。例如，在加工过程中液体流动的前沿会携裹着短纤维，导致出现各种理想或不理想的纤维取向。如图 10.5 所示，在剪切流动与伸长流动的情况下，纤维取向是有规律可循的。不规则取向会降低材料的强度和刚度，短纤维增强环氧树脂的强度与模量如图 10.6 所示。在两个流动前沿交汇并固化的位置，会出现弱质面，即所谓的“结合线”。带有较强剪切力的加工工艺，如注射成型，通常会使纤维受到破坏，导致纤维长度进一步降低。

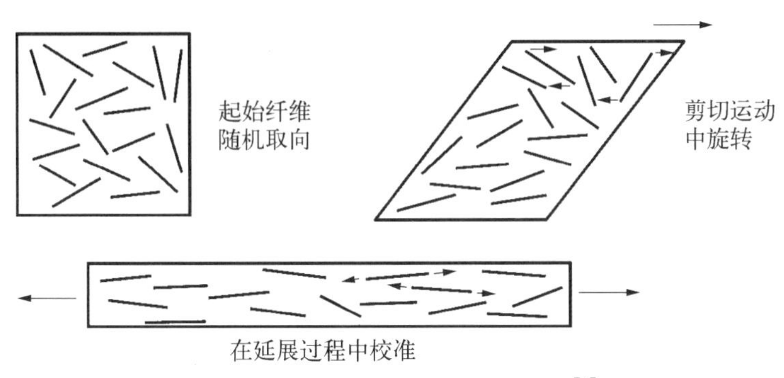

图 10.5 流动期间纤维取向的变化[2]

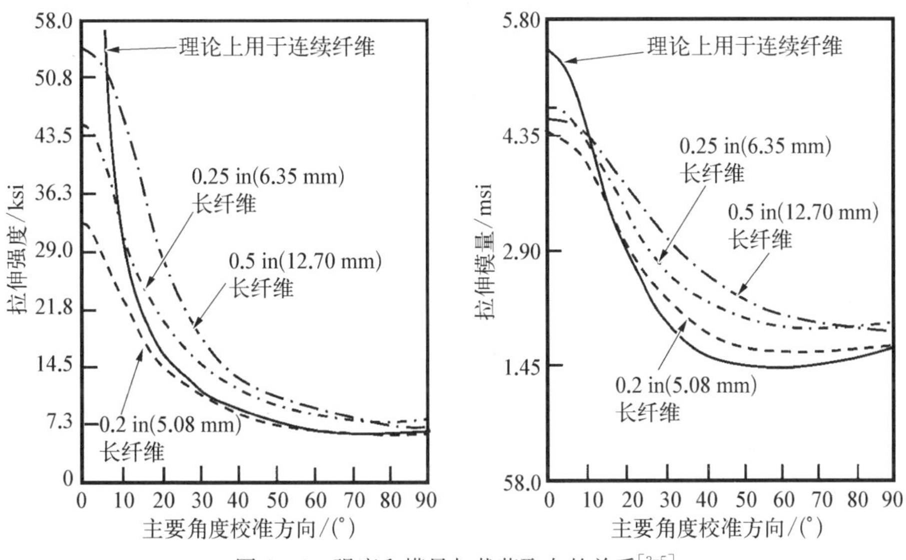

图 10.6 强度和模量与载荷取向的关系[3-5]

10.2 不连续纤维复合材料的力学性能

通过 Halpin-Tsai 公式，可以计算单向(0°)的不连续纤维层合板或铺层[见图 10.7(a)]的弹性常数。

纵向模量

$$E_{11}=\frac{1+2(l_f/d_f)\eta_L v_f}{1-\eta_L v_f}E_m \quad (式 10.2)$$

横向模量

$$E_{22}=\frac{1+2\eta_T v_f}{1-\eta_T v_f}E_m \quad (式 10.3)$$

剪切模量

$$G_{12}=G_{21}=\frac{1+\eta_G v_f}{1-\eta_G v_f}G_m \quad (式 10.4)$$

泊松比

$$\nu_{12}=v_f v_f+v_m v_m$$

$$\nu_{21}=\frac{E_{22}}{E_{11}}\nu_{12} \quad (式 10.5)$$

式中：

$$\eta_L=\frac{(E_f/E_m)-1}{(E_f/E_m)+2(l_f/d_f)} \quad (式 10.6)$$

$$\eta_T=\frac{(E_f/E_m)-1}{(E_f/E_m)+2} \quad (式 10.7)$$

$$\eta_G=\frac{(G_f/G_m)-1}{(G_f/G_m)+1} \quad (式 10.8)$$

如果纤维取向是随机的[见图 10.7(b)]，那么可以用以下公式估算其弹性常数。

$$E_{random}=\frac{3}{8}E_{11}+\frac{5}{8}E_{22} \quad (式 10.9)$$

$$G_{random}=\frac{1}{8}E_{11}+\frac{1}{4}E_{22} \quad (式 10.10)$$

$$\nu_{random}=\frac{E_{random}}{2G_{random}}-1 \quad (式 10.11)$$

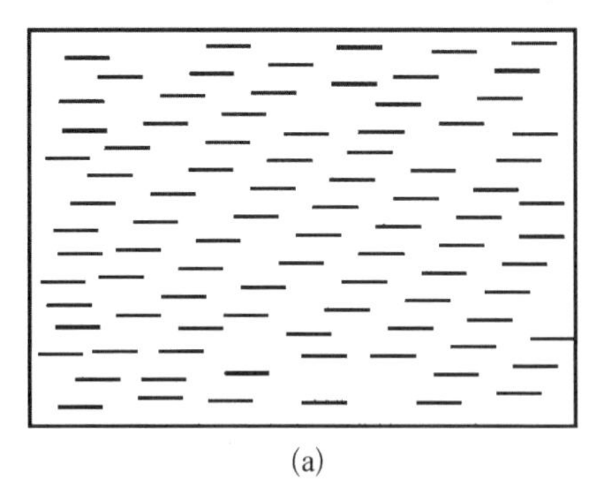
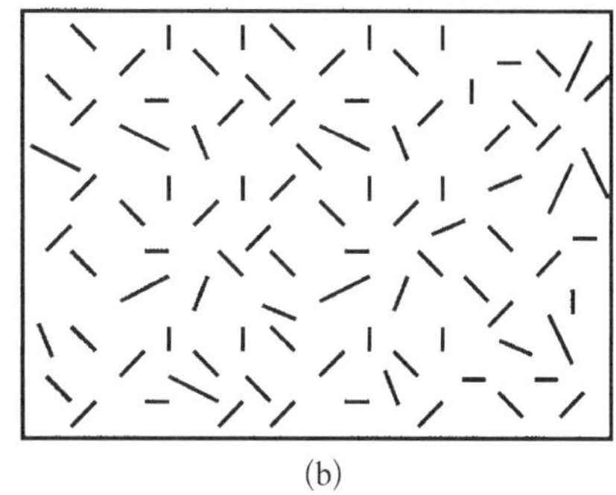

(a)　(b)

图 10.7　单向和随机取向的不连续纤维
(a) 非连续单向纤维　(b) 非连续随机纤维

10.3　制备工艺

与高性能的航天产品相比，许多重要的复合材料制备工艺在商业领域应用更加广泛。本节将介绍其中最重要的四种工艺：喷射成型、模压成型、反应注射成型和注射成型。其中部分工艺的年产量可达一百万件以上，而另一些工艺则更适用于低产率。部分工艺仅适用于热固性树脂，而另一些工艺对热固性树脂和热塑性树脂均适用。尽管强化纤维多种多样，但无碱玻璃纤维因其价格低廉、适用范围广、物理力学性能优良而得到广泛的应用。

10.3.1　喷射成型工艺

喷射成型工艺是一种中低产量的敞模工艺，与手糊成型工艺类似，适用于简单的中、大尺寸部件。较之手糊成型，喷射成型工艺可以用于制备形状更加复杂的零件。连续的玻璃纤维粗纱被送入带切碎功能的喷枪。喷枪(见图 10.8)将切成 1～3 in(2.5～7.5 cm)长的玻璃纤维粗纱与已催化树脂同时喷射到工装上。随后利用滚筒或橡胶滚轴对该层进行压实处理，使树脂与纤维彻底结合。重复此操作以达到预期厚度。喷射成型的零件通常在室温下固化，也可通过适度加热来加速固化。与手糊成型一样，喷射成型之前需要在工装表面先喷涂一层凝胶涂层，以获得更好的表面质量。偶尔也会向某些部位加入粗纱织物或布，以获得更高的强度，而且提高材料的浸润性。适用性优良、室温固化或低温固化的树脂与单面工装配套使用。如零件结构复杂或尺寸特殊，则可将工装分块处理，脱模时先拆开工装即可。与湿法手糊成型工艺一样，喷射成型的主要优势在于其工装成本低廉、加工工艺简单、设备便携可现场制造以及零件尺寸不受限制等。喷射成型的另一个优点在于其适用于自动化生产，进而可以降低劳动力成本，也避免使工人吸入具有潜在危险的气体。喷射成型的玻璃纤维零件，其强化相最大能达到质量分数30%～35%或体积分数15%～20%。其拉伸强度典型值约为10 ksi(70 MPa)，拉伸模量为1 msi(7 GPa)，延伸率为1.8%。

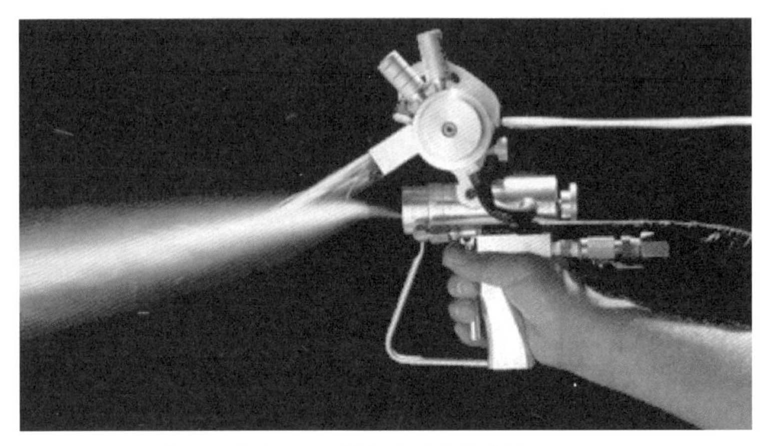

图10.8 带切碎功能的喷枪

10.3.2 模压成型工艺

模压成型工艺与喷射成型工艺完全相反。模压成型的产量大、成型压力高，适用于成型结构复杂、强度较高的玻璃纤维增强热固性或热塑性树脂的零件。模压成型是当今汽车工业复合材料应用领域唯一的主要成型工艺。模压成型工艺主要用于制造三种材料：片状模压料增强热固性树脂、玻璃纤维布增强热塑性树脂以及长纤维增强热塑性树脂。模压成型(见图10.9)为合模成型工艺，因而可以用于制造尺寸较大、结构较为复杂的零件，且零件的表面质量优良、尺寸控制精确。模压成型的年产量至少为1 000个零件，甚至能经常能达到每年100 000个零件，这样前期的设备与工装的投入就分摊得很低了。模压成型工艺可以用于表面积1～40 ft^2(0.09～3.7 m^2)的零件的制造，但用于10 ft^2(0.9 m^2)的情况更常见。零件薄壁部分的厚度可以低至0.05 in(1.3 mm)。很多时候，会将零件的连接接头直接模压镶嵌至零件中。

10.3.2.1 热固性模压成型

热固性模压成型的原料为短切玻璃纤维与树脂制成的片状或团状模压料。将坯料放入金属对合模具中，并加热加压使其固化。在固化过程中，原料流动并

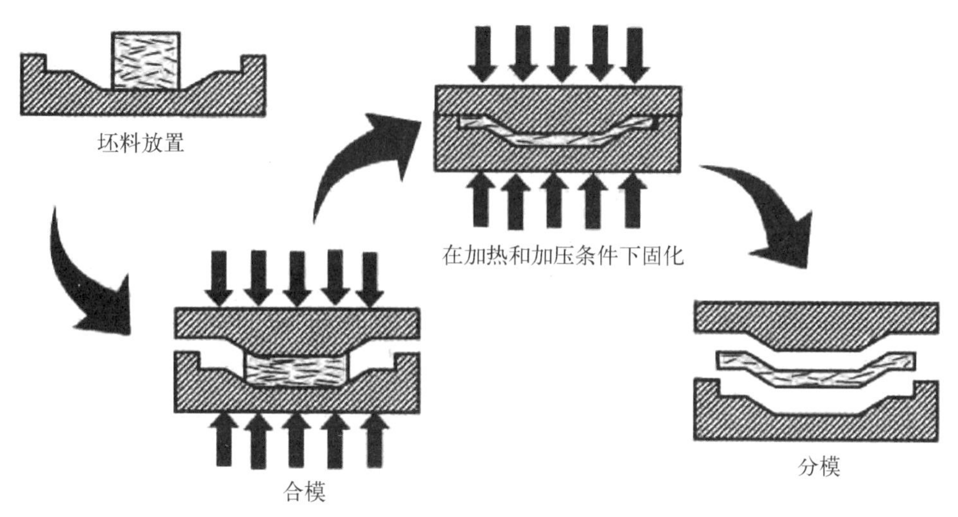

图 10.9 热固性树脂模压成型

充满模具。如零件形式较为复杂,则可提前制成玻璃纤维预制件,并放入工装予以固化。

模压料中的树脂通常为酚醛树脂,但也有采用醇酸树脂和环氧树脂的情况。模压料通常含有 40%的玻璃纤维,其中玻璃纤维的长度小于 0.04 in(1 mm)。在模压成型之前,模压料应被加工成长 0.5~2.5 in(1.5~6.5 cm)、直径为 0.25~1 in(0.5~2.5 cm)的圆柱体。典型的酚醛树脂模压成型条件为 340~375℉(170~190℃)、700~3 000 psi(5~20 MPa),压制 1~10 min。当零件需要耐高温时,通常需要进行二次固化。

1) 片状模压料(SMC)

图 10.10 为制造热固性片状模压料(SMC)的典型工艺原理。连续的纤维粗纱被切割成 1~2 in(2.5~5 cm),然后沉降在聚乙烯薄膜网上的一层聚酯树脂糊上。纤维沉降完成后,另一层带有聚酯树脂糊的聚乙烯薄膜网与其复合成一个连续的玻璃纤维树脂夹层。使其在设定张力下压实并卷动到标准包装尺寸的辊轴上。典型的 SMC 厚 0.25 in(0.5 cm),宽 40~80 in(1~2 m)。随后将 SMC 卷置于 85~90℉(约 30℃)的条件下静置,以增加其厚度。

SMC 的典型组分构成为 25%的聚酯树脂、25%的玻璃纤维和 50%的填充剂;然而也有玻璃纤维含量高达 65%的模压料。尽管聚酯树脂在市场上占据主导地位,乙烯基酯树脂、酚醛树脂、脲类、蜜胺和环氧树脂也同样被广泛用于制造模压料。当需要更高的性能时,就会采用短切纤维布,并可能向其中添加适量纵

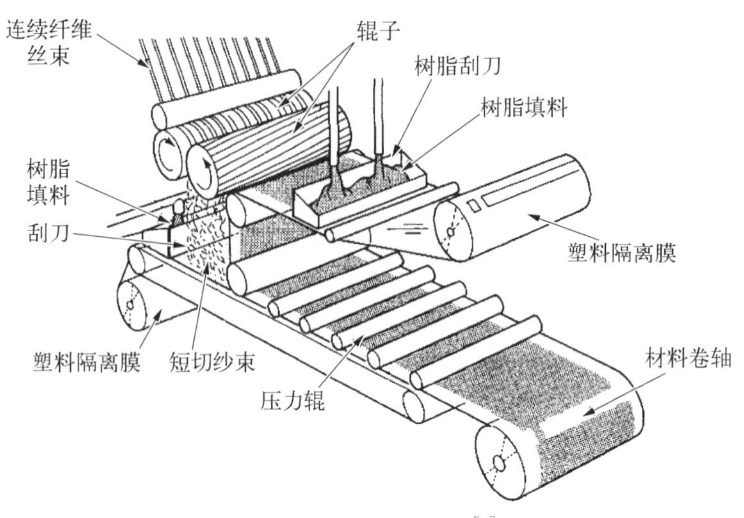

图 10.10 SMC 成型机[6]

向玻璃纤维粗纱。树脂可以选用标准的聚酯、低收缩配方或超低收缩配方的聚酯。如需达到最高的机械性能，则需要选用标准聚酯，但标准聚酯在成型时的收缩率更大(0.3%)。低收缩配方聚酯的收缩率要更低一些(0.05%～0.3%)，而超低收缩配方树脂则几乎没有收缩(低于 0.05%)，从而可以获得更好的表面质量，以及更低的开裂概率。使用填充剂，例如碳酸钙、氢氧化铝或高岭土(黏土)，可以降低成本，并减少收缩。可以向配方中添加脱模剂，例如硬脂酸锌或硬脂酸钙，使零件在成型后可自行脱落。向其中添加增稠剂如氧化镁(MgO)、氧化钙(CaO)、氢氧化镁[$Mg(OH)_2$]或氢氧化钙[$Ca(OH)_2$]可以在成型过程中增加树脂黏度，并改善其流动特性。

如图 10.11 所示，SMC 模压料可以分为 SMC - R(随机)、SMC - CR(连续/随机)或 XMC(连续/随机)。SMC - R 内部为取向随机的 1～2 in(2.5～5 cm)长的玻璃纤维。图 10.12 显示了纤维含量对无碱玻璃纤维增强聚酯树脂 SMC - R 的机械性能的影响。SMC - CR 是在一层定向排布的单向纤维上覆盖一层随机取向的短切纤维。XMC 是将连续的粗纱排布成 X 形，并将相交纤维的角度控制在 5°～7°之间。XMC 薄片通过纤维缠绕的方式制成，加工时，连续的纤维粗纱被导入装着树脂糊的罐子中，并在张力作用下缠绕在一个巨大的旋转圆柱筒上。在缠绕期间，短切纤维[通常是 1 in(2.5 cm)长]沉降在连续纤维层之上。在得到所需厚度后，将制得的材料从圆柱筒上裁下，并展成片状。由于定向纤维粗纱的存在，因此 SMC - CR 和 XMC 的强度更高，但模压成型过程也更加困难。

SMC－R 因其成本低、流动性好、模压性能优良，应用得更加广泛。表 10.2 给出了这些不同形式的片状模压料的对比数据。

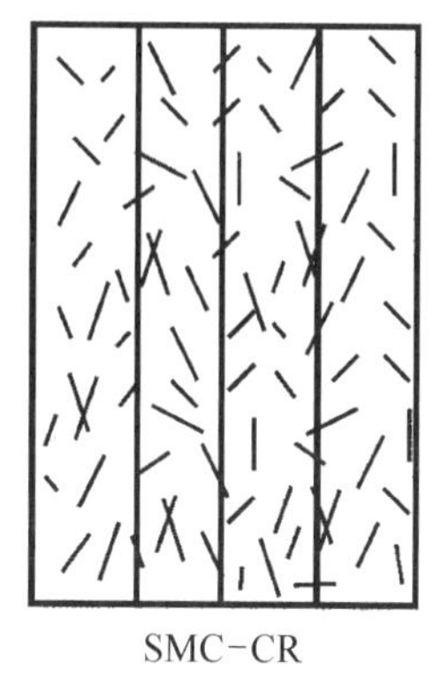

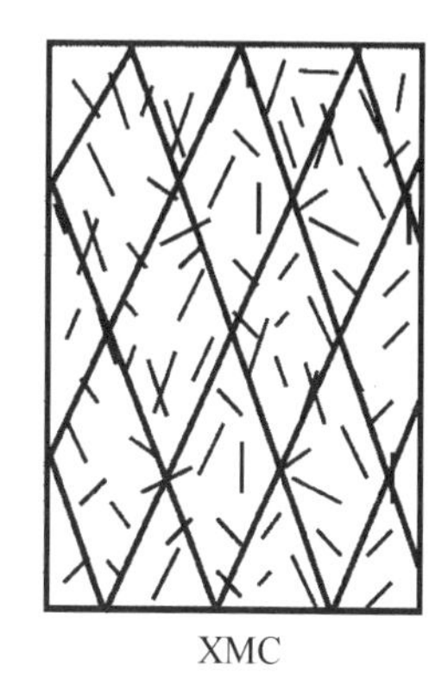

图 10.11 SMC 的种类

注：SMC－R(随机)、SMC－CR(连续/随机)或 XMC(连续/随机，带有 X 形连续纤维)

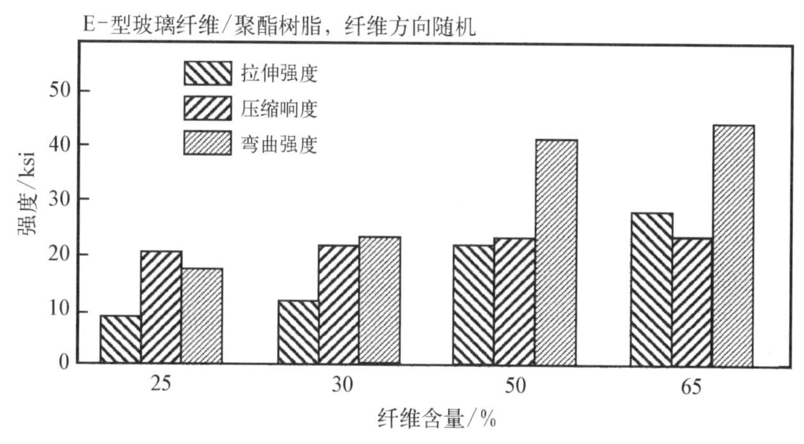

图 10.12 纤维含量对 SMC 强度的影响[7]

表 10.2 几种 SMC 的机械性能[8]

属 性	SMC－R25	SAMC－R50	SAMC－65	SMC－C20R30	XMC－31
相对密度	1.83	1.87	1.82	1.81	1.97
拉伸强度/ksi	12	23.8	32.9	41.9(L) 12.2(T)	81.4(L) 10.2(T)
拉伸模量/msi	1.91	2.29	2.15	3.05(L) 1.74(T)	5.22(L) 1.74(T)

（续表）

属 性	SMC－R25	SAMC－R50	SAMC－65	SMC－C20R30	XMC－31
泊松比	0.25	0.31	0.26	0.30(L) 0.18(T)	0.31(L) 0.12(T)
延展率/%	1.34	1.73	1.63	1.7(L) 1.6(T)	1.7(L) 1.5(T)
压缩强度/ksi	26.5	32.6	34.6	44.4(L) 24.1(T)	63.9(L) 22.3(T)
压缩模量/msi	1.7	2.31	2.6	2.9(L) 1.74(T)	5.37(L) 2.03(T)
弯曲强度/ksi	31.9	32.6	58.5	92.8(L) 23.2(T)	141(L) 20.3(T)
面内剪切强度/ksi	11.5	8.99	18.6	12.2	13.2
面内剪切模量/msi	0.65	0.86	0.78	0.6	0.65
层间剪切强度/ksi	4.35	4.63	6.53	5.95	7.98

注：(L)为在纵向(平行于连续纤维)测量的性能指标；(T)为在横向(垂直于连续纤维)测量的性能指标

模压成型之前，先将数层 SMC 制成坯料。坯料的尺寸通常比模具表面小 40%～70%。为确保坯料能完全充满模具且切边的余量充足，坯料的质量通常要比实际零件略大一些。可以将不同厚度的坯料放置在不同区域，以匹配零件各处的厚度或几何变化。通过严格控制坯料的质量和尺寸，可以将固化后零件需切边的多余材料控制到极低的程度。模压成型时，两个流体前沿在合并时会形成叫作“结合线”的薄弱区，安排合理的坯料会显著减少结合线结构带来的影响。坯料通过连续炉(红外线或强制气体射流冲击加热)进行加热，然后被放入已预热的对合模具中，并在压力下固化。

2) 团状模压料(BMC)

BMC 是一种将 0.125～1.25 in(0.3～3 cm)长的较短的纤维与含有填料、催化剂、颜料及其他添加剂的树脂混合而成的模压料。增强纤维含量通常为 10%～20%。BMC 通常用挤出机制成。这种预混料具有黏土一般的稠度，可以被加工成团状，也可以被挤压成直径为 1～2 in(2.5～5 cm)的条状或柱状以便加工。与 SMC 一样，称重后的 BMC 坯料置于已预热的对合模具中，随后合模加压固化。完全固化并脱模的时间根据零件的大小和厚度的不同，从几秒钟到几分钟不等。各种树脂、添加剂和增强玻璃纤维组合而成的 BMC 已实现商业化应用。采用BMC制成的零件表面质量优良、尺寸稳定,适用于结构复杂的零件,且零件的整体机械性能良好,因而在有此类需求的大批量生产制造领域得到了广泛的应用。与BMC相比,SMC中更长的纤维会使其制品具有更高的机械性能,尤其那些相对较薄的横截面。与传统的模压成型工艺相比,BMC被更多地用于热固性注射成型。

3) 预成型

制备增强玻璃纤维和树脂模压预混料的第三种方法是预成型。用胶黏剂将短切玻璃纤维粗纱制成形状稳定的预制件。预制件被加工成接近实际零件的形状。制备预制件的方法有两种,即定向纤维法和负压气腔法。在定向纤维法(见图10.13)中,连续玻璃纤维粗纱被切割成1~2 in(2.5~5 cm)长,将制得的短切玻璃纤维与胶黏剂混合后,吹向一个旋转的金属胎具(胎具与零件最终尺寸接近)。通过抽风来固定纤维。预制件经由烘箱热定型处理后,即可用于模压成型。负压气腔法与定向纤维法相近,但需要将短切纤维和胶黏剂混入气腔中,再将他们吸至旋转的预成型胎具中。预成型方法适用于制造截面尺寸相对恒定、强化玻璃纤维含量较高的中大型零件。在预制件模压成型工艺中,大部分树脂都在模压之前或在预制件放入模压工装之后才添加。大部分都使用SMC或BMC,但对于平板或形状简单的零件,玻璃纤维布可以直接放入模具,再将树脂浇在玻璃纤维布上,在压力作用下闭合模具,以使树脂和玻璃纤维固化结合。对于结构复杂的零件,则通常需要提前加工好预制件。

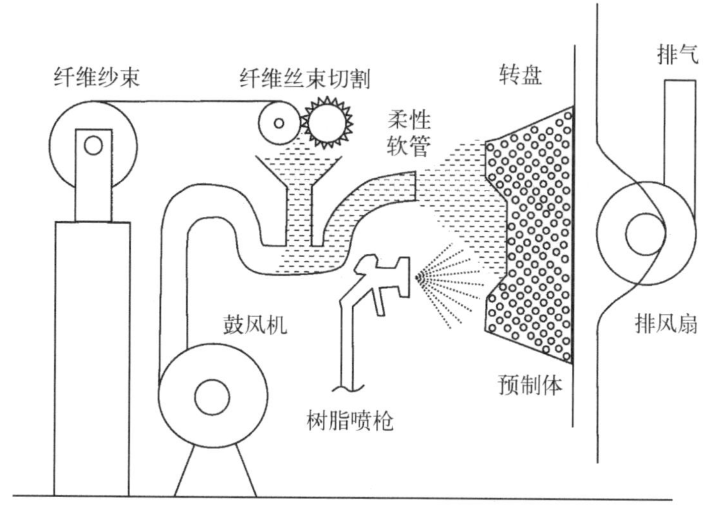

图10.13 预制件的制备(定向纤维喷射工艺)[9]

在模压成型过程中，模压的对合模具被安装在液压模压机或改装过的机械模压机上，如图 10. 14 所示。对合模具闭合后，加热至 225～320℉（105～160℃），并加压至 150～2 000 psi（1～14 MPa）。玻璃纤维含量较高的零件或几何形状符合的零件需要的压力也更高。根据零件厚度、尺寸及形状的不同，固化周期也从 1～5 min 不等。加压合模的过程为先快后慢，以使材料有足够的时间流动。如模具预热温度较高且固化速度较快，则必须要采用更快的合模速度，以避免树脂过早交联。如需模压成型缩聚树脂，例如酚醛树脂，则模压过程中需要经常打开模具，以使固化的挥发物在模压过程中充分挥发。固化完成后，打开模具即可得到表面质量良好的零件。如零件为中空形式，则需要将低熔点的易熔金属插入模具中，模压成型后可以熔化流出。

图 10. 14 模压机

金属对合模具通常由硬化镀铬钢制成。模具分为单腔或多腔，通常采用蒸汽或热油进行加热。也可以采用电加热或热水加热系统。通常使用侧型芯、插入件等工艺。这些模具也配备了机械针式或气压式的喷油器。模具材料包括铸钢或锻钢、铸铁以及铸铝。对于大批量生产来说，模压成型是一种极为理想的工艺，因为精密的对合模具的成本被均摊得较低。随着铝模具高速加工工艺的出现，模压成型工艺对于小批量生产来说也变得更加经济。模压工艺可以制备出品质均一、表面质量优良的产品。镶嵌件和附件可以直接被模压成一体，而且产品最终的修边与机加工工作量也达到了最低限度。

4）传递模塑法

图 10.15 所示的传递模塑法原理与模压成型工艺接近，区别在于传递模塑法是先将模压坯料在一个单独的型腔内加热至 300～350℉（150～180℃），然后在加热加压的条件下通过活塞注入一个封闭模具，零件的形状根据该模具的形状而确定，通常在 45～90 s 内在模具内完成固化。尽管需要树脂具有良好的流动性，但整个工艺对坯料的重量并无精确要求。典型的增强相比例为 10%～35%。

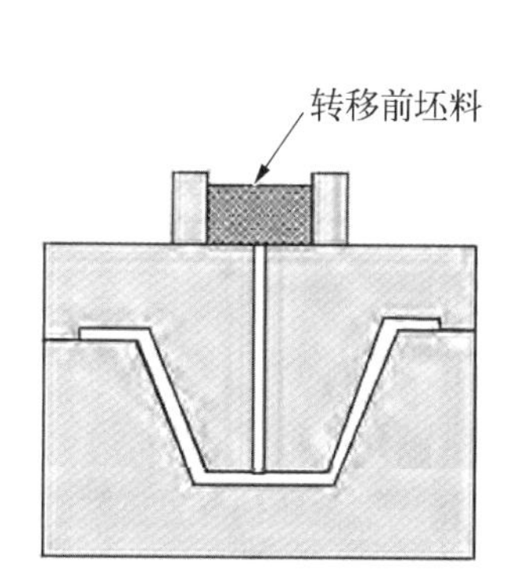

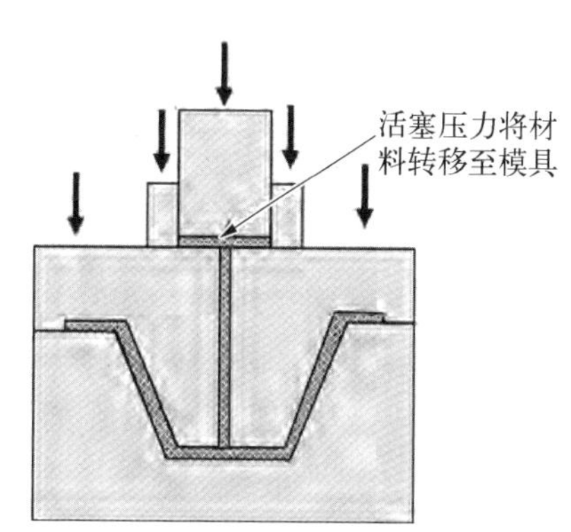

图 10.15 传递模塑法的原理

10.3.2.2 热塑性模压成型

1）玻璃布增强热塑性材料（GMT）

玻璃布增强热塑性材料的基体树脂通常为聚丙烯，在模压期间树脂会流动并充满模具。典型的 GMT 生产线如图 10.16 所示。GMT 可以采用多种增强形式，包括连续纤维布、短切纤维布及单向纤维布，玻璃纤维含量（体积分数）通常为 40%。GMT 在汽车零件制造领域的广泛应用归功于自动化的普及和短暂的加工周期（一些零件加工周期可短至 30 s，也有部分零件需要的周期长一些，以获得足够的结晶度）。玻璃布增强热塑性树脂是采用第 6 章中所描述的双带工艺制造而成的；在随后的 2～3 min 内，利用连续移动的红外线加热器加热至 600℉（320℃），再将其插入高速液压机的已预热模具中[275℉（135℃）]，并在

1 000～4 000 psi(7～28 MPa)的压力下进行固化。通常采用两级增压循环，加压十分迅速，第一级为 200～500 in/min(5～12 m/min)；第二级略慢，为 1～10 in/min(2～25 cm/min)，以便材料有充分的时间流动并充满模具。如此高的压力是为了使增强材料可以充满整个型腔，并彻底排净夹杂空气，以达到紧密的复合状态。有时，在冷却过程中需要固定装置，以减少变形或扭曲。大多数情况下，都会向其中添加二次循环的废料，从百分之几到百分之五十不等。

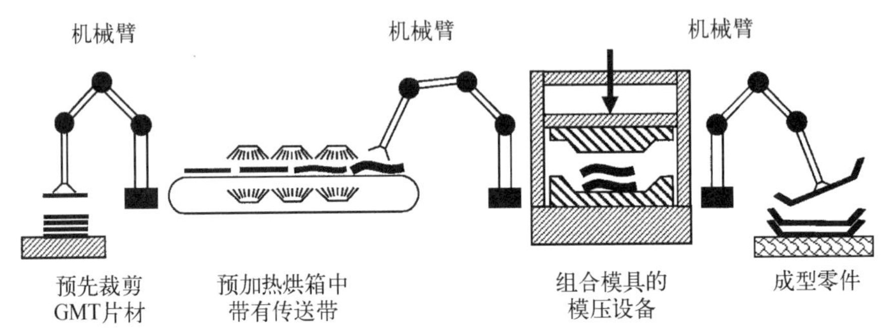

图 10.16　玻璃布增强热塑性材料(GMT)的自动化生产

2) 不连续长纤维增强热塑性材料

不连续长纤维增强热塑性材料(LFT)的加工工艺采用如图 10.15 所示的原理，利用传递模塑法使玻璃纤维增强聚丙烯基体。纤维通常为 0.5 in、1 in 或 2 in(12 mm、25 mm 或 50 mm)长。LFT 的工艺甚至比 GMT 的工艺更加自动化。聚丙烯被注入挤出机，经加热和熔化后，向出料口添加玻璃纤维。与 GMT 工艺一样，可将原料直接转移到模压成型机中，无需再次加热，从而进一步降低成本。而且回收的材料也经常被加入 LFT 工艺中，以降低成本，这与 GMT 也是一样的。

LFT 的优点如下：

(1) LFT 比 GMT 成本更低，可以连续成型，而且生产所需的人力也更少。

(2) 与 GMT 相比，由于基体材料的流动性更好，因此工艺周期缩短了 15%。

(3) 与 GMT 相比，LFT 的浸渍工艺更优良，即不良浸渍对表面的影响更低。

表 10.3 给出了 GMT、LFT 和 SMC 的模压测试性能对比。

表 10.3 LFT、GMT 和 SMC 的模压测试性能对比[7]

属　　性	LFT	GMT	SMC
玻璃纤维含量/wt%	40	40	30
回收量/wt%	30	—	5
拉伸强度/ksi	8.7	9.4	8.7
拉伸模量/msi	1.0	0.9	1.4
弯曲强度/ksi	16	16	23
弯曲模量/msi	0.8	0.6	1.3
冲击强度/(kJ/m^2)	60	75	70
密度/(g/cm^3)	1.21	1.21	1.8

10.3.3 反应注射成型工艺

反应注射成型(RIM)是加工无强化结构的热固性零件的一种快速制造工艺。一种高活性的双组分树脂系统注入对合模具,并在模具内快速反应和固化。反应注射成型树脂必须具有较低的黏度(500~2 000 cP)和较快的固化周期。最广泛应用的是聚氨酯树脂,而尼龙、聚脲树脂、丙烯酸树脂、聚酯树脂和环氧树脂也已经投入使用。这两种成分(在制备聚氨酯树脂的情况下为异氰酸酯和多元醇)是分开储存的,在高压下会不断循环。在 1 500~3 000 psi(10~20 MPa)的高压以及 4 000~8 000 in/s(100~200 m/s)的高速下,两种成分在一个动态混合头内充分混合。这种交联反应是由混合驱动的,而不是因为加热及凝胶化,而且在 2~10 s 内的时间里即可完成反应。实际的注射压力很低,模具被加热至 120~150℉(50~70℃)以加速固化,然后在后期固化过程中消除反应放热。由于 RIM 树脂的黏度很低,所以可以在低于 100 psi(700 kPa)的低压下注射。低压注射意味着可以采用成本低廉的模具以及低压力的夹紧系统。典型的模具材料为钢、铸铝、电铸镍和复合材料。据报道,大型汽车保险杠的加工周期甚至可缩短为 2 min。由于异氰酸酯的蒸气是有害的,所以 RIM 的工作场所必须安装排气通风系统。

如图 10.18 所示,增强反应注射成型(RRIM)与 RIM 类似,只是将短玻璃纤维加入其中一个树脂。纤维必须非常短,至少是 0.03 in(0.8 mm)以下,否则树脂黏度会过大。常见的形式有短纤维、研磨纤维和薄片。此外聚氨酯是 RRIM 中最常用的树脂体系。纤维的加入改善了材料的模量、抗冲击强度和尺寸公差,并降低了热膨胀系数。

结构反应注射成型(SRIM)与前两种工艺类似，只是在注射前将一个连续玻璃纤维预制件放在模具中(见图 10.19)。这一工艺基本也都是采用聚氨酯作为基体。由于采用了高活性树脂而且固化周期很短，因此 SRIM 无法像树脂传递模塑(RTM)那样制造大尺寸的零件，详见第 5 章。

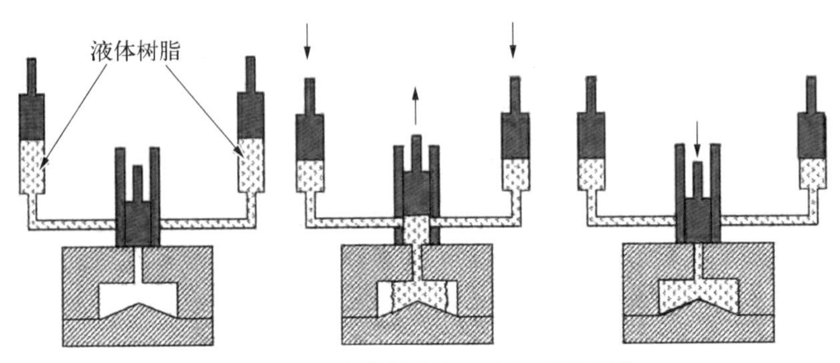

图 10.17　反应注射成型(RIM)(无增强体)

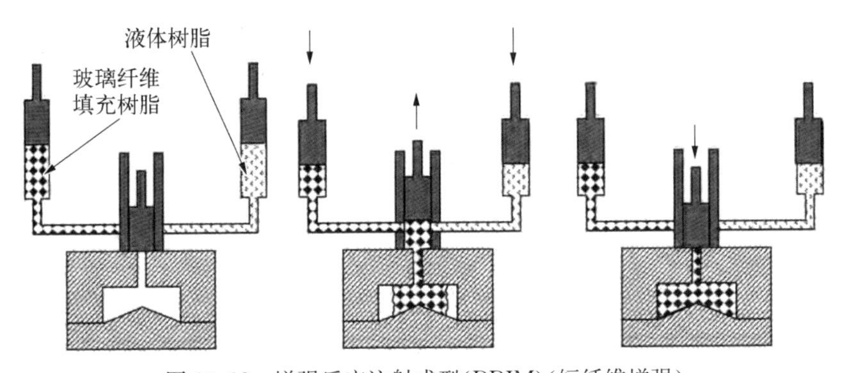

图 10.18　增强反应注射成型(RRIM)(短纤维增强)

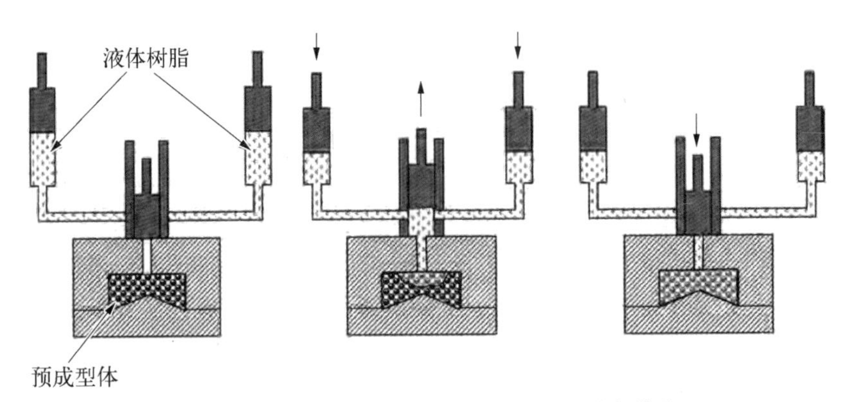

图 10.19　结构反应注射成型(SRIM)(长纤维增强)

10.3.4 注射成型

注射成型工艺是所有玻璃纤维增强材料零件制造工艺中产量最高的一种，年产量高达 100 万件以上。注射成型工艺同时适用于含强化相和不含强化相的零件制造。与模压成型一样，注射成型同样需要配备昂贵的对合模具，因为注射成型工艺需要很高的温度和压力。但是由于注射成型可以以极高的生产效率制造结构复杂的零件，所以均摊到单个零件的成本通常都很低。尽管有时也会采用其他的增强体，但是玻璃纤维却是最常用的。由于增强纤维较短[0.03～0.125 in(0.8～3 mm)]，因此体积分数较低(一般为 30%～40%)，而且纤维的取向为随机取向或与液体流入模具的方向相同，因此注射成型的零件的机械性能要远低于连续纤维增强的零件。然而，注射成型可以实现对复杂零件所有表面状态的精确控制。无论是单腔还是多腔的模具，都可以以非常高的生产效率大批量生产复杂零件，适用于多种热塑性树脂，也能满足各种各样的性能需求。

10.3.4.1 热塑性注射成型

注射成型的玻璃纤维增强热塑性材料已经大量应用在汽车和电器行业。零件的设计形式灵活多样，玻璃纤维增强热塑性材料可成型结构复杂的零件，生产效率极高，零件单件成本较低，使得热塑性注射成型的应用十分广泛。

在注射成型中，在成型机的注射室中加热颗粒状模塑料、复合浓缩物或干混合物。典型的注射成型周期如图 10.20 所示。随着材料沿着螺杆向下运动，它受到来自筒体的热量和螺杆的剪切作用的共同作用而熔化。这些材料在筒内聚集，随后在高压下以高温液体的形式注入一个相对冷的封闭型腔内。当达到预期的注射尺寸后，螺杆停止旋转，以受控的速度向前运行，起到一个活塞或柱塞的作用，将螺杆前端的塑料熔体挤压至模具中。融化的材料流经喷嘴，再通过分流道和流道系统，最终进入一个水冷的模腔中。当模具完全充满后，螺杆保持静止，以保持模具内的热塑性材料所受到的压力。在这段保压期间，将额外的流体注入模具以补偿冷却带来的收缩。浇口固化后，模具就会从注射装置上脱离出来。螺杆末端积聚的熔体会将螺杆向后推；也就是说螺杆会在旋转的同时向后移动。下一次注射的塑料熔体在螺杆前端积聚的速度是由背压控制的，即螺杆承受的液压。当螺杆前积聚了足够的熔体时，螺杆会停止转动，此时模具内的零件会冷却并固化。经过一个短暂的冷却周期，通常为 20～120 s，零件就已充分固化，并能够在不变形的情况下完成脱模。该工艺的生产周期通常由冷却速率决定，而冷却速率通常取决于模具设计、零件厚度以及增强体含量。冷却后，使用脱模销从模具中取出零件。分流道、流道系统和浇口会从零件上去除，通常将它们磨成粉末，并将其混入新材料中。

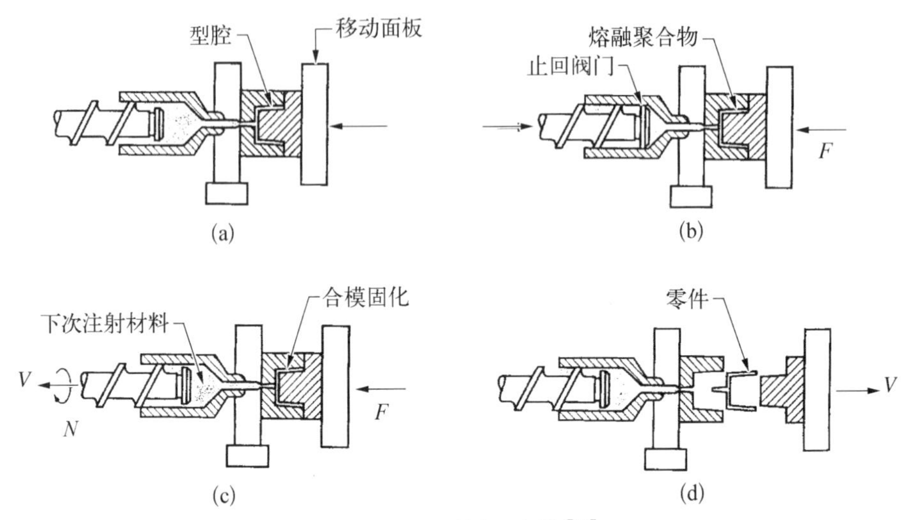

图 10.20 注射成型周期[10]

几乎所有的热塑性塑料都是可注射的，包括尼龙、缩醛、乙烯基酯、聚碳酸酯、聚乙烯、聚苯乙烯、聚亚乙烯、聚砜、改性聚亚苯基氧化物、氟碳、聚醚、丙烯腈-丁烯-苯乙烯和苯乙烯-丙烯腈。对于注射成型，可以将短切玻璃纤维混入热塑性树脂的粉状或颗粒状的原料中。当需要更高的性能时，可以使用碳纤维。这些纤维还提供了增强的电和热传导率。碳纤维经常用作导电填料，用于需要电磁干扰屏蔽、防静电、静电放电和其他电气性能的部件中。

低成本的热塑性树脂通常可以通过加入玻璃纤维增强体来进行强化，以提供更昂贵的未增强树脂的优异性能。玻璃纤维的添加也保证了材料具有足够的强度和尺寸稳定性，从而使许多增强后的热塑性材料可以媲美金属冲压件与压铸件。热塑成型的材料通常含有颜料、填充剂、脱模剂和润滑剂，有时还可能含有其他用途特殊的添加剂。它们的耐蚀性和可着色性也提供了设计上的优势。用于注射成型的玻璃纤维增强热塑性材料品种繁多，其中包括适用于各种场合的机械性能、化学性能、电气性能和热性能的树脂。在制造时，有些聚合物需要不断调整注射速度和注入压力。例如，一种热敏聚合物，如果填充速度太快，则会被降解。在使这种聚合物高速通过狭小的分流道、流道系统和浇口时，其内部的剪切力会增加，从而使温度升高，达到聚合物降解所需的温度。可能需要针对注射过程中不同的注射速度和压力而编程，以防止树脂降解。

注射成型的原料通常被加工成可以直接装入注射成型机的形状。通常用挤出机将树脂制成粉末状或颗粒状，并混以短切纤维。在挤出过程中，纤维会发生断裂，这是一个主要问题。为最大限度地减少纤维断裂，使用深螺旋或双螺杆，并且在树脂熔化之后将纤维进料到料筒中。预制粒混合料可在玻璃纤维强化与控制树脂的比例中使用，并混以特定的添加剂如颜料、阻燃剂、稳定剂和润滑剂。几乎所有的普通注射成型热塑性材料都可以使用这些颗粒。浓缩料与玻璃纤维/树脂预制粒混合料类似，但其玻璃纤维含量要高很多，普通的预制粒混合料中玻璃纤维的质量分数为10%～40%，而浓缩料的比例能达到80%。将浓缩的颗粒与未强化的热塑性材料颗粒混合，可以使零件达到预期的玻璃纤维/树脂比例。通过这些配方，注射成型可以选择一种玻璃纤维增强原料，以满足机械性能、化学性能、冲击强度、表面光洁度和颜色等各方面性能要求。

非常重要的一点是注射成型前，原材料要进行彻底干燥。干燥可以独立于生产线进行，例如进行批量化的干燥处理；或者是在生产线上进行，例如在设备上加装一个料斗干燥机。一些聚合物主要在表面吸收水分(非吸水性)，而另一些聚合物则将水分吸收进颗粒中(吸水性)。干燥处理非吸水性材料，例如聚丙烯和聚乙烯，可以通过简单的加热使表面的水分蒸发。像尼龙和聚碳酸酯这样的吸水性材料，必须使用除湿的热空气来干燥，以去除水分，通常需要更长的干燥周期。通常的做法是使用高达20%的注射成型零件的回收料；然而，由于零件的性能通常随着回收料含量的增加而降低，因此在添加回收料之前进行测试是很重要的。玻璃纤维和碳纤维的增强效果因为重复加工而降低，因为反复暴露在高温下会导致纤维的碎裂和树脂的热降解。

与未增强零件相比，玻璃纤维强化注射成型零件的优点包括抗拉强度高、模量大、抗冲击强度大、收缩性小、尺寸稳定性强、可耐温度高。而正常聚合物收缩约5%，纤维增强部分通常收缩1%或更少。纤维增强零件的缺点是延展性较差。一般来说，由于黏度较高，因此加工时的注射压力和筒温都要略高一些。注射模具的混合及剪切作用会降低纤维的长度；因此流道系统和浇口应尽可能地大。注射压力通常为10～15 000 psi(70 kPa～100 MPa)。应将背压控制在25～50 psi(170～350 kPa)，并降低螺杆转速(30～60 r/min)，以免纤维断裂。应尽可能快速地填充型腔，以最大限度地减弱纤维的随机取向，并增强结合线的完整性，尤其对于薄壁零件而言。在强化注射成型的部件时，也应采用更高的筒温，达到30～60℉(15～30℃)(比未填充树脂的温度高)；较高的温度可以熔化聚合物而减少纤维的破碎,而不是使其因螺杆的剪切作用产生的热量熔化。在型腔充满后,需要更长的保压时间,以保证零件的尺寸精度。纤维增强零件的一个问题是纤维的取向很大程度上由流力和零件的几何形状决定,会使零件不同区域有不同的强度。而且流体前沿交汇处会形成结合线结构,导致出现低强区域。对于增强纤维更长、纤维含量更高的零件,这一问题更加突出。

注射成型机的主要部件(见图 10.21)是夹紧单元和注射单元(也称为塑化单元)。用于夹持模具的夹紧单元包含固定和移动的板,连接杆,以及用于打开、关闭和夹紧模具的结构。注射单元将热塑性材料熔化并注入模具中,驱动单元为注射和夹紧单元提供动力。螺杆机在注射成型行业中占主导地位,也可使用柱塞机。往复式柱塞机略逊于螺杆机,因为所有的热量都要通过料筒加热器的传导来提供,而混合则不那么彻底,导致了低塑化(熔化)率和非均匀性热熔化。螺杆机在材料内部产生热量并使其混合,从而产生更均匀的熔化。通常,螺杆机由三个部分组成:喂料部分、压缩部分和计量部分。喂料部分将原料颗粒从料斗输送至料筒的加热部分。喂料部分的螺杆螺纹尺寸是相同的。在压缩部分中,聚合物受到料筒加热器和螺杆剪切力的共同作用而熔化。在该部分中,螺杆螺纹的尺寸会减小,以弥补材料密度的变化。在计量部分,随着聚合物发生最终熔化和混合,螺杆螺纹尺寸是恒定的。螺杆的设计随着所需成型材料的不同而变化。图 10.22 为三款螺杆的设计图。图 10.22(a)为高晶聚合物的设计。由于这些材料有非常明确的熔点,所以使用了非常短的压缩部分。对于半晶型热塑性材料[见图 10.22(b)]来说,压缩部分更长,因为它们需要更多的时间来熔化。对于无定形的热塑性材料[见图 10.22(c)],由于没有一个真正的熔点,因此螺杆设计成压缩逐渐增强的通常形式。料筒的加热器被分成不同的区域,以更好地控制加热过程。

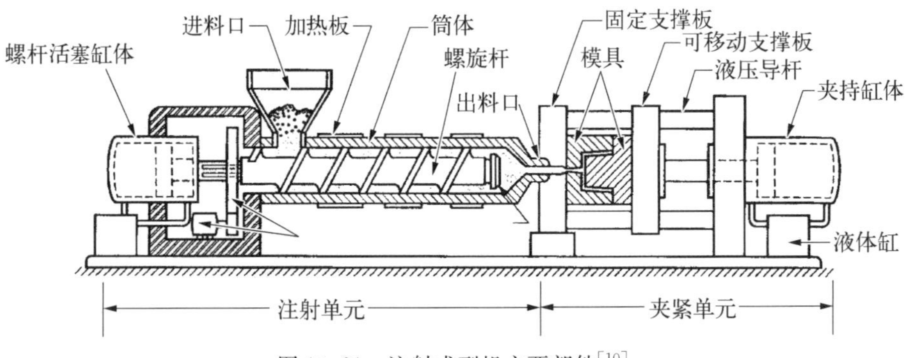

图 10.21 注射成型机主要部件[10]

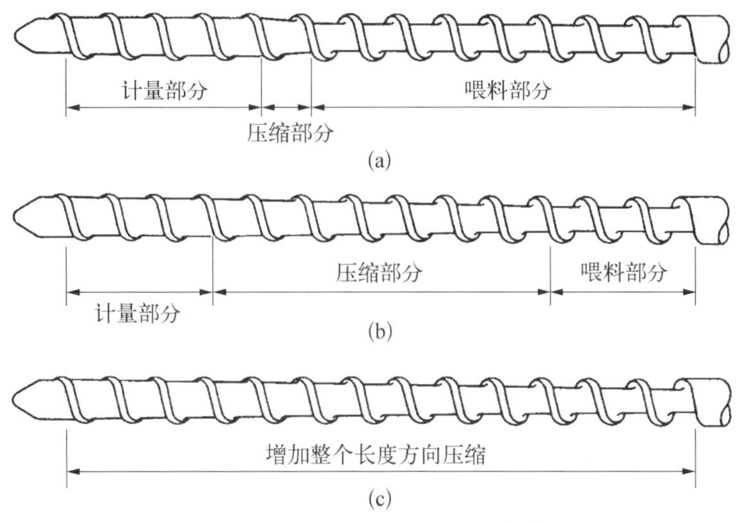

图 10.22 注射成型螺杆设计[11]

注射成型机的模具夹紧能力单位为 t，射出量单位为 oz，可以从实验室的 2 t，0.25 oz（2 000 kg，7 g）到大型工业装置的 3 500 t，1 500 oz（3.5×10^6 kg，40 kg）。典型的实验室大小的注射成型机如图 10.23 所示。夹紧机构必须具有足够的锁定力以抵抗熔融聚合物在运动中和在压力下迫使半模分开的倾向。由

图 10.23 注射成型机

于与增强热塑性材料相比，未强化的树脂具有更高的黏度，因而所需的注射压力也就更高，所以夹紧机构也就必须更强。模具夹紧压力通常由肘节闭锁或液压缸或两者的组合提供。现代注射成型机采用自动反馈控制系统来监控工艺参数，以不断产出高品质的零件。需要控制的重要工艺参数包括对注射和控制压力的单独控制、活塞位置和速度、背压和螺杆速度。为了控制零件的热应力，控制料筒和喷嘴的温度也是十分重要的。较低的成型温度会使冷却过程加快，并提供生产效率，但是会降低零件的质量。快速冷却会影响零件的内部应力、纤维取向、脱模后收缩率以及翘曲度。

用于热塑性材料生产的对合金属模具通常由高强度工具钢制成，因此通常会进行镀层处理，以获得额外的耐磨性。典型的涂层包括浸渍有聚合物的镍磷、硬铬、无电镍、氮化钛和金刚石黑(具有二硫化钨的碳化硼薄膜)。在双板式冷流道系统中(见图 10.24)，材料通过分流道衬套、流道系统和浇口进入模具腔内。冷却后，零件连同分流道、流道系统和浇口一起被拆下来。分流道、流道系统和

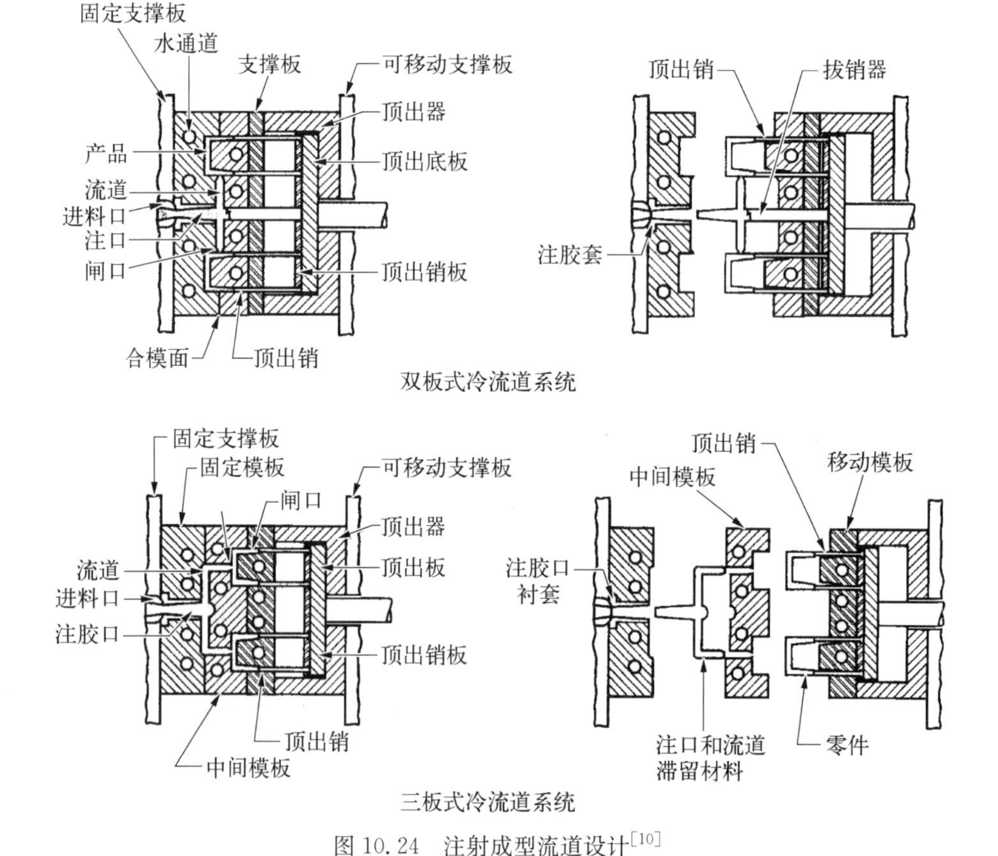

图 10.24 注射成型流道设计[10]

浇口被手工去除,并回收利用。图 10.24 下方的三板式冷流道系统在脱模时中间板会将分流道、流道系统和浇口与零件分隔开。还有更昂贵的三板式热流道系统,在整个过程中保持分流道、流道系统和浇口处于熔融状态,由于无需回收分流道、流道系统和浇口,因此节省了劳动力和材料成本,使回收工作变得更加经济。注射成型的对合模具通常都设置有排气口,用于在热的聚合物流进型腔时排出空气。排气口通常设置在最后填满的区域,靠近结合线,甚至是在流道系统中。分流道、流道系统应该有轻微的弯曲。流道应尽可能地短,以避免压力下降。利用浇口控制填充速率、流入型腔中的材料量以及材料的固化速率。浇口系统在设计时应考虑避免产生或使熔接线或结合线最小化。如果填充模具需要一个以上的浇口,则会产生熔接线。熔接线一般位于零件的低压力处。由于零件的冷却通常是整个注射成型周期中用时最长的,因此模具应设计成具有有效冷却流道的形式。一般来说,冷却速率取决于厚度,冷却液应该位于距离型腔表面较近的地方;冷却线应位于需要的地方,以均匀地冷却零件;冷却介质的湍流应以能够提供最大热传递(急转弯和高速以促进湍流)的方式进行;冷却系统应设计成使得每个半模的冷却都比较均匀。

注塑成型的主要挑战之一就是生产出的零件必须尺寸精度正确,翘曲最小。当零件中的内部应力超过零件固有刚度并引起永久变形时,就会发生翘曲。冷却梯度是导致翘曲的主要因素,因为冷却梯度会导致收缩不均。收缩取决于材料性能、零件设计、模具设计以及工艺参数。当需要严格的公差时,由于无定形树脂的固有收缩率较低,所以经常取代半结晶树脂成为最终选择。通常,添加纤维填料会加剧零件的翘曲,因为纤维与树脂混合物的流动具有各向异性。当冷却不均时,壁厚不均匀的零件会比壁厚均匀的零件翘曲更严重。通常在设计过程中采用加固件或角撑板结构,以减少或使翘曲最小化。在模具设计中,浇口的位置和冷却通道是重要的考虑因素。在理想情况下,模具在注射过程中应均匀地填充并冷却,直至零件可以脱模。如果浇口和冷却系统设计不当,则型腔内的部分区域会被过早填充,并在模具未充满之前就开始固化。同样,冷却系统设计不当也会在冷却过程中产生热梯度。在加工过程中,型腔的填充时间十分重要。如果时间过短,则较高的剪切速率会导致熔体出现严重剪切,并产生很高的残余应力,进而导致零件翘曲。如果时间过长,则型腔充满时熔体的温度会大幅下降,产生热梯度,进而导致零件翘曲。

气体辅助成型用于通过将惰性气体(N_2)可控地注入热聚合物熔体中来制造中空的注射成型零件。气体通过熔体的较热、较黏稠、较厚的部分形成连续的通道。通常采用 400～800 psi(2.8～5.5 MPa)的气体注入压力。注射压缩成型是将熔融的聚合物注入部分打开的模具中：关闭模具，压缩熔体，并使其分布在整个型腔内。注射压缩成型有助于防止纤维断裂，提高成型零件的性能。薄壁注射成型是一种可以制造薄壁零件的工艺，使用该工艺制造的零件壁厚可达 0.02～0.08 in(0.5～2 mm)，流体的长厚比(l/t)大于 75。由于薄壁的冷却十分迅速，因此需要采用填充压力极高[15～35 ksi(100～240 MPa)]的设备，同时所需的填充时间非常短(少于 0.75 s)。这个过程通常需要较厚的模具来抵抗专门设计的流道和排气系统的变形。在结构泡沫成型过程中，化学发泡剂用于生产具有固体外壳和泡沫核心的部件。该工艺可以制造具有高强度重量比和尺寸控制良好的大部件。模具成本可能会更低，因为铝合金模具可用于生产某些零件。

10.3.4.2 热固性注射成型

当成型机的注射螺杆或柱塞和腔室保持在较低的温度和模具自身在 250℉加热至 400℉(120～200℃)时，热固性模压料可以采用注射成型。这会使得热固性材料在加热和加压下几分钟后就能固化。必须保持对温度和固化周期的精确控制，以防止树脂在料筒内凝胶化。这一过程要求低黏度树脂在一段时间内保持低黏度，但在凝胶化后迅速固化。可以采用小于 0.8 in(2 cm)的颗粒填料、短切玻璃纤维和短磨纤维进行强化；然而与颗粒填料相比，短切玻璃纤维和短磨纤维会更大地提高树脂黏度，导致模压更加困难。对于热固性注射成型机，螺杆通常较短，且其压缩比较低。料筒的温度设置得较低，在 160～212℉(70～100℃)之间，采用注射压力为 7.5～15 ksi(50～100 MPa)的加热模具进行固化。充分排放挥发物至关重要，特别是对于缩合固化酚醛树脂而言；因此，排气通道设置在模具内的分模线顶针和芯销处。使用该工艺制造的零件的最大重量约为 10 lb。团状模压料(BMC)也经常用于热固性注射成型零件的加工。在使用 BMC 时，与常规的热固性注射成型相比，经常会采用更大的设备和更低的压力来制造更大的模压件，例如 750～1 500 psi(5～10 MPa)。典型的固化周期一般在 2～5 min 以内。

参考文献

[1] Matthews F L, Rawlings R D. Composite Materials: Engineering and Science[M]. Springer Netherlands, 1999.

[2] Hull D, Clyne T W. An Introduction to Composite Materials: Elastic Deformation of

Long-Fibre Composites[M]// An introduction to composite materials. Cambridge University Press, 1996: 44 - 49.

[3] Kacir L, M. Narkis, Ishai O. Oriented short glass-fiber composites. I. preparation and statistical analysis of aligned fiber mats[J]. Polymer Engineering & Science, 1975, 15(7): 525 - 531.

[4] Kacir L, Narkis M, Ishai O. Oriented short glass fiber composites. III. structure and mechanical properties of molded sheets[J]. Polymer Engineering & Science, 1977, 17(4): 234 - 241.

[5] Kacir L, Ishai O, Narkis M. Oriented short glass-fiber composites. IV. dependence of mechanical properties on the distribution of fiber orientations [J]// Polymer Engineering & Science, 1978, 18(1): 45 - 52.

[6] D B Miracle, Donaldson S L. ASM Handbook, Vol 21, Composites[M]// Molding compounds. ASM International, 2001.

[7] D B Miracle, Donaldson S L. ASM Handbook, Vol 21, Composites[M]// Peterson C W, Ehnert G, Liebold K, et al. Compression molding. ASM International, 2001.

[8] Reigner D A, Sanders B A. Society of Plastics Engineers[C]. Proceedings of National Technical Conference, 1979.

[9] Jang B Z, International A. Advanced polymer composites[J]. ASM International, 1994.

[10] Groover M P. Fundamentals of Modern Manufacturing: Materials, Processes, and Systems[M]. Wiley, 2010.

[11] John V. Introduction to Engineering Materials[M]. Macmillan, 1992.

精选参考文献

[1] Astrom B T. Manufacturing of Polymer Composites[M]. Chapman & Hall, 1997.

[2] LNP Engineering Plastics Inc. Injection molding processing guide[G]. 1998.

[3] Mallick P K. Fiber-reinforced composites: Materials, manufacturing and design [J]. 1993.

[4] ASM International. Engineered Materials Handbook, Vol 2, Engineering Plastics [M]// Pistole R D. Compression molding and stamping. ASM International, 1988.

[5] Rosen S L. Fundamental Principles of Polymeric Materials[M]. John Wiley & Sons, 1982.

[6] Strong A B. High Performance and Engineering Thermoplastics[M]. Technomic Publishing, 1993.

[7] Zoltek Companies Inc. User's guide for short carbon fiber composites[G]. 2000.

11　机加工和装配

采用复合材料可以制造出大型整体结构，因而减少了装配所需的零件和机械紧固件的数量。许多结构可通过共固化或是胶接的形式将大量的零件整合成一个整体组件。尽管具有这些技术上的先进性，但是装配成本在整个制造成本中所占比例仍很显著，占一个交付产品总成本的 50%。装配属于劳动密集型操作，包含多道工序。例如，进行复合材料机翼装配时，首先要搭建框架，在此道工序中必须将所有的翼梁和翼肋正确定位，用剪切带板相连；其次将每块蒙皮定位在子结构上，并且加装垫片；最后进行钻孔和紧固件安装。在蒙皮安装中和安装后，还必须进行各种涂胶密封处理。还要进行机翼前缘、翼尖和机翼扭力盒的各操纵面的装配。一架典型的战斗机有 200 000～300 000 个机械紧固件，而一架商用客机或运输机，根据飞机的大小，则有 1 500 000～3 000 000 个紧固件。每个紧固件在安装前都必须先制孔。以上的简短介绍显然无法表明装配一个大型结构部件的复杂性。

本章对基本的机加工和装配进行了说明，着重介绍了复合材料结构上的制孔和使用的机械紧固件的种类。一些关于机械紧固件设计和分析方面的内容会在第 17 章中介绍。

11.1　修整和机加工

复合材料在修整和机加工的过程中较之常规金属更易受损，因为其所含的高强度和粗糙的纤维是通过相对脆弱的基体结合到一起的。在机加工的过程中，复合材料容易分层、开裂、纤维拔脱、起毛（芳纶）、基体破碎和受到热损伤。因此，在机加工的过程中最大限度地减少材料受力和热量产生是非常重要的。在金属材料加工过程中，金属屑有助于消除切削操作中产生的大量热量。而纤维材料（特别是玻璃纤维和芳纶），由于其导热性较低，因此会快速产生热量积聚，从而降低了基体性能，造成基体开裂甚至分层。加工复合材料时，通常采用高速、低进给率和小切割深度的操作方式以最大限度地减少损伤。

诸如铣切等常规机加工方式不常用在复合材料零件的加工上(因为这些机加工方式会切断纤维,从而降低材料强度),大部分此类复合材料零件固化后,需要进行边缘修整。边缘修整可通过人工方式,采用高速切割锯完成,或者通过自动的方式采用数控磨料水切割机完成。对于固化后的复合材料修整,常常建议采用激光切割设备,但是加工表面会被高热烧焦,这对于大部分结构应用是不被接受的。

碳纤维非常粗糙,会迅速磨损常规的钢制切割刀片。因此,应采用金刚石涂层的圆锯刀片、硬质合金铣刀或是金刚石涂层铣刀来进行修整操作。典型的手工边缘修整操作如图 11.1 所示,采用硬质合金铣刀或是不常用的镶金刚石切割砂轮,通过转速达 20 000r/min 的高速风动工具进行。玻璃纤维层压修整样板常常与零件夹在一起使用,以确保走刀修整路径的正确性,同时提供边缘支撑以免分层。典型的刀具进给率为 10～14 in/min(25～35 cm/min)。手工修整要求操作者戴口罩,眼睛和耳朵要有防护,并且要戴厚的手套。许多工厂配有通风的修整工作间,这样有助于控制由此产生的噪声和细粉尘。由于修整是手工作业,因此切割质量很大程度上取决于操作者的技能水平。刀具进给率过快可能会产生过多的热量,从而造成基体过热和层间剥离。

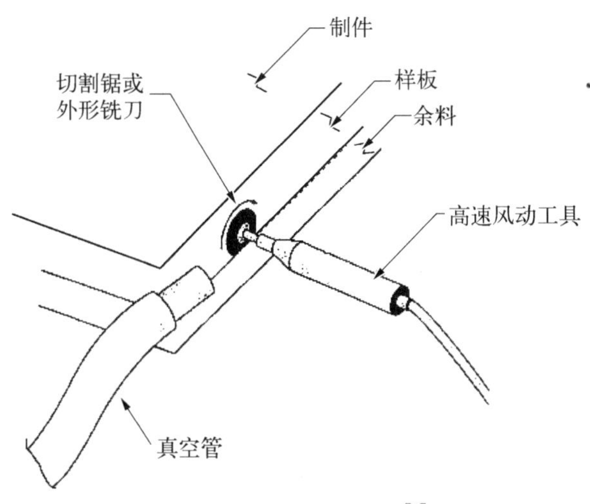

图 11.1　手工边缘修整[1]

磨料水切割修整工艺已成为固化后的复合材料修整的首选方法;然而,该工艺需要大型昂贵的数控机床设备(见图 11.2)。磨料水切割的优点在于可以可

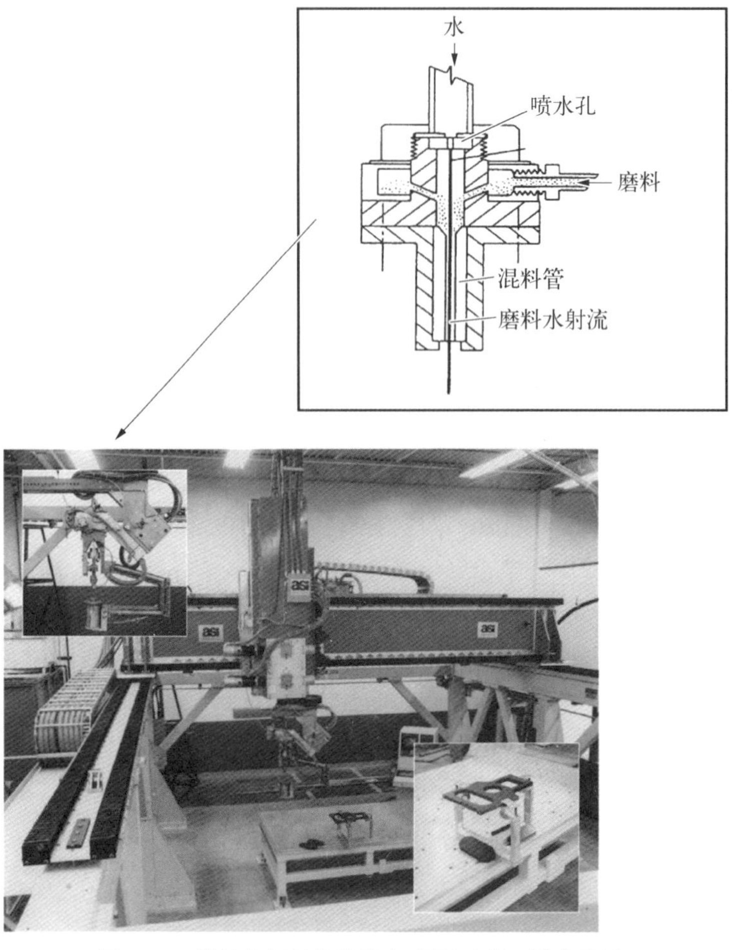

图 11.2　磨料水切割修整机床(图片来源：波音公司)

靠避免制件的边缘产生分层;同时由于走刀路径是数控的,因此对工装的要求相对简单。因为磨料水切割原本是一种侵蚀工艺,而非真正的切削工艺,在修整的过程中零件上的受力非常小,因此只需简单的固定夹具用于零件支撑。此外,切割过程中没有热量产生,所以没有基体分解风险。以 1～2gal/min(4～8 L/min)的低流量将水通过泵注入切割头顶部,然后与直径为 0.04 in(1 mm)的天蓝色喷嘴以通过 40～45 ksi(280～340 MPa)的压力排出的深红色沙砾相混合。通常来说,沙砾目数越高(粒径越小),达到的表面处理效果越好,典型的沙砾目数为 80 目。一旦研磨浆液渗透复合材料层压结构,则装有旋转钢珠的收集器会驱散并收集流出的研磨浆液。除了设备价格昂贵之外,该工艺的主要缺点是加工过程中会产生噪声。修整操作的噪声常常超过 100 dB,因此对耳朵的保护必不可少，许多加工单元被单独隔离在隔音间内。如果需要磨边，则可以采用转数为 4 000～20 000 r/min 的磨床，粗磨采用 80 目的氧化铝砂纸，精磨则要用 240～320 目的金刚砂纸。

11.2 装配概论

在过去的 40 年中，将子结构定位并紧固在正确位置上的框架装配操作已取得了重大进展。在 20 世纪六七十年代，子结构件通常附加以刻有孔型位置的大块透明塑料薄膜，即典型双向拉伸聚酯薄膜（boPET，如杜邦明胶板），采用手动方式定位（少量部位采用硬质工装定位）。由于没有协调设计、工装和制造数据库，所以高变率和零件装配不合适的情况很常见。到了 20 世纪八九十年代，双向拉伸聚酯薄膜已很少采用，而更多地依靠硬质工装来定位零件，这样在一个新项目启动之初就需要增加非重复性投资。20 世纪 90 年代，随着实体建模和电子标准数模的出现，一种被称之为"确定性装配"的工艺应运而生。在该工艺里，零件在制造的过程中就钻制了紧固件协调孔，在装配的过程中使用这些孔来定位零件，从而减少了硬质工装定位器的需求。新近发展的另一种手段是采用激光投影装置来确立零件和孔位。激光投影系统的典型应用如图 11.3 所示。

图 11.3 激光投影定位（图片来源：激光投影技术公司）

开始钻孔和安装紧固件之前，检查所有连接间隙是非常重要的。在安装紧固件时，这些间隙会使金属件预加多余的负荷，从而引发铝材的过早疲劳开裂，甚至产生应力腐蚀开裂。然而，较之金属结构中的间隙，复合材料结构中的间隙会造成更为严重的问题。因为复合材料与金属相比，不易弯曲，且脆性大而韧性不足，间隙过多会在紧固件安装过程中造成分层。由紧固件施加的力会使复合材料发生弯曲，从而在孔的周围可能产生基体裂纹和分层。裂纹和分层通常发生在多层厚度层上，并且会对接头强度造成不利影响。间隙还会存留金属屑，并使孔背面发生劈裂。如果蒙皮是复合材料材质，而子结构是金属材质，且在紧固件的安装过程中出现明显间隙，则复合材料蒙皮常会发生开裂和分层。如果蒙皮和子结构都是复合材料材质，则蒙皮或是子结构，或者两者都会产生裂纹。子结构开裂经常发生在加强件顶部和腹板之间的圆角处。

为了防止金属结构预加多余的负荷，以及避免可能在复合材料结构中产生裂纹和分层，应检测所有间隙，并对任何超过 0.005 in(0.1 mm)的间隙添加垫片。触变环氧胶制成的液体垫片可以用来充垫 0.005～0.03 in(0.1～0.8 mm)之间的间隙。如果间隙超过 0.03 in(0.8 mm)，则一般要使用固体垫片。这么大的间隙常常需要征得工程设计部门批准。固体垫片可以采用固态金属、层压金属或是复合材料制成。层压金属垫片可根据适合的厚度进行剥离。选择固体垫片材料时，确保在接头内没有潜在的电化学腐蚀是非常重要的。

制作液体垫片时，可以先在两个零件的结合面上钻制一系列小尺寸孔，以便安装临时紧固件，在垫片的制作过程中轻轻将两个零件的结合面夹住。液体垫片常常粘在两个零件的一个结合面上。而待粘接的零件表面应清洁并干燥以提供足够的粘接力。复合材料表面要进行打磨，另一零件结合面要用隔离胶带或隔离膜加以覆盖。配制液体垫片后，将其涂抹到一个零件面上，并定位另一零件面，然后用涂了脱模剂的临时紧固件夹持。通常液体垫片在配制 1 h 内会凝胶化，凝胶化前要将多余的或挤出的胶清除。通常垫片胶料固化约 16 h 后，拆卸零件并修补垫片里的任何孔隙或空洞。待修补过的地方固化后，可以进行零件装配。

11.3 孔加工

战斗机和商用客机之间的差异给各自的孔加工带来了不同的问题。战斗机很大程度上是根据性能和载荷定制设计的，因此其在蒙皮和子结构的设计上有许多厚度变化来减轻重量。所以此类飞机包含了各种广泛的紧固件种类、夹持长度和直径,但是实际的紧固件数量却有限。因为战斗机的机身尺寸较小,因此很多区域在装配的时候难以触及。相比之下,大型商用客机在紧固件的种类、夹持长度和直径方面有更多的共通性,而且由于尺寸原因,紧固件的数量更多。蒙皮和子结构在厚度上更趋于均匀。尽管受限的可触及区域问题不那么多了,但是零件尺寸大,难以操控。有很多类型的钻孔机和钻孔设备可以用来钻制结构件,大体可以按种类分成以下几类:手动钻、电动钻和自动化钻孔设备。

11.3.1 徒手钻

采用手持式的徒手钻,如图 11.4 中所示,几乎不太可能钻尺寸为 +0.003/−0.000 in(+0.08 mm/−0.00 mm)的紧公差孔。实际能控制的只是钻头钻速(r/min)。这取决于操作者能否保证做到以下几点:① 钻头要定位准确;② 钻头要垂直于制件表面;③ 钻头钻孔进给压力要足够但又不能损伤孔。尽管徒手钻明显不是最佳制孔手段,但仍频繁使用,是因为该手段无需诸如钻模板之类的工装投资,在许多操作空间受限的应用上,其可能是唯一可行的方法。典型的狭小操作空间的情况,如图 11.5 所示,一个工人在安装由两部分组成的 Hi-Lok 自锁紧固件上的垫圈。对于狭小且难以触及的区域,可以采用直角电钻。如果使用的是徒手钻,则操作者应使用钻套或三脚架来确保垂直度,并且应有详细的书面制孔和检验作业指导书。

图 11.4 典型徒手钻(图片来源: Cooper 电动工具)

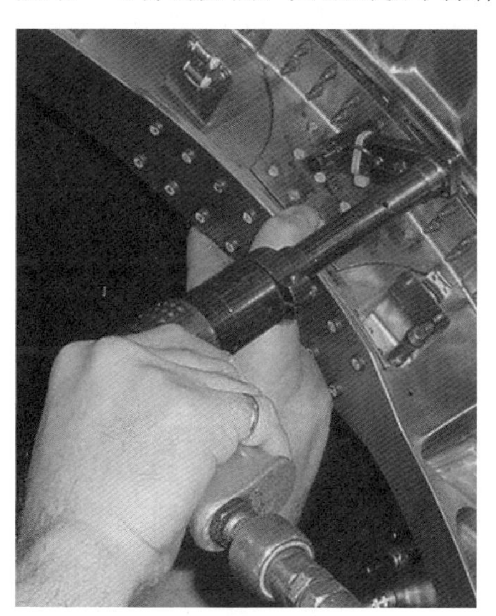

图 11.5 有限空间紧固件安装(图片来源: 波音公司)

装配过程中手工钻孔时,通常先钻小尺寸孔(导孔),安装临时紧固件将零件固定在一起,然后再钻制成足尺寸孔。通常采用 0.09~0.125 in(2~3 mm)小直径的钻头来钻制导孔。一般航空结构部件的孔径范围在 0.146~0.375 in(4~10 mm)之间,主要孔尺寸为 0.188 in 和 0.250 in(4.8 mm 和 6.4 mm)。在钻孔过程中，重要的是要使用锋刃钻，锋刃钻不像钝头钻那样走刀偏斜，其钻孔速度较快，而施加的力较小，极大地降低了零件受损的可能性。当钻制多材料叠层件时，要保证将叠层件牢固夹紧在一起。

手工钻孔采用的速度取决于应用的材料和其厚度。复合材料的钻孔难于金属材料，是因为复合材料易受到热损伤，而且在厚度方向上强度弱。复合材料表面非常容易产生劈裂（见图 11.6），特别是表面有单向带材料时。劈裂会发生在孔的任何一面。如图 11.7 所示，当钻头进入顶层时，因为钳住了顶层铺层材料，因此在材料基体上形成了剥离力。当钻头透出孔时，其产生的冲力在底面铺层材料上也形成了剥离力。顶层劈裂通常表明钻头进给速度太快，而钻头透出面劈裂则表明进给力过高。通常的做法是在复合材料零件的上、下表面都加一层固化织物，这种做法在很大程度上消除了钻孔劈裂问题。比起单向带材料，编织布材料更加不易于劈裂。通常，在制孔件的背面夹上一层诸如铝或复合材料的背衬材料有助于防止背面孔产生劈裂。钻制厚度为 0.25 in (6 mm)或更薄的碳纤维/环氧树脂层压板材一般不使用冷却液。干法钻制复合材料时，操作者应当配备真空收集粉尘的装置，并且应一直佩戴护目镜和口罩。

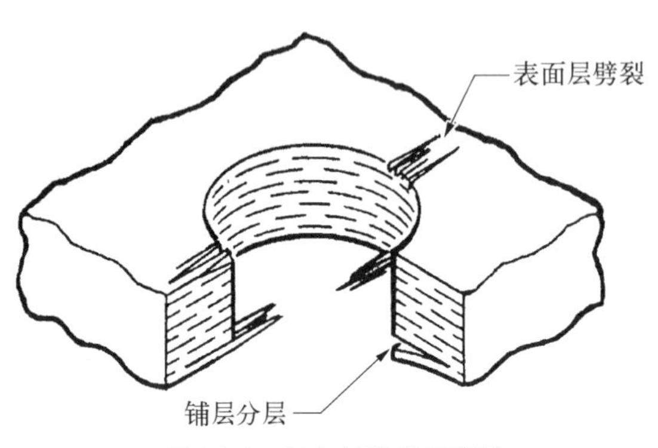

图 11.6　复合材料表面劈裂

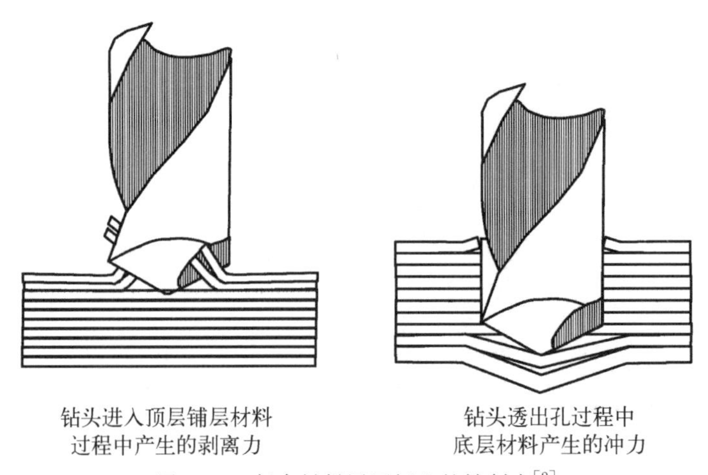

图 11.7　复合材料层压板上的钻制力[2]

因为环氧树脂基复合材料加热超过 400℉(200℃)时即开始分解,所以在钻孔过程中最大限度地减少热量产生尤为重要。典型的钻孔工艺参数是转数为 2 000～3 000 r/min,进给速度为每转 0.002～0.004 in/(r/min)[0.005～0.1 mm/(r/min)],但根据使用的钻头几何度和设备类型,该参数会有所变化。在确定钻孔工艺参数的试验过程中,常常采用热电偶和示温漆来监控产生的热量。复合材料和金属的叠层件钻孔工艺参数更多的是以金属来控制。例如,当钻制碳纤维/环氧树脂(C/E)与铝材的叠层件时,可能采用的钻孔速度为 2 000～3 000 r/min,进给速度为 0.001～0.002 ipr[0.03～0.05 mm/(r/min)];而钻制 C/E 与钛材叠层件时,则需较低的转速(300～400 r/min)和较高的进给速度 0.004～0.005 ipr[0.1～0.13 mm/(r/min)]。钛合金(Ti-6Al-4V)对热积聚也非常敏感(因而需较低转速),并且若采用轻切削,则钛合金易于快速加工硬化(因而需较高的进给速度)。

为了减少手工钻孔中的易产生的问题,一些制造商会编制详细的书面作业指导书,涵盖具体的制孔操作工序,并且提供具体工序所需的所有适合的配套工具。

11.3.2 电动进给钻

电动进给钻更适合于手工钻孔。在此工艺中,用一块样板来固定钻孔设备,确定好孔位并保持钻孔的垂直度。此外,一旦钻孔作业开始,钻孔设备就会以程序给定的速度和进给速度来实施钻孔。有一些钻孔设备,如图 11.8 中所示,可以编制不同的啄钻循环参数。在啄式钻孔(见图 11.9)工艺中,钻头要不时地退出以清理钻槽中的切屑。当钻制复合材料与钛材叠层件时,几乎完全采用啄式钻孔工艺,因为坚硬的钛屑容易造成后扩孔问题(见图 11.10)。该工艺还可以极大地减少钻制钛合金材料时可能发生的快速热积聚问题。

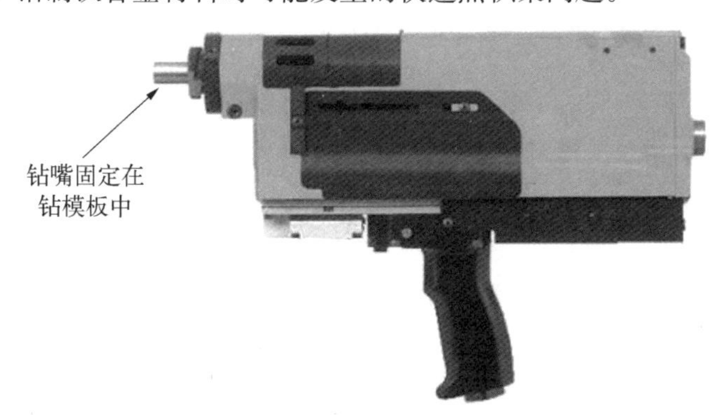

图 11.8 电动进给啄式钻(图片来源: Cooper 电动工具)

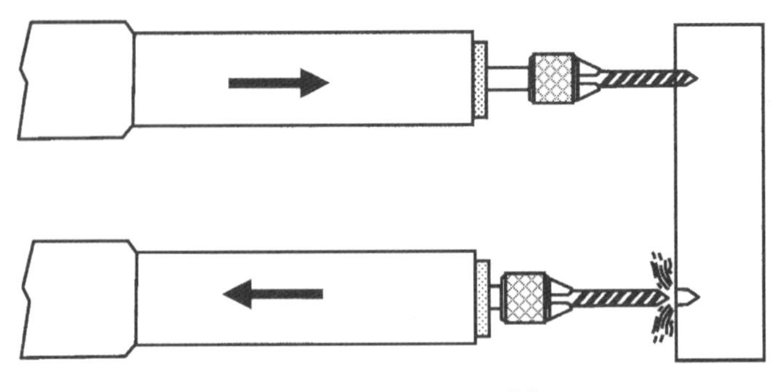

图 11.9 啄式钻孔工艺[3]

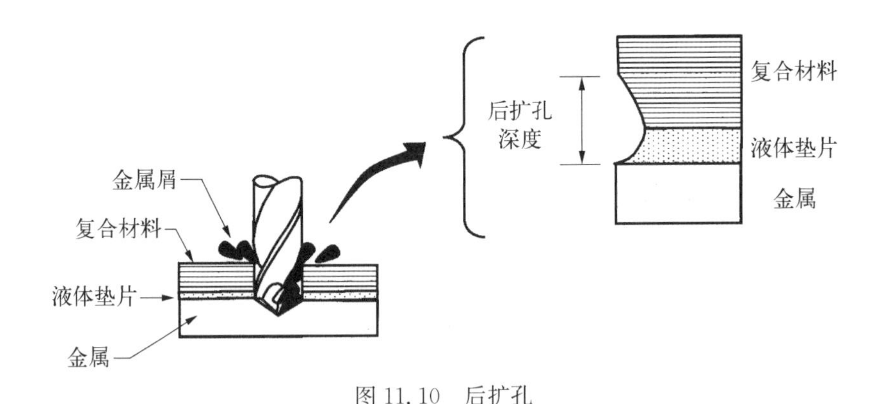

图 11.10 后扩孔

所有这些控制手段使得制孔质量越来越好,越来越稳定,特别是在复合材料与金属材料的叠层件上制孔时尤为如此。在碳纤维/环氧树脂与钛材的叠层件上钻制 0.188 in(5 mm)直径的通孔时,典型的啄钻循环参数为转速 550 r/min,进给速度 0.002～0.004 ipr[0.05～1 mm/(r/min)],啄动率 30～60(1～2 啄动/mm)。

钻制复合材料与金属材料的叠层件时,会发生后扩孔现象,如图 11.10 所示。这是因为铝或钛金属切屑在钻槽中移动时,容易对较软的液体垫片和复合材料基料进行磨蚀,从而导致孔磨蚀后尺寸加大。可以通过以下方式尽可能减少后扩孔现象: ① 消除所有间隙;② 采用小切屑的钻头形状;③ 改变转速和进给速度;④ 采用更适当的夹持方式;⑤ 钻孔后要铰孔至最终孔径;⑥ 采用啄式钻孔。

11.3.3 自动化钻孔

对于大量的制孔操作,可以为专门的应用设计和制造自动化钻孔设备。由于这些大型复杂的机床设备非常昂贵,所以通过制孔数量和制件量来判定是否需要进行设备投资。大型设备如图 11.11 所示。这些机床极其牢固精密，可以保证精确的孔位和垂直度。因为是数控设备，所以无需钻模板。这些设备配有视觉系统可以扫描子结构，并配有软件来调整孔位以与子结构的实际位置相匹配，即便该位置不完全与设计要求的位置一样。所有的钻孔参数都是自动化控制的，钻制不同材料时，可能要调整转速和进给速度。由于在机翼上要钻制厚的叠层材料，因此钻孔操作中通常采用水溶性射流或喷雾冷却液。所有的钻孔数据都会自动记录和存储，以进行质量控制。钻套上含有钻孔程序所用的条形码，以确保正确的孔采用正确的钻头。在钻孔过程中，此类设备还可以安装临时紧固件，将蒙皮与子结构固定住，并且此类设备还常常采用集钻孔-锪窝功能于一体的刀具，在同道工序中钻完孔接着锪窝。

4个独立钻柱

钻柱

图 11.11 自动化复合材料机翼钻孔系统(图片来源：PaR 系统公司)

以目前航空工业的发展趋势来看，这些大型的安装设备将会被较小型的、更灵活的设备所取代。如图 11.12 所示，在控制面的钻孔中采用的就是非专门设计的商用自动化设备，该设备进行了一些改型，并加配有专门钻孔用的终端操作机构。另一种就是采用数控钻孔夹具的形式，将钻孔装置和装配夹具集成在一起。如图 11.13 中所示，战斗机外翼的制造采用的就是这种相对低成本的设备。

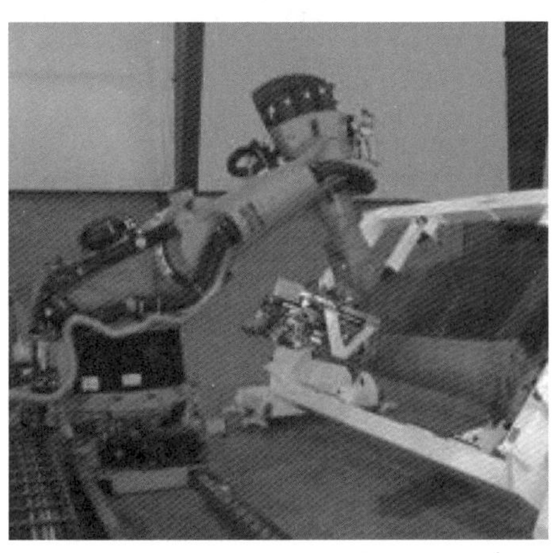
图 11.12 自动化钻制复合材料控制面(图片来源：波音公司)

钻头

数控钻孔夹具(NCDJ)

图 11.13 复合材料外翼数控钻孔夹具(NCDJ)钻孔系统(图片来源：波音公司)

11.3.4 钻头几何形状

在钻孔金属结构时多采用各种麻花钻头，如图 11.14 所示。因为特定的钻头几何形状会影响制孔的质量和数量，所以很多钻头几何形状为各航空制造商

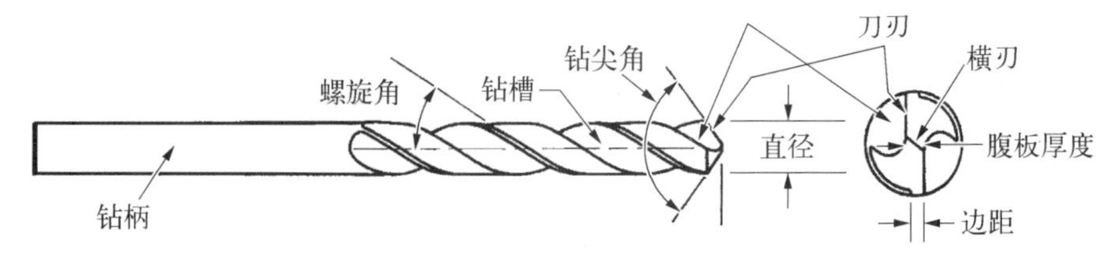

图 11.14 麻花钻头几何形状

专用。虽说标准麻花钻是用来钻制金属结构件的，但针对复合材料也开发出了一些独特的钻头几何形状，如图 11.15 中所示的几款。钻头的设计和钻孔程序很大程度上取决于被钻制的材料。例如，碳纤维和芳纶呈现出不同机加工特性，因而需要不同的钻头几何形状和钻孔程序。此外，复合材料与金属叠层件对刀具和制孔程序的要求也不同。扁平双槽和四槽匕首钻专门开发用于钻制碳纤维/环氧树脂材料的叠层件。一般双槽匕首钻运行转数为 2 000～3 000 r/min，四槽匕首钻运行转数为 18 000～20 000 r/min。钻制复合材料-金属叠层件通孔时，钻头的几何形状多取决于金属，且经常采用专用麻花钻。由于芳纶压缩强度较低，因此钻孔过程中易压入基体材料而难以整齐切割，从而造成起毛和纤维磨损。用于芳纶的钻头，其 C 形刀刃可以拔出孔外纤维，且在切割的过程中保持受拉状态。典型的芳纶复合材料的钻孔工艺参数为转数 5 000 r/min，进给速度 0.001 ipr[0.03 mm/(r/min)]。

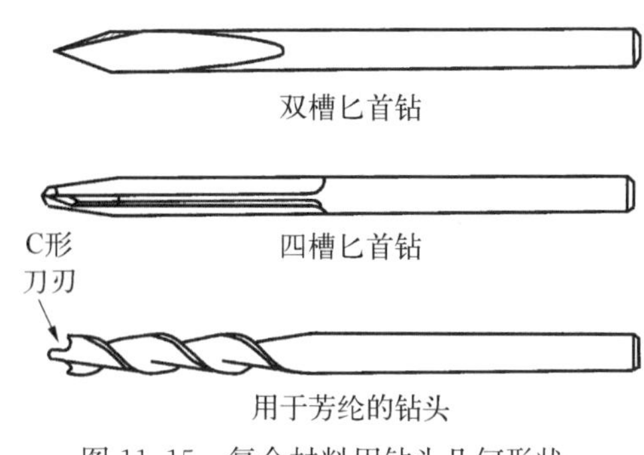

图 11.15 复合材料用钻头几何形状

尽管标准高速钢(HSS)钻头在玻璃纤维和芳纶复合材料中发挥了良好的作用，但是由于碳纤维具有极强的耐磨性，因此需要采用硬质合金钻来保持足够的钻头寿命。例如，高速钢钻头只可以在碳纤维/环氧树脂材料上(C/E)钻 1～2 个合格的孔，而同样几何形状的硬质合金钻则可以很轻松地钻制 50 个或更多合格的孔。用固定自动化钻孔设备钻制碳纤维/环氧树脂材料时，多晶金刚石(PCD)钻头在提高生产能力方面表现卓越。PCD 钻头刀身为硬质合金，刀刃熔结了一点儿金刚砂。虽然 PCD 钻头非常昂贵，但考虑到每把钻头的制孔数量和较少的更改需求，在成本上还是很合算的。但是，PCD 钻头不能徒手或非固定安装使用；如果在钻孔的过程中出现任何振动或颤动，则钻尖会立刻碎裂和折断。

11.3.5 铰孔

尽管钻孔时一下钻至终孔是比较理想的，但是常常需要铰孔至其最终直径。铰孔采用硬质合金铰刀，以 500～1 000 r/min 一半的钻孔速度来进行。在一些复合材料-金属结构中，紧固件的安装在复合材料上采用的是间隙配合，在金属结构上采用的是过盈配合，以提高金属的疲劳寿命。对于这种情况，先在复合材料-金属叠层件上制出最终孔径，然后拆下复合材料蒙皮，并且铰制复合材料蒙皮上的孔，以提供间隙配合紧固件安装。重新装配叠层件时，对于紧固件的安装，复合材料采用间隙配合，而金属采用过盈配合。

11.3.6 锪窝

只有当凸头紧固件不满足设计要求时才会进行锪窝操作。一般来说，锪窝降低了静力连接强度和疲劳寿命。在平头紧固件的锪窝过程中，不能锪窝太深，且不能在锪窝的制件上产生刀口。因为刀口会造成明显的应力提升，还会使紧固件倾斜，并且高出锪窝表面，从而造成低的连接屈服强度和降低疲劳寿命。一般情况下，如图 11.16 所示，锪窝绝不能使钉头与板材反面的距离近于 0.025 in (0.6 mm)或穿透超出材料厚度的 80%。导向锪窝钻有助于使锪窝工具与孔心保持一致，并且可以采用微调限动器来控制锪窝深度。

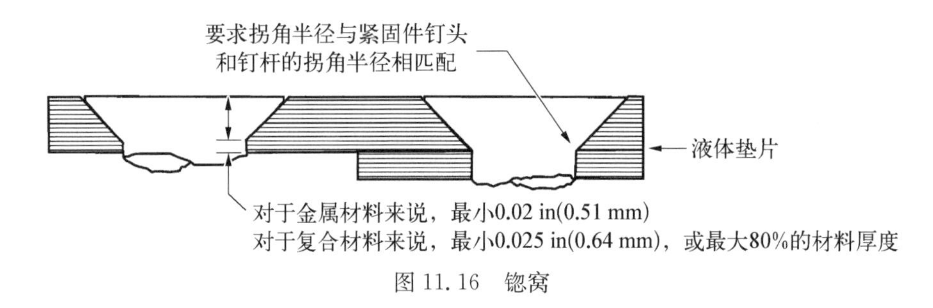

图 11.16 锪窝

除了锪窝向孔内过渡部位的角半径必须要与紧固件钉头和钉杆的角半径相匹配以外，复合材料结构的锪窝操作方式与金属材料的锪窝方式几乎一样。因为复合材料层间剪切强度低，因此如果不满足此条件，则会在紧固件安装施力的情况下造成材料裂纹和分层。用于复合材料的锪窝钻通常采用整体硬质合金材料或镶硬合金刀片的钢材料或镶金刚石(PCD)刀片的钢材制成。

11.4 紧固件的选择与安装

在航空结构组装中用到了许多类型的紧固件，最普遍的莫过于实心铆钉、带套环的销钉、带螺母的螺栓和单面抽钉。图 11.17 中给出了一些航空紧固件的实例。还有许多其他类型的紧固件，包括多件组成的快卸紧固件、弹簧销、圆柱销、带头销钉、锁销、开口销、螺纹嵌入件、定位环和垫圈等。

由于在飞机建造中用到了如此之多的不同种类的紧固件，因此各航空企业制订出了关于紧固件的使用政策，规定了每个项目如何选择和使用紧固件。此

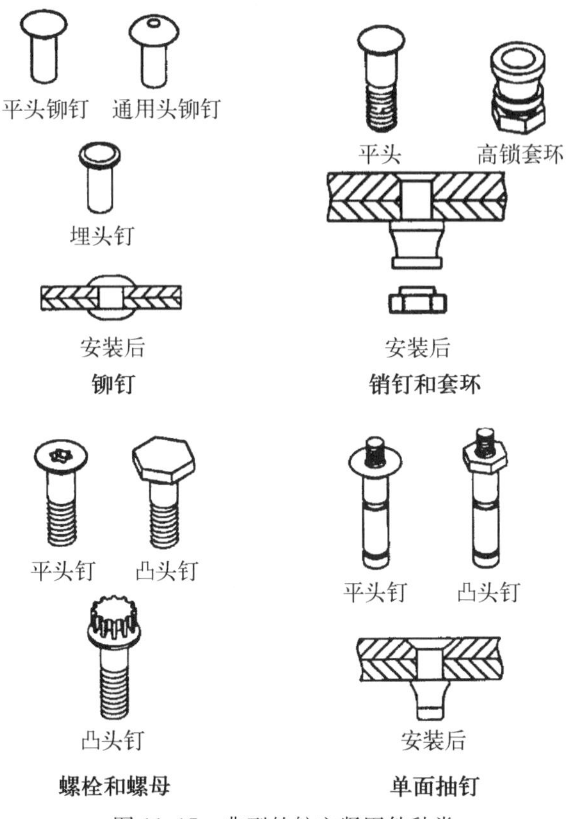

图 11.17　典型的航空紧固件种类

类政策通常包括紧固件的使用限制、选择标准、孔尺寸标注信息、强度许用值、材料兼容性和防护措施，以及批准的紧固件清单。如果在单独的工程图纸上没有规定最小边距和紧固件的间距要求，则这些要求也可以在紧固件的使用政策中加以规定。对于一个直径为 d 的孔，典型的边距为 $2d\sim3d$，典型的紧固件间距为 $4d\sim6d$。

选择复合材料机械紧固件材料时需要考虑，防腐蚀问题。铝和镉涂层的钢制紧固件与碳纤维材料接触会发生电腐蚀。钛合金(Ti-6Al-4V)由于其高强度-重量比和耐腐蚀性，因此通常被认为是用于碳纤维复合材料的最佳紧固件材料。要求更高的强度时，可以采用冷加工的 A286 铁镍或铁镍基的铬镍铁合金 718 材料。如果针对非常高载荷的接头有极高的强度要求，则可以采用镍钴铬多相合金材料 MP35N 和 MP159。玻璃纤维和芳纶因为没有导电性，因此不会引起金属紧固件的电腐蚀。

在结构件上安装紧固件之前测量紧固件的夹持长度尤为重要。可以采用民用量规,将其放置在孔内来测量正确的夹持长度。在测定螺纹紧固件的夹持长度时,重要的是紧固件要足够长使得螺纹不承受支撑或剪切载荷;也就是说,孔内不应有螺纹。此外,安装螺母并紧固到适当的扭力时,应至少露出 1 道且不能超过 3 道螺纹。露于飞机外模线的紧固件在安装前通常将紧固件的端头浸沾聚硫密封胶进行"湿"安装。这种操作法有助于防止有可能造成金属子结构腐蚀的湿气侵入。

11.4.1 复合材料连接的特殊考虑

当一个孔位于复合材料层压板上时,它会造成应力集中,从而使层压板的整体载荷和承压能力严重降低。即便是设计合适的机械紧固连接也只能表现出 20%~50%的基本层压拉伸强度。像钻孔一样,复合材料上的紧固件安装比金属结构上的紧固件安装更难、更易损伤。紧固件安装的一些潜在问题如图 11.18 所示。如之前讨论过的,安装紧固件时,未加垫片的间隙会造成复合材料蒙皮或者复合材料子结构(或者两者都)发生裂纹。在油箱中,经常采用密封槽来帮助防止燃油渗漏,还可以采用带 O 形密封圈的紧固件进一步防范渗漏;然而,经验表明带 O 形密封圈的紧固件会造成层间开裂。尽管理想状态是希望

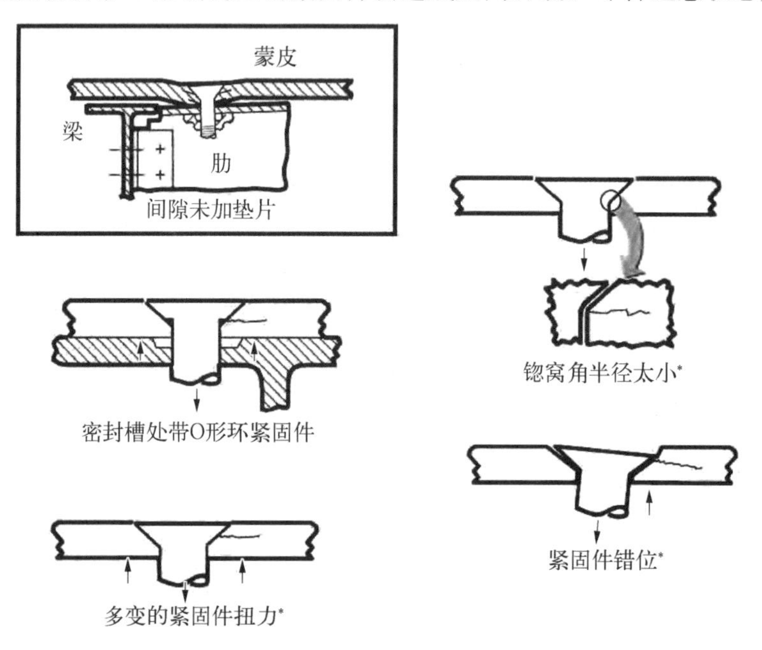

图 11.18 紧固件安装缺陷

注:* 为与未加垫片的间隙情况相结合

紧固件能很好地夹紧,但紧固件承受过大扭力时也会产生裂纹。如果锪窝半径太小,并且和紧固件钉头与钉杆的角半径不匹配,则紧固件会施加集中的载荷,从而造成基体开裂。同样地,紧固件错位,孔与锪窝对位失准也会导致集中载荷和裂纹的产生。

在任何机械紧固连接中,高夹持力对静力强度和疲劳强度均有益。高夹持力在连接中产生摩擦,延迟了紧固件翘起,并且减少了疲劳载荷过程中的连接位移或步进。由于紧固件翘起和局部承压应力高,因此大部分孔最终会在承压下遭到破坏。为了在复合材料上达到最大的夹持力而又不会局部压坏材料表面,现已设计出了具有大覆盖面积(即采用大钉头和螺母与复合材料相贴)的专用紧固件,来帮助尽可能大面积地分散紧固件的夹持载荷。在螺母或套环的下面还会经常加垫圈来帮助分散夹持载荷。总之,承压面积越大,可能施加到复合材料上的夹持力就越大,产生的连接强度也越高。此外,复合材料中常采用抗拉头紧固件而不是抗剪头紧固件,因为抗拉头紧固件在疲劳过程中不易受螺栓弯曲的影响,并且在薄结构上安装紧固件的过程中,其较大的钉头有助于防止紧固件拉穿材料。

11.4.2 实心铆钉

铆接已成为制造航空结构最普遍的方法。由于在较新型的飞机上,复合材料结构和钛金属结构取代了铝材结构,而钛金属或是复合材料结构中通常不使用铆钉,所以铆接的结构会在未来有所减少。但是,铆钉现在乃至将来仍会是航空结构的重要紧固手段。紧固件在安装过程中会发生几种物理变化:① 铆钉膨胀以填孔(这样可以保证紧配合);② 通过加工硬化,铆钉的硬度会增加;③ 受加工的钉头通过塑性变形得以成型。

铆钉很少用在复合材料中的原因有二:① 铝制铆钉与碳纤维接触会产生电腐蚀;② 铆接过程中铆钉的震颤和膨胀会引起复合材料分层。如果要使用铆钉,则所选的铆钉类型通常为双金属形式,钉身为 Ti-6Al-4V 材料,钉尾为较软的钛-铌合金,安装时采用压铆而不是振铆形式。此外,铆钉墩头一定要顶住金属而不是复合材料。当用于复合材料上的双锪窝孔时,实心铆钉还可设计成尾端空心形式,以允许端部外扩而不会造成破坏性膨胀。

11.4.3 销钉带套环式紧固件

最普遍使用的以后无需拆卸的部位就是销钉带套环类紧固件。这种销钉类似于螺栓,与自锁性或压接套环一起使用,如果不破坏套环或是销钉,则用标准工具是无法进行拆卸的。销钉带套环式紧固件有较高的强度,由 Ti-6Al-4V、A286 铁镍合金或是 718 铬镍铁合金材料制成。具有代表性的钉头设计类型包括抗拉凸头、抗剪凸头、100°全沉头和 100°缩径式沉头。

如图 11.19 所示,高锁(Hi-Lok)紧固件为一种典型的销钉带套环式紧固件。高锁紧固件由一个带螺纹的销钉和一个套环组成。螺纹销其实就是一种改型了的螺栓,而套环基本上就是一种螺母,带有断槽,可以控制施加在销钉上的扭力和预载荷量。高锁紧固件有埋头和凸头两种抗剪和抗拉剪形式的紧固件。虽然高锁紧固件可以采用间隙配合或是过盈配合方法进行安装,但是在复合材料结构上常常采用的是间隙配合安装法。紧固件的销钉部分通常由 Ti-6Al-4V 材料制成,螺母部分由 A286 材料制成。偶尔也会使用钛制螺母,但是必须涂以防磨损润滑油,否则螺纹部位会易于磨损,持久的夹紧效果则会受到不利影响。用一个六角键插入钉杆内来抵抗施加在螺母上的扭力。拧紧螺母直至达到其预定的扭力值并且螺母的顶部断裂。钉头下面可以加垫圈来帮助分散材料表面上的承压载荷。

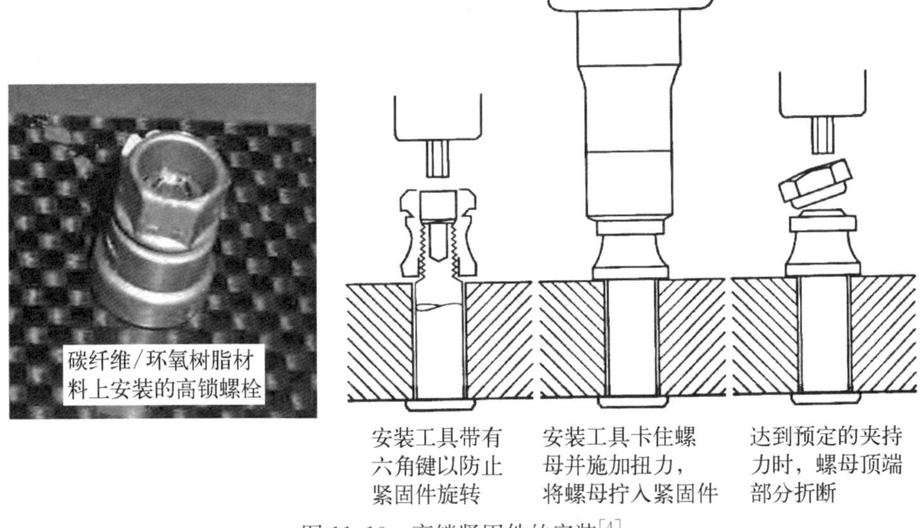

图 11.19 高锁紧固件的安装[4]

环槽钉是另一种常用的销钉带套环式紧固件,可以采用从背部抽拉或是挤压套环的方法进行安装。具有代表性的抽拉式环槽钉的安装步骤如图 11.20 所示。环槽钉与高锁螺栓的不同之处在于:高锁螺栓上有实际的螺纹供螺母旋入,而环槽钉上则有一系列环形槽供套环挤压进入。一旦挤压就位,环槽钉就不能“退出”(松懈),其具有超级抗震性。环槽钉有埋头或凸头抗剪、抗拉伸-抽拉类型,以及抗剪-桩头类型。与相同直径的螺栓-螺母组合相比,通常环槽钉重量较轻,而且安装成本较低。但在复合材料上安装环槽钉时必须要注意防范以下两点:① 抽拉式环槽钉通过必要的抽拉动作对复合材料施加了相当大的力从而将套环挤压到销钉上。如果复合材料太薄,则紧固件可能拉穿材料;而且,如果存在任何间隙未加垫填充的状况,则当紧固销钉折断时,复合材料就会发生裂纹和分层。② 如果是在复合材料上安装背部环槽钉(也被称为桩头式环槽钉),则应通过自动化设备安装,这样可以小心控制挤压操作。

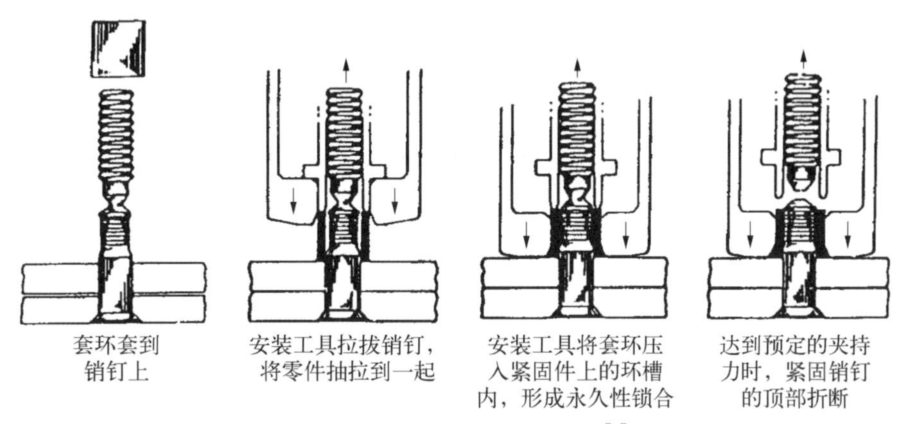

图 11.20 抽拉式环槽钉的安装[4]

第三种类型的销钉带套环式紧固件就是如图 11.21 所示的埃迪螺栓。根据所示的安装顺序,首先将带螺纹的套环拧到销钉杆上,然后再将其挤压入销钉上的螺槽内。比起仅仅依靠扭力而锁紧的高锁螺栓,这种挤压使得埃迪螺栓能够可靠锁紧,而且在保持夹紧载荷方面更具优势。但是这种紧固件和安装工具的价格昂贵,套筒工具易于磨损,且安装难度大。埃迪螺栓常常专门用在进气管部位,该部位的紧固钉如果是别种类型的,则可能会松落,飞入发动机叶片损坏发动机。

11.4.4 螺栓和螺母

螺栓连同螺母和垫圈不但用来连接那些可能要拆卸的高负载结构部件,以提供检修性,而且用于永久性连接。结构螺栓用在抗疲劳、抗剪切和抗拉伸的关键连接上。当部件双面都可以触及并进行检修时,可以使用螺母,用扳手上紧螺母;当只有一面可以触及并进行检修时,则要使用托板螺母和成组游动托板自锁螺母。每个结构螺栓的钉杆必须足够长以确保在连接处没有螺纹承压。可以附加使用垫圈来调整夹持长度。但是,禁止使用防松垫圈,因为它们会破坏连接结

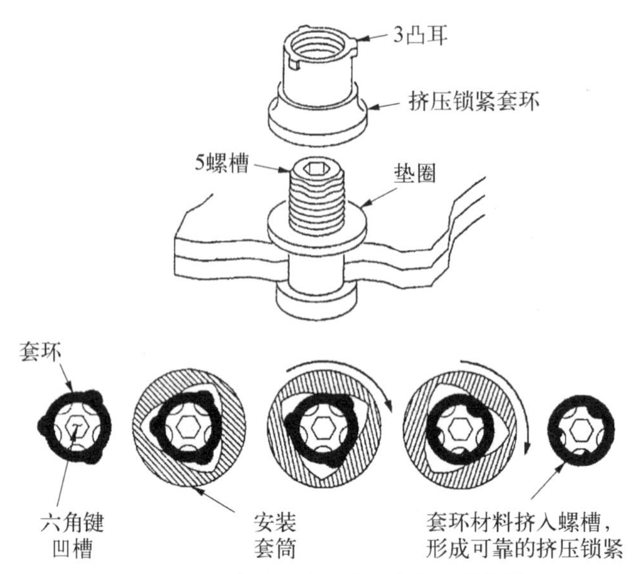

图 11.21　埃迪螺栓可靠锁紧紧固件[4-5]

构上的防护处理涂层。垫圈应用在凸头螺栓的钉头和螺母的下方，以帮助分散载荷以及防止压坏复合材料表面。

螺栓有多种钉头种类，包括抗拉伸凸头法兰头、抗剪切凸头、100°全沉头和100°缩径式沉头。结构螺栓的螺纹滚制而成，而钉头通过锻制成型以增加强度。所以这两种加工操作既给紧固件带来了残余压应力，同时也提高了紧固件的耐应力腐蚀开裂能力。认为直径小于0.19 in(5 mm)的螺栓是非结构性螺栓，主要用于连接支架和其他各种硬件。非结构性螺栓上的螺纹可以机加工而成，也可以滚制而成。有些螺母是自锁式的，有些则不是；对于这些不是自锁式的螺母，采用开口销和保险丝进行固定。对于结构部件不平行的情况，可以采用自调整螺母(8°以下)。对于抗拉伸或是抗剪切载荷的应用，也设计有专用螺母。

安装结构螺栓时，高预紧力或高扭力有助于防止疲劳和震颤。但是，高预紧力将螺栓置于拉伸应力之下，过高的预紧力会增加某些紧固件材料遭受应力腐蚀开裂的敏感性。因此螺栓的预紧力通常限制在其屈服强度的50%～60%。此外，所有连接处的紧固件预紧力大约要与扭力相同，这样紧固件才能均等地分担载荷。如果紧固件经受的扭力不同，则那些被预紧到较高值的紧固件比起那些经受较低扭力的紧固件要承载更大部分的载荷量。低的螺栓预紧力会造成连接处扭转、错位、松开，并且会在相贴合的零件之间形成间隙；此外，还会降低紧固件的疲劳寿命。对于高负载的螺栓连接，常常会在工程图纸上规定出相应的扭力值。

高强度螺栓或螺钉,配以托板螺母或成组游动托板自锁螺母,可用于可能需要被拆卸的蒙皮部位。典型的托板螺母和成组游动托板自锁螺母如图 11.22 所示。每个托板螺母需要 3 个孔：2 个小的铆钉孔用来将托板螺母与结构相连接,1 个主要的紧固件孔,攻有螺纹,可以使用螺钉。针对不同的安装,有众多种类的托板螺母构型可用,包括自调整式托板螺母。由于成组游动托板自锁螺母无需针对每个紧固件都开 2 个铆钉孔,所以有长排的紧固件要安装时,通常采用成组游动托板自锁螺母。因为它们的延槽定距相连,从而节省了安装工作量。配以托板螺母或成组游动托板自锁螺母的螺栓所表现出的在静态或疲劳载荷方面的性能不像单面紧固件那样好,这是因为连接处挠曲增大,而紧固系统的刚度却较小(见图 11.23)。

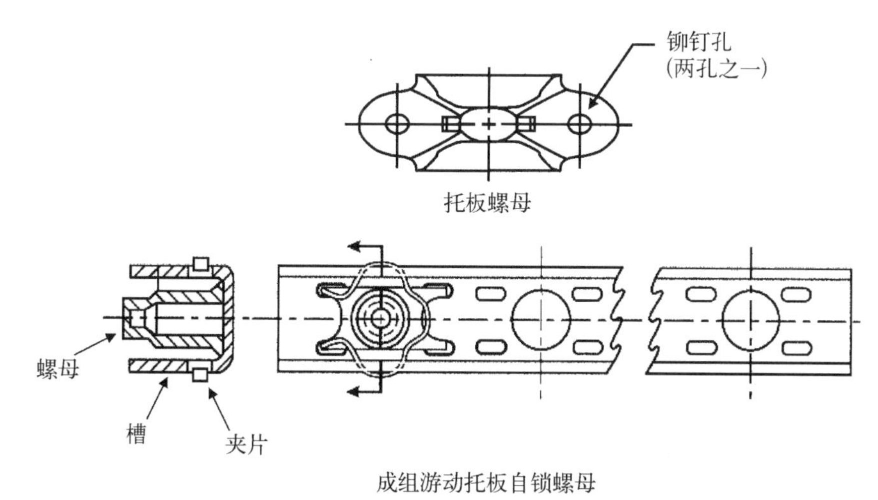

图 11.22　托板螺母和成组游动托板自锁螺母[4]

11.4.5　单面紧固件

对于那些空间受限或无法接近的背面结构区域常采用单面紧固件。然而,像之前讨论过的实心销钉带套环式的紧固件,由于其强度较高,而且具有更好的夹持力和抗疲劳性,因此通常为人们所喜用。图 11.24 中给出了两种单面紧固件：螺纹穿芯螺栓和抽拉式紧固件。螺纹穿芯螺栓(见图 11.25)通过内螺丝机构使钉头发生变形并拉拔紧固件使之夹紧结构;而抽拉式单面紧固件运用的是纯粹的拉拔机能来成型结构背面的钉头。较高的夹持力会产生更大的接触覆盖面,所以说使用螺纹穿芯螺栓可以获得更长的疲劳寿命。但是,抽拉式紧固件重

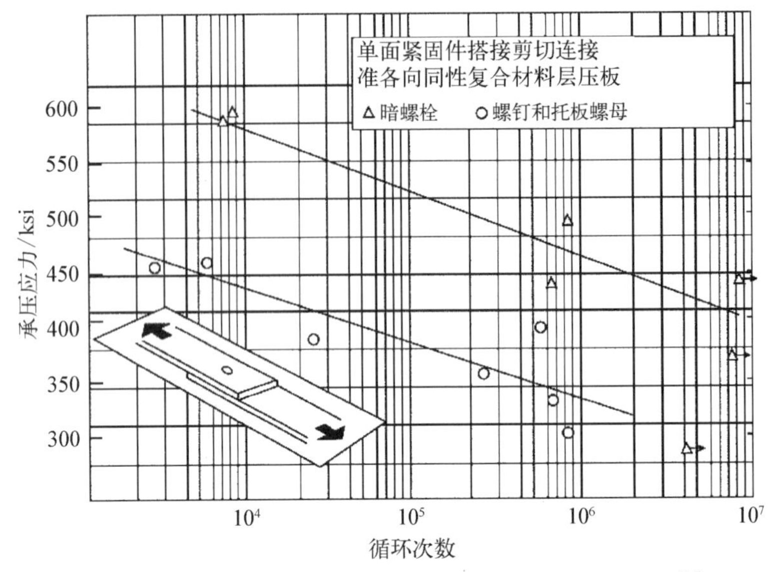

图 11.23 单面紧固件在疲劳性能方面优于螺钉和托板螺母[4]

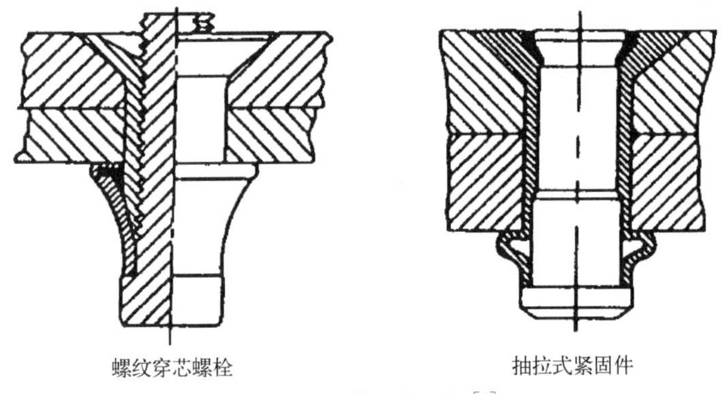

图 11.24 单面紧固件[4]

量较轻,安装更为快捷,而且价格更为便宜。除非紧固件的墩头部分顶靠金属,否则不建议在复合材料上应用单面紧固件。然而,也有一些带大接触面的专用单面紧固件可以直接顶住复合材料表面。

11.4.6 过盈配合紧固件

在金属结构中还常常用到过盈配合紧固件来提高疲劳寿命。金属上安装过盈配合紧固件时,在孔周围的小区域会产生塑性变形,形成一个压应力场,其在疲劳载荷主要为拉伸类型时有益。根据结构要求,过盈配合量是可以变化的,通常在 0.003～0.004 in(0.08～0.1 mm)范围内。一些高负载孔采用的既是冷加

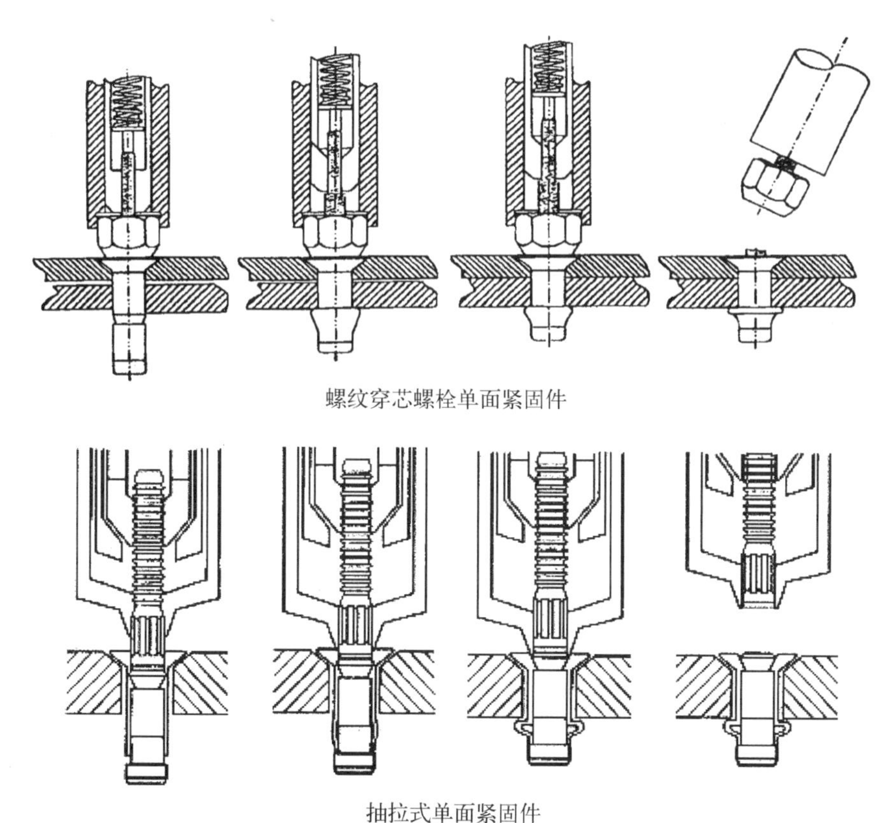

螺纹穿芯螺栓单面紧固件

抽拉式单面紧固件

图 11.25 单面紧固件的安装[4]

工又是过盈配合的紧固件。尽管这两项要求均已表明可以提高金属结构的耐疲劳性，但是每一项要求都增加了装配的成本，故而只有在真的需要时才加以规定。

在复合材料与金属的装配中，可能在金属结构上采用过盈配合法，而在复合材料上采用间隙配合法。正常是在叠层结构上钻制通孔。然后将复合材料蒙皮拆卸下来，并且用铰刀扩孔至较大的孔径，然后将复合材料蒙皮与金属结构重新装配，紧固件采用间隙配合安装透过复合材料蒙皮，而在金属结构上则采用过盈配合进行安装。即便这样，在安装过盈配合紧固件时仍要十分小心，这点很重要，因为即便是间隙配合，铆枪极大的振动也会在复合材料孔周围产生分层。

由于复合材料不会产生塑性变形，所以复合材料结构的疲劳寿命不是通过过盈配合紧固件来提高的。但是，过盈配合紧固件可以帮助锁紧结构，并且有助于防止连接处在疲劳载荷过程中产生的任何位移(即步进位移)。用小到 0.000 7 in(0.02 mm)的量在复合材料上安装标准的过盈配合紧固件即可导致材料开裂和层间分层。为了消除该问题,专门设计有带套筒的套筒式过盈配合紧固件(见图 11.26),在安装的过程中通过套筒来平均分散载荷,从而防止分层。采用这些紧固件,在量高达 0.006 in(0.15 mm)的情况下也不会损伤复合材料。无论是销钉带套环式紧固件(环槽钉)还是螺纹式穿芯单面螺栓紧固件(见图 11.27)均可制成带套筒形式。在复合材料结构中采用过盈配合紧固件有以下几个优点:连接位移较小;减少了紧固件翘起(从而降低了高的局部承压应力);锁紧结构(防止疲劳过程中产生的步进位移);在金属结构上要求过盈配合时降低了装配成本(因为对于复合材料无需拆卸和铰孔工序)。

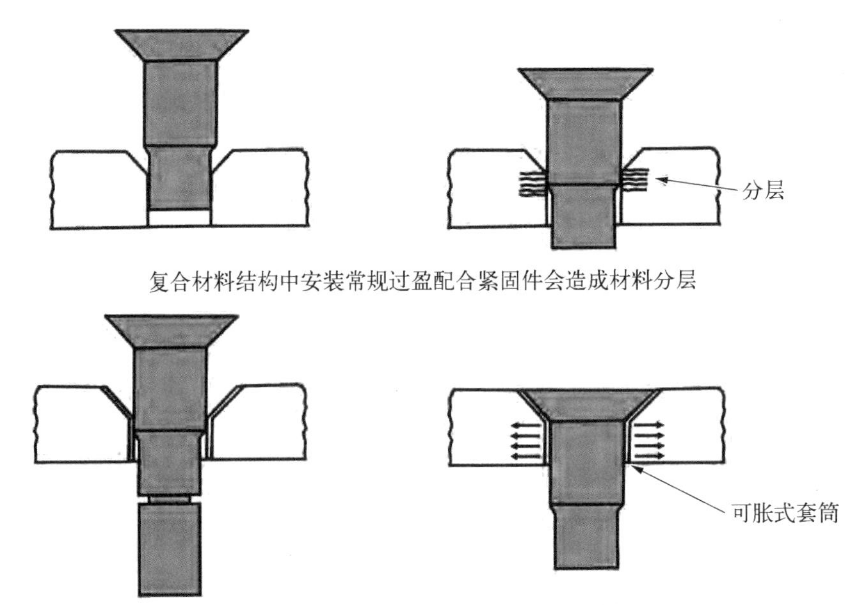

图 11.26 复合材料上的过盈配合紧固件[4]

11.5 密封和涂漆

许多结构有密封性要求,以防止腐蚀、水进入结构或结构中的燃油渗漏。典型的飞机机翼油箱构型如图 11.28 所示,列举了各种密封和防腐蚀的方法。对于碳纤维/环氧树脂(C/E)材料和铝材零件的连接,常用的方法就是在 C/E 零件的表面共固化或胶接一层薄的玻璃布,以充当电隔离屏障,从而防止铝材发生电腐蚀。

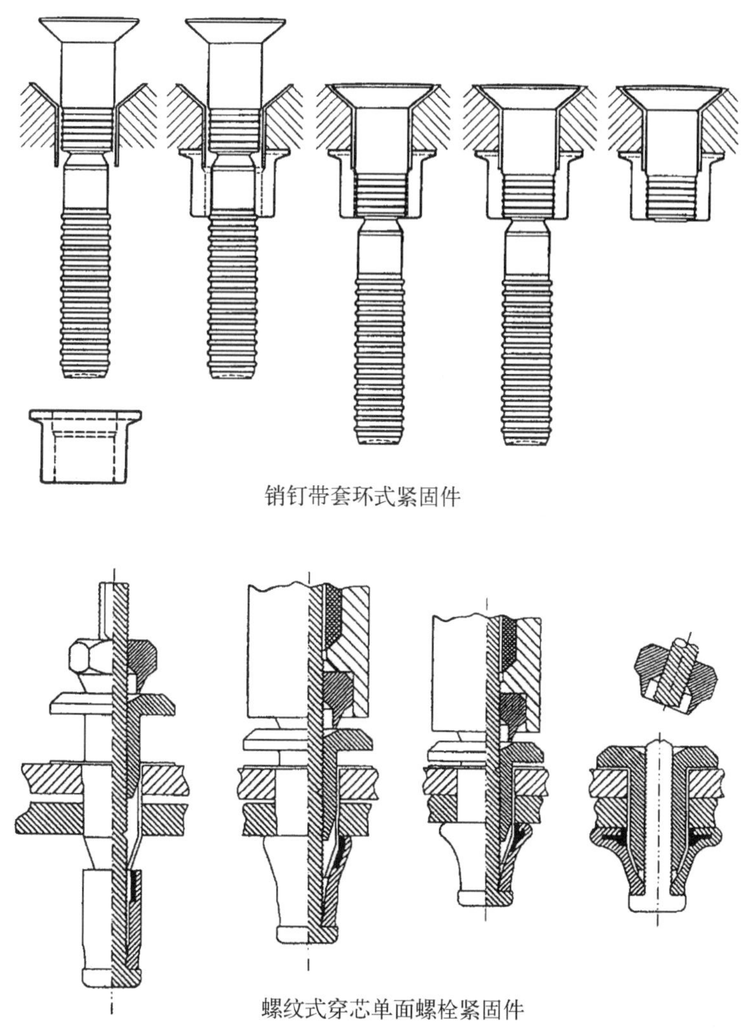

销钉带套环式紧固件

螺纹式穿芯单面螺栓紧固件

图 11.27 套筒式过盈配合紧固件的安装[4]

好的密封胶必须要具有良好的黏附力、高的延伸性、强的耐温性和耐化学性。通常采用聚硫密封胶来进行涂胶密封，其产品形式多样，有一系列的黏度和固化时间。聚硫密封胶可使用的温度范围是－65～250℉（－50～120℃），在短时间内甚至可以耐高温达 350℉（180℃）。此类密封胶中含有可滤取的耐腐蚀化合物，有助于防止铝制子结构发生腐蚀。如果有更高的温度要求，则可以采用耐高温达 500℉（260℃）的硅密封胶。外型线紧固件通常采用“湿法”安装，即在紧固件安装前先涂以密封胶。螺母在安装后常常再涂覆上密封胶。装配过程中，先采用贴合面密封（缝内密封），然后在周边采用填角密封（缝外密封）。贴合

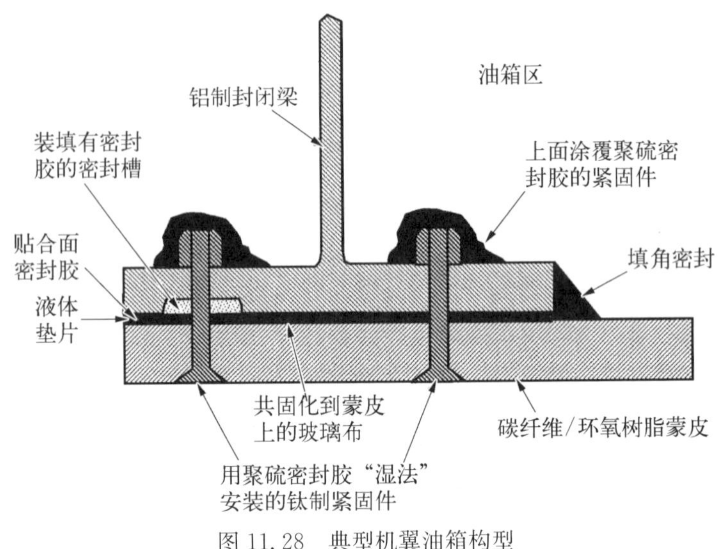

图 11.28　典型机翼油箱构型

面密封不能视作主密封，因为它极薄，可能会受结构的偏移产生断裂；填角密封才是主密封。所有潜在渗漏路径都必须进行填角密封。填角密封起泡部位需用填角涂胶工具进行修整，以消除气泡和空洞，从而提供精饰的填角密封外观。最重要的一点是填角密封胶要足量，以防止渗漏。选择适当的密封胶施工期也是非常重要的，如果所选的密封胶施工期太短，则可能密封胶在工作完成前就已凝固；如果所选的施工期太长，则固化可能要花很长的时间，从而导致生产进度受到影响。

油箱经常备有密封槽，槽里填充有氟硅酮密封胶，含有10%的直径为0.002～0.03 in(0.05～0.08 mm)的小微球，以更有效地填充间隙。这些微球有助于将密封剂保持在槽内，并填充宽度达0.01 in(0.3 mm)的密封间隙。密封胶一接触到油料就会膨胀，从而有助于更进一步地进行结构密封。通常密封槽会预装有密封胶，然后在高达4 000 psi(28 MPa)的压力下进行密封胶填注。注胶点的间距通常为4～6 in(10～15 cm)，可以设在紧固件安装孔处或是采用专门设计的内含注胶口的紧固件。

复合材料结构上的漆层粘附不像金属结构上的那样难。应清理干净材料表面上的所有污垢和油脂。如果零件上含有一层可剥层，则应去除掉。表面制备可以采用150～180目的砂纸进行砂光或是喷砂打磨处理。对于航空航天领域的应用，标准的表面处理体系是涂完环氧底漆后涂聚氨酯面漆。环氧底漆为加成固化的聚酰胺树脂，其含有以下成分：① 铬酸锶，一种用于铝材的特殊防腐剂;② 二氧化钛,可以用来增强耐用性和耐化学性;③ 硅胶等填充料,可以用来控制黏度和降低成本。零件应在砂光处理后 36 h 内涂覆底漆。底漆涂覆的干膜厚度为 0.000 8～0.001 4 in(0.02～0.04 mm),至少固化 6 h。聚氨酯面漆为脂肪酯基聚氨酯材料,具有良好的耐候性、耐化学性、耐久性和柔韧性。面漆涂覆的干膜厚度大约为 0.002 in(0.05 mm),初次固化 2～8 h,完全固化需要 6～14 天。现在正在研制更多的环保漆料,这些材料不含或含少量溶剂,被称为"低挥发性有机化合涂料"。诸如铬等有毒重金属材料正在被自带底漆的面漆材料所取代,这类面漆含有非铬酸盐高固体分聚氨酯,可同时替代环氧底漆和传统的聚氨酯面漆。

参考文献

[1] Price T L, Dalley G, McCullough P C, et al. Handbook: Manufacturing advanced composite components for air-frames[R]. Report DOT/FAA/AR - 96/75, Office of Aviation Research, 1997.

[2] Astrom B T. Manufacturing of Polymer Composites[M]. Chapman & Hall, 1997.

[3] D B Miracle, Donaldson S L. ASM Handbook, Vol 21, Composites[M]// Paleen M J, Kilwin J J. Hole drilling in polymer-matrix composites. ASM International, 2001.

[4] D B Miracle, Donaldson S L. ASM Handbook, Vol 21, Composites[M]// Parker R T. Mechanical fastener selection. ASM International, 2001.

[5] Armstrong K B, Barrett R T. Care and Repair of Advanced Composites[M]. Society of Automotive Engineers, 2005.

精选参考文献

[1] Bohanan E L. F/A - 18 composite wing automated drilling system[C]. 30th National SAMPE Symposium, 1985.

[2] Gauthier M M. Engineered Materials Handbook, Vol 1, Composites [M]// Bolt J A, Chanani J P. Solid tool machining and drilling. ASM International, 1987.

[3] Born G C. Single-Pass Drilling of composite/metallic stacks [C]. 2001 Aerospace Congress, SAE Aerospace Manufacturing Technology Conference, 2001.

[4] Fraccihia C A, Bohlmann R E. The effects of assembly induced delaminations at fastener holes on the mechanical behavior of advanced composite materials[C]. 39th International SAMPE Symposium, 1994.

[5] Jones J, Buhr M. F/A - 18 E/F outer wing lean production system [C]. 2001 Aerospace Congress, SAE Aerospace Manufacturing Technology Conference, 2001.

[6] McGahey J D, Schaut A J, Chalupa E, et al. An investigation into the use of small, flexible, machine tools to support the lean manufacturing environment[C]. 2001 Aerospace Congress, SAE Aerospace Manufacturing Technology Conference, 2001.

[7] Niu M C Y. Composite Airframe Structures: Practical Design Information and Data [M]. Conmilit Press, 1992.

[8] Ramulu M, Hashish M, Kunaporn S, et al. Abrasive waterjet machining of aerospace materials[C]. 33rd International SAMPE Technical Conference, 2001.

[9] Strong A B. Fundamentals of Composites Manufacturing: Materials, Methods, and Applications[M]. SME, 1989.

12 无 损 检 测

在复合材料制造工艺或使用过程中几乎每个环节都会发现缺陷。图 12.1 总结了可能发生的部分缺陷和损伤。在整理铺层的过程中,最严重的问题是出

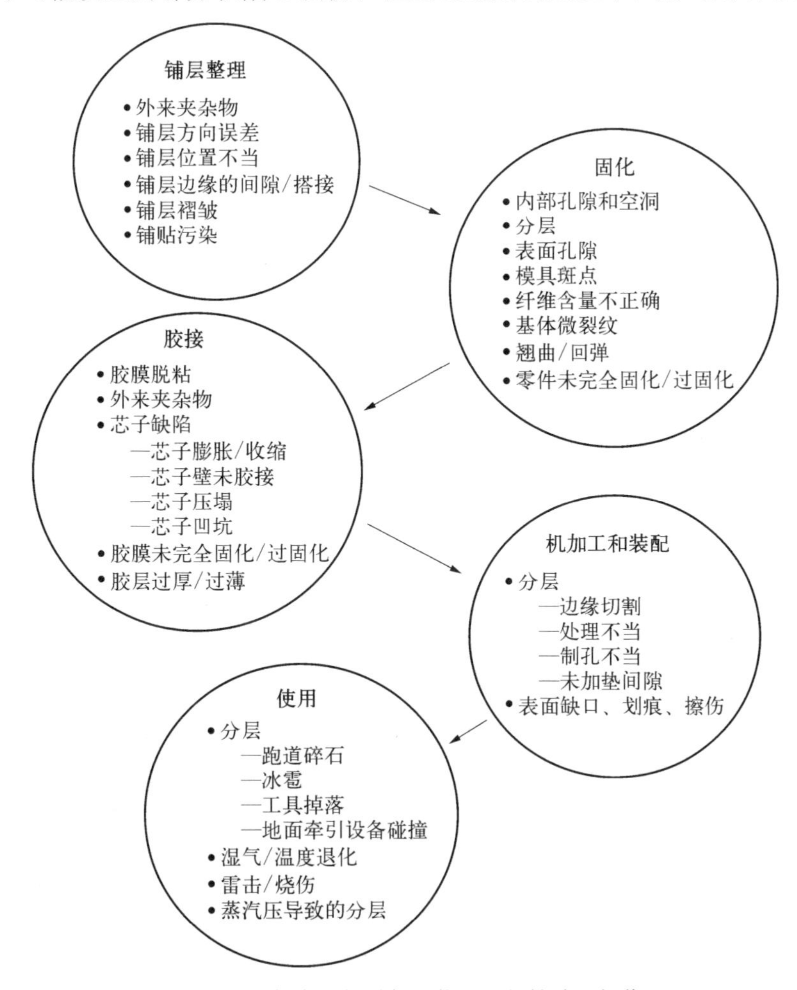

图 12.1 复合材料零件可能出现的缺陷和损伤

现夹杂物,包括预浸料上的背纸或塑料衬纸、诸如隔离膜或布之类的铺贴材料,或像刀片之类的工具。由于这些夹杂物会在固化时产生严重分层,因此若夹杂物足够大或位于高应力区,则需要对其进行修理或报废该零件。固化工艺也会产生缺陷,最严重的是孔隙和空洞。若涉及胶膜胶接操作,则胶膜脱粘是最严重的缺陷,随之而来的可能是大量蜂窝芯的缺陷。机加工或装配过程中发生的最严重缺陷类型是由不合理的切割、零件处理、制孔或安装紧固件时未对间隙进行加垫导致的分层。使用过程中产生的最常见损伤类型是分层。击中操纵面的跑道碎石、暴风雪产生的冰雹、机构维护时掉落的工具和地面牵引设备(如叉车)的碰撞,所有这些都会导致不同程度的损伤。准确地发现以上类型的缺陷和损伤非常重要,经批准可对这些缺陷和损伤进行修理。

通常用无损检测(NDI)方法检测零件和胶接组件,从而确保不会存在大尺寸缺陷或在会影响零件使用的关键区域出现缺陷。零件投入使用后采用无损检测方法定位和评估损伤范围,并根据损伤的严重程度来确定是否需要修理。

无损检测本身就是一种工程学科。所有大型航空公司和许多零件制造商都拥有致力于开发或改进零件检测方法的 NDI 团队。有关 NDI 的著作非常广泛,因此,本章仅涉及基础的关于 NDI 如何检测复合材料零件缺陷的内容。无损检测方法可以是简单的目视检测,也可以是非常复杂的含大量数据处理能力的自动检测系统。通常相对于金属来说,复合材料检测难度非常大,这是由其自身的非均匀特性,即包含多种铺层方向且包含大量的铺层变化的层压结构造成的。此外,NDI 的技术操作人员应就他所使用的 NDI 方法接受培训,并通过认证。

12.1 目视检测

目视检测是一种非常有用但具有一定局限性的复合材料零件检测方法,因为目视可见的仅外表面或边缘损伤,该方法并不能揭示零件内部的完整情况。所有零件都应定期检测表面裂纹、起泡、孔隙、凹坑或波纹、边缘分层或漆层褪色。目视检测时可用适当的手电筒和低倍放大镜(5～10 倍)辅助,如果待检区域不易直接看到,则可借助孔探仪和镜子。为使边缘分层和细密的表面裂纹看得更清楚,可通过干净的棉布用丙酮之类的溶剂浸湿后,擦拭可能出现缺陷的区域,然后观察溶剂的蒸发,如果发现裂纹或分层,则会有残余溶剂持续挥发并暴露缺陷的位置和尺寸。绝对不能使用染色的渗透剂,这类渗透剂会污染分层区的内表面,给后续修理带来困难或导致不可修。

通常将敲击试验归类为声音测试方法,实际上敲击试验是一种低频振动方法，由于目视检测经常采用该方法，故放在这节讨论。进行敲击试验时，用一枚硬币、垫圈或小锤子轻轻敲打零件表面，若敲击的是无损区域，则返回来的声音包含高频振动，比较响亮；而若敲击的是受损区域，例如敲击脱粘区域，则返回来的声音包含较低频率振动，比较沉闷。敲击试验能非常准确地发现厚度少于 0.04 in(1.0 mm)的薄蒙皮蜂窝夹层结构的脱粘或分层。对于复合材料层压板来说，敲击试验仅能检查出表面几层的分层，并不能检查出更厚区域的分层。敲击试验能检查直径为 0.5 in(12.7 mm)以上和深度为 0.25 in(6.4 mm)以内的缺陷。更精确的试验可采用电子敲击试验设备。虽然敲击试验是主要的缺陷筛选方法，但还是要通过超声检测来确定最终的分层缺陷尺寸。例如，冲击分层可能仅在表面的冲击点处显示出很小的凹坑，但分层通常从冲击点向四周发散，导致更广范围内的内部基体裂纹和分层。

12.2 超声检测

超声检测是最高效的复合材料零件检测技术。层压板最常见的两种制造缺陷是孔隙和外来夹杂物。由于孔隙处包含固-气界面，仅能传递很少声音，大量声音会反射回去，故可通过超声检测出孔隙。夹杂物或外来物若与复合材料的声阻抗完全不同，则也能被检出。

根据声波传递和反射原理进行超声操作。超声波穿过复合材料层压板遇到孔隙之类的缺陷时会在孔隙界面处反射部分能量，剩余能量则会穿透孔隙。孔隙率越高，反射的能量越多，穿透缺陷的能量越少。当电子信号激发器向传感器内的压电晶体发射一个电脉冲能量时，引起晶体振动，从而将电脉冲转化为机械振动(声波)，产生超声波。压电晶体也能将接收到的从零件返回的声波再转化回电脉冲能量。可以仅用一个晶体受脉冲作用，发出和接收声波；也可以用两个晶体，一个发射脉冲，另一个接收脉冲。通过改变接收到的返回声音的量检出缺陷。

进行超声检测时的声音频率范围为 1～30 MHz，而实际上大多数复合材料结构进行检测时通常只用到 1～5 MHz。高频(短波长)对小缺陷更敏感，而低频(长波长)可穿透厚度更深。当超声波束穿过复合材料时，由于散射、吸收和波束扩展导致声波衰减或消失。声波的衰减或消失通常用分贝(dB)表示。厚层压板波衰减得比薄层压板严重。

超声透射法是复合材料制造和装配过程中最常用的两种检测方法之一。超声透射法的原理如图 12.2 所示，发射传感器产生纵向超声波，穿过层压板，然后被放在层压板另一侧的接收传感器接收。若零件包含孔隙或分层之类的缺陷，则部分(或全部)超声被吸收或被散射,从而导致部分(或全部)声波未被接收传感器接收。超声透射法在检测孔隙、脱粘、分层和某些类型的外来夹杂物方面效果极佳。然而,该方法并不能检测所有类型的外来夹杂物,且不能给出缺陷的深度,例如聚酯薄膜和尼龙胶带就很难被检出。超声透射法通常需要在水箱中进行,或利用喷水装配辅助。

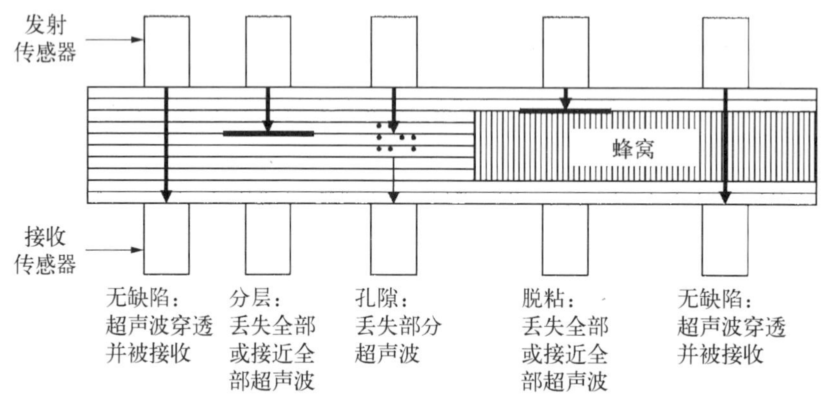

图 12.2 超声透射法

由于超声透射法并不能检测所有类型外来夹杂物或缺陷的深度,故常用超声脉冲反射法结合超声透射法检测零件。在脉冲反射法(见图 12.3)中,超声波的发射和接收都通过同一个传感器,因此,用来检测只有一侧表面可接近的零件效果极佳。若结构中存在缺陷,则接收到的来自背面的反射波振幅会有所衰减。结合内部缺陷引起的超声波衰减和脉冲的延迟时间等因素,可确定缺陷的深度。超声脉冲反射法可以检测出几乎所有类型的外来夹杂物,但确定孔隙率的能力不及超声透射法精准。若有合适的参考标块,则脉冲反射法可用于测量层压板

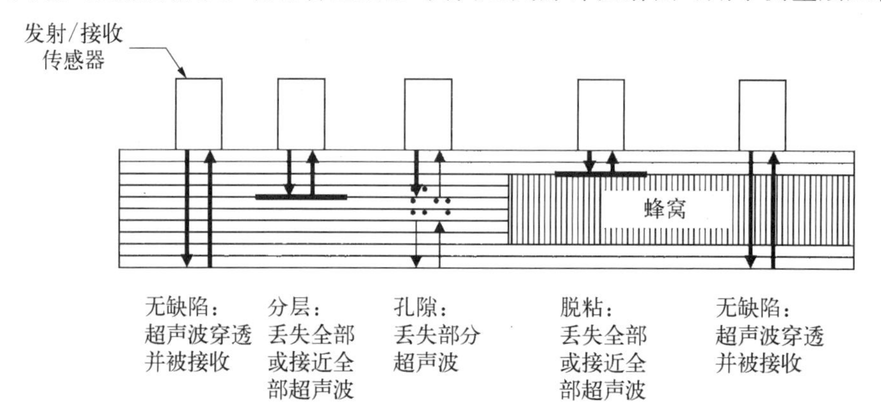

图 12.3 超声脉冲反射法

厚度和缺陷的深度。脉冲反射法比超声透射法更易受到传感器摆放位置的影响。对于脉冲反射法来说，传感器与被测表面的垂直度需控制在 2°以内，而透射法的偏离公差可以放宽至 10°左右。

由于空气和固体之间的界面存在严重的阻抗不匹配，对超声波在空气中的传播有不良影响，因此，需采用耦合介质使超声波从传感器到零件的传送更高效。手动检测常采用甘油化合物，而自动化系统采用水作为介质。自动化系统既可以采用喷水系统，也可以采用水下反射板系统，如图 12.4 所示。生产中最常采用喷水系统，该系统通常为大型龙门设备(见图 12.5)，通过数控扫描零件表面，在此过程中传感器始终与表面垂直，且标记每次扫描路径的终点。超声能量可转换为数字数据，并存入文件。图像处理软件可通过灰度或颜色显示出 C-扫描结果。现代设备的扫描速度可达 40 in/s(1.0 m/s)，一些设备还可同时记录透射波和脉冲反射波数据，以免对零件进行二次扫描。还有专门针对圆柱形零件设计的特殊设备，可在扫描过程中利用自带的转盘来旋转零件。

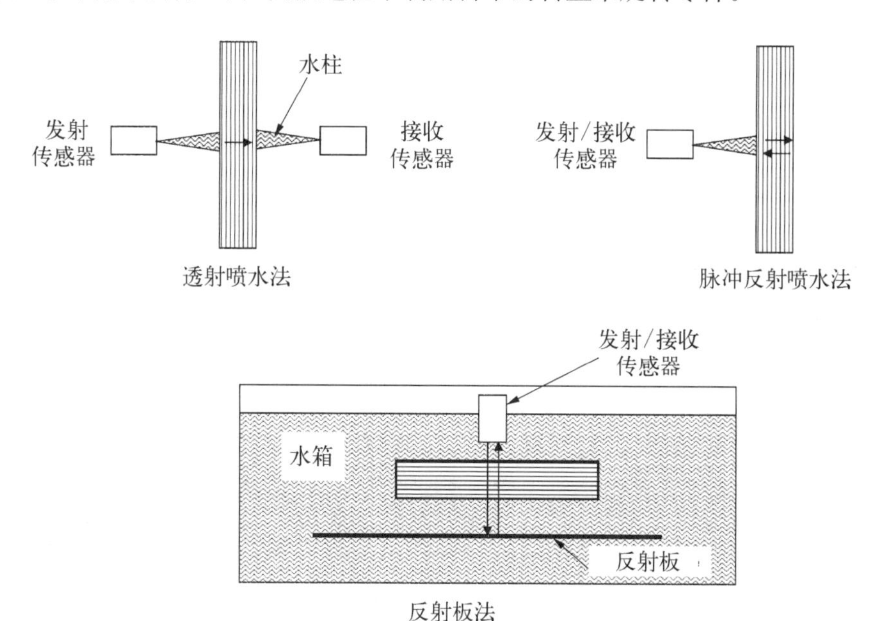

图 12.4 自动超声扫描设备

上述自动化设备以 C-扫描的方式显示输出结果，即零件的平面图，平面图中浅色(白色)区域表示声波衰减较少，即零件质量较好；暗色(灰色或黑色)区域表示声波衰减较多，即零件质量较差。图 12.6 给出了完好零件和含孔隙的不合格零件的透射法 C-扫描结果，零件上放置了用于精确定位的铅制参考标块。颜

图 12.5 现代的超声扫描设备(图片来源：波音公司)

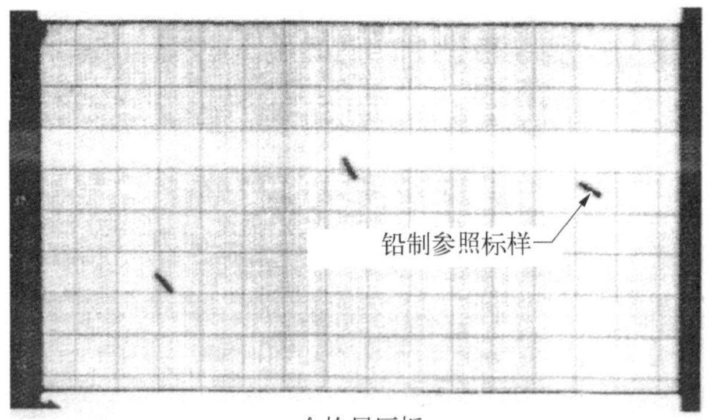

合格层压板

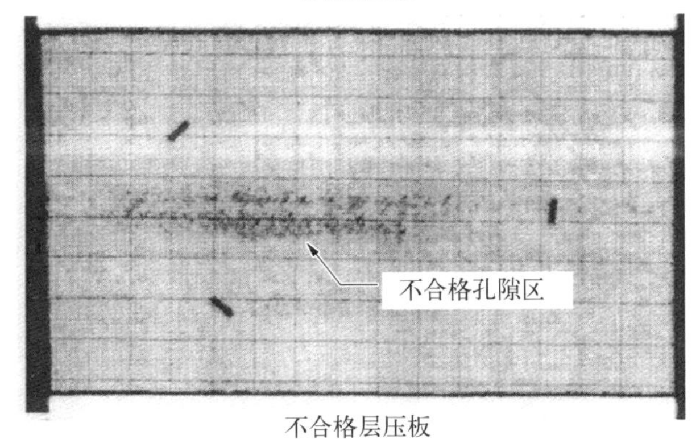

不合格层压板

图 12.6 复合材料层压板的超声 C-扫描

色越暗的区域,声波衰减越严重,零件的质量越差,如图 12.7 所示。虽然透射法可以很好地检测孔隙,但如果缺陷密度相似,则该方法无法区分离散孔隙(见图 12.8)和平面空洞。此外,铺层褶皱之类的其他缺陷也易与孔隙混淆。

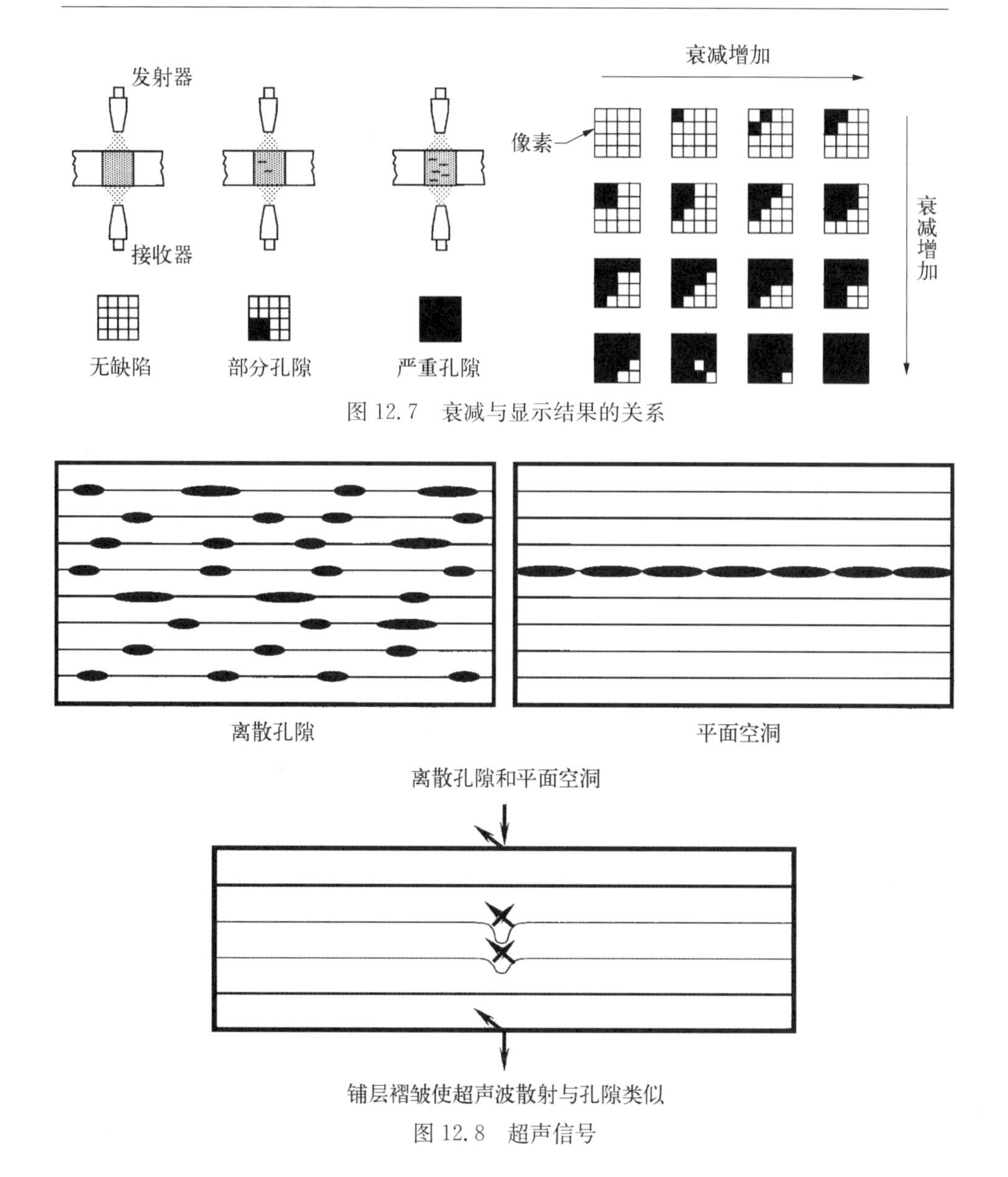

图 12.7 衰减与显示结果的关系

图 12.8 超声信号

C-扫描可通过编程打印出以不同灰度表示的声波水平变化，也可设置成仅打印出不合格区域的通过-不通过模式。零件制造商通常会为每个零件设立一条以分贝(dB)表示的衰减基线，当扫描出的衰减水平超出基线一定 dB 时，该区域零件不合格。例如，给定厚度的完好层压板基线为 25 dB，不合格门槛值为 18 dB，则任何高于 43 dB(25＋18 dB)的区域均不合格。基线和门槛值通过缺陷—影响试验确定。该试验项目将完好层压板与含有不同孔隙率的层压板进行比较，结合显微照片和力学性能试验来建立门槛值水平。为降低成本，可对零件进行分区，高应力区比非关键的低应力区的门槛值低。

碳纤维/环氧树脂层压板的扫描频率通常在 5 MHz 左右。蜂窝夹层结构则需采用较低频率(1 MHz 或 2.25 MHz)，从而使超声波穿透厚结构。泡沫夹层结构需要的频率更低，一般为 205 kHz、500 kHz 或 1 MHz。由于低频率情况下设备的探伤能力会有所下降，故一般会采用能穿透零件的最高频率进行扫描。不过，对于蜂窝夹层结构等声阻抗较低的材料(即低密度材料)，也会采用以空气为耦合介质的超声检测。空气耦合超声检测可用于厚度高达 8 in(20 cm)的蜂窝材料。传感器放置在靠近零件表面 1 in(2.5 cm)内的位置，所用频率为 50 kHz～5 MHz。

12.3 便携式设备

脉冲反射法和透射法的设备都可用于外场检测。典型设备如图 12.9 所示，

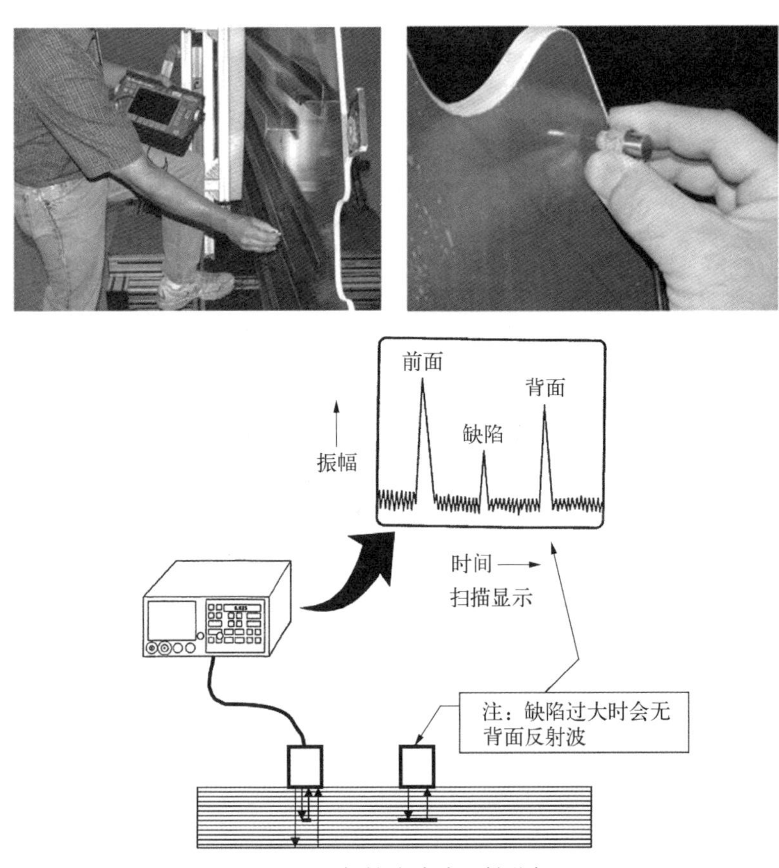

图 12.9 便携式脉冲反射设备

由相连的传感器和控制箱组成，频率采用 1～5 MHz，通常采用糊状甘油而非水作为耦合介质。这类设备大多采用脉冲反射法，仅需一个传感器且可在无法接触另一侧零件的情况下进行单面检测。检测结果通常用C-扫描的方式显示，通过信号振幅的高度来表征缺陷的严重性，通过零件前面和背面的信号间隔来表征缺陷的深度。

此外，便携式设备中还有大量的胶接测试仪。该设备一般在低于 1 MHz 的频率下工作，有时频率可低至音频或接近音频范围（12～20 kHz）。使用频率范围的下限频率进行检测时，通常不需要耦合介质。这类设备的概况见表 12.1。诸如可移动自动超声扫描（MAUS）系统（见图 12.10）之类的先进便携式设备，可进行不同类型的检测，包括超声检测（透射、脉冲反射、剪切波）、胶接检测（共振、一发/一收、机械阻抗）和涡流检测（单频和双频）。

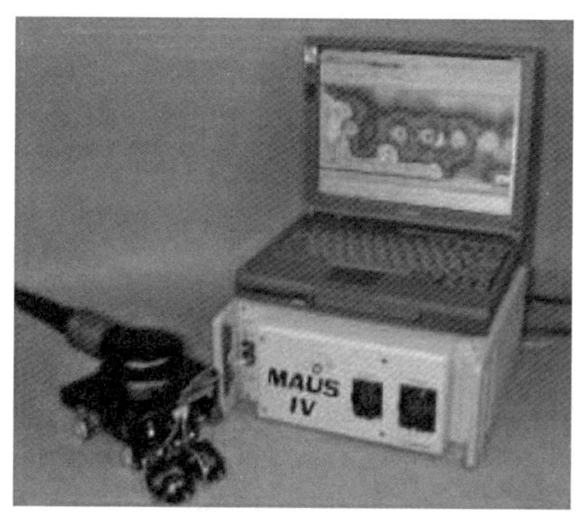

可移动自动扫描系统

真空吸附于飞机下部

图 12.10 可移动自动超声扫描系统（图片来源：波音公司）

表 12.1 胶接检测方法概况

方 法	特 性
共振法	对传感器施加共振频率（25～500 kHz），引起电阻变化来检测脱粘和分层。检测需要耦合介质和不同类型的传感器。该方法可检测出大于 0.05 in（1.27 mm）的脱粘。最大检测厚度为 0.5 in（12.7 mm）。但难以检测层压板底部的一至两个铺层出现的分层，这种情况下探头所检测到的材料阻抗变化非常小
一发/一收扫视法	采用双传感器，一个用于发射声波，另一个用于接收声波。声波以板波形式穿过零件。通过声波的衰减来检测脱粘和较深的缺陷。传感器以圆周扫视的方式对缺陷进行检测。扫视频率通常为 20～40 kHz 或 30～50 kHz。无需使用耦合介质

（续表）

方 法	特 性
一发/一收脉冲法	采用双传感器，一个用于发射声波，另一个用于接收声波。采用 5～25 kHz 低频探头。声波以脉冲形式传入零件。通过声波振幅和相位的变化来检测脱粘。无需使用耦合介质
涡流声波测试法	传感器包含环绕声波接收器的涡流激励线圈。声波接收器能检测到涡流脉冲引起脱粘区共振的共振频率。操作频率在 14 kHz 左右，无需使用耦合介质。该方法可检测到两侧界面的脱粘、芯材的压塌和断裂，也被称为谐波胶接测试仪，多用于铝蜂窝夹层结构
机械阻抗法	采用双传感器，发射器发射音频声波，接收器可通过零件的刚度变化检测到胶接质量的变化。检测时发射器的扫视频率设置为 2.5～10 kHz。该方法可检测脱粘、芯材压塌和复合材料层压板的多种缺陷。无需使用耦合介质。零件外形的变化会影响检测结果

12.4　X 射线照相检测

X 射线照相检测常用于检测复合材料层压板的微裂纹和蜂窝夹层结构的缺陷。除非怀疑层压板在圆弧半径处出现微裂纹，否则通常不采用该方法来检测复合材料层压板。蜂窝夹层结构检测到的典型缺陷包括芯材压塌、芯材错移、胀芯、芯材凹陷、节点脱粘和芯格积水。

如图 12.11 所示，X 射线穿透零件并在零件下方的底片上成像。底片上的影像反映了材料组成或结构变化导致 X 射线的不同吸收量。由于复合材料对于 X 射线来说几乎透明，故 X 射线照相检测采用低能量 X 射线，一般低于 50 kV。与高能量 X 射线相比，低能量 X 射线具有频率低、波长长的特点，且对零件特征变化的敏感度（X 射线影像的对比度）更佳。然而要穿透大厚度或高密度材料，仍需高能量 X 射线。内部空洞或缝隙会减少射线所穿过的固体材料总量，提高到达底片的射线强度，从而在底片上形成暗区。反之，金属夹杂物或金属蜂窝芯会增加射线所穿过的固体材料总量，减弱到达底片的射线强度，从而在底片上形成亮区。

密度、厚度和零件结构的不同都会导致 X 射线影像的变化。厚度、裂纹、孔隙、芯材压塌或芯格积水都会引起零件密度变化。采用高对比度和小颗粒度的底片。为获得最佳分辨率，尽可能拉大光源与底片之间的距离。与超声检测方法类似，X 射线照相检测通常也采用参考标块。参考标块的制造如图 12.12 所

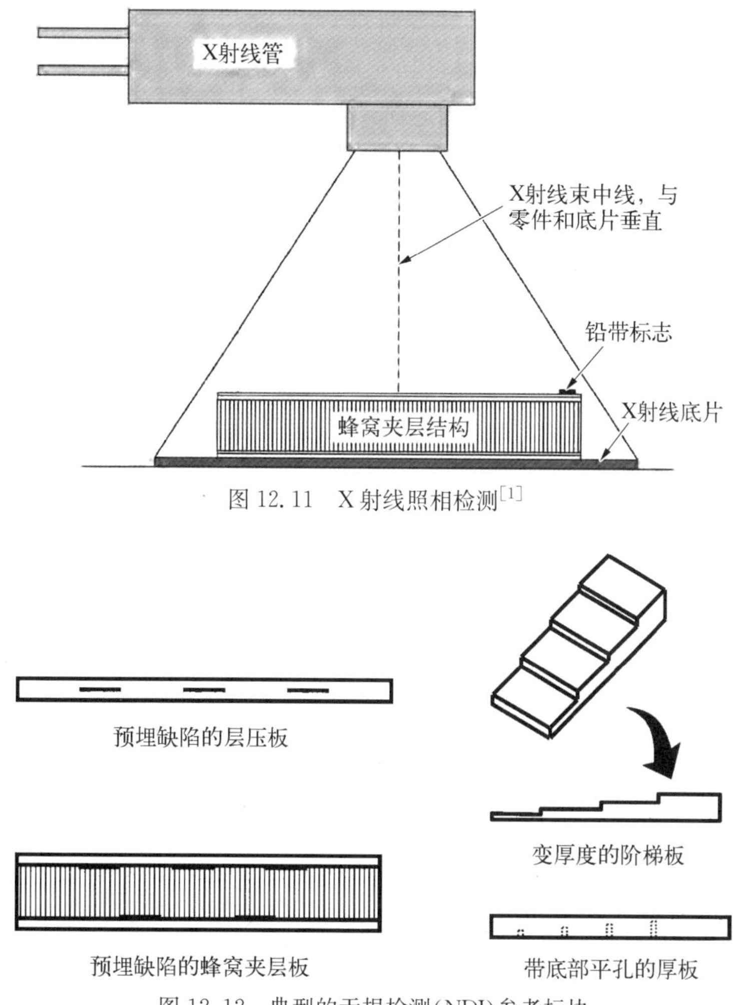

图 12.11 X 射线照相检测[1]

图 12.12 典型的无损检测(NDI)参考标块

示。最好的做法是将零组件边角料切片，因为这样得到的标块所含材料和厚度与待检零件完全相同。缺陷的方向对于检测的可靠性十分关键，为获得最佳灵敏度，缺陷的主要尺寸方向应平行于射线束方向。通过倾斜 X 射线源或零件，可在一定程度上获得缺陷的深度信息。

通常有数种用于复合材料组件检测的 X 射线照相设备形式。图 12.11 所示的静态 X 射线检测设备无法移动。人工将零件放置于 X 射线源之下，进行多次照相以便完全覆盖零件。静态 X 射线检测设备可以采用固定形式，也可以采用用于飞机机上检测的便携形式。这两种方法均需具备适当的人员防护设施。移动式 X 射线检测设备具有两只机械手装置(射线源机械手和介质机械手)，安装在龙门架上。该系统通过计算机控制两个机械手沿着被检零件同步运动。由于采用计算机控制射线检测,故可通过编程改变沿结构长度方向的 X 射线参数。

蜂窝胶接结构通过 X 射线检测到的一些缺陷如图 12.13 所示。胶接过程中真空袋漏气会导致胀芯缺陷。轻微漏气导致小面积的胀芯,而严重漏气(如真空袋完全丧失密封)则造成大面积胀芯,导致零件无法修理而报废。胶接过程中凝胶化前的芯材滑移会导致芯材收缩或胞壁侧面压扁,这种现象通常发生在零件的边缘或芯材斜削区。节点脱粘指蜂窝箔带在连接点或节点处分离,通常在芯材制造过程中产生,也可能在胶接过程中由于不同芯格内的气压差产生。芯材压塌通常由蒙皮凹陷或低密度厚芯材区压力过大导致。芯材凹陷或胞壁有波纹与芯材压塌相似,但一般不允许返修。芯材压塌和芯材凹陷都需要用 X 射线以小角度进行检测。

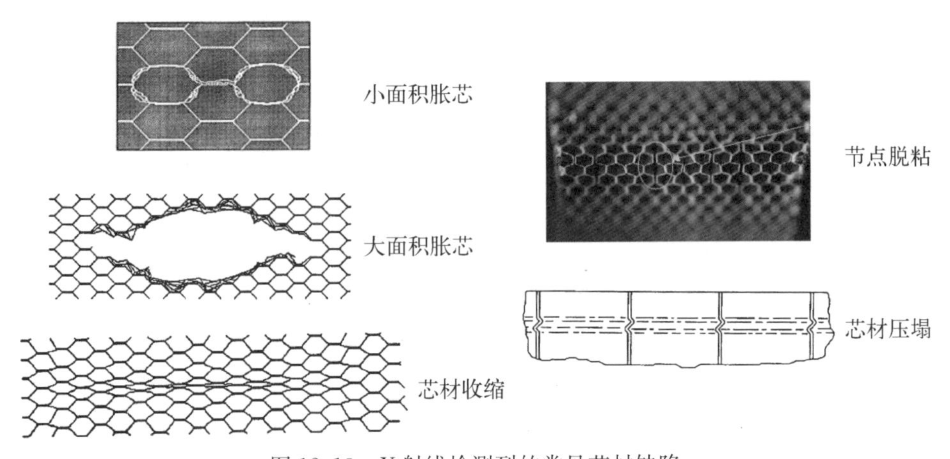

图 12.13　X 射线检测到的常见芯材缺陷

芯格积水是蜂窝夹层结构的一个严重问题(见图 12.14),可能导致铝芯材腐蚀、节点脱粘、经过多次结冰/解冻循环后板芯脱粘,以及结构加热至沸点后产生面板脱粘。蜂窝芯中的积水含量要达到芯格的 10%以上才能被检测出,而对于较大厚度的复合材料或铝蒙皮,水的含量要更大才能被检测出。检测结果中,水显示为深灰区域,以多个芯格或多组芯格的形式离散分布。由于芯格中积水与芯格中的树脂极为相似,因此使用过程中可能存在一个问题:在不具备零件出厂时的原始 X 射线检测结果的情况下,很难对两者进行区分。

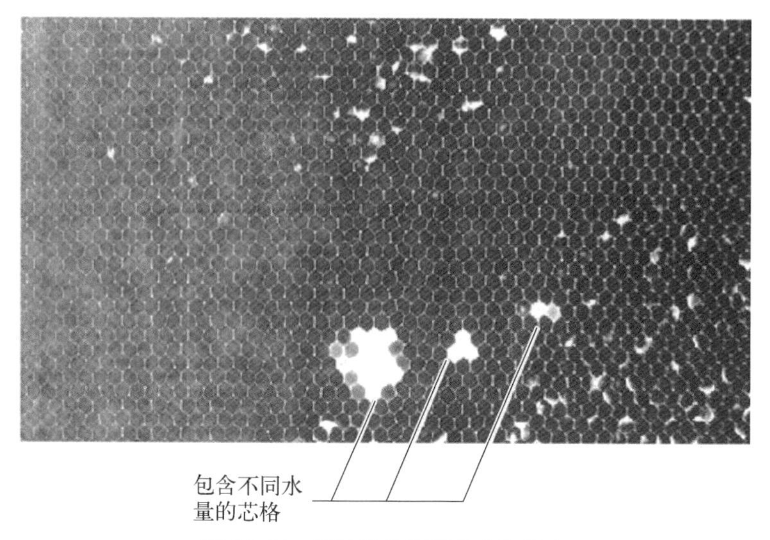

图 12.14 X射线检测到的芯格积水

发泡胶在胶接过程中可能形成难以被检测的空洞(见图 12.15)。如果发泡胶的空洞小于发泡胶的一半高度,则可能无法被检测出来。如果在封闭结构处有疑似空洞,则允许采用脉冲反射法或胶接测试法进行检测。

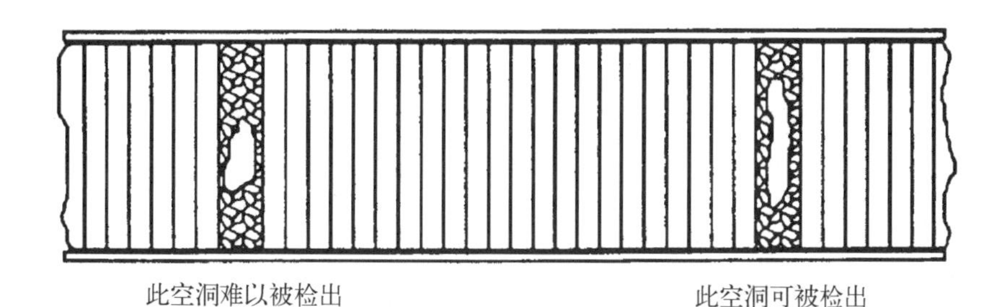

图 12.15 发泡胶空洞

超声检测法比X射线法更易检测出夹层结构的板芯脱粘(见图 12.16)。可能导致脱粘的原因包括:零件配合不当(蒙皮、芯材和封闭结构)、架桥造成的局部压力不足、裹入挥发物(空气、水和残余溶剂)、面板或芯子受到污染。虽然脱粘可以被检出,但目前还没有能确定胶接面强度的无损检测方法。例如,剪切强度为 5 000 psi(34.5 MPa)的高强度胶黏剂与剪切强度为 500 psi(3.45 MPa)的低强度胶黏剂呈现的检测结果相同。因此,生产零件的同时,按与零件相同的表面处理工序和胶黏剂生产出随炉件,用作工艺控制的力学性能试片。

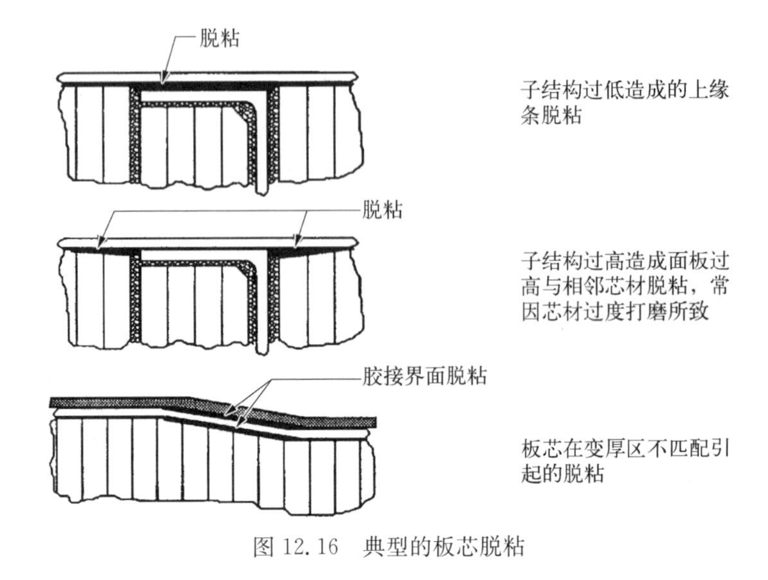

图 12.16 典型的板芯脱粘

12.5 热成像检测

热成像检测虽不如超声检测或 X 射线检测应用广，但也是一种用途广泛、检测速度较快的非接触式单面检测方法。该方法可用于检测分层、冲击损伤、蜂窝积水、夹杂和密度变化。在热成像检测过程中，首先要均匀加热被测表面（见图 12.17）。一般使用毫秒级周期的闪光灯为被测表面提供热量。经常采用高

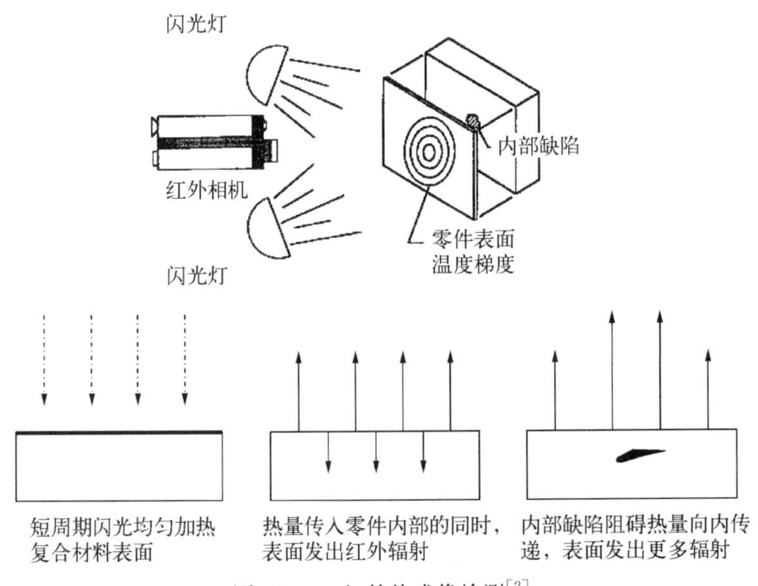

图 12.17 红外热成像检测[2]

功率卤化钨灯将被测表面温度加热至12～30℉(7～18℃)。热量传至零件内部的同时,表面温度随之降低。缺陷会使零件的热传导率发生变化,缺陷区表面温度的下降速率与无缺陷区的不同。通过红外摄像机监控零件表面,并收集表面的热辐射,然后通过成像软件对接收到的热辐射按像素逐个进行分析后形成显示缺陷的表面红外图谱。检测结果通常是彩色图谱,用颜色对比来表征温度的变化。航空公司通常用热成像检测法来检测蜂窝夹层结构有无液态水存在。飞机着陆后需立即进行检测,在嵌在角落的冰还未融化并加热至环境温度之前进行。含积水的蜂窝夹层如图 12.18 所示。

图 12.18 红外热成像检测到的蜂窝夹层结构积水

参考文献

[1] Price T L, Dalley G, McCullough P C, et al. Handbook: Manufacturing advanced composite components for airframes[R]. Report DOT/FAA/AR - 96/75, Office of Aviation Research, 1997.

[2] D B Miracle, Donaldson S L. ASM Handbook, Vol 21, Composites [M]// Nondestructive testing. ASM International, 2001.

精选参考文献

[1] Armstrong K B, Barrett R T. Care and Repair of Advanced Composites[M]. Society of Automotive Engineers, 2005.

[2] ASM Handbook, Vol 17, Nondestructive Evaluation and Quality Control[M]. ASM International, 1989.

[3] Bohlmann R, Renieri M, Renieri G, et al. Advanced materials and design for integrated topside structures [G]. Training course given to Thales in the Netherlands, 2002.

[4] ASM Handbook, Vol 17, Nondestructive Evaluation and Quality Control [M]//

Hagemaier D J. Adhesive-bonded joints. ASM International，1989.

[5] Krautkramer J，Krautkramer H. Ultrasonic Testing of Materials，4th ed. [M]. Springer-Verlag，1990.

[6] Maldague X P V. Nondestructive Evaluation of Materials by Infrared Thermography [M]. Springer London，1993.

[7] Nondestructive Testing Handbook，2nd ed. [M]. American Society of Nondestructive Testing，1991.

13 力学性能测试

当高强度复合材料在20世纪60年代出现之时，最初的力学性能测试方法采用的是与均质各向同性金属相同的方法。然而复合材料是非均质（层压结构）和非各向同性（正交各向异性）的，所以有必要制订专用的测试方法。此外，由于早期复合材料的使用主要限于航空航天企业，因此每个公司都制订了自己的测试流程，最终，就形成了复合材料测试标准。最广泛受到认可的测试标准为ASTM（美国材料与试验协会）和SACMA（先进复合材料制造商供应商协会）的标准，虽然SACMA现已不存在，但是很多标准还在使用并已纳入ASTM标准中。这些测试标准涵盖以下内容：① 材料的正交各向异性，这就要求测试比各向同性材料更多的性能；② 复合材料的层压结构；③ 单向带材料在主方向上强度和刚度非常大，同时在另外一个方向非常脆弱和柔软；④ 对温度和湿度的敏感性。

测试具有各种不同的目的，比如表征新材料和工艺、确定设计许用值、对于特定结构应用的材料认证以及产品生产工艺的质量控制。在实施一个测试量巨大、花费昂贵的测试计划之前，通常先制订一个初步的、测试规模较小的、不那么昂贵的测试。典型的测试程序需要表征基本的单向性能，采用经典层压板理论，用材料单向性能预测层压板的性能，接着做有限数量的层压板测试，验证理论计算预测结果，最后做更多的特殊结构的测试，比如紧固件挤压和冲击测试。典型复合材料测试包括拉伸、压缩、剪切、弯曲、开孔拉伸、开孔压缩、紧固件挤压和冲击后压缩强度测试，有时还会做断裂韧性测试。胶黏剂粘接测试包括测试胶黏剂的剪切强度、剥离强度以及用于评估夹层结构的粘接强度的测试。

在本章，只给出了复合材料和胶黏剂测试方法的简要介绍，参考文献[1]给出了更多关于复合材料测试的资料，参考文献[2]给出了相当完整的胶黏剂测试规程的清单，MIL-HDBK-17-1F[3]提供了复合材料测试所有方面的详尽资源，相关的ASTM和SACMA标准对这些测试方法进行了最详细的阐述。

13.1 试验件制备

试验件制备对于复合材料试验非常关键，想要得到有意义的试验数据，则试验件制备过程中的每一个环节都需要非常小心，层压板试验件的制造需要反映实际产品结构的生产工艺。层压板在制备完成后，需要进行超声波无损检测，以保证层压板的高质量。在所有的切割过程中，推荐使用金刚砂铣头并带液体冷却功能的设备。压缩试验件表面通常具有较高的平面度和垂直度要求，采用平面磨床设备进行加工可以得到最好的质量。所有的孔均需采用硬质合金钻头进行钻孔，钻孔参数见第11章。用于制作加强片的胶黏剂需要有足够高的强度，以便将试验机夹头载荷通过剪切力传递给试验件，同时不会导致加强片失效。

力学性能通常需要报告纤维体积分数，然而通过实验室分析技术，测定纤维的质量分数更容易实现。例如，一个固化了的试验件首先称量其重量，其次用酸分解掉试验件的树脂基体，剩下的纤维烘干后称重，用以上这些数值，可以计算得到纤维和树脂的重量百分比。最后带入纤维密度 ρ_f 和树脂密度 ρ_m，则可以计算纤维的体积分数 V_f。

$$V_f = \frac{\rho_m W_f}{\rho_m W_f + \rho_f W_m} \text{①} \qquad (式 13.1)$$

式中：W_f 为纤维的质量，W_m 为树脂的质量。

假设孔隙可忽略，则纤维的体积分数和质量分数的对比如图13.1所示。碳纤维、芳纶和玻璃纤维的密度均不一样，因此，两者的变换比不一样，换句话说，给定纤维的质量分数，则对于碳纤维、芳纶和玻璃纤维可以得到不同的体积分数。固化后的树脂含量通常通过质量分数来表示。对于纤维体积分数为60%的碳纤维/环氧树脂复

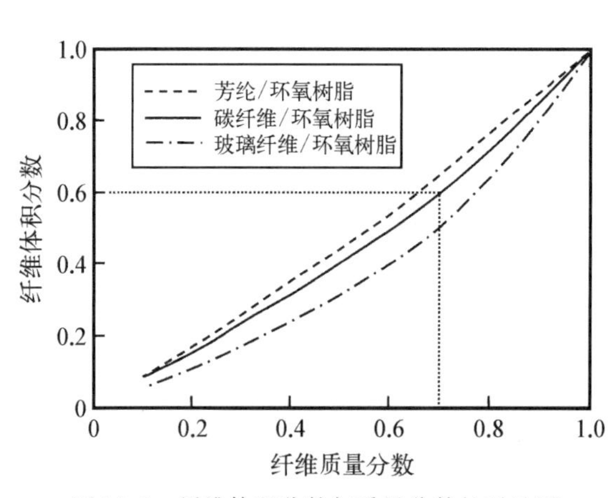

图13.1 纤维体积分数与质量分数的对比图

① 原书中公式有误，为“$V_f = \frac{\rho_m W_f}{\rho_m W_f + \rho_m W_f}$”，现已修正。——译者注

合材料，其表示约为 30％的树脂质量分数和 70％的纤维质量分数。

13.2　弯曲试验

虽然弯曲试验数据不能用于设计流程，但是弯曲试验是对比新材料时用于筛选材料最简单和最直接的方法。弯曲试验如图 13.2 所示，实质上是一根梁承受弯曲，下表面受拉的同时上表面受压，最大剪切应力出现在截面的中心，因为在截面上不同区域应变不同，所以失效可能是由拉伸、压缩或者剪切导致的，或者是由这三种应力的组合情况导致的。虽然三点弯曲需要的材料较少，但是四点弯曲具有能够在加载点之间得到均匀的拉伸或者压缩应力的优点，而不像三点弯曲中仅在加载点附近存在最大应力。

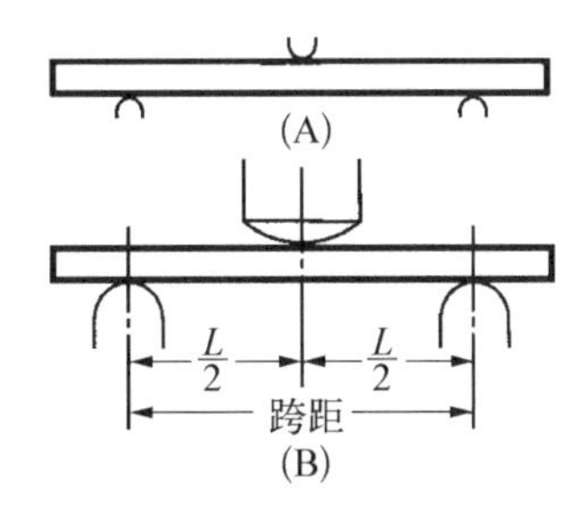

注：(A) 最小半径=0.125 in(3.2 mm)
(B) 最大支持端半径=1.5倍试验件厚度；
最大加载头半径=4倍试验件厚度

三点弯曲

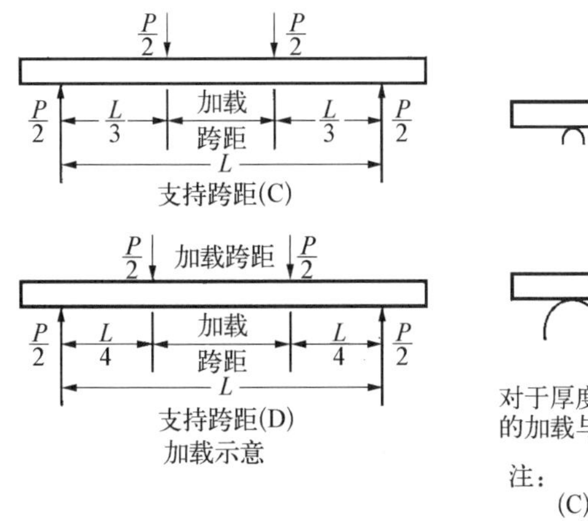

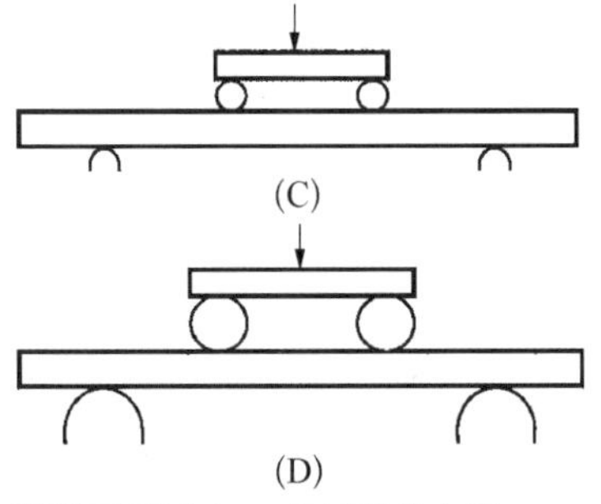

对于厚度为6.4 mm的试验件允许的加载与支持横辊半径范围

注：
(C) 最小半径=0.125 in(3.2 mm)
(D) 最大半径=1.5倍试验件厚度

四点弯曲

图 13.2　三点和四点弯曲试验

弯曲试验的试验标准在 ASTM D 790(三点弯曲加载形式)和 ASTM D 6272(四点弯曲加载形式)中有详细说明。试验件长度取决于试样厚度,对于拉伸强度与剪切强度比值小于 8 : 1 的情况,推荐的跨厚比为 16 : 1;当拉伸强度与剪切强度比值大于 8 : 1 时,跨厚比必须增加。虽然基本上所有方向都可以测试,但是常规测试都是测 0°铺层或 90°铺层的单向带。挠度计可以用于测量跨距中点的挠度值,并可用于计算模量值。同样,弯曲试验对于质量控制、工艺验证、取证以及不同材料的选择对比非常有用。但是,弯曲试验的测试结果通常不用于设计。

13.3 拉伸试验

单向复合材料的轴向拉伸(0°方向)测试是一项挑战,从试验机将载荷传递到复合材料试验件上很困难,因为复合材料的层间剪切强度远低于单向拉伸强度。纵向拉伸试验对纤维对齐非常敏感,可能偏移几度就会由于人为误差导致结果值偏低。如果采用金属材料试样的狗骨试验构型,则夹持端的剪切失效是一个常出现的问题。因此,直边试验件(见图 13.3)通常使用玻璃纤维/环氧树脂加强片粘接在试验件两端,加强片将夹持力传递到试验件上并保护复合材料以免发生夹持面损伤,因为力转化为剪切力,所以需要具有较大粘接面积和高强度胶黏剂以避免加载时加强片剪脱。有效的试验必须保证失效发生在考核标距段,在加强片边缘(或夹持边缘)或在加强片内的失效都是无效的失效模式,对于纵向(0°方向)试验,较薄试验件有利于降低胶接面的剪应力,因为单向复合材料在横向或 90°方向上是比较弱的,所以对于 90°方向试验件,并不常使用加强片,对于 90°方向试验推荐使用较厚试验件,因为薄试验件在试验操作过程中容易发生破坏。

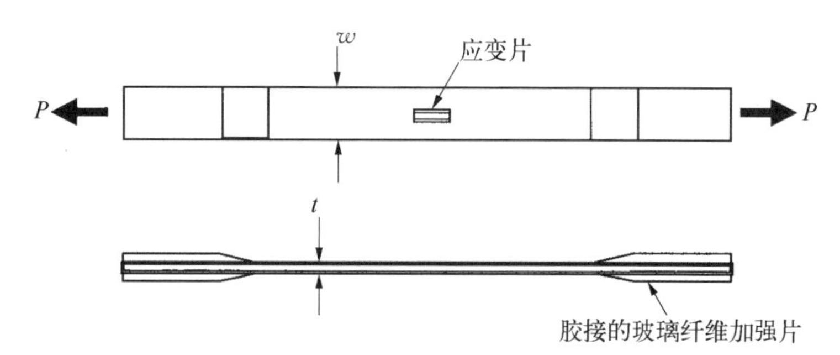

图 13.3 直边拉伸试验件

ASTM D 3039 和 SACMA SRM－13 试验标准说明了拉伸试验的规程，最常用的试验件的几何尺寸为 9 in(23 cm)长和 1 in(2.5 cm)宽。可以测试不同的铺层方向，比如单向带、偏轴铺层、正交铺层和准各向同性铺层，使用手动或液压楔形夹头，可以使用引伸计或粘贴应变片测量应变。如果需要获得泊松比数据，则需要粘贴双向(纵向和横向)应变片。

13.4　压缩试验

压缩试验比拉伸试验更难进行。压缩试验中容易出现几个问题：纵向压缩强度试验对纤维对齐很敏感；在得到复合材料的纯压缩强度之前可能出现端头压溃；试验装置必须防止试验件总体失稳。压缩失效通常为屈曲失稳，从整个试验件截面的经典柱状欧拉失稳到纤维的局部失稳——通常以形成弯折带形式导致失效。因此测试夹具需要具备很强的抗失稳能力，以保护试验件，得到更高的压缩强度。已经发展了很多成熟的试验方法，其中最常使用的方法为改进的 ASTM D 695、ASTM D 3410 和 ASTM D 6641 方法。

1）*改进的 ASTM D 695 方法*

改进的 ASTM D 695 压缩测试方法如图 13.4 所示，与 SACMA SRM－1 相同，使用两个试片，一个测量强度，另一个测量模量。这个试验方法的优势在于使用的试验件较小，但是当强度和模量都要测量时需要制备两个试验件。厚度范围在 0.04～0.12 in(1～3 mm)之间，因为该方法通过试验件端头加载，所以端

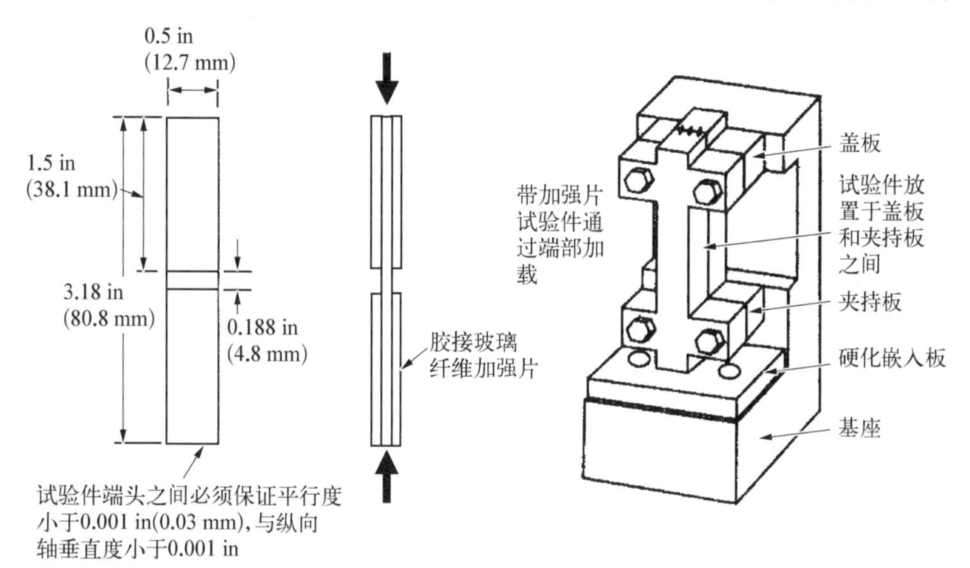

图 13.4　改进的 ASTM D 695 压缩测试方法

头必须保证平面度和垂直度,测试强度的试片需要粘接加强片,而测试模量的试片则不需要。该方法可用于单向板(0°或 90°)或多向层压板的测试。改进的 ASTM D 695 方法需要压缩测试夹具,但是这个夹具相对尺寸更小,重量更轻。该试验对夹具拧紧时候的扭力值较为敏感,如果拧得过紧,则夹具会因为摩擦而承担一部分载荷,推荐的扭力值大小刚好超过手动夹紧力。对于测试模量的试片,需要背对背粘贴应变片,而测试强度试片则没有应变片粘贴的要求。正因为需要两个不同的试片,因此不能得到完整的应力-应变曲线。

2) ASTM D 3410 方法

伊利诺伊研究院的技术研究中心(IITRI)发展的方法,即 ASTM D 3410 方法,要求试验件长 6 in(15 cm)和宽 1.5 in(3.8 cm),厚度范围为 0.12～0.25 in(3～6.4 mm),所有方向均可测试。背对背粘贴单向应变片用于监控可能出现的弯曲,粘贴双向应变片可用于测量泊松比,IITRI 方法对于沿着宽度方向的厚度变化非常敏感,因为该方法通过夹头的剪切引入载荷,因此并不一定需要端部加强片,然而常常使用端部加强片是因为两个原因:① 试验机夹面上有颗粒点,容易咬入试验件表面;② 因为该方法对厚度变化敏感,因此加强片需要在厚度上具有较好的平行度和垂直度。如果测试薄单向板或层压板,则需要使用 ASTM D 3410 方法中的解析屈曲方法检查一下试件是否会失稳。

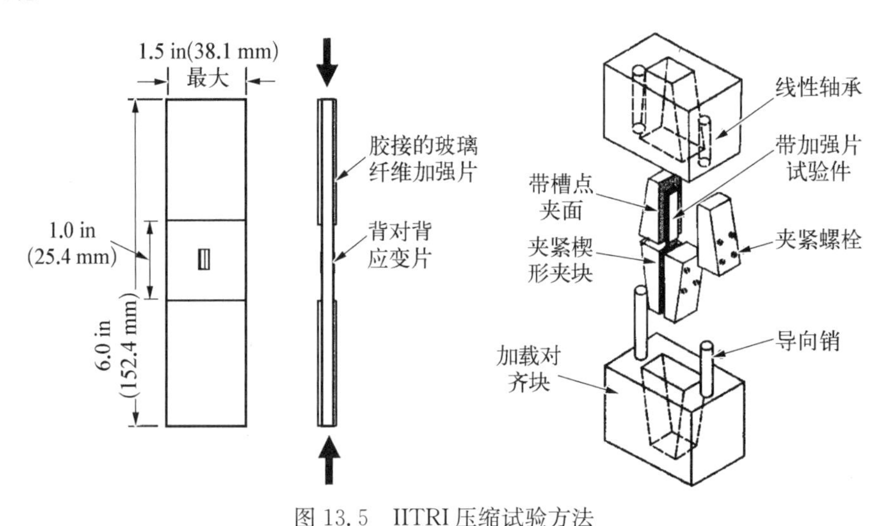

图 13.5 IITRI 压缩试验方法

3) ASTM D 6641 方法

现在最常用的测试方法为组合加载压缩(CLC)方法(见图 13.6),该方法详见 ASTM D 6641。该方法叫作组合加载测试方法，因为部分载荷通过剪切引入，部分通过端面压缩加载引入。因为部分载荷通过端部引入，因此试验件端部必须保证较高的平行度和垂直度。试验件长 5.5 in(14 cm)，宽 0.5 in(1.3 cm)，工作段长度为 0.5 in(1.3 cm)。该试验方法用于大多数的层压板构型，也可以用于单向 0°试样的测试。该方法需要一个特制的 CLC 测试夹具，该夹具比 IITRI 方法的夹具更简单且更轻。建议粘贴背对背应变片，用于监控试验中可能出现的弯曲，如果需要测试泊松比，则要粘贴双向应变片。

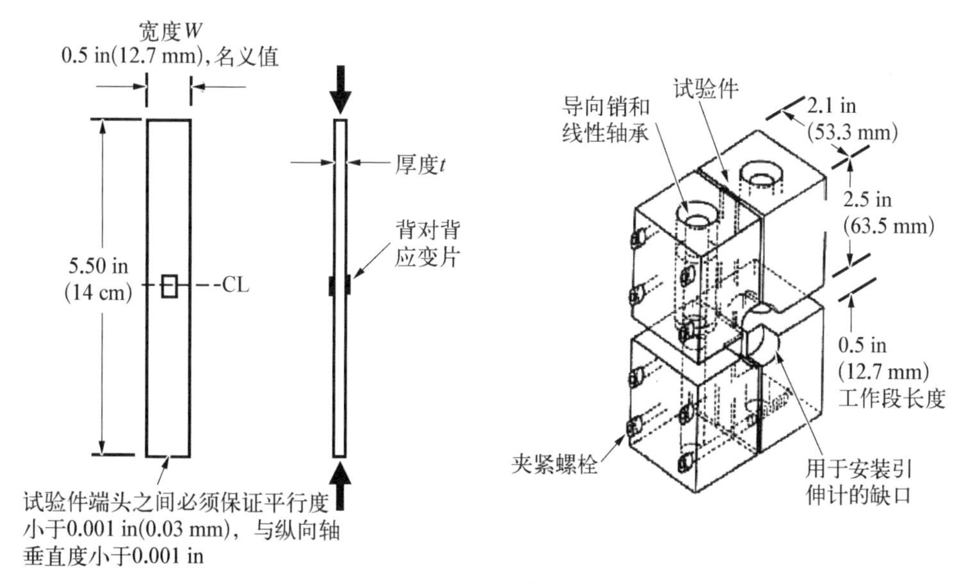

图 13.6　组合加载压缩(CLC)方法

13.5　剪切试验

有几种用于测试复合材料剪切性能的方法，包括±45°拉伸试片试验、轨道剪切试验、V 形缺口梁试验、层间剪切(短梁剪切)试验。最理想的剪切试验方法是薄壁管的扭转试验，该试验为纯剪切应力状态，但是该方法并不经常使用。该方法的试验件通常比较昂贵、脆弱、难以安装和准确对齐，并且该试验需要一个具有足够高精度的扭转试验机。

1) ±45°拉伸试片试验

±45°拉伸试片试验(见图 13.7)按照 ASTM D 3518 和 SACMA SRM－7 试验标准执行。该试验是具有±45°铺层的层压板的拉伸试验，与标准拉伸试验非常相似，除需要使用双向应变片用于测量必要的数据，以计算剪切强度、模量和破坏应变。本试验只能得到单向板的面内剪切性能，必须用其他方法以获得层压板的数据。因本实验是±45°铺层拉伸试验，因此可以通过本试验获得±45°铺层的拉伸强度和模量。

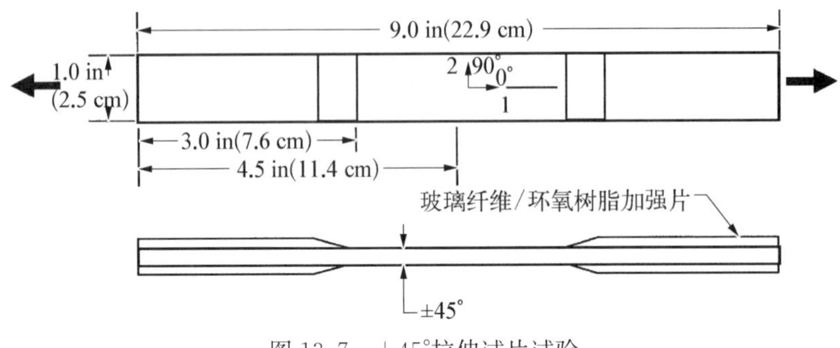

图 13.7 ±45°拉伸试片试验

2）轨道剪切试验

轨道剪切试验如图 13.8 所示，按照 ASTM D 4255 试验执行。两个轨道和三个轨道的剪切试验方法都可以使用。对于两个轨道的剪切试验，试验件尺寸为 6 in×3 in(15 cm×7.5 cm)，而三轨道剪切试验的试验件尺寸为 6 in×5.375 in(15 cm×13.7 cm)。需要测量剪切模量和剪切应变时，要粘贴应变花。该试验已经使用多年，需要大量的试验材料，金属轨道必须与试验件粘接，必须在试验件上钻孔并和夹具装置的孔相对应，因此试验中连接孔附近存在应力集中的现象。

3）V 形缺口梁试验

V 形缺口梁试验(见图 13.9)按照 ASTM D 5379 标准执行，是近期多用于测试单向板和层压板的面内剪切性能的试验方法，试验件长 3 in(7.5 cm)，宽 0.75 in(1.9 cm)，具有一个 90°缺口，缺口深度为 20%～22%，且根部半径为 0.005 in(0.01 cm)。推荐使用加强片以避免出现挤压失效。该试验需要一个 V 形轨道剪切试验夹具，可用于测量任意方向的试验件。当需要测量剪切模量和剪切应变时，需要粘贴双向应变片或应变花。本试验的一个优势在于可以对任意方向进行测试，因此 V 形缺口梁试验方法可以用于提供层间剪切性能，需要将试验件加工成层间平面与工作段平面平行。

4）层间剪切试验

层间剪切试验(见图 13.10)通常称为短梁剪切试验，按照 ASTM D 2344 和 SACMA SRM－8 标准执行，试验件的几何尺寸取决于厚度，推荐跨厚比为

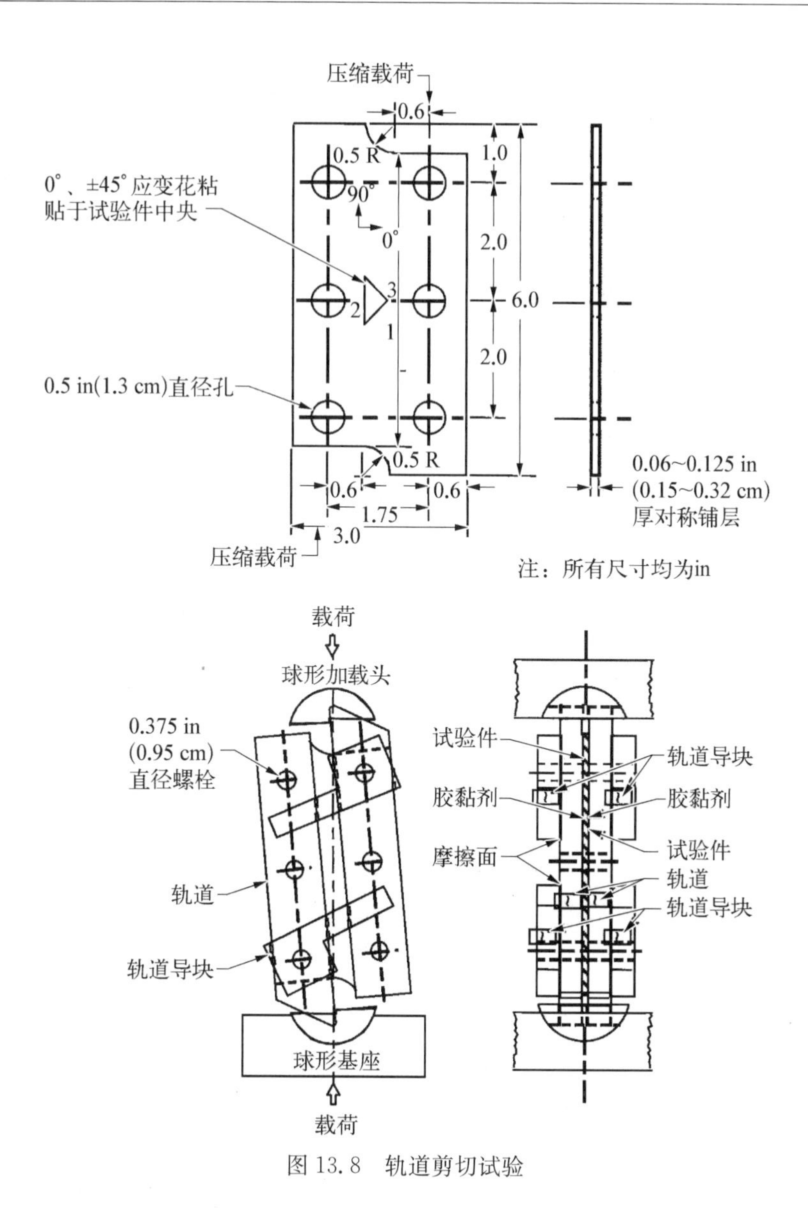

图 13.8 轨道剪切试验

4∶1。最小宽度为 0.25 in(0.6 cm)，除 90°方向外所有纤维方向均可测试，最常用的是测试 0°单向板，不需要专门的测试装置，通常记录载荷与试验机横梁位移。与弯曲试验一样，失效模式可能为拉伸、压缩、剪切失效或混合模式失效，只有剪切失效是有效的结果。本试验中得到的剪切强度不能用作设计数据，但是该试验费用相对便宜，且对于质量控制测试、工艺验证测试和规范验证以及在不同材料之间做对比测试时非常有用。

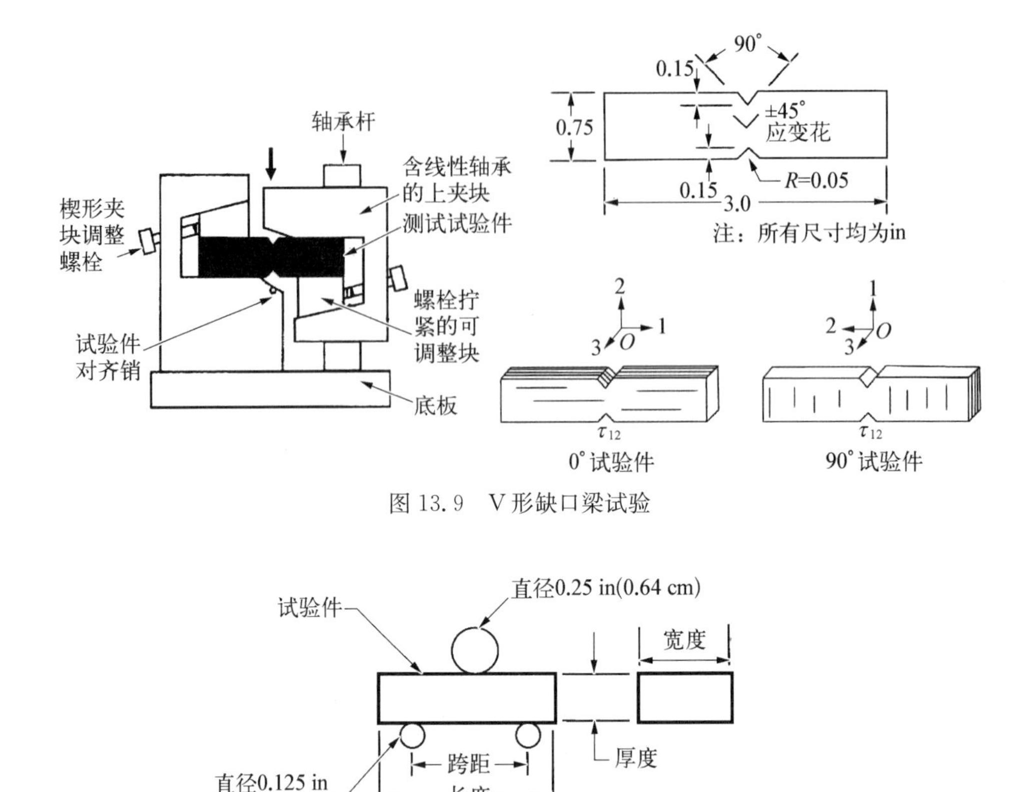

图 13.9 V形缺口梁试验

推荐尺寸：
跨距=4倍厚度；长度=6倍厚度；宽度=最小0.25 in=2倍厚度，$t>0.125$ in

图 13.10 层间剪切试验

13.6 开孔拉伸和压缩试验

开孔拉伸试验与标准拉伸试验非常相似，但是该试验通常不需要端部加强片，通常使用的试验件为含孔直径为 0.25 in(0.6 cm)，宽 1.5 in(3.8 cm)的试验件(见图 3.11)。开孔拉伸试验通常用于表征代表实际结构的铺层，通常需要报告与无孔试验件对比的毛面积失效应力和应变，开孔拉伸试验按照 ASTM D 5766 和 SACMA SRM-5 标准执行，最常用的试验件长 12 in(30.5 cm)，宽 1.5 in(3.8 cm)，中间含一个直径为 0.25 in(0.6 cm)的孔。通常用于测试准各向同性或者其他代表实际结构的铺层。当需要得到失效应变时，需要粘贴一个单向应变片。因为试验件在孔周围会遭到破坏，因此不需要端部加强片。

开孔压缩试验按照 ASTM D 6484 和 SACMA SRM-3 执行，试验件与开孔拉伸试验件非常相似，通常为 12 in(30.5 cm)长，1.5 in(3.8 cm)宽，含一个直径为 0.25 in(0.6 cm)的孔。开孔压缩试验可测试准各向同性和代表实际结构的铺层，通常需要背对背轴向应变片。

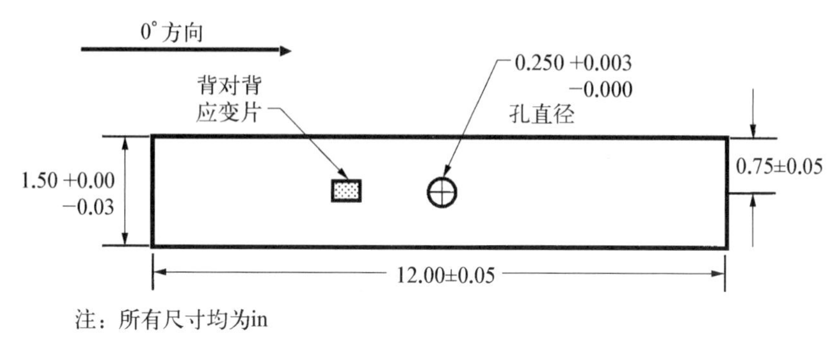

图 13.11 开孔拉伸和压缩试验

13.7 螺栓挤压强度试验

两种最常用的试验为双剪(销剪切)和单剪，可以使用许多不同的试验构型，通常都代表实际连接构型。典型试验件为 6 in(15 cm)长，宽度是连接紧固件直径的 6 倍，直径为 0.25 in(0.6 cm)孔的试验件尺寸是最常用的。该试验可以测试准各向同性或代表实际结构的铺层。通常记录载荷-加载头挠度曲线。

1) 双剪试验

双剪试验件尺寸如图 13.12 所示，图中尺寸仅供参考，其他的宽度、边距和直径可以用于代表实际连接的几何尺寸。试验件厚度需要代表实际连接结构。通常，紧固件扭矩只是手动拧紧。加载结果为孔边纯挤压应力和紧固件上的双面剪切。

2) 单剪试验

单剪试验件尺寸如图 13.13 所示，与双剪试验件相似。单剪试验件通常使用沉头孔，直径与双剪试验件相同。尽管偏心可能导致产生弯矩、紧固件旋转并且嵌入复合材料中，这一试验构型仍代表了许多实际连接结构。结构的偏心导致试验并不能给出纯挤压强度。

13.8 面外拉伸试验

复合材料层压板面外拉伸试验按照 ASTM D 7291 试验标准执行，采用 1 in

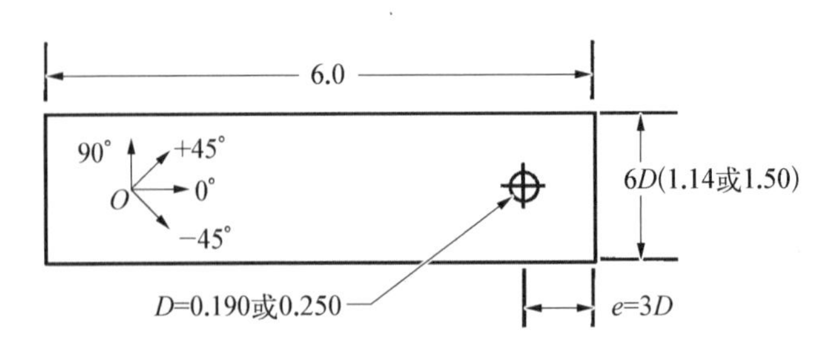

注：所有尺寸均为in　　　　试验件构型

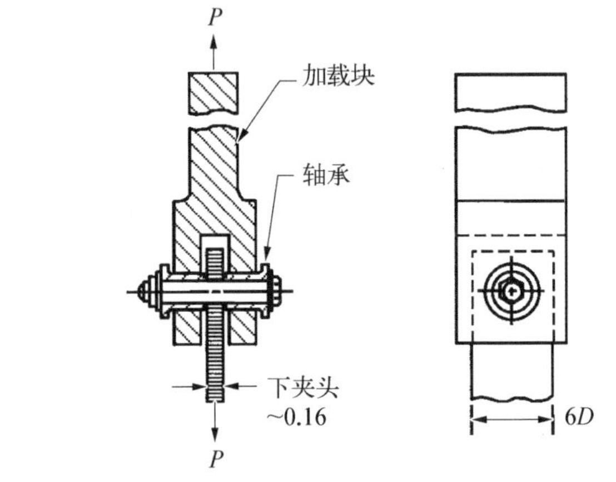

$$F_{BR}=\frac{P}{Dt}$$

式中：
P=失效载荷/lb
D=螺栓直径/in
t=试验件厚度/in
F_{BR}=挤压应力/psi

图 13.12　双剪螺栓挤压试验

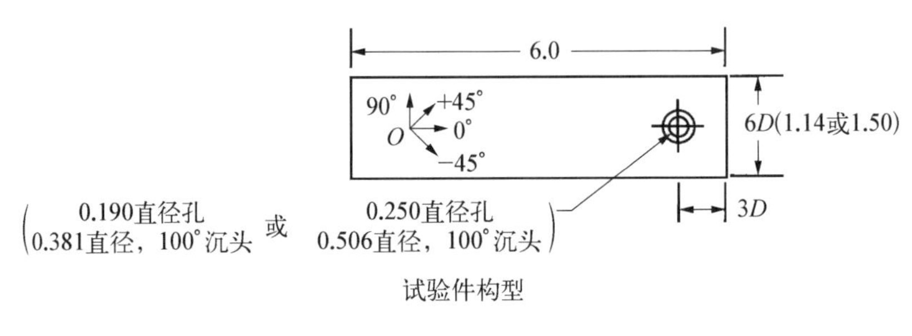

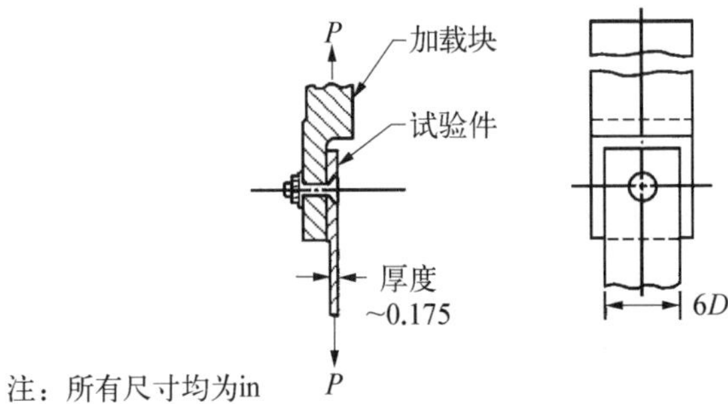

图 13.13　单剪螺栓挤压试验

或 2 in(2.5 cm 或 5 cm)直径的圆形试验件粘接在金属加载块上，如图 13.14 所示，虽然任意层压板方向均可以采用，但准各向同性铺层是最常见的铺层形式。不需要使用其他测量设备，仅需在报告中列出面外拉伸强度，同时，表现失效模式的失效面照片也建议附在文件中。

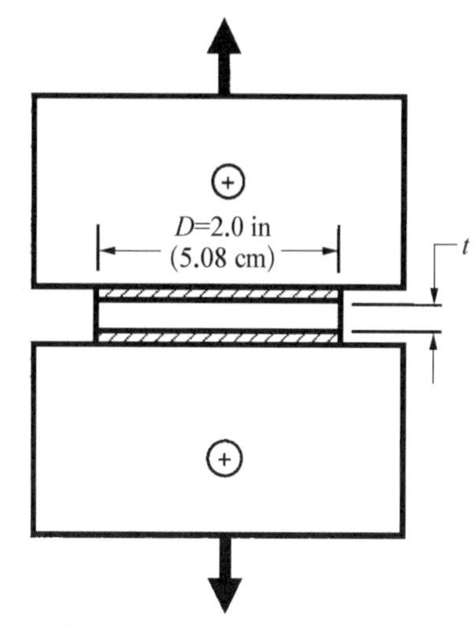

图 13.14 层压板面外拉伸试验

13.9 冲击后压缩试验

按照 ASTM D 7136 标准进行冲击后的压缩强度试验，按照 ASTM D 7137 执行，试验件如图 13.15 所示，尺寸为 6 in(15 cm)长和 4 in(10 cm)宽，使用准各向同性铺层或代表实际结构的铺层形式。冲击时，需要一个相框状的冲击试验夹具，然后对试验件施加压缩载荷，直到失效。通常需要超声波检测设备，在进行压缩试验之前，确定试验件经冲击后的损伤范围。在进行压缩试验时，需要粘贴四片应变片，可以测试不同的能量水平，通常采用 1 500(in · lb①)/in 这个能量，需要监控冲击后的试验件的压缩强度和模量，以便与未冲击的试验件进行对比。

13.10 断裂韧性试验

断裂韧性试验最开始用于金属材料，广泛用于确定金属结构的寿命，断裂力学在复合材料领域的使用并没有那么广泛。如图 13.6 所示，三种失效模式分别为Ⅰ型模式(张开模式)、Ⅱ型模式(剪切模式)和Ⅲ型模式(撕开模式)。复合材料的断裂韧性试验(见图 13.17)包括 ASTM D 5528 的双悬臂梁形式、端部缺口弯曲、带裂纹搭接剪切和边缘分层试验。最常用的试验形式是双悬臂梁试验形式，这种形式用于测量Ⅰ型模式(张开模式)失效。该试验经常用于比较不同树脂体系的韧性。参考文献[1]描述了不同的测试断裂韧性的试验方法。

13.11 胶接剪切试验

三种最常用的测试胶接剪切试验的方法为单搭接剪切、双搭接剪切和厚板剪切试验，如图 13.18 所示。当进行胶接剪切试验时，检查失效模式非常重要，

① lb，磅，质量单位，1 lb=0.45 kg。——编注

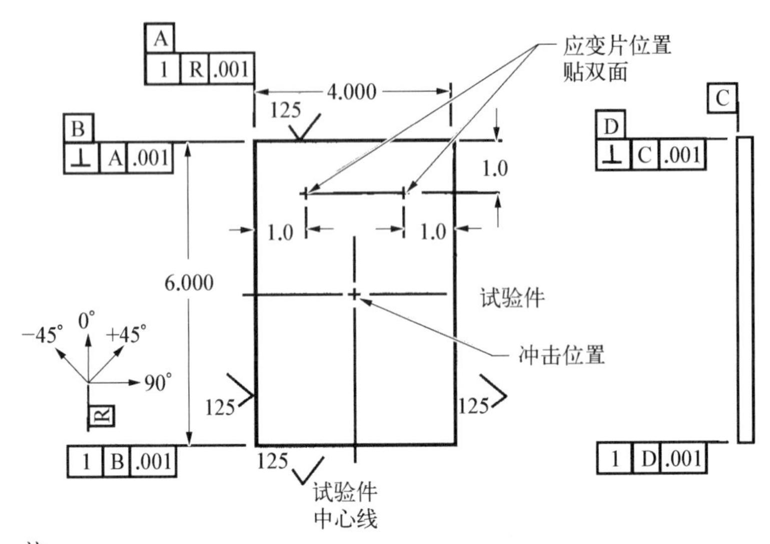

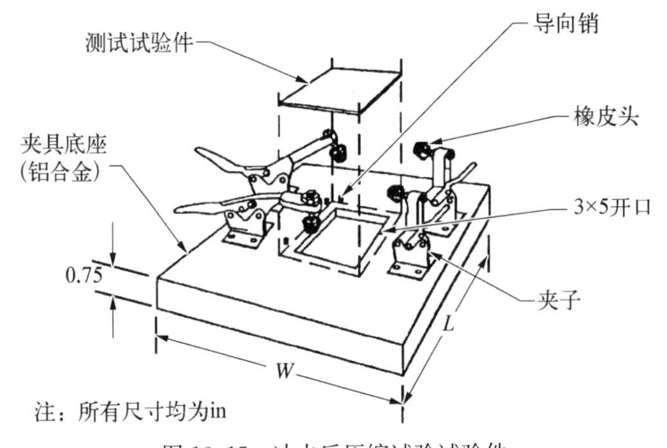

图 13.15 冲击后压缩试验试验件

胶层自身的失效(胶层破坏)是理想的失效模式,如果胶层从连接板中拉脱出来(胶接界面失效),则这个试验结果是无效的,且说明表面处理的方式不合适。对于铝合金、钛合金以及复合材料连接板的表面处理方法,在第 8 章中有详细说明。

1) 单搭接剪切试验

单搭接剪切试验(ASTM D 1002)存在偏心载荷,是一种简单但低效的测试方法,如图 13.19 所示。随着载荷增加,由于存在偏心载荷,因此连接板会弯曲,在胶接区端头会产生剥离载荷。对于金属连接板如铝合金或钛合金,会以弯曲的方式得到补偿,但是复合材料是脆性材料,通常会产生层间剥离失效;此外,如果胶接区

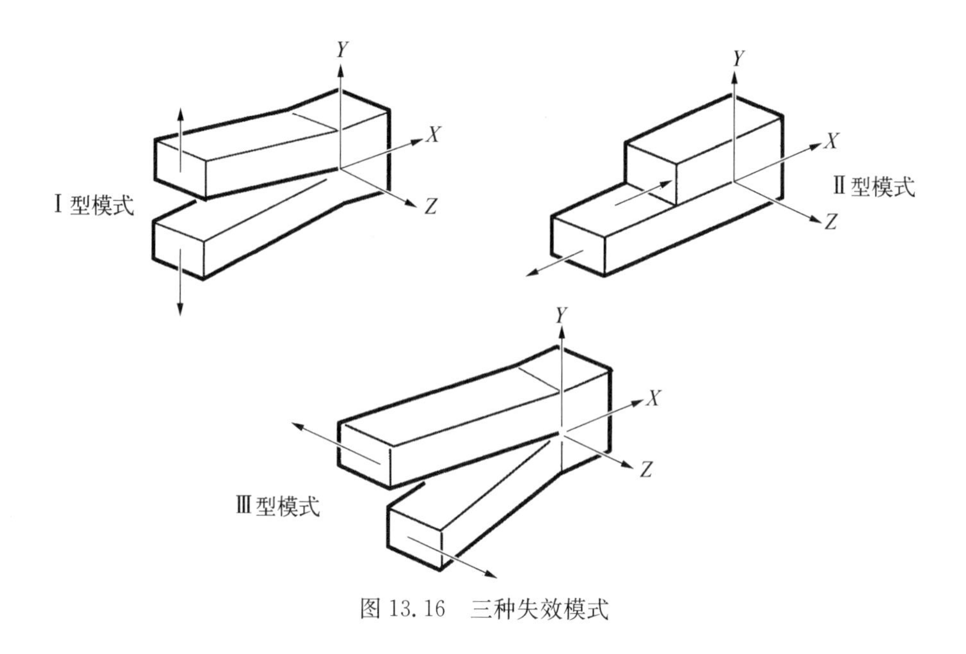

图 13.16　三种失效模式

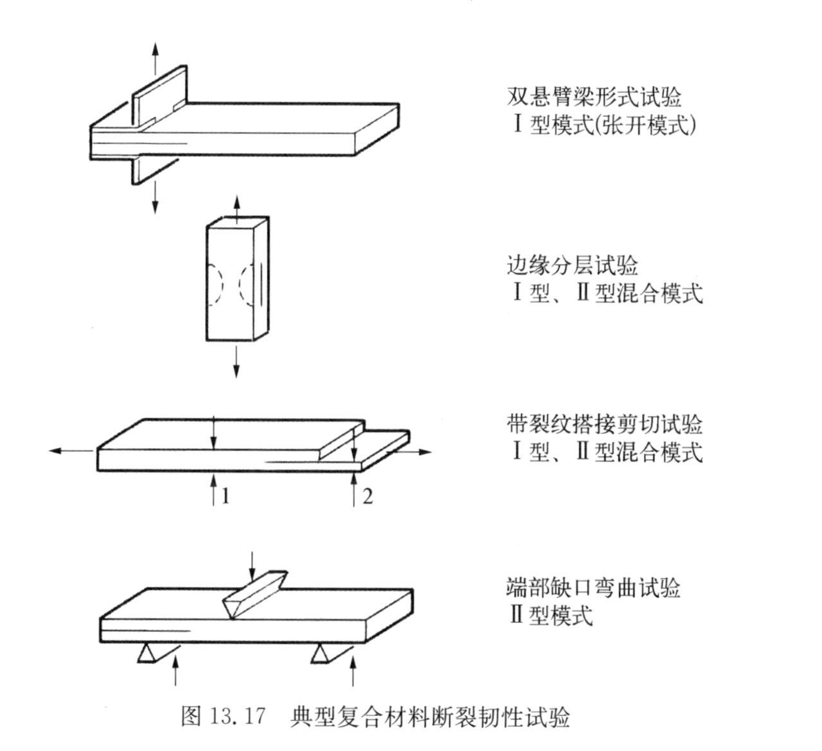

图 13.17　典型复合材料断裂韧性试验

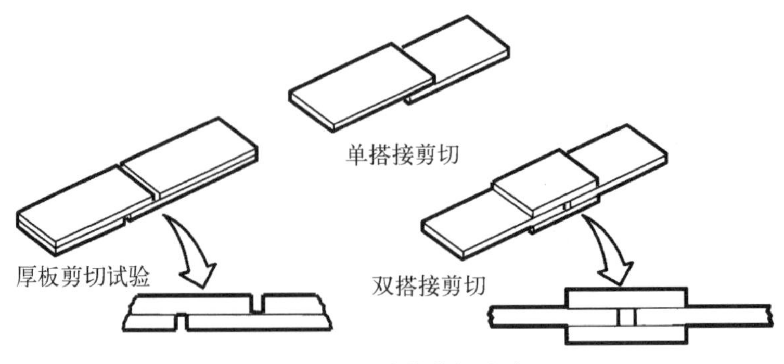

图 13.18　胶接剪切试验

不够长，通常为 0.5 in(1.3 cm)，则不足以表征实际结构。虽然有上述缺点，但单搭接剪切试验广泛用于胶接结构的工艺控制试验，该方法对于验证表面处理和胶层固化非常有用，虽然 0°单向板或多向层压板都可以测试，但通常采用铝合金或钛合金连接板进行胶层剪切试验，该试验不需要额外夹具，并只需要记录搭接剪切强度。

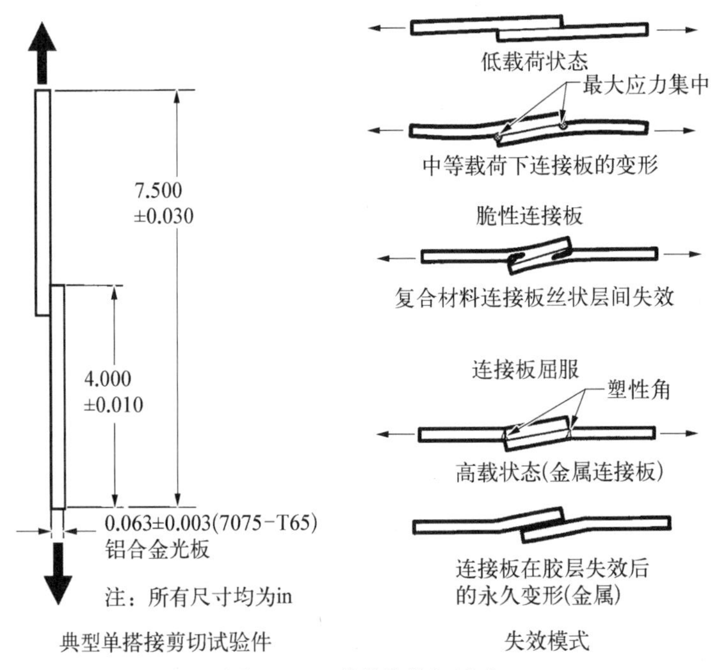

图 13.19　单搭接剪切试验

2) 双搭接剪切试验

通常推荐使用双搭接剪切试验构型(见图 13.20)进行胶的筛选试验和确定典型剪切应力值，该方法按照 ASTM D 3528 标准执行。载荷路径基本是直线传递,不存在单搭接剪切试验的偏心载荷问题,该试验方法经常用于复合材料连接板,金属连接板也同样适用。该方法可以用于测试复合材料结构的二次胶接和共固化剪切应力,并且同样不需要使用夹具,只需要记录搭接剪切强度。

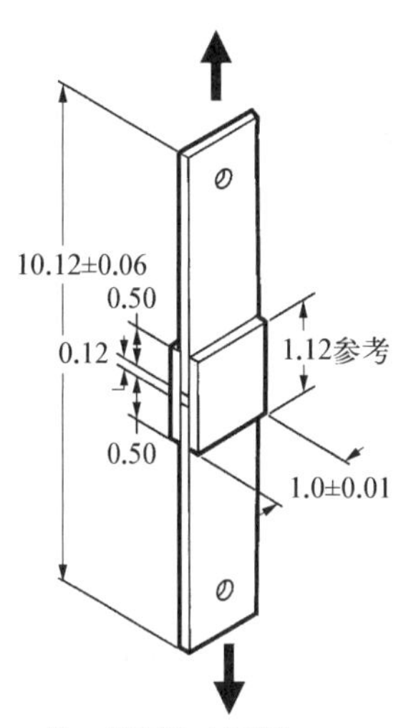

图 13.20　典型双搭接剪切试验

3）厚板剪切试验

厚板剪切试验(见图 13.21)按照 ASTM D 5656 标准执行,用于确定胶层体系的设计性能。虽然该方法也属于单搭接剪切试验构型,但是由于连接板非常厚,所以不会发生弯曲。需要使用两个 KGR－1 引伸计,精确测量挠度,可以精确到大约 0.000 001 in(0.025 4 μm)。图 13.22 所示为剪切应力-应变曲线,本试验可以测量真实剪切应力、剪切模量和剪切应变,这些性能的具体

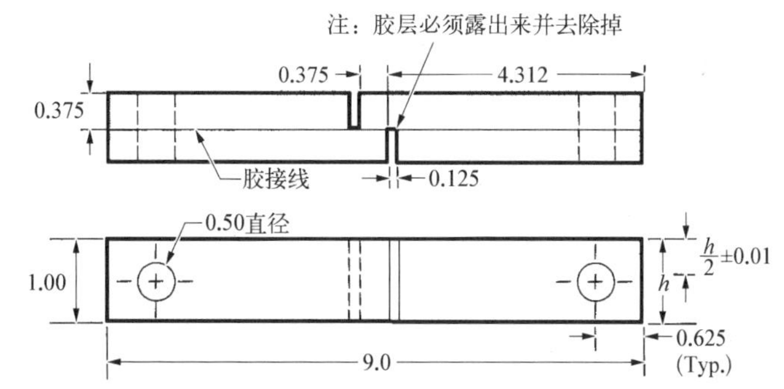

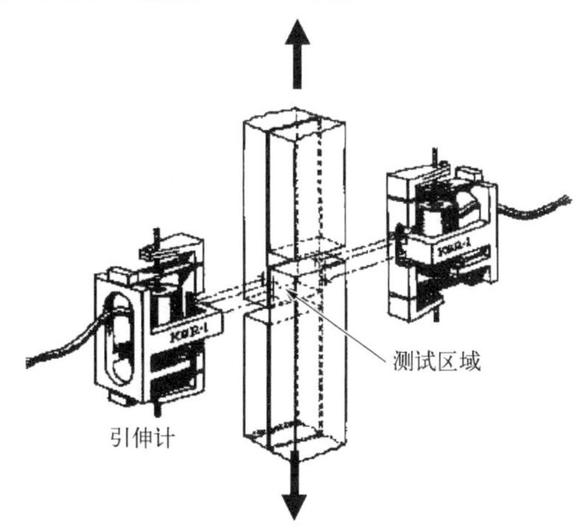

图 13.21　厚板剪切试验[4]

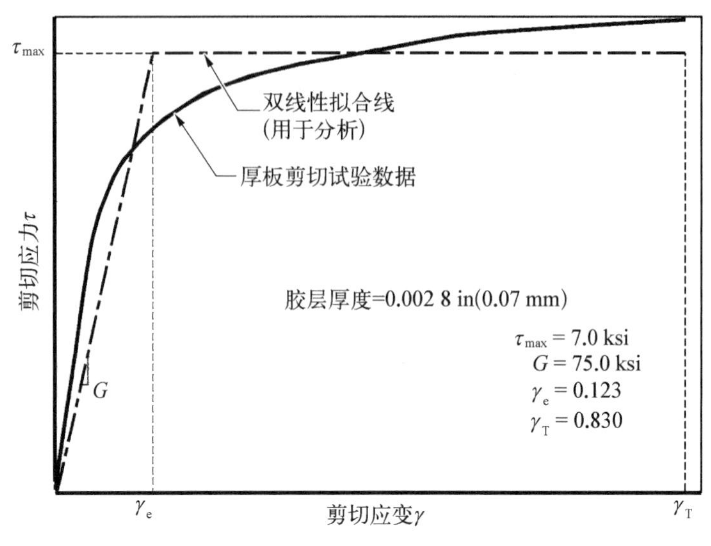

图 13.22 厚板剪切试验应力-应变曲线

意义详见第 17 章。

13.12 胶剥离试验

虽然永远不希望在连接区上发生剥离失效，但是知道任意胶层的剥离强度非常重要，最广泛使用的剥离试验是胶黏剂浮辊剥离强度的试验和滚筒剥离试验，两种试验方法均是把一块连接板从另一块连接板或蜂窝上剥离下来，因此需要柔性连接板，浮辊剥离强度试验(ASTM D 3167)如图 13.23 所示，用于测试金属-金属胶接结构，而滚筒剥离试验(见图 13.24)用于测试蜂窝上的胶层的剥离强度，滚筒剥离试验(ASTM D 1781)检验胶膜的胶接和剥离强度特征。试验中，一侧的铝合金连接板慢慢从蜂窝上剥离下来，强度和失效模式都很重要，在正常的失效模式下，大部分的胶层会留在被剥离下来的连接板一侧，并且上面还有不少蜂窝的孔格附着在这一侧，说明该夹层结构具有很好的胶接性能。

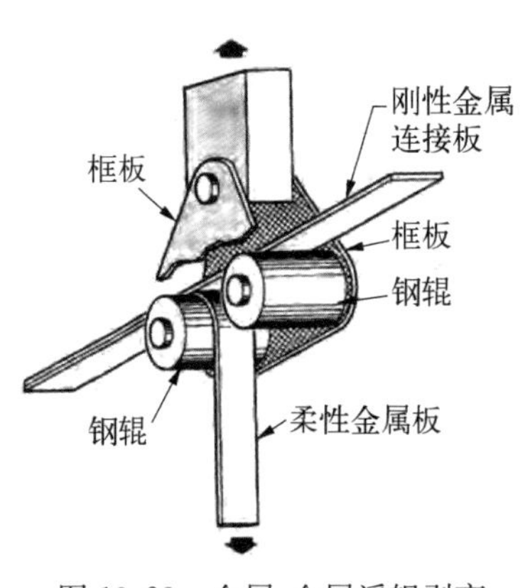

图 13.23 金属-金属浮辊剥离强度试验

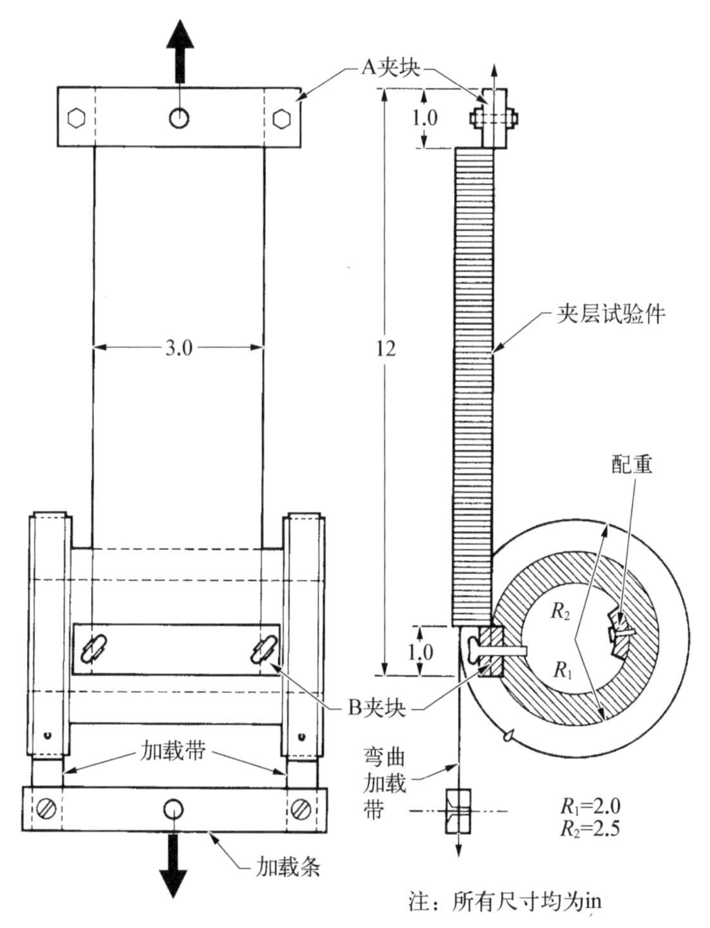

图 13.24 蜂窝夹层滚筒剥离试验

13.13 蜂窝面外拉伸试验

蜂窝面外拉伸试验(见图 13.25)按照 ASTM C 297 执行,用于检查胶膜的胶接和平面拉伸强度,该试验可以是矩形试样也可以是圆形试样,金属和复合材料面板也都可以使用。制造一块夹层板,并进行拉伸测试,将面板从芯材中拉脱出来,强度和失效模式都很重要,失效应发生在胶层或者夹芯处(夹芯错开)。如果失效发生在胶层,则是因为有大量的胶层留在蜂窝孔格壁上。该试验的强度很大程度上取决于蜂窝芯的密度,测试得到的试验值较高通常意味着采用了具有较小孔格尺寸和较厚晶格壁的高密度蜂窝。

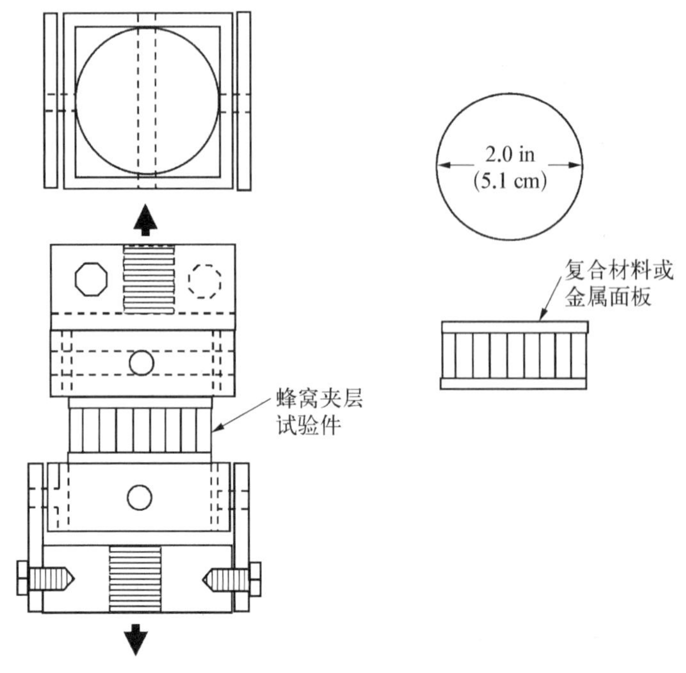

图 13.25 蜂窝面外拉伸试验

13.14 环境条件

由于复合材料对环境的敏感度较高，因此一般在试验之前需要对试验件进行环境处理。通常测试最低使用温度，例如－67℉(－53℃)；室温和最高使用温度环境，例如对环氧树脂，为 250℉(120℃)。此外，树脂占主导的试验，如压缩、90°拉伸和剪切试验件，在试验之前需要进行吸湿处理。高温叠加吸湿，会使性能明显降低。通常情况下，吸湿处理采用带高温的环境箱，使水分进入层压板中。吸湿处理的温度应保证扩散模式不会改变并且不会导致基体损伤。MIL－HDBK－17 中推荐的吸湿温度为：固化温度为 350℉(175℃)的复合材料采用 170℉(75℃)吸湿；固化温度为 250℉(120℃)的复合材料吸湿温度为 150℉(65℃)。虽然有时候采用开水煮的方式加快吸湿过程，但是该方法存在水煮导致基体产生裂纹而结果不可信的风险。然而水煮试验通常用于筛选试验阶段，因为该方法快速且经济。

为了使在达到吸湿平衡前，水分能够更快地进入试验件中心，可以使用湿度较高的环境，MIL－HDBK－17 认为只要不超过 95％的相对湿度，就都是可以接受的。典型的吸湿过程如图 13.26 所示，这里采用吸湿温度为 160℉(70℃)和 95%RH 的相对湿度加速初始吸湿，然后将相对湿度降低到 70%RH，并保持 90 天，以达到所需的吸湿量，注意，试验件暴露在 70%RH 和 160℉(70℃)的环境下，即便吸湿 180 天也并不能达到所需的吸湿量。在吸湿完成后，必须马上完成测试，并且试验在高温下进行时，必须将试验件的湿度散失控制在最小的程度。

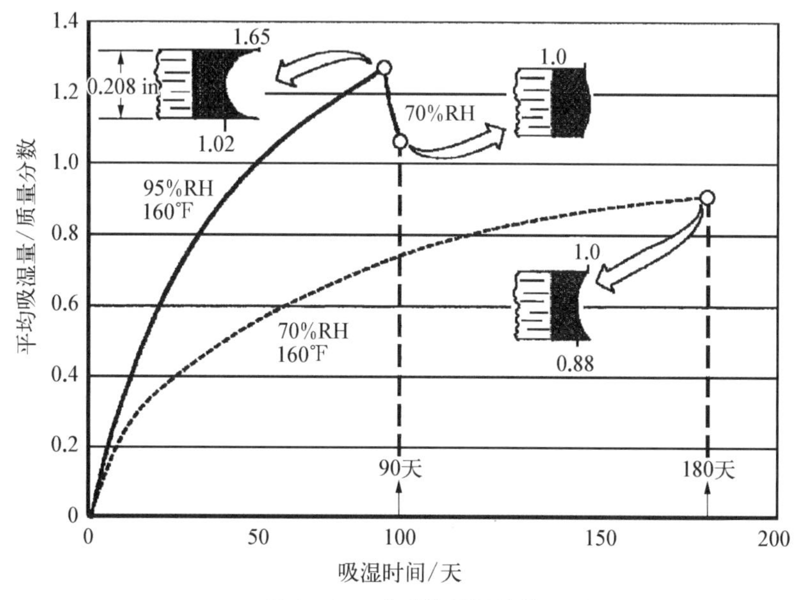

图 13.26 典型的吸湿过程

通常，大多数热固性和半结晶状热塑性材料不会被大多数的溶剂和液压油浸润，但是一些无结晶状的热塑性材料对溶剂，特别是含二氯甲烷的脱漆剂，很敏感。对在复合材料服役过程中能够接触到的几种液体，应该做相关的液体浸润性试验。

13.15 数据分析

虽然其他类型的统计分布也可以并且也在使用，但通常假设复合材料的设计许用值符合正态分布。有三类设计许用值：A 基准、B 基准和 S 基准，A 基准和 B 基准许用值采用下面的公式计算。

$$\sigma_A = \bar{\sigma} - K_A s \quad \text{(式 13.2)}$$

$$\sigma_B = \bar{\sigma} - K_B s \quad \text{(式 13.3)}$$

式中：σ_A 为 A 基准值；σ_B 为 B 基准值；$\bar{\sigma}$ 为平均强度值；s 为标准差；K_A 为对应于置信度为 0.95，可靠度为 0.99 的正态分布单边容限系数；K_B 为对应于置信度为 0.95，可靠度为 0.90 的正态分布单边容限系数。

因此，如果测试 100 个试样，则测试的结果中有 99 个样本要高于 A 基准值；如果测试 100 个试样，则测试的结果中有 90 个样本要高于 B 基准值。发生这种情况的置信度要达到 95%。因此，A 基准许用值要远比 B 基准许用值保守。但是，在工业部门更多地采用 B 基准许用值。K_B 系数在表 13.1 中给出。有时候也引用 S 基准许用值，但是，S 基准许用值仅作为辅助而且没有统计基础。

表 13.1　正态分布的 B 基准系数

n	K_B	n	K_B
1	—	21	1.905
2	20.581	22	1.886
3	6.155	23	1.869
4	4.162	24	1.853
5	3.407	25	1.838
6	3.006	26	1.824
7	2.755	27	1.811
8	2.582	28	1.799
9	2.454	29	1.788
10	2.355	30	1.777
11	2.275	35	1.732
12	2.210	40	1.697
13	2.155	45	1.669
14	2.109	50	1.646
15	2.068	55	1.626
16	2.033	60	1.690
17	2.002	70	1.581
18	1.974	80	1.559
19	1.949	90	1.542
20	1.926	100	1.527

A 基准和 B 基准许用值非常依赖于试验件的测试数量。例如，如果样本大小为 10，平均值为 125 ksi，标准差为 15 ksi，那么 B 基准许用值为 90 ksi。如果样本数量增加到 30，平均值和标准差不变，那么 B 基准许用值则增加到 98 ksi。

一个标准的确定设计许用值的流程需要 5 个独立批次，每批 6 个试验件，总数为 30 的试验样本。

也可以使用正态分布以外的其他分布，最常使用的一个分布形式为双参数的 Weibull 分布。

参考文献

[1] Adams D F, Carlsson L A, Pipes R B. Experimental Characterization of Advanced Composite Materials, 3rd ed. [M]. CRC Press, 2003.

[2] Gauthier M M. Engineered materials handbook, Vol 1, Composites [M]// Scardino W M. Adhesive specifications. ASM International, 1987.

[3] MIL-HNBK-17-1F Polymer matrix composites, Vol I, guidelines for characterization of structural materials[S]. U. S. Department of Defense, 2001.

[4] Krieger R B. Analyzing joint stresses using an extensometer[J]. Adhes. Age, 1985, 28(11): 26-28.

14　复合材料力学性能

复合材料的力学性能受很多因素影响，这些因素包括：纤维是连续的还是不连续的、纤维的强度和刚度、纤维是有序排列的还是任意排布的、纤维增强体的用量或体积分数、基体的强度和刚度、受载是静态还是脉动的以及特殊的工作温度或环境。

E-型玻璃纤维/环氧树脂、芳纶/环氧树脂、高强碳纤维/环氧树脂和中模量碳纤维/环氧树脂单向复合材料的力学性能如表14.1所示。此表中有两点需注意：① 表中的性能是单向复合材料性能，可用于对比不同的材料体系，但是不能用于确定整体结构性能，因为在实际应用中几乎不会使用纯单向材料，纤维必须正交铺设以承受不同方向的载荷；② 力学性能与特定的纤维和树脂体系以及制造方法密切相关。提醒读者要以高度怀疑的态度对待来自供应商和文献的所有复合材料性能数据。设计许用值的确定应基于实际使用的材料体系，且所有试样应当在与实际部件相同的制备条件下制造。此外，从复合材料中获得可靠的实验数据比各向同性金属材料更难，且报道出了大量相矛盾的数据。在本章中，细心的读者会注意到对于来自多个来源的同一数据结果，各个渠道所报道的结果也存在差异。用于确定复合材料力学性能的试验方法在第13章中已讨论。

表14.1　典型单向复合材料的力学性能

性　　能	E-型玻璃纤维/环氧树脂	芳纶/环氧树脂	高强碳纤维/环氧树脂	中模量碳纤维/环氧树脂
相对密度	2.1	1.38	1.58	1.64
0°拉伸强度/ksi	170	190	290	348
0°拉伸模量/msi	7.60	12.0	18.9	24.7
90°拉伸强度/ksi	5.08	5.08	11.6	11.6
90°拉伸模量/msi	1.16	1.16	1.31	1.31

（续表）

性　能	E-型玻璃纤维/环氧树脂	芳纶/环氧树脂	高强碳纤维/环氧树脂	中模量碳纤维/环氧树脂
0°压缩强度/ksi	131	36.3	189	232
0°压缩模量/msi	6.09	10.9	16.7	21.8
面内剪切强度/ksi	8.70	6.53	13.4	13.8
面内剪切模量/msi	0.580	0.304	0.638	0.638
层间剪切强度/ksi	10.9	8.70	13.4	13.1
泊松比	0.28	0.34	0.25	0.27

最大的复合材料公共数据库是 MIL-HNBK-17(第一册到第六册)。第二册是树脂基复合材料的数据,第四册和第五册分别是金属基复合材料和陶瓷基复合材料的数据。但是,读者需注意,在这些手册中的数据虽然经过严格控制,但是来自状态不同的数据源,其最低要求是各自的制造和试验没有替代品。

在本章中,将介绍玻璃纤维、芳纶和碳纤维材料体系的静力、疲劳和损伤容限性能;此外,也会讨论一些重要缺陷类型。性能的环境退化细节将在第 15 章中讨论。

14.1　玻璃纤维复合材料

由于与芳纶和碳纤维相比,玻璃纤维复合材料成本较低,所以玻璃纤维复合材料应用更广。他们应用于各种形式的产品,从在基体中随意排布的短纤维到单向连续排布的长纤维复合材料。玻璃纤维复合材料最大的优点是在较低材料成本下能获得相当好的拉伸强度,尤其是 E-型玻璃纤维。跟芳纶和碳纤维相比,玻璃纤维复合材料最大的缺点是模量低。此外,玻璃纤维复合材料比芳纶和碳纤维复合材料密度高。玻璃纤维复合材料与芳纶和碳纤维复合材料相比,另一个缺点是对疲劳载荷更敏感。

注射成型是玻璃纤维增强复合材料的最大市场之一。虽然热固性和热塑性材料都可以用来注射成型,但目前为止用得最多的是热塑性材料。因为纤维短且随意排布,因此强度和刚度的改善量级只是名义上的,E-型玻璃纤维/尼龙材料性能如表 14.2 所示。但是,跟非增强的尼龙材料相比,增强材料性能仍有明显改善。

表 14.2　注射成型 E-型玻璃纤维/尼龙材料典型性能

性　　能	非　增　强	30%玻璃纤维
相对密度	1.14	1.39
拉伸强度/ksi	12.0	24.9
拉伸模量/msi	0.42	1.31
延伸率/%	60	4
弯曲强度/ksi	17.3	36.0
弯曲模量/msi	0.40	1.31
缺口冲击/(J/m)	53	107
热变形温度/°F	194	486

长玻璃纤维通常为 1～2 in(2.5～5 cm)，广泛用于片状模塑料(SMC)，SMC 是在金属模具中加压成型成结构件的。虽然增强体可随意或连续排布，但是增强体随意排布更普遍。通常，聚酯树脂被用作如碳酸钙一样的填充物。一些 SMC 的典型性能如表 14.3 所示。SMC-R 材料包含任意方向的短玻璃纤维，且其成型平板的两个面内性能是近似各向同性的。SMC-R25 和 SMC-R50 指出纤维是任意排布的，并且玻璃纤维含量分别为 25%和 50%。如果 SMC-C20/R-30 材料总的纤维含量为 50%，则其中包含 20%的连续纤维和 30%的任意纤维。当然，连续纤维方向上的强度更高。最新材料显示，XMC 包含 ±7.5°的 X 形式的连续纤维，并且玻璃纤维含量高达 75%。因为比起连续纤维，含任意纤维的材料在模具中具有更好的流动性，能制造出外形更复杂的部件，所以被广泛使用，如 SMC-R。

表 14.3　典型片状模塑料(SMC)性能[6]

材　　料	相对密度	玻璃纤维含量/%	拉伸强度/ksi	延伸率/%	弯曲模量/msi
SMC-R25	1.83	25	12.0	1.34	1.70
SMC-R50	1.87	50	23.8	1.73	2.30
SMC-C20/R30	1.81	50	—	—	—
纵向	—	—	41.9	1.73	3.73
横向	—	—	12.2	1.58	0.86
XMC-±7.5°X 形式	1.97	75	—	—	—
纵向	—	—	81.4	1.66	4.95
横向	—	—	10.1	1.54	0.99

反应注射成型(RIM)是另外一种模具成型工艺。此工艺将快速聚合的聚合物和氨基甲酸乙酯注射进模具,固化时间少于 1 min。树脂中加入玻璃纤维能提高其强度和刚度,如表 14.4 所示。在成型过程中加入磨碎和切碎的玻璃纤维称为增强反应注射成型(RRIM)。磨碎的玻璃纤维长 0.031～0.125 in(0.8～3.2 mm),增强部件趋向于展现出定向性,因为在注射过程中纤维方向发生变化,所以可以加入切碎纤维以降低定向性。RRIM 工艺的部件性能比模压成型的 SMC 的低,但跟注射树脂之前铺放连续玻璃纤维预制体的 SMC 部件的强度和刚度相当。这种材料称为结构反应注射成型(SRIM)材料。

表 14.4　增强反应注射成型(RRIM)典型性能[6]

材　　料	相对密度	玻璃纤维含量/%	拉伸强度/ksi	延伸率/%
RRIM-磨碎的玻璃纤维/聚氨酯树脂	1.08	15	—	—
纵向	—	—	2.80	110
横向	—	—	2.80	140
RRIM-切碎的玻璃纤维/聚氨酯树脂	1.15	20	—	—
纵向	—	—	3.50	25
横向	—	—	3.65	35
RRIM-切碎的玻璃纤维/聚脲树脂	1.18	20	—	—
纵向	—	—	4.83	31
横向	—	—	4.43	31
SRIM 玻璃纤维/聚氨酯树脂	1.5	37	24.9	4.2

玻璃纤维人工湿法铺贴和喷射通常用于制造中低体积产品。浸润树脂基体的材料(玻璃短切纤维毡)机械性能如表 14.5 所示。喷射法是将纤维和树脂先混合,然后直接喷射到模具上制造出随机排布的,长度为 1～2 in(2.5～5 cm)的纤维。因为纤维质量分数只有 30%～35%,所以性能通常都比较低。短切纤维毡(CSM)是随机排布的产品形式,其中玻璃纤维被切碎然后喷射制造毡子或旋转制造毡子产品。由于纤维含量有限,因此材料是中低强度的。如果要达到更高的强度和刚度性能,则需要将连续纤维编织粗纱和 CSM 混合,性能如表 14.6 所示。在表中,比较了 CSM 的性能与含编织布的 CSM、双轴 0°/90°编织布和在 0°方向有高比例增强体单向编织布的性能。连续树脂增强基体的增加使材料强

度和刚度性能得到了改善。

表 14.5　玻璃短切纤维毡(CSM)典型机械性能[7]

性　　能	喷射粗纱	短切纤维毡	短切纤维毡	短切纤维毡	短切纤维毡/编织粗纱
玻璃纤维质量分数/%	30～35	25～30	30～35	35～40	45～50
玻璃纤维体积分数/%	16～20	14～16	16～20	20～24	28～32
密度/(g/cm^3)	1.45	1.40	1.45	1.50	1.68
拉伸强度/ksi	10	10	13	16	26
拉伸延伸率/%	1.0	1.8	1.8	1.8	2.0
拉伸模量/msi	1.0	0.9	1.1	1.3	1.8
弯曲强度/ksi	20	20	22.5	25	35
弯曲模量/msi	0.9	0.8	0.95	1.2	1.5
压缩强度/ksi	16	14.5	17.4	20	22
压缩模量/msi	1.1	0.95	1.2	1.4	1.8

表 14.6　玻璃短切纤维毡(CSM)/编织复合材料典型性能[7]

性　　能	短切纤维毡	编织粗纱混合	双轴 0°/90°	双轴单向
纤维质量分数/%	35	50	58	60
纤维体积分数/%	20	32	41	42
密度/(g/cm^3)	1.50	1.60	1.70	1.75
拉伸强度/ksi	18.1	29.7	50.7	87.0
拉伸延伸率/%	1.9	1.9	2.5	2.4
拉伸模量/msi	1.1	2.3	2.9	4.1
压缩强度/ksi	21.7	36.2	40.6	78.3
压缩模量/msi	1.1	2.4	3.0	4.2

高强玻璃纤维部件的制造工艺有缠绕工艺和拉挤工艺，制造出的材料性能如表 14.7 所示。缠绕工艺是将连续的玻璃纤维浸渍于树脂中，然后缠绕在芯模上然后固化；拉挤工艺是将增强体浸渍于聚酯树脂中，然后通过模具挤压，在此过程中同时成型和固化。虽然大部分增强体通常沿着部件长度方向铺放，但是可通过玻璃毡和编织布相结合的方式改善其偏轴性能。

玻璃纤维也适用于真空包或热压罐成型用的单向和织物预制体。E-型玻璃纤维成本低，所以在产品中普遍使用。为了满足航空产品的要求，可以使用成本更高的 S-2 玻璃纤维。如表 14.8 所示，S-2 玻璃纤维强度和刚度更高，但是成本也更高。

表 14.7　缠绕工艺和拉挤工艺制造的玻璃纤维复合材料典型性能[8]

成型工艺	性能				
	材料	拉伸强度/ksi	拉伸模量/msi	弯曲强度/ksi	压缩强度/ksi
缠绕	30%～80%质量分数玻璃粗纱纤维/聚酯树脂，可变角度	40～80	3.0～6.0	40～80	45～70
拉挤杆和棒	60%～80%质量分数玻璃粗纱纤维	60～100	4.5～6.0	50～80	40～60
拉挤型材	40%～55%质量分数玻璃粗纱纤维/连续纤维毡	12～30	1.0～2.5	15～35	15～30
拉挤型材	40%～55%质量分数玻璃粗纱纤维/连续纤维毡/预制体	30～45	3.9～4.5	20～50	14～55

表 14.8　单向 E-型玻璃纤维和 S-2 玻璃纤维/环氧树脂性能

性能	E-型玻璃纤维/环氧树脂	S-2 玻璃纤维/环氧树脂
密度/(lb/in^3)	0.072	0.072
0°拉伸强度/ksi	170	235
0°拉伸模量/msi	7.60	8.60
90°拉伸强度/ksi	5.80	5.80
90°拉伸模量/msi	1.74	2.32
0°压缩强度/ksi	90	100
面内剪切强度/ksi	10.1	11.6
面内剪切模量/msi	0.798	1.10
层间剪切强度/ksi	10.2	11.6
泊松比	0.28	0.28

玻璃纤维除了比碳纤维复合材料的模量和刚度低之外，其疲劳性能也没有碳纤维和芳纶复合材料好，如图 14.1 所示。通常高刚度纤维，如碳纤维和一些芳纶，在疲劳循环下基体变化小，所以耐疲劳性能更佳。此外，玻璃纤维复合材料容易受静态疲劳或应力断裂的影响。静态疲劳是在恒定载荷下材料随时间而

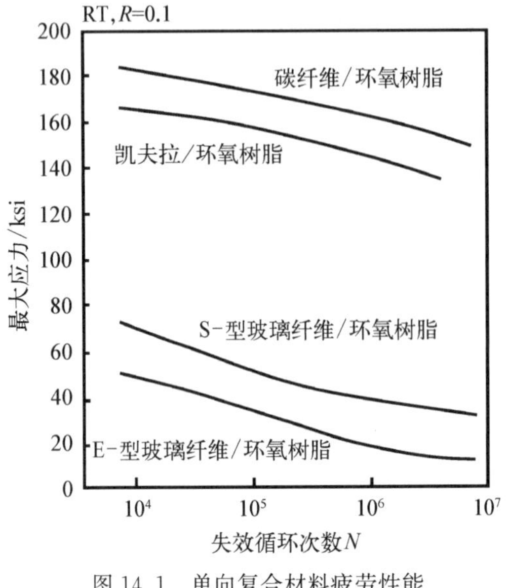

图 14.1　单向复合材料疲劳性能

断裂的现象，而不是通常疲劳试验的循环载荷。这种现象如图 14.2 所描述的，当玻璃纤维增强复合材料暴露在潮湿或恶劣的环境中时，由于纤维和基体的界面结合减弱导致材料性能退化，因此通常通过纤维表面化学侵蚀引起。减弱程度取决于基体、纤维涂层和纤维类型。界面减弱将导致由基体主导的机械性能损失，如横向拉伸性能和压缩强度。因此，环境退化是承载大载荷的结构非常关注的，尤其在长期保载情况下使用的结构。

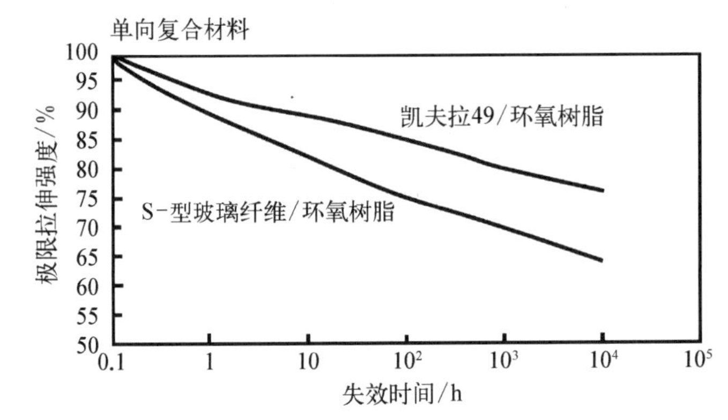

图 14.2　凯夫拉 49 和 S-型玻璃纤维环氧树脂复合材料应力断裂性能[9]

14.2　芳纶复合材料

芳纶复合材料于 20 世纪 70 年代引入，起初其拉伸性能和当时的碳纤维复合材相当。但是，在过去的 35 年中，碳纤维复合材料的性能有了显著提高，以至芳纶复合材料与其相比竞争性降低。芳纶复合材料与玻璃纤维复合材料相比，其密度低，拉伸强度高，但成本高。它们的压缩性能都比较差(见图 14.3)，所以只能用于由拉伸性能主导的设计。此外，由于纤维和基体的界面结合力弱，因此由基体主导的性能(如面内剪切、层间剪切和横向拉伸性能)比玻璃纤维和碳纤维复合材料的低。虽然可以通过对纤维和基体界面进行表面处理提高界面强

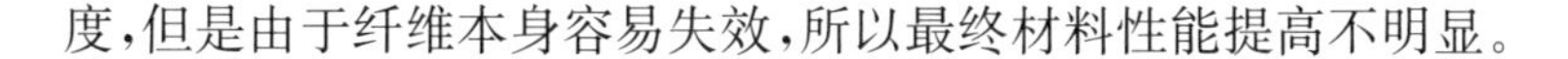

度，但是由于纤维本身容易失效，所以最终材料性能提高不明显。

240
220
200
180
160
140
120
100
80
60
40
20
0
应力/ksi
芳纶/环氧树脂
E-型玻璃纤维/环氧树脂
高强碳纤维/环氧树脂
中模量碳纤维/环氧树脂

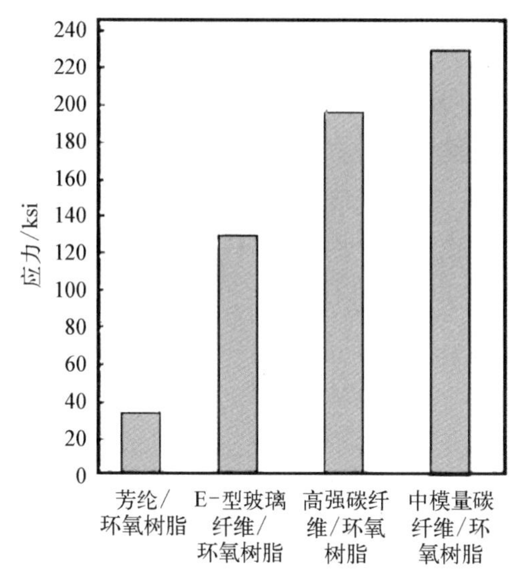

图 14.3 单向复合材料压缩强度

室温单向
203
174
145
116
87
58
29
0
应力/ksi
拉伸
压缩
0
0.5
1.0
1.5
2.0
应变/%

图 14.4 芳纶复合材料的典型拉伸和压缩性能[9]

虽然单向芳纶复合材料在拉伸加载时有弹性响应，但是其在压缩过程中表现出非线性延展行为。在 0.3%～0.5%压缩应变时出现屈服，如图 14.4 所示。这种结构缺陷的变形响应称为纽结带，与芳纶分子压缩屈曲相关。这种压缩行为限制了芳纶复合材料在高应变压缩或弯曲载荷下的使用。但是，芳纶复合材料的压缩屈曲特性使其可以应用于防撞结构，这种结构在持续高压缩载荷下依赖于芳纶复合材料的失效安全特性。

虽然芳纶复合材料的疲劳性能没有碳纤维复合材料好（见图 14.1），但是芳纶复合材料仍具有比较好的疲劳性。当芳纶复合材料在使用过程中有足够大的静态安全因子时，不用重点考虑拉-拉疲劳的影响。在拉-拉和弯曲疲劳载荷下，芳纶复合材料性能优于玻璃纤维复合材料。在同样的失效循环次数下，凯夫拉 49/环氧树脂复合材料的静强度百分比比玻璃纤维复合材料的大。

由芳纶复合材料纤维主导的层压板表现出微乎其微的蠕变。通常，蠕变应变随着温度的升高而增加，应力增加，纤维模量降低。但是，在长时间载荷下，芳纶复合材料与玻璃纤维复合材料一样，容易产生应力断裂，持续加载下纤维失效时只伴随少量或没有蠕变。凯夫拉 49 和 S-型玻璃纤维的应力断裂性能对比如图 14.2 所示。虽然芳纶复合材料性能优于玻璃纤维复合材料，但是应力断裂现

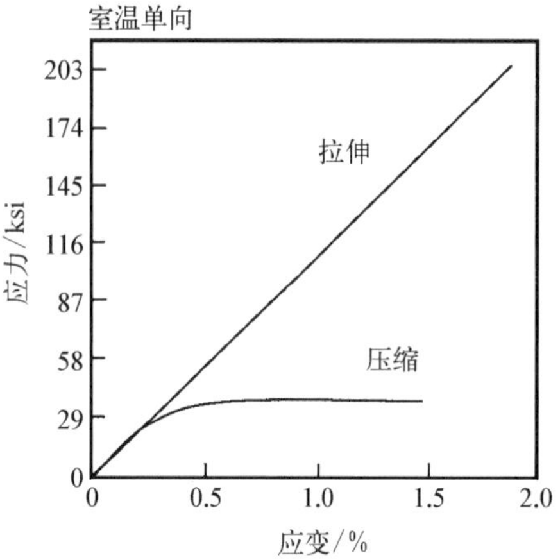

象在预期长时间加载的设计中必须考虑。

芳纶的韧性和损伤容限性能十分优良。同样的微观结构在导致芳纶屈曲的同时也能使其非常坚韧。在失效时，广布的弯曲、屈曲和内部损伤的纤维吸收了大量能量。芳纶的纤维结构和压缩特性使得复合材料缺口敏感性低，易延展，非脆性或非灾难性的失效方式与碳纤维复合材料相反。此外，芳纶的强度对应变率不敏感，应变率增加四个数量级，拉伸强度也只提升15%。芳纶复合材料良好的吸能特性使得它在弹道、轮胎、绳、电缆、石棉替代品和防护衣中广泛使用。

因为芳纶纱线和粗纱容易弯曲且不具有脆性，所以通常用于最传统的纺织方法，如缠绕、纺织、编织、梳理和制毯。纱线和粗纱通常用于湿法缠绕、预浸带和拉挤工艺。相关应用包括导弹机匣、压力容器、运动器材、电缆和受拉构件。复合材料主要使用连续纤维，也可使用不连续纤维或短纤维，芳纶的内在韧性和丝线特性不容许其与其他纤维形成混合纤维形式。

由于其具有高拉伸强度和优异的耐损伤特性，因此芳纶复合材料常用于轻型压力容器，采用湿法缠绕工艺。凯夫拉49/环氧树脂和S-型玻璃纤维/环氧树脂压力容器对比如表14.9所示。凯夫拉压力容器的密度比S-型玻璃纤维压力容器低，但是强度和模量比较高。对于压力容器，相对性能通常用PV/W参数表示，即爆炸压力P乘以体积V除以容器重量W。凯夫拉压力容器的PV/W指数较高。此外，凯芙拉压力容器具有优异的疲劳性能，如果容器承受升压/降压循环，则循环数是一个重要参数。

表14.9 缠绕工艺的凯夫拉49/环氧树脂与S-型玻璃纤维/环氧树脂材料机械性能[9]

性　　能	凯夫拉49/环氧树脂	S-型玻璃纤维/环氧树脂
密度/(lb/in^3)	0.044	0.069
纤维体积分数/%	65	65
拉伸强度/ksi	223	197
拉伸模量/msi	13.2	8.8
$(PV/W)/10^6$	4.1	3.0
90%极限载荷下的相对疲劳性能	10	1

作为有机纤维，芳纶具有吸湿性。在高温环境下，芳纶复合材料的拉伸强度和模量呈现出线性递减。凯夫拉49/环氧树脂编织布的温度和吸湿影响如

图 14.5 所示。芳纶的平衡吸湿量是由相对湿度(RH)确定的。在 60%的相对湿度下,凯夫拉 49 纤维的平衡吸湿量大约是 4%。吸湿是完全可逆的,一旦去除,则性能将不会产生永久变化。在低温环境下,模量小幅提高,强度不会降低。

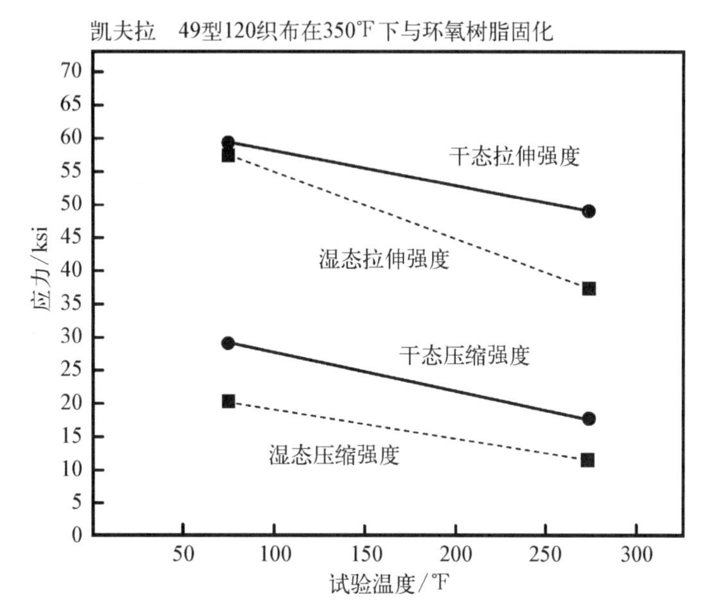

图 14.5　温度和湿度对凯夫拉 49/环氧树脂编织布的影响

紫外线会使裸芳纶退化;但是对于复合材料,纤维有基体保护,基体通常在使用前涂覆在纤维上。芳纶复合材料层压板在使用过程中注意不到强度损失,因为芳纶是容易氧化的有机纤维,所以芳纶复合材料通常不在高于 300℉(150℃)的温度下长时间使用。随着温度的升高,芳纶也像其他材料一样在横向发生膨胀,纵向发生缩短。芳纶的负热膨胀系数在设计定制或零膨胀系数复合材料时是有优势的。

在任何设计过程中都必须考虑芳纶较弱的偏轴和压缩性能。但是,因为具有较高的轴向拉伸强度和断裂性能,因此芳纶纤维复合材料经常用于压力容器,载荷形式通常是径向拉伸。虽然由于碳纤维复合材料个别强度比芳纶复合材料高,因此经常用碳纤维复合材料代替芳纶复合材料,但是芳纶材料仍能提供其他纤维不具备的组合性能。如芳纶能提供高强度、韧度和抗蠕变性能,且价格适中。但是在一些使用过程中,芳纶复合材料也受限于其较弱的偏轴、压缩和吸水特性。无论如何,芳纶材料是抗冲击结构首选的纤维材料。

14.3 碳纤维复合材料

中模量碳纤维(IM－7)/典型第二代高韧性环氧树脂(Cycom 977－3)复合材料的机械性能如表14.10所示。这种材料在350℉(175℃)下固化，虽然限制使用温度是250℉(120℃)，但是可接受的最高使用温度可达300℉(150℃)。通常可接受的碳纤维复合材料的极端环境状态为干冷态拉伸和湿热压缩。干冷状态的问题比湿热状态的问题小。需要注意的是，在－75℉(－60℃)干冷状态下仅降低0°方向的拉伸强度，0°湿态压缩强度随着温度达到300℉(150℃)逐渐降低，如图14.6所示。压缩强度降低是因为温度升高和吸湿。干、湿态试样的层间剪切强度与温度的关系曲线如图14.7所示，随着温度和湿度增加，强度降低。其他基体主导的性能也受温度和湿度的影响，如90°拉伸和压缩性能、面内和层间剪切性能、弯曲性能和开孔压缩强度。然而，0°压缩和0°弯曲性能是由纤维主导的性能，压缩强度依靠基体来避免纤维发生微屈曲。

表14.10 中模量碳纤维/高韧性环氧树脂机械性能[10]

性能	－75℉	RT	220℉		250℉		270℉		300℉	
			干态	湿态	干态	湿态	干态	湿态	干态	湿态
0°拉伸强度/ksi	353	364	—	—	—	—	—	—	—	—
0°拉伸模量/msi	22.9	23.5	—	—	—	—	—	—	—	—
90°拉伸强度/ksi	—	9.3	—	—	—	—	—	—	—	—
90°拉伸模量/msi	—	1.21	—	—	—	—	—	—	—	—
0°压缩强度/ksi	—	244	—	221(a)		195(a)		180(a)		160(a)
0°压缩模量/msi	—	22.3	21.4	21.2(a)	20.4	21.2(a)	20.2	22.6(a)	21.5	21.7(a)
0°弯曲强度/ksi	—	256	246	173(a)	221	162(a)	218	140(a)	206	125(a)
0°弯曲模量/msi	—	21.7	22.4	20.1(a)	20.8	21.2(a)	21.0	19.6(a)	21.0	18.9(a)
90°弯曲强度/ksi	—	19.0	—	—	—	—	—	—	—	—

(续表)

性能	−75℉	RT	220℉		250℉		270℉		300℉	
			干态	湿态	干态	湿态	干态	湿态	干态	湿态
90°弯曲模量/msi	—	1.19	—	—	—	—	—	—	—	—
面内剪切模量/msi	—	0.72	—	0.61(c)	—	0.58(c)	—	0.50(c)	—	0.34(c)
层间剪切强度/ksi	—	18.5	13.6	12.9(a)	13.3	11.4(a)	12.4	10.1(a)	11.4	9.0(a)
开孔压缩强度/ksi	—	46.7	—	37.0(b)	—	35.0(b)	—	—	—	—
冲击后压缩/ksi	—	28.0	—	—	—	—	—	—	—	—

纤维体积分数为60%的纤维材料性能：(a) 160℉水浸一周；(b) 160℉水浸两周；(c) 150℉/85%相对湿度达到吸湿平衡，增重1.1%

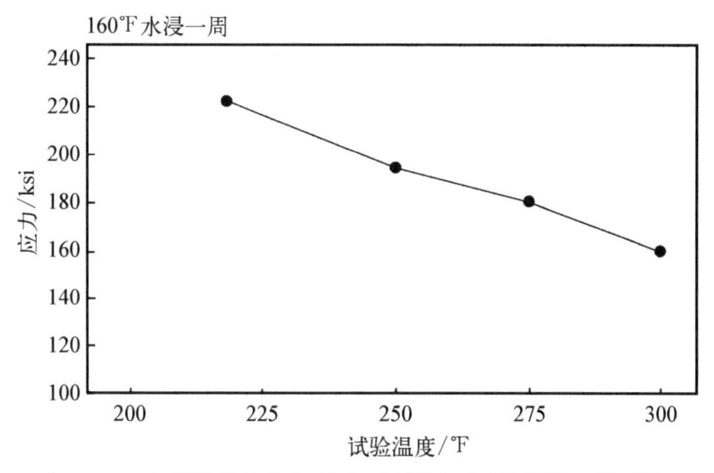

图 14.6 中模量碳纤维/韧性环氧树脂复合材料湿热压缩强度

对于轴向压缩的纵向试样(0°)，在拉伸和剪切模式下纤维发生微屈曲，如图14.8所示。在拉伸模式下，临近的纤维在相对方向上发生屈曲。这种命名模式源自实际情况，基体材料的主要变形是垂直纤维方向的拉伸。在剪切模式下，纤维屈曲同波长且同相，所以相邻纤维间的基体材料主要发生剪切变形。剪切模式主要发生在高纤维体积分数的复合材料中，所以高强度纤维复合材料的主要失效模式是剪切失效。芳纶复合材料压缩强度低的主要原因是在相当低的应力下纤维本身扭结。试验表明基体的弹性模量很重要，更硬的基体能为纤维提供更好的支撑，所以压缩强度更高。

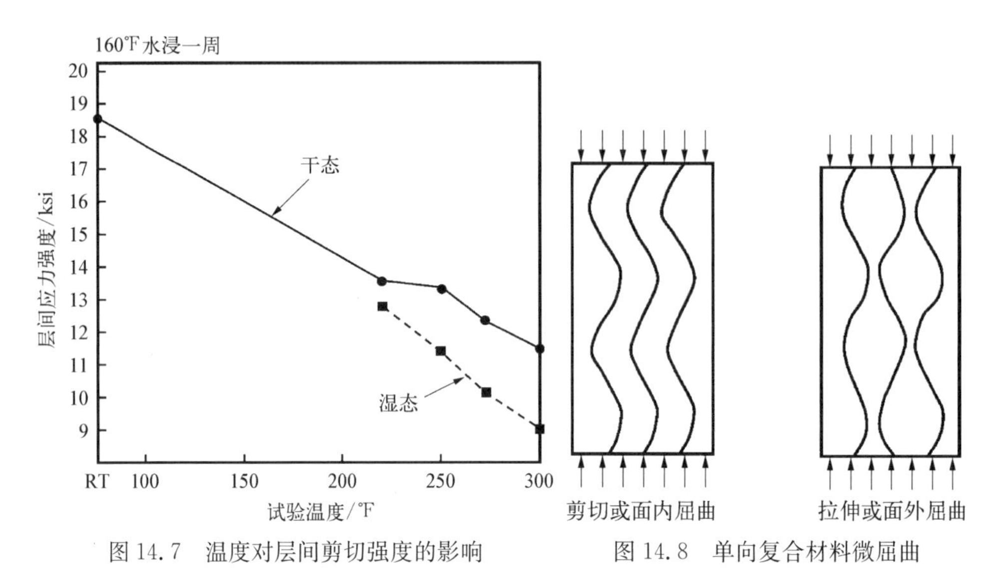

图 14.7　温度对层间剪切强度的影响　　　　图 14.8　单向复合材料微屈曲

迄今为止，大多数高性能碳纤维/环氧树脂结构通过预浸料热铺敷，然后在 250°或 350℉(120°或 175℃)下通过热压罐固化。在 20 世纪 90 年代初开始开发温度低于 200℉(95℃)的低温固化预浸料，这种预浸料仅通过真空袋固化。开发的动力主要源自生产少量部件但无需花费大量经费用于价格高昂的热压罐的需求。起初，只能使用与生产碳纤维/环氧树脂工具相同的预浸料；随着技术发展，能生产出用于合理尺寸的部件上的低温/真空袋固化(LTVB)材料，其性能与热压罐固化预浸料性能相当。低温真空袋固化材料(Cycom 5215)与标准热压罐固化碳纤维/环氧树脂材料的性能比对如表 14.11 所示。标准碳纤维/环氧树脂材料在 350℉(175℃)温度下和 85 psi(586 kPa)热压罐压力下固化 2 h；Lycom 5215 材料在 150℉(65℃)温度下真空袋压固化 14 h，然后移除固化工具，在 350℉(175℃)温度下后固化 2 h。这两种材料处于单向带和编织布形式时性能相当，需要关注两点。第一，因为没有热压罐压力抑制空洞的形成，所以去除截留的空气很重要，生产出质量一致并且无孔隙的部件很困难，尤其对于尺寸大且比较厚的部件，这些部件的排气通道通常比较长。第二，目前这些材料的冲击后压缩强度与第一代脆性环氧树脂的冲击后压缩强度相当。韧性限制只是暂时的，因为已经研发出了高韧性材料(Cycom 5320)。

表 14.11 Cycom 5215 与标准碳纤维/环氧树脂性能对比[10]

性能	单向带		6k 五枚锻纹编织布	
	G30-500 碳纤维/一代环氧树脂	G30-500 碳纤维/5215 环氧树脂	G30-500 碳纤维/一代环氧树脂	G30-500 碳纤维/5215 环氧树脂
RT 干态 0°拉伸强度/ksi	200	297	75.0	95.0
RT 干态 0°压缩强度/ksi	205	210	67.5	105
250°F干态 0°压缩强度/ksi	145	175	45.0	76.9
RT 干态层间剪切强度/ksi	15.0	15.5	8.5	8.0
250°F干态层间剪切强度/ksi	9.0	10.0	6.5	7.1
250°F湿态(a)层间剪切强度/ksi	7.5	8.7	2.5	4.4
冲击后压缩强度/ksi	17.5	16.0	25.0	23.7
干态玻璃化转变温度 T_g/°F	350	378	35.0	366
湿态(b)玻璃化转变温度 T_g/°F	250	331	250	328

(a) 煮沸 24 h;(b) 煮沸 48 h

高模量沥青基碳纤维/环氧树脂材料已经在航空航天领域中使用,尤其是对重量、刚度和尺寸稳定性要求极高的结构部件。除了纵向模量之外,高模量材料的其他性能都比标准高强度材料的性能低,如表 14.12 所示。高模量材料比标准模量的材料贵。此外,经常使用更昂贵的氰酸酯树脂,因为此种树脂吸湿性差,尺寸稳定性好,并且在近真空环境下不易除气。因此,高模量碳纤维和石墨纤维复合材料在一些特定情况下的使用会受到限制。

表 14.12 高模量碳纤维/韧性环氧树脂性能

性能	AS-4/3501-6 碳纤维/环氧树脂	GY-70/934 碳纤维/环氧树脂
相对密度	1.58	1.59
纤维体积分数/%	63	57
0°拉伸强度/ksi	331	85.3
0°拉伸模量/msi	20.6	42.6
0°拉伸应变/%	0.015	0.002
90°拉伸强度/ksi	8.27	4.26

（续表）

性　　能	AS-4/3501-6 碳纤维/环氧树脂	GY-70/934 碳纤维/环氧树脂
90°拉伸模量/msi	1.48	0.93
90°拉伸应变/%	0.006	0.005
0°压缩强度/ksi	209	71.2
面内剪切强度/ksi	10.3	8.58
面内剪切模量/msi	1.04	0.71
泊松比	0.27	0.23

虽然在热塑性复合材料方面做了很多研究，但是由于在第6章中讨论的原因，因此热塑性复合材料应用很少。但是，热塑性复合材料与脆性环氧树脂材料相比，具有良好的损伤容限特性。大部分研发工作都使用聚醚醚酮(PEEK)。近期研究重点转向了聚醚酮酮(PEKK)主要有两个原因：① 基本PEKK聚合物比PEEK聚合物便宜；② PEKK复合材料的制造温度比PEEK的低，PEKK复合材料制造温度是645℉(340℃)，PEEK复合材料的制造温度是735℉(390℃)。两种材料的性能对比如表14.13所示，虽然从这组数据表中得知，PEKK复合材料的冲击后压缩强度比PEEK复合材料的略低，但是当使用高强度或中模量碳纤维时两种材料的性能相当。几种材料的拉伸和弯曲性能如表14.14所示。聚酰亚胺是耐高温达250℉(120℃)的无定形热塑性材料。聚苯硫醚是半结晶热塑性材料，使用温度低于200℉(95℃)，也比PEEK和PEKK使用温度[250℉(120℃)]低。聚丙烯是半结晶热塑性材料，使用温度低于150℉(65℃)。

表14.13　单向碳纤维/PEEK和碳纤维/PEKK材料性能对比[11]

性　　能	AS-4/PEEK	AS-4/PEEK	IM-7/PEEK	IM-7/PEEK
0°拉伸强度/ksi	331	340	421	400
0°拉伸模量/msi	20.0	19.7	24.9	24.4
0°压缩强度/ksi	197	17.8	190	177
0°压缩模量/msi	18.0	21.2	22.0	21.8
面内剪切强度/ksi	27.0	21.2	26.0	18.9
面内剪切模量/msi	0.826	0.812	0.797	0.711

（续表）

性　　能	AS－4/PEEK	AS－4/PEEK	IM－7/PEEK	IM－7/PEEK
层间剪切强度/ksi	15.2	14.2	—	—
开孔拉伸强度/ksi	61.8	56.4	69.0	74.6
开孔压缩强度/ksi	47.0	48.6	47.0	45.7
冲击后压缩强度/ksi	51.1	36.4	53.1	44.5

注：由纤维主导的性能正则化为 0.60 的纤维体积分数

表 14.14　单向热塑性材料性能对比[12]

性　　能	AS－4/PEI	AS－4/PPS	E－型玻璃纤维/PP
纤维体积分数/%	59	59	60
0°拉伸强度/ksi	278	297	108
0°拉伸模量/msi	18.8	18.5	4.1
90°拉伸强度/ksi	11.0	7.2	—
90°拉伸模量/msi	1.3	1.3	—
0°弯曲强度/ksi	269	243	85
0°弯曲模量/msi	17.8	16.3	3.8

注：PEI，聚酰亚胺；PPS，聚苯硫醚；PP，聚丙烯

环氧树脂基复合材料通常的限制使用温度大约是 250℉（120℃），对于更高的使用温度，可以使用双马来酰亚胺树脂、氰酸酯树脂和聚酰亚胺树脂。双马来酰亚胺树脂和氰酸酯树脂的使用温度高达 350～400℉（175～205℃）。对于更高的使用温度，如 500～600℉（260～315℃），必须使用聚酰亚胺树脂。氰酸酯树脂和双马来酰亚胺树脂的工艺与环氧树脂的工艺类似，聚酰亚胺树脂通常需要温度和压力更高的压缩固化系统。因为压缩反应会产生水或醇类物质，所以聚酰亚胺树脂固化时容易产生空洞和孔隙。此外，它们也是易受微裂纹影响的脆性材料体系，这些材料体系随温度变化的层间剪切强度性能如图 14.9 所示。

14.4　疲劳

疲劳失效是由脉动应力引起的，脉动应力小于导致失效的单个应力。产生疲劳的三个基本要素是：① 最大应力值足够大，通常是拉伸应力；② 应力变化和波动足够大；③ 应力循环次数足够多。脉动应力有多种形式，常见的几种形式如图 14.10 所示。通常使用完全相反的应力循环，最大应力和最小应力相等。

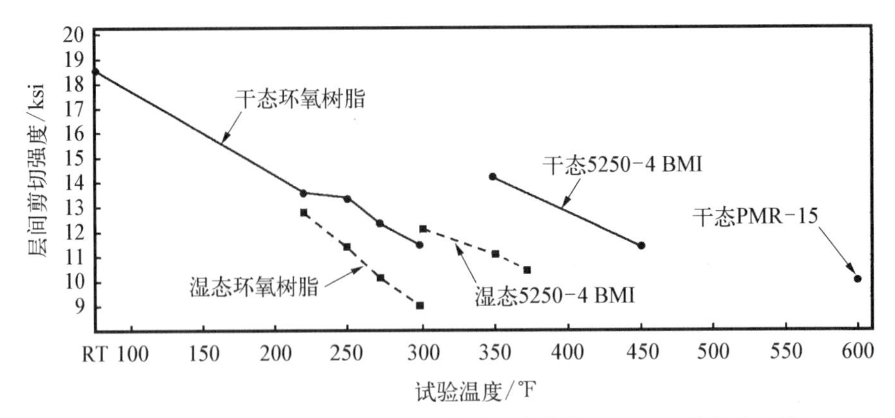

图 14.9　脆性材料体系层间剪切强度随温度变化(BMI：双马来酰亚胺)

其他常用的应力循环是重复应力循环，平均应力 σ_m 在最大应力和最小应力之上。如图 14.10 所示，两个应力都是拉伸应力，但是也有试验中两个应力都是压缩应力的。此外，最大应力和最小应力数值不一定相等。最后一种形式的应力循环是随机(不规则)的，部件在服役过程中受随机载荷，通常称为谱加载。

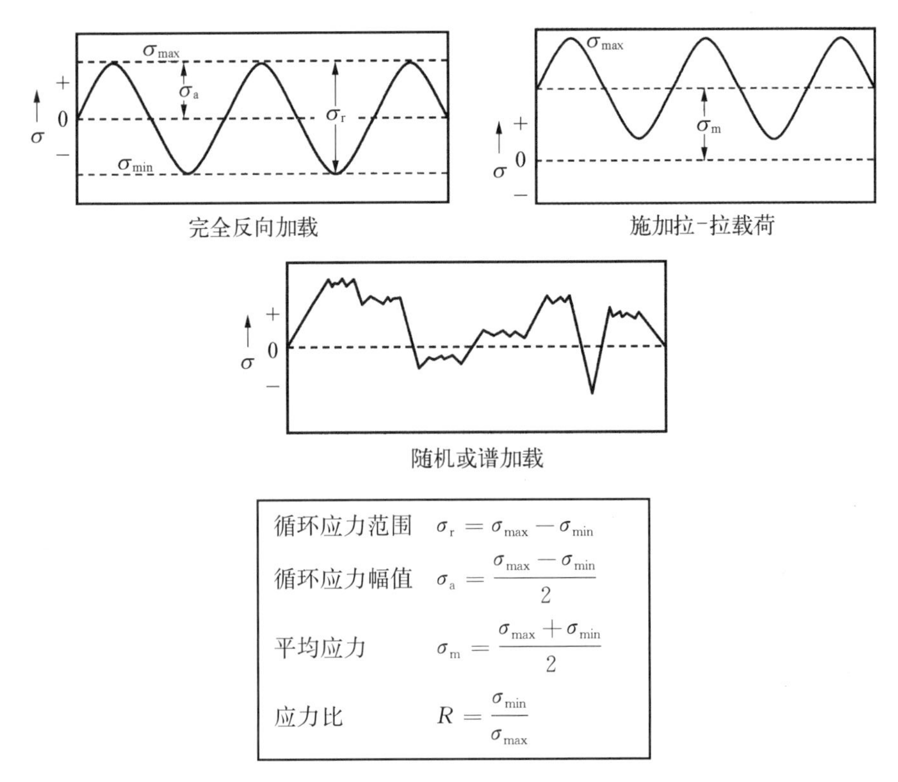

图 14.10　典型脉动应力形式

波动应力由两部分组成：平均应力 σ_m 和变化应力 σ_a。应力范围 σ_r 是一个循环中最大应力和最小应力的差值。

$$\sigma_r = \sigma_{max} - \sigma_{min} \quad (式 14.1)$$

变化应力是应力幅值的一半。

$$\sigma_a = \frac{\sigma_r}{2} = \frac{\sigma_{max} - \sigma_{min}}{2} \quad (式 14.2)$$

平均应力是循环中的最大应力和最小应力的平均值。

$$\sigma_m = \frac{\sigma_{max} + \sigma_{min}}{2} \quad (式 14.3)$$

通常用两个比值表示疲劳值。

$$应力比\ R = \frac{\sigma_{min}}{\sigma_{max}} \quad (式 14.4)$$

$$幅值比\ A = \frac{\sigma_a}{\sigma_m} = \frac{1-R}{1+R} \quad (式 14.5)$$

疲劳试验数据比静力试验数据分散性大，又由于静力试验时复合材料的分散性比金属材料的大，所以复合材料疲劳数据分散性很大是合理的。因此，为了获得有意义的数据，在每个应力水平下都必须做多个试样试验。

与金属相比，碳纤维复合材料表现出优异的疲劳性能。碳纤维/环氧树脂复合材料与几种航空金属材料的疲劳性能对比如图 14.11 所示。与金属相比，因为先进复合材料具有高疲劳极限和抗腐蚀能力，所以疲劳性能优异。对于金属材料，疲劳寿命是主要的设计参数；但是对于一个设计良好的碳纤维复合材料结构来说，静力承载能力是比疲劳寿命更重要的设计参数。主要有两个原因：① 碳纤维复合材料有良好的疲劳特性；② 高性能复合材料是新材料，所以在结构设计数据方面使用相对保守的设计应变。在将来，随着设计师获得越来越多的复合材料性能，疲劳也将变成一个比较大的问题。现在，碳纤维复合材料设计主要关注冲击损伤、分层、压缩时的稳定性、接头承载力低和环境退化。

金属和复合材料的疲劳失效机理大不相同。金属材料的疲劳失效通常起始于单个裂纹，随着裂纹缓慢扩展为长裂纹，结构剩余部分无法继续承载，最终结构失效。与金属材料疲劳不同的是，复合材料疲劳不是起始于一个离散裂纹，而是不同部位产生很多不同的小损伤，最终损伤连接导致结构失效。主要有五种

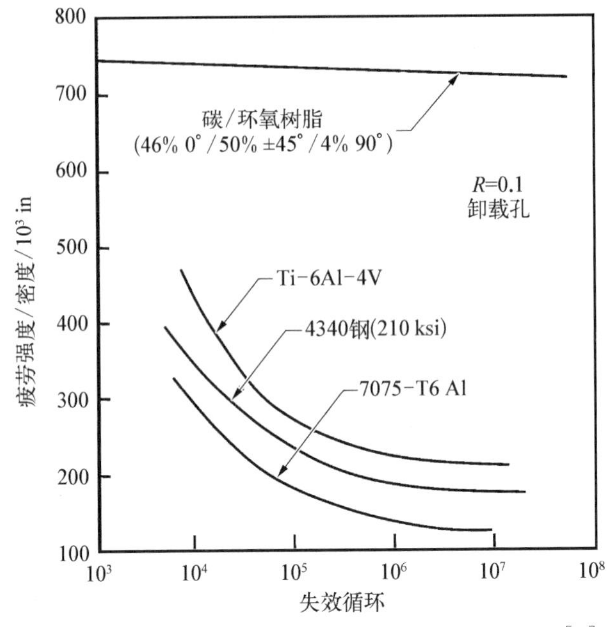

图 14.11　碳纤维/环氧树脂与几种航空材料疲劳性能[13]

损伤机理：基体起裂、纤维断裂、裂纹耦合、分层起始、分层扩展和断裂。

准各向同性材料在拉压载荷下损伤扩展的三个阶段中的损伤状态和寿命百分比如图 14.12 所示。

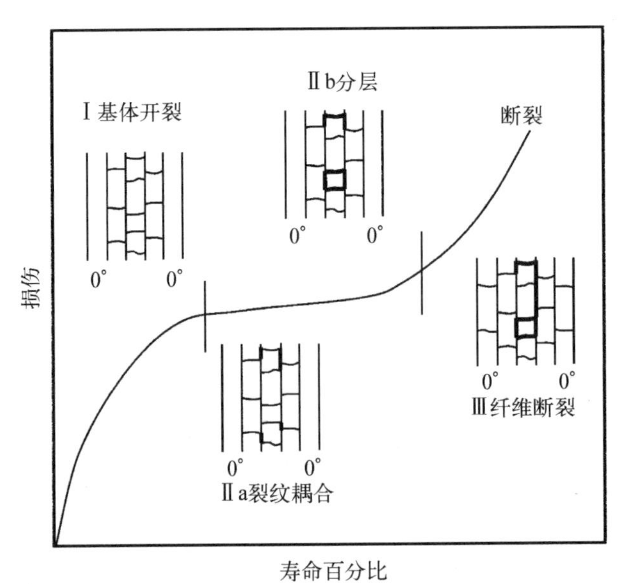

图 14.12　疲劳损伤扩展[14]

1）第Ⅰ阶段

在第Ⅰ阶段，非0°层受拉伸载荷导致基体开裂，通常起始于90°层，然后是45°层。越来越多的基体开裂，直至达到稳态或饱和度，饱和度是层厚与材料性能的函数。这个阶段的损伤相对比较小，且产生于寿命周期的前10%～25%的阶段。虽然这个阶段的强度损失可以忽略不计，刚度损失小于10%，但是基体开裂是后期损伤破坏的起始。此外，如果基体裂纹开裂至表面（通常会发生），则会为吸湿提供通道，加速失效。

2）第Ⅱ阶段

该阶段发生纤维断裂、裂纹耦合和分层起始。随着基体裂纹在非0°层扩展，最终它们在主要承载的0°层相交。0°层减缓基体裂纹的扩展，但是这将导致应力集中，使得相邻层的纤维开始断裂，纵向裂纹沿着垂直于基体裂纹的纤维方向扩展。纵向裂纹和基体裂纹的结合称为裂纹耦合。在第Ⅱ阶段后期，由于大量裂纹耦合，因此基体裂纹和纵向裂纹的相互作用会产生较大的层间应力，最终导致分层。第Ⅱ阶段的损伤扩展速率比第Ⅰ阶段的慢，占下一阶段寿命的70%～80%。

3）第Ⅲ阶段

该阶段发生分层扩展和断裂。最后一个阶段主要是分层扩展和0°层的最终失效。于第Ⅱ阶段产生的分层在铺层界面扩展，最终于0°层分离。当分层足够大时，层被分解成数个子层。对于第Ⅲ阶段，压缩载荷的存在尤其不利，因为压缩载荷会使子层发生屈曲。最终，强度和刚度减小导致结构失效。

因为轴向纤维承受大部分载荷，所以在层压板中随着0°层增加，其疲劳寿命也相应增加，具体如图14.13中T300/934碳纤维/环氧树脂层压板在拉压载荷下的$S-N$曲线所示。层压板中非0°层越多，其寿命越低，因为基体承受载荷过大将加速非0°方向基体开裂、裂纹耦合、分层起始和扩展。由于碳纤维对疲劳不敏感，所以跟金属相比复合材料的曲线疲劳阈值高，斜率低。随着非0°层的增加，实际层压板的$S-N$曲线斜率增加，直至变为负的。

不同加载方式的影响主要取决于不同应力比R的$S-N$曲线，如拉-拉、压-压和拉-压加载。拉-压加载是最严苛的加载方式，其次为压-压和拉-拉加载。在拉-压加载过程中，拉伸循环引起基体开裂，导致小的分层，接着形成大的分层，这将导致在压缩循环时容易发生屈曲。

复合材料疲劳中最关注的问题是分层。但是代表面内轴向加载的$S-N$数据提供的表征层间失效的信息很少。因此，研究层间应力和层间失效之间关系

的 $S-N$ 曲线是非常有必要的。经验表明，三点或四点短梁剪切试验可用于分析循环剪切应力与分层之间的关系。单向碳纤维/环氧树脂层压板的轴向拉伸和短梁剪切 $S-N$ 曲线如图 14.14 所示。

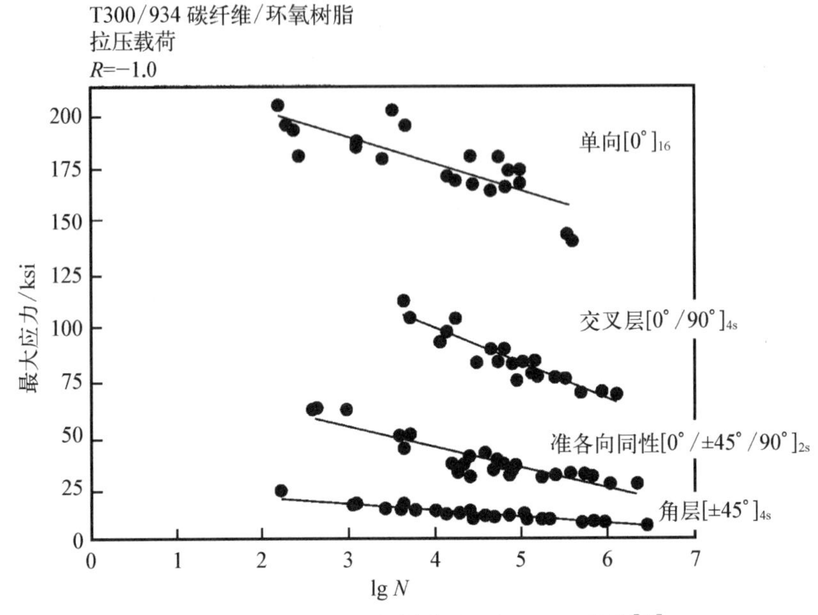

图 14.13 碳纤维/环氧树脂层压板 $S-N$ 曲线[15]

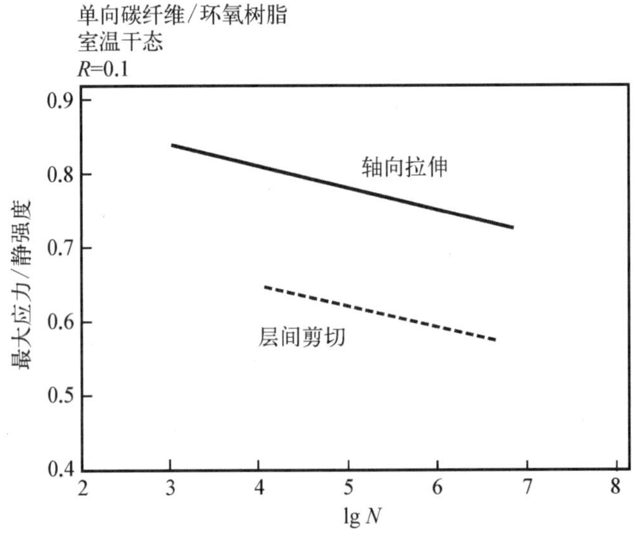

图 14.14 碳纤维/环氧树脂层压板轴向拉伸和层间剪切 $S-N$ 疲劳曲线[16]

经验表明，当在环境温度下进行循环试验时，在合理范围内，试验结果跟循环速率无关。比如，5 Hz 的平板试验结果和 0.5 Hz 的平板试验结果一致。后者经常作为大的全尺寸部件试验谱循环的加载速率。复合材料小试样循环载荷试验的最大加载速率为 5Hz。

14.5 分层和抗冲击

在制造或部件的使用过程中经常出现分层。制造过程中分层是在部件制造或装配过程中引起的。制造过程中的分层主要由遗留在铺层中的外物(如纸屑)或真空包破裂导致的固化压力不足或模具不贴合引起。在装配过程中，钻孔不当可能导致铺层表面分裂，更严重的分层是紧固件在装配过程中无垫片的缝隙导致的。紧固件拧紧力会导致基体开裂和在缝隙位置处分层。部件服役过程中，跑道碎片、冰雹、鸟撞、坠落的工具或意外维护撞击也会引起分层。

当产生分层时，主要关注压缩加载。因为分层会使单个层压板分成两层或更多子层压板，所以在压缩载荷下，分层部分更容易发生屈曲。另一个重要问题是不管在疲劳载荷下分层是否扩展或变大，施加压缩载荷都是一个主要的关注点。

低速冲击是一个重要的关注点，因为低速冲击不但会引起分层，而且还会使基体开裂和纤维断裂，这个主要取决于冲击的能量等级。分层通常发生在层间界面处，碳纤维/环氧树脂层压板冲击损伤形式如图 14.15 所示。大量斜裂纹在横向纤维(即纤维的方向与平面正交)之间的基体中产生。层间基体中也会产生大范围的分层。在大多数低速冲击的实例中，主要产生基体损伤，但也伴有少量的纤维损伤，因此层压板的面内拉伸强度退化不严重。但是，即使冲击后留在表面的损伤很小，基体的损伤也可能很严重，所以在压缩过程中基体固定纤维的能力大大减弱。因此，抗冲击损伤需在设计中重点考虑，并且压缩是最严苛的加载模式。

如图 14.15 所示，表面的冲击损伤很小，很难通过目视观察到。这种损伤像松树一样在冲击点处扩展，更高能量的冲击将导致另一面纤维的断裂。所以，需要关注结构受无法察觉的低速冲击后，损伤在静态或疲劳载荷下扩展，最终导致结构失效。这引出“勉强目视冲击损伤”的概念，这是一个主观的术语，因为损伤检测能力取决于光照条件、部件表面光洁度、观测距离、人员区分能力。尽管如此，研究人员也做了很多工作研究不同冲击能量和检测能力之间的关系。

碳纤维/环氧树脂层压板在分层和冲击损伤后静态压缩和疲劳退化对比如

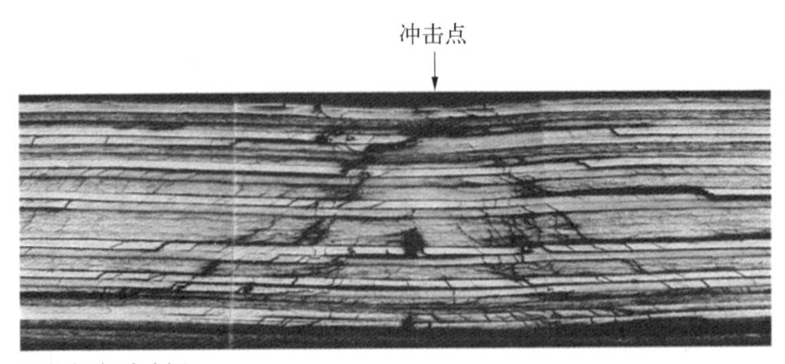

图 14.15 碳纤维/环氧树脂层压板冲击损伤形式

图 14.16 和图 14.17 所示。因为分层被限制在单层中，所以单层分层后的性能退化比冲击后的小。此外，分层通常发生在制造过程中，在例行的无损检测中很容易被检出。虽然在制造过程中也会出现冲击，但是更多的冲击出现在服役过程中，除非冲击在检查表面目视可见，否则将在很长一段时间或结构的整个服役周期内都觉察不到。从图 14.16 可以看出，在冲击中层压板将损失 60%～65% 的静态压缩强度，并且冲击损伤是不可见的。冲击中的循环承载能力降低更大，因此，疲劳和腐蚀是金属的弱点，分层和抗冲击是碳纤维复合材料的弱点。

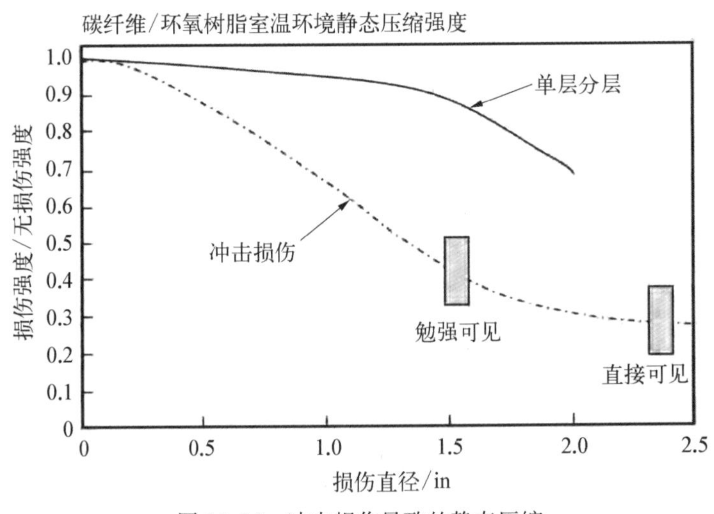

图 14.16 冲击损伤导致的静态压缩

① lbf・ft，磅力英尺，扭矩单位，1 lbf・ft=1.355 N・m。——编注

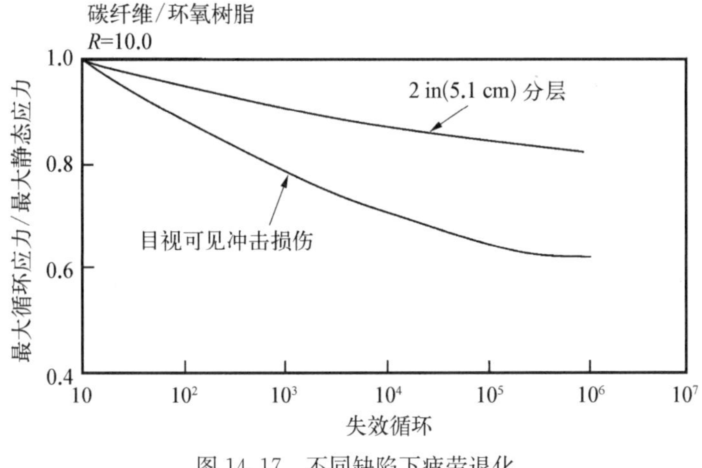

图 14.17 不同缺陷下疲劳退化

纤维类型、树脂类型和材料成型方式都会影响复合材料层压板的冲击性能。玻璃纤维，尤其是 S-型玻璃纤维和芳纶的抗冲击性能都很好，如图 14.18 所示。S-型玻璃纤维/环氧树脂基复合材料的抗冲击性能是高强碳纤维/环氧树脂复合材料的 7 倍，大约是高模量碳纤维/环氧树脂复合材料的 35 倍。玻璃纤维/环氧树脂和凯夫拉纤维/环氧树脂复合材料的抗冲击性能甚至比 4330 钢和航空等级的 7075－T6 铝合金还要好。玻璃纤维/环氧树脂和芳纶复合材料用于制造需要高抗冲击性的零部件，如压力罐。S-型玻璃纤维和芳纶复合材料的弹道性能相似，以 V50 参数来衡量。V50 参数是可能击穿目标的临界速度的 50%，用这

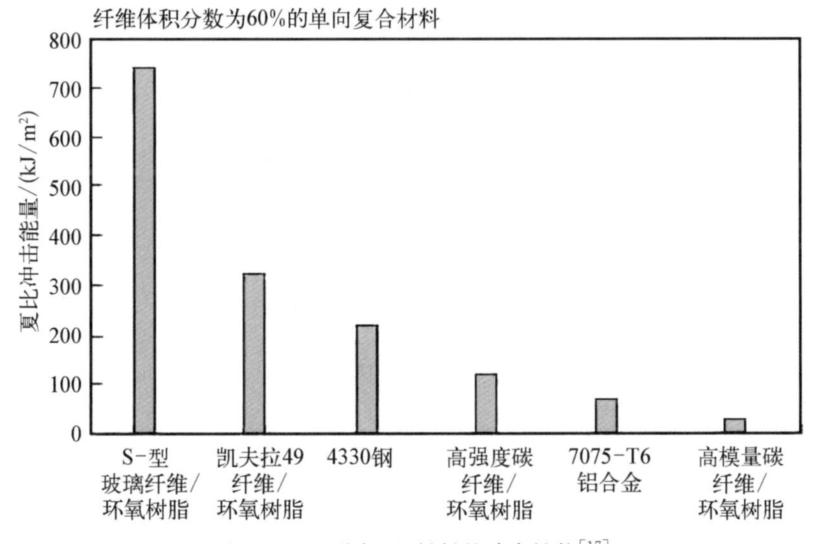

图 14.18 不同工程材料的冲击性能[17]

种方法评估的 S-型玻璃纤维和芳纶复合材料结果相近，都能提供相同等级的保护，并且都优于 E-型玻璃纤维和铝合金。

20 世纪 70 年代—20 世纪 80 年代中期使用的环氧树脂被称为第一代环氧树脂，属于非常脆的交联体系。这个体系材料的冲击后压缩强度（CAI）与新的增韧环氧树脂和热塑性材料的冲击后压缩强度对比如图 14.19 所示。其中有几点需要注意：① 对于第一代环氧树脂，编织布材料的抗冲击性能优于铺层材料；② 新的热塑性增韧环氧树脂有更高的 CAI 值，接近于热塑性材料；③ 200℉(95℃)体系的 CAI 性能比 250℉(120℃)体系的好，即使用温度更低的材料体系的断裂韧度更高；④ 虽然其他的设计因素决定选用高强度或中模量碳纤维，但是新的中模量碳纤维的冲击性能更好。

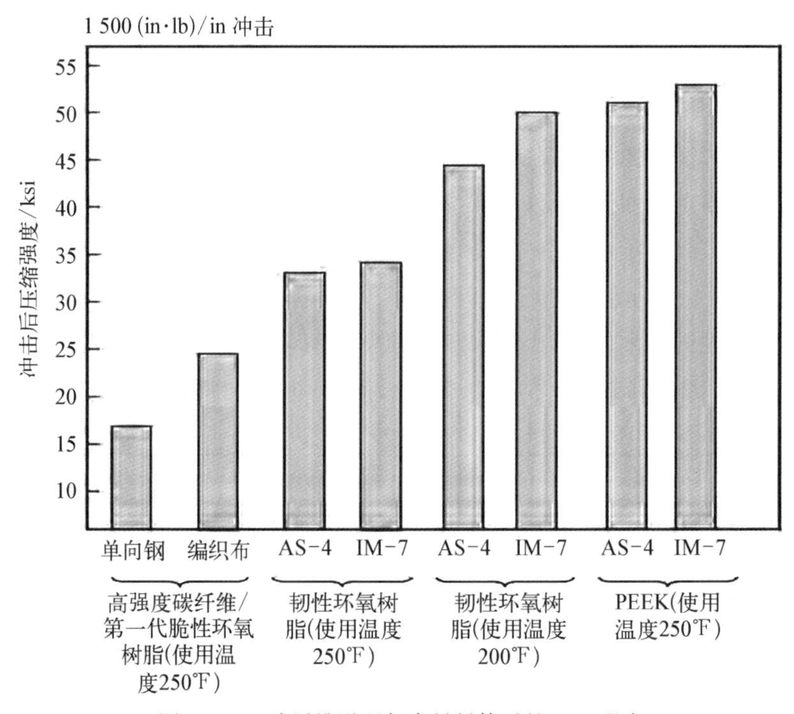

图 14.19 碳纤维增强复合材料体系的 CAI 强度

改善损伤容限能力也可通过选择产品形式实现。厚度方向增强可以改善复合材料的抗分层和冲击性能。已开发了多种厚度增强的方法，包括跟液体成型技术配合的缝合、三维机织和三维编织方法。液体成型在第 5 章中已讲述。通过厚度方向缝合改善抗冲击性的示例如图 14.20 所示。但是，厚度方向的增强通常会导致面内性能的降低。

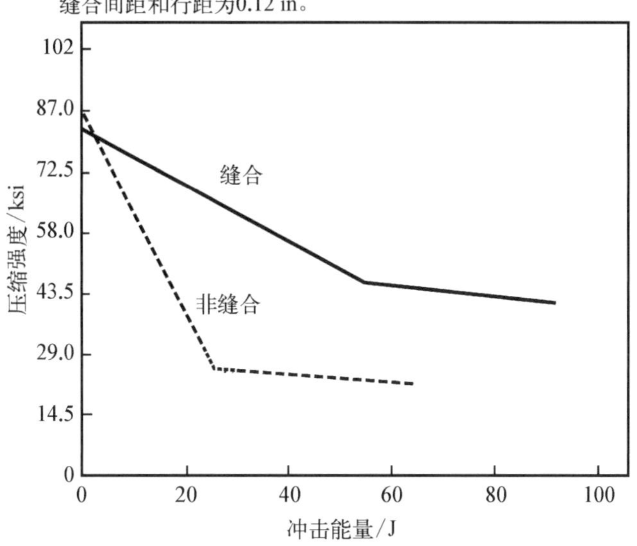

图 14.20 通过厚度方向缝合改善抗冲击性[18]

14.6 缺陷影响

除了分层和冲击损伤，其他缺陷也会降低复合材料部件的性能，主要影响压缩性能。本节中将讨论三种与制造相关的缺陷：空洞和孔隙、纤维扭曲、紧固件孔缺陷。

14.6.1 空洞和孔隙

空洞和孔隙是制造过程中最严重的制造缺陷。控制孔隙的方法在第 7 章中已讲述，在热压罐固化的连续纤维树脂基复合材料中出现孔隙主要有两个原因：① 在铺层过程中空气留在层间，并且在后面固化过程中无法排除；② 分解的水或其他引入的当固化温度升高时会挥发的挥发物，在基体固化或凝固过程中被锁住形成孔隙。孔隙存在于层间（层间孔隙）或独立于层中（内部孔隙），如图 14.21 所示。孔隙可能存在于部件个别隔离区域或贯穿整个部件。虽然一般情况下空洞和孔隙能互相替换，但是孔隙通常比较小且分布广，而空洞通常比较大且是离散的。

孔隙对大部分以基体主导的力学性能有不利的影响。孔隙会导致层间剪切强度和压缩强度降低，如图 14.22 和图 14.23 所示。从图中可看出，仅 2%的孔隙率就会导致性能大幅降低。正确进行热压罐固化的层压板的孔隙率应为 1%

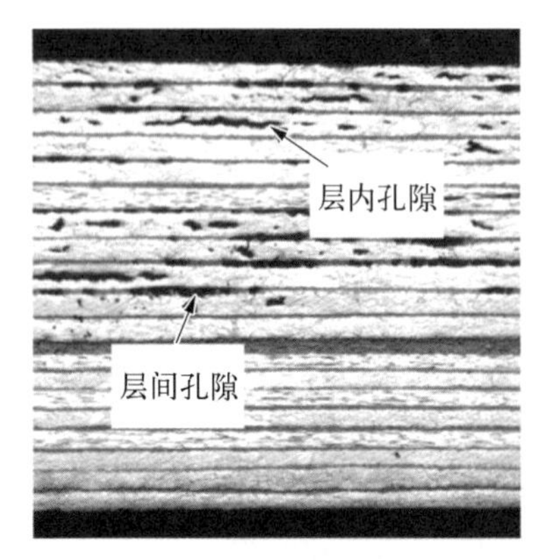

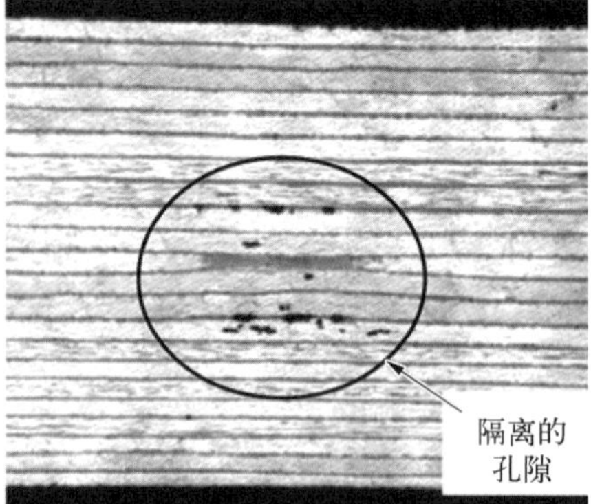

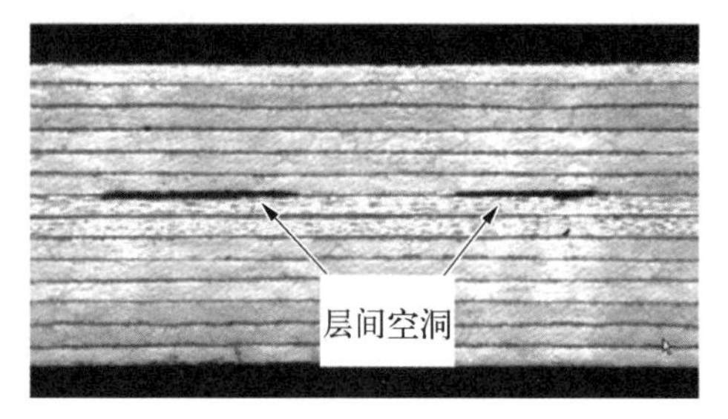

图 14.21 各种形式的空洞和孔隙

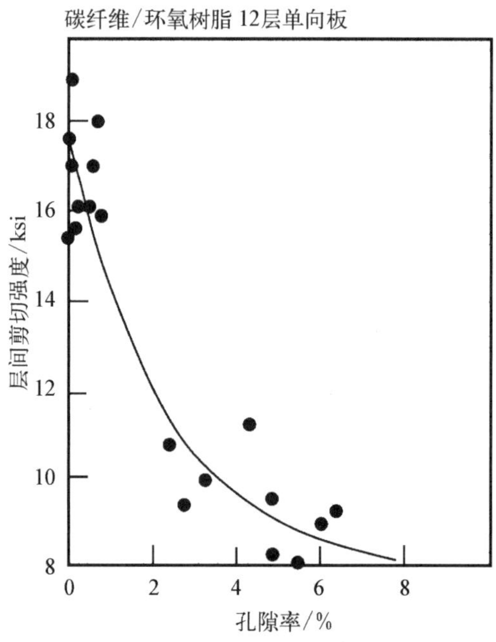

图 14.22 孔隙对碳纤维/环氧树脂复合材料层间剪切强度的影响[19]

或更少。孔隙对复合材料纤维主导的纵向拉伸强度影响很小，但是基体主导的性能，如弯曲强度、层间剪切强度和压缩强度都会随着孔隙率的增加而降低。

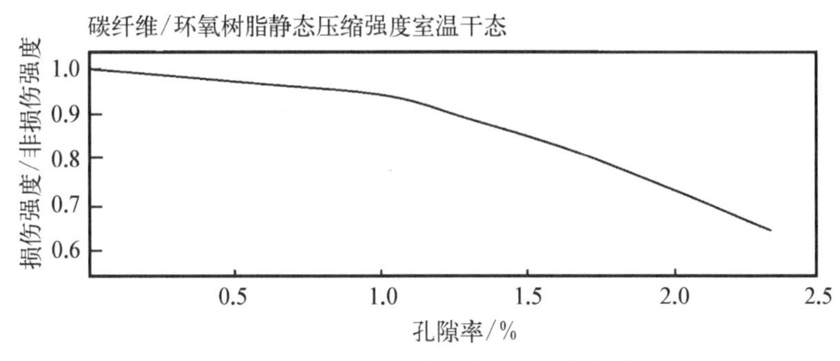

图 14.23　由于孔隙导致压缩强度损失

为了研究基体主导的性能之间的相互关系，进行了综合压缩和层间剪切强度性能的试验，选用如图 14.24 所示的试验装置。在这个试验中，压缩载荷和剪切载荷独立控制加载，但是时间同步。碳纤维/环氧树脂层压板压缩—层间剪切强度试验结果如图 14.25 所示，试验中的一部分层压板的孔隙可以忽略不计，另一部分层压板中的孔隙率为 2%。从结果可以看出，孔隙对静态强度和疲劳强度都有不利影响。

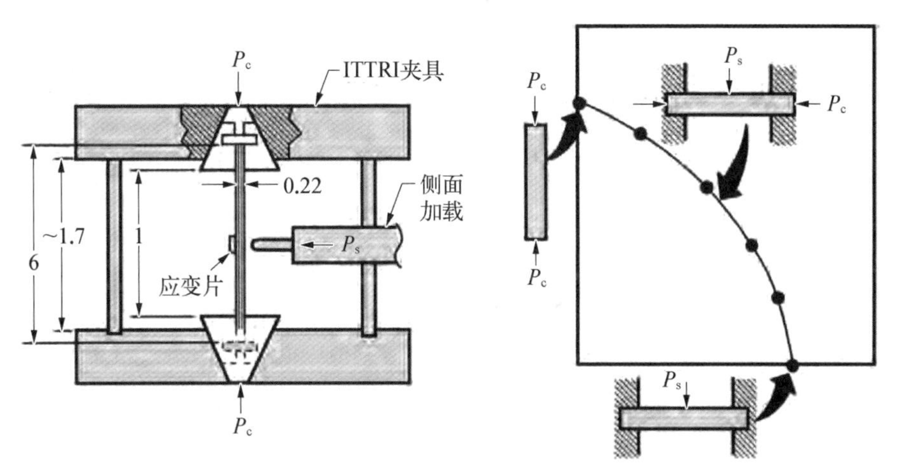

图 14.24　压缩剪切联合试验方法(ITTRI：伊利诺伊州技术研究院)

研究孔隙影响的另一个问题是准确确定孔隙等级和孔隙范围。第一种方法是用酸分解基体，然后使用成分重量和密度计算孔隙率。但是，这种方法计算的结果取决于假设的纤维和基体的密度，由于这种假设不准确，所以有可能出现负

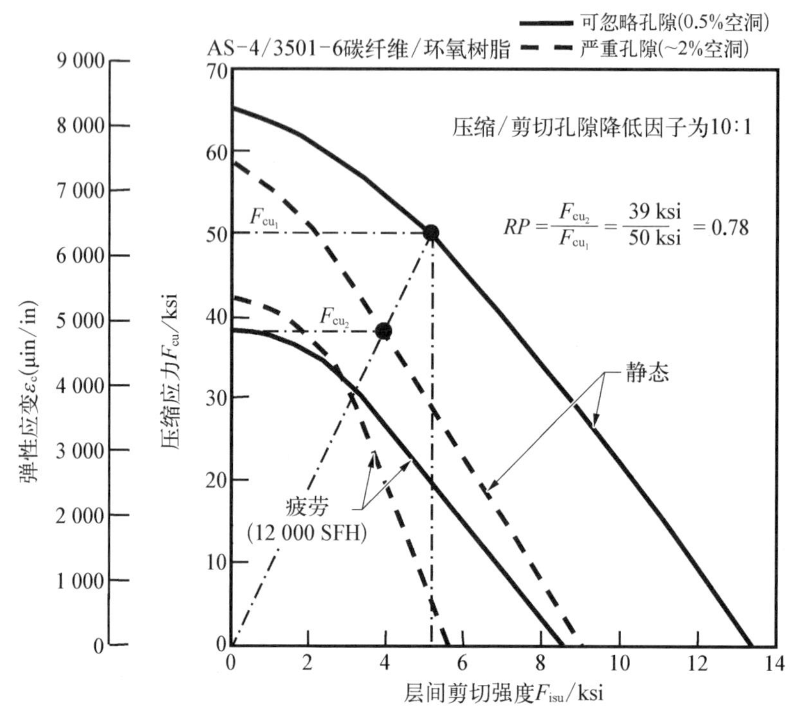

图 14.25　孔隙对压缩-层间剪切强度的影响

的孔隙率。此外,这种方法给了一个总的孔隙率,但是没有孔隙分布情况。第二种方法是金相检测,金相图如图 14.21 所示。金相检测的缺点是检测面积很小。第三种方法是超声检测,超声检测详细内容见第 12 章。超声检测孔隙率使用超声衰减的方法,层压板中孔隙越多,超声信号衰减越厉害(因为超声吸收和扩散)。如果知道无孔隙层压板的超声信号,然后假设孔隙引起信号衰减,则信号衰减越大,孔隙越多。例如,无孔隙层压板的信号衰减是 20 dB,相似层压板的孔隙信号衰减是 36 dB,假设这个衰减增量(Δ16 dB)是由孔隙引起的,那么相同层压板信号衰减 56 dB 比信号衰减 36 dB 的孔隙严重。确认这个假设正确后,就可以通过大范围内的不同信号检测孔隙。在所谓的缺陷影响试验项目中,基体主导的力学性能通过无孔隙层压板和含有各种孔隙的层压板测得。一旦这个工作完成,就为确定产品部件的孔隙影响程度提供了方法。碳纤维/环氧树脂材料的超声增量 ΔdB 和剪切强度降低对应曲线如图 14.26 所示。例如,0.15 in (3.8 mm)厚的层压板的超声信号在这个厚度层压板的基线信号上衰减 40 dB,层间剪切强度降低至没有孔隙的层压板剪切强度的 80%。

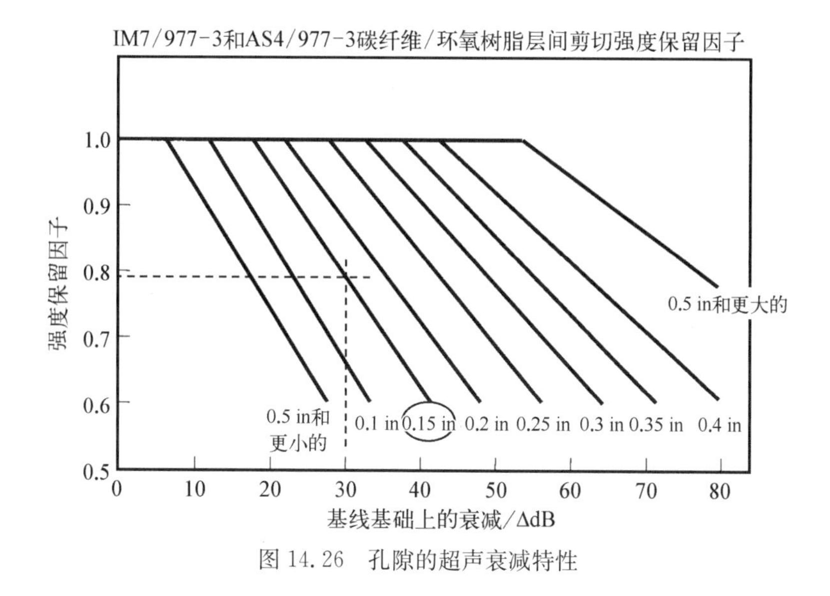

图 14.26 孔隙的超声衰减特性

14.6.2 纤维变形

高性能复合材料中的纤维在拉伸时是比较强和硬的，但是纤维直径小，如果树脂没有完全固化支撑，则其压缩性能将相当弱。因此，在固化过程中，当基体是黏度低的液体时，纤维在流动树脂的冲击下容易移动或重新排列。此外，模具细节不匹配容易引起纤维褶皱和变形，称为纤维卷曲。由于模具导致纤维变形凸起的例子如图 14.27 所示。真空包起皱引起的凸起通常使其表面富树脂。富树脂能使凸起部分比实际更高。因此，可以轻轻打磨去掉富树脂块，使凸起高度更接近实际高度。

褶皱纤维会在某种程度上降低几乎所有的力学性能，对压缩强度的影响最严重，碳纤维/环氧树脂层压板纤维褶皱对性能的影响如图 14.28 所示。因为褶皱的纤维提前屈曲，所以对压缩强度的不利影响是意料之中的。从图 14.28 中可以看出，40%的缺口导致压缩强度降低 80%。很明显，如果这种缺陷能被检出，则可以及时地采取纠正措施。然而铺层屈曲很难被检出。在超声波检测过程中，因为褶皱层的传播信号和孔隙的信号很像，所以褶皱通常被误认为是孔隙。

14.6.3 紧固件孔缺陷

复合材料紧固件孔制备和紧固件装配比金属的更容易出错。更多细节在第 11 章中已经讲述，复合材料在孔的两侧容易分层，机加工和钻孔过程中产生

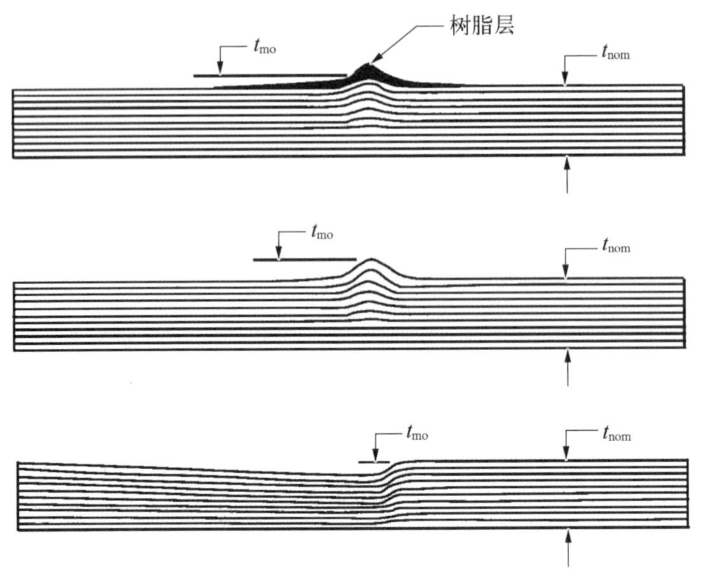

图 14.27 纤维变形凸起

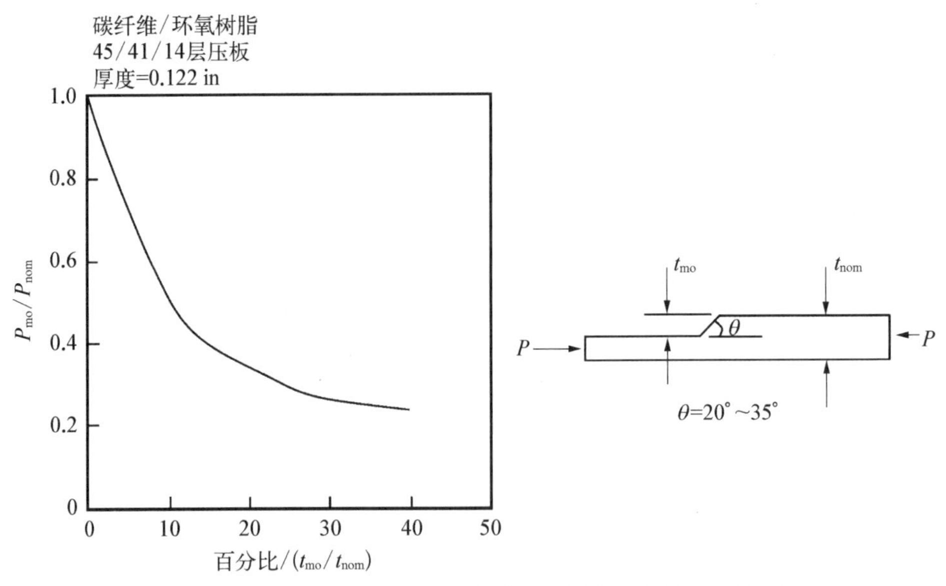

图 14.28 模具引起的凸起对碳纤维/环氧树脂压缩强度的影响

的热量容易导致损伤产生，如果紧固件装配不当则容易导致分层。在金属构件中通常通过过盈配合来改善疲劳寿命，但在复合材料中过盈配合会导致基体压溃和分层。这些缺陷对碳纤维/环氧树脂拉伸和压缩强度的影响如表 14.15 所示。两种最严重的缺陷是紧固件厚度不当或倾斜的埋头孔。因为在施加载荷时,这些缺陷容易导致孔附近产生分层,所以这些缺陷是很不利的。孔周围的孔隙在高温压缩下危害也是很大的。

表 14.15 紧固件孔缺陷对碳纤维/环氧树脂拉伸和压缩强度的影响

	RTD 拉伸	压缩	
		RT(a)	250°F(a)
不圆的孔			
50/40/10 层压板	(b)	—	—
30/60/10 层压板	−4.8	—	—
孔另一边纤维断裂			
严重	−7.3	−8.4	−9.2
中等	−1.4	−3.2	−4.2
孔周围多孔			
严重	(b)	−10.3	−30.8
严重冷冻/融解	—	−11.6	—
中等	—	−7.1	−13.3
中等冷冻/融解	—	−8.4	—
不合适的紧固件深度			
80%厚度	−16.4	—	—
100%厚度	−34.3	—	—
标记的锪孔			
远离挤压面	(b)	—	−16.7
向挤压面	−21.4	—	−16.7
过盈配合公差/in			
50/40/10 @0.003	(b)	—	+9.1(c)
@0.008	(b)	—	+9.1(c)
30/60/10 @0.003	(b)	—	(b, c)
@0.008	(b)	—	(b, c)
紧固件拆除和重新安装			
100 个循环	(b)	—	−8.3

(a) 吸湿量=0.86%;(b) 变化小于 2%;(c) 施加拉伸载荷

参考文献

[1] MIL-HNBK-17-1F Polymer matrix composites, vol 1, guidelines for characterization of structural materials[S]. U. S. Department of Defense, 2001.

[2] MIL - HNBK - 17 - 2F Polymer matrix composites, vol 2, polymer matrix composites materials properties[S]. U. S. Department of Defense, 2001.
[3] MIL - HNBK - 17 - 3F Polymer matrix composites, vol 3, materials usage, design, and analysis[S]. U. S. Department of Defense, 2001.
[4] MIL - HNBK - 17 - 4A Composites materials handbook, vol 4, metal matrix composites[S]. U. S. Department of Defense, 2002.
[5] MIL - HNBK - 17 - 5 Composites materials handbook, vol 5, ceramic matrix composites[S]. U. S. Department of Defense, 2002.
[6] Gauthier M M. Engineered Materials Handbook, Vol 1, Composites [M]// Reindl J C. Commercial and automotive applications. ASM International, 1987.
[7] D B Miracle, Donaldson S L. ASM Handbook, Vol 21, Composites[M]// Andresen F R. Open-Molding: Hand lay-up and spray-up. ASM International, 2001.
[8] D B Miracle, Donaldson S L. ASM Handbook, Vol 21, Composites[M]// Sumerak J E, Martin J D. Pultrusion. ASM International, 2001.
[9] Wardle M W. Aramid Fiber Reinforced Plastics — Properties, Comprehensive Composite Materials, Vol 2, Polymer Matrix Composites[M]. Elsevier Science Ltd., 2000.
[10] Cytec engineered materials data sheet. Cycom 977 - 3 toughened epoxy resin [G]. 1995.
[11] Bai J M, Leach D. High performance thermoplastic polymers and composites[C]. SAMPE conference, 2005.
[12] Ten cate advanced composites data sheet. CETEX thermo-lite thermoplastic composites for automated fiber placement & rapid lamination processes[G]. 2008.
[13] Bohlmann R, Renieri M, Renieri G, et al. Advanced materials and design for integrated topside structures[G]. Training Course Given to Thales in the Netherlands, 2002.
[14] Reifsnider R L. Composite Materials Series: Fatigue of Composite Materials[M]. Elsevier Science Ltd., 1991.
[15] Rotem A, Nelson H G. Residual strength of composite laminates subjected to tensile-compressive fatigue loading[J]. Journal of Composites Technology & Research, 1990, 12(2): 76 - 84.
[16] D B Miracle, Donaldson S L. ASM Handbook, Vol 21, Composites[M]// Schaff J R. Fatigue and life prediction. ASM International, 2001.
[17] Mazumdar S K. Composites Manufacturing: Materials, Product, and Process Engineering[M]. CRC Press, 2002.
[18] Poe C C, Dexter H B, Raju I S. A Review of the NASA Textile Composites Research [J]. Journal of Aircraft, 1999, 36(5): 876 - 884.
[19] Yokota M J. In - process controlled curing of resin matrix composites[J]. SAMPE J., 1978.

精选参考文献

[1] Baker A A, Dutton S E, Kelly D W. Composite Materials for Aircraft Structures, 2nd ed. [M]. American Institute of Aeronautics and Astronautics, 2004.

[2] Clements L L. Organic Fibers[M]// Handbook of Composites. Springer US, 1998.

[3] Gauthier M M. Engineered Materials Handbook, Vol 1, Composites [M]// Horton R E, McCarty J E. Damage tolerance of composites. ASM International, 1987.

[4] Schaff J R, Dobyns A. Fatigue analysis of helicopter tail rotor Spar[R]. AIAA Report 98-1738, American Institute of Aeronautics and Astronautics — ASM Symposium, 1998.

[5] Sims G D, Broughton W R. Comprehensive Composite Materials-Volume 2 [M]// Glass fiber reinforced plastics-properties. Elsevier Science Ltd. , 2000.

15 环境退化

复合材料暴露在各种环境下可能会导致退化，这取决于特定的材料体系和环境。当发生环境退化时，一般基体会受影响。本章将讲述几种导致材料性能损失的环境条件。因为水可以扩散，所以吸湿是聚合物基复合材料关注的首要问题。其他可能引起退化的条件包括液体、紫外线辐射、腐蚀、雷击和高温聚合物基复合材料的热氧化稳定性、热损伤和易燃性。

15.1 吸湿

当复合材料吸湿时，对基体性能有以下几种影响(如图 15.1 所示)。

(1) 因为湿气侵蚀基体，因此以基体为主的性能在高温(湿热条件)下受影响最大。因为实际结构所使用的铺层一般都含有 40%～50%的非 0°层，因此大部分层压板在一定程度上会受影响。

(2) 水结冰时体积会膨胀，如果液态的水滞留在微裂纹或分层中，则复合材料在冷冻/融解循环时，水会使微裂纹变成更大的宏观裂纹或分层。

(3) 吸湿会导致复合材料膨胀，在厚度方向上产生应变，引起翘曲。

(4) 对胶黏剂，尤其是非增韧的胶黏剂，吸湿对热塑性的影响是有利的，会使得胶黏剂更有延展性。

(5) 吸湿对进行高温修复是不利的，因为湿气会抑制修补补丁或胶黏剂的固化，如果在高温固化过程中湿气比较多，则可能会导致蒸汽压力分层。所以部件进行高温胶接修复时，必须在加热前进行除湿干燥。

(6) 热峰或快速加热至高温会导致基体开裂和吸收更多的水汽。

(7) 如果在蜂窝组件或单层板中有液态水，则在加热至高温的过程中，液态水变成水蒸气，最终引起蒸汽压力分层。

当聚合物基复合材料从大气中吸湿时，会降低如碳纤维/环氧树脂和碳纤维/双马来酰亚胺树脂复合材料的玻璃化转变温度 T_g，如图 15.2 所示。

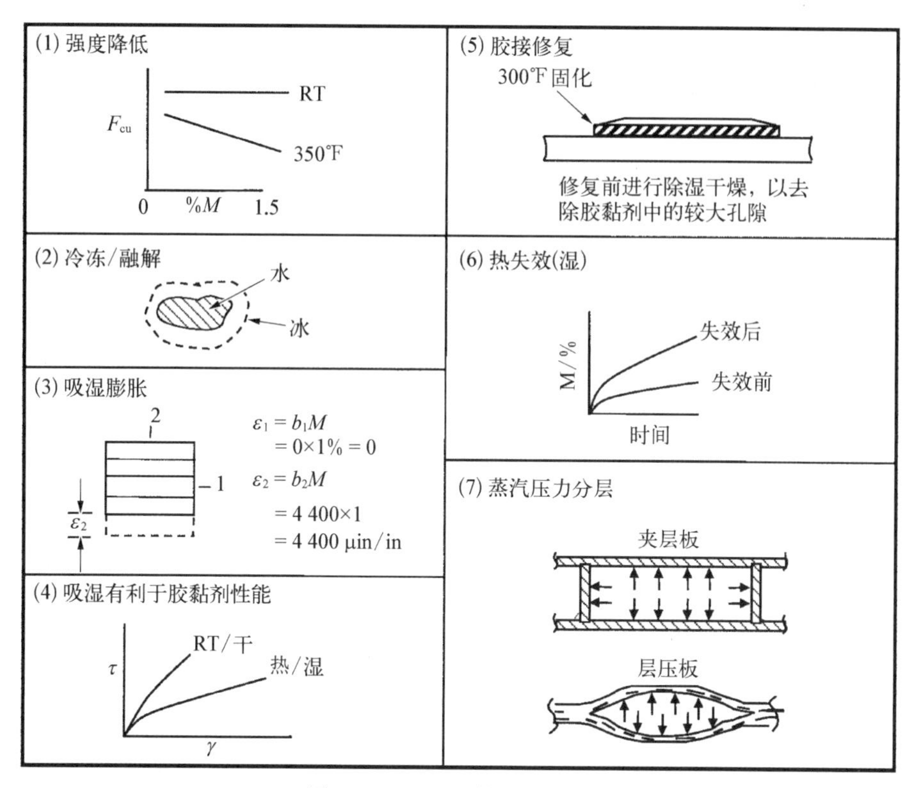

图 15.1 吸湿可能造成的影响

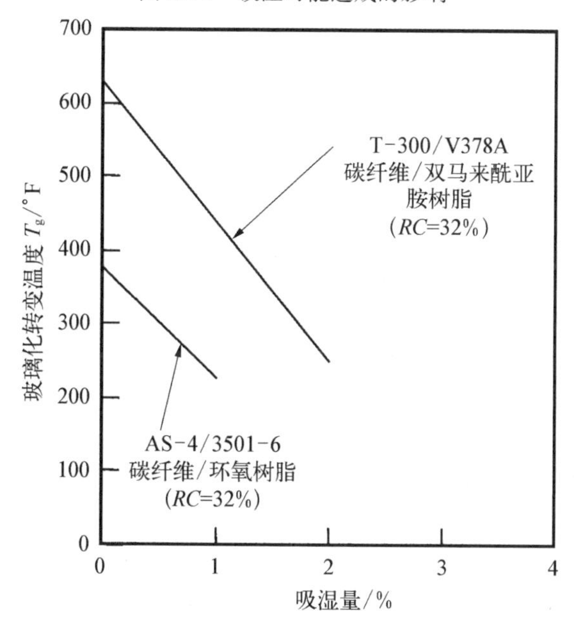

图 15.2 吸湿对玻璃化转变温度的影响

当在能使基体从玻璃态变软的温度下吸湿时，黏性会减小，因此，高温强度性能会随着湿度增加而降低。因为玻璃化转变温度降低，所以复合材料的最大使用温度必须降低。

环氧树脂是使用最广泛的基体材料，它有多种位点使氢和水分子结合，如羟基、苯酚基、氨基和磺基。水分子附着到主要的分子链上，形成二次交联结构，如图 15.3 所示。在吸湿过程中交联形式促使基体隆起；但是，假如没有微裂纹和分层等损伤，则这个过程是可逆的。当复合材料中的湿气含量降低时，其玻璃化转变温度升高，性能也会恢复到原始状态。

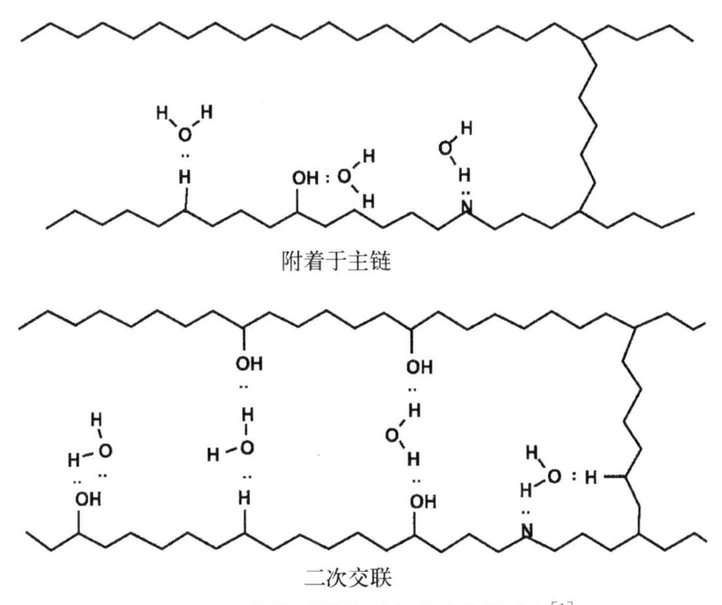

图 15.3 水分子附着到主要的分子链上[1]

吸湿对碳纤维/环氧树脂复合材料的拉伸和压缩强度影响如图 15.4 所示。吸湿对纤维主导的纵向拉伸强度影响不明显，但是对湿热压缩强度影响比较大。最严重的退化在最高温度 350℉(175℃)下发生，但是环氧树脂的使用温度限制在 225～250℉(105～120℃)，所以退化不严重，但是仍然需要重视。所有基体主导的性能都会受影响，如横向拉伸强度和层间剪切强度，如图 15.5 所示，在较低的温度下退化比较温和。在这些图中，湿态表示材料完全吸湿饱和，在相对湿度(RH)接近 100%的环境条件下处于平衡态。典型的环氧树脂复合材料体系吸湿饱和时质量增加 1.0%～2.5%。但是，如我们所知，在服役过程中不会出现吸湿饱和。

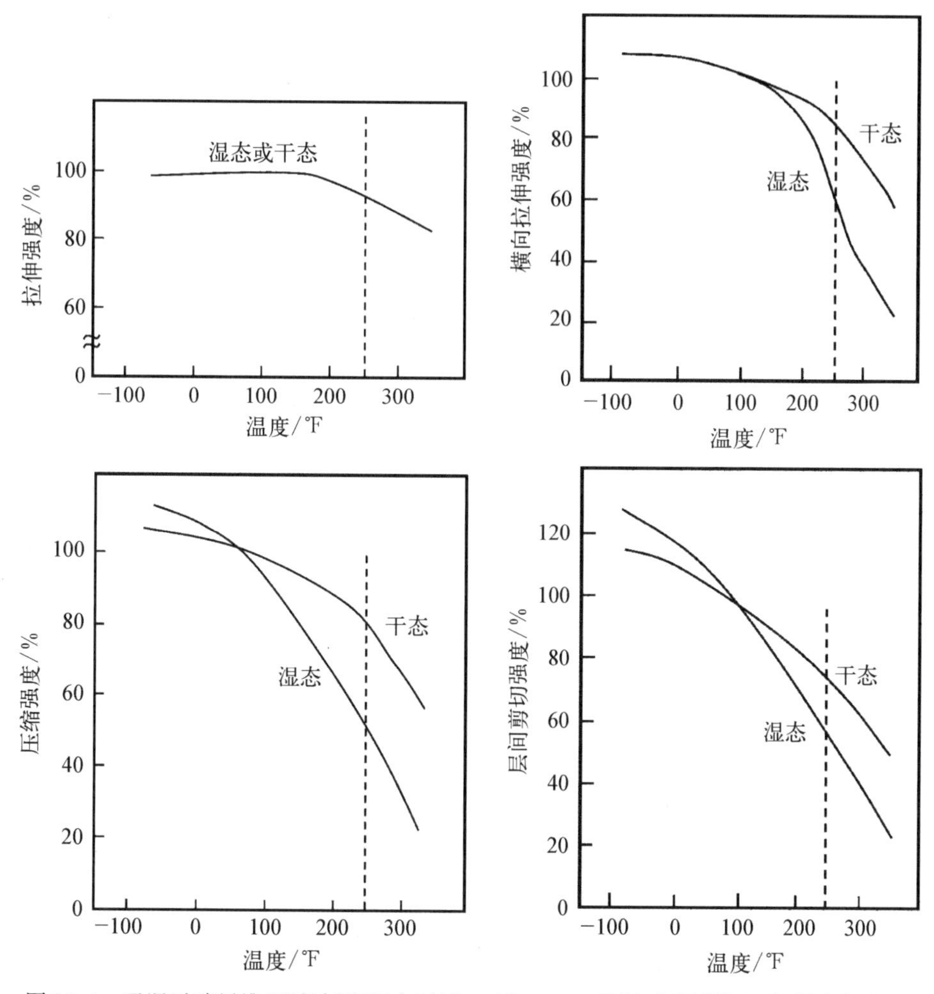

图 15.4 吸湿对碳纤维/环氧树脂复合材料拉伸和压缩强度的影响[2]

图 15.5 吸湿对碳纤维/环氧树脂复合材料的基体主导的性能的影响[2]

当一种材料放置在潮湿环境下时，它是否会吸湿主要取决于环境和材料本身。吸湿量 M 计算如下。

$$M=\frac{\text{材料湿态时的重量}-\text{材料干态时的重量}}{\text{材料干态时的重量}}\times 100 \qquad (\text{式 } 15.1)$$

一般放置于潮湿的空气中或浸泡在水中会导致吸湿。在任一情况下，实际吸收通过扩散来控制。湿气扩散模式通常是菲克或非菲克模式。绝大多数复合材料基体体系的扩散模式是菲克模式，在这种扩散模式下，当达到完全饱和或平衡值 M_{eq} 时(见图 15.6)，吸湿量会趋于恒定。如果画出试样放置在恒定湿度和温度环境下重量增量和时间平方根的曲线，则曲线前半段线性递增，大约在最大吸湿量的60%后曲线逐渐趋于平缓达到一个恒定值。因为复合材料结构通常比较薄，表面面积大而边缘面积小，因此根据扩散状态的菲克第一定律，厚度方向吸湿的溢出量 x 仅与试样在那个方向的湿浓度有关。

$$吸湿量 = -D_x \frac{\partial c}{\partial x} \qquad (式 15.2)$$

式中：D_x 为扩散系数；c 为湿气浓度。

菲克第二定律针对不同的扩散过程定义不同公式(假如扩散数 D_x 跟 x 无关)。

$$\frac{\partial c}{\partial t} = D_x \frac{\partial^2 c}{\partial x^2} \qquad (式 15.3)$$

扩散系数 D_x 与时间无关(假设在试样厚度方向是恒定常数)，但是，根据阿仑尼乌斯方程来看，D_x 随温度指数变化。

$$D_x = D_0 \exp(-E_d/RT) \qquad (式 15.4)$$

式中：D_0 为指前因子常数；E_d 为活化能；R 为摩尔气体常数；T 为绝对温度。温度升高 18℉(10℃)，扩散速率增加一倍。

这个与时间相关的问题很容易求解，且在吸湿区域已经开展了大量的研究工作。(式 15.3)的解最重要的特点就是与因子 D_x 的大小相关，D_x 是湿气扩散速度的一个测量值。在典型的环氧树脂体系中，D_x 在 $645\times10^{-10}\sim645\times10^{-8}$ mm^2/s(1×10^{-10} in^2/s)之间。因为扩散因子非常小，所以树脂基复合材料完全浸透需要数月甚至数年的时间，即使是在100%RH 的条件下。(式 15.3)通常使用计算机程序求解，比如在参考文献[3]中的程序。

大多数复合材料的最大吸湿量与相对湿度 RH 相关。

$$最大吸湿量 = k(RH)^n \qquad (式 15.5)$$

式中：k 为常数，通常取值范围在 0.017～0.019；n 的取值范围是 1.4～1.8。

对于纤维体积分数为60%的典型碳纤维/环氧树脂复合材料，在100%RH 的条件下最大的吸湿量大约为2%。

吸湿量是相对湿度 RH 的函数，如图 15.7 所示。随着相对湿度 RH 的增加，吸湿量也增加。温度对吸湿量的影响如图 15.8 所示，因为扩散系数随着温度的升高而增加，所以温度升高吸湿速率增加，但是不增加最终或饱和吸湿量 M_{eq}。换句话说，如果暴露时间足够长，则在低温 73℉～110℉(20℃～45℃)下的试样的 M_{eq} 和在 170℉(75℃)下的 M_{eq} 相等，都是 1.7%。

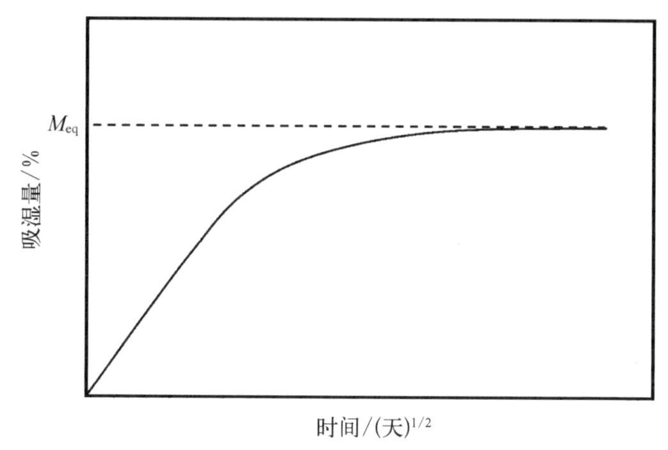

图 15.6 典型吸湿特性

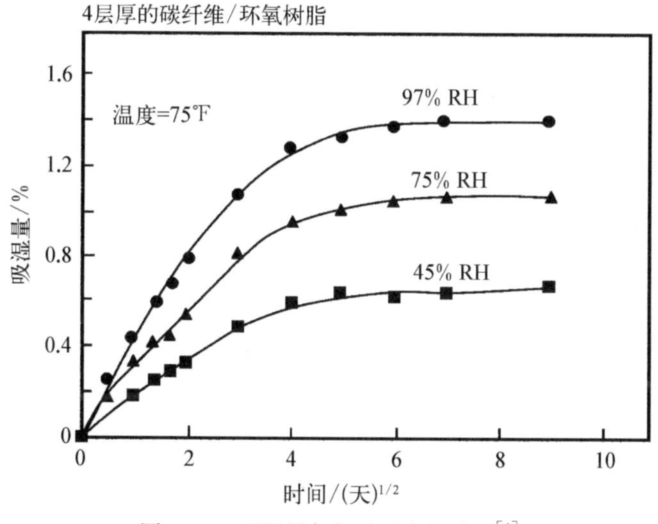

图 15.7 吸湿量与相对湿度的关系[4]

因为湿气可以扩散，所以当试样暴露在潮湿环境下时，表面层首先被浸湿，但是试样中部层仍然是干燥的。试样厚度对吸湿量的影响如图 15.9 所示。数据显示，随着试样厚度的增加，通过整个试样厚度达到平衡吸湿量需要更长的时间。如图 15.9 所示，如果试样厚度仅有 0.08 in(2.0 mm)，则暴露 2 年时间也不会完全浸透，对于 0.24 in(6.1 mm)厚的层压板，甚至过了 50 年，试样也不会达

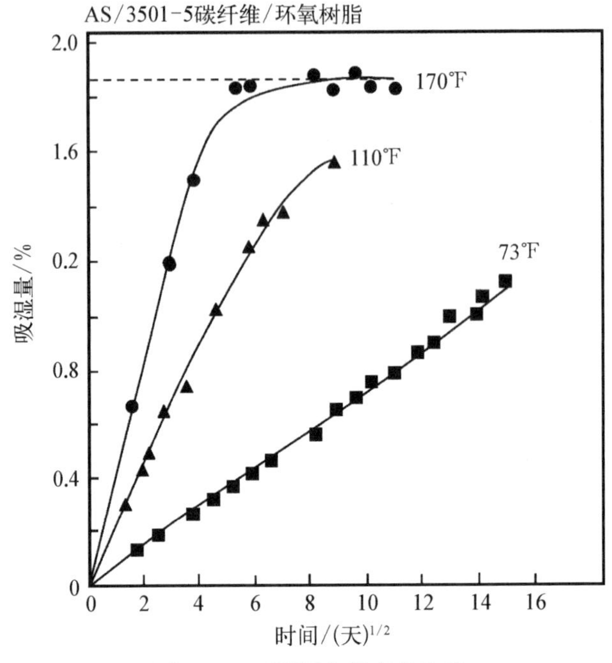

图 15.8 吸湿量与温度的关系

到平衡吸湿量。因此,大多数厚结构件在厚度方向有吸湿梯度。

真实结构暴露在温度和湿度波动环境中的情况更为复杂。如图 15.10 所示,试样在 140℉(60℃)温度和相对湿度为 68%的环境下吸湿,然后在 140℉(60℃)的温度和更低的湿度环境下除湿,相对湿度达到 8%。如果在吸湿循环中结构没有损伤,则结构性能能够恢复到初始干态时。但是,通常复合材料在多个吸湿—除湿循环过程后,与刚开始相比会更快地吸湿。

长时间暴露在马来西亚户外环境的试验结果如图 15.11 所示。对三种不同的试样进行试验,标有“暴露”的试样白天完全暴露在阳光照射下;标有“保护”的试样通过不锈钢板保护,屏蔽直接辐射;标有“遮阴”的试样放置在一块铝蜂窝之下,试样在中午直接暴露在日照下几个小时。被保护的试样的吸湿量最大,因为试样没有被阳光直接照射而使试样干燥。同样值得注意的是,暴露的表面层由于紫外线照射而导致树脂材料损失,试样重量减小。因此,即使碳纤维/环氧树脂在恒定的暴露湿度状态下吸湿量能达到 2%,在真实环境中的吸湿量大概也就在 1%左右。服役时部件暴露在变化的环境中,所以会持续发生吸湿和除湿。

吸湿会导致基体膨胀,影响厚度方向的应变。吸湿膨胀系数是通过吸湿过程中的体积变化来定义的。

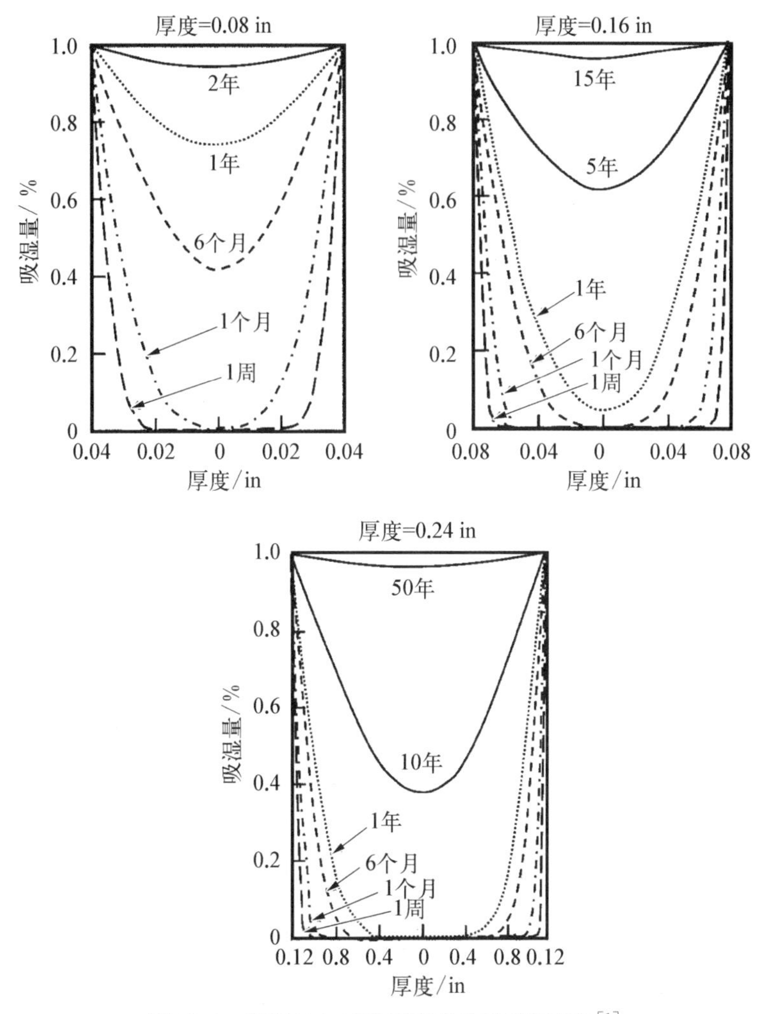

图 15.9 吸湿量与试样厚度的关系(剖面图)[1]

由于膨胀导致的复合材料体积变化的估算经验公式如下所示。

$$\frac{\Delta V}{V_0}=0.01\left(c+\frac{\Delta M}{M_0}\right)d \qquad (式 15.6)$$

式中：V_0 和 M_0 分别为初始体积和质量；c 和 d 为膨胀常数，对于典型环氧树脂 3501-6，膨胀常数 $c=-0.61$，$d=0.87$。

增强体类型很大程度上会改变吸湿行为。在大多数潮湿环境下，碳纤维通常不受影响，纤维和基体之间的界面相对比较稳定。对于玻璃纤维，其本身很大程度上不受湿气影响，但是表面会受影响。树脂和玻璃纤维的粘结是非常关键

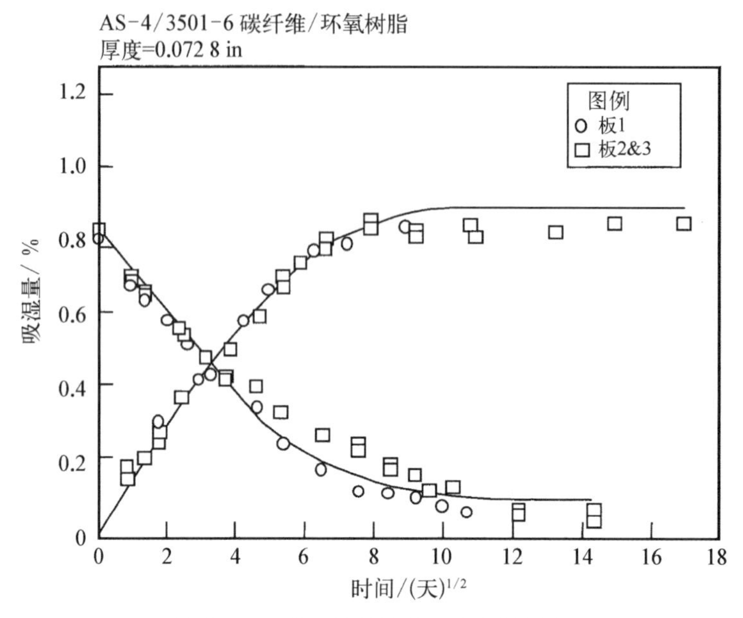

图 15.10 碳纤维/环氧树脂吸湿和除湿

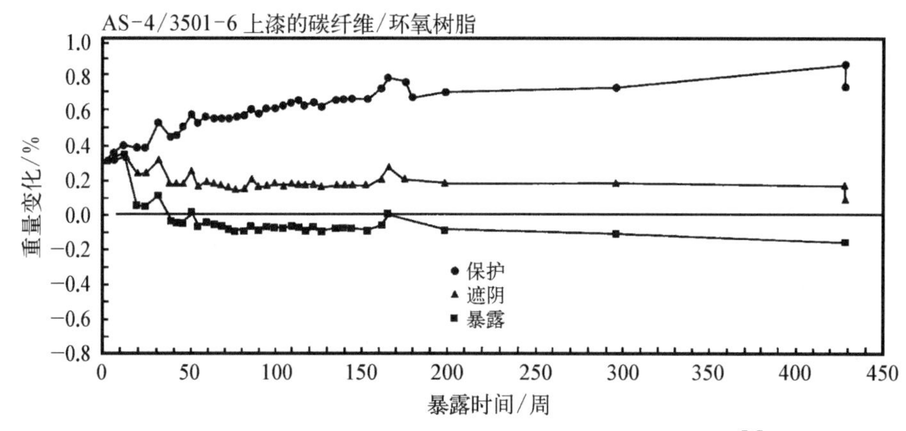

图 15.11 碳纤维/环氧树脂材料在马来西亚户外环境暴露[5]

的，受尺寸、光洁度和使用的胶黏剂影响。湿气存在于纤维和基体的界面中，影响粘结，并侵蚀纤维表面。芳纶不同，其纤维的吸湿量比基体吸湿量高。

热塑性复合材料的潜在优点之一是其本身吸湿比热固性复合材料少。几种热固性和热塑性复合材料的吸湿特性如图 15.12 所示。其中，半结晶热塑性聚醚醚酮的吸湿性最低。非结晶热塑性材料（高温非结晶 HTA）吸收更多湿气，但是仍然比另外两种热固性材料好。值得注意的是，两种热固性材料的最终吸湿

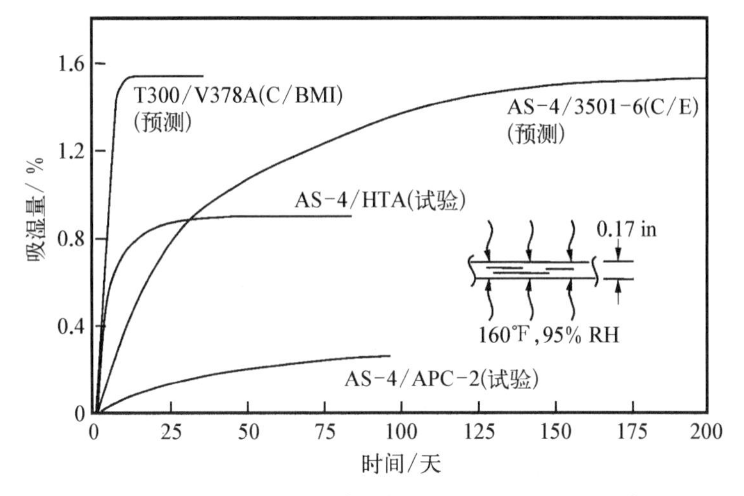

图 15.12 热塑性、热固性复合材料的吸湿特性(C/BMI,碳纤维/双马来酰亚胺树脂;C/E,碳纤维/环氧树脂)[5]

量相近,双马来酰亚胺树脂的吸湿速度比环氧树脂的快。

到目前为止,讨论的吸湿都能很好地符合菲克扩散定律。但是,非菲克行为偶尔也会发生,产生的吸湿—除湿曲线跟通常的不一样,如图 15.13 所示。其中,酸酐固化剂用于环氧树脂的固化,当环氧树脂暴露在 105℉(40℃)的潮湿环境中时,多余的酸酐固化剂跟水结合产生酸物导致基体逐步退化,干燥时材料重量锐减。

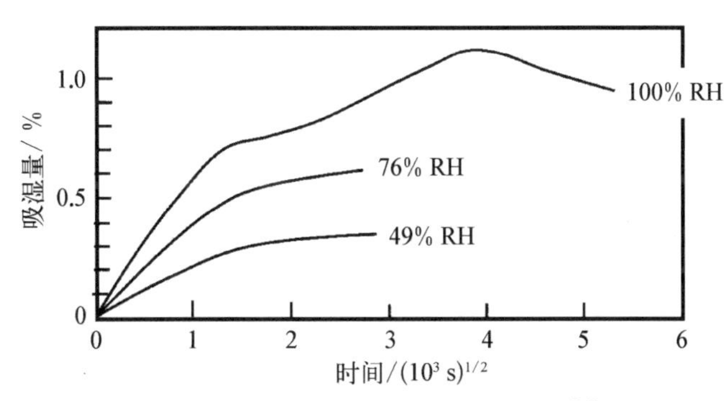

图 15.13 非菲克扩散吸湿-除湿曲线[1]

如果材料经历热峰,则会产生另一个吸湿问题。热峰是复合材料暴露在快速升高的温度下的效应。在快速热循环过程中会产生微裂纹,这将导致更大的吸湿平衡,温度升得足够高甚至会引起分层。如图 15.14 所示,材料表面非常容易被侵蚀。碳纤维/双马来酰亚胺树脂的蒸汽压力分层曲线如图 15.15 所示，当蒸汽形成的内部压力超过材料平面或厚度方向的拉伸强度时会引起分层。当热峰作用在干态复合材料层压板上时，结果通常不严重。

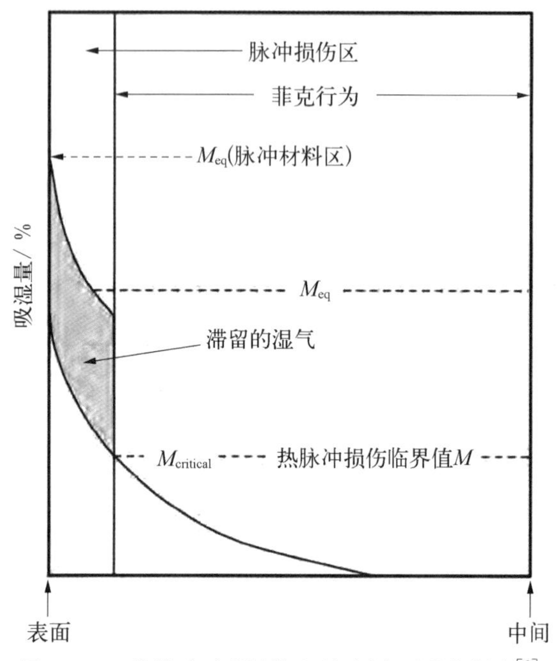

图 15.14　热脉冲对碳纤维/环氧树脂吸湿的影响[6]

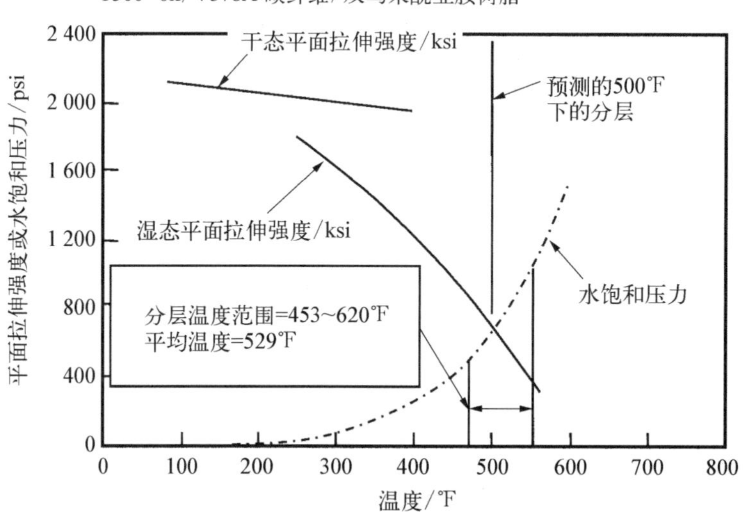

图 15.15　碳纤维/双马来酰亚胺树脂的蒸汽压力分层曲线[6]

低温也会对复合材料性能产生影响。当暴露在低温环境下时，残留在裂纹或分层中的水会结冰。因为结冰过程中水的体积会膨胀8%，且其体积弹性模量是环氧树脂基体的3～4倍，所以会在裂纹或分层中产生压力，导致裂纹或分层扩展，以至吸收更大量的湿气。

15.2 液体

热固性和半结晶基体对于大多数飞机液体有很好的抵抗性能。但是，非晶态热塑性塑料易受许多溶剂的影响，例如，用于许多脱漆剂的二氯甲烷能溶解大多数非晶态热塑性材料。两种热固性复合材料在几种飞机液体中的最大吸湿量如表15.1所示，几种聚酯树脂和乙烯基酯树脂E-型玻璃纤维复合材料的最大吸湿量如表15.2所示，防冻液和汽油会对材料产生严重影响。任何复合材料都必须测试抗液体腐蚀性，这里的液体指的是在服役过程中复合材料会接触到的液体。通常使用常温或高温层间剪切试验进行液体筛选。

表15.1 碳纤维/环氧树脂浸入到飞机液体中的最大吸湿量[3]

液体	最大吸湿量/%	
	AS/3501-5碳纤维/环氧树脂	T300/5208碳纤维/环氧树脂
蒸馏水	1.90	1.50
饱和盐水	1.40	1.12
2号柴油	0.55	0.45
Jet A燃油	0.52	0.40
航空滑油	0.65	0.60

表15.2 E-型玻璃纤维/聚酯树脂和E-型玻璃纤维/乙烯基酯树脂在不同环境下的最大吸湿量[3]

	温度/°F	最大吸湿量/%		
		聚酯树脂 SMC-R25	乙烯基酯树脂 SMC-R50	聚酯树脂 SMC-R50
50%RH潮湿空气	73	0.17	0.13	0.10
	200	0.10	0.10	0.22
100%RH潮湿空气	73	1.00	0.63	1.35
	200	0.30	0.40	0.56

（续表）

	温度/°F	最大吸湿量/%		
		聚酯树脂 SMC-R25	乙烯基酯树脂 SMC-R50	聚酯树脂 SMC-R50
蒸馏水	73	3.60	—	—
	122	3.50	—	—
盐　水	73	0.85	0.50	1.25
	200	2.90	0.75	1.20
2号柴油	73	0.29	0.19	0.45
	200	2.80	0.45	1.00
润滑油	73	0.25	0.20	0.30
	200	0.60	0.10	0.25
防冻液	73	0.45	0.30	0.65
	200	4.25	3.50	2.25
汽　油	73	3.50	0.25	0.60
	200	4.50	5.00	4.25

15.3 紫外线辐射和腐蚀

所有的聚合物都会在不同程度上吸湿，而防护涂层（如油漆）只能防止极少量的吸湿。但是，油漆在保护复合材料结构免受紫外线（UV）辐射方面十分有用。紫外线辐射是300～4 000Å的光束。可以通过改变树脂体系中的分子质量和使树脂体系交联的方式导致复合材料性能退化。然而，这种损伤通常仅限于表面层的树脂颜色变暗。尤其是芳纶在受紫外线辐射退化时尤为明显。通常，聚酯树脂比环氧树脂更耐紫外线辐射。标准船用漆、着色凝胶层和聚氨酯已被用以防止海用复合材料受紫外线损伤和风化侵蚀。在涂层体系中，更坚固和更厚的聚氨酯涂层可用于减小因雨水腐蚀、雪和冰撞击产生的损伤。

15.4 雷击

在飞机结构中，雷达罩、尾锥、翼尖、发动机短舱是最容易导致闪电附着的区域。当闪电扫过表面时，闪电附着结构中附着点下的表面容易被扫过闪电击中。商用客机的雷击区域如图15.16所示。区域1是闪电直接附着的区域；区域2

是闪电直接击中后扫过附着的区域;区域 3 中的附着被称为间接效应,其中雷电导致电线中的电压和电流紊乱或损坏电子/电气系统。区域 1 和区域 2 中的附着可以通过燃烧和蒸发飞机表面对飞机结构和电子/电气系统造成物理损伤。机翼的闪电附着点如图 15.17 所示,值得注意的是,此处直接附着的电流高达 200 kA。传统的铝合金机身容易导电,遭受雷击时能够耗散能量。然而,复合材料根本不导电,即使碳纤维复合材料的导电性也不如铝合金。

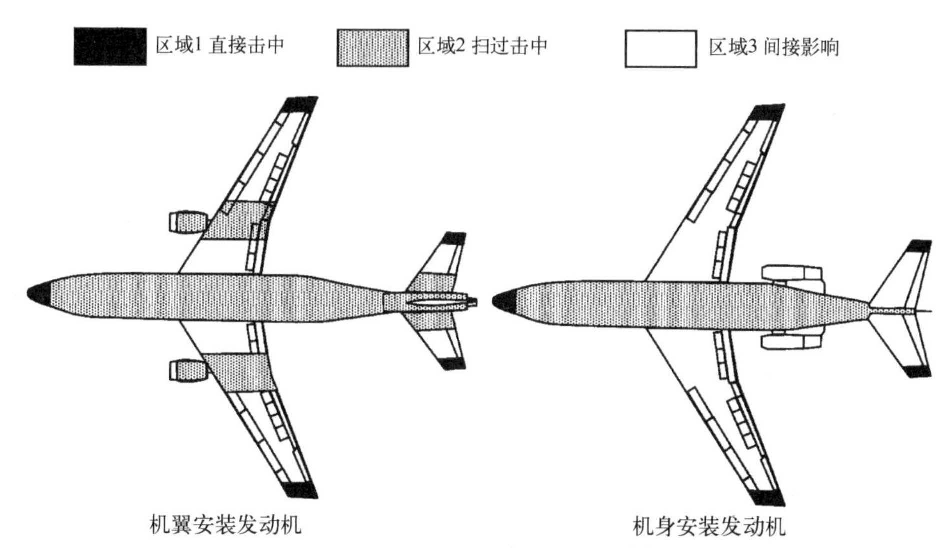

图 15.16 商用客机的雷击区域[7]

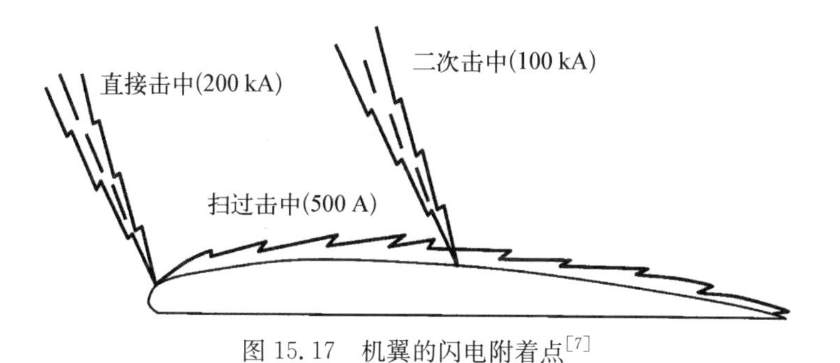

图 15.17 机翼的闪电附着点[7]

当碳纤维热固性复合材料遭受雷击时,温度瞬间上升,通常燃烧或热解使树脂基体开始分解。如果燃烧树脂时产生的气体滞留在层压板中,则可能引起爆炸,同时造成结构损伤,如图 15.18 所示。这种损伤足够大时可能引起穿透。虽然通常是局部穿透,但主要风险是结构会遭破坏,尤其是穿透表面由布层组成

图 15.18 碳纤维/环氧层压板的雷击损伤

时。单向带层压板至少在表面层允许损伤扩展。

可以将导电涂层涂覆在复合材料外表面以防止电场穿透和刺穿，并引导闪电电流。防护材料包括电弧或火焰喷涂的金属、编织金属丝网、膨胀金属箔、镀铝玻璃纤维、镀镍芳纶和金属涂层。所有这些涂层都涂覆在复合材料外表面，也应该只有一层保护材料。当碳纤维复合材料使用闪电防护材料时，必须确保碳纤维不会对金属防护材料造成电腐蚀。

一些重量损失通常跟闪电防护材料有关。碳纤维/环氧树脂中的金属丝的影响最小，而其他材料的重量取决于厚度和粘接方法。金属丝网的重量大约为 2 lb/100 ft^2(0.1 kg/m^2)，共固化后，总重量大约为 3 lb/100 ft^2(0.15 kg/m^2)。使用额外的胶黏剂进行二次胶接可使重量增加到 5 lb/100 ft^2(0.25 kg/m^2)。预期的典型重量如表 15.3 所示。

表 15.3 闪电防护材料的重量

涂层材料	重量/(lb/100 ft^2)
交织线(铝)	0.024
膨胀铝箔	1.6～6(平均值 2.9)

（续表）

涂层材料	重量/(lb/100 ft²)
编织金属丝网	2.5～5
编织丝	3～5
热喷涂(铝)	5.75～8
铝箔(固体)	8.5
导电涂层(银)	8

15.5 热氧化稳定性

聚酰亚胺树脂(如PMR-15)的优点之一是其工作温度约是环氧树脂的两倍，其范围为500～600℉(260～315℃)。但是，随着在这些温度下的老化，热氧化稳定性(TOS)成了这些材料的一个问题。热氧化老化导致材料脆化，改变材料玻璃化转变温度并产生微裂纹，最终导致材料硬度、强度和断裂韧性降低，压缩强度实例如图15.19所示。基体退化通常用重量损失来衡量。PMR-15和其他高温复合材料的热氧化稳定性的主要衡量值是老化时间和温度的函数的重量损失，如图15.20所示。

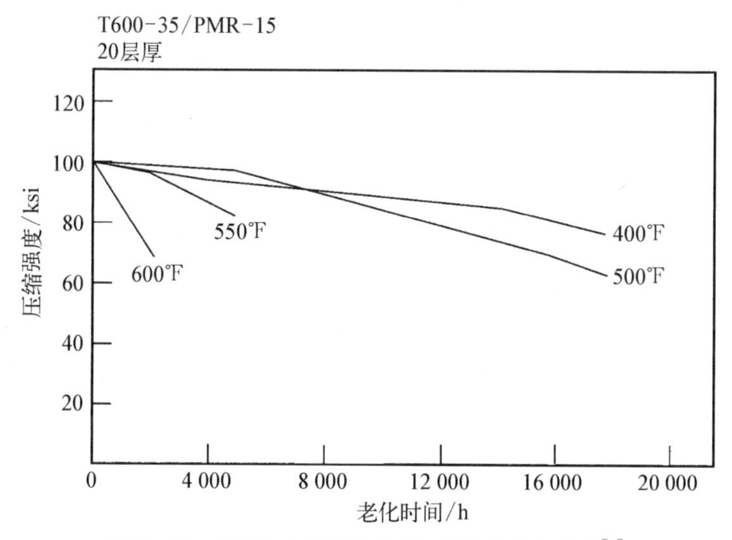

图15.19 PMR-15老化时间与压缩强度的关系[8]

纤维和树脂基体都受影响。早期的聚丙烯腈基碳纤维含有大量的强碱，并且其热氧化稳定性(TOS)比较差。纤维表面的钠和钾在高温下催化纤维中的空气氧化。最近生产的碳纤维钠含量比较低，其热氧化稳定性得到了很大的改善。

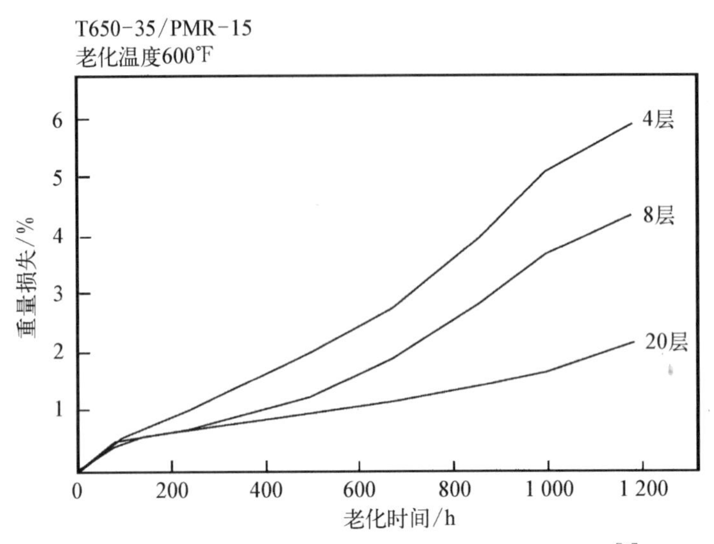

图 15.20 PMR-15 老化时间和温度对应的重量损失[8]

碳纤维/聚酰亚胺树脂的主要退化机理是层压边缘处的基体氧化。显微镜检查显示退化首先发生在试样边缘处的薄表面层,并随着热老化向内扩展。表面层产生基体微裂纹和空洞,并且其化学成分与内部基体化学成分不同。质量减轻的主要原因是挥发性成分(环戊二烯)的释放,随后氧化形成表面层。由于表面层和内部基体的化学成分不同,因此表面的张应力导致基体开裂。加工表面最容易破坏,尤其当纤维垂直于加工边缘时,使得裂纹向复合材料内部扩展,最终导致更多的基体和纤维表面退化。对于与纤维平行的加工表面,纤维可作为树脂基体的保护屏障。

由热氧化引起的表面脆化导致密度增加、重量减轻,这两个过程都有助于氧化层的收缩,这将产生拉伸应力和可能的自发裂纹。裂纹面提供额外的扩散面,加速材料退化和氧化层的扩展。严重的表面氧化退化将导致纤维和基体脱粘形成横向表面裂纹,如图 15.21 所示。裂纹不仅降低强度,而且会使氧气渗入复合材料的通道。微裂纹也可以加速吸湿和除湿,如果产生热峰,则可以使层压板受蒸汽压力而产生分层。

15.6 热损伤

AS-4/3501-6 碳纤维/环氧树脂材料体系通常的使用温度范围是 225~250℉(105~120℃)。但是,在服役过程中可能暴露在更高的温度下,例如来自发动机排气口的热气。高温对单向板和正交铺层层压板的剪切强度的影响如图 15.22 所示。这种特殊材料在 500℉(260℃)下相当稳定,可保持 1 h,然后在

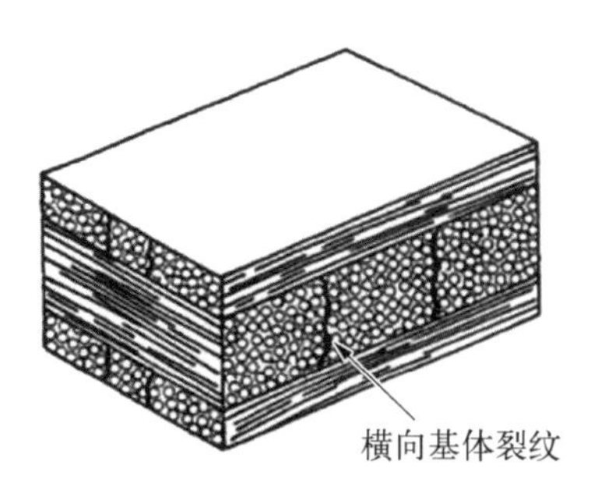

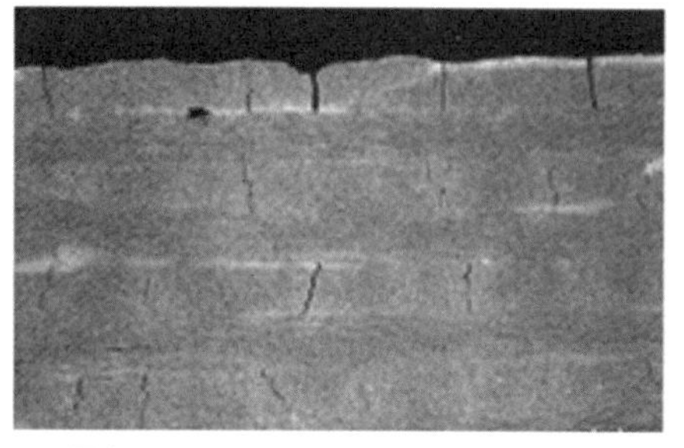

400℉高温，1 000 h后PMR-15(白色区域)中微裂纹和氧的分布

图 15.21 微裂纹和氧化[9]

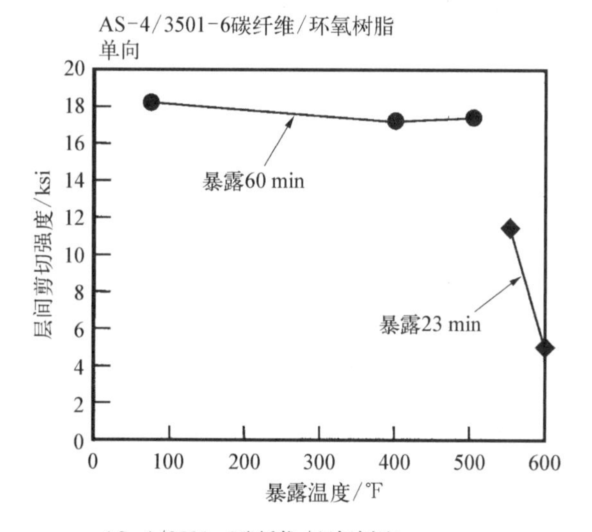

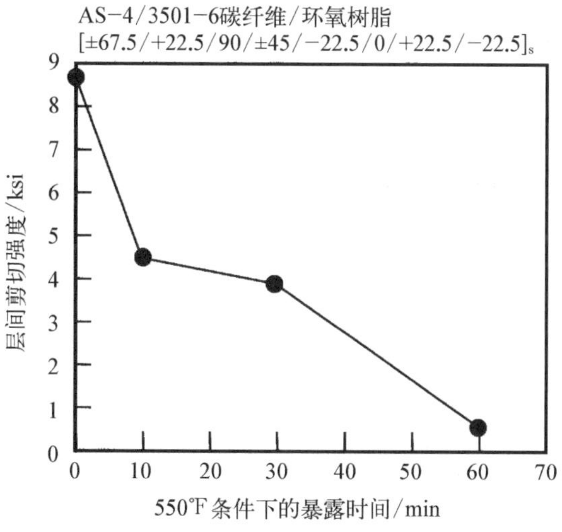

图 15.22 高温对单向板和正交铺层层压板的剪切强度的影响

500～600℉(260～315℃)范围内开始迅速退化,时间越长强度损失越大。在550℉(285℃)下热对拉伸强度和压缩强度的影响如图 15.23 所示。

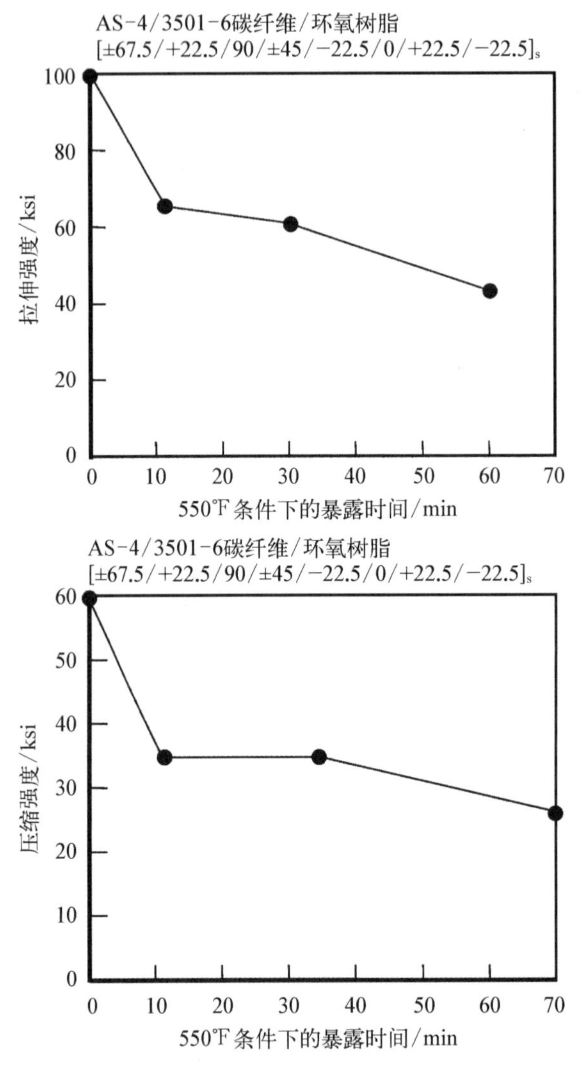

图 15.23 在 550℉(285℃)下热对拉伸强度和压缩强度的影响

15.7 易燃性

复合材料包括纤维和基体,由于两种材料的热稳定性不同,因此在着火时表现不同。用于复合材料的所有纤维,除了高分子聚乙烯外都是相对不易燃的,但是在高温下,纤维会软化、烧焦或熔化,这将降低其机械性能。复合材料层压板容易层层燃烧。当加热时,首先第一层的树脂退化,其次任何可燃的东西开始燃烧。热量穿透相邻的纤维层,然后进一步渗透,到达下层树脂,最后使其退化,在此过程中所形成的任何东西都通过纤维层聚集到燃烧区。随着热量穿透后面的层并且退化产物通过纤维层聚集到燃烧区,层压板的燃烧呈现明显的阶段性。通常,结构的厚度会影响表面燃烧特性,这主要取决于外部热流量。热流量较低时,较厚的层压板燃烧比较慢;热流量较高时,厚层压板和薄层压板燃烧速率大致相同。

研究表明热固性树脂的耐火等级如下所示:酚醛树脂>聚酰亚胺树脂>双马来酰亚胺树脂>环氧树脂>乙烯基酯树脂>聚酯树脂。

固化酚醛树脂具有高热稳定性和高碳化分解倾向,不容易被点燃。酚醛的固有耐火特性是因为它们的交联化学结构具有碳化倾向。由于酚醛树脂含有很大比例的芳香族结构,所以酚醛树脂在火中会碳化,并且一旦火源消除就会自熄。在实际使用中,酚醛树脂的碳化特性使其常被用于火箭的烧蚀排气喷口上,并且作为生产碳-碳复合材料的原材料。它们基本上锁定在碳中,所以不会产生很多的烟雾。主要的挥发性分解产物是甲烷、丙酮、一氧化碳、丙醇和丙烷。聚酰亚胺树脂具有热解时易碳化、低易燃性和低烟雾产物的特性。

环氧树脂和不饱和聚酯树脂的碳化少于酚醛树脂,在火中能继续燃烧,并且基于这些芳香化合物的结构,会产生更多的烟雾。交联环氧树脂是可燃的,且燃烧是独立的。聚酯树脂的结构导致其非常容易燃烧,有时点燃后就剧烈燃烧。与苯乙烯交联的不饱和聚酯树脂燃烧时伴有很浓的油烟。乙烯基酯树脂的燃烧特性介于聚酯树脂和环氧树脂之间。

对于阻燃热固性基体,一般都使用反应添加剂。如果选择与纤维和树脂基体相匹配的阻燃剂,则可以起到相互促进的作用。碳化介质是最好的选择,且是可以在市场上购买到的提升阻燃特性的树脂。环氧树脂和其他热固性聚合物(如聚酯树脂)的阻燃特性通过使用阻燃剂改善,这种阻燃剂有三氧化二铝、结合氧化锑的卤代化合物、磷和磷卤化物。

热塑性材料在加热时会软化,在火中,材料会软化到在自重下能流动的状态,然后流动或滴落。滴落程度取决于热环境、聚合物结构、分子质量、是否有添加剂和填料等因素。滴落能增加或降低火的危害性,这取决于火的状态。当点火源比较小时,可以通过燃烧聚合物的滴落物去除热量和火焰从而保护其余材料免受扩散火焰的影响。在其他情况下,燃烧的熔融聚合物可能会流动并点燃其他材料。

参考文献

[1] Bunsell A R, Renard J. Fundamentals of fibre reinforced composite materials[J]. Materials Today, 2005, 8(9): 51.

[2] D B Miracle, Donaldson S L. ASM Handbook, Vol 21, Composites [M]// Macromechanics analysis of laminate properties. ASM International, 2001.

[3] Springer G S. Environmental Effects on Composite Materials, Vol 1[M]. Technomic Pub. Co, 1981.

[4] Shen C H, Springer G S. Moisture absorption and desorption of composite materials [J]. Journal of Composite Materials, 1976, 10(1): 2 - 20.

[5] Vodicka R, Nelson B, Berg J van den, et al. Long-term environmental durability of F/A - 18 composite material[G]. DSTO - TR - 0826, Defense Science and Technology Organisation, 1999.

[6] Clark G, Saunders D S, Blaricum T J V, et al. Moisture absorption in graphite/epoxy laminates[J]. Composites Science & Technology, 1990, 39(4): 355 - 375.

[7] Niu M C Y. Composite Airframe Structures, 2nd ed. [M]. Hong Kong Conmilit Press Limited, 2000.

[8] Bowles K J. Thermal and mechanical durability of graphite-fiber-reinforced PMR - 15 composites[G]. Technical Memorandum 113116/Rev 1, National Aeronautics and Space Administration, 1998.

[9] Bowles K J , McCorkle L, Ingrahm L. Comparison of graphite fabric reinforced PMR - 15 and avimid N composites after long term isothermal aging at various temperatures[G]. NASA/TM - 1998 - 107529, National Aeronautics and Space Administration, 1998.

精选参考文献

[1] Baker A A, Dutton S E, Kelly D W. Composite Materials for Aircraft Structures, 2nd ed. [M]. American Institute of Aeronautics and Astronautics, 2004.

[2] Kandola B K, Horrocks A R. Composites, Fire Retardant Materials[M]. CRC Press, 2000.

[3] D B Miracle, Donaldson S L. ASM Handbook, Vol 21, Composites[M]//Ruffner D R. Hygrothermal behavior. ASM International, 2001.

[4] Schoeppner G A, Tandon G P, Ripberger E R. Anisotropic oxidation and weight loss in PMR - 15 composites[J]. Composites Part A, 2007, 38(3): 890 - 904.

[5] Tandon G P, Pochiraju K V, Schoeppner G A. Modeling of oxidative development in

PMR-15 resin[J]. Polymer Degradation & Stability, 2006, 91(8): 1861-1869.
[6] Lubin G. Handbook of Composites[M]//Whitaker A F, Finckenor M M, Dursch R C, et al. Environmental effects on composites. Van Nostrand Reinhold Company, 1982.

16 结构分析

结构分析涉及承受机械和热载荷的工程结构中的应力、应变和变形。复合材料结构的分析比常规金属结构要复杂得多。金属结构通常可以处理为各向同性材料，其材料性质不取决于方向，但复合材料本质上是不均匀的并且是各向异性的。在本章中，我们将简要介绍单层板和层压板分析。首先将分析单层板或者单向板，其次分析与载荷轴线成一定角度的单层板。一旦确定了单层的性质，就可以使用经典层压板理论来确定层压板对外部受力和弯矩的响应。单层板和层压板的分析计算乏味、耗时且容易发生人为错误，因此，通常用计算机程序进行计算，这里仅提供简单的介绍。更全面的复合材料结构分析处理方法可以参考在本章末尾列出的参考文献。由于复合材料层压板的厚度与其长度和宽度相比通常很薄，并且在平面应力条件下受载，所以重点在于平面内受力分析。

16.1 单向板或单层板基础分析

考虑图 16.1 所示的单层板，展示了两种不同的右手坐标系。(1,2,3)坐标系称为主材料坐标系，其中 1 轴平行于纤维或称为纵向纤维方向(0°)，2 轴垂直于纤维或称为横向纤维方向(90°)。由(x, y, z)表示的第二个坐标系是结构加载方向或载荷施加到单层板的方向。x 轴和 1 轴之间的角度 θ 称为纤维取向角。按照惯例，角度的符号取决于指定的右手坐标系，如果 z 轴从层板平面垂直向上指向，则从正 x 轴沿逆时针方向测量时，θ 为正；如果 z 轴从层板平面垂直向下指向，则从正 x 轴沿顺时针方向测量 θ。对于 0°层，主材料坐标系 1 轴平行于加载轴 x 轴，而对于 90°层，主材料坐标系 1 轴与结构坐标系 x 轴成 90°角。复合材料单层板和层压板具有三个相互正交的对称平面，具有正交各向异性性质。在平面应力条件下，材料轴上的应力表示为 σ_{11}、σ_{22} 和 τ_{12}，相关应变表示为 ε_{11}、ε_{22} 和 γ_{12}。

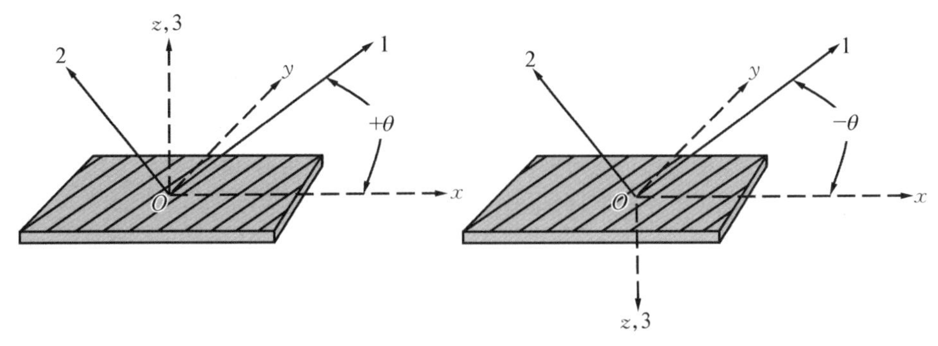

图 16.1　材料和结构坐标系

注：x 轴、y 轴和 z 轴为加载轴或结构坐标轴(x 表示平行于 x 方向施加载荷)；
1 轴、2 轴和 3 轴为材料轴(1 表示平行于单向板的纤维方向)

拉伸模量、剪切模量和泊松比等单层板属性由两个下标表示，如图 16.2 所示。第一个下标表示应力分量作用的面外法线方向，第二个下标表示应力分量作用的方向。例如，剪切应力分量 τ_{xy} 在 y 方向上作用，x 表示 $y-z$① 平面的外法线。由单层板构成的复合材料层压板几乎总是处于平面应力状态下，即在 1-2 平面中受载。在 3 或 z 方向上受载可能带来很大的不利影响，因为没有纤维平行于该方向承受载荷，只有相对较弱的基体。

由于各向同性材料的力学行为与剪切应力的方向无关，所以剪切应力和应变

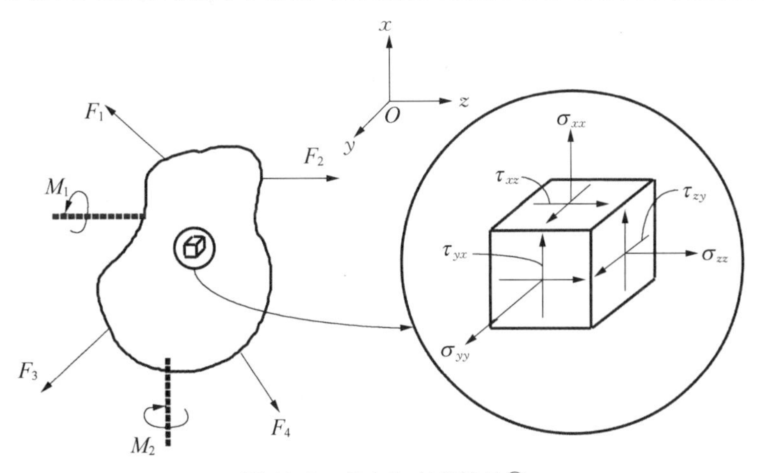

图 16.2　应力和应变符号②

① 原书中描述有误，为"x 表示向 $x-y$ 平面的外法线"，现已修正。——译者注

② 原书中图 16.2 有误，左边为"τ_{xy}"，右边为"τ_{xy}"，现已修正。——译者注

的符号对各向同性材料而言是无关紧要的。但是正交各向异性复合材料不是这种情况。如图 16.3 所示,对于正剪切应力,最大拉伸应力平行于纤维方向,由强纤维支撑;然而,如果剪切应力为负值,则最大拉伸应力垂直于纤维方向,而较弱的基体必须承受载荷。因此,单层板承受正剪切应力的能力比承受负剪切应力的能力更高。

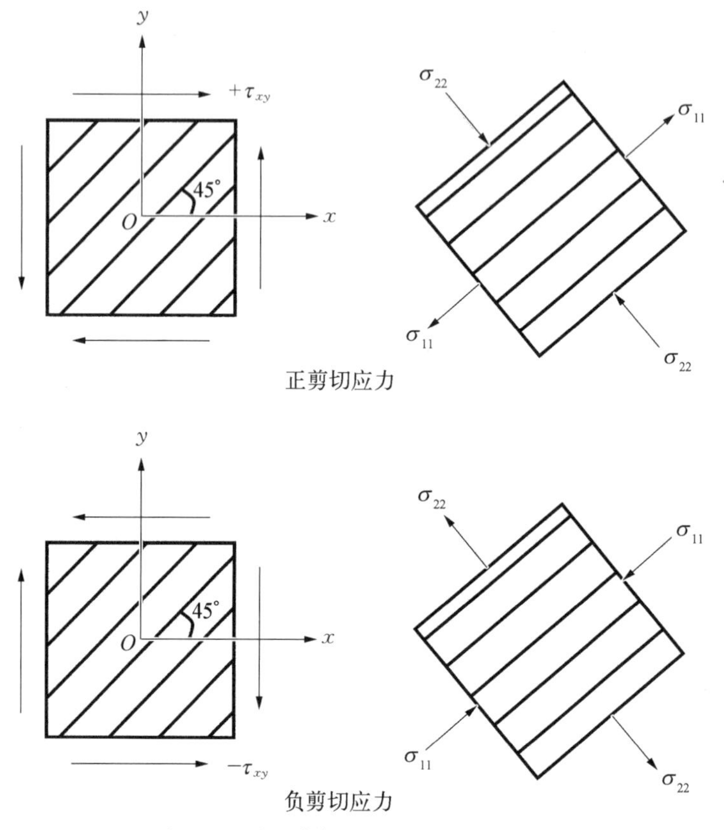

图 16.3　在 45°单层板上的剪切应力状态

由于实际的层压板由许多不同角度方向的单层板组成,因此计算偏轴单层的应力-应变关系非常重要。一旦获得了正轴和偏轴单层板的弹性常数,就可以使用经典层压理论来预测整个层压板的响应。如图 16.1 所示,从 x 轴到 1 轴角度为 θ。结构坐标轴上的应力(σ_{xx}、σ_{yy} 和 τ_{xy})可以通过以下方式从材料坐标轴应力(σ_{11}、σ_{22} 和 τ_{12})获得。

$$\begin{Bmatrix}\sigma_{xx}\\\sigma_{yy}\\\tau_{xy}\end{Bmatrix}=\begin{bmatrix}m^2 & n^2 & -2mn\\n^2 & m^2 & 2mn\\mn & -mn & m^2-n^2\end{bmatrix}\begin{Bmatrix}\sigma_{11}\\\sigma_{22}\\\tau_{12}\end{Bmatrix} \quad (式 16.1)$$

式中：$m=\cos\theta$；$n=\sin\theta$。

也可以将结构坐标轴的应力（σ_{xx}、σ_{yy} 和 τ_{xy}）转换为材料坐标轴上的应力（σ_{11}、σ_{22} 和 τ_{12}），使用下式。

$$\begin{Bmatrix}\sigma_{11}\\ \sigma_{22}\\ \tau_{12}\end{Bmatrix}=\begin{bmatrix}m^2 & n^2 & 2mn\\ n^2 & m^2 & -2mn\\ -mn & mn & m^2-n^2\end{bmatrix}\begin{Bmatrix}\sigma_{xx}\\ \sigma_{yy}\\ \tau_{xy}\end{Bmatrix} \qquad (式 16.2)$$

相应的结构坐标轴上的应变（ε_{xx}、ε_{yy} 和 γ_{xy}）也可以从材料坐标轴上的应变（ε_{11}、ε_{22} 和 γ_{12}）通过类似的关系获得。

$$\begin{Bmatrix}\varepsilon_{xx}\\ \varepsilon_{yy}\\ \gamma_{xy}\end{Bmatrix}=\begin{bmatrix}m^2 & n^2 & -mn\\ n^2 & m^2 & mn\\ 2mn & -2mn & m^2-n^2\end{bmatrix}\begin{Bmatrix}\varepsilon_{11}\\ \varepsilon_{22}\\ \gamma_{12}\end{Bmatrix} \qquad (式 16.3)$$ [①]

类似的材料坐标轴上的应变（ε_{11}、ε_{22} 和 γ_{12}）可以从结构坐标轴上的应变（ε_{xx}、ε_{yy} 和 γ_{xy}）通过下式获得。

$$\begin{Bmatrix}\varepsilon_{11}\\ \varepsilon_{22}\\ \gamma_{12}\end{Bmatrix}=\begin{bmatrix}m^2 & n^2 & mn\\ n^2 & m^2 & -mn\\ -2mn & 2mn & m^2-n^2\end{bmatrix}\begin{Bmatrix}\varepsilon_{xx}\\ \varepsilon_{yy}\\ \gamma_{xy}\end{Bmatrix} \qquad (式 16.4)$$

对于在平面应力载荷状态下的各向同性薄板[见图 16.4(a)]，其应力-应变关系在弹性范围内可表示为

$$\varepsilon_{xx}=\frac{\sigma_{xx}}{E}-\nu\frac{\sigma_{yy}}{E}$$

$$\varepsilon_{yy}=-\nu\frac{\sigma_{xx}}{E}+\frac{\sigma_{yy}}{E}$$

$$\gamma_{xy}=\frac{\tau_{xy}}{G} \qquad (式 16.5)$$

式中：E、G 和 ν 分别为材料的弹性模量、剪切模量和泊松比。

对于在平面应力载荷状态下的正交各向异性薄层压板[见图 16.4(b)]，其应力-应变关系在弹性范围内表示为

① 原书中(式 16.3)有误，且和(式 16.4)表达意思重复，现已修正。——译者注

$$\varepsilon_{xx}=\frac{\sigma_{xx}}{E_{xx}}-\nu_{yx}\frac{\sigma_{yy}}{E_{yy}}-m_x\tau_{xy}$$

$$\varepsilon_{yy}=-\nu_{yx}\frac{\sigma_{xx}}{E_{xx}}+\frac{\sigma_{yy}}{E_{yy}}-m_y\tau_{xy}$$

$$\gamma_{xy}=-m_x\sigma_{xx}-m_y\sigma_{yy}+\frac{\tau_{xy}}{G_{xy}} \quad (\text{式 } 16.6)$$

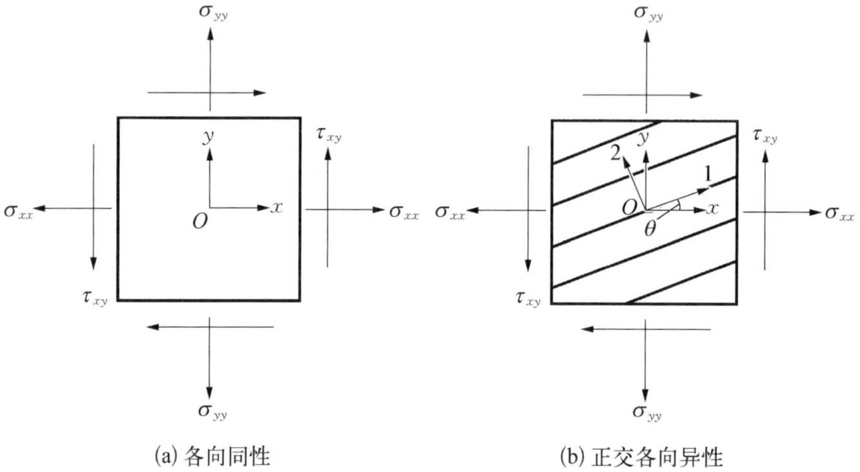

(a) 各向同性

(b) 正交各向异性

图 16.4 平面应力状态

附加的弹性常数 m_x 和 m_y 称作"耦合影响系数",在第 1 章中曾介绍过,由层压板加载时发生的拉伸-剪切耦合效应产生。系数 m_x 和 m_y 的公式由下式给出。

$$m_x=\sin 2\theta\left[\frac{\nu_{12}}{E_{11}}+\frac{1}{E_{22}}-\frac{1}{2G_{12}}-\cos^2\theta\left(\frac{1}{E_{11}}+\frac{2\nu_{12}}{E_{11}}+\frac{1}{E_{22}}-\frac{1}{G_{12}}\right)\right]$$

$$m_y=\sin 2\theta\left[\frac{\nu_{12}}{E_{11}}+\frac{1}{E_{22}}-\frac{1}{2G_{12}}-\sin^2\theta\left(\frac{1}{E_{11}}+\frac{2\nu_{12}}{E_{11}}+\frac{1}{E_{22}}-\frac{1}{G_{12}}\right)\right]$$

(式 16.7)

对于其中纤维具有 0°或 90°方向的层,不存在拉伸-剪切耦合,m_x 和 m_y 都等于 0。在这种情况下,并且主材料 1 轴和 2 轴与加载轴 x 轴和 y 轴重合时,该层称为特殊的正交各向异性层,并且应力—应变关系可简化如下。

$$\varepsilon_{xx}=\varepsilon_{11}=\frac{\sigma_{xx}}{E_{11}}-\nu_{21}\frac{\sigma_{yy}}{E_{22}} \quad (\text{式 } 16.8)$$

$$\varepsilon_{yy}=\varepsilon_{22}=-\nu_{12}\frac{\sigma_{xx}}{E_{11}}+\frac{\sigma_{yy}}{E_{22}} \quad (\text{式 } 16.9)$$

$$\gamma_{xy}=\gamma_{yx}=\gamma_{12}=\gamma_{21}=\frac{\tau_{xy}}{G_{12}}$$

（式 16.10）

耦合影响系数 m_x 和 m_y 是纤维方向角 θ 的函数，在 $\theta=0°$ 和 90° 之间的中间角度呈现最大值，如图 16.5 所示。

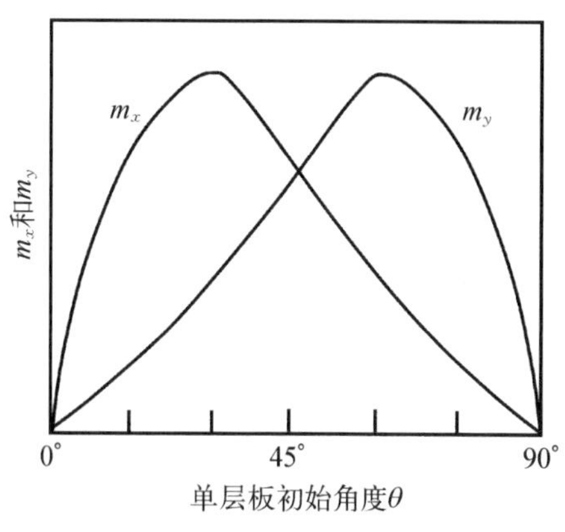

图 16.5 耦合影响系数随纤维方向角度的变化

16.2 单层板平行于材料坐标轴 ($\theta=0°$ 或 90°) 受载时应力-应变关系

在复合材料的结构分析中，为了方便通常用缩减的刚度系数表示弹性常数，并以矩阵形式表示应力-应变关系。如前所述，特殊的正交各向异性层板的层是纤维为 0°或 90°方向的层。特殊正交各向异性材料在平面应力状态下，当载荷平行于材料轴 ($\theta=0°$ 或 90°) 时的应力—应变关系表示如下。

$$\boldsymbol{\varepsilon}=\boldsymbol{S\sigma}$$

$$\begin{Bmatrix}\varepsilon_{xx}\\ \varepsilon_{yy}\\ \gamma_{xy}\end{Bmatrix}=\begin{bmatrix}S_{11} & S_{12} & 0\\ S_{21}(=S_{12}) & S_{22} & 0\\ 0 & 0 & S_{66}\end{bmatrix}\begin{Bmatrix}\sigma_{xx}\\ \sigma_{yy}\\ \tau_{xy}\end{Bmatrix} \qquad (式 16.11)$$

式中：$S_{11}=1/E_{11}$；$S_{12}=S_{21}=-\nu_{12}/E_{11}=-\nu_{21}/E_{22}$；$S_{22}=1/E_{22}$；$S_{66}=1/G_{12}$；$E_{11}$ 和 E_{22} 分别为材料在 1 方向和 2 方向的弹性模量；ν_{12} 为主泊松比，表征为 1 方向加载引起 2 方向的变形；ν_{21} 为次泊松比，表征为 2 方向加载引起 1 方向的变形；G_{12} 为面内剪切模量。

由对称性可得

$$\frac{\nu_{12}}{E_{11}}=\frac{\nu_{21}}{E_{22}} \qquad (式 16.12)$$

因此，分析中只有 4 个独立的材料常数：E_{11}、E_{22}、ν_{12} 和 G_{12}。

算例 16.1 求解在单向板碳纤维/环氧树脂复合材料特殊正交各向异性层受到面内应力产生的应变，其中每个应力分量的大小如下。

$$\sigma_{xx}=\sigma_{11}=30\ 000\ \text{psi}$$

$$\sigma_{yy}=\sigma_{22}=5\ 000\ \text{psi}$$

$$\tau_{xy}=\tau_{12}=2\ 000\ \text{psi}$$

材料的力学属性如下。

$$E_{11}=18.2\times 10^{6}\ \text{psi}$$

$$E_{22}=1.82\times 10^{6}\ \text{psi}$$

$$\nu_{12}=0.3$$

$$G_{12}=1.0\times 10^{6}\ \text{psi}$$

$$\nu_{21}=(\nu_{12}/E_{11})E_{22}=0.3/(18.2\times 10^{6})\times(1.82\times 10^{6})=0.03$$

解 减缩柔度矩阵中的每个元素可以使用(式 16.11)计算。

$$\begin{Bmatrix}\varepsilon_{xx}\\ \varepsilon_{yy}\\ \gamma_{xy}\end{Bmatrix}=\begin{bmatrix}1/E_{11} & -\nu_{21}/E_{22} & 0\\ -\nu_{12}/E_{11} & 1/E_{22} & 0\\ 0 & 0 & 1/G_{12}\end{bmatrix}\begin{Bmatrix}\sigma_{xx}\\ \sigma_{yy}\\ \tau_{xy}\end{Bmatrix}$$

带入数值得到

$$\begin{Bmatrix}\varepsilon_{xx}\\ \varepsilon_{yy}\\ \gamma_{xy}\end{Bmatrix}=\begin{bmatrix}5.49\times 10^{-8} & -1.65\times 10^{-8} & 0\\ -1.65\times 10^{-8} & 5.49\times 10^{-7} & 0\\ 0 & 0 & 1.00\times 10^{-6}\end{bmatrix}\begin{Bmatrix}30\ 000^{①}\\ 5\ 000\\ 2\ 000\end{Bmatrix}$$

完成矩阵相乘运算得到

$$\varepsilon_{xx}=(5.49\times 10^{-8})\times 30\ 000^{①}+(-1.65\times 10^{-8})\times 5\ 000=1\ 570\times 10^{-6}\ \text{in/in}$$

$$\varepsilon_{yy}=(-1.65\times 10^{-8})\times 30\ 000+(5.49\times 10^{-7})\times 5\ 000=2\ 260\times 10^{-6}\ \text{in/in}$$

$$\gamma_{xy}=(1.00\times 10^{-6})\times 2\ 000=2\ 000\times 10^{-6\,②}\ \text{in/in}$$

如果特殊的正交各向异性层板受平行于材料坐标轴的载荷，则其应力可以由相应应变和减缩刚度矩阵得到。

$$\boldsymbol{\sigma}=\boldsymbol{Q\varepsilon}$$

① 原书中描述有误，为“33 000”，现已修正。—— 译者注

② 原书中描述有误，为“10^{6}”，现已修正。—— 译者注

$$\begin{Bmatrix} \sigma_{xx} \\ \sigma_{yy} \\ \tau_{xy} \end{Bmatrix} = \begin{bmatrix} Q_{11} & Q_{12} & 0 \\ Q_{12} & Q_{22} & 0 \\ 0 & 0 & Q_{66} \end{bmatrix} \begin{Bmatrix} \varepsilon_{xx} \\ \varepsilon_{yy} \\ \gamma_{xy} \end{Bmatrix} \quad (式 16.13)$$

其中减缩刚度矩阵系数 Q_{ij} 由下式计算：

$$Q_{11} = E_{11}/(1-\nu_{12}\nu_{21})$$

$$Q_{12} = \nu_{21}E_{11}/(1-\nu_{12}\nu_{21})$$

$$Q_{22} = E_{22}/(1-\nu_{12}\nu_{21})$$

$$Q_{66} = G_{12}$$

(式 16.11)～(式 16.13)不仅适用于单层板，而且适用于纤维方向(0°或90°)在所有铺层中相同的单向层压板。

16.3 单层板受偏轴载荷($\theta \neq 0°$ 或 90°)时应力-应变关系

对于角度铺层或者偏轴情况下单层板的弹性常数计算如下：

$$E_{xx} = \left[\frac{\cos^4\theta}{E_{11}} + \left(\frac{1}{G_{12}} - \frac{2\nu_{12}}{E_{11}}\right)\sin^2\theta\cos^2\theta + \frac{\sin^4\theta}{E_{11}}\right]^{-1} \quad (式 16.14)$$

$$E_{yy} = \left[\frac{\sin^4\theta}{E_{11}} + \left(\frac{1}{G_{12}} - \frac{2\nu_{12}}{E_{11}}\right)\sin^2\theta\cos^2\theta + \frac{\cos^4\theta}{E_{22}}\right]^{-1} \quad (式 16.15)$$

$$G_{xy} = \left[2\left(\frac{2}{E_{11}} + \frac{2}{E_{22}} + \frac{4\nu_{12}}{E_{11}} - \frac{1}{G_{12}}\right)\frac{\sin^2\theta\cos^2\theta}{E_{11}} + \frac{\sin^4\theta + \cos^4\theta}{G_{12}}\right]^{-1}$$

(式 16.16)

$$\nu_{xy} = E_{xx}\left[\frac{\nu_{12}(\sin^4\theta + \cos^4\theta)}{E_{11}} - \left(\frac{1}{E_{11}} + \frac{1}{E_{22}} - \frac{1}{G_{12}}\right)\sin^2\theta\cos^2\theta\right]^{-1}$$

(式 16.17)

$$\nu_{yx} = \nu_{xy}\frac{E_{yy}}{E_{xx}} \quad (式 16.18)$$

弹性常数随纤维方向角度的变化如图 16.6 所示。在 $\theta = 0°$ 时，$E_{xx} = E_{11}$；在 $\theta = 90°$ 时，$E_{xx} = E_{22}$。剪切模量 G_{xy} 在 $\theta = 45°$ 时达到最大值，ν_{xy} 和 ν_{yx} 在 $\theta = 45°$ 时值相等。

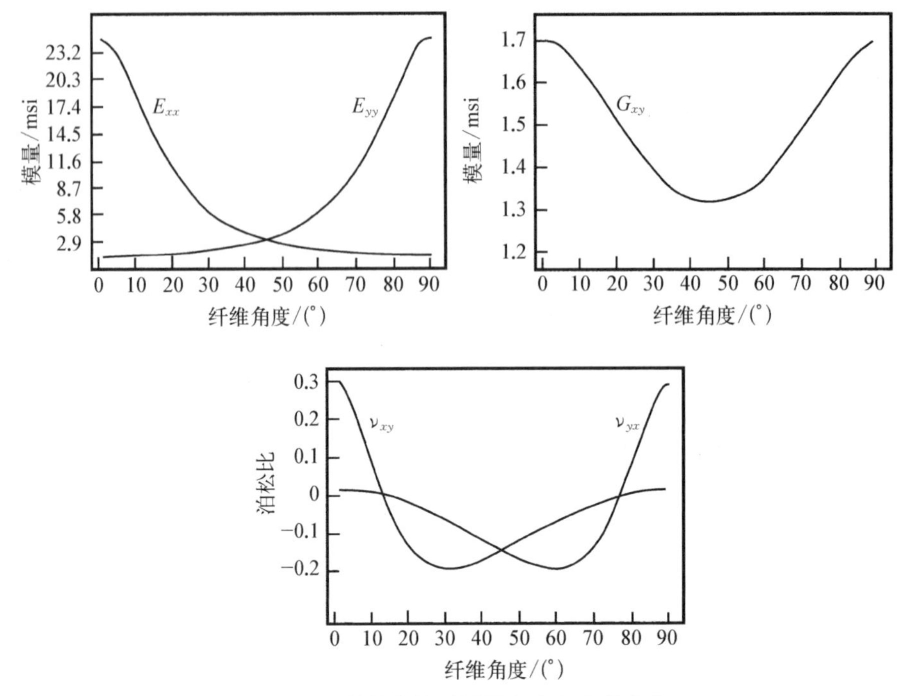

图 16.6　弹性常数随纤维方向角度的变化

常规的正交各向异性单层板受偏轴载荷（$\theta \neq 0°$ 或 $90°$）时应力-应变关系如下所示，其中 $\bar{\boldsymbol{S}}$ 代表柔度矩阵。

$$\begin{Bmatrix}\varepsilon_{xx}\\ \varepsilon_{yy}\\ \gamma_{xy}\end{Bmatrix}=\bar{\boldsymbol{S}}\begin{Bmatrix}\sigma_{xx}\\ \sigma_{yy}\\ \tau_{xy}\end{Bmatrix}$$

$$\begin{Bmatrix}\varepsilon_{xx}\\ \varepsilon_{yy}\\ \gamma_{xy}\end{Bmatrix}=\begin{bmatrix}\bar{S}_{11} & \bar{S}_{12} & \bar{S}_{16}\\ \bar{S}_{12} & \bar{S}_{22} & \bar{S}_{26}\\ \bar{S}_{16} & \bar{S}_{26} & \bar{S}_{66}\end{bmatrix}\begin{Bmatrix}\sigma_{xx}\\ \sigma_{yy}\\ \tau_{xy}\end{Bmatrix} \tag{式 16.19}$$

式中：

$$\bar{S}_{11}=S_{11}\cos^4\theta+(2S_{12}+S_{66})\sin^2\theta\cos^2\theta+S_{22}\sin^4\theta$$

$$\bar{S}_{12}=S_{12}(\sin^4\theta+\cos^4\theta)+(S_{11}+S_{22}-S_{66})\sin^2\theta\cos^2\theta$$

$$\bar{S}_{16}=(2S_{11}-2S_{12}-S_{66})\sin\theta\cos^3\theta-(2S_{22}-2S_{12}-S_{66})\sin^3\theta\cos\theta$$

$$\bar{S}_{22}=S_{11}\sin^4\theta+(2S_{12}+S_{66})\sin^2\theta\cos^2\theta+S_{22}\cos^4\theta$$ ①

① 原书中描述有误，为“$S_{22}\sin^4\theta$”，现已修正。——译者注

$$\bar{S}_{26}=(2S_{11}-2S_{12}-S_{66})\sin^3\theta\cos\theta-(2S_{22}-2S_{12}-S_{66})\sin\theta\cos^3\theta$$

$$\bar{S}_{66}=2(2S_{11}+2S_{22}-4S_{12}-S_{66})\sin^2\theta\cos^2\theta+S_{66}(\cos^4\theta+\sin^4\theta)$$

转换(式 16.19),则刚度矩阵 $\bar{\boldsymbol{Q}}$ 可以写成如下形式。

$$\begin{Bmatrix}\sigma_{xx}\\\sigma_{yy}\\\tau_{xy}\end{Bmatrix}=\bar{\boldsymbol{Q}}\begin{Bmatrix}\varepsilon_{xx}\\\varepsilon_{yy}\\\gamma_{xy}\end{Bmatrix}$$

$$\begin{Bmatrix}\sigma_{xx}\\\sigma_{yy}\\\tau_{xy}\end{Bmatrix}=\begin{bmatrix}\bar{Q}_{11}&\bar{Q}_{12}&\bar{Q}_{16}\\\bar{Q}_{12}&\bar{Q}_{22}&\bar{Q}_{26}\\\bar{Q}_{16}&\bar{Q}_{26}&\bar{Q}_{66}\end{bmatrix}\begin{Bmatrix}\varepsilon_{xx}\\\varepsilon_{yy}\\\gamma_{xy}\end{Bmatrix}\tag{式 16.20}$$

式中:

$$\bar{Q}_{11}=Q_{11}\cos^4\theta+2(Q_{12}+2Q_{66})\sin^2\theta\cos^2\theta+Q_{22}\sin^4\theta$$

$$\bar{Q}_{12}=Q_{12}(\sin^4\theta+\cos^4\theta)+(Q_{11}+Q_{22}-4Q_{66})\sin^2\theta\cos^2\theta$$

$$\bar{Q}_{16}=(Q_{11}-Q_{12}-2Q_{66})\sin\theta\cos^3\theta+(Q_{12}-Q_{22}+2Q_{66})\sin^3\theta\cos\theta$$

$$\bar{Q}_{22}=Q_{11}\sin^4\theta+2(Q_{12}+2Q_{66})\sin^2\theta\cos^2\theta+Q_{22}\cos^4\theta$$

$$\bar{Q}_{26}=(Q_{11}-Q_{12}-2Q_{66})\sin^3\theta\cos\theta+(Q_{12}-Q_{22}+2Q_{66})\sin\theta\cos^3\theta$$

$$\bar{Q}_{66}=(Q_{11}+Q_{22}-2Q_{12}-2Q_{66})\sin^2\theta\cos^2\theta+Q_{66}(\cos^4\theta+\sin^4\theta)$$

采用三角不变量可用于将$\bar{\boldsymbol{Q}}$ 矩阵的元素写为如下形式。

$$\begin{aligned}\bar{Q}_{11}&=U_1+U_2\cos 2\theta+U_3\cos 4\theta\\\bar{Q}_{12}&=U_4-U_3\cos 4\theta\\\bar{Q}_{16}&=\frac{1}{2}U_2\sin 2\theta+U_3\sin 4\theta\\\bar{Q}_{22}&=U_1-U_2\cos 2\theta+U_3\cos 4\theta\\\bar{Q}_{26}&=\frac{1}{2}U_2\sin 2\theta-U_3\sin 4\theta\\\bar{Q}_{66}&=U_5-U_3\cos 4\theta\end{aligned}\tag{式 16.21}$$

式中:

$$U_1 = \frac{1}{8}(3Q_{11} + 3Q_{22} + 2Q_{12} + 4Q_{66})$$

$$U_2 = \frac{1}{2}(Q_{11} - Q_{22})$$

$$U_3 = \frac{1}{8}(Q_{11} + Q_{22} + 2Q_{12} - 4Q_{66})$$

$$U_4 = \frac{1}{8}(Q_{11} + Q_{22} + 6Q_{12} - 4Q_{66})$$

$$U_5 = \frac{1}{2}(U_1 - U_4)$$

柔度矩阵元素的表达式和刚度矩阵元素的类似，可以表示为如下形式。

$$\begin{aligned}
\bar{S}_{11} &= V_1 + V_2\cos 2\theta + V_3\cos 4\theta \\
\bar{S}_{12} &= V_4 - V_3\cos 4\theta \\
\bar{S}_{16} &= V_2\sin 2\theta + 2V_3\sin 4\theta \\
\bar{S}_{22} &= V_1 - V_2\cos 2\theta + V_3\cos 4\theta \\
\bar{S}_{26} &= V_2\sin 2\theta - 2V_3\sin 4\theta \\
\bar{S}_{66} &= V_5 - 4V_3\cos 4\theta
\end{aligned} \tag{式 16.22}$$

式中：

$$V_1 = \frac{1}{8}(3S_{11} + 3S_{22} + 2S_{12} + S_{66})$$

$$V_2 = \frac{1}{2}(S_{11} - S_{22})$$

$$V_3 = \frac{1}{8}(S_{11} + S_{22} - 2S_{12} - S_{66})$$

$$V_4 = \frac{1}{8}(S_{11} + S_{22} - 6S_{12} - S_{66})$$

$$V_5 = 2(V_1 - V_4)$$

如果需要手动计算，那么采用三角不变量可以很方便获得结果。

算例 16.2 求解碳纤维/环氧树脂复合材料单向板偏轴状态下的刚度矩阵。考虑纤维方向为 $+45°$ 和 $-45°$，使用下面的单层材料属性。

$$E_{11}=18.2\times10^6\ \text{psi}$$

$$E_{22}=1.82\times10^6\ \text{psi}$$

$$\nu_{12}=0.3$$

$$G_{12}=1.0\times10^6\ \text{psi}$$

$$\nu_{21}=(\nu_{12}/E_{11})E_{22}=0.03$$

解 首先计算刚度矩阵元素 Q_{11}、Q_{22}、Q_{12}、Q_{21} 和 Q_{66} 的值。

$$Q_{11}=\frac{E_{11}}{1-\nu_{12}\nu_{21}}=\frac{18.2\times10^6}{1-0.3\times0.03}=18.37\times10^6\ \text{psi}$$

$$Q_{22}=\frac{E_{22}}{1-\nu_{12}\nu_{21}}=\frac{1.82\times10^6}{1-0.3\times0.03}=1.84\times10^6\ \text{psi}$$

$$Q_{12}=Q_{21}=\frac{\nu_{21}E_{11}}{1-\nu_{12}\nu_{21}}=\frac{0.03\times18.2\times10^6}{1-0.3\times0.03}=0.551\times10^6\ \text{psi}$$

$$Q_{66}=G_{12}=1.0\times10^6\ \text{psi}$$

其次计算三角不变量 U_1、U_2、U_3、U_4 和 U_5。

$$U_1=\frac{1}{8}(3Q_{11}+3Q_{22}+2Q_{12}+4Q_{66})=\frac{1}{8}(3\times18.37\times10^6+3\times1.84\times10^6+2\times0.551\times10^6+4\times1.0\times10^6)=8.22\times10^6\ \text{psi}$$

$$U_2=\frac{1}{2}(Q_{11}-Q_{22})=\frac{1}{2}(18.37\times10^6-1.84\times10^6)=8.27\times10^6\ \text{psi}$$

$$U_3=\frac{1}{8}(Q_{11}+Q_{22}-2Q_{12}-4Q_{66})=\frac{1}{8}(18.37\times10^6+1.84\times10^6-2\times0.551\times10^6-4\times1.0\times10^6)=1.89\times10^6\ \text{psi}$$

$$U_4=\frac{1}{8}(Q_{11}+Q_{22}+6Q_{12}-4Q_{66})$$
$$=\frac{1}{8}(18.37\times10^6+1.84\times10^6+6\times0.551\times10^6-$$
$$4\times1.0\times10^6)=2.44\times10^6\ \text{psi}$$

$$U_5=\frac{1}{2}(U_1-U_4)=\frac{1}{2}(8.22\times10^6-2.44\times10^6)$$
$$=2.89\times10^6\ \text{psi}$$

最后计算 $\theta=+45°$ 时偏轴刚度矩阵$\bar{Q}_{11}$、$\bar{Q}_{12}$、$\bar{Q}_{22}$、$\bar{Q}_{16}$、$\bar{Q}_{26}$ 和 $\bar{Q}_{66}$ 的值。

$$\bar{Q}_{11}=U_1+U_2\cos2\theta+U_3\cos4\theta$$
$$=8.22\times10^6+8.27\times10^6\cos90°+1.89\times10^6\cos180°$$
$$=6.33\times10^6\ \text{psi}$$

$$\bar{Q}_{12}=U_4-U_3\cos4\theta=2.44\times10^6-1.89\times10^6\cos180°=4.33\times10^6\ \text{psi}$$

$$\bar{Q}_{16}=1/2U_2\sin2\theta+U_3\sin4\theta$$
$$=1/2\times8.27\times10^6\sin90°+1.89\times10^6\sin180°$$
$$=4.14\times10^6\ \text{psi}$$

$$\bar{Q}_{22}=U_1-U_2\cos2\theta+U_3\cos4\theta$$
$$=8.22\times10^6-8.27\times10^6\cos90°+1.89\times10^6\cos180°$$
$$=6.33\times10^6\ \text{psi}$$

$$\bar{Q}_{26}=1/2U_2\sin2\theta-U_3\sin4\theta$$
$$=1/2\times8.27\times10^6\sin90°-1.89\times10^6\sin180°$$
$$=4.14\times10^6\ \text{psi}$$

$$\bar{Q}_{66}=U_5-U_3\cos4\theta=2.89\times10^6-1.89\times10^6\cos180°=4.78\times10^6\ \text{psi}$$

类似的，$\theta=-45°$ 时偏轴刚度矩阵计算结果如下：

$$\bar{Q}_{11}=6.33\times10^6\ \text{psi}$$

$$\bar{Q}_{12}=4.33\times10^6\ \text{psi}$$

$$\bar{Q}_{22}=6.33\times10^6\ \text{psi}$$

$$\bar{Q}_{16}=-4.14\times10^6\ \text{psi}$$

$$\bar{Q}_{26}=-4.14\times10^6\ \text{psi}$$

$$\bar{Q}_{66}=4.78\times10^6\ \text{psi}$$

注意到偏轴刚度矩阵在$+45°$和$-45°$时的值是相同的，只有$\bar{Q}_{16}$和$\bar{Q}_{26}$的值在$-45°$时变成了负数。

16.4 层压板和层压板符号

单层板以各种角度铺贴在一起并固化形成层压板。有几种标准的层压板类型以及重要的符号，说明如下。

1）单向层压板

在单向层压板中，所有的层均为0°或90°方向，例如4层厚的0°层压板[0°,0°,0°,0°]。注意，这与单层或单向板相同，仅是因为层数多，厚度大。

2）交叉铺层层压板

在一个交叉铺层层压板中，所有的层都遵循$+\theta/-\theta$的铺贴方式。例如$[30°/-30°]_4$铺层的层压板，即[30°,−30°,30°,−30°,30°,−30°,30°,−30°]的铺层顺序，下标4表示铺层重复4次。

3）正交铺层层压板

在正交铺层层压板中，铺层角度为0°和90°交替。例如$[0°,90°]_2$，其中下标2表示铺层重复2次，即[0°,90°,0°,90°]。

4）对称层压板

在对称层压板中，单层纤维方向以层压板中心线呈对称布置。对于中心线上方的每个单层，对应在相同距离的中心线下方处具有唯一相同材料和厚度的单层。例如$[0°,45°,-45°,90°]_s$，其中下标s表示层压板是对称的，只显示了铺层顺序的前半部分。整个形式是[0°,45°,−45°,90°,90°,−45°,45°,0°]。

5）均衡层压板

在均衡层压板中，对于$+\theta$方向的每一层，都有相同材料和相同厚度的$-\theta$方向的层，例如：[0°,30°,−30°,30°,−30°,0°]。该层压板是均衡的，但不对称。通过重新调整铺层顺序可以使其对称为[0°,30°,−30°,−30°,30°,0°]。

6）准各向同性层压板

准各向同性层压板由3层或更多层相同的材料和厚度单层组成，每层与下一层之间具有相同的角度。如果总层数为n，则层间的角度为π/n。准各向同性层压板通常在xy平面上具有各向同性的弹性性能。均衡和对称准各向同性层压板的例子为[0°,90°,45°,−45°,−45°,45°,90°,0°]。该层压板具有两个0°层、两个90°层、两个45°层和两个−45°层。

7) 混杂层压板

混杂层压板由不同材料混杂组成，例如碳纤维和玻璃纤维。碳纤维和玻璃纤维混合层压板可能设计为[0°_c，$\pm45^\circ_g$，$\overline{90}^\circ_c$]$_s$。这里 c 代表碳纤维，g 代表玻璃纤维。在 90°层上的横线表示对称中心线通过 90°层的中间。在展开形式中，该层压板表示为[0°_c，45°_g，-45°_g，90°_c，-45°_g，45°_g，0°_c]。

其他一些层压板的标识符号如下：

(1) 标识∓45°表示−45°层在+45°层之前。

(2) 均衡和对称层压板[0°_3，±45°，90°]$_s$ 中的 0°_3 标志表示有 3 个 0°层叠在一起；即[0°，0°，0°，45°，−45°，90°，90°，−45°，45°，0°，0°，0°]。

(3) 铺层标识[±45°]$_{2s}$ 表示±45°组合在对称中心的任一侧重复 2 次，即[45°，−45°，45°，−45°，−45°，45°，−45°，45°]。

(4) 标识[50，40，10]是航空航天工业中使用的简写符号，表示该层压板含有 50%的 0°层，40%的±45°和 10%的 90°层，但不显示其具体铺层顺序和方向。

16.5 层压板分析——经典层压板理论

层压板理论用于计算受载条件下薄压板每层的应力、应变和曲率以及层压板的整体弹性常数。经典层压板理论的主要假设如下：

(1) 板的厚度远小于面内方向尺寸。

(2) 变形后板中的应变远小于 1。

(3) 未变形时板表面的法线在板变形后仍然垂直于变形后板的表面。

(4) 垂直方向挠度不随厚度变化。

(5) 板法线方向的应力可以忽略不计。

建立坐标系，使得层压板的中面包含 x 轴和 y 轴，z 轴垂直于中面，如图 16.7 所示。总厚度为 t 的层压板由 N 个单层构成，各单层的厚度分别为 t_1、t_2、t_3 等。

典型的计算步骤顺序如下：

(1) 为了计算层压板的刚度矩阵，首先计算单层的刚度矩阵 $\boldsymbol{Q}_{ij}$ 和 $\bar{\boldsymbol{Q}}_{ij}$。

(2) 在给定力和弯矩的条件下，计算层压板中面的应变和变形曲率。

(3) 计算每个单层的面内应变 ε_{xx}、ε_{yy} 和 γ_{xy}。

(4) 计算每个单层的面内应力 σ_{xx}、σ_{yy} 和 τ_{xy}。

(5) 计算层压板的弹性常数 E_{xx}、E_{yy}、ν_{xy}、ν_{yx} 和 G_{xy}。

(6) 选用合适的破坏准则来评估层压板强度。

在上述假设的基础上，可以看出，层压板面内位移由中面位移(上标以 0 表

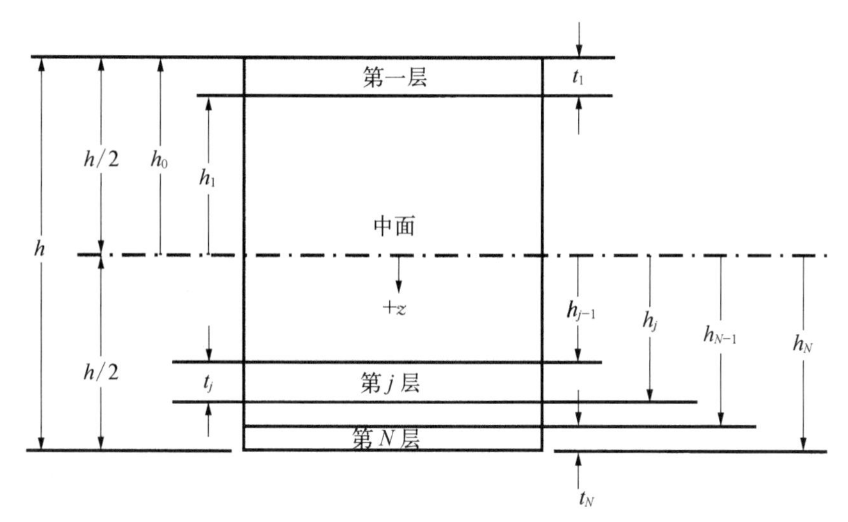

图 16.7 层压板铺贴顺序

示)和沿厚度方向的线性位移组成,如下所示。

$$\varepsilon_{xx}=\varepsilon_{xx}^{0}+zk_{xx}$$

$$\varepsilon_{yy}=\varepsilon_{yy}^{0}+zk_{yy}$$

$$\gamma_{xy}=\gamma_{xy}^{0}+zk_{xy}\text{①} \tag{式 16.23}$$

式中:ε_{xx}^{0}、ε_{yy}^{0} 为层压板中面的正应变;γ_{xy}^{0} 为层压板中面的剪应变;k_{xx}、k_{yy} 为层压板的弯曲曲率;k_{xy} 为层压板的扭转曲率;z 为单层在厚度方向上到中面的距离。

层压板经受的面内、弯曲以及扭转载荷如图 16.8 所示。

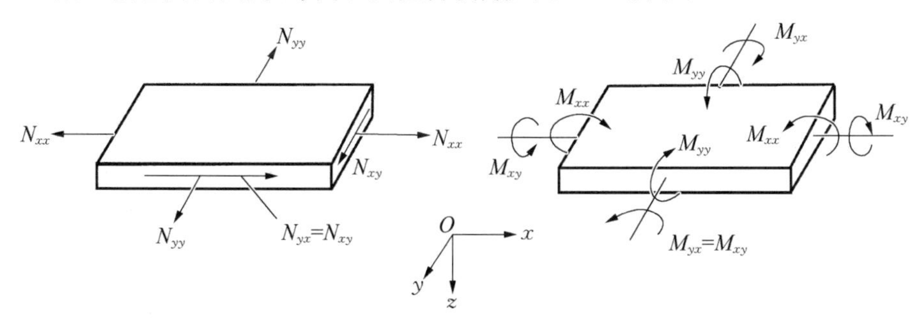

图 16.8 层压板受的面内、弯曲以及扭转载荷

① 原书中描述有误,为"$\varepsilon_{zz}^{0}+zk_{zz}$",现已修正。—— 译者注

可以看出施加的载荷和弯矩与层压板的中面应变和曲率关系为

$$
\begin{aligned}
N_{xx} &= A_{11}\varepsilon_{xx}^{0} + A_{12}\varepsilon_{yy}^{0} + A_{16}\gamma_{xy}^{0} + B_{11}k_{xx} + B_{12}k_{yy} + B_{16}k_{xy} \\
N_{yy} &= A_{12}\varepsilon_{xx}^{0} + A_{22}\varepsilon_{yy}^{0} + A_{26}\gamma_{xy}^{0} + B_{12}k_{xx} + B_{22}k_{yy} + B_{26}k_{xy} \\
N_{xy} &= A_{16}\varepsilon_{xx}^{0} + A_{26}\varepsilon_{yy}^{0} + A_{66}\gamma_{xy}^{0} + B_{16}k_{xx} + B_{26}k_{yy} + B_{66}k_{xy} \\
M_{xx} &= B_{11}\varepsilon_{xx}^{0} + B_{12}\varepsilon_{yy}^{0} + B_{16}\gamma_{xy}^{0} + D_{11}k_{xx} + D_{12}k_{yy} + D_{16}k_{xy} \\
M_{yy} &= B_{12}\varepsilon_{xx}^{0} + B_{22}\varepsilon_{yy}^{0} + B_{26}\gamma_{xy}^{0} + D_{12}k_{xx} + D_{22}k_{yy} + D_{26}k_{xy} \\
M_{xy} &= B_{16}\varepsilon_{xx}^{0} + B_{26}\varepsilon_{yy}^{0} + B_{66}\gamma_{xy}^{0} + D_{16}k_{xx} + D_{26}k_{yy} + D_{66}k_{xy}
\end{aligned}
$$

（式 16.24）

式中：N_{xx}、N_{yy} 分别为 x 和 y 方向上单位长度的轴力；N_{xy} 为单位长度的剪力；M_{xx}、M_{yy} 分别为 $y-z$ 平面和 $x-z$ 平面内单位长度的弯矩；M_{xy} 为单位长度的扭矩。

写成矩阵形式为

$$
\begin{bmatrix} N_{xx} \\ N_{yy} \\ N_{xy} \end{bmatrix} = \boldsymbol{A} \begin{bmatrix} \varepsilon_{xx}^{0} \\ \varepsilon_{yy}^{0} \\ \gamma_{xy}^{0} \end{bmatrix} + \boldsymbol{B} \begin{bmatrix} k_{xx} \\ k_{yy} \\ k_{xy} \end{bmatrix} \tag{式 16.25}
$$

以及

$$
\begin{bmatrix} M_{xx} \\ M_{yy} \\ M_{xy} \end{bmatrix} = \boldsymbol{B} \begin{bmatrix} \varepsilon_{xx}^{0} \\ \varepsilon_{yy}^{0} \\ \gamma_{xy}^{0} \end{bmatrix} + \boldsymbol{D} \begin{bmatrix} k_{xx} \\ k_{yy} \\ k_{xy} \end{bmatrix} \tag{式 16.26}
$$

层压板面内刚度矩阵 **A** 的单位为 lb/in，展开形式为

$$
\boldsymbol{A} = \begin{bmatrix} A_{11} & A_{12} & A_{16} \\ A_{12} & A_{22} & A_{26} \\ A_{16} & A_{26} & A_{66} \end{bmatrix} \tag{式 16.27}
$$

层压板耦合刚度矩阵 ***B*** 的单位为 lb，展开形式为

$$
\boldsymbol{B} = \begin{bmatrix} B_{11} & B_{12} & B_{16} \\ B_{12} & B_{22} & B_{26} \\ B_{16} & B_{26} & B_{66} \end{bmatrix} \tag{式 16.28}
$$

层压板弯曲刚度矩阵 $\boldsymbol{D}$ 的单位为 lb・in,展开形式为

$$\boldsymbol{D}=\begin{bmatrix}D_{11} & D_{12} & D_{16}\\ D_{12} & D_{22} & D_{26}\\ D_{16} & D_{26} & D_{66}\end{bmatrix} \quad (式 16.29)$$

刚度矩阵 $\boldsymbol{A}$、$\boldsymbol{B}$、$\boldsymbol{D}$ 中元素的计算式如下

$$A_{mn}=\sum_{j=1}^{N}(\bar{Q}_{mn})_j(h_j-h_{j-1}) \quad (式 16.30)$$

$$B_{mn}=\frac{1}{2}\sum_{j=1}^{N}(\bar{Q}_{mn})_j(h_j^2-h_{j-1}^2) \quad (式 16.31)$$

$$D_{mn}=\frac{1}{3}\sum_{j=1}^{N}(\bar{Q}_{mn})_j(h_j^3-h_{j-1}^3) \quad (式 16.32)$$

式中(根据图 16.7):N 为层压板的总层数;$(\bar{Q}_{mn})_j$ 为刚度矩阵$\bar{\boldsymbol{Q}}$ 在第 j 层的元素;h_{j-1} 为第 j 层顶部距中面的距离;h_j 为第 j 层底部距中面的距离;h 在中面的下方取正,在中面的上方取负。

刚度矩阵 $\boldsymbol{A}$、$\boldsymbol{B}$、$\boldsymbol{D}$ 的一些重要特征有如下几个。

(1) 矩阵 $\boldsymbol{A}$、$\boldsymbol{B}$、$\boldsymbol{D}$ 中的元素引起的耦合效应如图 16.9 所示。元素 A_{16} 和 A_{26} 引起拉-剪耦合;元素 B_{16} 和 B_{26} 引起拉-扭耦合;当有弯矩存在时,元素 D_{16} 和 D_{26} 引起弯-扭耦合。

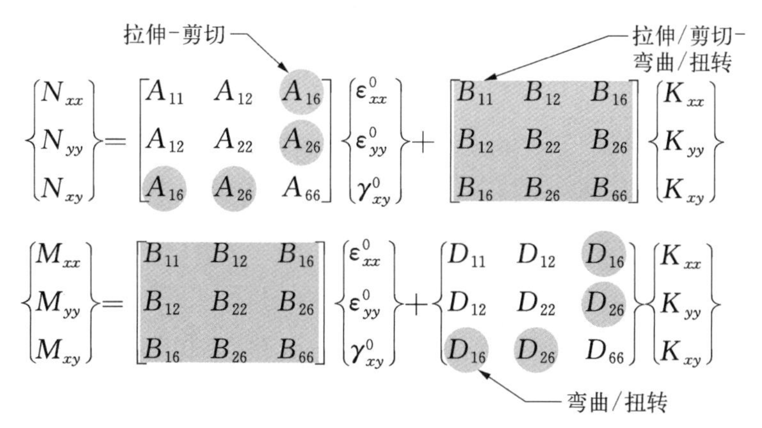

图 16.9 $\boldsymbol{A}$、$\boldsymbol{B}$、$\boldsymbol{D}$ 矩阵的特征

(2) 矩阵 $\boldsymbol{A}$ 为面内刚度矩阵,元素 A_{11}、A_{12}、A_{22}、A_{66} 永远为正值。对于一个均衡层压板,$A_{16}=A_{26}=0$,没有正应力-剪应力的耦合。矩阵 $\boldsymbol{A}$ 不受铺层顺

序的影响。

(3) 矩阵 $\boldsymbol{B}$ 为耦合刚度矩阵，对于对称铺层的层压板，矩阵 $\boldsymbol{B}=0$，没有拉伸-弯曲耦合效应。对于 $\boldsymbol{B}$ 矩阵不为 0 的层压板，轴向载荷(如 N_{xx})或者弯矩(如 M_{xx})可以产生拉伸和剪切变形，同时也会产生弯曲-扭转变形。换句话说，如果 $\boldsymbol{B}$ 矩阵不为 0，则层压板在受力或弯矩载荷条件下均会翘曲。对于对称均衡层压板，$\boldsymbol{B}=A_{16}=A_{26}=0$。

(4) 矩阵 $\boldsymbol{D}$ 为弯曲刚度矩阵。元素 D_{11}、D_{12}、D_{22}、D_{66} 永远为正值。矩阵 $\boldsymbol{D}$ 受铺层顺序的影响。对于所有 0°和 90°铺层的层压板来说，元素 D_{16} 和 D_{26} 为 0。在另外一种情况下元素 D_{16} 和 D_{26} 也为 0，即是对于中面上方的 $+\theta$ 方向的每一层，在中面下方相同的距离位置都有唯一对应的 $-\theta$ 方向的层。当然，这样的层是非对称的，因此 $\boldsymbol{B}$ 不为 0。元素 D_{16} 和 D_{26} 通常对于中面对称的层压板并不为 0，除非为单向层压板(全部为 0°或 90°铺层)或者交叉铺层(0°/90°铺层)。当存在大量的 $\pm\theta$ 铺层时，元素 D_{16} 和 D_{26} 会比较小。通常，对于超过 16 层的铺层来说，D_{16} 和 D_{26} 就可以忽略了。

(5) 对于非对称或者非均衡的层压板，在施加轴力或者弯矩载荷的情况下，层压板会产生弯曲、扭转或者扭曲变形。事实上，由于热收缩，因此它们在高温固化循环冷却过程中也会发生扭曲或者翘曲。应该在所有可能的情况下尽量避免此类现象发生，应尽量采用对称和均衡的层压板。

算例 16.3 求解层压板的 $\boldsymbol{A}$、$\boldsymbol{B}$、$\boldsymbol{D}$ 矩阵。(a) $[+45°,-45°]$交叉铺层层压板 (b) $[+45°,-45°]_s$ 对称铺层层压板。

解(a) 根据算例 16.2，我们已经计算出$\bar{\boldsymbol{Q}}_{45°}$和$\bar{\boldsymbol{Q}}_{-45°}$矩阵。

$$\bar{\boldsymbol{Q}}_{45°}=\begin{bmatrix}6.33 & 4.33 & 4.14\\ 4.33 & 6.33 & 4.14\\ 4.14 & 4.14 & 4.78\end{bmatrix}\times 10^6\ \text{psi}$$

$$\bar{\boldsymbol{Q}}_{-45°}=\begin{bmatrix}6.33 & 4.33 & -4.14\\ 4.33 & 6.33 & -4.14\\ -4.14 & -4.14 & 4.78\end{bmatrix}\times 10^6\ \text{psi}$$

对于(a)类层压板，如图 16.10 所示，$h_0=-0.005$ in，$h_1=0$，$h_2=+0.005$ in。

矩阵 $\boldsymbol{A}$ 的第一个元素 A_{11} 可以由(式 16.30)计算。

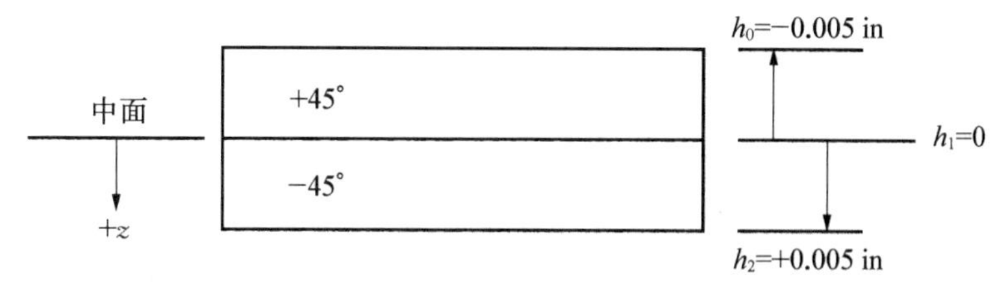

图 16.10 算例 16.3(a)层图解

$$A_{mn}=\sum_{j=1}^{N}(\bar{Q}_{mn})_j(h_j-h_{j-1})$$

式中：

$$(\bar{Q}_{mn})_1=(\bar{Q}_{mn})_{45^\circ}$$

$$(\bar{Q}_{mn})_2=(\bar{Q}_{mn})_{-45^\circ}$$

$$A_{11}=(\bar{Q}_{11})_{45^\circ}(h_1-h_0)+(\bar{Q}_{11})_{-45^\circ}(h_2-h_1)$$

$$\begin{aligned}A_{11}&=6.33\times[0-(-0.005)]+6.33\times(0.005-0)\\&=6.33\times10^4\ \mathrm{lb/in}\end{aligned}$$

矩阵 **A** 剩余的元素可以通过近似的方法得到。

$$\boldsymbol{A}=\begin{bmatrix}6.33&4.33&0\\4.33&6.33&0\\0&0&4.78\end{bmatrix}10^4\ \mathrm{lb/in}$$

矩阵 **B** 的第一个元素 B_{11} 可以由(式 16.31)计算：

$$B_{mn}=\frac{1}{2}\sum_{j=1}^{N}(\bar{Q}_{mn})_j(h_j^2-h_{j-1}^2)$$

$$B_{mn}=\frac{1}{2}(\bar{Q}_{mn})_{45^\circ}(h_1^2-h_0^2)+(\bar{Q}_{mn})_{-45^\circ}(h_2^2-h_1^2)$$

$$B_{11}=\frac{1}{2}(\bar{Q}_{11})_{45^\circ}(h_1^2-h_0^2)+(\bar{Q}_{11})_{-45^\circ}(h_2^2-h_1^2)$$

$$B_{11}=\frac{1}{2}\times6.33\times[(0)^2-(-0.005)^2]+6.33\times[(0.005)^2-(0)^2]=0\ \mathrm{lb}$$

矩阵 **B** 剩余的元素可以通过近似的方法得到。

$$\boldsymbol{B}=\begin{bmatrix}0 & 0 & -1.04\\ 0 & 0 & -1.04\\ -1.04 & -1.04 & 0\end{bmatrix}\times 10^2\ \text{lb}$$

矩阵 **D** 的第一个元素 D_{11} 可以由(式 16.32)计算：

$$D_{mn}=\frac{1}{3}\sum_{j=1}^{N}(\bar{Q}_{mn})_j(h_j^3-h_{j-1}^3)$$

$$D_{mn}=\frac{1}{3}(\bar{Q}_{mn})_{45^\circ}(h_1^3-h_0^3)+(\bar{Q}_{mn})_{-45^\circ}(h_2^3-h_1^3)$$

$$D_{11}=\frac{1}{3}(\bar{Q}_{11})_{45^\circ}(h_1^3-h_0^3)+(\bar{Q}_{11})_{-45^\circ}(h_2^3-h_1^3)$$

$$D_{11}=\frac{1}{3}\times 6.33\times[(0)^3-(-0.005)^3]+6.33\times[(0.005)^3-(0)^3]$$

$$=0.510\ \text{lb}\cdot\text{in}$$

矩阵 **D** 剩余的元素可以通过近似的方法得到。

$$\boldsymbol{D}=\begin{bmatrix}0.510 & 0.378 & 0\\ 0.378 & 0.510 & 0\\ 0 & 0 & 0.416\end{bmatrix}\text{lb}\cdot\text{in}$$

解(b)　为解决(b)，参见图 16.11。

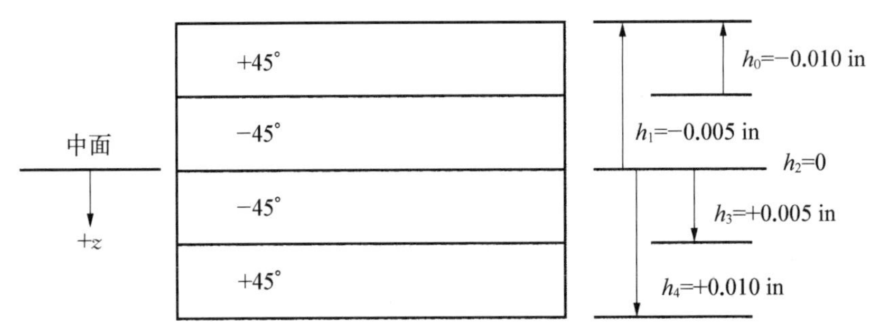

图 16.11　算例 16.3(b)层图解

矩阵 **A** 的第一个元素 A_{11} 可以由(式 16.30)计算得到。

$$A_{mn}=\sum_{j=1}^{N}(\bar{Q}_{mn})_j(h_j-h_{j-1})$$

式中：

$$(\bar{Q}_{mn})_1 = (\bar{Q}_{mn})_4 = (\bar{Q}_{mn})_{45°}$$

$$(\bar{Q}_{mn})_2 = (\bar{Q}_{mn})_3 = (\bar{Q}_{mn})_{-45°}$$

$$A_{mn} = [(\bar{Q}_{mn})_{45°}(h_1 - h_0) + (\bar{Q}_{mn})_{-45°}(h_2 - h_1) + (\bar{Q}_{mn})_{-45°}(h_3 - h_2) + (\bar{Q}_{mn})_{45°}(h_4 - h_3)]$$

$$A_{11} = (\bar{Q}_{11})_{45°}(h_1 - h_0 + h_4 - h_3) + (\bar{Q}_{11})_{-45°}(h_2 - h_1 + h_3 - h_2)$$

$$A_{11} = 6.33 \times [(-0.005) - (-0.010) + 0.010 - 0.005] + 6.33 \times [0 - (-0.005) + 0.010 - 0] = 12.7 \times 10^4 \text{ lb/in}$$

矩阵 $\boldsymbol{A}$、$\boldsymbol{B}$、$\boldsymbol{D}$ 剩余的元素可以通过近似的方法得到。

$$\boldsymbol{A} = \begin{bmatrix} 12.7 & 8.65 & 0 \\ 8.65 & 12.7 & 0 \\ 0 & 0 & 9.55 \end{bmatrix} 10^4 \text{ lb/in}$$

$$\boldsymbol{B} = 0 \text{ lb}$$

$$\boldsymbol{D} = \begin{bmatrix} 4.22 & 2.88 & 2.07 \\ 2.88 & 4.22 & 2.07 \\ 2.07 & 2.07 & 3.18 \end{bmatrix} \text{lb} \cdot \text{in}$$

因为这是一个对称层压板，因此 $\boldsymbol{B} = 0$，并且 $A_{16} = A_{26} = 0$。

这就是层压板刚度矩阵的计算步骤。

一旦施加的载荷或者弯矩已知，则中面的应变和曲率就可以计算出来。可以把(式 16.25)和(式 16.26)进行相应转换，得到

$$\begin{bmatrix} \varepsilon_{xx}^0 \\ \varepsilon_{yy}^0 \\ \gamma_{xy}^0 \end{bmatrix} = \boldsymbol{a} \begin{bmatrix} N_{xx} \\ N_{yy} \\ N_{xy} \end{bmatrix} + \boldsymbol{b} \begin{bmatrix} M_{xx} \\ M_{yy} \\ M_{xy} \end{bmatrix} \qquad (式 16.33)$$

以及

$$\begin{bmatrix} k_{xx} \\ k_{yy} \\ k_{xy} \end{bmatrix} = \boldsymbol{c} \begin{bmatrix} N_{xx} \\ N_{yy} \\ N_{xy} \end{bmatrix} + \boldsymbol{d} \begin{bmatrix} M_{xx} \\ M_{yy} \\ M_{xy} \end{bmatrix} \qquad (式 16.34)$$

式中：

$$\boldsymbol{a} = \boldsymbol{A}^{-1} + \boldsymbol{A}^{-1}\boldsymbol{B}(\boldsymbol{D}^*)^{-1}\boldsymbol{B}\boldsymbol{A}^{-1}$$

$$\boldsymbol{b}=-\boldsymbol{A}^{-1}\boldsymbol{B}(\boldsymbol{D}^{*})^{-1}$$

$$\boldsymbol{c}=-(\boldsymbol{D}^{*})^{-1}\boldsymbol{B}\boldsymbol{A}^{-1}$$

$$\boldsymbol{d}=(\boldsymbol{D}^{*})^{-1}$$

$$\boldsymbol{D}^{*}=\boldsymbol{D}-\boldsymbol{B}\boldsymbol{A}^{-1}\boldsymbol{B} \tag{式 16.35}$$

这些矩阵变换似乎相当烦琐,实际上它们通常由计算机程序执行运算。此外,对于对称层压板,情况要简单得多。对于对称层压板,$\boldsymbol{B}=0$,因此 $\boldsymbol{a}=\boldsymbol{A}^{-1}$,$\boldsymbol{b}=\boldsymbol{c}=0$,$\boldsymbol{d}=\boldsymbol{D}^{-1}$。在这种情况下,中面应变和曲率的方程式变为

$$\begin{bmatrix}\varepsilon_{xx}^{0}\\\varepsilon_{yy}^{0}\\\gamma_{xy}^{0}\end{bmatrix}=\boldsymbol{A}^{-1}\begin{bmatrix}N_{xx}\\N_{yy}\\N_{xy}\end{bmatrix} \tag{式 16.36}$$

$$\begin{bmatrix}k_{xx}\\k_{yy}\\k_{xy}\end{bmatrix}=\boldsymbol{D}^{-1}\begin{bmatrix}M_{xx}\\M_{yy}\\M_{xy}\end{bmatrix} \tag{式 16.37}$$

从(式 16.36)和(式 16.37)中可以看出,对于对称铺层的层压板,面内载荷只产生面内应变,不产生翘曲现象。弯矩和扭矩只产生弯曲或者扭曲变形,不产生面内应变。

通过中面的应变及曲率可以计算每个单层的应变。在厚度方向上假设应变成线性变化,可以得到

$$\begin{bmatrix}\varepsilon_{xx}\\\varepsilon_{yy}\\\gamma_{xy}\end{bmatrix}=\begin{bmatrix}\varepsilon_{xx}^{0}\\\varepsilon_{yy}^{0}\\\gamma_{xy}^{0}\end{bmatrix}+z_j\begin{bmatrix}k_{xx}\\k_{yy}\\k_{xy}\end{bmatrix} \tag{式 16.38}$$

式中:z_j 为从层压板中面到第 j 层单层中面的距离。第 j 层单层的应力可以通过刚度矩阵和应变相乘得到。

$$\begin{bmatrix}\sigma_{xx}\\\sigma_{yy}\\\tau_{xy}\end{bmatrix}_j=(\bar{\boldsymbol{Q}}_{mn})_j\begin{bmatrix}\varepsilon_{xx}\\\varepsilon_{yy}\\\gamma_{xy}\end{bmatrix}_j=(\bar{\boldsymbol{Q}}_{mn})_j\begin{bmatrix}\varepsilon_{xx}^{0}\\\varepsilon_{yy}^{0}\\\gamma_{xy}^{0}\end{bmatrix}_j+z_j(\bar{\boldsymbol{Q}}_{mn})_j\begin{bmatrix}k_{xx}\\k_{yy}\\k_{xy}\end{bmatrix} \tag{式 16.39}$$

对于对称均衡层压板,$\boldsymbol{B}=0$,$A_{16}=A_{26}=0$,面内刚度矩阵 $\boldsymbol{A}$ 可以简化为

$$\mathbf{A}=\begin{bmatrix}A_{11} & A_{12} & 0\\ A_{12} & A_{22} & 0\\ 0 & 0 & A_{66}\end{bmatrix} \quad \text{(式 16.40)}$$

A 矩阵的逆矩阵为

$$\mathbf{A}^{-1}=\frac{1}{A_{11}A_{22}-A_{12}^2}\begin{bmatrix}A_{22} & -A_{12} & 0\\ -A_{12} & A_{11} & 0\\ 0 & 0 & \dfrac{A_{11}A_{22}-A_{12}^2}{A_{66}}\end{bmatrix} \quad \text{(式 16.41)}$$

$$\begin{bmatrix}\varepsilon_{xx}^0\\ \varepsilon_{yy}^0\\ \gamma_{xy}^0\end{bmatrix}=\frac{1}{A_{11}A_{22}-A_{12}^2}\begin{bmatrix}A_{22} & -A_{12} & 0\\ -A_{12} & A_{11} & 0\\ 0 & 0 & \dfrac{A_{11}A_{22}-A_{12}^2}{A_{66}}\end{bmatrix}\begin{bmatrix}N_{xx}\\ N_{yy}\\ N_{xy}\end{bmatrix}$$

(式 16.42)

对于仅承受 x 方向轴向载荷的情况，$N_{xx}=h\sigma_{xx}$，$N_{yy}=N_{xy}=0$，得到

$$\varepsilon_{xx}^0=\frac{A_{22}}{A_{11}A_{22}-A_{12}^2}h\sigma_{xx}$$

$$\varepsilon_{yy}^0=\frac{A_{12}}{A_{11}A_{22}-A_{12}^2}h\sigma_{xx}$$

$$\gamma_{xy}^0=0$$

因此得到：

$$E_{xx}=\frac{\sigma_{xx}}{\varepsilon_{xx}^0}=\frac{A_{11}A_{22}-A_{12}^2}{hA_{22}} \quad \text{(式 16.43)}$$

$$\nu_{xy}=\frac{\varepsilon_{yy}^0}{\varepsilon_{xx}^0}=\frac{A_{12}}{A_{22}} \quad \text{(式 16.44)}$$

类似的，如果仅施加 N_{yy} 或 N_{xy}，则可以得到

$$E_{yy}{}^{①}=\frac{A_{11}A_{22}-A_{12}^2}{hA_{11}} \quad \text{(式 16.45)}$$

① 原书中描述有误，为“E_{xy}”，现已修正。——译者注

$$\nu_{yx}=\frac{A_{12}}{A_{22}} \quad \text{(式 16.46)}$$

$$G_{xy}=\frac{A_{66}}{h} \quad \text{(式 16.47)}$$

对称均衡层压板的耦合刚度矩阵 $\boldsymbol{B}=0$，其弯曲矩阵可以由下式得出。首先，弯曲刚度矩阵 $\boldsymbol{D}$ 表示为

$$\boldsymbol{D}=\begin{bmatrix} D_{11} & D_{12} & D_{16} \\ D_{12} & D_{22} & D_{26} \\ D_{16} & D_{26} & D_{66} \end{bmatrix}$$

其逆矩阵为

$$\boldsymbol{D}^{-1}=\frac{1}{D_0}\begin{bmatrix} D_{11}^0 & D_{12}^0 & D_{16}^0 \\ D_{12}^0 & D_{22}^0 & D_{26}^0 \\ D_{16}^0 & D_{26}^0 & D_{66}^0 \end{bmatrix} \quad \text{(式 16.48)}$$

$\boldsymbol{D}^{-1}$ 矩阵的元素为

$$D_0=D_{11}(D_{22}D_{66}-D_{26}^2)-D_{12}(D_{12}D_{66}-D_{16}D_{26})+D_{16}(D_{12}D_{26}-D_{22}D_{16})$$

$$D_{11}^0=D_{11}(D_{22}D_{66}-D_{26}^2)$$

$$D_{12}^0=-D_{12}(D_{12}D_{66}-D_{16}D_{26})$$

$$D_{16}^0=D_{16}(D_{12}D_{26}-D_{22}D_{16})$$

$$D_{22}^0=D_{22}(D_{11}D_{66}-D_{16}^2)$$

$$D_{26}^0=-D_{26}(D_{11}D_{26}-D_{12}D_{16})$$

$$D_{66}^0=D_{66}(D_{11}D_{22}-D_{12}^2) \quad \text{(式 16.49)}$$

如果在 y-z 平面内作用弯矩 M_{xx}，并且 M_{yy} 和 M_{xy} 均为 0，那么试样的曲率可以由(式 16.37)得到

$$k_{xx}=\frac{D_{11}^0}{D_0}M_{xx}$$

$$k_{yy}=\frac{D_{12}^0}{D_0}M_{xx}$$

$$k_{xy}=\frac{D_{16}^{0}}{D_{0}}M_{xx} \qquad \text{(式 16.50)}$$

尽管没有扭矩作用，但是由于 k_{xy} 的作用，因此层压板仍然产生了扭曲。除非 $D_{16}^{0}=D_{16}(D_{12}D_{26}-D_{22}D_{16})=0$。这种情况只有包含 0°和 90°均衡对称铺层的层压板才会出现。

算例 16.4 对$[0°, 45°, -45°, 90°]_s$对称铺层层压板，给定 $N_{xx}=100$ lb/in，求每层中面的应力。材料为碳纤维/环氧树脂，材料属性如下：

$$E_{11}=25.0\times10^{6}\ \text{psi}$$

$$E_{22}=1.70\times10^{6}\ \text{psi}$$

$$\nu_{12}=0.30$$

$$G_{12}=6.5\times10^{6}\ \text{psi}$$

$$\nu_{21}=\nu_{12}(E_{22}/E_{11})=0.020$$

单层厚度为 0.005 2 in。①

解 首先根据(式 16.13)计算刚度矩阵元素 Q_{11}、Q_{22}、Q_{12}、Q_{21} 和 Q_{66} 的值：

$$Q_{11}=25.15\times10^{6}\ \text{psi}$$

$$Q_{22}=1.71\times10^{6}\ \text{psi}$$

$$Q_{12}=Q_{21}=5.13\times10^{5}\text{②}\ \text{psi}$$

$$Q_{66}=6.50\times10^{5}\ \text{psi}$$

然后分别对 0°、45°、−45°和 90°层采用同算例 16.3 一样的方法计算刚度矩阵 $\bar{Q}$。

对 0°铺层有

$$\bar{Q}_{0°}=\begin{bmatrix}251.5 & 5.13 & 0\\ 5.13 & 17.1 & 0\\ 0 & 0 & 6.50\end{bmatrix}\times10^{5}\ \text{psi}$$

对+45°铺层有

① 译者注。

② 原书中计算有误，为“10^6”，现已修正。——译者注

$$\bar{Q}_{45^\circ} = \begin{bmatrix} 7.62 & 6.32 & 5.86 \\ 6.32 & 7.62 & 5.86 \\ 5.86 & 5.86 & 6.45 \end{bmatrix} \times 10^6 \text{ psi}$$

对−45°铺层有

$$\bar{Q}_{-45^\circ} = \begin{bmatrix} 7.62 & 6.32 & -5.86 \\ 6.32 & 7.62 & -5.86 \\ -5.86 & -5.86 & 6.45 \end{bmatrix} \times 10^6 \text{ psi}$$

对90°铺层有

$$\bar{Q}_{90^\circ} = \begin{bmatrix} 17.1 & 5.13 & 0 \\ 5.13 & 251.5 & 0 \\ 0 & 0 & 6.50 \end{bmatrix} \times 10^5 \text{ psi}$$

层压板的 **A**、**B**、**D** 矩阵可以参照算例16.3求出。因为这是一个对称层压板，所以 $\boldsymbol{B}=0$。层压板面内刚度矩阵 **A** 为

$$\boldsymbol{A} = \begin{bmatrix} A_{11} & A_{12} & 0 \\ A_{12} & A_{22} & 0 \\ 0 & 0 & A_{66} \end{bmatrix} = \begin{bmatrix} 4.38 & 1.42 & 0 \\ 1.42 & 4.38 & 0 \\ 0 & 0 & 1.48 \end{bmatrix} \times 10^5 \text{ lb/in}$$

层压板等效的弹性常数根据(式16.43)～(式16.47)得到

$$E_{xx} = \frac{A_{11}A_{22} - A_{12}^2}{hA_{22}} = \frac{4.38\times 10^5 \times 4.38 \times 10^5 - (1.42\times 10^5)^2}{0.0416 \times 4.38 \times 10^5}$$ ①

$$= 9.42 \times 10^6 \text{ psi}$$

$$E_{yy} = \frac{A_{11}A_{22} - A_{12}^2}{hA_{11}} = 9.42 \times 10^6 \text{ psi}$$

$$G_{xy} = \frac{A_{66}}{h} = 3.55 \times 10^6 \text{ psi}$$

$$\nu_{xy} = \frac{A_{12}}{A_{22}} = 0.325$$

---

① 原书中幂次有误，为“$\frac{(4.38\times 10^6)(4.38\times 10^6)-(1.42\times 10^6)^2}{(0.0416)(4.38\times 10^6)}$”，现已修正。——译者注

$$\nu_{yx}=\frac{A_{12}}{A_{22}}=0.325$$

因为这是一个准各向同性层压板，因此 E_{xx} 和 E_{yy} 是相同的。

$\boldsymbol{A}$ 矩阵的逆矩阵由(式 16.41)计算为

$$\boldsymbol{A}^{-1}=\frac{1}{A_{11}A_{22}-A_{12}^2}\begin{bmatrix}A_{22} & -A_{12} & 0\\ -A_{12} & A_{11} & 0\\ 0 & 0 & \dfrac{A_{11}A_{22}-A_{12}^2}{A_{66}}\end{bmatrix}$$

第一个元素计算如下：

$$\begin{aligned}\boldsymbol{A}_{11}^{-1}&=\frac{1}{A_{11}A_{22}-A_{12}^2}A_{22}\\ &=\frac{1}{4.38\times 10^5\times 4.38\times 10^5-(1.42\times 10^5)^2}\times 4.38\times 10^5\\ &=2.55\times 10^{-6}\ \text{in/lb}\end{aligned}$$

剩余的 $\boldsymbol{A}^{-1}$ 的值为

$$\boldsymbol{A}^{-1}=\begin{bmatrix}2.55 & -0.829 & 0\\ -0.829 & 2.55 & 0\\ 0 & 0 & 6.76\end{bmatrix}\times 10^{-6}\ \text{in/lb}$$

采用(式 16.36)和(式 16.37)可以求解 $\boldsymbol{\varepsilon}^0$ 和 $\boldsymbol{k}$ 矩阵。$\boldsymbol{\varepsilon}^0$ 矩阵计算如下：

$$\begin{bmatrix}\varepsilon_{xx}^0\\ \varepsilon_{yy}^0\\ \gamma_{xy}^0\end{bmatrix}=\boldsymbol{A}^{-1}\begin{bmatrix}N_{xx}\\ N_{yy}\\ N_{xy}\end{bmatrix}=\begin{bmatrix}2.55 & -0.829 & 0\\ -0.829 & 2.55 & 0\\ 0 & 0 & 6.76\end{bmatrix}\times 10^{-6}\ \text{in/lb}\begin{bmatrix}100\\ 0\\ 0\end{bmatrix}\text{lb/in}$$

得到

$$\varepsilon_{xx}^0=2\,550\times 10^{-6}\ \text{in/in}$$

$$\varepsilon_{yy}^0=-829\times 10^{-6}\ \text{in/in}$$

$$\gamma_{xy}^0=0$$

因为这是一个对称均衡铺层的层压板，矩阵 $\boldsymbol{A}$ 和 $\boldsymbol{B}$ 是非耦合的，$\boldsymbol{B}=0$，此外板上没有弯矩，因此可以知道，曲率矩阵 $\boldsymbol{k}$ 为 0，并且层压板坐标系中每个层中的应变都与中面应变相同。在对称均衡层压板受单轴拉伸的情况下，应变沿厚度方向是恒定的，但是应力可能是变化的，如图 16.12 所示。0°层承受最大的应力，90°层受载最少。对于弯曲载荷，应变随着厚度呈线性变化，应力随载荷条件及其承载能力变化。

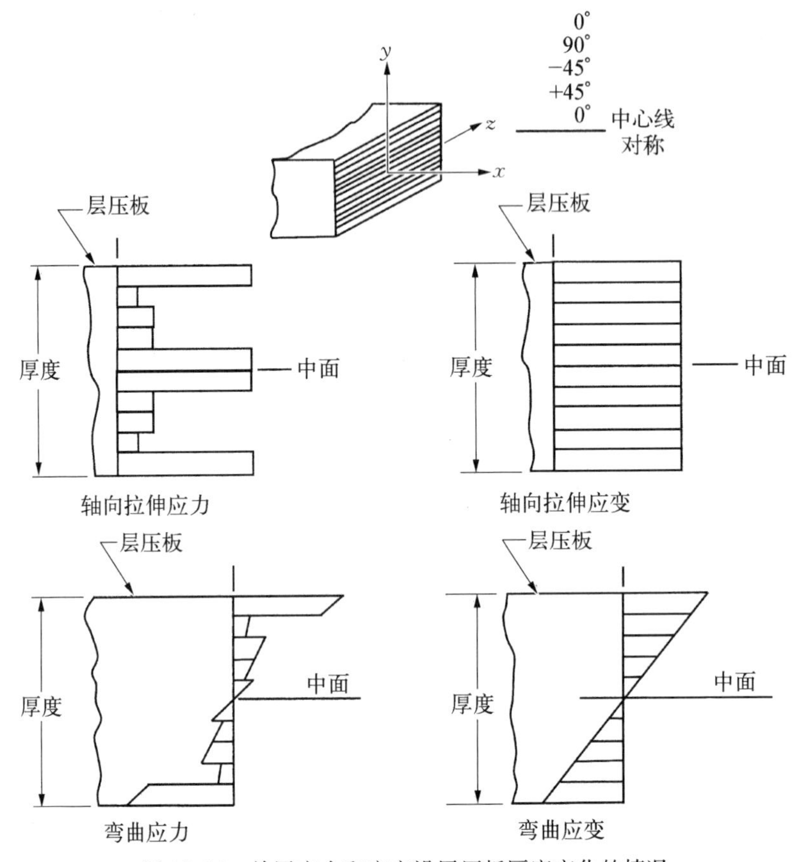

图 16.12　单层应力和应变沿层压板厚度变化的情况

现在，采用(式 16.39)分别计算出 σ_{xx}、σ_{yy} 和 τ_{xy} 在 0°、45°、−45°、90°方向中面的值。

对 0°铺层有

$$\begin{bmatrix}\sigma_{xx}\\ \sigma_{yy}\\ \tau_{xy}\end{bmatrix}_{0^\circ}=(\bar{Q}_{mn})_{0^\circ}\begin{bmatrix}\varepsilon_{xx}\\ \varepsilon_{yy}\\ \gamma_{xy}\end{bmatrix}_{0^\circ}=\begin{bmatrix}251.5 & 5.13 & 0\\ 5.13 & 17.1 & 0\\ 0 & 0 & 6.50\end{bmatrix}\times 10^{5}\ \text{psi}\begin{bmatrix}2\,550\\ -829\\ 0\end{bmatrix}\times 10^{-6}\ \text{in/in}$$

$$=\begin{bmatrix}6\,370\\ -11\\ 0\end{bmatrix}\ \text{psi}$$

对＋45°铺层有

$$\begin{bmatrix}\sigma_{xx}\\ \sigma_{yy}\\ \tau_{xy}\end{bmatrix}_{45^\circ}=(\bar{Q}_{mn})_{45^\circ}\begin{bmatrix}\varepsilon_{xx}\\ \varepsilon_{yy}\\ \gamma_{xy}\end{bmatrix}_{45^\circ}=\begin{bmatrix}7.62 & 6.32 & 5.86\\ 6.32 & 7.62 & 5.86\\ 5.86 & 5.86 & 6.45\end{bmatrix}\times 10^{6}\ \text{psi}\begin{bmatrix}2\,550\\ -829\\ 0\end{bmatrix}\times 10^{-6}\ \text{in/in}$$

$$=\begin{bmatrix}1\,420\\ 980\\ 1\,010\end{bmatrix}\text{psi}$$

对－45°铺层有

$$\begin{bmatrix}\sigma_{xx}\\ \sigma_{yy}\\ \tau_{xy}\end{bmatrix}_{-45^\circ}=(\bar{Q}_{mn})_{-45^\circ}\begin{bmatrix}\varepsilon_{xx}\\ \varepsilon_{yy}\\ \gamma_{xy}\end{bmatrix}_{-45^\circ}=\begin{bmatrix}1\,420\\ 980\\ -1\,010\end{bmatrix}\text{psi}$$

对 90°铺层有

$$\begin{bmatrix}\sigma_{xx}\\ \sigma_{yy}\\ \tau_{xy}\end{bmatrix}_{90^\circ}=(\bar{Q}_{mn})_{0^\circ}\begin{bmatrix}\varepsilon_{xx}\\ \varepsilon_{yy}\\ \gamma_{xy}\end{bmatrix}_{90^\circ}=\begin{bmatrix}394\\ -1\,954\\ 0\end{bmatrix}\text{psi}$$

尽管应变在厚度上是相同的，但由于每层应力是铺层方向的函数，因此 0°层具有最高的应力。如果需要，则这些应力可以通过使用应力变换方程(式 16.2)转换到 1－2 坐标系。

16.6　层间自由边应力

如果层压板足够宽，则运用层压板理论可以相当准确地在层压板的内部估算层压板的行为。然而，在层压板厚度边缘处，层压板理论就失效了，不能够很好地预测层压板产生的巨大的层间应力。在自由边缘处，在面内载荷作用下可能会产生分层。可能会产生很大的层间应力，导致边缘处层间分层或基体开裂。

层压板中层间应变相容性的问题会产生边缘效应，在层压板的自由边缘附近产生层间剪切应力和厚度方向的剥离应力。产生这些层间应力的主要原因是泊松比 ν_{xy} 不匹配以及相邻层之间耦合影响系数 m_x 和 m_y 的影响，结果是在层间界面处的每个层上产生了正应力 σ_{zz} 和层间剪切应力 τ_{xy}。考虑在平行于 0°

层的拉伸载荷下由0°和90°的交替铺层组成的层压板。泊松比的差异导致横向收缩不同，如图16.13所示。然而，由于铺层是结合在一起的，因此它们具有相同的横向应变，这导致层间产生剪切应力，迫使0°层在横向上伸长，并使90°层收缩。剪切力被限制在边缘处，因为一旦在0°层中存在所需的拉伸应力 σ_{yy}，就能保证穿过层压板中间的相容性。在自由边缘处，如果没有施加边缘应力，则拉伸应力必须下降到0。由于如图16.13所示的剪切应力与所得到的正应力 σ_{yy} 的轴线存在偏移，因此产生了旋转力矩。为了平衡这个力矩，层压板产生剥离应力 σ_{zz}，如图16.13中显示的分布情况所示。这些剥离应力可能导致边缘分层。层间剪切应力也发生在交叉铺层层压板中，因为每层在载荷作用下具有不同的变形。

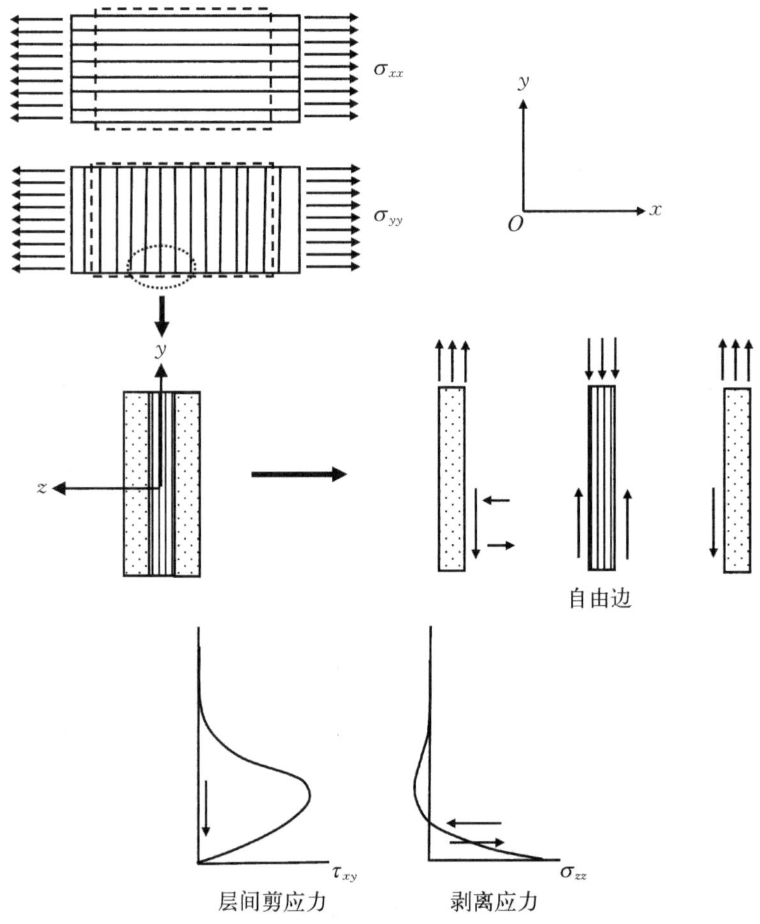

图16.13 层压板0°和90°层间剪应力和剥离应力[1]

自由边应力的大小是层压板铺层角度、铺层顺序、铺层材料的属性和应力状态的函数。举一个层压板的例子,正交铺层[0°, 90°]的层压板比[±30°, 90°]的层压板产生的层间应力分量小,因此,[±30°, 90°]层压板更容易发生自由边分层现象。根据铺层顺序可以确定层间正应力在自由边缘处是拉伸的还是压缩的,并确定层间应力分量的大小。在相同的单轴拉伸载荷条件下,[±45°, 0°, 90°]和[90°, 45°, 0°, −45°]的层压板在中面处均产生较大的拉伸和压缩应力 σ_{zz} 。在拉伸载荷作用下,后一种层压板不像前一种层压板那样容易分层。已经发现夹杂±45°层可以改变正应力或负应力状态以减少 σ_{zz},并因此降低分层的倾向性。

任何自由的边缘,包括孔洞,都可以产生层间应力。对结构应用来说,需要对这些应力产生的后果进行评估,尤其是当存在疲劳载荷时。除了最简单的几何形状之外,对于自由边应力的研究和量化分析解决方法是非常复杂的。通常通过有限差分法或有限元法对自由边应力的大小和影响进行评估。在大多数情况下,由自由边应力而导致分层的可能性通过试验测试得到而不是通过计算来确定的。

16.7 失效准则

金属结构的失效预测通常通过将施加载荷引起的应力或应变与材料的许用强度或许用应变进行比较。对于具有屈服特征的各向同性材料,通常使用 Tresca 最大剪应力准则或 von Mises 变形能准则。然而,复合材料不是各向同性的,它们不会产生屈服。复合材料的失效模式通常是非灾难性的,并且可能通过诸如纤维断裂、基体开裂、脱粘和纤维拔出等机制而引起局部损伤。这些可能同时发生并且相互作用,从而使复合材料的失效预测变得更加复杂。

对于单层复合材料有五个独立的强度常数:

(1) S_{Lt} 或 ε_{Lt}——纵向拉伸强度或应变。

(2) S_{Tt} 或 ε_{Tt}——横向拉伸强度或应变。

(3) S_{Lc} 或 ε_{Lc}——纵向压缩强度或应变。

(4) S_{Tc} 或 ε_{Tc}——横向压缩强度或应变。

(5) S_s 或 γ_s——面内剪切强度或应变。

1) 最大应力准则

根据该理论,当主材料方向上的应力等于或大于相应的许用强度时,会发生失效。为了避免失效,必须有

$$-S_{Lc} < \sigma_{11} < S_{Lt}$$

$$-S_{Tc} < \sigma_{22} < S_{Tt}$$

$$-S_s < \tau_{12} < S_s \quad \text{(式 16.51)}$$

对于存在 σ_{xx} 的简单拉伸应力，并且 $\sigma_{yy}=\sigma_{xy}=0$ 的情况，根据角度 θ，将考虑三种失效模式：

(1) 纤维断裂主导的平行纤维方向的失效。

$$\sigma_{xx}=\frac{S_{Lt}}{\cos^2\theta} \quad \text{(式 16.52)}$$

(2) 基体失效或者纤维-基体界面失效主导的垂直纤维方向的失效。

$$\sigma_{xx}=\frac{S_{Tt}}{\sin^2\theta} \quad \text{(式 16.53)}$$

(3) 基体剪切或者纤维-基体界面剪切失效，抑或者同时失效。

$$\sigma_{xx}=\frac{S_s}{\sin\theta\cos\theta} \quad \text{(式 16.54)}$$

这个准则的缺点是它不考虑应力的相互作用和混合失效模式的情况。

2) 最大应变准则

最大应变准则非常类似于最大应力准则，仅使用应变代替应力。根据该准则，如果主材料轴上的应变等于或大于相应的许用应变，则会发生失效。为了避免失效，必须满足下式。

$$-\varepsilon_{Lc} < \varepsilon_{11} < \varepsilon_{Lt}$$

$$-\varepsilon_{Tc} < \varepsilon_{22} < \varepsilon_{Tt}$$

$$-\gamma_s < \gamma_{12} < \gamma_s \quad \text{(式 16.55)}$$

对于经受简单拉伸应力 σ_{xx} 的正交各向异性单层，可以表明在主材料方向上需要满足以下条件。

$$\varepsilon_{11}=\frac{\sigma_{11}}{E_{11}}-\nu_{21}\frac{\sigma_{22}}{E_{22}}=\frac{1}{E_{11}}(\cos^2\theta-\nu_{12}\sin^2\theta)\sigma_{xx}$$

$$\varepsilon_{22}=\frac{\sigma_{22}}{E_{22}}-\nu_{12}\frac{\sigma_{11}}{E_{11}}=\frac{1}{E_{22}}(\sin^2\theta-\nu_{21}\cos^2\theta)\sigma_{xx}$$

$$\gamma_{12}=\frac{\tau_{12}}{G_{12}}=\frac{1}{G_{12}}\sin\theta\cos\theta\sigma_{xx} \quad \text{(式 16.56)}$$

当满足以下条件时，发生失效。

$$\varepsilon_{11} > \varepsilon_{Lt}$$

$$\varepsilon_{22} > \varepsilon_{Tt}$$

$$\gamma_{12} > \gamma_{s}$$

假设材料达到破坏应变前是线弹性的，如果施加的应力 σ_{xx} 超过这些值中的最小值，则会发生层的故障。

$$\frac{E_{11}\varepsilon_{Lt}}{\cos^2\theta - \nu_{12}\sin^2\theta} = \frac{S_{Lt}}{\cos^2\theta - \nu_{12}\sin^2\theta} \text{ 或者}$$

$$\frac{E_{22}\varepsilon_{Tt}}{\sin^2\theta - \nu_{21}\cos^2\theta} = \frac{S_{Tt}}{\sin^2\theta - \nu_{21}\cos^2\theta} \text{ 或者}$$

$$\frac{G_{12}\gamma_{s}}{\sin\theta\cos\theta} = \frac{S_{s}}{\sin\theta\cos\theta} \quad \text{（式 16.57）}$$

最大应力准则和最大应变准则给出了类似的结果。另外，不同方向的强度之间没有相互影响。

3）Azzi - Tsai - Hill 失效准则

根据最大功准则，对于平面应力状态，当不满足以下不等式时，失效发生。

$$\frac{\sigma_{11}^2}{S_{Lt}^2} - \frac{\sigma_{11}\sigma_{22}}{S_{Lt}^2} + \frac{\sigma_{22}^2}{S_{Tt}^2} + \frac{\tau_{12}^2}{S_{s}^2} < 1 \quad \text{（式 16.58）}$$

σ_{11} 和 σ_{22} 都是拉伸应力。当应力状态是压缩状态而不是拉伸状态时，在(式 16.58)中需要使用压缩应力 σ_{11} 和 σ_{22}。在单轴拉伸条件下，如果满足以下条件则会失效。

$$\sigma_{xx} \geqslant \frac{1}{\left(\frac{\cos^4\theta}{S_{Lt}^2} - \frac{\sin^2\theta\cos^2\theta}{S_{Lt}^2} - \frac{\sin^4\theta}{S_{Tt}^2} - \frac{\sin^2\theta\cos^2\theta}{S_{s}^2}\right)^{-\frac{1}{2}}} \quad \text{（式 16.59）}$$

对于平面应力条件的 Azzi - Tsai - Hill 失效准则的失效包线如图 16.14 所示。失效包线是在受载条件下是否安全的判据，它可以分成 4 个象限。

在第一个象限中，σ_{11} 和 $\sigma_{22}>0$，有

$$\frac{\sigma_{11}^2}{S_{Lt}^2} - \frac{\sigma_{11}\sigma_{22}}{S_{Lt}^2} + \frac{\sigma_{22}^2}{S_{Tt}^2} = 1 - \frac{\tau_{12}^2}{S_{s}^2}$$

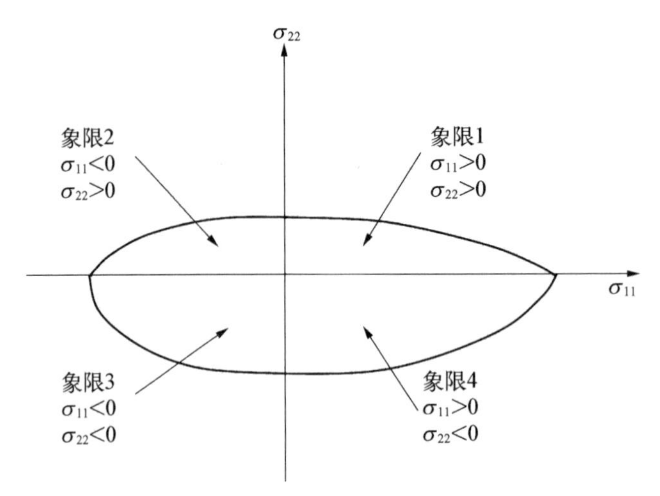

图 16.14 Azzi - Tsai - Hill 失效准则的失效包线

在第二个象限中，$\sigma_{11}<0$ 和 $\sigma_{22}>0$，有

$$\frac{\sigma_{11}^2}{S_{\mathrm{Lc}}^2}-\frac{\sigma_{11}\sigma_{22}}{S_{\mathrm{Lc}}^2}+\frac{\sigma_{22}^2}{S_{\mathrm{Tt}}^2}=1-\frac{\tau_{12}^2}{S_{\mathrm{s}}^2}$$

在第三个象限中，σ_{11} 和 $\sigma_{22}<0$，有

$$\frac{\sigma_{11}^2}{S_{\mathrm{Lc}}^2}-\frac{\sigma_{11}\sigma_{22}}{S_{\mathrm{Lc}}^2}+\frac{\sigma_{22}^2}{S_{\mathrm{Tc}}^2}=1-\frac{\tau_{12}^2}{S_{\mathrm{s}}^2}$$

在第四个象限中，$\sigma_{11}>0$ 和 $\sigma_{22}<0$，有

$$\frac{\sigma_{11}^2}{S_{\mathrm{Lt}}^2}-\frac{\sigma_{11}\sigma_{22}}{S_{\mathrm{Lt}}^2}+\frac{\sigma_{22}^2}{S_{\mathrm{Tc}}^2}=1-\frac{\tau_{12}^2}{S_{\mathrm{s}}^2}$$

Azzi - Tsai - Hill 准则的优点是考虑了强度和失效模式之间的相互作用。与最大应力准则和最大应变准则的比较如图 16.15 所示，Azzi - Tsai - Hill 准则与试验数据更相符。

4) Tsai - Wu 失效准则

在 Tsai - Wu 失效准则中，当满足以下条件时，承受平面应力条件的复合材料层将失效。

$$F_1\sigma_{11}{}^{①}+F_2\sigma_{22}+F_6\tau_{12}+F_{11}\sigma_{11}^2+F_{22}\sigma_{22}^2+F_{66}\tau_{12}^2+2F_{12}\sigma_{11}\sigma_{22}=1 \quad (式 16.60)$$

① 原书中公式有误，为"$F_{11}\sigma_{11}$"，现已修正。——译者注

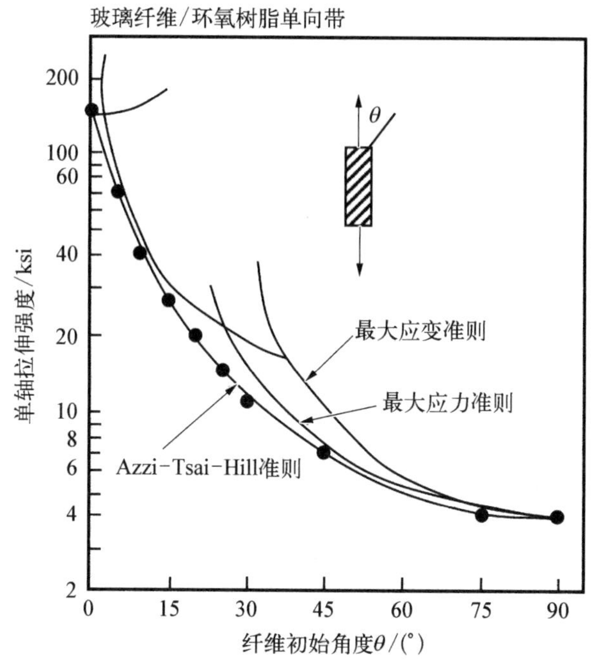

图 16.15 Azzi - Tsai - Hill 准则与最大应力准则和最大应变准则的比较[2-3]

式中的强度系数定义如下。

$$F_1=\frac{1}{S_{Lt}}-\frac{1}{S_{Lc}}$$

$$F_2=\frac{1}{S_{Tt}}-\frac{1}{S_{Tc}}$$

$$F_6=0$$

$$F_{11}=\frac{1}{S_{Lt}S_{Lc}}$$

$$F_{22}=\frac{1}{S_{Tt}S_{Tc}}$$

$$F_{66}=\frac{1}{S_s^2}$$

尽管强度系数 F_1、F_2、F_{11}、F_{22}、F_{66} 可以使用主材料方向的拉伸、压缩和剪切强度属性计算，但 F_{12} 必须通过双轴拉伸试验确定。在 $\tau_{12}=0$ 且 σ_{11} 和 $\sigma_{22}=\sigma$

的双轴应力状态下，(式 16.60)简化为

$$(F_1+F_2)\sigma+(F_{11}+F_{22}+2F_{12})\sigma^2=1 \quad (式 16.61)$$

可以重新整理为

$$F_{12}=\frac{1}{2\sigma^2}\left[1-\left(\frac{1}{S_{Lt}}-\frac{1}{S_{Lc}}+\frac{1}{S_{Tt}}-\frac{1}{S_{Tc}}\right)\sigma-\left(\frac{1}{S_{Lt}S_{Lc}}+\frac{1}{S_{Tt}S_{Tc}}\right)\sigma^2\right]$$

由于双轴拉伸试验难以进行，因此 F_{12} 的近似值由下式给出。

$$-\frac{1}{2}(F_{11}F_{22})^{\frac{1}{2}}\leqslant F_{12}\leqslant 0 \quad (式 16.62)$$

Tsai - Wu 失效准则通常被认为与试验数据最相符。最大应变准则、Azzi - Tsai - Hill 准则和 Tsai - Wu 失效准则的代表性失效包线如图 16.16 所示。应该指出，这些不是唯一的失效准则，还有一些其他的失效准则可用。

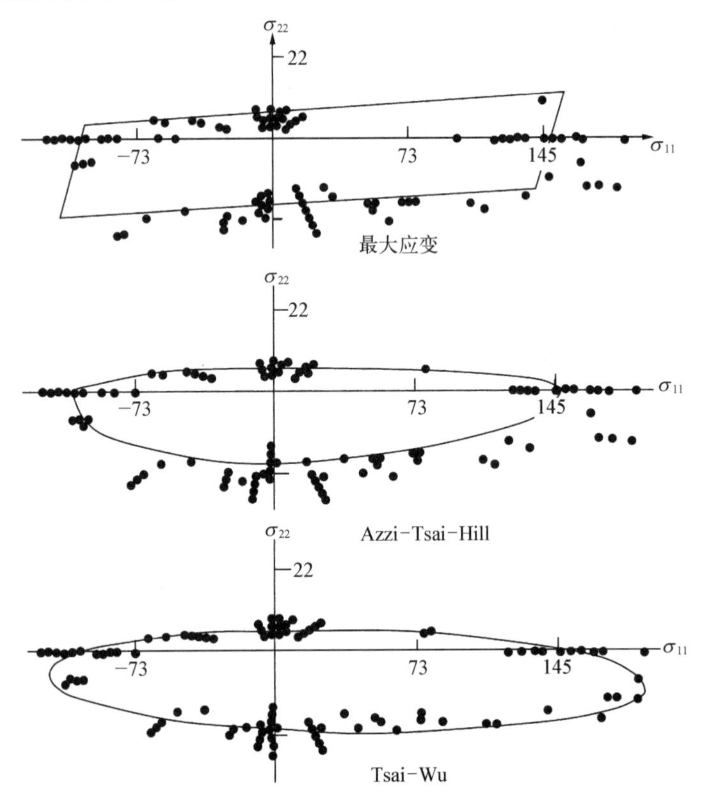

图 16.16 最大应变准则、Azzi - Tsai - Hill 准则和 Tsai - Wu 失效准则的代表性失效包线[4]

一旦选择了失效准则，则预测层压板失效的过程如下：

(1) 使用层压理论计算各层中的应力或应变。

(2) 将加载方向上的各个应力或应变转变为主材料方向的应力或应变。

(3) 使用其中一个失效准则确定单层是否失效。单层失效后，层压板其余部分的应力和应变增加，层压板刚度降低。

(4) 由于失效后的单层可能在各个方向上都已经不能够承担分配的载荷，因此可以使用几种方法来处理失效的层和随后的层压板特性：① 全部折减方法，在这种方法中，对于已经失效的单层，定义它所有方向的强度和刚度都为 0；② 有限折减法，如果单层的失效发生在基体中，则定义失效单层中横向和剪切失效层的强度和刚度为 0，如果层的失效是由纤维断裂引起，则使用全部折减方法；③ 残余属性法，在该方法中，使用残余强度和刚度重新定义失效单层。

当层压板受载发生失效时，不是所有的层都同时失效。[0°/45°/90°/−45°]层压板中的逐层渐近失效过程如图 16.17 所示。在受载方向上，随着强度依次增加，单层依次失效。由于单层的横向强度低于纵向强度，因此横向层首先失效。通常是 90°层首先失效，紧跟着其他角度层失效，例如±45°，最后是较强的 0°层失效。尽管首层破坏准则是相对保守的设计标准，这个设计标准在航空航天工业中仍经常用于定义层压板失效。

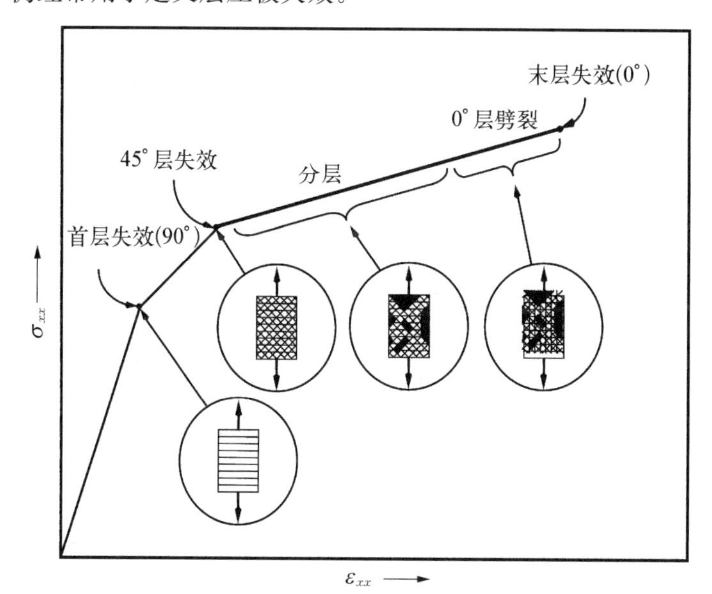

图 16.17 [0°/45°/90°/−45°]层压板的渐近失效过程

16.8 总结

本章对复合材料结构分析进行了简要介绍。复合材料结构的实际分析需要更深入地了解可行的分析方法。此外，读者可以参考更详细的文献来处理更复杂的问题。层压理论也可以扩展到考虑高温固化产生的热应力和环境吸湿效应的问题。任何可靠的层压板计算机程序代码都能够处理这些问题。

参考文献

[1] Baker A A, Dutton S E, Kelly D W. Composite Materials for Aircraft Structures, 2nd ed.[M]. American Institute of Aeronautics and Astronautics, 2004.

[2] Azzi V D, Tsai S W. Anisotropic strength of composites[J]. Experimental Mechanics, 1965, 5(9): 283 - 288.

[3] Jones R M. Mechanics of Composite Materials, 2nd ed. [M]. Hemisphere Publications, 1998.

[4] Tsai S W, Hahn H T. Inelastic behavior of composite materials[G]. American Society of Mechanical Engineers, 1975.

精选参考文献

[1] Agarwal B D, Broutman L J. Analysis and Performance of Fiber Composites[M]. John Wiley and Sons, Inc., 1980.

[2] Choo V K S. Fundamentals of Composite Materials[M]. Knowen Academic Press, 1990.

[3] Christensen R M. Mechanics of Composite Materials[M]. Dover Publications, 2005.

[4] Daniel I M, Ishai O. Engineering Mechanics of Composite Materials, 2nd ed. [M]. Oxford University Press, 2005.

[5] Gay D, Hoa S W, and Tsai S W. Composite Materials Design and Applications[M]. CRC Press, 2003.

[6] Hahin Z, Rosen B W, Humphreys E A, et al. Fiber composite analysis and design: Composite materials and laminates, Vol I, U. S. Department of Transportation[R]. Federal Aviation Administration, DOT/FAA/Ar - 95/29, I, Final Report, 1997.

[7] Kollar L P, Springer G S. Mechanics of Composite Structures[M]. Cambridge University Press, 2002.

[8] Piggott M. Load Bearing Fibre Composites, 2nd ed. [M]. Kluwer Academic Publishers, 2002.

[9] Tsai S W, Hahn H T. Introduction to Composite Materials[M]. Technomic

Publishing, 1980.

[10] Tuttle M E. Structural Analysis of Polymeric Composite Materials [M]. Marcel Dekker, 2003.

[11] Vasiliev V V, Morozov E V. Mechanics Analysis Composite Materials[M]. 2001.

[12] Vinson J R, Sierakowski R L. The Behavior of Structures Composed of Composite Materials, 2nd ed. [M]. Kluwer Academic Publishers, 2004.

17 结构连接——机械连接和胶接

前文所述的分析考虑包括很多关于无缺口层压板的讨论。然而,对于实际应用,应首先进行复合材料结构连接设计,然后采用方向合适的层压板填充连接结构的空隙。在进行基础结构的优化时,通常要先考虑连接设计,连接可能会导致结构效率的完整性较低,也可能使得结构维修难度增大。

环氧树脂复合材料所采用的两种主要连接方式为机械紧固件连接和胶接连接。紧固件孔会切断纤维,破坏传力路径;而胶接接头能够更有效地传递载荷。设计良好的胶接接头实际上比本体层压板承载能力更强;此外,即使机械连接设计良好,也只能达到本体层压板承载能力的 40%~50%。虽然胶接接头具有该优点,但是并不是所有结构都适用。如果连接薄板结构,且采用机械连接会引起不可接受的应力集中或者当有减重要求时,则推荐使用胶接连接。总而言之,薄且载荷传递路径明确的结构比较适合胶接连接;厚且传力路径复杂的结构比较适合机械连接。

复合材料结构采用机械连接效率比较低是由其内在脆性直接导致的。当金属结构承载较高时,金属会在螺栓孔附近产生局部屈服,来降低弹性应力集中。然而,由于复合材料脆性相对较大,因此不会产生屈服,且不会有很高的应力集中。螺栓孔附近局部分层或多或少会降低应力集中,但是与金属结构发生的屈服相比,复合材料应力集中降低较小。此外,为了得到较高的连接强度,通常会使用铺层方向为 0°、±45°、90°的接近准各向同性层压板,这会降低正交各向异性层压板主方向铺层比例(0°层),从而降低本体层压板强度。

本章讨论机械连接接头和胶接接头。类似第 16 章,本章主要概述了接头的分析方法,更多延伸方法见本章末列出的参考文献。制孔准备和紧固件安装的细节见第 11 章,胶接过程见第 8 章。

17.1 机械连接

与胶接连接相比,机械连接既有优点也有缺点。优点包括以下几点。

(1) 机械连接更加直接,且连接过程风险较小。而胶接连接需要严格地进行表面预处理,胶接的质量取决于聚合物材料的固化;机械连接不需要太多的表面预处理工序,且受环境暴露影响较小。

(2) 与胶接连接相比,机械连接能够提供更好的厚度方向的加强,且对剥离应力或者残余应力的影响不敏感。

(3) 与胶接接头不一样的是,机械连接接头通常不需要进行无损检测。

(4) 许多机械连接接头允许拆卸或者面板移动。一些机械连接设计为可实现永久安装,一些设计为允许简单移动,这取决于所选择的具体紧固件。

(5) 由于没有涉及清洁、易损坏材料和升温固化,因此机械连接接头比较适用于外场修理。

机械连接的不足包括以下几点。

(1) 机械连接获得的连接效率较低。复合材料对缺口很敏感,即使进行最优的机械连接,也只能得到本体层压板 45%~50%的强度。

(2) 复合材料承载强度低于金属材料,且在服役疲劳中经验孔会延伸,会降低接头强度。

(3) 不适当的制孔准备以及较差的垫片处理会在装配时引起分层。未加垫片产生的间隙是主要问题,会在复合材料蒙皮和子结构中引起分层。

(4) 复合材料-金属连接受制于服役过程中金属的磨损和腐蚀。金属部件的疲劳裂纹也是个问题。

17.2 机械连接分析

一个简单的单紧固件单搭接头如图 17.1 所示,关键尺寸为: d——紧固件直径;t——连接单元的厚度;w——面板宽度;e——端距;P——载荷;dt——压缩载荷下的承载面积;$2et$——剪切载荷下总的剪切面积;$(w-d)/t$——拉伸载荷下净面积;wt——拉伸载荷下截面面积。

接头的平均应力为

$$\text{平均承载应力}\ \sigma_{b}=P/dt \tag{式 17.1}$$

$$\text{平均剪切应力}\ \sigma_{so}=P/2et \tag{式 17.2}$$

$$\text{平均净截面应力}\ \sigma_{n}=P/(W-d)t \tag{式 17.3}$$

$$\text{平均毛截面应力}\ \sigma_{g}=P/Wt \tag{式 17.4}$$

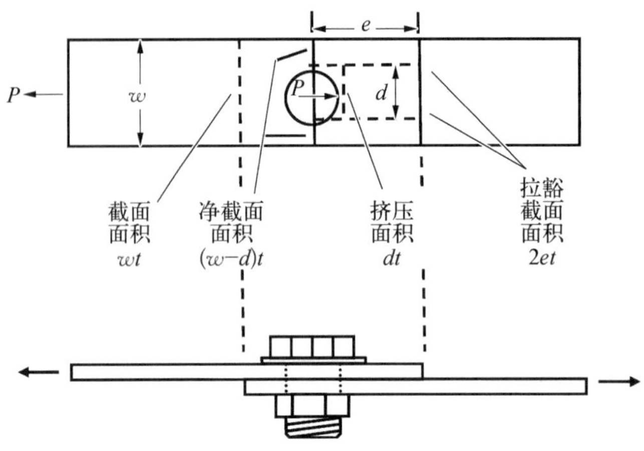

图 17.1 单紧固件单搭接头[1]

在传统的接头分析中，有必要计算各种模式的失效应力，在接头强度最低的情况下发生失效。然而，由于螺栓连接接头强度一般弱于本体层压板，因此不会发生截面失效，除非考虑接头面积增厚。此外，为了更有效地传递螺栓载荷，且能够排除剪豁失效，必须选择一个接近准各向同性的层压板。所以，以下讨论的重点为挤压和拉伸失效。

复合材料接头失效模式如图 17.2 所示，潜在原因包括以下几点。

(1) 挤压失效：挤压失效具有局部损伤的特征，例如孔边分层和基体裂纹。紧固件引起的局部压缩载荷会导致纤维屈曲和扭曲，以及基体压缩破坏。

(2) 剪豁失效：剪豁失效由端距不足或者有太多铺层沿加载方向(如 0°层)引起。

(3) 拉伸失效：拉伸失效由宽度不足或者沿加载方向铺层太少(如 0°层)引起。

(4) 拉-劈失效：拉-劈失效由边距和宽度不足或者横向铺层数不足(如±45°层和 90°层)引起。

(5) 紧固件拉脱失效：当埋头孔太深或者采用剪切头紧固件时，可能会发生紧固件拉脱失效。

(6) 紧固件失效：如果紧固件相对层压板厚度太小则可能会导致紧固件本身失效，接头间隙处无垫片或者垫片过多，或者紧固件夹板不足，也可能导致紧固件本身失效。

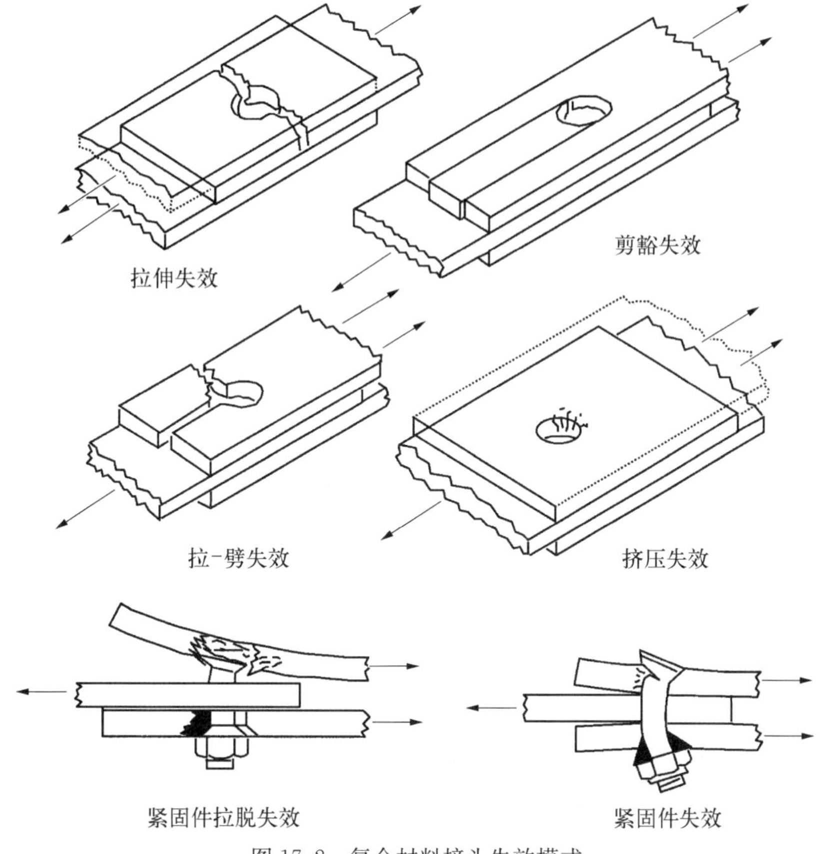

图 17.2 复合材料接头失效模式

如果高强度、高正交各向异性层压板 0°铺层比例很高，则紧固件可能发生剪豁失效，连接强度会很低。0°铺层不足的层压板会导致低载荷下发生拉伸失效，即接近准各向同性包含 0°、±45°、90°的层压板。0°层承担挤压和拉伸载荷，±45°层和 90°层承担孔边载荷，防止挤压失效或者拉-劈失效。增加 0°层比例能够提高挤压强度，直至 0°层比例达到 60%。然而，当 0°层比例超过 60%时，由于横向拉伸强度不足以防止剪脱，因此会迅速发生失效。当层压板 0°、±45°层比例分别为 50%时，层压板的挤压强度最高。层压板越均匀层内应力越低，完全分散 0°、±45°铺层能够进一步提高挤压强度。一些设计者认为挤压失效为唯一可接受的失效模式，因为挤压失效不会导致严重的后果，而沿着厚度放大的拉伸失效会带来十分不利的影响。然而，按照该准则进行设计，与最佳设计相比，会导致接头强度较低。拉伸失效模式与更高的螺栓复合材料接头强度有关，不可能设计一个会产生挤压失效的多排螺栓接头。

失效模式也取决于边距与紧固件直径的比(e/d),以及接头宽度与孔径的比(w/d),如图 17.3 所示。当 e/d、w/d 较大时,接头发生挤压失效,失效载荷与 e/d 或者 w/d 无关。如果边距 e 降低,接头强度在 $e/d=0.5$ 时接近于 0,那么会发生剪豁失效。如果宽度 w 降低,接头强度在 $w/d=1$ 时接近于 0,那么会发生净面积拉伸失效。

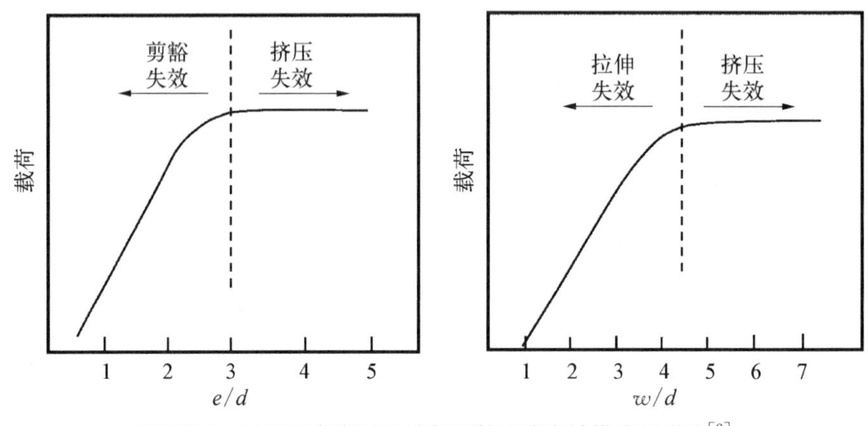

图 17.3 边距和宽度对机械紧固件连接失效模式的影响[2]

推荐的机械连接铺层设计包线如图 17.4 所示,在包线内不会发生剪豁失效。然而,在设计包线外,会发生穿透整个厚度,平行于 0°层方向的劈裂的剪豁失效,可能会导致连接过早失效。对于高度正交各向异性层压板,剪豁失效无法通过增加边距 e 来修正。如果不更改为更加接近准各向同性的层压板,那么即使增加厚度,效果也不明显。所以,接头不可能达到无缺口层压板理论所预测的承载能力。对于接近准各向同性的层压板,含有承载孔和非承载孔的复合材料结构强度仅很少一部分取决于纤维。对于各向异性层压板,应力集中因子随着无缺口强度的增加而迅速增加。所以,在准各向同性铺层附近的纤维范围内,挤压强度和净面积强度几乎不变。

由于我们处理的孔类型为缺口,因此必须采用应力集中因子 K,用来表示应力 σ_{max} 与名义应力 σ_{nom} 的比值,即

$$\sigma_{max}=K\sigma_{nom} \quad (式\ 17.5)$$

应力集中因子随切口的严重程度而变化,较尖锐的缺口产生较高的应力集中因子,从而增加名义应力。对于具有圆孔的各向同性金属,在弹性区域内应力

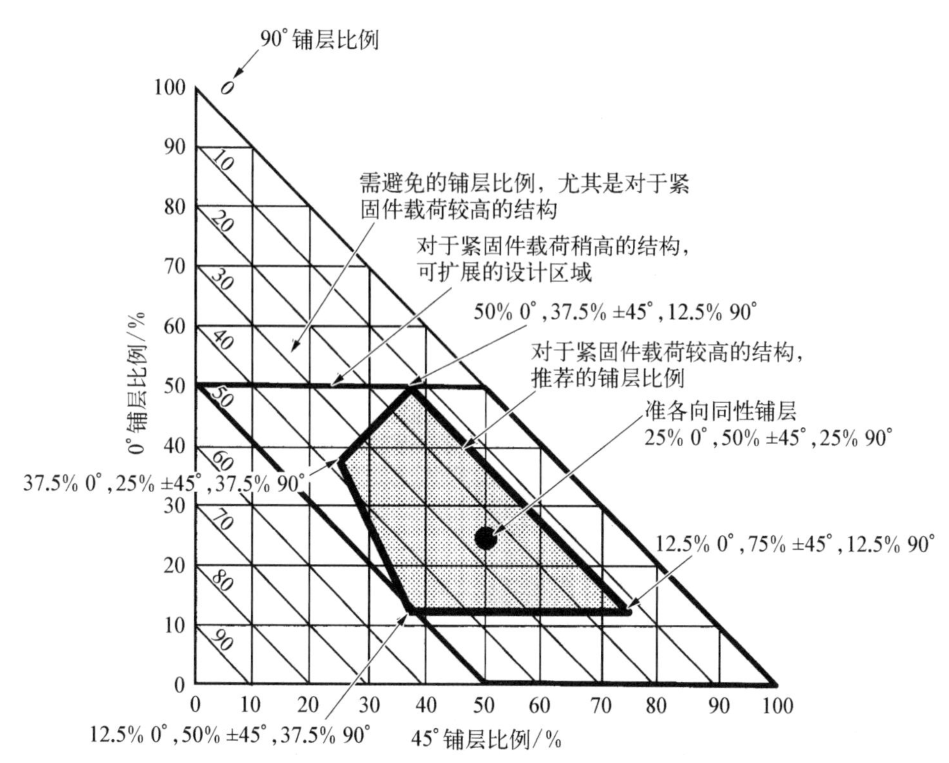

图 17.4　复合材料机械连接铺层设计包线[3]

集中因子通常取 3.0。

在复合层压板中，应力集中的影响程度还取决于铺层模式。分析表明，在 90°拉伸应力下，孔边理论弹性应力集中 K_{te} 由下式给出。

$$K_{te}=1+\sqrt{\left[2\left(\sqrt{\frac{E_{xx}}{E_{yy}}}-\nu_{xy}\right)+\frac{E_{xx}}{G_{xy}}\right]} \qquad (式 17.6)$$

根据该式可得，对于 100%的 0°层压板，K_{te} 为 7.5；对于 100%的±45°层压板，K_{te} 下降到约 1.8。由于层压板拉伸强度随着±45°层的百分比的增加而下降，因此最佳铺层比例为 50%的±45°层。峰值应力水平不一定发生在与加载方向成 90°的位置；在所有均为±45°层压板的情况下，峰值应力发生在与加载方向成 45°的位置。

当机械紧固件复合材料接头受载时，孔周围的微裂纹和脱层会引起内部载荷重新分布，这在弹性设计中未考虑。因此，存在与复合材料结构中使用的普通

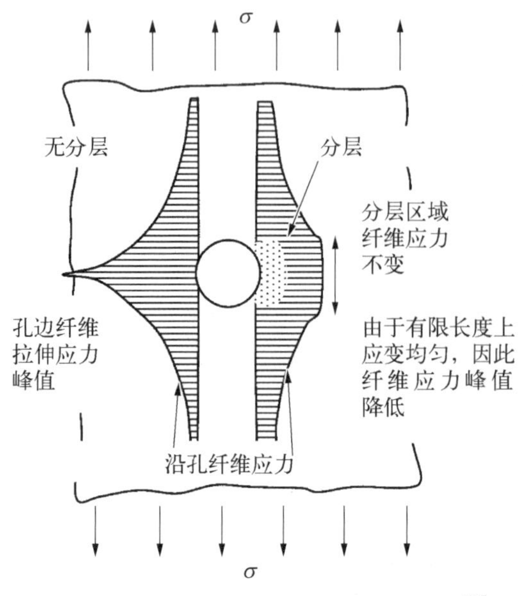

图 17.5 复合材料层压板中应力集中降低[3]

紧固件尺寸相关联的大量非线性行为。虽然这些软化区域(见图 17.5)与金属结构中的屈服区域不同，但它们会产生一些相似的效果。例如，复合材料中紧固件周围软化区域的任何增加都会引起静态拉伸强度的增加，并且相对无缺陷净截面强度，复合材料机械连接结构的缓慢疲劳特性可以提高静态拉伸强度。相应增加的压缩强度将不会很大，因为①其主要受到挤压应力的支配，而不是净截面应力；②局部损伤区域会破坏轴向压缩纤维的稳定性。如图 17.6 所示，在弹性水平下，各向同性面板上的承载螺栓孔旁边的峰值拉伸应力与平均挤压应力(P/dt)在相同数量级。保持低挤压应力是保证螺栓复合材料接头，特别是多排接头结构有效的关键。由于峰值环向拉伸应力与平均挤压应力大小和顺序相同，所以应将螺栓靠近放置，以最大限度地减小峰值环向拉伸应力。

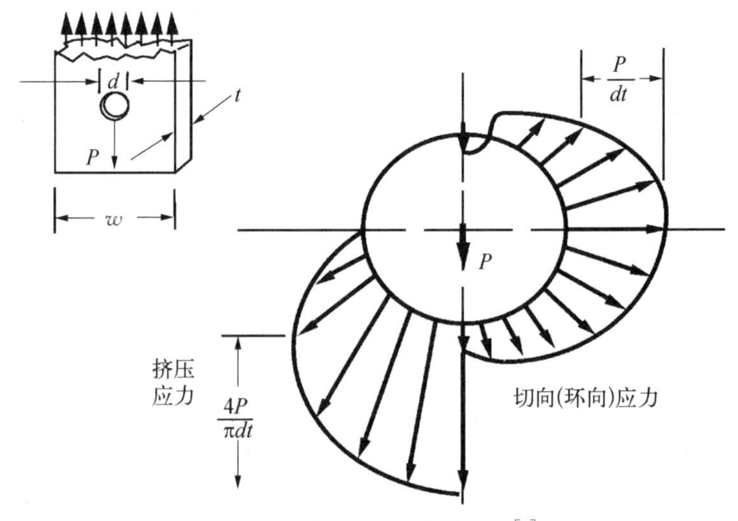

图 17.6 孔边挤压和环路应力[3]

由于在承载孔和非承载孔周围的复合材料具有非线性材料特性，因此需要根据经验确定相关因子。使用这种方法时有必要假设应力集中释放量与原始弹性应力集中的强度成比例。以单孔试样确定的相关因子为起点，可以有效预测高负载多排螺栓复合材料接头的强度。只要失效的模式和位置不变，则对于紧固件周围的非线性行为和各向异性的校正可以组合成单个相关系数 C（如下所述）。挤压失效和拉伸失效需要进行单独的失效分析。压缩强度往往较高，并且对应力集中不敏感，因为一些载荷可以通过紧固件传递而不是围绕它传递。

目前还有另外两个半经验准则用于分析有限宽度平板中孔周围的拉伸应力状态：平均应力准则和点应力准则。平均应力准则，认为当距离孔某一特征长度 a_0 处的拉伸应力的平均值达到层压板的无缺口极限拉伸强度时，发生失效。点应力准则认为当距离孔某一特征距离 d_0 处的应力的局部值达到无缺口的极限拉伸强度时，发生失效。a_0 和 d_0 为材料属性，由降低的强度与孔尺寸的关系来确定，以给出最佳拟合试验结果。这两个准则通过式子 $a_0 = 4d_0$ 相关联。然而，在下面的讨论中，我们将使用相关系数 C。

17.3　单孔螺栓复合材料接头

韧性金属、复合材料和脆性材料螺栓接头之间的强度关系如图 17.7 所示。对于高应力下的金属，局部屈服使有效应力集中系数从 3.0 降低到约 1.0，因此，失效仅取决于净截面面积。然而，对于纯脆性材料，由于不产生屈服，因此有效应力集中因子维持在较高水平。对于复合材料，孔边局部破坏会导致存在一些应力集中释放，但不如金属中的局部屈服明显。金属最大可达到的接头效率为 65%，复合材料为 40%，完全脆性材料为 21%。对于金属和复合材料，预计当 d/w 为 0.3 时，失效模式从净拉伸失效转变为挤压失效。此外，如图 17.7 所示，碳纤维/环氧树脂复合材料中直径大于 0.25 in(6.5 mm)的螺栓连接强度随着紧固件直径的增加而减小，而对于非常大的螺栓孔或切口，将采用线弹性预测。

从（式 17.3）中可以得出，在载荷 P 下的接头承载孔边的最大拉伸应力 σ_{max} 由下式给出。

$$\sigma_{max} = \frac{K_{tc} P}{t(w - d)} \qquad \text{（式 17.7）}$$

式中：K_{tc} 为基于净截面的有效应力集中系数。

应注意的是，由于与孔相邻的局部损伤机理，因此 K_{tc} 低于理论应力集中因

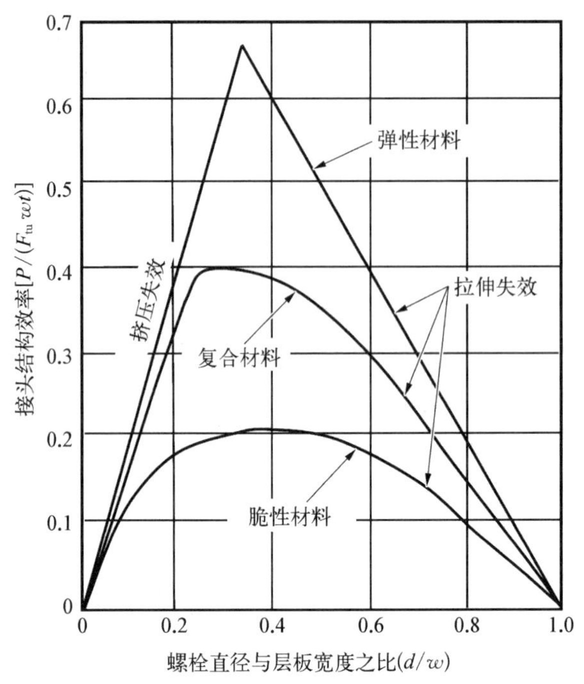

图 17.7　韧性金属、复合材料和脆性材料螺栓接头之间的强度关系[3]

子 K_{te}，从而产生了软化效应（见图 17.5）。K_{tc} 和 K_{te} 之间的关系通过连接强度测试试验确定。表 17.1 总结了各种几何形状的重要应力集中因子。存在近似线性关系，可以表示如下。

表 17.1　各种几何形状的重要应力集中因子 K_{te}

有限板宽为 w，直径为 d 的非受载孔的应力集中因子	$K_{te}=2+\left(1-\frac{d}{w}\right)^3$
无限板宽，一排以 p 为间距非受载孔的应力集中因子	$K_{te}=2+\left(1-\frac{d}{w}\right)^{1.5}$
有限板宽为 w，孔中心距离边缘为 e，承载孔的应力集中因子	$K_{te}=\frac{w}{d}+\frac{d}{w}+0.5\left(1-\frac{d}{w}\right)\Theta,\approx\frac{w}{d}+\frac{d}{w}$ 式中：$\begin{cases}\Theta=\left(\frac{w}{e}-1\right),\ e/w\leqslant 1\\ \Theta=0,\ e/w\geqslant 1\end{cases}$
无限板宽，一排以 p 为间距受载孔的应力集中因子	$K_{te}=\frac{p}{d}+0.5\left(1-\frac{d}{p}\right)\Theta,\approx\frac{p}{d}$ 式中：$\begin{cases}\Theta=\left(\frac{p}{e}-1\right),\ e/p\leqslant 1\\ \Theta=0,\ e/p\geqslant 1\end{cases}$

$$K_{tc}=1+C(K_{te}-1) \quad (式 17.8)$$

式中：C 为特定铺层模式、接头几何形状和环境条件的相关系数。

对于完全塑性材料，C 值为 0；对于纯脆性材料，C 值为 1.0；对于各种各向同性的碳纤维/环氧树脂层压板、0.25 in(6.5 mm)的螺栓，C 值接近 0.25；对于更加接近正交各向异性的层压板，C 值将增加。对于图 17.4 中阴影区域内的层压板中 0.25 in(6.5 mm)直径的紧固件有下式。

$$C \approx \frac{\%0^\circ 层}{100} \quad (式 17.9)$$

C 与 0°层数之间的线性关系如图 17.8 所示。

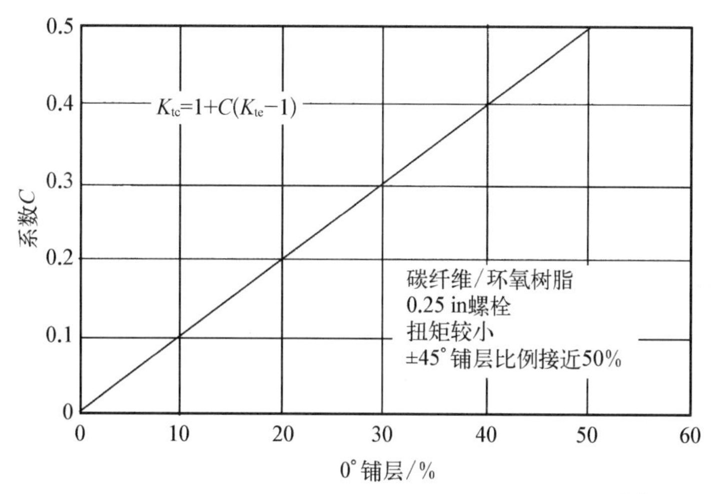

图 17.8　复合材料层压板 C 与 0°层数之间的线性关系[3]

仅当失效模式不改变时，才可采用单个 C 值。当比例 d/w 较小(或 w/d 较大)时，层压板将在较低负载下失效，在螺栓下方挤压失效，而不是通过孔的拉伸失效。因此，需要下限截止来覆盖此失效模式，如图 17.7 中间曲线左侧所示。弹性金属合金也会发生挤压失效，如图 17.7 顶部曲线左侧所示。然而，这种方法对于图 17.4 所示的阴影区域之外的大多数纤维模式而言是无效的，这是由于剪豁失效占主导引起的。

当允许螺栓孔周围的复合材料发生非线性行为时，对于 0.25 in(6.5 mm)直径的螺栓，最佳 w/d 比约为 3∶1，较小的螺栓略高，较大的螺栓略低。这种最佳比例适用于通过单排紧固件传递所有载荷的单排接头；多排复合材料接头采用不同的值。此外，弹性金属的最大强度发生在挤压和拉伸强度的交点处，单排螺栓连接复合材料接头净截面拉伸失效的效率最高，此时挤压应力通常仅为更大螺栓间距的复合材料接头可承受的挤压应力的四分之三。

如图 17.9 所示，复合材料层压板的挤压强度受到厚度方向夹紧量的影响。没有夹紧的底角加载和手动拧紧的情况之间差不多有一倍的差异，手动拧紧过程中螺栓头和螺母通过一侧偏转来防止任何具有初始损伤的复合材料产生自身卸载。因为所有的材料都被限制在 finger-tight 条件下，所以接头可承受更高的载荷。通常在设计中考虑这种强度的改进；然而，出于设计目的，不应该依靠拧紧螺栓来获得更高的强度，因为很难检测大大降低接头静态强度的单个拧紧螺栓。相比之下，金属接头夹紧的损失只会降低疲劳寿命，而静态强度不会相应地降低。由于具有额外的螺栓扭矩，因此在任何情况下都无法提高复合材料挤压强度，因为设计穿孔拉伸强度时可以控制，特别是对于较大的紧固件而言。

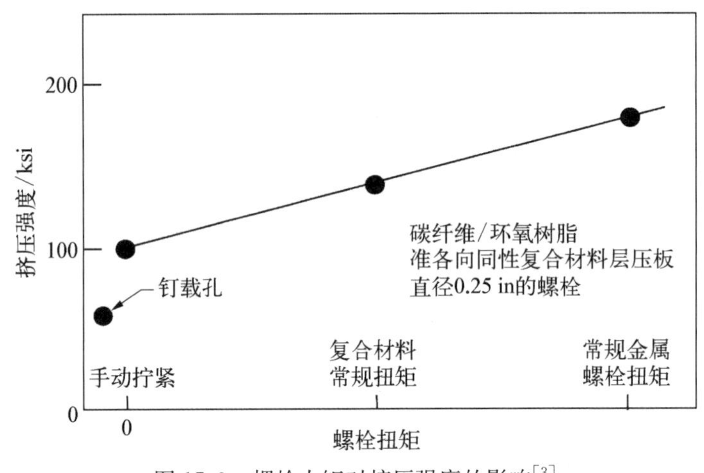

图 17.9　螺栓力矩对挤压强度的影响[3]

由于挤压强度在很大程度上取决于基体强度，因此温度升高降低了基体强度和刚度，图 17.10 描述了温度升高对两个 350℉(180℃)固化的碳纤维/环氧树脂材料体系的挤压强度的影响。推荐使用的最大温度约为 250℉(120℃)，此时挤压强度仍然相当可观。

使用埋头紧固件，特别是在单剪接头中，由于载荷路径偏心，因此使得紧固件旋转(见图 17.11)，会引起问题。加载过程中的紧固件起吊可能会导致点加载，并导致疲劳循环过程中的累积损伤。因此，应尽可能选用双剪接头。有人提出，在分析埋头紧固件时，头部应该完全忽略，这种方法意味着限制锪孔的深度。必须严格控制埋头孔深度，以防止刀刃处于薄型结构中。推荐的埋头孔深度不

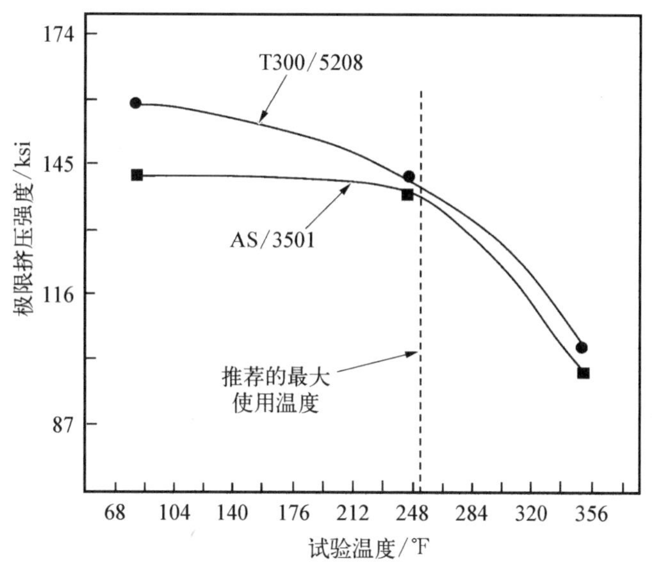

图 17.10 温度对挤压强度的影响[4]

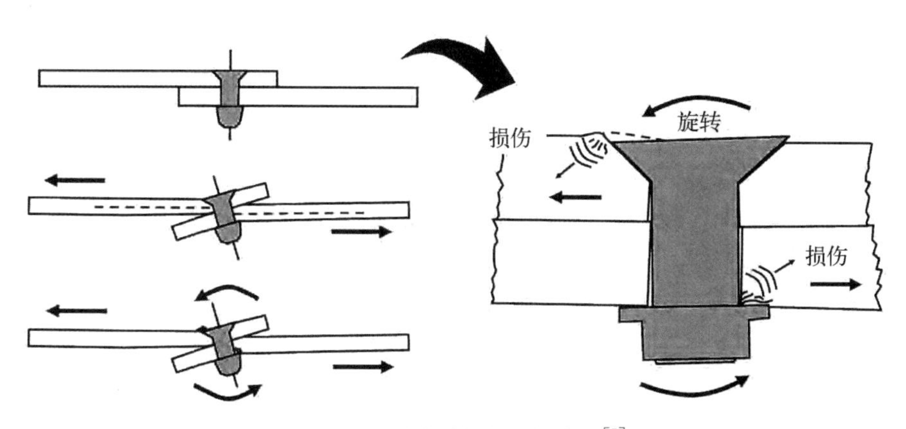

图 17.11 单搭剪切紧固件旋转[5]

得超过沉头构件厚度的 50%～70%。

17.4 多排螺栓复合材料接头

在复合材料结构中,单排紧固件接头与设计良好的铝结构相比不具有重量竞争力,因此必须使用多排紧固件模式。多排接头如图 17.12 所示。孔边使用软化条,例如玻璃纤维层,或在开孔处使用局部垫片,因为允许较高的工作应变,因此结构效率更高。然而,这种结构在邻近开孔的区域中可能是不可修复的,这

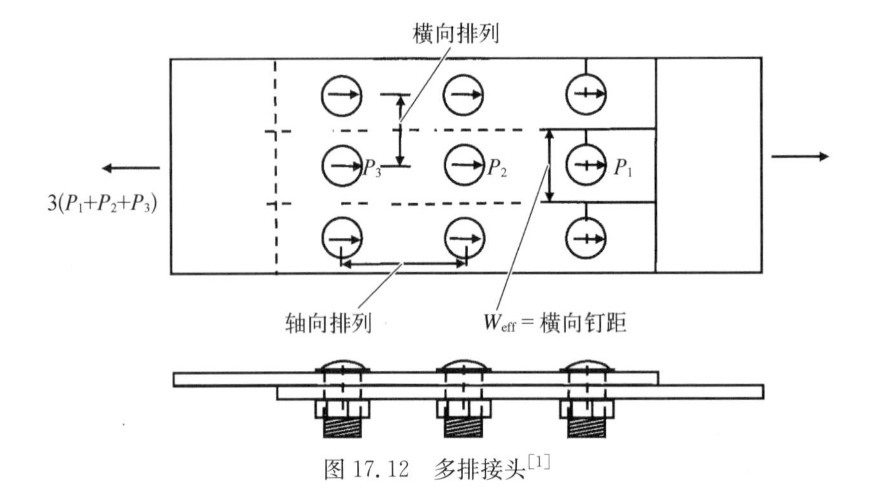

图 17.12　多排接头[1]

是较高的工作应变带来的直接后果。如图 17.13 所示，在金属接头中，元件在负载下甚至在紧固件之间的负载传递下发生屈服。由于复合材料易碎，不能屈服，所以载荷传递不均匀。因此，为了实现螺栓复合材料接头的高结构效率，每个紧

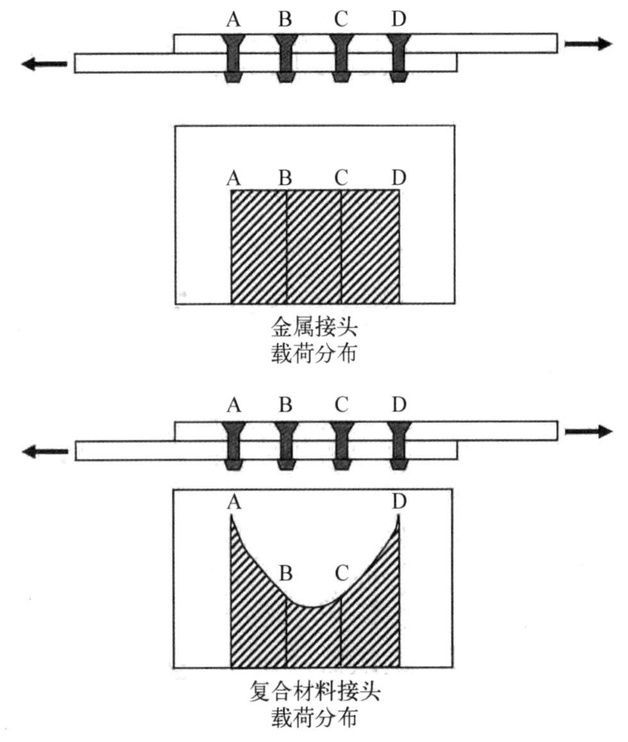

图 17.13　金属与复合材料接头载荷传递对比[2]

固件必须承受合适的负载比例。通常，需要计算机程序来预测紧固件之间负载比例的正确模式。由于复合材料在非常低的应变水平下失效，所以正确的负载比例与间隙配合孔不兼容。因此，通常规定紧公差±0.003/−0.000 in(+0.08/−0.000 mm)。如果接头设计正确以减少挤压载荷，则接头在拉伸载荷下发生净拉伸失效。对于多排接头，必须考虑两种载荷：与紧固件相对或反作用的挤压载荷和穿过紧固件并与接头其他部分相反或反作用的旁路载荷。拉伸载荷的这种相互作用如图 17.14 所示。压缩加载的情况有些复杂，如图 17.15 所示。

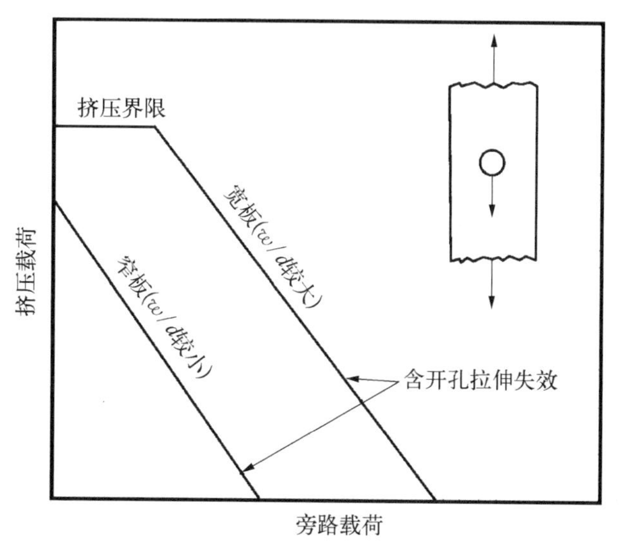

图 17.14 拉伸载荷相互作用[6]

当挤压载荷足够高时，对于足够大的紧固件间距，存在挤压应力截止值，但是对于较紧密的间隔，将发生净截面失效，无论载荷全部由该紧固件(纯轴承)承担还是全部由接头中的其他紧固件承担(纯旁路)。如图 17.14 所示，当接头孔拉伸失效时，挤压和旁路载荷之间存在线性相互作用，如下所示。

$$\sigma_{net}K_{tc} + \sigma_{brg}K_{tb} \leqslant F_{tu} \text{ 且 } \sigma_{brg} \leqslant F_{brg} \qquad (式 17.10)$$

式中：K_{tb} 为挤压应力集中因子；F_{brg} 为极限承载强度。

可以构造如图 17.16 所示的连接效率图，以涵盖沿着上包线的纯旁路载荷和最低曲线上的纯挤压载荷之间的单排接头的所有情况。提高优化单排接头连接效率的唯一方法是将最关键行中的紧固件移动得更远，并同时降低同一排紧固件上的挤压应力。可以通过优化的单排接头的几何形状来设计每个构件中多

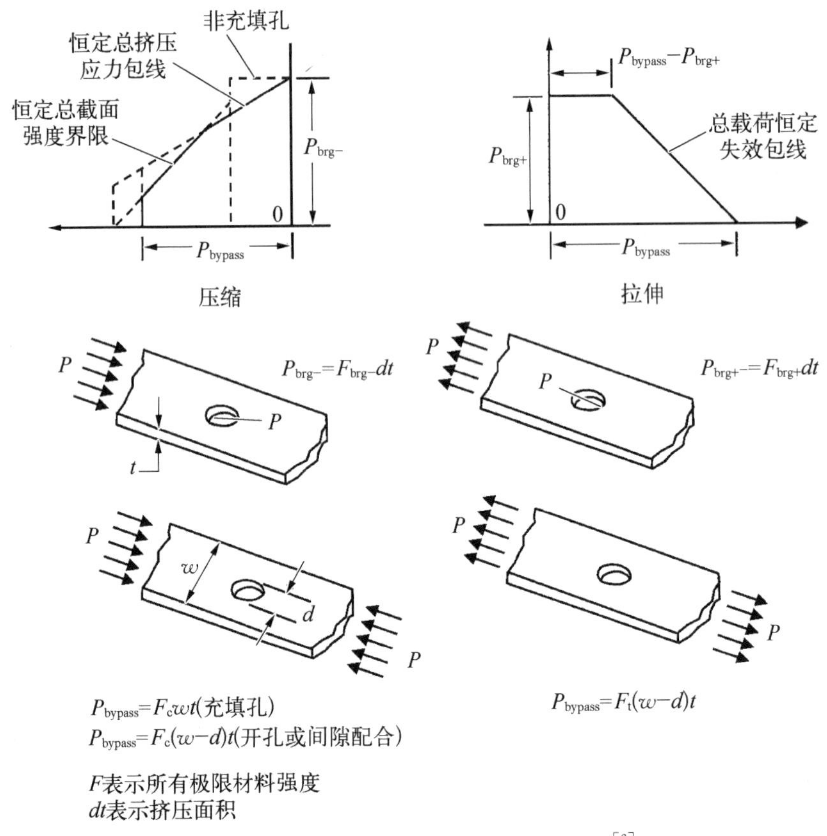

图 17.15　挤压旁路载荷外包线相互作用[6]

排接头的最后一行，不存在旁路负载和减小总负载。

对多排螺栓复合材料接头的分析表明，如果基本结构是可修复的，则最佳接头必须包含厚度均匀的带有锥形接头板的蒙皮，如图 17.17 所示。紧固件的直径在接头处变化。最近的螺栓直径最大，接近蒙皮连接处，w/d 大约是 3∶1，拼接板在这个位置最厚。接下来的两排紧固件的尺寸 w/d 为 4∶1，因为在所有构件中存在一些旁路负载。临界紧固件排是最外端的一排，靠近拼接板的尖端。在那里使用最小且易弯曲的紧固件 ($w/d=5$)，并且限制拼接板的尖端厚度来防止这些螺栓承载过大。已经发现，该行紧固件上方蒙皮的挤压应力可以保持在极限承载强度的 25% 以下。结构效率较高，截面应变为 5 000 μin/in (50 μm/cm)，远远高于优化的单排螺栓复合材料接头或非优化多排螺栓复合材料接头得到的应变。

图 17.18 提供了相当简化的复合材料结构机械连接的设计过程。这些图表

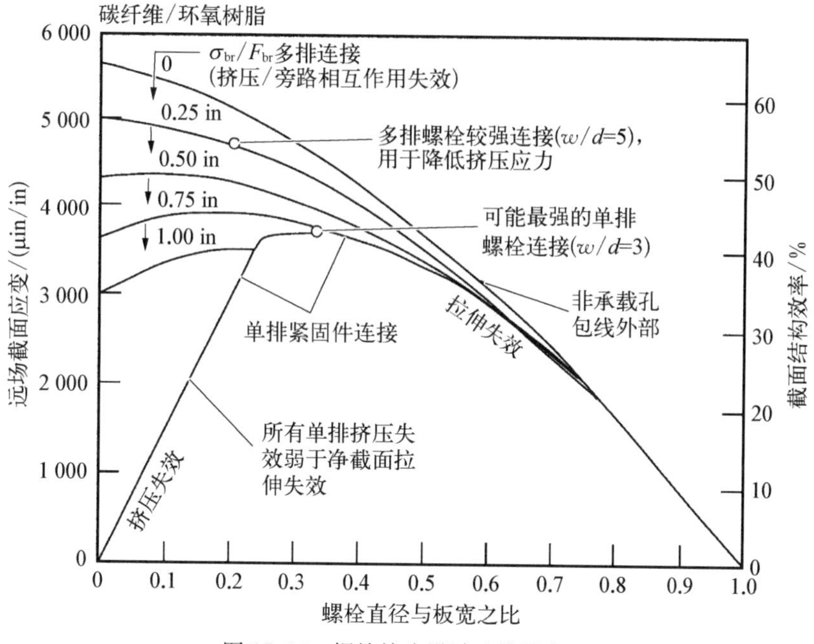

图 17.16 螺栓接头设计连接效率图

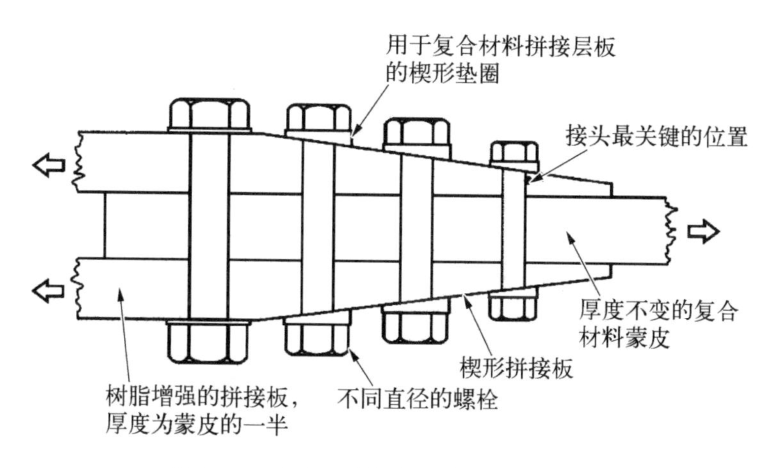

图 17.17 优化多排螺栓复合材料接头实例

可以安全地覆盖所有承载相对较小的紧固件,例如机翼蒙皮与翼梁和翼肋的连接,只剩下少数主要传载的接头需要更详细的分析。机械紧固件连接的一般设计指南见表 17.2。

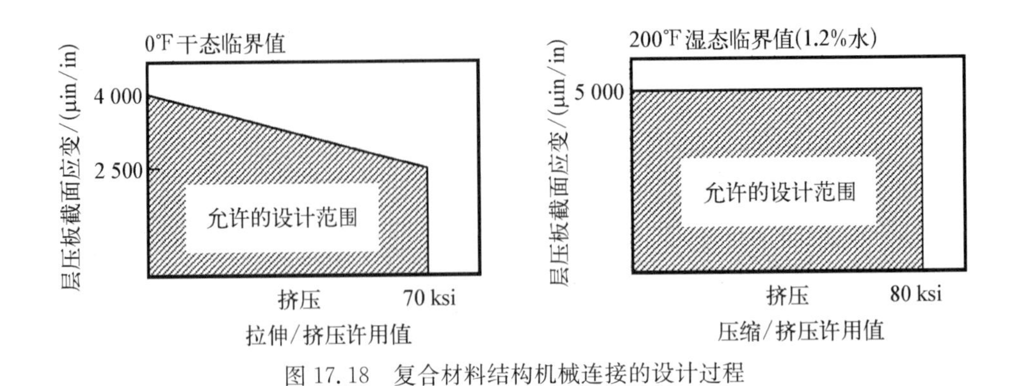

图 17.18 复合材料结构机械连接的设计过程

表 17.2 机械连接设计指南

序号	准 则	备 注
1	先设计接头，然后填充间隙；优化基本结构，破坏接头设计，导致整体结构效率降低	
2	最好的螺栓连接设计能承受超过一半无缺口的层板强度	
3	有效载荷传递的层压百分比：0°＝30%～50%；45°/135°＝40%～60%；90°＝最小 10%	当 0°大于 50%时，容易发生面内剪豁失效，且载荷不易重新分配
4	最大限度分散层合板的铺层方向，尽可能做到层合板均衡对称	对于铺层角度一样的铺层不会承受层间剪切载荷
5	复合材料连接设计的失效应该发生在挤压或拉伸载荷作用下	剪豁失效导致连接强度降低
6	最小的紧固件端距(e/d)应为 2.6d	小于 2.6 的 e/d 会导致剪豁失效(消除载荷重新分配)
7	最小的紧固件边距(w/d)应为 4	
8	许多复合材料螺栓连接用的螺栓太少，紧固件间隔太远，而且直径太小，无法充分发挥层压材料的强度性能	d/t 约为 1 d 为螺栓直径 t 为层压板厚度
9	选择的紧固件应具有足够的剪切强度	允许重新分配载荷而不担心紧固件会被剪坏
10	螺栓孔周围的最大应力大致等于平均挤压应力	
11	挤压强度与连接板的夹紧度有关	夹得越紧，挤压强度越高
12	螺栓弯曲对于复合材料来说比金属更为关键，因为复合材料的厚度更大(对于给定的载荷)	d/t 约为 1，一般提供足够的螺栓弯曲强度

（续表）

序号	准　则	备　注
13	埋头深度不应超过板总厚度的三分之二	剩余总厚度的三分之一承载大部分的轴承负荷
14	与碳纤维复合材料一起使用的首选紧固材料是钛	最佳热膨胀系数与最小腐蚀问题
15	不要使用过盈配合型紧固件	可能造成卡损，降低挤压强度
16	所有螺栓/螺母使用不锈钢垫圈	减少腐蚀
17	复合结构中不要使用斜铆钉	柄膨胀会损坏孔
18	如果在端头提供垫圈，则可以使用挤铆铆钉	垫圈将从安装处分散挤压应力
19	不超扭平沉头紧固件	可能导致紧固件端头下板挤压失效
20	避免使用直径为 3/16 in，通过厚度张力加载的紧固件	小直径的紧固件很容易由于过扭安装失败，最低使用限度为 0.25 in
21	考虑端头紧固件疲劳的影响，因为它们承受最高载荷	
22	紧固件螺杆上没有紧固螺纹	螺纹可以起到剥离和降低疲劳寿命的作用
23	只使用钛或 A286、PH13－8Mo 不锈钢紧固件或 ph17－4 碳纤维/环氧树脂	防止紧固件腐蚀；钛是首选，钢只能在低腐蚀环境中使用
24	不要使用铝、镀镉钢或涂有石墨纤维/环氧树脂涂层的铝紧固件	这些材料很容易腐蚀
25	接触的碳钢紧固件应永久性地密封	防止紧固件腐蚀
26	在与铝紧密连接的石墨纤维/环氧树脂面板上使用一层玻璃纤维或芳纶（最小 0.005 in）	防止腐蚀
27	在所有应用中使用抗拉紧固件；抗剪紧固件可用于特殊应用场合，应只承受压力	紧固件头部可能存在较高的挤压应力，可能导致层压挤压失效
28	对于复合底座的盲附着，建议采用大脚式钛单面紧固件或同等尺寸的紧固件	防止复合材料结构损伤
29	使用紧密公差配合	改善多钉连接结构的钉载分派

17.5　胶接接头

胶接接头比机械紧固接头的载荷传递效率更高。然而，胶接的技术和质量控制要求严格得多。胶接的优点包括以下几点。

（1）通过消除由机械紧固件引起的各个应力集中峰值，使胶接应力分布与机械连接相比更均匀。如图 17.19 所示，对于胶接接头而言，接头处的应力分布比机械接头更均匀，使得胶接接头比机械接头具有更好的疲劳寿命。胶接接头的振动和阻尼性能也较好。

(2) 由于没有使用机械紧固件，因此胶接接头通常比机械紧固件接头更轻，并且在某些应用中更便宜。

(3) 胶接接头能够设计出光滑的外表面和整体密封接头，且对疲劳裂纹扩展不敏感。由于接头是电绝缘的，因此不同的材料可以用胶黏剂黏合而不会被电镀腐蚀金属。

(4) 与机械紧固件接头相比，胶接接头能够提供更好的加强效果。机械紧固件提供局部点加强，胶接接头在整个接合区域上提供加强。这种影响的意义如图 17.19 所示，其中胶接接头可将结构的屈曲强度提高 30%～100%。

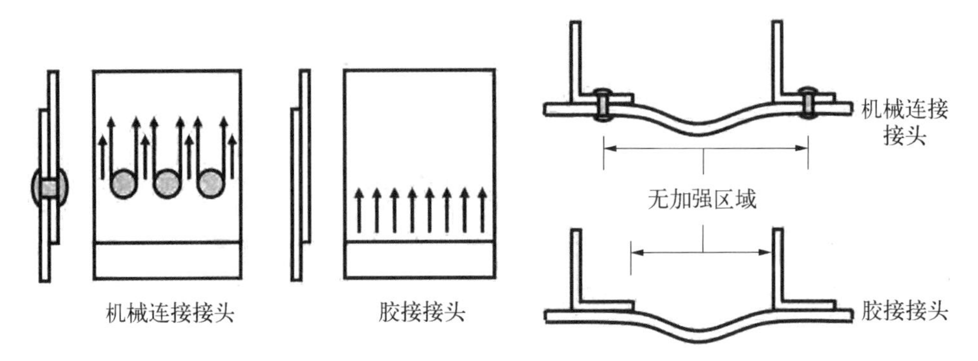

图 17.19　机械接头和胶接接头应力分布对比

胶接接头的缺点包括以下几点。

(1) 胶接接头应视为永久接头，其不易拆卸，经常会导致被粘物和周围结构损坏。

(2) 胶接接头的表面处理比机械接头更为敏感。适当的表面处理对于坚固耐用的粘接绝对是必要的。对于现场维修应用，适当的表面处理可能非常困难。对于胶接接头的初始制造，需要在可以控制温度和湿度的洁净室中进行。

(3) 尽管胶接接头可以进行无损检测来确定其是否存在空洞和未粘接的部分，但目前没有可靠的无损检测方法来确定胶接接头的强度。因此，必须使用与实际结构相同的表面处理方法和胶接循环，来制造过程控制试验件，并对试验件进行破坏性测试。

(4) 胶黏剂材料易腐烂，它们必须按照制造商的推荐程序(通常包括制冷)

进行储存。一旦混合或从冰箱中取出，则必须在规定的时间内组装和固化。

(5) 胶黏剂易受环境退化的影响，大多数将吸收水分，并在高温下表现出强度和耐久性降低。一些胶黏剂会被化学品降解，如脱漆剂或其他溶剂。

17.6　胶接接头设计

在结构胶接接头中，一个部件中的载荷通过胶层传递到另一个部件。载荷传递效率取决于接头设计、胶接特性和胶黏剂/基板界面。为了有效地通过胶黏剂传递载荷，基板(或被黏附体)搭接，使得胶黏剂以剪切方式传载。典型的胶接接头设计如图 17.20 所示。通过单个黏合线加载的被粘物的厚度有限制。随着载荷的增加，被粘物的厚度增加；最终，必须从单搭到双搭接头，最后到斜削双搭接或阶梯式搭接。接头设计的影响如图 17.21 所示，增加接头复杂度可以确保粘接强度高于增加的被粘物厚度的强度。

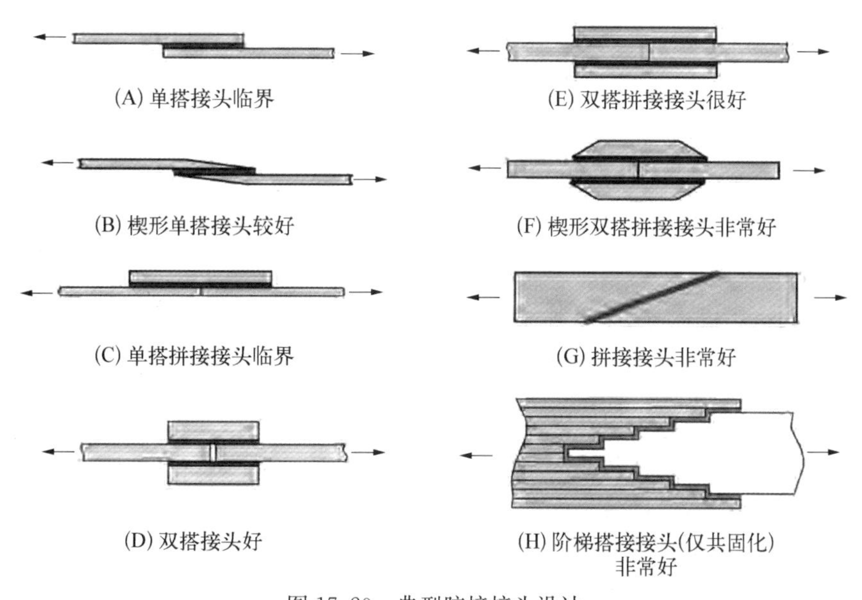

图 17.20　典型胶接接头设计

单搭剪切接头的载荷路径高度偏心，产生较大的次要弯矩，从而导致严重的剥离应力。因此，这种类型的接头只能用于由诸如内部框架或加强件等底层结构支撑的承载非常小的结构或蒙皮。对于准各向同性复合材料层压板，对于厚度超过 0.07 in(1.8 mm)的接头，不应采用单搭接头。虽然双搭接头没有主弯矩，因为所承受的载荷是共线的，但是由于外部被粘物端部存在不平衡剪切应力产生的力矩，因此会产生剥离应力。所产生的剥离应力比单搭接头小得多；然

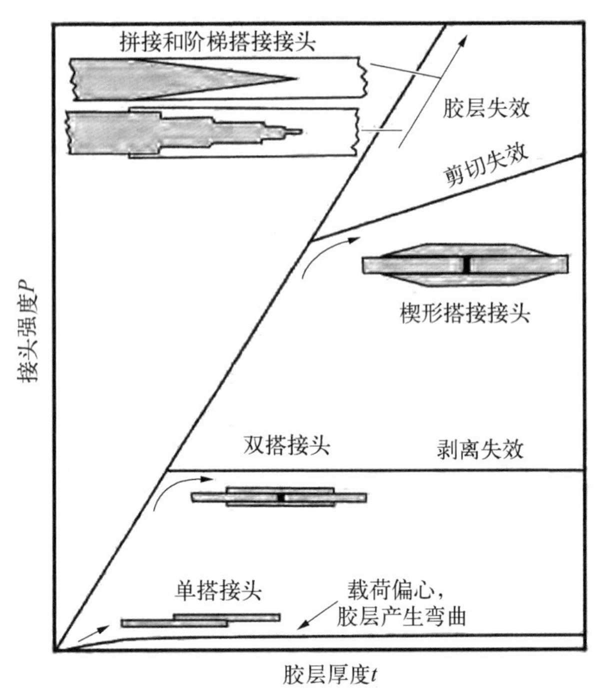

图 17.21 被粘物厚度对胶接接头设计的影响[8]

而，它们确实限制了连接材料的厚度。如图 17.21 所示，使接头端部逐渐变细可显著提高双搭接头的承载能力。由于楔形和阶梯搭接接头产生的剥离应力可以忽略，因此可用于连接更厚的复合材料层压板。然而，楔形接头需要较浅的锥角以有效地转移载荷，可能导致较厚的复合材料层压板接头非常长。因此，它很少用作主要连接技术，尽管它经常用于修复蜂窝结构中的薄蒙皮。尽管阶梯式搭接结构难以制造，但它确实包含在制造过程中用于单层铺放的离散阶梯。由于存在与楔形和阶梯搭接接头相关的这些困难，因此对于厚于 0.125 in(3 mm)的层压板，机械紧固件连接可能是更好的选择。

使用弹塑性胶黏剂模型进行胶接接头的分析和设计。在参考文献[9]~[11]中可以分别找到单搭、双搭、楔形和阶梯搭接接头的详细分析。此外，A4E 系列计算机程序可用于各种几何形状的接头。阶梯搭接接头的设计和分析稍微复杂一些，且基于非线性连续力学。

17.7 胶接剪切应力-应变

胶接强度通常通过图 17.22 所示的简单的单搭剪切试验来测定。报告将胶黏剂失效时的应力作为搭接剪切强度，通过失效载荷除以粘接面积得到。由于在粘接区域上胶黏剂应力分布不均匀（在接头边缘处峰值），因此报告中的剪切应力低于胶黏剂的真实极限强度。虽然该试样相对容易制造和测试，但由于被粘物弯曲以及弯曲引起的剥离载荷，不能测量真正的剪切强度。此外，因为没有测量剪切应变的方法，因此结构分析需要计算黏合剪切模量。即使在平衡的双搭接剪切接头中，沿着粘接线的载荷传递也不均匀，而是以图 17.23 所示的方式在搭接端部达到峰值。这种不均匀的载荷传递是由胶接接头的一端到另一端的被黏体内与直接应力变化相关的变形兼容性引起的。

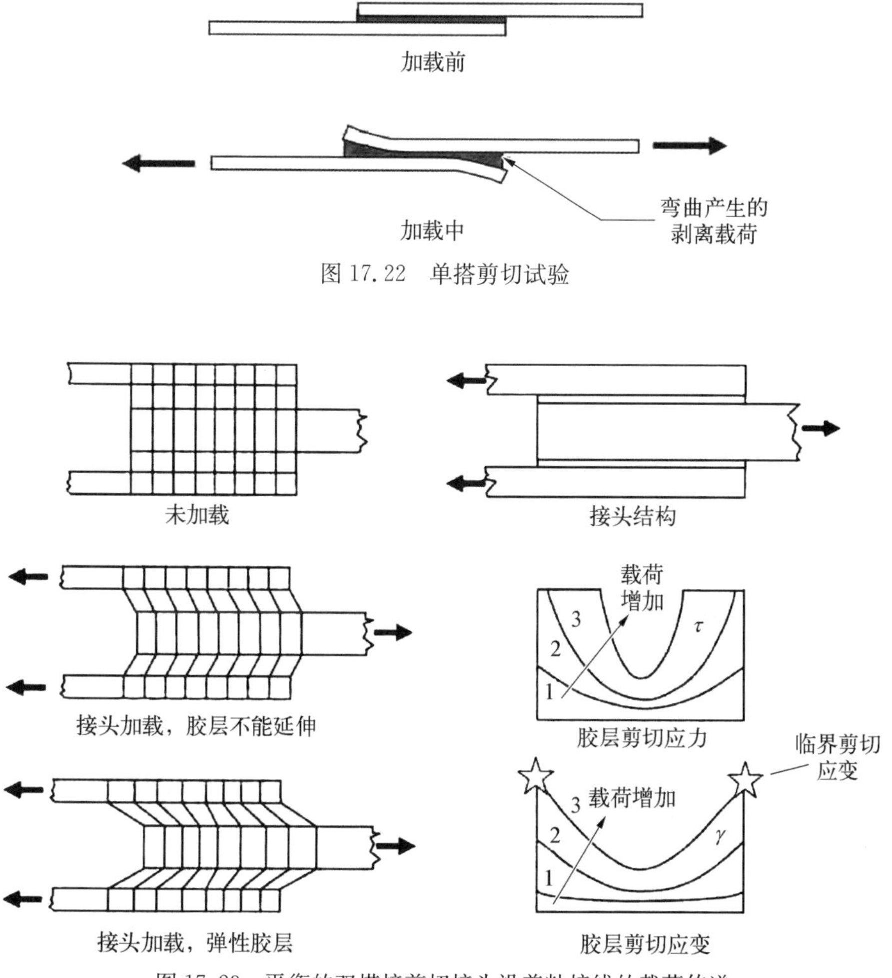

图 17.22 单搭剪切试验

图 17.23 平衡的双搭接剪切接头沿着粘接线的载荷传递

胶接结构的设计基于厚粘接体试验产生的应力-应变曲线，如 13.11 节所述。为了测量胶接剪切应力-应变性能，可以进行仪器化的黏性试验，较厚的被粘物产生可忽略的弯曲力(见图 17.24)。适当仪器化的厚粘贴试验可以计算得到剪切应力 τ、剪切模量 G 和剪切应变 γ。然而，单搭剪切试验是评估胶黏剂和表面处理以及过程控制的有效筛选和过程控制试验。

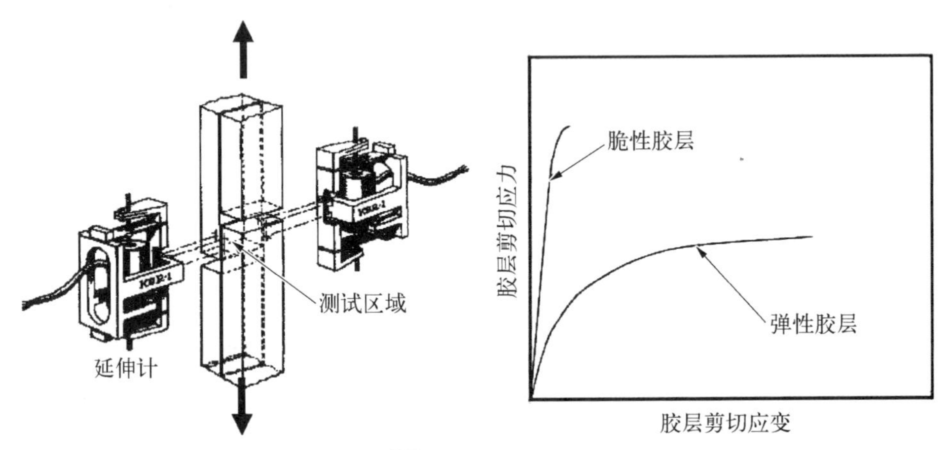

图 17.24 厚被粘物试验方法[13]

图 17.25 脆性和弹性胶黏剂的室温剪切应力-剪切应变行为[8]

低强度、低模量的弹性胶黏剂和高强度、高模量的脆性胶黏剂的室温剪切应力-剪切应变行为如图 17.25 所示。目前在高达 250℉(120℃)温度下使用的弹性环氧树脂胶黏剂通过加入橡胶、尼龙或乙烯基酯进行增韧。由于添加这些增韧剂降低了玻璃化转变温度 T_g，所以用于高温环境结构的环氧胶黏剂通常是未增韧的。结果表明耐高温性提高，但室温剥离阻力降低。尽管脆性胶黏剂具有最高的强度，但是在剪切应力-应变曲线下具有更大面积的弹性胶黏剂是更加兼容的胶黏剂，特别是在可能经受剥离和弯曲载荷的结构接头中。然而，在接近使用温度的高温下进行试验，即使是脆性胶黏剂仍具有显著的延展性。

用于粘接线设计的弹塑性模型如图 17.26 所示，与实际应力-应变曲线一起显示。极限载荷下的模型具有与实际应力-应变曲线相同的峰值剪切应力、剪切应变和相同应变能(曲线下面积)。如图所示，模型中使用的有效剪切模量和剪切屈服应力将随应变水平而变化。通常需要进行两个分析：① 使用实际的黏合剪切模量进行弹性分析，以确保胶黏剂在极限载荷下不会发生塑性变形；② 进行弹塑性分析来预测实际接头强度。由于初始剪切模量太低，弹性应变能太高，所以弹塑性分析不适用于较低载荷水平的情况。简单的弹塑性模型是数学近似模型，在卸载时，虽然存在一些滞后现象，但几乎完全恢复了应变；然而，其远不如线性载荷降低得多。

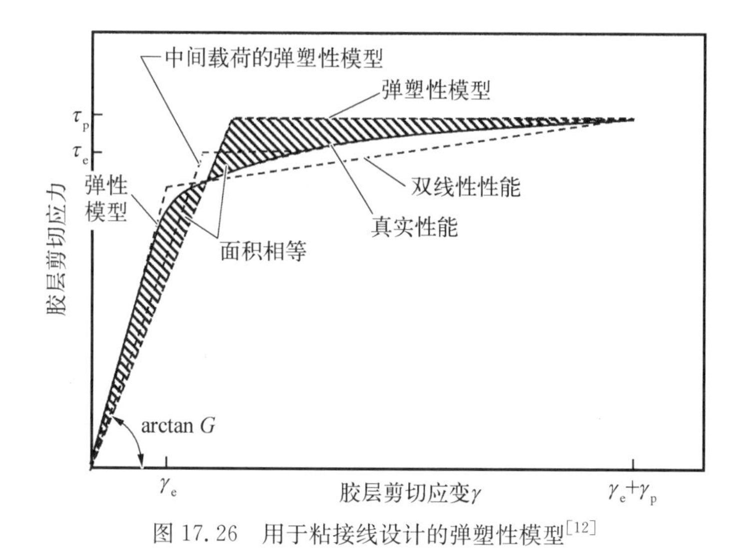

图 17.26 用于粘接线设计的弹塑性模型[12]

弹性胶黏剂的剪切应力-应变曲线随工作环境而变化，典型的例子如图 17.27 所示。虽然各种性能，如峰值剪切强度和应变造成的失效，随温度变化很大，但三条曲线下的面积非常相似。均匀被粘物之间搭接区域较长的接头的极限强度通过分析表示，由剪切中的胶层的应变能定义，而不通过任何单独的性能定义，例如峰值剪切应力。应变能与这些曲线各自的面积成比例。因此，实际

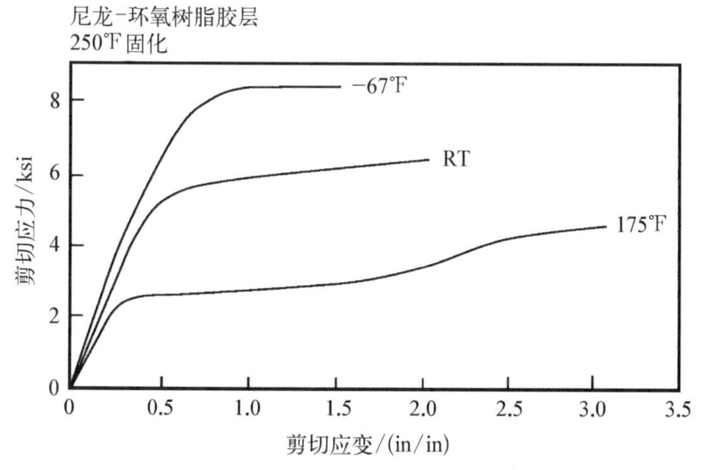

图 17.27 工作环境对弹性胶黏剂剪切应力-应变曲线的影响(RT 表示室温)[12]

使用的胶接接头强度对其操作环境不是很敏感，只要其温度保持在胶黏剂的玻璃化转变温度以下即可。

在测试或表征胶黏剂材料时，重点考虑以下几点：① 必须仔细控制所有试验条件，包括表面处理、胶黏剂和胶接循环；② 应在生产中使用的实际接头上进行试验；③ 必须彻底评估使用条件，包括温度、湿度以及使用寿命期间胶黏剂将暴露于其中的任何溶剂或液体。应检查所有试样的失效模式，一些可接受和不可接受的失效模式如图 17.28 所示。例如，如果试样在胶黏剂界面处出现胶黏剂破坏现象，而不是胶黏剂内的内聚破坏，则这可能是导致接头耐久性降低的表面处理问题。所需的失效模式是胶黏剂黏合线的 100%内聚失效(见图 17.29)。

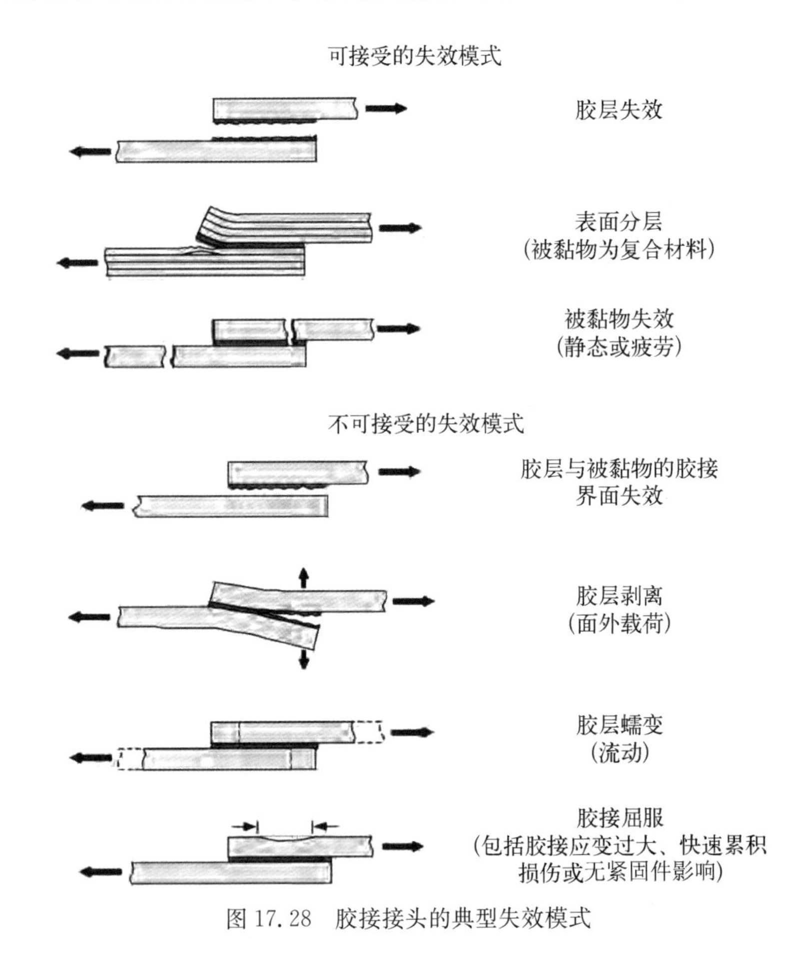

图 17.28 胶接接头的典型失效模式

粘接到复合材料而不是金属会造成胶黏剂选择标准的差异显著有两个原因：① 复合材料具有比金属更低的层间剪切刚度；② 复合材料比金属具有低得

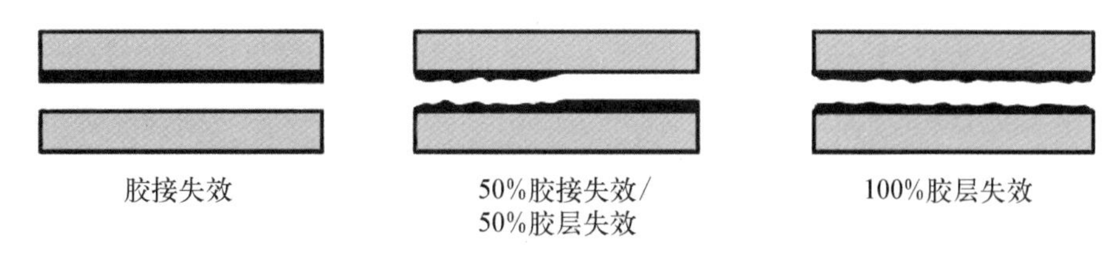

图 17.29 胶接界面失效和胶黏剂失效模式的区别

多的剪切强度(层间剪切刚度和强度取决于基体的性质而不是纤维的性质)。图 17.30 显示了在拉伸载荷下黏合到金属被粘物上的复合层压板的变形。复合材料层压板倾向于像卡片一样剪切。胶黏剂将载荷从金属传递到复合材料中,直到在某一距离 L 处,每种材料中的应变相等。在复合材料中,基体树脂作为胶黏剂将载荷从一个纤维层传递到下一个纤维层。由于基体剪切刚度低,因此复合材料层在拉伸载荷下变形不均匀。失效首先发生在连接开始处的复合材料层或同一层附近的胶黏剂中。图 17.31 显示了复合材料接头中典型的首层失效。最大失效载荷通过具有低剪切模量和高失效应变的胶黏剂实现。

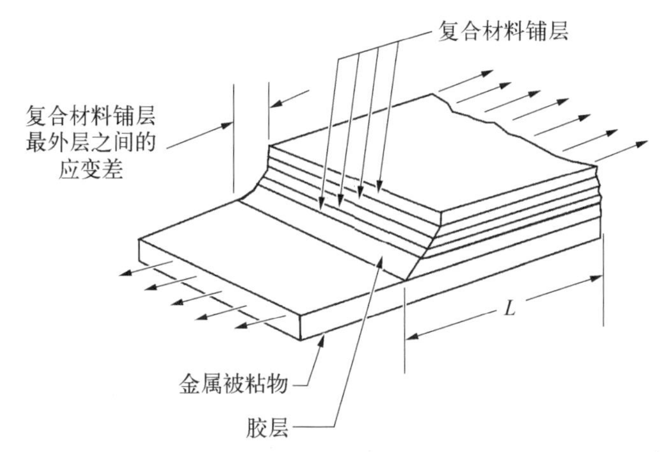

图 17.30 在拉伸载荷下黏合到金属被粘物上的复合层压板的变形[14]

复合材料胶接接头的基本设计应用应确保接头中的表面纤维平行于载荷方向(0°),使被粘物或底层的层间剪切或失效最小化。接合区域加工成阶梯搭接结构的设计,可能具有与载荷方向不同的纤维构成的胶接界面。这种角度更容易引起底层失效。

铝和钛通常与复合材料结构连接。固体铝被粘物不应直接热黏合到碳纤维/环氧树脂上,因为较大的热膨胀系数差异将引起显著的残余应力,并且与铝接触的碳纤维会形成能够腐蚀铝的原电池。观察到碳纤维/环氧树脂和铝之间

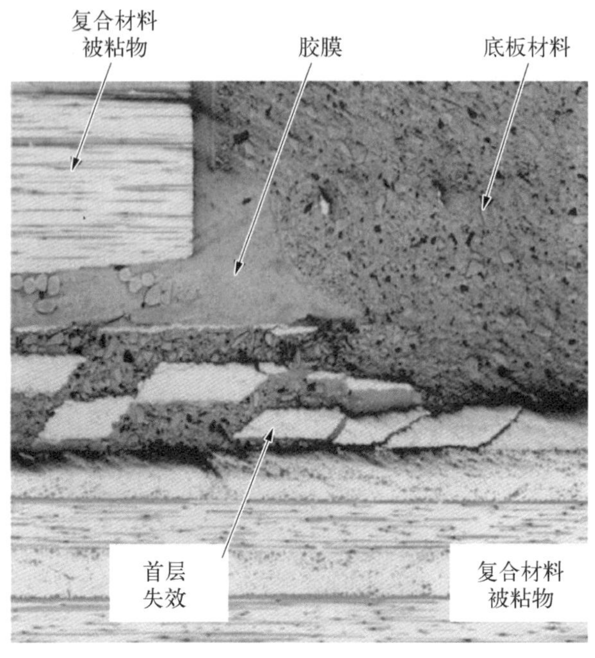

图 17.31　复合材料接头中典型的首层失效

的键完全破坏。制造了一种测试制品,其中铝铰链被共固化到碳纤维/环氧树脂控制表面。尽管使用了高应变增韧的环氧薄膜胶黏剂,但是由于两者之间的热膨胀系数差异较大,因此会产生残余应力,在 350℉(180℃)固化周期下冷却时,黏合线完全分开(100%内聚破坏)。如果该连接在冷却至室温后仍然可用,如果工作环境温度较低,例如−55℉(−50℃),则残留应力会更大。

17.8　胶接接头设计注意事项

设计胶接接头的第一条准则是在任何情况下,接头的强度都不应小于周围结构的强度,否则接头的损伤容限很小,会成为薄弱环节。通常在薄构件之间采用航空航天工业使用的坚固弹性胶黏剂,能够使接头比设计正确的接头的被粘物更强。对于较厚的结构,通过在阶梯搭接接头中使用足够的台阶,使粘接总是能够比结构更强。由于胶接接头的剪切强度可能很强,但剥离强度不可避免地较弱,所以胶接接头设计的第二条准则是确保胶黏剂在剪切时加载,同时使任何直接或诱发的剥离应力最小化。当使用胶黏剂时,应尽量避免拉伸、裂缝和剥离载荷(见图 17.32)。实际上,只要有明显的表面积,但肯定不在所示的对接接头中,则非结构性接头的拉伸载荷就是可以接受的。

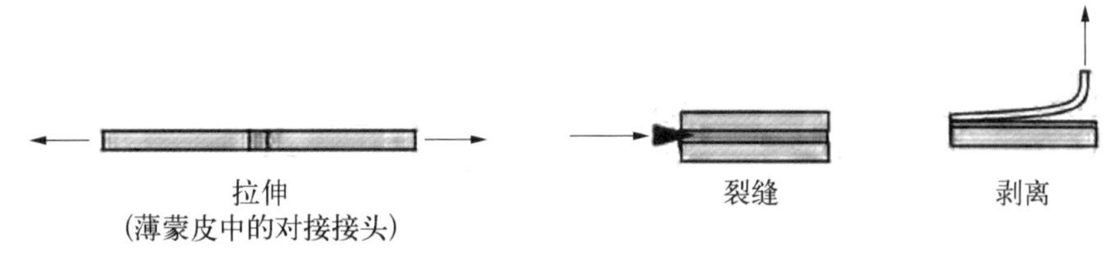

图 17.32 胶接结构中需避免的载荷路径

重要的是,胶接接头强度超过被粘物的强度至少 50%,以允许轻微的制造缺陷。胶接强度的损失有时与黏合线缺陷或粘接破坏有关,如图 17.33 所示。即使存在这种退化,接头也会比被黏物更强。如果被粘物厚度大于粘接和构件强度相等的胶黏剂厚度,则缺陷、孔隙率或损伤绝对不存在公差。如果施加足够的载荷,则最轻微的缺陷也将导致整个黏合区域遭到严重破坏。

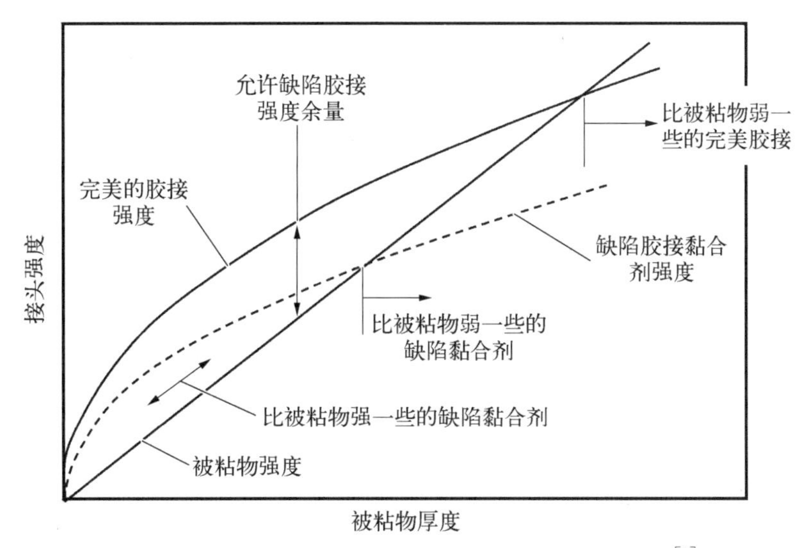

图 17.33 胶黏剂和被粘物受胶接缺陷影响的相对强度[6]

有两个因素影响胶接接头长期耐久性:表面处理和胶黏剂蠕变。适当进行表面处理的重要性在第 8 章中有所描述。选择足够长的搭接从而产生应力低谷会使蠕变受到限制,如图 17.34 所示。如果使用短搭接,则最小的黏合剪切应力和应变几乎与末端的峰值一样高。因为胶黏剂蠕变可以在静态和循环载荷下积聚,所以在卸载时,胶黏剂不会恢复到其初始状态的机制。短搭接的接头易于蠕变破坏,但是通过使用足够长的搭接,能够使黏合剪切应力和应变与要求的一样低。尽管在长搭接端部的胶黏剂中,在点 F 和 G 之间,点 J 应力很高,但如果点

A 处的应力足够低，则点 D 和点 E 之间不存在蠕变。由于刚性接合体每当接头卸载时都会将胶黏剂推回到其原始位置，因此发生的蠕变不能积累。部分胶黏剂的这种恢复防止了总蠕变过大，并且是胶接结构耐用的关键。没有它，就无法成功制得胶接结构。

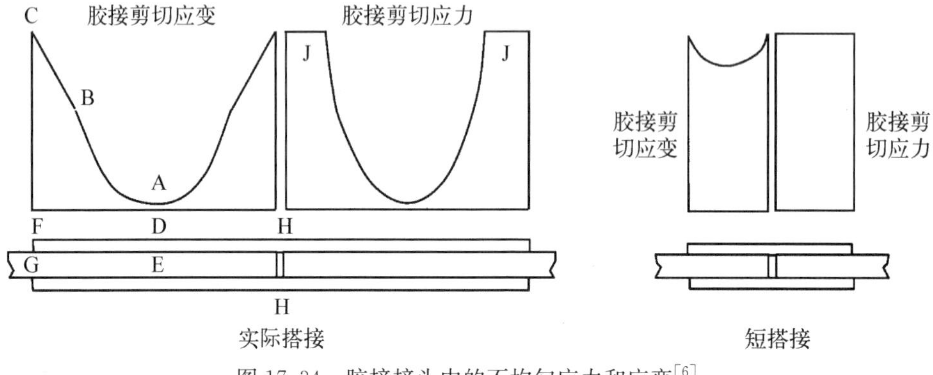

图 17.34 胶接接头中的不均匀应力和应变[6]

对于结构铝合金，在双搭接中使用中心被粘物厚度约 30 倍的搭接。此外，由于准各向同性碳纤维/环氧树脂层压板的模量几乎与铝合金的数量级相同，因此对于这种层压板来说，类似的搭接厚度比也是令人满意的。均匀被粘物之间的胶接接头的静强度对于足够长的搭接的精确长度是非常不敏感的，如图 17.35 所示。超过 C 点的任何搭接都将是多余的。对于所有长于上图所示的黏合剪切应变突然下降的搭接，胶黏剂中的最大应变受到被粘物强度的限制，低于胶黏剂失效应变。对于短搭接或厚的被粘物，则没有提供这种保护。如果被粘物太厚，则图 17.35 所示的峰值剪切应变的极限会消失。因此，更复杂的阶梯搭接接头适用于厚度大于 0.125 in(3 mm)的被粘物。接头的极限强度通常由最低工作温度决定，而设计搭接则由最高工作温度决定，此时胶黏剂最软。

在胶接接头设计中，另一个考虑因素是需要限制胶黏剂在搭接端部产生的最大剪切应变。一旦超过了应力-应变曲线的拐点，则与剪切变形相关联的拉伸应力会使胶黏剂中逐渐产生更多的损伤。因此，有必要确保设计极限载荷不会使胶黏剂超过应力-应变曲线中的拐点。由于胶接接头的剪切强度与剪切中黏合应变能的平方根成比例，所以比限制载荷高 50%的设计极限载荷与极限剪切应变相关，几乎是拐点的 2 倍，如图 17.36 所示。弹性胶黏剂的应力-应变曲线的其余部分被保留，用于损伤容限和局部损伤周围载荷的再分配。对于脆性胶黏剂，通过均衡设计极限载荷和应力-应变曲线的末端来限制接头强度，不会包

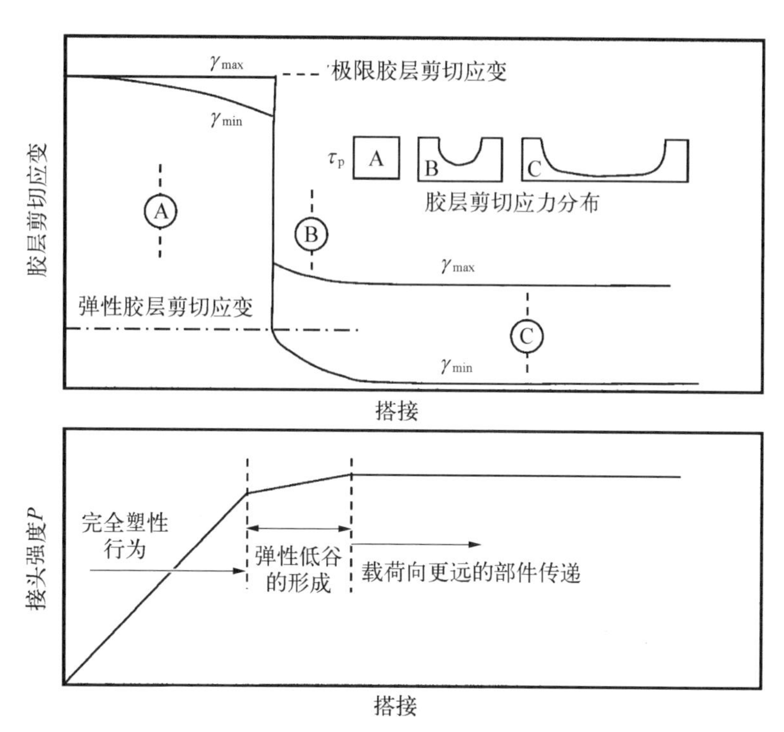

图 17.35　过度搭接对胶黏剂剪切应变的影响

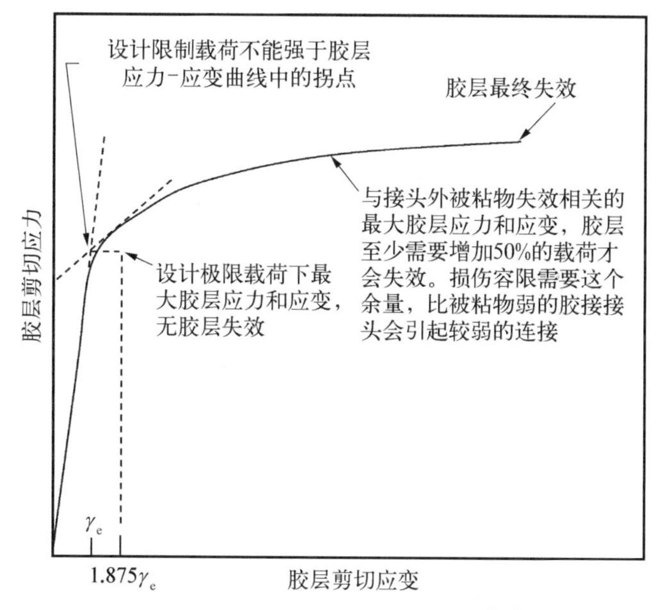

图 17.36　剪切载荷胶接设计模型[12]

含任何明显的拐点。

在确定搭接长度之后，需要消除剥离应力。如图 17.22 所示，由于载荷路径偏心，因此单搭接头会产生剥离应力。如图 17.37 所示的厚复合材料被粘物，剥离应力在看似平衡的双搭接头中也会发生，尽管不是很明显。如图 17.38 所示，可以通过稍微修改接头几何形状来消除剥离应力，其中被粘物的末端薄而柔软，产生的剥离应力可忽略。胶黏剂在尖端局部加厚是有益的。然而，对于高流动、高温固化胶黏剂，必须谨慎使用这种局部增厚，以防止通过毛细作用产生空隙。使用额外的胶黏剂或稀松布填料可以帮助防止此类问题的发生。使被粘物变细或者使胶黏剂层变厚的确切比例并不重要。如果搭接区域足够长，则不能过度释放剥离应力。此外，固化过程中胶黏剂流动产生的天然圆角或渗出也不应该被去除。试验表明，这能改善接头的静态和疲劳特性。

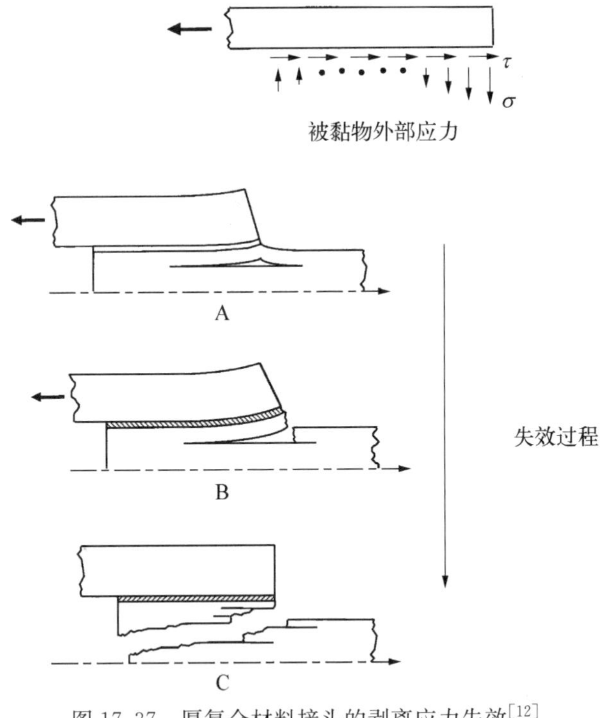

图 17.37 厚复合材料接头的剥离应力失效[12]

17.9 阶梯搭接胶接接头

使用如图 17.39 所示的阶梯搭接接头，过厚(因而太强)的复合材料层压板可以采用简单均匀搭接剪切胶接接头粘接在一起。斜接接头不具吸引力，因为

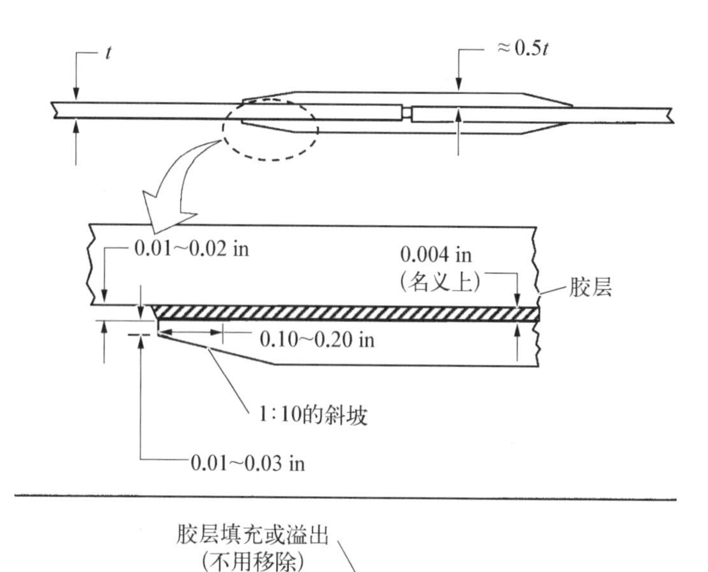

图 17.38 修改接头几何形状消除剥离应力[12]

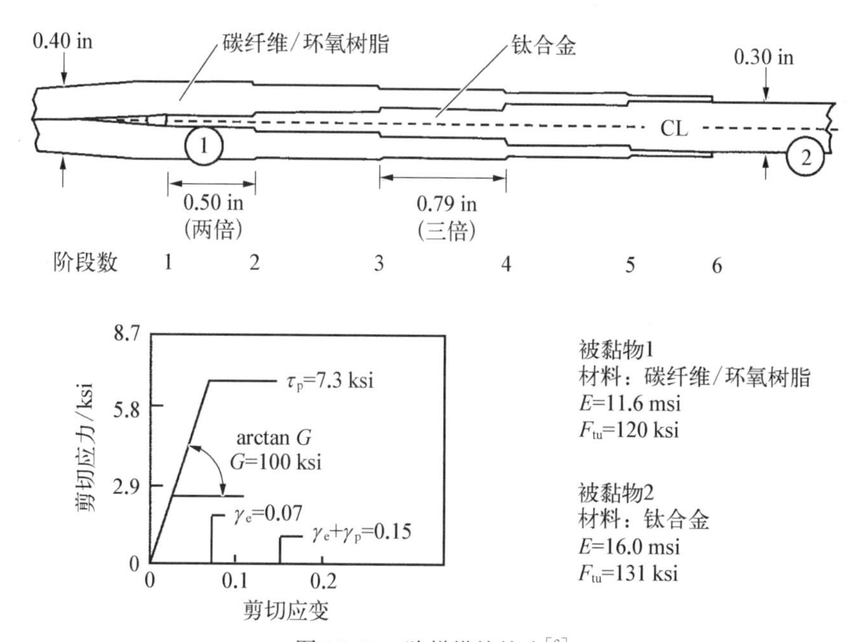

图 17.39 阶梯搭接接头[6]

所需的斜率非常小(不超过 0.02),因此厚层压板需要非常长的接头。阶梯搭接接头的每个台阶由与双搭接头一致的微分方程控制。因此,如图 17.40 所示,胶黏剂中存在高度不均匀的剪切应力分布,载荷传递集中在每个台阶的端部。

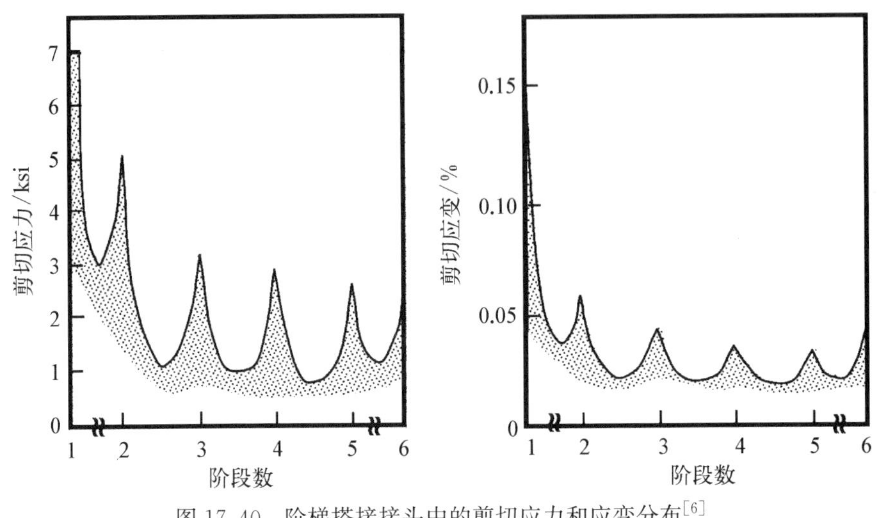

图 17.40 阶梯搭接接头中的剪切应力和应变分布[6]

使用基于弹塑性剪切模型的计算机程序进行阶梯搭接接头的设计和分析。初步设计的一些经验法则如下:最后的台阶既不要太厚也不要太长;典型的钛台阶为 0.03 in(0.8 mm)厚、0.375 in(10 mm)长,以防止疲劳失效。大多数其他台阶通常为 0.5~0.75 in(13~19 mm)长,阶梯厚度不大于 0.02 in(0.5 mm),接头端部越小越好,且通过靠近搭接区域中间的长台阶来提供抗蠕变性。如果比例适当,则增加接头强度的最有效变量就是台阶数;仅仅增加相同数量台阶的胶接面积是无效的。随着台阶数增加到一层一台阶,强度不断增加,数量应该足以确保黏合强度超过被粘物强度至少 50%。

虽然共固化阶梯搭接接头可用于生产重量-效率的厚板复合材料接头,但难以制造和检查。如图 17.41 所示,F/A-18 战斗机在翼根配件上使用了一个共固化阶梯搭接接头。使用该接头的一个明显优点是:根据合同要求,允许整个机翼被拆除并根据需要进行更换。制造包括使用模板放置下半部分铺层,以便正确地定位铺层,以及与拼接板的下半部分配合。钛接合板被一层薄膜胶黏剂覆盖,在高温烘箱中分级;分级会增加胶黏剂黏度,并且使拼接板上的台阶位置更显眼。然后将分段拼接板放置在铺层的下半部分,并将铺层的一半顶部铺放到台阶上。然而，在固化过程中，由于树脂变成液体，所以液压往往会将铺层从台阶上推出，从而产生间隙。如图 17.42 所示，这些间隙会产生桥连褶皱。虽然

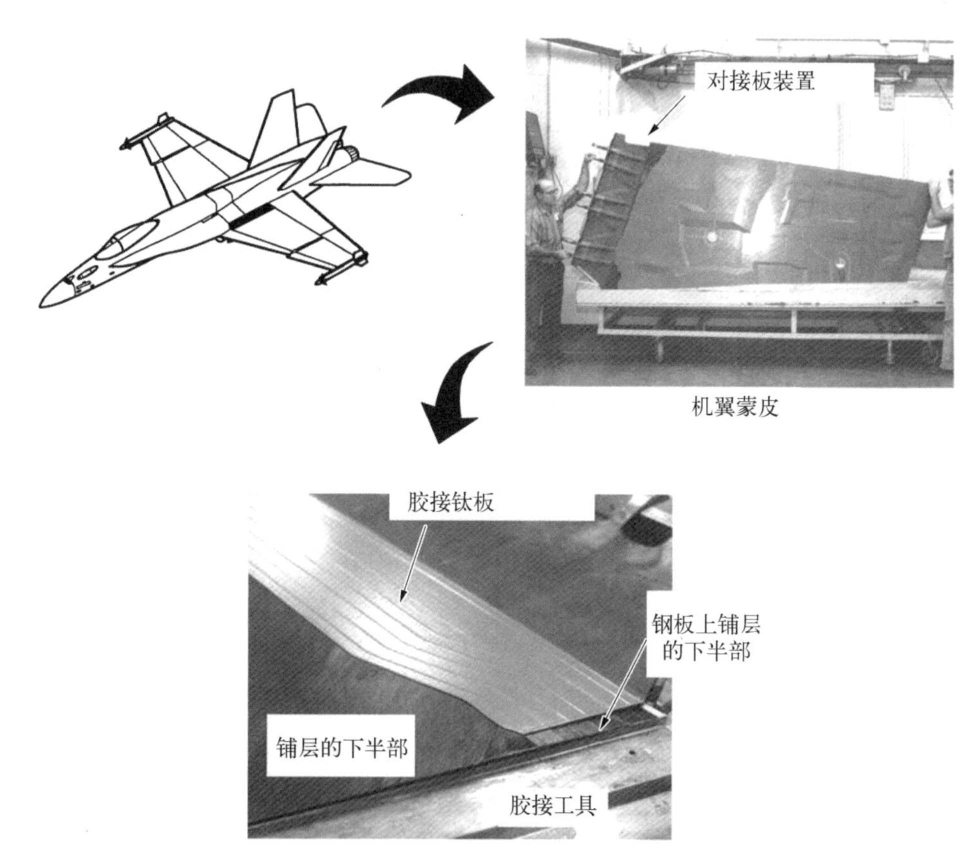

图 17.41 机翼盒段拼接制造(参考波音公司)

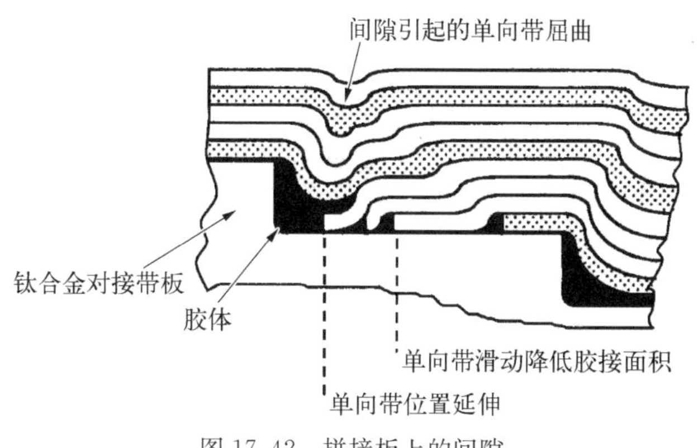

图 17.42 拼接板上的间隙

这些褶皱只稍微降低了拉伸性能，但是由于承载纤维已经被预先卷曲，所以较大的间隙(褶皱)会严重降低压缩性能。此外，必须使用特殊的射线照相检测技术检测间隙，但很难对结果进行解释。虽然这种接头在服役中完美无缺，但在实践中对于较厚的复合材料结构，使用机械紧固件接头可能更有意义。

17.10　胶接-螺栓连接混合接头

分析表明，在胶接-螺栓连接混合接头中，机械紧固件只占载荷的约 1%。换句话说，胶黏剂承担了几乎所有的载荷，直到它失效，然后紧固件继续承载。因此，除非需要冗余接头，否则紧固件只会增加成本和重量。此外，如图 17.43 所示，通常使用紧固件来避免某些情况下的剥离应力，例如在共固化加强片端部。这里采用三种不同的防剥离概念：① 在帽子的末端使用止皱紧固件，以防止分层沿着黏合线的长度方向传播；② 帽子的末端被剥去以允许载荷渐进传递；③ 蒙皮本身在帽子端部加厚，使连接更强。

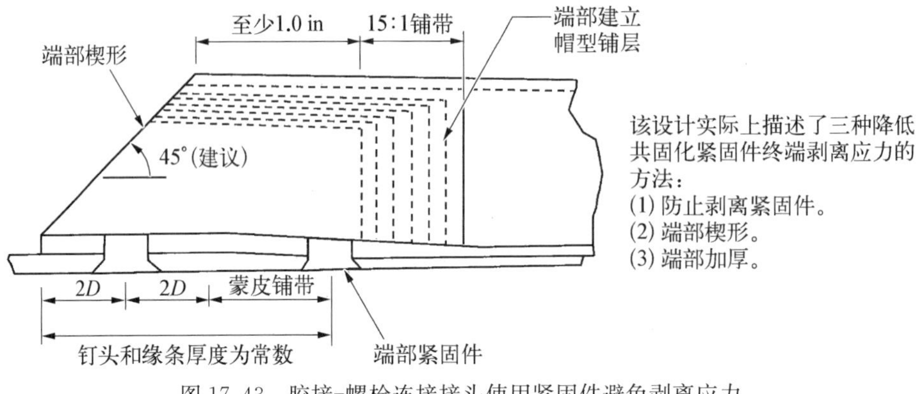

图 17.43　胶接-螺栓连接接头使用紧固件避免剥离应力

表 17.3 给出了胶接接头的一般设计准则。

表 17.3　胶接接头设计准则

序号	准　则	备　注
1	绝不能将粘接设计成结构中的薄弱环节，粘接强度应该总是比正在连接的单元强	粘接接头必须设计成比相邻结构更强，否则，粘接将成为一个薄弱环节
2	二次胶接广泛用于薄、轻载复合结构；机械连接主要用于更厚、更重的结构	厚粘接接头在剥离时可能过早失效

（续表）

序号	准　　则	备　　注
3	应采用适当的连接设计，尽可能避免张力、剥离或断裂载荷；如果剥离力无法避免，则应使用较低模量（不脆）、具有高剥离强度的胶黏剂	胶黏剂的剪切效果最好，剥离性较差；复合材料层间张力较弱
4	确保胶接接头100%可承载	
5	适当的表面准备是至关重要的；小心清洗溶剂和剥离层；机械打磨更可靠	必须除去表面光泽，对于有些剥离层使用硅酮
6	在低温环境中，胶黏剂很脆，粘接强度通常较低	
7	均衡的刚度可以提高接头强度	
8	减少连接的偏心设计	偏心会引起弯曲和胶黏剂剥离应力
9	使用热膨胀系数相近的材料	
10	使用弹性胶黏剂而不是脆性胶黏剂	弹性胶黏剂比脆性胶黏剂更为合适
11	使用胶膜胶黏剂而不是糊剂	胶膜有较高的强度，且可控制胶层厚度
12	胶黏剂通过厚黏附试验，形成一个完整的非线性应力-应变曲线剪切	
13	在进行粘接修理之前需要干燥层压板	在脱湿处理期间可以吹出胶
14	需要小心地将粘接重叠的末端变细为0.02；尽量减少导致过早失效的诱导剥离应力	
15	设计简单，厚度均匀（近准各向同性碳纤维/环氧树脂）粘接接头——30 t重叠的双剪，80 t重叠单搭接接头，需要1-in-30斜坡。	
16	对于高载的连接，首选共固化、多级的双面搭接接头	
17	厚粘接结构需要复杂的阶梯搭接接头以获得足够的效率	
18	厚结构步进搭接节点设计需要非线性分析程序	
19	厚的粘接结构是很难修复的，所以可认为是一次性的结构，原设计应该整合在一起，允许进行螺栓维修	
20	接头是经适当设计的圆角或倒角	圆角能改善静力和疲劳性能

（续表）

序号	准　　则	备　　注
21	结构胶黏剂的选择试验应包括热、湿度（和流体）耐久性试验和应力试验	防止意外的长期耐久性问题
	复合材料与金属连接	
22	有粘接接缝的阶梯式接头	更一致的结果
23	在可能的情况下，0°层数（主要负荷方向）应置于相邻的胶层附近；45°层也可以接受；90°层不应该放在相邻胶层，除非它也是主要的负载方向	最大限度地搭接剪切
24	对于阶梯式接头，最后一步的金属最小厚度应为 0.02 in	防止金属失效
25	如果可能的话，则在阶梯连接的第一步和最后一步使用 45°层	
26	如果可能的话，则在任何一个台阶表面上都不要超过两个 0°的帘铺层（不超过 0.014 个最大厚度）	
27	胶接接头应避免拉应力和剥离应力	好的设计实践
	复合金属连续接头	
28	将复合材料与钛（优选）和钢结合（可接受）	材料相容性与膨胀系数的最佳匹配
29	必须考虑不同材料的热膨胀，由于碳纤维复合材料与铝的热膨胀差较大，因此在高温固化冷却过程中，碳纤维复合材料与铝的热膨胀系数不同会产生热应力，导致两者之间的粘接接头失效	碳纤维复合材料与铝的热膨胀系数相差很大，会减少层间剪切应力

致谢

约翰·哈特-史密斯博士曾任职于道格拉斯飞机公司（为 McDonnell-Douglas 公司的一部分，现在属于波音公司），他是公认的机械紧固件和胶接接头分析方法的世界领先者。他开发了本章涵盖的几乎所有概念。

参考文献

[1] Lubin G. Handbook of Composites[M]// Oplinger D W. Mechanical Fastening and

Adhesive Bonding. Van Nostrand Reinhold Company, 1982.
[2] Baker A A, Dutton S E, Kelly D W. Composite Materials for Aircraft Structures, 2nd ed. [M]. American Institute of Aeronautics and Astronautics, 2004.
[3] ASTM STP 1455 Joining and repair of composite structures[S]// Hart-Smith L J. Bolted Joint Analysis for Fibrous Composite Structures — Current Empirical Methods and Future Scientific Prospects. American Society for Testing and Materials, 2004.
[4] ASTM STP 749 Joining of composite materials[S]// Baile J A, Duggan M F, Bradshaw N C, et al. Design Data for Carbon Cloth Epoxy Bolted Joints at Temperatures up to 450K. American Society for Testing and Materials, 1981.
[5] D B Miracle, Donaldson S L. ASM Handbook, Vol 21, Composites[M]// Parker R T. Mechanical Fastener Selection. ASM International, 2001.
[6] D B Miracle, Donaldson S L. ASM Handbook, Vol 21, Composites[M]// Hart-Smith L J. Bolted and Bonded Joints. ASM International, 2001.
[7] Hexcel Composites. Redux bonding technology[G]. 2001.
[8] Heslehurst R B, Hart-Smith L J. The science and art of structural adhesive bonding [J]. S. a. m. p. e. journal, 2002, 38(2): 60 - 71.
[9] Hart-Smith L J. Adhesive-bonded single-lap joints[R]. NASA Contract Report NASA CR 112236, 1973.
[10] Hart-Smith L J. Adhesive-bonded double-lap joints[R]. NASA Contract Report NASA CR 112235, 1973.
[11] Hart-Smith L J. Adhesive-bonded scarf and stepped-lap joints[R]. NASA Contract Report NASA CR 112237, 1973.
[12] Hart-Smith L J. The Design of Adhesively Bonded Joints, Adhesion Science and Engineering, Vol 1, The Mechanics of Adhesion[M]. Elsevier Science Ltd. , 2002.
[13] Krieger R B. Analyzing joint stresses using an extensometer[J]. Adhes. Age, 1985, 28(11): 26 - 28.
[14] D B Miracle, Donaldson S L. ASM Handbook, Vol 21, Composites[M]// Campbell F C. Secondary Adhesive Bonding of Polymer-Matrix Composites. ASM International, 2001.

精选参考文献

[1] Hart-Smith L J. Design methodology for bonded-bolted composite joints[G]. 1982.
[2] Hart-Smith L J. Design and Analysis of Bolted and Riveted Joints in Fibrous Composite Structures[M]// Recent Advances in Structural Joints and Repairs for Composite Materials. Springer Netherlands, 2003.
[3] Hart-Smith L J. Adhesively Bonded Joints for Fibrous Composite Structures[M]// Recent Advances in Structural Joints and Repairs for Composite Materials, 2003.

18　设计和认证考虑因素

作者自还没有计算机和工作站的20世纪70年代中期开始参与其第一个飞机项目。那个年代，设计人员在大型塑料纸上用墨水笔绘制图纸。强度工程师指定层压板铺层方向和铺层数量以满足强度和刚度要求，而设计人员对设计负总责，并在有技术问题时咨询适当的工程团队。

如今的设计环境大不相同，由并行工程或集成产品定义团队（IPD）开展设计，团队由工程、工装、制造、质量和支撑人员构成，甚至客户也会参与初步、关键和最终设计评审，设计工具也得到了巨大改进。详细的复合材料设计可采用计算机化层压板分析代码和有限元建模工具。最新的设计可在集成先进计算机辅助设计（CAD）/计算机辅助制造（CAM）的工作平台上开展。

相比于传统金属结构，采用复合材料结构后，集成产品定义团队具有更大的自由。这是由于复合材料可选择不同的增强体，且可与可选的不同基体结合，然后采用多种工艺制造。设计团队可以自由确定各成分的数量和分布。复合材料层压板可以制成任何厚度和纤维方向，来达到所需强度和刚度。虽然复合材料设计自由度增加了可选择数量，但也使得流程更加复杂。

本章将讲述IPD团队在整个设计过程中的活动，覆盖以下专题：材料选择、纤维选择、产品形式选择、基体选择、制造工艺选择、材料和设计构型的初步权衡研究、用于航空产业的试验与验证积木式方法、设计许用值以及一些详细设计准则。此外，本章还覆盖了复合材料设计中的若干重要注意事项，包括损伤容限和环境敏感性。虽然以上专题均在本章中进行了系列讨论，但实际上这些专题均以迭代模式开展，特别是在早期的设计流程中。一旦设计定稿，若再退回修改设计，则需付出很大代价。有人认为最终产品约90%～95%的成本可能取决于前5%设计流程中所做出的决定，因此，在详细设计开始前，仔细做好前期工作很重要。

18.1 材料选择

在材料选择过程中，先宽泛地在复合材料结构、金属材料、非增强聚合物材料或自然材料中进行筛选。材料选择的基本原则是如果零件可简单地采用传统材料（如铝、钢、木材或塑料）制造，则该方案是成本最低的方案。然而，复合材料结构也具有很多优点，包括重量较轻、刚度较高和耐腐蚀性较好。

18.2 纤维选择

由于纤维可以提供复合材料的强度和刚度，故优先考虑纤维的选择。玻璃纤维力学性能好、成本低，是应用最广泛的增强体。E-型玻璃纤维是最常规的玻璃纤维，广泛用于商用复合材料制品。E-型玻璃纤维是一种低成本、高密度、低模量的纤维，具有良好的耐腐蚀性和可操作性。为满足纤维缠绕压力容器和固体火箭发动机壳体的高强度需求，开发了 S-2 型玻璃纤维。虽然比 E-型玻璃纤维昂贵，但这类纤维的密度、性能和成本均在 E-型玻璃纤维和碳纤维之间。在许多电气应用中采用石英纤维，虽然非常昂贵，但它的介电常数低。

芳纶（如 Kevlar）是一种具有低密度、高损伤容限、性能极其坚韧的有机纤维。这类纤维拉伸强度高，但压缩性能不佳，对紫外线敏感，且仅在温度低于 300℉（150℃）时能长期使用。另一种有机纤维由超高分子质量聚乙烯（UHMWPE）制成，如光谱纤维（spectra）。光谱纤维密度低、雷达透明度好、介电常数低。由于密度低，因此这类纤维在室温下展现出非常高的比强度和比模量。然而，这类纤维由聚乙烯制得，不能承受高于 200℉（90℃）的温度。芳纶、S-2 型玻璃纤维和 UHMWPE 纤维均具有良好的冲击阻抗性，然而像芳纶一样，这类纤维通常与基体的粘附性差。

碳纤维综合性能最佳，但比玻璃纤维或芳纶贵。碳纤维密度低、热膨胀系数（CTE）低、能导电且结构效率很高，并展现出良好的疲劳阻抗。但这类纤维比较脆（应变造成的破坏低于 2%）且冲击阻抗低，若直接与活泼金属接触（如铝合金），则碳纤维的导电特性会引起电化学腐蚀。碳纤维和石墨纤维的强度和刚度范围比较宽，强度范围为 300～1 000 ksi（2 000～7 000 MPa），模量范围为 30～145 msi（4～21 GPa）。由于性能范围宽，因此碳纤维常常划分为：高强度、中等模量、高模量。碳纤维和石墨纤维都生产成无捻纤维束，称作束。束的一般规格有 1 k、3 k、6 k、12 k 和 24 k，其中

1 k=1 000 根纤维。为改进纤维与聚合物基体的黏附性，碳纤维和石墨纤维常常在制造完成后立即进行表面处理。

高分子复合材料偶尔也采用几种其他纤维。硼纤维是碳纤维出现前的前一代高性能纤维。这是一种大直径纤维，制造方法为拽着细钨丝从长细的反应器中通过，反应器中盛放着由化学气相沉积出的硼。因为一次只能制成一根而不是成千上万根的纤维，所以硼纤维非常昂贵。由于硼纤维直径大、模量高，因此它的压缩性能非常出色。硼纤维不易制成复杂形状，且很难机加工。其他高温陶瓷纤维，如碳化硅纤维（尼卡隆）、氧化铝纤维和氧化硼化硅纤维（Nextel）等常用于陶瓷基复合材料，但几乎不用于聚合物基复合材料。

在选择玻璃纤维、芳纶或碳纤维时需考虑以下因素：

(1) 拉伸强度。若拉伸强度是主要设计参数，则低成本的 E-型玻璃纤维是最佳选择。

(2) 拉伸模量。当设计拉伸模量时，碳纤维相对于玻璃纤维和芳纶来说，具有明显优势。

(3) 压缩强度。若压缩强度是主要要求，则碳纤维对于玻璃纤维和芳纶来说，具有明显优势。芳纶的压缩强度低，可以忽略。

(4) 压缩模量。碳纤维是最佳选择，E-型玻璃纤维最差。

(5) 密度。芳纶密度最低，次之为碳纤维，再次为 S-2 型和 E-型玻璃纤维。

(6) 热膨胀系数。芳纶和碳纤维的 CTE 比 0 稍小，而 S-2 型和 E-型玻璃纤维的 CTE 为正数。

(7) 冲击强度。芳纶和 S-2 型玻璃纤维耐冲击性好，但碳纤维是脆性材料，应避免冲击。基体选择对冲击强度的影响很大。

(8) 环境阻抗。基体选择对复合材料环境阻抗的影响最大。芳纶在紫外线环境下性能衰退，且长期使用温度应保持在 300℉(150℃)以下；碳纤维在温度超过 700℉(370℃)时氧化，而在聚酰亚胺中进行的长达 1 000 h 的热氧化抗性试验表明在 500～600℉(260～315℃)温度范围内，碳纤维强度降低；玻璃纤维浆料趋向于亲水和吸湿。

(9) 成本。E-型玻璃纤维是最便宜的纤维，碳纤维最贵。对于碳纤维来说，丝束尺寸越小，纤维越昂贵。若采用大尺寸丝束，则每一铺层都放置更多材料，有助于减少人力成本。然而，机织织物若采用大尺寸丝束，则会使更多树脂集聚，使产生空洞和基体微裂纹的风险增加。

18.3 产品形式选择

如图 18.1 所示，复合材料结构采用的材料产品形式众多。纤维可以是连续的或是非连续的，也可以是定向的或是非定向(随机)的，可以提供干纤维或树脂浸润后的纤维(预浸料)。

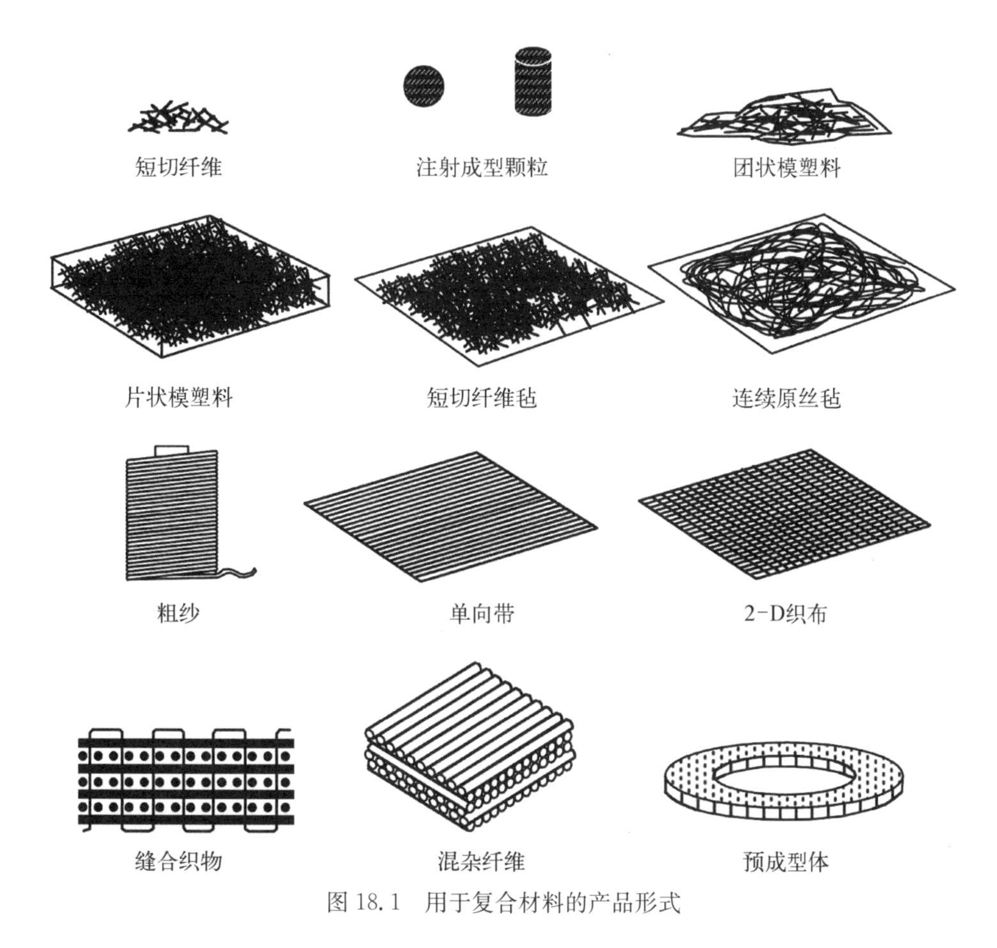

图 18.1 用于复合材料的产品形式

由于市场驱动供应，因此在特定物质形态下，某些纤维或基体的组合是不可行的。通常供应商需要做的操作越多，成本越高，例如预浸布比干态机织物贵。复杂的干态预成型体价格可能较高，但可以通过减少或消除手糊成型成本，降低整个制造成本。如果结构效率和重量是重要的设计参数，则由于不连续纤维会导致力学性能低，因此通常采用连续增强产品形式。进行复合材料选择时的常规权衡见表 18.1，干纤维/纯树脂和预浸料的对比见表 18.2。

表 18.1 复合材料选择时的常规权衡

设计待定项	常 规 权 衡	成本最低	最高性能
纤维类型	成本、强度、刚度、密度（重量）、冲击强度、导电性、环境稳定性、腐蚀、热膨胀	E-型玻璃纤维	碳纤维
束尺寸（如果选定碳纤维）	成本、纤维含量、改进的纤维浸润性、结构效率（最小铺层厚度）、表面处理	12 k/束	3 k/束
纤维模量（如果选定碳纤维）	成本、刚度、重量、脆性	低模碳纤维	高模碳纤维
纤维形式（连续或非连续）	成本、强度、刚度、重量、纤维含量、设计复杂性	随机/非连续	定向/连续
基体	成本、使用温度、压缩强度、层间剪切、环境性能（耐流体性、UV 稳定性、吸湿）、损伤容限、保质期、工艺性、热膨胀	乙烯基酯和聚酯	高温——聚酰亚胺(a) 中低温——环氧树脂 增韧——增韧环氧树脂
复合材料形式	成本（材料和人工）、工艺兼容性、纤维体积控制、材料操作性、纤维浸润、材料废料	基本型——纯树脂/粗纱	预浸料(b)

注：(a) 取决于高性能的定义，如高温、韧性和较高力学性能；(b) 材料形式不由性能驱动，通常取决于制造工艺

表 18.2 干纤维/纯树脂和预浸料的对比

	干纤维/纯树脂	预 浸 料
成本	低	高
保质期	长	短
贮存期	长	短
材料操作性		
铺敷性	优	劣
黏性	小	大
树脂控制	劣	优
纤维体积控制	劣	优
零件质量	劣	优

18.3.1 非连续纤维产品形式

短切纤维通过将纤维纱、纤维股或纤维束机械切削成短纤维制成，典型长度为 1/4～2 in(6～50 mm)。为确保最大增强效率，短切纤维不能低于典型长度。研磨纤维典型长度为 1/32～1/4 in(0.8～6 mm)，长径比(长度/直径)低，且仅提供最小强度，故结构性应用不予考虑。纤维长度增加会大幅度增加复合材料的强度，但对刚度影响不大。短切玻璃纤维常以颗粒的形式埋入热塑性或热固性树脂，便于注射成型。

短切纤维或缠绕的连续纱缕与胶黏剂结合形成纤维垫材料或纤维毡材料。纤维毡是一种薄垫材料，用于改善模压成型复合材料的表面光洁度。诸如汽车、工业、休闲和船舶应用这些对外部表面光洁度要求高至 A 级的领域，广泛采用该材料形式。E-型玻璃纤维的纤维毡相当便宜，也最常见。除玻璃纤维外，其他纤维也能制成纤维垫的形式，产品本身特性导致纤维垫通常比较昂贵。由于需求少，因此目前碳纤维垫比较少见。为防止电磁干扰，可采用碳纤维毡(虽然非常昂贵)。由于该产品结构形式的结构效率低以及采用非连续增强体会导致重量损失，因此在历史上，航空航天工业对这种产品形式并不看好。汽车工业虽然采用了昂贵的纤维垫，但对碳纤维垫也不看好，不愿为碳纤维材料买单。

片状模塑料(SMC)由切削后的随机方向的纤维和 B 阶段树脂基体形成的片状物组成，纤维典型长度为 1～2 in(25～50 mm)，通常由 E-型玻璃纤维搭配一种树脂(聚酯树脂或乙烯基酯树脂)组成。这类材料可以是团状的或预切割成片状。团状模塑料(BMC)是短的、方向随机的预浸材料，但纤维长度通常仅为 1/8～1/4 in(3～6 mm)，且增强体的百分比更低。因此，BMC 复合材料的力学性能比 SMC 复合材料差。团状模塑料一般为面团状或便于处理的圆棒状。BMC 常用的树脂为乙烯基酯树脂、聚酯树脂和酚醛树脂。为便于术语统一，用于模压成型的短切预浸料有时也被称为 BMC。

18.3.2 连续纤维产品形式

粗纱、束或股都是连续纤维的集合。连续纤维是一种基本材料形式，还可通过切削、编织、缝合或预浸渍制成其他产品形式。这是一种最便宜的产品形式，任何纤维类型都可实现。无捻纤维可直接形成粗纱和束；纤维轻微扭曲可形成股，以略微牺牲纤维强度为代价改进纤维的操作性。诸如湿法缠绕成型和拉挤成型等工艺都采用粗纱作为主要产品形式。

许多纤维和基体组合都能形成连续热固性预浸料。预浸料是一种通过材料供应商将预设量的未固化树脂浸渍纤维形成的纤维形式。预浸纱和预浸带通常用于自动工艺（如纤维缠绕和自动铺带）；单向带和预浸织物通常用于手糊成型工艺。单向预浸带由于没有纤维皱褶且设计剪裁更容易，因此它的结构属性比预浸织物好。然而，复杂的次承力结构零件倾向于采用铺贴性更佳的预浸织物。除了占主导地位的单向带设计之外，还要求在铺贴过程中放置更多的单独铺层。例如，对织物来说，铺贴每个0°层都包含90°层增强。而对于单向带来说，0°层和单独的90°层必须在模具上分别铺贴。

预浸料一般以净树脂（预浸料树脂含量≈最终零件树脂含量）或过剩树脂（预浸料树脂含量>最终零件树脂含量）的形式供应。过剩树脂形式的预浸料依赖于基体流过铺层，排除空气，同时通过浸渍铺贴顶部的吸胶层排除多余的树脂。铺贴过程中通过吸胶层的数量控制最终的纤维和树脂含量；然而当层压板变厚时，则很难排除多余树脂。需要精确计算特定预浸料所需的吸胶层数量和面密度，从而确保最终制品拥有理想的物理性能。由于净树脂形式的预浸料拥有最终的树脂重量分数，不需要排除树脂，故纤维和树脂含量很容易控制。热固性预浸料性能包括挥发物含量、树脂含量、树脂流动性、凝胶化时间、黏性、铺贴性、保质期、外置时间。需要对以上特性进行详细测试、评估和控制，从而保证预浸料具有最佳的操作特性，获得最终零件的结构性能。

机织物简称织物，是连续干纤维最常见的材料形式。织物由交错的经纱和纬纱构成，经纱顺着织物离开滚轮方向的0°方向，而纬纱则顺着90°方向。通常来说，织物的铺贴性优于缝合材料；然而，特定的机织花纹也会影响织物的铺贴性。机织花纹同时也影响着织物的可操作性和结构性能。机织花纹形态各异，所有机织花纹的织物均有其优缺点，故选择织物时需要考虑零件的构型。大多数纤维都可制成织物形式，而某些高模量纤维的固有脆性导致这类纤维很难进行机织。织物的优点包括可铺贴性、高纤维含量、高结构效率、高市场使用率；缺点是机织过程中会在纤维中引入皱褶，从而减弱强度性能。通常会在纤维上施加浆料或定型剂辅助机织工艺，并尽量减少纤维损伤。在选定一种织物时一定要确保织物的浆料与选择的基体相容。

缝合织物由特定方向的单向纤维缝在一起形成。常规缝合设计包含将0°、+45°、90°和−45°铺层全缝在一层多向织物中。缝合织物优点如下：

(1) 当织物从滚轴远离时，离轴方向的多向纤维能整合到一起。多向缝合织物无需进行离轴剪裁，从而相比传统织物降低了报废率（降低25%）。

(2) 由于零件制造过程中剪裁和操作的铺层更少，因此使用多铺层缝合织物也可减少人力成本。

(3) 由于存在 Z 向缝线，因此在织物操作过程中，铺层方向始终保持原始方向。

缝合织物缺点如下：

(1) 只能实现特定缝合铺层组合的设计，不能定制。通常要特别订货才能按客户要求剪裁织物。

(2) 能实现缝合的公司比能制造织物的公司少。

(3) 降低了铺贴性(但这也是其在大尺寸、简单曲率零件上应用的优势)。必须仔细挑选缝线来保证其与基体和工艺温度的相容性。

混杂纤维是一种利用两种或更多纤维类型制成的材料形式。常规的混杂纤维包括玻璃纤维/碳纤维、玻璃纤维/芳纶和芳纶/碳纤维等。混杂纤维可集成每一种增强纤维的性能优势和性能特征。从广义上讲，混杂纤维是一种能提高设计灵活性的折中增强。混杂纤维的形式可以是错层(两个交错的层)、内部层(所有纤维在一层内)或仅在指定区域的混杂层。为增加零件的局部强度或刚度，可在指定区域混杂碳纤维；而在碳纤维层压板中混杂玻璃纤维可使局部韧性提高。碳纤维/芳纶混杂纤维比其他混杂纤维热应力低(这两种材料具有相近的 CTE)；比纯芳纶设计模量高、压缩强度高；比纯碳纤维设计韧性高。碳纤维/E-型玻璃混杂纤维比纯 E-型玻璃纤维设计性能高，但比纯碳纤维设计成本低。为保证层压板固化，特别是温度固化较高时，不会产生较高的内应力，混杂纤维中每种纤维类型的 CTE 都需要仔细评估。使用混杂纤维通常会增加需要存储的材料数量并增加铺贴成本。

预成型体是一种预先成型的纤维增强体，放入模具前在芯模上或模具内预成型。预成型体的形状非常接近于最终零件状态。简单的多层缝合织物并不是预成型体，除非其形状接近它的最终形态。预成型体是一种最贵的干态、连续、定向的纤维形态，然而采用预成型体可减少制造的人力成本。无捻纱、短切纤维、织物、缝合织物或单向材料形式均能制成预成型体。这些增强体通过缝合、编织或三维机织，或直接附上有机定型剂和胶黏剂制成。预成型体的优点包括可以减少人力成本、最小化材料废料、减少机织或缝合材料的纤维磨损、提高三维缝合或机织预成型体的损伤容限并将纤维固定在理想方向上。预成型体的缺点是预成型成本高、厚而形状复杂的零件的纤维吸湿性需要纳入考虑、胶黏剂或定型剂可能与基体不相容、设计需要更改的情况下柔度有限。预成型体的常见缺点是一旦超出公差，则很难放入模具，可能必须进行修边处理。预成型体不一定适合所有应用，在确认采用预成型体之前，所有可能存在的问题都需要仔细考虑。如果零件的结构并不是特别复杂，则采用预成型体节省的人力可能抵消不了预成型的成本。预成型体的每个应用都需单独评估，从而确定预成型方法是否能提供成本和质量优势。

18.4 基体选择

基体将纤维固定在合适的位置上，避免纤维磨损，传递纤维之间的载荷，并提供取决于基体的力学性能。合理选择基体使结构具有耐热性、耐化学性和耐湿性，较高的许用疲劳破坏应变，尽可能低的固化温度，较长的有效期或外置寿命且无毒。聚合物基复合材料的基体有热固性的也有热塑性的。复合材料基体使用的最普遍的热固性树脂是：聚酯树脂、乙烯基酯树脂、环氧树脂、双马来酰亚胺树脂、氰酸酯树脂、聚酰亚胺树脂和酚醛树脂。主要热固性树脂体系的对比见表 18.3。

表 18.3 热固性树脂体系对比[1]

属 性	聚酯树脂	乙烯基酯树脂	环氧树脂	酚醛树脂	双马来酰亚胺树脂	氰酸酯树脂
应用						
典型应用	船舶，通用	船舶，通用	航空，通用	火、烟和毒性应用	航空、电气	航空
性能						
结构	中	良	良	良、脆	良	良
耐腐蚀及耐化学性	差	优	良	优	良	优
吸湿性	差	优	中到良	优	中到良	优
玻璃化转变温度（T_g）/℉(a)	160	160～325 后固化	200～350 后固化	160～250+ 后固化	300～425 后固化	350～450 后固化
火、烟和毒性	—	需要添加剂	需要添加剂	优	良	良

注：(a) 实际的 T_g 值随不同体系和固化方法的不同而变化

选择树脂体系的首要考虑是零件所需的使用温度。玻璃化转变温度 T_g 是基体温度性能的一种良好表征。聚合物材料的 T_g 值是材料从刚性的玻璃化固体转变为软化的半弹性材料的温度。在这一温度点，聚合物结构仍保持原样，但交联键不再锁定位置。树脂不应在高于 T_g 值的温度下使用，除非使用时间非常短(如导弹弹体)。最佳原则是挑选 T_g 值比零件最高使用温度高 50℉(28℃)的树脂。大多数聚合物树脂 T_g 值因吸湿而降低，故很少要求树脂的 T_g 值比零件使用温度高 100℉(56℃)。因此有

$$最高使用温度 = 湿态\ T_g - 50℉ \tag{式 18.1}$$

不同的树脂吸湿量不同，饱和度也可能不同，因此，必须对指定的候选树脂进行环境性能评估。一般来说，热塑性树脂的吸湿量少于热固性树脂。但是，某些热塑性树脂，特别是非结晶树脂，耐溶剂性很差。大多数热固性树脂耐溶剂性和耐化学性非常好。

通常来说，高温性能要求越高，基体越脆，损伤容限越低。为提高基体性能，可选择增韧热固性树脂，但这类树脂更贵，且 T_g 值通常很低。高温树脂不仅贵，而且工艺难度高。由于高温性能取决于在某一温度下的保持时间，很难量化，因此必须对树脂在环境下的通常表现拥有全面认识。

树脂 T_g 越高，要求固化温度越高，固化时间越长。在环氧树脂的固化过程中，升温时间约为 2～6 h。某些环氧树脂、聚酯树脂和乙烯基酯树脂可能不需要后固化过程，故对于使用温度很低的零件来说，出于降低工艺成本的考虑，可以取消后固化工序。T_g 高的树脂(如双马来酰亚胺树脂和聚酰亚胺树脂)要求更长的固化周期和后固化时间。后固化可进一步提高零件高温力学性能，改善基体(部分环氧树脂、双马来酰亚胺树脂和聚酰亚胺树脂)的 T_g 值。部分工艺(如模压和拉挤成型)的固化时间非常短。环氧树脂的固化温度范围为 250～350℉(120～180℃)；双马来酰亚胺树脂通常的固化和后固化温度范围为 350～475℉(177～246℃)；聚酰亚胺树脂的固化和后固化温度范围为 600～700℉(315～370℃)。

聚酯树脂、乙烯基酯树脂、环氧树脂、氰酸酯树脂和双马来酰亚胺树脂均为额外固化系统；酚醛树脂和聚酰亚胺树脂则引入水和酒精通过凝聚反应固化。由于挥发物的挥发增加了生成空洞和孔隙的可能性，因此凝聚反应工艺非常难实现。模压成型工艺可施加较高压力压缩空洞成型，酚醛基复合材料结构通常采用该工艺成型。此外，由于酚醛基复合材料通常被烧焦而非明火燃烧，因此民用飞机内饰广泛采用该类材料，内饰为轻载结构，空洞含量并不太重要。聚酰亚胺基复合材料成型工艺比额外固化系统难，故仅应用于确实需要该类结构的高温应用中。

虽然纤维的选择是复合材料力学性能的主导因素，但基体选择也会影响结

构性能。某些树脂对纤维的浸润性和黏附性比其他树脂好，能形成化学或力学键来影响纤维-基体的载荷传递性。基体在固化或使用过程中会产生微裂纹。富树脂堆积和脆性树脂体系都易产生微裂纹，特别是在当固化温度高而使用温度过低时，例如−65°F(−36℃)，造成纤维和基体热膨胀量大不相同的情况下，这个问题尤为突出。增韧树脂有助于避免微裂纹出现，但高温性能弱。

18.5 制造工艺选择

一旦纤维、产品形式和基体选定，制造工艺的选择就限定用于制造非连续纤维复合材料或用于制造高强度刚度的连续纤维复合材料的工艺。通常材料的产品形式是工艺选择的主要决定性因素，详见表 18.4。

表 18.4 材料产品形式和工艺选择

材料形式	工艺					
	拉挤	RTM	模压	纤维缠绕	手糊	自动铺带
非连续						
片状模塑料	—	—	●	—	—	—
团状模塑料	—	—	●	—	—	—
随机连续						
卷曲纤维垫	●	●	●	●	●	—
定向连续						
单向带	—	—	●	—	●	●
预浸料织物	—	—	●	—	●	—
织物/纯树脂	●	●	—	●	●	—
缝合材料/纯树脂	—	●	—	—	—	—
预浸粗纱	—	—	—	●	—	—
粗纱/纯树脂	●	—	—	●	●	—
预成型体/纯树脂	—	●	—	—	—	—

18.5.1 非连续纤维工艺

注射成型是一种制造高纤维含量中小型零件的工艺，一般是短切玻璃纤维增强体配上热塑性或热固性树脂。由于热塑性树脂注射成型工艺速度快、韧性好，因此该工艺采用的树脂以热塑性树脂居多。注射成型颗粒包含埋入式纤维或短切纤维和放入进料斗中的树脂，其被加热至熔化温度然后在高压下注入金属对模中。热塑性零件冷却后或热固化零件固化后,将零件取出进入下一个循环。该工艺需要昂贵的对模模具,需要生产大量的零件才能收回模具成本,而人力成本则非常小,大多数注射成型采用高度自动化的设备,仅需非常少的操作人员。

喷涂成型是一种将连续玻璃纤维粗纱送入特殊喷枪切割成短纤维,同时立即与聚酯树脂或乙烯基酯树脂混合,然后喷涂到模具上,再用滚筒手工压实铺层,最后为改进零件质量,用真空袋辅助固化的一种工艺。与湿法手糊成型工艺相比,这种工艺非常经济;但由于采用随机方向短切纤维,因此力学性能相比连续纤维有明显降低,也因此,不能用于制造承载结构零件,故这种工艺并不常用。

模压成型是另一种采用非连续纤维、随机方向 SMC 或 BMC 的对模工艺:在对模之间的型腔内放置预定重量的模塑料,然后加热加压,借助压力和热量的作用,使模塑料熔化,充满型腔,并于 1～5 min 内固化成型。固化时间取决于使用的树脂是聚酯树脂还是乙烯基酯树脂。汽车行业中采用的热塑性复合材料结构通常由玻璃纤维和聚丙烯树脂构成,采用高度自动化的模压成型生产线制造。

反应注射成型(RIM)是一种快速制造非增强热固性零件的工艺:将双组分高活性树脂体系注入闭合模具内,树脂在模具内快速反应并固化。反应注射成型最常用的树脂是聚氨酯树脂,也可采用聚酰胺树脂、聚脲树脂、丙烯酸树脂、聚酯树脂和环氧树脂。RIM 树脂体系黏度很低,可以在低于 100 psi(700 kPa)的压力下注射,故可采用低成本的模具和轻载合模系统。常规模具材料包括钢、铸铝、电铸镍和复合材料。通常仅需 2 min 即可做一个大型汽车保险杠。加强反应注射成型(RRIM)与 RIM 相似,不过,在原有的纯树脂组分基础上增加了短切玻璃纤维。纤维必须非常短,长度尺寸约 0.03 in(0.8 mm),通常为短切纤维、铣切纤维和纤维碎片,否则树脂黏度就会过大。和 RIM 一样,RRIM 占主导地位的树脂体系是聚氨酯树脂,增加的纤维提高了模量、冲击阻抗、尺寸公差,降低了 CTE。结构反应注射成型(SRIM)与之前两种工艺相似,不同的是注射前在模具中放入了连续玻璃纤维预成型体。SRIM 占主导地位的树脂体系也是聚氨酯树脂。由于 SRIM 的高活性树脂和短固化周期,因此该工艺不能像树脂传递模塑成型(RTM)一样生产大尺寸的零件。此外,SRIM 制件纤维含量比 RTM 制件低,孔隙比 RTM 制件多。

18.5.2 连续纤维工艺

在开敞模具中进行的湿法手糊成型工艺是生产元件数量相对较少的最便宜

的工艺。这是大型船舶制造业常见的一种工艺，常采用厚重的玻璃纤维织物垫和随机方向短切纤维垫，通过手工或喷涂方式浸渍聚酯树脂，并在室温下固化。具体操作是：铺层铺在模具上后，用手持滚轮移除多余树脂和空气并压实铺层。铺贴完成后，可在室温或更高温度下固化，为节约成本，可采用非常便宜的模具（如木材或玻璃纤维）。虽常常不用真空袋固化，但真空压力有助于提高层压板的质量。该工艺通常用于大而便宜的产品，故不必优化纤维性能，也不必减重，精度水平完全取决于操作人员。

预浸料能提供均匀分布且相容的增强体和树脂，提供最佳力学性能和高纤维体积分数。由于层压板结构需要手工和热压罐工艺，因此制造成本相当高。首先，预浸料铺贴过程中需要按精确厚度，将每一层单独的预浸料铺层按指定方向铺在模具上；其次，将真空袋铺在铺层表面抽真空，排除铺层之间的空气；然后，将打好袋的零件放入烘箱或热压罐中；最后，在指定时间、温度和压力条件下固化。如果采用烘箱固化，则大气压力最高只能达到 14.7 psi(100 kPa)或更低。热压罐则能达到较高压力，如 100 psi(700 kPa)，能将铺层压得更实，制成纤维体积分数高、空洞少或孔隙率小的制件。这种工艺缺点如下：① 零件尺寸受限于压板尺寸；② 若压板不平整或平行度不好，则制件表面可能出现高压斑或低压斑；③ 难以用于生产复杂外形的制件。手工整理铺层虽然成本高，但制造高质量的复杂零件可采用该工艺。航空工业上常结合自动铺层裁剪、手工整理或铺贴、热压罐固化来生产高性能复合材料结构。

为减少热压罐用高硬度模具的成本，研发了低温真空袋预浸料。这类材料生产的零件质量与热压罐固化零件相当，能在真空袋压力下通过经济的模具在低温下初始固化，然后脱模后单独放入烘箱进行后固化，改善零件的耐温度性。不过这种材料还是不能避免空洞和孔隙的存在，特别是对于大型零件，在固化过程中很难排除残余空气。

液体成型工艺是一系列工艺的统称，例如树脂传递模塑成型(RTM)工艺：干态预成型体或铺层放入金属对模中，在一定压力下注入低黏度树脂充满模具。由于采用了对模工艺，因此能实现尺寸公差带非常小的零件制造。模具可包括内部加热装置或放置加热压板来固化零件。液体成型工艺还包含其他许多工艺，例如真空辅助树脂传递模塑成型(VARTM)：采用单侧模具和真空袋，真空压驱使树脂通过流动介质浸润预成型体，而非在压力下注射树脂。RTM 的最大缺点是大型复杂对模的成本高昂。VARTM 仅采用单侧模具且压力低，显然比 RTM 成本低。

纤维缠绕成型一直应用于制造旋转体或近旋转体的结构。最普遍的工艺是将干纤维粗纱从树脂槽中抽出，形成湿纤维再缠绕在芯模上，不过也可以用预浸粗纱或预浸纤维束进行缠绕。湿法纤维缠绕成型工艺中连续纤维易于在环向铺放，是圆柱体或球状压力容器的主要制造方法。低成本等截面部件可用两个自由度的缠绕工艺成型：绕着芯模的旋转和包角的平移。包角增加，工艺速度增加。自由度数量的增加同时会增加工艺和零件的复杂程度。环向(周向)缠绕铺贴的纤维方向相对于芯模轴向几乎是 90°，导致成型的柱体零件环向强度高。纤维缠绕在芯模上易发生滑移，除非按测地线方法规避，采用该方法能保证纤维在拉平的等位面上呈直线。零件一旦成型后厚度增加，改变了该工艺的几何形态。在烘箱中进行固化时，真空袋可加可不加。

拉挤成型是一种专门针对细长、等厚度复合材料零件制造的工艺：干态 E-型玻璃纤维粗纱从树脂槽中抽出，然后按指定形状预成型后送入加热模具，并在模具内固化，再将零件抽出预定长度后切割。这类零件也常常采用纤维垫或纤维毡来制造。树脂体系主要为快速固化的聚酯树脂或乙烯基酯树脂。设计限制之一是纵向(轴向)需要大量增强体。

18.6 材料和设计构型的初步权衡研究

设计过程的前期应进行权衡研究来确定指定零件的最佳材料、工艺和结构构型。集成产品定义团队(IPD)的第一项任务就是确定零件的需求或重要属性，例如刚度、重量、耐疲劳性、非循环成本和循环成本、损伤容限和维修性。属性一旦确定，则团队将根据重要程度指定这些属性的相对权重系数，然后指定备选结构方案及其相应的材料和工艺。备选构型一旦确定，则团队给每个重要的零件属性打分，再将分数列成表便于确定优选方案。

某飞机控制面的概念权衡研究共考虑了 4 种备选设计，结果见图 18.2。第一种设计是铝合金组合式结构，由紧固件机械连接的铝合金机加蒙皮和子结构组成，在刚度、重量和耐疲劳性上得分低，但在成本、损伤容限和维修性上得分高。第二种设计是通过超塑成型/扩散粘接制造而成的钛合金结构，其刚度优于铝合金结构且损伤容限性能非常好，但重量高、非循环模具成本高。第三种设计是共固化碳纤维/环氧树脂复合材料结构，在刚度、重量和耐疲劳性上得分高，但非循环模具成本高，且损伤容限和结构维修性低于金属结构。第四种设计是碳纤维/环氧树脂蜂窝夹层结构，其损伤容限和维修性得分低，但由于它具有优异的刚度、重量和耐疲劳性，因此最终选择了这种结构方案。在此阶段无需进行详细的结构分析，仅需估算大致尺寸来获得相对重量、属性和成本。

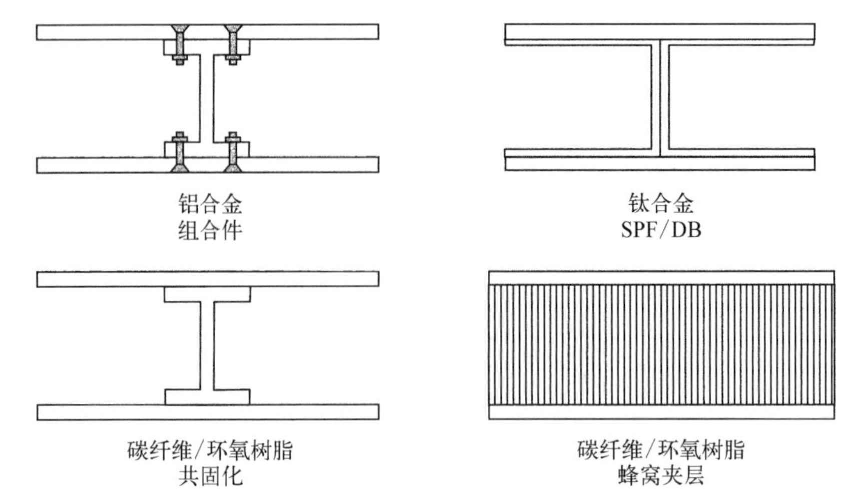

备选设计	属性						总分
	刚度 0.2	重量 0.2	疲劳 0.2	非循环成本 0.05	循环成本 0.2	损伤容限和维修性 0.15	
铝合金组合件	20	40	30	80	85	80	51.00
钛合金 SPF/DB	35	20	50	35	60	90	48.25
碳纤维/环氧树脂共固化	50	50	60	40	70	70	58.50
碳纤维/环氧树脂蜂窝平层	60	70	70	65	75	30	62.75

图 18.2 概念权衡研究案例(SPF/DB,超塑成型/扩散粘接)

注:每项属性的权重系数乘以原始属性的得分后相加得到总分数。例如铝合金组合件构型的总分数为:0.2×20+0.2×40+0.2×30+0.05×80+0.2×85+0.15×80=51.00

虽然图 18.2 所示的量化权衡研究不包含所有权衡目标,但希望 IPD 成员发挥各自不同的知识、经验和理念,选出考虑最全面的方案。

18.7 积木式方法

积木式试验和验证方法广泛用于航空行业。该方法起始于大量简单试片级试验,每个层级成功后再进行下一层级试验,虽然数量比前一层级少,但试验更复杂。图 18.3 所示金字塔阐明了积木式方法。底级用多批次(通常为 5~6 批次)材料制成的大量小型试验件确定基础材料性能。每个层级成功后逐步制造更复杂的试验件和结构并进行试验,可基于低层级的数据预测失效模式和载荷。

当获得更多数据后，需要修正结构分析模型来使试验结果吻合。随着试验件结构逐步复杂化，逐步缩减同样类型和同样环境的重复试验件数量和环境数量。积木式金字塔顶端一般只有一件验证件，验证件为全尺寸部件或全尺寸结构装配件。

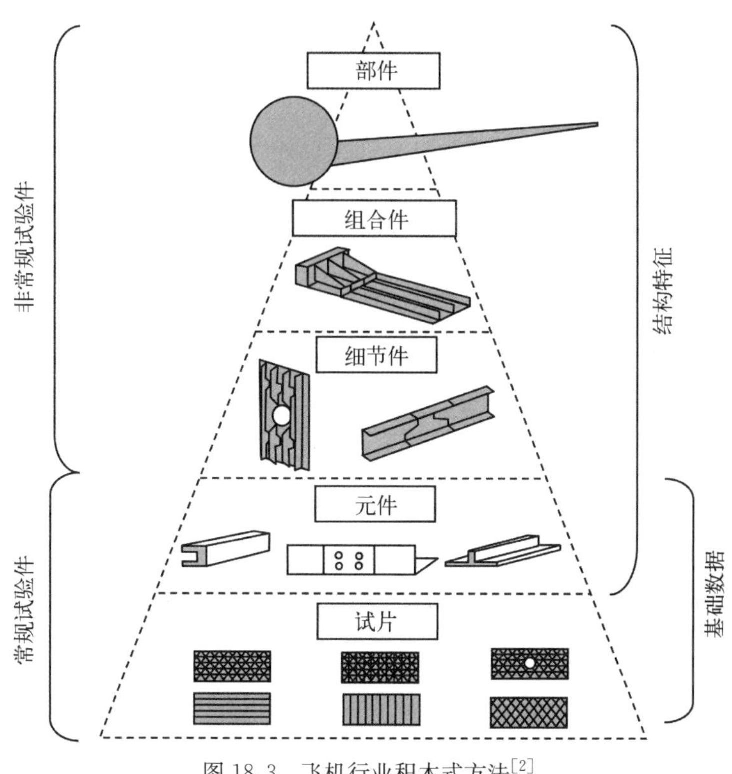

图 18.3 飞机行业积木式方法[2]

通常并不在最严酷的设计环境下进行大型全尺寸试验，因为将像整个飞机这样的大型结构暴露在环境中，再在高温中进行试验极其困难。积木式方法项目的一般做法是用低层级数据确定环境补偿值，再施加到高层级的室温试验中。同样，低层级疲劳试验确定疲劳谱的截断方法和疲劳分散系数的补偿值，用于全尺寸层级疲劳试验。

积木式方法由以下步骤构成。

（1）订购符合规范的材料，规范包括纤维、树脂和预浸料的化学性能和物理性能。通常需要 5～6 个单独批次的材料，且材料采用不同批次的纤维、不同批次的原始组分树脂。

（2）对每一批次预浸料进行单一铺层和层压板试片级试验。用统计分析方法计算出初始的设计许用值。单一铺层试验确定的许用值可通过经典层压板理论预测出层压板的力学性能，再用层压板试验来验证预测结果。试验件采用的铺层方向应为最终结构采用的主要铺层方向。

(3) 基于结构分析，选择用于下一级验证试验的严酷区域或设计特征。每一个设计特征施加的载荷与环境应结合考虑，以确保结构的失效模式与指定的最低裕度的失效模式一致。应着重关注对基体比较敏感的失效模式，例如压缩、剪切、黏合层和面外载荷引起的潜在"热点"等。

(4) 对一系列试验件进行设计和试验，每种模拟指定单一的失效模式和一种加载环境条件。对比试验结果与前期分析预测的结果，并根据对比结果修正分析模型，必要时更改设计。

(5) 开展更复杂的试验，考核更复杂的加载情况，该过程可能出现几种不同的失效模式。对比试验结果与前期分析预测的结果，必要时修正分析模型。

(6) 必要时开展全尺寸部件或装配件的静力和疲劳试验，对内部载荷和结构完整性进行最终验证，对比试验结果与分析结果。在航空行业中，这一步骤意味着对两架飞机分别进行全尺寸静力试验和全尺寸疲劳试验。

积木式方法不只是一个试验项目。随着结构逐级变得复杂，也可借机研发或修正制造过程中的模具的工艺方法，用于后续生产。由于这是一个费时费钱的过程，因此备选材料一般进行小尺寸试验，而非全尺寸认证。虽然这种方法需要成千上万的试验，非常昂贵，但确实是一种设计与制造复杂系统的成功方法，例如对安全要求极高的飞机系统。对于失效后不造成人员伤亡的应用则无需采用这种扩展型试验方法。

18.8 设计许用值

可以从积木式方法产生的试验数据中提取出材料性能值，并统计性地确定设计许用值——特定材料、构型和环境条件下的应力、应变或刚度极限。设计许用值必须能覆盖复合材料部件制造和装配中可能发生的任何材料性能变化、制造工艺变化和可接受的异常以及结构分析的局限性。对于复合材料结构的安全性和高效性来说，选择合理的设计许用值至关重要。

可合理地选取设计许用值来确保失效不会发生，并用统计学方法选取可接受的最可能发生的失效模式。用典型统计值定义 A 基准和 B 基准，A 基准和 B 基准许用值的计算方法见 13.15 节。A 基准是指在 95%置信度下，有 99%的试验结果超过该许用值；B 基准是指在 95%置信度下，有 90%的试验结果超过该许用值。A 基准许用值更保守，用于单传力路径结构，此类结构中单个零件失效会导致整体结构失效。B 基准许用值通常比 A 基准许用值高，用于多传力路径结构，此类结构中单个零件失效通常不会导致整个结构失效。许用值必须考虑结构在整体使用寿命中可能暴露的环境谱。因此开展试片级力学试验，环境分别为室温、暴露在使用环境范围内的最低温度和最高温度，以及暴露环境后的最严酷温度。

给定铺层角作为约束，假定层压板承受非轴向载荷，则可用毯式曲线展示层压板性能随着单一铺层百分比变化的数据。给定设计温度和某特定设计强度准则，例如最大性能值按 B 基准，则碳纤维/环氧树脂单向带的强度和模量的毯式曲线见图 18.4。

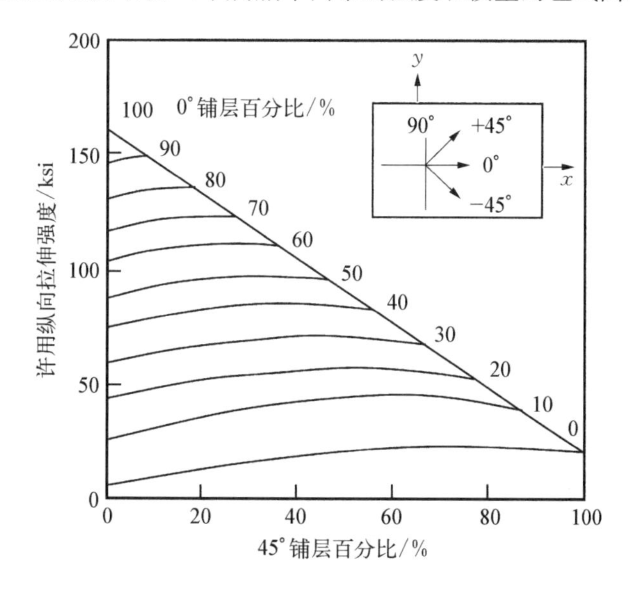

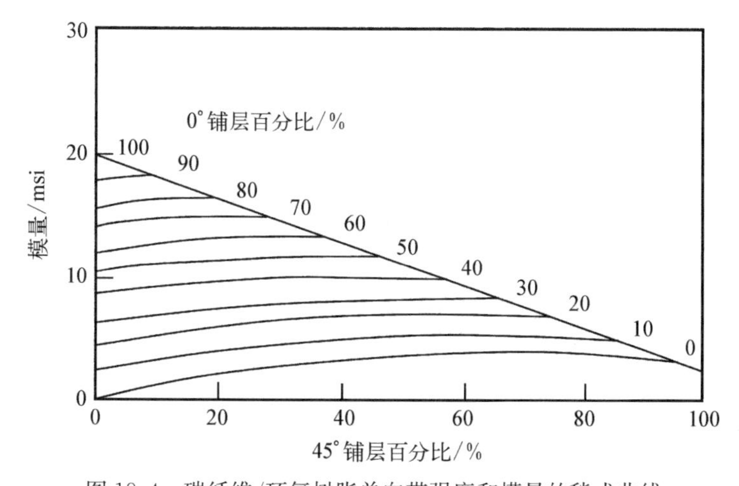

图 18.4 碳纤维/环氧树脂单向带强度和模量的毯式曲线

对结构来说,必须具备的强度是在最严酷环境条件下施加极限综合载荷得到的。为确保结构在极限载荷情况下不失效,必须采用安全系数,飞机结构典型的安全系数为 1.5。因此,若设计限制载荷(DLL)为结构预计承受的最大载荷,则保证结构不会发生有害或不可接受变形的设计极限载荷(DUL)为

$$DUL = 1.5 \times DLL \qquad (式 18.2)$$

即某结构要设计成能承受 10 000 lbf(4 500 N)载荷,而实际设计的结构承载为 15 000 lbf(6 800 N)。

对于非航空工程应用来说,重量损失并不是问题,使用的安全系数可能高至 6~8,通常由行业规章来指定安全系数。安全系统通常用于覆盖工程误差、材料缺陷、工艺缺陷或装配缺陷。

安全裕度是设计结构剩余强度的另一种方法。对复合材料结构来说,一旦在设计载荷上考虑安全系数,则当设计能承受该载荷条件的层压板时,认为层压板任何额外的承载能力都是安全裕度。若层压板满足并超出要求的设计强度或其他准则,则标志该结构的安全裕度为正。

18.9 设计准则

由于材料、工艺、结构构型的选择都很宽泛,因此制订详细的复合材料设计准则是一项具有挑战性的任务。航空工业在过去 40 年应用高性能复合材料的过程中整编了许多条设计准则和经验教训。表 18.5 再现了 MIL - HNBK - 17 [3] 中的一些设计准则条目,虽然并不全面,但这些准则却由同时代表政府机构和行业的复合材料专家组成的团队整编。

表 18.5 复合材料设计准则[3]

序号	准 则	备 注
1	首选的设计方法是并行工程或集成产品设计。由设计、强度分析、材料和工艺、制造、质量控制、支撑人员(可靠性、维护性、生存性)、成本评估人员组成的团队联合并行研发新的产品或系统	改进质量和性能,减少复杂系统的研发和生产成本
2	尽量设计大型共固化整体结构,并考虑操作性和维修性	通过减少零件数量和装配时间来降低成本;但整体件若需要极复杂的模具,则可能抵消该成本优势

（续表）

序号	准　　则	备　　注
3	结构设计及关联的模具须适应由于设计载荷不可避免地增加导致的设计更改	避免修修补补的增强及在最后一刻失败
4	不是所有的零件都适用于复合材料结构，必须通过彻底分析来进行材料选择，包括性能、成本、计划和风险	材料类型对性能特征和生产性因素有极大影响
5	必须通过合理的权衡研究（减少制造成本）才能采用单向织物或双向织物，且一般采用45°或0°/90°铺层	织物会降低强度和刚度性能，且其预浸料成本比单向带高；由于其铺敷性好，因此仅在复杂曲面或需要用织物的应用上推荐织物
6	用配合面作为模具面，便于尺寸控制，否则需要采用液体垫填充间隙，若间隙过大，则需采用预先固化的工艺和液体垫	避免相邻面强迫装配产生额外的面外载荷；大间隙需要通过试验验证
7	零件厚度公差随零件厚度而变化，厚零件公差较大	厚度公差是随铺层数量及单层厚度而变化的函数
8	碳纤维与铝或钢的接触面必须用胶膜层或薄玻璃纤维层进行隔离	碳与铝或钢之间的原电池反应将引起金属的腐蚀
9	设计时必须考虑生产和使用过程中的结构检查；如果不便于进行有效的检查，则设计复合材料结构时必须假定结构存在大尺寸的缺陷或损伤	如果结构易于检查，则更容易发现问题
10	在进行有限元分析时，高应力集中区域必须用细网格，如开口区周边和铺层与长桁的剔层区	不连续区域周边应力的不合理定义或处理会导致结构过早破坏
11	尽可能消除或减少应力突变	通常（纤维主导的）复合材料层压板直到失效前一直呈线弹性的，不会发生局部屈服和应力重新分配，因此，应力突变会降低层压板的静强度
12	避免或减少引起剥离应力的情况，如突兀的层压板端头或弯曲刚度明显不同的结构共固化（如$EI_1>EI_2$）	剥离应力是层压板的面外应力，该方向层压板性能最弱
13	若其他可能的失效模式都合理评估过，则复合材料薄板允许失稳或褶皱，通常避免厚层压板失稳	后屈曲设计能明显减重
14	外表面布置90°和±45°层能改进多种工况下的失稳许用值；局部失稳最危险的层压板外表面应布置45°层	提高结构的承载能力

（续表）

序号	准　　则	备　　注
15	增加铺层时，要保持均衡对称；连续铺层之间增加相同方向的铺层；外表面铺层必须连续	减少翘曲和层间剪切，发挥铺层的强度优势；连续的表面铺层能减少边缘铺层的损伤，有助于避免分层
16	不能在紧固件分布区终止铺层	降低子结构的外形要求，避免由制孔引起分层；提高挤压强度
17	铺层顺序必须相对于层压板中面均衡对称，任何不可避免的不对称或不均衡铺层须布置在层压板中面附近	避免固化后翘曲，减少残余应力，消除耦合应力
18	尽量使用纤维为主的层压板；主承力结构推荐使用[0°/±45°/90°]铺层，每种铺层角应至少占10%	由纤维承载；树脂相对较弱；尽量减少基体和刚度的退化
19	对于多种载荷叠加的区域，不要仅用最严酷的载荷工况优化层压板	用单一工况优化将会造成在其他工况下树脂或基体应力过大
20	对于机械连接的结构，任何方向的铺层都不应超过40%	对层压板的挤压强度有不利影响
21	尽量保持分散的铺层顺序，避免相似铺层堆叠；如果铺层必须堆叠，则应避免4层以上的相同铺层叠在一起	增加强度、减少分层可能性；建造更均匀的层压板；减少层间应力、尽量减少基体使用中和使用后的微裂纹
22	尽可能减少90°铺层堆叠，对于0°方向为载荷方向的结构，用0°或±45°铺层隔开90°铺层	尽量减少层间剪切和主应力；减少横向断裂；尽量减少基体性能为主的关键层堆叠
23	层压板中±θ铺层（如±45°）成对出现或分开出现涉及两个矛盾的要求；层压板结构应尽量减少铺层之间的层间剪切，并减少弯扭耦合	分开的±θ铺层能减少铺层之间的层间剪切应力；堆叠的±θ铺层能减少层压板的弯扭耦合
24	每个层压板表面应布置至少一组±45°铺层或一层织物	尽量减少制孔时出现孔边劈裂，保护主要承载的铺层
25	避免铺层突然终止，每次铺层剔层数量不超过两层；层压板的剔层不能彼此相邻	剔层会造成应力集中和传载路径偏心；厚度过渡会引起纤维褶皱并在受载时可能引起分层；不相邻的剔层能尽量减少与其他铺层的对接
26	顺着主载荷方向，在最小间距0.2 in内，铺层的每次剔层厚度不能超过0.01 in；铺层的剔层尽可能相对层压板中面对称，最短的铺层应尽可能靠近层压板的外表面；剔层的定位公差为0.04 in	尽量减小引入到剔层产生层间剪切应力的载荷有助于获得光滑外形；尽量减少应力集中

（续表）

序号	准　　则	备　　注
27	蒙皮不应在跨梁、肋或框缘处剔层	提供较好的传力路线和更好的零件配合
28	在载荷施加区域，应在中面两侧布置同样数量的+45°和−45°层	均衡对称的±45°铺层组通常在载荷作用点处，面内剪切载荷承载能力最强
29	铺贴时，连续层不应垂直于载荷方向拼接	在传力路径上引入薄弱环节
30	若同一位置的拼接被至少4层任意方向的铺层隔开，则可对连续铺层沿载荷方向进行重复拼接	消除在铺层拼接处出现薄弱环节的可能性
31	若隔开同一方向的铺层拼缝少于4层，则拼缝必须错开至少0.6 in	尽量减少铺层拼接处的薄弱环节
32	铺层不允许搭接，拼缝间隙不大于0.08 in	铺层会出现架桥，但必须拼接而不是搭接

最重要的复合材料设计准则是采用均衡对称层压板，以防止高温固化后冷却过程中发生翘曲和扭曲变形（见表18.6）。采用传统湿法手糊成型或VARTM这类方法于室温固化层压板时，由于承受的热应力小，因此其扭曲变形程度与高温固化层压板不一样。不均衡和不对称层压板带来的残余应力导致装配时必须强制将层压板压回应有形状，从而使后续装配操作变难，且复合材料面外性能低，强迫装配引入的高应力将导致基体断裂或分层。

表18.6 采用均衡对称层压板的重要性[1]

类　　型	铺层角实例/°	备　　注
对称、均衡	(+45, −45, 0, 0, −45, +45)	平整，等平面应力
非对称、均衡	(90, +45, 0, 90, −45, 0)	引起弯曲
对称、非均衡	(−45, 0, 0, −45)	引起扭曲
非对称、非均衡	(90, −45, 0, 90, −45, 0)	引起弯曲和扭曲

如第17章中所讨论的，接头是关键区域，应先设计接头再用合适的层压板对接头间隙进行填充。大多数复合材料结构采用机械连接接头，需要用准各向同性或近准各向同性的层压板来承受紧固件挤压载荷。准各向同性层压板在0°、±45°、90°方向上具有相同性能，而近准各向同性层压板在主要承载方向（如0°方向）上通过多布置几个铺层来提供额外的强度和刚度，从而保证结构有足够的挤压强度。

除接头和常规蒙皮层压板的厚度和铺层方向之外，还需考虑蒙皮加筋方法。复合材料常见的几种加筋方法见图 18.5。T 形长桁制造简单，易于与框和肋连接，但由于没有顶缘，因此结构弯曲效率不高，且仅能提供微不足道的扭转稳定性。J 形长桁比 T 形长桁难制造，弯曲效率高但扭转稳定性不太高。I 形长桁比前两种长桁难制造，在弯曲和扭转方面的结构效率都很高，但装在框和肋上时比前两种长桁难一点。帽形长桁结构效率也很高，能提供较高的弯曲和扭转刚度，但很难连接到框和肋上，且若无排水通道，则很易积水。蜂窝夹层结构与 I 形长桁相似，上下蒙皮承受弯曲载荷，芯子承受剪切载荷。薄蒙皮夹层结构的结构效率很高，但抗冲击的损伤容限性能很差，芯格可能吸湿而使蒙皮黏合层和芯子性能退化。除蜂窝外，每种加筋方法都需要一个或多个捻子条填充倒角半径形成的三角区。对于小半径三角区，可用增韧胶膜加捻成绳填充，胶膜增韧是为避免三角区出现微裂纹；对于大半径三角区，需要用复合材料铺层卷成团放入空洞区。

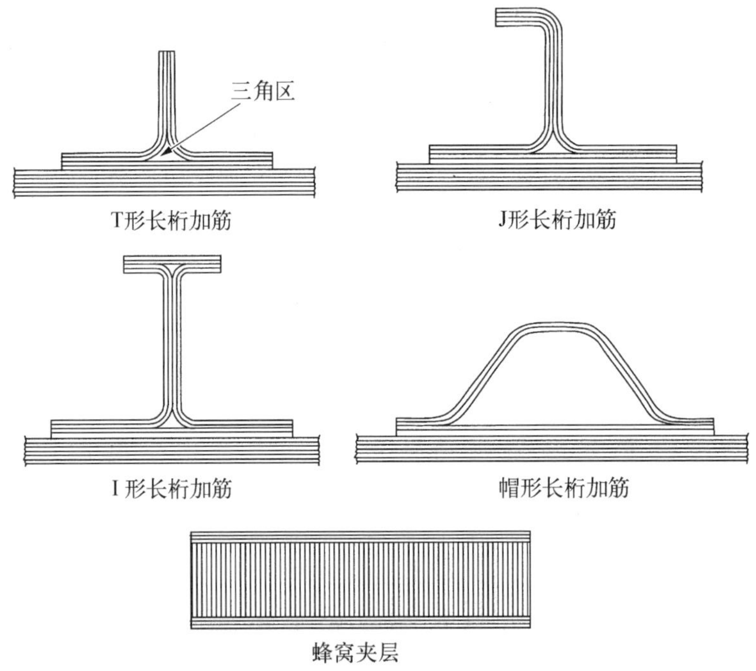

图 18.5 复合材料常见加筋方法

复合材料结构可选择任意的制造和装配方法，其中 4 种方法见图 18.6。采用机械连接方法时，所有复合材料零件在各自模具中分别固化，然后用紧固件机械连接，通常用于不宜采用胶接结构的高载结构，例如机翼结构。这类方法的缺点是紧固件的重量较大,成本较高,且零件或装配的任何不匹配都必须合理加垫。采用二次胶接方法时,子零件在各自的模具上预先固化完成,然后零件用胶膜胶接。为减少固化周期数量,可采用共胶接和共固化。共胶接方法为长桁在各自模具上预先固化完成,然后在蒙皮固化的同时胶接蒙皮长桁。共固化方法为所有子零件在各自模具上铺贴好再组装,所有子零件在一个固化过程中固化并胶接。共胶接一般用于大型零件,此类零件模具重量超出共固化所允许的范围。共胶接和共固化都能减少胶接周期,但模具必须精确且需要专业的、技术熟练的操作人员。

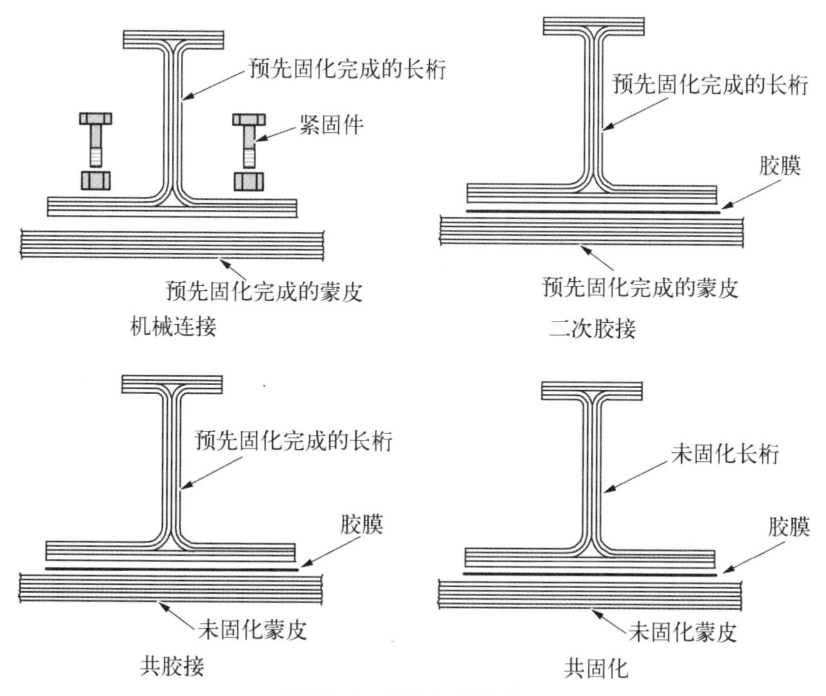

图 18.6 制造和装配方法

子结构和蒙皮之间接合处的设计要非常小心,防止产生剥离力从而引起黏合界面分离或分层。若长桁没有支撑,则可能发生长桁分层,如图 18.7 所示。长桁腹板上即便是相当低的载荷也能导致长桁与蒙皮接合处失效。长桁端头是另一处可能发生剥离应力导致分层的部位。图 18.8 所示帽形长桁设计中,长桁端头使用了抗剥离紧固件,载荷通过倒角或斜角逐步过渡到长桁端头,为减少剥离应力,蒙皮自身进行局部加强。长桁或其他部位的倒角需要考虑制造商所能实现的不同倒角半径,如图 18.9 中所示的阳模和阴模半径。

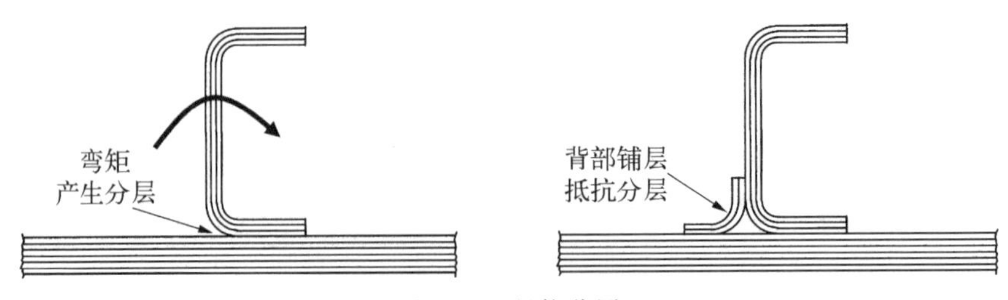

图 18.7 长桁分层

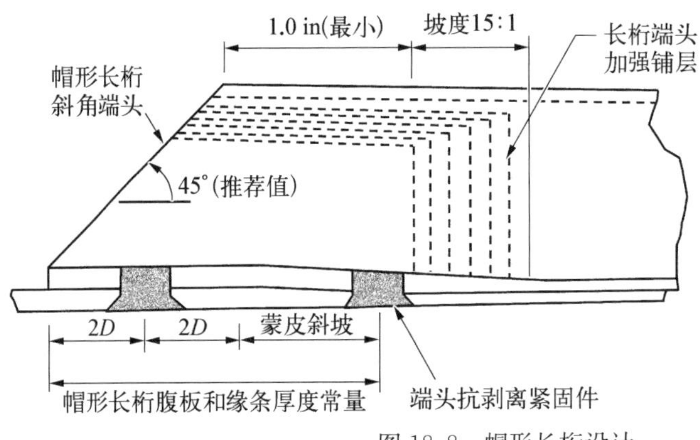

该设计展示了三种减少共固化帽形长桁端头剥离应力的方法：

(1) 抗剥离紧固件。
(2) 帽形端头斜削。
(3) 帽形端头加厚。

图 18.8 帽形长桁设计

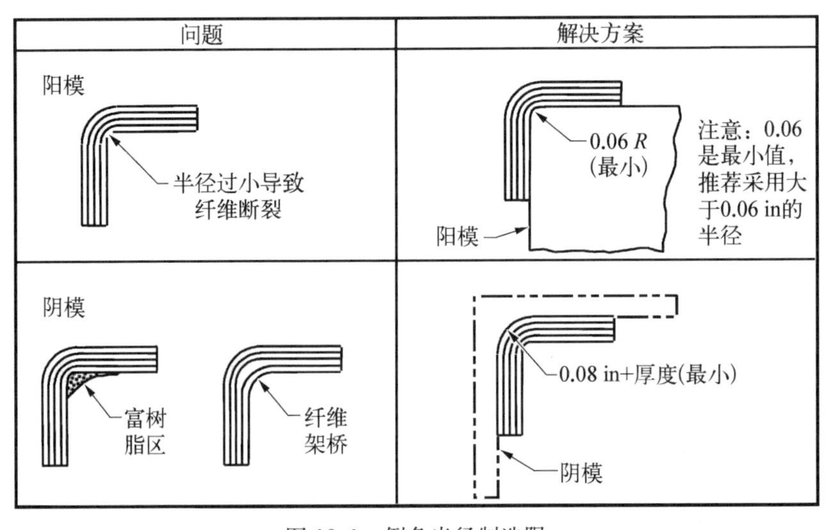

图 18.9 倒角半径制造限

之前提到的夹层结构，特别是蜂窝夹层结构，结构效率非常高，但要慎重使用。在表 18.7 所列 MIL - HNBK - 17 准则中强调薄蒙皮蜂窝结构冲击损伤阻抗性能差，而且偶尔有吸湿问题。

表 18.7 夹层结构设计准则[3]

准 则	备 注
(1) 面板设计需要考虑使人为引起的损伤最小化，如部件的操作或维护	薄蒙皮蜂窝夹层结构易受不规范操作引起的损伤
(2) 尽可能避免层压板芯子那一侧堆积铺层	减少芯子机加工
(3) 芯子边缘倒角≤20°(离水平面)，大的角度可能要求芯子具有额外稳定性；弹性芯比刚性芯更敏感	避免芯子在固化时压塌
(4) 复合材料夹层整体结构只采用非金属蜂窝或耐腐蚀金属蜂窝	避免芯子腐蚀
(5) 选择蜂窝芯密度须满足强度要求，从而抵抗固化温度和胶接或共固化对芯子产生的压力	避免芯子压损
(6) 可踩踏表面的夹层结构推荐的芯子密度为 6.1 pcf①	密度为 3.1 pcf 的芯子会导致踩踏表面产生损伤
(7) 共固化夹层结构采用的蜂窝芯格尺寸不大于 3/16 in(推荐芯格尺寸 1/8 in)	避免面板凹陷
(8) 若芯子在螺栓孔或其他孔周边填充，则须填充距螺栓中心至少 $2D$ 的区域	避免芯子压损或层压板安装螺栓时损伤
(9) 芯子端头(边缘倒角)需要施加两层额外胶膜。胶膜远离蒙皮和芯子边缘交界处爬上芯子倒角至少 0.6 in，远离芯子边界至少 0.2 in	固化压力可使内蒙皮在此处架桥，并在胶膜(板芯胶接)中产生空洞 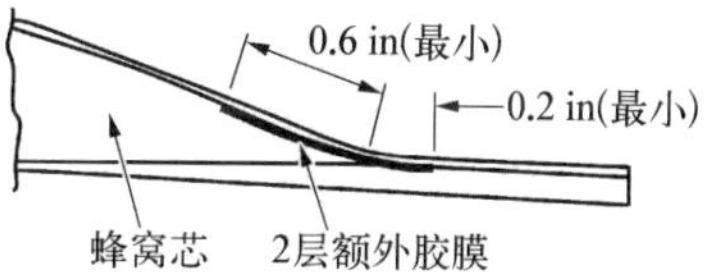 0.6 in(最小) 0.2 in(最小) 蜂窝芯 2层额外胶膜
(10) 使用蜂窝夹层结构之前必须仔细评估以下项：使用用途、环境、可检性、维修性和客户接收度	薄蒙皮蜂窝夹层结构易受冲击损伤，结冰/解冻循环造成水分侵入，很难修理

薄蒙皮夹层结构只要有冲击就会穿透蒙皮，造成内部芯子破坏；若不立即修理，则会形成进水通路。由于薄蒙皮夹层结构没有足够的蒙皮厚度承受紧固件

① pcf：磅每立方英尺，密度单位，1 pcf=16 kg/m^3。——编注

挤压载荷,因此其通常采用胶接修理。经常在飞机薄蒙皮蜂窝夹层结构的外蒙皮上涂上“禁止踩踏”字样来警示维护人员,这是因为维护人员的重量将会压塌下面的芯子。然而,笔者曾经看到不少返场的飞机在“禁止踩踏”警示字样上有明显的脚印。

蜂窝夹层结构吸湿非常危险,可能通过多种路径产生吸湿,包括边缘罐封破裂,漆层破裂,密封失效或破裂,紧固件、织物或单向带薄蒙皮的孔隙,连接板接头的多孔胶膜,芳纶的芯吸,发泡胶芯吸及金属加强板。水一旦进入,则会造成夹层结构因多种机理失效。聚合物基体或胶膜吸湿会降低玻璃化转变温度并明显降低结构力学性能。水还会使蜂窝胞壁退化,方便水进一步移动。当蜂窝芯格包含足够的水分时,结冰时的膨胀力足够大到使蒙皮与芯子分层。如果使用铝蜂窝,则芯格内部积水会导致芯子腐蚀甚至破坏。

为便于固化和胶接,环氧复合材料修理时必须除水,甚至在室温下也是如此。干燥将增加修理的时间,但水若没被检测到,且没有足够干燥,则后续高温固化产生的水蒸气常常会造成分层,夹层结构和层压板结构均是如此。水进入组件也会影响组件重量和平衡性。在美国联合航空公司的 250 架 B757 扰流板的检测中,平均每个扰流板中水的重量为 3.5 lb(1.6 kg)。

18.10 损伤容限

损伤容限是指结构在包含某种程度损伤或某种尺寸缺陷的情况下,仍然能在寿命范围内正常运行的能力。结构必须有足够的剩余强度和刚度保证其能安全使用,直到在按计划维护过程中检测到损伤,或检测不到损伤,在结构寿命范围内保持该损伤。因此,设计损伤容限的主要目标是保证安全性。由于能精确分析损伤容限的方法极少,故必须用试验的方法来确定静载荷和耐久性相关的损伤容限。满足以上要求的常规设计方法是让结构保持在足够低的应力和应变下使用,如果发生损伤,则结构仍具有足够的剩余强度而不会失效。

零件主要有两种损伤:制造工艺中引入的缺陷和零件使用过程中遭受的损伤。虽然制造工艺中引入的大缺陷应在常规无损检测中检测出来,但也有些超出可接受限度的“逃逸者”可能没被检出,因此,在设计过程中必须考虑它们的发生概率,并在后续的静力和疲劳试验中进行结构完整性验证。

使用过程中的损伤源很多,包括击中操纵面的跑道碎石、暴风雪产生的冰雹、维护工人掉落的工具、地面牵引设备碰撞(如叉车)。复合材料损伤容限方面的考虑主要是低速冲击损伤(LVID)引起的分层。若冲击包含足够能量,则会引起复合材料内部分层和外部基体断裂，根据能量水平和层压板构造，表面损伤可能可见或不可见。由于损伤区域可能相当大且不能清晰地看到，因此设计的零件必须在包含不可见损伤的情况下实现功能。低速冲击损伤试验通常采用0.5 in(12 mm)直径冲头，该尺寸冲头能在限制纤维断裂的情况下造成最大的分层损伤。在层压板所有厚度和所有铺层顺序的情况下都应进行不同冲击能量的试验，从而建立尽量真实的性能、冲击能量、凹坑深度、可见度之间的联系。

大多数准则定义的不可接受损伤是受过训练的观察者在一定距离外能清晰地看到，例如5 ft(1.5 m)。这个定义的相应准则允许用常规巡检对复合材料表面进行检查。虽然对于可见度的判断有点主观，但常常基于观察条件和表面处理来建立凹坑深度准则并与可见度要求相对应。冲击能量上限通常由使用环境的威胁分析确定(见图18.10)。在飞机行业中，一旦建立不可检损伤限，则可以通过疲劳试验验证该损伤在2倍寿命内不会危及飞机结构的正常使用。疲劳试验完成后，结构静态加载到失效。

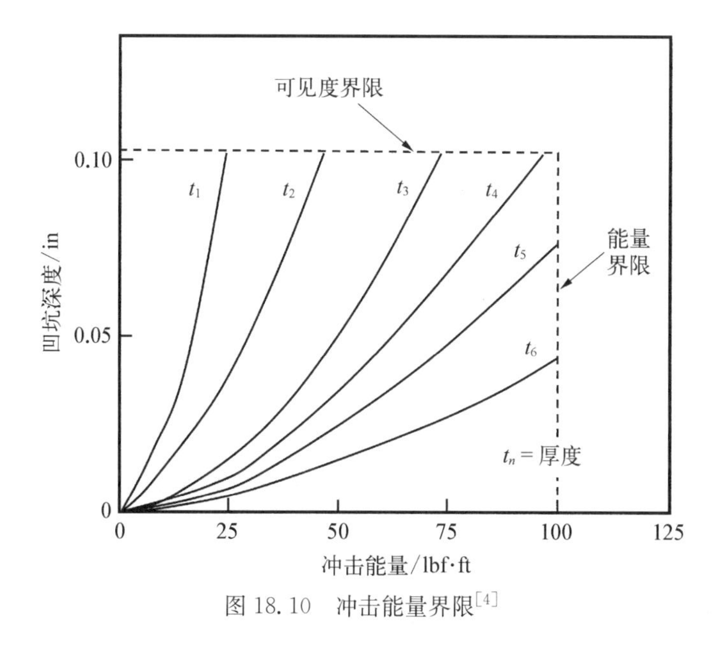

图18.10 冲击能量界限[4]

复合材料的其他性能也会影响损伤容限特性，其中一个是铺层方向，若被冲击的层压板为刚性铺层方向，即与加载方向平行的铺层方向百分比较高，则层压板残余应变低于柔性铺层方向的层压板(见图18.11)。应力与结构重量的相关性远大于应变，因此，高模量的层压板也许能承受很高的应力，但应变能力低。必须仔细考察每种特定工况。可利用柔性层压板的潜在优势，用于易受损伤的区域或应力集中的区域，例如，柔性层压板可用于外蒙皮，而内部长桁不易受损，可用刚度大一点、重量效率高但损伤容限低的铺层。

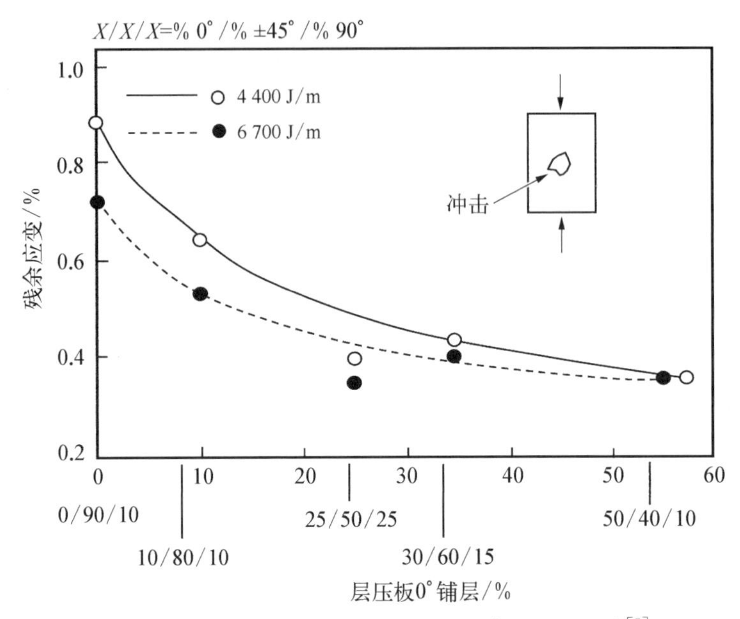

图 18.11　层压板铺层方向对冲击后残余应变的影响[5]

虽然单层的分层很重要，但除非分层非常大[直径超过 2 in(5 cm)]，否则只有薄层压板才考虑。如孔隙率和紧固件孔边劈裂之类轻微超出最大允许值的制造缺陷问题通常都不严重，可通过对应力集中的试验件开展试验得到的设计许用性能来评估，如开孔和填孔拉伸试验、压缩试验。这些试验件通常在中间位置有直径为 0.25 in(6 mm)的孔，孔为开孔（无紧固件）或填孔（安装紧固件）。由于开孔比填孔在压缩加载时更危险，故进行压缩试验时通常采用开孔试验件。对于拉伸加载，填孔可能更危险，特别是层压板的大多数铺层方向与加载方向一致时。因此，用这些试验得到的设计许用值可用于评估在常规设计中由安装紧固件或漏装紧固件产生的应用集中问题，至少对于直径为 0.25 in(6 mm)的孔是如此。

18.11　环境敏感性

如第 15 章所提到的，聚合物基复合材料暴露在环境中将导致其玻璃化转变温度下降：一旦吸湿，则基体从硬玻璃状态变为软胶质状态时的温度降低。因此，在进行湿热条件的高温试验时，随着吸湿量的增加，依赖于基体的强度性能也随之降低。

当聚合物基复合材料在潮湿环境下暴露时间足够时，湿度最终会达到平衡状态和饱和状态。在严酷的潮湿环境下,环氧基复合材料典型的饱和状态吸湿量使结构增重约1.1%~1.3%。一般的设计方法是假定在最严酷的条件下进行设计。对湿度饱和的试验件在最高使用温度条件下进行试验得到材料许用值,由于真实结构在典型使用环境下并不会使吸湿达到饱和,故该方法偏保守。吸湿对复合材料许用应变的削弱见图18.12。一旦知道复合材料的扩散性,则可利用湿气扩散规律精确预测吸湿量和湿气在厚度方向上的分布。

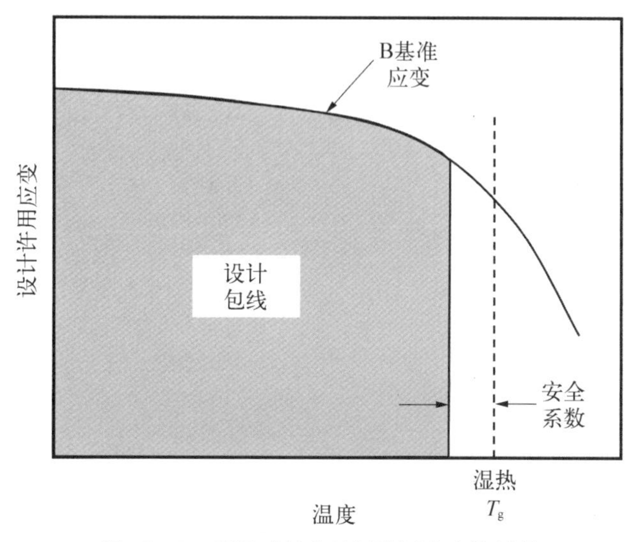

图18.12 吸湿对复合材料许用应变的削弱

金属结构的主要设计考虑是腐蚀防护,而聚合物基复合材料却对大多数化学物质具有不同程度的免疫,不会发生腐蚀。然而,若将碳纤维复合材料与活泼金属接触,金属自身会腐蚀。碳纤维是阴极(电势高),而铝合金和钢为阳极(电势低),见表18.8所示的海水中的电势序列。因此,碳纤维与铝合金或钢接触将会产生电流从而腐蚀金属。可将玻璃纤维或密封剂放入复合材料和金属之间防止金属腐蚀(见图18.13)。

表18.8 海水中的电势序列

阴极(受保护)	铂
	金
	碳
	钛
	银
	不锈钢(惰性)

（续表）

	镍合金（惰性）
	黄铜（含铜 35%）
	镍合金（活泼）
	锰青铜
	铜锌合金（含铜 40%）
	锡
	铅
	316 不锈钢
	铅锡焊料
	410 不锈钢（活泼）
	铸铁
	低碳钢
	2024 铝
	2017 铝
	镉
	包铝
	6053 铝
	1100 铝
	3003 铝
	5052 铝
	镀锌钢
	锌
阳极（被腐蚀）	镁合金
	镁

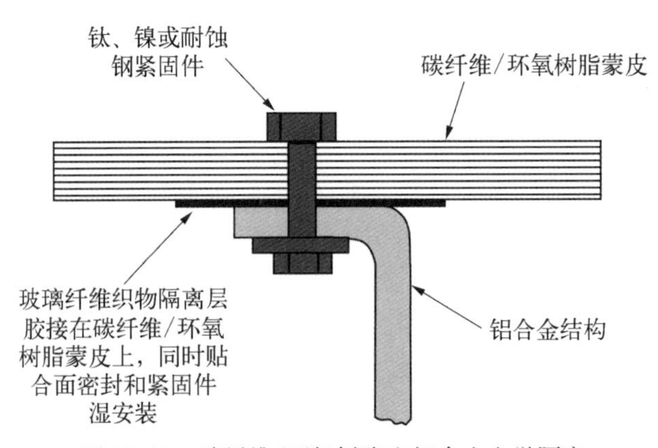

图 18.13　碳纤维/环氧树脂和铝合金电学隔离

虽然热固性聚合物对大多数化学成分的耐性相当好，但化学脱漆剂效力强，能接触到基体；此外，脱漆剂含二氯甲烷，能溶解某些热塑性塑料，故复合材料结构禁止采用化学脱漆剂。复合材料结构通常用机械式喷砂来脱漆。

其他环境影响包括长期暴露在辐射中，例如太阳的紫外线辐射会使环氧树脂退化，但合适的涂料体系能有效保护复合材料。此外，雨水和灰尘的高速冲击会引起侵蚀和凹坑，一般发生在飞机无防护的前缘结构。诸如防雨侵蚀涂层和漆之类的特殊表面处理可以避免表面磨损。闪电也是对复合材料的一大威胁，直接雷击可造成层压板的极大损伤，可在易受闪电雷击表面铺覆导电层来避免。如果子结构也是复合材料，则内部安装的螺栓端头应与其他螺栓电搭接，并用导线接地。选择闪电防护体系的一大重要考虑是避免碳纤维和导电材料之间发生电化学腐蚀，导电材料通常指铝合金和铜。

聚合物基树脂耐环境性较差，小冲击、热和紫外线都会侵蚀层压板表面树脂，导致纤维增强体失去支撑。进行合理的表面处理、控制使用温度、密封倒角和紧固件孔都有助于减轻环境退化带来的负面影响。

参考文献

[1] D B Miracle, Donaldson S L. ASM Handbook, Vol 21, Composites[M]// Bottle J, Burzesi F, Fiorini L. Design Guidelines. ASM International, 2001.

[2] D B Miracle, Donaldson S L. ASM Handbook, Vol 21, Composites[M]// Fields R E. Overview of Testing and Certification. ASM International, 2001.

[3] MIL - HNBK - 17 - 3F Polymer matrix composites, Vol 3, materials usage, design, and analysis[S]. U. S. Department of Defense, 2001.

[4] MIL - A - 872221 General specification for aircraft structures [S]. U. S. Air Force, 1985.

[5] Gauthier M M. Engineered Materials Handbook, Vol 1, Composites [M]// Horton R E, McCarty J E. Damage Tolerance of Composites. ASM International, 1987.

精选参考文献

[1] D B Miracle, Donaldson S L. ASM Handbook, Vol 21, Composites[M]//Boshers C. Design Allowables. ASM International, 2001.

[2] D B Miracle, Donaldson S L. ASM Handbook, Vol 21, Composites[M]// Chesmar E. Product Reliability, In-Service Experience, and Lessons Learned. ASM International, 2001.

[3] D B Miracle, Donaldson S L. ASM Handbook, Vol 21, Composites[M]// Cole W F, Forte M S. Maintainability Issues. ASM International, 2001.
[4] D B Miracle, Donaldson S L. ASM Handbook, Vol 21, Composites[M]// Hart-Smith L J, Heslehurst R B. Designing for Repairability. ASM International, 2001.
[5] Niu M C Y. Composite Airframe Structures, 2nd ed. [M]. Hong Kong Conmilit Press Limited, 2000.
[6] D B Miracle, Donaldson S L. ASM Handbook, Vol 21, Composites[M]// Vizzini A J, Design, Tooling, and Manufacturing Interaction. ASM International, 2001.
[7] D B Miracle, Donaldson S L. ASM Handbook, Vol 21, Composites[M]// Woodward M R, Stover R. Damage Tolerance. ASM International, 2001.

19　修　　理

复合材料零件修理方法可以分类为填充、注射、螺栓连接或粘接，如图 19.1 所示。使用糊状胶黏剂进行简单的填充修理，以修理诸如轻微划痕、凹痕、切口和弯折等非结构损伤。注射修理是将低黏度液体胶黏剂注入复合材料分层或胶黏剂脱粘区域。螺栓连接修理通常在厚的、高应力的复合材料层压板上使用，薄蒙皮蜂窝组件通常需要粘接修理。

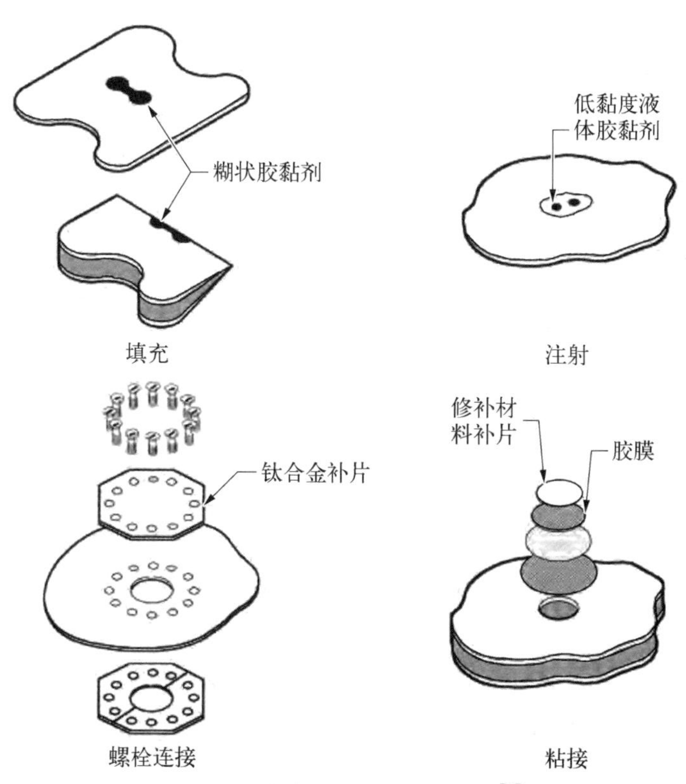

图 19.1　复合材料零件修理方法[1]

复合材料或粘接式飞机组件的所有修理都应按照飞机结构维修手册或技术订单中列出的具体说明进行。每份手册都由飞机制造商提供并经适当的管理机构批准，如联邦航空局商用飞机或空军/海军/陆军军机机构。如果损伤超出了手册中规定的限值，则修理程序必须经有资质的强度工程师批准。所有进行结构维修的人员都应进行培训并获得维修程序的认证，必须遵守维修手册中的说明书，不正确的维修通常会导致更广泛和复杂的二次维修。

有关螺栓修理设计的信息请参见参考文献[2]，参考文献[3]涵盖了粘接修理设计。参考文献[4]中展示了许多复合材料修理的详细程序。

19.1 填充修理

填充修理是非结构性的，因此应局限于轻微的损坏。双组分高黏度触变环氧胶黏剂通常用于这类修理。要修理的表面应该是干燥的，并且没有任何可以妨碍填料黏附的污染物。在填充之前，表面使用 180～240 粒度的碳化硅纸轻轻打磨。一旦将胶黏剂混合并施加到表面上，则大多数环氧胶黏剂在室温下 24 h 内将充分固化，从而它们可以与表面齐平。通常在室温下需要 5～7 天的时间才能充分达到该有的强度。加热灯经常用于加速固化，将胶黏剂加热至 80℃1 h 即可完成固化。还有一种称为气动平滑化合物的特殊填料，它们是橡胶增韧的环氧树脂，应用中具有高耐龟裂和高耐开裂特性。建议这种修理不要加热到 95℃以上，因为层压板中的水分可能导致出现分层问题而被迫进行更大量的维修。

19.2 注射修理

注射修理因会产生复杂的后果而有些争议。如果修理用于固化时的胶层脱粘或分层，则脱粘或分层的内表面通常会有光滑的氧化表面，注射的胶黏剂可能无法黏附。如果是由冲击导致的分层，则适合采用注入的胶黏剂黏合表面。然而，由冲击引起的分层通常是多层次的，并且与难以甚至不可能填充的紧密微裂纹相关。

低黏度且由两部分组成的环氧胶黏剂在低或中等压力下进行注射，如图 19.2 中的两个实例所示。如果分层不延伸到边缘，则钻出一个直径为 1.3 mm 的小直径平底孔，孔深通常由脉冲回波超声波确定。通常需要两个或更多的孔，一个用于注射，另一个用于排气。为了帮助树脂流入紧密分层，可以将分层面积预热至 50～60℃。预热会降低树脂的黏度，并有助于其流入分层。

对于紧密分层，必要时可以采用高达 280 kPa 的压力。如果分层在较低压力下成功填充，则胶黏剂将从通气孔流出。如果蜂窝芯暴露于压力下，那么压力应限制在 140 kPa 以下以防止芯体鼓气。可以通过将空气注入一个孔并监测从另一个孔中流出的气流来验证流量。监测此流程的方式是将一块橡胶软管密封在通风孔处，并将另一端浸入一杯水中；气流由气泡量表示。边缘分层更容易填充，通常不需要通风孔。此外，在填充边缘分层之后，可以应用 C 形夹施加压力以扩展胶黏剂并使层压板背靠背贴在一起。

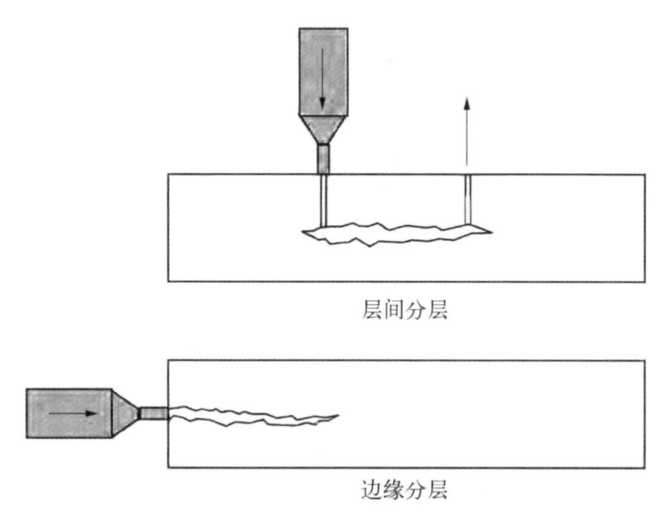

图 19.2 使用低黏度树脂注入分层

如图 19.3 所示，紧固件孔边分层的多层性是由拧紧紧固件导致非均匀间隙压缩引起的。分层和树脂裂纹的显微照片（见图 19.4）显示了层压板多层分层和基体裂纹的复杂网络；一些分层甚至未延伸到孔的边缘。这种分层的注射修理方案（见图 19.5）涉及一系列小型注射和排气孔。为了在固化时施加压力，可以将带有特大垫圈的临时脱模紧固件放置在孔中并拧紧。超声脉冲反射波可用于绘制分层的边界和深度。

虽然注射修理可能无法恢复原始强度，但它们有助于稳定分层期间出现的子层板，这对存在压缩载荷的层板特别重要。如图 19.6 中在紧固件孔周围出现分层的试样的压缩试验结果所示，经过注射修理的试样比未修理试样的压缩强度更高。如果面-芯脱粘需要注射胶黏剂，则应将蜂窝组件倒置，从而使脱粘区域在下面板上，这样才能防止低黏度树脂向下流动到蜂窝芯壁上。

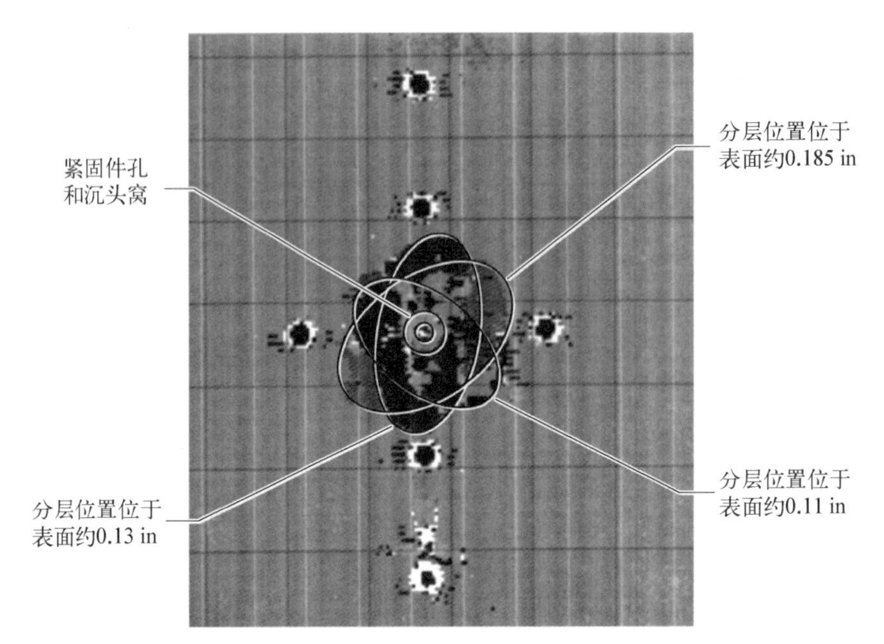

图 19.3 紧固件周围不同程度的分层

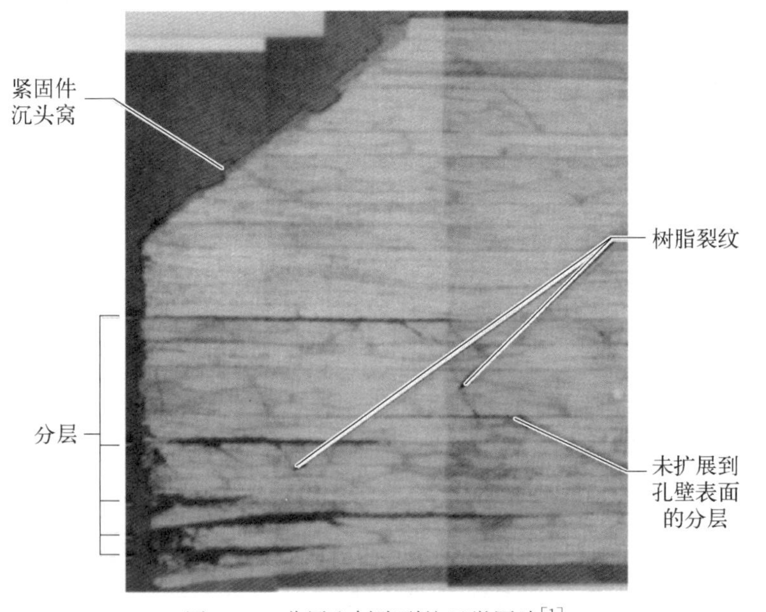

图 19.4 分层和树脂裂纹显微图片[1]

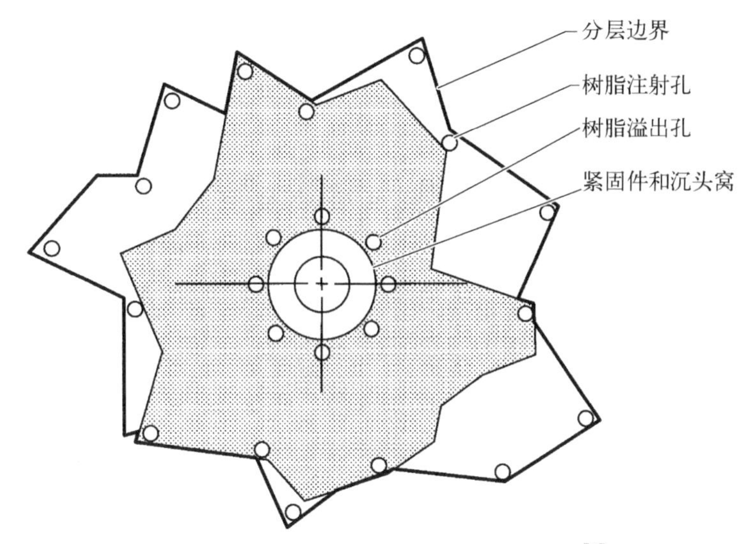

图 19.5 紧固件孔周围分层注射修理方案[1]

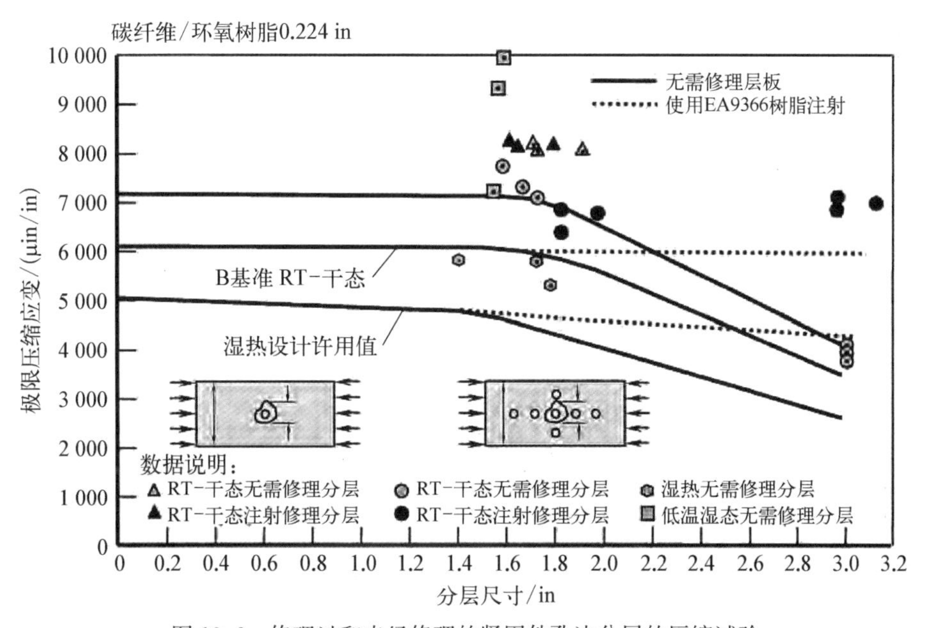

图 19.6 修理过和未经修理的紧固件孔边分层的压缩试验

19.3 螺栓连接修理

螺栓连接修理通常优于胶接修理,因为它们更简单并且更不容易出错。表 19.1 给出了螺栓连接修理和胶接修理的选择方法。螺栓连接修理的优点是显而易见的;然而,结构的初始设计必须能够承受紧固件的挤压载荷。换句话说,结构的原始设计应变必须足够低,以便设计出的螺栓连接修理承受的极限设计载荷时裕度为正。

表 19.1 螺栓连接修理和胶接修理的选择方法[1]

条件		推荐	
		螺接	胶接
较小载荷,厚度较薄(小于 0.1 in)		√	√
较大载荷,厚度较厚(大于 0.1 in)		√	—
较高的剥离应力		√	—
要求较高的可靠性		√	—
蜂窝夹层结构修理		—	√
胶接表面	干态	√	√
	湿态	√	—
	清洁	√	√
	污染	√	—
密封要求		√	√
可拆卸要求		√	—
回复无孔状态强度		—	√

补片螺栓连接修理(见图 19.7)可应用于外表面、内表面或两者均应用。图中单个外部和内部补片所示的承受单剪紧固件的载荷传递效率受到限制,因为

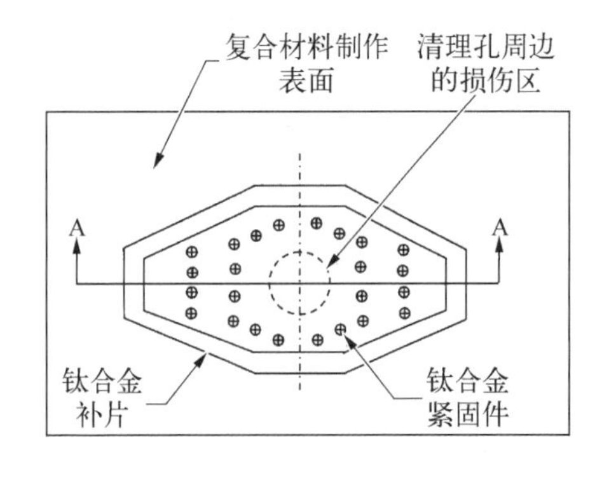

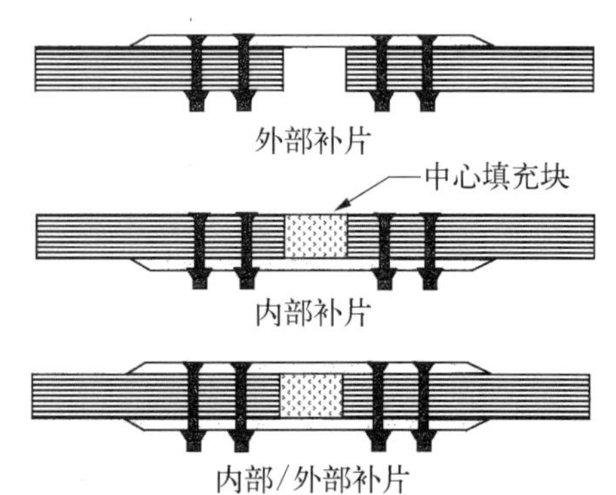

图 19.7 补片螺栓连接修理

紧固件承载易倾斜，导致复合材料蒙皮的边缘挤压失效。图中所示的内部/外部双重补片具有更好的传载能力，因为紧固件以双剪形式传载。

典型螺栓连接修理(见图19.8)由外部钛补片、损坏区域中的修理塞和两片式内部补片组成。内部补片分成两块，以便将其插入蒙皮内部。使用正常的复合材料钻孔和紧固件安装程序。尽管平头螺栓补片更容易安装，但平头螺栓补片(见图19.9)和沉头螺栓补片(见图19.10)均可以设计。

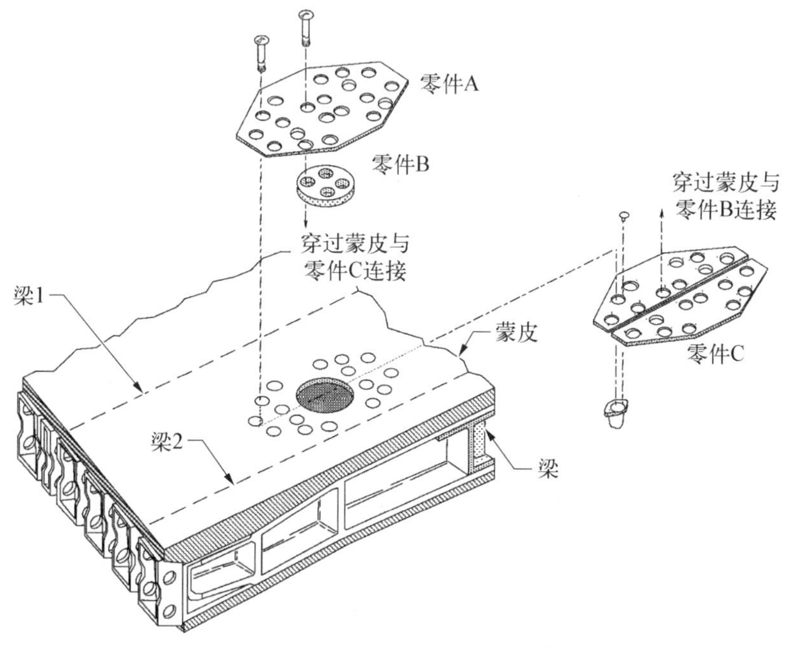

图19.8 典型螺栓连接修理[1]

安装单面补片的步骤如下：将需要修理的区域锉磨成圆形或椭圆形以免出现尖锐边缘或其他应力集中的区域；对补片预钻导孔；在蒙皮上划出0°和90°方向的相交线，从而定位补片；将补片放置在蒙皮上，并且标记两个相对端孔的位置；去除斑块，并在蒙皮上钻两个导孔；将补片重新定位在蒙皮上并通过临时紧固件固定位置；根据补片的其他导孔对蒙皮进行配钻。在钻孔时要安装更多的临时紧固件，以夹紧补片和蒙皮。在钻完所有导孔并夹紧就位后，可以先钻孔然后铰孔，使导孔扩大到最终直径，其公差通常为±0.08/−0.00 mm。此外，临时紧固件用于夹紧补片和紧固件。在所有的孔已经被钻孔和铰孔到其最终尺寸之后，拆下补片并清理毛刺。用密封剂浸渍一层编织玻璃布以提供密封和防腐蚀保护。补片中的全尺寸孔是埋头孔，补片通过单面盲紧固件(如果只有一侧)或

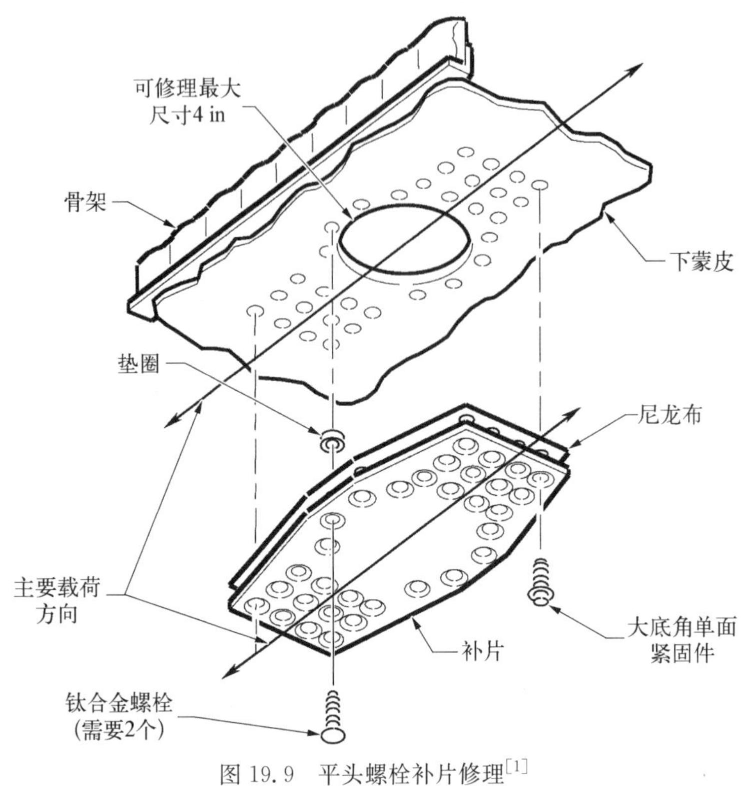

图 19.9　平头螺栓补片修理[1]

销钉和套环紧固件(如果有两侧)安装。所有紧固件均需用密封剂润湿,补片边缘应进行倒角密封。虽然单面补片更容易安装,但它们在传载路径中仅提供单一剪切且不对称。

双面补片承受双剪载荷和更平衡的传载路径,但更难安装,特别是如果只能接近单面的情况。在开始安装之前,应通过外部和内部的补片配钻至少一个导孔。内部补片经常被分割,使得它们可以穿过蒙皮中的孔。除此之外,外部补片(的导孔)用于制造蒙皮中的导孔。定位内部和外部补片并保持就位,任一端的导孔插入临时紧固件。通过外部补片和蒙皮中现有的导孔,在内部补片上钻出导孔。导孔钻好后,将临时紧固件安装在导孔中。首先钻孔,钻完所有导孔后,再扩孔至最终尺寸。然后拆下补片,在外表面上扩埋头孔,去毛刺,密封表面,并用临时紧固件重新安装,最后安装全尺寸紧固件。如果只能接近一侧,则可以使用盲紧固件,也可以在内部补片部分安装螺母板,以便拆卸螺钉。如果两侧均可以接近则可以使用销子和自锁螺栓。

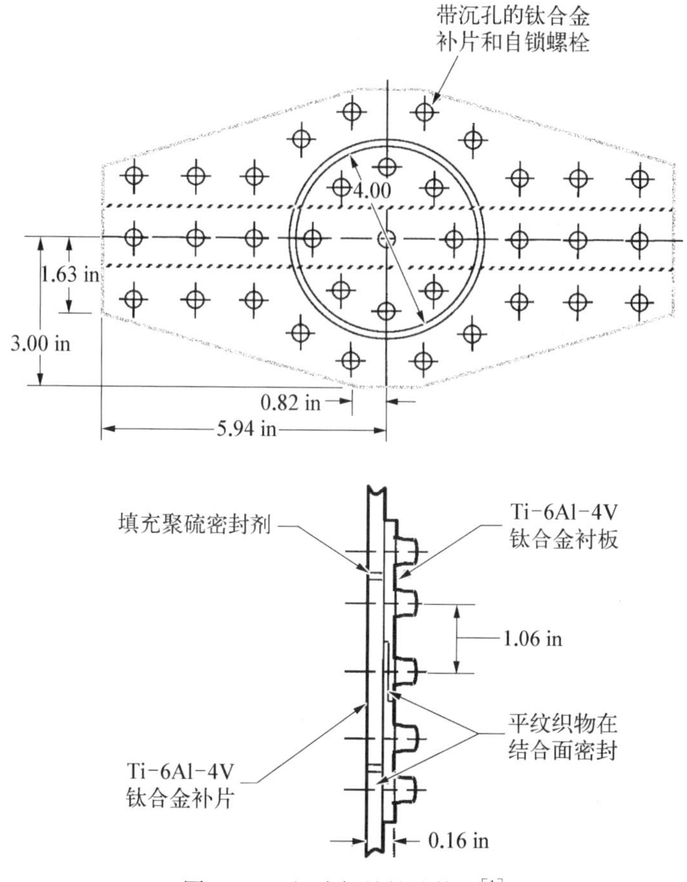

图 19.10 沉头螺栓补片修理[1]

注：所有给出的尺寸仅为示范，实际修理应用尺寸会随修理和载荷要求而变

19.4 胶接修理

胶接修理是最困难且最易出错的修理，这种类型的修理有很多变化，本书只举几个例子。三种典型的胶接修理为粘贴补片、嵌入式修理和阶梯式修理（见图 19.11）。粘贴补片修理可以使用预浸料、湿铺层或用胶黏剂黏合在一起的钛薄片。对于承载要求较高的结构，通常需要采用嵌入式或阶梯式修理；然而，这两种方法都需要精确加工来实现有效的载荷传递。嵌入式修理还需要清除大量材料（见图 19.12），以防出现对胶黏剂的高剥离力。

典型的热胶接现场维修程序包括以下步骤：

（1）使用脉冲超声反射波确定损坏区域，确定修理是否在结构修理手册的

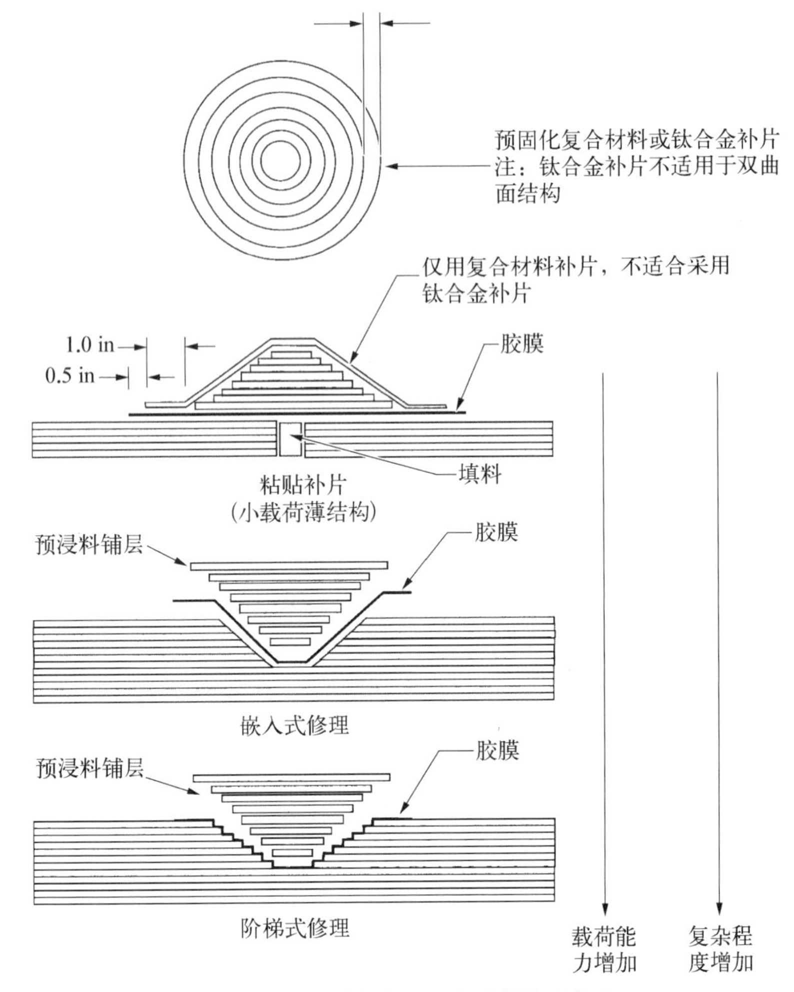

图 19.11 复合材料层压板胶接修理方法

限制范围内。如果不在,那么应该请一名强度工程师采取其他处理方式。

(2) 使用具有深度控制功能的高速刨铡刀小心去除损伤铺层。如果需要阶梯式搭接配置,则可能最终成为烦琐的手工切割阶梯的工作。

(3) 如果维修要在 90℃(200℉)或更高的温度下进行,那么维修区域应至少在 90℃下干燥 4 h。

(4) 将修理区域用电热毯(热补仪)(见图 19.13)装袋,使其经受完全真空状态(最小汞柱真空度为 559 mm),缓慢加热至固化温度,例如 120℃或 180℃,并在此温度下保持真空,保持所需要的时间,例如 2～4 h。固化的补片上保持真空压力直到冷却至 65℃。

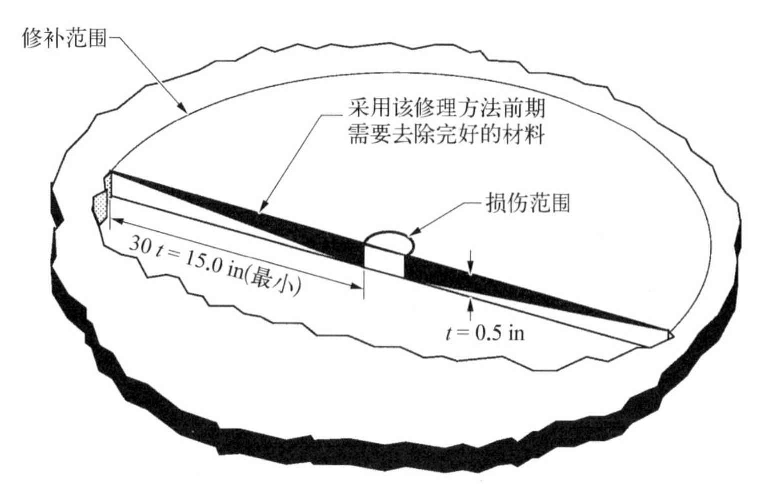

图 19.12 嵌入式修理清除大量材料[1]

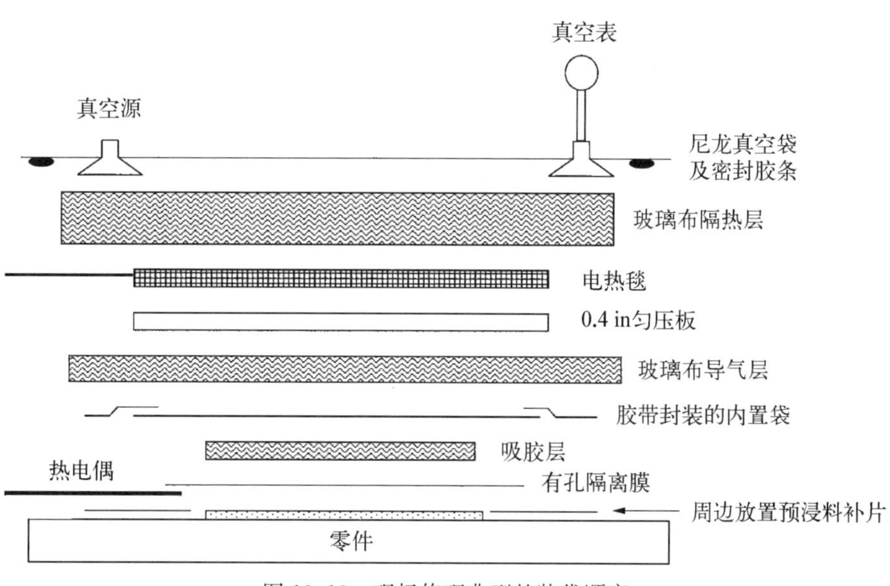

图 19.13 现场修理典型的装袋顺序

(5) 固化的补片从包装袋中取出并清理相关区域。用脉冲超声反射波检查修理质量。修理区被重新打磨整修使其与结构其他区域相齐平。

对于现场修理,有商业设备(见图 19.14)提供电力、热电偶材料解析和真空源,并可通过编程提供均匀的加热、保温和温度冷却过程。

粘接修理的补片通常由预浸料、湿铺层、预固化复合材料或黏合在一起的薄钛板组成。由于现场维修仅在真空袋压力(≤101 kPa 或更低)的情况下进行,所

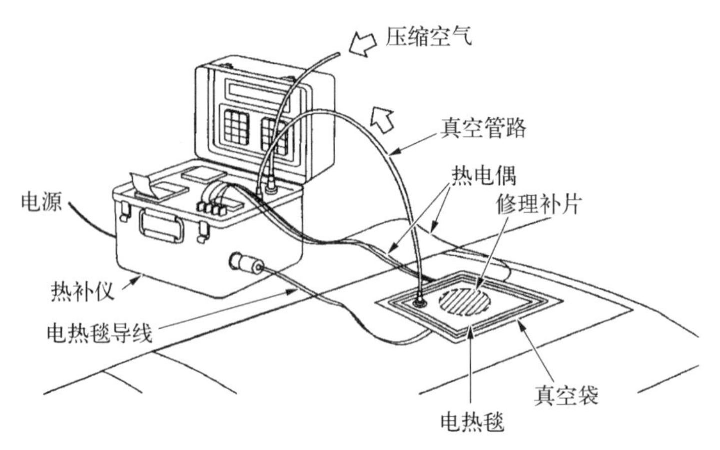

图 19.14 现场胶接修理的设备

以维修质量不如原始层压板那样高，在 700 kPa(100 psi)的热压罐中固化。预浸料补片比湿铺层补片质量更高。但是，预浸料必须储存在−18℃的冷冻箱中，保质期为一年甚至更短。而一些用于湿铺层的树脂可以在室温下储存 6～12 个月。此外，由于湿铺层材料是织布，所以如果结构很薄并且由单向带制成，则湿铺层可能难以甚至不可能匹配原始结构的强度和刚度。预浸料和湿铺层补片都具有易成型从而满足修理所需轮廓的优点。

通过将多层 0.48～0.5 mm 厚的钛片一起胶接而成的预固化的补片的修理很少或不产生空洞。因为不需要真空泄放装置，因此装袋操作也简化了。通常在预固化的补片上钻出一系列小孔以允许在胶黏剂胶接层处去除空气。这类补片最大的缺点是它们的轮廓成型性非常有限。如果多处需要采用相同的修理方法，并且可以提前准备补片，那么通常会使用这种修理方法。如果使用钛补片材料，则必须将其预清洁，准备好并存放在防潮袋中。

所有受损材料都应被去除，并且修理的孔或其底部应该是没有锋利边缘的圆形或者椭圆形的。在嵌入式或阶梯式修理中加工是一项需要非常小心且技巧性很强的操作。模板和深度控制装置应与高速砂光机或刳刨机一起使用。在阶梯式修理中，重要的是不要在加工操作过程中损坏台阶下面的铺层。

保持修理区域彻底干燥是很重要的，特别是如果修理区域要加热到 90℃以上的情况。面板吸收的水分或蜂窝芯子中的液态水可能转化为蒸汽，造成分层和起泡，芯子中的水分可能会使表皮鼓胀或者造成蜂窝胞元的附带损伤。为了防止水分带来的损害，整个修理区域应通过缓慢加热彻底干燥，例如 0.6℃/min

加热至 90℃,并保温一段时间(对于薄面板通常为 4 h)。厚面板可能需要相当长的时间,并且可能需要使用吸湿/去吸附计算机程序来确定恰当的干燥时间。干燥操作通常可以与试修理过程相结合,试修理是采用干玻璃布代替预浸料补片,并采取与实际的修理方法相同的方式装袋。这个试运行也将揭示维修区域中潜在的热点或冷点,在进行实际的修理固化循环之前可以进行纠正。为了获得均匀的温度,可能需要额外的绝缘层或带有区域控制的多重电热毯。

用于修理的树脂和胶黏剂类型的选择也很重要。例如,如果原始结构使用 120℃固化胶黏合,那么使用 180℃固化胶黏剂进行修理肯定不合适。通常,复合材料补片层和胶黏剂的固化温度越低,对结构进行修理且不造成额外损伤的成功率就越高。如果维修是由原始设备制造商(OEM)完成的,或者在带有热压罐的仓库中进行,则可以使用与原始制造零件相同的材料进行修理,因为可以将零件装入袋中并采用与原始制造过程相同的温度和压力。例如,如果最初采用的是 180℃固化系统,那么在 180℃的温度下进行修理时,热压罐的压力将会使所有材料压实在一起。如果只使用一个局部真空袋并将零件加热到 180℃,那么该零件可能会分层或脱粘,因为在 180℃固化温度下,胶黏剂粘接层会变得非常薄弱。另外,层压材料或蜂窝材料中的任何水分在 180℃时都会比在较低温度(如 120℃或更低)下产生更高的蒸汽压力。

作者曾经观察到一个昂贵的大型复合材料面板蜂窝组件的严重的修理后果。该组件由预粘的碳纤维/环氧树脂面板与全深度蜂窝芯胶接而成。所使用的胶黏剂在 180℃下固化,但使用温度限于 120℃。面板的一个小穿刺需要修理,修理看起来很简单,即在穿刺处粘贴一块小的钛补片。修理小组并没有将组件放在工具上,而是将整个组件放入真空袋中,然后在修理区域放置一个小型的局部真空袋,并将整个组件置于烘箱中进行 180℃修理固化。在 180℃时,原始的胶黏剂胶黏线变得非常脆弱,没有压力将它们压实在一起,组件中的残余应力使得胶层失效。这两个面板从芯层弹出,结果组件报废。

对于通常只有真空压力可用的现场修理,使用比原始固化温度低得多的温度(10～40℃)固化的修理材料非常重要。如果将整个组件放置在热压罐中,则必须确保整个组件是干燥的,或者如果使用真空袋进行现场维修,那么至少须确保修理区域是干燥的。一般情况下,复杂的维修涉及精密加工和复杂的铺贴,如嵌入式和阶梯式修理,应在规模更大的模具和拥有热压罐的仓库中进行。可以采用环氧树脂胶膜和预浸料,在 120～180℃下固化 1～4 h。湿铺层树脂和胶黏剂一般在室温下固化 5～7 天，或者在 70～80℃下加热固化 1～2 h。尽管这些材料需要 5～7 天才能获得足够的强度，但是它们通常在室温下 24 h 内能充分固化，从而除去压力，并且可以进行诸如手工打磨或反共修光之类的清理。

虽然低温固化的材料有利于修理，但也存在一定的限制：固化温度越低，玻璃化转变温度 T_g 越低，最终使用温度就越低。如果使用液体或糊状胶黏剂固化湿铺层或预固化复合材料补片，则应在胶层中嵌入轻质玻璃布，以便在碳补片与铝蜂窝芯共固化时提供胶层厚度控制和防腐蚀保护。

可以通过热压罐提供修理固化的压力，机械式试压可以采用 C 形夹具或真空袋等。优先选用热压罐，因为它可以提供高达 700 kPa 的全压力，并且施加得到的压力是均衡的；然而，它通常需要在烘箱中干燥整个组件，并且封装组件或将其放在原始工装上并真空包装。如果修理区域很小并且位于夹具可接近的区域，则机械压力是非常有效的。但是，夹钳的两个问题是：① 可能施加过高的压力并且对零件产生局部挤压；② 夹具造成的散热会导致难以获得均匀的加热条件。如果使用夹钳，则应使用垫片将夹钳的载荷分散到整个表面。真空袋经常用于现场修理，因为采用真空袋，通常不需要从飞机上拆下部件便可进行修理。当然真空袋也存在几个缺点：① 所能获得的最大压力为 55～100 kPa；② 压力仅施加于修理区域，并且相邻区域在没有压力的情况下，在加热期间会变热；③ 真空状态下固化往往在加热过程中将挥发物从基质和胶黏剂中吸出，从而引起空洞、孔隙和泡沫胶层。

为了提高真空袋固化的质量，可以使用如图 19.15 所示的双袋技术，在固化之前将补片(预浸料或湿铺)分级。典型的双袋分级循环如图 19.16 所示。在这个过程中，使用两个真空袋。通过传统的尼龙真空袋施加内部真空，并将外部真空施加到硬质室。由于真空度几乎相等，因此在硬质室中施加的外部真空保持尼龙内部的真空区不会使铺层合并——但与此同时，内部真空区允许从铺层排出任何空气和挥发物。然后将补片加热到分段温度以除去在较高温度下放出的任何挥发物。分段温度取决于所使用的树脂体系，但它应该同时满足：① 足够高以允许挥发物从层之间逸出(因为没有压力将它们推到一起)；② 足够低以使树脂不会凝胶化。例如，180℃固化胶的分段可能为在 115～130℃持续 30 min。在分段循环完成之后，释放硬质室的外部真空，从而允许内真空袋压实铺层。然后在释放压力之前将补片冷却至 70℃以下。分段后，可以用热风枪重新加热软化树脂，使补片形成所需的轮廓。然后使用真空袋以正常方式固化补片。这个

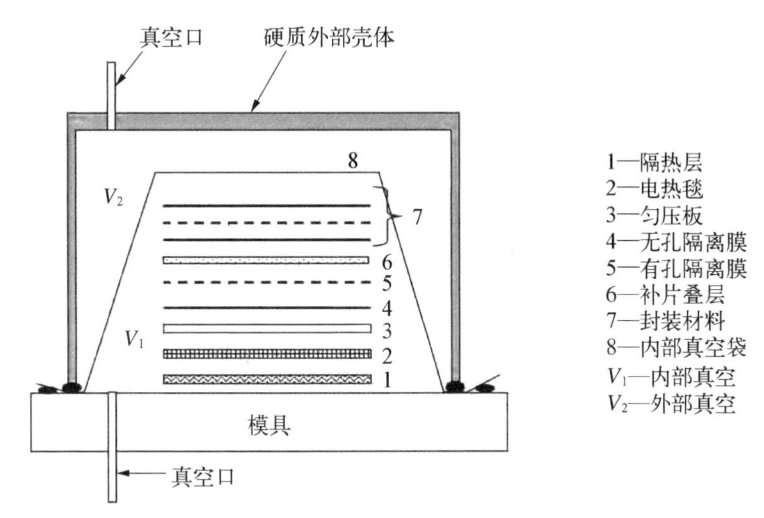

图 19.15 双真空袋修理方法针对预浸料或湿法铺叠补片分级

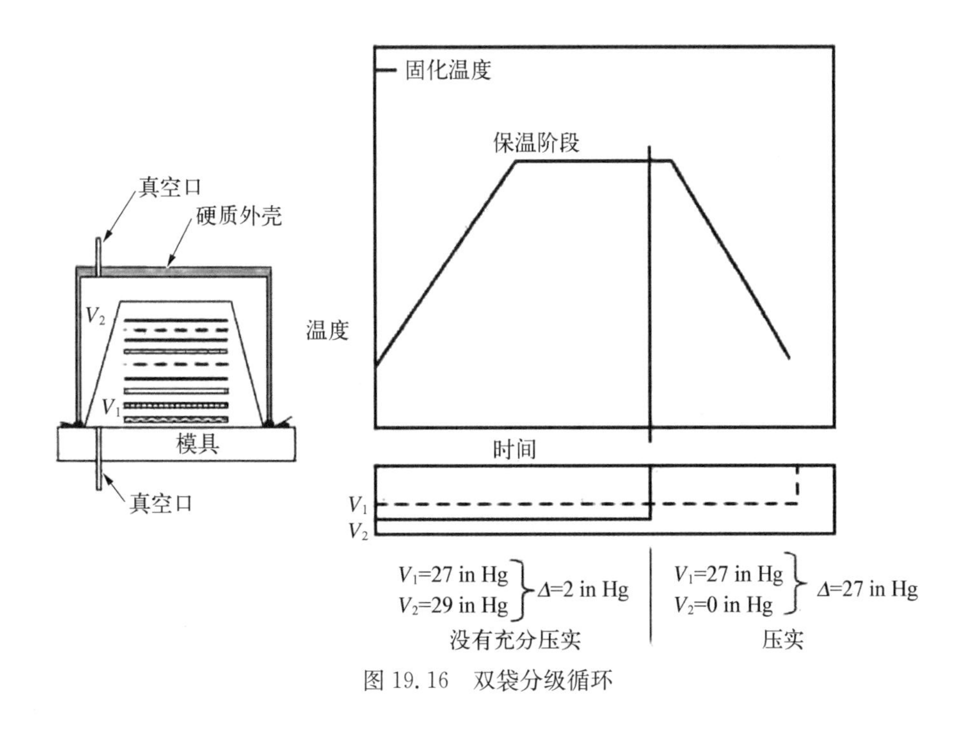

图 19.16 双袋分级循环

程序有助于减少固化后补片的孔隙和空洞。另外,如第 8 章中所讨论的,胶膜的分段和压印有助于去除夹带的空气。

用于固化的热量可以由热压罐、烤箱、加热毯或加热灯提供,这取决于在何处以及如何进行修理。热压罐和烤箱的温度控制功能最佳。如前文所述,如果使用加热毯,则建议试运行以确保有足够的功率并识别所有热点或冷点。加热毯有多种尺寸和线圈设计可供选择,如果需要,则可以使用多个加热毯以获得均匀的加热效果。加热灯通常用于简单的修理,如填补维修或预热局部区域从而进行喷漆维修。在任何情况下,都应该安排大量的热电偶,以便监测最热和最冷的区域。固化温度应由最热的热电偶确定,固化时间应由滞后或最冷的热电偶控制。

补片在 70℃以下的压力下固化后,可以从袋中取出,进行清理、检查、密封和修理。清理包括清除所有的树脂闪光区及将补片区域打磨光滑。在固化之前可以在固化区域周围放置防碎裂胶带,以最大限度地减少清理工作,但不应将其放置在距离顶部补片层很近的地方,以防止补片与蒙皮之间产生切口。在铺设期间,胶膜可以延伸并超出复合材料补片层以确保良好的倒角。

固化后应检查所有胶接的修补片,用超声脉冲反射波确定补片质量。如有必要,则补片可用低黏度树脂涂抹密封,在固化时打磨。然后可以进行原始的表面处理(底漆和面漆)。除了蜂窝本身常常损坏必须更换之外,修理胶接蜂窝组件与层压板修理类似。干燥蜂窝组件有着不确定性。对于蜂窝组件,如果芯子中有水,则薄层压板推荐的 90℃干燥 4 h 的条件可能不足以满足蜂窝组件的要求。事实上,如图 19.17 所示,从蜂窝组件中去除水分是非常困难的。即使在加热和抽真空的情况下,也需要 30 天才能从这个特定的组件中去除水分。有两点非常重要。

(1) 由于存在的蒸汽压力有导致分层的危险,因此蜂窝组件不应在 90℃以上加热。

(2) 即使真空有助于去除蜂窝组件中的液态水,也不能帮助去除整体层压板吸收的水分,因为从层压板中去除水分取决于扩散情况。采用 X 射线检查有助于检测水分,但对于少量的水分很难检测到。水分的影响是许多胶接修理不成功的主要原因之一。

小面积的简单修理(见图 19.18)通常可以通过去除芯子的受损部分并代之以糊状胶黏剂和磨碎的玻璃纤维的混合物。填充剂固化后,表面用砂纸打磨,然后用修理补片黏合。如果受损区域较大,则需要拆除损坏的芯子,并用相同密度

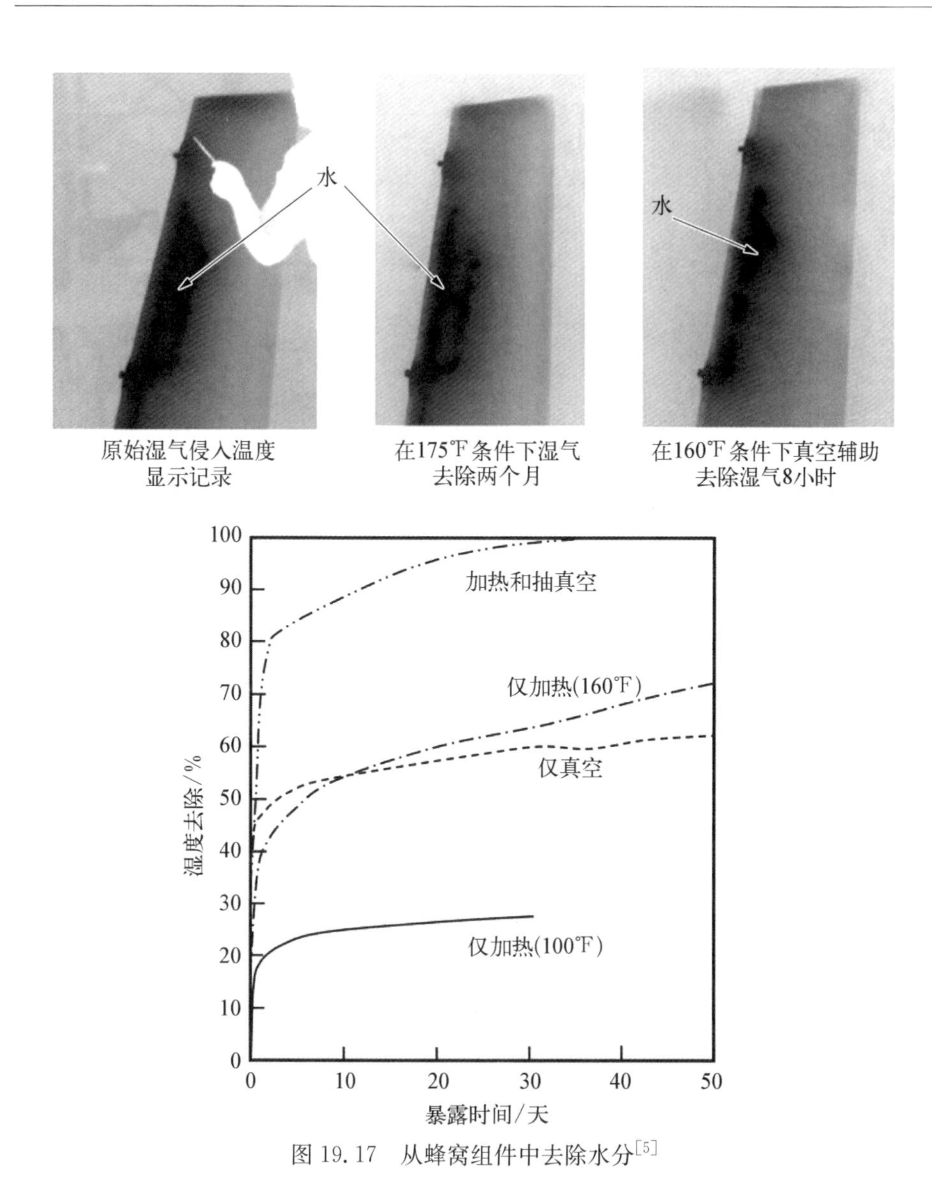

图 19.17　从蜂窝组件中去除水分[5]

的未损坏的芯子代替。典型的单面和双面修理如图 19.19 所示。芯子往往可以用削尖的油灰刀切割蜂窝胞壁并用尖嘴钳将其拉出。然后可以将其余需去除的部分打磨到未损伤的表面的胶膜上。更换芯子时通常用发泡胶或糊状胶黏剂黏合到主芯体中。发泡胶黏剂通常需要有烘箱和库房才采用,因为泡沫胶黏剂在真空条件下会过度发泡;胶黏剂通常用于现场修理。替换的芯层的方向应与结构的其余部分相匹配。

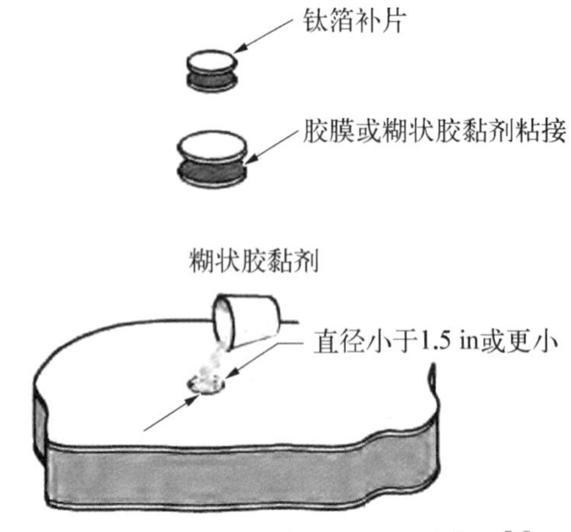

图 19.18　复合蜂窝小面积简单修理[1]

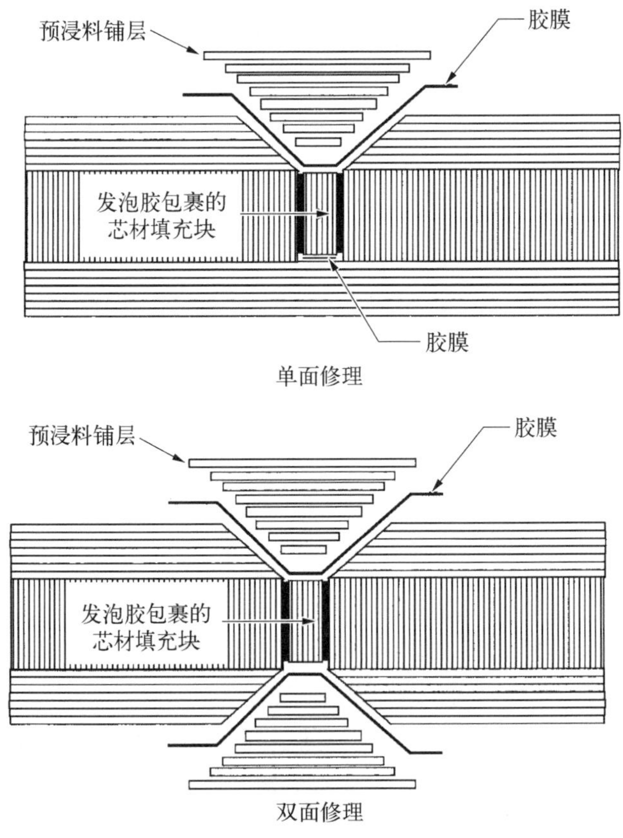

图 19.19　典型的单面和双面修理

19.5 金属零件和金属粘接组件

如果金属零件或金属组件通过胶黏剂进行修理，则必须采用第 8 章中所述的步骤对所有的零件进行化学清洁并涂底漆。但是，有一些程序和材料可用于现场维修和化学清洗。虽然通常不像生产罐的程序那样可靠，但它们远胜于简单的手工打磨或研磨。

不能将碳纤维/环氧树脂修理补片热粘接到铝组件上。它们的热膨胀系数差异很大，以至于黏合的补片将产生非常高的残余应力，甚至可能使其无法从固化温度冷却。对于修理铝合金组件，硼纤维/环氧树脂预浸料的使用已经取得了很大的成功。

参考文献

[1] Bohlmann R, Renieri M, Renieri G, et al. Advanced materials and design for integrated topside structures[G]. Training Course Given to Thales in the Netherlands, 2002: 15 - 19.

[2] Bohlmann R E, Renieri G D, Libeskind M. Bolted field repair of graphite/epoxy wing skin laminates[J]. Astm Special Technical Publication, 1981(749): 97 - 116.

[3] Duong C N, Wang C H. Composite Repair — Theory and Design[M]. Elsevier Science Ltd., 2007.

[4] Wegman R F, Tullos T R. Handbook of Adhesive Bonded Repair[M]. Noyes Publications, 1992.

[5] Li C, Ueno R, Lefebvre V. Investigation of an accelerated moisture removal approach of a composite aircraft control surface[C]. Society for the Advancement of Material and Process Engineering, 2006.

精选参考文献

[1] AhnArmstrong K B, Barrett R T. Care and Repair of Advanced Composites[M]. Society of Automotive Engineers, 2005.

[2] Baker, Rose F, Jones R. Advances in the Bonded Repair of Metallic Aircraft Structure, Vols 1 and 2[M]. Elsevier Science Ltd., 2002.

[3] Hexcel Composites. Composite repair[G]. 1998.

[4] Seidl A L. Repair Aspects of Composite and Adhesively Bonded Aircraft Structures [M]// Handbook of Composites. Springer US, 1998.

20　金属基复合材料

与金属基体相比，金属基复合材料(metal matrix composites, MMC)具有许多优点，如比强度和比模量高、耐高温性能好、热膨胀系数低，以及在特定情况下具有优异的耐磨特性。然而，由于成本相对较高，因此金属基复合材料的商业应用受到限制：非连续增强金属基复合材料目前仅有少量实际应用，而连续增强金属基复合材料的应用几乎为零。

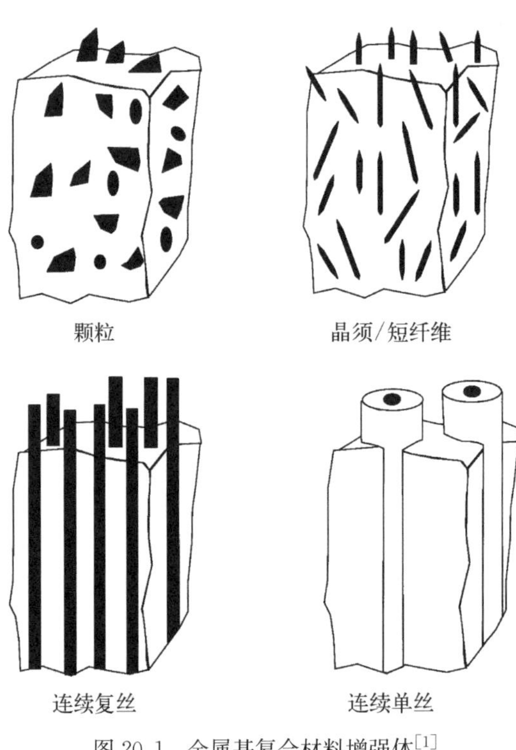

图 20.1　金属基复合材料增强体[1]

在金属基复合材料中，金属基体通常选自低密度的有色合金，而增强体则为高性能的碳质、金属或陶瓷添加物。金属基复合材料可根据增强体的不同形貌进行分类，如图 20.1 所示，包括颗粒状(近等轴状)、单晶晶须、随机分布或具有一定取向的短纤维、取向排列的复丝或单丝长纤维。

非连续增强体主要包括各种晶须、颗粒和短切纤维。典型的如碳化硅(SiC)晶须，碳化硅、氧化铝(Al_2O_3)和二硼化钛(TiB_2)颗粒，以及氧化铝或石墨的短切纤维。

陶瓷颗粒是最主要的非连续增强体，铝基体中加入 SiC 或 Al_2O_3 等陶瓷颗粒，称为非连续增强铝基复合材料(DRA)，如图 20.2 所示。当颗粒增强体的体积分数低于 25%时，DRA 具有高刚度、低密度、高硬度及较高韧性，并且成本相对较低的特点。SiC 颗粒的直径通常在 3～30 μm 之间，体积分数通常在 15%～25%之间。DRA 的制备通常采用熔体混合-铸造或粉末混合-固结两种技术路线。图 20.3 给出了典型的 SiC 颗粒增强铝基复合材料的微观组织。

图 20.2 碳化硅颗粒

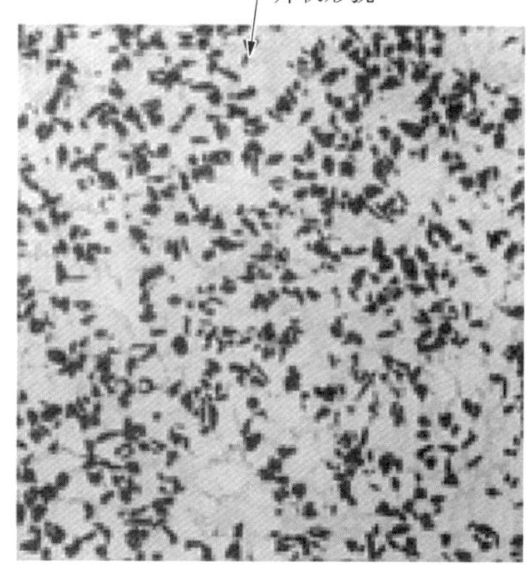

图 20.3 20%体积分数的碳化硅颗粒增强铝基复合材料的微观组织[2-3]

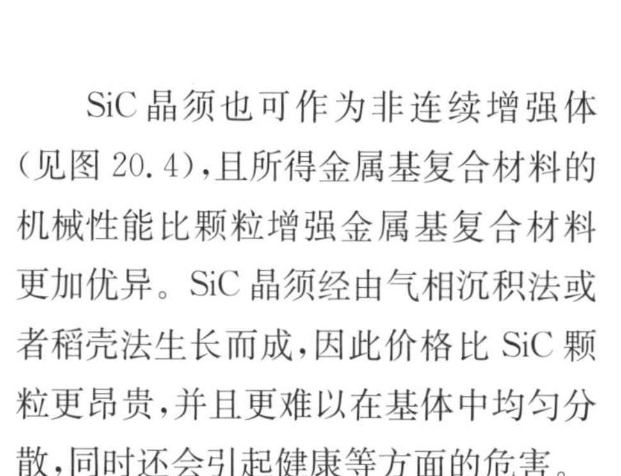
SiC 晶须也可作为非连续增强体(见图 20.4)，且所得金属基复合材料的机械性能比颗粒增强金属基复合材料更加优异。SiC 晶须经由气相沉积法或者稻壳法生长而成，因此价格比 SiC 颗粒更昂贵，并且更难以在基体中均匀分散，同时还会引起健康等方面的危害。

图 20.4 SiC 晶须

短纤维也可以用于非连续增强体，

例如英国的 Saffil 公司生产的 Al_2O_3 纤维，短切后可用于增强铝基复合材料。短纤维增强金属基复合材料的制备可采用熔体浸渗法、挤压铸造法或粉末混合-固结法。短纤维在复合制备加工过程中会发生断裂，因此其长度一般为数微米至数百微米，长径比(长度/直径)一般在 3～100 之间。

连续纤维增强体包括石墨、硼、SiC、Al_2O_3 和耐热金属丝。连续纤维有复丝和单丝两种类型。复丝的直径通常小于 20 μm，是由数千根更细的纤维纺织而成的丝束或集束；而单丝粗得多，其直径范围在 100～140 μm 之间，在钨丝或者碳纤维基体上通过化学气相沉积法制备而成，一次仅能生成一根单丝。

高刚度的硼和 SiC 单丝纤维(见图 20.5)曾应用于高价值的航空航天领域。20 世纪 70 年代初期，硼或硅硼丝(碳化硅涂覆的硼纤维)增强铝基复合材料在飞机或航天器方面得到应用。20 世纪 90 年代后期，SiC 单丝增强钛基复合材料在美国的国家航天飞机(National Aerospace Plane，NASP) 计划中得到应用(见图 20.6)。机身和发动机等高温部件是上述复合材料的目标应用领域。碳和 Al_2O_3(Nextel)、SiC(Nicalon)等陶瓷复丝纤维也已经应用于铝基和镁基复合材料；然而，复丝束中的纤维直径越小、数量越多，就越难通过扩散结合等固态加工技术进行浸渍处理。除此之外，碳纤维在复合制备过程中还易于与铝和镁反应，导致基体在服役过程中发生电化学腐蚀。

图 20.5 碳化硅单丝

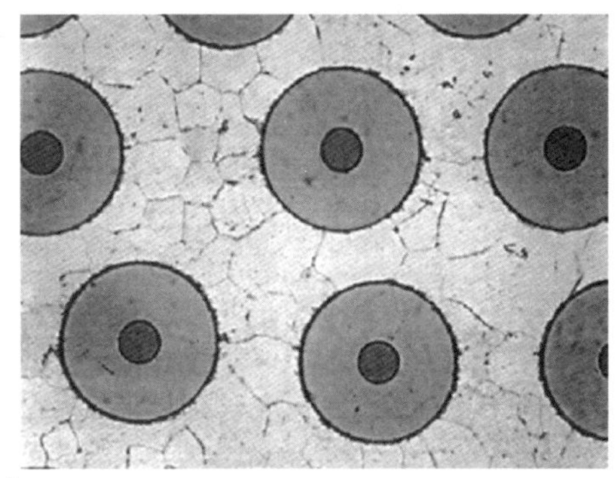

图 20.6 碳化硅单丝增强钛基复合材料

金属基复合材料的复合制备工艺主要分为液态法和固态法两种。

液态法一般比固态法工艺成本低。采用液态法制备非连续增强金属基复合材料，其优势在于增强体成本低(如 SiC 颗粒)、金属基体熔点低(如铝、镁)和近净成形。液态法中增强体-基体之间会形成致密的界面接触和牢固的界面结合，但增强体与高温熔体的相互作用也会导致脆性界面层的生成。液态法包括各种铸造工艺、熔体浸渗工艺及喷射沉积工艺。然而，由于液态法通常并不适用于连续排列的纤维增强体，因此所得金属基复合材料的强度和硬度相对较低。

固态法在整个过程中均无液相出现，因此无论基体呈现层片还是粉末形态，都需要通过某种形式的扩散连接才能实现最终的固结致密化。虽然固态扩散连接的温度并不算高，但已经高到足以引起增强体性能的明显退化。此外，固态法通常还需要较高的压力。

对任何金属基复合材料而言，选择何种复合制备工艺取决于多种因素，其中最重要的有以下方面：保持增强体的强度，调控增强体的空间分布和取向，提高基体和增强体之间的润湿与结合强度，减小由于基体与增强体之间的化学反应所造成的增强体损伤。

20.1 铝基复合材料

金属基复合材料的商业化开发大多聚焦于铝基复合材料。铝兼备轻质、环境耐受性好和综合机械性能优异等诸多优点。铝的熔点温度正好不高也不低：其高可满足许多应用对耐热的需求，其低则适用于更多样的复合制备工艺。此外，铝基体能够兼容各种不同的增强体。尽管许多早期研究都集中于连续纤维增强铝基复合材料，但是非连续(颗粒)增强铝基复合材料却以其易于复合制备、生产成本低以及各向同性等优势而成为当前大多数研究的主要对象。碳化硅和氧化铝是铝基复合材料中应用最广泛的非连续增强体，氮化硅(Si_3N_4)、硼化钛(TiB_2)、石墨和其他增强体也在一些特殊场合得到应用。例如，石墨增强铝基复合材料由于其优异的耐磨、减磨和自润滑特性而应用于摩擦领域之中。而采用短切纤维作为铝基复合材料的增强体时，体积分数过高将会导致复合材料的塑性和断裂韧性降低，因此其体积分数通常限制在15%～25%之间。表20.1给出了非连续增强铝基复合材料中常用增强体的性能对比。

表 20.1 非连续增强铝基复合材料中的常用增强体性能[2]

性能	增强体				
	碳化硅颗粒	氧化铝颗粒	硼化钛颗粒	氧化铝纤维(a)	碳化硅晶须(b)
密度/(g/cm^3)	3.21	3.97	4.5	3.3	3.19
直径/μm	—	—	—	3～4	0.1～1.0
热膨胀系数/(10^{-6}·K^{-1})	4.3～5.6	7.2～8.6	8.1	9	4.8

（续表）

性　能	增　强　体				
	碳化硅颗粒	氧化铝颗粒	硼化钛颗粒	氧化铝纤维(a)	碳化硅晶须(b)
拉伸强度/ksi	14.5～116(c)	10～145(c)	101.5～145(c)	＞290	435～2 030
杨氏模量/msi	29～70	55	75～83	43.5	58～101.5
延伸率/%	—	—	—	0.67	1.23

注：(a) Saffil(96% Al_2O_3 - 4% SiO_2)；(b) ＞98%SiC；(c) 块体试样的横截面断裂强度

硬颗粒增强体(如碳化硅)对非连续增强铝基复合材料的机械和物理性能的影响规律总结如下：

(1) 极限抗拉强度和屈服强度随增强体体积分数的增加而增加。

(2) 断裂韧性和塑性(延伸率和断裂应变)均随着增强体体积分数的增加而降低。

(3) 弹性模量随着增强体体积分数的增加而增加。

(4) 热导率、电导率以及热膨胀系数均随增强体体积分数的增加而降低。

图 20.7 描述了碳化硅颗粒增强铝基复合材料的物理和机械性能随增强体体积分数的变化关系。需要注意的是，强度和刚度随着增强体体积分数的增加而增加，但是延伸率和断裂韧性却在降低。热导率、电导率以及热膨胀系数均随着增强体体积分数的增加而降低。与基体金属相比，增强体的作用导致非连续增强铝基复合材料在高温下仍保留了高的强度和硬度(见图 20.8)。

因为铝基复合材料比其他金属基复合材料的产量高，所以铝业协会为铝基复合材料制定了标准命名体系，并被美国国家标准协会所采纳。ANSI 35.5—1992 使用如下格式：

基体/增强体/体积分数

例如，2124/SiC/25w 代表了体积分数为 25%的碳化硅晶须增强 2124 铝合金；7075/Al_2O_3/10p 代表了体积分数为 10%的氧化铝颗粒增强 7075 铝合金；6061/SiC/47f 代表了体积分数为 47%的碳化硅连续纤维增强 6061 铝合金；A356/C/05c 代表了体积分数为 5%的石墨短纤维增强铸造 A356 铝合金。在体积分数后面的字母表示的是增强体的形态，w、p、f、c 分别代表晶须(whisker)、颗粒(particulate)、纤维(fiber)和短切纤维(chopped fiber)。

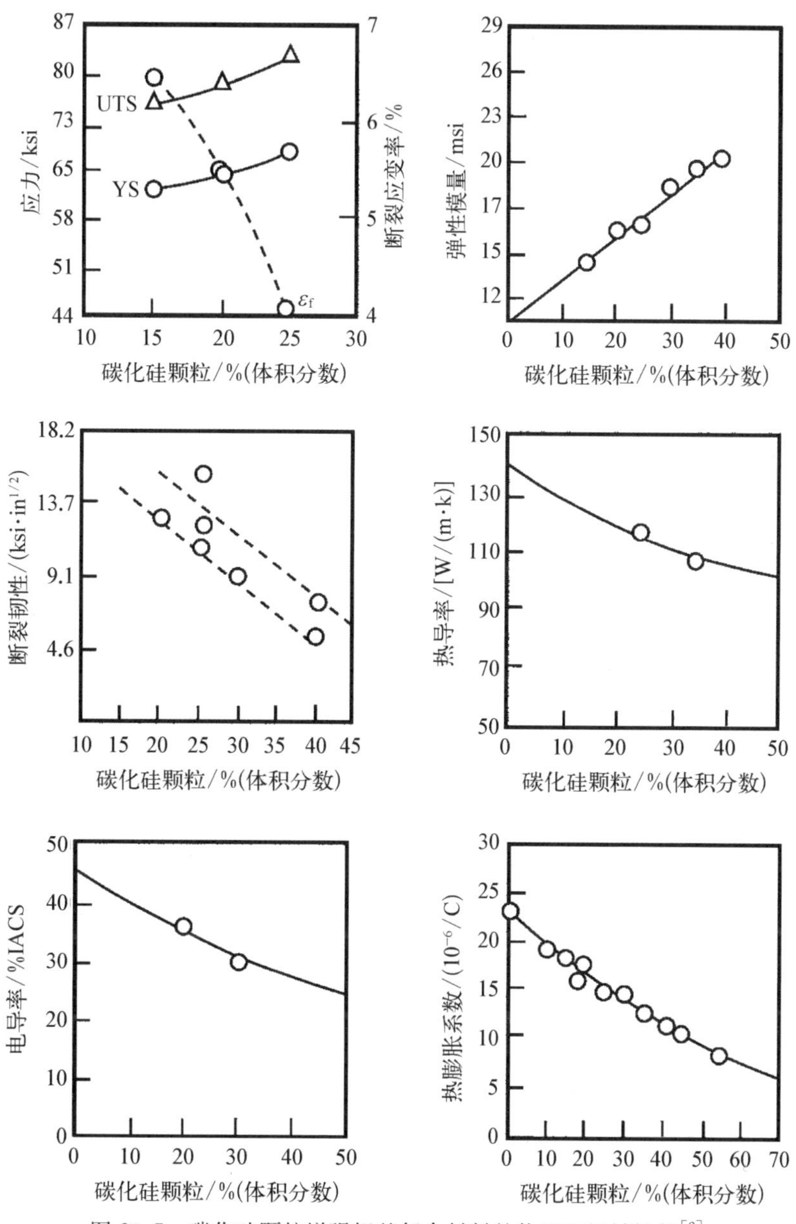

图 20.7 碳化硅颗粒增强铝基复合材料的物理和机械性能[2]

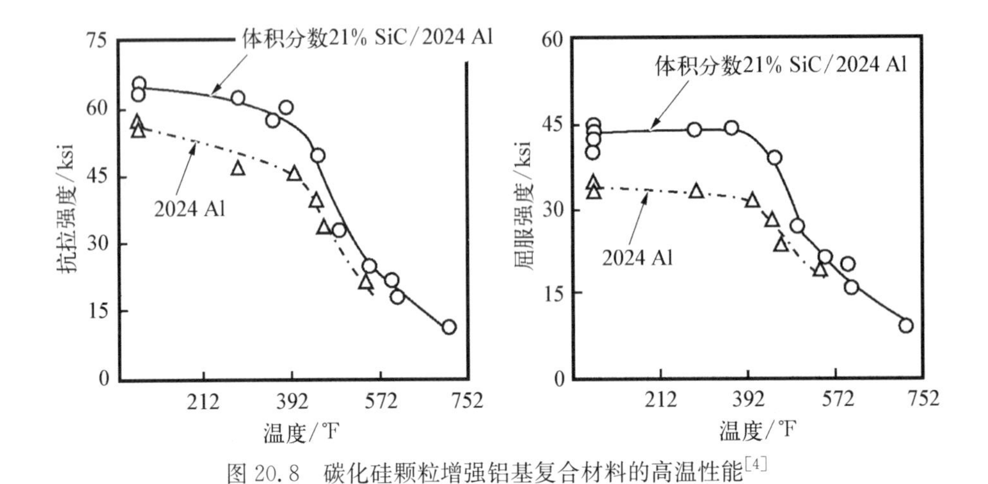

图 20.8 碳化硅颗粒增强铝基复合材料的高温性能[4]

20.2 非连续增强金属基复合材料制备工艺

金属基复合材料的性能与其原材料和制备工艺密切相关。连续纤维增强金属基复合材料具有最高的性能，但是成本也最高；非连续增强金属基复合材料，特别是铸造复合材料，虽然具有较低的性能，但成本也较低，如图 20.9 所示。非连续增强金属基复合材料的制备方法包括铸造、熔体浸渗、喷射沉积法和粉末冶金等各种工艺。现有的各种常规和特种铝合金铸造工艺均可用于制备非连续增

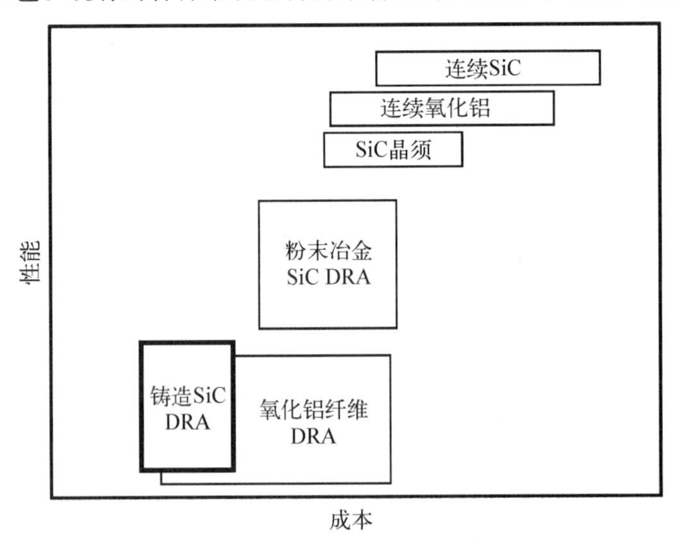

图 20.9 金属基复合材料的性能与成本的关系(DRA，非连续增强铝基复合材料；SiC，碳化硅)

强铝基复合材料。目前,铸造是生产金属基复合材料最廉价的方法,适用于生产大型铸锭,这些铸锭可以通过挤压、热轧和锻造进行进一步加工。在所有铸造工艺中,增强体的润湿性和分布均匀性都是重要的工艺参数。除此之外,任何类似于机械混合或机械搅拌的操作都会严重损伤短纤维,导致纤维断裂破碎和长径比降低。

20.3 搅拌铸造法

金属基复合材料的铸造工艺是把松散颗粒或晶须状的增强体加入熔融的金属基体中。因为大多数体系中的金属基体与增强体的润湿性差,因此通常需要搅拌产生的机械力使两者复合到一起。典型的搅拌铸造法如图 20.10 所示,颗粒/晶须/短纤维增强体被机械地混合到熔融金属中。加热的坩埚使熔融的基体金属保持在所需的温度;同时,电机驱动浸没在熔融基体中的叶轮转动。增强体以一定的速度缓慢加入熔融的基体中,确保其连续稳定地补给。叶轮旋转所产生的熔体涡流把增强体颗粒从熔体表面吸入熔体中,叶轮旋转产生高剪切力使增强体表面的吸附气体脱离。剪切也有助于熔融的基体包覆在增强体上,从而促进增强体的润湿性。通过适宜的混合工艺和叶轮设计,使熔体获得充分的流动,并促进增强体均匀地分散。搅拌过程中采用惰性气体或者真空保护,对于防止气体夹杂十分关键。真空环境能够防止吸收气体,消除熔体表面的气体界面层,使增强体颗粒更容易进入熔体。搅拌铸造工艺的难点在于控制搅拌过程中基体内第二相偏析或沉淀、增强体颗粒聚集与颗粒断裂以及过量的界面反应。

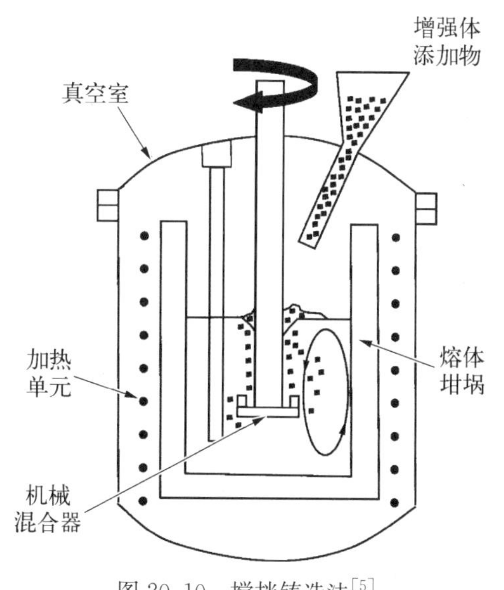

图 20.10 搅拌铸造法[5]

增强体颗粒润湿性对于复合材料的制备很重要。在熔体中加入颗粒,特别是纤维,将使熔体的黏度增加。一般来说,陶瓷颗粒并不能被金属基体润湿。增强体的润湿性可通过在增强体表面涂覆可润湿金属层而获得提高,可润湿金属层在处理过程中提供了三种用途:保护增强体、提高润湿性、减少颗粒的团聚。

例如，向熔融铝基体中加入镁元素能够提高氧化铝的润湿性；在碳化硅颗粒表面包覆石墨能提高碳化硅在 A356 铝合金中的润湿性。随着增强体颗粒尺寸的降低，增强体表面能增加，有效润湿能力也随之变差。增强体颗粒表面积的增加使其分散更加困难，颗粒团聚的倾向增加。

熔体中颗粒的团聚和沉淀会造成微观组织不均匀。增强体被推向凝固前沿所引起的再分配现象也会导致熔体偏析。在基体和增强体混合后，重力和凝固的双重影响会造成增强体偏析。当增强体接触到移动的固液界面时，它可能被基体所吞噬或者被固液界面推向最后凝固的区域，比如枝晶间隙区域。因为搅拌铸造法通常涉及熔体与增强体的长时间接触，会产生大量的界面反应，将会降低复合材料性能，增加熔体的黏度，从而使铸造过程更加困难。在碳化硅颗粒增强铝基复合材料中，Al_4C_3 和 Si 大量形成。如果通过前期的合金化或者相关反应使熔体内富含硅，则可使界面反应的速度降低或根本不发生界面反应。因此，与大多数的锻造铝合金相比，高硅含量的铸造铝合金更加适用于搅拌铸造法制备碳化硅颗粒增强复合材料。

未加入增强体的熔融金属，其黏度通常在 0.1～1.0 P 范围内。因为颗粒与熔融金属会彼此相互作用，因此向熔融金属中添加增强体颗粒会增加熔体的表观黏度，使剪切阻力增加。体积分数为 15%的碳化硅颗粒增强铝基复合材料的黏度大约在 10～20 P 之间。因为黏度值是增强体体积分数、形状和尺寸的函数，增强体体积分数的增加或尺寸的减少都将使黏度增加，因此增强体体积分数通常限制在 30%以内。

铸件中孔隙是由于混合过程中气体的卷入、析氢或者在凝固过程中的缩孔所造成的。在混合前对增强体进行预热有助于去除颗粒间的水分和空气。在铸造过程中，通过以下几种方式可以减少气孔：① 真空铸造；② 在熔体中用惰性气体起泡；③ 在压力下铸造；④ 铸造后变形加工以封闭气孔。在铸造法制备的复合材料中，气孔随着颗粒含量的增加而呈线性增加。

基体合金包括专门为金属基复合材料加工而设计的铝-硅铸造合金。增强体包括 10～20 μm 的 SiC 或 Al_2O_3 颗粒，它的体积分数范围在 10%～20%之间。汽车工业是铸造非连续增强铝基复合材料(DRA)应用的主要领域。目前已有的或潜在的应用，包括刹车转子和刹车鼓、刹车钳和刹车片、气缸套等。

20.4 流变铸造或复合铸造法

凝固过程中的液态金属在强烈搅拌下，会形成一种细球形固相颗粒悬浮在液态金属中的半固态浆料。高速搅拌产生高的剪切速率，会降低浆料的黏度，甚至在固相分数高达50%～60%时浆料黏度也降低。当液态金属保持在固液温度区间内时，呈现出半固态浆料状态的铸造过程被称为流变铸造。如果预先在浆料中混合颗粒、晶须或短纤维等各种增强体，则可浇注生产近净成形金属基复合材料零件，这种经过改进的流变铸造工艺称为复合铸造。颗粒增强体陷于半固态浆料中，能够减少增强体的偏聚。连续搅拌使浆料的黏度降低，导致熔体与增强体之间交互作用，将同时促进两者的润湿与结合。

因为增强体的密度与熔体的密度不同，因此它们倾向于漂浮到熔体表面或者偏聚在熔体底部。复合铸造过程中的半固态浆料的表观黏度增加，其好处在于可防止由于液态金属的浮力作用而引起的增强体漂浮或沉淀。连续地搅拌浆料能够促进增强体与基体之间的紧密接触。降低浆料黏度及增加搅拌时间都能够实现良好结合；升高剪切速率、增加浆料温度则能够降低浆料的黏度。复合铸造的温度要低于常规铸造的浇注温度，减少了增强体表面的热化学降解。浆料在完全凝固之前直接被转移到成形模具内，或者以坯锭或棒状凝固，以便于在压铸等后续的加工过程中再被重新加热到浆料的状态。

含增强体的浆料熔体能够通过重力铸造、压铸、离心铸造或者挤压铸造工艺铸造成型。选择适当的复合铸造工艺和模具结构是复合材料中增强体均匀分布的关键。颗粒和短切纤维等非连续增强体，如碳化硅、氧化铝、碳化钛、氮化硅、石墨、云母、玻璃、矿渣、氧化镁、碳化硼等，都能通过快速搅拌与部分凝固的铝合金形成半固态浆料，实现复合铸造。

20.5 熔体浸渗法

熔体浸渗法，即液态金属浸渗法是用液态金属浸渗入非连续纤维的预制体中。图20.11是一种Saffil Al_2O_3 的纤维预制体。经常会用胶黏剂保持预制体的完整性。胶黏剂（质量分数为5%～10%）是能够在铸造过程中可被烧损的组分，或者是需要在铸造之前烧制成型的高温二氧化硅或氧化铝化合物。

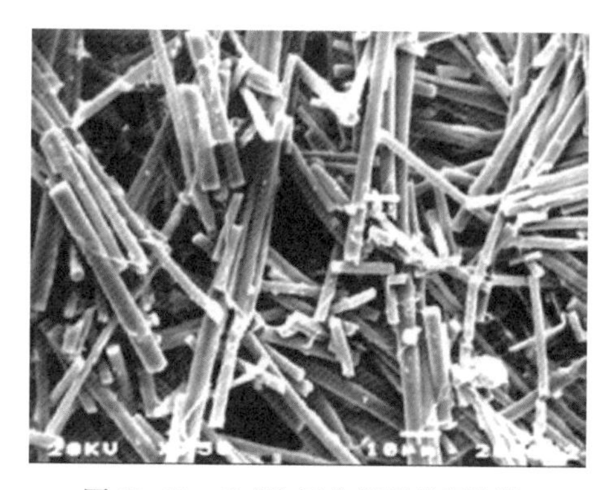

图20.11 Saffil氧化铝纤维预制体

20.5.1 挤压铸造法

挤压铸造是一种在高压下实现金属凝固成型的工艺(见图 20.12)。采用高压有助于消除缩孔,同时还能使气体溶解在熔体中而减少气孔。挤压铸造所生成的零件通常是细晶形的,具有优异的表面光洁度而且几乎没有孔隙。采用挤压铸造制备金属基复合材料,需要先准备多孔的增强体预制体,然后使熔融金属在压力作用下渗入其中。增强体预制体可由连续纤维、非连续纤维或者颗粒增强体构成,也可含有一定量的铝、镁合金。在挤压铸造金属基复合材料中,增强体的体积分数在 10%～70% 之间变化,具体取决于材料的特定用途。

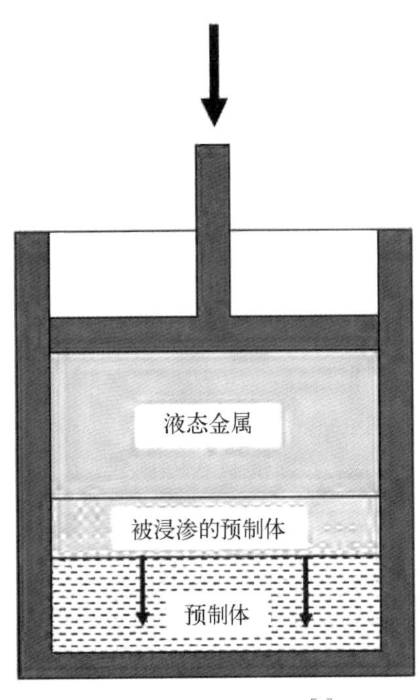

图 20.12 挤压铸造[6]

在挤压铸造过程中,由液压驱动压头在凝固过程中施加压力。这个过程类似于常规压铸,不同之处在于,挤压铸造中系统连续缓慢施压,并且压力较高(通常在 10～100 MPa 的范围内)。高压有助于提高加工速度,生成细小的基体组织,并且减小缩孔缺陷而获得致密的铸件。为了使凝固缺陷最小化,需一直维持压力到凝固完成。采用冷模进行挤压铸造将使加工周期变短,有利于降低液态金属与增强体之间的化学反应。

挤压铸造是生产金属基复合材料最经济的方法之一,能够生产相对大尺寸的零件。并且因为节能、节约材料、零件近净成形以及增强体的可选择性等优势,挤压铸造具有很大的吸引力。目前,体积分数高达 45%、非连续和连续 SiC 增强铝-铜、铝-硅和铝-镁铸造合金复合材料已经投入生产。

20.5.2 气压浸渗法

气压浸渗法(pressure infiltration casting, PIC)类似于挤压铸造,只不过是利用气体压力而不是机械压力来促进熔体浸渗。在气压浸渗工艺中,颗粒或纤维增强体预制体先抽真空,然后借助气体等静压使熔融金属渗入其中。气压浸渗法多用于生产非连续增强铝基复合材料。尽管气压浸渗工艺多有变化,但无一例外都必须通过外部惰性气体(如氩气)施加的等静压使熔融铝合金渗入预抽真空的预制体中。通常将整个模具组件放置在真空或压力室中，然后一并进行真空处理。当模具以及铝合金熔体分别预热达到预定温度后，通过惰性气体施加1～10 MPa之间的压力。随着液态铝合金渗入预制体中，作用于模具上的压力会快速接近等静压状态。因此，模具仅在短时间内承受压力差，以至于不需要大型、昂贵和复杂的模具。为了尽可能降低孔隙率，对模具进行定向冷却，并且维持压力直到整个铸件完全凝固。

采用预制体制备的非连续增强铝基复合材料的增强体分布均匀，在凝固过程中增强体并不会发生偏析。在气压浸渗法中，预制体作为凝固时的形核位置，能够抑制凝固和冷却过程中晶粒的长大，形成细小的铸造组织。此外，由于预制体经过真空处理和模具定向冷却，因此能够生产无孔隙的零部件。气压浸渗法可以制备预成型的铸件，其增强体体积分数范围从30%到超过70%。气压浸渗技术并不适用于更低的增强体体积分数，因为预制体必须含有足够多的增强体才能形成稳定的几何形状。目前，气压浸渗法已被用于制备集成电路和多芯片模块的电子封装基板，该产品拥有两方面的技术优势：一个是受控的低热膨胀系数，可与集成电路的热膨胀系数相匹配；另一个是高的热导率，这有助于散去电子产品所产生的热量。

20.5.3 无压浸渗法

无压浸渗法也称为Primex工艺，是将铝合金在无压或真空的状态下渗入增强体预制体中的方法。可以通过预制体的初始密度来控制其中的增强体含量。一旦预制体中的孔隙相互连通并且满足浸渗条件，则液态铝合金将自发地渗入预制体中。该工艺的关键在于采用含镁的铝合金和氮气气氛。在升温到浸渗温度(750℃)的过程中，镁与氮气发生反应形成氮化镁(Mg_3N_2)。作为浸渗增强剂，氮化镁能够促进铝合金在无压或真空条件下渗入增强体中。在浸渗过程中，氮化镁与铝发生还原反应，形成少量的氮化铝(AlN)。氮化铝在增强体表面形成细小的沉淀相和薄膜。在适当的增强体颗粒形状和尺寸匹配下，预制体中增强体的体积分数能够高达75%。采用无压浸渗法制备并得到广泛应用的是体积分数为30%的碳化硅颗粒增强Al-10Si-Mg合金复合材料。无压浸渗法的唯一限制是必须选择能够形成氮化镁的含镁铝合金；而对于含有碳化硅颗粒的复合材料体系，铝合金中的硅含量也必须足够高以抑制碳化铝(Al_4C_3)的形成。

20.6 喷射沉积法

喷射沉积过程通过高速惰性气流(通常为氩气和氮气)将熔融金属雾化为

300 μm 以下的细小液滴，并使之沉积在模具或基板上。当颗粒撞击基板时，颗粒变平并且焊接在一起而形成较高密度的坯锭，随后可经锻造而达到完全致密化。通过喷射沉积生产的金属基复合材料，是将增强体颗粒引入金属喷雾，使雾化的金属和增强体颗粒共同沉积到基板上。这个工艺属于快速凝固工艺，因为金属经历了从液相线温度到固相线温度的快速降温和相变，然后从固相线温度到室温的相对较慢的冷却过程。喷射沉积法制备金属基复合材料的内在优势在于增强体的破坏最小、偏聚程度较低以及晶体晶粒细小。喷射沉积法的关键工艺参数包括金属液滴的初始温度、尺寸分布和速度，增强体的速度、温度和补给速度，沉积基板的温度等。一般来讲，孔隙率是喷射沉积复合材料最重要的控制参量，通过精确控制雾化和颗粒补给状态，能够确保所得铝基复合材料具有90％～98％的致密度和均匀的增强体颗粒分布。

喷射沉积是由英国 Osprey 有限公司开发的商业技术，它是一种在冷气喷射作用下将熔融金属液流雾化并沉积成一定体积坯锭的方法。通过将陶瓷粉末注入喷雾中，可用来生产颗粒增强金属基复合材料。Osprey 方法分为四个阶段，如图 20.13 所示：熔化和分散、气体雾化、沉积和收集。感应加热使金属熔化，然后流向气体喷雾器中。熔化和分散在真空室内完成，通过置于飞行路线的基板收集雾化的金属液滴。未沉积的离散粉末由旋风分离并收集起来。喷射沉积

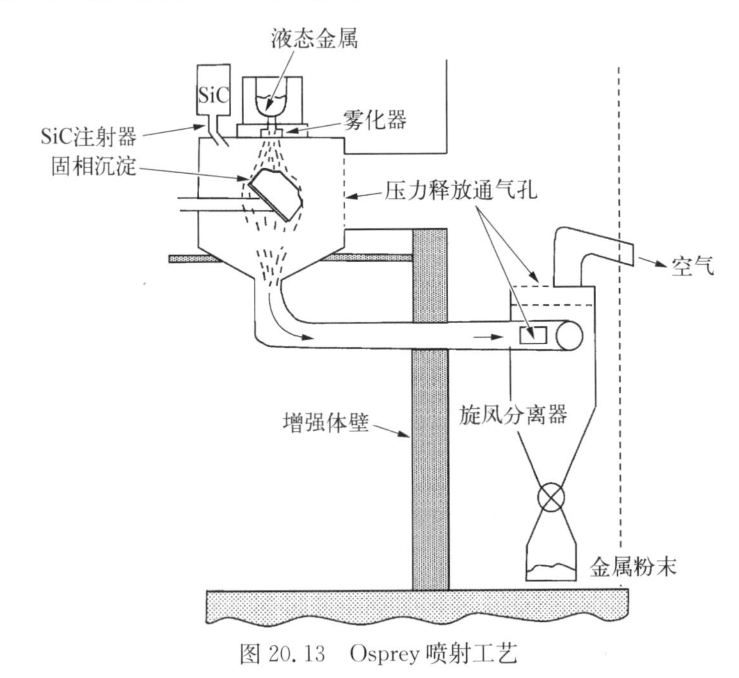

图 20.13 Osprey 喷射工艺

金属基复合材料显著的微结构特征包括强界面结合、几乎没有界面反应层、氧化物含量非常低。该工艺的主要吸引力是高速率的金属沉积。

喷射沉积法的优势包括细晶组织和可以使增强体免遭破坏,缺点则是孔隙率高,因此需要对沉积后的坯锭进一步处理以使其完全致密化。一般来讲,喷射沉积要比铸造过程昂贵,这是由于加工时间较长,气体成本高以及喷射过程中会产生大量废粉。

采用喷射沉积法已经生产了大量 SiC 颗粒增强的铝合金复合材料。这些铝合金包括铝硅铸造合金,2xxx、6xxx、7xxx 系列的锻造合金和 8xxx 系列的铝锂合金。碳化硅颗粒增强 8090 合金的比模量明显占优。喷射沉积的产品类型包括实心和中空挤出件、锻件、薄板和重熔的压铸件等。

20.7 粉末冶金法

粉末冶金(powder metallurgy, PM)工艺应用于生产高强度的非连续金属基复合材料,因为粉末冶金过程可使偏聚、脆性生成物和高残余应力等不利因素最小化。此外,随着快速凝固和机械合金化技术的出现,基体合金能够以预合金粉末而不是以元素混合的方式生产。粉末冶金主要用于制备铝基复合材料,增强体多采用碳化硅颗粒和晶须,但氧化铝颗粒和氮化硅晶须也已经得到应用。图 20.14 显示了粉末冶金工艺,包括:① 将气雾化金属基体粉末和增强体粉末混合;② 将均匀混合的粉末冷压至约 75%~80%的致密度;③ 将预制体(具有开放的连通孔结构)脱气以除去挥发性污染物(润滑剂和混合添加剂)、水蒸气等气体;④ 采用真空热压或热等静压(HIP)方法进行固结压实,然后将压实的坯锭挤出、轧制或锻造,制备最终的复合材料。

金属基体粉末与颗粒或晶须增强体必须充分混合,以确保增强体均匀分布。因为雾化的预合金粉末颗粒大小通常在 25~30 μm 之间,且陶瓷颗粒要小很多(1~5 μm),所以大的尺寸差异使增强体颗粒在混合过程中易团聚。在混合过程中,施加超声搅拌能够分解团聚体。干混通常在惰性气体环境中进行。混合阶段过后进行冷压以得到所谓的生坯,冷压生坯致密度大约在 75%~80%,容易进一步加工处理。

冷压完的下一步是对生坯进行单轴热压或者等静压,以生产完全致密的坯锭。热压温度既可以低于,也可以高于基体合金的固相线温度。粉末混合物被装入金属罐中,并在 400~500℃温度下进行真空脱气处理,以除去增强体和基体粉末中物理吸附的水分、化学结合水和其他挥发性物质。脱气通常耗时较长,

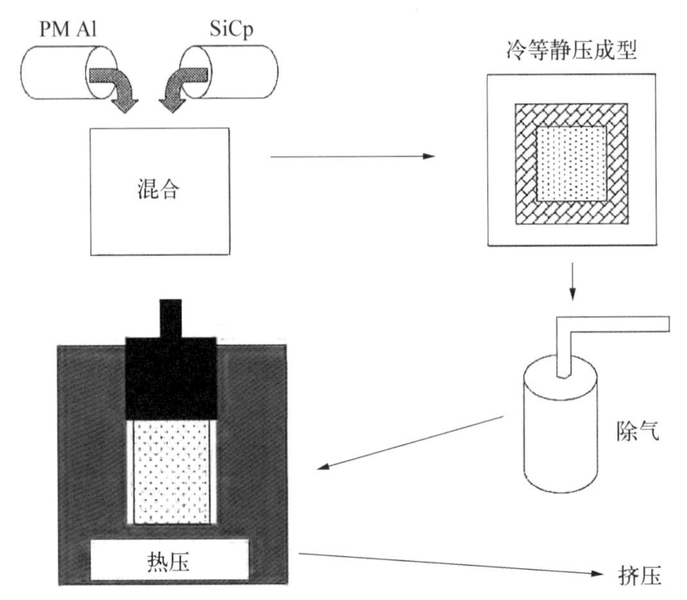

图 20.14 粉末冶金工艺(PM Al,粉末冶金铝粉;SiCp,碳化硅颗粒)

经常会长达 10～30 h。在脱气后,金属罐被密封。如果采用真空热压,则不需要罐装和密封,粉末可以直接加载热压。热压或热等静压通常在尽可能高的温度下进行,从而使基体处于最软的状态。由于晶界偏析和增强体破坏的原因,因此液相烧结并不经常使用,但是少量液相的存在可以使烧结压力变低。另一种途径是通过热压将金属罐中的混合物压实到 95%的密度,然后移除金属罐,再进一步利用热等静压法制备完全致密的坯锭。在以上热压或热等静压过程中,通过基体材料蠕变渗透入增强体颗粒的间隙中而完成了粉末的固结压实。当致密度超过 90%时,所有的连通孔被封闭,扩散过程会进一步闭合三角区域和晶粒边界处的剩余孔隙。所得坯锭可经后续挤压、锻造或者热轧以生产所需形状的零件。

粉末冶金所得产品的性能要优于铸造和熔体浸渗法(挤压铸造)工艺。由于不涉及熔化和铸造过程,因此粉末冶金工艺具有以下几方面优势。其一是可采用常规的锻造合金作为基体,比如 2xxx、6xxx 和 7xxx 铝合金。其二是相比于铸造过程,粉末冶金加工温度更低,这将减少基体和增强体之间的相互作用,使不利的界面反应最小化,从而提高复合材料的机械性能。其三是在粉末冶金金属基复合材料中,颗粒和晶须的分布将更加均匀。综上所述,相较于其他方法,粉末冶金工艺更加可靠,但它也有一些缺点。粉末的混合过程所需时间长、价格昂贵,同时还存在诸如爆炸等潜在操作危险。除此之外,很难在整个产品中实现一致的颗粒分布均匀性，并且所使用的粉末需要具有较高清洁度，否则，混入的夹杂物将对产品的断裂韧性和疲劳寿命产生不利影响。

20.8　非连续增强金属基复合材料的二次加工

许多非连续增强金属基复合材料还要在完全致密化后经历额外的变形加工以改善其机械性能，同时获得最终形状的零件产品。非连续增强金属基复合材料的二次变形加工有助于打破增强体的团聚、减少或消除孔隙、提高增强体-基体的结合。

挤压能够使纤维沿挤压轴线排列，但同时会导致纤维逐渐断裂。由于挤压坯料中存在着15%～25%的不可变形的硬质颗粒、晶须（或纤维），因此采用常规挤压模具挤压时纤维易发生断裂，而采用逐渐收缩的流线型模具设计有助于减小纤维断裂的发生。纤维断裂的程度随着温度升高和局部应变速率降低而减少。颗粒偏聚也是一种常见的问题，因为毗邻颗粒团簇的区域通常增强体含量较低，甚至完全没有增强体。对于晶须增强的复合材料，晶须还会沿着金属流动方向旋转并取向排列。除此之外，晶须的长径比还会由于剪切力作用而逐渐降低。为了防止与挤压相关的缺陷，材料在挤压过程中需要保持受压状态。挤压态金属基复合材料的另一种微观结构特征是平行于挤压轴线形成富含陶瓷的条带。条带组织的形成机理尚不清楚，但很可能与陶瓷颗粒或纤维偏聚引起的剪切应变集中相关。但也存在与此相反的情况，即挤压变形使得金属基复合材料（如铸件）中的增强体聚集程度和不均匀性变小。

在挤压后使用热轧可以制备薄片和板材产品。因为轧制过程中的压应力低于挤压过程中的压应力，所以在轧制过程中会出现边裂。为了减小边裂，非连续增强复合材料的热轧变形温度通常大约为 $0.5T_m$（T_m 是绝对熔化温度），并且使用相对较慢的轧制速度。使用低压下量和大直径轧辊的等温轧制，也能够减少边裂。等温轧制通常采用包套轧制，在包套轧制过程中，金属基复合材料封装在更高强度的金属套中。在轧制过程中，虽然外部包套层已经冷却，但内部的金属基复合材料仍处于相对恒定的高温状态。当轧制温度较低时，可能需要采用低压下量和中间退火才能避免开裂。与挤压过程类似，轧制能进一步打破增强体颗粒的团聚。在厚度减小了约90%的大变形薄板中，颗粒团聚完全被打破，合金基体则流动充填到颗粒间隙之中。

类似于轧制和锻造这样的高应变变形工艺，尤其是在变形温度较低的情况下，复合材料在加工过程中将快速出现孔隙、颗粒断裂和宏观裂纹等结构损伤。

但是当变形温度过高时，基体中出现液相的可能性将会增加，可导致热裂或热脆的发生。相反，热等静压产生均匀的应力，因此不会引起额外的微观或宏观缺陷。热等静压是一种有效去除残余孔隙的方法，尽管如此，它却无法去除高陶瓷含量区域（如颗粒偏聚区）内的残余孔隙。这是因为在热等静压过程中缺失宏观剪切应力，因此无法改变偏聚区域内颗粒分布的均匀性。

非连续增强金属基复合材料的机械加工可以使用圆锯和铣刀完成。对于直线切割，金刚石磨砂锯在射流冷却剂作用下能够切出光滑的边缘。对于轮廓切削，具有棱形凿的硬质合金铣刀能够切出特定的形状，或者由金刚石涂覆的铣刀也能得到很好的切削效果。由于坚硬的增强体颗粒的存在，因此所有设备的加工速度和进给量都必须根据材料进行相应的调整。一般来讲，降低加工速度可使刀具的磨损量减少，而要获得更高的生产率则需要增加进给量。增强体的含量越高，刀具的磨损量越大，此时刀具磨损比发热问题更严重。多晶金刚石刀具比硬质合金或金刚石涂覆的硬质合金刀具的寿命更长，但成本更高，同时还需要特殊设置以防止刀具崩角。其他工艺，比如水射流和电火花线切割，也能够产生较好的切削效果。

20.9 连续纤维增强铝基复合材料

正如图 20.9 所描述的一样，连续纤维增强铝基复合材料具有高的强度和硬度。几种连续纤维增强铝基复合材料的机械性能如表 20.2 所示。表中所显示的数据仅限于纤维单向排列构型，这多少会让人误解，因为实际应用中更多的是纤维交叉排列构型。表中所涉及的增强体，硼和碳化硅（SCS－2）属于单丝，石墨和 Al_2O_3（Nextel 610）是复丝。复丝与金属基体难以通过扩散结合等固态工艺实现复合，因为复丝由细密的丝束构成且构造紧密。相比于其基体金属，连续纤维增强的铝基和钛基复合材料能够在更高的温度下服役（见图 20.15），这成了它们的一个主要优势。然而，高成本使其应用严重受限，即使在航空航天工业中也不例外。

表 20.2　连续纤维增强铝基复合材料的机械性能[2]

性　能	B/6061 Al	SCS－2/6061Al(a)	P100Gr/6061 Al	Nextel 610/Al(b)
纤维含量/%（体积分数）	48	47	43.5	60
纵向模量/msi	31	29.6	43.6	35

（续表）

性　能	B/6061 Al	SCS－2/6061Al(a)	P100Gr/6061 Al	Nextel 610/Al(b)
横向模量/msi	—	17.1	7.0	23.2
纵向强度/ksi	220	212	79	232
横向强度/ksi	—	12.5	2	17.4

注：(a) SCS－2是一种碳化硅纤维；(b) Nextel610是一种氧化铝纤维

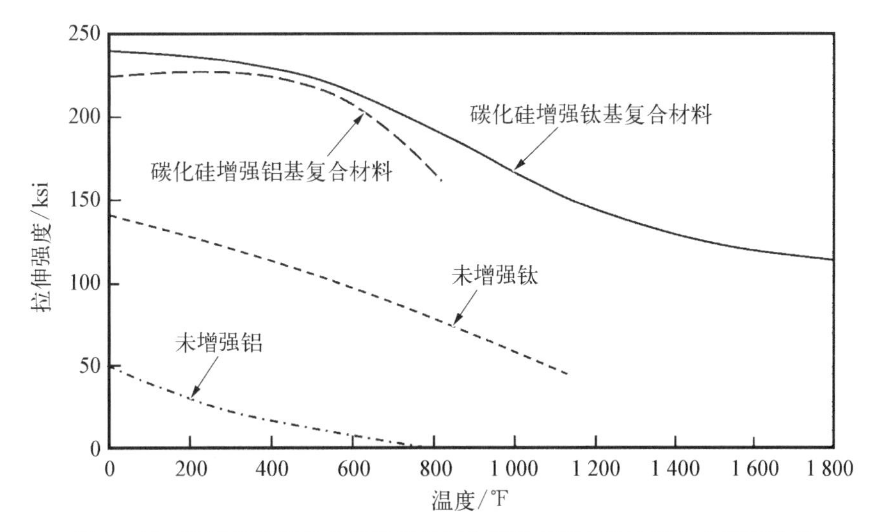

图 20.15　连续纤维碳化硅增强铝基复合材料(SiC/Al)和碳化硅增强钛基复合材料(SiC/Ti)在高温下的强度保留率[7]

硼/铝(B/Al)是最早研发的复合材料体系之一，其应用包括航天飞机中部机身的管状桁架构件和机载电子微芯片的冷板。硼纤维早在20世纪60年代就已开发出来，最初成功应用于F－14和F－15飞机上的环氧树脂复合材料。硼纤维是通过化学气相沉积法生产的单丝。如图20.16所示，直径为21.7 μm的钨丝从长的玻璃反应器中拉出，在反应器中，三氯化硼(BCl_3)气体通过化学还原生成硼并沉积在钨丝芯上。因为每个反应器仅能生成一根直径为101.6 μm的单丝，所以需要很多反应器(见图20.17)才能实现批量生产，因此该工艺要比复丝纤维(如碳纤维)更加昂贵。在复丝的生产工艺中，一个反应器一次能够生成多达12 000根纤维。最初的连续纤维复合工艺都是针对铝基复合材料开发的，但由于铝基复合材料的使用温度偏低，因此后续研究已经转向在超声速飞机机身和发动机部件中更有应用潜力的连续纤维增强钛基复合材料。下面将对相关发展历程进行简要回顾。

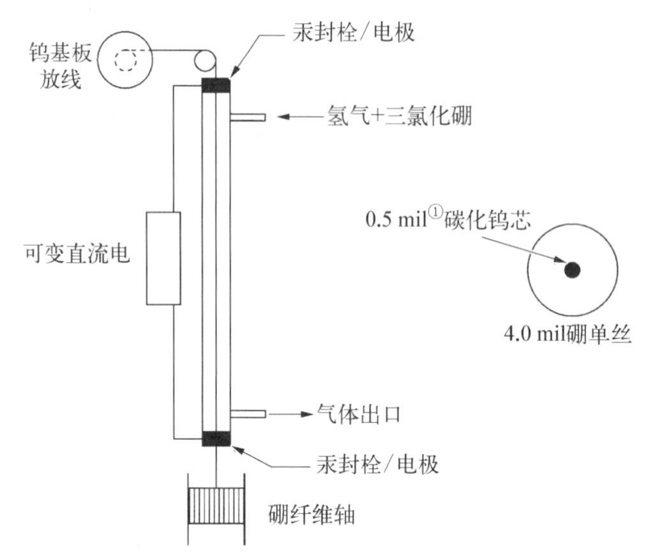

图 20.16　硼单丝加工过程(BCl_3,三氯化硼)

图 20.17　硼单丝反应器(图片来源：特种材料股份有限公司)

① mil：密耳，长度单位，1 mil=2.54×10^{-5} m。——编注

在 20 世纪 70 年代，早期研究主要集中于扩散结合法生产硼单丝/铝基复合材料。如图 20.18 所示，人们开发出多种生产 B/Al 单层预制带的方法，最初的

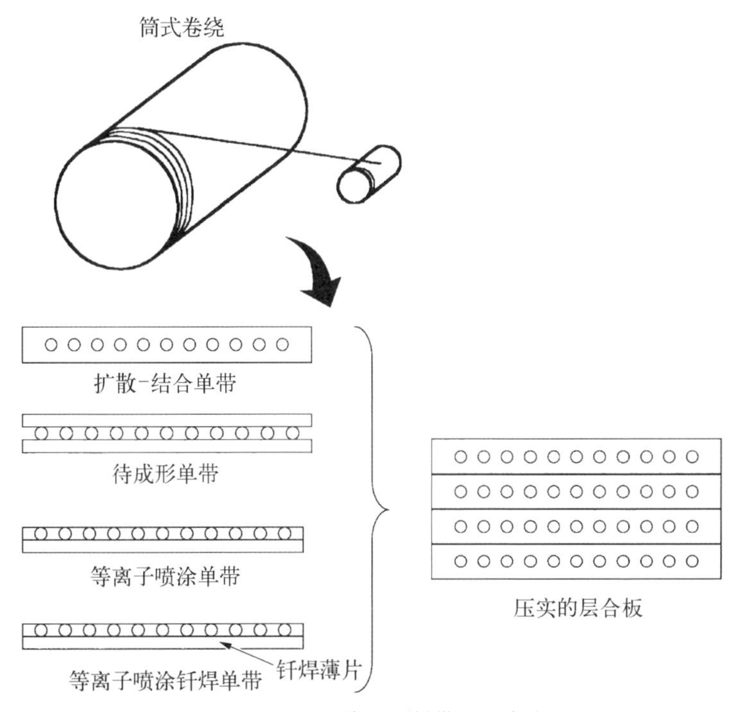

图 20.18 B/Al 单层预制带的生产方法

方法是先将硼纤维缠绕在滚筒上，再将铝箔缠绕到纤维上，然后用有机胶黏剂固定纤维，最后在真空热压机中经扩散结合得到单层预制带。这些扩散结合的单层预制带由材料供应商提供给用户，用户再通过叠层排布和热压扩散结合得到最终的 B/Al 层合复合材料。典型的 B/Al 扩散结合工艺是在 510～535℃、7～21 MPa 下保持 60 min，典型的 B/Al 微观组织如图 20.19 所示。然而，硼纤维在加工过程中可能与铝发生反应，在纤维界面处形成的脆性金属间化合物将会导致纤维强度的降低。强

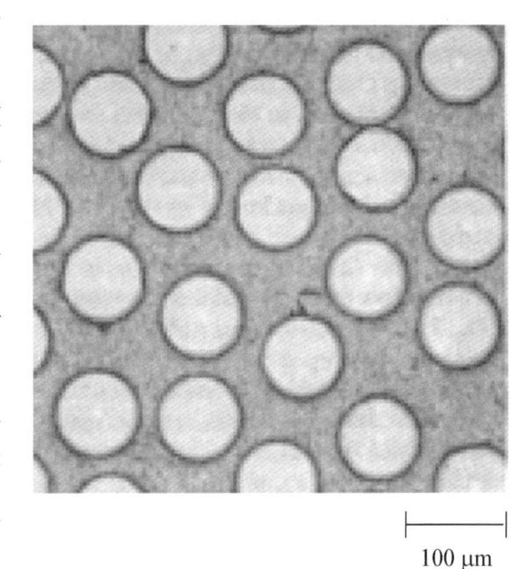

图 20.19 B/Al 微观组织[4]

界面结合导致纵向拉伸强度降低，但横向强度较高；相反，较弱的界面结合导致较高的纵向强度，但横向强度较低。

制备B/Al单层预制带的其他工艺方法包括流延成型法（见图20.20），先将单层铝箔包在滚筒上，再将硼纤维平行地缠绕在铝箔上，然后喷上一层易挥发的有机胶黏剂（如丙烯酸）以保持纤维的间距和排列，最后从滚筒上切割覆盖层以提供平坦的单层预制带。该产品含有挥发性有机胶黏剂，在扩散结合前必须通过脱气去除。典型的工艺是将预制带放置在热压机的两压板之间，施加低载荷将纤维保持在适当的位置，真空加热至合适温度，并保持在这个温度下直到胶黏剂脱气完全。

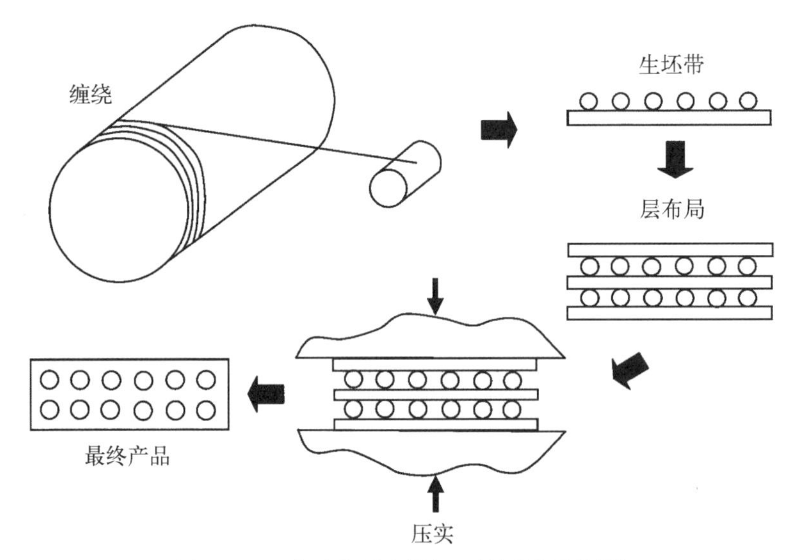

图20.20 流延成型法制备B/Al单层预制带

等离子喷涂是制备B/Al单层预制带的另一种方法。在该工艺中，滚筒同样被一薄层铝所覆盖，然后将硼纤维缠绕在滚筒上，再将铝基体材料等离子体喷涂到纤维中以产生具有类似多孔结构的预制带。喷涂工艺须在受控的气氛中进行以使铝基体的氧化最小。该方法的优点是不需要可能会导致污染的有机胶黏剂，也不需要扩散结合工序，因而减少了导致纤维性能降低的潜在因素。

随着表面涂覆SiC薄层以减少硼纤维（borsic）在加工过程中的退化，以及用可钎焊的713铝合金箔替代滚筒表面的铝箔，等离子喷涂预制带产生了很大变化。尽管713铝合金箔的钎焊温度稍高于纯铝扩散结合的温度，但所需压力要比扩散结合小得多。典型的致密化工艺是在580℃下保持15 min，并且压实压力低于 2 MPa。以上等离子喷涂方法的缺点是预制带极其的坚硬，并且由于残余应力大而具有卷曲的倾向，因此在形成结构件之前需要真空退火。

在 20 世纪 80 年代，连续碳化硅单丝在很大程度上取代了硼，因为碳化硅与硼单丝性能相近且在加工过程中不会被高温铝所分解。SCS－2 碳化硅单丝是专门为铝基体定制的，它具有 1 μm 厚的富碳涂层，且愈接近表面硅含量愈高。模压成型是一种低压热压工艺，旨在以远低于固态扩散结合法的成本来生产碳化硅/铝零件。SCS－2 纤维能够长时间抵御熔融铝的侵蚀，因此成型温度可提高到固-液温度区间以保证铝合金的流动性并实现低压致密化，从而省却昂贵的高压模具及相关成型设备。将等离子喷涂预制带层铺到模具中，加热到接近铝的熔融温度，在高压釜中进行加压致密化。相比于未增强的铝基体，碳化硅连续增强铝基复合材料表现出高强度和高刚度。与铝基体相反，复合材料在温度高达 260℃时仍保持它的拉伸强度。

石墨纤维增强铝基复合材料（Gr/Al）主要是针对航天用结构件开发的，通过采用高模量的碳或石墨复丝保证结构件具有高刚度、低密度以及在较大温度波动区间内热膨胀低或者无热膨胀。单向增强的高模量 P100 Gr/6061 铝合金管沿纤维方向的弹性模量要远高于钢，其密度却只有钢密度的三分之一。此外，碳纤维和石墨纤维很快就变得比硼或碳化硅单丝更便宜。然而，Gr/Al 复合材料的制备存在以下几方面的困难：① 碳纤维在制备过程中和铝基体发生反应所生成的 Al_4C_3 将会作为裂纹形核的位置，进而导致纤维过早地断裂；② 熔融的铝并不能有效地润湿碳纤维；③ 碳纤维在制备过程中发生氧化。此外，如果 Gr/Al 零件应用于潮湿的环境中，则可能受到严重的电化学腐蚀。目前制备石墨纤维或碳纤维增强铝基复合材料主要有两种技术路线：将铝熔体浸渗到铺展的丝束中，或将丝束在薄铝板间铺层后热压结合。

有许多方法可以制备氧化铝纤维增强铝基复合材料，其中最为常用的是液态或半固态加工技术。3M 公司采用熔体浸渗技术生产出一种含有 60%体积分数 Al_2O_3 纤维（Nextel 610）的铝基复合材料，其用途之一是高性能赛车发动机的空心推杆。该推杆有多种直径，纤维沿着推杆长度方向定向排列。硬化钢帽在推杆成型后粘到推杆端部。

20.10 连续纤维增强钛基复合材料

单丝纤维连续增强钛基复合材料（TMC）具有高强度、高刚度和低密度的特性，潜在服役温度高达 815℃（见图 20.15）。这类材料主要应用于承热结构，比如超声速飞机机身结构以及在喷气式发动机的某些部件中替代高温合金。但是材料、加工和组装过程成本较高限制了 TMC 的应用。

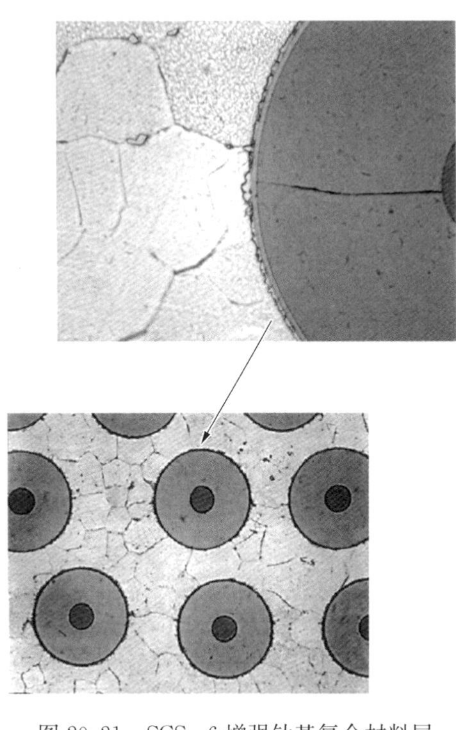

图 20.21 SCS-6 增强钛基复合材料层压板的致密化显微组织

连续增强钛基复合材料中最常用 SCS-6 SiC 纤维。SCS-6 与硼纤维的制备过程非常相似：碳基体（直径为 33 μm）通过长玻璃反应器时被电阻加热，同时，碳化硅化学气相沉积在其表面。在制备过程和后期的高温服役过程中，该富碳梯度 SiC 保护涂层有助于减缓纤维和钛基质之间的相互作用。在制备过程和高温服役过程中，如果金属基体与纤维表面强烈反应，则纤维表面会生成脆性金属间化合物，甚至形成表面缺口，这大大降低了纤维拉伸强度。SCS-6 增强钛基复合材料层压板的致密化显微组织如图 20.21 所示。在图中，SCS-6 纤维表面的碳保护层和反应层清晰可见。SCS-6 纤维（直径为 142 μm）的典型性能为：拉伸强度 4 GPa，模量 400 GPa 和密度 3 g/cm^3。表 20.3 列出了具有单向增强的 SCS-6/Ti-6Al-4V 复合材料的性能。

表 20.3 具有单向增强的 SCS-6/Ti-6Al-4V 复合材料的性能[2]

性　能	SCS-6/Ti-6Al-4V
纤维含量/%（体积分数）	37
纵向模量/10^6 psi	32
横向模量/10^6 psi	24
纵向强度/ksi	210
横向强度/ksi	60

另外两种直径较小的 SiC 纤维，SCS-9 和 Sigma，也可用作钛基复合材料的增强体。除了直径（80 μm）较小以外，SCS-9 纤维和 SCS-6 纤维基本上是

相同的，也是由 SiC 沉积到 33 μm 的碳芯棒上制得的，都是 Specialty Materials 公司的产品。相比之下，芯棒占 SCS - 9 横截面积的 16%，仅占 SCS - 6 横截面积的 5%，因此 SCS - 9 的拉伸强度(3.5 GPa)和模量(324 GPa)稍低，但也因直径小而具有较低的密度(2.45 g/cm^3)和优异的成型性能。Sigma 是由英国国防评估与研究局(Defence Evaluation and Research Agency)生产的直径 100 μm 的纤维。与 SCS 纤维不同的是，Sigma 是 SiC 沉积到钨芯上而不是碳芯上制得的。Sigma 纤维具有 3.5 GPa 的拉伸强度、414 GPa 的模量和 2.8 g/cm^3 的密度。此外，Sigma SM1240 纤维则是在 1 μm 的内部碳涂层之上再涂覆一层 1 μm 的 TiB_2，它被用于钛铝金属间化合物基体中；SM1140 + 纤维则仅有一层 4.5 μm、略厚的碳涂层，最初应用于 β 钛合金中。图 20.22 比较了 SCS - 6 纤维和 Sigma 纤维的横截面。

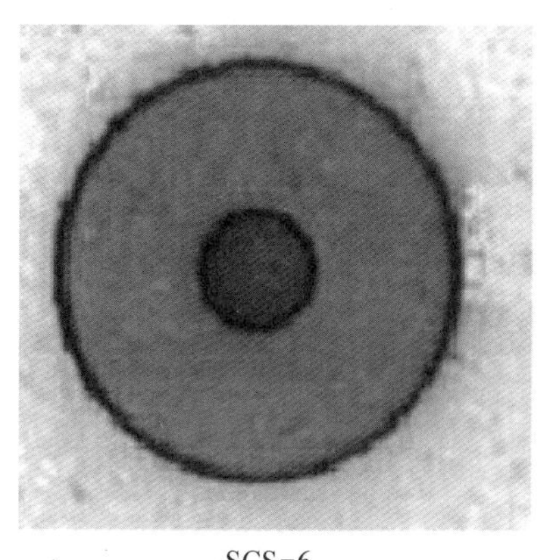

SCS-6

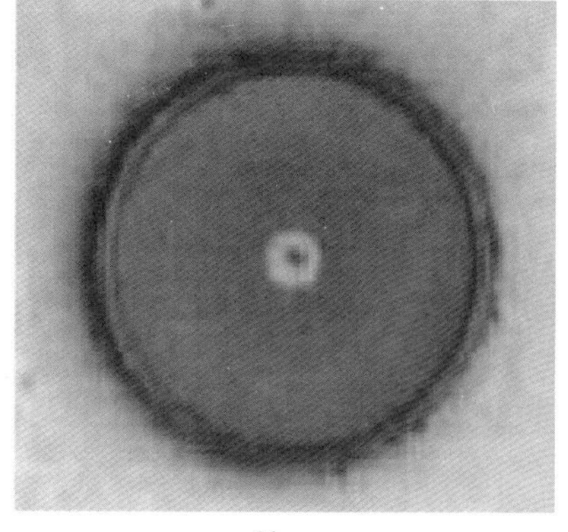

Sigma

图 20.22　SCS - 6 纤维和 Sigma 纤维横截面

Ti - 6Al - 4V 是航空航天工业中应用最普遍的钛合金，是最早用作钛基复合材料的基体合金之一。然而，α - β 型 Ti - 6Al - 4V 合金至少有两方面的严重缺点：① 它在高温下仅有中等的强度；② 不适合冷轧成用于层合的钛箔或者冷变形到特定的结构形状。为了克服成型问题，人们对 β -型钛合金 15V - 3Cr - 3Sn - 3Al(Ti - 15 - 3 - 3 - 3)进行了大量的研究。实验表明，Ti - 15 - 3 - 3 - 3 合金在各个性能方面都表现良好，只有一点不足，就是在 705～815℃温度区间内的抗氧化性极差。为了使 Ti - 15 - 3 - 3 - 3 基体合金具有良好的成型性能和高的抗氧化性能，Titanium Metals(Timet)公司启动了一个开发高抗氧化性能合金项目，其中 Ti - 15Mo - 2.8Nb - 3Al - 0.2Si(β - 21S)合金被认为潜力最大，从耐氧化性的观点来看，它不仅远优于 Ti - 15 - 3 - 3 - 3，而且还优于商业纯钛和

Ti-6Al-4V 合金。合金元素(如钒、钼和铝)的加入能够减弱钛基体降低纤维性能的趋势。钛铝金属间化合物基体具有更高的使用温度,然而,金属间化合物难以加工并且非常昂贵,因此其应用受到成本因素的制约,除非那些最严苛的高温服役工况,否则一般情况下不予考虑。

20.11 连续纤维增强钛基复合材料制备工艺

连续纤维增强钛基复合材料的制备技术包括箔-纤维-箔层叠、流延成型、等离子喷涂、粉末冶金和电子束沉积等,其中,关于箔-纤维-箔层叠法的研究可能最为广泛。

SiC 连续增强钛基复合材料制备工艺采用最多的是箔-纤维-箔层叠法,如图 20.23 所示。纤维织物是一个单向编织系统,其中直径相对较大的 SiC 单丝

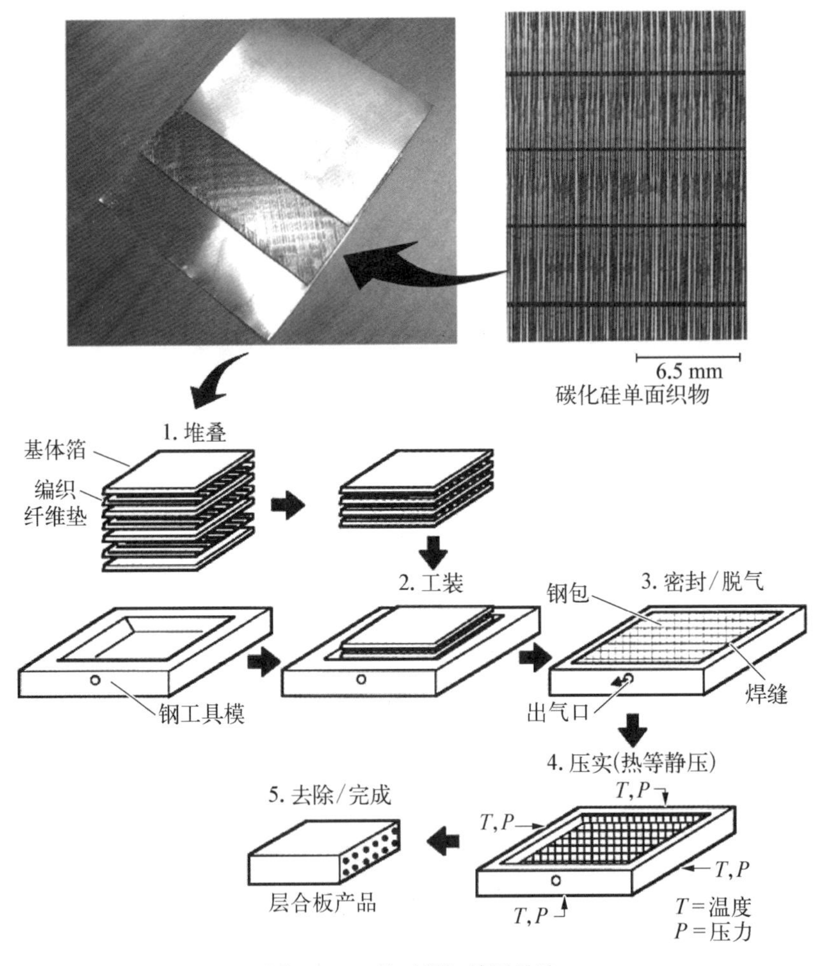

图 20.23　箔-纤维-箔层叠法

单向平行排列，通过垂直方向交织的钼、钛、钛铌丝或丝带联成一体。钛箔通常被冷轧至 0.11 mm 的厚度，在堆叠之前必须清洁钛箔表面以去除所有挥发性污染物。要求钛箔的厚度均匀，以避免在扩散结合过程中不均匀的基体流动。钛箔中如为细晶组织，则可通过促进其蠕变和可能的超塑性变形来改善扩散结合。因为钛箔要求极薄且具有良好的表面光洁度，因此最终轧制采用冷轧。对于钛基复合材料，所选用的 β 钛合金能够通过冷轧达到规定厚度。三明治层板经切割、堆叠后通过真空热压或热等静压进行固结压实。箔-纤维-箔层叠法的缺点是纤维分布难如人意，存在纤维相互接触的情况，这对机械性能、特别是疲劳裂纹形核非常不利。

流延成型(见图 20.20)也可用于连续纤维增强钛基复合材料的制备。流延成型中会用到与箔-纤维-箔层叠法相同的纤维织物，以及由挥发性有机胶黏剂——钛粉浆料浇铸成的钛基薄片。这些薄片与纤维织物层压后得到叠层钛基复合材料。与铝基复合材料的流延工艺一样，挥发性有机胶黏剂必须在最后压实前除去。

等离子喷涂也已经用于 SiC/Ti 复合材料的制备。在真空等离子喷涂中，连续添加 20～100 μm 的金属粉末到等离子束，熔化然后高速地喷射到滚筒上缠绕的单层纤维上。等离子喷涂的一个潜在缺点是：极其活泼的金属钛可能从大气中吸收氧气相互反应而导致脆化问题。因为要把金属间化合物轧制成箔材极其困难，所以钛铝金属间化合物基复合材料的制备主要采用等离子喷涂法。

钛基复合材料的另一种制备方法是将钛基体通过物理气相沉积法(PVD)直接包覆到 SiC 纤维上。图 20.24 显示的是 PVD 法制备的钛包覆 SiC 单丝纤维。该工艺是使纤维通过待沉积金属的高蒸气压区域，待这些金属蒸气冷凝后即形成涂层。金属蒸气采用约 10 kW 的高功率电子束直接轰击棒状靶材产生。常规的沉积速率接近 5～10 μm/min，靶材中不同溶质之间的蒸发速率差异可通过熔池成分的变化补偿，达到稳定状态时沉积层的成分将与靶材合金成分相同。如果靶材合金中各元素的蒸气压彼此相互接近，则可以采用单源电子束蒸发；否则，如果存在诸如铌或锆等低蒸气压元素，则需要使用多源电子束蒸发。

将以上 PVD 钛包覆纤维排列组装，再经真空热压或热等静压致密化即制得 SiC/Ti 复合材料，该方法可以获得非常均匀的纤维分布，纤维含量高达 80%，如图 20.25 所示。纤维的体积分数可通过涂层的厚度精确控制，而纤维的分布均匀性不受影响。这个过程的主要优势是：① 纤维分布和体积分数容易控制；

② 扩散结合所需要的时间短；③ 被包覆的纤维相对柔软，并且可以卷绕成复杂形状的零部件。

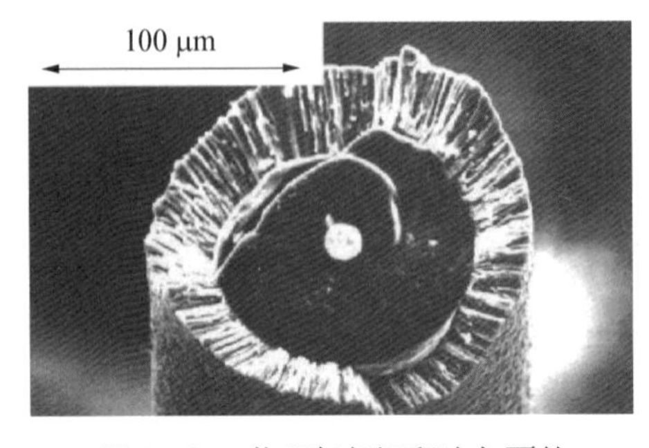

图 20.24 物理气相沉积法包覆的碳化硅单丝[8]

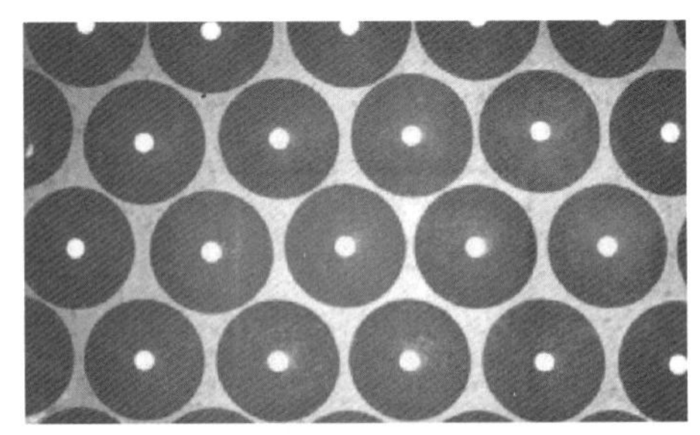

图 20.25 物理气相沉积钛基体包覆的碳化硅增强钛基复合材料[8]

20.12 钛基复合材料的致密化工艺

真空热压(VHP)和热等静压是两种主要的钛基复合材料致密化工艺。扩散结合法非常适合于钛基复合材料，因为钛的氧化物在 705℃以上时能够自身溶解，并且钛在扩散结合温度下表现出大的塑性流变。在连续纤维增强钛基复合材料层合板中，纤维的含量范围在 30%～40%之间。

在真空热压工艺中，层铺产品被不锈钢封套密封并置于真空热压机中，抽真空后先施加一个较小的压机压力以使长丝保持原位，通过 425～535℃的保温处理以分解挥发性有机物，并在动态真空作用下脱除气体。然后逐渐升温到较高温度并施加最大压力，以使钛合金绕纤维流动并实现钛箔的界面扩散结合。常规的真空热压工艺为在 900～955℃、约 40～70 MPa 压力下保持 60～90 min。

热等静压已在很大程度上替代真空热压成为致密化的首选工艺。热等静压的主要优点如下：① 均衡地施加气体压力，避免了压机施压的不均匀性；② 更适合于形状复杂的结构件。通常，进行热等静压处理的零件先被装入金属罐或者钢袋中，抽真空后封焊，然后放置在热等静压室内。常规的热等静压设备如图 20.26 所示。钛基复合材料的热等静压工艺是在 870～925℃温度区间内、100 MPa 的气体压力下保持 2～4 h。因为热等静压工艺成本相当昂贵，因此通常的做法是在一个炉次运行时的热等静压室内装入多个零件。垂直结构的热等静压单元从上到下具有较大的热梯度，通过缓慢升温可使热等静压室内所有位置达到均温，再开始逐渐增大气体压强。这时一切都很柔软，压力会使钢袋和其内的层合板塑性变形，实现致密化。保压的时间必须足够长以保证完全的扩散结合和压实。

图 20.26 常规热等静压设备

扩散结合包括两个阶段，先是纤维之间的基体金属蠕变流动以实现金属间的接触，再是界面扩散以完成致密化过程。在箔-纤维-箔层叠法中，基体金属很难充分流动并填满纤维与中间面之间以及钛箔之间的间隙(见图 20.27)。采用具有细晶组织的钛箔，或者采用高温使钛箔变软及呈现超塑性，有助于改善基体的流动性。然而，提高温度也会促使纤维与基体发生反应，进而使纤维强度降低。纤维与基体之间的热膨胀不匹配，则会形成高的残余应力，导致在冷却过程中基体开裂。

扩散结合的工艺参数对诸如纤维断裂、基体开裂和界面反应等结构缺陷影响很大。例如，高温和低压将会降低纤维断裂和基体开裂程度，但要降低界面反应程度则恰恰需要完全相反的条件，即低温和高压。高的致密化温度将促进蠕变和扩散过程，有助于孔隙闭合，但同时也会导致基体中过量的界面反应和晶粒

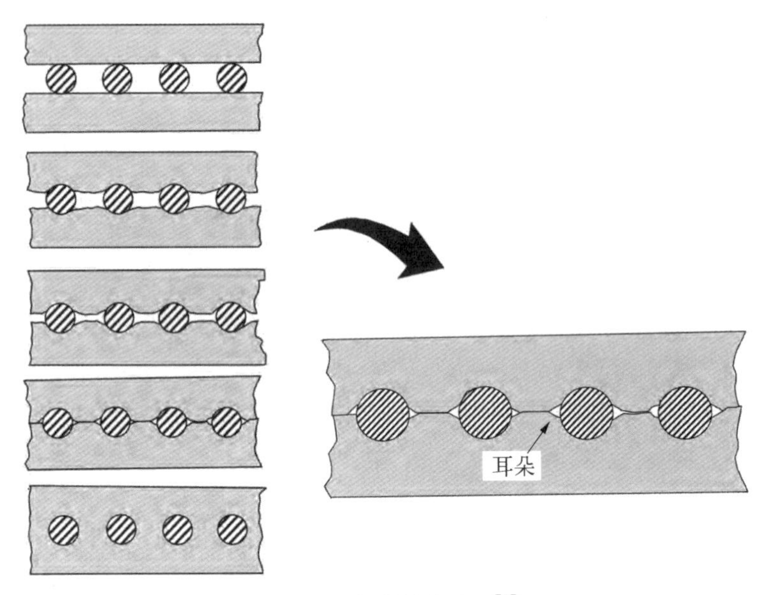

图 20.27　扩散结合过程[9]

长大。而低的致密化温度意味着更长的加工时间，并且需要更高的压力，这有可能导致纤维断裂。

20.13　钛基复合材料的二次加工

钛基复合材料零部件可通过扩散结合彼此连接，而所需的压力和温度较常规热等静压低。如图 20.28 所示，两个 C 形的预制件以背靠背的方式连接在一起后形成工字梁。要在热等静压室内实现这样的二次扩散结合，零部件需预先组装并密封在钢套或钢袋中。因为钢套要承受与部件相同的高压和高温，所以钢套耐受热等静压的能力非常关键。如果钢套泄漏，则等静压力和零部件间的结合压力就会消失。为了把伴随高压和高温的相关风险降到最小，二次扩散结合通常采用较低的温度和压力。低温和低压降低了钢套发生泄露等故障的风险。然而，由于钛基复合材料比传统的钛合金钣金件更坚硬，因此其二次扩散结合通常需要采用更高的压力。C 形预制件之间的空隙需要放置填充物予以填充，并且钛基复合材料零部件不能完全固定在一起，而要允许它们彼此之间发生些许的滑动，从而实现完全结合。如果零部件之间不能相互移动，则会导致连接不完全或损坏。当热等静压的压力低至 34.5 MPa、温度为 870℃时，保温 2 h 后能够获得良好的结合。

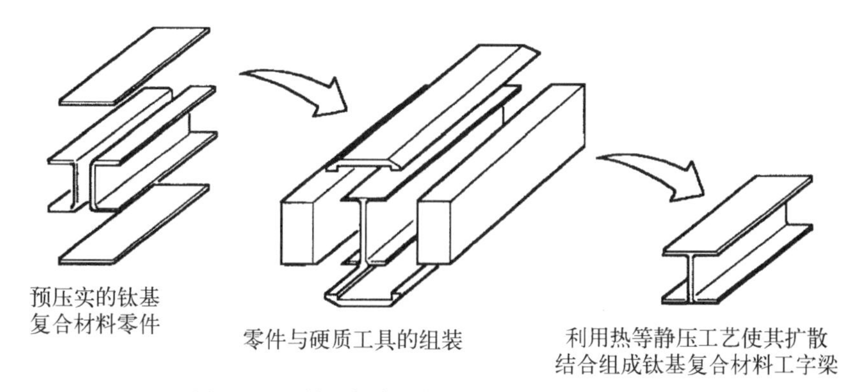

图 20.28 钛基复合材料工字梁的二次扩散结合

一方面，利用某些钛合金固有的高温特性，人们发展出了超塑性成型/扩散结合(SPD/DB)的工艺路线，由此可以用钛合金薄板制备特型构件以获得高的结构效率。另一方面，虽然钛基复合材料零部件无法由超塑性成型得到，但它们仍保有钛合金基体的扩散结合能力，因此可通过扩散结合与超塑成型的钛合金零部件连接形成新构件。由此制备的钛基复合材料增强 SPF/DB 特型构件既保持着钛基复合材料的结构效率，又充分利用了超塑性成型工艺的便捷性。图 20.29 显示了两种制备钛基复合材料增强 SPF/DB 钣金结构的工艺路线。通常采用高温钛合金如 Ti-6Al-2Sn-4Zr-2Mo 而不是 Ti-6Al-4V 制备芯部组件。Ti-6Al-2Sn-4Zr-2Mo 在 900℃的中等温度下有着良好的超塑性成

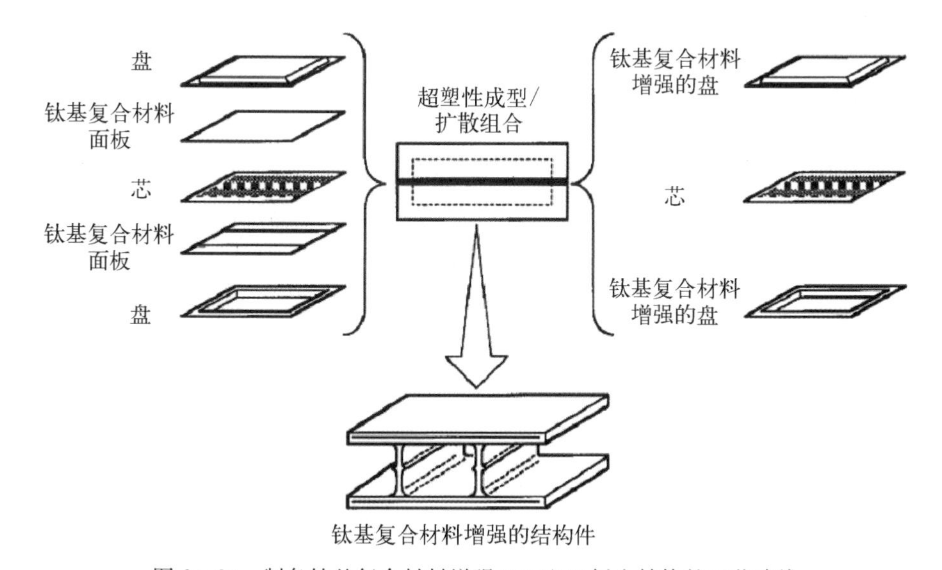

图 20.29 制备钛基复合材料增强 SPF/DB 钣金结构的工艺路线

型特性,因此常用于SPF/DB零部件。芯部组件的最终形状和尺寸取决于其电阻缝焊的模式,随后在SPF/DB工序中利用氩气膨胀使其形成最终形状。

常规无损检测技术,包括超声波透射法和超声波脉冲回声反射法,都可用于检测复合材料的缺陷。传统的超声波和X射线技术能够发现许多钛基复合材料的工艺缺陷,包括致密不充分、分层、纤维移位和纤维断裂。在分辨率最佳的透射模式下,超声波能够发现直径小到1.2 mm的缺陷。常规X射线也能用于检查钛基复合材料零部件。

图20.30 磨料水射流切割钛基复合材料(图片来源:波音公司)

钛基复合材料极难进行机械加工。钛基复合材料具有高的耐磨性,因此刀具成本居高不下。不合适的切削工艺不仅会损坏刀具,而且会破坏零件。此外,人们发现磨料水射流切割(见图20.30)技术很适合钛基复合材料。通常的水射流切割工艺参数是水压310 MPa,水流中混合80目石榴石磨砂粒,进料速度为12.5~30.5 mm/min。水射流切割设备具有多向加工能力,能够进行不间断的直线和曲线切割。金刚石切刀也具有优异的切割效果,然而,这种方法仅限于直线切割,而且速度相当缓慢。金刚石切刀安装在水平铣床上,需要在冷却剂的冷却作用下,在受控的速度和进给量下进行切割。因为该方法基于研磨作业,所以切割速度较慢,但是加工表面的质量优异。

电火花线切割也是一种灵活的、非接触式的钛基复合材料加工工艺,它通过高频电火花使材料发生熔化或气化而去除。直径为0.25 mm的黄铜丝能在0.5~1.27 mm/min的进给速率下应用。电火花线切割单元具有自己的冷却液和电力系统,其优势是可进行小直径切割,比如用于加工小的扇形和半圆形。类似于水射流切割,电火花切割是可编程的,能够进行不间断的直线和曲线切割。

有几种工艺能够在钛基复合材料中打孔。对于诸如两三层的层合板这样的薄组件,且在孔的数目不多的情况下,可采用高钴的M42耐磨高速钢麻花钻头,然而,钻头的磨损非常厉害以至于可能需要消耗几个钻头才能钻成一个孔。冲孔也成功用于薄的钛基复合材料层合板。采用常规的模具，冲孔快速且干净，并不需要冷却剂。冲孔会造成纤维损害和金属拉毛，但是大部分飞边能够去除，而且孔还可以用铰刀清理。然而，一些孔可能需要多个冲压步和多个铰刀才能清理完全。在一些情况下，由于铰刀的磨损，其直径实际上变小了，因此使用中并未增加孔的直径。因为大部分紧固件都在结构件内部开孔，所以能用得到冲孔的地方并不多；此外，很多受力结构的尺寸太厚而不适于冲孔加工。

常规的麻花钻和冲孔都不能够在钛基复合材料中持续生产高质量的孔，特别是在材料较厚的情况下更困难。使用金刚石空心钻头大大提高了在钛基复合材料中钻深孔的质量。空心钻是管状中空的，端部由金刚石构成，其结构类似于一些磨轮。常规的空心钻及其冷却剂卡盘如图 20.31 所示。金刚石空心钻钻孔的重要参数包括钻头设计、冷却液输送系统、钻台(drill plate)设计、动力设备类型以及钻孔速度。在钻孔过程中，空心钻主要靠研磨开孔，一些制造商甚至将磨料砂粒与水冷却剂混合以提高材料的去除速率。人们还开发出能在钛基复合材料结构上同时钻多个孔的装置，如图 20.32 所示，其钻台可容纳多个钻机并能同时工作，为此钻台必须具有足够的刚度以保证整个装置的稳定性。合格的钻孔

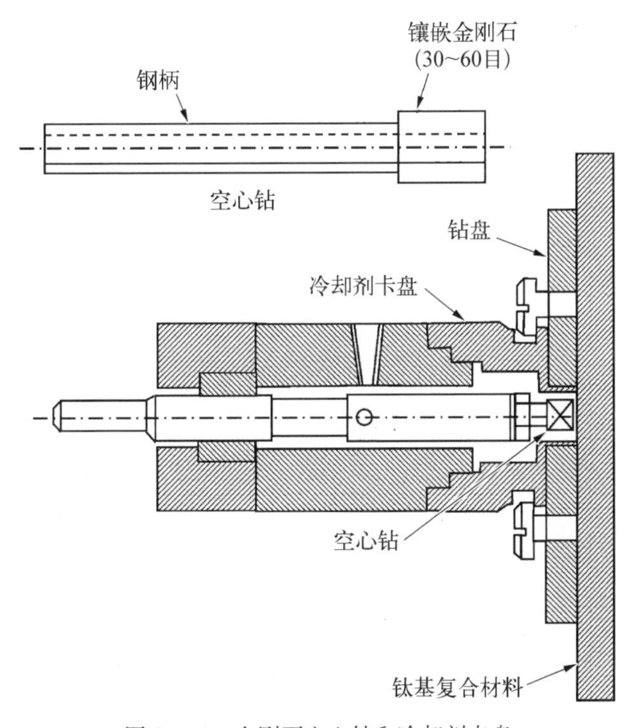

图 20.31 金刚石空心钻和冷却剂卡盘

必须满足公差要求，这随钛基层合板的厚度变化：4 层为±0.05 mm，15 层为±0.08 mm，32 层则为±0.1 mm。

电阻点焊是另一种将钛基复合材料部件连接起来的方法。50 kW 水冷铜电极传统电阻点焊设备(见图 20.33)已经成功应用于点焊薄的钛基复合材料。

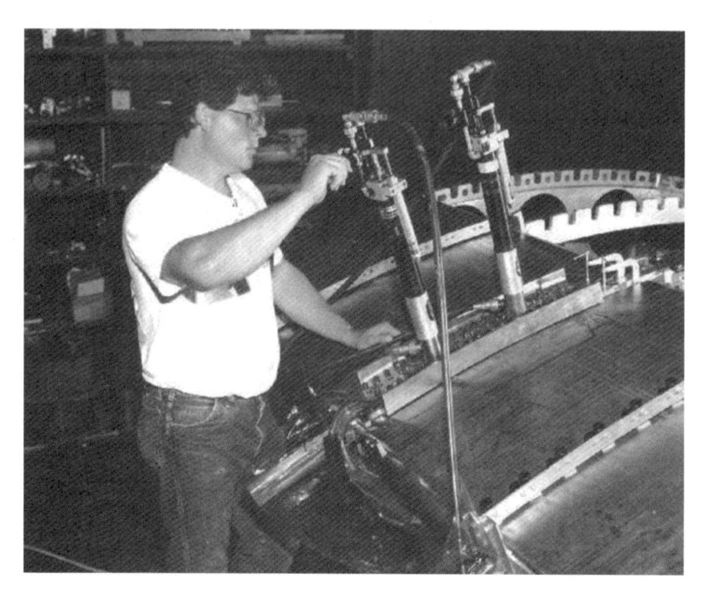

图 20.32 钛基复合材料的金刚石空心钻(图片来源：波音公司)

图 20.33 50 kW 水冷铜电极传统电阻点焊设备(图片来源：波音公司)

制造商经常使用常规的钛合金(如 Ti-6Al-4V)设定初始焊接参数。与任何点焊操作一样,焊接前彻底地清洁材料表面很重要。初始的焊接参数应通过金相和剪切试验予以验证。

20.14　颗粒增强钛基复合材料

颗粒增强钛基复合材料通常通过粉末冶金技术制备。尽管已研究过众多材料体系,最常见的还是10%～20%质量分数的碳化钛颗粒增强 Ti-6Al-4V 复合材料。相比于常规的钛合金,颗粒增强钛基复合材料具有更高的硬度和耐磨性。Ti-6Al-4V 合金和颗粒增强 Ti-6Al-4V 基复合材料的机械性能对比见表 20.4。

表 20.4　Ti-6Al-4V 合金和颗粒增强 Ti-6Al-4V 基复合材料的机械性能[2]

性　　能	Ti-6Al-4V	10%(质量分数)TiC/Ti-6Al-4V	20%(质量分数)TiC/Ti-6Al-4V
密度/(lb/in^3)	0.16	0.16	0.16
室温拉伸强度/ksi	130	145	153
537.7℃拉伸强度/ksi	65	80	90
室温模量/msi	16.5	19.3	21
537.7℃模量/msi	13	15.3	16
疲劳极限,10^6 周期/ksi	75	40	—
断裂韧性/($ksi \cdot in^{1/2}$)	50	40	29
硬度(HRC)	34	40	44

与作为独立组分的外加增强体相反,有一些复合体系可以在凝固过程中于金属基体内部生成增强体,被称为“原位复合材料”。例如,某些共晶体系的定向凝固可以产生纤维或棒状结构,如图 20.34 中所示的铌-碳化铌共晶。尽管这些结构可以通过定向凝固形成,但生长的速度非常缓慢(接近 1～5 cm/h)。主要是因为其需要保持生长前沿的稳定,而这需要一个大的温度梯度。除此之外,所有的增强体沿着生长

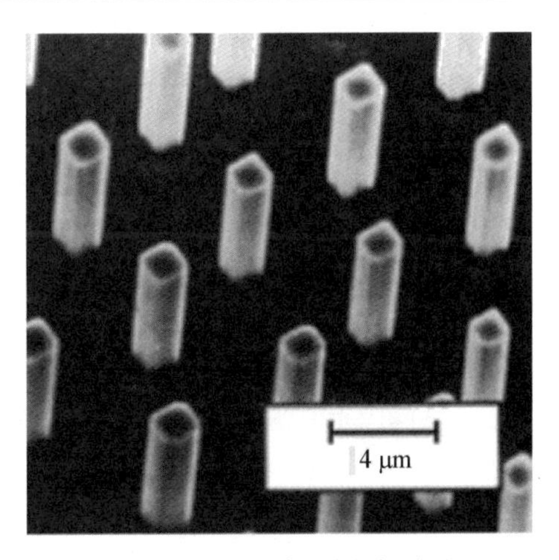

图 20.34　棒状铌-碳化铌共晶

或凝固方向排列。同时,增强体的性质和体积分数也受到一定的限制。

放热弥散法(exothermic dispersion, XD)是另一种原位复合工艺,它利用两种反应物之间的放热反应生成第三种化合物。一般来讲,先制备一种包含高体积分数陶瓷增强体的中间合金,然后中间合金与基体合金混合、重熔以生成所需要体积分数的颗粒增强金属基复合材料。例如,如果充分加热铝、钛、硼的混合物,则会发生放热反应,生成钛铝金属间化合物基体,以及分布在其中的硼化钛(TiB_2)陶瓷颗粒,由此得到的 TiB_2 陶瓷颗粒增强 γ 钛铝合金(Ti-45 @%Al)复合材料,其室温强度和800℃高温强度均要高于690 MPa。相比于传统的金属基复合材料,原位增强金属基复合材料具有以下方面的潜在优势:① 原位生成的增强体热力学稳定,在高温条件下性能降低更小;② 增强体-基体界面清洁,界面结合强度更高;③ 原位形成的增强体尺寸更小,它们在基体中的分布更加均匀弥散。

20.15 纤维金属层合板

纤维金属层合板由金属箔材和经胶黏剂黏合的单向纤维层组成。GLARE是一种玻璃纤维增强铝层合板,其典型的结构如图20.35所示,单向S-2玻璃纤维夹在两侧的FM-34环氧树脂胶黏剂薄膜中,并被环氧树脂粘接到铝箔上。铝金属层需要经过化学清洗(铬酸阳极氧化或磷酸阳极氧化),并用BR-127防腐剂处理。在FM-34胶黏剂和经处理的金属表面之间以及FM-34和S-2玻璃纤维之间的黏合力都非常牢固,在胶黏剂自身失效前都可保持完好无缺。

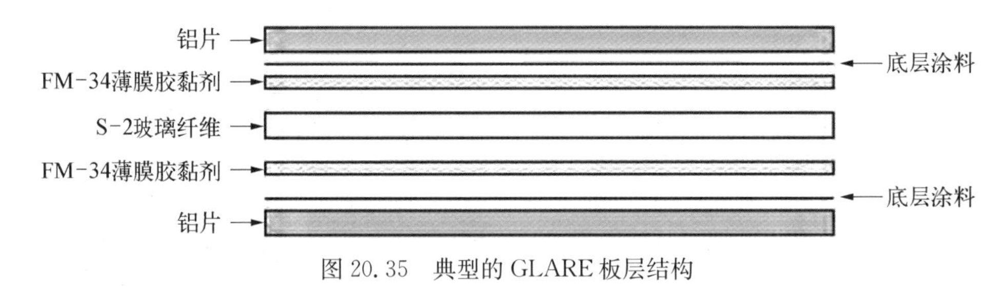

图20.35 典型的GLARE板层结构

GLARE通常有六种不同的标准等级,如表20.5所列。它们是基于FM-34胶黏剂和单向S-2玻璃纤维所形成的一种预浸料,其厚度为0.13 mm,玻璃纤维的体积分数为59%。预浸料在铝合金箔材之间以不同的取向堆叠铺设。从1990年到1995年,GLARE层合板仅以平板形式生产。通过采用传统的金属加工方法(成型、黏合、铆接等)使薄板具有曲率、厚度台阶和接头,飞机制造商利用这些板材生产机身壁板。研究表明，GLARE 在性能和质量上具有优势，但它们比传统铝结构成本要高。

表 20.5　GLARE 标准等级[10]

GLARE 等级	亚等级	薄片厚度/in，合金	每层预浸料坯取向	主要优势
GLARE 1	—	0.02～0.016，7475－T761	0/0	断裂，强度，屈服强度
GLARE 2	GLARE 2A	0.000 8～0.02，2024－T3	0/0	断裂，强度
	GLARE 2B	0.000 8～0.02，2024－T3	90/90	断裂，强度
GLARE 3	—	0.000 8～0.02，2024－T3	0/90	断裂，冲击
GLARE 4	GLARE 4A	0.000 8～0.02，2024－T3	0/90/0	断裂，0°方向的强度
	GLARE 4B	0.000 8～0.02，2024－T3	90/0/90	断裂，90°方向的强度
GLARE 5	—	0.000 8～0.02，2024－T3	0/90/90/0	冲击
GLARE 6	GLARE 6A	0.000 8～0.02，2024－T3	＋45/－45	剪切，离轴性质
	GLARE 6B	0.000 8～0.02，2024－T3	＋45/－45	剪切，离轴性质

为了降低制造成本，人们发展了一种自成型技术（见图 20.36）。由于胶黏剂固化前铝箔和纤维叠层组件的刚度较低，因此采用内、外加强板并在高压釜内加压层合。在一些特定位置额外加入与玻璃纤维预浸料相同类型的胶黏剂，以使铝箔的断头处彼此相连，或者使内、外加强板与层合板相连，或者填补层压板之间未充满的间隙。如图 20.37 所示，自成型技术中的胶接接头并不是面板中强度最低的位置，因此在静态或疲劳加载过程中结构失效并不发生在胶接接头处。

GLARE 的主要优势是它具有比铝合金更优异的疲劳裂纹扩展阻力和损伤容限，相比于碳纤维/环氧树脂具有更高的承载强度，同时质量比铝合金轻 10%，成本比碳纤维/纤维复合材料更低（但比铝合金成本高）。除了 GLARE 之外，钛箔也引入到碳纤维/环氧树脂层合板（TiGr）中，主要目的是为了提高承载强度。

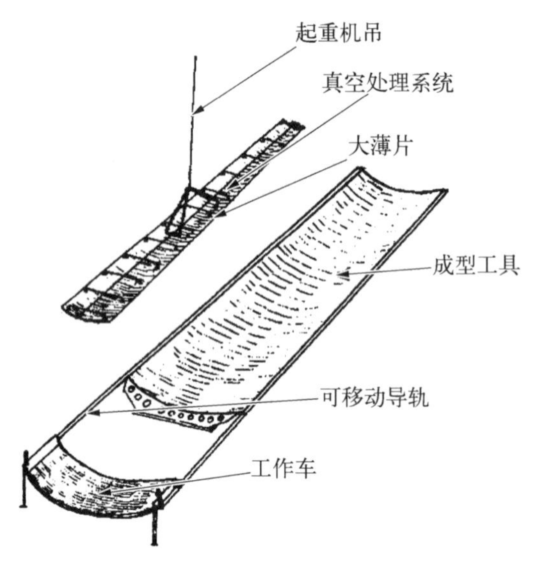

图 20.36 GLARE 自成型技术

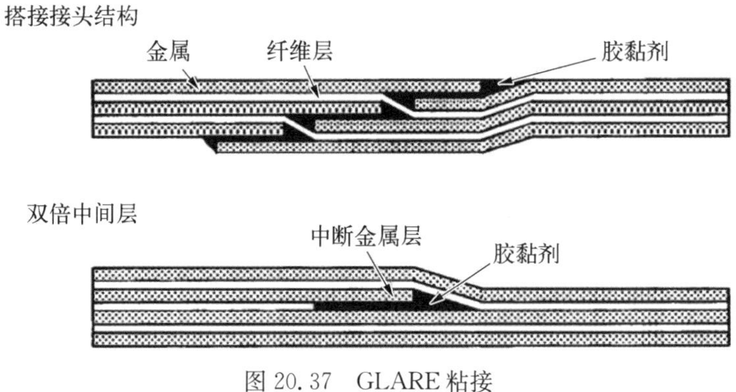

图 20.37 GLARE 粘接

参考文献

[1] Clyne T W, Withers P J. An Introduction to Metal Matrix Composites [M]. Cambridge University Press, 1993.

[2] Metal-Matrix Composites, Metals Hand-Book Desk Edition, 2nd ed. [M]. ASM International, 1998.

[3] D B Miracle, Donaldson S L. ASM Handbook, Vol 21, Composites[M]//Smith C A. Discontinuous Reinforcements for Metal-Matrix Composites. ASM International, 2001.

[4] D B Miracle, Donaldson S L. ASM Handbook, Vol 21, Composites[M]/Processing of Metal-Matrix Composites. ASM International, 2001.
[5] Herling D R. Low-cost aluminum metal matrix composites[J]. Advanced Materials & Processes, 2001, 159(7): 37-40.
[6] Michaud V J. Liquid-State Processing [M]//Fundamentals of Metal-Matrix Composites. 1993.
[7] Foltz J V, Blackmon C M. ASM Handbook, Vol 2, Properties and Selection: Nonferrous Al-loys and Special-Purpose Materials[M]. Metal-Matrix Composites. ASM International, 1990.
[8] Ward-Close C M, Partridge P G. A fibre coating process for advanced metal-matrix composites[J]. Journal of Materials Science, 1990, 25(10): 4315-4323.
[9] Ghosh A K. Solid-State Processing [M]//Fundamentals of Metal-Matrix Composites. 1993.
[10] Vlot A, Gunnink J W. Fibre Metal Laminates: An Introduction[M]. Kluwer Academic publishers, 2001.

精选参考文献

[1] Bilow G B, Campbell F C. Low pressure fabrication of borsic/aluminum composites [C]. 6th Symposium of Composite Materials in Engineering Design, 1972.
[2] Ejiofor J U, Reddy R G. Developments in the processing and properties of particulate Al-Si composites[J]. JOM, 1997, 49(11): 31-37.
[3] Ghomashchi M R, Vikhrov A. Squeeze casting: An overview[J]. Journal of Materials Processing Technology, 2000, 101(1-3): 1-9.
[4] Guo Z X, Derby B. Solid-state fabrication and interfaces of fibre reinforced metal matrix composites[J]. Progress in Materials Science, 1995, 39(4-5): 411-495.
[5] Hashim J, Looney L, Hashmi M S J. Metal matrix composites: Production by the stir casting method[J]. Journal of Materials Processing Technology, 1999, s 92-93(99): 1-7.
[6] Hashim J, Looney L, Hashmi M S J. The wettability of SiC particles by molten aluminium alloy[J]. Journal of Materials Processing Technology, 2001, 119(1-3): 324-328.
[7] Kaczmar J W, Pietrzak K, Włosiński W. The production and application of metal matrix composite materials[J]. Journal of Materials Processing Tech, 2000, 106(1): 58-67.
[8] Lindroos V K, Talvitie M J. Recent advances in metal matrix composites[J]. Journal of Materials Processing Technology, 1995, 53(95): 273-284.
[9] Gauthier M M. Engineered Materials Handbook, Vol 1, Composites [M]// Mcelman J A. Continuous Silicon Carbide Fiber MMCs. ASM International, 1987.

[10] Mittnick M A. Continuous SiC fiber reinforced materials[C]. 21st International SAMPE Technical Conference, 1989.

[11] Nair S V, Tien J K, Bates R C. SiC-reinforced aluminum metal matrix composites[J]. International Metals Reviews, 1985, 30(1): 275 - 290.

[12] Shatwell R A. Fibre-matrix interfaces in titanium matrix composites made with sigma monofilament[J]. Materials Science & Engineering A, 1999, 259(2): 162 - 170.

[13] Srivatsan T S, Sudarshan T S, Lavernia E J. Rapid solidification processing of discontinuously-reinforced metal matrix composites[J]. Progress in Materials Science, 1995, 39(4 - 5): 317 - 409.

[14] Stefanescu D M, Ruxanda R. ASM Handbook, Vol 9, Metallography and Microstructures[M]//Fundamentals of Solidification. ASM International, 2004.

[15] Vassel A. Continuous fibre reinforced titanium and aluminium composites: A comparison[J]. Materials Science & Engineering A, 1998, 263(2): 305 - 313.

[16] Ward-Close C M, Partridge P G. A fibre coating process for advanced metal-matrix composites[J]. Journal of Materials Science, 1990, 25(10): 4315 - 4323.

[17] Ward-Close C M, Chandrasekaran L, Robertson J G, et al. Advances in the fabrication of titanium metal matrix composite[J]. Materials Science & Engineering A, 1999, 263 (2): 314 - 318.

21　陶瓷基复合材料

陶瓷材料拥有众多优越性能，如模量高、抗压强度高、耐高温、硬度高、耐磨、热传导率低，以及化学性质稳定。如图 21.1 所示，陶瓷的耐高温性能使其非常适用于高温环境。然而，陶瓷的断裂韧性较低，限制了其在结构中的应用。金属由于位错滑移发生塑性变形，但陶瓷在室温下不发生塑性变形，在力和温度作用下容易发生脆性破坏。陶瓷在生产和使用过程中会产生类似裂缝的缺陷，即使极小的裂缝也能够迅速扩展，导致材料突然破坏。

纤维、晶须以及颗粒通常用来增强聚合物基和金属基复合材料强度，但陶瓷基复合材料增强体主要用来提高韧性。聚合物基复合材料和金属基复合材料与

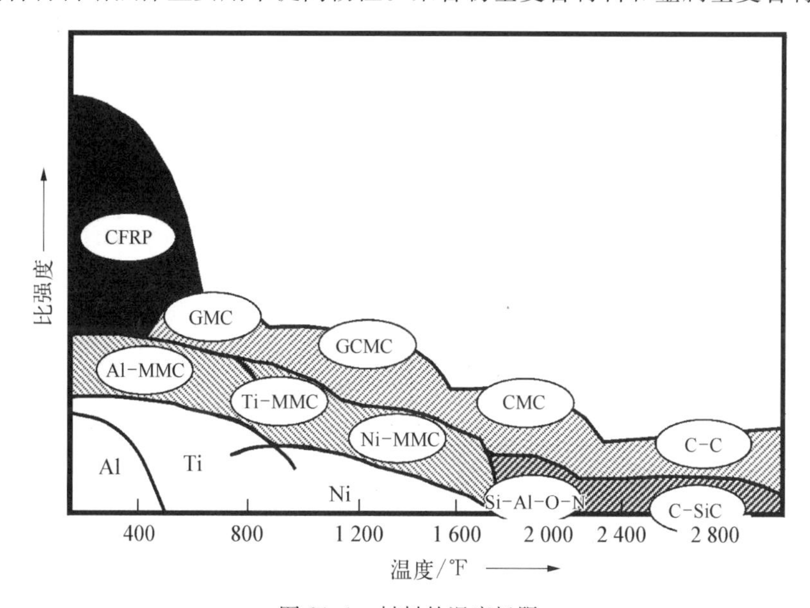

图 21.1　材料的温度极限

注：碳-碳(C－C)；碳纤维增强塑料(CFRP)；陶瓷基复合材料(CMC)；碳-碳化硅(C－SiC)；玻璃陶瓷基复合材料(GCMC)；金属基复合材料(MMC)；硅-铝-氧-氮(Si－Al－O－N)；玻璃基复合材料(GMC)。

陶瓷基复合材料的对比如图 21.2 所示。由于纤维和基体的脱粘、裂缝逐渐开展、纤维的桥接和拔出等能量耗散机制,陶瓷基复合材料的韧性得以增强。陶瓷材料和陶瓷基复合材料的理论应力-应变曲线如图 21.3 所示,曲线下方的面积通常表示材料韧性大小,因此可明显看到陶瓷基复合材料的韧性相比于陶瓷材料有了大幅提升。为了有效建立纤维脱粘和拔出机制(见图 21.4),纤维和基体间界面的结合必须较弱。若结合较强,则产生的裂缝将直接穿透纤维,此过程基本不吸收能量。因此,合理的界面结合至关重要。在制造过程中,常用涂层保护纤维,并且提供较弱的纤维和基体界面结合。

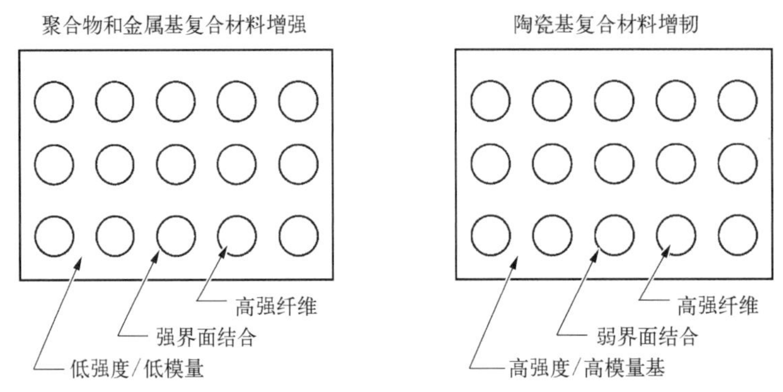

图 21.2 聚合物基复合材料和金属基复合材料与陶瓷基复合材料对比

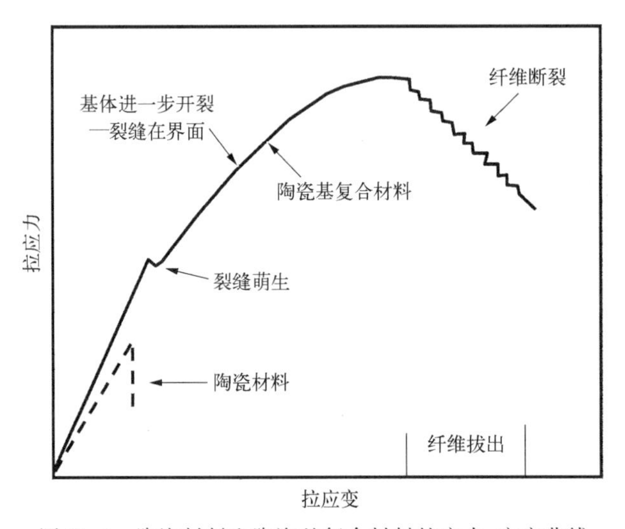

图 21.3 陶瓷材料和陶瓷基复合材料的应力-应变曲线

碳-碳(C-C)复合材料是最为传统且成熟的陶瓷基复合材料。20 世纪 50 年代航空航天工业界开发了 C-C 复合材料,主要应用在火箭发动机、防热罩、

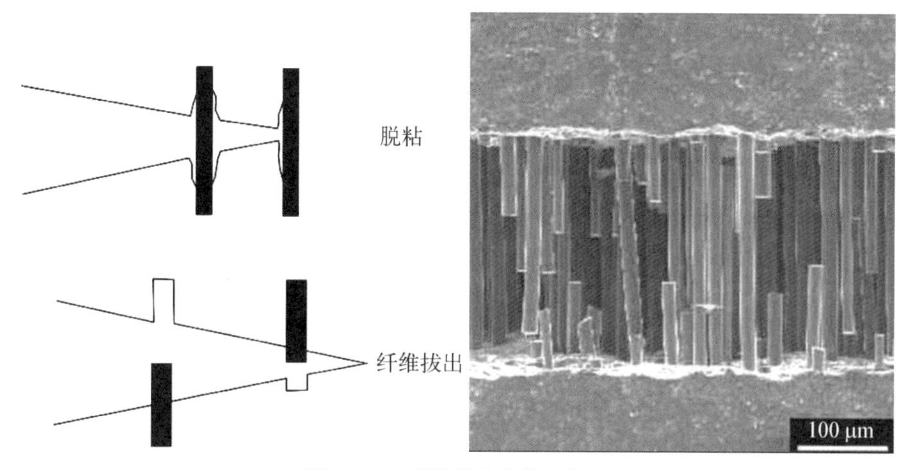

图 21.4 纤维脱粘和拔出机制

前缘以及其他热防护部件。需要说明的是，C－C 复合材料经常区分于其他陶瓷基复合材料而单独成为一类，但是它的用途及制造工艺和其他陶瓷基复合材料非常相似。表 21.1 列出了 C－C 复合材料和其他陶瓷基复合材料的一些性能对比。对于高温应用，在超过 4 000℉的高温无氧环境下，C－C 材料仍然能够保持良好的热稳定性且有较小的密度（1.49～1.99 g/cm^3），材料较低的热膨胀系数和热传导系数使其具有优良的热抗震性能。在真空和惰性气体环境下，碳的性能极其稳定，能够在超过 4 000℉的温度下使用；但是在氧化气氛中，材料在 950℉时就开始发生氧化反应。因此在高温环境中应用时，C－C 复合材料必须采用抗氧化涂层系统进行防护，比如碳化硅涂层，外面还有一层玻璃涂层。碳化硅涂层可提供基本的抗氧化保护，玻璃涂层受热融化后进入涂层裂缝。通常基体中也会添加一些抗氧化剂如硼，来提供额外的保护。

表 21.1 C－C 材料和陶瓷基复合材料性能对比

C－C 材料	连续纤维 CMC	非连续纤维 CMC
卓越的高温稳定性	优秀的高温稳定性	优秀的高温稳定性
高强度、高模量 一般韧性	高强度、高模量 一般韧性	强度和模量略低
尺寸稳定 热膨胀系数低	尺寸稳定 热膨胀系数低	断裂韧性好，但比连续纤维 CMC 略差
优秀的抗热冲击性能 失效模式好	良好的抗热冲击性能 失效模式好	抗热震冲击性能比连续纤维 CMC 差

（续表）

C－C材料	连续纤维 CMC	非连续纤维 CMC
可裁剪，可机械加工 抗氧化性能差	抗氧化，不易机械加工 制作成本高，工艺复杂	工艺传统，成本低 机械加工成本高

陶瓷基体材料包括碳、玻璃、玻璃陶瓷、氧化铝等氧化物陶瓷以及碳化硅等非氧化物陶瓷。大部分陶瓷材料都是晶体结构且键合类型主要是离子键，还有一些是共价键。在这些连接键中，尤其是较强的定向共价键结合有效地阻止了位错运动，解释了陶瓷材料的脆性。相比于聚合物基以及金属基复合材料，陶瓷和C－C复合材料的制备温度很高，因此陶瓷基复合材料的制备难度大且成本高。

陶瓷基复合材料的增强体主要有碳纤维、氧化物纤维或非氧化物陶瓷纤维、晶须和颗粒。碳纤维用于C－C复合材料；而氧化铝等氧化物纤维及碳化硅等非氧化物纤维用于玻璃、玻璃陶瓷以及晶体陶瓷基材料。大多数高性能氧化物和非氧化物连续纤维价格较高，进一步增加了陶瓷基复合材料的成本。时至今日，高成本、制备难度大及产品质量不稳定等因素是其应用的主要限制。

21.1 增强体

根据直径和长径比的大小，陶瓷基复合材料中的纤维主要可分为三类：晶须、单丝纤维以及纺织多丝纤维束；颗粒晶体和片状晶体也可作为增强体。表21.2总结了几种氧化物和非氧化物陶瓷纤维的性能。

表 21.2 几种氧化物和非氧化物陶瓷纤维的性能

纤维	成分	拉伸强度/ksi	拉伸模量/msi	密度/(g/cm^3)	直径/mil	临界弯曲半径/mm
SCS－6	SiC涂在C单丝上	620	62	3.00	5.5	7.0
Nextel 312	$62Al_2O_3-14B_2O_3-15SiO_2$	250	22	2.7	0.4	0.48
Nextel 440	$70Al_2O_3-2B_2O_3-28SiO_2$	300	27	3.05	0.4～0.5	—
Nextel 480	$70Al_2O_3-2B_2O_3-28SiO_2$	330	32	3.05	0.4～0.5	—
Nextel 550	$73Al_2O_3-27SiO_2$	290	28	3.03	0.4～0.5	0.48
Nextel 610	$99\alpha-Al_2O_3$	425	54	3.88	0.6	—

（续表）

纤 维	成 分	拉伸强度/ksi	拉伸模量/msi	密度/(g/cm^3)	直径/mil	临界弯曲半径/mm
Nextel 720	$85Al_2O_3-15SiO_2$	300	38	3.4	0.4～0.5	—
Almax	$99\alpha-Al_2O_3$	260	30	3.60	0.4	—
Altex	$85Al_2O_3-15SiO_2$	290	28	3.20	0.6	0.53
Nicalon NL 200	57Si-31C-12O	435	32	2.55	0.6	0.36
Hi-Nicalon	62Si-32C-0.5O	400	39	2.74	0.6	—
Hi-Nicalon-S	68.9Si-30.9C-0.2O	375	61	3.10	0.5	—
Tyranno LOX M	55.4Si-32.4C-10.2O-2Ti	480	27	2.48	0.4	0.27
Tyranno ZM	55.3Si-33.9C-9.8O-1Zr	480	28	2.48	0.4	—
Sylramic	66.6Si-28.5C-2.3B-2.1Ti-0.8O-0.4N	465	55	3.00	0.4	—
Tonen Si_3N_4	58Si-37N-4O	360	36	2.50	0.4	0.80

晶须为几乎完美的单晶体，其强度接近材料的理论强度值。晶须的直径通常为 0.04 mil(1 μm)或更小，长度可达 7.9 mil(200 μm)。作为增强体，晶须的直径和长径比决定了材料的增强效果。碳化硅、氮化硅(Si_3N_4)和氧化铝是陶瓷基复合材料中常用的晶须。

单丝碳化硅纤维通过化学气相沉积(CVD)的方法制备，从直径为 1.3 mil (33.0 μm)的无定形碳基底沉积得到直径为 5.5 mil(139.7 μm)的碳化硅纤维。无定形碳基底优于钨基底，因为当温度高于 1 500℉(815℃)时，碳化硅纤维会和钨反应导致纤维强度降低。在生产过程中将 0.04 mil(1 μm)厚的热解石墨层放置在隔热的碳基底上，这样可提供一个光滑的表面并控制基底的导电性能。涂有热解石墨层的基底便可以用硅烷气体和氢气混合物来进行化学气相沉积。基底撤出反应器之后，还要施加碳和碳化硅薄层，目的是提高纤维的可操作性，并可作为扩散屏障层阻止纤维和基体发生反应，还可以愈合纤维表面缺陷来提高其强度。由于单丝纤维较粗，因此可在一定程度内和基体反应且强度不会明显降低。碳化硅单丝的粗直径和大刚度大大限制了它的变形能力，无法绕小半径弯曲，导致其不能应用于复杂结构。

陶瓷纺织多丝纤维束一般包含 500～1 000 根纤维，既具有抗高温性能，又非常细，其直径在 0.4～0.8 mil(10.2～20.3 μm)之间，适用于多种生产工艺，如纤维的缠绕机织和编织。临界弯曲半径 ρ_{cr} 表示一根纤维在断裂之前可弯曲的最小半径，可由纤维的极限应变乘以其半径计算得到，是评估纤维变形能力的重要指标。纤维束的高强度、低模量和小直径等特点使其适合采用传统纺织工艺生产制造。例如碳化硅单纤维丝的临界弯曲半径为 275.6 mil(7 mm)，而许多纺织多丝纤维束的临界弯曲半径都小于 1 mm。

氧化物和非氧化物纤维都可应用于陶瓷基复合材料中。氧化物纤维如氧化铝，有着良好的抗氧化能力。但是在高温环境下，由于晶粒变大，因此其强度保持和抗蠕变性能较差，氧化物纤维的蠕变速率比非氧化物纤维甚至高出了两个数量级。非氧化物纤维材料(如碳和碳化硅)的密度小，在高温环境下的强度和抗蠕变能力比氧化物纤维好，但缺点是在高温下容易被氧化。

陶瓷氧化物纤维通常由含氧化合物组成，例如氧化铝(Al_2O_3)和莫来石($3Al_2O_3-2SiO_2$)。除非特别指明为单晶体纤维，否则氧化物纤维通常为多晶体纤维。3M 公司的 Nextel 纤维家族应用远超于其他纤维。Nextel 纤维采用溶胶-凝胶法制备。工艺过程是将某种溶胶纺丝并凝胶化，形成凝胶纤维，经过致密化以及 1 800～2 550°F 高温焙烧。Nextel 312、440 和 550 纤维主要设计制造成隔热纤维。Nextel 312 和 440 都是铝硅酸盐，分别含有 14% 和 2% 的氧化硼(B_2O_3)，含有晶体相和玻璃相。显然氧化硼能帮助纤维在高温环境下短时间内维持较高强度，但玻璃相也限制了纤维的高温蠕变强度。Nextel 550 既不含氧化硼也不含玻璃相，因此它在高温下发生的蠕变更小，但是高温强度较低。对于复合材料应用，Nextel 610 和 720 不含玻璃相但含有更多 $\alpha-Al_2O_3$ 结构，这种结构组成使得它们在高温环境下仍然保持较高的强度。Nextel 610 由细粒状的 $\alpha-Al_2O_3$ 单相体组成，因此在室温环境中的强度最高。Nextel 720 的成分中添加了 SiO_2 并形成 $\alpha-Al_2O_3/3Al_2O_3-2SiO_2$，减少了晶粒边界的滑移，因此有较好的蠕变抵抗性能。与非氧化物纤维材料相比，氧化物纤维的导热和导电性能较差，热膨胀系数较高，且密度大。在 2 200～2 400°F(1 205～1 315℃)之间，晶粒边界上的玻璃相以及晶粒的生长都会导致氧化物纤维的强度迅速降低。

陶瓷非氧化物纤维大多由碳化硅构成。此类纤维通常含有一些氧成分，这使得纤维的使用温度不能过高。目前 Nippon 公司的 Nicalon 系列 SiC 纤维应用最普遍。Nicalon(SiC)纤维采用聚合物先驱体渗透热解工艺制备，形成的结构内有 1～2 nm 的 β-SiC 微晶粒，散落在由无定形氧化硅和游离碳组成的基体中。纤维制备工艺包括合成一种可纺的聚合物；对聚合物进行熔融纺丝，得到先驱纤维；使先驱纤维固化成交联分子链，即成为不熔纤维；再经过热解和养护得到陶瓷纤维。Nicalon 纤维中高氧成分（12%）在 2 200℉（1 205℃）的高温环境下产生气态 CO，因此 Nicalon 纤维在高温下不够稳定。因此，低氧成分（0.5%）的 Hi - Nicalon 纤维逐渐发展使用，其热稳定性和抗蠕变性能得到提高。在氦气环境中，采用电子束辐照法进行辐射养护，降低了氧含量。Nippon 公司最新推出的 Hi - Nicalon - S 纤维的氧气含量仅为 0.2%，晶粒更大（21～200 nm），因此抗蠕变性能更好。

另一种 SiC 纤维中含有碳化钛（TiC），是日本宇部兴产公司（Ube Industries）生产的 Tyranno 纤维。Tyranno 纤维含有 2%重量的钛，钛能阻止高温下 β - SiC 晶粒的长大。Tyranno ZM 纤维采用锆代替钛来增强材料的蠕变强度和抗盐腐蚀性能。Sylramic - iBN 是另一种新型的 SiC 纤维，纤维中添加了过量硼。硼扩散到纤维的表面与氮发生反应，从而形成氮化硼涂层。纤维体内去除硼后，纤维能够保持较高的拉伸强度并大大提升抗蠕变和导电性能。

相比较早的非化学计量纤维，虽然化学计量纤维（如 Hi - Nicalon - S 纤维、TyrannoSA 纤维、Sylramic 纤维）的蠕变强度高，模量也高出 50%，但是破坏应变却低了 1/3，因此降低了对陶瓷基体的增韧效果。然而，从强度、直径、材料的成本来说，目前可获得的商业纤维中，对于工作温度达到 2 000℉（1 095℃）的情况，Nicalon 纤维和 Tyranno 纤维是最优选择。

在高温环境下，氧化物纤维强度一般低于非氧化物纤维；但材料本身不易被氧化，较为稳定。两者都存在纤维蠕变的问题，且氧化物纤维的蠕变更为严重。纤维晶粒的大小需折中选择，小晶粒有利于提高强度，而大晶体有利于提高抗蠕变性能。

21.2　基体材料

基体材料的选择通常从两方面考虑：热稳定性和制备难度。熔点是材料热稳定性的首要判别标志，然而基体材料的熔点越高，制备难度就越高。能否有效制备出陶瓷基复合材料，取决于基体和增强体之间力学及化学性能的相容性。对于一些晶须增强陶瓷，在生产过程中，晶须和基体若发生适度的反应，则晶须会被全部消耗。除此之外，纤维和基体热膨胀系数的较大差异会导致残余应力和基体开裂。表 21.3 列出了几种重要的陶瓷基体材料性能参数。

表 21.3 几种重要陶瓷基体材料性能参数

基体	断裂模量/ksi	弹性模量/msi	断裂韧性/(ksi·$in^{1/2}$)	密度/(g/cm^3)	热膨胀系数/(20^{-6}/℃)	熔点/°F
Pyrex 玻璃	8	7	0.07	2.23	3.24	2 285
LAS 玻璃陶瓷	20	17	2.20	2.61	5.76	—
Al_2O_3	70	50	3.21	3.97	8.64	3 720
莫来石	27	21	2.00	3.30	5.76	3 360
SiC	56～70	48～67	4.50	3.21	4.32	3 600
Si_3Ni_4	72～120	45	5.10	3.19	3.06	3 400
Zr_2O_3	36～94	30	2.50～7.70	5.56～5.7	7.92～13.5	5 000

注：数值取决于确切成分和制备过程

碳在无氧条件下极其稳定，可以在真空或惰性气体环境中耐受 4 000°F(2 205℃)高温。此外，碳非常轻，密度仅为 0.072 lb/in^3(1.99 g/cm^3)。但是纯石墨又很脆、强度低、不易被加工成大型复杂形状。C-C 复合材料由高强度的碳纤维以及碳基体复合而成，克服了上述单一碳材料的缺点。对于高温应用，C-C 复合材料可在 4 000°F(2 205℃)的高温无氧环境中保持很好的热稳定性能，且自身密度小，只有 0.054～0.072 lb/in^3(1.49～1.99 g/cm^3)。C-C 复合材料应用于火箭喷嘴、再入飞行器的前锥体、前缘、整流罩、防热罩、航空制动器、赛车刹车系统以及高温锅炉的载板和隔热材料。这些应用利用了 C-C 复合材料的如下性能(取决于纤维类型、纤维结构形状以及基体密度)：

(1) 极限拉伸强度大于 40 ksi(275 MPa)。

(2) 弹性模量大于 10 msi(69 GPa)。

(3) 导热系数为 0.9～19 Btu/(s·ft^2·°F)。

(4) 热膨胀系数为 1.1×10^{-6}/K。

(5) 密度小于 0.072 lb/in^3(1.99 g/cm^3)。

C-C 复合材料较低的热膨胀和热传导系数范围使它拥有良好的抗热震性能。如前文所述，C-C 复合材料易被氧化是材料的主要缺点。当温度高于 950°F(510℃)时，基体和纤维若没有必要的氧气暴露防护措施，则很容易被氧化。外部涂层和内部抗氧化剂是两种主要的抗氧化措施。SiC 等外部涂层可以防止氧气从外部进入材料内部。抗氧化剂可通过两种方式起到抗氧化作用：形成内部屏障抑制氧气渗入；通过氧气沉积形成保护屏障。在高温氧化环境中，这些氧化屏障有限的时温循环能力成为目前 C-C 复合材料在高温环境中应用的主要瓶颈。

相比其他多晶体陶瓷，玻璃陶瓷能够在较低的温度和气压下进行固化，具有独特的优势。所有的玻璃陶瓷在烧结之后都残留有部分玻璃，因此玻璃陶瓷的最高使用温度取决于残余玻璃的软化点。主要成分为二氧化硅的玻璃陶瓷可适用于中等的温度环境。作为基体材料的玻璃陶瓷主要有 LAS、MAS、MLAS、CAS、BMAS，其中，L 为氧化锂（Li_2O）；A 为氧化铝（Al_2O_3）；S 为氧化硅（SiO_2）；M 为氧化镁（MgO）；C 为氧化钙（CaO）；B 为氧化钡（BaO）。玻璃陶瓷具备了玻璃材料的优点：① 它可以在热压烧结时熔化成低黏度液体，便于纤维束的浸渍；② 它的制备温度比其他传统晶体陶瓷低，从而减小了纤维性能退化。热压烧结之后，通过一种热处理工艺可制作得到玻璃陶瓷，其中晶体相成分含量高达 95%～98%。然而，烧结后残余的玻璃相降低了玻璃陶瓷的抗蠕变能力。

非氧化物基体包括碳、碳化硅以及氮化硅（Si_3N_4）。碳极其耐高温且密度小，但是在高温应用中，碳必须进行抗氧化防护处理。碳化硅的熔点也很高，高温下的力学性能良好。碳化硅的耐高温性能比碳略差，密度也略大，氧化后产生二氧化硅；但它可在 2 700℉（1 480℃）的高温环境下使用。氮化硅基体和碳化硅相比，除了热稳定性和热传导性能略差之外，其余性能较为相似。

氧化物基体包括氧化铝（Al_2O_3）、莫来石（$3Al_2O_3-2SiO_2$）、堇青石（$2MgO-2Al_2O_3-5SiO_2$）以及氧化锆（ZrO_2）。氧化物基体的成本相对较低，在中等温度下可迅速烧结，高温抗氧化性能好。主要缺点是热膨胀系数和大部分纤维的热膨胀系数不相协调，强度一般，高温稳定性差。氧化铝是最常用的氧化物基体材料，各项性能都较为均衡。莫来石的热膨胀系数比氧化铝低，可采用溶胶-凝胶工艺法制备得到，并且有良好的韧性。堇青石的热膨胀系数很低，通常配合其他氧化物如莫来石一起作为基体。氧化锆在弱稳定时韧性仍非常好，但在高温环境下会很快丧失韧性。

在为陶瓷基复合材料选择合适的纤维和基体搭配时，需要考虑以下几个因素：

(1) 两者的 CTE（热膨胀系数）保持协调。如果基体的 CTE 比纤维的径向 CTE 大，则基体从热压高温冷却收缩时会将纤维包裹夹紧，在纤维与基体界面处产生很强的结合，导致材料在工作时产生脆性破坏。相反的，如果基体比纤维的 CTE 小，则冷却时纤维会与基体产生脱粘现象。

(2) 基体和纤维的化学相容性也是一个重要的因素。由于陶瓷基复合材料的制备温度很高，因此基体和纤维在高温下的反应会导致纤维的强度降低。例如，碳化硅纤维会与硅基玻璃陶瓷基体发生反应，因此必须在纤维表面施加界面保护涂层。

当使用温度超过 1 800℉(980℃)时,可选用的陶瓷基体材料有碳、碳化硅、氮化硅以及氧化铝。虽然有可能使用这些基体材料,但是要制造出性能良好的CMC,基体的热膨胀系数需要和现有商业化生产的纤维(如碳纤维、碳化硅纤维、氧化铝纤维)非常接近。CTE 的一致性要求导致氮化硅及氧化铝基体不能与碳化硅纤维匹配。现阶段,对于由氧化物纤维和氧化物基体组成的陶瓷基复合材料,限制其商业发展的主要因素有两个:不具备高热传导系数;缺乏能够在 1 800℉(980℃)以上高温长时间工作的抗蠕变氧化物纤维。

21.3 界面涂层

设置界面或界面相涂层,有几个原因:① 保护纤维在高温处理时性能不退化;② 帮助减缓材料在使用过程中的氧化;③ 提供弱界面结合,以增强复合材料的韧性。涂层一般是在复合材料制备之前,先采用化学气相沉积的方法施加在纤维的表面(见图 21.5),涂层的厚度一般为 0.004~0.04 mil(0.1~1.0 μm)。化学气相沉积法可生产出厚度、组分和结构都相对均匀的涂层,适用于具有复杂纤维结构的预制体。碳和氮化硼是两种典型的涂层材料,可以单独使用,也可以搭配使用。除了界面涂层,经常会施加一个外涂层,如 0.02 mil(0.5 μm)的碳化硅,其在热处理时会变为基体。碳化硅外涂层可以保护界面涂层,防止其与基体

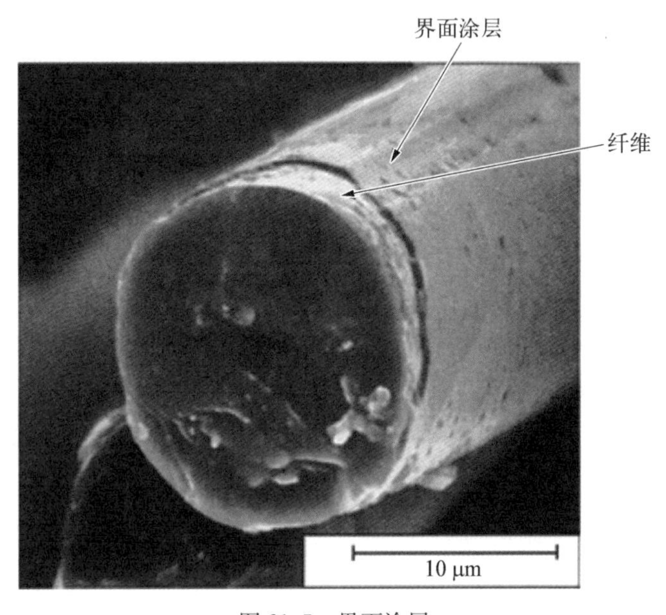

图 21.5 界面涂层

在制备过程中发生反应。碳和氮化硼涂层会在室内环境下吸收水分，导致性能退化，因此外涂层通常在完成界面涂层后立刻施加。在使用过程中，外涂层可以在氧化和水蒸气等侵蚀环境下保护纤维和界面涂层。当在使用过程中产生基体裂缝后，有时可以重复涂覆界面涂层和外涂层，生成多涂层以提供环境保护。

21.4 纤维结构

陶瓷基复合材料的纤维结构与聚合物基复合材料的纤维结构类似。单向布或者织布都可以作为原料来制作预浸料，或者采用机织或编织等纺织技术制成接近最终形状的预制体。制作单向预浸料的过程为：先将纤维束做好界面防护层，缠绕于卷筒上，然后用陶瓷基体先驱体材料浸渍，或者用短效胶黏剂粘在一起。制成之后将布从卷筒上裁切并按照设计方向要求进行铺层。为减小纤维铺设对界面涂层产生的损伤，纤维束通常先编织好，然后再用作涂层。预浸过程如图 21.6 所示。接近最终形状的预制体也可采用机织、针织及编织等纺织技术制成。为了避免涂层受到损伤，通常在纺织成型操作完成后施加界面涂层系统。

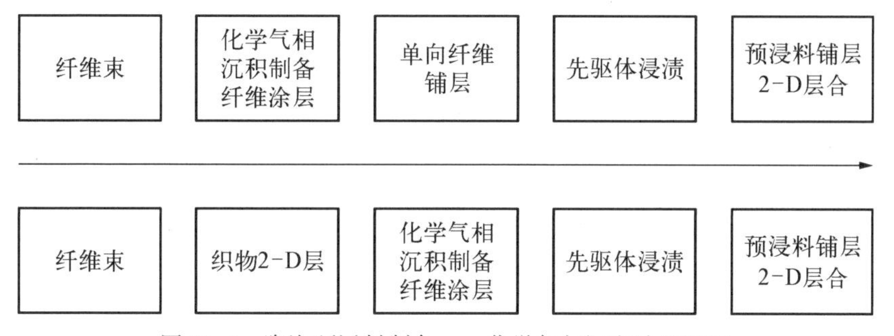

图 21.6 陶瓷预浸料制备——化学气相沉积法(CVD)

21.5 制备方法

陶瓷基复合材料的制备主要是将固态、液态或气态的基体先驱体渗入增强体中。不论采用何种制备方法，都希望得到的陶瓷基复合材料孔隙率小、增强体分布均匀、纤维和基体的界面连接力可控。目前陶瓷基复合材料的制备方法种类繁多，其中较为主流的有以下几种：

(1) 用于不连续增强体陶瓷基复合材料的粉末制备。

(2) 料浆浸渍及热压烧结工艺制备玻璃及玻璃陶瓷复合材料。

(3) 聚合物先驱体渗透热解。

(4) 化学气相渗透。

(5) 直接金属氧化法。

(6) 液态硅渗。

21.6 粉末制备

粉末制备类似于单一陶瓷材料的制作工艺，可用于制备不连续增强体陶瓷基复合材料。这种制备工艺尤其适用于增强体为晶须、颗粒以及在致密混合过程中断裂而成的短纤维陶瓷基复合材料。工艺流程主要有以下几个步骤。

(1) 混料(将陶瓷粉末和增强体等均匀分散混合)。

(2) 制备坯件。

(3) 机械加工(如有需要)。

(4) 移除胶黏剂。

(5) 固化与致密化。

(6) 检验。

图 21.7 所示为粉末浸渍工艺的流程。增强体和基体粉末混合的均匀性有助于减少固化后复合材料的孔隙。若组分材料没有有效混合，则致密化变得困难，需要更高的压力和更长的时间，当小颗粒和大颗粒的体积比分别为 30%和70%时，可得到最佳配比混料。混料通常采用球磨研磨的方法制成。

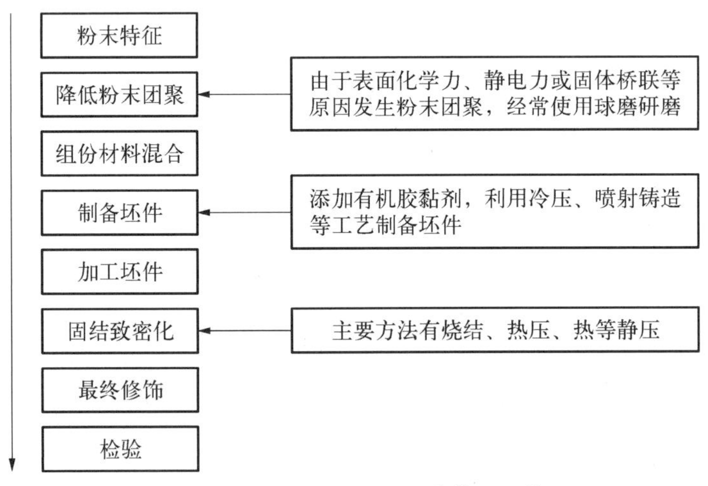

图 21.7 粉末浸渍工艺流程——热等压工艺(HIP)

短纤维或晶须与陶瓷粉末浆料进行混合、干燥和热压。在热压过程中，短纤维和晶须经常发生某种程度的定向排布。坯件中的晶须团聚是主要问题，可通过对晶须和基体构成的悬浮液进行机械搅拌和调整 pH 值来解决。在料浆中添加晶须将导致黏度过大，且长径比超过 50 的晶须易成束和结块。获得分散性良好且不团聚的晶须对于提高复合材料的均匀性至关重要，为此可使用有机胶黏剂和超声波搅拌混合技术，同时控制悬浮液的 pH 值。

有机胶黏剂通常与增强体和基体混合使用，因此可以采用冷成型处理工艺制备接近最终形状的部件。这些工艺包括单轴压制、冷等静压、流延成型、挤压以及喷射铸造。在冷固处理之后，坯件可不受损伤地进行人工操作或机械加工。所有的有机胶黏剂必须在固结致密化处理时或者之前烧除。

无压烧结是制备单一陶瓷材料的常用工艺，陶瓷基复合材料中增强体的出现大大提高了烧结难度。对于 SiC 晶须增强氧化铝基复合材料，虽然低于 10% 体积分数的晶须可以进行无压烧结且烧结成品的密度可达理论值的 95%以上，但更高的晶须体积分数会导致大量孔隙的产生。为改善固结效果，减小制备过程中产生的孔隙，选用细小的陶瓷颗粒并采用热压或者热等静压（HIP）工艺。热压及 HIP 工艺都有一定局限性。热压工艺受限于按压尺寸和吨位且不适合复杂形状。当有些部件因表面有孔隙须包裹于金属内部时，HIP 工艺成本很高且难度大。热压工艺通常用于制作切割类工具（见图 21.8），加工较难的金属如镍合金。SiC_w/Al_2O_3 复合材料可在 2 700～3 450℉（1 480～1 900℃）的温度及 3～6 ksi（20～40 MPa）的压力下进行热压加工。

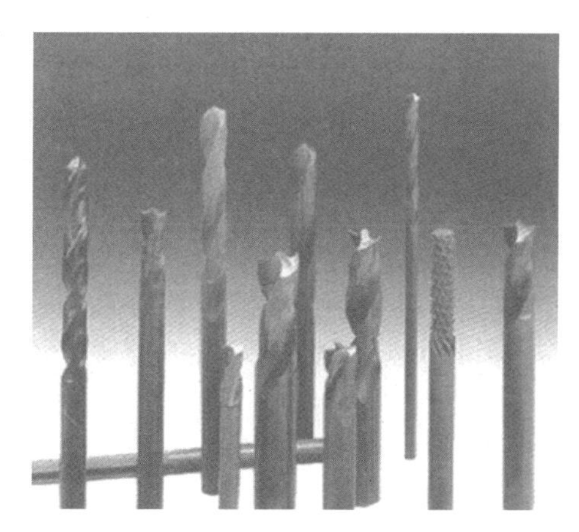

图 21.8　SiC_w/Al_2O_3 复合材料切割工具（图片来源：格林丽芙公司）

21.7　浆料浸渍及热压烧结工艺

浆料浸渍热压烧结工艺通常用于制备玻璃及玻璃陶瓷复合材料，主要因为它们的加工温度比晶体陶瓷低。晶体陶瓷的一个问题是熔点非常高，即使带有涂层的纤维也可能熔融或者性能严重退化；另一个问题是它的加工温度和室温相差很大，会导致材料收缩和基体开裂。当温度达到晶体陶瓷的熔点时，晶体陶瓷熔化后的黏性很强，非常不利于预制体的渗透。

制备玻璃陶瓷的原料是非晶玻璃，非晶玻璃通过高温加热处理可以转化为晶体陶瓷脱玻化作用。在热处理过程中，大小为 1 nm 左右的微晶开始形成、生长，直到它们撞到邻近的晶体。进一步加热之后，非常细小，尺寸小于 0.04 mil (1 μm)的角微晶出现。最终形成的玻璃陶瓷是一种微晶陶瓷基材料，其中晶体含量达到 95%～98%。

需要注意的是，并不是所有的玻璃都可加工制成玻璃陶瓷材料。大多商业玻璃陶瓷都由 $Li_2O-Al_2O_3-SiO_2$(LAS)复合而成。LAS 玻璃通常会添加少量的氧化钛(TiO_2)作为成核剂，根据最初玻璃的组成成分，LAS 玻璃最终转变为 β-锂辉石($Li_2O-Al_2O_3-4SiO_2$)或者 β-石英(SiO_2)。当 LAS 玻璃在 1 400°F (760℃)的温度中加热 1.5 h 时，氧化钛开始在玻璃基质中沉淀晶核。当温度升高到 1 750°F(955℃)时，氧化钛(TiO_2)晶核开始生长出晶体。

浆料浸渍工艺让纤维束或预制体浸渍在盛有浆液基体的容器中，如图 21.9 所示。浆料中包括陶瓷基体粉末、有机胶黏剂和载液(如水或酒精)。浆料组成成分对成品非常重要，基体粉末的含量、粉体粒径大小的分布情况、胶黏剂的类型及含量以及载液等因素都会对成品的质量产生重要影响。例如，采用粒径尺寸小于纤维直径的基体粉末有利于浆料的完全浸渍，从而减少孔隙。有时还加入润湿剂，帮助浆料更好地渗透纤维束或预制体。

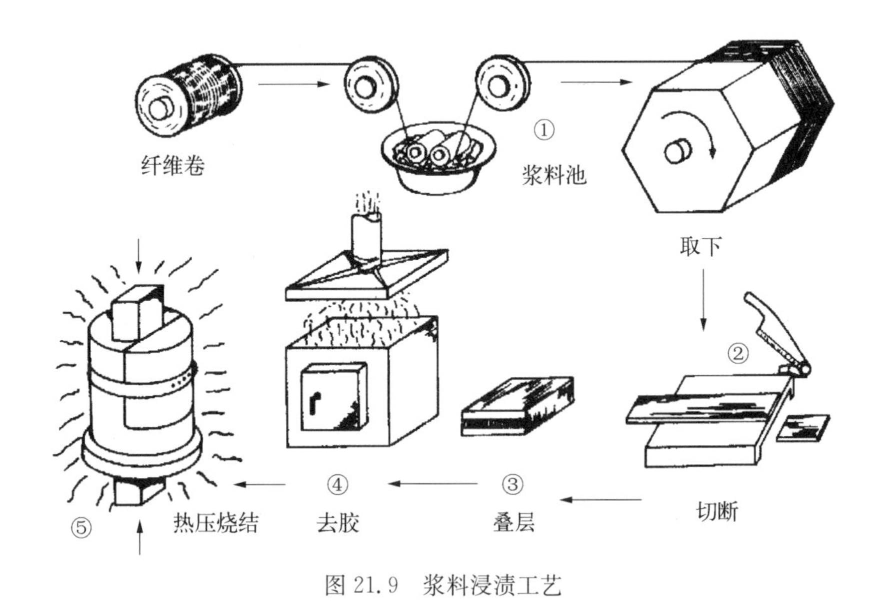

图 21.9 浆料浸渍工艺

浸渍结束后，蒸发载液，将预制体放入模具中进行固化。在固化之前，须进行高温去胶。通常用热压工艺对预制体进行加压处理，当预制体形状较为复杂时，可采用 HIP 工艺。固化的时间、温度以及压力的大小对成品的质量都会产生影响。长时间的高温和高压可以减少孔隙，但会导致纤维的损伤。高压使纤维的力学性能退化，高温和长时间的加压导致界面涂层发生反应。

浆料浸渍工艺的优点是成品的纤维分布均匀、孔隙率较低；缺点是只适用于低熔点和低软化点的陶瓷基体材料。

21.8 聚合物先驱体渗透裂解(PIP)

PIP 工艺与制作聚合物复合材料的工艺类似。既可由纤维制成的预浸料通过高温裂解形成陶瓷材料，也可用纤维预制体经过多次有机先驱体溶液渗透，然后高温裂解形成陶瓷材料。若采用预浸料制作，则完成陶瓷材料的转化之后，还要在先驱体溶液中继续渗透数次。PIP 工艺采用金属有机聚合物代替传统的热固性树脂如环氧树脂，工艺流程如图 21.10 所示，主要包含以下步骤：

(1) 聚合物先驱体渗透预制体。

(2) 浸渍后的预制体固化。

(3) 养护聚合物基体，避免其在后续制备过程中熔化。

(4) 裂解先驱有机聚合物，制成陶瓷基体。

(5) 重复浸渍裂解过程，达到成品密度的制备要求。

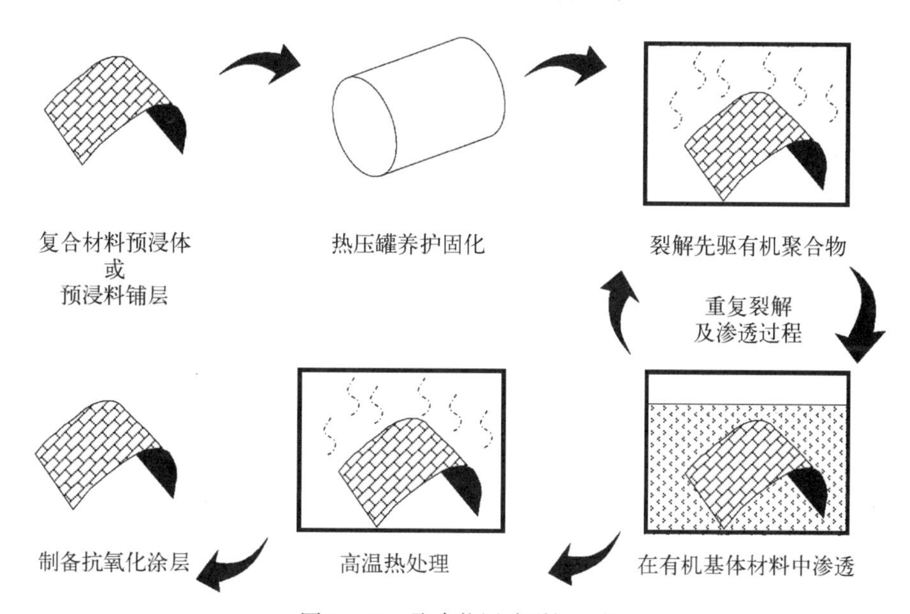

图 21.10 聚合物浸渍裂解工艺

此部分将介绍三种 PIP 工艺过程：航天飞机 C－C 工艺、传统聚合物渗透裂解工艺以及溶胶-凝胶渗透裂解工艺。

21.8.1 航天飞机 C－C 工艺过程

对于 C－C 复合材料制成的航空飞机机头盖帽和机翼前缘（见图 21.11），其制作工艺属于典型的 C－C 复合材料浸渍裂解工艺。如图 21.12 所示，原料铺层与制作热固性复合材料部件的原料相似。平纹编织的碳纤维织物，通过酚醛树脂溶液浸渍后，置于玻璃纤维/环氧树脂制成的模具中进行铺层。层合板厚度不断变化，外表皮有 19 层，腹板区域粘附位置有 38 层。部件置于真空袋并在加热罐中加热到 300°F（150℃）固化 8 h，然后对固化后的部件进行粗略修剪，并进行 X 射线和超声检测。将部件固定在石墨模具上进行后固化处理，放置到炉中缓慢加热至 500°F（260℃）以避免材料扭曲和分层。后固化处理过程长达 7 天时间。

图 21.11　航空飞机 C－C 复合材料的应用

下一步工艺流程为初步裂解。首先将加工部件固定于石墨模具，然后放入包裹有煅烧焦炭的钢蒸馏罐中，缓慢加热至 1 500°F（815℃）并持续 70 h，使酚醛树脂转化为碳。在裂解过程中，树脂内部形成相互连通的孔隙网络，排出裂解过程中产生的挥发物。挥发物的排出过程非常关键，为充分排出挥发物，必须提供充足的孔隙通道和排出时间。若挥发物的排出受阻，则材料内部产生压力，相对

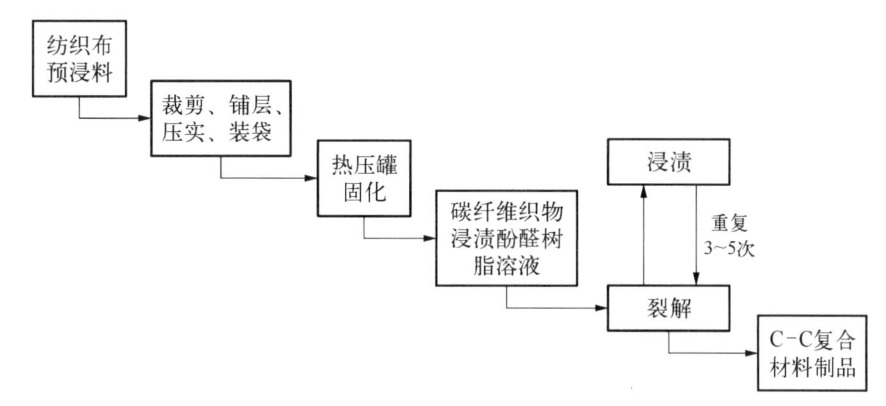

图 21.12 航天飞机 C-C 复合材料部件的制作工艺流程

脆弱的基体将会出现大量分层现象。初步裂解完成后的碳称为加强碳-碳(RCC-0),非常轻且多孔,弯曲强度只有 3 000～3 500 psi(20.6～24.1 MPa)。

经过 3 次浸渍裂解循环,材料完成致密化处理。传统的浸渍裂解过程将部件放入真空中,在糠醛乙醇中浸渍。然后置于加热罐加热至 300℉(150℃)固化 2 h,并在 400℉(250℃)的温度下进行 32 h 的后固化处理。而另一种裂解过程则需要在 1 500℉(815℃)的高温中持续处理 70 h。3 次浸渍裂解过程之后,材料转化为 RCC-3 材料,弯曲强度为 18 000 psi(125 GPa)左右。

为使材料可以在 3 600℉(1 980℃)以上的高温氧化环境中使用,需要对材料施加抗氧化涂层系统。抗氧化处理分为两步:① 在 C-C 复合材料部件表面覆盖碳化硅涂层;② 在碳化硅涂层外添加玻璃质密封层。图 21.13 为制备涂层的工艺流程,先将组分材料粉末混合,包括 60%的碳化硅、30%的硅以及 10%的

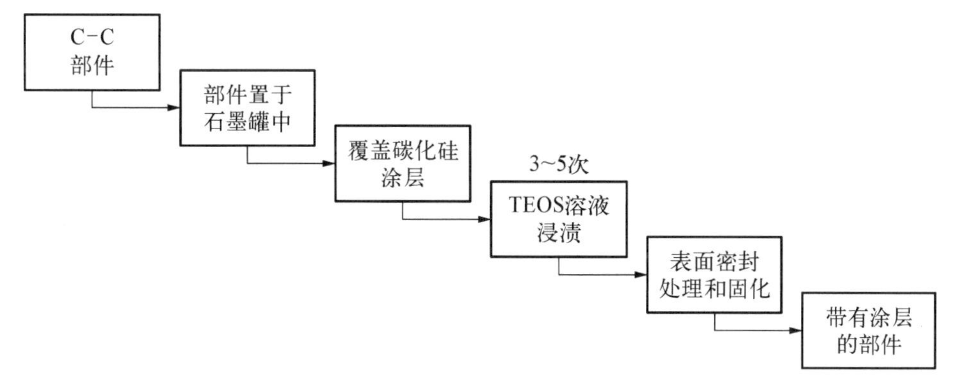

图 21.13 航天飞机 C-C 复合材料部件的涂层制备流程

注:碳-碳(C-C);碳化硅(SiC);硅酸乙酯(TEOS)

氧化铝。在包埋工艺中，涂层粉末混合物在石墨罐中包裹于部件的外层，石墨罐放置在真空炉中，然后进行 16 h 的循环处理，包括 600℉(315℃)高温干燥，然后在 3 000℉(1 650℃)的氩气环境中涂层与部件发生化学反应。在涂层制备过程中，C－C 部件的外层转化为碳化硅涂层。将带有碳化硅涂层的 C－C 复合材料部件从石墨罐中取出、清洁并检验。在部件从 3 000℉(1 650℃)高温冷却的过程中，碳化硅涂层比 C－C 部件基底收缩的量更多，导致材料表面产生微裂纹(涂层裂缝)。这些微裂纹以及材料内部孔隙都为氧气进入 C－C 基底提供了通道。

为延长材料的使用寿命，需要添加密封涂层。将部件浸渍于正硅酸乙酯(TEOS)溶液中进行密封处理。用网包裹部件放置于真空袋中，真空袋中盛满 TEOS 溶液。真空袋在 TEOS 溶液中浸渍 5 次之后，部件从袋中取出并在 600℉(315℃)的温度下进行固化，排出碳氢化合物。这一过程使 SiO_2 填充了所有的微裂缝和微裂纹，提升了抗氧化能力。

21.8.2 传统聚合物渗透裂解工艺过程

对于除了碳以外的陶瓷基体，硅基有机金属聚合物是最常用的先驱体，包括硅-碳、硅-碳-氧、硅-氮、硅-氧-氮、硅-氮-碳-氧等。另外，氧化铝和氮化硼也曾被研究。为了在尽可能少的渗透裂解次数下得到理想的产品密度，聚合物先驱体通常需要产生高残炭率。含有高支化结构、交联结构以及高含量环形结构的高分子聚合物是较好的选材。含有长链结构的聚合物容易分解低密度易挥发物质，不适合做先驱体。通过抑制断链现象以及挥发性的含硅低聚物的产生，聚合物中的支化及交联结构有助于提高陶瓷产率。先驱体的初步裂解产生无定形的陶瓷基体，经高温加热后，无定形基体中出现晶体结构，导致材料收缩。硅或者陶瓷晶须等填充剂可以减少基体收缩产生的裂缝，改善基体的性能。填充剂的含量一般占基体体积的 15%～25%左右。

若采用预浸料制备，则须先将增强体浸渍在基体先驱体中。也可采用干预制体制备，裂解前将树脂先驱体直接渗透到预制体中。预制体的浸渍和成型可采用树脂传递模型、真空浸渍、纤维铺放、纤维缠绕等工艺。随后预制体放入真空罐中，在 300～500℉(150～260℃)的温度和 50～100 psi 的压力下进行处理。然后进行第一轮裂解，基体先驱体转化为陶瓷。不管是在氩气还是氮气环境中裂解，环境温度都应至少为 1 300℉(705℃)，典型处理温度在 1 700～2 200℉(925～1 205℃)之间。

裂解过程会产生和释放大量的有机挥发气体如 H_2 和 CO，因此为了避免气体释放导致材料分层，裂解需要缓慢进行。裂解产生的气体在材料内部产生微孔并生长，导致基体产生微小和宏观裂缝。另外，聚合物先驱体转化为陶瓷基体后，体积大大减小。裂解循环持续1～2天都较为常见。

裂解后的渗透通常采用低黏度的聚合物先驱体，在真空袋中进行真空浸渍可达到最好的渗透效果。经过第一轮裂解，基体仍然是无定形态，孔隙和裂缝都较多，孔隙率达到21%～30%。浸渍裂解过程重复进行5～10次，以减小孔隙率、填充裂缝、得到合适的材料密度。在最后一次的裂解浸渍过程中，可用更高的温度加热处理，将无定形态基体转变为晶体，释放残余应力，进行最终的固化。

PIP工艺的最大优势是与有机基体复合材料的制作工艺类似。但重复多次的浸渍裂解过程使得制备成本高、耗时长。另外，基体的微裂缝几乎不可能全部填充，从而导致材料的力学性能退化。

21.8.3 溶胶-凝胶渗透裂解工艺

溶胶-凝胶渗透裂解工艺是一种加工温度较低的制备工艺，可用来制备氧化物陶瓷基复合材料。致密化处理仍然需要有一定的压力和高温，但需要的温度通常比浆料浸渍工艺低。溶胶—凝胶浸渍工艺需要在至少1 800℉(980℃)的温度下进行，这有助于减少纤维的热损伤。渗透过程可在低于600℉(315℃)的温度下进行，采用真空渗透或者热压罐成型。另外，由于热处理温度较低，因此制备过程中不需额外的烧结助剂(如硼)。

溶胶-凝胶渗透法的先驱体经过水解聚合成凝胶体，再经干燥和烧结制成玻璃或陶瓷成分。先驱体是水、乙醇以及金属氧化物的混合溶液，或者是较为稳定的含有陶瓷颗粒的商业凝胶体。水解反应产生有机金属溶液或溶胶，溶液由金属离子和氧组成的分子链构成，这种分子链类似于聚合物。有机金属溶液产生无定形氧化物颗粒，形成更致密的凝胶。将凝胶干燥和烧结，经致密化处理即可得到最终的陶瓷部件。

用溶胶—凝胶法处理氧化铝组成的有机金属先驱体溶液，先水解先驱体，然后用盐酸胶溶得到胶状溶液，最后在高温下烧结先后产生γ-氧化铝以及α-氧化铝，反应过程如下：

$$Al(OC_4H_9)_3 + H_2O \rightleftharpoons Al(OC_4H_9)_2 + C_4H_9OH + OH^- \text{(水解)}$$

$$2Al(OC_4H_9)_2(OH) + H_2O \xrightleftharpoons{HCl} C_4H_9O-AlOH-O-AlOH-OC_4H_9 + 2C_4H_9OH \text{(胶溶)}$$

$$2AlO(OH) \longrightarrow \gamma - Al_2O_3 + H_2O \longrightarrow \alpha - Al_2O_3(\text{烧结})$$

如有可能，则理想溶胶溶液的陶瓷成分的质量分数含量应高于30%，黏性应低至15～20 cP，颗粒尺寸应该小于30 nm。溶液的中性pH值有助于减少纤维的损伤。溶胶溶液需要有足够的稳定性，以允许其在室温下进行数小时的加工处理、运输以及储存。

在溶胶中放入添加剂可减少收缩和基体的开裂。陶瓷粉末添加剂有如下功能：① 当基体失去水和乙醇成分时，可减少材料的收缩和基体开裂；② 为晶粒的生成提供载体；③ 在渗透过程中，使基体进一步致密化。氧化铝溶胶溶液中通常加入氧化铝颗粒作为添加剂。然而，含有添加剂的先驱体溶液的黏性更大，阻碍了纤维的浸渍过程。

纤维束的浸渍可通过以下几种方法完成：① 纤维束浸入装有溶胶溶液的容器中，然后在潮湿的环境中水解；② 纤维束浸渍部分水解的溶胶溶液，然后湿缠绕；③ 纤维束也可先干缠绕，然后在一定的压力下进行溶胶渗透。对于二维或三维纤维结构，通常先编织织物，再用溶胶对预制体进行渗透。对于需要铺层的二维编织物，经常采用聚合物胶黏剂提供铺覆性，但在致密化处理之前需要去胶。

典型的制备过程是先编织好预制体，然后在溶胶中浸渍。浸渍过程可将预制体直接浸没在溶胶中，并且通过抽真空提高浸渍效果。热压罐提供的正压力也可改善浸渍的效果。然后，溶胶溶液通过加热形成凝胶。200～400℉(95～205℃)的温度可以使溶液中的水和乙醇蒸发，550～750℉(285～400℃)的温度能够用来驱散任何有机物。

不断重复渗透和凝胶化循环，直到材料达到目标密度。在真空环境下制备的复合材料通常有20%的孔隙率。采用50～100 psi(345～690 kPa)的真空罐压力制备，可降低成品的孔隙率。通过多次渗透循环，材料达到目标密度后经高温烧结，得到最终的陶瓷微观结构。

溶胶-凝胶制备工艺可采用较低的温度进行，但缺点有：材料会产生较大的收缩，导致基体开裂；产量低，导致渗透次数很多；先驱体的用量大，成本高。溶胶凝固的高收缩量源于移除大量水和乙醇的，同时会产生大量的孔隙以及基体微裂缝。虽然充足的水分可以促进充分水解，但同时也会降低渗透处理得到的干基体产量。一些聚合物先驱体化学品很贵，并且大多数有机金属化合物对湿度、光和热也非常敏感。

21.9 化学气相渗透工艺

化学气相沉积(CVD)技术是一种较为成熟的涂层工艺。当使用化学气相沉积技术制备陶瓷基体材料时,称为化学气相渗透(CVI)工艺。CVI 的基本原理是在多孔结构的开孔体积内沉积固定。通过气体发生化学反应或者气体分解,如图 21.14 所示,多孔的纤维预制体放置于高温炉中。将待反应的气体或蒸气压入反应室,气体流动并扩散至预制体内部。在反应室内分解或者发生化学反应,沉积在纤维表面形成固体。随着反应的进行,纤维的直径逐渐变大,预制体中的孔隙逐渐被填满,如图 21.15 所示。由于整个过程是反应物沉积的过程,所以纤维基本不产生应力。化学气相渗透工艺主要是质量和热量的传输过程,目标是使基体沉积效率最大化,密度梯度最小化。

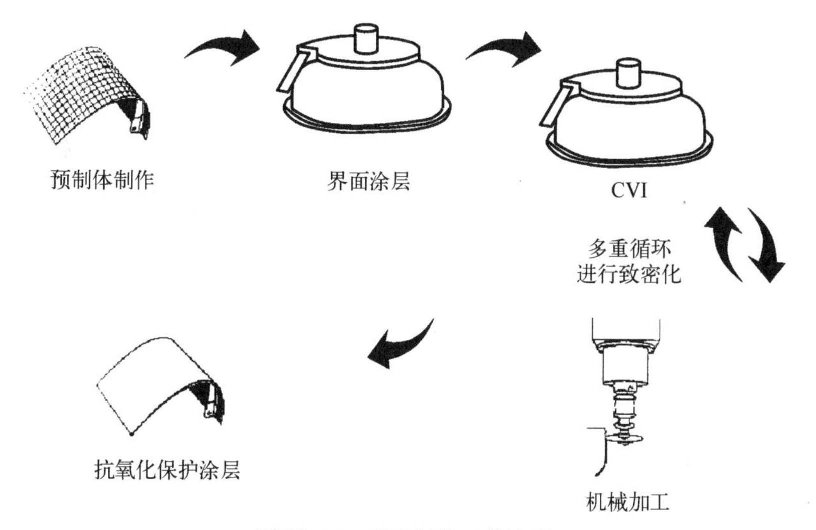

图 21.14 CVI 制备工艺流程

CVI 工艺的主要问题是:气体优先在最先接触到的纤维表面发生反应,导致纤维编织预制体内部形成闭合的孔隙。为减少这一因素的影响,制备过程应尽可能采用较低的温度和气压,稀释反应物浓度,但这些措施都会增加制备的时间。

CVI 工艺的最重要的用途是生产碳基体和碳化硅基体复合材料。碳基体可由沼气(CH_4+氮气+氢气的混合气体)在高温的纤维预制体上分解得到。制备碳化硅基体的先驱体为甲基三氯硅烷和氢气,在 1 800℉(980℃)的温度下发生如下反应:

$$CH_3SiCl_3(g) \longrightarrow SiC(s) + 3HCl(g)$$

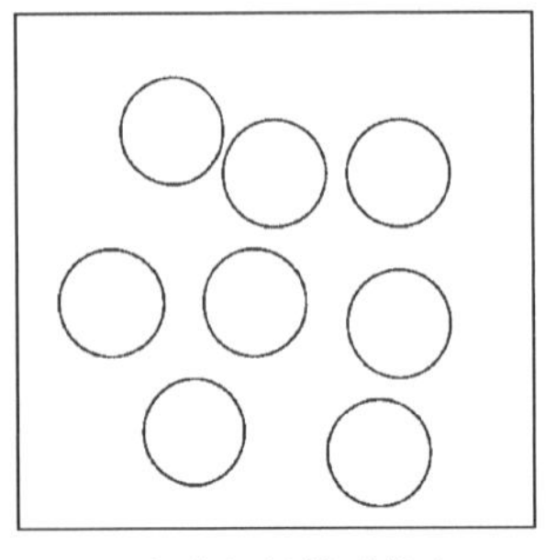

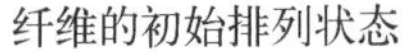

纤维的初始排列状态　　纤维周围基体初始沉积　　纤维周围基体继续沉积增长

图 21.15　CVI 工艺沉积过程

为得到理想的微观结构，延迟预制体表面孔隙的闭合，需要对制备温度、压力、气体的流动速度以及预制体的温度等参数进行良好的控制。需要说明的是，与热压工艺相比，用 CVI 工艺制备的材料微观结构略差。此外，碳纤维和碳化硅基体的热膨胀系数相差较大，导致碳化硅基体产生大量微裂缝。在服役过程中氧气会透过微裂缝进入结构内部氧化纤维。因此，碳化硅纤维经常与碳化硅基体同时使用。

CVI 工艺采用的设备包括气体处理与分散器、用来加热基底的反应器或炉、压力控制系统、从排出废气中去除有害物质的洗涤器。反应器的结构布置如图 21.16 所示，整个设备系统的平面布置如图 21.17 所示。常温下反应物可以是气体、液体或者固体。液体和固体可直接气化，但是，液体通常转化为蒸气迅速通过反应室，一般以氢气、氩气、氮气或者氦气等气泡为载体。反应器通常用电阻或电感加热，在初步渗透阶段用石墨基座支撑纤维预制件，制备过程中的压力由真空泵控制。

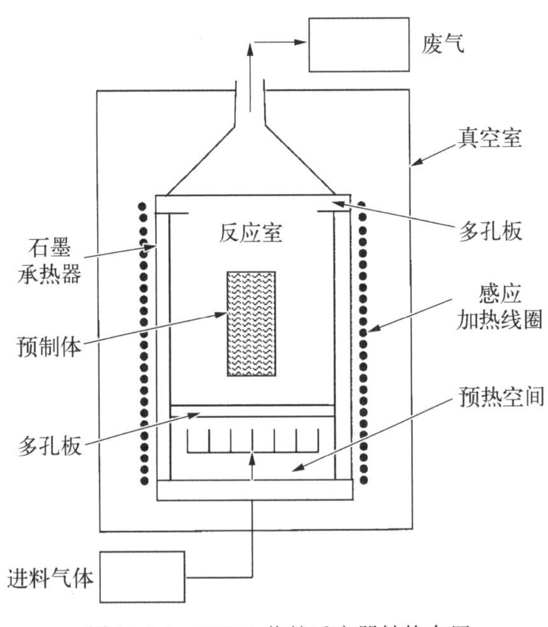

图 21.16　CVI 工艺的反应器结构布置

CVI 工艺主要有等温、压

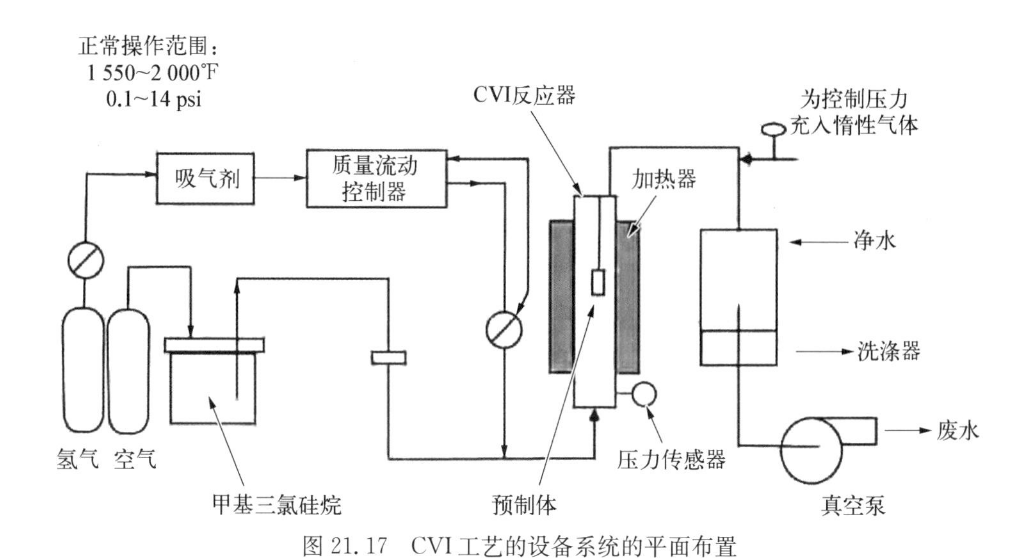

图 21.17　CVI 工艺的设备系统的平面布置

力梯度以及脉冲 CVI 等不同类型。压力梯度以及脉冲 CVI 技术的主要目的是通过产生温度(或者温度加压力)梯度或者间歇式地充入气体,减少较长的等温 CVI 工艺周期。

等温 CVI 工艺是目前最常见,且广泛用于商业化生产的工艺方法。等温工艺中气体通过对流方式在预制体外部流动,通过扩散方式进入内部。为推迟纤维表面沉积过程中内部封闭孔隙的出现,制备的温度和压力均相对较低。较低的温度降低了反应速率,较低的压力则有利于扩散。由于制备过程中会出现封闭的孔隙(有时叫作堵塞),因此需要定期移除工件并对其表面进行机械加工,以便进行进一步的致密化处理。等温工艺的优点是其加热室可以同时容纳几十件不同形状的工件,有助于降低生产成本。

在压力梯度 CVI 工艺中,预制体装在石墨模具中,模具与水冷式的金属气体分配器相连。预制体的一端加热,反应气体从较为冷却的另一端充入,因为温度较低,因此反应气体通过预制体时几乎不发生沉积。当气体到达温度较高的一端时,会发生分解并在纤维上沉积形成基体。由于基体材料在预制体温度较高的部分沉积产生,因此纤维预制体这部分的密度增大且热传导性增强,高温区逐渐由热端向较冷端移动。这一转移过程减少了为获得致密部件所需的机械加工循环次数。

脉冲 CVI 工艺先将设备抽真空,然后短时间充入反应气体,再将设备抽真空。如此循环往复,直到部件全部密实。脉冲式的充气方式在不断抽排废气的同时也不断充入新的反应气体，加速了基体的沉积过程，但仍然需要一定的机械加工。

CVI 工艺优点很多：① 加工温度较低，对纤维造成的损伤较小，大多数界面涂层采用 CVD 工艺制备，完成后可立即进行基体沉积；② CVI 工艺适用于制备尺寸较大、形状较复杂的预制体。由于基体纯度较高且微观结构控制较好，因此 CVI 制备的材料热力学性能良好。大多数陶瓷基体都可用 CVI 工艺制备，表 21.4 列出了其中一部分的基体材料。CVI 工艺的主要缺点是不能保证成品完全致密，孔隙率大约为 15%～20%，如图 21.18 所示。而在氧化环境中，基体开裂之后，孔隙会对材料的热力学性能产生重要的影响。制备时间长是 CVI 工艺的另一个缺点，制备周期通常需要 100 h 以上，多次的机械加工循环也提高了材料的制备成本。

表 21.4 采用 CVI 工艺制备的陶瓷基体材料

陶瓷基体	反应气体	反应温度/°F
C	CH_4 - H_2	1 800～2 200
TiC	TiC_4 - CH_4 - H_2	1 650～1 800
SiC	CH_3 - $SiCl_3$ - H_2	1 800～2 550
B_4C	BOI_3 - CH_4 - H_2	2 200～2 550
TiN	$TiCl_4$ - N_2 - H_2	1 660～1 800
Si_3N_4	SiCl - NH_3 - H_2	1 800～2 550
BN	BCl_3 - NH_3 - H_2	1 800～2 500
AiN	$AiCl_3$ - NH_3 - H_2	1 475～2 200
Ai_2O_3	$AlCl_3$ - CO_2 - H_2	1 650～2 010
SiO_2	SiH - CO_2 - H_2	400～1 110
TiO_2	$TiCl_3$ - H_2O	1 470～1 830
ZiO_2	$ZrCl_4$ - CO_2 - H_2	1 650～2 200
TiB_2	$TiCl_4$ - BCl_3 - H_2	1 470～1 830
WB	WCl_6 - BBi_3 - H_2	2 550～2 900

21.10 直接金属氧化工艺

直接金属氧化法（DMO）又称反应性熔体渗透法，是利用液态的铝与空气（氧气）发生氧化反应制备氧化铝（Al_2O_3）或者与氮气发生反应制备氮化铝（AlN）的方法。纤维预制体设有氮化硼（BN）界面涂层以及碳化硅防护涂层，与熔融的铝合金一起置于反应容器中，与氧气或氮气发生反应，生成氧化铝或氮化铝，反应式如下：

$$4Al(l)+3O_2(g)\longrightarrow 2Al_2O_3(s)$$

$$2Al(l)+N_2(g)\longrightarrow 2AlN(s)$$

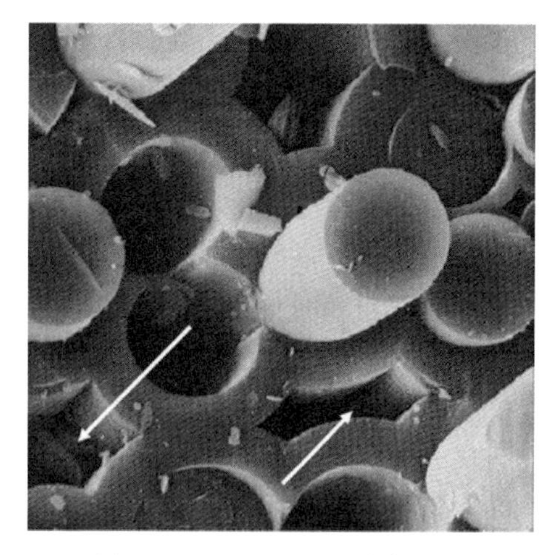

图 21.18 CVI 工艺的残余孔隙

当铝溶液在空气中被加热至 1 650～2 200℉(900～1 205℃)时，氧化铝基体通过氧溶解和铝沉积这一复杂过程成长。由于毛细作用，因此熔融铝沿着反应部件内相互连通的微通道持续反应，促进其从初始金属表面不断向外生长。为制备接近最终形状的部件，除了与熔融金属的接触面，预制体其他表面都需要有涂层。这种涂层是可透气的阻挡层，可采用喷洒或浸泡的方法制备。因涂层不会被熔融的金属浸湿，因此当涂层与金属溶液表面接触时，涂层并不受影响。金属直接氧化工艺的流程如图 21.19 所示。

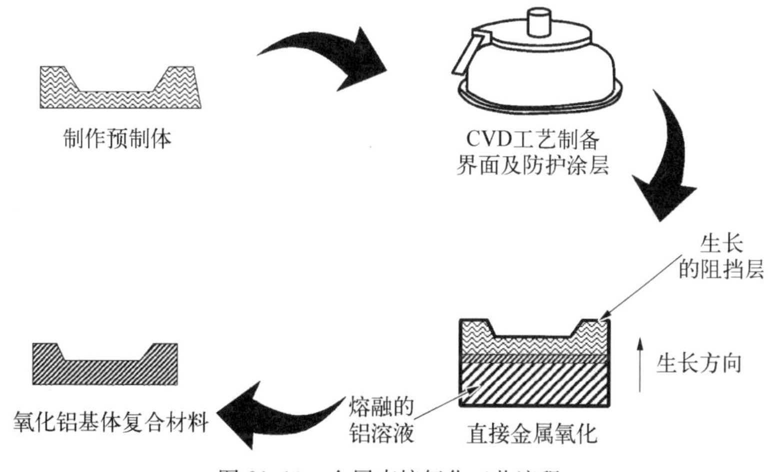

图 21.19 金属直接氧化工艺流程

DMO 工艺的几个关键制备参数包括：合金的组成成分、基体生长温度、氧分压以及添加剂(添加剂作为晶体成核的场所，控制晶粒的大小)。镁作为微量合金元素，可在熔融金属的表面形成一层薄氧化镁层。氧化镁层阻止了氧化铝致密层的出现，否则氧化铝致密层将会阻碍氧气的深层扩散。基体以每天 1 in (25.4 mm)的速度在纤维预制体中缓慢生长，将预制体内部的孔隙逐渐填满。

由于反应部件不连续且内部含有孔道，因此熔融的金属在毛细管作用下到达孔道表面，与气相空气发生反应。

对于不连续陶瓷基复合材料，预制体可采用陶瓷的传统制备工艺，例如注浆成型法、热压法、喷射铸造法等。对于连续纤维增强陶瓷基复合材料，可利用多种纺织技术制作预制体，如织物铺层、机织、编织、纤维缠绕等技术。在氧化铝陶瓷基体复合材料的基体生长过程中，较薄的碳涂层或氮化硼涂层都将很快氧化。为了保护纤维并且提供界面弱结合，通常采用氮化硼与碳化硅组合的双涂层系统。碳化硅涂层作为外涂层，厚度为 0.1～0.2 mil(3～4 μm)，可保护内部的氮化硼涂层在制备过程中不受熔融氧化铝溶液的侵蚀，氮化硼涂层厚度为 0.01～0.02 mil(0.2～0.5 μm)。

直接金属氧化工艺的成本较低，具有生产接近终形产品的能力，可用于制备复杂形状的部件。基体通过生长的方式填满预制体的孔隙，不破坏纤维预制体的形状，所以在制备过程中材料发生的尺寸变化很小。DMO 工艺的缺点为基体中会残余 5%～10% 的铝。若材料的使用温度超过铝的熔点 1 220℉(660℃)，则必须将基体中的铝相移除。基体中残余的金属可以用酸处理的方式溶解掉，只留下开气孔后面的残余金属，含量仅为 1%。氧化铝基体和碳化硅防护涂层热膨胀系数的不同会导致基体开裂，基体开裂及溶解金属残余导致的开气孔降低了材料的强度和热传导率。直接金属氧化工艺的商业化名称是 Dimox，代表 directed metal oxidation。

21.11 液态硅渗(LSI)工艺

液态硅或熔点更低的合金可用来渗透纤维预制体，制备碳化硅基体。纤维必须要有界面涂层以及外部的防护涂层，用来防止液态硅的损害作用。在液态硅渗透之前，添加碳化硅细颗粒浆料至纤维预制体中。当浆料载液被移除之后，液态硅的熔渗在 2 550℉(1 400℃)的温度下进行，通常持续几小时，工艺流程如图 21.20 所示。液态硅与碳化硅颗粒结合到一起，形成比 CVI 工艺更强更致密的基体。LSI 工艺制备的基体中含有多至 50%的未反应硅，因此材料的长期使用温度不能超过 2 200℉(1 205℃)。为减少未反应硅的含量，在液态硅渗透之前可先用液态碳浆料载液浸渍纤维预制体，但基体中总会残留一些未反应的硅。

另一种液态金属渗透工艺采用液态硅与没有涂层保护的碳纤维反应，制备碳化硅基体。先采用先驱体制备多孔的碳基体部件，然后用液态硅渗透进入结构，硅与碳发生反应形成碳化硅，同时伴有未反应的硅和碳。碳纤维需要与硅反

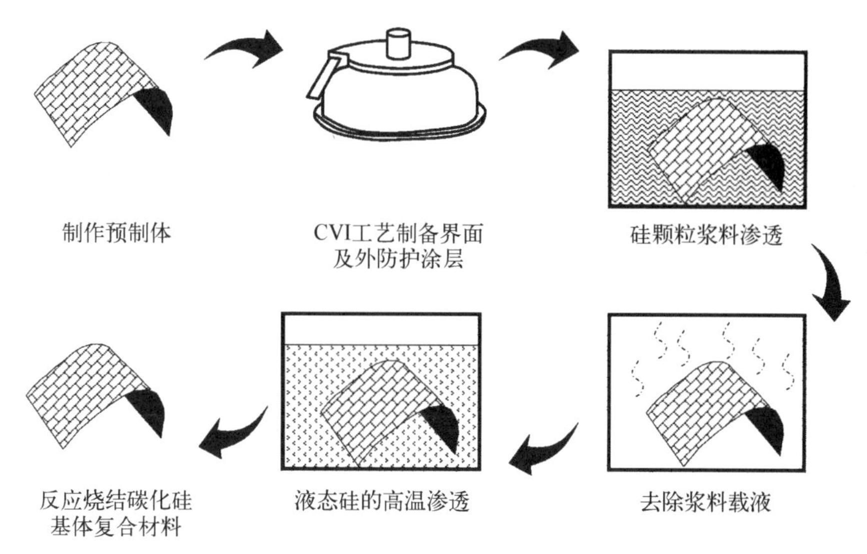

图 21.20 液态硅渗工艺流程——化学气相渗透(CVI)

应，所以纤维表面不设涂层，但这样碳纤维的抗氧化性能很弱，因此复合材料整体需要外部的防护涂层。

液态金属渗透工艺的主要优点有：① 碳化硅基体较为致密，孔隙率非常小；② 制备时间比其他大部分工艺短；③ 基体致密且表面为封闭孔隙，不需要最后的抗氧化防护涂层。液态金属渗透工艺的主要缺点是液态硅的渗透温度很高，超过 2 550℉(1 400℃)，而高温以及液态硅的腐蚀性都有可能导致纤维的性能退化。此外由于硅和碳的反应放热，因此纤维的温度可能更高。

参考文献

[1] Mazdiyasni K S. Fiber Reinforced Ceramic Composites: Materials, Processing, and Technology[M]//Lackey W J, Starr T L. Fabrication of Fiber-Reinforced Ceramic Composites by Chemical Vapor Infiltration: Processing, Structure and Properties. Noyes Publications, 1990.

精选参考文献

[1] Peters S T. Handbook of Composites, 2nd ed. [M]//Amateau M F. Ceramic Composites. Chapman & Hall, 1998.

[2] Mazdiyasni K S. Fiber Reinforced Ceramic Composites: Materials, Processing, and

Technology[M]// Becher P F, Tiegs T N, Angelini P. Whisker Reinforced Ceramic Composites. Noyes Publications, 1990.

[3] Peters S T. Handbook of Composites, 2nd ed. [M]// Buckley J D. Carbon-Carbon Composites. Chapman & Hall, 1998.

[4] Chawla K K. Processing of Ceramic Matrix Composites [M]//Ceramic Matrix Composites. Springer US, 1993.

[5] Lehman R L, El-Rahaiby S K, John B, et al. Handbook on Continuous Fiber-Reinforced Ceramic Matrix Composites[M]//Cullum G H. Ceramic Matrix Composite Fabrication and Processing: Sol-Gel Infiltration, 1995.

[6] Dicarlo J A, Bansal N P. Fabrication routes for continuous fiber-reinforced ceramic composites (CFCC)[G]. NASA/TM-1998-208819, National Aeronautics and Space Administration, 1998.

[7] Lehman R L, El-Rahaiby S K, John B, et al. Handbook on Continuous Fiber-Reinforced Ceramic Matrix Composites [M]// Dicarlo J A, Dutta S. Continuous Ceramic Fibers for Ceramic Matrix Composites, 1995.

[8] Lehman R L, El-Rahaiby S K, John B, et al. Handbook on Continuous Fiber-Reinforced Ceramic Matrix Composites[M]//Fareed A S. Ceramic Matrix Composite Fabrication and Processing: Directed Metal Oxidation, 1995.

[9] Lehman R L, El-Rahaiby S K, John B, et al. Handbook on Continuous Fiber-Reinforced Ceramic Matrix Composites[M]//French J E. Ceramic Matrix Composite Fabrication and Processing: Polymer Pyrolysis, 1995.

[10] Lange F F, Lam D C C, Sudre O, et al. Powder processing of ceramic matrix composites[J]. Materials Science & Engineering A, 1991, 144(1-2): 143-152.

[11] Lehman R L, El-Rahaiby S K, John B, et al. Handbook on Continuous Fiber-Reinforced Ceramic Matrix Composites [M]//Lewis III D. Continuous Fiber-Reinforced Ceramic Matrix Composites: A Historical Overview, 1995.

[12] Lehman R L, El-Rahaiby S K, John B, et al. Handbook on Continuous Fiber-Reinforced Ceramic Matrix Composites[M]//Lowden R A, Stinton D P, Besmann T M. Ceramic Matrix Composite Fabrication and Processing: Chemical Vapor Infiltration, 1995.

[13] Luthra K L, Corman G S. Melt infiltrated (MI) SiC/SiC composites for gas turbine applications[G]. GE Research and Development Center, Technical Information Series, 2001.

[14] Lehman R L, El-Rahaiby S K, John B, et al. Handbook on Continuous Fiber-Reinforced Ceramic Matrix Composites [M]// Mah T. Ceramic Fiber Reinforced Metal-Organic Precursor Matrix Composites, 1995.

[15] Peters S T. Handbook of Composites, 2nd ed. [M]// Marzullo A. Boron, High Silica, Quartz and Ceramic Fibers. Chapman & Hall, 1998.

[16] Buschow K H J. Encyclopedia of Materials: Science and Technology[M]// Naslain R R. Ceramic Matrix Composites: Matrices and Processing. Elsevier Science Ltd., 2000.

[17] Naslain R. Design, Preparation and properties of non-oxide CMCs for application in engines and nuclear reactors: An overview[J]. Composites Science & Technology, 2004, 64(2): 155 - 170.

[18] Lehman R L, El-Rahaiby S K, John B, et al. Handbook on Continuous Fiber-Reinforced Ceramic Matrix Composites[M]//Zolandz R, Lehmann R L. Crystalline Matrix Materials for Use in Continuous Filament Fiber Composites, 1995.

附录　单位换算

换算系数

换算前	换算后	系　数
面积		
in^2	mm^2	6.451 600×10^{2}
in^2	cm^2	6.451 600
in^2	m^2	6.451 600×10^{-4}
ft^2	m^2	9.290 304×10^{-2}
力		
lbf	N	4.448 222
kip(1000 lbf)	N	4.448 222×10^{3}
断裂韧性		
ksi $(in)^{1/2}$	MPa $(m)^{1/2}$	1.098 800
长度		
mil	μm	25.400 00
in	mm	25.400 00
in	cm	2.540 000
ft	m	0.304 800
yd	m	0.914 400
质量		
oz	kg	2.834 952×10^{-2}
lb	kg	0.453 592 4
单位面积重量(面密度)		
oz/in^2	kg/m^2	43.950 001
oz/ft^2	kg/m^2	0.305 151 7
oz/yd^2	kg/m^2	3.390 575×10^{-2}
lb/ft^2	kg/m^2	4.882 428
单位体积重量(密度)		
lb/in^3	g/cm^3	27.679 90
lb/in^3	kg/m^3	2.767 990×10^{4}
lb/ft^3	g/cm^3	1.601 846×10^{-2}
lb/ft^3	kg/m^3	16.018 46

换算前	换算后	系　数
压力(流体)		
lbf/in^2(psi)	Pa	6.894 757×10^{3}
in Hg (60℉)	Pa	3.376 850×10^{3}
atm (Standard)	Pa	1.013 250×10^{5}
应力(单位面积力)		
lbf/in^2(psi)	MPa	6.894 757×10^{-3}
ksi (1 000 psi)	MPa	6.894 757
msi (1 000 000 psi)	MPa	6.894 757×10^{3}
温度		
℉	℃	5/9(℉−32)
K	℃	K−273.15
导热系数		
Btu/ft・h・℉	W/m・K	1.730 735
热膨胀系数		
in/in・℉	m/m・K	1.800 000
in/in・℃	m/m・K	1.000 000
速度		
in/s	m/s	2.540 000×10^{-2}
ft/s	m/s	0.304 800
ft/min	m/s	5.080 000×10^{-3}
ft/h	m/s	8.466 667×10^{-5}
黏度		
poise	Pa・s	0.100 000
体积		
in^3	m^3	1.638 706×10^{-5}
ft^3	m^3	2.831 685×10^{-2}

索　　引

B

C

D

E

G

H

I

J

K

L

M

N

O

P

S

T

U

V

W